Instrumentelle Analytische Chemie

Karl Cammann
(Herausgeber)

# Instrumentelle Analytische Chemie

## Verfahren, Anwendungen und Qualitätssicherung

Spektrum
AKADEMISCHER VERLAG

**Anschrift des Herausgebers:**
Prof. em. Dr. Karl Cammann
Westfälische Wilhelms-Universität Münster
Institut für Anorganische und Analytische Chemie
Corrensstraße 30, 48149 Münster
e-mail: k.cammann@uni-muenster.de



**Bibliografische Information der Deutschen Nationalbibliothek**
Die Deutsche Nationalbibliothek verzeichnet diese Publikation in der Deutschen Nationalbibliografie; detaillierte bibliografische Daten sind im Internet über http://dnb.d-nb.de abrufbar.

Springer ist ein Unternehmen von Springer Science+Business Media
springer.de

1. Auflage 2001, Nachdruck 2010

Spektrum Akademischer Verlag ist ein Imprint von Springer

10 11 12 13 14 5 4 3 2



Planung und Lektorat: Merlet Behncke-Braunbeck, Jutta Liebau
Redaktion: Wolfgang Zander
Satz: Satz- & Grafik-Studio Stephan Meyer, Dresden
Umschlaggestaltung: SpieszDesign, Neu–Ulm
Titelbild: Kapillarelektrophoretische Trennung von Rhodaminfarbstoffen mit wellenlängenaufgelöster Fluoreszenzdetektion © Lukas Dudek

ISBN 978-3-8274-2739-7

*"There are no authoritative sources of knowledge, and no 'source' is particularly reliable. Everything is welcome as a source of inspiration, including 'intuition'; especially if it suggests new problems to us. But nothing is secure, and we are all fallible."*

Sir Karl R. Popper

**In Dankbarkeit jenen gewidmet**, ohne deren Wohlwollen und Unterstützung die Voraussetzungen für ein Lehrbuch mit so breiter Selbsterfahrung nie möglich gewesen wären:

*H. Malissa, W. Koch* als meine Ausbilder während einer Lehrzeit im Analytischen Labor, MPI für Eisenforschung, Düsseldorf, Ende der 50er Jahre;

meinen Kollegen in der Firma Beckman Instruments, München, wo ich Geräteentwicklung, Teamgeist und Marketing bereits Mitte der 60er Jahre lernen konnte;

*H. Gerischer*, der meine Begeisterung für die Elektroanalyse während meiner Diplomarbeit (TU München) Ende der 60er Jahre weckte;

*G. Ertl*, der mich Mitte der 70er Jahre als externen Doktoranden mit einem Thema über ionenselektive Elektroden (LMU München) promovierte;

*K. Ballschmiter*, der mich 1979 unter Anerkennung habilitationsäquivalenter Leistungen an die Universität Ulm berief und mir unverzichtbare Einblicke in moderne Trennverfahren and analytische Strategien verschaffte;

meinen zahlreichen Kollegen an der Westfälischen-Wilhelms-Universität, Münster, die mit mir zusammen interdisziplinär angelegte Diplom- und Doktorarbeiten betreut haben; besonders *A. Benninghoven*, *H. Fuchs* (FB Physik), *F. Hillenkamp* (FB Medizin) und *F. Spener* (Biochemie im FB Chemie und Pharmazie) verdanke ich Einblicke in die aktuellsten Entwicklungen außerhalb der traditionellen Analytischen Chemie;

*last, but not least* aber auch der großen internationalen Gemeinschaft von Sensor-Forschern, deren Zeitschrift *Sensors & Actuators B: Chemical* ich viele Jahre herausgeben durfte, und der kleinen Gruppe deutscher Hochschullehrer, die wirklich Analytische Chemie betreiben und sich im Rahmen der sogenannten „Heumann-Runde“ für dieses wichtige Fach engagieren.

# Vorwort

Als der Spektrum-Verlag mich fragte, ob ich aufgrund meiner jahrzehntelangen Erfahrung als Geräte-Entwickler aber auch -nutzer in der Industrie und Hochschule ein praxisnahes Lehrbuch der instrumentellen Analytik schreiben könne, habe ich erst nach einigem Zögern und der Hilfszusage meiner Kollegen Prof. Dr. Jan Andersson (Gaschromatographie), Universitätsdozent Dr. Uwe Karst (Flüssigchromatographie) und – als einzigem Externen – Universitätsdozent Dr. Thomas U. Probst (Massenspektrometrie, Neutronenaktivierungsanalyse) sowie einiger meiner Mitarbeiter zugesagt. Mein Anteil an den einzelnen Kapiteln ist unterschiedlich, meistens habe ich den Rahmen vorgegeben, Texte bearbeitet oder logisch in das Ganze eingeführt, sachlich und didaktisch Korrektur gelesen, unklare Punkte diskutiert und die Überarbeitung bzw. das Editing übernommen. Die Hauptautorenschaft der einzelnen Kapitel ist auf einer gesonderten Seite ausgewiesen.

Wenn überhaupt ein weiteres Lehrbuch über die instrumentelle Analytische Chemie für den deutschsprachigen Leserkreis in Frage kommen sollte, so sollte es sich von den anderen, auf dem Markt erhältlichen unterscheiden. Für die Autoren war es wichtig, die bedeutsamsten quantitativen Analysenmethoden im Zusammenhang mit dem gesamten „Analytischen Prozess" darzustellen und die modernen Qualitätssicherungskonzepte gleich zu integrieren. Dabei sollte sich ein gewisses „chemisches Denken", das die zu bestimmenden Stoffe (Analyten) stets auch als mehr oder weniger reaktive Partner von störenden Matrixkomponenten sieht, wie ein roter Faden durch den analytischen Prozess ziehen. Daher wurden wichtige Probenahmestrategien und bewährte Probenvorbereitungstechniken im Rahmen einer ganzheitlichen Darstellung einer zeitgemäßen quantitativen Analyse ebenfalls beschrieben, denn die Qualität der analytisch-chemischen Ergebnisse hängt entscheidend von beiden ab. Bei einem Lehrbuch, das sich auf mehrere Autoren stützt, kann es zu Überschneidungen oder unterschiedlichen Sichtweisen kommen. Überzeugte Methoden-Spezialisten können zu einer gewissen Überschätzung ihres eigenen Arbeitsgebietes neigen, was auch häufig mit analytisch-chemischen Spitzenleistungen untermauert wird. Man sollte aber nicht vergessen, dass die moderne instrumentelle Analytik inzwischen eine stark gefragte Querschnittsdisziplin geworden ist. Erfolgreiche Methoden müssen so robust sein, dass sie auch noch in den Händen von Nicht-Spezialisten funktionieren. Daher gehört diese Prüfung inzwischen zum Rahmen jeder Methoden-Validierung. Bei Autoren aus einer gemeinsamen „Schule", aus einer gemeinsamen Abteilung und gemeinsamen Seminaren, die regelmäßig im Rahmen von Methoden- und Sensor-Validierungen die unterschiedlichsten Methoden praktisch anwenden müssen, sollte eine faire Methodenbewertung selbstverständlich sein.

Die Analytische Chemie kann wohl als die älteste chemische Teildisziplin angesehen werden, denn bevor überhaupt die Atomtheorie und die synthetische Chemie ihren Siegeszug antreten konnte, mussten Rohmaterialien wie Erze und Mineralien erst einmal erkannt und identifiziert (oder benannt) werden. Die dazu entwickelten Verfahren waren i. d. R. operativ definiert, d. h. es wurde eine Serie von Handlungsanleitungen vorgegeben und anhand des sichtbaren Ausganges verschiedener Experimente, die in einer bestimmten Reihenfolge (ähnlich wie beim klassischen Trennungsgang der qualitativen Elementanalytik) durchzuführen waren, eine Identifikation oder Klassifikation durchgeführt. Die archäologischen Zeiträume der Bronze- oder Eisenzeit wären beispielsweise ohne eine analytische Charakterisierung der Ausgangsmaterialien zur Verhüttung nicht denkbar gewesen. Bereits Archimedes (287–212 v. Chr.) musste eigentlich seinerzeit eine sehr schwierige, analytisch-chemische Aufgabe lösen. Er sollte herausfinden, ob eine Krone für König Hieron II. aus reinem Gold war oder ob billigere Materialien wie z. B. Silber mit verwendet wurden. Obwohl er bereits als bedeutender Mathematiker, Physiker und Techniker der Antike einen Namen hatte, bereitete ihm die exakte Berechnung des Volumens einer so kompliziert geformten Krone erhebliche Probleme. Nach der Überlieferung soll die Erleuchtung dann durch überlaufendes Wasser beim Besteigen eines Bades gekommen sein, worauf Archimedes vor lauter Begeisterung nackt durch die Straßen von Syrakus gelaufen sei und „Heureka" (Ich habe es gefunden) gerufen habe. Die Lösung war so einfach wie genial und führte zu dem physikalischen Gesetz des Auftriebs. Seine Problemlösung, diese analytisch-chemische Fragestellung über die Bestimmung der Dichte zu lösen, würde heute das begehrte Gütesiegel *fit for purpose* bekommen! Seine Prüfmethode war einfach, schnell und konnte ohne Chemikalienabfall reineres von „gestrecktem", legiertem Gold unterscheiden. Beeindruckender kann man eigentlich das Wesen der instrumentellen Analytik nicht verdeutlichen. Sie löst Probleme (Kunde König zufrieden), erzeugt dabei Informationen (Goldschmied hat evtl. zu viel Gold in Rechnung gestellt), und sie bedient sich dabei nicht nur chemischer Methoden (hier physikalischer Dichtevergleich mit Goldstandard). Die letztgenannte Methode wird mit Hilfe von Aräometern oder Dichte-Spindeln beispielsweise auch heute noch zur quantitativen Analyse binärer Alkohol/Wasser- u. a. Mischungen angewandt.

Als die eigentliche Geburtsstunde der instrumentellen Analytik auch für reine Nutzer einer bestimmten Technik wird vielfach der Zeitpunkt gesehen, ab dem die früher von den Wissenschaftlern selbst gebauten analytischen „Messgeräte“ kommerziell – in größeren Stückzahlen produziert – preiswerter angeboten wurden. Ehemalige „Garagenfirmen“ wie Beckman Instruments (erstes, kommerziell vertriebenes pH-Meter in den 30er Jahren; UV-Vis Spektralphotometer in den 40er Jahren), Hewlett-Packard, Perkin-Elmer u. a. entwickelten sich inzwischen zu Weltkonzernen und einer starken Branche mit Umsätzen in Milliardenhöhe. Die großen Fortschritte in den Natur- und Lebenswissenschaften wären ohne die breitere Verfügbarkeit ständig verbesserter Methoden, Messgeräte und Apparaturen so rasant – wie geschehen – nicht möglich gewesen. Vergessen scheint, dass so berühmte Physikochemiker, wie W. Ostwald, W. Nernst oder F. Haber um die Jahrhundertwende auch eifrig über von ihnen selbst entwickelte, neue Messapparaturen publizierten. Eine pH-Wert-Messung mit Hilfe der damals gerade entdeckten pH-Glaselektrode zusammen mit dem seinerzeit dazu verwendeten Goldfaden-Elektrometer erforderte höchste Geschicklichkeit. Dadurch wurde eine größere Verbreitung trotz eines potentiell vorhandenen Marktes verhindert. Nicht von ungefähr fallen diese Firmengründungen in das mit der Einführung der Elektronenröhren beginnende elektronische Zeitalter. Erst durch einen ständig verbesserten Bedienkomfort analytischer Messgeräte konnten andere Wissenschaftsdisziplinen als Anwender und Kunden gewonnen werden.

Was ist der Forschungsgegenstand der Analytischen Chemie mit ihrer apparativen Ausrichtung als Instrumentelle Analytik? Die Analytische Chemie kann allgemein als der „kognitive chemische Sinn“ aller Natur- und Lebenswissenschaften angesehen werden. Wegen ihrer damit verbundenen Informationserzeugung und ihres Problemlösungscharakters erzielt sie ihre enorme Bedeutung weit über die Chemie oder Physik hinaus. Denn bevor man Aussagen über einen Teil dieser Welt macht, sollte man genauer wissen, was man vor sich hat. In diesem Sinne stellt die Analytische Chemie vielen Wissenschaftlern im übertragenen Sinne mit den von ihr entwickelten Methoden und Untersuchungsverfahren eine „Brille der chemischen Erkenntnis“ zur Verfügung. Die Verleihung von Nobelpreisen an Schöpfer oder Weiterentwickler bedeutsamer Methoden zu dieser Art von Informationsgewinnung verdeutlicht dies gleichermaßen.

Betrachtet man die gewaltigen Fortschritte in der instrumentellen Analytischen Chemie in den letzten Jahren, dann fällt auf, dass es zwar großartige Entwicklungen in Bezug auf weitere Verbesserungen der Nachweisgrenzen oder der Strukturanalytik gegeben hat, dass jedoch die Qualität der quantitativen analytisch-chemischen Ergebnisse, die in erster Linie durch die Richtigkeit oder Vergleichbarkeit von Labor zu Labor gegeben ist, sich nicht gleichermaßen positiv entwickelt hat. W. Horwitz hat das in einer nach ihm benannten Funktion mathematisch darzustellen versucht. Dazu untersuchte er die analytisch-chemischen Kenndaten von über 7500 Ringuntersuchungen zwischen den Jahren 1915 und 1995. Dabei fand er rein empirisch, dass sich die sog. relative Verfahrens-Standardabweichung bei jeder Konzentrationserniedrigung um den Faktor 100 in etwa verdoppelt (was auch als „analytische Trompetenkurve“ bekannt ist). Es ist erstaunlich, dass diese empirische Beziehung unabhängig von der Art des Analyten, von der Natur der Matrix und der Analysenmethode ist. Eine weitere empirische Beobachtung war, dass die reine Wiederholbarkeit einer Analysenmethode in ein und demselben Labor mit 50 – 60% der Verfahrens-Standardabweichung bei unterschiedlichen Labors stets besser ausfiel. Eine weitere Kernaussage dieser umfangreichen Untersuchung von Vergleichsmessungen, die 8 Konzentrationsdekaden umfassten, ist aber auch die, dass sich die Verfahrens-Standardabweichung bei einer vorgegebenen Konzentration im Laufe der letzen 50 Jahre offensichtlich nicht entscheidend verbessert hat! Man sollte eigentlich vermuten, dass sich die gewaltigen technologischen Entwicklungen auch in einer diesbezüglichen Qualitätsverbesserung niederschlagen und die systematischen Fehler langsam erkannt werden und ausgemerzt sein sollten.

Dies könnte darauf hindeuten, dass etwas mit der Ausbildung in Analytischer Chemie im Argen liegt. Als Hochschullehrer für Analytische Chemie, der aus der Analysengeräte-Industrie an die Hochschule berufen wurde, konnte ich in der Tat in den letzten 20 Jahren meiner Tätigkeit an verschiedenen deutschen Universitäten feststellen, dass die Regelausbildung eines deutschen Chemikers die enorme Breite der modernen quantitativen instrumentellen Analytik noch nicht einmal in den Ansätzen berücksichtigt. Allenfalls werden die theoretischen Grundlagen der verschiedenen analytischen Methoden in vereinfachter und idealisierter Kurzform dargeboten, da der Lehrplan nicht mehr erlaubt. Eigene praktische Erfahrungen als Hochschullehrer zu sammeln, ist angesichts dieser enormen Methodenvielfalt und den begrenzten Ressourcen ebenfalls i.d.R. schwer möglich. Die Ernüchterung tritt dann für die Absolventen beim Eintritt ins Berufsleben oder bei der Teilnahme an Ringanalysen ein. Nicht umsonst sind die von der Gesellschaft Deutscher Chemiker angebotenen analytisch-chemischen Fortbildungskurse die meistbesuchten ihrer Art.

Die chemische Analytik ist nach den international gültigen Normen zu den sog. Test- und Prüfverfahren zu zählen. Nach einer neuen Erhebung des angesehenen englischen *Laboratory of the Government Chemists* (London, UK), das seit über 100 Jahren als zentrales Referenzlaboratorium für die chemischen Testverfahren auch über die Grenzen Englands hinaus arbeitet, werden – bedingt durch die Zunahme der High-Tech Produkte – inzwischen ca. 10% des Bruttosozialproduktes führender Industrienationen allgemein für das Messen und Prüfen ausgegeben. Die Globalisierung des Handels hat in den letzten Jahren zu einer Vielzahl von international verpflichtenden Handelsvereinbarungen geführt. Die für analytisch-chemische Laboratorien wichtigste ist die internationale „Qualitätsnorm“ ISO 25, die inzwischen in die nationalen Normen (z. B. in Deutschland die DIN EN ISO/IEC 17025) überführt wurde und damit „Gesetzeskraft“ hat. Diese Norm regelt die Qualität von Test- oder Prüflaboratorien, wozu selbstverständlich auch ein kompetentes Personal gehört. Die „Interpretation“ dieser Norm für analytisch-chemische Laboratorien seitens internationaler Qualitätssicherungsorganisationen (weltweit: *Co-Operation on International Traceability in Analytical Chemistry* – CITAC; europaweit: EURACHEM) verlangt beispielsweise für den Leiter eines derartigen Laboratoriums neben einer entsprechenden Ausbildung als „Analytischer Chemiker“ auch eine entsprechende, nachzuweisende Erfahrung. Die Division of Analytical Chemistry der Federation of European Chemical Societies (FECS) hat dazu ein spezielles Euro-Curriculum für eine Minimalausbildung in Analytischer Chemie erarbeitet, das ca. 140 Semesterwochenstunden Vorlesung vorzugsweise auf dem Gebiet der instrumentellen Analytik beinhaltet.

Nur wenn weltweit alle Handelsnationen das gleiche Qualitätsniveau haben, können vergleichbare (laborunabhängige = richtige) Prüfergebnisse erzeugt werden. Dadurch kann man bei Importen auf eine erneute Prüfung verzichten, was auf eine gegenseitige Anerkennung von Prüfergebnissen hinausläuft. Die Qualität von Prüflaboratorien soll dabei durch eine Akkreditierung, die eine hohe Qualität ausdrücklich bescheinigt, sichergestellt werden. Der Inhalt des vorliegenden Lehrbuches behandelt die wichtigsten Techniken des oben erwähnten Curriculums.

Die Qualitätssicherung von chemischen Prüfungen wird bisher nur vereinzelt an den Hochschulen gelehrt. Als früheres Mitglied des Exekutiv-Komitees von EURACHEM/Europe in meiner Eigenschaft als Chairman der Working Group *Quality Assurance in R&D and Non-Routine Analysis* sowie als ehemaliges Mitglied des Aufsichtsgremiums einer führenden Akkreditierungsgesellschaft für analytisch-chemische Laboratorien musste ich leider die Erfahrung machen, dass bei vielen – von Externen durchgeführten – Qualitätsüberprüfungen noch zu starke Gewichtung auf mehr formale Aspekte gelegt wird und die zentralen technischen Qualitätssicherungsmaßnahmen weniger hinterfragt werden. Nur letztere produzieren aber mit garantiert richtigen Prüfergebnissen die geforderte internationale Vergleichbarkeit. Bei Ringuntersuchungen auf dem Gebiet der Spurenanalyse sind aber leider Unterschiede in den Ergebnissen, die um Größenordnungen auseinander liegen, keine Seltenheit.

Daher versucht dieses neue Lehrbuch über die instrumentelle Analytik auch, auf die eigentlichen Probleme der instrumentellen Analytik hinzuweisen und zeigt – ohne Anspruch auf Vollständigkeit erheben zu können – einige dieser Fehlermöglichkeiten, die häufig verharmlost werden, auf. Den Autoren ist derzeit kein Lehrbuch bekannt, das von Anfang an wichtige **technische** Qualitätsaspekte mit berücksichtigt. Aus diesem Grunde werden im vorliegenden Werk die Informationen der Hersteller der betreffenden Analysengeräte, die aus naheliegenden Gründen optimistisch gehalten werden, kritisch untersucht und durch eigene Erfahrungen ergänzt. Erst das praktische Arbeiten mit einer Methode, verbunden mit der Analyse von realen Proben, stellt unserer Meinung nach einen Erfahrungsraum dar, der auch Wertungen erlaubt. Methodentypische Nachteile werden in der einschlägigen Literatur nicht immer offen diskutiert; manchmal werden auch die einzuhaltenden Bedingungen, für welche die theoretische Abhandlung eigentlich nur gültig ist, bei der Anwendung auf reale Proben vergessen oder übersehen.

Die instrumentelle Analytik ist noch lange nicht am Ende ihrer Entwicklung. Das Streben, eine Methode einfacher, effektiver, schneller, robuster und richtiger zu machen sowie den leidigen Chemikalienabfall zu reduzieren, sind die treibenden Kräfte für neue Entwicklungen. Augenfällig sind die Bestrebungen zu einer starken Miniaturisierung; das „Labor auf dem Chip“ wird gerade auf dem Markt eingeführt. Hierbei haben selektive Mikrosensoren eine besondere Bedeutung. Die Miniaturisierung ermöglicht auch qualitätssteigernde Prozesse einzuführen, die früher zu aufwendig waren. So kann man beispielsweise bei einem notwendigen Probenvolumen im Mikrolitermaßstab und entsprechend geringem Chemikalienabfall bei einem gleichermaßen erheblich reduzierten Zeitbedarf durchaus auch redundante Analysendaten erzeugen, die die Sicherheit erhöhen und systematische Fehler aufklären können. Das vorliegende Lehrbuch versucht in diesem Sinne auch einen Bogen in die Zukunft zu schlagen, wenn im Ausblick eigene Entwicklungen zu einem DNA-Chip oder zum Thema *High-Throughput-Screening* beispielhaft erwähnt werden.

Zum Abschluss möchte sich der Herausgeber und Mitautor noch einmal bei allen Autoren für ihre Mitwirkung und beim Verlag für die Geduld, das Verständnis und die großzügige Unterstützung bedanken. Dem Leser wünscht er etwas Spaß beim Lesen und hofft, dass die praktischen Beispiele, die aus realen Situationen entstanden sind, den Stoff anschaulicher gestalten. Als Leiter eines An-Institutes für Chemo- und Biosensorik in Personalunion mit einem der größten deutschen Lehrstühle für Analytische Chemie an der Westfälischen Wilhelms-Universität Münster, haben mich die dadurch gegebenen Verpflichtungen doch länger als geplant in Anspruch genommen, so dass wir nahezu 5 Jahre an diesem Werk gearbeitet haben. Für Rückäußerungen oder Hinweise auf Fehler oder Ungenauigkeiten bedanke ich mich bereits an dieser Stelle. Die einfachste Kontaktaufnahme ist in diesem Zusammenhang die über meine email Adresse (k.cammann@uni-muenster.de).

Münster, im Juli 2000

Karl Cammann

# Inhalt

# Die Autoren/Coautoren und Autorinnen/Coautorinnen dieses Buches

Bemerkung: Der vorliegende Text ist das Ergebnis einer Teamarbeit der Arbeitskreise Andersson, Cammann und Karst mit Ergänzungen und Korrekturen vom Herausgeber und weiteren Mitarbeitern; die angegebenen Zuordnungen in den Klammern beziehen sich auf die Kapitelnummerierung und sind auf größere Beiträge und die primäre Autorenschaft beschränkt. Die Endverantwortung für den Inhalt und die sachliche Richtigkeit liegt aber voll beim Herausgeber.

Prof. Dr. Jan T. Andersson
Anorganisch-Chemisches Institut
Westfälische Wilhelms-Universität Münster
Wilhelm-Klemm-Str. 8
48149 Münster
e-mail: anderss@uni-muenster.de
(6.3)

Dr. Jörg Bettmer
Institut für Chemo- und Biosensorik e.V. (ICB)
Mendelstr. 7
48149 Münster
e-mail: bettmer@mail.uni-mainz.de
(4.4.3, 4.5, 4.6)

Dr. Wolfgang Buscher
Institut für Chemo- und Biosensorik e.V. (ICB)
Mendelstr. 7
48149 Münster
e-mail: w.buscher@icb-online.de
(4, 10.2, 10.3)

Prof. Dr. Karl Cammann
Westfälische Wilhelms-Universität Münster
Lehrstuhl für Analytische Chemie und
Institut für Chemo- und Biosensorik e.V.
Mendelstr. 7
48149 Münster
e-mail: k.cammann@icb-online.de
(1, 2, 3.1, 5.1, 5.5, 7, 9, 10, 11)

Dr. Gabriele-Christine Chemnitius
Institut für Chemo- und Biosensorik e.V. (ICB)
Mendelstr. 7
48149 Münster
e-mail: g.chemnitius@icb-online.de
(9.4.1 – 9.4.6)

Dr. Christa Dumschat
Breiter Weg 110
39179 Barleben
e-mail: ekf.walter@t-online.de
(7.1, 9.1, 9.5)

Dr. Michael Faust
Anorganisch-Chemisches Institut
Westfälische Wilhelms-Universität Münster
Wilhelm-Klemm-Str. 8
48149 Münster
e-mail: faust@uni-muenster.de
(3.4)

Dr. Holger Freitag
Infralytik GmbH
Oststr. 1
48341 Altenberge
e-mail: freitag@infralytic.de
(5.5)

Dr. Oliver Geschke
Assistant Research Professor
Microsystems/Bio-Chemical Microsystems
Microelektronik Centret
DTU, building 345 east
DK-2800 Kongens Lyngby, Dänemark
e-mail: og@mic.dtu.dk
(7.3.2, 9.6)

Dr. Anne Höner
Institut für Chemo- und Biosensorik e.V. (ICB)
Mendelstr. 7
48149 Münster
e-mail: anne.hoener@tu-berlin.de
(3.6, 3.7, 6.2.4, 6.2.5)

Universitätsdozent Dr. Uwe Karst
Anorganisch-Chemisches Institut
Westfälische Wilhelms-Universität Münster
Wilhelm-Klemm-Str. 8
48149 Münster
email: uwe.karst@uni-muenster.de
(5.1–5.4, 6.1, 6.2.1–6.2.3)

Dipl.Phys. Andreas Katerkamp
Institut für Chemo- und Biosensorik e.V. (ICB)
Mendelstr. 7
48149 Münster
e-mail: a.katerkamp@icb-online.de
(9.2.4, 9.4.7)

Dr. Wolfgang Kleiböhmer
Institut für Chemo- und Biosensorik e.V. (ICB)
Mendelstr. 7
48149 Münster
e-mail: w.kleiboehmer@icb-online.de
(2.3, 3.1–3.3, 6.2.6, Anhang)

Dr. Dietmar Kröger
Uthofstr. 57A
33442 Herzebrock
e-mail: schlauberg.home@t-online.de
(Teile von 9.2.4)

Dr. Heike Lehnert
Westerholter Weg 67
45657 Recklinghausen
e-mail: ralph.lehnert.rl@bayer-ag.de
(3.5, 4.1, 4.2.1, 4.3.1, 4.3.5, 4.7, 10.2, Anhang; Teile von 4.3.4 und 4.3.6)

Dr. Ralph Lehnert
Westerholter Weg 67
45657 Recklinghausen
e-mail: ralph.lehnert.rl@bayer-ag.de
(Teile von 4.2.2, 4.3.2, 4.3.3, Teile von 4.3.4, 4.3.6 und 4.3.7)

Dipl.-Chem. Jörg Meyer
Anorganisch-Chemisches Institut
Westfälische Wilhelms-Universität Münster
Wilhelm-Klemm-Str. 8
48149 Münster
e-mail: meyer.joerg@uni-muenster.de
(5.1 – 5.4)

Priv.-Doz. Dr. Thomas Probst
Inst. für Radiochemie der TU München
Walther-Meißner-Str. 3
85747 Garching
pro@rad.chemie.tu-muenchen.de
(4.8, 5.6)

Dr. Jörg Reinbold
Institut für Chemo- und Biosensorik e.V. (ICB)
Mendelstr. 7
48149 Münster
e-mail: j.reinbold@icb-online.de
(9.2.1, 9.3.1)

Dr. Dietmar Rieping
Bertelsmann mediaSystems
Gottlieb-Daimler-Str. 1
33428 Harsewinkel
dietmar.rieping@bertelsmann.de
(Teile von 4.4.2; 10.3, 10,4)

Dr. Bernd Roß
Institut für Chemo- und Biosensorik e.V. (ICB)
Mendelstr. 7
48149 Münster
e-mail: b.ross@icb-online.de
(Teile von 7.3.2; 7.4)

Dr. Ulrich Rüdel
Nygaardsvej 41 B
DK-2100 Kopenhagen – Ost, Dänemark
e-mail: ur@vir-tech.dk
(Teile von 7.3.2)

Dr. Michael Schoemaker
Roche Diagnostics GmbH
DR-N
Sandhofer Str. 116
68305 Mannheim
e-mail: michael.schoemaker@roche.com
(8.2)

Dipl.-Chem. Martin Vogel
Anorganisch-Chemisches Institut
Westfälische Wilhelms-Universität Münster
Wilhelm-Klemm-Str. 8
48149 Münster
e-mail: m.vogel @uni-muenster.de
(6.1, 6.2.1-6.2.3)

Dr. Frank Wendzinski
Institut für Chemo- und Biosensorik e.V. (ICB)
Mendelstr. 7
48149 Münster
e-mail: f.wendzinski@icb-online.de
(8.1, 8.3, 9.6)

Dr. Michael Wittkampf
ProMinent Dosiertechnik GmbH
Im Schumachergewann 5–11
69123 Heidelberg
e-mail: m.wittkampf@prominent.de
(Teile von 7.3.2)

Für die redaktionelle Arbeit und Korrekturlesen ist zu danken: Dipl.-Chem. Wolfgang Zander c/o ICB

# 1 Einleitung

Die Analytische Chemie bestimmt die Art (qualitativ) und Anzahl (quantitativ) der Atome allein (Elementanalytik) oder zusammen mit ihrer Anordnung oder Verbindung untereinander als Molekül (Molekülanalytik) im dreidimensionalen Raum (Strukturanalytik), die alle die Eigenschaften eines Stoffes bestimmen. Die Analytische Chemie beantwortet die berühmten 4 W-Fragen: **W**as liegt vor (Qualitative Analyse)? **W**ieviel davon liegt vor (quantitative Analyse)? **W**elche Anordnung oder Form liegt vor (Struktur und Speziationsanalyse)? **W**o befindet sich der Analyt (Verteilungs- oder Oberflächenanalyse)? Zur Beantwortung dieser fundamentalen Erkenntnisfragen entwickelt die Analytische Chemie Methoden und Geräte, die möglichst wahre Antworten (richtige Ergebnisse) auf diese Fragen oder auf Probleme, denen sie entstammen, ermöglichen. Unter diesen Voraussetzungen liefert sie unverzichtbare Informationen über die Beschaffenheit ihres betreffenden Untersuchungsobjektes. Wegen ihres einzigartiges Problemlösungs- und objektiven Informationsgewinnungspotentials – frei von jeder subjektiven „Bias" – ist sie inzwischen zum beliebten Werkzeug vieler wissenschaftlicher Disziplinen geworden. Daher ist ihre sog. Robustheit, d.h. eine möglichst hohe Toleranz ihrer Methoden gegenüber kleineren Änderungen oder Unzulänglichkeiten bei der Durchführung einer Analyse durch reine Nutzer, sehr wichtig.

Dieses Lehrbuch kann keinen Anspruch auf Vollständigkeit erheben, weil diese nur auf Kosten der Tiefe und kritischen Diskussion möglich gewesen wäre. Jedoch werden alle Methoden, die laut aktuellen Umfragen führender analytischer Zeitschriften zu mehr als 10% in traditionellen, chemisch-analytischen Laboratorien (nicht Klinischen Laboratorien) angewandt werden, hier behandelt. Das vorliegende Lehrbuch unterscheidet sich auch von anderen Werken, indem es die Seitenumfänge nicht auf die unterschiedlichen, analytisch-chemischen Methoden gleichverteilt. Es wird vielmehr versucht, den Umfang entsprechend der tatsächlichen analytisch-chemischen Bedeutung in der täglichen Praxis zu gestalten. Dabei sind die elektrochemischen Analysenmethoden mit Ausnahme ihrer Anwendung in chemischen Sensoren in ihrem Umfang, verglichen zum Trend, reduziert worden. Dabei soll ihr großes Potential, als preiswertes Objekt für Modell- und Theorienbildung ohne hohe Investitionskosten zur Verfügung zu stehen, nicht unterschätzt werden. Nicht jede analytische Forschungsgruppe kann sich ein HPLC-MS oder MALDI-Gerät (siehe Kapitel 5.6) für über 1/2 Million € kaufen. In der Hand eines sehr erfahrenen und geduldigen Experten können die elektroanalytischen Methoden allerdings schier Unglaubliches leisten.

Das Lehrbuch beginnt mit der Beschreibung des sog. analytischen Prozesses, das ist der logische Weg von der analytischen Fragestellung zur abschließenden Beantwortung durch Angabe des Endergebnisses. Der analytische Prozess besteht aus der Strategie, wie man von einem klar formulierten analytisch-chemischen Problem zur richtigen Problemlösung und Antwort kommt. Wenn im Einband dieses Werkes die Qualitätssicherung hervorgehoben wird, so soll darunter natürlich nur die sog. technische Qualitätssicherung verstanden werden. Bei einem internationalen, von der Europäischen Union organisierten Workshop über Qualitätssicherung in der Analytischen Chemie (Münster 1999) waren sich die führenden europäischen analytisch-chemischen Experten einig, dass es zu viel formale und zu wenig technische Qualitätssicherung gäbe; nur diese brächte bessere, weil richtigere Ergebnisse. Einigkeit bestand auch darin, dass die Aus- und Weiterbildung in der technischen Qualitätssicherung dringend verbessert werden sollte, weil sie ein tieferes und kritischeres Verständnis von den fundamentalen Vorgängen einer Methode verlangt. Aus diesem Grunde sind in diesem Buch einige kritische (auch selbstkritische) Anmerkungen zu evtl. Fehlerquellen sowie praktische Beispiele, Sicherheitshinweise und Glossar-Erläuterungen mit roten Linien abgegrenzt. Dabei haben Aspekte zur Qualitätssicherung Doppellinien, praktische Beispiele dickere Einfachlinien, Glossare dünnere Einfachlinien und Sicherheitshinweise einen kompletten Rahmen erhalten.

Da ein Analysenergebnis von der Probenahme direkt abhängt und die Normen eine Angabe über die Heterogenität der Originalprobe (im Rahmen der sog. *Uncertainty Balance*) verlangen, muss auch kurz auf die wichtigsten Probenahme-Strategien von Boden-, Wasser- oder Luftproben eingegangen werden. Danach schließen sich, dem analytischen Prozess folgend, einige wichtige Beispiele von Probenvorbereitungen – vorzugsweise für umweltanalytische Proben – an. Für die Elementanalytik sind hier verschiedene Aufschlussverfahren wichtig und für die Molekülanalytik entsprechende Extraktions-, Anreicherungs- und *Clean-up*-(= Vortrennungen)Verfahren. Sie werden hier auch besonders in Hinblick auf die besonderen Probleme bei der Spurenanalyse beschrieben und stellen den Übergang zu den einzelnen Bestimmungs- und/oder Trennmethoden dar.

Die Reihenfolge der instrumentellen Methoden folgt dann mehr oder weniger der Häufigkeit ihrer Anwendung unter Berücksichtigung didaktischer Prinzipien. Letztere erforderten auch eine weniger strenge Berücksichtigung der Si-Einheiten, so wird z. B. in diesem Lehrbuch die elektrische Zellspannung bei stromlosen EMK-Messungen (Potentiometrie) mit dem Symbol $E$ abgekürzt, während Spannungen, die unter Stromfluss gemessen werden, mit $U$ bezeichnet werden. Um die weit verbreiteten Kopplungsmethoden tiefer zu verstehen, müssen zuvor natürlich die Einzelmethoden behandelt werden.

Wenn es auch noch so verlockend sein sollte, eine Hierarchie der Zuverlässigkeit dabei zugrunde zu legen, so ist dies jedoch mit Ausnahme der Isotopenverdünnungsanalyse (IVA), die von einigen Fachgesellschaften sogar als „definitive Methode“ (= richtigste Ergebnisse) bezeichnet wird, nicht allgemein möglich. Viele kritische Auswertungen unzähliger Ringanalysen konnten bezüglich der verwendeten Analysentechnik keine signifikanten und gleichbleibenden Qualitätsunterschiede feststellen. Es scheint vielmehr auf den Analytiker anzukommen. In der Hand eines entsprechend ausgebildeten und erfahrenen Analytikers werden offensichtlich – unabhängig vom instrumentellen Aufwand – bessere, weil richtigere Ergebnisse produziert. Dies sollte man bei einem aus Rationalisierungsgründen durchgeführten Ersatz erfahrener Analytiker durch komplexe Analysen-Automaten berücksichtigen. Ohne die notwenige Erfahrung und ohne kritische Distanz, ohne fachgerechte Kontrolle und strenger Qualitätssicherung produzieren selbst die teuersten Apparate manchmal „Hausnummern“, die das Papier – auf dem sie stehen – nicht wert sind. Anstelle Kapital zu sparen, wird es dabei häufig effektiv vernichtet. Dabei sind die Folgeschäden, wie z. B. falsche Entscheidungen, Beschuldigungen oder Haftpflichtkosten noch nicht einmal berücksichtigt. Nach vorsichtigen Hochrechnungen von Experten geht der Schaden durch falsche Analysendaten in die Milliarden. Seriöser ist hier das Vorsorgeprinzip, nachlassende Qualität erst gar nicht zu dulden.

Auch bei der engeren Auswahl der instrumentellen Methoden war aus Platzgründen eine Einschränkung notwendig. Routinemethoden der Gravimetrie und Maßanalyse, die typischerweise im Studium im Rahmen des quantitativen chemischen Grundpraktikums gelehrt und praktisch erprobt werden, mussten trotz interessanter instrumenteller Entwicklungen (z. B. Titrationsautomaten mit besserer Auswertesoftware) zurückgestellt werden.

Bei den Elementanalysen steht die Atomspektrometrie im Mittelpunkt der Darstellungen. Allgemein betrachtet man zwar die Atomabsorptionsmethode (AAS) als störungsfrei und „idiotensicher“, was sie im Spurenbereich aber nicht ist, weil man die dann notwendige Untergrundkompensation nach wie vor mehr oder weniger „blind“, d. h. ohne spektroskopische Kontrolle der „Umgebung“ der Absorptionslinie und Gültigkeit des Additivitätsprinzips des tatsächlich in Abzug gebrachten Untergrundes durchführt. Woher weiß man beispielsweise, dass in der spektralen Umgebung der ausgewählten Elementlinie keine Rotationsbandenstruktur vorliegt? Die Vor- und Nachteile werden hier offen und unter realitätsnahen Bedingungen diskutiert. Bei der beliebten Kopplungstechnik eines induktiv gekoppelten Plasmas (ICP) mit einem Massenspektrometer (ICP-MS-Kopplung) werden die bisher bekannten Querstörungen ebenso erwähnt wie die anderen Effekte, die die Ionenausbeute beeinflussen und daher bei der Kalibration beachtet werden müssen.

Die Molekülspektroskopie ist besonders durch moderne Entwicklungen, wie z. B. die zeitverzögerte Fluoreszenz, extrem empfindliche Chemolumineszenz und faseroptische NIR-Spektrometrie allein oder in Kombination mit Trennmethoden wieder in den Mittelpunkt des Interesses gerückt. Darüber hinaus stellt sie die Grundlage vieler optischer Sensoren dar.

Da die NIR-Spektrometrie in den letzten Jahren, bedingt durch die instrumentellen Entwicklungen, ein großes Interesse vor allem seitens der chemischen Industrie geweckt hat, werden einige Beispiele von analytisch-instrumenteller Forschung und Entwicklung aus dem eigenen Arbeitskreis dargestellt. Die wichtigsten chromatographischen Trennmethoden werden von erfahrenen Praktikern beschrieben, die auch vor Beispielen von Fehlinterpretationen nicht zurückschrecken. Dabei werden die bedeutsamsten Techniken der Flüssig- und Gaschromatographie kritisch beleuchtet und es wird auch auf neuere Entwicklungen in Richtung drastisch reduzierter Analysenzeiten eingegangen. Gleichermaßen werden die inzwischen deutlich gewordenen Grenzen neuer Techniken, wie z. B. die der Kapillarelektrophorese, die bei Analyse von unbekannten Proben bei Anwesenheit von Matrixbestandteilen, die die Ausbildung der Goy-Chapman-Schicht (und damit die Größe des elektroosmotischen Flusses) beeinflussen, schlecht reproduzierbare Retentionszeiten aufweist, nicht verschwiegen.

Nach dieser Einführung in die chromatographischen Trennmethoden, die für die Analyse organischer Verbindungen von zentraler Bedeutung sind, werden die wichtigsten elektroanalytischen Verfahren insoweit beschrieben, als sie immer noch eine größere Bedeutung haben oder bei Sensoren benutzt werden. Angesichts der Verfügbarkeit preiswerter AAS-Geräte für empfindliche Metallbestimmungen muss die Frage erlaubt sein, ob hier elektroanalytische Methoden wie die Polarographie, die noch mit Quecksilber arbeiten, Einsatz finden sollten.

Die biochemischen Assays auf Basis enzymkatalysierter und/oder immunchemischer Reaktionen haben sich zu „Arbeitspferden" in der Klinischen Chemie entwickelt. Da sie aber vor allem bei der Biosensorik auch in der instrumentellen Analytik ihren Platz gefunden haben, beschäftigt sich ein Kapitel mit den Grundlagen beider wichtiger Techniken, die inzwischen als preiswerte – von der amerikanischen Environmental Protection Agency (EPA) zugelassene – Schnelltest-Kits auch schon in der Umweltanalytik Einsatz gefunden haben.

Die moderne Qualitätskontrolle verlangt zunehmend nach Analysenmethoden, die in Echtzeit analysieren. Für die industrielle Prozesse in der Chemie, Biotechnologie und woanders sind sog. Echtzeitmessungen zur Kontrolle oder Regelung unentbehrlich. Die dadurch gesteigerte Produktqualität führt letztendlich zu Wettbewerbsvorteilen gegenüber den nicht-dynamischen Messungen, die einen Prozess nur blitzlichtartig erfassen können und für die Mess- und Regeltechnik weniger tauglich sind. Im Kapitel Sensoren werden die wichtigsten Chemo- und Biosensoren vorgestellt, die sich auch auf dem Markt behauptet haben. Als Ausblick werden auch neueste Entwicklungen, die aufgrund der angelaufenen Produktion in Zukunft mit Sicherheit eine erhebliche Bedeutung haben werden, aufgeführt. Dadurch wird der Bogen von der traditionellen instrumentellen Analytik bis zu Umwelt-Sensoren oder zur medizinischen Diagnostik geschlagen. Miniaturisierte Sensoren, vorkalibrierte Immuno-Sensoren oder modernste „DNA-Chips" aus eigener Entwicklung runden das Kapitel über die Sensoren ab. Bei den letzteren besteht das Potential zu sog. *High-Throughput-Screenings* (Wirkungs-Screening mit hohem Probendurchsatz), welches für die kombinatorische Chemie unerlässlich ist.

In den letzten Jahren hat sich durch die Verfügbarkeit zuverlässiger Chemo- oder Biosensoren die **F**ließ**i**njektions**a**nalyse (FIA) als eine wichtige Automatisierungstechnik, die keiner Labor-Robotor bedarf, durchgesetzt. Die FIA ist apparativ am besten mit einer HPLC ohne Trennsäule vergleichbar. Sie vermag auch die Probenvorbereitung mit zu automatisieren, was einen großen Vorteil darstellt. Sie wird in einem eigenen Kapitel in ihren Gründzügen beschrieben.

Ein weiteres Kapitel beschäftigt sich mit Methoden, deren Ergebnis durch das genaue Befolgen einer Testvorschrift (= operativ) definiert wird. Hier werden allgemeine Eigenschaften oder sog. Summenparameter bestimmt. Summenparameter dienen vorzugsweise der Überwachung oder einer generellen Suche nach z. B. anwesenden Schadstoffen (Screening). Sie helfen, die Anzahl der aufwendigeren Einzelstoffanalysen im Labor zu reduzieren und ziehen daraus ihre Berechtigung.

Im Anhang werden schließlich einige Aspekte der Datenauswertung und der Qualitätssicherung behandelt. Gerade der letzte Punkt steht derzeit im Mittelpunkt starken Interesses, denn internationale Handelsabkommen verlangen von den Test- und Prüflaboratorien eine überprüfte Qualität, damit die internationale Vergleichbarkeit von Testergebnissen garantiert wird. Er wird nur deshalb ans Ende gestellt, damit der Leser zuvor die unterschiedlichen analytischen Methoden zusammen mit der Art der bei ihnen anfallenden Rohdaten kennen gelernt hat. Der wichtige Bereich der statistischen Datenauswertung konnte leider nicht in voller Breite, die seiner Bedeutung gerecht geworden wäre, abgehandelt werden, statt dessen werden nur die wichtigsten Begriffe kurz dargelegt. Angesichts der großen und international anerkannten Expertise meiner Kollegen Danzer, Doerffel und Otto speziell auf dem Gebiet der Chemometrie/multivariaten Datenanalyse sei aber die Lektüre ihrer Standardwerke jedem Analytischen Chemiker dringend empfohlen. Das Lehrbuch schließt mit einem Glossar ab, in dem die wichtigsten Begriffe einer modernen Qualitätssicherung kurz erläutert werden.

# 2 Der analytische Prozess unter dem Qualitätsgesichtspunkt

Gute Qualität ist mehr als nur die Zufriedenheit eines Kunden. So könnten beispielsweise Studenten als „Kunden" einer Universität ohne Klausuren und Examen äußerst zufrieden sein, der potentielle spätere Arbeitgeber aber nicht, da er nicht sicher sein kann, dass seine Mitarbeiter auch ihren Job beherrschen. Ähnlich ist es auch mit Produkten des täglichen Marktes: gute Qualität lässt sich hier vielfach auch durch ein entsprechend gutes Preis-/Leistungsverhältnis oder als Übereinstimmung mit den versprochenen Spezifikationen oder Kundenerwartungen ausdrücken. Um unterschiedliche Auffassungen über Qualität und Qualitätssicherung auszuräumen, wurden nationale und internationale Normen entwickelt. Ein großer Teil der nationalen und internationalen Normen hat mit den Themen Qualität oder Qualitätssicherung zu tun. Diese Normen sind fachübergreifend und fördern so auch das Zusammenwachsen verschiedener Wissenschaftsdisziplinen. Zur Förderung eines erhöhten Vertrauens in die Qualitätsfähigkeit eines Lieferers (Produkt oder Dienstleistung) werden im internationalen Handel Nachweise über Qualitätssicherungselemente verlangt. So müssen sich beispielsweise die Lieferer militärischen Materials streng an die „Allied Quality Assurance Publications" AQAP 1 bis 9 halten, Kernkraftwerkshersteller haben die technischen Regeln KTA 1401 einzuhalten und Luft- und Raumfahrtfirmen haben die QSF A bis C zu beachten, wollen sie etwas national oder international verkaufen. Im Rahmen des Europäischen Binnenmarktes haben sich die Mitgliedsländer (Artikel 100 des EWG Vertrages) ebenfalls verbindlich auf einheitliche Normen und gegenseitige Anerkennungen von Kontroll-, Mess- oder Prüfprotokollen geeinigt. Die Europäischen Normen (EN) sind somit in den einzelnen Mitgliedsländern einzuhalten und erlangen so „Gesetzeskraft". Zusätzlich haben auch weltweite Handelsorganisationen wie die Word Trade Organization (WTO) oder die dem General Agreement on Traffic and Trade (GATT) angeschlossenen Staaten oder die Organization for Economic Cooperation and Development (OECD) Qualitätsanforderungen definiert und verlangen vergleichbare Normen und eine gegenseitige Anerkennung von Zertifikaten, die die Übereinstimmung mit diesen Vorschriften und Normen von einer dritten (prüfenden) Stelle bestätigen soll. Weltweit arbeitet die Internationale Standard Organisation (ISO) mit dem Sitz in Genf. Ihre Normen sind nach Annahme durch die Mitgliedsländer ebenfalls verbindlich und werden automatisch EN und dann Deutsche Industrie Normen (DIN).

Für die Analytische Chemie und für analytisch-chemische Prüf- oder Testlaboratorien ist die ISO 25 oder die daraus abgeleitete DIN EN ISO/IEC 17025 die wichtigste Qualitätsnorm. Derartige Laboratorien können sich zum Beweis dafür, dass sie bestimmte Qualitätsnormen einhalten, zertifizieren oder akkreditieren lassen. Dabei wird eine Akkreditierung bei einer anerkannten Akkreditierungsgesellschaft allgemein als „höherwertig" eingestuft, da sie umfassender und nachhaltender ist und durch ausgewiesene Experten durchgeführt wird. Es würde zu weit führen, an dieser Stelle alle weiteren Normen, die für die analytisch-chemische Messtechnik Geltung haben, aufzuführen; hier sollen nur einige Aspekte, die die Planung und den Ablauf einer chemischen Analyse tangieren, erwähnt werden; für den Rest wird auf die weiterführende Literatur verwiesen.

Unter dem sog. analytischen Prozess versteht man die generelle Strategie, wie man von einer Fragestellung, die von eine chemischen Analyse beantwortet werden könnte, zu dem endgültigen – analytisch-chemisch abgestützten – Ergebnis kommt. Er beinhaltet eine klare Formulierung des analytischen Problems, die Festlegung des zu bestimmenden Stoffes (Analyt) zusammen mit einer optimalen Strategie (Analysenplan), um zu diesem Ziel zu gelangen. Dieser schriftlich abzufassende Plan fängt bei der problemorientierten Probenahme an, beschreibt die Probenvorbereitung, evtl. erforderliche Trennoperationen, die eigentliche Bestimmung (Messung des Analyten), die Auswertung der gemessenen Rohdaten, die Fehlerabschätzung *(total uncertainty balance)* und endet schließlich mit der Überlegung, wie das Mess- oder Testergebnis als Antwort auf die eingangs gestellte Fragestellung dargestellt werden soll (z. B. als eine Totalkonzentration eines Elementes ohne Rücksicht auf seine Oxidationsstufe oder Bindungsform – Speziation – oder Einzelkomponente einer bestimmten Verbindungsklasse, als Aktivität, als Rate – z. B. bei Diffusions- oder Leckage-Prüfungen etc.).

Jeder Punkt im analytischen Prozess erfordert natürlich seine, ihm eigene Qualitätssicherung. Hierbei wird unter Qualität nicht die höchstmögliche Genauigkeit bei einer Analyse verstanden, die sehr kostspielig werden kann, sondern vielmehr die Zufriedenheit des „Kunden". Kunde ist allgemein derjenige, der die analytischen Daten braucht, nutzt oder interpretiert. Der analytische und qualitätssichernde Aufwand muss der Bedeutung dieses Zweckes angemessen sein; man spricht im Englischen von *fit for purpose*, d.h. dem Zweck angemessen. So macht es beispielsweise keinen Sinn, ein Analysenverfahren anzuwenden, welches Genauigkeiten (Richtigkeiten) von unter 1% liefert, wenn die Inhomogenität des Probenmaterials um die 20% (relativ) liegt. Dies wird leider bei vielen (z. B. umweltanalytischen) Fragestellungen häufig noch immer übersehen. In solchen oder ähnlich gelagerten Fällen könnten gegebenenfalls relativ ungenaue Test-Stäbchen oder Schnell-Tests gleichermaßen ein Ergebnis ohne großen Verlust an Aussagekraft liefern. Unter guter Qualität wird also auch die Suche nach dem preisgünstigsten Analysenverfahren zur zufriedenstellenden Problemlösung verstanden. In vielen Fällen (z. B. zu Kontroll- oder Steuerungszwecken) reichen auch Trendaussagen aus. Es ist naheliegend, dass diese Überlegungen von einem in Theorie und Praxis erfahrenen Analytischen Chemiker angestellt werden sollten. Es soll an dieser Stelle nur darauf hingewiesen werden, dass nach wie vor viele analytische Veröffentlichungen den Matrix-Einfluss (Matrix = Stoffe, die neben dem Analyten in der Probe noch vorliegen) verharmlosen und die Gerätehersteller aus naheliegenden Gründen die Fehlermöglichkeiten ebenfalls eher bagatellisieren. Gerade die vielfältigen Matrixeffekte, die im Verlaufe eines Analysenganges vor allem die Ausbeute der verschiedenen Probenvorbereitungsschritte und schließlich auch den Kalibrierprozess durch chemische Reaktionen oder physikalisch-chemische Wechselwirkungen entscheidend beeinflussen können, verlangen einen gut geschulten Chemiker mit überdurchschnittlichen Kenntnissen der anorganischen, organischen und/oder biochemischen Stoffchemie. Von einem Analytischen Chemiker werden neben diesen Kenntnissen auch die Fähigkeit verlangt, diese vielfältigen, matrixbedingten Störungsmöglichkeiten im Vorfeld zu erkennen und auszuschließen (engl.: *Doing it right the first time*).

Bei einem Analysenverfahren unterscheidet man als Untergruppe die Analysenmethode, das Messprinzip und schließlich die eigentliche Messtechnik, wie die Abbildung 2.1 verdeutlicht.

## 2.1 Formulierung des analytischen Problems

Es ist das Wesen der Analytischen Chemie, dass sie Fragen über die stoffliche Zusammensetzung einer Materieprobe beantworten hilft. Zu Beginn jeder analytischen Tätigkeit steht also eine Fragestellung oder die Definition eines Problems, das mithilfe der Analytischen Chemie gelöst werden soll. Dazu gehört unbedingt auch eine klare Vorstellung von dem eigentlichen Messproblem, denn ein analytisch-chemisches Labor stellt – allgemein gesehen – ein Prüflabor dar und fällt bei den weltweiten Standardisierungsbemühungen (ISO-Normung) unter diese Klasse der Test- oder Prüf-Organisationen.

Es gehört zu der Qualitätssicherung, dass die chemisch-analytische Fragestellung zusammen mit dem Daten-Nutzer genau, klar und verständlich erkannt und definiert wird. Es gibt viele Fragestellungen, die mithilfe der Analytischen Chemie nicht gelöst werden können, so etwa die metaphysische (aber vorgekommene) Fragestellung, ob eine bestimmte Kaffeesorte, nur weil sie zusammen mit einem Stück Mondgestein geröstet wurde, magenfreundlicher ist als andere, die ohne dieses Gestein geröstet werden. Abgesehen davon würde die Problemstellung „magenfreundlich" oder nicht einen Experten der Humanmedizin verlangen. Erlaubte Fragestellungen sind aber beispielsweise viele aus den Materialwissenschaften, den Bio- und Umweltwissenschaften usw., die etwas über die Zusammensetzung erfahren möchten; aber auch die Fragen, warum es beispielsweise zu einer schlechten Farb-Benetzung bei einer Auto-Lackierung kommt, warum z. B. ein Materialstück bei mechanischer Dauerbelastung stets an der gleichen Stelle bricht, sind erlaubt. In der Klinischen Chemie ermöglichen chemische Analysen von einzelnen oder mehreren Analyten (als Gesamtbild) sichere Diagnosen.

Schon bei dem Formulieren des Problems sollte der Analytische Chemiker mit einbezogen werden, da er evtl. schon an dieser Stelle wichtige Voraussetzungen beachten und entsprechende Strategien einbringen kann. So müssen beispielsweise bei einer chemischen Analyse im Spurenbereich spezielle Probenahme-Techniken verwendet und bestimmte Vorsichtsmaßnahmen getroffen

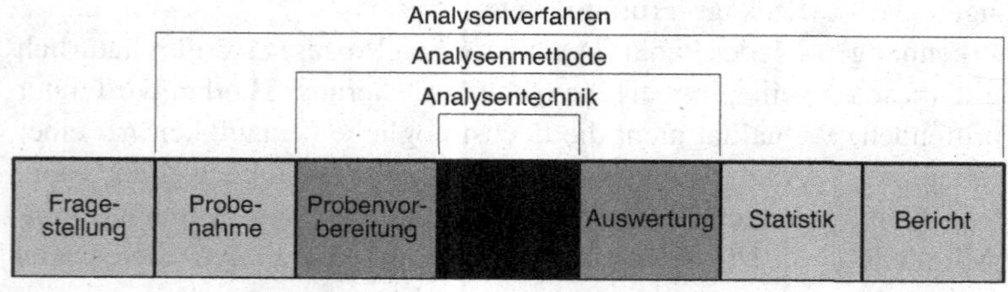


**2.1** Teilschritte eines Analysenverfahrens.

werden, um ein richtiges Ergebnis zu erzielen. Auch kann die Frage nach einer rein qualitativen oder quantitativen Analyse im Zusammenhang mit vorgegebenen Nachweisgrenzen und dem dazu erforderlichen Aufwand nur zusammen mit einem erfahrenen Analytischen Chemiker beantwortet werden. Eine mögliche Gewässerverschmutzung kann beispielsweise nicht dadurch bewiesen werden, dass man eine ausgespülte Bierflasche (ohne Reinheitsbeweis durch Rückstellung von Blindwertproben) als Probegefäß verwendet. Auch die Menge des notwendigen Untersuchungsmaterials hängt über die im betreffenden Labor verfügbaren Analysenverfahren und den dadurch bedingten Nachweis- und Bestimmungsgrenzen von einer gewissen analytisch-chemischen Erfahrung ab. Aber auch andere Fragen verlangen die Einbeziehung des Analytischen Chemikers bereits in diesem frühen Stadium der analytischen Fragestellung. So muss z. B. bereits an dieser Stelle über die erforderliche Genauigkeit und die notwendigen Qualitätssicherungsmaßnahmen beraten werden. Es kommt auch häufiger vor, dass der Auftraggeber der chemischen Analyse ein mangelndes Verständnis oder eine mangelnde Ausbildung für eine klare Problemformulierung besitzt (z. B. Verwaltungsjuristen in Umweltbehörden, Chemiekaufleute bei

**Problem: BETX in an Tankstellen verkauften Lebensmitteln**

Unter BETX werden im umweltanalytischen Jargon Benzen, Ethylbenzen, Toluen und die verschiedenen Xylene verstanden, die in Farben aber auch im Benzin enthalten sind und für die als toxisch bedenkliche Stoffe Grenzwerte existieren. Gleichermaßen weiß man, dass diese Stoffe einen ausreichenden Dampfdruck besitzen und sie bei genügend langer Diffusionszeit auch durch Plastikfolien dringen können. Eine bekannte Fernsehsendung beauftragt daher ein Analysenlabor mit der Analyse verschiedener Lebensmittel, die bei einer viel besuchten Tankstelle gekauft werden sollen. Bereits hier muss ein ausgebildeter und erfahrener Analytischer Chemiker eingreifen und dem Kunden bei der Problemdefinition helfen. Denn es steht außer Frage, dass bei den derzeitigen Nachweisgrenzen für diese Stoffe, sie auch bereits in unbelasteter Natur nachweisbar sind. Also muss der Analytiker den Fernsehjournalisten bei einer seriösen analytischen Fragestellung unter die Arme helfen. Eine überzeugende Fragestellung kann doch nur lauten: Wie groß ist der Unterschied im BETX-Gehalt zwischen Lebensmitteln unterschiedlichen Fettgehaltes (weil die „Senke" Fett die Diffusion beschleunigt) aus einem Geschäft weitab von einer Benzinquelle (z. B. auf dem Lande) und den gleichen Lebensmitteln vom gleichen Hersteller an einer Großtankstelle gekauft? Und ist dann dieser Unterschied statistisch sicher und gravierend (signifikant)? Danach kann erst die toxikologische Bewertung und Risiko-Abschätzung durch einen Toxikologen kommen. Stimmt der Kunde dieser verbesserten Fragestellung zu, kann die Diskussion über den dazu erforderlichen Aufwand weitergehen. Für die laut ISO 25 (Qualitätssicherung bei Test- und Prüflaboratorien) vorgeschriebene statistische Absicherung müssen natürlich eine gewisse Anzahl von Lebensmittelproben der gleichen Sorte und vom gleichen Hersteller bei den beiden ausgewählten Bezugsquellen eingekauft werden. Erst dann kann man eine statistisch abgesicherte Momentaufnahme der Situation machen. Will man den Faktor Zeit auch noch berücksichtigen und zu einer allgemeinen (zeitlosen) Aussage über dieses Qualitätsmerkmal von Lebensmitteln, die an Tankstellen und in ländlichen Geschäften gekauft werden, machen, so muss man diese Untersuchungen auch im zeitlichen Ablauf wiederholen und erneut statistisch beweisen, dass keine Zeitabhängigkeit vorliegt. Denn das ist ja die (unerklärte) Absicht dieser Art des Journalismus hier eine allgemein gültige Aussage ohne Zeitrahmen und ohne die Unterschiede in der Belüftung von Tankstellenraum zu Tankstellenraum zu präsentieren, z. B.: An Tankstellen gekaufte Lebensmittel sind toxikologisch bedenklich! In diesem in der Realität vorgekommenen Fall wurde im Rahmen des Analysenplanes abgeschätzt, dass für die seriöse Begründung einer solchen Aussage ca. 100 Proben an unterschiedlichen Tagen und in Tankstellen-Verkaufsräumen und wahrscheinlich BETX-freien anderen Verkaufsräumen zu ziehen und zu analysieren waren. Dieser Aufwand erschien dem Produzenten dieser Sendung jedoch als zu hoch... der Bericht entfiel daher!

Fazit: Hätte ein in analytischen Qualitätsfragen unerfahrener Chemiker diese Anfrage erhalten und lediglich einige wenige Lebensmittel einmalig an einer oder verschiedenen Tankstellen erstanden und auf BETX analysiert, wäre es zu wissenschaftlich nicht haltbaren generalisierenden Aussagen gekommen. Dies ist leider heute besonders auf dem Gebiet der Umweltanalytik häufig der Fall und ein daraus folgendes umwelt- oder ordnungspolitisches Handeln kann dem Steuerzahler ein Vermögen kosten!

Einkauf von Rohchemikalien etc.). In solchen Fällen muss der Analytische Chemiker bei der Problemdefinition (Frage: Was will der Kunde eigentlich? Was nutzt dem Kunden?) helfen.

Nach der klaren Definition des eigentlichen Kundenproblems und der präzisen analytisch-chemischen Fragestellung können die weiteren Punkte geklärt werden, die zu einer optimalen strategischen Analysenplanung erforderlich sind. Einige Punkte sollen dies unterstreichen: Zuerst müssen die zu bestimmenden oder nachzuweisenden Stoffe (= Analyte) im beiderseitigen Einvernehmen festgelegt werden. Die laienhafte Frage an einen Analytischen Chemiker: „Untersuche doch mal, was da drin ist“, bleibt in der Regel wegen des dazu erforderlichen Aufwandes (beispielsweise ergeben 100000 Stoffe mit je 1 ppm gerade einmal 10% der Probenbestandteile) unbezahlbar. Eher machbar ist der Vergleich von zwei Analysenproben mit der Frage nach messbaren oder feststellbaren Unterschieden, wenn auch die sichere Identifizierung von unbekannten Komponenten sehr aufwendig und ohne Referenz-Standards auch nicht einfach durchführbar ist. Das immer wieder beobachtete Vertrauen allzu optimistischer Chemiker in gewisse Spektrenbibliotheken und die damit verbundene Computer-Software ohne die Berücksichtigung von Matrix-Effekten beim eigentlichen Messvorgang stellt einen gravierenden Mangel an analytisch-chemischer Kompetenz und Kritikfähigkeit dar. So beruht dieses Vertrauen in Massenspektrenbibliotheken darauf, dass beispielsweise das Fragmentierungsverhalten geräteunabhängig ist und nicht durch die geometrische Formgebung der Ionenquelle, nicht durch unterschiedlichen Druck und nicht durch Stöße mit anderen Molekülen beeinflusst wird.

Die Frage der Analyte klärt auch die Frage nach Elementanalyse oder Analyse auf organische Verbindungen; im ersten Fall können zeitaufwendige Trennverfahren häufig vermieden werden, da die hochauflösende Atomspektrometrie oft ohne sie auskommt. Aber es bleibt die Frage, ob eine Element-Speziesanalyse, die auch die Oxidationsstufe und die Bindungsart mit einschließt, nicht besser zur Beantwortung der analytischen Frage geeignet ist (so ist z. B. $Cr^{6+}$ im Chromat extrem giftig, während $Cr^{3+}$ ein essentielles (notwendiges) Spurenelement ist; $BaCl_2$ ist giftig, während $BaSO_4$ als Kontrastmittel bei Röntgenaufnahmen geschluckt werden muss). Es ist naheliegend, dass im Bereich der Umwelt- und Bio-Analytik (Life-Sciences) eigentlich die Toxizität entscheidend sein sollte, also die Speziesanalytik für eine toxikologische Aussage gefordert wäre, trotzdem gibt es i. d. R. nur gesetzlich geregelte Grenzwerte für Gesamtkonzentrationen. Dies hängt sicherlich auch mit dem höheren Aufwand für eine richtige Speziesanalytik zusammen, die einen hervorragend ausgebildeten Analytischen Chemiker verlangt, denn hier dürfen sich im Laufe einer Analyse labile chemische Gleichgewichte (z. B. die pH- und Ionenstärke-abhängigen Dissoziations- und Komplexierungsgrade etc.) nicht ändern. Ähnlich ist es auch im physiologischen Bereich, wo der Aktivität der freien, nicht komplexierten Ionen eine entscheidende Bedeutung zukommt. So muss beispielsweise bei einer Wiederbelebung des Herzschlagens nach schweren Operationen am offenen Herzen die $Ca^{2+}$-Ionenaktivität im Bereich von ca. 1 mmol liegen, damit der Herzschlag nach einer Anregung wieder einsetzt. Die Ermittlung einer Totalkonzentration z. B. mittels der Technik der Flammenphotometrie bringt hier wegen der Miterfassung des komplexgebundenen Calciums (z. B. an Citrat) und des an Proteine (z. B. Albumin) gebundenen wenig. Andererseits erlaubt die elektrochemische Methode der ionenselektiven Potentiometrie hier eine einfache Aktivitätsbestimmung.

Eng mit der analytisch-chemischen Fragestellung zusammen hängt natürlich auch, von welchem Probenbereich Teilproben für die Analyse entnommen werden sollen. Das Problem der Repräsentanz stellt sich hier analog wie bei den Hochrechnungen bei politischen Wahlen. Ferner muss die Frage beantwortet werden: Sollen Volumenkonzentrationen (Bulk-Analysen) oder Oberflächenkonzentrationen oder ungleichmäßige Verteilungen eines Analyten innerhalb einer Probe festgestellt werden? Bei der Dopingkontrolle steht hingegen häufig die reine Anwesenheit bestimmter Substanzen (qualitativ) zur Diskussion. Eine weitere Frage bezieht sich auf den Umstand, dass evtl. Probenmaterial bei der Analyse unwiderrufbar verbraucht wird. Muss eine zerstörungsfreie Analytik (wie z. B. bei Echtheitsuntersuchungen bei Kunstwerken) angewandt werden und sind dafür auch Kalibierstandards vorhanden?

Wieder andere Fragestellungen liegen vor, wenn ein Zentrallabor beispielsweise den Auftrag erhält, zu untersuchen, welche Shampoo-Formulierung die schonendste für eine bestimmte Haarsorte ist. Da es hierfür noch keinen Standard-Test oder keine akzeptierte operativ definierte Prüfmethode gibt, muss der Prüfleiter hier mit dem Auftraggeber zusammen eine Prüfmethode erarbeiten, die wissenschaftlich fundiert und plausibel erscheint. Solche Prüfungen oder Tests fallen in Industrie-Laboratorien sehr häufig im Rahmen der Qualitätskontrolle der Firmenprodukte an. Es soll schon hier bemerkt werden, dass die Validierung (Überprüfung der Richtigkeit oder der Stichhaltigkeit des Prüfergebnisses) hier schwieriger ist als bei chemischen Analysen, wo evtl. sogar noch ein „Zertifiziertes Referenzmaterial“ (CRM “**C**ertified **R**eference **M**aterial”) vorhanden sein kann. Analoges gilt für viele durch einen operativen Test definierte Parameter, wie z. B. Korrosion, Dichtigkeitsprüfung, Lichtechtheit, die Bestimmung des chemischen Sauerstoffbedarfs einer Abwasserprobe (CSB-Wert), die Bestimmung des biologischen Sauerstoffbedarfs (BSB-Wert), adsorbierbare halogenorganische Stoffe (AOX-Wert) usw. (s. Kapitel 10).

Die Qualitätssicherung betrifft in diesem ersten Punkt des analytischen Prozesses die Effizienz und Überprüfbarkeit der Problemstellung und der Formulierung der Vorgehensweise. *Fit for purpose* heißt, dass nur der unbedingt notwendige Aufwand zu einer zufriedenstellenden Antwort der analytischen Fragestellung betrieben werden soll. Hierzu ist natürlich auch die Arbeitszeit und die Abschreibung der benutzten Analysengeräte zu berücksichtigen. Für viele Fragestellungen (z. B. Anzahl der Analyte) bedeutet dies meistens, dass sie auf das notwendige Maß einzuschränken sind. Wichtig bei diesem ersten Punkt des analytischen Prozesses ist auf alle Fälle die Abstimmung und Übereinstimmung der analytischen Fragestellung mit dem Auftraggeber (Daten-Nutzer).

## 2.2 Analysenplan

Der Analysenplan oder allgemeiner der Forschungs- oder Prüfplan beschreibt den Ablauf des analytischen Prozesses (Ablaufplan) in zeitlicher Reihenfolge und sollte ebenfalls im Einvernehmen mit dem Auftraggeber festgelegt werden, weil daraus der Aufwand folgt und sich daraus wiederum die Kosten ergeben. Er sollte die klar formulierten Ziele in schriftlich fixierter Form zusammen mit der optimalen Strategie enthalten, die zu diesen Zielen führt. Er sollte die notwendigen personellen wie apparativen und methodischen Ressourcen definieren und einen Zeitplan (wenn möglich mit Zeitpunkt der zu liefernden Meilensteinen) enthalten. Sehr übersichtlich ist die Darstellung in sog. *Flow Charts*, wie in der Abb. 2.2 aus dem CITAC/EURACHEM Guide No. 2 gezeigt. Wichtig ist in diesem Zusammenhang auch die begleitende Überprüfung darauf, ob die generelle Durchführbarkeit nach dem Auftreten von Problemen noch gegeben ist. Bei Abweichungen müssen unter Hinzuziehung des Auftraggebers alternative Lösungswege gesucht werden.

Der Analysenplan folgt unmittelbar nach der Festlegung der Art des Analyten und der Art der Analyse (Oberflächen- oder Volumenanalyse, Element oder organischer Stoff, Spurenbereich oder nicht etc.) und beschreibt die einzelnen, mehr oder weniger standardisierten operativen Handgriffe oder Prozesse. Wenn die einzelnen Handgriffe (z. B. Einwägen, Auflösen, Aliquotisieren, Extrahieren etc.) in einer Handlungsanweisung (SOP – ***S**tandard-**O**peration-**P**rocedure*) für ein Labor festgeschrieben sind, kann man auch von sog. „Unit-Prozessen" mit sog. *Unit Operations* als Unterbegriff reden. Eine *Unit Operation* ist eine bestimmte Handhabung im chemischen Labor, nach deren Durchführung die Probe ohne qualitative Nachteile sich selbst überlassen werden kann (z. B. Arbeitspause). Soll die Qualität oder Kompetenz eines Analysenlabors durch eine sog. Akkreditierung von einer Akkreditierungsstelle bescheinigt werden, werden i. d. R. für jeden Analyten solche SOPs verlangt. Im Interesse der Flexibilität empfiehlt sich daher für ein Labor, solche SOPs für *Unit Operations* vorzuhalten, die dann je nach Analysenplan miteinander kombiniert werden können. Damit können dann auch völlig neue und/oder kompliziertere analytische Entwicklungsarbeiten beschrieben werden wie in Abb. 2.3 angedeutet.

In diesem Zusammenhang muss darauf hingewiesen werden, dass die Zertifizierungs- und Akkreditierungsstellen bei der Feststellung der Kompetenz eines chemischen Labors verlangen, dass nur sog. validierte Verfahren angewendet werden. Darunter versteht man Verfahren, die in einer Ringuntersuchung oder einem vergleichbarem Multimethoden-Ansatz bewiesen haben, dass sie unabhängig vom Zeitpunkt, vom Labor und vom Analytiker vergleichbare Ergebnisse bringen. Viele nationale Standard- oder Einheitsverfahren erfüllen diese Kriterien und erfordern daher nur eine sog. Verifizierung dahingehend, dass die betreffende Technik noch im betreffenden Labor beherrscht wird, was u. a. auch durch die Analyse eines Referenzmaterials beweisbar ist. Diese strenge Forderung nach der Benutzung validierter Analysenverfahren ist natürlich im Bereich der analytisch-chemischen Methodenentwicklung oder in einer Forschungs- und Entwicklungsabteilung schwer zu erfüllen. Hier kann man sich damit helfen, das man bereits in einer anderen Anwendung validierte Unit-Operations entsprechend zusammenstellt. Letztendlich hängt der Validierungsaufwand natürlich auch eng mit dem Risiko zusammen, das ein falsches Analysenergebnis nach sich zieht (*fit for purpose* oder GAU-Minimierung).

Neben der Art der chemischen Analyse bestimmten die erforderliche Analysengenauigkeit und der Gehalt an Analyten natürlich auch den weiteren Analysengang. Spurenanalysen können u.U. einen zusätzlichen Anreicherungsschritt enthalten; daraus ergibt sich der Bedarf für eine größere Probenmenge. Der Analysenplan schließt einen optimalen Plan zur Entnahme der Teilproben für die Laboruntersuchung ein. Einige Beispiele sind in Kapitel 3 aufgeführt. Die genaue Anzahl der Teilproben hängt vom analytischen Problem ab. Soll von einer Unterprobe (im Labor) auf eine Gesamtprobe geschlossen werden, ist die Repräsentanz dieser Teilprobenmenge – wie bereits eingangs betont – von großer Bedeutung. Wenn die Er-

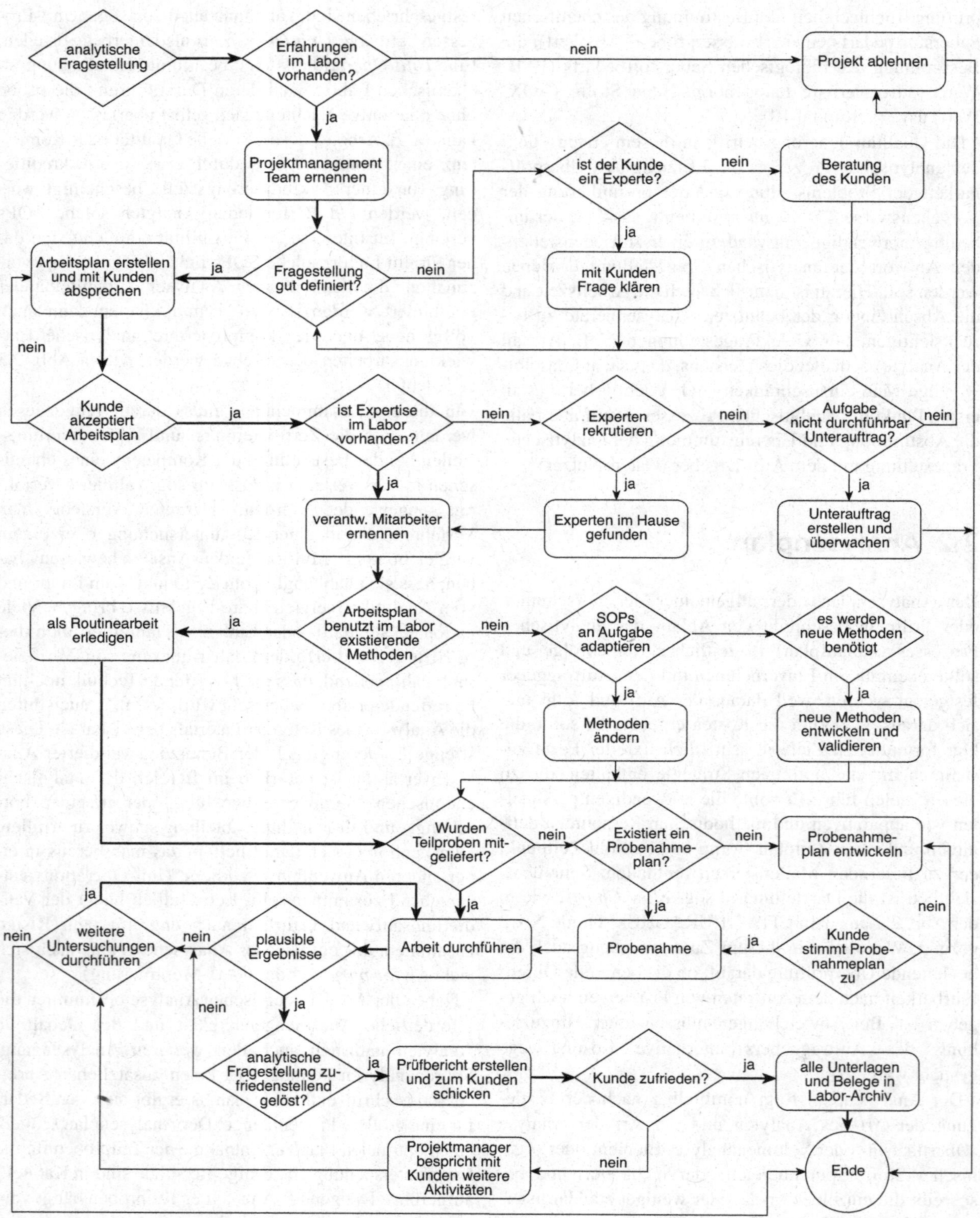


**2.2** Entscheidungsbaum (Flow Chart): Der typische Ablauf eines analytisch-chemischen Nicht-Routine-Projekts (in Anlehnung an den CITAC/EURACHEM Guide No. 2).

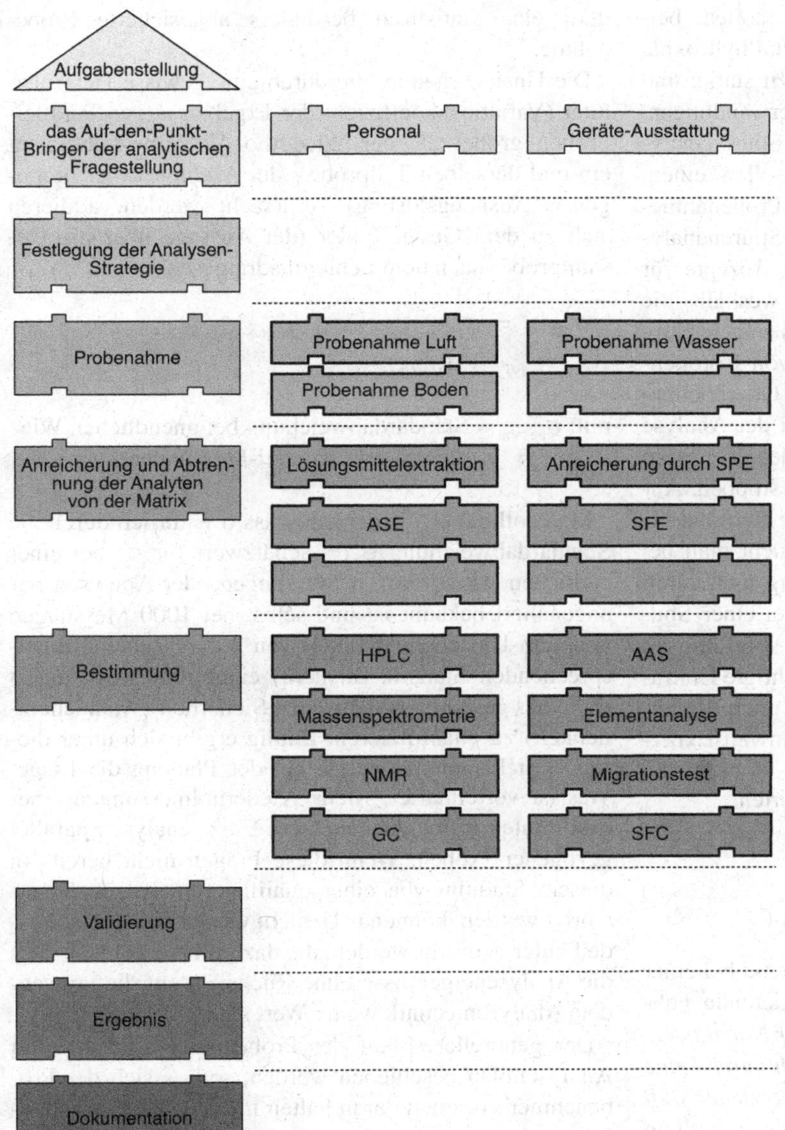


**2.3** Schematische Darstellung des analytischen Prozesses mit Beispielen für SOPs für analytisch-chemische *Unit Operations*.

gebnis-Unsicherheit beispielsweise vorgegeben ist (z. B. bei Kontrolle auf Grenzwert-Überschreitungen), kann man mittels statistischer Betrachtungen unter Kenntnis der Inhomogenität des Probenmaterials die notwendige Anzahl von Teilproben errechnen. Daraus folgt, das man Informationen über die Homogenität des Probenmaterials vorab benötigt oder gleich durch parallele Probenahmen feststellen muss. Es sei auch hier nochmals darauf hingewiesen, dass die ISO25 bei der Abgabe des Analysenergebnisses die Mitangabe der Unsicherheit mindestens schätzungsweise verlangt. Dabei ist gegebenenfalls je nach dem Sinn der Analyse der Probenahmefehler, d.h. die Güte der Repräsentanz mit zu berücksichtigen, wenn man von der Teilprobe auf einen größeren Materiebereich schließen muss. Statistische Verfahren zur Abschätzung des sog. Vertrauensbereiches (= Wahrscheinlichkeit dafür, dass beispielsweise bei 95% aller Wiederholanalysen die Ergebnisse innerhalb dieses Konzentrationsbereiches liegen) werden im Anhang kurz beschrieben. Ohne die genauen Verfahrenskenndaten und die Probenahme-Fehler zu kennen, kann dies nicht durchgeführt werden und der Aufwand für die Analyse war eigentlich umsonst.

Ein sog. Probenahmeplan enthält die Details der beabsichtigten Probenahme-Strategie, z. B. räumliche Verteilung der Probenahmestellen, Rücksicht auf Witterungsbedingungen, zu sammelnde Menge, in welchen Behältern mit welcher Reinigungsprozedur und mit welchen Stabilisierungsreagenzien. Letztere sollen beispielsweise das Ausfallen amphoterer Metallhydroxide durch Ansäuerung verhindern, aber auch zu starke und irreversible Adsorptionen an den Behälterwandungen. Andere Zusätze, die vorzugsweise bei der Spurenanalytik von Elementen verwendet werden, sollen einem Ionenaustausch mit der Glasoberfläche der Probenahmebehälter entgegenwirken. Für die extreme Spurenanalytik gibt es leider keine allgemeingültigen Rezepte für eine verfälschungssichere Probenahme, weshalb die Ausbildung und Erfahrung des Analytikers sehr wichtig wird. Am sichersten ist noch der Zusatz von Isotopen-Tracern des Analyten zur Kontrolle solcher Oberflächen-Effekte. Andere Zusätze, die vor allem bei der Analyse auf organische Inhaltsstoffe wichtig werden, betreffen Maßnahmen, die die mikrobielle Aktivität stoppen. Andernfalls werden die Analyte metabolisiert und man erhält systematische Minderbefunde. Dies sucht man bei der Analyse natürlicher Wasserproben häufig auch durch ein sofortiges Einfrieren zu verhindern. Bei einer Spurenanalyse ist die Probenahme besonders sorgfältig zu planen. Insbesondere ist auf das unbeabsichtigte Eintragen von Fremdstoffen (Staubpartikeln oder auch Blütenpollen) zu achten. Daher empfiehlt eine Umwelt-Experten-Kommission der American Chemical Society die zeitgleiche Entnahme von sog. Feldblindwerten.

## 2.3 Die Probenahme

Die Probenahme ist viel häufiger als man denkt bei einer chemischen Analyse der genauigkeitslimitierende Faktor. *Fehler bezüglich der Repräsentanz oder Nachlässigkeiten, die hier gemacht werden, lassen sich durch keine noch so aufwendige instrumentelle Analytik wieder wett machen!* Zu den Nachlässigkeiten zählen hier vor allem Verfälschungen des Analysenergebnisses durch den Eintrag von fremden Stoffen, die den Analyten enthalten (Mehrbefund) oder den Verlust von Analyt durch Verflüchtigung, irreversible Adsorptionen an Oberflächen oder metabolischer Aktivität von Mikroorganismen. Untersuchungen zur Homogenität der Gesamtprobe müssen vor allem dann durchgeführt werden, wenn eine Aussage über die Gesamtprobe gemacht werden muss. Dies hängt natürlich direkt mit der analytischen Fragestellung zusammen: Will man beispielsweise die mittlere Konzentration eines bestimmten Schadstoffes in einer gesamten Mülldeponie wissen oder muss man die mittlere Ozonkonzentration eines Bundeslandes ermitteln, um ein Fahrverbot zu erlassen; oder dürfen bestimmte Grenzwerte einer sehr großen Abwassermenge nicht überschritten werden. Diese Fragestellungen erfordern eine statistisch besonders abgesicherte Probenahme.

Die Unsicherheiten, die durch eine gewisse Heterogenität (Variationskoeffizient der Ergebnisse von Parallelproben größer als der Wiederhol-Variationskoeffizient ein und derselben Teilprobe – der Aliquote einer homogenen Ausgangslösung) verursacht werden, addieren sich zu dem Gesamtfehler (der Aussage über die Gesamtprobe) nach dem Fehlerquadratgesetz:

$$\sigma^2_{\text{gesamt}} = \sigma^2_{\text{Probenahme}} + \sigma^2_{\text{Blindwert-Schwankungen}} + \sigma^2_{\text{Verfahrens-Steuerung}}$$

mit: $\sigma_{\text{gesamt}}$ = Standardabweichung bei unendlichen Wiederhol- und Parallel-Messungen

Man sollte dabei bedenken, dass σ natürlich durch die Standardabweichung σ (= Schätzwert für σ) bei einer endlichen Anzahl von n Messungen oder Analysen nur angenähert bekannt ist und selbst bei 1000 Messungen noch ein Unsicherheitsfaktor von 2 (s. T-Tabelle in entsprechenden Statistik-Büchern) eingeführt wird, um σ mit einer gewissen statistischen Sicherheit (Wahrscheinlichkeit) zu quantifizieren. Häufig ergibt sich unter diesen Gesichtspunkten schon bei der Planung die Frage: Was ist vorteilhafter: Mehr Wiederholmessungen einer bestimmten Probe oder mehrere Einzelanalysen parallel gezogener Proben. Wenn diese Fragen nicht bereits in diesem Stadium von einer qualifizierten Person beantwortet werden, können u. U. nicht wieder gut zu machende Fehler gemacht werden, die dazu führen können, dass die Analysenergebnisse ohne Rücksicht auf die verwendete Analysentechnik wenig Wert sind.

Der generelle Ablauf der Probenahme ist schon im Analysenplan beschieben worden, sodass sich der Probenehmer nur noch daran halten muss bzw. Abweichungen zu dokumentieren hat. Von jeder Teilprobenahme ist ein Protokoll anzufertigen, das vom verantwortlichen Probenehmer zu unterzeichen ist. Dieses Protokoll muss alle wichtigen Details enthalten, sodass später auch Nichtanwesende die Prozedur nachvollziehen können. Je nach dem zu erwartenden Gehalt an Analyten sind entsprechend vorgereinigte (und daraufhin überprüfte) Behälter mit zum Probenahme-Ort zu bringen. In den Fällen, wo flüssige Proben stabilisiert werden müssen, ist die dadurch eintretende Verdünnung natürlich zu berücksichtigen; besser man wiegt nur die Salze ein (die aber im Falle einer Spurenanalyse von höchster Reinheit sein müssen. Nach der Überführung des Probematerials in den Probenahme-Behälter muss dieser sofort sicher und eindeutig beschriftet werden. Daraus müssen sich später sämtliche Details der Probenahme (insbesondere der Ort und die Zeit) nachvollziehen lassen. Insbesondere muss

**Ein biologischer Normalbereich wird kleiner**

Jahrelang war die genaue biologische Bandbreite von Chrom in Humanblut um den Faktor >100 zu hoch angegeben worden, weil man übersah, dass bei diesen geringen Gehalten im ppb-Bereich bereits ein extrem kurzzeitiger Kontakt mit der Edelstahl-Kanüle der Probenspritze ausreicht, um solche winzigen Mengen Chrom von der Oberfläche abzulösen. Abgesehen davon tritt auch eine nicht zu vernachlässigende Unsicherheit dann auf, wenn Blut zur Analyse verdünnt werden muß. Wegen des Vorhandenseins von chemisch mehr oder weniger abgedichteten biologischen Zellen, die ein Teil des Probevolumens ausmachen, lassen sich die Aliquotisierungen nicht mit der üblichen unter diesen Umständen Genauigkeit von Pipetten und Messkolben durchführen; da dieser feststoffähnliche Anteil auch noch von Patient zu Patient schwanken kann, sind eigentlich Genauigkeiten < 5% kaum zu erzielen und der Einsatz aufwendiger Analysentechniken nur wegen ihrer extrem guten Genauigkeit eigentlich nicht gerechtfertigt.

auch der verantwortliche Probenehmer daraus hervorgehen. Diese Bezeichnung der Probe muss vom später erzielten Ergebnis bis zu diesem Zeitplan zurückverfolgbar sein (Rückverfolgbarkeit, nicht zu verwechseln mit *tracebility* zu einem nationalen Standard, was etwas mit der Kalibierung bei der endgültigen Bestimmung zu tun hat).

Die optimalen Probenahmetechniken sind für die drei typischen Umweltkompartimente: Wasser, Boden, Luft natürlich unterschiedlich und Beispiele werden in Kapitel 3 näher erläutert. Im Zusammenhang mit dem analytischen Prozess sollen hier nur die allgemeinen Aspekte sowie die der Qualitätssicherung angerissen werden. Bei klaren Wasserproben (ohne Feststoffe auch nicht kolloidaler Art) und staubfreien Luftproben ist allgemein die geringste Heterogenität zu erwarten, d.h. hier kann die Anzahl der Parallelproben mit beispielsweise 3 bis 5 geringer ausfallen als in den Fällen mit feststoffartigen Proben unbekannter Homogenität.

Sollen anhand der Analysendaten von Teilproben allgemeingültige Aussagen über die gesamte Probe (Grundgesamtheit) gemacht werden, muss die Repräsentanz der Probenahme belegbar sein. Dies ist nur durch eine gewisse Zahl von Parallelproben, die zu einem Mittelwert und einem dazugehörigen Schätzwert für die Standardabweichung führen, machbar.

## 2.3.1 Feststoffartige Proben

Hier müssen u.U. Voruntersuchungen zur Homogenität durchgeführt werden. Gegebenenfalls können, wie in der Geologie üblich, auch entsprechend größere Mengen Material gesammelt werden, die dann im Labor in Teilmengen aufgeteilt werden. Diese Menge hängt dann direkt von der Korngröße von bereits mit dem Auge erkennbaren heterogenen Zonen ab. So benötigt man z. B. bei Mineralieneinsprenglingen von ca. 1 $cm^3$ Größe ca. 50 kg Gestein, um die nötige Repräsentanz für das Gesamtgestein zu erzielen. Man kann sich leicht vorstellen, wie schwierig dies bei einer Stelle aus dem Bereich der Altlasten mit verschütteten und mit organischen Stoffen gefüllten metallischen Tonnen ist. Daher muss wegen der Heterogenität solcher Probenahme-Stellen auch die analytische Fragestellung abgeändert werden. Anstelle einer mittleren Gesamtkonzentration für den gesamten Bereich können nur lokale Maximalwerte definiert werden. Bei Spurenanalysen sind alle Materialien, mit denen die Probe in Berührung kommt, zu notieren und anhand ihrer Hauptbestandteile dahingehend zu überprüfen, ob sie den Analyten evtl. enthalten. So ist z. B. eine Spurenbestimmung von Eisen sinnlos, wenn zuvor ein normaler Backenbrecher zum Zerkleinern des Materials verwendet wurde.

Eine Qualitätssicherung muss beispielsweise auch dann einsetzen, wenn die feste Probe dazu neigt, sich im Probenbehälter korngrößenabhängig zu verteilen, was durch unbeabsichtigtes Schütteln manchmal passieren kann. Dann ist darauf zu achten, dass die zur Analyse eingewogene Teilmenge auch eine gute Repräsentanz der Korngrößenverteilung zeigt, denn es kann gut sein, dass der Analyt in den verschiedenen Korngrößen-Bereichen der Probe durchaus unterschiedlich enthalten ist.

## 2.3.2 Flüssige Proben

Auch bei der Probenahme von flüssigen Proben setzt die Qualitätssicherung bei der dokumentierten und gemessenen Reinheitskontrolle der Probenahme-Gefäße ein. Hier ist es im Gegensatz zu den festen Proben eher wichtiger, die Analyte zu konservieren. Wegen der großen chemischen Variabilität der unterschiedlichsten anorganischen und organischen Analyte und der kombinatorischen Verknüpfung von Analyten mit diversen Matrixbestandteilen sind hier Verallgemeinerungen leider nicht möglich (siehe Beispielskasten).

**Ein Analyt verschwindet**

Bei der an sich trivialen Bestimmung des Chlorid-Gehaltes eines Abwasser-Einleiters in einen Schweizer See wurde gefunden, dass die bei Matrixeffekten bewährte Technik der Standard-Addition zeitabhängige Werte lieferte, d. h. die errechnete Chloridkonzentration (im Spurenbereich) wurde größer, wenn man nach der Standardzugabe längere Zeit bis zur Messung wartete. Es konnte sogar festgestellt werden, dass das zugesetzte Chlorid scheinbar „verschwand". Das Rätsels Lösung wurde nach längerer Zeit gefunden: es war eine Chromat-Konzentration in ähnlicher Größenordnung vor! Jeder Chemiker weiß aber, dass sich Chlorid und Chromat zu dem flüchtigen Chromylchlorid umsetzen; daher der scheinbare Chlorid-Abbau!

Ein Blick in die Siedepunktstabelle in Handbüchern vermittelt einen ungefähren Überblick darüber, wieviel anorganische Verbindungen selbst bei Raumtemperatur im Spurenbereich entweichen können. So ist z. B. auch Eisen(III)chlorid so flüchtig, dass Verluste beim Arbeiten ohne Abschluss oder Erhitzen unvermeidlich sind. Die Gefahr der Bildung einer flüchtigen Verbindung ist nach Aufschlüssen wegen des Überschusses an Aufschlussmittel und evtl. auch von chemischen Reaktionspartnern besonders groß.

## 2.3.3 Probenahme von Luftproben

Bei der Umweltanalyse von Luftproben unterscheidet man zwischen einer Probenahme in Innenräumen und einer im Freien. Üblicherweise sind in Innenräumen (trotz der Diskussionen um das sog. *Sick-Building-Syndrom* = vermutete Anwesenheit krankmachender Schadstoffe) nur äußerst geringe Konzentrationen zu erwarten, weshalb man auf extrem niedrige Blindwerte achten muss (z. B. findet man nahezu überall das Perchlorethen (aus chemischen Reinigungen) oder speziell das Limonen (aus Reinigungsmitteln mit „Frische-Charakter") in Innenräumen. Wegen der geringen Konzentrationen sind i. d. R. Anreicherungsschritte direkt mit der Probenahme verbunden, wie in Abschn. 3.3 erläutert. Bedeutsam ist die Analyse der Innenraumluft vor allem zur Überwachung der maximalen Arbeitsplatzkonzentrationen von Schadstoffen (MAK-Werte). Da es aber in diesem Fall darauf ankommt, welche Schadstoffkonzentrationen in der Nähe der Person oder gar in Mund- und Nasennähe herrschen, ist hier eine sog. personenbezogene Probenahme mittels eines passiven Probensammlers, der am Körper leicht getragen werden kann, besonders wichtig. Die Abb. 2.4 zeigt einen Überblick über die allgemeinen Möglichkeiten. Davon wurde die Kombination einer passiven Probenahme mit der Thermodesorption im eigenen Arbeitskreis entwickelt und z. Z. von der Fa. Gerstel in den Handel gebracht.

Da inzwischen viele moderne Analysetechniken extrem empfindlich sind, wird häufig die praktisch erreichbare Nachweisgrenze durch die mangelnde Wiederholbarkeit der Blindwert-Messung limitiert. In einigen Fällen lassen sich dann die apparativ möglichen Nachweisgrenzen nur durch ein Vorbereiten und Arbeiten in einem chemischen Reinraumlabor (ohne Lösungsmittel-, Klebstoff- oder Weichmacherreste aus Teppichen, Kunststoffen etc.) erzielen.

Es gehört zur Qualitätssicherung, dass man bei der Sammlung von Luftproben – insbesondere dann, wenn sie nicht mittels einer sog. Gasmaus gezogen werden – ein gutes chemisches Verständnis braucht, um zu beurteilen, ob die verschiedenen Substanzen während dieser Sammel- und Aufkonzentrierungsphase nicht miteinander reagieren und damit die Analyse empfindlich stören können. Vor allem durch die Aufkonzentrierung auf kleinem Raum finden dann mit reaktionsfähigen Analyten leicht Reaktionen statt, die hochverdünnt kaum oder gar nicht ablaufen. So bilden z. B. $SO_2$ und $NO_x$ bei Anwesenheit von Feuchtigkeit dort leicht die dazugehörigen Säuren, die dann ihrerseits wieder mit anderen Matrixbestandteilen weiterreagieren können. Daher versucht man

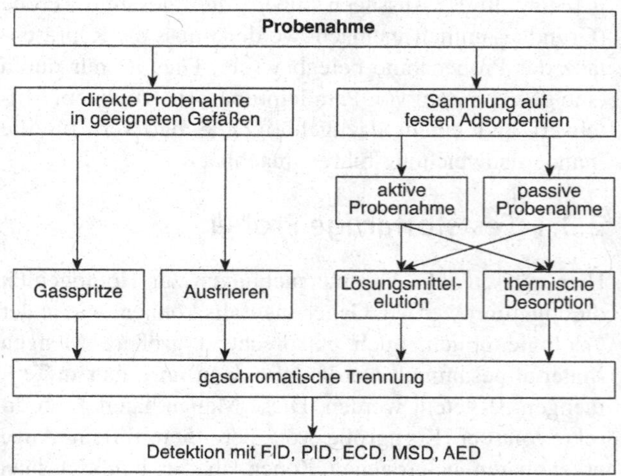


**2.4** Überblick über Probenahme und -überführungstechniken bei gasförmigen Proben.

häufig, besonders reaktive Analyten durch eine eindeutige chemische Umsetzung mit einem Reagenz so schnell abzufangen, dass sie nicht weiter reagieren. So kann z. B. bei einem gleichzeitigen Anreichern von Ozon und Aldehyden nur aufgrund von Adsorptionskräften (z. B. mittels Aktivkohle) eine Oxidation der letztgenannten zu den entsprechenden Säuren stattfinden und entsprechend weniger Ozon gefunden werden. Bei einer der häufig durchgeführten standardisierten (DIN, EPA, ASTM etc.) Aldehyd-Bestimmungen mit einer diese reaktive Analyten sofort bindenden Verbindung (Dinitrophenylhydrazin – DNPH-Methode) kommt es bei gleichzeitiger Anwesenheit von $NO_2$, dass bei Umweltproben nie ausgeschlossen werden kann, zu einer von der $NO_2$ Menge abhängigen Azid-Bildung, die i. d. R. in der anschließenden HPLC-Bestimmung nicht vom Formaldehyd-Hydrazon-Peak getrennt werden kann. Daher resultieren in diesem Fall – trotz der Anwendung „geprüfter" nationaler Standardverfahren – systematische Fehler, die durchaus beträchtlich sein können. Falls die vielen, in der Vergangenheit nach diesen Standardverfahren durchgeführten Analysen diese Fehlerquelle nicht berücksichtigt haben, sind alle darauf resultierende Analysenergebnisse falsch, womit Tausende von Analysen wertlos waren!

Abschließend sei zur Qualitätssicherung bei der Probenahme nur erwähnt, dass die sog. *traceability* im Sinne von Rückverfolgbarkeit (im Gegensatz zur Rückführbarkeit auf einen nationalen oder internationalen Standard) bei der exakten Bezeichnung und Kennzeichnung der Probenbehälter beginnt. Aus der Kennzeichnung (= Etikett oder Label) müssen später sämtliche relevanten Daten zur Probenahme (Genauer Ort, Zeitpunkt, Witterungsverhältnisse oder andere Nebenbedingungen, Anzahl der Feldblindwerte, mit der Probe in Kontakt gebrachte Werkzeuge oder Gerätschaften etc.) ersichtlich sein. Wichtigster Punkt ist in diesem Zusammenhang auch die Angabe, wer persönlich für die Probenahme verantwortlich war und wer evtl. die Aufsicht geführt hat. Wegen der Vieldeutigkeit des Begriffes *traceability* oder *traceable* hat B. Neidhard den Begriff *trackability* im Sinne von zuggleisähnlicher Zurückverfolgbarkeit des „Schicksals" einer Probe eingeführt. Obwohl dies ein neuer englischer Begriff ist, sollte er jedoch als neuer wissenschaftlicher Begriff eingeführt werden, um Verwechslungen mit dem anderen Begriff zu vermeiden.

## 2.4 Probenvorbereitung

Die Probenvorbereitung fängt eigentlich schon vor der Probenahme an, denn je nach Art des Analyten müssen Vorkehrungen getroffen werden, dass sich im Zeitraum zwischen Probenahme und Analyse nichts verändert. Bei der Speziesanalyse von Elementen, können sich – bedingt durch z. B. veränderte Pufferkapazitäten, Sauerstoffsättigungen oder Temperaturen – Änderungen in der Oxidationsstufe oder der Verbindungsform ergeben. Bei Spurenanalysen ist die Ionenaustauschkapazität von Glas oder Quarz-Behälter-Oberflächen zu beachten und durch Mineralsäurezusatz oder andere Ionen abzusättigen. Aus diesem Grunde wird den Probenahmebehältern häufig ein Stabilisierungsreagens beigemischt. Leider lassen sich über eine – für alle Analyten gleichermaßen optimale – Stabilisierung keine generellen Aussagen treffen, da die Beeinflussungen der Analytkonzentration auf dem Wege vom Probenahme-Ort zum Labor von der Matrix abhängen. Daher werden auch häufig Wiederfindungsstudien durchgeführt, bei denen der Analyt bereits am Probenahme-Ort parallel gezogenen Proben zugegeben wird. Ein eher generelles Mittel, die Wiederfindungsrate dieser bekannten Konzentrationserhöhungen in der Gegend um 100% zu halten, scheint ein sofortiges Einfrieren nach der Probenahme zu sein.

Für die Qualitätssicherung ist es wichtig, alle Vorkehrungen in diesem Zusammenhang lückenlos zu dokumentieren, wobei auch Datums- und Zeitangaben nicht fehlen dürfen. Gleichermaßen müssen auch eine ausreichende Anzahl von Feldblindproben genau wie die Proben behandelt werden. Die Anzahl an Blindproben wird dann kritisch, wenn es die Resultatschwankungen dieser Blindwertproben sind, die die Genauigkeit der Probenresultate limitieren. Man kann dann nicht genauer analysieren als per Definition das Dreifache der Standardabweichung der Blindwert-Reproduzierbarkeit. Es ist natürlich wichtig, dass alle Blindproben exakt wie die echten Proben behandelt werden, wobei auch die Behandlungszeit identisch sein soll, damit nicht eine zeitabhängige Verunreinigungsquelle übersehen wird.

Im Labor angekommen, richtet sich die weitere Probenvorbereitung nach dem Aggregatzustand der Probe. Gasförmige Proben können bei ausreichender Analytkonzentration häufig direkt mittels einer gasdichten Spritze in ein Analysengerät (z. B. Gaschromatographen) gegeben werden. Adsorptiv angereicherte gasförmige Proben werden, wie in Abschn. 3.4 beschrieben, weiterbehandelt. Flüssige Proben werden aufgetaut und homogenisiert oder durch ein Membranfilter von 0,45 μm filtriert und der Rest für Kontrollanalysen wieder eingefroren. Zur Ermittlung der Totalkonzentration muss natürlich der in oder an den Feststoffen befindliche Anteil des Analyten hinzugezählt werden, d. h. man hat es bei „trüben flüssigen Proben" mit einer Feststoffanalytik und einer Analyse der flüssigen Phase zu tun. Auch hier versteht es sich von selbst, dass jeder Umgang mit den Originalproben dokumentiert werden muss. Je nach der

Analytkonzentration in der flüssigen Probe, muss evtl. noch angereichert werden. Beliebteste Technik dabei ist die Flüssig/Flüssig-Extraktion, wobei je nach dem Verhältnis der Volumina von Probe und Extraktionsflüssigkeit durchaus Anreicherungen um das $>10^3$-fache möglich sind. Im Sinne der Qualitätssicherung sind hier neben den Blindwerten vor allem die Streuung der Wiederfindungsraten (= Prozentsatz einer zugegebenen, bekannten Analytmenge, die danach „wieder gefunden" wird) von Bedeutung, denn diese Unsicherheit muss in die Ergebnisunsicherheit *(uncertainty balance)* mit eingearbeitet werden. Auch für die *Unit Operation* EXTRAKTION lassen sich exakte SOPs verfassen, die je nach Matrix dann zum Tragen kommen.

Problematisch wird die Ausbeuteberechnung bei der Extraktion (Bestimmung der Wiederfindungsrate, wenn der Analyt beispielsweise in der Probe unterschiedlich gebunden vorliegt oder in verschiedenen Kompartimenten (z. B. in biologischen Zellen oder für das Extraktionsmittel unzugänglichen Räumen) vorliegt. Um Fehler durch diese Unsicherheit auszuschalten (die die *traceability* erheblich beeinflussen kann), wird häufig die NAA (s. Abschn. 4.6) angewandt, die keiner Extraktion oder sonstiger Probenvorbereitung bedarf. Die Validierung von Extraktionsausbeuten ist auch durch Zugabe von Isotopentracern und Anwendung der Isotopenverdünnungsanalyse, die (wie in Abschn. 5.6 gezeigt) nach Zugabe und Vermischung mit dem *Isotopen-Spike* grundsätzlich kein absolut quantitatives Arbeiten bei der Probenvorbereitung benötigt, nicht einfach. Denn wenn der Isotopen-Tracer nicht in demselben Kompartiment und in einer ähnlichen Verbindungsform mit dem Analyten vermischt wird, kann es trotzdem unterschiedliche Extraktionsausbeuten geben, wenn der Analyt und sein Isotopen-Tracer sich deswegen unterschiedlich verhalten. Probleme können auch auftreten, wenn beispielsweise der Analyt ganz oder teilweise durch Huminstoffe (schlecht charakterisierte Produkte biologischen Pflanzenabbaus) gebunden vorliegt. Hier ist auch auf die Kinetik zu achten. Stellt sich beispielsweise die Verteilung von Analyt and Isotopen-Tracer zwischen „frei" und Matrix-„gebunden" schnell genug ein?

Generell lässt sich zur Probenvorbereitung sagen, dass sie ein gut fundiertes chemisches Wissen verlangt, damit man evtl. mögliche Störungen und systematische Verfälschungen rechtzeitig erkennt und ausschalten kann. Gerade im extremen Spurenbereich scheinen allgemeine chemische Gesetze (z. B. das MWG etc.) durch ausgeprägte Oberflächeneffekte (z. B. Ionenaustausch oder irreversible Chemisorption) überdeckt. Um diese Effekte zu verringern, müssen u. U. weitere Stoffe zugegeben werden, denen die Aufgabe zufällt, z. B. anstelle des Analyten gebunden zu werden. Solche Effekte lassen sich beispielsweise bei der Extraktion mit überkritischen Gasen oder unterkritischen Flüssigkeiten dadurch beobachten, dass häufig durch die Zugabe eines sog. Modifiers die Extraktionsausbeute und -zeit verbessert werden können. Der Modifier hat neben der Optimierung des Lösevermögens der überkritischen Phase auch noch die Aufgabe, den Analyten von den aktiven Zentren der Oberflächenadsorption zu verdrängen.

Zu den Probevorbereitungstechniken zählt auch das „In-Lösung-bringen" des Analyten aus festen Proben. Die gebräuchlichsten Lösungsmethoden und/oder Aufschlüsse werden in Kapitel 4 eingehend beschrieben. Neben einer genauen SOP verlangt die Qualitätssicherung die genaue Dokumentation der dazu verwendeten Chemikalien einschließlich ihrer spezifizierten Reinheit. Für die Spurenanalyse sind besonders bei dem Einsatz größerer Chemikalienmengen zu Aufschlusszwecken die Feststellung der Streuung der Blindwerte wichtig. Für die extreme Spurenanalyse im ppb-Bereich müssen selbstverständlich extrem reine Chemikalien (z. B. supra-pur) verwendet werden. Bei jeder Flasche ist jeder Zeitpunkt einer Entnahme zu notieren und niemals darf eine zuviel entnommene Menge zurückgegeben werden. Experten empfehlen für diesen Konzentrationsbereich generell nur kleinere Gebinde zu verwenden, da die Blindwerte im Sinne der allgemeinen Elementhäufigkeit nach jedem Öffnen der Chemikalienflasche ansteigen.

Bei der Analyse organischer Analyte werden als Vorbereitung für die eigentliche chromatographische Trenn- und Bestimmungsmethode i. d. R. Vortrennungen entsprechend der Polarität des Analytmoleküls durchgeführt, was auch als *clean-up* bezeichnet wird. Hierzu gehören flüssigchromatographische „Grobtrennungen" an polaren stationären Phasen oder RP-Phasen, um Gruppentrennungen durchzuführen. Auch die Festphasenextraktion gehört dazu. Der Übergang von diesen Vortrennungen zu einer sog. mehrdimensionalen Chromatographie und damit zu den Trennmethoden ist fließend. Falls man bestimmte chromatographische Eluate (Fraktionen) einer erneuten Chromatographie mit anderer stationärer Phase unterzieht, hat man eine zweidimensionale Chromatographie durchgeführt.

## 2.5 Probenauftrennung

Es entspricht einer guten, klassischen Analytik-Ausbildung, wenn der Analytiker generell bestrebt ist, eine komplex zusammengesetzte Probe in ihre Einzelbestandteile zu zerlegen. Das allgemeine Schema lautet demnach: Trennen, Identifizieren, Quantifizieren. Der unweigerlich mit jeder guten stofflichen Auftrennung verbundene Zeitaufwand verschafft Vorteile bei der Identifizierung und Quantifizierung. Von den verschiedensten Trennoperationen haben sich die Filtration oder Abzentrifugation, die Extraktion, die Destillation und chemische Transportreaktionen neben den unterschiedlichsten chromatographischen Methoden durchgesetzt. Bei der Spurenanalyse versucht man meistens, den Analyten aus dem Rest der Matrix heraus zu isolieren. Nie sollte man beispielsweise einen großen Überschuss störender Begleitstoffe ausfällen, da dabei durch das Phänomen der Mitfällung der Analyt „mitgerissen" wird. Schon eine Filtration durch Filterpapier kann durch irreversible Adsorptionen an der großen Filteroberfläche zu Minderbefunden führen. Umgekehrt wird vielfach wegen der geringen Konzentration die Ausfällung des Analyten unmöglich, da das Löslichkeitsprodukt nicht erreicht wird. In solchen Fällen gibt man einen analytfreien Spurenfänger zu, der die spätere Bestimmung nicht stört und sich „fällungsmäßig" ähnlich wie die zu bestimmende Substanz verhält.

Besonders gern werden chromatographische Trennverfahren eingesetzt. Natürlich ist die Qualität einer Identifizierung anhand des chromatographischen Retentionsverhalten zusammen mit weiteren Identifizierungsmethoden (MS oder elementselektiver Detektor) höher einzustufen als nur anhand einer Retentionszeit bei nur einer stationären Phase. Es gibt beispielsweise überzeugende Argumente dafür, dass sich bei komplexen umweltanalytischen Proben und daraus resultierenden Chromatogrammen vielfach mehrere Komponenten unter einem Peak verstecken können. Darum ist eine Qualitätssicherung durch eine mehrdimensionale Chromatographie berechtigt. Gleichermaßen qualitätssichernd wirkt sich eine zusätzliche chromatographische Analyse aus, die mittels einer anderen stationären Phase erhalten wurde. Eine komplette Auftrennung der Probe in ihre Einzelbestandteile ermöglicht darüber hinaus eine zuverlässige Quantifizierung, weil dann automatisch wesentlich geringere oder keine Matrixeffekte (z. B. Beeinflussung der Kalibrationskurve (Empfindlichkeit = Steigung) auftreten.

Die Fortschritte der modernen Trenntechniken für Ionen oder Moleküle erlauben heute, effiziente Trennungen sowohl für die Element- als auch für die Molekülanalytik. Die maximale Qualität wird dabei durch redundante Daten erzeugt, wenn beispielsweise zusätzlich zur charakteristischen Retentionszeit eine element- oder molekülspeziische Detektion oder Mengenbestimmung (Quantifizierung) erfolgt. So ist es beispielsweise leicht möglich, das Eluat einer ionenchromatographischen Analyse, die häufig mittels eines wenig selektiven Leitfähigkeitsdetektor durchgeführt wird, zu einem weiteren ionenselektiven Detektor (z. B. ionenselektiven Elektrode oder AAS-Gerät) zu leiten, um damit eine redundante Mengenmessung durchzuführen. Falls es bei einem derartigen Vorgehen identische quantitative Resultate gibt, dann liegt ein schönes Beispiel für eine in-situ Validierung vor. Dieser Weg, aus Qualitätssicherungsgründen redundante Daten zu erzeugen, dürfte bei dem von den Normen vorgegebenen Zwang zu einer generell überzeugenden Validierung an Bedeutung gewinnen. Als überzeugende Validierungsmethode bei der Gas-Chromatographie hat sich z. B. der elementselektive Plasma-Emissions-Detektor (Atom-Emissions-Detektor, AED von HP) bewährt. Hier entstehen redundante Daten dadurch, dass man pro Elementkanal ein quantitatives Ergebnis für ein und denselben Analyten erhält. Abweichungen der Ergebnisse zwischen den einzelnen Elementkanälen (z. B. zwischen der Peak-Auswertung des Kohlenstoffkanals und des Wasserstoffkanals) weisen hier auf Unstimmigkeiten (z. B. Co-Eluationen, Matrix-Effekt bei Kalibrierung etc.) hin!

Problematisch bei allen Trennmethoden ist das weitere Fortschreiten der sog. Labor-Informations-Management-Systeme (LIMS), wenn aus Gründen der Datenreduktion nur noch ein Strich bei der betreffenden Retentionszeit verwendet wird, dessen Höhe der Peakhöhe oder -fläche proportional ist. Ein geschulter und erfahrener Chromatographie-Spezialist kann hingegen aus bestimmten Abweichungen von der chromatographischen Peakform (Front-Tailing, Tailing, Schulter-Flanke etc.) Rückschlüsse auf die Qualität der Trennung anstellen. So folgt beispielsweise die im Verlaufe eines Chromatogramms zunehmende Peakverbreiterung einer bestimmten Gesetzmäßigkeit. LIMS sollte diese erkennen und Abweichungen davon, die auf nicht getrennte Fraktionen hindeuten, erkennen können.

Die Elementanalytik verzichtet leider heute vielfach auf jegliche Trennoperation und versucht, die Identifikation aus der eindeutigen spektralen Zuordnung zu erreichen. Dazu ist allerdings eine hohe spektrale Auflösung erforderlich, die jegliche Linienüberschneidung ausschließt. Häufig werden laienhaft die verschiedenen Element-Bestimmungsmethoden durch ihr sog. Auflösungsvermögen charakterisiert. So versucht man beispielsweise darzulegen, dass – verglichen zur der begrenzten Auflösung eines Polarogramms mit ca. 20 – die optische Atomemissionsspektrometrie mit einem von $\lambda/\Delta\lambda = 300000$ wesentlich höher und damit besser wäre. Dabei wird aber übersehen, dass die meisten Stoffe nur ein bis zwei polarographische Stufen aufweisen, während hingegen ein ICP-Emissionsspektrum von Eisen oder Osram weit über hunderttausend Linien enthalten kann, die das hohe Auflösungsvermögen des betreffenden Monochromators deutlich relativieren. Der Einsatz moderner Trennmethoden auch in der Elementanalytik könnte hingegen den Weg zu mehr Speziationsanalyse eröffnen, die für jede toxikologische Bewertung notwendig ist. So ist beispielsweise das essentielle $Cr^{3+}$ vom toxischen $Cr^{6+}$ leicht mittels Ionenaustauscher zu trennen.

Die Qualitätssicherung bei der Identifizierung aufgetrennter Probenbestandteile besteht i. d. R. darin, dass man den Vergleich mit Standardsubstanzen auch auf einer weiteren chromatographischen Säule anderer Polarität oder eines anderen Trennmechanismus' durchführt. Aber wie soll man es mit Komponenten halten, die nicht als Standard erhältlich sind, wie beispielsweise viele Metaboliten oder komplizierte Biomoleküle? Hier steht und fällt i. d. R. die Identifizierung mit der Reproduzierbarkeit des massenspektrometrischen Fragmentierungsverhalten.

## 2.6 Die Quantifizierung (Messung des Analyten)

### 2.6.1 Absolutmethoden oder Primärmethoden

Unter (Ab-)Messen versteht man allgemein einen Vergleich mit einem akzeptierten Standard (vgl. Urmeter, Kilogramm, Ampére etc.). Ähnliches läuft auch bei einer analytisch-chemischen Quantifizierung (Bestimmung) ab. Bei allen sog. Absolut-Bestimmungmethoden gibt es genaue stöchiometrische Faktoren, die beispielsweise ein Gewicht (Gravimetrie), ein Volumen einer Maßlösung (Volumetrie) oder eine A·s-Ladungsmenge (Coulometrie) mit einer Analytmenge verbinden. Allerdings weiß jeder Analytik-Experte, dass die Genauigkeit der Faktorenangabe in keinem Verhältnis zur tatsächlich erzielbaren Genauigkeit steht, weil die Voraussetzungen (exakte stöchiometrische Zusammensetzung, Urtiter-Eigenschaften etc.) schlecht zu überprüfen sind. Obwohl beispielsweise die Coulometrie (s. Abschn. 7.4.1) theoretisch extrem genau ist, denn die elektrische Ladung in As kann auf weit unter 0,01 % genau gemessen werden, nutzt sie wenig, wenn man entweder den Endpunkt einer coulometrischen Titration mit konstantem Strom nicht entsprechend genau bestimmen kann oder bei der Coulometrie bei konstantem Arbeitselektroden-Potential das Ende der elektrochemischen Reaktion. Darüber hinaus muss nach den Qualitätsrichtlinien eine stets vorausgesetzte 100,00 %ige Stromausbeute (keine elektrochemischen Nebenreaktionen) an der betreffenden Arbeitselektrode selbstverständlich auch mit dieser Genauigkeit bewiesen werden können, was bei realen Proben mit nicht völlig bekannter Zusammensetzung leicht unmöglich wird. Bei den sog. Absolutmethoden, die man heute auch als sog. Primär-Methoden bezeichnen möchte, geschieht das „Abmessen" des Analyten mit anderen physikalischen Größen, z. B. Masse, Volumen oder Ladung, wobei zwischen letzteren und dem Analyten ein fester, bekannter Zusammenhang (gravimetrischer Faktor; Titer, oder die Faradayschen Gesetze) besteht. Die sog. stöchiometrischen Faktoren, die häufig naiv auf besser als 0,1 % genau (> 4 Stellen) angegeben werden, wurden aber aus Untersuchungen mit reinsten Ausgangsstoffen erhalten. Bei Realproben mit störenden Matrixbestandteilen wird diese theoretische Genauigkeit leicht erheblich verschlechtert und nicht selten schlechter als die Genauigkeit einer modernen instrumentellen Relativmethode! Trotzdem haben die Absolutmethoden ihre Berechtigung, z. B. bei der Validierung von reinen Kalibierlösungen, die mangels Urtiter-Eigenschaften nur ungenau angesetzt werden können. Hier wird über die Stöchiometrie und die Waage bzw. Volumenmessung ein Beispiel für die sog. *Traceability* (Zurückführung auf den internationalen „Mol"-Standard) gegeben.

Unter bestimmten Gesichtspunkten lässt sich auch die Neutronenaktivierungsanalyse (NAA) zu den Absolutmethoden zählen. Ihre *Traceability* könnte beispielsweise gegeben sein, wenn alle Größen in den so genannten Aktivierungsgleichungen (Gl. 4.46 und 4.47 in Kapitel 4.8) als internationale Standards gegeben oder mittels entsprechender Standardverfahren bestimmbar wären. Glücklicherweise ist die NNA jedoch nicht matrixabhängig und die Kalibration ist mit simultan bestrahlten mit Mono- oder Multi-Elementstandards (zertifizierter Reinheit aber ohne Rücksicht auf die Verbindungsform) leicht und sicher durchführbar. Da sie keiner weiteren Probenvorbereitung bedarf, kommen auch Analytverluste oder -einschleppungen (Blindwerte) nicht vor. Aus diesem Grunde ist sie besonders bei der Schaffung von zertifizierten Elementstandards unverzichtbar und kann die Probleme der *Traceability* bei der Isotopenverdünnungsanalyse (IVA) durch unzureichend zugängliche Kompartimente und eine mögliche Abhängigkeit von der Verbindungsform der Isotopentracer aufklären.

### 2.6.2 Massenspektrometrische Isotopenverdünnungsanalyse (IVA)

Die IVA (siehe Abschn. 5.6) zeigt bei Ringuntersuchungen erfahrungsgemäß die geringsten systematischen Fehler. Aus diesem Grunde wird sie von einigen Analytikern auch gerne als definitive Methode bezeichnet, der man bei streuenden Ring-Analysenergebnissen am ehesten trauen sollte. Im angelsächsischen ist auch der Begriff *confirmative analysis* dazu gebräuchlich. Darunter versteht man eine Bestätigung eines unsicheren Analysenergebnisses z. B. im Rahmen von Screening Tests. Allerdings zählt man hierzu auch andere „Absicherungen", wie z. B. GC-MS oder LC-MS u. a. zum Beispiel als Kontrolle eines immunologischen Assays.

An dieser Stelle soll im Rahmen der Qualitätssicherung nur darauf hingewiesen werden, dass selbst scheinbar so einfache Messungen wie die Erfassung von Ionenstrahl-Intensitäten mit verschiedenem m/z-Verhältnis apparativ nicht trivial sind. So benutzt man z. B. in der Geochronologie zur Kompensation von Gerätefehlern internationale Isotopen-Standards. Dadurch werden Massendiskriminierungs-Effekte bei SEV-Empfängern sowie Unterschiede in der Ionisierungsausbeute in der Ionenquelle (isotopen-fraktionierten Verdampfung) bei einer sog. Feststoff-Ionenquelle bei unterschiedlichen Geräten- und Vakuumbedingungen kompensiert. Es können aber auch noch weitere Effekte im Gerät dafür sorgen, dass die Verhältnis-Messung nicht mit höchster Genauigkeit erfolgen kann. So misst man beispielsweise bei Ansprüchen für höchste Genauigkeit gerne die zu vergleichenden Massen simultan unter Verwendung von zwei benachbarten Faraday-Cup-Detektoren, die den Massendiskriminierungs-Effekt nicht zeigen. Bei dieser Meßmethode kann das Isotopenverhältnis sogar im Verlaufe des Aufheizens des Verdampferbandes in der Feststoff-Ionenquelle direkt registriert werden. Trotzdem kann beispielsweise einer dieser auf den Empfänger fokussierten Ionenstrahlen durch verschmutzte Loch- und Ziehblenden (verantwortlich für die sog. Ionen-Optik) im Vergleich zum anderen Strahl leicht dejustiert sein und ein Teil nicht in den Faraday-Cup gelangen. Dies entspräche einem systematischen Fehler bei der Bestimmung eines Isotopenverhältnisses. Um derartiges auszuschalten, verwenden die Experten entsprechende Standards mit extrem genau bestimmten Isotopenverhältnissen. Bei der IVA kompensieren sich allerdings diese möglichen Fehlerquellen, weil man ja hier die Isotopenverhältnisse des Analyten in der Probe misst, sodann die vom zugesetzten Isotopen-Spike und zuletzt von der Mischung. Dazu wird natürlich ein und dasselbe Massenspektrometer verwendet. Alle oben geschilderten Fehlermöglichkeiten können sich hier, wegen des Bezugs auf Verhältnisse, die alle mit dem gleichen Gerät unter gleichen Umständen erzielt wurden, aufheben (wenn sie dabei konstant geblieben sind).

Dieser Exkurs in die technischen Details der Isotopen-Verhältnis-Messung soll eigentlich nur verdeutlichen, dass zur einer echten technischen Qualitätssicherung auch eine genauere Kenntnis der eigentlichen Messtechnik erforderlich ist und jeglicher *Black-Box*-Standpunkt hier unangemessen ist. Es verdeutlicht gleichermaßen auch die Wichtigkeit der technischen Qualitätskontrolle im Vergleich zu einem rein formalen Vorgehen, das beispielsweise lediglich alle apparativen Einstellungen zu dokumentieren vorschreibt aber keine kritischen Überlegungen zum eigentlichen Messprozess anstellt.

### 2.6.3 Methoden, die Kalibrier-Standards verlangen

Die meisten instrumentell-analytischen Methoden sind sog. Relativ-Methoden, d.h. sie messen die Intensität eines analytischen Signals relativ zu der Signalintensität eines Standards für den betreffenden Analyten. Dieses Vorgehen wird auch Kalibrieren genannt. Dabei bestimmt man die Abhängigkeit des jeweils gemessenen analytischen Signals von einer vorgegebenen, bekannten Analytkonzentration. Falls eine staatlich dazu autorisierte Stelle dies ausführt, redet man von „eichen" (Eichgesetze). Die graphische Auswertung dieser Messreihe wird „Kalibrierkurve" genannt. Sie kann dann bei einer ausreichenden zeitlichen Stabilität später zum Auswerten von unbekannten Proben dienen, indem man mit dem gemessenen Analysensignal in die Kurve hereingeht und die dazugehörige Konzentration auf der Abszisse abliest (Umkehrung des Kalibrationsvorganges). Das Koordinatensystem kann dabei auch logarithmisch oder exponentiell unterteilt sein, um geradlinigere Kurven zu erhalten. In der Potentiometrie trägt man üblicherweise den negativen Logarithmus der Ionenaktivität als Abszisse gegen die Messkettenspannung in mV, in der Photometrie den negativen Logarithmus der Lichtdurchlässigkeit (= Extinktion oder engl. *absorbance*) als Ordinate gegen die betreffende Analytkonzentration auf.

Aus verschiedenen Ursachen ergeben sich bei diesen Kalibrierungen (Aufnahme der mathematischen Kalibrierfunktion) nicht immer lineare Bereiche, die sich über mehrere Konzentrationsdekaden erstrecken. Der lineare Bereich charakterisiert aber eine bestimmte instrumentelle Methode und ist Bestandteil jeder Methoden-Validierung (Linearitätsbereich). Im Zeitalter der computergestützten Auswertungen ist aber die Linearität nicht eine unbedingt notwendige Voraussetzung für richtiges analytisch-chemisches Arbeiten. Sachlich begründeter ist die Berücksichtigung der statistischen Messunsicherheiten durch Wiederholmessungen bei den entsprechenden Konzentrationen und Einzeichnung der Wiederhol-Standardabweichung als sog. Fehlerbalken in dieses Diagramm. Dann ist der Mess- und Auswertebereich klar dadurch gegeben, dass eine vorher festgelegte Standardabweichung im unteren und oberen Konzentrationsbereich überschritten wird. Dies führt allerdings in den höheren Konzentrationsbereichen, wo in der Regel eine Art Signalsättigung zu beobachten ist, bei einfachen Wiederholmessungen zu sehr reproduzierbaren Signalen (da jede Analytkonzentration in diesem Bereich das gleiche Messsignal liefert). Hier ist also eher zu prüfen, ob eine vorher vereinbarte minimale Konzentrationszunahme in den Kalibrierlösungen noch als solche erkannt werden kann. Man erkennt beispielsweise ganz intuitiv, wann bei einer konstant angenommenen Messunsicherheit (z. B. aus der Wiederholbarkeit im steilsten Kalibrierkurvenbereich entnommen) die Projektion dieser Signalspanne auf die Konzentrationsabszisse einen gewissen Bereich überschreitet.

Für die Auswertung instrumentell-analytischer Verfahren über eine derartige Kalibrierung müssen aber einige Voraussetzungen erfüllt sein, die im Rahmen einer Validierung überzeugend zu belegen sind:

1. Die Kalibrierkurve (Kalibrierfunktion) muss stabil sein, d.h. am Ende der gemessenen Probenserie muss bei einer Re-Kalibrierung eine identische Kurve wie zu Beginn erhalten werden; hier dürfen sich der Nullpunkt (bei Nichtanwesenheit des Analyten) und die Steigung (oder Kurvenverlauf) im betreffenden Zeitraum nicht geändert haben;
2. Die Empfindlichkeit (= Steigung der Kalibrierkurve oder der Signalzunahme pro Konzentrationseinheit) darf sich von Probe zu Probe (matrixbedingt) nicht ändern und muß vor allem bei den Realproben identisch sein mit der der Kalibrierstandards.

Unterschiedliche Empfindlichkeiten zwischen rein wässrigen Kalibrierstandards und den zu analysierenden Realproben sind häufig. Dieser Effekt wird als Matrixeffekt bezeichnet, d. h. die Zusammensetzung neben dem zu bestimmenden Stoff übt einen Einfluss aus. Solche Matrixeffekte können chemischer oder physikalischer Natur sein. So wird beispielsweise bei der Atomspektrometrie die Ionisierung bestimmter Elemente (= Abnahme des Signals des neutralen Elements) durch die Anwesenheit leichter zu ionisierende Elemente (s. Abschnitt 4.4.4) zurückgedrängt, der Signalabnahme also entgegengewirkt. Ein bekannter physikalischer Matrixeffekt liegt beispielsweise dann vor, wenn bei einer atomspektrometrischen Methode die Viskosität und/oder Oberflächenspannung der Proben anders ist als bei den Kalibrierstandards, weil beide Parameter die Zerstäubungsausbeute bei der üblicherweise verwendeten pneumatischen Probenzerstäubung (Probeneintrag in die spektrale Quelle) beeinflussen. Um trotzdem große Probenserien rationell mittels einer Kalibrierkurve oder kalibrierten Geräte- oder Schreiber-Skala vermessen zu können, hilft man sich häufig dadurch, dass man die Einfluss ausübenden Effekte durch einen intelligent gewählten Zusatz zu Kalibrierstandards (und evtl. auch allen Proben) nivelliert, sodass die unterschiedlichen Probenmatrices kaum noch eine Rolle spielen. Eine weitere Taktik zum Ausschalten derartiger systematischer Messfehler ist der Bezug auf einen sog. internen Standard. Dazu gibt man den Kalibrierstandards und den Probenlösungen einen weiteren Stoff in bekannter und konstant gehaltener Konzentration hinzu, der garantiert zuvor nicht in den Proben in dieser Konzentration vorhanden war und der sich instrumentell analytisch ähnlich wie der Analyt verhält. Gemessen wird nun stets das Intensitätsverhältnis zwischen dem Messsignal des Analyten und dem des zugesetzten inneren Standards. Falls es hier beispielsweise bei einer atomspektrometrischen Bestimmung zu einer Ionisierung kommt, so wird auch jene des internen Standardelementes in hoffentlich gleichem Ausmaß beeinflusst und dadurch kompensiert. Ähnlich kompensieren sich dabei auch evtl. unterschiedliche Atomisierungsausbeuten in der spektralen Quelle. Für die richtige Wahl des inneren Standards müssen allerdings alle signalerzeugenden Vorgänge im betreffenden Analysengerät bestens bekannt sein, was wiederum einen ausgebildeten Analytischen Chemiker erfordert.

Gelingt es trotz der oben erwähnten Methoden nicht, unterschiedliche Matrixeinflüsse von Probe zu Probe zu kompensieren, dann hilft häufig nur noch die etwas aufwendigere Technik der Standard-Addition. Hier gibt man, wie im Anhang noch gezeigt wird, allen zu vermessenden Proben den Analyten in genau bekannten Konzentrationseinheiten hinzu und berechnet daraus die Menge, die von Beginn an vorgelegen hat. Grundlage hierbei ist, dass der zugesetzte Analyt im genau gleichen Ausmaß von der variierenden Probenmatrix beeinflusst wird. Allerdings werden hierbei oft auch unkontrollierte Annahmen gemacht, die ebenso zu systematischen Fehlern Anlass geben. So geht man beispielsweise i. d. R. davon aus, dass die Kalibrierkurve im unteren Konzentrationsbereich mit der gleichen Empfindlichkeit verlaufen wird und man daher eine leichte graphische Auswertung durch eine lineare Extrapolation durchführen kann. Eine überzeugende Validierung verlangt hier einen Beweis, der z. B. durch eine mehrfache Verdünnung und Auswertung durch diese Methode dann erhalten wird, wenn stets das gleiche Ergebnis erzielt wird.

## 2.6.4 Kalibrierung von Sensor-Arrays

Wegen der begrenzten Selektivität von chemischen Sensoren (ohne biologische Erkennungskomponente) versucht man, mehrere Chemosensoren mit unterschiedlicher Sensitivität gegenüber den zu bestimmenden Analyten simultan zu verwenden, um dann aus dem sich dabei ergebendem Signalstärke-Muster die gegenseitigen Querstörungen graphisch oder rechnerisch „herauszurechnen“. Dazu gibt es auch eine Reihe von mathematischen Verfahren, wie z. B. die multivariante Datenanalyse, *Principal Component* Analyse (PCA), hierarchische Clusteranalyse sowie die verschiedenen *Artificial Neural*

*Network* Analysen. Bei Sensor-Arrays spricht man nicht von Kalibrierung sondern von einer „Anlernphase“. Ähnlich unseren Sinnen und deren Verarbeitung im Gehirn soll das Analysensystem durch die Vermessung vieler Standardproben die einzelnen Analyte in der Mischung zu bestimmen lernen. Diese sog. Lernphase wird in der Literatur leider meistens bezüglich ihres Aufwandes unterschätzt. Es müssen nämlich in dieser Zeit sämtliche Analyte und Störkomponenten, die das Ergebnis beeinflussen können, in einer Permutation ihres gemeinsamen Auftretens und sämtlicher relevanter Konzentrationswerte als bekannte Standards angeboten werden. Dies kann bereits bei einem Analyten und nur 5 bekannten Störstoffen zu weit über 100 individuell anzusetzenden Standards führen. Die Auswertung über einen vektoriellen n-dimensionalen Raum verlangt zur Kontrolle auf unstete Kalibrierfunktionsstellen diesen Aufwand. Bei mehreren, simultan zu erfassenden Analyten und mehr Störstoffen sind so leicht über 1000 Standards (bei z. B. ca. 3 Analyten und 10 Störkomponenten in einem Konzentrationsbereich über zwei Größenordnungen) mit der Variation aller Komponenten und Konzentrationen erforderlich. Dies bedeutet einen entsprechenden Zeitaufwand. Wenn das Sensor-Array allerdings zu driftenden Empfindlichkeiten neigt (wie leider z. Z. noch die Regel), dann wird dieser Lernaufwand sinnlos, da am Ende andere Bedingungen wie am Beginn vorliegen. In offenen Systemen, d. h. bei der Möglichkeit, dass neue, unbekannte Störstoffe vorkommen können, wie z. B. in der Umweltanalytik, funktionieren Sensorarrays noch nicht zuverlässig. Sie haben jedoch ihre Berechtigung in geschlossenen Systemen, so z. B. zur Produktionskontrolle von Lebensmitteln.

## 2.7 Messdaten-Auswertung

Bei jeder quantitativen Bestimmung (Bestimmen der Anzahl der vorhandenen Analytatome oder -moleküle, daher ist das Mol die vorgeschriebene chemische Einheit im internationalen SI-System) muss bei der instrumentellen Analytik eine von der betreffenden Methode abhängige physikalische Messgröße (Spannung, Ampère, Lichtintensität etc.) in eine chemische umgewandelt werden. Dies geschieht durch die Umkehrung der Kalibrierfunktion. Aus Gründen der Qualitätssicherung und *trackability* müssen die Rohdaten (originale Messdaten) der Kalibration und Auswertung sorgfältig aufbewahrt werden. Laut GLP sollen diese Daten sogar weit länger als 10 Jahre aufbewahrt werden. Dadurch soll im gesetzlich geregelten Bereich (Umwelt, Pharma etc.) garantiert werden, dass noch viele Jahre später die Analyse von Anfang bis Ende von Experten „nachvollzogen“ werden kann.

In vielen SOPs und Normen wird erwähnt, dass man in diese Umkehrfunktion (oder graphisch gesehen von der Signal-Ordinate zur Konzentrations-Abszisse) mit einem sog. Netto-Signal $S_{net}$ hineingeht. Damit möchte man erreichen, dass nur der Signal-Anteil, der unmittelbar vom Analyten in der Probe verursacht wird, ausgewertet wird. Die Indizierung mit „Netto“ deutet schon auf eine einfache Rechenoperation (Subtraktion) hin. In der Regel wird hierbei ein möglicherweise methodenmäßig vorhandener Untergrund in Abzug gebracht. So verursachen beispielsweise in der optischen Atomemissionsspektrometrie (AES) (siehe Abschn. 4.4) helle Weißlichtquellen – wie die verschiedenen Plasmen – einen nicht strukturierten Untergrund, von dem aus sich dann die Spektrallinie erhebt. Dieser wird natürlich vor der Auswertung über die Umkehrfunktion in Abzug gebracht. Bei manchen Geräten (z. B. den simultan messenden) gibt es auch entsprechende Vorrichtungen, die dies automatisch bewirken. Ähnlich auch in der AAS, wo vor allem bei der Graphitrohr-Technik mittels der verschiedenen Untergrundkompensationsmethoden die nicht elementspezifischen Anteile in Abzug gebracht werden. Bei benachbarten starken Emissionslinien eines anderen Elements wird auch eine Basislinien-Korrektur wie in der Chromatographie durchgeführt. In vielen Fällen wird dabei eine einfache Gerade zwischen den Fußpunkten eines Analyt-Peaks gezogen und die Strecke vom Peak senkrecht zur Geraden als Netto-Signal vermessen. Genauere Auswertungen berücksichtigen dabei die wahrscheinliche geometrische Form des störenden Peaks.

Diese Netto-Signal-Bildung durch Störsignale, die sich matrix-unabhängig streng additiv verhalten, ist aber strikt von der sog. Blindwert-Korrektur zu unterscheiden. Unter Blindwert versteht man die Menge an Analyt, die im Laufe des Analysenverfahrens durch Behälter, benutzte Chemikalien, Wasser, Luft etc. zusätzlich in die Probe eingetragen wird. Erfahrungsgemäß ist dabei der Chemikalienblindwert am größten. Die extreme Spurenanalyse (< 1 ppm) wird i. d. R. durch diese Blindwerte, genauer durch die Schwankungen dieser Blindwerte limitiert. Ein Blick auf die Reagenzienetiketten besagt schon, dass beispielsweise nach Schmelzfluss-Aufschlüssen keine extremen Spurenanalysen durchgeführt werden sollten. Bei Säure-Aufschlüssen sind sogar noch supra-pur-Chemikalien mittels der *sub-boiling*-Technik kurz vor Gebrauch weiter zu reinigen. Von zentraler Wichtigkeit ist hierbei, dass bei all diesen Blindwerten, die in Praxis auch als Feld- und Chemikalienblindwert zusammen anfallen, die Probenmatrix nicht vorhanden ist, die Matrixeffekte also völlig anders sein können!

## Negative Analytkonzentrationen nach Blindwert-Abzug

Dies soll an einem Beispiel aus der Elektroanalytik verdeutlicht werden:

Eine Gesteinsprobe soll nach einem Flusssäure/Perchlorsäure-Aufschluss ohne weitere Trennoperationen mittels der Inversvoltammetrie auf Blei analysiert werden. Bei der Auswertung erhält man für den Chemikalienblindwert ein größeres Analysensignal als bei der Probe. Wie ist dies zu erklären, wurden doch identisch gereinigte Gefäße verwendet und die gleichen Mengen an Chemikalien zugefügt? Es ist die Probenmatrix, die hier die Empfindlichkeit verringert. Ein Blick auf das dazugehörige Diagramm einer Standard-Addition bei Probe und Blindwert verdeutlicht diesen Sachverhalt auf Anhieb (s. Abb. 2.5). Der durch diese Auswertetechnik erhaltene Chemikalienblindwert ist jetzt natürlich geringer als der Analytgehalt der Probe und kann sinnvoll in Abzug gebracht werden. Der Grund für die geringere Empfindlichkeit bei Anwesenheit der vorliegenden Probenmatrix bestand darin, dass die Stromausbeute bei der Vorelektrolyse durch anwesendes $Fe^{3+}$ geringer wird, da dieses zusammen mit dem Blei an der Kathode reduziert wird.

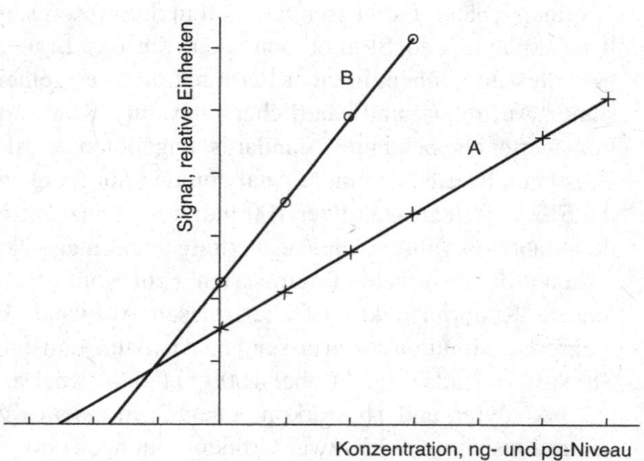


**2.5** Real aufgetretenes Beispiel einer „negativen" Bleikonzentration bei Blindwert B und Probe A.

In vielen Normen und Richtlinien wird nun leider vorgeschlagen, das gemittelte Blindwertsignal des betreffenden Analyten vom Brutto-Proben-Signal einfach abzuziehen, um zu dem gewünschten Nettosignal $S_{net}$ zur Auswertung zu kommen. Dabei wird oft unerwähnt gelassen, dass dies nur bei einer gleichen Empfindlichkeit (Steigung der Kalibrierfunktion) zwischen matrix-behafteten und matrix-freien Messproben erlaubt ist.

Bei der Blindwertkorrektur ist also im Rahmen der Validierung darauf zu prüfen, ob die Voraussetzungen für eine einfache Signal-Subtraktion $S_{net} = S_{Probe} - S_{Blindwert}$ überhaupt gegeben sind. Diese Verifizierung sollte auch Verfahren einschließen, bei denen dieses quasi automatisch apparativ geschieht, wie z. B. bei der Photometrie, wenn sich in der Referenzküvette nur alle Chemikalien und das analytselektive Reagenz (ohne Probenmatrix) befindet. Durch die Nullstellung der Extinktion dieser „Blindwert-Küvette" geschieht analoges wie bei einer einfachen Blindwertsignal-Subtraktion. Ähnliches passiert auch bei der inzwischen möglichen Subtraktion ganzer Spektren (Differenzspektren). Auch hier muss im Rahmen einer selbstkritischen Validierung geprüft werden, ob eine identische Empfindlichkeit (Steigung der Kalibriergeraden) zwischen Referenz-Spektrum und matrixbehaftetem Spektrum besteht. Falls nicht, muss es hier zu wellenlängenabhängigen Korrekturfaktoren kommen, die die unterschiedliche Empfindlichkeit korrigieren.

In vielen Fällen beeinflusst die Probenmatrix die analytische Funktion, sodass man keine Auswertung über letztere oder mittels einer einheitlichen Kalibrierkurve durchführen kann. Gerade bei Probenmatrices, die sich instrumentell analytisch so unangenehm verhalten, dass eine aufwendige mehrfache Standard-Addition durchgeführt werden muss, kommt es im Spurenbereich oft vor, dass bestimmte Geräte- oder Chemikalienblindwerte in Abzug zu bringen sind. Wenn aber schon die Technik der Standard-Addition angewandt werden muss, dann ist eine unterschiedliche Empfindlichkeit zwischen Realproben und Blindwertlösung hier höchstwahrscheinlich. Dann muss man auch die Blindwertlösungen der Standard-Addition unterwerfen und die daraus erhaltene Analyt*konzentration* anstelle des Signals zum Abzug bringen. Hierbei fallen unterschiedliche Steilheiten bei der Konzentrationszugabe zwischen Proben- und Blindwertmatrix auch sofort auf.

Die Verwendung eines zertifizierten Standard-Referenz-Materials (CRM) mit einer ähnlichen Matrix wie bei den vorliegenden Proben zu reinen Kalibrationszwecken wird nicht empfohlen. Einmal wäre es angesichts der Notwendigkeit zu Re-Kalibrationen (zur Kompensation der Gerätedrift) zu teuer in der Anwendung, andererseits würde eine echte Kontrolle über den gesamten Analysengang dadurch entfallen. Auch muss bei dem Einsatz von CRMs ein Mindestmaß an Kritikfähigkeit vorhanden bleiben, denn es gab schon falsche Standards, die sonst nicht auffallen würden.

Was macht der Analytische Chemiker aber in der organischen Analytik, falls beispielsweise eine bestimmte Substanz überhaupt nicht rein als Standard erhältlich ist, sei es dass es sich nur um einen instabilen Metaboliten, sei es dass es sich um eine unbedeutende Substanz handelt? Die beste Möglichkeit wäre hier z.Z., eine gaschromatographische Analyse mit dem bereits oben erwähnten AED von Hewlett-Packard durchzuführen. Dieser Detektor registriert die Elementsignale (z. B. Kohlenstoff, Wasserstoff, Halogene, Sauerstoff, Stickstoff, Metalle usw.) in einer gaschromatographisch abgetrennten Verbindung nahezu ohne Rücksicht auf die Art dieser Verbindung. Daher kann man die einzelnen Chromatographie-Kanäle mit anderen Standards kalibrieren und dann bei bekannter Stöchiometrie die Stoffkonzentration leicht errechnen. Natürlich müssen hierbei bei allen Elementkanälen identische Ergebnisse herauskommen. Dadurch erhält man eine gewissen Redundanz und jede Abweichung würde auf systematische Fehler hindeuten. Die Validierung ist hier bei gleichem Ergebnis aus mehr als zwei Element-Chromatogrammen ebenfalls überzeugend präsentiert.

## 2.8 Ergebnisdarstellung

Die ISO 25 schreibt bezüglich der Angabe eines Test- oder Prüfergebnisses vor, dass die Messunsicherheit mit angegeben werden muss, es sei denn, der Kunde will sie explizit nicht haben. Unter der sog. *Uncertainty Balance* versteht man das, was man bereits in den ersten Semestern im physikalischen Grundpraktikum gelernt hat: die Fehlerdiskussion mithilfe der Fehlerfortpflanzungsgesetze. Dazu benötigt man Informationen über die zufälligen (statistischen) und systematischen Fehler sowie über die Repräsentanz der Probe. Die zufälligen Fehler sind relativ leicht durch Wiederhol- oder Parallelanalysen nach den statistischen Gesetzmäßigkeiten in Form der Standardabweichung empirisch zu ermitteln. Die systematischen Fehler, die eigentlich nur bei einer Ringanalyse sichtbar werden, sind schwieriger zu ermitteln. Häufig muss man sich mit einer Schätzung begnügen. Dazu können beispielsweise veröffentlichte Ringanalysenergebnisse mit einem ähnlichen Analyten im ähnlichen Konzentrationsbereich und ähnlicher Matrix dienen. Als empirische Faustregel kann man davon ausgehen, dass die sog. Verfahrens-Standardabweichung (verschiedene Laboratorien) etwa dreimal so groß wie die reine Wiederholbarkeit (Reproduzierbarkeit) in einem Labor ist.

Da häufig aufgrund des analytischen Resultats Entscheidungen oder Bewertungen durchgeführt werden, ist die Angabe des sog. Vertrauensbereiches sehr wichtig. Die zahlreichen empirischen Abhängigkeiten, die aufgrund von Analysenergebnissen graphisch in Form verschiedener Kurven dargestellt werden, deuten ohne eingezeichnete Fehlerbalken auf ein mangelndes Qualitätsbewusstsein hin. Manchmal ist der gesamte analytische Messfehler gegenüber anderen unvermeidbaren Unsicherheiten zu vernachlässigen.

## 2.9 Abschlussbericht

Zu jedem Analysenergebnis mit seiner Messunsicherheit gehört auch ein klarer Abschlussbericht, aus dem der genaue Ablauf der Analyse sowie beobachtete Besonderheiten hervorgehen. Der Abschlussbericht hat sich allerdings auf die analytisch-chemischen Aspekte zu beschränken. Darüber hinaus gehende Schlüsse, die den Grund der Analyse betreffen, sollte dem dazu gehörigen Fachmann überlassen werden. So ist beispielsweise die Bewertung einer akuten oder chronischen Toxizität nicht

---

**Unerlaubte Schlussfolgerungen?**

Bei der Untersuchung von Schwermetallabgaben aus eingefärbtem Keramikgeschirr muss aus Gründen einer Standardisierung auf eine Einheitsfläche (z. B. $cm^2$) bezogen werden. Es stellt sich dabei sofort heraus, dass der systematische und zufällige Fehler bei der Bestimmung der Oberflächenrauigkeit im Mikrometermaßstab kaum kleiner als ca. 10% relativ zu halten ist. Folglich muss diese Ergebnisunsicherheit bei der Nutzung des Testergebnisses (z. B. bei einem Vergleich verschiedener Keramik-Hersteller) berücksichtigt werden. Analoges gilt beispielsweise auch, wenn man z. B. die Trennleistung zweier chromatographischer Säulen vergleichen will. Wenn man mithilfe quantitativer Trennleistungsparameter auf die Funktionsfähigkeit von beispielsweise Trennphasen auf der Basis von *molecular imprinted polymers* schliessen will, sollte man auch auf eine gleiche Oberfläche beziehen, um andere Erklärungen (z. B. rein adsorptive Prozesse) auszuschalten. Erst nach Einzeichnen der Fehlerbalken der Oberflächenbestimmung können wissenschaftlich haltbare Schüsse gezogen werden.

---

das Fachgebiet eines Analytischen Chemikers, sondern das eines ausgebildeten Toxikologen.

Der hier beschriebene analytische Prozess lässt sich auch in Form eines Entscheidungsbaumes oder -diagramms darstellen. Abbildung 2.2 zeigt eine Version, die eine CITAC/EURACHEM Working Group unter meinem Vorsitz im EURACHEM/CITAC Guide Nr. 2 publiziert hat. Die Aspekte der Qualitätssicherung treten demnach auch dadurch zutage, dass bei mangelnder Ausbildung, Erfahrung, apparativer Ausstattung etc. der analytische Auftrag nicht angenommen werden kann.

## Weiterführende Literatur

Dux, J. P. , *Handbook of Quality Assurance for the Analytical Chemistry Laboratory*, 2. Aufl., Van Nostrand Reinhold, New York, 1991.

Garner, W. Y., Barge, M. S., Ussary, J. P. (eds.) *Good Laboratory Practice Standards: Applications for Field and Laboratory Studies*, ACS Professional Reference Book, Washington D.C., USA, 1992.

Günzler, H. (Hrsg.) *Akkreditierung und Qualitätssicherung in der Analytischen Chemie*, Springer, Berlin, Heidelberg, New York, 1994.

Masing, W. (Hrsg.) *Handbuch der Qualitätssicherung*, 2. Aufl., Carl Hanser, München, Wien, 1988.

Newman, E. J., Prichard, F. E:, Crosby, N. T., Day, J. A., Hardcastle, W. A., Holcombe, D. G., Treble, R. D. *Quality in the Analytical Chemistry Laboratory*, ACOL, John Wiley & Sons, Chichester, New York, 1995.

QA *Best Practice for Research and Development and Non-Routine Analysis*. EURACHEM/CITAC Guide 2, LGC, Teddington (Ltd.) UK (1998) http://www.vtt.fi/ket/eurachem/publications.htm.

# 3 Probenahme

## 3.1 Einleitung

Analytische Untersuchungen werden – wie oben bereits erläutert – aus unterschiedlichsten Gründen durchgeführt, z. B. bei der Produktkontrolle, beim Wareneingang, für gerichtsmedizinische oder diagnostische Zwecke sowie im Bereich der Lebensmittel- und Umweltüberwachung. Ein äußerst wichtiger Schritt bei allen Untersuchungen ist dabei die Probenahme (bei Entnahme mehrerer Proben: Probennahme). Ein Endergebnis *kann* von der verwendeten analytischen Methode abhängen, aber es wird *immer* von der Probenahme abhängen. Unsachgemäß entnommene oder unzureichend charakterisierte Proben sollten nicht untersucht werden, weil sie zu falschen Schlüssen führen.

Von besonderer Wichtigkeit ist in diesem Zusammenhang die richtige Einschätzung der Fehler, die sich aufgrund des Fehlerfortpflanzungsgesetzes aus der Addition der einzelnen Varianzen der betreffenden Schritte wie Probenahme, Probenvorbereitung und der eigentlichen Messung wie im vorangegangenen Kapitel auch gezeigt ergeben:

$$\sigma^2_{\text{Gesamt}} = \sigma^2_{\text{Probenahme}} + \sigma^2_{\text{Probenvorbereitung}} + \sigma^2_{\text{Messung}}.$$

Die Größenordnung der Fehlerquelle Probenahme im Vergleich zur Probenvorbereitung und zur eigentlichen Messung zeigt beispielhaft Abbildung 3.1.

Es ist leicht zu erkennen, dass aufgrund der geringen Varianzen in der analytischen Messtechnik (Reproduzierbarkeit des eigentlichen Messvorganges) die Hauptfehlerquelle in einer unsachgemäßen Probenahme *und* -vorbereitung liegt. Bevor also die analytischen Messverfahren weiter hinsichtlich der Reproduzierbarkeit und der Nachweisgrenze verbessert werden, sollten zunächst einmal diese Teilschritte verbessert werden.

Hierzu gehört bei umweltrelevanten Analysen unbedingt auch die Berücksichtigung eines möglichen Feldblindwertes. Dieser berücksichtigt die Möglichkeit, dass Verunreinigungen aus der Umgebung (Staub oder andere Mikropartikel, wie z. B. Pollenflug), die nicht Bestandteil des beprobten Kompartiments sind, in das Probenmaterial eingeschleppt werden können. Um diesen Fehler zu vermeiden, sollten Probenahmebehälter, die eine analytfreie Matrix enthalten, mit zum Probenahmeort genommen werden. Die Behälter lässt man dort genauso lange geöffnet stehen wie die eigentlichen Probenahmebehälter. Im Labor werden diese Proben dann genauso aufgearbeitet wie die eigentlichen Proben, und man erhält so ein realistisches Maß für den Feld- *und* Labor- oder Chemikalienblindwert. Diese Forderung, die vor allem bei Spurenanalysen wichtig wird, hat leider noch nicht Einzug in Normen oder sonstige Verfahrensvorschriften gefunden.

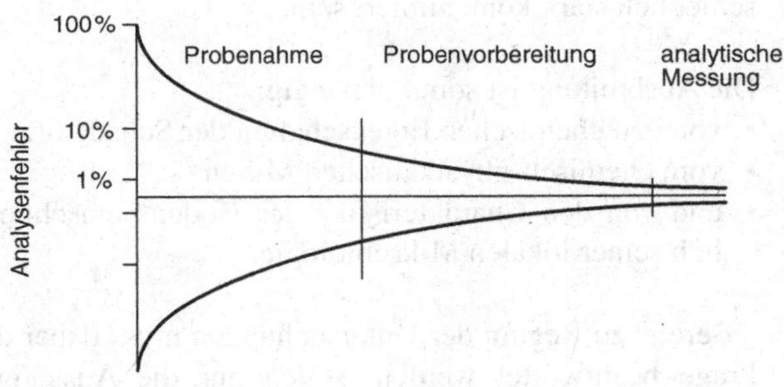


**3.1** Fehlerquellen in der Analytik (nach Franklin).

---

**Biologische „Unklärung"**

Ein Negativ-Beispiel analytischen Sachverstandes ereignete sich vor Jahren, als eine Firma im Frankfurter Raum in erster Instanz wegen Überschreitung des genehmigten Abwasser-CSB-Wertes der Gewässerverschmutzung schuldig gesprochen wurde, ohne dass erstens eine statistische Sicherheit vorlag (Einzelwert) und zweitens ohne Korrektur eines Feldblindwertes durch Pollenflug! Dass der CSB-Wert nach der aufwendigen biologischen Abwasseraufbereitung höher als zu Beginn war, hätte zwar einen ausgebildeten Analytischen Chemiker auf eine nachträgliche Verunreinigung schließen lassen, führte aber unverständlicherweise zu einem Sachverständigenstreit vor Gericht.

---

## 3.2 Probenahme bei der Umweltanalytik von Böden

### 3.2.1 Probenahmestrategie

Die Strategien und Techniken zur Gewinnung von repräsentativen Proben sind in zahlreichen Normen, Regeln und Richtlinien festgelegt. Im Anwendungsfall Umweltanalytik sollen einige am Beispiel der Boden-Probenahme erläutert werden. Analoge Überlegungen zur strategischen Versuchsplanung treten auch in den anderen Anwendungsfeldern der Instrumentellen Analytik (Materialwissenschaften, Lebensmittelüberwachung, forensische Chemie, klinische Chemie usw.) auf. Im Unterschied zu den Medien Luft und Wasser ist der Feststoff Boden heterogen zusammengesetzt und erfordert bei der Beprobung besondere Aufmerksamkeit.

Schadstoffe sind in der Regel nach Art und Konzentration inhomogen im Boden von Verdachtsflächen verteilt. Auch die Umgebung der Verdachtsfläche kann durch mobilisierte Schadstoffe (z. B. durch Regen ausgewaschene oder durch mikrobiellen Umsatz veränderte – dann meist wasserlöslich gemachte Substanzen) unterschiedlich stark kontaminiert sein.

Die Ausbreitung ist somit abhängig:

- von den chemischen Eigenschaften der Schadstoffe
- vom chemisch-physikalischen Milieu
- und von den Charakteristika des Bodens einschließlich seiner lokalen Mikrobiologie.

Bereits zu Beginn der Untersuchungen muss daher die Frage beantwortet werden, sollen nur die Ausgangs-Schadstoffe bestimmt werden oder auch die Verteilung der Metaboliten, die möglicherweise wegen ihrer i. d. R. höheren Wasserlöslichkeit noch toxischer sein können. Je nach Homogenität der Gesamtmenge sind unterschiedlich viele Proben an verschiedenen Stellen in ausreichender Menge zu entnehmen.

Am Anfang jeder Probenahmeplanung steht somit die Frage: Welche Aussagen sollen mit den letztlich erhaltenen Daten getroffen werden?

Das heißt, die Planung ist direkt abhängig von dem Zweck der Analyse und der gewünschten Information. Gewünschte Information und die vorhandenen Vorkenntnisse bestimmen natürlich den Aufwand und die Komplexität von Probenahme und Analytik wobei generelle Aussagen oder Anleitungen wegen der Stoff- und Eigenschaftsvielfalt schwerlich möglich sind. Daher werden von einen umweltanalytischen Chemiker umfassende chemische Stoffkenntnisse und auch Grundkenntnisse in der Mikrobiologie verlangt, damit er bereits vor der Probenahme die optimale Strategie festlegt, die durchaus stoff-spezifisch sein kann. Diese kann bei der Analyse von mehreren Stoffen zu einem größeren Aufwand (jeder Analyt erfordert eine individuelle Konservierung) führen, der aber im Interesse seriöser Aussagen getrieben werden muss.

### 3.2.2 Bestimmung von Mittelwerten

Bei der Bestimmung von Mittelwerten werden mehrere Einzel- oder Stichproben zu einer Mischprobe zusammengefügt und in dieser dann die gewünschten Parameter bestimmt. Dies ist beispielsweise in der Landwirtschaft von Bedeutung, wenn der durchschnittliche Gehalt an Schwermetallen oder pflanzenverfügbaren Nährstoffen (z. B. Ammonium, Nitrat, Phosphat etc.) im Boden bestimmt werden soll. Diese Gehalte sind wichtig, um die Belastbarkeit des Bodens zu bestimmen (Grundwasserschutz), bevor beispielsweise auf einem Acker oder einer Wiese Kärschlamm aufgebracht werden kann. Denn auf Basis dieser Daten wird die tolerierbare Klärschlammmenge berechnet. Für diesen Zweck werden Mischproben aus einer „optimalen Verteilung" von einzelnen Proben gebildet und im Labor weiterbearbeitet. In Abbildung 3.2 ist eine mögliche Verteilung der Einzelproben skizziert. Pro Hektar ist eine Mischprobe aus 20 Einzelproben anzusetzen und die Gesamtmenge sollte ca. 700 g betragen. Die Beprobungsrichtung sollte diagonal zu Pflugfurchen verlaufen. Um einen möglichen Quereintrag von benachbarten Feldern oder von am Feld vorbeilaufenden Straßen auszuschließen, ist ein nicht zu beprobender Randstreifen von 10–15 m zu lassen.

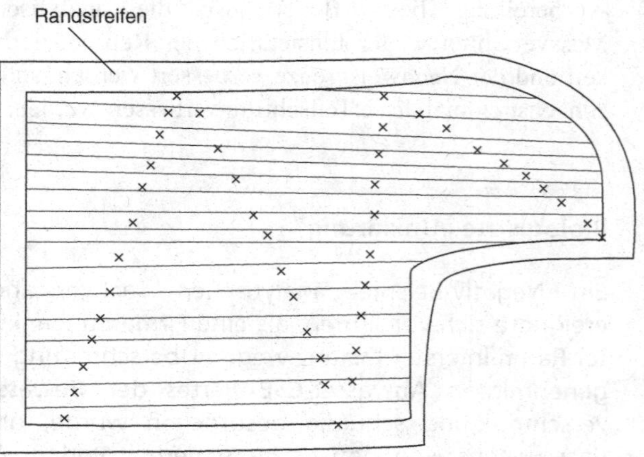


**3.2** Mögliche Verteilung der Probenahmepunkte bei der Bestimmung von Mittelwerten.

**Ursachenforschung – Schadstoffausbreitung**

Ein Beispiel hierfür ist die Untersuchung der Belastung gartenbaulich oder landwirtschaftlich genutzter Böden mit den Schwermetallen Cadmium und Thallium in der Nähe von Großfeuerungsanlagen oder Zementwerken oder mit dem Halogen Fluor in der Nähe von Aluminiumhütten. Im Laufe der Zeit kann es insbesondere in industriellen Ballungsräumen zu einer Anreicherung von Schadstoffen, wie z. B. Cadmium, im Boden kommen. Das Cadmium kann einerseits als Bestandteil des Schwebstaubes über die Atmosphäre eingetragen werden. Andererseits stellen z. B. das Düngen mit bestimmten cadmiumhaltigen Rohphosphaten oder mit Klärschlämmen sowie die Rückstände gewerblicher oder industrieller Produktion mögliche Belastungsfaktoren dar. Ein Ziel dieser Untersuchungen ist die Beurteilung des relativen Beitrages einer jeden Quelle an der Gesamtbelastung. Auf eine Quelle, gerichtete Konzentrationsgradienten im Sinne der Hauptwindrichtungen identifizieren eine Quelle, während konstante Konzentrationswerte auf einen diffusen Eintrag hindeuten.

## 3.2.3 Bestimmung von Maximalwerten

Bei der Bestimmung von Maximalwerten werden die Einzelproben nicht zu einer Mischprobe zusammengefügt, sondern getrennt im Labor aufgearbeitet und analysiert. Die Bestimmung von Maximalwerten ist von Interesse, wenn die akute Gefährdung, die von einem kontaminierten Boden z. B. bei Hautkontakt oder durch Ausdampfen ausgeht (Beispiel: *Sandkasten auf Kinderspielplätzen*), bestimmt werden soll. Hier sind die Anforderungen an die Probenahme hoch, denn das dokumentierte Probenraster sollte es nach der Analyse ermöglichen, die Hauptquelle zu lokalisieren und zu beurteilen (z. B. Beurteilung des Gefährdungspotentials für spielende Kinder).

## 3.2.4 Bestimmung von Verteilungsmustern

Eine besonders sorgfältige und umfassende Probenahme (-planung) ist notwendig, wenn anhand der Verteilung und des Konzentrationsprofiles eine Immissions-Hypothese für einen Schadstoffeintrag überprüft werden soll, siehe Beispielkasten „Ursachenforschung – Schadstoffausbreitung".

## 3.2.5 Probenahmeplan

Der nächste Schritt einer sinnvollen Probenahmeplanung und Festlegung der Probenahmepunkte ist die Sichtung und Auswertung aller verfügbaren Quellen und Daten, die bezüglich einer zu beprobenden Fläche vorhanden sind. Dies können u. a.

- Pläne,
- Karten,
- Luftbilder,
- Fotos,
- Aufzeichnungen,
- Genehmigungsunterlagen sowie
- Aussagen von Zeitzeugen

sein.

Vorgegebene Probenahmeraster helfen bei der Verteilung der Probenahmepunkte, um die gewünschte Information wie Mittelwert oder Maximalwert möglichst sicher zu ermitteln. Zusammen mit den vorhandenen Informationen legt die analytische Fragestellung das Probenahmeraster fest.

Tabelle 3.1 zeigt, wie die Auswahl des Probenahmerasters und die vorhandene Information die Probenahmeverteilung bestimmen. Jedoch dürfen diese Raster nicht als unveränderbare Vorgabe angesehen werden. Vielmehr müssen sie durch qualifizierte Probenehmer in sinnvoller Weise auf die jeweilige Situation vor Ort sowie die Fragestellung angepasst werden.

Das in Abb. 3.3 dargestellte regelmäßige Raster ist sicherlich das gebräuchlichste. Darüber hinaus gibt es jedoch auch auf mathematisch-statistischen Berechnungen beruhende Raster, die je nach Problemstellung eine höhere „Trefferwahrscheinlichkeit" haben können (Abb. 3.3 b + c). Gleichzeitig aber unterscheiden sie sich auch

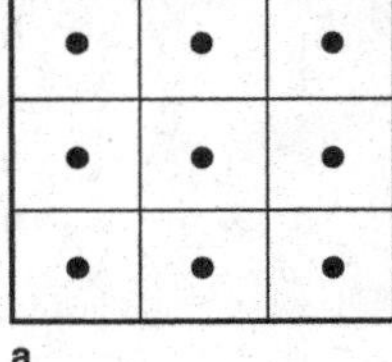


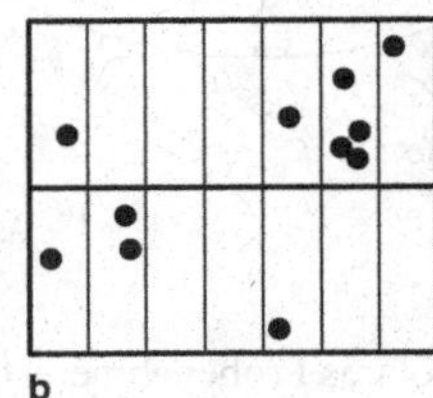


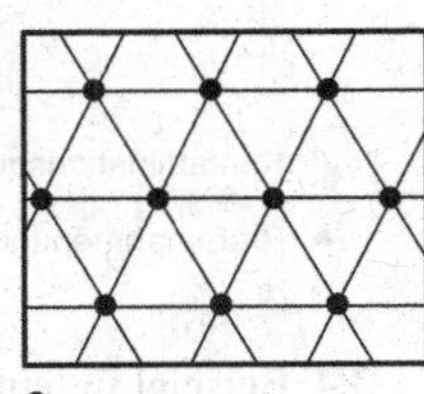


**3.3** Beispiele für verschiedene Probenahmeraster nach Markert (1994); a) rechtwinkliges Raster, b) zufällige Verteilung, c) Flaschenregal-Raster

**Tabelle 3.1** Auswahl und Anpassung von festen Probenahmerastern entsprechend der vorhandenen Information und des Analysenzieles.

| Information/Verdacht | | Raster |
|---|---|---|
| keine Information | → | regelmäßiges Raster, problemorientiertes Raster |
| homogene Kontamination | → | regelmäßiges Raster |
| punktförmige Kontamination | → | polares Raster, regelmäßiges Raster |
| spezielle Fälle | → | regelmäßiges Raster |
| ⇕ | | ⇕ |
| **Veränderung des Rasters ist abhängig von:** | | |
| • Besonderheiten des Probenahmeortes (z. B. Hauptwindrichtungen, Grundwasserströmung etc.) | | |
| • analytische Fragestellung | | |
| • Qualtität und Zuverlässigkeit der bereits vorliegenden Informationen | | |

im Aufwand, der notwendig ist, um die Probenahmepunkte festzulegen. In der Praxis wird deshalb meist das regelmäßige Raster verwendet, das nach einer Erstbewertung durch zusätzliche Probenahmestellen gezielt ergänzt werden kann.

Polare Raster, wie in Abb. 3.4 zu sehen, sind besonders bei punktförmigen Kontaminationsquellen, z. B. eines undichten Tanks oder für die Erfassung von Altstandorten mit wenigen Anlageteilen geeignet. Zur Verdichtung des polaren Rasters können zusätzliche Profillinien zwischen die Hauptrichtungen gelegt werden. Die Größe der Kreisradien richtet sich nach der vermuteten Ausdehnung des punktförmigen Kontaminationsherdes.

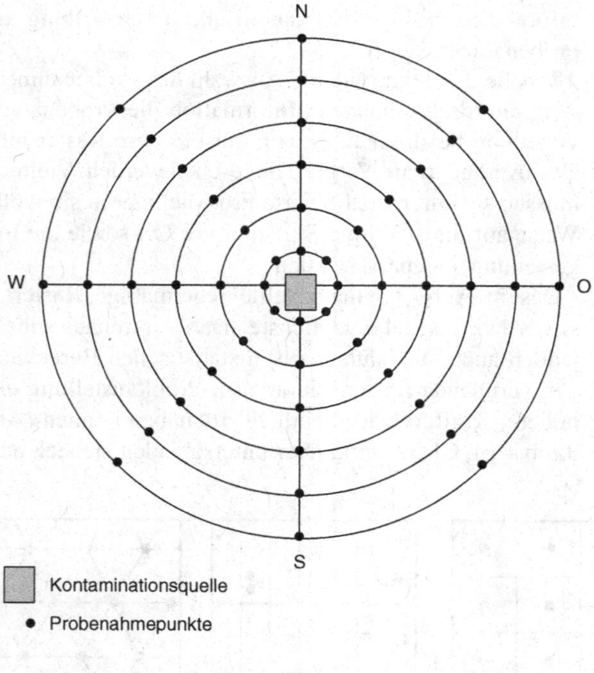

N
W
O
S

Kontaminationsquelle

• Probenahmepunkte

**3.4** Beispiel für ein polares Probenahmeraster.

## 3.2.6 Beprobungstiefe

Die Beprobungstiefe (auch Beprobungsteufe genannt) wird vor allem durch den zu untersuchenden Wirkungspfad bestimmt. Hierbei sind beispielsweise folgende wichtige Ausbreitungsmechanismen und Einwirkungen zu berücksichtigen:

- direkte orale Bodenaufnahme (z. B. durch spielende Kinder)
- Aufnahme über Pflanzenwurzeln
- Lösung durch Niederschlagswasser und Stofftransport in Grund- und Oberflächenwasser
- Ausgasung in Bodenluft und bodennahe Schichten
- Abschwemmung und Verwehung in angrenzende Gebiete

Die Werte in Tabelle 3.2 stellen lediglich Richtwerte dar. Vor Ort ist eine Differenzierung innerhalb dieser Beprobungstiefen in Abhängigkeit vom Schichtenaufbau (Bodengeologie) notwendig. Eine detaillierte Beschreibung der Vorgehensweise bei Probenahme, Probenbehandlung und Probenvorbereitung speziell für die Untersuchung von kontaminierten Altlasten findet sich in den im Anhang aufgeführten Normen, Regeln und Richtlinien.

**Tabelle 3.2** Abhängigkeit der Probenahmetiefe vom Wirkungspfad.

| Wirkungspfad | Beprobungstiefe |
|---|---|
| Boden-Luft (Verwehung) | 0–10 cm |
| Boden-Oberflächenwasser (Abschwemmung) | 0–10 cm |
| Boden-Mensch (orale Aufnahme) | 0–35 cm |
| Boden-Pflanze | 0–100 cm |
| Boden-Grundwasser | 0–unterhalb des wahrnehmbar belasteten Bereichs |

## 3.2.7 Probengewinnung und Transport

Sind bei der Planung der Probenahmestrategie die Punktdichte und die Beprobungstiefe festgelegt, muss nun das geeignete Probenahmegerät ausgesucht werden. Hierbei ist zu beachten, dass falsches Gerät und Material zu großen Fehlern im Hinblick auf das gesamte Analysenverfahren führen können. Dies gilt besonders, wenn die zu untersuchenden Substanzen nur in sehr geringen Konzentrationen im Boden vorliegen. Die tatsächliche Zusammensetzung einer Bodenprobe kann sich bei Probenahme und Transport aus verschiedensten Gründen ändern. Die wichtigsten zu beachtenden Punkte sind:

- Abrieb von Probenahmegeräten (im ppb-Bereich verfälscht schon ein kurzer Kontakt das Analysenergebnis)
- Adsorption der Analyten an der Oberfläche der Probenahmegeräte und Transportbehälter
- Analytverschleppung durch unzureichend gereinigte Geräte
- Verflüchtigung der Analyten bei falscher Lagerung und chemischen Umsetzungen (z. B. Sublimation von Fe(III)-chlorid; Verlust von Chromat in Gegenwart von Chlorid als Chromylchlorid etc.)
- Photolytische und mikrobielle Zersetzung der Analyten
- Oxidation der Analyten durch Luftsauerstoff

Die oben genannten Einflüsse sind nicht immer vollständig auszuschließen. Zu einer optimalen Probenahmeplanung gehört es, sie so gering wie eben möglich zu halten. Neben diesen grundlegenden Auswahlkriterien bestimmt die Beprobungstiefe und die Beschaffenheit des Bodens die weitere Auswahl der Geräte. Die Probenahme an der Oberfläche kann mit geeigneten Schaufeln erfolgen. Für die Beprobung der oberen Bodenschichten werden Handbohrer oder Stechzylinder eingesetzt. Sie eignen sich besonders für den Einsatz in nicht verdichteten, bindigen und sandigen Böden bis in eine Tiefe von 20 oder 30 cm.

## 3.2.8 Probenhomogenisierung, Trocknung und Teilung

Aus den bei der Probenahme anfallenden Probemengen müssen vor der Weiterverarbeitung im Labor repräsentative Teilmengen für die analytische Untersuchung gewonnen werden. Im Idealfall müsste das gesamte Untersuchungsmaterial analysiert werden, um die beste Information zu erzielen. Dies ist in der Praxis nicht möglich und so gelangt nach allen Teilungsoperationen nur eine verschwindend kleine Menge, bezogen auf die Gesamtmenge, zur Analyse. Die folgende Abb. 3.5 macht dies deutlich. In diesem Beispiel erfolgt die eigentliche Endbestimmung durch die Gaschromatographie; sie wird mit einem Volumen durchgeführt, das nur noch 5 mg der ursprünglichen Bodenprobe repräsentiert. Dies entspricht einem Anteil von $10^{-12}$, bezogen auf das Ausgangsgewicht.

Die meisten analytischen Methoden verlangen eine mehrstufige Vorbereitung der Probe. Bei Feststoffen gehören hierzu auch mechanische Vorbereitungsschritte, wie das Trocknen und Zerkleinern, bevor durch Aufschlüsse, Extraktionen usw. die eigentliche Messlösung für die instrumentelle Analytik hergestellt werden kann. Ausnahmen von dieser Vorgehensweise sind dann notwendig, wenn Bearbeitungsschritte zu nicht tolerierbaren Veränderungen des Probenzustands oder der Konzentration des gesuchten Analyten führen würden. Dies gilt z. B. für die Bestimmung leichtflüchtiger Stoffe in Böden. Hier muss die zu untersuchende Probe sofort während der Probenahme in ein für die nachfolgende Analyse geeignetes Probengefäß überführt und gasdicht verschlossen werden. Die Herstellung von Mischproben ist bei diesen Untersuchungen nicht möglich.

Die im Labor ankommende Probe muss zunächst homogenisiert werden. Dies erfolgt mit entsprechenden Geräten, wie z. B. einer Teigknetmaschine für die Homogenisierung von feuchten Proben. Das Trocknen der Probe ist notwendig, da zum einen die Trockenmasse meist als konstantere Bezugsgröße für die Konzentrationsangabe verwendet wird und Proben variabler Feuchte schlecht einzuwiegen und vergleichbar sind. Aber auch für viele weitere Probenaufbereitungsschritte

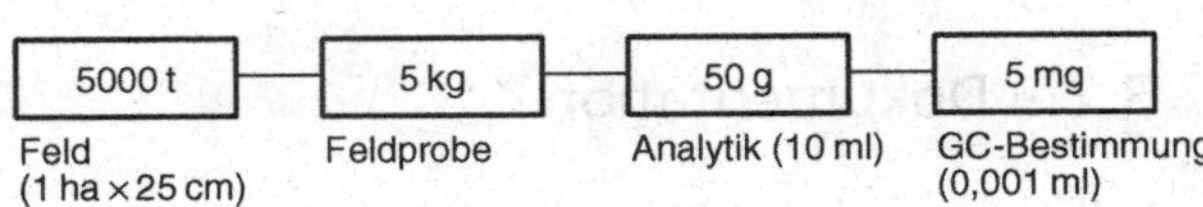


**3.5** Bedeutung der repräsentativen Probenahme (Teilungsoperationen der hypothetischen Gesamtprobemenge bei der Analyse von Bodenproben).

ist unbedingt getrocknetes Probengut notwendig. So ist eine Extraktion der Bodenprobe mit unpolaren organischen Lösungsmitteln, wie Cyclohexan, Toluen oder Hexan, nur mit getrockneten Proben möglich, da ansonsten keine vollständige Benetzung der Probenteilchen mit dem Extraktionsmittel erfolgen kann und die Extraktion immer unvollständig bleibt.

Zur Trocknung stehen verschiedene physikalische Methoden zur Verfügung:

Trocknung bei erhöhter Temperatur
- Infrarot
- Trockenschrank
- Mikrowellenofen

Trocknung bei erniedrigter Temperatur
- Gefriertrocknung (T= –35 bis +25 °C)

Trocknung durch chemische Wasserbindung
- Verreibung mit $Na_2SO_4$

Keines dieser Verfahren ist für jeden Analyten optimal. Für jede Entwicklung einer analytischen Methode ist es deshalb unabdingbar, ein geeignetes Verfahren auszuwählen und einen möglichen Analytverlust beim Trocknen zu bestimmen.

Aufschluss- und Extraktionsverfahren sind umso wirksamer, je geringer die Korngröße der Probe ist. Feststoffe müssen deshalb zerkleinert werden. Hierfür werden analytische Mühlen wie
- Porzellan- oder Achatmörser,
- Kugelmühlen,
- Mörsermühlen,
- Zentrifugalschneidmühlen,
- Hammermühlen,
- Backenbrecher

benutzt.

Bei den Zerkleinerungsgeräten ist wegen der Abriebgefahr eine mögliche Kontamination der Probe vor der Verwendung zu klären. Je nach Härte des Probenmaterials können so erhebliche Verunreinigungen von dem Material der Zerkleinerungsgeräte in die Probe eingeschleppt werden. Die Probenteilung erfolgt am besten durch Aufkegeln und Vierteln mit einem Kreuzteiler, wobei jeweils die zwei gegenüberliegenden Viertel verworfen werden. Der verbleibende Rest wird dann erneut solange aufgekegelt, geviertelt und verworfen, bis die Probenmenge klein genug ist.

### 3.2.9 Dokumentation

Selbstverständlich müssen alle Angaben zu den verwendeten Geräten und Gefäßen, einschließlich der Gerätematerialien, zur Witterung, Temperatur und den probenspezifischen Angaben zur Bodenart, Färbung, Geruch, Entnahmetiefe usw. in einem Protokoll sorgfältig dokumentiert werden.

Die sich an die Probenahme anschließende Probenvorbehandlung und Analytik für die Untersuchung von kontaminierten Böden ist in Abb. 3.6 zusammengefasst.

## 3.3 Probenahme Wasser

Auch bei jeder Untersuchung von Wasserinhaltsstoffen, sowohl von Nähr- als auch von Schadstoffen, ist die repräsentative Probenahme ein kritischer Schritt. Die genommene Probe soll den Zustand des untersuchten Systems zum Zeitpunkt der Probenahme voll und ganz repräsentieren.

Die Vorbereitung einer Probenahme beginnt deshalb auch hier schon im Labor mit der sorgfältigen Planung der Probenahmestrategie. Folgende Aspekte, sind bei der Festlegung einer Probenahmestrategie für ein Monitoring-Programm zu berücksichtigen:

Strategie zur Entwicklung eines Umwelt-Monitoring-Programmes:
1. Problemdefinition
2. Auswahl der Themen und des Umfangs
   - Auswahl des Probenahmeortes oder des Ökosystems unter Berücksichtigung folgender Punkte:
     - vermutete Verschmutzungsquelle
     - vermutete (toxische) Substanzen
     - vermuteter Konzentrationsbereich, in dem die Substanzen zu erwarten sind
     - Abschätzung der zu erwartenden Umweltgefährdung
   - Auswahl der zu kontrollierenden Schadstoffe aufgrund:
     - chemisch-physikalischen Verhaltens (Sorptionsverhalten, Komplexbildung, Transportwege)
     - Bioverfügbarkeit (Bioakkumulation, Biokonzentration, Toxizität)
   - Auswahl der Kompartimente: Wasser und/oder Sediment
   - Auswahl von Subkompartimenten, z. B. Fraktionen oder bei Fischen die Organe
3. Festlegung des Monitoring-Programmes
   - Beschreibung des Ortes, der Schadstoffe und Kompartimente
   - Logistik (Festlegung von Transport, Boote, Ausrüstung, Laborkapazitäten, verwendete Geräte)
   - Probenahme
     - Art der Probe (Stichprobe, Mischprobe)
     - Probeneigenschaften (Menge, Flaschen, Stabilisierung)
     - Probenahmehäufigkeit und -dichte

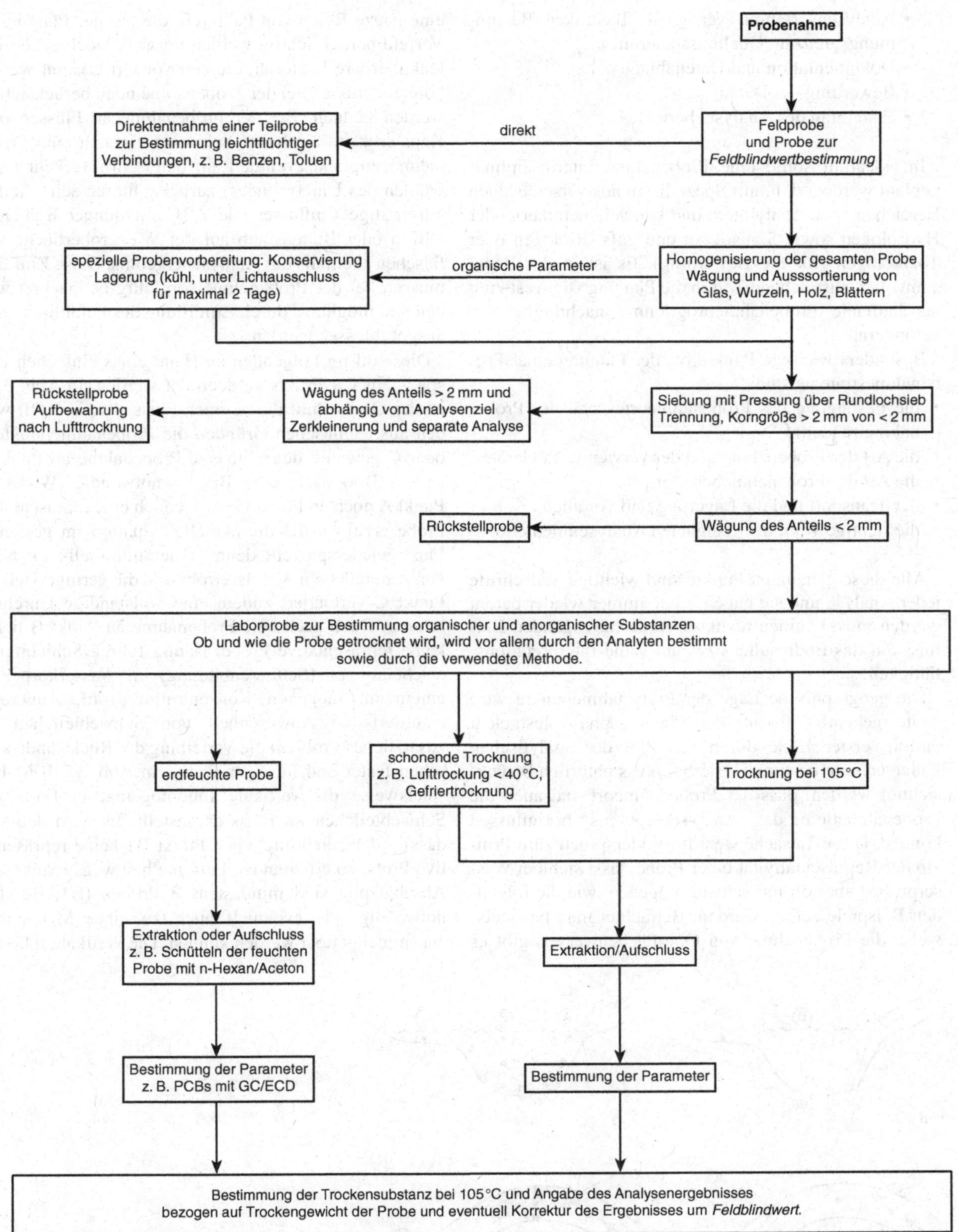


**3.6** Fließschema zur Probenvorbehandlung und Analytik von kontaminierten Böden.

- Analysenverfahren (verfügbare Techniken, Bestimmungsgrenzen, Qualitätssicherung)
- Dokumentation und Datenablage
- Bewertung der Daten
- Erstellung des Analysenberichtes

Im Idealfall sollte eine Probenahme interdisziplinär geplant werden, d. h. mit Spezialisten aus verschiedenen Bereichen, u. a. Analytikern und Umweltchemikern oder Hydrologen sowie Statistikern und ggfs. Biologen oder Toxikologen (für die Bewertung). Es ist in der Regel sinnvoller, ausreichend Zeit in die Planung zu investieren als laufende Probenahmeprogramme nachträglich zu verändern.

Besonders wichtige Punkte bei der Planung einer Probenahmestrategie sind:

- die Festlegung des Probenahmeortes und der Probenahmefrequenz,
- die Art der Probenahme und der verwendeten Geräte,
- die Art der Probenahmebehälter,
- der Transport und die Lagerung und vor allem
- die richtige Wahl der geeigneten Analysenmethode.

Alle diese genannten Punkte sind wichtige Teilschritte jeder Analyse und sie haben – wie immer wieder betont werden muss – einen nicht zu vernachlässigenden Einfluss auf das Endresultat bzw. auf seine Interpretationsfähigkeit.

Die geographische Lage der Probenahmepunkte wird weitestgehend während der Planungsphase festgelegt und in erster Linie durch das Ziel der analytischen Untersuchung bestimmt. Hierbei muss natürlich berücksichtigt werden, dass der Probenahmeort und auch die Probenahmetiefe das Analysenergebnis beeinflussen können. Diese Tatsache steht im Widerspruch zum Prinzip der Repräsentativität einer Probe, lässt sich bei Wasserproben aber oft nur schwer umgehen, wie die folgenden Beispiele zeigen werden. Betrachtet man beispielsweise die Probenahme von Oberflächenwasser, gibt es eine ganze Reihe von Faktoren, die bei der Planung im Vorfeld berücksichtigt werden müssen. Doch auch nicht kalkulierbare Faktoren, die erst vor Ort erkannt werden können, müssen bei der Probenahme noch berücksichtigt werden können. Bei der Probenahme an Flüssen oder Kanälen kann ein hoher Schwebstoffgehalt zum Probenahmezeitpunkt eventuell auf den Schiffsverkehr (Aufwühlen des Untergrundes) zurückzuführen sein. Andere kurzfristige Einflüsse, wie z. B. ein dünner treibender Ölfilm oder Blütenstaub auf der Wasseroberfläche verfälschen ebenfalls das Analysenergebnis. Diese Einflüsse müssen bei der Probenahme sorgfältig beobachtet werden und möglichst durch Ermittlung des Feldblindwertes ausgeschlossen werden.

Dies soll im Folgenden an Hand eines einfachen Beispiels aus der Praxis verdeutlicht werden. In Abb. 3.7 a ist der Querschnitt durch einen Fluss skizziert. Oft werden aus technischen Gründen die Probenahmepunkte A oder C gewählt, denn für eine Probenahme an Punkt B ist ein Boot oder eine Brücke notwendig. Weder an Punkt A noch an Punkt C wird jedoch eine repräsentative Probe erhalten, die die aktuelle Situation im gesamten Fluss wiederspiegelt, denn in der unmittelbaren Nähe von A mündet ein Abwasserrohr und die geringe Tiefe an Punkt C verhindert zudem eine vollständige Durchmischung. Doch auch eine Probenahme an Punkt B liefert keine repräsentative Probe. Häufig führen Schichtungserscheinungen (Schlierenbildung) im Wasserkörper zu einem inhomogenen Konzentrationsprofil. Außerdem resultiert bei Anwesenheit von Schwebteilchen als zusätzliches Problem die Verteilung der Rückstände zwischen fester und flüssiger Phase. In Abb. 3.7 b ist beispielsweise die vertikale Inhomogentät in Form der Schwebteilchen im Fluss dargestellt. Es wird deutlich, dass in dem ursprünglichen Punkt B1 keine repräsentative Probe zu erhalten ist. Für eine halbwegs realistische Abschätzung sind mindestens 3 Proben (B1, B2, B3) notwendig, die eventuell auch zu einer Mischprobe zusammengefasst werden können. Die vertikale Inhomo-

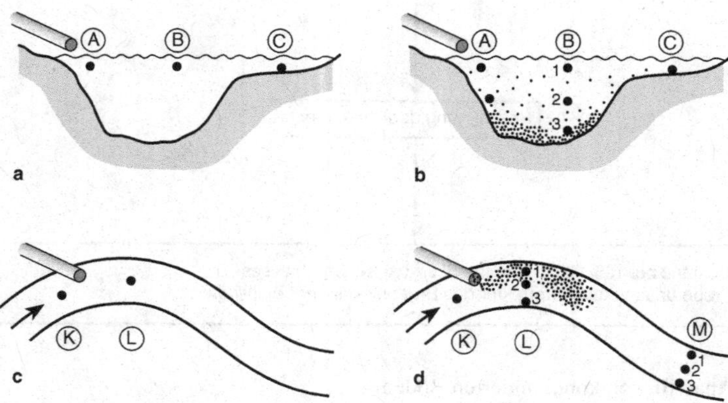


**3.7** Verschiedene Möglichkeiten der Probenahme an einem fließenden Gewässer.

gentität des zu untersuchenden Wasserkörpers muss vor der Probenahme sorgfältig untersucht werden und dient als wichtige Information für die endgültige Festlegung der Probenahmestrategie. Generell muss beachtet werden, dass die Probe weder aus der schadstoffreichen Mikroschicht an der Wasseroberfläche noch aus der bodennahen und oft schwebstoffreichen Wasserschicht entnommen wird.

Soll eine Probe unbedingt in der Nähe einer Stelle genommen werden, an der ein Abflussrohr in den Fluss mündet, kann sie beispielsweise im Mittelstrombereich oberhalb und unterhalb der Mündungsstelle genommen werden (Abb. 3.7 c).

Sollen auch noch Strömungseinflüsse und Mischungsdynamiken untersucht werden, sind mehrere Probenahmestellen notwendig, um ausreichende Informationen über die Gesamtverteilung zu erhalten. Bei fließenden Gewässern kann die Strömung laminar oder turbulent sein und es muss auch beachtet werden, dass diese Strömungsverhältnisse oft zeitlich nicht konstant sind. Wie aus Abb. 3.7 d deutlich wird, ist es dann schwierig, am Punkt L eine repräsentative Probe zu erhalten. Hier muss die Zahl der Probenahmepunkte erhöht werden, um eine zuverlässigere Aussage zu erhalten.

Die sorgfältige Auswahl und Fixierung der Probenahmepunkte, entsprechend der geographischen Position sowie der Tiefe, ist ein entscheidender Aspekt bei der Probenahmeplanung. Bei längeren Monitoring-Programmen, ohne feste Probenahmestationen, muss weiterhin garantiert sein, dass das Probenahmepersonal die Proben immer an exakt den gleichen Stellen mit konstanter Hydrodynamik nimmt, da die Ergebnisse sonst nicht vergleichbar sind. Die Probenahmefrequenz wird in erster Linie durch die Parameter bestimmt die untersucht werden sollen. Es ist einleuchtend, dass für das Kompartiment Oberflächenwasser, das sich schnell verändern kann, keine repräsentativen Ergebnisse erhalten werden, wenn die Probenahmefrequenz zu gering ist. Dies ist bei Grundwasserproben weniger wichtig, da hier keine raschen Veränderungen auftreten.

## 3.3.1 Probenarten

Parameter wie beispielsweise die Konzentration an anorganischen Substanzen, gelösten Mineralien oder Chemikalien werden benötigt, um die Wasserbeschaffenheit zu einer vorgegebenen Zeit und an einem vorgebenen Ort oder über bestimmte Zeiträume an einer bestimmten Stelle zu beurteilen, wie als DIN-Norm EN 25667-2 festgelegt]. Jede Wasserprobe ist dabei nur für Zeit und Ort ihrer Entnahme repräsentativ.

**Stichproben**
Bei Gewässern mit ungleichmäßigem Volumenstrom oder solchen, bei denen eine Mischprobe die Unterschiede zwischen Einzelproben verschleiern würde, sind Stichproben empfehlenswert. Dies gilt ebenso, wenn Untersuchungen über eine mögliche Verunreinigung sowie der Prüfung ihres Ausmaßes durchgeführt werden sollen. Stichproben können ebenfalls im Vorfeld einer größeren Probenahmeserie zur besseren Planung herangezogen werden.

Ist zu beurteilen, ob die Wasserbeschaffenheit mit nicht auf die Durchschnittsbeschaffenheit bezogenen Grenzwerten vereinbar ist, müssen ebenfalls Stichproben genommen werden.

**Periodische Probenahme**
Die periodische oder diskontinuierliche Probenahme kann innerhalb fester Zeitintervalle (zeitproportional) oder volumenproportional sowie durchflußproportional erfolgen.

**Kontinuierliche Probenahme**
Die kontinuierliche Probenahme kann zeitproportional oder durchflußproportional erfolgen. Proben die innerhalb eines bestimmten Zeitabschnittes genommen wurden, enthalten alle Substanzen, die während dieses Zeitraums vorhanden waren.

**Entnahme von Probeserien**
Probeserien können sowohl an einer Stelle aus verschiedenen Tiefen (Tiefenprofil) oder aus einer bestimmten Tiefe an verschiedenen Stellen (Flächenprofil) entnommen werden.

**Mischproben**
Mischproben liefern Durchschnittswerte und sind dann sinnvoll, wenn die Einhaltung eines auf einer durchschnittlichen Wasserbeschaffenheit beruhenden Grenzwertes kontrolliert werden soll.

## 3.3.2 Probenahmegeräte

Grundsätzlich muss sichergestellt werden, dass keine Fremdstoffe in die Probe gelangen oder Analytmoleküle während der Probenahme, dem Transport oder der Lagerung verloren gehen. Die einfachste Möglichkeit, eine Wasserprobe zu nehmen, ist das Füllen einer Flasche, die in das Wasser eingetaucht und nach dem Füllen wieder herausgezogen wird. Die Flasche oder der Probenbehälter müssen allerdings Verluste durch Adsorption, Verflüchtigung oder Verunreinigung durch Fremdsubstanzen verhindern. Proben in verschiedenen Tiefen können entweder mit einer speziellen Flasche oder mit einer sog.

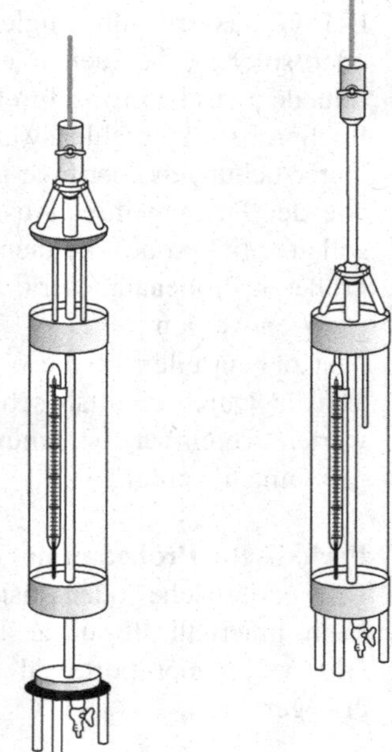

**3.8** Ruttner-Flasche zur Probenahme von Wasserproben aus vorbestimmten Tiefen. Das Gerät wird mit offenen Kappen bis in die gewünschte Wassertiefe schnell abgelassen. Durch das ruckartige Anhalten werden die Kappen mithilfe des Gewichts geschlossen.

Ruttner-Flasche genommen werden. Im ersten Fall wird die verschlossene Flasche abgesenkt und bei der gewünschten Tiefe der Stopfen entfernt. Die Ruttner-Flasche dagegen besteht aus einem graduierten Glas-, Kunststoff- oder Edelstahlzylinder, der abgesenkt wird. Durch ein Fallgewicht kann der Zylinder an beiden Enden geschlossen und an die Oberfläche zurückgeholt werden.

In vielen Fällen werden die Wasserproben nach dem luftdichten Verschließen bei 4°C bis zur Analyse im Labor gelagert, um weitergehende mikrobielle Reaktionen (Abbau organischer Stoffe) zu vermeiden. Gelegentlich muss bei hoher mikrobieller Aktivität und organischen Analyten auch ein sofortiges Einfrieren erfolgen.

**Kontinuierliche Probenahme**

Kontinuierliche Probenahmen zusammen mit entsprechenden vollautomatischen Messungen und Analysen sind mit großem technischen Aufwand verbunden und werden dann eingesetzt, wenn sie eine Schutz- und Warnfunktion leisten oder vorgeschrieben wurden. Der Rhein durchfließt zwischen Quelle und Mündung viele industrielle Ballungsräume, so z. B. in Basel einen der größten Ballungsräume der Großchemie. Damit Störfälle und Unfälle schnell und sicher erkannt und geeignete Maßnahmen eingeleitet werden können, befindet sich beispielsweise rheinabwärts bei Weil am Rhein eine Messstation zur permanenten Wasserentnahme auf der ganzen Breite des Rheins. Damit keine Schadstoffe unbemerkt an dieser Überwachungsstation vorbeifließen, muss der Rhein auf seiner gesamten Breite quasi kontinuierlich überwacht werden. Wie auf der schematischen Abb. 3.9 zu sehen ist, wird an fünf Stellen Wasser aus dem Rhein entnommen. Die Entnahmestellen sind aber so über den Querschnitt des Stromes verteilt, dass Aussagen über die mitgeführten Stoffe und auch deren Verteilung im Rhein möglich sind. Hierdurch sind sogar Rückschlüsse auf Ort und Verursacher von Schadstoffeinleitungen möglich.

An jeder der fünf Entnahmestellen sind etwa 1,5 m über der Flusssohle zwei Filterrohre von 2,5 m Länge montiert. Diese zehn Filter schützen die in der Station befindlichen Messvorrichtungen vor groben Schwimmstoffen und Verstopfungen. Von jedem Filterrohr fließt das Probenwasser in einer separaten Leitung zum Pumpenkeller der Überwachungsstation. Fünf der zehn Leitungsrohre sind aus Kunststoff, fünf aus Edelstahl. Das Wasser aus den Kunststoffleitungen dient der Analyse von Schwermetallen, das Wasser aus den Edelstahlleitungen wird für die übrigen Untersuchungen und Tests verwendet. Leitungen aus zwei verschiedenen Materialien sind notwendig, damit bei den Wasseruntersuchungen ein Einfluss der Leitungsmaterialien ausgeschlossen werden kann.

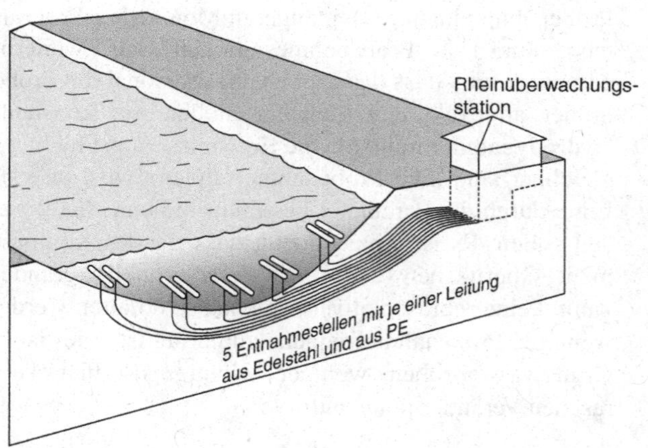


**3.9** Beispiel einer kontinuierlichen und vollautomatischen Probenahme.

# 3.4 Probenahme Luft

## 3.4.1 Historische Entwicklung

Die Forderung nach Erfassung flüchtiger Schadstoffe (vor allem organische Spurenstoffe) in der Umgebungsluft, die im nachfolgenden Kapitel schwerpunktmäßig erläutert werden sollen, hat sich in den letzten Jahrzehnten soweit verstärkt, dass sich die Luftanalytik als wichtiges Forschungsgebiet in der Analytischen Chemie etablieren konnte. Dazu beigetragen haben neben den Untersuchungen zur Schadstoffverbreitung in der Atmosphäre (z. B. Ozonabbau durch Fluorchlorkohlenwasserstoffe) und der Überwachung von industriellen und privaten Emissionen (z. B. Tetrachlorethen in chemischen Reinigungen und Verbrennungsprodukte aus Ottomotoren) die Notwendigkeit, den Menschen nicht nur an seinem Arbeitsplatz vor der Einwirkung gesundheitsschädlicher Stoffe zu schützen. Die gesteigerte Bedeutung dieser Forschungsrichtung wurde auch durch die Verleihung des Nobelpreises an Prof. Crutzen, MPI für Chemie (Mainz), unterstrichen. In der Bundesrepublik Deutschland wird der Vorsorgeverantwortung des Staates durch das gesetzliche Regelwerk des Chemikaliengesetzes mit der Gefahrstoffverordnung und den Technischen Regeln für Gefahrstoffe Rechnung getragen. Bedingt durch die Festlegung von Grenzwerten in Form der maximalen Arbeitsplatzkonzentrationen (MAK-Werte) und Technischen Richtkonzentrationen (TRK-Werte) ist somit häufig die Notwendigkeit für die Messung von Gefahrstoffen, verbunden mit der Frage: unterhalb oder oberhalb des Grenz- oder Richtwertes, gegeben.

## 3.4.2 Klassifizierung von Probenahmeverfahren

Um den Anforderungen an die unterschiedlichsten Messproblematiken gerecht zu werden, steht eine Reihe von bewährten Probenahmeverfahren zur Verfügung. Die Auswahlkriterien für ein bestimmtes Probenahmeverfahren richten sich unter anderem nach der Art und der Konzentration des zu bestimmenden Analyten, nach der Art und den Konzentrationen der vorhandenen Begleitkomponenten, nach weiteren Parametern wie z. B. Reaktivität des Analyten, Temperatur und Luftfeuchtigkeit am Probenahmeort und nicht zuletzt nach der zu treffenden Aussage. So ergeben sich gravierende Unterschiede in der Messstrategie, wenn die Aufgabenstellung z. B. das Auffinden einer vermuteten Leckage ist, oder die Überwachung eines Arbeitnehmers über einen Schichtzeitraum von acht Stunden zur Debatte steht. Zuweilen wird es notwendig sein, im Rahmen der durchgeführten Messkampagne die Probenahmestrategie zu ändern, um gerade bei Untersuchungen mit wenig Hintergrundinformationen über die Art und Konzentrationen der zu analysierenden Verbindungen bei der späteren Interpretation der Daten eine fundierte Aussage treffen zu können.

Die Klassifizierung von Probenahmeverfahren kann nach den unterschiedlichsten Kriterien erfolgen, wobei die Grenzen zwischen den einzelnen Verfahren fließend sein können. Trennen sollte man jene Verfahren, welche bereits am Probenahmeort eine Aussage über das Vor-

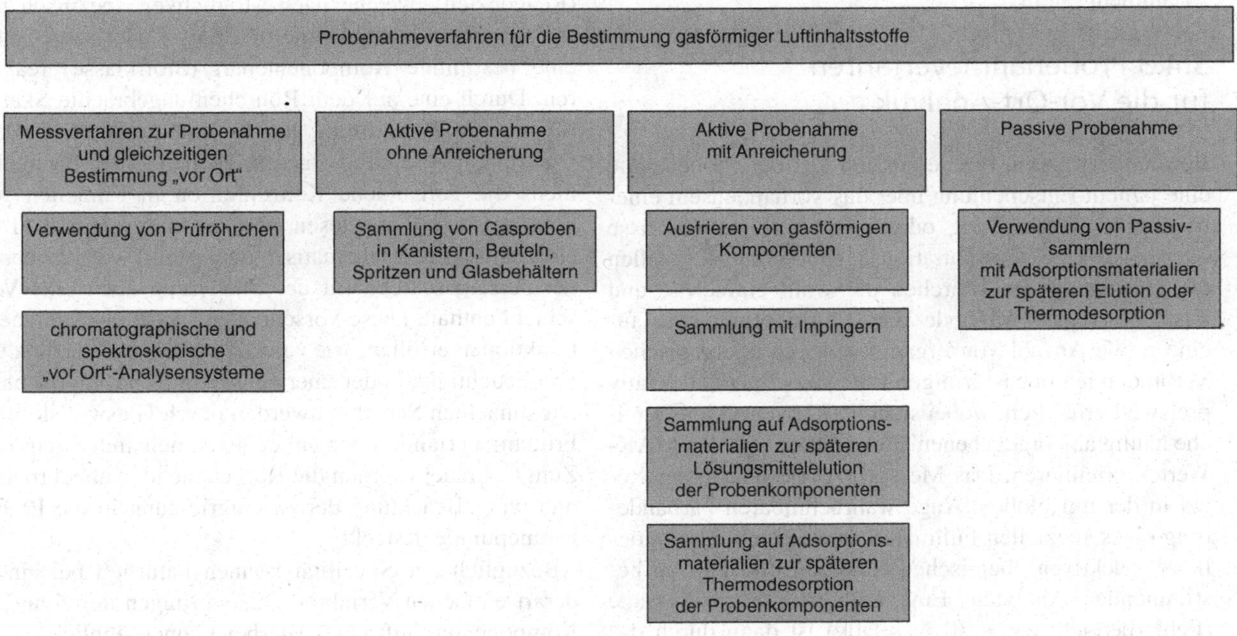


**3.10** Übersicht über häufig eingesetzte Probenahmeverfahren für die Bestimmung gasförmiger Luftinhaltsstoffe.

**Routine versus umweltchemischer Spitzenforschung**

Zwei Beispiele mögen diese Unterschiede verdeutlichen. Handelt es sich bei einem Messproblem um die Aufnahme des Konzentrationsverlaufes der BETX-Aromaten (ein Sammelbegriff für die Verbindungen Benzen, Toluen und die drei Xylen-Isomeren) aus Kraftwagenemissionen an einer vielbefahrenen Straße, so wird man in Abständen von 15 oder 30 Minuten die Analyten durch aktive oder passive Probenahme auf geeigneten Adsorptionsmaterialien anreichern und diese dann später im Labor nach gaschromatographischer Trennung mit einem geeigneten Detektor detektieren und quantifizieren. In diesem Fall ist das gesamte Probenahmeverfahren mitsamt der nachfolgenden Aufarbeitung, Trennung und Detektion erprobt und als DIN oder Einheitsverfahren standardisiert und erfordert nur noch wenig Anpassung an die vorliegende Messproblematik.

Anders stellt sich die Situation dar, wenn untersucht werden soll, durch welche organischen Schadstoffe in der Innenraumluft bestimmte Krankheitssymptome bei betroffenen Personen hervorgerufen werden. Hier wird man zunächst durch qualitative oder halbquantitative Messungen das Spektrum der auftretenden Verbindungen ermitteln, was nicht einfach ist, da man sich auf die Identifizierungsvorschläge von sog. Spektrenbibliotheken auf keinen Fall blindlings verlassen sollte! Anhand der gefundenen Leitkomponenten wird man dann durch quantitative Messungen versuchen, die Emissionsquelle aufzufinden, um nach Ausschalten der Schadstoffemission den Erfolg der Maßnahme durch weitere quantitative Messungen zu überprüfen. Da zu Beginn der Messungen die zu bestimmenden Analyten noch gar nicht definiert sind, muss die Probenahmestrategie durch den Zugewinn an Informationen immer weiter verfeinert werden. Ob durch dieses Vorgehen wirklich der für ein bestimmtes das Krankheitsbild verantwortliche Schadstoff identifiziert wurde, kann natürlich nur der medizinische Befund zeigen, der außerhalb der Kompetenz des Analytischen Chemikers liegt.

---

handensein oder die Konzentration eines bestimmten Analyten oder einer Summe von Verbindungen erlauben und jene, welche nach erfolgter Probenahme eine weitere Bearbeitung in einem Analysenlabor erfordern. In der Abb. 3.10 ist eine Auswahl von gängigen Verfahren zusammengestellt.

## 3.4.3 Probenahmeverfahren für die Vor-Ort-Analytik

Bei den Verfahren, die bereits am Ort der Probenahme eine ja/nein-Entscheidung über das Vorhandensein einer bestimmten Verbindung oder einer Verbindungsklasse oder sogar eine Konzentrationsangabe erlauben, stellen die klassischen Prüfröhrchen die wohl einfachste und kostengünstigste Methode dar. Prüfröhrchen sind für eine große Anzahl von organischen und anorganischen Verbindungen in gasförmiger Matrix kommerziell relativ preiswert erhältlich, wobei sich die Konzentrationsbereiche häufig an vorgegebenen Grenzwerten wie den MAK-Werten orientieren. Das Messprinzip besteht in der Regel in der mit bloßem Auge wahrnehmbaren Farbänderung eines speziellen Füllmaterials aufgrund einer möglichst selektiven chemischen Reaktion mit dem zu bestimmenden Analyten. Eine halbquantitative Aussage (Fehlerbereich: ca. ± 30%, relativ) ist dann durch das Ausmessen einer Verfärbungszone möglich. Vergleichbar ist dies mit den klassischen nass-chemischen Analysenverfahren, bei denen ebenfalls eine selektive und quantitative chemische Reaktion abläuft. Das Füllmaterial ist in der Regel in ein Glasröhrchen eingebettet und enthält eine oder mehrere chemische Verbindungen (Reagenzien), welche nach Möglichkeit spezifisch mit der gesuchten Komponente (= Analyt) oder selektiv für eine bestimmte Komponentenart (Stoffklasse) reagieren. Durch eine auf dem Röhrchen angebrachte Skalierung kann dann direkt an Ort und Stelle nach dem Durchpumpen eines vorgeschriebenen Luftprobenvolumens die vorhandene Konzentration in Einheiten wie ppm oder vol% abgelesen werden. In der Abb. 3.11 ist ein Prüfröhrchen schematisch dargestellt, welches neben der Anzeigeschicht mit der Skalierung auch eine Vorschicht enthält. Diese Vorschichten können verschiedene Funktionen erfüllen, wie zum Beispiel das Zurückhalten von Feuchtigkeit oder unerwünschter Störkomponenten. Die einzelnen Schichten werden durch Glaswollstopfen, Frittenmaterialien oder ähnliches voneinander getrennt. Zum Gebrauch werden die Röhrchenenden abgebrochen und unter Beachtung der Ansaugrichtung in die Probenahmepumpe gesteckt.

Bezüglich der Spezifität können natürlich bei einem derart einfachen Verfahren Querstörungen durch andere Komponenten auftreten. Hierbei können ähnliche, aber auch von den gesuchten Analyten gänzlich verschiedene

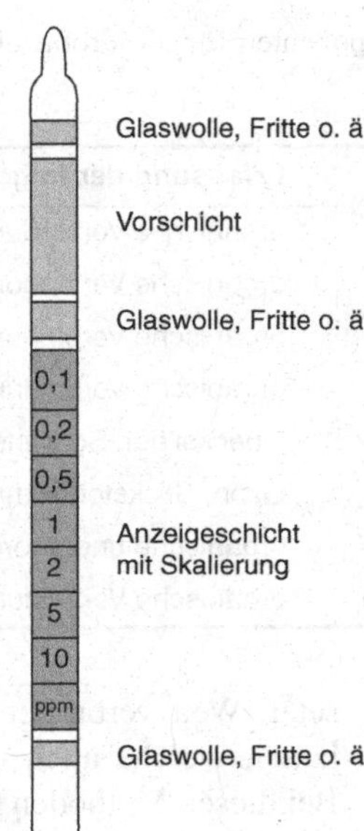


**3.11** Schematische Darstellung eines Prüfröhrchens mit Vorschicht und Anzeigeschicht.

Verbindungen ebenfalls zu einer Farbveränderung führen. Zwar bedarf es hierzu in der Regel wesentlich höherer Konzentrationen als dem Erwartungsbereich der Analytkonzentration entsprechend, aber ein Nichtbeachten der Herstellerangaben kann so unter Umständen zu gravierenden Fehlinterpretationen der Ergebnisse führen. Problematisch ist, dass man die Querstörungen schlecht erkennen kann, da man nichts über die Anwesenheit störender Mengen einer nicht-interessierenden Komponente weiß. Sollen aufgrund einer Analyse weitreichendere Entscheidungen gefällt werden, so ist eine Kontrollmessung mittels validierter Labormethoden unerlässlich.

Der Großteil dieser Prüfröhrchen wird in aktiver Probenahmetechnik durchgeführt. Dies bedeutet, dass die analythaltige Luft mithilfe einer häufig handbetriebenen Membran- oder Balgenpumpe durch das Prüfröhrchen gesaugt wird. Gerade jedoch für die Langzeitüberwachung am Arbeitsplatz werden auch direktanzeigende Diffusions- oder Passivsammler eingesetzt. Hierzu muss der Sammler nur im Einatembereich des Probanden befestigt werden und nach Beendigung der Probenahmezeit von vier bis acht Stunden (teilweise auch über einen längeren Zeitraum bis zu einer Woche) kann dann die entsprechende Konzentration abgelesen oder durch Vergleich z. B. mit einer Farbskala ermittelt werden. Da für die passive Sammelmethode keine Pumpe mitgeführt werden muss, verbessert sich der Tragekomfort, wodurch auch die Akzeptanz bei den zu überwachenden Personen erhöht wird.

Typische Anwendungsfelder der Prüfröhrchen sind neben der Arbeitsplatzüberwachung auch die schnelle Gefährdungsabschätzung bei Gefahrgutunfällen und Bränden sowie das schnelle Eingrenzen von Konzentrationsbereichen bei bekannten Quellen und ein einfaches Vor-Ort-Screening (Orientierungsmessung). Unter Einhaltung der Herstellerangaben im Hinblick auf Querempfindlichkeiten, Luftfeuchte und Temperatur bieten Prüfröhrchen mit einem Schätzwert für die Standardabweichung im Bereich zwischen 5 und 40% von Wiederholmessungen je nach zu bestimmender Komponente und Konzentrationsbereich eine einfache Möglichkeit der schnellen Expositions- und Gefährdungsabschätzung.

Eine weitere, in der Massenfertigung sehr kostengünstige Alternative stellt die Verwendung von Sensoren für die Bestimmung gasförmiger Komponenten dar. Auf deren unterschiedliche Prinzipien und die entsprechenden Einsatzmöglichkeiten wird in Kapitel 9 näher eingegangen werden.

Gegenüber den oben genannten Möglichkeiten nehmen sich Vor-Ort-Verfahren auf der Basis spektroskopischer oder chromatographischer Bestimmungsmethoden wesentlich komplexer aus. Je nach Messprinzip, Einsatzart und apparativer Ausstattung können diese Geräte fest installiert sein oder an verschiedene Probenahmeorte im Rahmen eines Laborfahrzeuges mitgeführt werden. Je größer das Gewicht und je höher der Strom- und eventuelle Gasverbrauch ist, umso geringer gestaltet sich die Mobilität. Ein weiteres Kriterium ist die Frage, ob das Messsystem kontinuierliches oder nur diskontinuierliches Arbeiten erlaubt. Je nach Anwendungsfall kann eine permanente Erfassung bestimmter Verbindungen zwingend geboten sein, so zum Beispiel bei der Überwachung von explosionsgefährdeten Bereichen oder bei der Kontrolle von Produktionsprozessen. Messverfahren, welche hier nur in Abständen von fünf oder sechzig Minuten ein entsprechendes Ergebnis liefern, können dort unter Umständen ihre Überwachungsfunktion nicht mehr erfüllen.

In Tabelle 3.3 sind einige etablierte Verfahren und damit vorwiegend erfassbare Komponenten zusammengestellt. Konzentrationsgrenzen für die Bestimmung können hier nur sehr schwer angegeben werden, da sie – bedingt durch die unterschiedliche Selektivität und Sensitivität der Messverfahren – sehr stark von den einzelnen Verbindungen und den vorhandenen Begleitkomponenten abhängen. Auch an dieser Stelle sei noch einmal ausdrücklich betont, dass dem Problem möglicher Querempfindlichkeiten und Störungen im Rahmen der Messstrategie und der Interpretation der gewonnenen Daten Rechnung getragen werden muss. Die Haupteinsatzgebiete der oben beschriebenen Verfahren sind neben

**Tabelle 3.3** Messverfahren und damit häufig untersuchte Komponenten für die Probenahme und analytische Auswertung „vor Ort“.

| Verfahren bzw. Messkonzept | Erfassung der folgenden Verbindungen |
|---|---|
| Photoionisationsdetektor | organische Verbindungen als Summenparameter |
| Flammenionisationsdetektor | organische Verbindungen als Summenparameter |
| IR-Spektroskopie | organische Verbindungen Kohlenmonoxid, Kohlendioxid |
| IR-Spektroskopie mit photoakustischer Detektion | organische Verbindungen |
| UV-Spektroskopie | Quecksilber, Schwefeloxide |
| Chemilumineszenz | Ozon, Stickstoffoxide |
| Massenspektroskopie | organische und anorganische Verbindungen |
| Gaschromatographie mit verschiedenen Detektionsmöglichkeiten | organische Verbindungen |

der Emissionsmessung die Überwachung von Deponien, die Altlasten- und Verdachtsflächenerkundung sowie spezielle Problemstellungen in der Überwachung von Prozessabläufen.

Abschließend sei bemerkt, dass gerade im Hinblick auf die Bestimmung organischer Stoffe in der Luft die klassische Untersuchung im analytischen Labor durch den Einsatz von „vor-Ort“-Messsystemen schwerlich ersetzt werden kann, da erfahrungsgemäß die Validierung einer wichtigen Messung in einem Laborfahrzeug äußerst schwierig ist. Vielmehr bieten die oben erwähnten Verfahren und Geräte die Möglichkeit einer schnellen Situationsabschätzung, welche es erlaubt, Maßnahmen ohne Zeitverlust einzuleiten. Desweiteren werden Informationen gewonnen, die den zielgerichteteren Einsatz klassischer Probenahme- und Analysenverfahren ermöglichen. Somit können der erforderliche Messaufwand und die hiermit verbundenen Kosten drastisch reduziert werden.

### 3.4.4 Probenahmeverfahren für die spätere Laboranalyse

**Gasprobensammler ohne Anreicherung**

Wie aus Abb. 3.10 ersichtlich, kann zwischen Methoden unterschieden werden, welche bei der Probenahme eine Anreicherung der Probenkomponenten beinhalten und solchen, die quasi nur ein begrenztes Probenvolumen bis ca. 0,1 $m^3$ in einen abgeschlossen Behälter zur späteren Analyse überführen. Im einfachsten Fall kann ein solcher Behälter eine gasdichte Spritze oder ein evakuierter Behälter sein, der das Probengas beim Öffnen eines Ventils selbsttätig ansaugt. Hiermit können z. B. die Abgase von Verbrennungsmotoren beprobt werden, woran sich dann im Labor die Injektion der gasförmigen Probe oder eines Aliquots in einen Gaschromatographen anschließt.

Sehr häufig werden Probenbehälter aus Glas oder Edelstahl in Form von Zylindern oder Kanistern eingesetzt. Weit verbreitet sind hierbei zylindrische Glasbehälter, welche auch den Beinamen „Gasmaus“ tragen. Bei diesen Methoden besteht die Möglichkeit, die Behälter vorher zu evakuieren und am Probenahmeort die Luft bis zum Druckausgleich einströmen zu lassen oder eine Befüllung unter Verwendung einer Pumpe durchzuführen. Eine Variation der Probenahmezeit ist bei beiden Alternativen in bestimmten Grenzen möglich. Einerseits kann über den Volumenstrom der Pumpe, andererseits über den Einbau kritischer Düsen (Verengungen) an der Einströmöffnung eine Veränderung erzielt werden. Dies ist dann nötig, wenn die zugrundeliegende Fragestellung nicht durch eine „Momentaufnahme“ beantwortet werden kann. Bei der Beprobung unter Verwendung einer Pumpe ist sorgfältig darauf zu achten, dass das Behältervolumen zuvor mehrfach mit der Probenluft gespült werden muss, damit Reste von z. B. Inertgasen aus dem vorhergehenden Reinigungsprozess nicht zu einer Beeinträchtigung führen. Häufig müssen störende Restgase auch durch zusätzliches Erhitzen der Behälterwandung ausgetrieben werden. In der Spurenanalytik ist es – wie bereits mehrfach betont – zwingend erforderlich, sich durch die Bestimmung von Blindwerten von der Effektivität der Reinigungsschritte zu überzeugen. Dazu kann man beispielsweise reinste synthetische Luft in die Gasmäuse einströmen lassen und diese dann, analog zu den, mit Realproben gefüllten, analysieren.

Während bei den beiden letztgenannten Verfahren die Probenvolumina durch die Behälterdimensionen vorgegeben sind, kann durch den Einsatz von speziellen aufblasbaren Kunststoffbeuteln das Probenvolumen in einem gewissen Rahmen frei gewählt werden. Als Materialien werden unter anderem Kunststoffe aus Polyethylenterephthalat, Polyvinylidenchlorid und Polytetrafluorethylen verwendet. Die Beutel weisen in der Regel ein Volumen von 1 bis 30 $dm^3$ auf, und die Befüllung erfolgt über eine Pumpe oder Systeme, welche ein direktes Einströmen der Luft ermöglichen, ohne erst die Pumpe passieren zu müssen (Kontaminationsgefahr). Gegenüber Metall- oder Glasbehältern besitzen Kunststoffbeutel neben der Möglichkeit der Volumenvariation den Vorteil, dass sie nur ein geringes Gewicht aufweisen, wenig Platz vor der Befüllung in Anspruch nehmen, gegen Stoß weitgehend unempfindlich sind und unabhängig vom Befüllungsgrad den gleichen Druck wie die Umgebung aufweisen.

Häufig sind diese Sammelbehälter gasdicht metallisiert und mit einem integrierten oder auswechselbaren Septum ausgestattet. Dies ermöglicht einerseits die Zugabe von inneren Standards oder die Dotierung mit bestimmten Komponenten (z. B. bei der IVA) und andererseits die Probenentnahme mit gasdichten Spritzen zur weitergehenden Analyse. Diese Technik bietet sich dann an, wenn die Konzentrationen der zu bestimmenden Verbindungen hoch sind, oder eine sehr nachweisstarke Analysenmethode (z. B. Gaschromatographie mit einem ECD bei Verbindungen mit elektronegativen Atomen, z. B. Halogenorganika) zur Verfügung steht. In vielen Fällen jedoch wird man die Probenkomponenten aus einem größeren Teil oder dem gesamten Behältervolumen geeignet auf die Trennsäule eines Gaschromatographen geben wollen, um sie auch mit weniger empfindlichen Detektoren analysieren zu können. Dazu gibt es einige bewährte Methoden, die weiter unten noch behandelt werden.

Neben den geschilderten Vorteilen (Einfachheit, leichte Standardaddition) existieren aber auch eine Reihe von Nachteilen bei der Verwendung dieser Probenahmetechniken. Neben einer Limitierung des Probenvolumens und der nicht durchführbaren Analyt-Anreicherung können Adsorptionserscheinungen an den Behälterwänden und an Dichtungsmaterialien oder Septa zu gravierenden Minderbefunden führen. Durch auskondensierende Feuchtigkeit können so beispielsweise auch hydrophile Substanzen durch Absorption im Wasser der Gasanalytik verloren gehen. Auch kann die Probe durch Memory-Effekte aufgrund ungenügender Reinigung oder dem Ausgasen von gesuchten oder störenden Komponenten aus Dichtungsmaterialien und Zuleitungen kontaminiert werden. Bei der Verwendung von lichtdurchlässigem Glas oder Kunststoffen kann es unter Umständen zu einer photochemischen Zersetzung kommen.

Ein Spezialfall in der Anwendung von Kunststoffbeuteln stellt die Beprobung der menschlichen Ausatemluft dar. Durch einfaches Aufblasen der Beutel lassen sich durch die nachfolgende Analytik Erkenntnisse über die Exposition von Personen gegenüber gasförmigen Verbindungen und die Geschwindigkeit der Elimination aus dem Körper über die Lungen gewinnen. Damit steht in der medizinischen und toxikologischen Anwendung der analytischen Chemie ein Verfahren zur Verfügung,

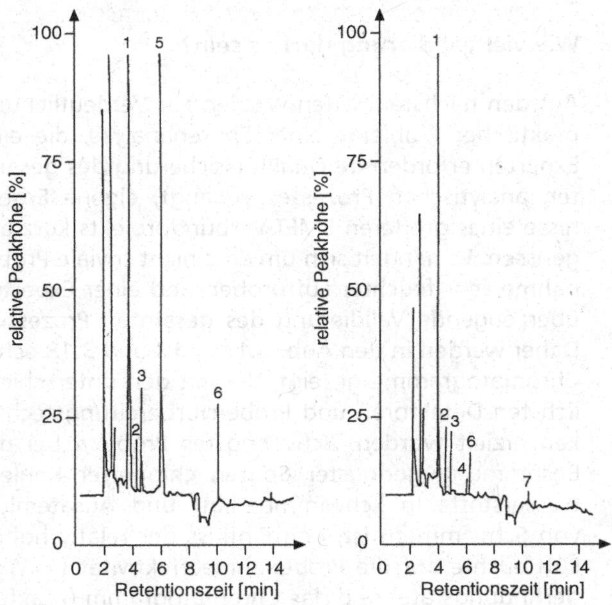


**3.12** Chromatogramme einer Hallenschwimmbadluftprobe (20 dm$^3$, links) angereichert auf Aktivkohle und einer Ausatemluftprobe eines Probanden (rechts) nach dem Schwimmen bei Einsatz eines Kunststoffprobenahmebeutels (aus dem Probenvolumen wurden 20 dm$^3$ auf Aktivkohle angereichert). Probenüberführung: Extraktion mit einem n-Pentan/Toluen-Gemisch, danach GC-Trennung und Detektion mit einem Elektroneneinfangdetektor. Verbindungen: 1 = Trichlormethan, 2 = 1,1,1,-Trichlorethan, 3 = Tetrachlormethan, 4 = 1,1,2,-Trichlorethen, 5 = Monobromdichlormethan, 6 = Dibrommonochlormethan, 7 = Tetrachlorethen [entnommen aus: B. Faust, Dissertation, Münster, 1995].

welches als nichtinvasive Methode in Teilbereichen Blutuntersuchungen ergänzen kann. Ein Anwendungsbeispiel für diesen Spezialfall ist in der Abb. 3.12 dargestellt.

Zur Untersuchung bestimmter Nebenprodukte bei der Chlorung von Schwimmbeckenwasser sind neben der Analyse des Wassers und des Blutes von Schwimmern sowohl die Luftkonzentrationen der leichtflüchtigen halogenierten Folgeprodukte, als auch die Konzentrationen derselben in der Ausatemluft von Probanden gemessen worden. Für die Sammlung der Ausatemluftproben wurden Kunststoffbeutel aus Polytetrafluorethylen mit einem Volumen von ca. 30 dm$^3$ eingesetzt. Ein Teil der Probe wurde dann analog zur Probenahme der Hallenschwimmbadluft auf Aktivkohle angereichert, einer Lösungsmittel-Elution (mit Kohlenstoffdisulfid oder einer Mischung aus Toluen und Methanol) unterworfen und dann gaschromatographisch analysiert. Durch die guten Reproduzierbarkeiten und Nachweis-

**Wie viel Validierung darf es sein?**

Auf den nächsten Seiten werden zur Verdeutlichung praktischer Probleme einer Spurenanalyse, die eine Experten erfordernde Qualitätssicherung des gesamten analytischen Prozesses verlangt, eigene Ergebnisse eines größeren BMFT-Verbundprojekts kurz angerissen. Es handelt sich um eine nicht triviale Probenahme sehr feuchter Luftproben und einer Experten überzeugende Validierung des gesamten Prozesses. Daher werden in den Abb. 3.12, 3.17 und 3.18 echte Chromatogramme gezeigt, die mit den unterschiedlichsten Detektoren und Probenvorbereitungstechniken erzielt wurden. Schwierigstes Problem bei der Bestimmung geringster Spuren chlorierter Kohlenwasserstoffe in Schwimmbadluft und Ausatemluft von Schwimmern ist, den Einfluss der relativ hohen Luftfeuchte auf die Probenahmeeffektivität (= Wiederfindungsrate) und das Chromatogramm (Peakformen) auszuschalten. Eine Validierung der gefundenen Ergebnisse in diesem extremen Spurenbereich von ng/L ist für einen Experten nur dann überzeugend, wenn verschiedene Probenahmetechniken (Sammelphasen, aktive oder passive Sammlung), Probenvorbereitungstechniken (Elution oder Thermodesorption), GC-Trennsäulen und GC-Detektoren nach Kalibrierung mit unterschiedlicheen Methoden (Verdünnung kommerziell verfügbarer Standards und Erzeugung eines eigenen mit direkter Rückführung auf Wägung – Si-Einheit kg) übereinstimmende Ergebnisse bringen. „Fit for purpose" bedeutet in diesem Projekt das Ausschalten jeglicher systematischer Fehler, damit die toxikologische Bewertung von richtigen Befunden ausgeht. Der große Aufwand war im Interesse der Gesundheit betroffener Menschen, die zuvor einen Zusammenhang der nachgewiesenen Verbindungen mit bestimmten Erkrankungen vermutet hatten, mehr als gerechtfertigt.

grenzen des Verfahrens ist es auch möglich, die Abatmung der vorher aufgenommen Verbindungen zu verfolgen. Der funktionale Zusammenhang zwischen der Konzentration und der Zeit nach Expositionsende für die Exhalation von Trichlormethan nach einem Schwimmbadaufenthalt ist in Abb. 3.13 beispielhaft wiedergegeben.

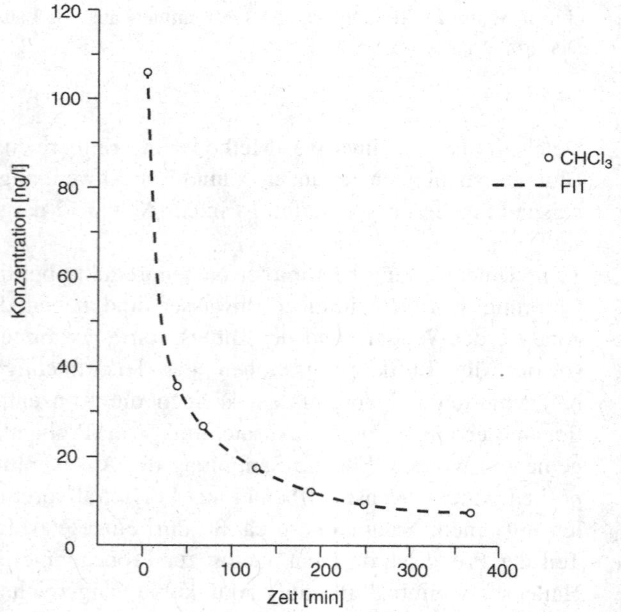

**3.13** Konzentrationsabnahme von Trichlormethan in der Ausatemluft eines Probanden nach einem Hallenschwimmbadaufenthalt [entnommen aus: B. Faust, Dissertation, Münster, 1995].

Aufgrund der sehr geringen Gehalte und der Notwendigkeit, mehrere Proben aus einem Beutel analysieren zu müssen, ist hierbei als spezielle Probenüberführungstechnik in den Gaschromatographen die Thermodesorption eingesetzt worden.

### Gasprobensammler mit Anreicherung aller Komponenten

#### *Verfahren ohne Anreicherung auf Trägermaterialien*

Die weitaus größten Möglichkeiten bei der Spurenanalyse von Gasen bieten sich durch den Einsatz von Probenahmeverfahren, welche bereits während der Sammlung eine Anreicherung von Probenkomponenten erzielen. Neben dem Vorteil, dass auch großvolumige Luftproben gesammelt werden können, die sogar beim späteren Transport nur wenig Raum beanspruchen, lassen sich mit diesen Techniken auch äußerst geringe Konzentrationen erfassen. Da zumindest für die Bestimmung organischer Verbindungen zum größten Teil auf die Anreicherung unter Verwendung von Adsorptionsmaterialien zurückgegriffen wird, werden die Sammlung mit sog. Impingern und das direkte Ausfrieren von Luftinhaltsstoffen hier nur in Kürze dargestellt.

Bei der Impingermethode wird Luft mittels einer Pumpe durch eine mit einem Lösungsmittel oder

Lösungsmittelgemisch gefüllte Waschflasche (Impinger) gesaugt. Die Probenkomponenten gehen dann bei geeigneter Löslichkeit in die flüssige Phase über. Zur Verbesserung des Austausches zwischen flüssiger und gasförmiger Phase werden am Gasaustritt häufig Fritten eingesetzt. Auch werden bevorzugt zwei oder mehr Waschflaschen hintereinandergeschaltet, um ein Durchbrechen der Analyte zu erkennen. Der große Nachteil dieser Methode besteht darin, bei einer Bestimmung von mehreren Analyten unterschiedlicher Polarität das geeignete Lösungsmittel oder -gemisch zu finden. Außerdem kann das Umgehen mit zuweilen giftigen Lösungsmitteln vor Ort ein weiteres Problem darstellen. Interessiert man sich jedoch für eine bestimmte Verbindungsklasse, so kann unter Umständen durch den Zusatz von Derivatisierungsreagenzien, die selektiv und quantitativ mit den Analyten reagieren, die Sammlung mit Impingern ein sehr vorteilhaftes Probenahmeverfahren sein, da dann die Selektivitätssteigerung die möglichen Nachteile mehr als wett macht.

Für spezielle Anwendungsfälle ist auch das direkte Ausfrieren von Probenkomponenten bei sehr tiefen Temperaturen eine sehr interessante Probenahmetechnik. Dies gilt besonders dann, wenn sehr reaktive Verbindungen oder chemisch wenig stabile Zwischenprodukte (z. B. Reaktionsprodukte der Troposphärenchemie) untersucht werden sollen. Apparativ saugt man durch ein Rohr aus Glas oder Metall die zu beprobende Luft, wobei während der gesamten Probenahme das Rohr von einem Kühlmedium, meist flüssigem Stickstoff, umströmt wird. Bei Verwendung von U-Rohren taucht man diese zweckmäßigerweise in ein mit flüssigem Stickstoff gefülltes Dewargefäß. Die Probenkomponenten scheiden sich dabei als Flüssigkeit oder Feststoff im Inneren des Rohres ab. Die weitere Aufarbeitung erfolgt dann durch thermische Desorption der Probenkomponenten. Gravierende Nachteile des Verfahrens liegen in der permanenten Versorgung mit dem Kühlmittel, da dies die Handhabbarkeit erschwert und apparativ aufwendiger ist. Außerdem neigen auch Wasserdampf und Kohlendioxid dazu sich im Inneren abzuscheiden und aufgrund ihrer hohen Konzentrationen das Rohr zu blockieren. Um dies zu verhindern, müssen weitere technische Maßnahmen getroffen werden, welche die entsprechenden Verbindungen erst gar nicht in das Rohr gelangen lassen. Bei dieser selektiven Entfernung von Feuchtigkeit oder $CO_2$ kann natürlich auch die Analytkonzentration verändert werden.

***Verfahren mit Anreicherung auf Trägermaterialien***

Die wohl verbreitetste Möglichkeit zur Probenahme von gasförmigen organischen Komponenten im Spurenbereich besteht in der Adsorption an geeigneten festen Trägermaterialien. Gegenüber den vorher vorgestellten Methoden ergeben sich eine Reihe von Vorteilen. Erstens ist die Probenahme mit sehr einfachen Hilfsmitteln durchzuführen, da im Falle der passiv ohne Pumpen arbeitenden Diffusionssammler nur das in einem Behältnis fixierte Trägermaterial notwendig ist und bei der aktiven Probenahme zusätzlich nur noch eine Pumpe benötigt wird. Zweitens kann der Probentransport über weite Entfernungen und mit sehr großer Probenanzahl erfolgen. Es ist kein Kühlmittel notwendig und die Sammelbehälter sind in der Regel kleine Metall- oder Glasröhrchen, die absolut dicht verschließbar sind. Drittens erlaubt diese Probenahmetechnik lange Probenahmezeiten und große Probenvolumina, was einerseits Langzeitmessungen ermöglicht und andererseits auch die Bestimmung extrem geringer Konzentrationen (Nanogramm-Mengen pro $m^3$ und darunter) gewährleistet. Den schematischen Aufbau eines typischen Adsorptionsröhrchens zeigt Abb. 3.14.

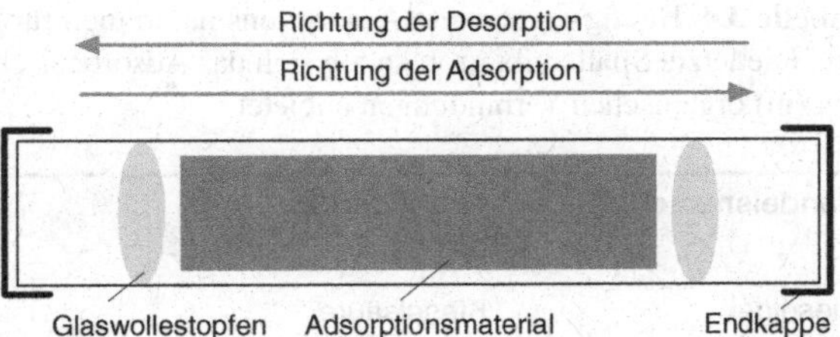


**3.14** Schematische Darstellung der Vorgänge bei der Probenahme mit einem Diffusionssammler.

Das Adsorbens ist in einem Rohr mithilfe von Glaswollestopfen oder Frittenmaterialien fixiert. Zum Verschluss der Röhrchen vor und nach der Probenahme wird an beiden Enden eine dichtsitzende Verschraubung oder eine Endkappe aus Kunststoff angebracht. Gegebenenfalls können Glasröhrchen auch beidseitig zugeschmolzen werden. Grundsätzlich gilt, dass die Röhrchen zur Analytik im Labor in umgekehrter Richtung zur Adsorption desorbiert werden müssen. Dies liegt darin begründet, dass Substanzen mit hoher Affinität zum Adsorptionsmaterial sich am Beginn des Röhrchens sammeln. Damit diese Verbindungen bei der Desorption nicht das gesamte Trägermaterial durchwandern müssen, was sehr lange dauern könnte, dreht man die Richtung des Spülgasstromes um.

## 3.4.5 Adsorptionsmaterialien für die Laboranalytik

Die Effektivität der während der Probenahme stattfindenden Anreicherung hängt in erster Linie von dem verwendeten Adsorptionsmaterial ab (Tabelle 3.4). Aus der

**Tabelle 3.4** Häufig eingesetzte Adsorptionsmaterialien für die Anreicherung von organischen Verbindungen in gasförmiger Matrix. Die letzte Spalte gibt grob an, ob sich das Adsorbens eher für die Anreicherung der leichtflüchtigen (l) oder der mittelflüchtigen (m) organischen Verbindungen anbietet.

| Handelsname | Grundgerüst | Temperaturstabilität [°C] | Spezifische Oberfläche [m²/g] | Eignung |
|---|---|---|---|---|
| Kieselgel | Kieselsäure | 300 | 1–30 | m |
| Aluminiumoxid | Aktiviertes Aluminiumoxid | 300 | 300 | m |
| Aktivkohle | Kohlenstoff aus Kokosnussschale | > 400 | 800 | l, m |
| Carbopack B | graphitisierter Kohlenstoff | 300 | 100 | m |
| Carbosieve SIII | graphitisierter Kohlenstoff | 225 | 1000 | l, m |
| Tenax TA | 2,6-Diphenyl-p-phenylenoxid | 250 | 20–40 | m |
| Porapak Q | Diphenylbenzen - Ethylvinylbenzen | 250 | 700 | m |
| Chromosorb 102 | Styrol-Divinylbenzen | 250 | 350 | m |
| Amberlite XAD-4 | Styrol-Divinylbenzen | 200 | 750 | m |

[Daten sind zum Teil entnommen aus: Figge, K., Rabel, W., Wieck, A., Fresenius, Z. Anal. Chem. 1987, 327, 261.]

Vielzahl der derzeit kommerziell erhältlichen Trägermaterialien werden ca. 20 in größerem Umfang für die Sammlung von organischen Verbindungen eingesetzt.

Für das letztlich zum Einsatz kommende Adsorbens sind eine Reihe von Faktoren entscheidend. Hierbei können als Charakterisierungsmerkmale dienen: Art der zu untersuchenden Substanzklasse (vor allem Polarität der Moleküle), Konzentrationsbereiche der zu bestimmenden Komponenten, Dauer der Probenahme, Größe des Probenvolumens, Art der nachfolgenden Bearbeitung (Lösungsmittelelution oder Thermodesorption), Wiederverwendbarkeit und nicht zuletzt die zu beantwortende Fragestellung. Aus der Sicht des Adsorptionsmaterials betrachtet sind es Parameter wie Kapazität, Affinität gegenüber den Analyten (Polarität), thermische Stabilität, Inertheit, Affinität gegenüber Luftfeuchtigkeit und für die Sammlung organischer Komponenten Affinität gegenüber anorganischen Verbindungen wie Stickoxiden, Schwefeloxiden, Halogenen und Ozon. In Tabelle 3.4 sind einige Adsorptionsmaterialien mit ihren charakteristischen Kenngrößen zusammengestellt. Die Indices der letzten Spalte zeigen sehr grob an, für welche Substanzgruppen das Adsorbens bevorzugt eingesetzt werden kann. Hierbei wurde unterschieden, ob das Adsorptionsmittel eher für die Anreicherung von leichtflüchtigen Verbindungen (Siedepunkt zwischen 120 und 150 °C) oder von mittelflüchtigen Verbindungen (Siedepunkt zwischen 150 und 250 °C) geeignet ist.

In der Literatur finden sich verschiedene Ansätze für die Klassifizierung von Adsorptionsmaterialien. Eine Möglichkeit besteht in der Einteilung nach dem Grundgerüst der Trägermaterialien. Dabei ergeben sich drei Gruppen: 1. Anorganische Adsorbentien wie Kieselgel und die Molekularsiebe, 2. Adsorbentien auf der Basis von Kohlenstoff wie Aktivkohlen und die graphitisierten Ruße und 3. Adsorbentien auf der Basis poröser Polymere wie Tenax TA und die Reihe der XAD-Harze. Diese Einteilung erlaubt eine klare Zuordnung, jedoch lässt sich hieraus keine Verwendbarkeit für verschiedene Substanzgruppen ableiten. Auch eine Klassifizierung im Hinblick auf die nachfolgende Probenüberführungstechnik kann hier nur einen Teilaspekt der Fragestellung beantworten. Für die Verwendung eines Adsorptionsmittels hinsichtlich der Anreicherung eines oder mehrerer Analyten ist vielmehr entscheidend, ob bei vorgegebener Probenahmezeit und vorgegebenem Probenahmevolumen sowohl eine quantitative Rückhaltung, als auch eine quantitative Desorption gewährleistet ist. Zur Beantwortung der Frage nach einer quantitativen Adsorption dient die Ermittlung des sogenannten Durchbruchsvolumens (*Break-Through-Volume* oder BTV). Prinzipiell versteht man hierunter jenes Probenahmevolumen, bei dem die zu bestimmende Komponente bei gegebener Konzentration das Adsorptionsmaterial noch nicht wieder verlässt, bei dem es also noch nicht zu einer Überladung des Adsorptionsröhrchens kommt. Leider finden sich in der Literatur auch andere Definitionen, bei denen das Durchbruchsvolumen bei einer bereits vorhandenen Überladung von zum Beispiel 50% angegeben wird (das heißt, dass der Beladungsgrad 150% beträgt), sodass bei einem Vergleich mit solchen Daten jeweils genau auf die Definition geachtet werden muss. Das Durchbruchsvolumen ist vornehmlich von folgenden Faktoren abhängig:

1. der Temperatur,
2. den physikalischen und chemischen Eigenschaften des Adsorbens,

3. den physikalischen und chemischen Eigenschaften der Analyten und besonders der vorhandenen Begleitkomponenten, die ja Oberflächenplätze blockieren können,
4. der Partikelgröße des Adsorbens,
5. den Dimensionen des Adsorptionsröhrchens,
6. der Menge des Adsorptionsmittels.

Für die Bestimmung des Durchbruchsvolumens werden in der Praxis drei Methoden eingesetzt. Bei den ersten beiden Methoden wird ein Adsorptionsröhrchen mit dem entsprechenden Trägermaterial in einen Gasstrom geschaltet und am Ausgang des Röhrchens direkt an einen Detektor, zum Beispiel einen Flammenionisationsdetektor (s. Abschn. 6.3), angeschlossen. Dann wird entweder ein Inertgasstrom mit dem Analyten als Beimengung permanent durch das Adsorptionsmaterial geleitet, oder man bringt den Analyten einmalig, zum Beispiel durch Injektion als Lösung auf den Anfang der Adsorptionsmittelschicht auf und leitet dann reines Inertgas durch das Röhrchen. Ein Durchbruch wird durch eine entsprechende Änderung des Detektorsignals angezeigt. Beide Methoden haben den großen Nachteil, dass die Variation von Parametern und die Simulation des Verhaltens von verschiedenen Analyten in unterschiedlichen Konzentrationen unter Berücksichtigung von Begleit- und Störkomponenten nur eingeschränkt und nur mit großem Messaufwand möglich ist. Dem entgegenwirken kann man durch die Anwendung der dritten Methode, bei der in realen Feldmessungen zwei Adsorptionsröhrchen hintereinander geschaltet werden. Eine getrennte Analyse der beiden Röhrchen im Labor zeigt dann einen möglichen Durchbruch des interessierenden Analyten besser an. Diese Vorgehensweise empfiehlt sich auch als ein Instrument der Qualitätssicherung bei der Durchführung größerer Messreihen, da eine Änderung von Parametern und eine Verschiebung in den Konzentrationsbereichen der Analyten und der Begleitkomponenten hier unter Umständen sehr rasch auftreten kann. Typische Durchbruchsvolumina liegen im Bereich von einigen Litern bis zu mehreren hundert Litern Probenahmevolumen pro Gramm Adsorbens.

Im Praxiseinsatz von Adsorptionsmaterialien spielen neben den oben gemachten Überlegungen noch weitere Faktoren eine Rolle. Aufgrund des häufig hohen Preises sollten Adsorptionsmaterialien wiederverwendbar sein. Die dazu notwendige Reinigung sollte einfach durchzuführen sein und ein Adsorbens liefern, welches nach Möglichkeit frei von *Memory-Effekten* aus der vorhergehenden Probenahme ist. Eventuell muss bei einer extremen Spurenanalyse ubiquitär vorhandener Stoffe (z. B. Tetrachlorethen) eine solche Aufreinigung (in einem Reinraum) bereits schon vor dem ersten Einsatz durchgeführt werden. Desweiteren sollten die verwendeten Dichtungsmaterialien nicht zu Kontaminationen des Probengutes führen. Schließlich sollte das Adsorptionsmittel eine hohe Stabilität aufweisen und nicht unter dem Einfluss von erhöhten Temperaturen (z. B. bei der Thermodesorption) oder von reaktiven Begleitkomponenten aus der Probe zur Bildung von Abbauprodukten neigen. Gerade bei porösen organischen Polymeren stellt der letzte Punkt ein größeres Problem dar. Zur Überprüfung solcher Effekte, die eine gravierende Verschlechterung der Qualität des Analysenergebnisses herbeiführen können, sollte prinzipiell in definierten Abständen eine Untersuchung des Blindwertes durchgeführt werden.

In letzter Zeit kommen zunehmend Adsorptionsröhrchen zum Einsatz, welche nicht nur ein Adsorbens enthalten, sondern aufgeteilt in mehrere Schichten zwei oder drei unterschiedliche Adsorptionsmaterialien. Durch geeignete Kombination dieser Trägermaterialien lässt sich so ein weiter Bereich von verschiedenen Analyten lückenlos anreichern, ohne das es zu Durchbrüchen kommt.

### 3.4.6 Passivprobensammler

Neben der Möglichkeit der Probenahme durch aktiven Transport mittels Pumpen und der Anreicherung von organischen Luftinhaltsstoffen auf Adsorptionsmaterialien können auch, wie schon mehrfach erwähnt, sogenannte Diffusions- oder Passivsammler eingesetzt werden. Hier dient nur der Konzentrationsgradient des Analyten zwischen der beprobten Gasphase und Festkörperoberfläche als treibende Kraft des molekularen Transportes. Prinzipiell lassen sich hier die gleichen Adsorbentien wie bei der aktiven Sammlung verwenden, jedoch werden in der überwiegenden Zahl die Untersuchungen mit Passivsammlern auf der Basis von Aktivkohle durchgeführt. Sie beruhen auf dem 1. Fick'schen Gesetz. Im Falle der passiven Probenahme wird ein mit einem Adsorptionsmaterial gefüllter Hohlkörper (in Plaketten- oder Röhrchenform) der Umgebung ausgesetzt. Aufgrund der Diffusion wandern die Moleküle vom Ort der höheren Stoffmengenkonzentration (Umgebungsluft) zum Sammelmaterial über eine definierte Diffusionsstrecke, die vor konvektiven Gasströmungen zu schützen ist. Dies kann durch lange und enge Diffusionsstrecken, aber auch durch parallele Anordnung derselben erreicht werden. Besonders geeignet zur Ausbildung des gewünschten Konzentrationsgradienten sind auch bestimmte Membranen mit definierten molekularen „Löchern“. Letztere können bei einer gewissen Hydrophobie (z. B. Teflon) auch den störenden Feuchteeinfluss ausschalten. Da in der Umgebung des Adsorbens die Konzentration quasi gegen Null geht, ist eine kontinuierliche Anreicherung aufgrund des vorhandenen Konzentrationsgefälles

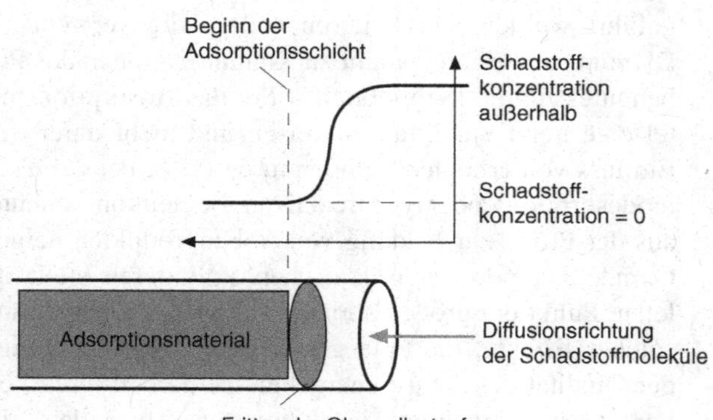


**3.15** Schematische Darstellung der Vorgänge bei der Probenahme mit einem Diffusionssammler.

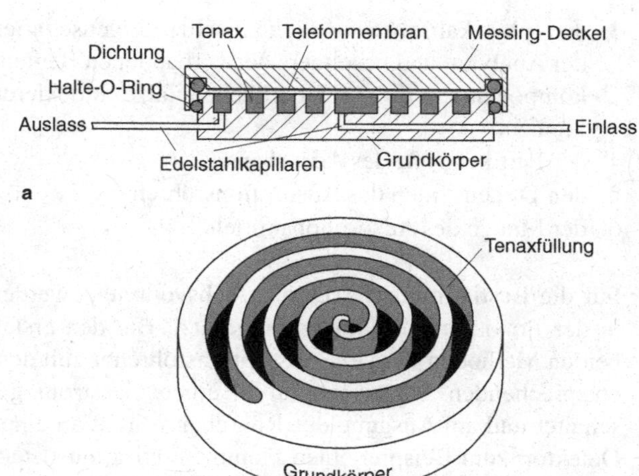


**3.16** Darstellung des Thermodesorptionspassivsammlers (TOPAS), a) Querschnitt, b) Aufsicht auf den Grundkörper [entnommen aus: T. Brendel, Dissertation, Münster 1996].

gewährleistet. Unter Voraussetzung dieser Randbedingungen ist dann auch die bei der späteren Analyse auf dem Adsorptionsmaterial wiederzufindende Masse an Analyten den Konzentrationen in der beprobten Umgebungsluft direkt proportional.

In der Abb. 3.15 sind sowohl der prinzipielle Aufbau des Passivsammlers, als auch das sich bildende Konzentrationsgefälle dargestellt.

Die Aufarbeitung der Passivsammler erfolgt im Normalfall durch Lösungsmittelextraktion und nachfolgender gaschromatographischer Analyse. Verwendet man jedoch anstelle der Aktivkohle andere Adsorptionsmaterialien wie zum Beispiel graphitisierte Ruße oder poröse Polymere, so besteht auch hier die Möglichkeit diese Proben thermisch zu desorbieren. Hierzu sind in den letzten Jahren auch einige kommerziell erhältliche Varianten entwickelt worden.

Das Hauptanwendungsfeld der Diffusionssammler ist seit jeher die Überwachung von Gefahrstoffkonzentrationen am Arbeitsplatz mit den bereits beschriebenen Vorteilen. Desweiteren lässt sich die passive Probenahme in bestimmten Fällen auch für die Messung von Innenraumluftverunreinigungen und für Untersuchungen der Außenluft einsetzen. Der Hauptnachteil dieser Art der Probenahme liegt in der Probenahmezeit, die bei den derzeitigen kommerziell erhältlichen Sammlern noch erforderlich sind. Da die treibende Kraft für die Anreicherung der Verbindungen in deren Diffusionsverhalten liegt, bedarf es zur Erlangung einer genügend hohen Analytmasse auf dem Adsorptionsmaterial eines längeren Zeitraumes von Stunden bzw. Tagen. Bezogen auf die Messstrategie bedeutet dies, dass man keine Spitzenkonzentrationen aufgrund von Kurzzeitmessungen ermitteln kann, sondern nur Langzeitmessungen mit einem entsprechenden Mittelwert als Resultat durchführen kann. Gerade für Untersuchungen in der Umgebungsluft sind diese Zeiträume häufig zu lang. Hier kann eine Neuentwicklung, der Thermodesorptionspassivsammler TOPAS, dessen prinzipieller Aufbau in der Abb. 3.16 dargestellt ist und der von der Firma Gerstel hergestellt wird, Abhilfe schaffen.

Durch eine geschickte Gasführung während der Sammelzeit und Ausspülzeit und Anbieten einer großen Oberfläche sowie kürzeren Diffusionsstrecken konnte die Empfindlichkeit der passiven Thermodesorption um Größenordnungen gesteigert werden, sodass nunmehr selbst im Spurenbereich nur wenige Minuten für eine quantitative Sammlung und Analytik ausreichen.

## 3.4.7 Desorptionsmethoden

**Desorption mit Lösungsmitteln**

Nach erfolgter Anreicherung der organischen Luftverunreinigungen auf den Adsorptionsmaterialien entweder durch aktive oder durch passive Probenahme müssen die so gesammelten Analyten durch geeignete Probenüberführungstechniken einem Analysengerät zugeführt werden. Klassisch geschieht dies durch Elution oder Extraktion der Probenkomponenten mit einem Lösungsmittel oder Lösungsmittelgemisch. Hierbei wird das Adsorptionsmaterial aus dem Probenahmeröhrchen entfernt und dann mit dem Eluens überschichtet (Extraktion), oder das Adsorbens verbleibt im Röhrchen und wird von dem Lösungsmittel durchflossen (Elution). Bei schwererflüchtigen Verbindungen besteht außerdem die Möglichkeit der Soxhlet-Extraktion. Der Vorteil der Elutionsmethode liegt in der leichten Wiederverwendbarkeit des Röhrchens, da eine Neubefüllung in diesem Falle nicht nötig ist. Liegt das Adsorptionsmaterial separat vor, so kann der Übergang der Analyten in die flüssige Phase durch Schütteln oder Anwendung eines Ultraschallbades beschleunigt werden.

Gängig ist die Überführung des Adsorptionsmaterials in ein Septumfläschchen, welches dann gasdicht zugebördelt werden kann. Durch die Verwendung von Spritzen können dann sowohl interne Standards, als auch das Extraktionsmittel zugesetzt werden. Nach dem Schütteln oder einer Behandlung im Ultraschallbad kann dann aus der überstehenden Lösung mit einer Mikroliterspritze eine entsprechende Probe entnommen werden und auf die gaschromatographische Säule gegeben werden. Als Universallösungsmittel findet sich in vielen Literaturstellen Kohlenstoffdisulfid, da es gerade für die Elution oder Extraktion von Aktivkohle in vielen Fällen sehr gute Wiederfindungsraten aufweist. Allerdings ist neben der relativ hohen Toxizität von Kohlenstoffdisulfid auch eine sehr starke Wärmeentwicklung während der Elution oder Extraktion zu beobachten. Unter Umständen führt eine solche Wärmeentwicklung aufgrund von Verdampfungen zu Substanzverlusten bei den leichterflüchtigen Verbindungen. Dies lässt sich teilweise durch das Arbeiten unter Eiskühlung umgehen. Häufig kann eine quantitative Überführung der Analyten aber auch mit Lösungsmitteln oder -gemischen erzielt werden, bei denen diese negativen Eigenschaften nicht so stark ausgeprägt sind. Eingesetzt werden hierbei vorwiegend geradkettige oder cyclische Alkane und Mischungen mit verschiedenen Alkoholen.

Die Probenüberführung durch Extraktion oder Elution weist zwei größere Nachteile auf. Erstens wird die Probe mehrfach manuell bearbeitet und kommt mit Umgebungsluft und Lösungsmitteln in Kontakt. Auch bei einer Minimierung dieser Einzeloperationen sind trotzdem eine Reihe von Kontaminationsquellen gegeben, welche das resultierende Messergebnis beeinflussen können. Hier können nur fortlaufende Blindwertmessungen die Qualität der Resultate absichern. Zweitens, und dies ist häufig der gravierendere Nachteil, wird die vorher angereicherte Probe bei der Probenüberführung durch das entsprechende Lösungsmittel wieder verdünnt. Setzt man voraus, dass für die Extraktion ein Volumen von 0,5 $cm^3$ benötigt wird, so ergibt sich bei einem Injektionsvolumen von zum Beispiel 0,001 $cm^3$ (gebräuchliches Volumen für eine Injektion in einen Gaschromatographen) ein Verdünnungsfaktor von 500. Bei der Analyse von schwererflüchtigen Verbindungen kann das Extraktionsvolumen noch durch Abblasen mithilfe eines Inertgas-Stromes auf ca. 0,1 $cm^3$ verringert werden ohne das es zu Substanzverlusten kommt. Interessiert man sich jedoch für die leichtflüchtigen Komponenten, so führt dies zwangsläufig zu Substanzverlusten. Zusammenfassend lässt sich demnach festhalten, dass die Probenüberführungstechnik unter Anwendung der Elution oder Extraktion mit Lösungsmitteln dann besonders geeignet ist, wenn entweder höhere Konzentrationen in der beprobten Umgebungsluft vorliegen (wie zum Beispiel bei eingetretenen Leckagen) oder aber eine starke Anreicherung der Analyten über hohe Probenvolumina oder längere Probenahmezeiten bei geringeren Ausgangskonzentrationen möglich ist.

**Thermodesorption**

Das Problem der Verdünnung entsteht bei dem Einsatz der Thermodesorption als Probenüberführungstechnik nicht. Die Wechselwirkung zwischen den Analyten und dem Adsorptionsmaterial wird durch Zuführung von Energie in Form von Wärme aufgehoben und die so freigesetzten Probenkomponenten werden durch einen Inertgasstrom in das gaschromatographische Trennsystem überführt. Zur Desorption benötigt man einen be-

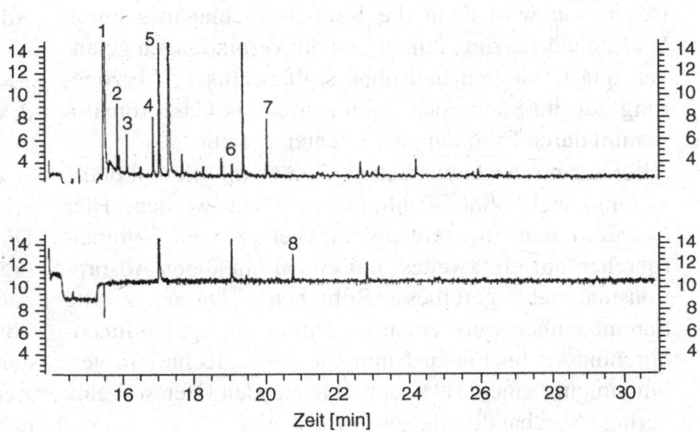


**3.17** Gaschromatogramm einer Hallenschwimmbadluftprobe (Probenahmevolumen 500 $cm^3$). Probenüberführung: Thermodesorption; gaschromatographische Trennung mit Atom-Emissions-Detektion. In der oberen Hälfte ist der Chlor-Element-Kanal dargestellt, in der unteren das Chromatogramm des Brom-Element-Kanals. Nummerierung siehe Abb. 3.12, zusätzlich 8 = Tribrommethan [entnommen aus: M. Faust, Dissertation, Münster, 1992].

**Wie gefährlich ist Leistungsschwimmen?**

Analog zu den Messungen, die der Ermittlung der Ausatemluftkonzentration an leichtflüchtigen halogenierten Kohlenwasserstoffen bei Schwimmern dienten, wurden im gleichen Forschungsvorhaben auch eine Vielzahl von Hallenschwimmbadluftproben untersucht. Zur Aufnahme von sogenannten Tagesprofilen wurden pro Tag ca. 15 Kurzzeitmessungen an mehreren Probenahmeorten durchgeführt, welche dann eine Aussage über die Variation der Konzentrationen der Trihalogenmethane in Abhängigkeit vom Belastungszustands des Bades erlaubten. In den Abbildungen 3.17 und 3.18 sind entsprechende Chromatogramme für diese Kurzzeitmessungen beim Einsatz unterschiedlicher gaschromatographischer Detektoren wiedergegeben. Auch bei diesem Beispiel kann der Analytiker die Frage nach der Gefährlichkeit nicht beantworten, jedoch liefert sein Datenmaterial die Basis für eine toxikologische Beurteilung.

heizbaren Mantel oder Ofen, welcher das Adsorptionsröhrchen umschließt. Im einfachsten Falle kann dies der Injektorblock des Gaschromatographen darstellen. Gebräuchlich ist jedoch eine außenliegende Desorptionseinheit, wobei die thermische Energie über Heizpatronen zugeführt wird. Bei manchen Systemen wird auch eine elektrische Widerstandsheizung verwendet oder man desorbiert unter dem Einfluss von Mikrowellen. Zeitgleich zur Desorptions- oder Ausheizperiode wird Inertgas durch das Adsorptionsröhrchen geleitet. Um bei der nachfolgenden gaschromatographischen Trennung keine unerwünschten Peakverbreiterungen hinnehmen zu müssen, also mit geringer zeitlicher Startbandbreite beginnen zu können, schließt sich im Allgemeinen eine Kryofokussierung *(cold-trapping)* an.

Hierbei werden die thermisch freigesetzten Komponenten in eine zweite, örtlich eng begrenzte Zone geleitet, in welcher die Substanzen unter Einwirkung eines Kühlmittels (festes Kohlendioxid oder flüssiger Stickstoff) beziehungsweise durch die Verwendung von Peltierelementen ausgefroren oder als flüssiger Film abgeschieden werden. Dies kann entweder direkt am Beginn der gaschromatographischen Säule durch einen Tieftemperaturzusatz für den Ofen oder auf einer zwischengeschalteten Kapillaren erfolgen. Nach Beendigung der Desorption wird dann die Kapillare schlagartig durch Widerstandsheizung erhitzt und die Verbindungen gelangen quasi simultan und ohne stoffspezifische Verzögerung auf die Säule, oder man startet das Gaschromatogramm durch Erhöhung der Ofentemperatur.

Bei einem neuentwickelten Gerät soll diese Fokussierung auch ohne Kühlmittel erreicht werden. Hier überführt man die Probenkomponenten vom Sammelröhrchen auf ein zweites, mit einem ähnlichen Adsorptionsmaterial gefülltes Röhrchen. Diese zweite Sammeleinheit weist einen wesentlich geringeren Innendurchmesser bis hin zu 1 mm auf. Diese Technik in Verbindung mit einem sehr schnell heizenden Ofen soll eine geringe Startbandbreite gewährleisten.

Zusammenfassend lässt sich sagen, dass die thermische Desorption gegenüber der Elution oder Extraktion von Probenkomponenten folgende Vorteile aufweist:

1. Es wird kein Lösungsmittel benötigt, was den Umgang mit unter Umständen toxischen Verbindungen und den Anfall von Reststoffen vermeidet;
2. durch die wenigen manuellen Einzeloperationen ist die Gefahr der Kontamination des Probengutes weitestgehend minimiert;
3. die Methode ist sehr gut automatisierbar, wie mittlerweile kommerziell erhältliche Systeme (Fa. Gerstel, Mühlheim) demonstrieren;
4. aus dem Adsorptionsröhrchen können entweder 100% oder nur ein Teil der Analyten der nachfolgenden Trennung zugeführt werden.

Gerade die Nutzung der Anreicherungskapazitäten des Adsorptionsmaterials ohne nachfolgende Verdünnung ermöglicht Messungen von Verbindungen, welche nur in geringsten Konzentrationen in der Umgebungsluft vorliegen, und die Durchführung von Kurzzeitmessungen. Nachteilig ist, wenn das Adsorbens sich bei zu hohen Desorptionstemperaturen zersetzt. Daher sollten auch hier grundsätzlich Blindwertmessungen erfolgen, welche garantieren, dass die gewählten Desorptionstemperaturen keinen Einfluss auf die Inertheit des Adsorptionsmaterials haben und auch eine Wiederverwendbarkeit sichergestellt ist.

Ein Anwendungsbeispiel für den Einsatz der Thermodesorption zeigen die Abbildungen 3.17 und 3.18.

### 3.4.8 Kalibrierung und Validierung

Die Darstellung der Möglichkeiten zur Bestimmung von organischen Luftinhaltsstoffen kann nicht ohne die Behandlung der Frage abgeschlossen werden, wie eine Kalibration als Grundlage der Konzentrationsermittlung durchgeführt werden kann. Auch ist es zwingend notwendig, für die verschiedenen Verfahren der Probenahme und Probenüberführung die auf den jeweiligen

Analyten bezogene Wiederfindungsrate zu bestimmen. In manchen Fällen kann es ausreichend sein, das Adsorptionsröhrchen mit einem flüssigen Standard zu beaufschlagen und so den weiteren Gang der Analyse nachzuvollziehen. Der entscheidende Nachteil hierbei ist jedoch, dass Fehler bei der Probenahme überhaupt nicht berücksichtigt werden können, obwohl eine einwandfreie Probenahme die Grundvoraussetzung für die Richtigkeit der späteren Ergebnisse bildet. Aus diesem Grunde bedient man sich verschiedener Verfahren, die den Analyten als gasförmige Beimengung in einem Grundgas (meistens Inertgas) liefern. Mit einem solchen Prüfgas ist es dann auch möglich die Probenahme mit in das Qualitätssicherungs- und Validierungskonzept mit einzubinden. Einige dieser Verfahren sollen im Folgenden kurz vorgestellt werden.

Prinzipiell kann zwischen Methoden unterschieden werden, welche das Prüfgas gravimetrisch generieren und solchen, welche die Mischung nach einem volumetrischen Verfahren erzeugen. Bei der ersten Methode bedient man sich vorwiegend Druckgasbehältern, wobei die entsprechenden Komponenten nacheinander eingefüllt werden und nach jedem Füllvorgang die Massenzunahme bestimmt wird. Wegen der Rückführbarkeit (*tracebility*) auf eine Absolutmethode (Gravimetrie) ist hierdurch die überzeugendste Validierung möglich. Geschieht die Befüllung in einem evakuierten Raum, so kann der Auftrieb vernachlässigt werden, er muss jedoch mit einberechnet werden, wenn die Herstellung bei Atmosphärendruck erfolgt. Da in den wenigsten analytischen Laboratorien derartige Befüllungseinrichtungen vorhanden sind, sind solche Prüfgase mit oder ohne Zertifikat nach Kundenspezifikation von Gaslieferanten zu beziehen.

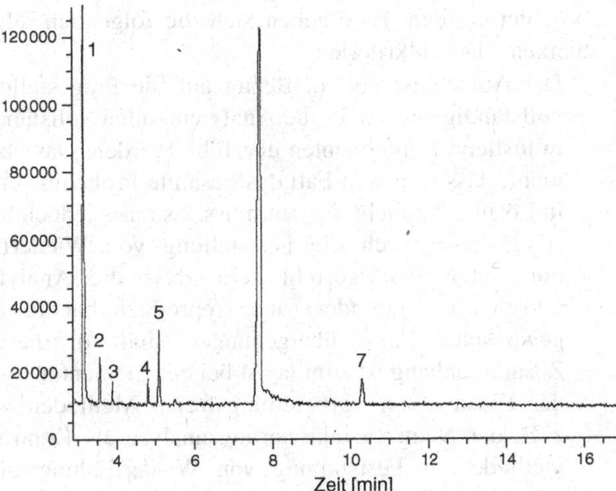


**3.18** Gaschromatogramm einer Hallenschwimmbad-Luftprobe (Probenahmevolumen 500 $cm^3$). Probenüberführung: Thermodesorption; gaschromatographische Trennung mit MS-Detektion im *Selected-Ion-Monitoring-Mode*. Nummerierung siehe Abb. 3.12 [entnommen aus: M. Faust, Dissertation, Münster, 1992].

Wesentlich vielseitiger und auch für die Herstellung im Laboratorium geeignet sind solche Verfahren, die das Prüfgas nach einer volumetrischen Methode generieren. Im einfachsten Falle mischt man in einem abgeschlossenen Behälter (zum Beispiel einem Kunststoffbeutel oder einem Glasgefäß) die entsprechenden Volumina an Grundgas und Beimengung. Bei dieser statischen Methode, bei der die Befüllung unter Atmosphärendruck geschieht, erhält man ein begrenztes Volumen von einigen $dm^3$. Nachteilig ist, dass hiermit Langzeitmessungen nicht durchgeführt werden können und auch die Anzahl der Probenentnahmen aufgrund des geringen Volumens limitiert ist. Vorteilhaft ist jedoch, dass ohne großen apparativen Aufwand verschiedene Beimengungen in unterschiedlichen Konzentrationen getestet werden können und somit eine sehr flexible Möglichkeit zur Parametervariation gegeben ist.

Benötigt man größere Prüfgasmengen, so ist man entweder auf die Verwendung von vorher befüllten Druckgasflaschen angewiesen, oder man bedient sich volumetrischer Methoden, welche das Prüfgas dynamisch erzeugen. Verwendet werden unter anderem Pumpensysteme, bei denen das Grundgas und die Beimengung durch verschiedene Kolbenpumpen vermischt werden, oder man füllt ein definiertes Volumen in Form einer Dosierschleife oder eines Dosierkükens mit der Beimengung und spült diese dann mit dem Grundgas aus. Nach Durchlaufen einer Mischstrecke steht dann das Prüfgas zur Verfügung. Außerdem ist es möglich, die Beimengung kontinuierlich in den Grundgasstrom zu injizieren. Dies geschieht bei gasförmigen Komponenten über einen Kolbenprober und bei flüssigen Beimengungen über eine Injektionsspritze.

Ein weiteres sehr interessantes Verfahren nutzt das Permeationsphänomen zur Herstellung von Prüfgasen. Dabei wird die entsprechende Komponente in ein Gefäß aus Glas oder anderen Werkstoffen eingefüllt und der Kontakt mit der Umgebung erfolgt über eine Permeationsmembran aus Kunststoff. Die Substanzmoleküle wandern nun durch diese Membran und gelangen außerhalb des Permeationsgefäßes in den kontinuierlich fließenden Grundgasstrom. Ein Beispiel für ein Dosiersystem unter Ausnutzung des Permeationsphänomens ist in der Abbildung 3.19 wiedergegeben.

Die Permeationsrate ist unter anderem vom verwendeten Kunststoff, der permeierenden Substanz und der Temperatur abhängig. Die Bestimmung der Endkonzen-

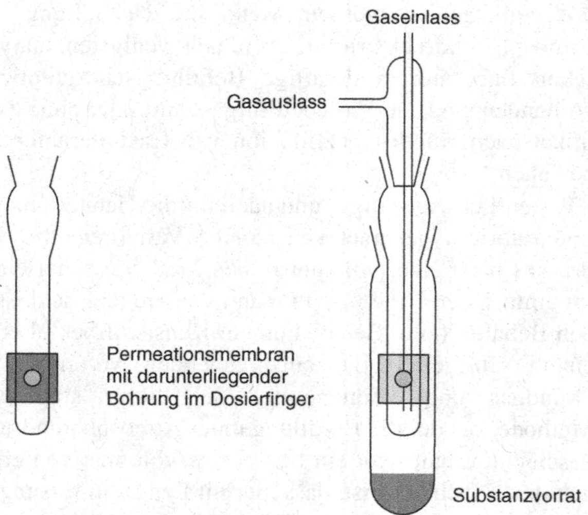


**3.19** Darstellung eines separaten Dosierfingers mit Permeationsmembran (links) und des entsprechenden Dosiersystems zur Herstellung von Prüfgasen.

tration kann entweder durch den Vergleich mit alternativ hergestellten Prüfgasen erfolgen, oder durch kontinuierliche bzw. diskontinuierliche Wägung des Permeationsgefäßes. Aus der resultierenden Massendifferenz und dem Volumenstrom des Grundgases kann dann die entsprechende Konzentration errechnet werden. Diese Rückführung auf die Wägung reiner Komponenten garantiert wieder die sog. *traceability* auf das Mol der betreffenden Substanz und stellt damit eine hochwertige Validierung dar.

Fasst man das Problemfeld der Spurenbestimmung von Luftinhaltsstoffen zusammen, so kann man durchaus sagen, dass für den Großteil der Anwendungen präzise und auf den jeweiligen Einsatz zugeschnittene Standardmethoden zur Verfügung stehen. Für die entsprechende Situation das passende Messverfahren zu finden, stellt die Hauptaufgabe bei der Entwicklung einer analytischen Messstrategie dar. Das damit einhergehende Qualitätssicherungskonzept sollte hierbei auch die möglichen Fehlerquellen bei der Probenahme mit berücksichtigen, da dort auftretende Mängel durch keinen noch so hohen apparativen Aufwand kompensiert werden können. Auf der anderen Seite sollten die Anforderungen an ein bestimmtes Messverfahren auch in einer vernünftigen Relation zur zugrundeliegenden Fragestellung stehen. Die Forderungen nach maximaler Präzision und Nachweisempfindlichkeit sollten nicht den Blick davor verschließen, dass für eine einfache Ja/Nein- Entscheidung unter Umständen auch ein sehr einfaches Messverfahren eingesetzt werden kann.

## 3.5 Aufschlussverfahren

Unter Aufschluss versteht der Chemiker allgemein die Überführung einer festen Probe in eine flüssige, homogene Form, die leichter zu aliquotisieren (aufzuteilen) ist, und welche die Voraussetzungen bietet, eine weitgehend störungsfreie qualitative oder quantitative Bestimmung der interessierenden Elemente oder Verbindungen durchzuführen. Der Aufschluss ist somit mit einer Substanzauflösung verbunden. Das mit Abstand wichtigste Lösungsmittel für anorganische Substanzen ist Wasser. Es löst außerdem zahlreiche polare organische Verbindungen wie niedere Alkohole, Polyalkohole, Kohlehydrate, organische Säuren und ihre Alkalisalze etc. Für wasserunlösliche organische Substanzen eine Reihe organischer Lösungsmittel variabler Polarität (Lipophilie) zur Verfügung wie z. B. Toluen, Methanol oder Methylisobutylketon, um nur wenige Beispiele zu nennen. In der anorganischen Analyse dienen organische Lösungsmittel hauptsächlich zur Extraktion einzelner metallorganischer Verbindungen aus Feststoffen oder zum Ausschütteln gelöster Substanzen aus wässrigen Lösungen.

Proben, die nicht ohne weiteres in Wasser oder organischen Lösungmitteln löslich sind, müssen unter Zufuhr chemischer und/oder thermischer Energie aufgeschlossen werden, wobei der Übergang zwischen „lösen" und „aufschließen" fließend ist.

Bei der Wahl eines optimalen Aufschlussverfahrens muss neben den Eigenschaften zu bestimmender Analyten auch das zur Bestimmung gewählte Analysenprinzip beachtet werden. Es ergeben sich die folgenden allgemeinen Auswahlkriterien.

- Der Aufschluss soll in Bezug auf die Fragestellung vollständig sein, d. h. die Analyten sollen vollständig in lösliche Komponenten überführt werden. Das heißt nicht, dass in jedem Fall das gesamte Probenmaterial in Lösung gebracht werden muss. Es muss jedoch beispielsweise durch die Feststellung von Wiederfindungsraten sichergestellt sein, dass die Analyten vollständig, zumindest aber reproduzierbar in die gewünschte Form übergegangen sind. In diesem Zusammenhang ist zumindest bei der Elementanalytik der Einsatz von vorbereitungsfreien Methoden wie z. B. der Neutronenaktivierungsanalyse als Kontrollmethode zur Feststellung von Wiederfindungsraten sehr zu empfehlen.
- Der Aufschluss soll einfach und mit möglichst geringem Zeit-, Arbeits- und Geräteaufwand durchzuführen sein.
- Systematische Fehler durch Kontamination der Probe, Verflüchtigung der Analyten, Adsorption der Analyten an Oberflächen etc. müssen durch die richtige Aus-

wahl und Reinigung der Geräte und der Chemikalien unbedingt vermieden werden.

- Das Aufschlussverfahren soll möglichst gleichzeitig die Analyten von störenden Probenbestandteilen abtrennen können, also eine gewisse Selektivität aufweisen.

Die nahezu unübersehbare Vielfalt an Probenmatrizes einerseits und Analysenprinzipien andererseits stellt sehr unterschiedliche Anforderungen an die Aufschlussverfahren. Eine umfassende Zusammenstellung aller möglichen bzw. aller bekannten Aufschlussverfahren ist daher leider kaum zu realisieren. Es soll jedoch an dieser Stelle ein Überblick über die prinzipiellen Möglichkeiten gegeben werden, die anhand der Beispiele einiger der häufig verwendeten Verfahren illustriert werden. Zunächst kann man die Verfahren anhand ihrer verschiedenen Wirkungsprinzipien in drei Gruppen einteilen:

- oxidierende Verfahren (Oxidation mit Sauerstoff (Verbrennung, Veraschung), Oxidation mit Säuren, Perchlorat, Peroxiden oder Chromaten, sulfurierende Aufschlüsse etc.)
- reduzierende Verfahren (Reduktion mit Wasserstoff, Kohlenstoff, Metallen etc.)
- Verfahren mit Erhaltung der Wertigkeit (Zersetzung durch Wärmeeinwirkung, Einwirkung elektrischer Energie oder Strahlung, Lösung durch Komplexbildung oder mithilfe von Ionenaustauschern, enzymatische Verfahren etc.)

Im Spurenbereich sind prinzipiell immer parallel einige Blindaufschlüsse durchzuführen, um den Laborblindwert einschließlich seines statistischen Streubereichs zu erfassen. Hierbei wird die gesamte Prozedur des Aufschlusses und der Bestimmung mit sämtlichen bei der Analyse verwendeten Chemikalien und Geräten mit Ausnahme der Probe durchgeführt. Dadurch werden die Verunreinigungen in den verwendeten Lösungsmitteln und Zusätzen bestimmt, welche die Ergebnisse verfälschen würden. *In vielen Fällen stellt der dreifache Wert der Standardabweichung des gemittelten Blindwertes die effektiv erzielbare Nachweisgrenze dar!*

## 3.5.1 Gefäßmaterialien

Bei der Wahl des geeigneten Aufschlusses ist neben den Aufschlussreagenzien auch die Wahl geeigneter Gefäßmaterialien notwendig. Geeignete Gefäßmaterialien dürfen durch den Aufschluss nicht oder nur wenig angegriffen werden. Für einige besonders aggressive Aufschlüsse (z. B. oxidierende Schmelzen) lassen sich keine Gefäßmaterialien finden, die nicht angegriffen werden. Für die Auswahl ist dann entscheidend, dass das Material keine Bestandteile enthält, die die anschließende Analyse stören, das heißt vor allem, dass der Analyt selbst nicht im Gefäßmaterial enthalten sein soll.

Als Gefäßmaterialien werden in der analytischen Chemie vor allem chemisch resistente Borosilicatgläser und Porzellan, daneben Quarz, Metalle, Graphit und verschiedene hochpolymere Kunststoffe verwendet. Tabelle 3.5 gibt einen Überblick über die Zusammensetzung verschiedener Gerätegläser. In Tabelle 3.6 ist die Zusammensetzung von Porzellan und von für Porzellantiegel verwendeter Glasur angegeben. Damit wird sofort ersicht-

**Tabelle 3.5** Zusammensetzung von Borosilicatgläsern und Quarz in Gewichts-%.

| Bestandteile | Jenaer Geräteglas G20 | Duran 50 | Pyrex | Vycor | Quarz |
|---|---|---|---|---|---|
| $SiO_2$ | 76,0 | 80,5 | 81,0 | 95–96 | 99,8 |
| $B_2O_2$ | 8,4 | 12,5 | 11,4 | 3 | – |
| $Na_2O$ | 6,5 | } 4,5 | 4,5 | } Spur | Spur |
| $K_2O$ | – | | 0,1 | | – |
| MgO | – | – | 0,2 | – | Spur |
| CaO | 0,4 | – | 0,3 | – | – |
| BaO | 3,9 | – | 0,3 | – | – |
| $Al_2O_3$ | 4,5 | 2,5 | 2,0 | 1 | Spur |
| $Fe_2O_3$ | < 0,1 | Spur | 0,15 | – | Spur |
| $TiO_2$ | 0,05 | Spur | 0,05 | – | Spur |
| $As_2O_3$ | 0,1 | – | 0,3 | – | – |
| F | 0,1 | – | – | – | – |

**Tabelle 3.6** Zusammensetzung von Porzellan und Porzellanglasur in Gewichts-%.

| Bestandteile | Porzellan | Glasur |
|---|---|---|
| $Al_2O_3$ | 39 | 9 |
| $SiO_2$ | 58 | 73 |
| $Na_2O$ } $K_2O$ | 3 | 6 |
| CaO | – | 11 |

lich, welche Spuren beispielsweise mittels der Verwendung welcher Materialien nicht bestimmt werden können.

Jenaer Geräteglas und Pyrex sind besonders stabil gegen chemische Einflüsse, aber empfindlich gegen Temperaturwechsel. Duran ist dagegen weniger beständig gegen chemische Einflüsse, aber aufgrund eines geringeren thermischen Ausdehnungskoeffizienten thermisch belastbarer. Vycor und Quarz sind schließlich sowohl gegen thermische Belastung als auch gegen chemische Einflüsse besonders stabil. Nachteilig ist bei diesen beiden Gläsern die verhältnismäßig geringe Bruchfestigkeit.

In der Reihe der Metalle hat Platin wegen seiner hohen chemischen Resistenz die größte Rolle als Aufschlussmaterial erlangt. Daneben werden aber auch Gold, Nickel, Eisen, Silber, Iridium, Zirkon und Rhodium sowie Platin-Legierungen für spezielle Aufschlüsse verwendet. Graphittiegel werden für einige reduzierende Aufschlüsse verwendet, bei denen das Tiegelmaterial jedoch angegriffen wird und gleichzeitig als Reduktionsmittel dient. In der Reihe der Kunststoffe haben vor allem Polyethylen (PE), Polytetrafluorethylen (PTFE) und Perfluoralkoxy-Polymere (PFA) einige Bedeutung erlangt.

PE ist beständig gegen Säuren und Laugen (mit Ausnahme von konz. $HNO_3$ und Eisessig). Es ist jedoch empfindlich gegen organische Lösungsmittel und erweicht bereits bei Temperaturen ab 60 °C. Ein weiterer Nachteil von PE ist seine Gasdurchlässigkeit. Niederdruck-PE, das nach dem Ziegler-Verfahren hergestellt wird, enthält darüber hinaus Katalysatorreste ($TiO_2$ und $Al_2O_3$).

PTFE, auch Teflon genannt, ist chemisch besonders resistent. Es wird lediglich von Fluor und geschmolzenen Alkalimetallen angegriffen. Auch die thermische Stabilität ist relativ hoch. Erst bei Temperaturen oberhalb von 300 °C erfolgt Zersetzung. Ein Nachteil bei der Verwendung als Aufschlussgefäß ist die geringe Wärmeleitfähigkeit. PFA schließlich ist ebenfalls chemisch sehr resistent und bei Temperaturen bis 260 °C einsetzbar. Es wird vor allem zur Auskleidung und Beschichtung von Metallgefäßen eingesetzt, wodurch diese korrosionsfest werden, ihre Druckstabilität jedoch erhalten bleibt.

## 3.5.2 Oxidierende Aufschlüsse

Diese Aufschlussverfahren können generell in zwei Gruppen eingeteilt werden:

- Nassaufschluss-Systeme (Säure/Laugeaufschluss-Systeme)
- Trockene Aufschlussverfahren (Schmelzaufschlüsse und Verbrennung)

In beiden Gruppen gibt es jeweils offene Aufschlussverfahren unter Atmosphärendruck oder geschlossene Druckaufschlussverfahren. Offene Aufschlüsse umfassen alle Verfahren, bei denen die Reaktionsräume mit dem Umgebungsdruck korrespondieren und Gas- oder Stoffaustausch möglich ist (Luftkontakt). Bei Spurenanalysen müssen sie in Reinräumen durchgeführt werden. Die einfachsten Aufschlussgeräte sind mit Uhrgläsern abgedeckte Bechergläser oder Erlenmeyerkolben. Sie eignen sich allerdings nur für Aufschlüsse, bei denen sichergestellt ist, dass der Analyt selbst nicht flüchtig ist und keine flüchtigen Verbindungen bildet. Eine Entscheidung darüber ist bei Spurenanalysen nicht ganz einfach, denn im Spurenbereich mag ein Reaktionspartner vorliegen, mit dem der Analyt bereits bei Raumtemperatur einen gewissen Dampfdruck besitzt. Der eleganteste Weg bei drucklosen Aufschlüssen den Verlust flüchtiger Verbindungen sowie auch Kontaminationen durch Luftverunreinigungen weitestgehend zu vermeiden, ist der Aufschluss im dynamischen System unter Rückfluss mit einem Blasenzähler oder Rückschlagventil als Abschluss. Als Energiequellen zum Aufheizen stehen neben dem Bunsenbrenner verschiedene elektrische Heizer zur Verfügung.

Eine weitere Schwierigkeit offener Systeme ist die relativ niedrige Temperatur, die durch die Siedetemperatur des Aufschlussreagenzes begrenzt wird. So lassen sich z. B. fetthaltige Substanzen oder Proteine nicht im Becherglas aufschließen. Auch einige anorganische Stoffe wie Silikate und Keramiken verlangen nach aggressiveren Aufschlussbedingungen. Ganz allgemein werden höhere Temperaturen als bei Nassaufschlüssen in offenen Systemen nur bei den entsprechenden Schmelzaufschlüssen erreicht. Ebenfalls bei deutlich erhöhten Temperaturen können allerdings die Nassaufschlüsse unter Druck in geschlossenen Systemen durchgeführt werden. Der erhöhte Druck führt hier zu einer höheren Siedetemperatur. Gleichzeitig wirkt der Luftabschluss sowohl dem Eindringen von Verunreinigungen als auch dem Entweichen flüchtiger Verbindungen entgegen.

**Auch anerkannte Experten sind nicht vor Fehlern sicher**

Vor einigen Jahren wollte das Europäische Bureau of Reference (BCR), das für die Verfügungsstellung von zertifizierten Standardreferenzmaterial (CRM) zuständig war, den Schwermetallgehalt einer Trockenmilch (die teilweise zur Babynahrung verwendet wird) durch eine internationale Ringuntersuchung bestimmen und danach die Mittelwerte dieser dabei gefundenen Metallgehalte zertifizieren. Es begab sich, dass ein führendes deutsches Laboratorium auf dem Gebiet der Spurenanalyse beim Quecksilbergehalt ungefähr nur ein Zehntel dessen fand, was alle anderen Ringanalysenteilnehmer als Mittelwert gefunden hatten. Da dieser Wert (im ppb-Bereich) auch weit außerhalb aller statistischen Schwankungen lag, ergaben alle bekannten statistischen Ausreißertests, dass dieses Ergebnis des deutschen Instituts einen sog. Ausreißer darstellt, der bei der Ermittlung des Mittelwertes nicht zu berücksichtigen sei. Mit anderen Worten, alle anderen Teilnehmer (führende internationale Analysenlaboratorien) gaben dadurch zu verstehen, dass dieser Außenseiter offensichtlich nicht analysieren kann. Bei allen anderen stimmte ja sogar die internationale Vergleichbarkeit. Was kann man mehr verlangen? Das so desavouierte Laboratorium, das diese Spurenbestimmung sogar in Reinräumen durchgeführt hatte, protestierte gegen dieses „demokratische" Vorgehen, per Mehrheit eine Richtigkeit definieren zu wollen. Es setzte eine fachliche Diskussion über die Ursachen dieser hoch reproduzierbaren Minderbefunde ein. Bereits analysiertes Material wurde weiter ausgetauscht, und plötzlich fand das deutsche Labor auch die ca. 10 mal höheren Quecksilbergehalte in den Proben, die zuvor woanders analysiert worden waren. Hatte es evtl. zuvor eine entsprechend falsche Kalibrierung durchgeführt? Da die erste Trockenmilchprobe auch jetzt noch diese geringen Gehalte zeigte, musste der Grund woanders liegen. In detektivischer Kleinarbeit fand man dann heraus, dass bei allen anderen europäischen Laboratorien die Laborluft mit Quecksilberdämpfen, aus zerbrochenen Thermometern oder alten Vakuumpumpen herstammend, verseucht war und die Quecksilberdämpfe die Folie, in der das Milchpulver eingeschweißt war, durchdringen können bzw. konnten! Eine späte Genugtuung für das deutsche Labor und ein Segen, dass nicht ein falscher Wert zertifiziert worden war! *Merke: selbst Mehrheiten können irren!*

**Oxidierende Nassaufschlüsse**

Der oxidierende Nassaufschluss im offenen System ist der einfachste und damit am häufigsten angewendete Aufschluss. Als Aufschlussreagenzien werden wässrige Säuren oder Laugen höchster Reinheit verwendet. Ob eine Oxidation des größten Teils des Probenmaterials überhaupt stattfinden kann, hängt von den Redoxpotentialen der beteiligten Reaktionspartner (Aufschlussmittel und Metall) ab. Zum Beispiel werden nur Metalle, deren Standardpotentiale gegenüber der Normalwasserstoffelektrode negativ sind, von Wasserstoffkationen oxidiert („nichtoxidierende" Wassserstoffsäuren). Voraussagen anhand der elektrochemischen Spannungsreihe treffen aber nur auf Konzentrationsverhältnisse zu, bei denen das Redoxpotential dem Standardpotential entspricht. Das Redoxpotential des Wasserstoffes z. B. ist nach

$$E_H = E_H^0 + \frac{0,059\,V}{2} \lg \frac{c^2(H_3O^+)}{p(H_2)}$$

nur in starken Säuren ungefähr null. Bei höherem pH-Wert wird das Redoxpotential positiver. So lösen sich Metalle wie Fe und Al schnell in wässrigen Säuren, werden aber von Wasser nur sehr langsam angegriffen. Die sehr unedlen Alkali- und Erdalkalimetalle dagegen reagieren mit Wasser bereits sehr heftig. Man setzt daher Na, K, und Ca besser mit Methanol oder Ethanol um, da diese Lösungsmittel noch weniger dissoziiert sind und langsamer reagieren. Metalle mit einem positiven Normalpotential können schließlich in den „nichtoxidierenden" Säuren (z. B. Salzsäure, Phosphorsäure, Essigsäure), deren Oxidationskraft nur auf das zur Verfügungstellen von Protonen zurückzuführen ist, nicht gelöst werden.

Im Unterschied zu den „nichtoxidierenden" Säuren beruht die stärker oxidierende Wirkung der „oxidierenden" Säuren (z. B. Schwefelsäure, Salpetersäure, Perchlorsäure) auf dem Vorhandensein von anderen Redoxpaaren mit positivem Normalpotential. So ist z. B. die oxidierende Wirkung der Salpetersäure ($HNO_3$) auf die Bildung von $NO_2$ und NO aus dem Nitrat-Ion zurückzuführen. Als Beispiel sei die Reaktion von Kupfer mit wässriger Salpetersäure angeführt:

$$Cu + 4H_3O^+ + NO_3^- \rightarrow Cu^{2+} + NO + 6H_2O\,.$$

Die Spannungsreihe gibt jedoch nicht immer Aufschluss über das tatsächliche Verhalten, da sich die Verhältnisse zusätzlich durch Nebeneffekte wie Oberflächenpassivierung, Hydrolyse oder Komplexbildung komplizieren, wie im Folgenden Abschnitt anhand des Beispieles von Aufschlüssen mit Salpetersäure gezeigt wird.

***Nassaufschlüsse mit Salpetersäure ($HNO_3$)***

Salpetersäure ist das am häufigsten verwendete und am universellsten einsetzbare Aufschlussreagenz, da sie bei den meisten Bestimmungen im Anschluss an den Aufschluss nicht stört und die entstehenden Nitrate meist gut löslich sind. Infolge einer Oberflächenpassivierung durch die Bildung nur langsam löslicher oxidischer Schutzschichten sind jedoch Al, B, Cr, Ga, In, Nb, Ta, Th, Ti, Zr und Hf in Salptersäure unlöslich. Ca, Mg und Fe lösen sich nur in der verdünnten Säure. Nicht angegriffen werden Au, Ni und Pt. Der Siedepunkt der Salpetersäure liegt allerdings sehr niedrig und zum Aufschluss von mineralischen oder biologischen Proben reicht ihre Oxidationskraft unter Atmosphärendruck meist nicht aus.

Eine Möglichkeit, die Löslichkeit bestimmter Probenmaterialien zu verbessern, ist die Zugabe von Komplexbildnern. Vor allem durch die Zugabe von Salzsäure (HCl) und Fluss-Säure (HF) können die meisten Metalle und Legierungen in Lösung gebracht werden. Die Wirksamkeit der Komplexbildner lässt sich wieder auf deren Einfluss auf das Redoxpotential der komplexierten Ionen zurückführen. Dieser Vorgang soll am Beispiel von Gold erklärt werden, das in reiner wässriger Salpetersäure nicht löslich ist, wohl aber in Gegenwart von $Cl^-$-Ionen. Durch die Bildung des Komplexions $[AuCl_4]^-$ wird hier die Konzentration von $Au^{3+}$-Ionen und damit das Redoxpotential $Au/Au^{3+}$ so stark erniedrigt, dass eine Oxidation von Gold möglich wird. Das Halbzellenpotential $E_H$ wird mit der Nernst-Gleichung wie folgt berechnet:

$$E_H = E_H^0 + \frac{0,059\,V}{3} \lg c(Au^{3+}) .$$

Der hier konstante Term c(Red), also c(Au), wird dabei im Standardpotential der Halbzelle $E_H^0$ berücksichtigt. Die starke Erniedrigung der $Au^{3+}$-Konzentration wird nun deutlich, wenn das Massenwirkungsgesetz der Komplexierungsreaktion einbezogen wird:

$$\frac{c(AuCl_4^-)}{c^4(Cl^-) \cdot c(Au^{3+})} = K_K$$

Die Komplexbildungskonstante $K_K$ für den Au-Chloro-Komplex ist sehr groß, das heisst das chemische Gleichgewicht liegt weit auf der Seite der komplexierten Ionen. Zusätzlich wird die Konzentration an $Au^{3+}$-Ionen dann noch durch einen großen $Cl^-$-Überschuss beeinflusst.

Das Verhältnis von drei Volumenanteilen Salzsäure und einem Volumenanteil Salpetersäure wird als „Königswasser" bezeichnet. Es löst selbst die edlen Metalle Au, Pd und Pt. Ti ist infolge Passivierung resistent. Die Wirkungsweise beruht neben der Bildung von Chloro-Komplexen auch auf der Oxidation durch Nitrosylchlorid (NOCl) und freies Chlor, welches nach folgender Gleichung entsteht:

$$HNO_3 + 3\,HCl \rightarrow NOCl + 2\,H_2O + Cl_2 .$$

Glasgeräte werden von Königswasser kaum angegriffen, weshalb sie bevorzugt verwendet werden.

***Nassaufschlüsse mit Flusssäure (HF)***

Dieser Aufschluss wird bei der Bestimmung von Silizium-haltigen Proben verwendet, da sonst beim Ausfallen der amphoteren Kieselsäure Spurenelemente eingeschlossen werden können. Bei der Verwendung von Salpetersäure-Flusssäure-Gemischen wird ebenso die Bildung von Fluoro-Komplexen ausgenutzt. Das Ausfallen von Kieselsäure kann verhindert werden, da lösliche Hexafluorokieselsäure bzw. das gasförmige $SiF_4$ entsteht. Die Aufschlüsse werden üblicherweise in Platin- oder Teflongefäßen durchgeführt werden. Die Reaktion mit Flusssäure ist also auch zum Aufschluss der besonders schwerlöslichen Silikate geeignet, wobei die Säure allein stärker zersetzend wirkt als Säuregemische. Die gemahlene und angefeuchtete Probe wird in einer Pt-Schale mit einem großen Überschuss konzentrierter HF-Lösung versetzt. Je feiner die Körnung der Probe ist, um so schneller und heftiger verläuft die Reaktion. Man lässt die Probe am besten über Nacht stehen. Anschließend wird meist die Lösung bis zur Trockene eingedampft, wobei flüchtige Säuren, Fluoride von Si, As, B, Ti, Nb und Ta ganz oder teilweise verloren gehen.

$$SiO_2 + 4\,HF \rightarrow SiF_4 + 2\,H_2O$$

Fluoridionen stören viele Messungen (weil viele Metall-Fluor-Komplexe so stabil sind, dass sie mit einem photometrischen Reagenz keine Komplexe mehr eingehen), daher werden sie nach dem Eindampfen durch den Zusatz einer schwerflüchtigen Säure aus ihren Salzen verdrängt. Man benutzt Schwefelsäure oder Perchlorsäure (s. Warnung unten) die in geringen Mengen zum angefeuchteten Rückstand gegeben werden. Man dampft ein, bis Nebel entstehen. Die Vorgehensweise wird als „Abrauchen" bezeichnet. Falls man die Aufschlusslösung anschließend in Glasmesskolben überführen

## Genormtes Königswasser

Eine Durchführungsvorschrift für einen Königswasseraufschluss unter Rückfluss wurde vom Deutschen Institut für Normung (DIN) ausgearbeitet und in der Reihe der Deutschen Einheitsverfahren (DEV) zur Wasser-, Abwasser- und Schlammuntersuchung in der Gruppe S (Schlamm und Sedimente) unter DIN 38414 S 7 veröffentlicht. Das Verfahren ist anzuwenden auf den Trockenrückstand von Schlämmen und Sedimenten zur anschließenden Bestimmung des säurelöslichen Anteils von Metallen, der in der Regel dem Gesamtgehalt dieser Metallen sehr nahe kommt. Lediglich die hochgeglühten Oxide einiger Metalle wie Al, Cr, Fe und Ti werden unter den angegebenen Bedingungen nicht vollständig aufgeschlossen. Etwa 3 g der gemahlenen Probe (Korngröße < 0,1 mm) werden auf 0,01 g genau eingewogen und in einem Rundkolben mit 21 mL konzentrierter Salzsäure und 7 mL konzentrierter Salpetersäure versetzt. Einige aufgeraute Glasperlen im Reaktionsgefäß gewährleisten später ein gleichmäßiges Sieden. Der Rundkolben wird mit einem Rückflusskühler verbunden, an dessen oberem Ende zum zusätzlichen Schutz vor Verlusten leichtflüchtiger Analytverbindungen ein mit 10 mL verdünnter Salpetersäure gefülltes Adsorptionsgefäß angebracht ist, sodass entweichende Gase die Adsorptionslösung passieren müssen. Das Reaktionsgemisch wird zwei Stunden lang erhitzt, wobei die sichtbare Kondensationszone das untere Drittel des Rückflusskühlers nicht überschreiten sollte. Nach dem Abkühlen wird der Inhalt des Adsorptionsgefäßes durch den Rückflusskühler in das Reaktionsgefäß überführt. Der Inhalt des Reaktionsgefäßes wird einschließlich aller festen Rückstände in einen 100 mL-Messkolben überführt, wobei mehrmals mit kleinen Portionen verdünnter Salpetersäure gespült wird. Der Messkolben wird schließlich mit Wasser bis zur Marke aufgefüllt, verschlossen und geschüttelt. Nach dem Absetzen fester Rückstände wird die überstehende Lösung der Analyse zugeführt.

---

möchte, muss besonders darauf geachtet werden, dass keine Flusssäurereste mehr in der Aufschlusslösung enthalten sind, da sonst die Gefäße angegriffen werden.

**Achtung! Sicherheitshinweis**

Bei der Arbeit mit Flusssäure sind einige wichtige Sicherheitsvorschriften zu beachten, da es sonst zu schweren Verletzungen kommen kann. Es muss unbedingt mit Sicherheitshandschuhen und Schutzbrille gearbeitet werden. Flusssäure ist sehr giftig und verursacht schwere Verätzungen, die nur schwer verheilen. Daher sollte das Einatmen, Verschlucken und die Berührung mit der Haut vermieden werden. Kommt es zum Hautkontakt, ist sofort mit reichlich Wasser zu waschen. Anschließend muss mit 10%iger Calciumgluconat-Lösung abgetupft und gegebenenfalls gut durchfeuchtete Umschläge angelegt werden. Nach Verschlucken viel Wasser trinken, Erbrechen vermeiden. Flusssäure dringt tief in das Gewebe ein und löst das Calcium aus den Knochen. Hierbei treten stechende Schmerzen auf, die oft erst Stunden nach der Kontamination zutage treten.

***Nassaufschlüsse mit anderen Halogenwasserstoffsäuren (HCl, HBr, HI)***

Von Salzsäure (HCl) werden zahlreiche Carbonate, Oxide, Hydroxide, Phosphate und Borate etc. gelöst. Außerdem bildet HCl in wässriger Lösung mit zahlreichen Ionen Komplexe. Halogenide sind meist leichtlöslich mit Ausnahme von AgCl, $Hg_2Cl_2$, $HgCl_2$, TlCl und $PbCl_2$. Flüchtige Chloride bilden $Fe^{3+}$, As, Sb, Ge und Pb. Unlöslich sind weiterhin viele Silikate und die hochgeglühten Oxide von Al, Be, Cr, Fe, Ti, Zr, Th, Sb, Sn, Nb und Ta sowie Sr-, Ba- und Pb-Sulfat, die Fluoride der Erdalkalimetalle mit Ausnahme des Be, Spinell, Pyrit, einige Sulfide und Erze. Als Gefäßmaterial wird fast immer Glas eingesetzt.

HBr bietet gegenüber HCl keine wesentlichen Vorteile. HI wird in der anorganischen Analyse zum Aufschließen von $SnO_2$ verwendet. HgS wird unter Komplexbildung gelöst. In der organischen Analyse wird HI zur Spaltung von Ethern verwendet. Da HI leicht oxidiert wird, kann es außerdem für den reduzierenden Aufschluss schwerlöslicher Sulfate (z. B. Bariumsulfat) verwendet werden, wobei das entsprechende Sulfid entsteht.

***Nassaufschlüsse mit Schwefelsäure ($H_2SO_4$)***

Verdünnte Schwefelsäure wirkt kaum oxidierend. Konzentrierte Säure oxidiert in der Wärme zahlreiche Elemente unter Bildung von Sulfaten und $SO_2$, S oder $H_2S$. Vor allem aber werden fast alle organischen Materialien

**Praktikumsliebling Kjeldahl**

Zur Gesamtstickstoffbestimmung nach Kjeldahl, die für die Aggrarwissenschaft sehr wichtig ist, wird die feste Probe eingewogen, in einen Langhalskolben überführt und mit Schwefelsäure versetzt. Der Kolben wird erhitzt und die Probe in der kochenden Schwefelsäure aufgeschlossen. Sämtlicher organische Stickstoff wird dabei in Ammonium umgewandelt, alle anderen Elemente werden oxidiert. Als Oxidationskatalysatoren werden $CuSO_4$, $SeO_2$ oder $HgSO_4$ eingesetzt. Um die Geschwindigkeit der Reaktion zu erhöhen, wird der Siedepunkt der konzentrierten Schwefelsäure (98 Gew.%, 338°C) durch Zugabe von Kaliumsulfat noch weiter erhöht. Nach vollständigen Aufschluss wird die Ammonium enthaltende Lösung mit NaOH alkalisch gemacht und das dabei freigesetzte Ammoniak mittels einer Wasserdampfdestillation in ein Vorratsgefäß, in dem sich eine bekannte Menge Salzsäure im Überschuss befindet, überführt. Die überschüssige, unreagierte Salzsäure wird mit Standard-Natronlauge titriert, um den Salzsäure-Verbrauch durch Ammoniak zu bestimmen. Bei den Studenten gefürchtet ist bei dieser gefährlichen Anordnung (konz. heiße Säure und Lauge) das Zurückziehen der Salzsäure-Vorlage bei Abkühlung des Ausgangskolbens durch unterlassene Wärmezufuhr, was mit einem an „Röpsen" erinnernden Geräusch verbunden ist und bedeutet, dass diese quantitative Bestimmung noch einmal durchzuführen ist.

von heißer konzentrierter Schwefelsäure zerstört, wobei ihre wasserentziehende Wirkung ausgenutzt wird. In der anorganischen Analyse wird konzentrierte Schwefelsäure vor allem zum Oxidieren von As-, Sb- Sn- und Pb-Legierungen verwendet. Man erhält Lösungen mit $As^{3+}$, $Sb^{3+}$ und $Sn^{4+}$ während Pb als Sulfat abgeschieden wird. Ein Zusatz von Ammoniumsulfat kann zur Erhöhung des Siedepunktes dienen, um Zr-Metalle aufzuschließen.

In der organischen Analyse ist eine von Kjeldahl entwickelte Methode zur Stickstoffbestimmung verbreitet, bei der N-haltiges biologisches Material (z. B. Proteien, Mehl, Milch) mit siedender konzentrierter Schwefelsäure versetzt wird. Hierbei wird der Stickstoff quantitativ in Ammoniumsulfat $(NH_4)_2SO_4$ umgewandelt, das man nach Zugabe von Alkali als $NH_3$ abdestilliert und in eine Waschlösung überführt. Dieser Lösung wird eine bestimmte Menge 1 molarer Schwefelsäure zugesetzt und zurücktitriert. Der Aufschluss lässt sich gut automatisieren. Bei Spurenbestimmungen ist jedoch zu beachten, dass Schwefelsäure selbst auch immer geringe Mengen an $(NH_4)_2SO_4$ enthält. Eine Reinigung der Säure ist durch Vakuumdestillation möglich.

**Achtung! Sicherheitshinweis**
**Hochexplosive Perchlorsäure-Dämpfe**

Die Explosionsgefahr macht besondere Vorsichtsmaßnahmen beim Arbeiten mit $HClO_4$ notwendig. Besonders zu vermeiden ist die Berührung der Säuredämpfe mit organischem Material (z. B. Gummistopfen oder Staub im Abzug!), das Erhitzen von organischen Verbindungen und das Arbeiten mit großen Substanzmengen. Mit heißer konzentrierter Perchlorsäure darf nur in speziell dafür ausgelegten Abzügen mit Wasserspülung in den Abluftkanälen und nur bei nicht-organischen Proben gearbeitet werden. Heiße Perchlorsäure-Nebel wirken derart oxidierend, dass sie mit organischen Materialien (z. B. Staub im Abzugssystem) explosionsartig reagieren. Diese Explosionen sind so heftig, dass ganze Labors dadurch bereits zerstört wurden! Arbeiten mit verdünnter Säure sollten unter Rückfluss durchgeführt werden, um eine Konzentrierung zu vermeiden. $HClO_4$ soll auch nicht in der Nähe organischer Substanzen aufbewahrt werden.

***Nassaufschlüsse mit Perchlorsäure ($HClO_4$)***

Die verdünnte wässrige Säure wirkt nicht oxidierend und höher konzentrierte Säure (60–70%) oxidiert nur in der Hitze stark. Die 100%ige Säure ist jedoch ein gefährliches Oxidationsmittel. Sie zersetzt sich langsam selbst und kann nach einigem Stehen heftig explodieren. Das azeotrope Gemisch mit Wasser (72,4% Perchlorsäure) kann gefahrlos aufbewahrt und durch Destillation gereinigt werden.

In der anorganischen Analyse wird $HClO_4$ in größerem Umfang zum Lösen von Stählen und Fe-Legierungen verwendet, wobei fast alle Metalle schnell gelöst und in die jeweils höchste Oxidationsstufe überführt werden. Nur Pb und Mn bleiben zweiwertig. Ein weiterer Vorteil ist, dass Kieselsäure schnell und quantitativ dehydratisiert und gut abfiltriert werden kann, wodurch man sich gegenüber Schwefelsäure ein zweites Rösten des Filtrats sparen kann. In der organischen Analyse wird wegen der

Explosionsgefahr nur selten mit der reinen Säure gearbeitet. Meist wird mit Schwefelsäure- oder Salpetersäure-Gemischen gearbeitet, wodurch leicht oxidierbare Bestandteile zerstört werden, bevor der Angriff der Perchlorsäure bei höheren Temperaturen erfolgt. Die Zerstörung organischer Materialien kann durch Zugabe von fünfwertigem Vanadium als Katalysator noch erheblich beschleunigt werden, wodurch selbst schwer zersetzbare Substanzen wie Kohle, Koks, heterocyclische Stickstoffverbindungen, Alkaloide, Ionentauscher etc. oxidiert werden können. Graphit soll in Gegenwart eines Cr-Mn-Katalysators angegriffen werden.

***Nassaufschlüsse mit Peroxiden***

Eine große Rolle spielt heute Wasserstoffperoxid ($H_2O_2$) bei der Oxidation sowohl anorganischen als auch organischen Probenmateriales, wobei die oxidierende Wirkung (das Redoxpotential) bei hohen Säurekonzentrationen am größten ist. Der große Vorteil bei Oxidationen mit Wasserstoffperoxid ist, dass keinerlei Störionen in die Analysenlösung gelangen, da bei dieser Reaktion nur Wasser entsteht. Überschüssiges Reagenz kann nach Aufschlüssen durch längeres Kochen weitgehend zersetzt werden. In der anorganischen Analyse werden Metalle, Legierungen und seltener auch mineralische Proben in salz-, salpeter- oder schwefelsaurer Lösung aufgeschlossen. Biologisches Material lässt sich schnell in schwach salz- oder salpetersaurer Lösung mithilfe der katalytischen Wirkung von $Fe^{3+}$-Ionen aufschließen. Fett wird allerdings dabei nicht wesentlich angegriffen.

***Nassaufschlüsse mit Laugen***

Im Gegensatz zu den Säureaufschlüssen sind Laugeaufschlüsse meist nicht mit einer Oxidation verbunden. Sie gehören jedoch auch zu der Gruppe der Nassaufschlüsse. Verwendung finden Alkalimetallhydroxide oder -carbonate. Laugeaufschlüsse dienen der Bestimmung von Anionen, da Kationen als Hydroxide oder Carbonate im Rückstand bleiben. Einige Kationen können selektiv gelöst werden. So löst sich z. B. Al in konzentrierter Natronlauge (NaOH) unter Wasserstoffentwicklung zum Aluminat.

$$2\ Al + 2\ OH^- \ 6\ H2O \rightarrow 2\ [Al(OH)_4]^- + 3\ H_2$$

Viele organische Verbindungen werden durch Laugen hydrolytisch zersetzt. Als Gefäßmaterial für Laugeaufschlüsse wird meist Glas verwendet, das jedoch angegriffen wird. Stören die sich lösenden Bestandteile des Glases die anschließende Analyse, müssen stattdessen Pt- oder Ni-Gefäße verwendet werden.

***Nassaufschlüsse unter Druck***

Der Druckaufschluss wird seit ca. 20 Jahren durchgeführt und zeichnet sich durch den Vorteil aus, dass der Aufschluss im geschlossenen System durchgeführt wird, was eine Vermeidung von Kontaminationen und Analytverlusten durch Verflüchtigung mit sich bringt. Druckaufschlüsse sind daher besonders bei Spurenanalysen von biologischen und geologischen Proben zu empfehlen. Darüber hinaus werden bei Aufschlüssen unter

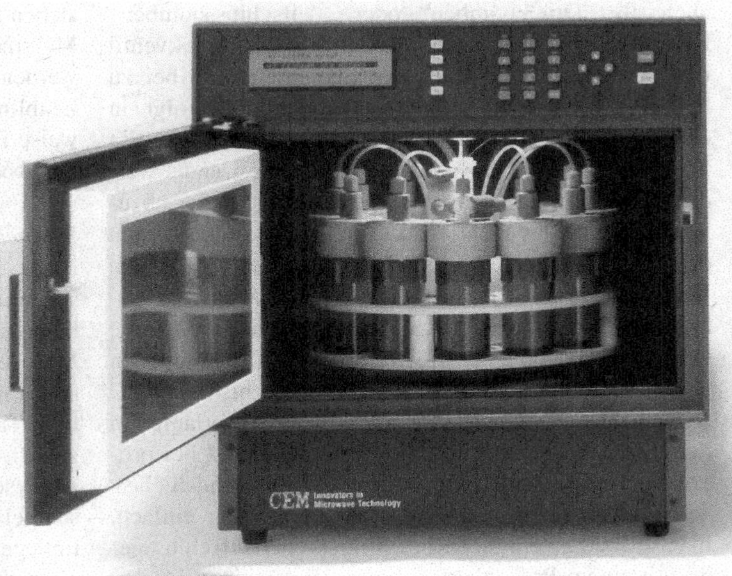


**3.20** Mikrowellendruckaufschluss-Gerät.

**Allgemeine Durchführungsvorschrift für Schmelzaufschlüsse**

Probe und Reagenz sollen gut getrocknet sein, sie werden im Aufschlusstiegel im Verhältnis 1:6 bis 1:8 zuerst sorgfältig gemischt und dann mit einer Schicht Aufschlussreagenz bedeckt. Dann wird langsam mit bedecktem Tiegel erhitzt und die Temperatur erst nach dem Abklingen der Hauptreaktion weiter gesteigert. Nach ca. 5–10 Minuten kann man meistens keine dunklen, nicht aufgeschlossenen Probenbestandteile mehr erkennen, und der Aufschluss ist beendet.

Die Schmelzen werden nach dem Erkalten meist in Wasser gelöst. Bei bestimmten Boraxaufschlüssen für eine spätere Röntgenfluoreszenzanalyse (RFA) wird aber auch der noch flüssige Aufschluss in eine vorgeheizte inerte Form (Kokille) mit plangeschliffenem Boden gegossen. Die entstehende glasartige Tablette kann so direkt in das RFA-Gerät gegeben werden.

Druck wesentlich höhere Temperaturen erreicht, was beschleunigend wirkt. Als Aufschlussreagenzien kommen alle bisher beschriebenen Nassaufschlussreagenzien in Frage, deren Wirksamkeit durch die höheren Temperaturen gesteigert wird. An die Probengefäße werden bei Druckaufschlüssen wesentlich höhere Anforderungen gestellt. Sie müssen bei oftmals sehr hohen Temperaturen druckstabil bleiben und dicht schließen und natürlich den aggressiven chemischen Bedingungen des Nassaufschlusses unter Druck standhalten. Standardmäßig werden hierzu Gefäße aus PTFE verwendet, welches dem erhöhten Druck bis zu Temperaturen von 180 °C standhält und chemisch besonders inert ist. Für höhere Temperaturen (und Drücke) werden Metall- oder Quarzgefäße verwendet, die mit PTFE oder PFA überzogen sind.

Die inerten Probengefäße werden in einen schützenden, druckfesten Mantel (z. B. aus Metall) eingesetzt und gasdicht verschraubt oder mittels Druck verschlossen. Diese Druckaufschlussgefäße mit Mantel werden auch als „Druckbomben“ oder „Aufschlussbomben“ bezeichnet. Sie weisen meist noch ein Überdruckventil und eine Berstscheibe als Explosionssicherung bei zu heftigen Reaktionen auf. Die Aufheizung erfolgt in einem passenden Heizblock oder Trockenschrank. Ein Nachteil der Methode ist die Zeit, die aufgewendet werden muss, um die Probe aufzuheizen und wieder abzukühlen, da beides nicht direkt sondern über den dicken druckstabilen Mantel geschieht. Besser geeignet ist die Verwendung von Mikrowellen zur Aufheizung von Proben im Druckverfahren, wozu es inzwischen einige Geräte im Handel gibt. Im Hochdruckverfahren werden Drücke von 70 bar und Temperaturen von bis zu 300 °C erreicht. Druckaufschlüsse mit Mikrowellen verlaufen in der Regel vollständig und die Handhabung ist bei programmierbaren und mit diversen Kontroll- und Sicherheitsmechanismen ausgestatteten Geräten sehr einfach. In Abb. 3.20 ist ein modernes Mikrowellenaufschlussgerät mit einem Probenkarussel zur gleichzeitigen Durchführung von 6–12 Aufschlüssen abgebildet. Das Verfahren ist außerdem automatisierbar.

**Oxidierende Schmelzaufschlüsse**

Der Schmelzaufschluss ist das klassische Verfahren für die Probenvorbereitung, gerade für die technische und geochemische Analytik. Dieses Verfahren wird auch heute noch vielfach genutzt. Nahezu alle Materialien können mit den verschiedenen Schmelzen aufgeschlossen werden, da die oxidierende Wirkung der Reagenzien gegenüber Nassaufschlüssen durch die höhere Temperatur und höhere Konzentrationen in den Schmelzen gesteigert wird. Weitere Vorteile sind die Einfachheit und die preiswerte Durchführung. Andererseits sind aber auch die Probleme, die im Zusammenhang mit Schmelzaufschlüssen stehen, nicht unerheblich. So ist zum einen der Probendurchsatz sehr gering, da vor allem die Reinigung der Probengefäße oft einigen Aufwand erfordert. Zum anderen bereiten die großen Salzfrachten der entstehenden Messlösungen einigen weniger robusten Messmethoden große Schwierigkeiten. Spurenanalysen werden darüber hinaus durch die meist hohen Chemikalienblindwerte der Schmelzreagenzien, die üblicherweise in einem mindestens sechsfachen Überschuss gegenüber der Pobenmenge eingesetzt werden, unmöglich!

***Schmelzaufschlüsse mit Nitraten***

Nitratschmelzen werden hauptsächlich in der anorganischen Analyse zum Aufschließen der schwer aufschließbaren sulfidischen und arsenidischen Erze angewendet. Man verwendet meist nicht reine Nitrate sondern Gemische mit Alkalimetallhydroxiden oder -carbonaten. Sämtliche Tiegelmaterialien werden durch Nitratschmelzen angegriffen, die daher nach ihrem störenden Einfluss auf die Analyse ausgewählt werden. Lediglich Soda-Salpeterschmelzen mit geringen $KNO_3$-Gehalten können in Platintiegeln ohne Schädigung des Tiegels durchgeführt werden.

Beim Aufschluss von anorganischem Material bleiben beim Lösen in Wasser Fe, Bi, Pb, Sb u. a. im Rückstand, während z. B. S, As, Si, Sn, P, Mo, Cr, W und V in Lösung gehen. In Säuren bleibt meist kein Rückstand. Der Aufschluss von organischem Material verläuft meist zu heftig und ist daher nur für den Aufschluss von schwer aufschliessbarem Material wie z. B. Kohle und Teer zu empfehlen.

***Schmelzaufschlüsse mit Peroxiden***

Von Bedeutung sind nur Aufschlüsse mit Natriumperoxid ($Na_2O_2$), das in Form von Pulver oder kleinen Kügelchen mit einem Gehalt von etwa 95% $Na_2O_2$ erhältlich ist. Die Hauptverunreinigungen sind $Na_2CO_3$ und Wasser. Außerdem können merkliche Mengen an Ca, K und Fe enthalten sein. Häufig wird $Na_2O_2$ auch zusammen mit einer eutektischen Mischung von $Na_2CO_3$/$K_2CO_3$ eingesetzt. Peroxidschmelzen werden zum Aufschließen von Ti-, Cr- und W-Erzen, Chromstählen und sulfidischen Materialien verwendet. Organische Verbindungen reagieren teilweise schon bei niedrigen Temperaturen, wobei die Wirksamkeit durch Zugabe geringer Mengen Wasser noch verstärkt wird. Gerade mit Reagenzien, die etwas Feuchtigkeit gezogen haben, kann es bereits beim Durchmischen der Ansätze zu heftigen Reaktionen kommen!

Da $Na_2O_2$-Schmelzen alle Metalle zu oxidieren vermögen und infolge der alkalischen Reaktion Gläser angreifen, ist die Auswahl des Tiegelmaterials für Peroxidschmelzen schwierig. Pt ist bis 500°C recht stabil. Darüber kann man Pt-Tiegel gegen den Angriff des Peroxids schützen, indem zuerst eine Schmelze aus $Na_2CO_3$ und $K_2SO_4$ darin verteilt wird. Auch Ag, Ni, Fe und Sinterkorund werden als Tiegelmaterial eingesetzt.

***Sulfurierende Schmelzaufschlüsse***

Sulfurierende Aufschlüsse werden vor allem für Proben mit hohen As-, Sb- oder Sn-Gehalten empfohlen (z. B. sulfidische Erze). Diese Elemente bilden in Wasser leicht lösliche Thiosalze, während viele andere als Sulfide im Rückstand bleiben. Als Gefäßmaterial wird ausschließlich Porzellan verwendet. Als mit Abstand am wichtigsten soll hier beispielhaft nur der Freiberger Aufschluss vorgestellt werden, bei dem das benötigte Polysulfid direkt in der Aufschlussmasse aus $Na_2CO_3$ und S (1:1) oder und $K_2CO_3$ und S (1:0,6) gebildet wird.

**Verbrennung**

Trockene oxidierende Aufschlüsse mit Sauerstoff können in offenen Gefäßen („trockenes Veraschen“), in geschlossenen Gefäßen an der Luft oder im Sauerstoffstrom durchgeführt werden. Die Verfahren sind vor allem in der organischen Analyse von Bedeutung, wo die quantitative Oxidation zu definierten Verbindungen wie $CO_2$, $H_2O$, HCl, $SO_3$, $N_2$ etc. zur Bestimmung der Bruttoformeln von Verbindungen genutzt wird. In der Analytik wird dieses Verfahren zum Beseitigen der organischen Substanz von nichtflüchtigen Analysebestandteile genutzt. Beschleunigend bei der Verbrennung wirken starkes Erhitzen, eine Erhöhung des Sauerstoffdruckes oder die Zugabe von Verbrennungskatalysatoren wie Pt, Pd, Ni und $V_2O_5$.

Es kann reiner Sauerstoff oder Luft zur Verbrennung genutzt werden. Dabei kann eine vorherige Reinigung erforderlich sein. Darüber hinaus werden Ozon und auch atomarer Sauerstoff zur Oxidation genutzt. Atomarer Sauerstoff entsteht durch Einwirkung von elektrischer Energie auf Sauerstoff unter niedrigem Druck. Er wirkt wesentlich stärker oxidierend, sodass sich schon bei Temperaturen um 100°C viele organische Verbindungen oxidieren lassen („Kaltveraschung“). Die Kaltveraschung ist besonders bei einer Spurenanalyse beliebt. Ozon erhält man durch Einwirkung von elektrischer Energie auf Sauerstoff bei Normaldruck. Ozon wird häufig unter schonenden Bedingungen zur Anlagerung an Doppelbindungen verwendet. Durch Spaltung der entstehenden Ozonide mit Wasser und Identifizierung der entstehenden Bruchstücke kann dann die Lage von Doppelbindungen bestimmt werden.

**Freiberger Aufschluss – Darf es etwas mehr Schwefel sein?**

Man mischt wieder Probe und Reagenz ($Na_2CO_3$ und S (1:1) oder Pozellan und $K_2CO_3$ und S (1:0,6) zunächst im Aufschlusstiegel im Verhältnis 1:6 bis 1:8 und deckt mit etwas Aufschlussreagenz ab. Dann wird 15 bis 20 Minuten vorsichtig erwärmt, um das Polysulfid zu bilden. Bei den angegebenen Mischungsverhältnissen entstehen hauptsächlich Trisulfide. Dann erhitzt man weiter 10 bis 15 Minuten bei voller Bunsenbrennerhitze. Damit der Tiegel anschließend nicht zerspringt, muss langsam in kälter werdender Brennerflamme abgekühlt werden.

Die Schmelze wird mit wenig warmem Wasser gelöst. Neben As, Sb und Sn gehen z. B. auch Ge, Mo, W, V, Pd und Ir als Thiosalze in Lösung. Quantitativ im Rückstand bleiben Pb, Bi, Fe, Zn, Cd u. a.

***Trockenes Veraschen***

Beim trockenen Veraschen wird die Probe meist in einem offenen Tiegel an der Luft unter Wärmezufuhr oxidiert. Die Oxidation wird in der Regel in einem Muffelofen durchgeführt. Das Verfahren wird vor allem zur Untersuchung biologischer Proben verwendet. Zum Beispiel wird zur Bestimmung des Gesamtasche-Gehaltes die Probe zunächst getrocknet und dann auf eine bestimmte Temperatur erhitzt, bis das gesamte organische Material verbrannt ist. Der Gesamtasche-Gehalt hängt allerdings von der gewählten Temperatur ab und die Ergebnisse können höchstens für vergleichende Bestimmungen ähnlicher Proben verwandt werden. Eine allgemein auf alle Proben anwendbare Veraschungstemperatur lässt sich nicht angeben. Meist werden Temperaturen zwischen 500 und 550 °C gewählt. Bei höheren Temperaturen können sich auch die anorganischen Salzrückstände verändern bis nur noch Oxide vorliegen. Als Gefäßmaterialien werden vor allem Quarz, Porzellan und Platin verwendet.

Für Bestimmungen einzelner Elemente in der Asche spielt wieder wegen der Verwendung offener Systeme die Gefahr der Verflüchtigung oder des Eintrages von Analyten eine besonders große Rolle. Eine Verringerung der Temperatur ist wegen der dann zu langsamen Reaktion nicht sinnvoll. Verflüchtigungsverlusten kann daher am besten durch Hinzufügen von Veraschungshilfen entgegengewirkt werden. Dies sind verschiedene Salze (Magnesiumnitrat, Carbonate) oder Säuren (Salpetersäure, Schwefelsäure) die schwerflüchtige Analytverbindungen bilden. Veraschungshilfen können darüber hinaus die Oxidation beschleunigen sowie das Einbrennen von Aschebestandteilen in die Tiegelwände verhindern. In Tabelle 3.7 ist eine kleine Auswahl der Vielzahl von Anwendungsmöglichkeiten verschiedener Veraschungshilfen zusammengestellt.

***Verbrennung im geschlossenen System***

Verbrennungen in geschlossenen Systemen haben wieder den Vorteil, dass keine leichtflüchtigen Analytverbindungen bei hohen Temperaturen verloren gehen können. Verbrennungen im geschlossenen System werden bevorzugt unter Druck in kalorimetrischen Sauerstoffbomben aus Edelstahl durchgeführt.

***Verbrennung im Luft- oder Sauerstoffstrom***

Bei der Verbrennung im Sauerstoffstrom werden meist die flüchtigen Verbrennungsprodukte, seltener der nichtflüchtige Rückstand analysiert. Es gibt zwei prinzipiell verschiedene experimentelle Aufbauten:

- Die Probe wird in einem Probenschiffchen aus Quarz, Porzellan oder Platin in ein meist horizontales Verbrennungsrohr aus Quarz oder Keramik eingebracht. Die Wärmezufuhr erfolgt über elektrische Öfen, mit denen Temperaturen bis zu 1200°C erreicht werden.
- Die Probe wird in einer Flamme verbrannt, die man in abgeschlossenen Reaktionsräumen brennen lässt.

Beispiele für Anwendungen des Verbrennungsrohres in der anorganischen Analyse sind vor allem die Oxidation von Metallen und Legierungen zur Bestimmung von Kohlenstoff, Wasserstoff und Schwefel. In der organischen Analyse wird das Verfahren z. B. zur Bestimmung von organischen Inhaltstoffen von Wasserproben eingesetzt. Bei der Verbrennung im Verbrennungsrohr muss eine genügend lange Verweilzeit gasförmiger Ausgangs- oder Zwischenprodukte in der Verbrennungszone gewährleistet sein, um eine vollständige Überführung in definierte Endprodukte sicherzustellen. Die Verweilzeit kann durch eine geringe Strömungsgeschwindigkeit des gleichzeitig als Trägergas fungierenden Sauerstoffs verlängert werden. Ebenso verlängert eine längere heiße Zone und eine größerer Rohrdurchmesser die Verweilzeit. Eine bessere Durchmischung im Gasraum erhält man durch eingebaute Glasfritten oder Quarzwollestopfen. Darüber hinaus bieten Verfahren, bei denen die

**Tabelle 3.7** Zusätze zur trockenen Veraschung organischer Proben.

| Probenart | Analyt | Veraschungstemperatur | Zusatz |
|---|---|---|---|
| Serum | K | 450–500 °C | $H_2SO_4$ |
| | Cu, Fe, Mn | 450 °C | $K_2HPO_4$ |
| Blut | Pb | 500–530 °C | $H_2SO_4$ |
| Erdöl | Cu, Fe, Ni, V | 540 °C | $H_2SO_4$ |
| Pflanzenteile | B, P, Cl, Br, Cu | 600–700 °C | MgO |
| | Al, Cu, Fe, Mn, Ni, Sn, S, Zn | 450 °C | $Mg(NO_3)_2$ |
| Nahrungsmittel | F, P, S | 570 °C | $Mg(ac)_2$ |
| | As, Sn, Te | 555 °C | $MgO + Mg(NO_3)_2$ |
| | Pb | 500 °C | $Ca(NO_3)_2$ |

### Geschlossene Verbrennungssysteme: Sauerstoffbomben und Sauerstoffkolben

Zur Verbrennung unter Druck in Sauerstoffbomben wird die gepulverte Probe zu einer Tablette gepresst und in einer Schale aus Quarz, Porzellan oder Platin in eine Haltevorrichtung am Deckel der Bombe eingesetzt. Es können je nach Bedarf beschleunigende Reagenzien (z. B. $NH_4NO_3$) oder verzögernde Reagenzien (z. B. $SiO_2$) zugemischt werden. Nach dem Verschrauben des Deckels wird die Bombe mit Sauerstoff mit einem Druck von 25 bis 40 bar gefüllt und die Probe über einen Pt- oder Fe-Draht elektrisch gezündet. Zum Auffangen gasförmiger Verbrennungsprodukte gibt man eine Absorptionsflüssigkeit in die Bombe.

Kleinere Probenmengen können auch in Sauerstoffkolben verbrannt werden. Im einfachsten Fall ist ein solcher Verbrennungskolben durch einen Erlenmeyerkolben zu realisieren. Hierzu wird die Probe in ein rechteckiges Stück Filterpapier eingewickelt, wobei man eine Ecke als Fahne herausstehen lässt. Das Filterpapier wird dann in die Halterung an der Unterseite eines Stopfens eingebracht und an der Fahne angezündet. Der Stopfen wird schnell auf einen mit Sauerstoff gefüllten und mit einer Absorptionslösung versehenen Erlenmeyerkolben gesetzt. Bei der Verbrennung wird das Gefäß umgekehrt, sodass der Stopfen durch die Flüssigkeit abgedichtet ist. Entstehender Überdruck ist nach dem Abkühlen üblicherweise verschwunden.

Apparatur in eine Verdampfungs- und eine Verbrennungszone unterteilt ist, eine zusätzliche Möglichkeit eine kontrolliertere Verbrennung zu erreichen.

Schneller und meist auch leistungsfähiger sind Verfahren, bei denen die Substanz in eine Flamme eingeführt wird. Meist wird eine Knallgasflamme verwendet, die wegen der hohen Temperatur eine besonders schnelle Verbrennung bewirkt. Die Proben werden entweder in einem der Brenngase verdampft oder mit einem dritten Gas in die bereits brennende Flamme eingeführt. Flüssigkeiten können mit verschiedenen Zerstäubersystemen direkt eingesprüht werden. Der am weitesten verbreitete Aufbau ist die Wickbold-Apparatur, die mit verschiedenen Probeaufgabeeinheiten zum Verbrennen gasförmiger, flüssiger und fester Substanzen geeignet ist. Flüssige Proben werden üblicherweise angesaugt. Die Bestandteile fester Proben werden in einem Probenschiffchen im Sauerstoffstrom vorverascht, wobei flüchtige Pyrolyseprodukte entstehen. Die verflüchtigten oder zerstäubten Probenbestandteile werden anschließend in eine Knallgasflamme eingeführt, die in einem gekühlten Quarzrohr brennt. Die Verbrennungsprodukte werden anschließend in einer Kühlschlange niedergeschlagen und in einer Vorlage aufgefangen. Gasförmige Stoffe

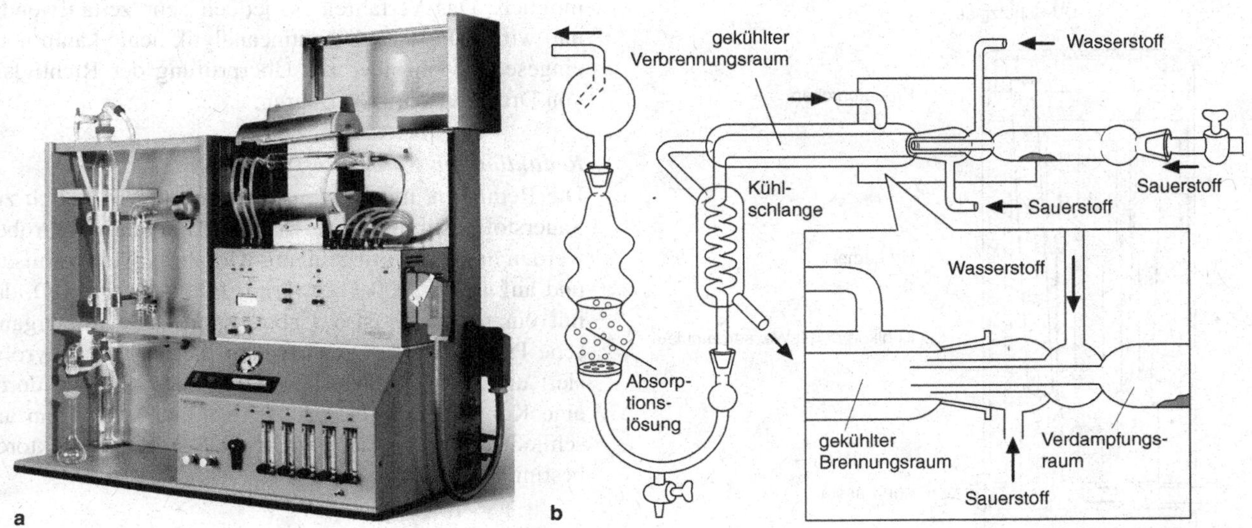


**3.21** Wickbold-Apparatur der Fa. Heraeus: a) Foto b) schematischer Aufbau.

können in einer vorgelegten Adsorptionslösung aufgefangen werden. Die Vorlage kann während der Verbrennung mehrfach gewechselt werden. Die neuesten Apparaturen sind mit Universalbrennern ausgestattet, in denen sowohl flüssige als auch feste Proben aufgeschlossen werden können, sodass die Apparatur für unterschiedliche Proben nicht umgebaut werden muss. Eine solche Apparatur ist in Abbildung 3.21 b schematisch dargestellt.

Die Verbrennung in der Wickbold-Apparatur gehört zu den schnellsten und wirkungsvollsten Methoden zur Zerstörung organischen Materials aller Art und ist auch für fast alle anderen Probenarten wie z. B. Gesteins- und Bodenproben verwendbar. Mit ihr können mit relativ geringem Zeit- und Kostenaufwand Serienbestimmungen der Halogene, der Elemente S und P sowie der Metalle Hg, As, Pb, Sb und Se durchgeführt werden. Eigene Untersuchungen bestätigen ihre hervorragende Eignung auch zur Spurenanalyse.

***Kaltveraschung***

Für die Spurenanalytik sehr gut geeignet sind auch die modernen Apparaturen zur Kaltveraschung, auch Kalt-Plasma-Veraschung genannt. Hier wird bei Unterdruck mit aktiviertem atomarem Sauerstoff in quasi-geschlossenen Quarz-Gefäßen mit Magnetrührung und Wasserkühlung verascht. Die Verfahren sind vor allem für die Spurenanalyse von flüchtigen Elementen (außer Hg) in organischen Materialien wie Blut, Pflanzen etc. geeignet. Abbildung 3.22 zeigt den Aufbau einer moderne Kaltveraschungsapparatur.

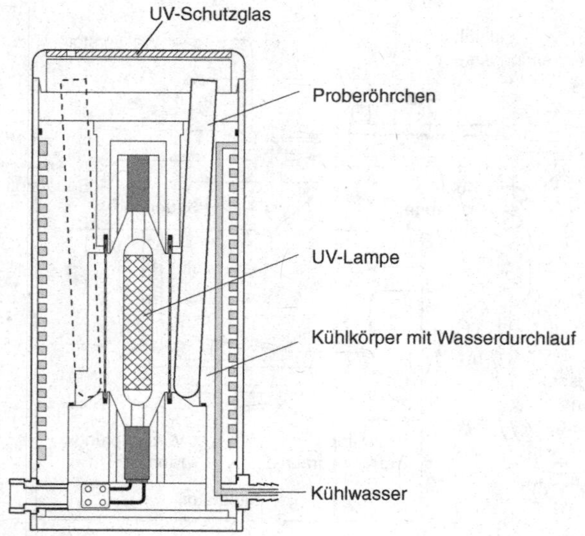


**3.22** Kaltveraschungsapparatur.

## 3.5.3 Reduzierende Verfahren

Die reduzierenden Aufschlüsse haben eine wesentlich geringere Bedeutung als die oxidierenden. Die Verfahren werden in der anorganischen Analyse hauptsächlich zur Sauerstoff-Bestimmung in Metallen eingesetzt. In der organischen Analyse werden hydrierende Aufschlüsse zur Bestimmung von O, S, P, N und Halogenen genutzt. Als Reduktionsmittel kommen Wasserstoff, Kohlenstoff und Metalle zum Einsatz. Darüber hinaus werden andere Reduktionsmittel wie Hydrazin und einige Hydride und Halogenide etc. für spezielle Anwendungen genutzt.

***Reduktion mit Wasserstoff***

Die Proben werden in Pt- oder Porzellan-Probenschiffchen durch Erhitzen im Wasserstoffstrom in Glas- oder Quarzgeräten reduziert. Sauerstoff reagiert zu $H_2O$, Schwefel zu $H_2S$, Phosphor zu $PH_3$, Stickstoff zu $NH_3$ und die Halogene werden zu HF, HCl, HBr und HI. Die Methode ist vor allem für kleine Gehalte gut geeignet, da man die Blindwerte sehr gering halten kann.

Ebenfalls erwähnt werden soll in diesem Zusammenhang das von Geilmann entwickelte Verfahren der Verdampfungsanalyse, bei dem im schwachen Wasserstoffstrom Metalle mit relativ hohem Dampfdruck wie z. B. Zn, Cd, Ga, Tl, In und Pb abdestilliert und auf einer gekühlten Aluminiumkappe aufgefangen werden. Das Verfahren eignet sich besonders zur Spurenbestimmung, da eine quantitative Abtrennung von der Matrix gelingt. Für spezielle Messverfahren können die Analyten auch auf einem Probenträger abgeschieden werden, der direkt in das Messgerät eingesetzt werden kann. So ist z. B. für bogenspektrographische Untersuchungen (s. Abschn. 4.4.3) eine Abscheidung direkt auf einer der Elektroden möglich. Das Verfahren ist jedoch sehr zeitaufwendig und wird daher in der Routineanalytik heute kaum noch eingesetzt, wohl aber zur Überprüfung der Richtigkeit von Druckaufschlussverfahren.

***Reduktion mit Kohlenstoff***

Die Reduktion mit Kohlenstoff wird ausschließlich zur Sauerstoffbestimmung verwendet. Anorganische Proben werden in Graphittiegeln mit Graphitpulver vermischt und auf 1600–2000°C erwärmt. Es bildet sich CO, das mit einem Inertgasstrom abtransportiert wird. Organische Proben werden zunächst im Inertgasstrom pyrolysiert und die gebildeten Gase bei 1100–1150°C durch eine Kohleschicht geleitet. Das gebildete CO kann anschließend am einfachsten in IR-Durchflussdetektoren bestimmt werden.

**Tabelle 3.8** Anwendung verschiedener Metalle für reduzierende Aufschlüsse.

| Beispiele für Probenarten | Analyt | Metall | Schmelztemperatur |
|---|---|---|---|
| Mineralien, Böden | S | Li | 179°C |
| organisches Material | Halogene, N, H | Na | 97,5°C |
| organisches Material | Halogene, S, P, B, Si | K | 63,5°C |
| organisches Material | Halogene, H, O, S, N, P, B, As, Sb, Si, Alkalimetalle | Mg | 650°C |
| organisches Material | Halogene, S, N | Ca | 845°C |
| sulfidische Erze | S, Hg | Fe | 1528°C |
| Wasser, Schlacken | Deuterium, Tritium, Sn, S | Zn | 419°C |
| Mineralien | F | Si | 1413°C |

***Reduktion mit Metallen***

In der anorganischen Analyse werden Schmelzen mit Metall zur Reduktion sonst schwer aufschließbarer Verbindungen wie Fluoride oder $SnO_2$ vorgeschlagen. Schwefel in Mineralien oder Sulfaten kann in Sulfid überführt werden, das nach Ansäuern als $H_2S$ abdestilliert werden kann. Nach der Reduktion von Wasser zu Wasserstoff kann massenspektrometrisch dessen Deuterium- und Tritium-Gehalt bestimmt werden. Die Aufschlüsse werden in kleinen Ni-Bomben oder in abgeschmolzenen Glasröhrchen durchgeführt. In Tabelle 3.8 sind einige Anwendungsbeispiele für reduzierende Aufschlüsse mit Metallen zusammengestellt.

Neben dem Schmelzen einer Probe mit einem Metall sind noch andere Verfahren wie die Umsetzung mit einem Metall und einer basischen Verbindung zum Aufschluss von sauerstoffhaltigen Anionen (alkalischer Aufschluss), die Umsetzung mit in flüssigem $NH_3$ gelösten Metallen zum Abspalten aller Halogene einschließlich Fluor aus organischen Verbindungen (Birch-Reaktion) sowie die Umsetzung mit metallorganischen Verbindungen bekannt.

## 3.5.4 Aufschlussverfahren unter Erhaltung der Wertigkeit

Neben den oxidierenden und reduzierenden Aufschlussverfahren stehen schließlich noch Verfahren zur Verfügung, bei denen die Wertigkeit der Analyten erhalten bleibt. Dies ist in der Spezies-Analyse von besonderer Bedeutung. In der Hauptsache werden hierbei die Probenbestandteile durch die Zuführung von Strahlungsenergie, thermischer oder elektrischer Energie aufgeschlossen. Streng genommen gehören auch die Möglichkeiten, das Lösungsgleichgewicht von Analytverbindungen durch Zugabe von Komplexbildnern oder Fällungsreagenzien zu beeinflussen, zu den Verfahren unter Erhaltung der Wertigkeit. Weitere Möglichkeiten, ebenfalls durch Entfernen von Ionen aus dem chemischen Gleichgewicht die Löslichkeit einiger Analytverbindungen zu beeinflussen, ergeben sich aus dem Einsatz von Ionentauschern. So kann man beispielsweise BaSO4 mit einem Kationenaustauscher „kalt" aufschließen.

Auch einige Schmelzen sind in der Lage, anorganische Salze und Oxide unter Erhaltung der Wertigkeit zu lösen und aus schwerlöslichen Salzen flüchtige Säuren auszutreiben. Bekannte Beispiele sind Natriumammoniumhydrogenphosphat $NaNH_4HPO_4$ und Natriumtetraborat $Na_2B_4O_7$, auch Borax genannt. Diese Schmelzen werden z. B. auch bei Vorproben zur qualitativen Bestimmung von Metallen eingesetzt (Phosphorsalzperle, Boraxperle). Besondere Bedeutung kommt diesen Schmelzaufschlüssen außerdem für solche Analysenverfahren zu, bei denen die erstarrte Schmelze ohne Auflösung direkt der Messung zugeführt wird. So werden z. B. Lithiumtetraboratschmelzen $Li_2B_4O_7$ zur Herstellung von Schmelztabletten für die RFA genutzt. Die heiße Schmelze wird dann auf ein vorgeheiztes poliertes Stahl-, Gold- oder Platinblech ausgegossen und langsam abgekühlt, wobei homogene, nicht zerspringende Gläser entstehen.

Darüber hinaus sind auch noch einige spezielle Aufschlussverfahren bekannt, die die biochemische Reaktivität von Enzymen oder Mikroorganismen zum besonders selektiven Aufschluss bestimmter Verbindungen oder Verbindungsgruppen ausnutzen. Solche Verfahren werden z. B. zur Trennung von Proteinen angewendet.

***Aufschluss durch Zuführung thermischer Energie***

Aufschlüsse durch Erhitzen sind hauptsächlich in der organischen Analyse von Bedeutung. Man erhält dabei Bruchstücke geringeren Molekulargewichtes, die in vielen Fällen sekundär weiterreagieren können. Das Verfahren wird als Pyrolyse bezeichnet. Die Bruchstücke sowie die Folgeprodukte dienen sowohl der quantitativen als auch der qualitativen Analyse und Strukturaufklärung.

Charakteristische Bruchstücke ergeben sich im Temperaturbereich von 300–700°C.

Bei den Schäfer'schen Transportreaktionen wird die Zuführung thermischer Energie zur Reinigung ausgenutzt. Durch die Temperaturabhängigkeit der Gleichgewichtsreaktion von einigen Metallen mit Metallhalogeniden zu Subhalogeniden können diese weit unterhalb ihres Siedepunktes transportiert und gereinigt werden. So können z. B. Al(III)-Halogenide bei hoher Temperatur über metallisches Al geleitet werden, wobei sich Al(I)-Halogenide bilden, die später bei niedrigeren Temperaturen wieder in ihre Ausgangsprodukte zerfallen. Auch Si kann durch dieses auch als Subhalogeniddestillation bezeichnete Verfahren gereinigt werden.

***Aufschluss durch Zuführung elektrischerer Energie***
Hochmolekulare Substanzen können durch elektrische Funkenentladung zerstört werden, wobei unter günstigen Bedingungen charakteristische Bruchstücke entstehen. Da solche Bedingungen jedoch nur schwer einzustellen sind, ist diese Methode kaum von Bedeutung.

***Aufschluss durch Zuführung von Strahlungsenergie***
Eine elegante Methode für den Aufschluss extrem kleiner Spuren organischer Verbindungen ist die Bestrahlung der Probe mit UV-Licht, da keinerlei störende Chemikalien in die Probe gelangen. Es ist lediglich die Anwesenheit geringer Mengen (Luft-)Sauerstoff oder $H_2O_2$ erforderlich, welches durch Einwirkung der UV-Strahlung hochreaktive OH-Radikale bildet, die die organischen Verbindungen zerstören. Die Methode wird z. B. zur Freisetzung von Phosphor, Kohlenstoff und Stickstoff aus organischen Verbindungen in Meer- oder Trinkwasser und zur Untersuchung von Insektiziden verwendet. Man kann eine größere Anzahl Proben um eine intensive Quecksilberdampflampe anordnen. Der vollständige Aufschluss zwischen 15 Minuten und 4 Stunden.

### 3.5.5 Direktverfahren

Die wenigsten Aufschlusssysteme sind ohne größeren Aufwand automatisierbar, sodass auf längere Sicht der Aufschluss ein zeitbestimmender Faktor im Laborbetrieb bleiben wird. In ganz wenigen Ausnahmefällen kann jedoch auf einen Aufschluss ganz oder weitgehend verzichtet werden. Solche Analysenverfahren werden dann als Direktverfahren bezeichnet.

Zum Beispiel bietet die Graphitrohrofen-AAS (s. Abschn. 4.3.4) die Möglichkeit, Feststoffproben direkt zu analysieren, indem mithilfe der Slurrytechnik Suspensionen erzeugt werden, die in den Graphitrohrofen einpipettiert und erst dort aufgeschlossen und verdampft werden können. Der eigentliche Aufschluss ist also im Messprinzip direkt mit einbezogen, da der in der Graphitrohrofen-Technik notwendige Schritt der Vorveraschung den Aufschluss ersetzt. Das Verfahren hat sich jedoch bisher wegen der technischen Probleme bei der Suspensionsdosierung und der dadurch verschlechterten Präzision für den Routinebetrieb noch nicht durchgesetzt.

Es gibt aber auch Bestimmungsmethoden, die den Aufschluss einer Probe prinzipiell nicht voraussetzen. Dazu zählen die bereits erwähnten oberflächenanalytischen Verfahren wie z. B. die Elektronenstrahlmikroskopie oder Röntgenfluoreszenzanalyse und die Neutronenaktivierungsanalyse. Solche Analysen können an der unbehandelten Probe durchgeführt werden. Da die Methoden damit zerstörungsfrei arbeiten, sind sie besonders für die Analyse wertvoller Gegenstände wie z. B. Gemälden einzusetzen.

### 3.5.6 Anmerkungen zum Aufschluss für Spurenanalysen

Eine Hauptfehlerquelle bei der Probenvorbereitung für spätere Spurenanalysen stellt die Kontamination der Probe durch Verunreinigungen von Aufschluss- bzw. auch Extraktionsreagenzien dar. Besondere Schwierigkeiten bereiten hier natürlich die häufigsten Elemente der Erdkruste wie Si, Al, Fe, Ca, Na, Mg, K und die mit großer technischer Bedeutung wie Zn, Fe, Cu, Co, Ni, Sn, Pb und Hg. Für den Aufschluss und die anschließende Bestimmung von Spuren dieser Elemente ist es daher besonders wichtig, bei der Auswahl der Reagenzien auf höchste Reinheit zu achten. Bei den meisten festen Stoffen (Schmelzreagenzien) ist es nahezu unmöglich, den für Bestimmungen im Ultraspurenbereich (< 1 ppm) notwendigen Reinheitsgrad zu erhalten. Wenn Aufschlussverfahren zur Verfügung stehen, die ohne solche Stoffe auskommen, sind sie vorzuziehen. Bei organischen Flüssigkeiten oder bei Säuren ist eine Reinigung deutlich einfacher. Sie werden meistens durch Destillationsverfahren gereinigt, die unter dem Siedepunkt arbeiten *(subboiling distillation)*. Dadurch erreicht man, dass die Flüssigkeit verdampft, ohne zu sieden und ohne damit Aerosole zu bilden, die Verunreinigungen mitreißen können. Entsprechende Geräte aus hochreinem Quarz sind im Handel erhältlich. Die Energie wird hier mittels eines Wärmestrahlers – von oben auf die Flüssigkeitsoberfläche gerichtet – zur Verfügung gestellt. Der Gehalt der Verunreinigungen kann damit in den unteren pg/mL-Bereich und noch tiefer für die seltenen Elemente gebracht werden. Gase lassen sich am besten durch Adsorption an Aktivkohle reinigen.

Eine weitere Fehlerquelle bei Spurenanalysen stellen Adsorptionsvorgänge an Gefäßwandungen und anderen

Grenzflächen (Filter, Schliffe, Niederschläge) dar. Mehr oder weniger werden die zu bestimmenden Bestandteile an Gefäßwänden oder anderen Phasengrenzflächen adsorbiert und bei Änderung der Lösungszusammensetzung wieder desorbiert. Größenordnungsmäßig liegen solche Verluste bei $10^{-9}$ bis $10^{-12}$ mol/cm$^2$ und sind stark abhängig von der Art des Analyten und den physikalischen Eigenschaften des eingesetzten Gefäßmaterials. Zur Vermeidung von Adsorptionsverlusten eignen sich besonders Gefäße aus PTFE, Quarz oder Glaskohlenstoff. Die Oberflächen der Materialien sollten möglichst klein und die Aufschlusszeiten so kurz wie möglich gehalten werden. Es hat sich herausgestellt, dass eine Vorbehandlung der einzusetzenden Materialien durch Ausdämpfen mit suprapur Salpetersäure die Verluste minimiert. Besonders entscheidend ist jedoch der pH-Wert der Aufschlusslösung. Verluste aus saurer Lösung sind deutlich geringer als aus neutraler oder aus alkalischer Lösung.

## 3.6 Extraktionsverfahren zur Bestimmung organischer Analyten

Müssen geringe Analytkonzentrationen in Gegenwart ähnlicher Störstoffe bestimmt werden, die aber weit im Überschuss vorliegen, so reichen meistens die bekannten Trennverfahren nicht aus, weil es wegen der Notwendigkeit eine detektierbare Mindestmenge des Analyten in den Chromatographen zu bringen, dort zu Überladungen kommt, die das Trennvermögen drastisch reduzieren. In Nachbarschaft großer chromatographischer Peaks – von Hauptkomponenten herrührend – ist ebenfalls kaum eine empfindliche Detektion eines Analyten im Spurenbereich möglich. Aus diesem Grunde ist eine Abtrennung des oder der Analyten, verbunden mit einer Anreicherung notwendig. Im Folgenden wird daher ein Überblick über verschiedene Verfahren gegeben, die hierzu geeignet sind. Dabei werden im ersten Abschnitt die Extraktionsverfahren für flüssige Proben und im zweiten und dritten Abschnitt diejenigen für feste Proben vorgestellt. Ein vierter Abschnitt beschäftigt sich dann mit der Aufkonzentrierung der erhaltenen Extraktionslösungen und ein letzter mit der sich anschließenden Abtrennung von Störstoffen. Dabei bezieht sich das gesamte Kapitel auf die Bestimmung organischer Analyten.

### 3.6.1 Extraktionsverfahren für flüssige Umweltproben

Für die Analyse flüssiger Umweltproben, in der Regel sind dies Wasserproben (Grund-, Oberflächen- oder Abwasser), sind zwei prinzipiell unterschiedliche Extraktionsverfahren weit verbreitet. Die Analyten werden entweder mithilfe von organischen Lösungsmitteln ausgeschüttelt (und wenn möglich auch angereichert), oder aber es erfolgt eine Abtrennung von der Wassermatrix durch Anreicherung an der Oberfläche spezieller fester Materialien.

***Flüssig/Flüssig-Extraktion***

Im einfachsten Fall wird die wässrige Analysenprobe in einem Scheidetrichter (siehe Abb. 3.23) mit einem organischen Lösungsmittel oder Lösungsmittelgemisch, das mit Wasser nicht mischbar ist, ausgeschüttelt. Die dazu verwendeten Lösungsmittel müssen, wie bei allen Flüssig-Extraktionen, extrem rein sein, da etwa vorhandene Verunreinigungen zusammen mit den Analyten aufkonzentriert werden und möglicherweise deren Bestimmung stören. Dies gilt auch für alle dabei mit der Probe in Berührung kommenden Gerätschaften. Bei diesem Verfahren ist es prinzipiell vorteilhafter und durch eine kleine Rechnung schnell zu beweisen, die Probe mehrmals mit einer kleineren Menge auszuschütteln, als einmal mit einer großen Menge.

Die Verteilung der Analyten zwischen den beiden nicht miteinander mischbaren flüssigen Phasen folgt dem Nernst'schen Verteilungsgesetz, welches für solche Substanzen Gültigkeit besitzt, die in beiden Phasen in der gleichen chemischen Form vorliegen.

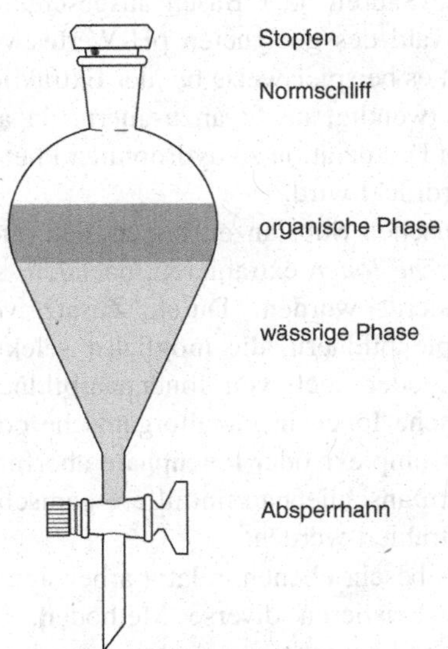


**3.23** Flüssig/Flüssig-Extraktion im Scheidetrichter.

### Kontinuierliche Wasserextraktion

Zu Beginn der Extraktion wird die zu extrahierende Wasserprobe in die Extraktionskammer gefüllt. Dabei ist der Absperrhahn zwischen der Extraktionskammer und dem sogenannten Kuderna-Danish-Behälter, in dem sich das Extraktionsmittel befindet, geöffnet (Genaueres zu Kuderna-Danish siehe Abschn. 3.6.4). Die Dimensionierung der Apparatur muss folglich derart gewählt sein, dass der hydrostatische Druck der Wassersäule allein noch nicht ausreicht, um die Probe in den Kuderna-Danish-Behälter zu befördern. Die unter diesem angebrachte Aufkonzentrierungseinheit wird mithilfe eines Wasserbades oder eines Heizblockes erwärmt, sodass das Extraktionsmittel langsam verdampft. Dieses wird am Rückflusskühler kondensiert und gelangt somit tropfenweise in die Wasserprobe. Das spezifisch schwerere Lösungsmittel sinkt nun auf den Grund der Wasserprobe ab, wobei dieser die lipophilen organischen Inhaltsstoffe entzogen werden. Wenn die Hauptmenge des Extraktionsmittels in die Extraktionskammer gelangt ist, wird es durch den angestiegenen hydrostatischen Druck zurück in den Kuderna-Danish-Behälter befördert, womit der erste Extraktionszyklus beendet ist.

---

$$c_1/c_2 = \alpha$$

$\alpha$: Verteilungskoeffizient,
$c_1$, $c_2$: Konzentration des Analyten in Phase 1 bzw. 2

- Um die Effizienz des Verfahrens zu erhöhen, ist es häufig üblich, der wässrigen Phase einen inerten Elektrolyten zuzusetzen (z. B. NaCl). Auf diese Weise werden die organischen Substanzen durch den hohen Elektrolytgehalt sozusagen aus der wässrigen Phase herausgedrängt, d. h. ihre Löslichkeit in dieser Phase nimmt ab. Wobei auch eine Rolle spielt, dass so die Konzentration freier, nicht hydratisierter Wassermoleküle geringer wird. Dies Phänomen wird im Allgemeinen als *Aussalzeffekt* bezeichnet.
- Sollen organische Säuren oder Basen ausgeschüttelt werden, ist die Wahl des geeigneten pH-Wertes von Bedeutung. So ist es beispielsweise bei der Extraktion von Phenolen notwendig, leicht anzusäuern, da auf diese Weise deren Dissoziation zu hydrophilen Phenolat-Anionen unterdrückt wird.
- Analog zu organischen Substanzen lassen sich auch gelöste *anorganische Ionen* extrahieren, nachdem sie zuvor „lipophilisiert" wurden. Durch Zusatz von geeigneten Komplexbildnern, die möglichst selektiv reagieren sollten, oder auch von Ionenpaarbildnern können anorganische Ionen in metallorganische oder andere lipophile Komplexe oder Ionenpaare überführt und in dieser Form anschließend mithilfe organischer Lösungsmittel extrahiert werden.

Neben dem bereits beschriebenen, relativ arbeitsintensiven Ausschütteln, existieren diverse Methoden, bei denen mehrere Extraktionsschritte automatisch nacheinander ablaufen. Es können sowohl flüssige Phasen gerin-

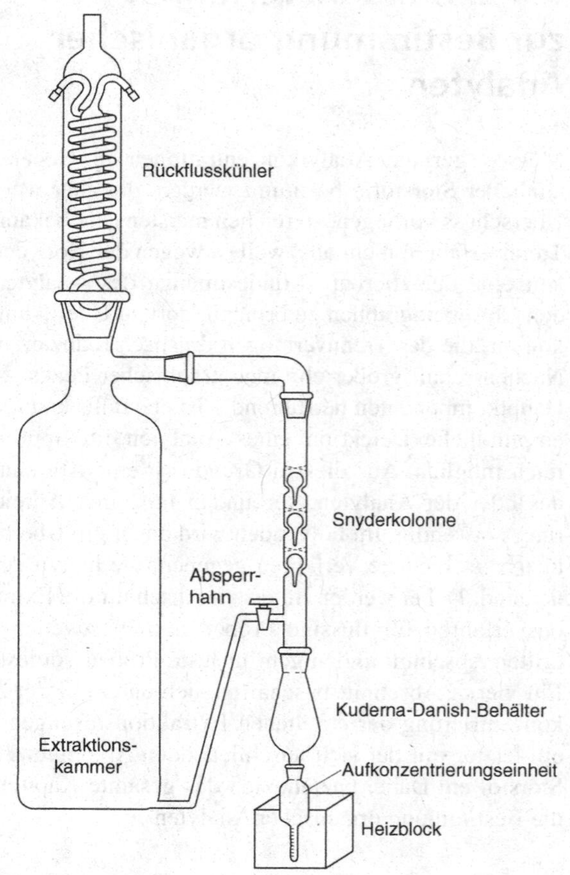


**3.24** Kontinuierlich arbeitende Flüssig/Flüssig-Extraktionsapparatur.

gerer Dichte mit einer solchen höherer Dichte extrahiert werden, als auch umgekehrt. An dieser Stelle soll exemplarisch ein kontinuierlich arbeitendes Flüssig/Flüssig-Extraktionsverfahren vorgestellt werden (siehe Abb. 3.24). Mithilfe dieses Verfahrens lassen sich größere Wasserproben, deren Volumen typischerweise 1 Liter beträgt, durch schwerere organische Lösungsmittel extrahieren.

Das beschriebene Verfahren wird beispielsweise für die Extraktion Polychlorierter Biphenyle (PCB) aus Wasserproben eingesetzt. Im Allgemeinen wird es in den Fällen bevorzugt, in denen partikelhaltige wäßrige Lösungen vorliegen oder aber die Gefahr einer Emulsionsbildung besteht.

Weiterhin soll in diesem Zusammenhang kurz die sogenannte Gegenstrom-Chromatographie (engl. *counter current chromatography*, CCC) erwähnt werden. Dies ist eine kontinuierliche Extraktionsmethode, bei der entweder zwei miteinander nicht mischbare Flüssigkeiten nach dem Gegenstromprinzip aneinander vorbei geführt werden oder aber eine der beiden flüssigen Phasen stationär ist, während die andere an dieser vorbei geführt wird. Es existieren verschiedenste Varianten der CCC, die besonders für präparative oder halbpräparative Trennungen von Analyten aus der Biochemie oder Naturstoffchemie geeignet sind.

**Wohin mit den Lösungsmitteln?**

Flüssig/Flüssig-Extraktionen benötigen im Allgemeinen verhältnismäßig große Mengen an organischen Lösungsmitteln. Dies ist sowohl aus ökologischen als auch aus Gründen des Arbeitsschutzes ein erheblicher Nachteil. Auch die Kosten für den Kauf der extrem reinen und damit sehr teuren Lösungsmittel und die anschließend erforderliche Entsorgung sind nicht zu vernachlässigen. Hinzu kommt, dass die beschriebenen Verfahren zum Teil sehr zeit- und arbeitsaufwendig sind. Weiterhin ist auch die Verwendung halogenierter Kohlenwasserstoffe wie beispielsweise Methylenchlorid oder gar Chloroform eine durchaus noch gängige Praxis. Diese Substanzen sollten jedoch gerade im Rahmen der Umweltanalytik durch weniger bedenkliche Lösungsmittel ersetzt werden.

### *Festphasen-Extraktion*

Eine weitere Möglichkeit zur Anreicherung organischer Bestandteile aus Wasserproben ist die Festphasen-Extraktion, deren Bedeutung in den letzten Jahren stetig zugenommen hat. Abb. 3.25 zeigt schematisch den Ablauf einer solchen Extraktion. Es werden Glas- oder Kunststoffkartuschen eingesetzt, die zwischen zwei Fritten ein festes Adsorbens, in der Regel 100 mg, 500 mg oder 1 g, enthalten. Als Adsorbentien werden Kieselgel, Aluminiumoxid, modifizierte Kieselgele, Ionenaustauscher, Polymere oder ähnliche, aus der Flüssigchromatographie bekannte Materialien (siehe Kapitel 6) verwendet. Das Adsorbens wird in einem ersten Schritt gewaschen und konditioniert, d. h. es werden aus dem Herstellungsprozess stammende Verunreinigungen entfernt und die Festphase wird mithilfe geeigneter Lösungsmittel „aktiviert“. Anschließend kann die zu extrahierende Wasserprobe langsam durch die Kartusche gesaugt werden. Dabei sollte die Flussrate 5 mL/min nicht überschreiten. Optimal, aber auch sehr zeitaufwendig ist es, die gesamte Wasserprobe tropfenweise durch die Festphase zu saugen. Auf diese Weise werden die Analyten durch Wechselwirkungskräfte an der Festphasenoberfläche zurückgehalten und damit angereichert. Zum Schluss erfolgt die Elution (d. h. das „Ablösen“ oder „Herunterspülen“ der Analyten von der Festphase) mit wenigen Millilitern eines geeigneten organischen Lösungsmittels hoher Elutionskraft. Eine Vielzahl unterschiedlicher mehr oder weniger selektiv wirkender Festphasenmaterialien ist im Handel erhältlich, sodass sich ein breites Spektrum verschiedenster lipophiler Analyten mithilfe dieser Technik extrahieren lässt. Eine Liste verschiedener Materialien ist in Tabelle 3.10 enthalten.

### *Festphasen-Membranen*

Als Alternative zu Festphasen-Kartuschen können die sogenannten Festphasen-Membranen verwendet werden. Sie ähneln Filterpapieren und können analog diesen in Filtrierhalterungen oder Einmal-Spritzen eingespannt werden. Festphasen-Membranen bestehen aus einem polymeren Trägermaterial, beispielsweise Teflon oder Gore-Tex, in das verschiedenste Adsorbentien eingebettet sind. Aufgrund ihres größeren Querschnitts sind sie weniger anfällig gegenüber den in Wasserproben möglicherweise noch enthaltenen Partikeln, die zu einem Verstopfen der Poren führen können. Gleichzeitig ist ihr Fließwiderstand geringer als bei den im vorangegangenen beschriebenen Kartuschen, sodass große Volumina in verhältnismäßig kurzer Zeit extrahiert werden können.

### *Festphasen-Mikroextraktion*

Eine ebenfalls recht neue Entwicklung ist die Festphasen-Mikroextraktion (engl. *solid phase micro extraction*, SPME), die in Abb. 3.26 dargestellt ist.

Eine Quarzglasfaser, die unbelegt oder aber mit verschiedensten Materialien belegt sein kann, fungiert als Adsorbens. Tabelle 3.9 zeigt einige Beschichtungen einschließlich der jeweiligen Analytgruppen, die sich mithilfe dieser Fasern erfassen lassen. Die Faser befindet sich zunächst in der Nadel einer modifizierten Mikroli-

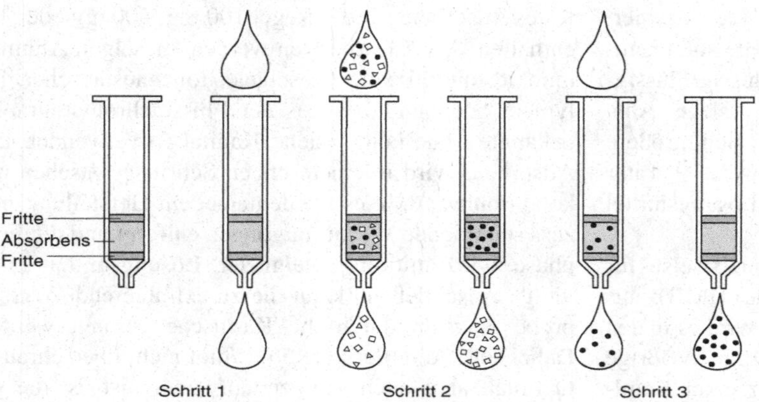


**3.25** Schematischer Ablauf einer Festphasen-Extraktion. Schritt 1: Waschen/Konditionieren, Schritt 2: Anreicherung, Schritt 3: Elution.

ter-Spritze, die das Septum eines Probengefäßes durchstößt. Nun lässt sich die am Spritzen-Kolben befestigte Quarzglasfaser aus der Nadel herausführen. Nach einer genau definierten Probenahmezeit, in der die Analyten zur Festphase diffundieren und dort adsorbiert werden, wird die Faser in die Nadel zurückgezogen und anschließend in den Injektor eines Gaschromatographen eingebracht. Es schließt sich die Thermodesorption der Analyten (siehe auch Abschnitt 6.2) und deren gaschromatographische Trennung und Bestimmung an. Die Sammlung kann sowohl in einer flüssigen Matrix als auch in der Gasphase oberhalb von Flüssigkeiten oder Feststoffen (sog. Headspace-Technik, siehe auch Abschnitt 6.2) erfolgen. Dabei ist es angebracht, Flüssigkeiten „reproduzierbar" zu rühren, um den Transport der Substanzen zur Festphase zu beschleunigen. Die SPME lässt sich vollständig automatisieren und wird beispielsweise inzwischen routinemäßig zur Pestizidanalytik in Wasserproben eingesetzt. Die Fa. Gerstel (Mühlheim) hat eine SPME-Vorrichtung in Form eines Rührfisches (Twister) entwickelt, die besonders effektiv ist.

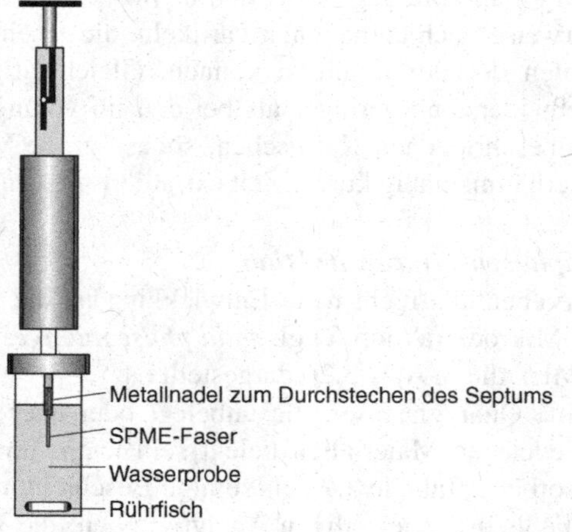


**3.26** Schematische Darstellung einer Vorrichtung zur Festphasen-Mikroextraktion.

**Tabelle 3.9** SPME-Fasern.

| Beschichtung | Anwendungsbereich |
|---|---|
| Polydimethylsiloxan (PDMS) | flüchtige Substanzen, niedriges Molekulargewicht bis zu halbflüchtigen Substanzen, höheres Molekulargewicht |
| Polyacrylat | stark polare Substanzen |
| Polydimethylsiloxan/ Divinylbenzen (PDMS/DVB) | flüchtige polare Substanzen wie Alkohole oder Amine |

### Vergleich der Verfahren

Der Vorteil der *Flüssig/Flüssig-Extraktion* im Scheidetrichter liegt in ihrer universellen Anwendbarkeit. Nahezu alle lipophilen organischen Verbindungen lassen sich mithilfe geeigneter Lösungsmittel aus Wasserproben extrahieren, und auch anorganische und ionische Substanzen können erfasst werden. Die Durchführung ist, da lediglich ein Scheidetrichter als Hilfsmittel benötigt wird, in jedem Laboratorium möglich. Dieses klassische Extraktionsverfahren ist in vielen Normen und Vorschriften zu finden. Die Nachteile, mit denen es behaftet ist, sind jedoch gravierend. Hier ist zum einen der relativ hohe Arbeitsaufwand zu nennen. Außerdem kann die Trennung der beiden Phasen aufgrund von Emulsions- oder Schaumbildung mitunter problematisch sein und eine extrem lange Zeit beanspruchen. Weiterhin darf nicht übersehen werden, dass das Laborpersonal mit verhältnismäßig großen Mengen an organischen Lösungsmitteln umzugehen hat, was immer auch ein gesundheitliches Risiko in sich birgt. Die verwendeten Lösungsmittel müssen zudem extrem rein sein, da ansonsten die Gefahr einer Kontamination der Probe besteht. Aus diesem Grund sind selbstverständlich auch die Kosten für die Extraktionsmittel hoch, hinzu kommt die teure Entsorgung der Lösungsmittelabfälle. Auch aus ökologischen Gründen erscheint es widersinnig, gerade im Rahmen der Umweltanalytik diese doch recht großen Mengen an Problemabfällen zu verursachen. Das Anreicherungspotential muss auch relativiert werden, denn mit nur 10 mL eines Lösungsmittels 1 L einer Probe quantitativ ausschütteln zu wollen, erfordert unpraktisch lange und intensive Schüttelzeiten. Ein „Abrotieren" einer größeren Menge eines Lösungsmittels ist meistens schneller.

Demgegenüber besitzt die *Festphasen-Extraktion* den entscheidenden Vorteil, auf einen Einsatz größerer Mengen organischer Lösungsmittel verzichten zu können. Hier werden lediglich einige wenige Milliliter zur Elution der Analyten benötigt. Zusätzlich beinhaltet die Festphasen-Extraktion einen Aufkonzentrierungsschritt, der bei der Flüssig/Flüssig-Extraktion separat durchgeführt werden muss und der evtl. zu Verlusten führen kann. Auch diese Extraktionsmethode hat inzwischen Eingang in zahlreiche Normen gefunden. Ein eventueller Nachteil ist der doch recht hohe Zeitaufwand für die Extraktion sehr großer Wasserproben. Auch besteht immer die Gefahr, dass die Analyten aus verschiedenen Gründen nicht effektiv von der Festphase zurückgehalten werden. Dies kann einerseits auf eine nicht ausreichende Beladungskapazität zurückzuführen sein und andererseits darauf, dass bereits adsorbierte Analyten wieder ausgewaschen werden. Derartige „Durchbrüche", wie sie im Allgemeinen genannt werden, führen zu Minderbefunden und müssen unbedingt vermieden werden. Von großem Vorteil ist jedoch, dass sich die Festphasen-Extraktion auch direkt mit chromatographischen Methoden koppeln lässt, wodurch eine hohe Automatisierbarkeit gegeben ist.

*Festphasen-Membranen* sind eine Alternative zu den Kartuschen, die üblicherweise in der Festphasen-Extraktion genutzt werden. Von Vorteil ist der geringe Fließwiderstand der Membranen, der eine sehr schnelle Extraktion großer Wasserproben ermöglicht. Da die Einbettung der Festphasen in dünne Membranen jedoch eine recht neue Entwicklung ist, die sich bisher noch nicht etabliert hat, ist eine abschließende Bewertung schwierig. Erst die kommenden Jahre werden zeigen, ob diese Methode eine ähnlich weite Verbreitung finden wird wie der Einsatz der Festphasen-Kartuschen schon heute.

Das erste kommerziell erhältliche Gerät zur Festphasen-Mikroextraktion ist seit 1995 auf dem Markt. Die Vorteile der Methode sind ihre Einfachheit, ihre leichte Automatisierbarkeit und der Verzicht auf organische Lösungsmittel. Hinzu kommt der geringe Zeitbedarf. Durch die direkte Überführung der Analyten in den Injektor eines Gaschromatographen wird eine Kontamination der Probe, die bei jedem Probenvorbereitungsschritt prinzipiell möglich ist, ausgeschlossen, was für die extreme Spurenanalyse von Vorteil ist. Diese Vorgehensweise hat jedoch andererseits den Nachteil, dass eine Reinigung der extrahierten Komponenten ebenfalls verhindert wird. Die Festphasen-Mikroextraktion besitzt sicherlich ein großes Potenzial, doch muss sie sich erst noch in der analytischen Praxis beweisen.

### 3.6.2 Klassische Extraktionsverfahren für feste Proben

In der Umweltanalytik ist es häufig erforderlich, in festen Proben wie beispielsweise Böden, Klärschlämmen oder Flugaschen den Gehalt an organischen Schadstoffen zu bestimmen. Aus diesem Grund werden diese Proben mit organischen Lösungsmitteln oder Lösungsmittelgemischen behandelt, die die Analyten aus der festen Matrix herauslösen.

#### *Batch-Extraktion*

Die Extraktion einer festen Probe kann auf unterschiedliche Weise erfolgen. Im einfachsten Fall wird sie mit dem Extraktionsmittel versetzt und anschließend mehrere Stunden auf einem Schüttelgerät behandelt. Um eine vollständige Benetzung der Matrixoberfläche zu gewährleisten, werden die Proben vor der Extraktion getrocknet oder mit einem geeigneten Trockenmittel (z. B. wasserfreies Natriumsulfat) verrieben. Anschließend kann die Extraktionslösung durch einfaches Abdekantieren oder Filtrieren, wenn erforderlich nach vorheriger Zentrifugation, von den unlöslichen Matrixbestandteilen abgetrennt und weiter verarbeitet werden. Die beschriebene Methode lässt sich recht einfach durchführen, besitzt jedoch auch Nachteile. Sollte eine einmalige Extraktion nicht ausreichen, ist es relativ aufwendig, einen Wechsel des Lösungsmittels vorzunehmen. Außerdem ist die Extraktionseffizienz, vor allem bei schwierigen und komplexen Matrizes, oft zu gering. Böden oder Flugaschen etwa besitzen ein sehr hohes Adsorptionsvermögen, sodass die zu bestimmenden Analyten mitunter sehr fest an die Matrix gebunden sind. In derartigen Fällen bleibt die Extraktion, auch wenn die Probe gut homogenisiert und fein vermahlen wurde, häufig unvollständig.

### *Soxhlet-Extraktion*

Um höhere Extraktionsausbeuten zu erzielen, als dies mit einer einfachen Batch-Extraktion möglich ist, kann eine Heißextraktion im sogenannten Soxhlet-Extraktor durchgeführt werden. Dieses traditionelle Verfahren findet in der Siedehitze statt, was die Desorption der Analyten von der Matrix erleichtert. Außerdem wird das Extraktionsmittel in einem kontinuierlichen Prozess ständig gegen frisches ausgetauscht, ebenfalls ein deutlicher Vorteil gegenüber der im vorangegangenen beschriebenen Methode.

Nachteile der Soxhlet-Extraktion sind der hohe Zeit- und Lösungsmittelbedarf. Außerdem ist die hier beschriebene Methode ungeeignet für thermisch instabile (z. B. biochemische) Substanzen. Sollen diese mit einer Soxhlet-Apparatur extrahiert werden, muss ein Vakuum angelegt werden, um die Siedetemperatur des Lösungsmittels herabzusetzen. Dies erhöht jedoch den Aufwand für eine solche Extraktion und wird deshalb nur selten durchgeführt. Weiterhin kann die Extraktion leichtflüchtiger Analyten mitunter aufgrund von Verdampfungsverlusten zu Problemen führen.

### *Soxtec-Extraktion*

Die Apparatur zur sogenannten Soxtec-Extraktion, die auch unter anderen Namen bekannt ist, ähnelt derjenigen einer Soxhlet-Extraktion (siehe Abb. 3.28). Auch hier wird in einem Reservoir das Extraktionsmittel zum Sieden erhitzt, wobei die aufsteigenden Lösungsmitteldämpfe mithilfe eines Rückflußkühlers kondensiert werden. Der Unterschied zur Soxhlet-Extraktion besteht darin, dass sich die Extraktionshülse mit dem Probenmaterial zu Beginn der Extraktion direkt in dem Behälter mit dem siedenden Lösungsmittel befindet. An dieser Stelle findet die eigentliche Extraktion statt. Nach einer variablen Extraktionszeit (etwa 30–60 Minuten) wird die Extraktionshülse angehoben, sodass sie nicht mehr mit dem flüssigen Lösungsmittel in Kontakt steht. Da dieses weiterhin siedet, gelangt nach wie vor kondensier-

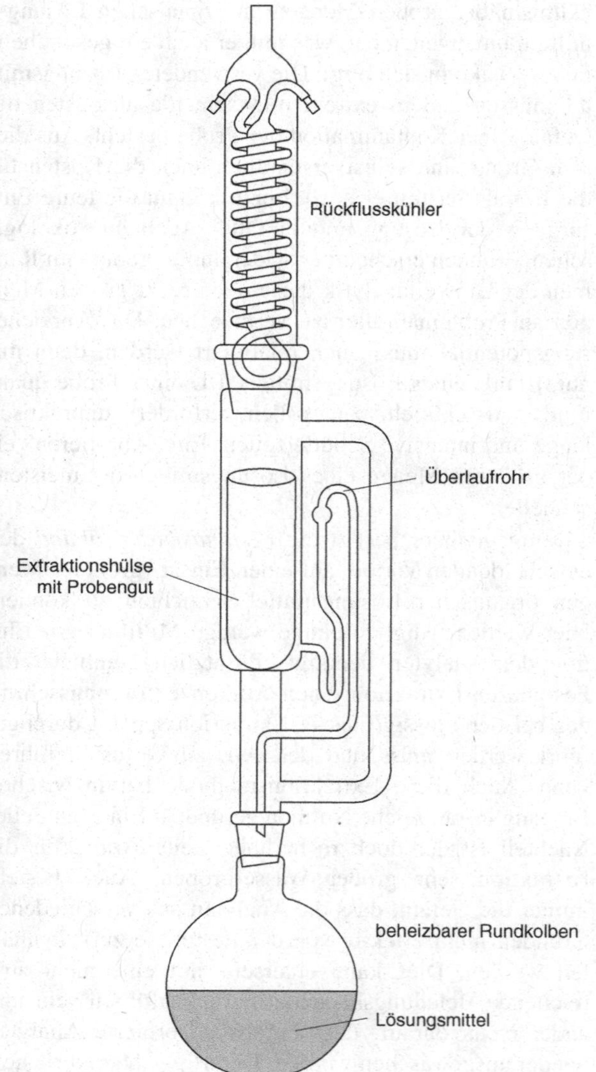


**3.27** Schematische Darstellung eines Soxhlet-Extraktors.

---

**Praxis der Soxhlet-Extraktion**

Der Ablauf einer Soxhlet-Extraktion ist wie folgt (siehe Abb. 3.27): Zuerst wird das getrocknete (und fein zerriebene) Probengut in die Extraktionshülse gegeben. Im Rundkolben befinden sich zwischen 50 und 250 mL eines organischen Lösungsmittels oder Lösungsmittelgemisches, das zum Sieden erhitzt wird. Der Dampf kondensiert am Rückflusskühler und gelangt somit in die Extraktionshülse bzw. in Kontakt mit der zu extrahierenden Matrix. Bei Überschreitung eines bestimmten Volumens fließt das Lösungsmittel einschließlich der extrahierten Probenkomponenten durch das Überlaufrohr in den Kolben zurück. Dabei beginnt ein weiterer Extraktionszyklus, indem wiederum das zum Sieden erhitzte Lösungsmittel am Kühler kondensiert und anschließend in die Extraktionshülse tropft. Soxhlet-Extraktionen können 24 Stunden oder länger andauern, wobei durchaus mehrere 100 Zyklen durchlaufen werden.

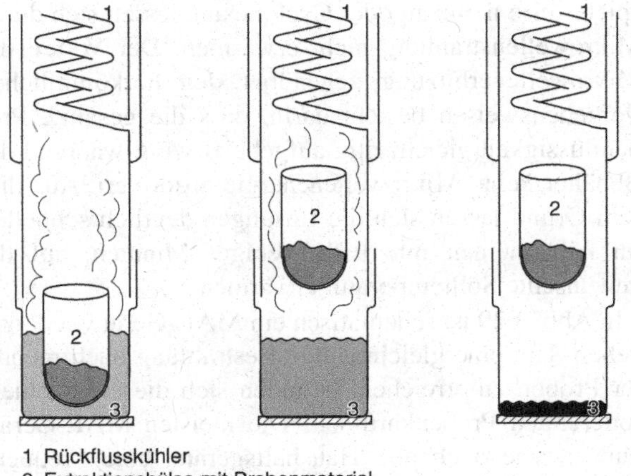


**3.28** Soxtec-Extraktion.

tes Extraktionsmittel in die Extraktionshülse. Auf diese Weise werden die letzten Spuren löslicher Bestandteile ausgewaschen. Der Vorteil der Soxtec-Extraktion ist ihr deutlich geringerer Zeitbedarf im Vergleich zu einer Soxhlet-Extraktion.

### *Ultraschall-Extraktion*

Eine weitere, in vielen Fällen sehr wirkungsvolle Methode, ist die Ultraschall-Extraktion. Ultraschall ist im Frequenzbereich zwischen der menschlichen Hörschwelle, die bei etwa 15 kHz liegt, und 10 GHz angesiedelt. Die Wirkung dieser Methode beruht auf dem sogenannten Kavitationseffekt, der auch von strömenden Flüssigkeiten bekannt ist. Hier bilden sich bei einem Druckabfall, der durch die Strömung hervorgerufen wird, in der Flüssigkeit Gasblasen aus. Bei einem nachfolgenden Druckanstieg brechen diese Gasblasen implosionsartig zusammen, wobei extrem hohe Drücke auftreten können. Diese Kräfte sind so groß, dass sie beispielsweise mechanische Zerstörungen an schnelllaufenden Schiffsschrauben oder Turbinenschaufeln verursachen. Derartige Effekte treten, hervorgerufen durch die hochfrequenten Schallwellen, auch bei der Ultraschall-Extraktion auf. Im Inneren einer solchen Gasblase können dabei Drücke von bis zu 500 bar und Temperaturen von über 5000 K erreicht werden. Auch in der angrenzenden Flüssigkeit herrschen für wenige Mikrosekunden hohe Drücke und Temperaturen. Dies alles führt dazu, dass nicht miteinander mischbare Flüssigkeiten emulgiert und Feststoffe in Flüssigkeiten dispergiert werden. Außerdem können etwa vorliegende Partikelaggregate aufgesprengt werden.

Die beschriebenen Effekte erleichtern den Extraktionsvorgang, sodass der Zeitbedarf einer Ultraschall-Extraktion häufig geringer ist als der einer Soxhlet-Extraktion. Außerdem lassen sich thermolabile Substanzen erfassen, da in der Regel bei Raumtemperatur oder nur leicht erhöhter Temperatur gearbeitet wird. Die kurzzeitigen Temperaturschwankungen auf mikroskopischer Ebene haben keinen negativen Einfluss. Dagegen ist als Nachteil der Ultraschall-Extraktion anzuführen, dass ein Austausch von „verbrauchtem" gegen „frisches" Lösungsmittel recht aufwendig ist, währenddessen dieser Vorgang bei der Soxhlet-Extraktion ständig und automatisch abläuft.

### Vergleich der Verfahren

Der Vorteil der *Batch-Extraktion* ist ihre Einfachheit. Der Nachteil besteht darin, dass ihre Extraktionseffizienz oft nicht ausreichend ist. Die *Soxhlet-Extraktion* dagegen besitzt für die meisten Problemstellungen eine sehr hohe Effizienz, was unter anderem auf die erhöhte Temperatur zurückzuführen ist. Dies kann sich bei der Extraktion thermisch instabiler Substanzen jedoch auch als Nachteil erweisen. Weiterhin liegt die Extraktionsdauer, wie auch die einer Batch-Extraktion, bei mehreren Stunden. Trotz allem ist die Soxhlet-Extraktion das gängigste Verfahren zur Extraktion fester Matrizes und ist in vielen Normen festgeschrieben. Die prinzipiell ähnliche *Soxtec-Extraktion* kann die Extraktionsdauer deutlich verkürzen, ist jedoch bei weitem noch nicht so verbreitet wie die Soxhlet-Extraktion. Dies dürfte mit dem höheren apparativen Aufwand zu begründen sein. Als Nachteil beider Extraktionsverfahren ist anzumerken, dass sie in denjenigen Fällen zu Minderbefunden führen können, in denen die Analyten in den Matrixbestandteilen fest eingeschlossen sind. Bei der *Ultraschall-Extraktion* ist anzuführen, dass ihr Zeitbedarf, ähnlich wie auch der einer Soxtec-Extraktion, im Allgemeinen geringer ist als der von Batch- und Soxhlet-Extraktion. Ihre Effizienz ist in den meisten Fällen besser als die der Batch-Extraktion, von der sie sich ableitet. Wie auch dort gestaltet sich jedoch ein Lösungsmittelwechsel als sehr aufwendig. Aufgrund der durch den Ultraschall prinzipiell möglichen Zerstörung fester Matrixpartikel können mit dieser Methode evtl. auch eingeschlossene Analyten extrahiert werden.

*Den hier beschriebenen Extraktionsverfahren ist gemeinsam, dass sie große Mengen an ökologisch bedenklichen u. U. gesundheitsschädlichen und zudem teuren organischen Lösungsmitteln benötigen.*

## 3.6.3 Moderne Extraktionsmethoden für feste Proben

Die folgenden Abschnitte beschreiben neuere Extraktionsverfahren für feste Matrices. Alle Methoden haben das Ziel, den Zeitbedarf für eine Extraktion, verglichen mit dem Soxhlet-Verfahren, zu verringern und gleichzeitig die Wiederfindungsraten möglichst zu erhöhen (idealerweise auf 100 %). Auch der Bedarf an organischen Lösungsmitteln soll verringert werden.

***Mikrowellen-unterstützte Extraktion***

Mikrowellen werden im industriellen Bereich und in privaten Haushalten seit längerem intensiv genutzt. Auch in analytischen Laboratorien werden Mikrowellenöfen beispielsweise zur Feuchtebestimmung eingesetzt. Weiterhin ist der sogenannte Mikrowellenaufschluss bereits seit längerem bekannt (siehe auch Abschnitt 3.3.4). Geräte zur sogenannten *Mikrowellen-unterstützten Extraktion* (engl.: *microwave assisted extraction*, MAE), mithilfe derer feste Matrizes mit organischen Lösungsmitteln extrahiert werden können, sind jedoch erst seit etwa 1995 kommerziell erhältlich.

Mikrowellen sind elektromagnetische Wellen, die im Spektralbereich zwischen den Radiowellen und der Infrarot-Strahlung angesiedelt sind. Ihre Frequenz beträgt 0,3–300 GHz. Mikrowellenstrahlung ist nicht ionisierend und induziert in flüssigen Proben Dipolrotationen und Ionenwanderung. Auf diese Weise wird die Mikrowellenenergie auf die Lösung übertragen und diese somit erhitzt. Das setzt jedoch voraus, dass polare Lösungsmittel wie Wasser, Methanol oder Aceton verwendet werden. Reine unpolare Lösungsmittel, beispielsweise n-Hexan oder Cyclohexan, lassen sich durch Mikrowellenstrahlung nicht erwärmen. Der Vorteil der Mikrowellenerhitzung gegenüber den herkömmlichen Vorgehensweisen besteht darin, dass die gesamte Probenflüssigkeit gleichzeitig aufgeheizt wird, während der Behälter keine Mikrowellenenergie absorbiert. Aus diesem Grund lassen sich die Lösungen deutlich schneller, im Allgemeinen innerhalb weniger Minuten, auf die gewünschte Solltemperatur erwärmen.

In Abb. 3.29 ist schematisch ein MAE-Gerät wiedergegeben. Um eine gleichmäßige Bestrahlung auch mehrerer Proben zu erreichen, befinden sich diese auf einem rotierenden Probenkarussell. Die meisten MAE-Geräte nutzen, wie auch alle Haushaltsgeräte, eine Frequenz von 2450 MHz, wobei die Leistung variabel ist (bis 1300 W).

Bei der Verwendung von organischen Extraktionsmitteln werden lösungsmittel-beständige, fest verschließbare Probengefäße eingesetzt, sodass keine Lösungsmitteldämpfe entweichen können. Auf diese Weise kann bei erhöhter Temperatur und unter erhöhtem Druck gearbeitet werden. Die modernen, kommerziell erhältlichen Geräte verfügen üblicherweise sowohl über eine Temperatur- als auch über eine Druckkontrolle. Die Dauer einer einzelnen Extraktion ist gegenüber der einer Soxhlet-Extraktion in der Regel deutlich reduziert und liegt ca. bei einer Stunde. Auch die benötigten Lösungsmittelmengen sind im Allgemeinen kleiner.

***Accelerated Solvent Extraction***

Die *Accelerated Solvent Extraction* (ASE), für die sich bisher noch keine deutsche Bezeichnung eingebürgert hat, existiert seit 1995. Analoge Bezeichnungen sind

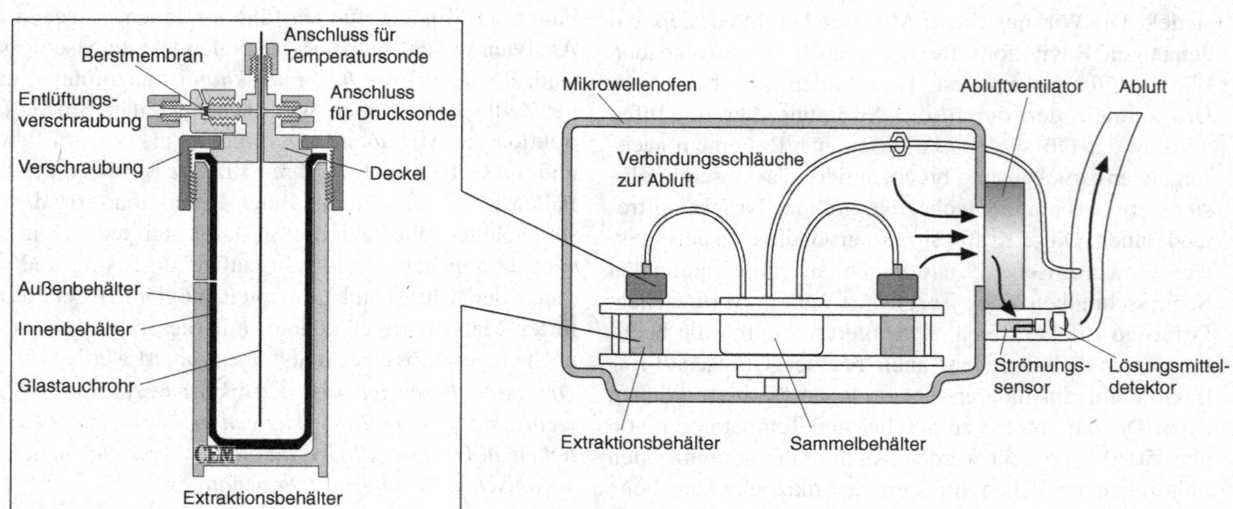


**3.29** Schematische Darstellung einer Mikrowellen-Extraktionsapparatur.

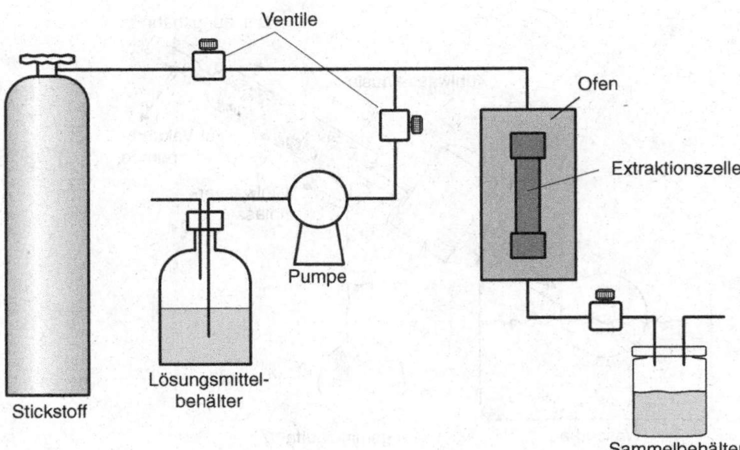


**3.30** ASE-System.

*Enhanced Solvent Extraction* und *High Pressure Solvent Extraction*. Die ASE ist eine Lösungsmittel-Extraktion unter erhöhtem Druck und gleichzeitig erhöhter Temperatur. Ein ASE-Gerät ist in Abb. 3.30 dargestellt.

Die feste Probe befindet sich in einer Extraktionszelle, die sich mithilfe eines Ofens beheizen lässt. Eine Pumpe füllt die Zelle mit Lösungsmittel und baut den erforderlichen Druck auf. Während eines statischen Extraktionsschrittes, in dem die vorhandenen Ventile (siehe obige Abbildung) geschlossen sind, hat das Lösungsmittel Gelegenheit, mit der Probenmatrix in Wechselwirkung zu treten und die Analyten zu lösen. Anschließend wird der Extrakt in ein Sammelgefäß überführt, und das gesamte System mit frischem Lösungsmittel gespült. Zum Schluss werden die Lösungsmittel-Reste mithilfe eines Stickstoffstroms aus der Extraktionsapparatur entfernt. Das im Spülschritt verwendete Lösungsmittel gelangt ebenfalls in das Sammelgefäß. Der so erhaltene Extrakt kann nun aufgearbeitet und analysiert werden.

Die ASE besitzt gegenüber der Soxhlet-Extraktion die Vorteile, bei gleichbleibender Effizienz einerseits schneller zu sein und andererseits deutlich geringere Mengen an organischen Lösungsmitteln zu verbrauchen. Typischerweise werden für eine Einwaage von 10 g Probenmaterial lediglich 10–15 mL Lösungsmittel benötigt.

***Überkritische Fluidextraktion (SFE)***

Die *Überkritische Fluidextraktion* (engl.: *supercritical fluid extraction*, SFE) wird seit einigen Jahren verstärkt im analytischen Bereich eingesetzt. Sie besitzt gegenüber herkömmlichen Flüssig-Extraktionen den entscheidenden Vorteil, auf den Einsatz organischer Lösungsmittel weitestgehend verzichten zu können. Aufgrund der zunehmenden Bedeutung der SFE wird diese Methode in einem gesonderten Kapitel vorgestellt.

***Überhitzte Wasserextraktion (SWE)***

(engl.: *superheated water extraction*, SWE)
Diese Methode, die auch in Druckbomben durchgeführt wird, soll nur der Vollständigkeit halber hier erwähnt werden. Ihr Vorteil liegt natürlich in ihrer Umweltfreundlichkeit. Erste eigene Erfahrungen mit dieser Methode deuten aber darauf hin, dass die Wiederfindungsraten auch hier stark von der Matrix abhängen. Wahrscheinlich hat sie sich daher nicht allgemein durchgesetzt.

### 3.6.4 Aufkonzentrierung

In den durch Flüssig-Extraktion erhaltenen Lösungen liegen die zu analysierenden Komponenten häufig nur in geringer Konzentration vor. Aus diesem Grund ist eine direkte Bestimmung im Extrakt normalerweise nicht möglich. Dies bedeutet, dass zunächst ein großer Teil des organischen Lösungsmittels (ohne Analytverlust!) von den Analyten abgetrennt werden muss.

***Rotationsverdampfer***

Die gebräuchlichste Methode zur Reduzierung großer Lösungsmittelmengen ist sicherlich die Verwendung eines Rotationsverdampfers (siehe Abb. 3.31). Hier befindet sich die Extraktionslösung in einem Rundkolben, der üblicherweise mithilfe eines Wasserbades erwärmt wird. Auf diese Weise soll die Hauptmenge des unerwünschten Lösungsmittels verdampft werden, während die schwerer flüchtigen Analyten im Kolben verbleiben. Da durch Anlegen eines Vakuums die Siedetemperatur herabgesetzt wird, liegen die hierfür notwendigen Temperaturen relativ niedrig. Die aufsteigenden Lösungsmitteldämpfe werden am Rückflusskühler kondensiert und anschließend in einem Sammelgefäß aufgefangen. Durch die Rotation des Kolbens wird ein gleichmäßiges Sieden

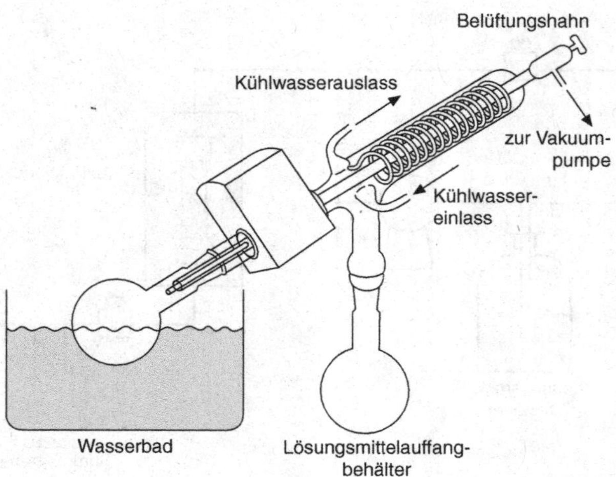


**3.31** Rotationsverdampfer.

**3.32** Kuderna-Danish-Apparatur.

gewährleistet, sodass keine Analyten durch etwa auftretende Siedeverzüge verlorengehen. Der Einsatz dieser Methode ist dann möglich, wenn die Siedepunkte der Probenkomponenten deutlich höher liegen als der des Lösungsmittels. Es ist zu beachten, die Extrakte im Rotationsverdampfer nicht zu stark einzuengen, da auch dann Analytverluste eintreten können. Bei Verwendung eines 250 mL Rundkolbens etwa sollten mindestens 20 bis 30 mL zurückbleiben. Diese Lösung muss dann in einen kleineren Kolben überführt werden und kann darin weiter eingeengt werden. Besser ist es jedoch, bei geringen Volumina eines der beiden nachfolgend beschriebenen Systeme zu nutzen.

**Achtung! Sicherheitshinweis**
Beim Abrotieren eines leichtflüchtigen Lösungsmittels ist darauf zu achten, dieses Lösungsmittel auch möglichst vollständig im Sammelgefäß aufzufangen. Durch Anlegen eines zu starken Vakuums wird das Lösungsmittel häufig sozusagen durch die Wasserstrahlpumpe entsorgt, was selbstverständlich zu vermeiden ist!

***Kuderna-Danish-Apparatur***

Eine weitere Möglichkeit, das Volumen einer Extraktionslösung zu verringern, ist die Verwendung einer sogenannten Kuderna-Danish-Apparatur. Die Apparatur (s. Abb. 3.32) besteht aus einer Aufkonzentrierungseinheit, welche beheizt wird, dem eigentlichen Kuderna-Danish-Behälter und einer Snyder-Kolonne. Diese drei Bauteile wurden bereits in Abb. 3.24 dargestellt, da sie in die dort beschriebene Flüssig/Flüssig-Extraktionsapparatur integriert sind. Die Aufkonzentrierungseinheit ist unten verjüngt und mit einer Graduierung versehen, um die Lösung exakt bis auf beispielsweise 1 oder 2 mL einengen zu können. Der darüber befindliche Kuderna-Danish-Behälter nimmt die Ausgangslösung auf und ist in unterschiedlichen Größen erhältlich (z. B. 250 oder 500 mL). Die Snyder-Kolonne enthält birnenförmige Glaskugeln, die sehr leicht sind. Durch die aufsteigenden Lösungsmitteldämpfe kann die unterste dieser Glaskugeln, sobald der Druck hoch genug ist, angehoben werden, wodurch der Dampf nach oben entweicht. Wenn sich auch hier ein genügend hoher Druck aufgebaut hat, kann das Lösungsmittel in die nächste Kammer aufsteigen. Da nun in jeder dieser Kammern auch wieder Lösungsmittel kondensiert, nach unten tropft und damit eventuell mitgerissene Analyten auswäscht, verbleiben diese vollständig im Kuderna-Danish-Behälter bzw. in der Aufkonzentrierungseinheit. Um das Lösungsmittel nicht in die Atmosphäre entweichen zu lassen, muss auf die Kolonne noch ein Lösungsmittelrückgewinnungs-Gefäß mit Rückflusskühler aufgesetzt werden. Dieses ist in der Abbildung nicht mit dargestellt.

***Lösungsmittelentfernung durch Stickstoff***

Bei Vorliegen relativ kleiner Volumina ist es häufig üblich, das Lösungsmittel mit einem leichten Stickstoffstrom zu entfernen. Eine solche Vorrichtung, mithilfe derer Stickstoff auf die Flüssigkeitsoberfläche geleitet und somit die Verdampfung des leichtflüchtigen Lösungsmit-

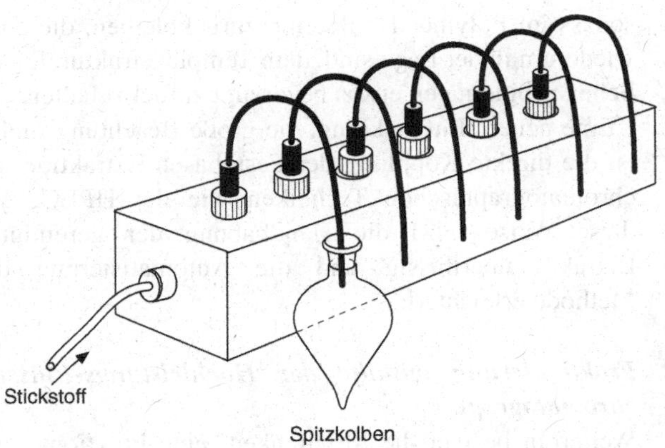


**3.33** Einblasvorrichtung.

tels beschleunigt wird, ist in Abb. 3.33 dargestellt. Die Extrakte werden dabei häufig in sogenannte Spitzkolben gegeben, sodass problemlos bis auf ein Volumen von beispielsweise 0,5 mL oder bis zur Trockne eingeengt werden kann. Um Analytverluste zu vermeiden, werden der Lösung häufig geringe Anteile (z. B. 50 µL) eines sogenannten *Keepers* zugesetzt. Dies ist eine schwerflüchtige Flüssigkeit, z. B. Phthalsäurediethylester, die nicht verdampft und so die Analyten zurückhält. Eine hohe Reinheit dieses Keepers muss, wie die sämtlicher Reagenzien zur Spurenanalytik, selbstverständlich gewährleistet sein.

Die Abbildung zeigt eine der kommerziell erhältlichen Einblasvorrichtungen. Problematisch an dieser Form der Lösungsmittelreduktion ist jedoch, dass der Vorgang bis zum Erreichen des gewünschten Zielvolumens genau überwacht werden muss. Ein zu starkes Einengen führt, wie oben schon erwähnt, in der Regel zu Analytverlusten. Aus diesem Grund wurden Geräte entwickelt, die den Endpunkt mittels eines optischen Sensors erkennen können und dann automatisch die Aufkonzentrierung abbrechen. Ein derartiges, kommerziell erhältliches System erlaubt beispielsweise die zusätzliche Thermostatisierung der Probengefäße. Auf diese Weise wird das Verdampfen des Lösungsmittels beschleunigt.

## 3.6.5 Aufreinigung der Extrakte *(Clean-up)*

Neben den zu bestimmenden Substanzen sind in den Extraktionslösungen im Allgemeinen noch weitere lipophile Komponenten enthalten. Dies können beispielsweise lösliche Matrixbestandteile sein (z. B. Huminstoffe), die oft in weit höherer Konzentration vorliegen als die Analyten, aber auch organische Substanzen anderer Herkunft. Soll beispielsweise eine Bodenprobe bezüglich Polyzyklischer Aromatischer Kohlenwasserstoffe (PAK) untersucht werden, so ist eine zusätzliche Belastung mit Pestiziden oder Herbiziden, je nach Herkunft der Probe, nicht von vornherein auszuschließen. Bei einer Bestimmung von Polychlorierten Biphenylen können eventuell auch Dioxine und Furane nachgewiesen werden (und umgekehrt). Selbstverständlich sind unzählige weitere Beispiele denkbar. Da diese Nebenbestandteile häufig komplexe und vor allem unbekannte Mischungen sind und mitunter die Bestimmung der Analyten stören, müssen sie in der Regel vor einer chromatographischen Analyse abgetrennt werden. Dies wird im Fachjargon als *clean-up* der Probe bezeichnet.

***Säulenchromatographie***

In der klassischen Säulenchromatographie werden üblicherweise Kieselgel oder Aluminiumoxid als Adsorbentien eingesetzt. In Abb. 3.34 ist eine solche Glassäule dargestellt. Sie ist mit einem Absperrhahn sowie mit einer Fritte versehen, die das Adsorbens zurückhält. Das Befüllen der Säule wird folgendermaßen durchgeführt. Das Adsorbens wird als Suspension in einer Flüssigkeit in die Säule eingeschlämmt. Anschließend kann die überschüssige Flüssigkeit aus der Säule heraustropfen, während sich das Adsorbens absetzt. Dabei ist zu beachten, dass sich, um das Füllmaterial feucht zu halten, grundsätzlich etwas Flüssigkeit, die idealerweise dem bei der Extraktion verwendeten Lösungsmittel entspricht, oberhalb des Füllmaterials befinden muss.

Anschließend wird der Extrakt mithilfe einer (Pasteur-)Pipette auf das Säulenmaterial gegeben. Die Reinigung kann auf prinzipiell zwei verschiedene Arten erfolgen. Werden die störenden Matrixbestandteile am Packungsmaterial adsorbiert, die Analyten jedoch nicht, so lassen sich die Analyten mithilfe eines Lösungsmittels eluieren. Die zurückgehaltenen Störkomponenten werden anschließend zusammen mit dem Adsorbens verworfen. Werden die Analyten jedoch am Füllmaterial adsorbiert, die Verunreinigungen aber nicht oder schwächer, so können die Störkomponenten mit geeigneten Lösungsmit-

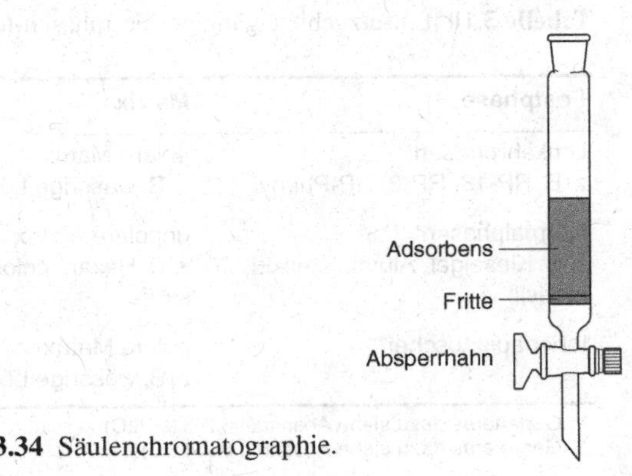


**3.34** Säulenchromatographie.

teln ausgewaschen werden. Dabei dürfen die Zielsubstanzen jedoch noch nicht vom Adsorbens abgelöst werden. Das die Störkomponenten enthaltende Eluat wird verworfen, und in einem weiteren Schritt lassen sich die Analyten mithilfe eines anderen Lösungsmittels eluieren. Dabei sollte das Lösungsmittel so gewählt werden, dass eventuell zusätzlich vorhandene Begleitstoffe mit einer noch höheren Affinität zur Festphase weiterhin auf dieser verbleiben. (Bezüglich der Auswahl geeigneter Lösungsmittel und deren Elutionsstärke sei hier auf den Begriff „chromatographisches Dreieck“ verwiesen, der in Kapitel 6.1 erläutert wird.)

***Festphasen-Extraktion***

Die im Abschnitt 3.6.1 bereits vorgestellte Festphasen-Extraktion kann selbstverständlich auch zur Reinigung von Extrakten eingesetzt werden. Dabei gilt prinzipiell alles, was bereits dort und im vorangehenden Abschnitt zur Säulenchromatographie angeführt wurde. Die Vorteile der Festphasen-Extraktion gegenüber der klassischen Säulenchromatographie liegen in ihrer Schnelligkeit und in der Verfügbarkeit unterschiedlichster Materialien. In Tabelle 3.10 sind beispielhaft einige Festphasen-Materialien einschließlich typischer Analyt/Matrix-Kombinationen aufgeführt.

In der Tabelle nicht aufgeführt sind neuere Adsorbentien, die sich das Prinzip der Affinitätschromatographie zunutze machen (siehe auch Abschnitt 6.1). Diese sogenannten Immunoadsorbentien sind aufgrund der sehr selektiven Antigen-Antikörper-Wechselwirkungen in der Lage, bestimmte Analyten aus einer Wasserprobe selektiv zu binden, während strukturell abweichende (störende) Begleitstoffe die Säule passieren. Auch der Begriff der *molecularly imprinted polymers* soll hier nur kurz erwähnt werden. Dahinter verbergen sich stark quervernetzte Polymere, die in Gegenwart eines sogenannten Templats synthetisiert wurden. Im Anschluss an die Synthese werden die Templat-Moleküle entfernt, sodass im Polymer Hohlräume zurückbleiben, die dann wiederum in der Lage sind, dem Templat strukturell ähnliche Verbindungen etwas bevorzugt zurückzuhalten.

Eine neuere Entwicklung, die große Beachtung findet, ist die direkte Kopplung der Festphasen-Extraktion mit chromatographischen Techniken wie der HPLC. Auf diese Weise wird die Handhabung der gereinigten Extrakte überflüssig und die Automatisierung der Methode erleichtert.

***Fraktionierung mithilfe der Hochleistungs-Flüssigchromatographie***

Weiterhin besteht die Möglichkeit, eine Fraktionierung der Extrakte mithilfe der Hochleistungs-Flüssigchromatographie (HPLC) durchzuführen. Hierbei werden durch eine geeignete Ventilsteuerung die interessierenden Fraktionen getrennt aufgefangen. Auf diese Methode soll hier jedoch nicht näher eingegangen werden, da das Prinzip der HPLC in Abschnitt 6.1.2 ausführlich dargestellt wird.

## 3.7 Überkritische Fluidextraktion (SFE)

Die Überkritische Fluidextraktion (engl. *supercritical fluid extraction*, SFE) ist eine Alternative zu den bereits beschriebenen Flüssig-Extraktionen. Hier werden anstelle flüssiger organischer Lösungsmittel sogenannte überkritische Fluide eingesetzt. In der überwiegenden Zahl der Fälle ist dies überkritisches Kohlendioxid. Üblicherweise werden mithilfe der SFE alle Arten von festen Matrices extrahiert. Eine direkte Extraktion flüssiger Proben ist jedoch ebenfalls möglich.

Im Folgenden wird zunächst ein kurzer historischer Abriss über die Entwicklung der Methode gegeben. Anschließend werden die wichtigsten physikalischen

**Tabelle 3.10** Einsatzgebiete gängiger Festphasen-Materialien.

| Festphase | Matrix | Analyten | |
|---|---|---|---|
| Umkehrphasen*<br>z. B. RP-18, RP-8, RP-Phenyl | polare Matrix<br>z. B. wässrige Lösung | unpolar bis leicht polar | Kohlenwasserstoffe, Aromaten, Vitamine, Pestizide, Arzneistoffe |
| Normalphasen*<br>z. B. Kieselgel, Aluminiumoxid, Florisil | unpolare Matrix<br>z. B. Hexan, chlorierte Kohlenwasserstoffe | polar | Alkohole, Aldehyde, Ketone, Amine, Phenole, Aminosäuren, Lipide, Steroide, Pestizide, Arzneistoffe |
| Ionenaustauscher** | polare Matrix<br>z. B. wässrige Lösung | ionisch | Aminosäuren, Zucker, Nukleinsäuren, Metalle |

* Genaueres dazu siehe Abschnitt 6.2.3 (HPLC)
** Genaueres dazu siehe Abschnitt 6.2.4 (IC)

Eigenschaften und die meistverwendeten überkritischen Fluide vorgestellt. Es folgt das Prinzip der SFE und eine Beschreibung der apparativen Aspekte. Einige Anwendungsbeispiele und eine kurze Bewertung der Überkritischen Fluidextraktion runden diesen Abschnitt ab.

### 3.7.1 Historisches

Der sogenannte überkritische Zustand verdichteter Gase wurde bereits im Jahre 1822 von C. de la Tour entdeckt. Etwa 50 Jahre später beschrieben Hannay und Hogarth erstmalig das Lösevermögen überkritischer Fluide. Damit war die wichtigste Eigenschaft, die die Grundlage für spätere Anwendungen bilden sollte, schon Ende des letzten Jahrhunderts bekannt. Es vergingen jedoch wiederum mehrere Jahrzehnte, bis überkritische Fluide für die Extraktion und die Chromatographie eingesetzt wurden.

Im ersten, 1964 von Zosel patentierten, technischen Extraktionsverfahren wurden grüne Kaffeebohnen mithilfe von überkritischem Kohlendioxid entkoffeiniert. Diese Methode hat im Laufe der Zeit große Bedeutung für die Lebensmittelindustrie erlangt. Analytische Anwendungen der Extraktion mit überkritischen Fluiden folgten und führten 1995 zur Anerkennung zweier Methoden durch die EPA.

### 3.7.2 Eigenschaften überkritischer Fluide

Die Bezeichnung „überkritisches Fluid" ist für Substanzen oder Substanzgemische gebräuchlich, die sich bei einer so hohen Temperatur befinden, dass sie sich auch durch Anwendung extrem hoher Drücke nicht mehr verflüssigen lassen. Die niedrigste Temperatur, für die dies

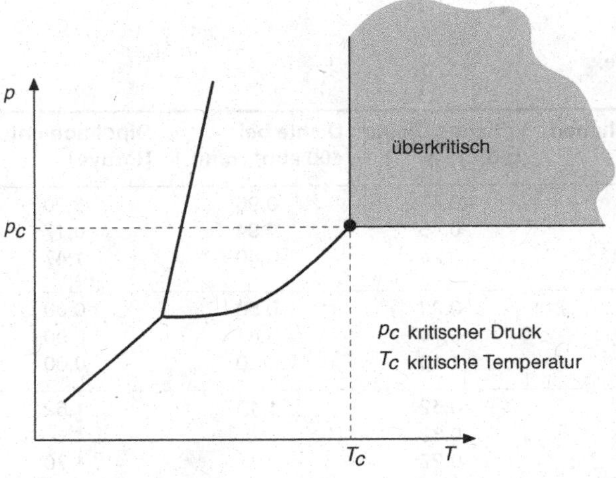


**3.35** Typisches Phasendiagramm mit überkritischem Gebiet.

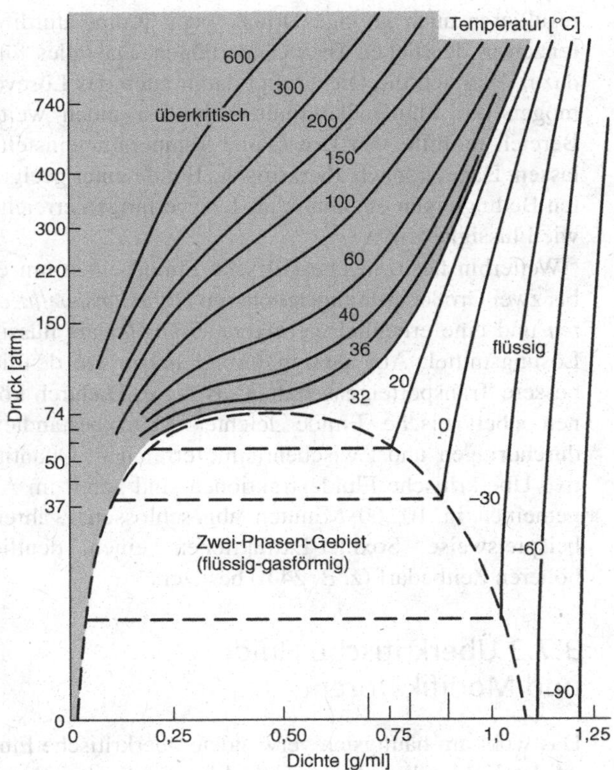


**3.36** Druck/Dichte-Diagramm von Kohlendioxid.

zutrifft, ist die sogenannte kritische Temperatur $T_C$. Der zugehörige Druck ist der kritische Druck $p_C$, wobei $T_C$ und $p_C$ stoffspezifische Konstanten sind. Ein Phasendiagramm, das diesen Sachverhalt veranschaulicht, ist in Abb. 3.35 dargestellt. Das farbig unterlegte überkritische Gebiet befindet sich jenseits des kritischen Punktes, an dem die Dampfdruckkurve (Koexistenz von flüssiger und gasförmiger Phase) endet. Bewegt man sich von einem Punkt im überkritischen Gebiet entlang einer Isobaren zu niedrigeren Temperaturen, so erreicht man den flüssigen Aggregatzustand, ohne eine Phasengrenze zu überschreiten. Ein solcher kontinuierlicher Übergang, in diesem Fall zum gasförmigen Zustand, ist ebenfalls bei einer isothermen Druckerniedrigung zu beobachten.

Eine bedeutsame Eigenschaft überkritischer Fluide ist, wie schon erwähnt, ihr Lösevermögen. Dieses nimmt mit steigender Dichte zu. Die Dichte überkritischer Fluide wiederum zeigt, im Gegensatz zu der von Flüssigkeiten und Gasen, eine starke Abhängigkeit von den Parametern Druck und Temperatur. Eine Druckerhöhung bei konstanter Temperatur führt ebenso zu einer Dichteerhöhung wie eine Temperaturerniedrigung bei konstantem Druck. Dies Verhalten ist in der Nähe des kritischen Punktes besonders ausgeprägt (s. Abb. 3.36), d. h. hier resultieren auch geringe Druck- oder Temperaturdifferenzen in deutlichen Dichteänderungen. Das alles führt dazu, dass sich die Dichte und damit auch das Lösevermögen des Fluides kontinuierlich über einen weiten Bereich mithilfe von Druck und Temperatur einstellen lassen. Dabei können überkritische Fluide unter geeigneten Bedingungen ein ähnliches Lösevermögen erreichen wie Flüssigkeiten.

Weiterhin besitzen überkritische Fluide einen um ein bis zwei Größenordnungen höheren *Diffusionskoeffizienten* und eine erheblich geringere *Viskosität* als flüssige Lösungsmittel. Aus diesem Grund haben sie deutlich bessere Transporteigenschaften als diese. Dadurch können überkritische Fluide leichter Matrixbestandteile durchdringen und Zwischenräume erreichen. Quantitative Überkritische Fluidextraktionen sind somit im Allgemeinen in 10–60 Minuten abgeschlossen, während beispielsweise Soxhlet-Extraktionen einen deutlich höheren Zeitbedarf (z. B. 24 h) besitzen.

### 3.7.3 Überkritische Fluide und Modifikatoren

Das wohl am häufigsten verwendete überkritische Fluid ist das Kohlendioxid. Der Grund hierfür liegt einerseits in seinen günstigen kritischen Daten ($T_C = 31°C$, $p_C = 73$ atm) und andererseits an der Tatsache, dass es toxikologisch unbedenklich und in hoher Reinheit kostengünstig erhältlich ist. In der folgenden Tabelle 3.11 sind die kritischen Daten sowie die Dichte bei 400 atm und das Dipolmoment von $CO_2$ und einigen anderen Substanzen aufgeführt.

Mithilfe von Kohlendioxid lassen sich in der Regel unpolare bis mäßig polare Substanzen mittleren Molekulargewichts extrahieren. Für stark polare oder hochmolekulare Analyten reicht die Lösefähigkeit des unpolaren $CO_2$ jedoch oft nicht mehr aus. Außerdem kann die Extraktion von hochadsorptiven Matrices wie Böden oder Flugaschen problematisch sein. Hier führen die starken Wechselwirkungen zwischen Matrix und Analyt (nach dem Prinzip, wie auch Aktivkohle wirkt) häufig zu Minderbefunden, obwohl die Löslichkeit ausreichend hoch ist. Um trotz allem weiterhin auf Kohlendioxid als Extraktionsmedium zurückgreifen zu können, werden in derartigen Fällen sogenannte Modifikatoren zugesetzt. Dies sind organische Lösungsmittel wie Methanol oder Toluen, die schon in geringen Anteilen (ca. 1–5%) die Lösefähigkeit des überkritischen Fluides erhöhen. Außerdem sind sie deutlich besser als $CO_2$ dazu in der Lage, mit den aktiven Adsorptionsstellen der Matrix in Wechselwirkung zu treten. Damit können sie einerseits die Analyten von diesen Stellen verdrängen und andererseits eine erneute Adsorption verhindern. Sollten auch bei Verwendung von Modifikatoren die Extraktionsausbeuten noch nicht zufriedenstellend sein, können ihnen zusätzlich geringe Mengen (ca. 1–5%) an Additiven zugemischt werden. Hier sind vor allem polare Substanzen wie Trifluoressigsäure oder Triethylamin geeignet.

### 3.7.4 Aufbau eines SFE-Systems und Apparatives

In Abb. 3.37 ist der Aufbau eines SFE-Systems skizziert. Einem Druckbehälter wird verflüssigtes Extraktionsmittel entnommen und mithilfe einer Pumpe auf den gewünschten Druck komprimiert. Das Solvens durchströmt nun eine beheizbare Extraktionszelle, die das zu extrahierende Probengut enthält. Hier findet eine Verteilung der löslichen Komponenten zwischen der Probenmatrix und dem überkritischen Fluid statt, welches dann mithilfe eines Restriktors in ein Sammelgefäß geleitet wird. Das Sammelgefäß befindet sich unter Normaldruck. Da

**Tabelle 3.11** Kritische Daten verschiedener überkritischer Fluide.

| Substanz | kritische Temperatur [°C] | kritischer Druck [atm] | kritisches Volumen [mol/mL] | kritische Dichte [g/mL] | Dichte bei 400 atm* [g/mL] | Dipolmoment [Debye] |
|---|---|---|---|---|---|---|
| $CO_2$ | 31,3 | 72,9 | 94 | 0,47 | 0,96 | 0,00 |
| $N_2O$ | 36,5 | 72,5 | 97 | 0,45 | 0,94 | 0,17 |
| $NH_3$ | 132,5 | 112,5 | 72 | 0,24 | 0,40 | 1,47 |
| n-Butan | 152,0 | 37,5 | 255 | 0,23 | 0,50 | 0,00 |
| $SF_6$ | 45,5 | 37,1 | 198 | 0,74 | 1,61 | 0,00 |
| Xe | 16,6 | 58,4 | 118 | 1,10 | 2,30 | 0,00 |
| $CHF_3$ | 25,9 | 46,9 | 136 | 0,52 | 1,15 | 1,62 |
| $H_2O$ | 374,1 | 217,6 | 56 | 0,32 | | |
| MeOH | 239,4 | 79,9 | 118 | 0,27 | | 1,70 |

* bei einer reduzierten Temperatur von $Tr = T/T_C = 1,03$.

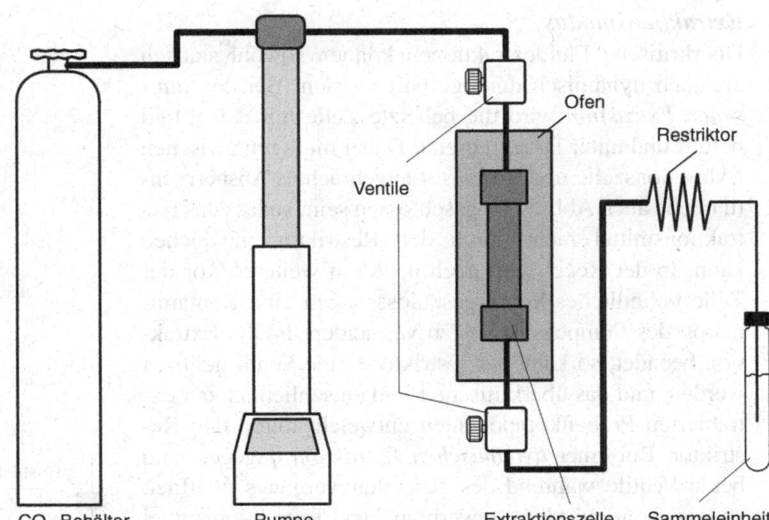


**3.37** Schematischer Aufbau eines SFE-Systems.

die meisten der in der SFE verwendeten Extraktionsmittel unter diesen Bedingungen gasförmig vorliegen, entweichen sie aus dem Sammelgefäß, während die extrahierten Probenkomponenten dort zurückbleiben.

***Pumpen***

Für die Überkritische Fluidextraktion können sowohl Spritzenpumpen als auch kontinuierlich fördernde Pumpen eingesetzt werden. Es sollte ein Maximaldruck von mindestens 400 bar erreichbar sein, mit einigen Systemen lässt sich das überkritische Fluid sogar bis auf 600 bar komprimieren.

***Extraktionszellen***

Die verwendeten Extraktionszellen sind, wegen der erforderlichen Druckstabilität, im Allgemeinen aus Edelstahl gefertigt. Abb. 3.38 zeigt eine typische Zelle, an deren Ein- und Auslass sich jeweils eine Edelstahlfritte befindet, die die Matrix zurückhält. Die Zellvolumina liegen für analytische Anwendungen bei wenigen Millilitern, es sind jedoch auch größere Extraktionszellen erhältlich.

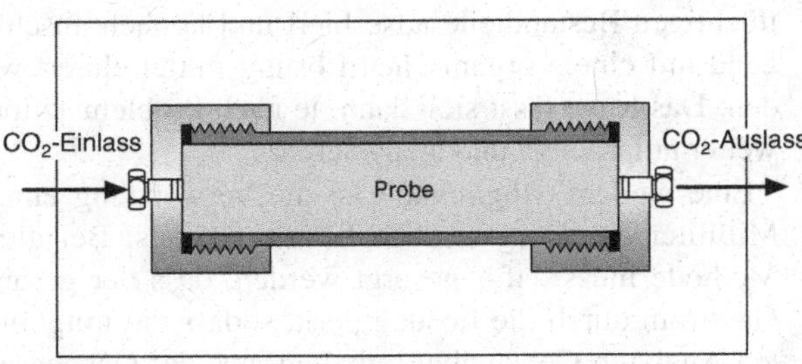


**3.38** Schematischer Aufbau einer Extraktionszelle.

***Ofen***

Der Ofen, mit dessen Hilfe die Extraktionszellen thermostatisiert werden, sollte sich bis auf 150 oder 200 °C beheizen lassen. Obwohl die kritische Temperatur von beispielsweise Kohlendioxid bei 31 °C liegt, ist es oft hilfreich, bei weit höheren Temperaturen zu extrahieren. Auf diese Weise ist es möglich, die Desorption der Analyten von der Matrixoberfläche zu beschleunigen.

***Restriktoren***

Mithilfe von Restriktoren wird der in der Extraktionszelle herrschende Druck kontrolliert abgebaut. Dies kann auf unterschiedliche Weise realisiert werden. Im einfachsten Fall werden dünne Quarzglas-Kapillaren mit kleinem Innendurchmesser (10–100 µm) verwendet, in denen das überkritische Fluid bis auf Atmosphärendruck entspannt wird. Der resultierende Extraktionsmittelfluss, der sich beispielsweise am Ende des Restriktors bestimmen lässt, hängt dabei ab von 1. dem Druck in der Zelle, 2. dem Innendurchmesser und 3. der Länge der Kapillaren. Der Nachteil dieser und ähnlicher Methoden liegt darin, dass sich der Fluss nicht variieren lässt. Aus diesem Grund werden variable Restriktoren angeboten, in denen beispielsweise ein spezielles Nadelventil dafür sorgt, dass der Extraktionsmittelfluss unabhängig von den übrigen Parametern eingestellt werden kann.

Da am Ende des Restriktors auf Atmosphärendruck entspannt wird, führt der sogenannte Joule-Thompson-Effekt an dieser Stelle zu einer Abkühlung. Um ein Gefrieren des Extraktionsmittels zu verhindern, wird der Restriktor häufig beheizt.

***Extraktionsmodus***

Überkritische Fluidextraktionen können sowohl statisch als auch dynamisch durchgeführt werden. Bei der *statischen Extraktion* wird die beheizte Zelle mit dem Fluid befüllt und unter Druck gesetzt. Dabei muss ein zwischen Extraktionszelle und Restriktor angebrachtes Absperrventil (siehe auch Abb. 3.37) geschlossen sein, sodass das Extraktionsmittel nicht durch den Restriktor entweichen kann. In der Regel wird auch noch ein weiteres, vor der Zelle befindliches Ventil geschlossen, um eine Kontamination des Pumpensystems zu vermeiden. Ist die Extraktion beendet, so kann das restriktorseitige Ventil geöffnet werden, und das überkritische Fluid einschließlich der extrahierten Probenkomponenten entweicht durch den Restriktor. Bei einer *dynamischen Extraktion* dagegen sind beide Ventile während des gesamten Vorgangs geöffnet, sodass kontinuierlich unverbrauchtes Extraktionsmittel durch die Zelle strömt. In der Praxis wird häufig eine Kombination beider Verfahren angewendet. Zunächst erfolgt die Extraktion etwa 5–15 Minuten statisch, und ein dynamischer Extraktionsschritt schließt sich an.

***Modifikatorzugabe***

Die Modifikatorzugabe kann auf unterschiedliche Weise erfolgen. Eine Möglichkeit besteht darin, das flüssige organische Lösungsmittel vor Beginn der Extraktion in die Extraktionszelle, also direkt auf die Probe, zu geben. Weiterhin können vorgemischte Fluide verwendet werden. Hier werden dem Kohlendioxid bereits im Druckbehälter bestimmte Anteile eines Modifikators zugesetzt. Dies Verfahren ist jedoch mit mehreren Nachteilen behaftet. Erstens lässt sich die Art und die Konzentration des Modifikators nicht mehr beliebig variieren, zweitens ändert sich im Laufe der Nutzung häufig die Zusammensetzung des geförderten Fluides, was wiederum auf die Abnahme des Druckes zurückzuführen ist, und drittens besteht die Gefahr, dass im bei Raumtemperatur befindlichen Druckbehälter eine Phasentrennung der beiden Komponenten eintritt. Somit ist es wesentlich sinnvoller, den Modifikator mit einer zweiten Pumpe in das bereits komprimierte Kohlendioxid zu dosieren. Eine vollständige Durchmischung der Substanzen ist leicht mithilfe einer Mischkammer zu erreichen. Auf diese Weise ist die Einstellung einer bestimmten Modifikatorkonzentration und auch deren Variation möglich.

***Auffangvorrichtung***

Da beim analytischen Arbeiten eine vollständige Wiederfindung der extrahierten Komponenten unerlässlich ist, muss der verwendeten Auffangvorrichtung besondere Aufmerksamkeit geschenkt werden. Es muss sichergestellt sein, dass sie ein genügend großes Rückhaltevermögen für die Analyten besitzt. Außerdem ist der

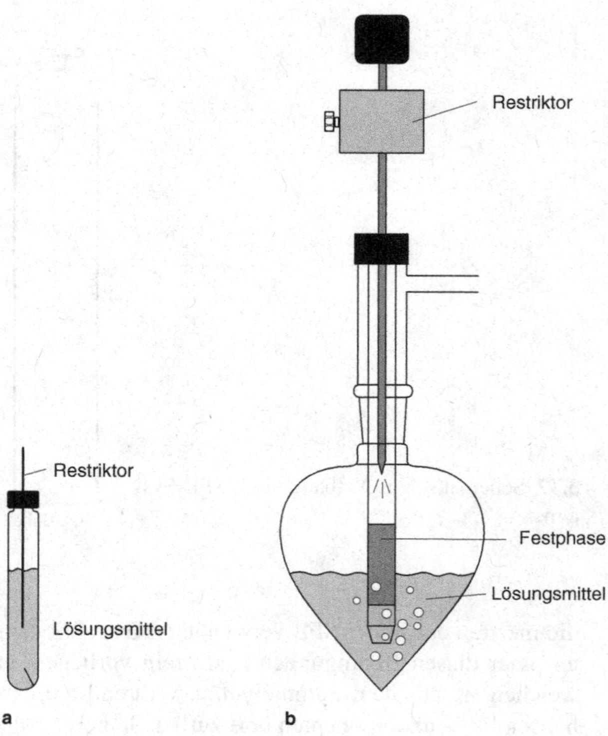


**3.39** Verschiedene Auffangvorrichtungen in der SFE.
a) Lösungsmittel, b) kombinierte Fest/Flüssig-Sammelvorrichtung.

Kohlendioxid-Fluss während einer Extraktion oft recht hoch. Er liegt typischerweise zwischen 200 und 2000 mL/min, bezogen auf gasförmiges $CO_2$. Somit kann leicht eine Aerosolbildung eintreten, die zu Minderbefunden führt.

Es existieren verschiedene Möglichkeiten, die Analyten im Anschluss an die Extraktion zu sammeln. Eine dieser Möglichkeiten ist die Verwendung von Kühlfallen. Diese können separat oder, zur Verbesserung ihres Rückhaltevermögens, in Kombination mit einer Festphase genutzt werden.

Soll das überkritische Fluid auf einer Festphase entspannt werden, so setzt man beispielsweise Glaskugeln oder modifiziertes Kieselgel ein. Hier werden die nichtflüchtigen Bestandteile adsorbiert und können anschließend mit einem organischen Lösungsmittel eluiert werden. Das Eluat lässt sich dann, je nach Problemstellung, weiter aufarbeiten und analysieren.

Eine weitere Möglichkeit ist die Verwendung einiger Milliliter eines organischen Lösungsmittels. Bei dieser Methode muss dafür gesorgt werden, dass der gesamte Gasstrom durch die Lösung perlt, sodass die mitgeführten Analyten Gelegenheit erhalten, aus der Gasphase in die flüssige Phase überzugehen. Zu diesem Zweck wird im einfachsten Fall das Restriktorende direkt in die Lösung eingebracht (siehe Abb. 3.39 a).

Als besonders effizient hat sich die Kombination der beiden letztgenannten Methoden (Lösungsmittel + Adsorbens) erwiesen. Hier wird das entspannte Fluid zuerst über eine Festphase geführt und anschließend passiert es ein flüssiges organisches Lösungsmittel oder Lösungsmittelgemisch. Eine solche kombinierte Fest-Flüssig-Sammelvorrichtung ist in Abb. 3.39 b dargestellt.

Die exemplarisch vorgestellten Auffangvorrichtungen werden dann benötigt, wenn die sogenannte Off-Line Technik eingesetzt wird. Dies bedeutet, dass die Extraktion unabhängig von der sich anschließenden Bestimmung ist. Somit besteht die Möglichkeit, eventuell nötige Reinigungsschritte durchzuführen, und die Extrakte mithilfe verschiedenster Analysenverfahren zu vermessen.

***On-Line-Kopplung***

Im Gegensatz zur schon beschriebenen Off-Line-Methode wird die Extraktion in diesem Fall direkt mit einer Analysenmethode gekoppelt. In der Regel ist dies ein chromatographisches Verfahren wie die Hochleistungs-Flüssigchromatographie (HPLC), die Gaschromatographie (GC) oder die überkritische Fluidchromatographie (SFC). Eine detaillierte Beschreibung einer solchen On-Line-Kopplung würde an dieser Stelle jedoch zu weit führen, sodass lediglich kurz die prinzipiellen Vor- und Nachteile angeführt werden. Die Vorteile bestehen darin, dass eine Kontamination der extrahierten Komponenten wegen der fehlenden Aufarbeitungsschritte nicht mehr möglich ist. Die negative Konsequenz dieser Tatsache ist jedoch, dass auch eine Aufreinigung, falls diese nötig sein sollte, nicht mehr durchgeführt werden kann.

### 3.7.5 Anwendungsbeispiele der SFE und Bewertung

Die Überkritische Fluidextraktion lässt sich in verschiedensten Bereichen einsetzen. Im Rahmen der Umweltanalytik wird sie beispielsweise zur Bestimmung von aliphatischen Kohlenwasserstoffen (KW), Polyzyklischen Aromatischen Kohlenwasserstoffen (PAK), Polychlorierten Biphenylen (PCB), Dioxinen und Furanen in Böden, Sedimenten, Klärschlämmen, Flugaschen und ähnlichen Matrizes verwendet. Auch Pestizide und Herbizide sind mit überkritischen Fluiden aus Böden extrahierbar. Weiterhin ist es möglich, die SFE für die Untersuchung biologischer Matrizes einzusetzen. So können Pestizide und Herbizide auch aus Pflanzenmaterial, Tierfutter und aus Lebensmitteln extrahiert werden. Ebenfalls in Lebensmitteln werden Vitamine und Giftstoffe wie Aflatoxine oder Mykotoxine bestimmt. Aus vielen Pflanzen sind Geruchs- und Geschmacksstoffe mithilfe der SFE extrahierbar.

Die analytisch-chemische Überkritische Fluidextraktion ist eine relativ neue Methode, deren Potential zum heutigen Zeitpunkt zweifellos noch nicht voll ausgeschöpft wird. Sie besitzt jedoch auch Nachteile, die eine weite Verbreitung der Technik im Rahmen der Routineanalytik bisher verhindert haben. Die Nachteile liegen darin begründet, dass oftmals eine sehr starke sogenannte „Matrixabhängigkeit" festzustellen ist. Dies bedeutet, dass eine hinsichtlich einer Matrix optimierte Extraktionsmethode bei einem Wechsel der Matrix häufig deutlich schlechtere Wiederfindungsraten liefert. Beispielsweise kann die Überkritische Fluidextraktion von Dioxinen und Furanen aus einer bestimmten Flugasche vollständig sein, während die Extraktionsausbeuten mit derselben Methode bei Verwendung einer Flugasche anderer Herkunft nur unzureichend sind. Aus diesem Grund ist bei jedem Matrixwechsel eine erneute Überprüfung und gegebenenfalls eine Optimierung der Extraktionsparameter erforderlich. Dies wird zusätzlich durch die Tatsache erschwert, dass bisher noch keine theoretischen Modelle existieren, die die Effizienz einer Überkritischen Fluidextraktion von schwierigen Matrizes vorherzusagen vermögen. Somit bleibt die Wahl der Extraktionsparameter zum jetzigen Zeitpunkt noch überwiegend empirisch. Die Vorteile der SFE, d. h. die Schnelligkeit der Extraktion und der weitestgehende Verzicht auf organische Lösungsmittel, bleiben jedoch bestehen.

## Weiterführende Literatur

**Umweltanalytik von Böden**

Keith, L. H. *Environmetal sampling and analysis: a practical guide*. Lewis, Chelsa, 1991.

Markert, B. (Hrsg.) *Environmental Sampling for Trace Analysis,* VCH Verlagsgesellschaft Weinheim, 1994.

Mason, B. J. *Preparation of soil sampling protocol: Techniques and strategy,* EPA-600/4-83-020, Environmental Monitoring Systems Laboratory, U.S. EPA, Las Vegas, 1983.

Petersen, F.-G., Calvin, L.-D. Sampling. In: A. Klute (Ed.) *Methods of soil analysis* Part 1. American Society of Agronomy Inc, Soil Society of America, Madison, 1994.

Smyth, W. F. *Analytical Chemistry of Complex Matrices,* Wiley, New York, 1996.

VDLUFA: *Die Untersuchung von Böden*. Methodenbuch VDLUFA, Darmstadt VDLUFA-Verlag, 1991.

**Probenahme Luft**

Bruner, F. *Gas chromatographic environmental analysis: principles, techniques, instrumentation*, VCH Verlagsgesellschaft, Weinheim, 1993.

Drägerwerk AG *Dräger-Röhrchen Handbuch*, 9. Ausgabe, Drägerwerk AG, Lübeck, 1994.

Figge, K., Rabel, W., Wieck, A., Fresenius Z. *Anal. Chem.*, 1987, 327, 261.

Klockow, D., Fresenius Z. *Anal. Chem.*, 1987, 326, 5.

Verein Deutscher Ingenieure, *VDI-Richtlinie 3482*, Blatt 1-6, Beuth Verlag, Berlin.

Verein Deutscher Ingenieure *VDI-Richtlinie 3490*, Blatt 1-16, Beuth Verlag, Berlin.

**Aufschlussverfahren**

Bock, R. *Aufschlussmethoden der anorganischen und organischen Chemie*, Verlag Chemie, Weinheim 1972.

Stoeppler, M. (Hrg) *Probenahme und Aufschluss*, Springer, Berlin 1994.

**Überkritische Fluidextraktion**

Berrueta, L. A., Gallo, B., Vicente F. *A Review of Solid Phase Extraction: Basic Principles and New Developments*, Chromatographia, Vol. 40, 7/8 (1995) 474–483.

de la Tour, C. *Ann. Chim. Phys.*, Vol. 21, 2 (1822) 127, 178.

EPA method 3560 *Supercritical Fluid Extraction of Total Recoverable Petroleum Hydrocarbons*, 1995.

EPA method 3561 *Supercritical Fluid Extraction of Polynuclear Aromatic Hydrocarbons*, 1995.

Foucault A. P. *Countercurrent Chromatography – Instrumentation*, Analytical Chemistry, Vol. 63, 10 (1991) 569A–579A.

Foucault, A. P., Chevolot L. *Review – Counter-Current Chromatography: Instrumentation, Solvent Selection and some Recent Applications to Natural Product Purification*, J. Chromatogr. A, 808 (1998) 3–22.

Hannay, J. B., Hogarth, J. *Proc. Roy. Soc.* (London), 29 (1879) 324.

Jinno, K. (Ed.) *Hyphenated Techniques in Supercritical Fluid Chromatography and Extraction*, Journal of Chromatography Library – Volume 53, Elsevier, Amsterdam, 1992.

Lee, M. L., Markides, K. E. , (Ed.) *Analytical Supercritical Fluid Chromatography and Extraction*, Chromatography Conferences, Provo, Utah, 1990.

Luque de Castro, M. D., Valcárcel, M. , Tena, T. *Analytical Supercritical Fluid Extraction,* Springer, Berlin, 1994.

Majors R. E. *Liquid Extraction Techniques for Sample Preparation*, LC GC International, Vol. 10, 2 (1997) 93–101.

Majors R. E. *A Review of Modern Solid-Phase Extraction*, LC GC International, Vol. 11, 9 (1998) 8–16.

Masqué, N., Marcé, R. M., Borrull F. *New Polymeric and other Types of Sorbents for Solid-phase Extraction of Polar Organic Micropollutants from Environmental Water*, Trends in Analytical Chemistry, Vol. 17, 6 (1998) 384–394.

Pawliszyn J. *Solid Phase Microextraction – Theory and Practice*, Wiley-VCH, New York, 1997.

Soxhlet F. *Die gewichtsanalytische Bestimmung des Milchfettes* Dinglers' Polyt. J. 232 (1879) 461.

Taylor, L. T. *Supercritical Fluid Extraction,* Wiley, New York, 1996.

Townshend A. (Ed.), *Encyclopedia of Analytical Science*, Academic Press, London, 1995 Volume 8.

Zosel, K. *Dt. Patent* 1 493 190 (1969), US-Patent 3 969 196 (1976).

# 4 Elementanalytik

## 4.1 Spektrometrische Methoden

### 4.1.1 Einführung

Der Anfang der Spektroskopie kann auf das Erscheinen von Joannnes Marcus Marcis Publikation 1648 datiert werden, in der er das Phänomen des Regenbogens mit der Beugung und Streuung von weißem Sonnenlicht erklärt. Sir Isaac Newton schrieb 1672 über die Aufspaltung des weißen Sonnenlichtes durch das Prisma. Die experimentelle Erfassung der schwarzen Linien im Sonnenspektrum veröffentlichte Fraunhofer zwischen 1814 und 1823, wonach erstmals auch das Phänomen der Lichtabsorption diskutiert wurde. Im Jahr 1859 formulierte Kirchhoff schließlich ein Gesetz, nachdem Materie Licht der Wellenlängen absorbieren kann, die sie selbst auch emittiert. Er erkannte, dass ein Emissionsspektrum charakteristisch für ein emittierendes Element ist, woraufhin Kirchhoff und Bunsen eine Sammlung charakteristischer Spektren begannen.

1885 entdeckte dann Balmer einen einfachen mathematischen Zusammenhang zwischen den Wellenlängen der Linien des Wasserstoffspektrums (Balmer-Serie). Und 1900 erklärte Planck die Intensitätsverteilung der Strahlung des schwarzen Körpers mit der revolutionären Hypothese, dass die Strahlungsenergie nicht kontinuierlich, sondern gequantelt sei. Damit waren die Grundlagen geschaffen, auf denen Bohr 1913 die Quantelung der Energie des Wasserstoffatoms demonstrierte.

Noch mussten aber grundlegende Modifikationen in der mathematischen Beschreibung der Energie erfolgen, denn die klassische Mechanik ermöglichte keine zufriedenstellende Darstellung der Zustände von kleinen Teilchen wie Molekülen, Atomen oder Elektronen. Dies war die Geburtsstunde der Wellen- oder Quantenmechanik, die derzeit die theoretische Grundlage aller spektrometrischen Messungen bildet. Diese Entwicklung stellte einen besonders fruchtbaren Boden für die Wissenschaftstheorie dar. Die damalige instrumentelle Analytik lieferte zahlreiche exakte Daten aus Beobachtungen der Wellenlängen oder Energien strahlender oder absorbierender Materie sowie aus quantitativen Intensitätsmessungen. Diese experimentellen Daten waren die notwendigen Voraussetzungen für das Sommerfeld-Bohrsche Atom-Modell mit Atomkern und Elektronenschalen unterschiedlicher Energiezustände, auf dem nicht nur die gesamte Chemie heute beruht. Durch dieses Modell waren nunmehr die verschiedensten Phänomene und Eigenschaften verständlich, gar voraussagbar.

Die Schrödinger-Gleichung schließlich mit ihren Eigenlösungen für die verschiedenen Energiezustände von Elektronen im Wasserstoff-Atom benutzt in ihrer interpretierten Form mit s-, p-, d- und f-Zuständen weiterhin Symbole der ersten Spektroskopiker, die die Linien der Energieübergänge zwischen diesen Zuständen mit den englischen Ausdrücken *sharp* (scharf), *principle* (hauptsächlich), *diffuse* (zerstreut) und *fundamental* (grundlegend) bezeichneten.

Heute umfassen die qualitativ-analytische und strukturaufklärende Spektrometrie und die quantitativ-analytische Spektrometrie so viele verschiedene Techniken, dass kaum ein Chemiker oder sogar auch Spektroskopiker ein fundiertes und aktuelles Wissen über alle Methoden haben kann. Es gibt jedoch für alle Verfahren eine gemeinsame Grundlage: Jedes Spektrum, egal welcher Art, entsteht durch Wechselwirkung der zu untersuchenden Materie mit elektromagnetischer Strahlung. Die Möglichkeit einer solchen Wechselwirkung ist auf die Tatsache zurückzuführen, dass sowohl Materie als auch elektromagnetische Strahlung Träger von Energie sind und diese Energieformen unter bestimmten Bedingungen ineinander umgewandelt werden können. So kann Materie Strahlungsenergie aufnehmen (Strahlungsabsorption) oder abgeben (Strahlungsemission), wobei sich ihr eigener energetischer Zustand entsprechend ändert. Die zeitverzögerte Strahlungsemission nach vorheriger Strahlungsabsorption wird Lumineszenz genannt, wobei man zwischen der relativ schnellen Fluoreszenz und der langsameren Phosphoreszenz unterscheidet. Die Beobachtung bzw. Messung von Strahlung, die in Wechselwirkung mit Materie steht, erlaubt also Rückschlüsse auf energetische Zustandsänderungen der Materie. Dies ist in Abb. 4.1 beispielhaft gezeigt. In diesem Termschema der Energieniveaus lassen sich für jedes Element die charakteristischen Energiezustände der Elektronen auch in ihrer Abhängigkeit von der Spinquantenzahl grafisch darstellen. Die Abbildung zeigt den Ursprung der Emissionslinien eines Natriumatoms. Man erkennt, dass die bekannten Doppellinien der Alkaliatome beispielsweise durch die unterschiedliche Spinquantenzahl verursacht wird. Bereits an dieser Stelle soll für den Einsteiger erläutert werden, dass der Ausdruck „Linien“ daher stammt, dass man die unterschiedlichen Wellenlängen in einem Spektrum mittels eines Spektralapparates auftrennen kann und die Linien nichts anderes darstellen als die

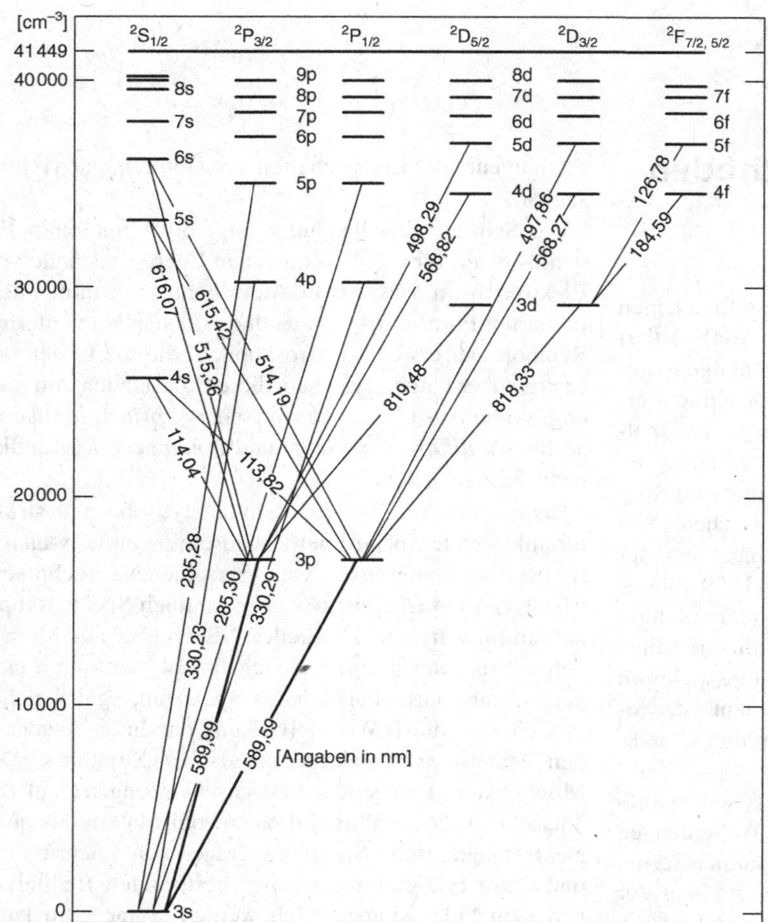


**4.1** Termschema der Energieniveaus des Natriumatoms mit elektronischen Übergängen (z. B. Na-Dublett bei 589,59 nm).

aufgrund unterschiedlicher Wellenlänge an unterschiedlichen Orten auftreffende Abbilder eines Eingangsspaltes. Die Form eines Spaltes bietet sich an, um möglichst viele eng benachbarte Wellenlängen auflösen zu können.

### Elektromagnetische Strahlung und Welle/Teilchen-Dualismus

Der elektromagnetischen Strahlung kommt als messbare Größe für die Spektroskopie eine zentrale Bedeutung zu. Sie soll daher an dieser Stelle genauer beschrieben werden. Elektromagnetische Strahlung, aus deren gesamtem Spektrum das sichtbare Licht nur einen sehr kleinen Bereich darstellt, kann sowohl als sich ausbreitende Schwingungen von elektrischen und magnetischen Feldern aufgefasst werden (Wellenmodell), als auch als Strom von impulsbehafteten Teilchen (Photonen im Teilchenmodell). Allgemein versteht man unter Strahlung den freien, gerichteten Energietransport durch den Raum, ohne dass es dazu eines Trägermediums bedarf. Je nach Wellenlänge und Frequenz der Strahlung unterscheidet man unterschiedliche Emissionen. Abbildung 4.2 gibt einen Überblick über das elektromagnetische Spektrum und die damit verbundenen Spektroskopiearten.

Wie die Abb. 4.2 zeigt, überstreicht das elektromagnetische Spektrum einen enormen Wellenlängen- und damit auch Photonenenergiebereich zwischen den Gammastrahlen mit Werten unter $10^{-3}$ Nanometern und Energieinhalten im MeV Bereich einerseits und langwelligen Radiowellen mit Wellenlängen jenseits von 10 km (Längstwellen, z. B. für die Kommunikation aus U-Booten heraus) und Energieinhalten unter $10^{-10}$ eV. Dies sind über 16 Größenordnungen auch im Bereich der energetischen Wechselwirkungen! In diesem Lehrbuch können aus Platzgründen nur die wichtigsten Spektroskopiearten im Energiebereich $>10^{-3}$ eV, die zu quantitativen Analysen benutzt werden, beschrieben werden.

Beide Modelle zur Beschreibung der elektromagnetischen Strahlung werden durch verschiedene experimentelle Beobachtungen bestätigt. Dabei kann die Gesamtheit ihrer Eigenschaften nur durch eine Kombination von Wellen- und Teilchenmodell erfasst werden (Welle/Teilchen-Dualismus). Je größer die Wellenlänge ist, umso

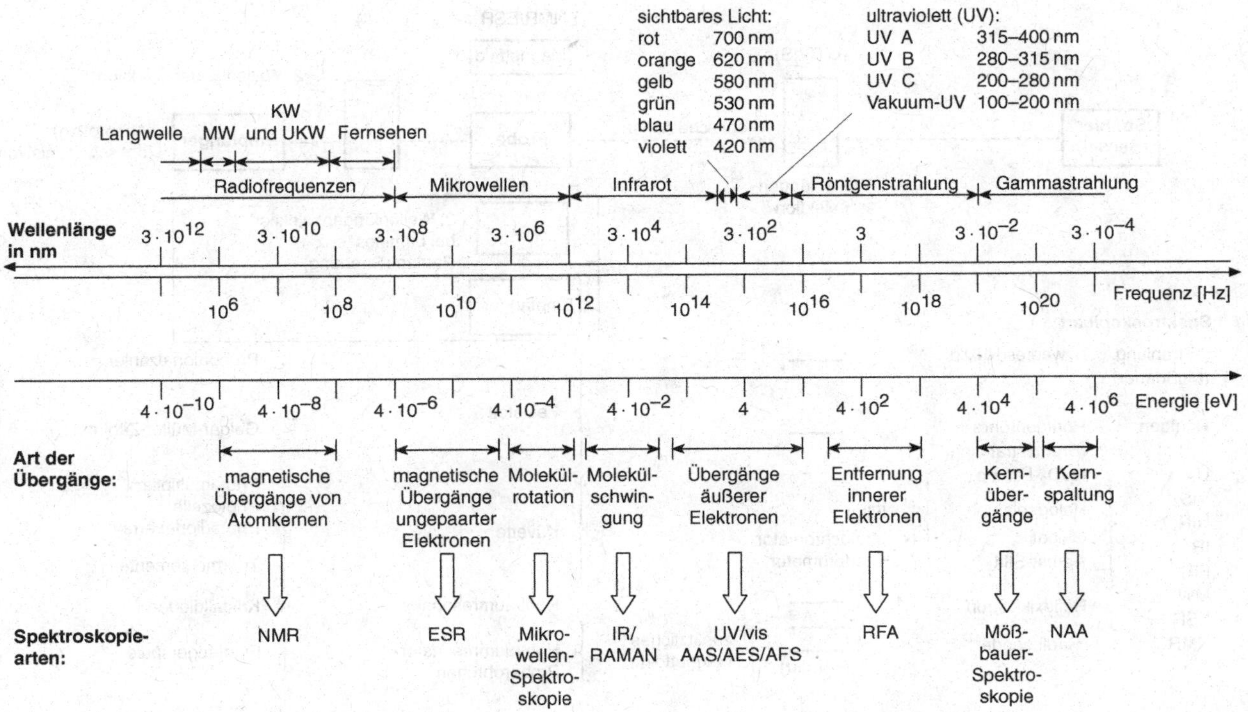


**4.2** Spektrum der elektromagnetischen Strahlung mit Zuordnung der verschiedenen Spektroskopiearten.

mehr tritt dabei der Wellencharakter in den Vordergrund. Bei kleinen Wellenlängen herrscht der Teilchencharakter vor. Der Teilchencharakter kurzwelliger Strahlung wird z. B. durch die Beobachtung des photoelektrischen Effektes und des Compton-Effektes bestätigt. Als photoelektrischen Effekt bezeichnet man die Freisetzung von Elektronen aus Metalloberflächen bei Bestrahlung mit Ultraviolettem (UV)-Licht. Langwelligere Strahlung wie z. B. die Radiowellen lösen dagegen keinen photoelektrischen Effekt aus. Der Compton-Effekt bezeichnet die Veränderung der Wellenlänge von an Elektronen gestreuter Röntgenstrahlung. Beide Effekte können nur durch den Impuls eines Lichtteilchens (Lichtquant, Photon) und die damit verbundene Möglichkeit unelastischer Stöße erklärt werden. Interferenz- und Beugungserscheinungen dagegen sind nur durch das Vorhandensein von Wellen mit den Eigenschaften der Ausbreitungsgeschwindigkeit, der Frequenz und der Wellenlänge für uns erklärbar. Die Abb. 4.3 zeigt schematisch die Ausbreitung elektromagnetischer Wellen, die dazu kein Medium benötigen. Die Nichtexistenz eines vermuteten sog. Äthers wurde durch die berühmten Experimente von Michelson und Morley, 1881 und 1887 (Instrument: Michelson-Morley-Interferometer) bewiesen. Bei diesen Experimenten maß man die Lichtgeschwindigkeit von in unterschiedlichen Richtungen bewegten Lichtquellen (z. B. mit oder gegen die Erdrotation) und konnte keine Änderung in der Lichtgeschwindigkeit feststellen. Dieses war im Widerspruch zu den Gesetzen Newtons und regte Einstein zu seiner Relativitätstheorie an.

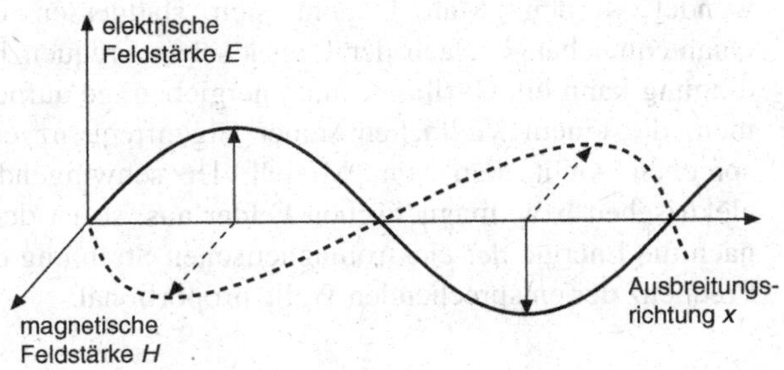


**4.3** Ausbreitung der elektromagnetischen Felder nach dem Wellenmodell.

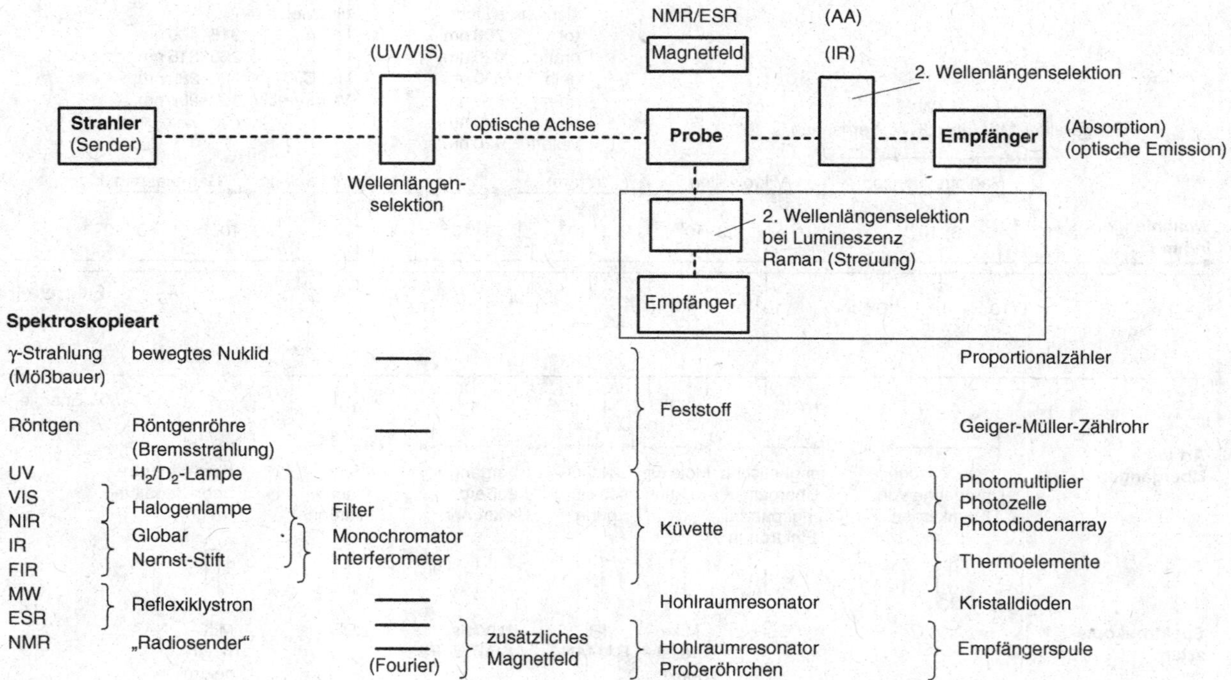


**4.4** Messprinzipien in der Spektroskopie.

***Die Energie der elektromagnetischen Strahlung***

Lichtwellen bzw. Lichtquanten bewegen sich stets mit Lichtgeschwindigkeit ($c$ = 300000 km/s). Die klassische Mechanik, die sich immer auf den Grenzfall kleiner Geschwindigkeiten beschränkt, kann daher bei der Beschreibung elektromagnetischer Strahlung nicht angewendet werden. Man bedient sich stattdessen der Quantenmechanik. Nach der Planck'schen Frequenzbedingung kann ein Oszillator nur Energiebeträge aufnehmen, die einem Vielfachen seiner Eigenfrequenz entsprechen. Geht man vom Modell der schwingenden elektrischen bzw. magnetischen Felder aus, so ist demnach die Energie der elektromagnetischen Strahlung der Frequenz der entsprechenden Welle proportional:

$$E = h \cdot \nu \tag{4.1}$$

mit $E$: Energie in J,
$h$: Planck'sche Konstante (Planck'sches Wirkungsquantum), $h = 6,62618 \cdot 10^{-34}$ Js,
$\nu$: Frequenz in 1/s.

Über die Lichtgeschwindigkeit ist ein Zusammenhang der Frequenz mit der Wellenlänge gegeben:

$$c = \lambda \cdot \nu \tag{4.2}$$

mit $c$: Lichtgeschwindigkeit in m/s,
$\lambda$: Wellenlänge in m.

Zur Beschreibung des Impulses $p$ eines Photons nach dem Teilchenmodell geht man von der Energiedefinition aus. Mit der Planck'schen Frequenzbedingung (Gleichung 4.1) gleichgesetzt ergibt sich daraus für den Impuls des Photons die de Broglie-Beziehung:

$$p = h/\lambda \tag{4.3}$$

mit $p$: Impuls in Js/m
$h$: Planck'sche Konstante in Js.

Diese Gleichung stellt somit den Zusammenhang zwischen Wellen- und Teilchenmodell her.

Eine Definition des Impulses eines Photons über seine Masse entsprechend der klassischen Mechanik ist dagegen nicht möglich. Dies kann mithilfe der relativistischen Massebeziehung aus der speziellen Relativitätstheorie, die die Mechanik bewegter Körper beschreibt, gezeigt werden:

$$m = \frac{m_0}{\sqrt{1 - v^2/c^2}} \tag{4.4}$$

mit $m$: Masse des bewegten Körpers in g
$m_0$: Masse des ruhenden Körpers (Ruhemasse) in g
$v$: Geschwindigkeit des bewegten Körpers in m/s
$c$: Lichtgeschwindigkeit in m/s

Materieteilchen mit einer endlichen Ruhemasse können nach Gleichung 4.4 nie Lichtgeschwindigkeit erreichen, da ihre Masse m in diesem Fall unendlich groß würde. Folglich existieren Photonen nur als mit Lichtgeschwindigkeit bewegte Masse. Ihre Ruhemasse ist gleich Null.

## 4.1.2 Die spektroskopische Messung

Die Intensität $I$ elektromagnetischer Strahlung kann in Abhängigkeit von ihrer Wellenlänge z. B. unter Ausnutzung des photoelektrischen Effektes gemessen werden. Wird die Strahlung dabei vorher durch ein Prisma oder andere dispergierende (z. B. Brechungsindex wellenlängenabhängig) optische Bauteile nach ihren Wellenlängen $\lambda$ aufgespalten, so entsteht ein Wellenlängenspektrum entsprechend der Funktion $I = f(\lambda)$. Jede spektroskopische Messung ist also eine Messung der Wellenlänge (qualitative Bestimmung) und der Intensität (quantitative Bestimmung) von elektromagnetischer Strahlung. Neben der Charakterisierung durch die Wellenlänge findet man dabei oft auch die Angabe der Wellenzahl $\bar{\nu}$ in $cm^{-1}$ (z. B. in der IR-Spektroskopie), die angibt, wieviele Schwingungen pro Zentimeter stattfinden. Diese Größe ist der Energie bzw. der Frequenz der elektromagnetischen Strahlung proportional (Gleichung 4.5).

$$\bar{\nu} = \frac{1}{\lambda} = \frac{\nu}{c} \tag{4.5}$$

mit $\bar{\nu}$: Wellenzahl in $cm^{-1}$
$\lambda$: Wellenlänge in cm

Der apparative Aufbau zur Messung eines Wellenlängenspektrums wird als Spektrometer bezeichnet. Die Ausführungsformen sind dabei in Abhängigkeit von dem zu untersuchenden Wellenlängen- bzw. Energiebereich und von dem zu beobachtenden Effekt (Absorption, Emission, Lumineszenz etc.) sehr unterschiedlich. Es gibt jedoch für alle Spektrometer einige grundlegende Bauteile, die sich in jedem Aufbau wiederfinden. So verfügt jedes Spektrometer über eine Probenzuführung und über eine oder mehrere Strahlungsquellen, in denen die zu untersuchende Strahlung auf verschiedene Art und Weise erzeugt wird. Da bei der Emissionsspektroskopie die Probe selbst zur Strahlungsemission angeregt werden muss, werden die Strahlungsquellen hier richtiger als Anregungsquellen bezeichnet. Für alle Absorptions- oder Lumineszenz- oder Fluoreszenzspektroskopiearten sowie für einige andere Verfahren, die die Beugung, Polarisation o. ä. von elektromagnetischer Strahlung an einer Probe beobachten, werden Strahlungsquellen genutzt, deren Intensitätsschwächung registriert wird und die somit nicht selbst als Anregungsquelle dienen (sekundäre Strahlungsquellen). Ein Spektrometer besteht in der Regel aus folgenden Teilen:

a) Strahlungsquelle (bei Absorptionsmessungen);
b) begrenzter Wechselwirkungsbereich der zu untersuchenden Materieprobe mit der elektromagnetischen Strahlung (z. B. Küvette);
c) Monochromator zur Zerlegung des Lichtes der Strahlungsquelle als Funktion von der Wellenlänge (dispergierendes Element)
d) lichtempfindlicher Detektor (oder auch photographischer Film, neuerdings auch CCD-Detektoren);

In den Anfangsjahren wurden beispielsweise auch für die quantitativen Emissions-Spektralanalysen Filme oder photographische Platten benutzt. Dort ist der Liniencharakter eines Spektrums sehr augenfällig. Jede Linie stellt eine andersfarbige Abbildung des Eintrittspaltes des Monochromators dar, die aber wegen der Verwendung von ausschließlichem Schwarz-Weiß Material alle als mehr oder weniger geschwärzte (entsprechend der Intensität) benachbarte Striche erscheinen. Die photographische Erfassung ermöglichte die Aufnahme eines kompletten Spektrums in wenigen Sekunden und lieferte mit dem entwickelten Material auch gleich ihre Dokumentation mit. Diese Technik hatte natürlich ihre Bedeutung, nur bei der Atomemissionsanalyse wo linienreiche Spektren entstehen; bei breiten molekularen Absorptionsbanden macht dies natürlich wenig Sinn.

**Die chemischen Aussagen spektrometrischer Messung**

Der analytische Chemiker ist an einer chemischen Information interessiert, die aus der Auswertung der Spektren gewonnen werden kann. Die theoretische Grundlage, auf der Rückschlüsse auf Struktur oder Zusammensetzung einer Probe möglich sind, bildet dabei die Beschreibung des Aufbaus der Materie und ihrer energetischen Zustände durch die Quantenmechanik. Materie besteht bekanntlich aus Atomen und Molekülen. Wegen der elektrostatischen Anziehung zwischen geladenen Teilchen besitzen sowohl die Atomkerne als auch die Elektronen potentielle Energie. Moleküle können darüber hinaus auch Rotations- und Schwingungsenergie aufnehmen. Im Unterschied zur klassischen Mechanik sind hierbei keine kontinuierlichen Übergänge sondern nur bestimmte Zustände diskreter Energien möglich (Energieniveaus), die sich auf ganzzahlige Vielfache des Planckschen Wirkungsquantums zurückführen lassen. Mit dieser Quantelung sind auch die Energiedifferenzen zwischen zwei verschiedenen Niveaus festgelegt. Daraus folgt für die Wechselwirkung der Materie mit elektromagnetischer Strahlung, dass auch nur Strahlung von definierter Energie absorbiert oder emittiert werden kann. Das Spektrum reicht, wie Abb. 4.2 zeigt, dabei von den langwelligen, energiearmen Radiofrequenzen bis hin zur sehr kurzwelligen, energiereichen Gammastrahlung. Hieraus resultiert eine große apparative Vielfalt zur Erzeugung, spektralen Zerlegung und Messung der jeweiligen Strahlung.

Die quantenmechanischen, physikalischen Grundlagen der einzelnen Methoden sowie die daraus folgenden apparativen Anforderungen werden in den folgenden Kapiteln weiter ausgeführt. Für die Interpretation von Spektren sollen dabei Formeln zur praktischen Anwendung festgelegt werden. Für tiefergehende theoretische Betrachtungen finden sich am Ende des Kapitels Empfehlungen für entsprechende Fachliteratur.

Allgemein unterscheidet man Spektroskopiearten danach, ob sie auf der Messung von Strahlungsemission, -absorption oder -lumineszenz beruhen. Abb. 4.2 zeigt eine Anordnung nach steigender Energie der elektromagnetischen Strahlung bzw. des entsprechenden Überganges in der Materieprobe. Neben den hier vorgestellten Spektroskopiearten, die auf Wechselwirkungen zwischen Materie und elektromagnetischer Strahlung unter Austausch von Energie beruhen, gibt es noch weitere Methoden, denen Wechselwirkungen ohne Energieaustausch zugrunde liegen. So kann elektromagnetische Strahlung durch Materie auch elastisch gestreut, reflektiert, gebrochen, gebeugt oder in ihrer Polarisationsrichtung beeinflusst werden. Auch diese Wechselwirkungen lassen bei Beobachtung bzw. Messung der Strahlung Rückschlüsse auf die zugrundeliegenden Vorgänge in der Materie zu. Der Ort der Wechselwirkung elektromagnetischer Strahlung mit Materie hängt eng damit zusammen, welche unterschiedlichen gequantelten energetischen Zustände in einem Materiesystem vorliegen.

Das Spektrum in Abb. 4.2 beginnt auf der energiearmen Seite mit der Kernresonanzspektroskopie (engl. *nuclear magnetic resonance* – NMR), mit deren Hilfe Übergänge von Atomkernen zwischen Zuständen mit verschiedener Orientierung ihrer magnetischen Momente (Kernspin) in einem äußeren Magnetfeld beobachtet werden. Der Kernspin ist ursächlich mit dem mechanischen Drehimpuls des positiv geladenen Atomkerns verbunden. Die NMR-Spektroskopie dient heute vorzugsweise zur Strukturaufklärung und ist damit für die moderne Synthese unverzichtbar. Auch quantitative Bestimmungen sind möglich, erste Kopplungen mit Trennmethoden werden ebenfalls beschrieben. Es schließt sich die Elektronenspinresonanzspektroskopie (ESR) an, die die entsprechenden, aber etwas energiereicheren Übergänge ungepaarter Elektronen zwischen Zuständen mit verschiedene Orientierung ihrer magnetischen Momenten (Elektronenspin) misst. Auch die ESR-Spektroskopie wird hauptsächlich zur Strukturaufklärung eingesetzt. NMR- und ESR-Spektroskopie sind Absorptionsmethoden.

Weiter oben auf der Energieskala finden sich die Übergänge zwischen verschiedenen Rotations- und Schwingungszuständen von Molekülen. Zur Beobachtung der reinen Molekülrotation stehen die Mikrowellen- und die Ferninfrarotspektroskopie zur Verfügung. Energetische Zustandsänderungen bei den verschiedenen Arten von Molekülschwingungen werden mithilfe der Infrarot- und der Raman-Spektroskopie gemessen. Sie dienen vorzugsweise der Strukturaufklärung und der qualitativen Analyse, werden aber in zunehmendem Maße auch für quantitative Analysen unbekannter Proben herangezogen.

Die Übergänge von äußeren Elektronen in Zustände höherer potentieller Energie befinden sich im Spektralbereich des sichtbaren Lichtes. Sie reichen auf der langwelligen Seite bis in den nahen IR-Bereich und auf der kurzwelligen Seite bis ins Vakuum-UV. Methoden der Molekülspektroskopie stehen dabei auf Grundlage der Absorption und der Lumineszenz zur Verfügung (UV/VIS-Spektroskopie). Zur Analyse und quantitativen Identifizierung von Atomen bzw. Elementen sind sowohl Verfahren der Absorption und Lumineszenz als auch der Emission bekannt (AAS, AES, AFS – Atomabsorptions-, -emissions- und -fluoreszenzspektrometrie).

Da nach dem Atommodell die größten Energiedifferenzen bei den kernnächsten Elektronenorbitalen vorliegen, „wechselwirken" die kurzwelligsten und damit energiereichsten γ- oder Röntgenstrahlung mit den Elektronen der K, L oder M-Schale. „Wechselwirken" steht hier für Strahlungsabsorption und -emission (s. Abschnitt 4.2). Da die Energiezustände der kernnächsten Elektronen nicht von der chemischen Form oder evtl. Bindung des betreffenden Atoms abhängen, weil dafür nur die äußeren verwendet werden, lässt sich hier die elementspezifische Strahlung besonders leicht zuordnen. Die Röntgenfluoreszenzanalyse (RFA) baut darauf auf und stellt damit eines der wenigen zerstörungsfreien Elementbestimmungsverfahren dar. Die hier instrumentell gemessenen Röntgenstrahlung wird energetisch durch die γ-Strahlung übertroffen. Sie stammt aber vorzugsweise aus Kernreaktionen, die beispielsweise durch das Einfangen von langsamen Neutronen im Atomkern mit anschließenden Kernumwandlungen ausgelöst werden. Auch dieses wird in der sog. Neutronenaktivierungsanalyse (NAA, Abschnitt 4.8) analytisch genutzt.

## 4.2 Grundlagen der Atomspektroskopie

Zur qualitativen und quantitativen Bestimmung von Elementen nutzt die Atomspektroskopie die Wechselwirkung von elektromagnetischer Strahlung mit isolierten Atomen. Diese Wechselwirkung ist dabei mit der Änderung des energetischen Zustandes von äußeren Elektronen verbunden. Zum Verständnis der Spektren ist daher die Kenntnis des Aufbaus der Elektronenhülle von Atomen und der Eigenschaften von Elektronen notwendig.

### 4.2.1 Physikalische Grundlagen

**Die Elektronenhülle**

Elektronen können, analog der elektromagnetischen Strahlung, in der Gesamtheit ihrer Eigenschaften nur durch einen Welle/Teilchen-Dualismus beschrieben werden. So sind sie einmal als impulsbehaftete Teilchen auf einer Kreis- oder Ellipsenbahn um den Atomkern aufzufassen (Bohr'sches Atommodell), zum anderen verhalten sie sich wie eine stehende, in sich selbst zurücklaufende Welle. Aus beiden Modellen lässt sich eine Aufenthaltswahrscheinlichkeit für ein Elektron im Raum um den Atomkern ableiten. Schrödinger hat diese Aufenthaltswahrscheinlichkeit mathematisch beschrieben und das Elektron als Ladungswolke mit einer bestimmten Elektronendichteverteilung dargestellt. Die Quadratwurzel aus dieser Elektronendichteverteilung wird als Atomorbital bezeichnet. Dabei ist das Wort „Orbital" ein Kunstwort und soll die Beziehung zum Bohr'schen Kreismodell (engl. *orbit = Planetenbahn, Bereich*) andeuten.

Jedes Atomorbital stellt einen Elektronenzustand von definierter Energie dar (Energieniveau). Es wird durch drei Quantenzahlen charakterisiert, wobei die Energie ohne äußere Felder nur von der Hauptquantenzahl $n$ und der Nebenquantenzahl oder Drehimpuls-Quantenzahl $l$ (Bahndrehimpuls) beschrieben wird. Elektronenzustände, die die gleiche Energie haben, nennt man entartet. Sie unterscheiden sich weiter in ihrer magnetischen Quantenzahl $m_l$ (Projektion des Bahndrehimpulses auf die Achse eines äußeren Magnetfeldes). Jedes Orbital kann maximal mit zwei Elektronen besetzt sein, die sich nach dem Prinzip von Pauli in ihrem Eigendrehimpuls durch verschiedene Vorzeichen unterscheiden müssen (antiparallele Elektronenspins). Der Gesamtdrehimpuls der in einem Orbital gepaarten Elektronen hebt sich auf.

Die Atome jeden Elementes haben nun entsprechend der Anzahl ihrer Elektronen (entsprechend ihrer Ordnungszahl im Periodensystem der Elemente) eine für sie charakteristische Besetzung der Atomorbitale. Am stabilsten ist jeweils der Zustand mit der insgesamt niedrigsten Energie (Grundzustand). Als Aufbauprinzip eines Atoms mit mehreren Elektronen kann also eine Besetzung der Orbitale mit Elektronen nach steigender Energie, also steigender Hauptquantenzahl, zugrundegelegt werden. Steht dabei ein Satz entarteter Orbitale zur Verfügung, so besetzen die Elektronen die verschiedenen Orbitale zunächst ungepaart (parallele Elektronenspins), solange der Satz noch unbesetzte Orbitale enthält (Hundsche Regel). Die Elektronen eines Atoms können aber auch höhere Energieniveaus als im Grundzustand besetzen (angeregte Zustände), wenn dem Atom Energie z. B. in Form von elektromagnetischer Strahlung oder Wärme (thermische Anregung) zugeführt wird.

**Thermische Anregung**

Da der Übergang von Atomen in einen angeregten Zustand auch durch die Aufnahme thermischer Energie möglich ist, ist folglich die Besetzung von verschiedenen Energieniveaus abhängig von der Temperatur. Diese Abhängigkeit wird durch das Boltzmann'sche Verteilungsgesetz beschrieben:

$$\frac{N_1}{N_0} = \frac{g_1}{g_0} \cdot e^{-\Delta E/kT} \tag{4.6}$$

mit $N_1$: Anzahl der Atome im angeregten Zustand,
$N_0$: Anzahl der Atome im Grundzuzstand,
$g_1$: statistische Gewichtung des angeregten Zustandes (Entartungsgrad des Energie-Niveaus),
$g_0$: statistische Gewichtung des angeregten Zustandes (Entartungsgrad des Energie-Niveaus),
$T$: Temperatur in K,
$\Delta E$: Energiedifferenz zwischen den betrachteten Niveaus in J,
$k$: Boltzmann-Konstante; $k = 1{,}38066 \cdot 10^{-23}$ J/K.

Für die meisten Elemente sind bei Temperaturen unter 2500 °C damit praktisch nur Übergänge möglich, die vom Grundzustand ($E_0$) ausgehen.

Abbildung 4.5 stellt schematisch anhand eines Beispieles dar, welche Vorgänge und Reaktionen in einer Probe bei der Zuführung thermischer Energie stattfinden. Für die Alkali- und einige Erdalkalielemente ist dabei der Energiebedarf für Energieübergänge äußerer Elektronen so gering, dass sie bereits in der Propangasflamme (ca. 2000 °C) angeregt werden können (Flammenphotometrie). Für alle anderen Elemente werden wesentlich energiereichere Anregungsquellen benötigt, bei denen neben der thermischen Anregung auch andere Anregungsmechanismen eine Rolle spielen.

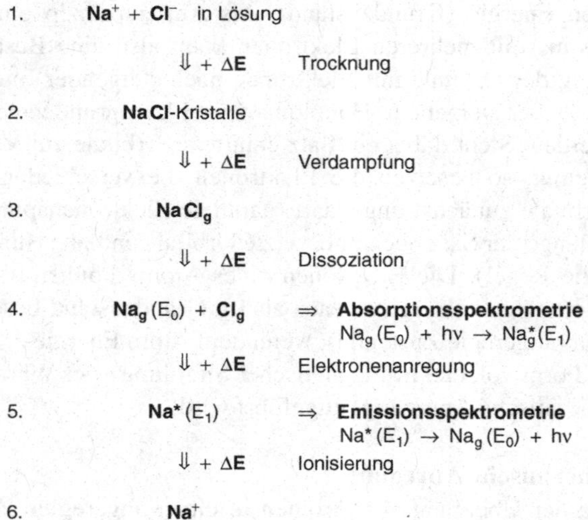


**4.5** Vorgänge bei der Einführung einer Kochsalzlösung in eine thermische Anregungsquelle.

### Anregung durch elektromagnetische Strahlung

Der Übergang von äußeren Elektronen in ein höheres Energieniveau ist ebenso durch die Aufnahme von Energie elektromagnetischer Strahlung möglich (Strahlungsabsorption). Da Atome dabei nur ganz bestimmte Energiebeträge $\Delta E$ aufnehmen können, können sie auch nur Strahlung ganz bestimmter Wellenlängen bzw. Frequenzen absorbieren. Dieselbe Strahlung kann beim Übergang eines Elektrons von einem höheren in ein niedrigeres Energieniveau wieder abgegeben werden (spontane Strahlungsemission, Relaxation). Mathematisch lassen sich die Vorgänge der Strahlungsabsorption und -emission nach dem Gesetz von Einstein beschreiben:

$$\Delta E = h \cdot \nu \tag{4.7}$$

mit $\Delta E$: Energiedifferenz zwischen den beteiligten Energieniveaus in J,
$h$: Planck'sche Konstante (Planck'sches Wirkungsquantum) in Js,
$\nu$: Frequenz der absorbierten oder emittierten Strahlung in 1/s.

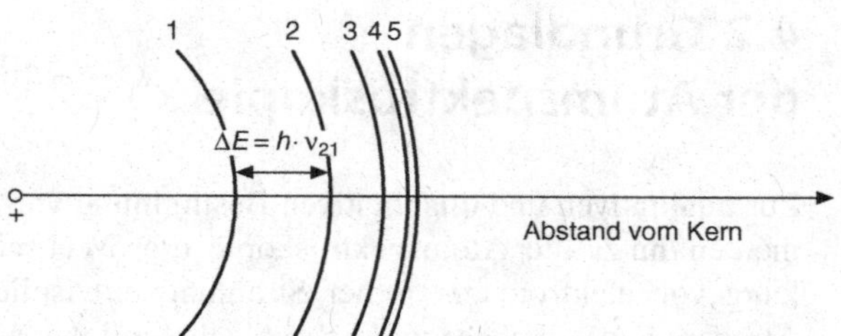


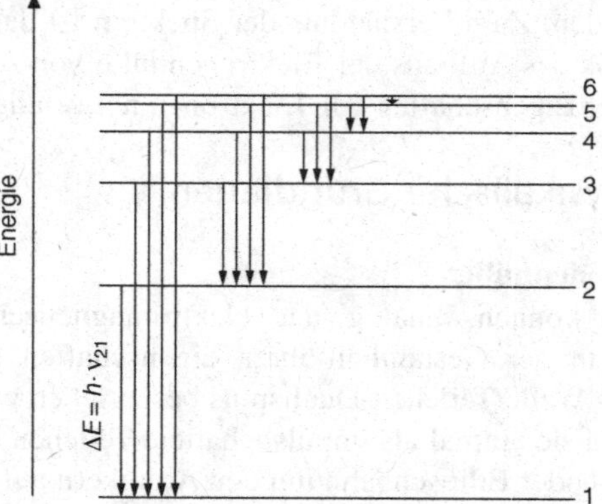


**4.6** Geometrische und energetische Anordnungen der Elektronenschalen mit möglichen Übergängen der Energie $\Delta E = E_n - E_m = h\nu_{nm}$.

### Atomspektren

Wie die Besetzung der Energieniveaus mit Elektronen charakteristisch für die Atome eines Elementes ist, so sind folglich auch die Wellenlängen der von diesem Element absorbierbaren bzw. emittierbaren Strahlung spezifisch. Wird also die von einem thermisch angeregten gasförmigen Element (isolierte Atome) emittierte Strahlung durch einen Spalt und über ein Prisma oder Gitter z. B. auf die Fläche eines photographischen Filmes nach ihren Wellenlängen zerlegt abgebildet, so erhält man ein charakteristisches Linienspektrum. In Tabelle 4.1 sind die Wellenlängen einiger wichtiger Emissionslinien einzelner Elemente aufgeführt. Sie sind jeweils nach abfallender Intensität geordnet.

Nicht alle Emissionslinien sind dabei unbedingt auch Absorptionslinien. Ist ein Energieniveau eines Atoms nicht besetzt, so kann auch kein Übergang von diesem in ein höheres Energieniveau erfolgen, und die entsprechende Strahlung kann nicht absorbiert werden. Die wichtigsten Absorptionslinien sind ebenfalls in Tabelle 4.1 aufgeführt und nach steigender Intensität geordnet. Emissionslinien, die auf einem Übergang in den energetischen Grundzustand beruhen, bzw. Absorptionslinien, die von diesem ausgehen, werden als Resonanzlinien bezeichnet.

**Tabelle 4.1** Wichtige Emissions- und Absorptionswellenlängen ausgewählter Elemente.

| | **Emissionslinien in nm** | **mindestens benötigte Anregungsquelle** | **Absorptionslinien in nm** |
|---|---|---|---|
| Ag | 338,3; 328,1, 520,9; 546,5 | Ar-Plasma | 328,1 |
| Al | 396,2; 394,4<br>309,3; 308,2 | Lachgas/Acetylen-Flamme<br>Ar-Plasma | 309,3; 396,2; 308,2; 394,4 |
| As | 197,2; 193,7; 189,1; 235,0; 278,0 | Ar-Plasma | 193,7; 197,2 |
| Au | 267,6; 242,8; 583,7 | Ar-Plasma | 242,8; 267,6 |
| B | 249,8; 249,7 | Ar-Plasma | 249,8; 249,7 |
| Ba | 553,6<br>493,7; 455,4<br>542,5 | Luft/Propan-Flamme<br>Lachgas/Acetylen-Flamme<br>Ar-Plasma | |
| Be | 234,9<br>313,0; 313,1; 332,1 | Luft/Propan-Flamme<br>Ar-Plasma | 234,9 |
| Bi | 306,8; 289,8; 206,2; 227,7 | Ar-Plasma | 222,8; 306,8; 206,2; 227,7 |
| Br | 470,5; 478,6; 481,7 | He-Plasma | |
| C | 247,9; 193,1<br>229,7 | Ar-Plasma<br>He-Plasma | |
| Ca | 422,7; 396,8; 866,2; 393,4; 854,2<br>442,7; 315,9; 317,9 | Lachgas/Acetylen-Flamme<br>Ar-Plasma | 422,7; 239,9 |
| Cd | 326,1; 228,8; 226,5; 214,4; 643,8 | Ar-Plasma | 228,8; 326,1 |
| Cl | 481,9; 479,5; 481,0 | He-Plasma | |
| Co | 346,6; 345,4; 352,7; 228,6; 252,1 | Ar-Plasma | 240,7; 242,5; 252,1; 352,7; 345,4 |
| Cr | 429,0; 427,5; 425,4<br>283,6; 284,3; 357,9; 520,5; 520,6 | Lachgas/Acetylen-Flamme<br>Ar-Plasma | 357,9; 425,4 |
| Cs | 894,4; 852,1<br>459,3; 455,5 | Luft/Propan-Flamme<br>Lachgas/Acetylen-Flamme | 852,1; 455,6 |
| Cu | 327,4; 324,8; 510,6; 521,8; 213,6;<br>219,2; 222,6; 249,2; 244,2 | Ar-Plasma | 324,7; 327,4; 222,6; 249,2; 244,2 |
| F | 685,6; 690,2 | He-Plasma | |
| Fe | 372,0; 373,7; 374,6; 374,8<br>302,1; 358,1; 259,9; 240,5; 241,1;<br>241,3; 248,3; 248,8;252,3 | Lachgas/Acetylen-Flamme<br>Ar-Plasma | 248,3; 248,8; 252,3; 272,0; 302,1 |
| Ga | 403,3; 417,2<br>294,4; 287,4 | Lachgas/Acetylen-Flamme<br>Ar-Plasma | 287,4; 294,4; 417,2; 403,3 |
| Ge | 265,1; 303,9 | Ar-Plasma | 265,1 |
| Hf | 307,3; 313,5; 282,0; 251,7; 264,1;<br>277,3; 286,6; 289,8 | Ar-Plasma | 286,6; 307,3; 289,8 |
| Hg | 253,7; 185,0; 404,7; 435,8; 546,1 | Ar-Plasma | 184,9; 253,7 |
| I | 183,0; 206,2<br>533,8; 466,6 | Ar-Plasma<br>He-Plasma | 183,0; 206,2 |
| In | 410,5; 451,1<br>325,6; 303,9 | Lachgas/Acetylen-Flamme<br>Ar-Plasma | 303,9; 325,6; 410,5; 451,1 |
| Ir | 545,0; 322,1; 351,4; 208,9; 264,0;<br>266,5; 285,0; 237,3; 250,3 | Ar-Plasma | 208,9; 264,0; 266,5; 285,0; 237,3;<br>250,3; 351,4 |

(Fortsetzung Tabelle 4.1)

| | Emissionslinien in nm | mindestens benötigte Anregungsquelle | Absorptionslinien in nm |
|---|---|---|---|
| K | 769,9; 766,5<br>404,4; 404,7; 691,1; 693,9 | Luft/Propan-Flamme<br>Lachgas/Acetylen-Flamme | 766,5; 769,9; 404,4; 404,7 |
| Li | 670,8<br>610,4; 427,3; 323,3 | Luft/Propan-Flamme<br>Ar-Plasma | 670,8; 323,3 |
| Mg | 285,2; 280,3; 279,6; 518,4; 552,8; 880,7; 382,9; 383,2; 383,8; 202,5 | Ar-Plasma | 285,2; 202,5 |
| Mn | 403,1; 403,3; 403,4<br>279,5; 260,6; 257,6 | Lachgas/Acetylen-Flamme<br>Ar-Plasma | 279,5; 403,1 |
| Mo | 390,3; 386,4; 379,8<br>317,0; 281,6; 313,3 | Lachgas/Acetylen-Flamme<br>Ar-Plasma | 313,3 |
| Na | 589,0; 589,6<br>819,5; 615,4; 497,9; 498,3; 330,2; 330,3; 568,3; 568,8 | Luft/Propan-Flamme<br>Ar-Plasma | 589,0; 589,6; 330,2; 330,3 |
| Nb | 405,9; 309,4; 335,8; 334,3 | Ar-Plasma | 334,3 |
| Ni | 352,5; 351,5; 341,5; 349,3; 305,1; 300,2; 230,3; 231,6 | Ar-Plasma | 231,6; 231,1; 341,5; 305,1 |
| Os | 442,0<br>290,9; 326,2; 305,9 | Lachgas/Acetylen-Flamme<br>Ar-Plasma | 209,9; 305,9; 442,0 |
| P | 178,3; 177,5; 214,9; 255,3; 213,7 | Ar-Plasma | 177,5; 178,3; 213,7; 214,9 |
| Pb | 368,4; 283,3; 405,8; 364,0; 217,0; 261,4; 560,9 | Ar-Plasma | 217,0; 283,3; 261,4; 368,4; 364,0 |
| Pd | 363,5; 361,0; 340,5; 247,6; 244,8 | Ar-Plasma | 247,6; 244,8; 340,5 |
| Pt | 306,5; 265,9; 396,6; 522,8 | Ar-Plasma | 265,9; 306,5 |
| Rb | 794,8; 780,0<br>421,6; 420,2; 457,2; 279,9 | Luft/Propan-Flamme<br>Lachgas/Acetylen-Flamme | 780,0; 420,2; 421,6 |
| Re | 488,9<br>346,0;346,5; 345,2 | Lachgas/Acetylen-Flamme<br>Ar-Plasma | 346,0; 346,5; 345,2 |
| Rh | 343,5; 339,7; 332,3; 369,4; 535,4 | Ar-Plasma | 343,5; 369,4; 339,7 |
| Ru | 349,9; 343,7 | Ar-Plasma | 349,9 |
| S | 182,6; 182,1; 180,7<br>481,6 | Ar-Plasma<br>He-Plasma | 180,7; 182,1; 182,6 |
| Sb | 287,8; 217,6; 206,8; 259,8; 277,0; | Ar-Plasma | 217,6; 206,8 |
| Sc | 390,8; 391,2; 363,1; 361,4; 402,4; 402,0 | Lachgas/Acetylen-Flamme | 390,8; 402,4; 402,0 |
| Se | 484,5<br>196,0; 204,0; 206,3 | Lachgas/Acetylen-Flamme<br>Ar-Plasma | 196 |
| Si | 252,9; 251,6; 251,9; 250,7; 288,2; 390,6 | Ar-Plasma | 251,6; 251,9; 250,7; 252,9 |
| Sn | 286,3; 317,5; 284,0; 326,2; 224,6 | Ar-Plasma | 224,6; 286,3 |
| Sr | 689,3<br>460,7; 421,6; 407,8<br>346,5 | Luft/Propan-Flamme<br>Lachgas/Acetylen-Flamme<br>Ar-Plasma | 460,7 |
| Ta | 331,9; 301,3; 331,1; 271,4 | Ar-Plasma | 271,4 |
| Tc | 429,7; 261,4; 261,6 | Lachgas/Acetylen-Flamme | 261,4; 261,6; 429,7 |

(Fortsetzung Tabelle 4.1)

| | Emissionslinien in nm | mindestens benötigte Anregungsquelle | Absorptionslinien in nm |
|---|---|---|---|
| Te | 214,3<br>575,6; 238,3; 238,6; 225,9 | Ar-Plasma<br>He-Plasma | 214,3; 225,9 |
| Th | 401,9; 374,1; 377,6; 535,1; 276,8 | Lachgas/Acetylen-Flamme | 276,8; 377,6 |
| Ti | 498,2; 363,5; 364,3; 365,4<br>336,1; 334,9; 335,5; 399,9; 399,0; 395,6 | Lachgas/Acetylen-Flamme<br>Ar-Plasma | 364,3; 335,5; 399,9; 399,0; 395,6 |
| Tl | 377,6; 535,0<br>276,8; 351,9; 323,0 | Lachgas/Acetylen-Flamme<br>Ar-Plasma | 276,8; 377,6 |
| V | 437,9<br>318,3; 318,4; 318,5; 309,3 | Lachgas/Acetylen-Flamme<br>Ar-Plasma | 318,3; 318,4; 318,5; 437,9 |
| W | 430,2; 429,5; 400,9<br>220,4 | Lachgas/Acetylen-Flamme<br>Ar-Plasma | 400,9 |
| Y | 467,5; 363,3; 371,0; 410,2; 407,7 | Lachgas/Acetylen-Flamme | 410,2; 407,7 |
| Zn | 213,9; 202,6; 481,1; 334,5; 307,6 | Ar-Plasma | 213,9; 307,6 |
| Zr | 354,8; 360,1; 343,8; 339,2 | Ar-Plasma | 360,1; 354,8 |

Da Atome durch Energieaufnahme auch ionisiert werden können, werden in Emissionsspektren neben den Atomlinien oft auch Ionenlinien beobachtet. Dabei gleicht das Ionenspektrum eines bestimmten einfach ionisierten Elementes in seinem Charakter dem Atomspektrum des Elementes mit der um eins niedrigeren Ordnungszahl. Zum Beispiel gleicht also das Spektrum des einfach ionisierten Heliums (Ordnungszahl 2) dem Spektrum des Wasserstoffes (Ordnungszahl 1). Ebenso gleicht auch das Spektrum des zweifach ionisierten Lithiums (Ordnungszahl 3) dem Spektrum des atomaren Wasserstoffes. Diese Gesetzmäßigkeit ist auf die jeweils gleiche Besetzung der Orbitale mit Elektronen zurückzuführen. Man spricht vom spektroskopischen Verschiebungssatz nach Sommerfeld-Kossel. Eine eingehendere Deutung und sogar eine Voraussage von Elektronenspektren ist mithilfe so genannter Termschemata möglich. Dazu sei jedoch an dieser Stelle auf die Lehrbücher der Physikalischen Chemie verwiesen.

**Linienbreite**

Nach den bisherigen theoretischen Überlegungen müssten die Spektrallinien der Elemente, da sie genau definierten diskreten Energiedifferenzen entsprechen, die wiederum nur jeweils einer einzigen Wellenlänge entsprechen, unendlich schmal sein, was in der Realität jedoch nicht zutrifft. Vielmehr weisen sie eine natürliche Linienbreite, d. h. eine gewisse Wellenlängenverteilung auf. Sie ist umso breiter, je kürzer die Beobachtungsdauer der beteiligten Zustände ist, da bei kürzerer Beobachtungsdauer die Energieunschärfe der einzelnen Niveaus zunimmt. Diese Energieunschärfe kann mathematisch durch Auflösung der Schrödinger-Gleichung beschrieben werden:

$$\Delta E = \hbar/\Delta\tau \tag{4.8}$$

mit $\Delta E$: Unschärfe des Überganges zwischen zwei Energieniveaus J
$\hbar$: $h/2\pi$ ($h$: Planck'sche Konstante) in Js
$\Delta\tau$: Beobachtungsdauer der beteiligten Zustände in s

Die aus der Energieunschärfe resultierende Lebensdauer- oder Unschärfeverbreiterung ergibt eine Intensitätsverteilung über den Wellenlängenbereich der Spektrallinie (Linienprofil), die sich mit einer Lorentz-Funktion beschreiben lässt. Weitere Verbreiterungen entstehen sowohl durch den Doppler-Effekt aufgrund der thermischen Bewegung der emittierenden Atome, als auch durch Stöße, deren Effekte als Resonanz- oder Holtzmark-Verbreiterung (Stöße zwischen gleichen Atomen in unterschiedlichen Energiezuständen), Lorentz-Verbreiterung (Stöße der Atome mit anderen neutralen Teilchen) bzw. Stark-Verbreiterung (Stöße der Atome mit geladenen Teilchen) bezeichnet werden.

Der Doppler-Effekt besteht in der Verschiebung der Wellenlänge bzw. der Frequenz einer mit einem ruhenden Detektor beobachteten Spektrallinie durch die (thermische) Bewegung des emittierenden bzw. absorbierenden Atomes relativ zum Lichtweg. Dabei lässt sich der

Zusammenhang zwischen der Bewegungsgeschwindigkeit, der Lichtgeschwindigkeit und der Frequenzverschiebung wie folgt beschreiben:

$$v = (\nu - \nu_0)\frac{c}{\nu_0} \tag{4.9}$$

mit $v$: Bewegunggeschwindigkeit in m/s
$\nu$: beobachtete Frequenz des bewegten Atomes in 1/s
$\nu_0$: Frequenz des unbewegten Atomes in 1/s
$c$: Lichtgeschwindigkeit in m/s

Die durch den Doppler-Effekt hervorgerufene Frequenz- bzw. Wellenlängenverteilung entspricht aufgrund der thermischen Teilchenbewegung der Maxwell-Boltzmann-Verteilung und lässt sich daher mit einer Gauss-Funktion beschreiben. Mithilfe der Doppler-Verbreiterung kann man u. a. die Oberflächentemperatur von Sternen ermitteln.

Die Stoßverbreiterungen sind proportional zur Anzahl der jeweils stattfindenden Stöße und damit abhängig von der jeweiligen Teilchendichte. Sie entstehen, da im Augenblick des Stoßes die Möglichkeit besteht, dass Atome neben der Übergangsenergie auch Stoßenergie aufnehmen bzw. abgeben. Die resultierende Verteilung lässt sich wiederum mit einer Lorentz-Funktion beschreiben.

Der Stark-Verbreiterung liegt schließlich noch ein anderer Effekt zugrunde (Stark-Effekt). Hierbei werden durch das elektrische Feld von geladenen Teilchen die Energieniveaus von Atomen aufgespalten, was wieder unmittelbar zu einer Änderung der Übergangsenergie und damit zu einer Wellenlängenverschiebung führt. Wegen der hohen Dichte geladener Teilchen tritt die Stark-Verbreiterung hauptsächlich in der Plasmaemissionspektroskopie in Erscheinung.

Insgesamt ist eine Spektrallinie also umso breiter je höher Temperatur und Druck in der absorbierenden bzw. emittierenden Atomwolke sind. Die resultierende Wellenlängenverteilung einer Spektralinie ergibt sich aus der Summe aller auftretenden Verbreiterungseffekte. Sie wird als Voigt-Profil bezeichnet und lässt sich nur noch durch eine sehr komplexe Funktion beschreiben. Eine schematische Darstellung des Voigt-Profiles findet sich in Abbildung 4.7.

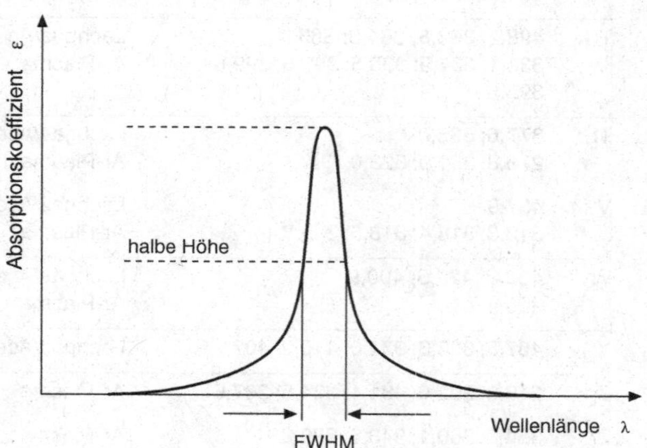


**4.7** Voigt-Profil einer Spektrallinie.

Als Maß für die Linienbreite wird die Halbwertsbreite (FWHM, engl. *full width at half maximun*), die Breite der Linie auf ihrer halben Höhe, angegeben. Die Werte liegen in der Größenordnung von 0,5 bis 5 pm. Neben verschiedenen Linienbreiten können Atomlinien noch eine Feinstruktur aufweisen, die durch eine entsprechende Feinstruktur im Energieniveauschema hervorgerufen wird. Diese ist auf magnetische Wechselwirkungen zwischen dem Spindrehimpuls und dem Bahndrehimpuls des betreffenden Elektrons zurückzuführen. Ein Beispiel ist die gelbe Natriumlinie bei 589 nm. Bei genügend hoher Spektrometerauflösung erkennt man, dass es sich um zwei eng benachbarte Linien mit Wellenlängen von 589,16 nm und 589,76 nm handelt. Eine zusätzliche Aufspaltung, die noch 1000-mal feiner als die Feinstruktur ist, ist die Hyperfeinstruktur, die durch Wechselwirkungen eines von Null verschiedenen Kern-

### Größenordnung der Verbreiterungseffekte: Ein Beispiel

Die Größenordnungen der Stoßverbreiterungen sind zwar geringer als die durch den Doppler-Effekt verursachte Linienverbreiterung, gerade in der Emissionsspektroskopie können sie jedoch erhebliche Ausmaße annehmen. Ein Beispiel hierfür ist die Holtzmark-Verbreiterung bei Beobachtung der beiden Calciumlinien bei 393,3 nm (I) und 396,8 nm (II), bei denen es ab einer Ca-Konzentration von 1 mg/L eines eingeleiteten Aerosols zu einer nichtlinearen Anhebung des Untergrundes bis in eine Entfernung von 10 nm kommt.

spins mit dem Magnetfeld ungepaarter Elektronen und das Vorkommen mehrerer stabiler Isotope des Atoms verursacht wird. Für die quantitativ-analytische Atomspektrometrie ist die Hyperfeinstruktur jedoch nicht von Interesse und sie wird mit den üblichen Atomspektrometern nicht aufgelöst.

### 4.2.2 Bauteile eines Atomspektrometers

Die Atomspektrometrie befasst sich, wie bereits erwähnt, mit der Beobachtung von Übergängen zwischen verschiedenen Energieniveaus äußerer Elektronen. Die Energiedifferenzen zwischen diesen Niveaus entsprechen der Energie von elektromagnetischer Strahlung im Spektralbereich vom nahen IR bis ins Vakuum-UV. Zum Aufbau eines Atomspektrometers werden daher Bauteile benötigt, die elektromagnetische Strahlung dieses Wellenlängenbereiches erzeugen, transportieren, wellenlängenselektiv zerlegen (dispergieren) und detektieren können. Desweiteren werden Probenzuführungssysteme für verschiedene Probenarten benötigt und die zu analysierenden Probenbestandteile müssen in die analysierbare Form, also in isolierte (gasförmige) Atome überführt werden. Dies alles hat bei quantitativen Messungen unabhängig von der Art der Probe absolut reproduzierbar zu geschehen.

Die Bauteile zur Probenzuführung, Wellenlängendispersion und Detektion sind bei bei Atomemissions-, Atomabsorptions- und Atomfluoreszenzspektrometern identisch. Große Unterschiede gibt es jedoch zwischen den Strahlungsquellen und Atomisierungseinheiten der Atomabsortions- und -fluoreszenzspektrometrie und den Anregungsquellen der Atomemissionspektrometrie. Die einzelnen Bauteile sollen im Folgenden näher beschrieben werden.

**Probeneinführungssysteme**

Der Probeneintrag in der Atomspektrometrie stellt ein anspruchsvolles Aufgabenfeld dar und die richtige Wahl des Probeneinführungssystemes übt einen entscheidenden Einfluss auf die Leistungsfähigkeit eines Analysenverfahrens aus. Von der Qualität des Probeneintrags hängen die Reproduzierbarkeit, die Empfindlichkeit, die Nachweisgrenze und letztendlich die Richtigkeit der Ergebnisse eines atomspektrometrischen Verfahrens ab. Grundsätzlich wird die Art der Probeneintragssysteme nach dem Aggregatzustand der Probenmaterialien unterschieden. Für gasförmige, flüssige und feste Proben wurden verschiedene Techniken entwickelt.

***Gasförmige Proben***

Der Eintrag gasförmiger Proben ist apparativ am einfachsten umzusetzen. Gasförmige Proben liegen in der Atomspektrometrie vor allem bei zwei speziellen Anwendungsgebieten vor:

1. Sollen neben der Elementaranalyse (z. B. Zinn in Meerwasser) auch Informationen über die Verbindungen, in denen der Analyt vorliegt, gewonnen werden (z. B. für die Unterscheidung verschiedener metallorganischer Verbindungen, wie Tributylzinn und weitere zinnorganische Verbindungen), so wird die atomspektrometrische Detektion an eine Trennmethode gekoppelt. Als Trennmethode steht zum Beispiel die Gaschromatographie zur Verfügung. Hier müssen also die von der gaschromatographischen Säule eluierenden gasförmigen Verbindungen der Atomisierungseinheit oder Anregungsquelle zugeführt werden.

2. Zur Abtrennung einiger Elemente von störenden Begleitsubstanzen kann deren Eigenschaft, gasförmige Hydride zu bilden ausgenutzt werden (As, Sb, Sn, Se, Pb u. a.). Daneben zeichnet sich das Element Hg schon in seiner elementaren Form durch einen hohen Dampfdruck aus. Einige weitere nichtflüchtige Metalle bilden durch Komplexierung mit Diketonen gasförmige Verbindungen. Diese Elemente können also in gasförmige Verbindungen überführt und der Atomisierungseinheit oder Anregungsquelle zugeführt werden.

Ein großer Vorteil bei der Einführung der Analyten im gasförmigen Zustand in die Anregungseinheit ist die Abtrennung nichtflüchtiger Probenbestandteile. Außerdem eignet sich diese Art der Probenzuführung besonders für die Plasmaemissionsspektrometrie (vgl. Kap. 4.4.3), da durch das ebenfalls gasförmige Trägermedium, meist ein Inertgas ($N_2$, Ar oder He), verschiedene Störeffekte erheblich eingeschränkt werden können. Bei der apparativen Umsetzung der Einführung gasförmiger Proben insbesondere in Plasmaanregungsquellen sind drei Effekte zu minimieren:

- Totvolumina, die zu Signalverbreiterungen führen
- Memory-Effekte (Zurückhaltung und langsame Freisetzung eines Teils der vorherigen Probe in einem Gerätbauteil), die eine Drift der Basislinie verursachen
- Analytkondensation bzw. -zersetzung, woraus schlechte Reproduzierbarkeit und Empfindlichkeit sowie Memory-Effekte resultieren

***Flüssige Proben***

Während die Möglichkeiten, Analyten in gasförmige Verbindungen zu überführen, sehr eingeschränkt sind, gibt es eine Vielzahl von Möglichkeiten zur Überführung von Proben in flüssige Lösungen (vgl. Abschnitt 3.5). Methoden zum Eintrag flüssiger Proben in die Atomisierungs-/Anregungsquellen von Atomspektrometern sind daher in großer Zahl entwickelt worden. Meist werden dabei die flüssigen Proben in Form von Aerosolen eingebracht. Aerosole können mithilfe verschiedener Zerstäubersysteme erzeugt werden (pneumatische Zerstäuber, Ultraschallzerstäuber, Hochdruckzerstäuber). Bei anderen Verfahren werden die Lösungen zunächst getrocknet und die Rückstände anschließend verdampft (elektrothermale Verdampfung, Probenboottechnik).

*Pneumatische Zerstäuber*

Bei pneumatischen Zerstäubersystemen bewirkt ein Inertgasstrom eine Sogwirkung auf die Analysenlösung, wodurch diese mitgerissen und eine Tröpfchenbildung hervorgerufen wird. Bekannte Vertreter sind der Meinhard-Zerstäuber, der Knierohrzerstäuber, der Babington-Zerstäuber und der MAK-Zerstäuber (s. Abbildung 4.8). Üblicherweise werden sie aus Glas oder Quarz hergestellt, womit sie gegenüber den meisten Säuren widerstandsfähig sind. Der Einsatz aggressiverer Medien wie z. B. Flusssäure bedingt jedoch auch die Verwendung von Materialien wie Polytetrafluorethylen (PTFE).

Pneumatische Zerstäuber werden zum Aerosoleintrag in Flammen (Atomabsorptionspektrometrie mit Flammenatomisierung, Flammenphotometrie) und in Plasmen (Plasmaemissionsspektrometrie) verwendet. Bei der Plasmaemissionsspektrometrie z. B. erreichen sie mit Probendurchflüssen von 1–2 mL/min bei um den Faktor 1000 höheren Plasmagasflüssen eine Aerosolausbeute von 5–10% der angesaugten Lösung mit mittleren Tröpfchengrößen von 5–20 µm. Vor dem Eintrag in Plasma oder Flamme passiert das Aerosol so genannte Sprüh- oder Mischkammern, in denen zu große Tropfen sowie die überschüssige Lösung abtransportiert und das Aerosol mit dem Flammen- oder Plasmagas gemischt wird. Durch das kontinuierliche Ansaugen der Analysenlösungen entsteht bei der Verwendung von pneumatischen Zerstäubern ein konstantes, zeitunabhängiges Signal.

An dieser Stelle soll auch der DIN-Zerstäuber (engl. *direct injection nebulizer*) erwähnt werden. Bei diesem Zerstäubertyp wird die Analysenlösung durch eine Kapillare, um die konzentrisch eine weitere gasführende Kapillare gelegt ist, angesaugt. Am Kapillarenende treffen Gas und Lösung aufeinander und es wird eine 100 %-ige Aerosolausbeute erreicht. Neben der hohen Aerosolausbeute ist ein weiterer Vorteil dieses Probenzuführungssystems die geringe Leitungsinnenfläche, wodurch Memory-Effekte auch bei partikelhaltigen Lösungen weitgehend minimiert werden. Diese Zerstäuberart ist jedoch nur für Proben geringen Volumens geeignet, da die Flussrate der Analysenlösung auf maximal 0,2 mL/min begrenzt ist. Außerdem ist die Verstopfungsgefahr bei Lösungen mit hohen Salzfrachten sehr hoch.

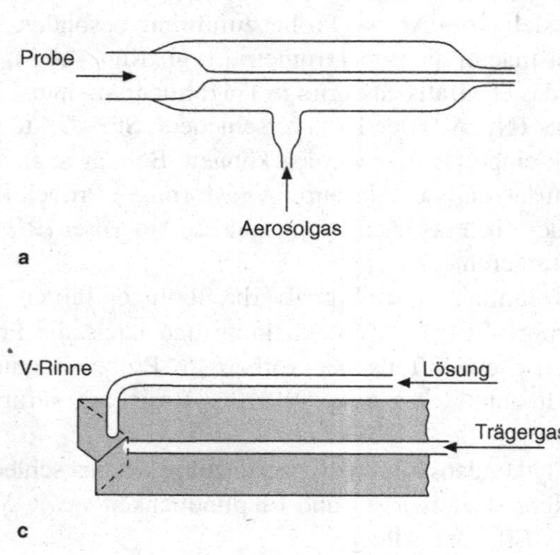


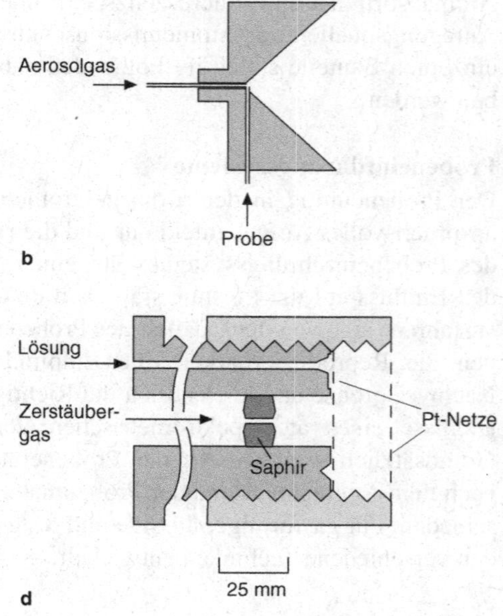


**4.8** Beispiele für pneumatische Zerstäubertypen: a) Konzentrischer Zerstäuber (Ringzerstäuber, oft auch Meinhard-Zerstäuber genannt), b) Knierohrzerstäuber (Cross-flow-Zerstäuber) c) Rinnenzerstäuber (Babington-Zerstäuber) d) Siebzerstäuber.

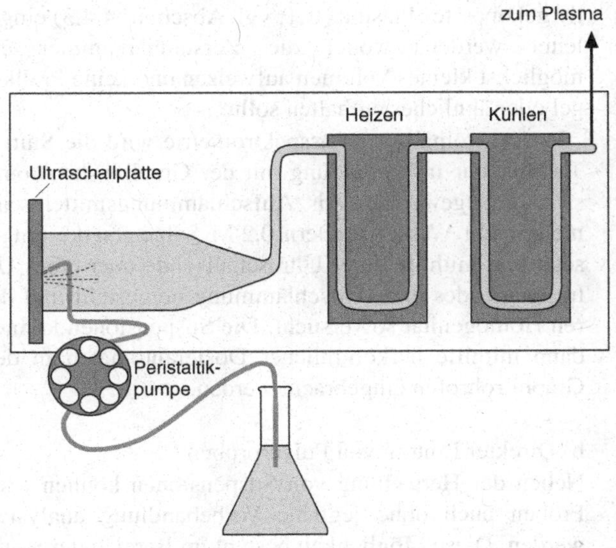


**4.9** Ultraschallzerstäuber zur Erzeugung trockener Aerosole.

*Ultraschallzerstäuber*

In den modernen Ultraschallzerstäubern (engl. *ultrasonic nebulizer* – USN) wird das Aerosol dadurch erzeugt, dass die flüssige Probe auf eine mit einer Ultraschallfrequenz schwingenden Platte (z. B. aus Quarz) gebracht wird (s. Abb. 4.9). Es entstehen mittlere Tröpfchengrößen von 1–5 µm. Das Aerosolgas (Trägergas) dient bei diesem Zerstäubertyp lediglich dem Aerosoltransport.

Die Aerosolausbeute liegt im Vergleich zu den pneumatischen Zerstäubern um ca. 10–30% höher. Der Aerosolerzeugung mit USN angekoppelt sind Desolvatisierungseinheiten, in denen durch Erhitzung des Aerosols und anschließende Abkühlung ein Teil des Lösungsmittels verdampft und so kondensiert und von den Analyten abgetrennt werden kann. Mit dieser Anordnung können die Nachweisgrenzen im Vergleich zu pneumatischen Zerstäubern um etwa eine Zehnerpotenz gesenkt werden. Dem Vorteil erhöhten Nachweisvermögens stehen jedoch häufig Memory-Effekte gegenüber. Außerdem können erhöhte Salzfrachten das System in seiner Effektivität beeinträchtigen. Diesen Effekten muss durch entsprechende Spülzeiten begegnet werden, d. h. das gesamte System muss zwischen den einzelnen Analysen mit dem reinen Lösungsmittel (z. B. Wasser) gespült werden. Dieses Zerstäubersystem ist daher nicht ganz leicht zu handhaben.

*Hochdruckzerstäuber*

Eine weitere Variante der Aerosolerzeugung bietet die hydraulische Hochdruckzerstäubung (engl. *hydraulic high pressure nebulizer* – HHPN). Die Analysenlösung wird bei diesem Prinzip durch ein feinporiges Sieb (Porenweiten: 10, 20 und 30 µm) gedrückt. Der notwendige Flüssigkeitsdruck kann z. B. mithilfe einer HPLC-Pumpe (vgl. Abschnitt 6.2.1) erzeugt werden. Der feine Aerosolstrahl, der hinter dem Sieb aus einer Düse tritt, wird mithilfe einer Prallkugel diffus zerteilt, wobei gleichzeitig zu große Tröpfchen abgetrennt werden (s. Abb. 4.10). Es können Aerosolausbeuten von 50–60% erreicht werden. Diese Anordnung erlaubt die Zuführung von Analysenlösungen mit Flüssen von 0,5 bis 2 mL/min.

Der Nachteil des apparativ und finanziell höheren Aufwandes der Hochdruckzerstäubung wird durch ein erweitertes Anwendungsspektrum ausgeglichen. Wird zwischen der Pumpe und dem Zerstäuber eine flüssigchromatographische Trennsäule eingebaut, lässt sich ein Kopplungssystem aufbauen, das beispielsweise zur Trennung und Bestimmung von Cr(III) und Cr(VI) eingesetzt werden kann. Allerdings treten auch bei der Verwendung eines Hochdruckzerstäubers gerade im Routine-Betrieb häufig Verstopfungsprobleme auf. Zur ihrer Vermeidung müssen die Träger- und Analysenlösungen vor der Zerstäubung durch Lösungsmittelfilter (Porengröße: 5 µm) filtriert werden, sodass auch feinste Partikel abgetrennt werden.

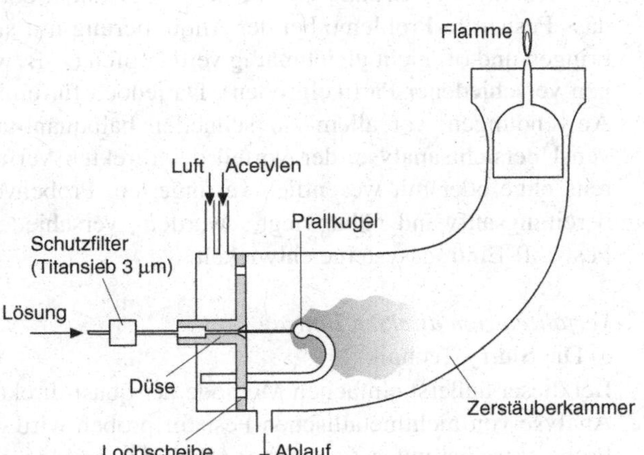


**4.10** Hydraulischer Hochdruckzerstäuber.

*Elektrothermale Verdampfung*

Bei der elektrothermalen Verdampfung werden wenige Mikroliter der flüssigen Probe auf ein Schiffchen aus Graphit oder Tantal, das sich in einem beheizbaren Ofen befindet, aufgetragen und vorsichtig getrocknet. Durch anschließendes, schnelles Aufheizen der Probe (durch einen entsprechend hohen elektrischen Stromfluss) wird der Analyt zusammen mit anderen schwerflüchtigen Begleitsubstanzen verdampft. Für atomemissionspektrometrische Bestimmungen kann die verdampfte Probe dann mithilfe eines Trägergasstromes in die Anregungsquelle transportiert werden. Für atomabsorptions- und atomfluoreszenzspektrometrische Bestimmungen verdampft man die Probe besser direkt im Strahlengang des Spektrometers (Graphitrohrofen-Atomisierungseinheit – s. Abschnitt 4.3.4). Es entstehen schnelle, zeitabhängige (transiente) Signale.

*Probenboottechnik*

Eine weitere Probenzuführungstechnik, die auf dem Prinzip der thermischen Verdampfung beruht, ist die Probenboottechnik. Mit dieser Technik kann jedoch nur in Flammen mit Temperaturen bis zu 1200 °C gearbeitet werden, weshalb die Anwendung auf die Atomisierung weniger Elemente wie Ag, As, Bi, Cd, Hg, Pb, Se, Te, Tl und Zn beschränkt ist. Die Probe wird hierzu in einem Tantalschiffchen nach vorheriger Trocknung direkt in die Flamme eingebracht, wo sie innerhalb weniger Sekunden verdampft und atomisiert wird. Es resultieren auch hier schnelle, zeitabhängige Signale.

***Feststoffproben***

Der Eintrag von Feststoffproben hat bis heute nicht die gleiche Bedeutung wie der gasförmige oder flüssige Eintrag erlangt. Die Gründe hierfür liegen vor allem darin, dass Feststoffe Probleme bei der Aliquotierung mit sich bringen und oft nicht gleichmäßig verdampfen (z. B. wegen verschiedener Partikelgrößen). Da jedoch für einige Anwendungen, vor allem zur schnellen halbquantitativen Übersichtsanalyse, der Vorteil des direkten Verfahrens ohne oder mit wesentlich verringertem Probenvorbereitungsaufwand überwiegt, wurden verschiedene Feststoff-Eintragssysteme entwickelt.

*Verfahren zum direkten Eintrag*

a) Die Slurry-Technik

Bei dieser äußerst einfachen Methode der quasi-direkten Analyse von nichtmetallischen Feststoffproben wird die Probe zunächst unter Zusatz von Alkohol gemahlen, um hinreichend kleine Partikel möglichst homogenen Analytgehalts zu erhalten. Für den Fall, dass Homogenität zwischen Fraktionen verschiedener Korngröße gewährleistet ist, werden die zu analysierenden Partikel nach Trocknung einem Siebprozess unterworfen, um geeignete Korngrößen zu separieren. Diese werden genau eingewogen und nach Zugabe von Wasser und einer oberflächenaktiven Substanz zur Erhöhung der Homogenität (z. B. Triton-X-100) eine Minute gerührt und so eine Suspension (engl. *slurry*) erzeugt.

Für plasmaemissionsspektrometrische Bestimmungen können derartig erzeugte Suspensionen mit dem Babington-Zerstäuber (siehe Abbildung 4.8) direkt in ein induktiv gekoppeltes Plasma (ICP, vgl. Abschnitt 4.4.3) eingeleitet werden, wobei die Zerstäuberkammer ein möglichst kleines Volumen aufweisen und keine Prallkugel oder ähnliches enthalten sollte.

In der Atomabsorptionsspektrometrie wird die Slurry-Technik nur in Verbindung mit der Graphitrohr-Atomisierung angewendet. Als Aufschlämmungsmittel wird meist nicht Wasser sondern 0,2 M Salpetersäure eingesetzt und mithilfe einer Ultraschallsonde oder eines Ultraschallbades eine Aufschlämmung hergestellt und deren Homogenität so versucht. Die Suspensionen können dann mithilfe herkömmlicher Dosierautomaten in den Graphitrohrofen eingebracht werden.

b) Direkter Eintrag von Pulverproben

Neben der Herstellung von Suspensionen können feste Proben auch ohne jegliche Vorbehandlung analysiert werden. Diese Möglichkeit besteht im Bereich der atomabsorptionsspektrometrischen Methoden bei Verwendung der Graphitrohr-Atomisierung und im Bereich der atomemissionsspektrometrischen Methoden beim Einsatz eines ICP. Zum direkten Eintrag pulverisierter fester Proben in den Graphitrohrofen eines Atomabsorptionsspektrometers wurden verschiedene spezielle Dosierwerkzeuge oder spezielle Ofenformen entwickelt. Die Verfahren haben jedoch in der Routineanalytik keine Bedeutung.

Für die Bestimmung fester Proben mit dem ICP wird die pulverisierte Probe in ein Gefäß gegeben, dessen Deckel eine kleine Öffnung aufweist. Dieses Gefäß wird in die Zone der ICP-Fackel bewegt. Bei diesem Prozess können je nach Probenart und -zusammensetzung unterschiedliche Haltezeiten für Trocknungs- und Zersetzungsvorgänge oder andere Probenmodifikationen eingehalten werden, bevor schließlich die Atomisierung und Anregung der Probe erfolgt. Ein derartiges *direct sample insertion*-System (DSI) wurde hinsichtlich einer Vielzahl signalbeeinflussender Parameter von Blain und Salin untersucht. Die relativen Nachweisgrenzen dieser Methode werden mit 0,1–1 µg/g bei eingetragenen Probenmengen in der Größenordnung von 10 mg bzw. 10 µL angegeben. Prinzipiell eignet sich das Verfahren auch zur Analyse von Aufschlämmungen und Flüssigkeiten. Daneben existieren für die direkte Bestimmung fester Proben mit dem ICP einige Vorrichtungen zur Einstäubung pulverförmiger Proben. Die analytischen Erfolge sind allerdings bei allen Versuchen als eher bescheiden einzustufen, da unterschiedliche Transportraten der verschiedenen Kornfraktionen eines Pulvers sehr schlechte Präzisionen verursachen. Die besten Ergebnisse werden mit einer Vorrichtung erzielt, bei der eine pulverförmige Probe mit Schallwellen behandelt und so in den Plasmagasstrom eingestäubt wird (engl. *sonic suspension de-*

*vice*). Sogar ohne internen Standard lassen sich auf diesen Weise relative Standardabweichungen von 5 % erzielen. Grundsätzlich hat man aber bei der direkten Pulvereinführung mit starken Memory-Effekten durch elektrostatische Aufladungen und andere Effekte zu kämpfen, die ihre Anwendungsmöglichkeiten stark einschränken.

*Verfahren zum indirekten Eintrag*

Neben dem direkten Eintrag besteht die Möglichkeit, Feststoffproben ohne Lösungsschritte bei der Probenvorbereitung durch energiereiche physikalische Manipulation direkt in den gasförmigen Aggregatzustand zu überführen. Solche Verfahren werden hauptsächlich für atomemissionsspektrometrische Bestimmungen mit dem ICP eingesetzt. Im Folgenden sollen kurz die bedeutungsvollsten Techniken skizziert werden, deren Anwendungsspektrum ständig vergrößert wird.

a) Elektroerosion

Bei der Elektroerosion werden in einer Atmosphäre aus Inertgas (meist Argon) mittels elektrischer Energie Funken oder Bögen zwischen einer Hilfselektrode und der Probe erzeugt, die in der Lage sind, das Probenmaterial zu verdampfen. Bei diesem Prozess wird ein Probenstaub erzeugt, der sich aus sehr kleinen Partikeln zusammensetzt (<1 µm), die sich selbst über größere Strecken gut in die Fackel eines ICP einleiten lassen. Nach einer kurzen Einbrennzeit stellt sich eine konstante Probeneinführungsrate zum Plasma ein, sodass ein zeitunabhängiges Messsignal erhalten wird, womit keine Probeneinwaage erforderlich ist. Voraussetzung für die Anwendung der Elektroerosion ist die Leitfähigkeit des Probenmaterials. Für nichtleitende Proben kann dieses Hindernis aber umgangen werden, indem die Probe vor der Analyse mit Graphit- oder Metallpulver (meist Kupfer) gemischt wird.

Unter Verwendung der Elektroerosion können mit dem ICP Nachweisgrenzen in der Größenordnung von 1 µg/g erzielt werden. Sie sind aufgrund von stärkeren Matrixeinflüssen sowie der geringeren Probeneinführungsrate nicht so gut wie die Nachweisgrenzen der elektrothermalen Verdampfung (s. o.) und der direkten Probeneinführung (DSI). Die erreichbaren Präzisionen sind dagegen mit Wiederholstandardabweichungen von 0,5–5 % aufgrund einer deutlich geringeren Inhomogenitätsproblematik besser als bei anderen ICP-Feststoffanalysen. Die Methode lässt sich über mindestens drei Dekaden linear kalibrieren, wobei sich die Kalibration durch sehr gute Matrixunabhängigkeit auszeichnet. Ein Nachteil besteht wiederum in starken Memory-Effekten bei großen Transportwegen des Probenstaubes.

b) Elektrothermale Verdampfung

Genau wie Flüssigkeiten können Feststoffe auch durch Zuführung thermischer Energie in die Gasphase überführt werden. Die eingewogene Probe wird meist in einen Graphittiegel gegeben, der sich durch einen hohen Strom sehr schnell und regelbar erhitzen lässt. Auf diese Weise kann eine Probe zusätzlich vor der Verdampfung beliebig konditioniert werden, wodurch der Art der Probe kaum Grenzen gesetzt sind. Sowohl anorganische als auch organische Feststoffe können auf diese Weise sehr empfindlich analysiert werden. Unter Zugrundelegung der Kenntnisse chemischer Transportreaktionen sind hier auch selektive Verdampfungen möglich. Die Nachweisgrenzen mit dem ICP liegen 10–100-mal niedriger als die mit der Zerstäubung von Flüssigkeiten erreichbaren. Durch die geringen Einwaagen ist die Präzision mit Wiederholstandardabweichungen von über 10 % dagegen deutlich schlechter. Um repräsentative Pulverproben geringer Größe zu erhalten, ist darüber hinaus eine aufwendige Probenvorbereitung erforderlich, wodurch der Vorteil einer unmittelbaren Feststoffanalyse wieder zunichte gemacht wird.

c) Lasererosion

Schließlich lässt sich auch die energiereiche Strahlung von Lasern dazu nutzen, Proben unterschiedlichster Zusammensetzung zu verdampfen bzw. Partikel herauszulösen und einem ICP oder auch anderen Analysensystemen wie z. B. einem Massenspektrometer zuzuführen. Dabei spielt es keine Rolle, ob die Proben leitend oder nichtleitend, fest oder pulverförmig, organisch oder anorganisch sind. Die Menge an abgetragenem Probenmaterial ist direkt proportional zur Leistung des Lasers und wird im Wesentlichen durch die Oberflächenbeschaffenheit der Probe bestimmt. Je besser die elektromagnetische Energie mit dem Probenmaterial wechselwirken und auf sie übertragen werden kann, desto mehr Probe wird erodiert. Der gebündelte Laserstrahl erlaubt in einzigartiger Weise die Analyse von kleinsten Bereichen einer Probe. Dies führt auf der einen Seite wiederum zu der Problematik der repräsentativen Probenzuführung. Auf der anderen Seite wird aber gerade hierdurch die Möglichkeit eröffnet, den Laserstrahl als Mikrosonde einzusetzten, mit der gezielt interessierende Mikrozonen einer Probe untersucht werden können. Auch räumlich aufgelöste Analysen sind möglich. Die Nachweisgrenzen des ICP mit der Probeneinführung durch Lasererosion liegen in der Größenordnung von 1 µg/g, die Wiederholstandardabweichungen betragen 5–10 %. Bei allen genannten Vorteilen der Lasererosion dürfen jedoch nicht die hohen Anschaffungskosten vernachlässigt werden. Es werden in der Regel Rubin-, Nd-YAG- oder *excimer laser* verwendet.

**Vor- und Nachteile der genannten Verfahren**

| *Verfahren* | *Vorteil* | *Nachteil* |
|---|---|---|
| Elektroerosion | konstanter Probeneintrag<br>einfache Probenvorbereitung<br>hohe Linearität des Verfahrens<br>relativ preiswert | nur für leitfähige Proben geeignet<br>relativ hohe Nachweisgrenzen, da hoher Matrixeinfluss<br>Memory-Effekte |
| elektrothermale Verdampfung | flexibel, für viele Probenarten verwendbar | schlechte Präzision<br>hohe Nachweisgrenzen<br>aufwendige Probenvorbereitung |
| Laserosion | alle Arten von Proben sind nutzbar<br>sehr geringe Nachweisgrenzen | teuer |

***Strahlungs- und Anregungsquellen***
In der Atomabsorptions- und -fluoreszenzspektrometrie werden Strahlungsquellen benötigt, die eine hohe Strahlungsintensität im Bereich der Hauptspektrallinien der zu bestimmenden Atome aufweisen. Zur Erzeugung der gasförmigen Atome werden separate Atomisierungseinheiten gebraucht, die sich wie eine Küvette bei UV-VIS-Geräten im Strahlengang des Spektrometers befinden. Demgegenüber sollen in der Atomemissionsspektrometrie die Bestandteile der Probe selbst zur Emission ihrer charakteristischen Linienstrahlung angeregt werden. Hier werden also Anregungsquellen verwendet, die gleichzeitig für eine Atomisierung der Probe und eine Anregung der entstehenden Atomdampfwolke sorgen. Wegen dieser grundlegend verschiedenen Prinzipien ergeben sich apparative Unterschiede. Diese Bauteile werden daher in den entsprechenden Kapiteln separat behandelt.

**Monochromatoren**
Monochromatoren sollen möglichst monochrome (einfarbige) Strahlung, d. h. Strahlung einer bestimmten Wellenlänge vom Rest des Spektrums separieren. In der Atomspektrometrie werden sie daher als zentrale Bausteine jedes Spektrometers zur Separation der charakteristischen Spektrallinien unterschiedlicher Wellenlänge (Energie) eingesetzt. Zum prinzipiellen Aufbau jedes Monochromators gehört zunächst ein Eintrittsspalt, der paralleles Messlicht nur in Form einer schmalen Linie durchlässt. Dieser Spalt wird dann auf ein so genanntes dispergierendes Bauteil (Gitter, Prisma o. ä.) abgebildet, das in der Lage ist, elektromagnetische Strahlung in Abhängigkeit von ihrer Wellenlänge räumlich aufzuteilen. Die aufgeteilte Strahlung fällt dann dort, wo ein photographischer Film bei allen im betrachteten Spektrum enthaltenen Wellenlängen scharfe Abbildungen dieses Eintrittsspalts zeigen würde, jeweils auf einen entsprechenden Austrittsspalt, hinter dem sich ein Detektor befindet. Der Wellenlängenunterschied zweier so erzeugter spektraler Linien (Abbildungen des Eintrittsspaltes), die gerade noch scharf voneinander trennbar sind, bezeichnet das Auflösungsvermögen eines Monochromators (s. Abb. 4.11.

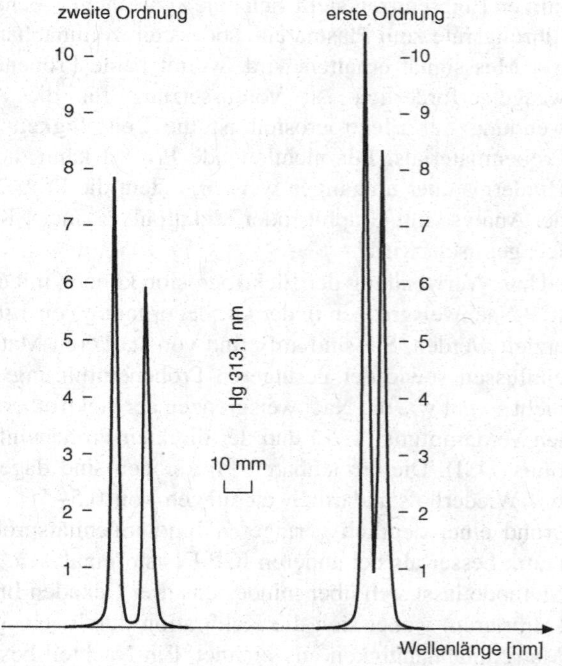


**4.11** Beispiel für das Auflösungsvermögen eines Monochromators mit einem Reflexionsgitters am Beispiel des Quecksilberdoubletts bei 313,1 nm, gemessen in der 1. und 2. Ordnung.

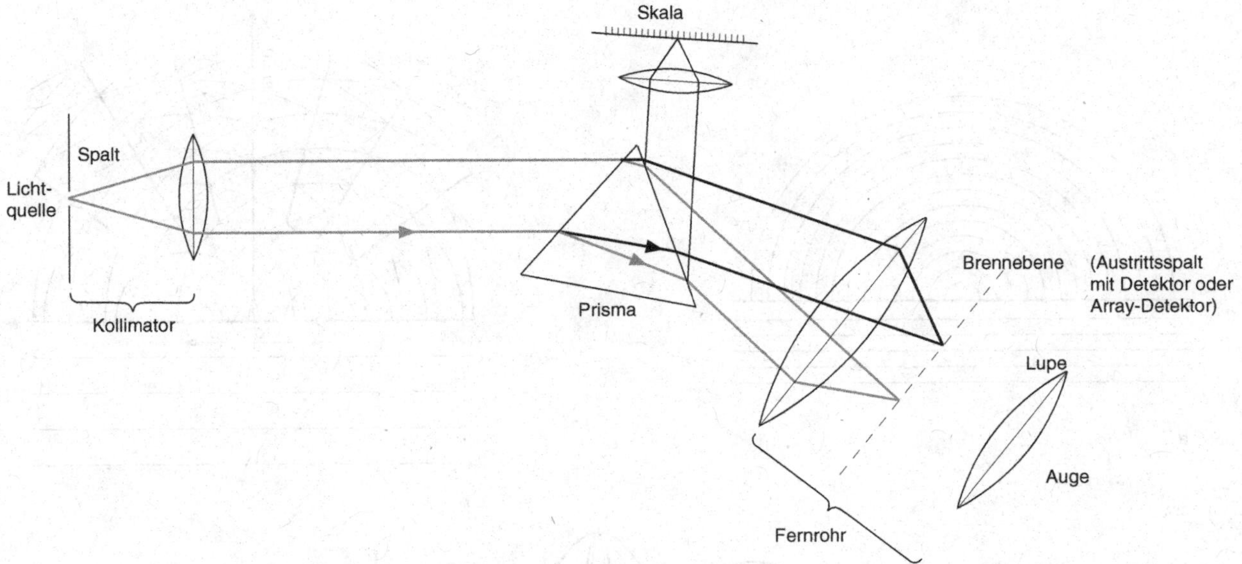


**4.12** Spektrale Zerlegung von Licht durch ein Prisma zur Erfassung einzelner Wellenlängenbereiche. Die Skala war früher totalreflektierend und über das Abbild des Spaltes projiziert. Das Fernrohr sollte eine spezielle Korrektur aufweisen, um den chromatischen Abbildungsfehler zu korrigieren. Derartige Spektroskope sind noch heute im qualitativ-analytischen Praktikum im Einsatz.

Monochromatoren existieren in sehr unterschiedlichen Ausführungsformen, die unter anderem von der Wellenlänge der zu untersuchenden Strahlung und vom gewünschten Auflösungsvermögen abhängig sind. Die physikalische Grundlage für die Funktion der dispergierenden Bauteile ist entweder die Brechung der elektromagnetischen Strahlung an Grenzflächen zweier Medien mit unterschiedlichem wellenlängenabhängigem Brechungsindex (Dispersion) oder die Beugung an Kristallgittern oder an Spalten. Diese Vorgänge können mithilfe des Wellenmodells zur Beschreibung der elektromagnetischen Strahlung erklärt werden. Zusätzlich zu den hier beschriebenen Monochromatoren existiert eine Vielzahl von weiteren Monochromatoren, die jeweils für bestimmte Wellenlängenbereiche oder für spezielle spektrometrische Methoden besonders gut geeignet sind. Ein Beispiel dafür ist die Beugung von Röntgenstrahlung an Kristallgittern. Solche speziellen Monochromatoren werden jeweils im Rahmen der spektrometrischen Methoden erklärt, bei denen sie eingesetzt werden.

***Das Prisma***

Beim Auftreffen von Licht aus einem Medium mit dem Brechungsindex $n_0$ auf eine Grenzfläche zu einem anderen Medium mit dem Brechungsindex $n_1$ (verschieden von $n_0$) ändert sich die Ausbreitungsgeschwindigkeit der elektromagnetischen Wellen und in Abhängigkeit von der Wellenlänge auch ihre Ausbreitungsrichtung (Brechungsgesetz von Snellius). Der Brechungsindex $n_i$ ist wie folgt definiert:

$$n_i = \frac{c}{v_i} \tag{4.10}$$

mit $n_i$: Brechungsindex des Mediums
$c$: Lichtgeschwindigkeit im Vakuum in m/s
$v_i$: Lichtgeschwindigkeit im Medium in m/s

Fällt weißes Licht unter einem Einfallswinkel φ auf ein Prisma, so wird die Strahlung an der Grenzfläche wellenlängenabhängig gebrochen, und zwar kürzerwellige Strahlung stärker als längerwellige (Dispersion). Dieser Effekt wiederholt sich und wird verstärkt, wenn die Strahlung an mehreren Grenzflächen in die gleiche Richtung gebrochen wird, im Falle des Prismas z. B. zweimal. Da auch der Weg, den die Strahlung in dem Medium zurücklegt, bevor es erneut an einer Grenzfläche gebrochen wird, einen Einfluss auf das Maß der spektralen Aufspaltung hat (längere Strecke = größere Aufspaltung benachbarter Strahlen, siehe Abbildung 4.12), wird ein Prisma charakterisiert durch seinen Brechungswinkel φ und seine Basislänge $B$.

Das Auflösungsvermögen $R$ eines Prismas ist durch die Wellenlängenabhängigkeit des Brechungsindex und durch die Basislänge festgelegt:

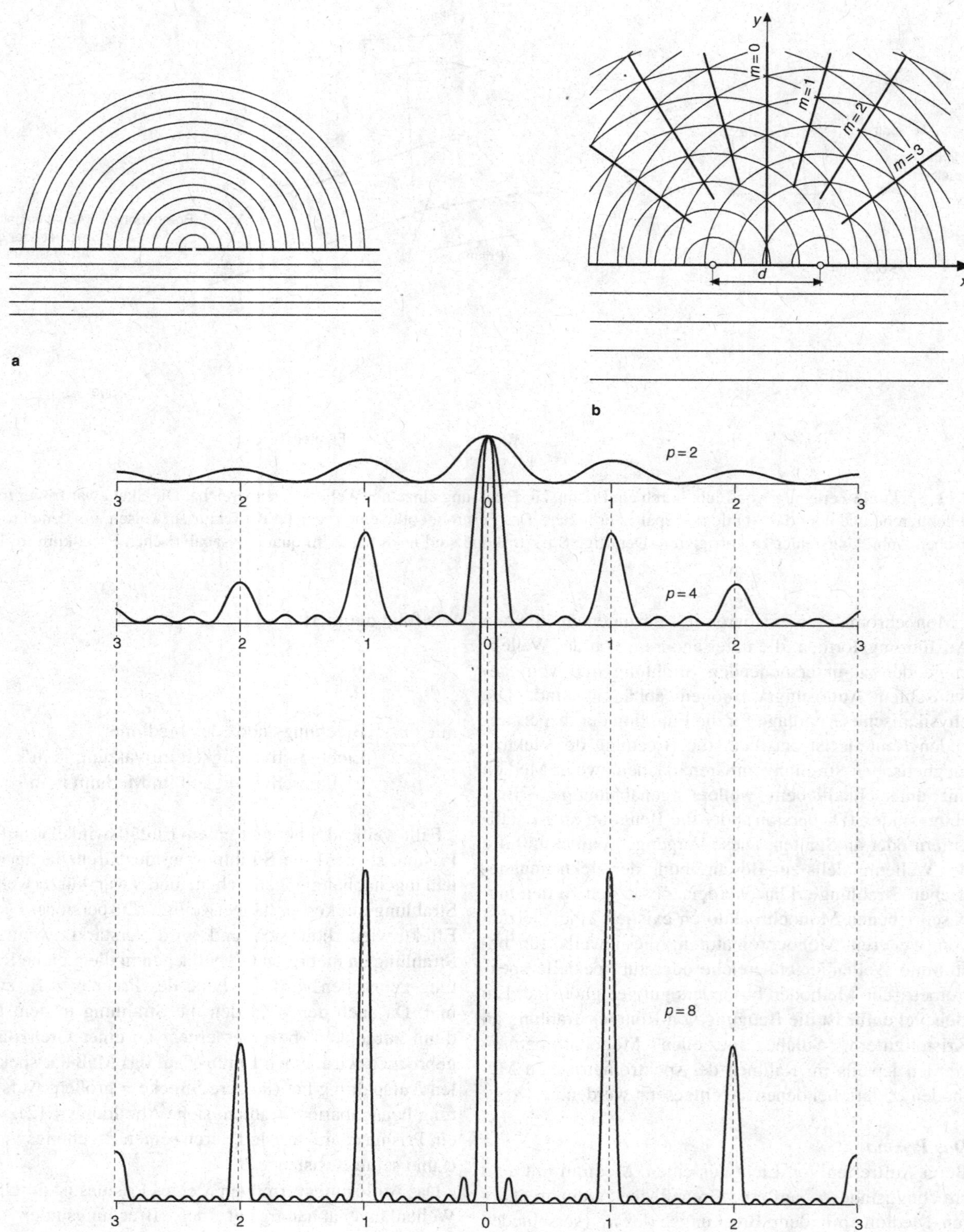


**4.13** Interferenzmuster bei Beugung, a) Beugung einer Parallelwelle an einem Spalt, b) Beugung am Doppelspalt, c) Beugung an zwei, vier und acht Spalten.

$$R = \frac{\lambda}{\Delta\lambda} = 2 \cdot B \cdot \frac{dn}{d\lambda} \quad (4.11)$$

mit $R$: Auflösungsvermögen
$\lambda$: Wellenlänge in m
$\Delta\lambda$: Wellenlängenunterschied gerade noch trennbarer Linien in m
$B$: Basislänge in m
$dn/d\lambda$: wellenlängenabhängiger Brechungsindex

*Das Gitter*

Ein Gitter, genauer ein Reflexionsgitter, besteht aus einer sehr großen Zahl von sehr dicht zusammenliegenden parallelen und verspiegelten Furchen (Gitterlinien, Vertiefungen im µm-Bereich). Trifft nun elektromagnetische Strahlung auf diese mit eng benachbarten Furchen bedeckte Ebene, kommt es aufgrund des Huygensschen Prinzipes, nach dem jeder Punkt einer Welle wieder Ausgangspunkt einer neuen Elementarwelle (von jeder Furche ausgehend) ist, zur Beugung. Als Folge dieser Beugung tritt konstruktive und destruktive Interferenz der von den verspiegelten Furchen reflektierten Strahlung auf, was je nach Ausbreitungsrichtung zur Auslöschung oder zur Verstärkung dieser Strahlung führt. Das Phänomen ist in Abb. 4.13 dargestellt. (Der Begriff der Interferenz darf hier nicht mit dem Begriff der Interferenz als Messstörung verwechselt werden.)

Bei gleichem Einfallswinkel entstehen hierbei für Strahlung verschiedener Wellenlängen unterschiedliche Beugungsmuster. Damit konstruktive Interferenz (Verstärkung) zwischen gebeugten Strahlen zweier benachbarter Gitterlinien eintreten kann, muss folgende Gittergleichung gelten:

$$m \cdot \lambda = d \cdot \sin\theta \quad (4.12)$$

mit $m$: Ordnung der Beugung ($m = 0$: Reflexion; $m = 1$: konstruktive Interferenz mit Gangunterschied $1\lambda$ usw.)
$\lambda$: Wellenlänge in m
$d$: Gitterkonstante (Abstand zwischen den Mittelpunkten zweier Gitterlinien) in 1/m
$\theta$: Einfallwinkel

Je größer die Anzahl der Gitterlinien pro Fläche bei einem Gitter ist, desto schärfer und intensiver werden die Interferenzmaxima. Dadurch wird eine Erhöhung der Auflösung bewirkt. Man erkennt sogleich, dass man nicht nur ein Spektrum erhält sondern in jeder Ordnung eines, das sich mit steigender Ordnung über einen größeren Raumwinkelbereich erstreckt und sich dem der niedrigeren Ordnung überlagert. Um diese Überlagerung mit beispielsweise $\lambda/2$ in der 2. Ordnung bei der Messung auszuschalten, werden zusätzliche Ordnungsfilter verwendet. So kann man z. B. mittels einer Glasplatte alle Wellenlängen < 300 nm ausblenden. Das Auflösungsvermögen eines Gitters ist wie folgt definiert:

$$R = \frac{\lambda}{\Delta\lambda} = m \cdot N \quad (4.13)$$

mit $R$: Auflösungsvermögen
$m$: Ordnung der Beugung
$N$: Gesamtzahl der Gitterlinien

Eine Besonderheit stellen die so genannten Blaze- oder Echelle-Gitter dar. Dieser Gittertyp hat ein unsymmetrisches, sägezahnförmiges Profil, wodurch ein sehr hoher Lichtanteil in bestimmte Ordnungen m gelenkt wird. Bei vergleichsweise großen Gitterkonstanten ($1/150 \leq d \leq 1/30$ mm) werden so in hohen Ordnungen ($20 \leq m \leq 170$) sehr gute Auflösungen erreicht. Charakterisiert werden diese Gitter durch den so genannten Blaze-Winkel bzw. die Blaze-Wellenlänge, bei der die Lichtausbeute optimal ist (s. Abb. 4.14). Damit kann für einen bestimmten Wellenlängenbereich im Bereich der Blaze-Wellenlänge des Gitters eine höhere Lichtausbeute und damit ein günstigeres Signal/Rausch-Verhältnis erzielt werden.

Gitter können mechanisch oder holografisch hergestellt werden. Bei der mechanischen Herstellung werden die Gitterlinien mit einem Diamanten langsam in eine für spätere Abformungen geeignete Oberfläche (master) geritzt. Dies dauert eine gewisse Zeit (z. B. >1000 Linien/mm!) und muss in extrem schwingungsarmen Gebäuden durchgeführt werden. Sollte es doch einmal zu Unregelmäßigkeiten kommen, so treten später bei den Replikas im Spektrometer sog. „Gittergeister" auf. Darunter versteht man zusätzliche Spektrallinien, die an einer meist sehr intensiven Mutterlinie als symmetrische Tochterlinien rechts und links auf der Anstiegsflanke auftreten, die aber nicht von der Strahlungsquelle stammen. Daher kann man sie leicht mit der Linie eines anderen Elements verwechseln. Da sie aber in ihrer Konzentrationsabhängigkeit der starken Linie folgen, können sie erkannt werden.

Holografische Gitter werden fotolithografisch mithilfe zweier Laser hergestellt. In einem bestimmten Winkel zueinander erzeugen sie ein strichförmiges Interferenzmuster, mit dem eine Photoschicht belichtet wird. Anschließend wird die Photoschicht entwickelt und dabei werden die Furchen geätzt. Danach wird die gesamte Fläche im Vakuum mit einer reflektierenden und schützenden Schicht bedampft. Während geritzte Gitter eine Gitterkonstante von minimal $d = 1/3600$ mm erreichen,

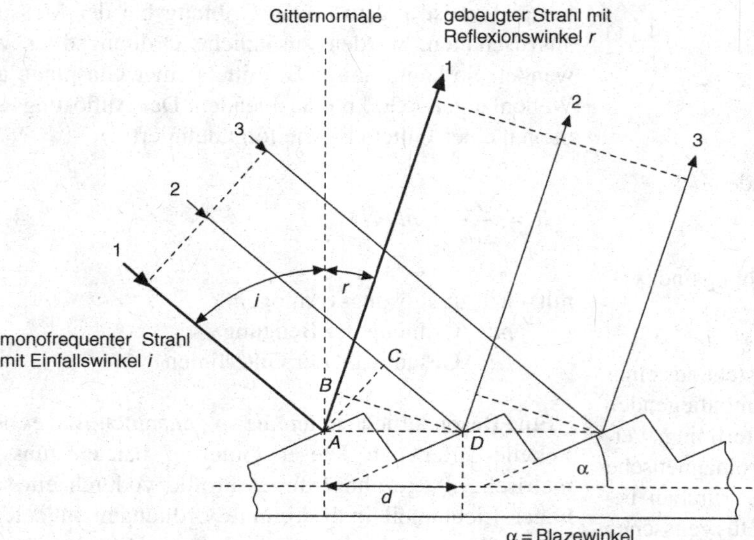


**4.14** Beugung am Gitter mit Blaze-Winkel.

lassen sich holografisch hergestellte Gitter mit bis zu $d = 1/6600$ mm fertigen. Neuerdings kann durch so genanntes *ion-etching* (wörtl.: Ionen-radieren) ein holografisch hergestelltes Gitter nachträglich mit einem Sägezahnprofil und damit mit einem Blaze-Winkel versehen werden. Dabei wird das Gitter unter einem bestimmten Winkel mit Ionen beschossen, wodurch das Profil des Gitters einseitig abgetragen wird.

***Geometrische und spektrale Spaltbreite***

Die geometrische Spaltbreite eines Monochromators ist durch die effektive Breite des Eintrittsspaltes bestimmt. Die Breite des Austrittsspaltes wird üblicherweise in derselben Größenordnung gewählt. Bei der Wahl eines optimalen Eintrittspaltes ist zu beachten, dass die Linienintensität ungefähr linear mit der Spaltbreite ansteigt, der Untergrund aber quadratisch. Will man daher ein gutes Linien/Untergrundverhältnis haben, sollte man mit möglichst schmalen Eintrittsspalten arbeiten. Dies hat aber eine geräteabhängige Grenze, wenn der Spalt so eng wird, dass er zu Beugungserscheinungen neigt. Dies kann bereits bei Breiten <10 µm der Fall sein. Als spektrale Spaltbreite wird dagegen der Wellenlängenbereich bezeichnet, der nach der Dispersion zur Detektion gelangt. Für spektrometrische Bestimmungen unter Verwendung eines Monochromators sind nun zwei gegenläufige Effekte abzuwägen:

- Durch eine große geometrische Spaltbreite fällt viel Strahlung auf den Detektor.
- Durch eine kleine spektrale Spaltbreite wird möglichst monochromatisches Licht erzeugt und eine höhere Auflösung erreicht.

Die spektrale Spaltbreite ist über die reziproke Lineardispersion von der geometrischen Spaltbreite abhängig.

Die Abb. 4.15 verdeutlicht, wieso ein lichtempfindlicher Detektor hinter einem Austrittsspalt ein symmetrisches

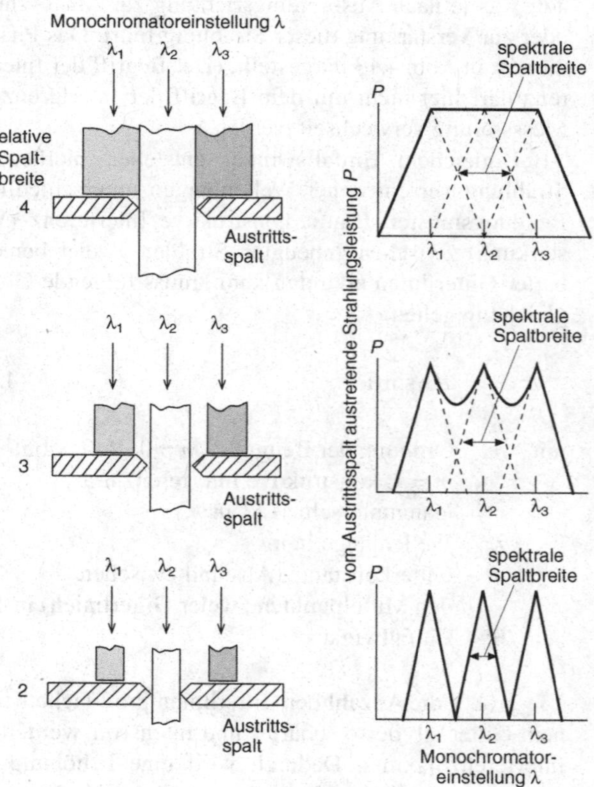


**4.15** Einfluss der geometrischen Spaltbreite auf die effektive spektrale Spaltbreite. Für eine komplette Auftrennung muss der Austrittsspalt kleiner als die Zwischenräume zweier „Abbildungen" des Eintrittsspaltes sein.

Linienprofil registriert und wie es durch die Wahl der Spaltbreite beeinflusst wird.

***Reziproke Lineardispersion***

Die reziproke Lineardispersion ist die Kenngröße für das optische Auflösungsvermögen eines Monochromators. Gleichung 4.14 zeigt, dass eine kleine reziproke Lineardispersion eine kleine spektrale Spaltbreite und damit ein hohes Auflösungsvermögen bedingt.

$$\Delta\lambda = s_\alpha \cdot \frac{d\lambda}{dx} \tag{4.14}$$

mit $\Delta\lambda$: spektrale Spaltbreite in m
$s_\alpha$: geometrische Spaltbreite in m
$d\lambda/dx$: reziproke Lineardispersion

Die reziproke Lineardispersion eines Prismen-Monochromators wird beeinflusst durch die Wellenlängenabhängigkeit des Brechungsindex des Prismas. Infolge der Wellenlängenabhängigkeit des Brechungsindex eines Prismas (fällt mit steigender Wellenlänge) wächst die reziproke Lineardispersion eines Prismenmonochromators mit fallender Wellenlänge nahezu exponentiell. Ein Monochromator mit einem Quarzprisma besitzt demnach im UV eine weit höheres Auflösungsvermögen als im nahen IR. Damit ein Spektrum über einen weiteren Wellenlängenbereich mit einem gleichbleibenden Auflösungsvermögen aufgenommen werden kann (was bei jeder Registrierung erwünscht ist), muss dies durch eine variable geometrische Spaltbreite kompensiert werden. Das heißt, ein Quarz-Prismen-Monochromator hat im UV eine größere Spaltbreite (und damit auch höhere Empfindlichkeit) als im roten Spektralbereich, wo der Eintrittsspalt enger gehalten werden muss. Dies muss das Gerät natürlich automatisch durchführen.

Beim Gittermonochromator hängen die reziproke Lineardispersion und damit auch die spektrale Spaltbreite von der Gitterkonstanten ab. Hier sind diese Größen daher wellenlängenunabhängig. Daher besitzt ein Gittermonochromator bei fest eingestellter geometrischer Spaltbreite über einen großen Wellenlängenbereich ein gleichbleibendes Auflösungsvermögen.

Eine Ausnahme bilden Echelle-Gitter. Das spektrale Auflösungsvermögen solcher Gittermonochromatoren mit Blaze-Winkeln > 45° und verhältnismässig geringer Strichzahl ist innerhalb einer Ordnung nahezu wellenlängenunabhängig. Da hierbei aber zwecks Abdeckung eines grossen Wellenlängenbereichs in vielen verschiedenen Ordnungen gemessen wird, findet man im resultierenden Echellogramm eine starke Abhängigkeit des Auflösungsvermögens von der Wellenlänge.

Bei Blaze-Gittern wird eine maximale Intensität innerhalb eines bestimmten Wellenlängenbereichs gelenkt. Bei den Echelle-Gittern, die sich durch weniger Striche/mm auszeichnen, wird in höheren Ordnungen gearbeitet und noch zusätzlich ein Prisma senkrecht zum ersten Spektrum verwendet, wodurch sich das Gesamtspektrum über eine Ebene erstreckt.

***Monochromator-Bauweisen***

Die Monochromatoren der bisher beschriebenen Art lassen sich nach der Aufstellung ihrer optischen Komponenten zueinander unterscheiden. Anhand einiger Beispiele sollen hier die wichtigsten Monochromatortypen beschrieben werden.

Bei den Gitter-Monochromatoren wird zwischen einfachen Plangitter-Aufstellungen und Konkavgitter-Aufstellungen mit fokussierenden Eigenschaften unterschieden. Die wichtigsten Vertreter der Plangitter-Aufstellung in modernen Spektrometern sind die Czerny-Turner-Aufstellung und die Echelle-Aufstellung. Der erste Typ geht aus der Ebert-Aufstellung hervor, bei der ein großer sphärischer Spiegel als Ein- und Austrittskollimator zur Parallelisierung der Messstrahlung dient (vgl. Abbildung 4.16. a). Die Czerny-Turner-Aufstellung verwendet statt dessen zwei getrennte Spiegel, wobei durch einen unsymmetrischen Aufbau (Winkel, Brennweiten) Abbildungsfehler reduziert werden (vgl. Abbildung 4.16 b).

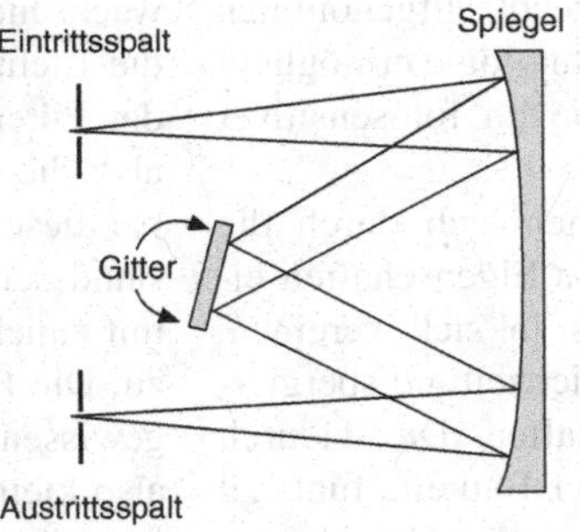


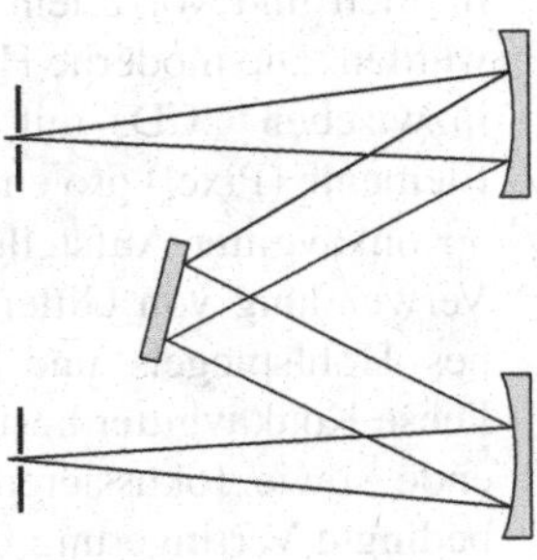


**4.16** Monochromatoraufstellungen
a) Ebert-Aufstellung,
b) Czerny-Turner-Aufstellung.

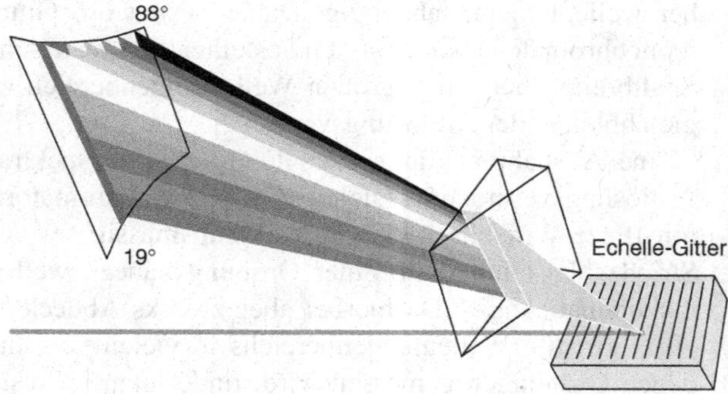


**4.17** Gitterpolychromator in Echelle-Aufstellung mit einem zusätzlichen dispergierenden Element (Prisma) für eine zweidimensionale Aufspaltung der Strahlung.

Bei der Echelle-Aufstellung werden Blaze-Gitter mit relativ großer Gitterkonstante verwendet. Dabei sind die erfassten Wellenlängenbereiche in den beobachteten Ordnungen relativ klein. Mithilfe eines zusätzlichen dispergierenden Bauteiles senkrecht zur Beugungsrichtung des Gitters können die Spektren verschiedener Ordnungen getrennt werden, wodurch – wie oben bereits erwähnt – ein zweidimensionales Muster des Spektrums entsteht. So lässt sich das komplette Spektrum wie Zeilen auf einer Buchseite lesen. Die Anordnung der Bauteile erfolgt häufig in Anlehnung an die Czerny-Turner-Aufstellung (Abb. 4.17).

Echelle-Aufstellungen werden inzwischen häufig in sog. Polychromatoren (simultan bei mehreren Wellenlängen messend) eingesetzt. Durch die zweidimensionale Aufspaltung des Spektrums und dessen Abbildung auf ein System von mehreren Detektoren hinter entsprechenden Austrittsspalten in dieser Ebene ist eine simultane Erfassung mehrerer Wellenlängen auf einem kleineren räumlichen Bereich möglich als entlang eines sog. Rowlandkreises, auf dem ein Konkavgitter den Eintrittsspalt scharf abbildet. Eine solche „spektrale Buchseite" eines Echelle-Monochromators kann optisch verkleinert auch mit einer CCD-Detektor-Anordnung (*charded coupled device* – siehe Video-Kameras) simultan, sehr empfindlich und vor allem computergerecht aufgenommen werden. Die moderne Halbleiter-Technologie ermöglicht inzwischen CCDs mit über 3 Millionen fotosensitiver Elemente (Pixel) pro $cm^2$.

Konkavgitter-Aufstellungen zeichnen sich durch die Verwendung von Gittern aus, die die Eigenschaften eines Hohlspiegels und eines Gitters in sich vereinen. Diese Konkavgitter besitzen also gleichzeitig dispergierende sowie fokussierende Eigenschaften. Die dadurch bedingte Verringerung der Anzahl der Bauteile führt zu einer Reduzierung der Kosten und vor allem der Abmessungen des Spektrometers und hat darüber hinaus einen positiven Einfluss auf die Lichtausbeute, da zusätzliche UV-Achromat-Linsen entfallen. Viele kommerzielle Geräte sind heute mit Konkavgittern ausgestattet. Das Gitter ist häufig zusammen mit dem Eintrittspalt und mehreren Austrittsspalten auf einem Rowland-Kreis montiert. Auf diesem Kreis befinden sich die scharfen (fokussierten) Abbildungen des Eintrittsspaltes. Die bekannteste Anordnung dieser Art ist die Paschen-Runge-Aufstellung, die ebenfalls in Polychromatoren verwendet wird.

***Interferenzfilter***

Eine völlig andere Art von Monochromatoren als die bisher beschriebenen stellen die Interferenzfilter dar. Interferenzfilter bestehen im einfachsten Fall aus zwei Quarzscheiben als Trägermaterial mit dünnen, halbdurchlässigen Metallspiegelschichten, zwischen denen eine transparente dielektrische Schicht, z. B. aus Kryolith, aufgebracht ist („Metall-Interferenzfilter"). Zwischen den Metallschichten werden einfallende Lichtstrahlen reflektiert. Positive Interferenz zwischen den Strahlen einer bestimmten Wellenlänge (entsprechend der doppelten Schichtdicke des Dielektrikums) ermöglicht es dieser Strahlung, den Filter zu passieren. Für Licht mit anderen Wellenlängen ist der Interferenzfilter undurchlässig. Interferenzfilter lassen immer einen gewissen Wellenlängenbereich passieren und weisen ein Durchlass-Profil (Transmissionscharakteristik) mit einem Maximum auf. Charakterische Größen sind daher die Halbwertsbreite, Höhe und Lage des Transmissionsmaximums und die zentrale Wellenlänge (vgl. Abb. 4.18 b).

Bei den komplizierteren „dielektrischen Interferenzfiltern" wird jede Metallschicht durch ein Schichtsystem aus Schichten mit abwechselnd hoher und niedriger Brechzahl ersetzt. Dieses Schichtsystem wirkt ebenfalls als Reflektor. Zwei Reflektoren zusammen mit der dazwischen befindlichen dielektrischen Abstandsschicht bilden wieder ein Interferenzfiltersystem. Durch Hintereinanderschalten mehrerer Interferenzfiltersysteme werden die Flanken des Durchlassbereiches steiler. Mit wachsender Schichtenzahl nimmt allerdings gleichzeitig die Lichtdurchlässigkeit beim Transmissionsmaximums der Filter ab (z. B. < 60%). Die Durchlasswellenlänge, also die Lage des Transmissionsmaximums, wird auch bei diesen komplizierten Filtern durch die Dicke der Abstandsschicht bestimmt. Die spektrale Bandbreite nimmt mit zunehmender Zahl der Einzelschichten im Reflektor zu. Die Herstellung der dünnen Schichten ist mit einem gewissen Fehler behaftet, der mit abnehmender Dicke, also kleineren Durchlass-Wellenlängen, zunimmt. Interferenzfilter sind heute beispielsweise im sichtbaren Spektralbereich mit Halbwertsbreiten von minimal etwa

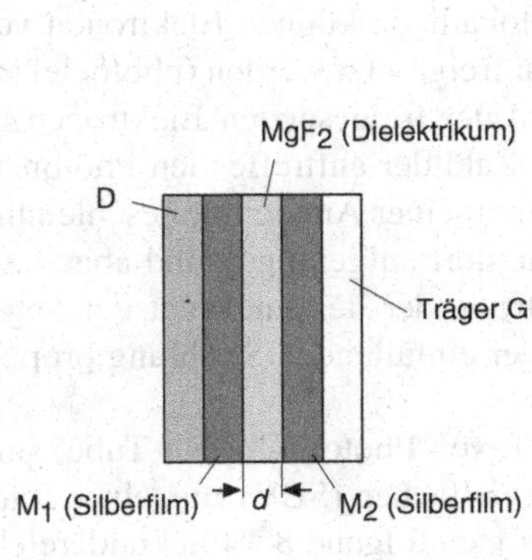


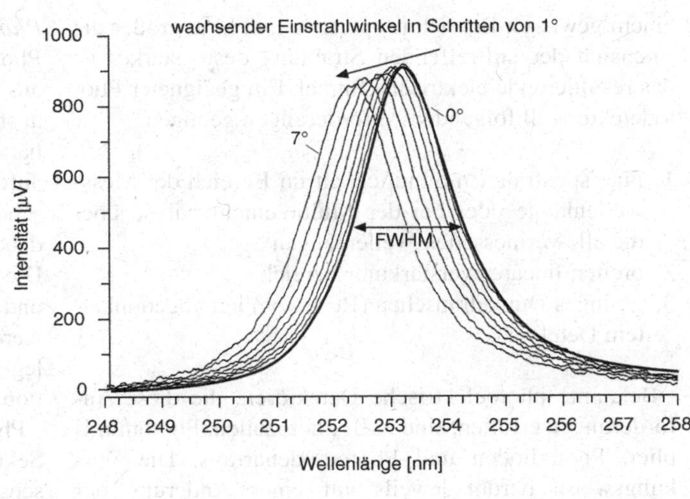


**4.18** a) Schematischer Aufbau eines Metall-Interferenzfilters, b) Beispiel einer Transmissionscharakteristik eines Metall-Interferenzfilters bei verschiedenen Einstrahlwinkeln.

0,15 nm verfügbar. Im UV-Bereich werden solche Halbwertsbreiten leider noch nicht erreicht.

Interferenzfilter werden häufig bei fluorimetrischen Messungen (Fluoreszenzmessungen) eingesetzt. Dabei muss beachtet werden, dass deren Lichtdurchlässigkeit auch weit von der zentralen Durchlasswellenlänge entfernt nicht Null ist (Faktor ca. $10^{-5}$) und Rest- oder Streustrahlung in diesem Bereich bei entsprechend großer Verstärkung, die für Fluoreszenzmessungen nötig ist, noch miterfasst werden kann. Aus diesen Gründen verwendet man zur Erzeugung des monochromatischen Anregungslichtes in solchen Fällen Doppel-Monochromatoren oder besser monochromatisches Laserlicht.

***Elektronische Strahlungsseparation***

Im Zusammenhang mit der Problematik der Separation spezifischer Messstrahlung wird neben den verschiedenen Monochromatoren oft auch ein elektronischer Trick angewandt. Das eingestrahlte Messlicht wird elektronisch (durch die Lampenstrom-Versorgungselektronik) oder mechanisch (durch ein rotierendes Chopper-Rad oder einen Chopper-Spiegel) mit einer gewissen Frequenz moduliert („gechoppt"). Die Verstärkungselektronik kann dann genau auf diese Frequenz (analog einem Radio-Tuner) eingestellt werden und verstärkt dann selektiv nur diese Frequenz (Lock-in-Verstärker). Dagegen werden alle Gleichlichtanteile wie Tageslicht, Helligkeit einer heißen Atomisierungseinheit etc. wegen einer kapazitiven Einkopplung in den Verstärker quasi herausgefiltert. Gleichzeitig wird somit auch der Einfluss von Streulicht sowie das Dunkelstromrauschen des Detektors herausgefiltert. Mit guten Verstärkern sind hier noch Signalintensitäten zuverlässig messbar, die um drei Zehnerpotenzen unter dem Dunkelstromrauschen eines Detektors liegen. Allerdings darf die Intensität des auf den Detektor fallenden, nicht zerhackten Störlichtes nicht dessen Sättigungsbereich erreichen. Dann ist die notwendige Proportionalität zwischen Lichtintensität und Photostrom nicht mehr gegeben. Ein weiterer vermeidbarer Fehler ist die falsche Wahl der Modulationsfrequenz z. B. mit genau 50 Hz oder einem Vielfachen davon. In diesem Fall wird die Netzfrequenz, das häufig störende so genannte Netzbrummen, ebenfalls verstärkt. So „flackern" beispielsweise normale Glühbirnen wegen des Vorzeichenwechsels von Wechselstrom mit 100 Hz. Dem Detektor ist schließlich nach entsprechender Verstärkung des Signals eine Datenausgabeeinheit angeschlossen, die das Messergebnis in geeigneter Form editiert.

**Detektoren**

Zur Messung der Intensität von elektromagnetischer Strahlung wurden früher als einfachste Möglichkeit üblicherweise eine Photoplatte oder ein photographischer Film verwendet, wobei letzterer noch genau dem Radius des Rowlandkreises angepasst werden konnte. Heute, im Zeitalter der Multielementanalyse, werden schnellere und genauere Intensitätsmessungen in der Spektrometrie fast nur noch mit photoelektrischen Strahlungsempfängern durchgeführt. Diese Detektoren sind in der Lage, auftreffende elektromagnetische Strahlung nahezu verzögerungsfrei in ein elektrisches Signal umzuwandeln und damit der elektronischen Auswertung zugänglich zu machen. Im Allgemeinen verläuft die Umwandlung in einem gewissen Bereich proportional, d. h. je größer die Intensität der auftreffenden Strahlung desto stärker ist das resultierende elektrische Signal. Ein geeigneter Photodetektor soll folgenden Anforderungen genügen:

1. gute spektrale Empfindlichkeit im Bereich der Messwellenlänge oder bei der Multielementanalyse über die alle vermessenen Wellenlängen
2. breiter, linearer Verstärkungsbereich
3. geringes Dunkelrauschen (Reststrom bei abgedunkeltem Detektor)

Bekannte photoelektrische Detektoren, die diese Anforderungen erfüllen, sind z. B. Photozellen, Photomultiplier, Photodioden und Photodiodenarrays. Die Wirkungsweise beruht jeweils auf einer Änderung der elektrischen Eigenschaften von fotosensitiven Schichten beim Auftreffen von Photonen.

***Photozellen und Photomultiplier***

Photozellen bestehen aus einer fotosensitiven Kathode aus einem Material mit einer geringen Elektronenaustrittsarbeit in einem evakuierten Glas- oder Quarzbehälter. Aus dieser Photokathode können Elektronen von auftreffenden Photonen freigesetzt werden (photoelektrischer Effekt). Die Zahl der freigesetzten Elektronen ist dabei proportional zur Zahl der auftreffenden Photonen. Die Elektronen werden zu einer Anode hin beschleunigt und erzeugen, wenn sie dort aufgefangen und abgeleitet werden, einen Photostrom, der der Intensität der angelegten Spannung und der einfallenden Strahlung proportional ist.

Photomultiplier (PMT, von **Photo**multiplier **T**ube) sind Sekundärelektronenvervielfacher (SEV) mit einer fotosensitiven Kathode, der nachfolgend 8-14 Sekundärelektroden (sog. Dynoden) nachgeschaltet sind (s. Abb. 4.19). Von Dynode zu Dynode steigert sich die anliegende Spannung jeweils um den gleichen Betrag in positiver Richtung. Ein auf der Photokathode durch ein auftreffendes Photon freigesetztes Elektron wird also durch

Side-On-Typ

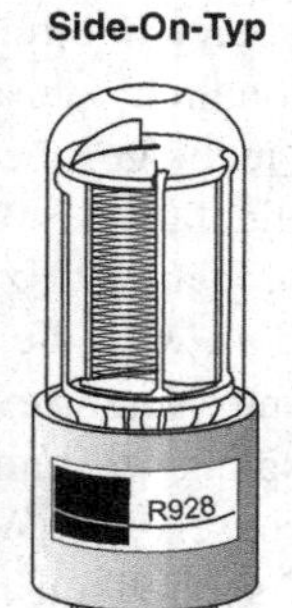


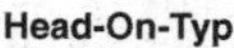


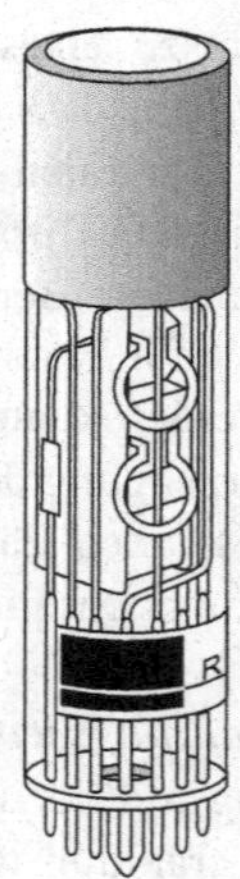

**Photokathode-Typen**

**a Reflexion**

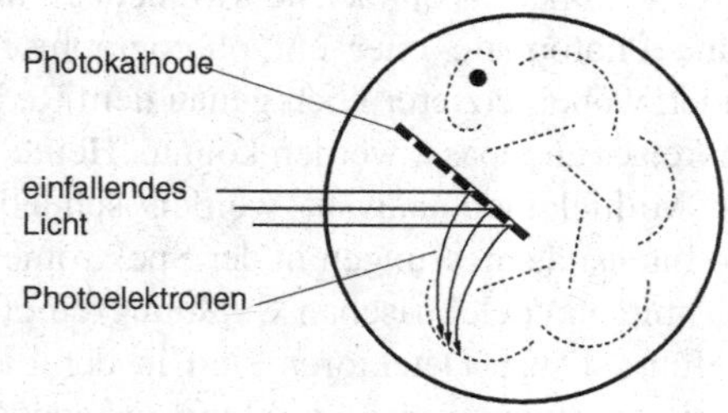


**Side-On-Photomultiplier**

**b Transmission**

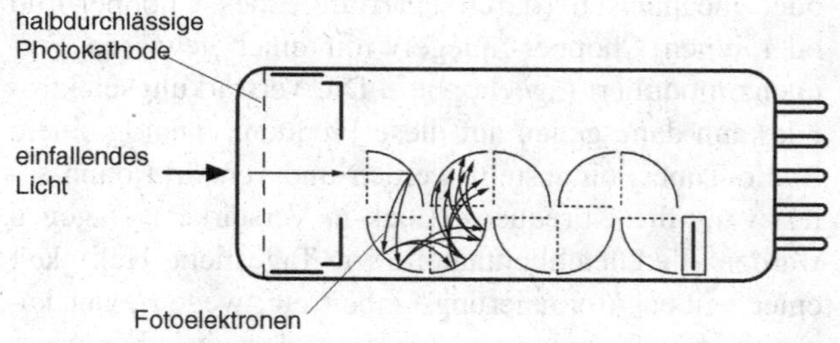


**Head-On-Photomultiplier**

**4.19** Funktionsprinzip und Aufbau von Photomultipliern.

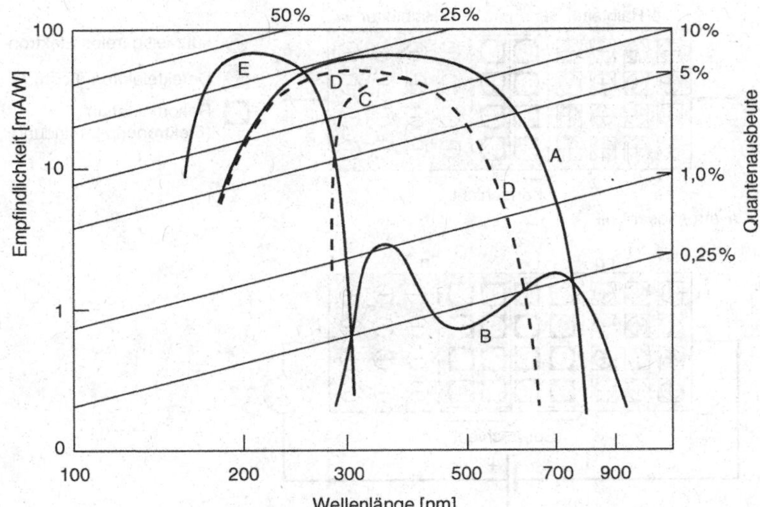


**4.20** Typische Empfindlichkeitsbereiche moderner Photomultiplier mit verschiedenen Photokathoden. Verwendetes Photokathodenmaterial: Kurve A: Multialkali, B: Ag-O-Cs, C: Sb-Cs, D: Sb-Cs (Fenstermaterial; synthetisches Quarzglas), E; Cs-Te.

ca. 100 V zur nächsten Dynode hin beschleunigt, wo es, wegen der erhöhten kinetischen Energie, mehr als ein Elektron aus der Oberfläche herausschlägt, usw.. Auf diese Weise wird eine Elektronenkaskade ausgelöst. Die Elektronenzahl, die schließlich die letzte Anode erreicht, ist proportional zur Zahl der auf die Photokathode auftreffenden Photonen, solange nicht zuviel Licht auf die erste Photokathode fällt, was zu Übersättigungserscheinungen und störenden Raumladungen führt. Durch den Verstärkungseffekt von ca. 1 : 1000000 können PMT wesentlich geringere Strahlungsmengen detektieren als einfache Photozellen. In beiden Fällen steht ein Photostrom zur elektronischen Weiterverarbeitung zur Verfügung.

Jeder völlig abgedunkelte PMT hat einen Dunkelstrom, der auch als „weißes elektronisches Rauschen" (zum Unterschied von einem frequenzabhängigen sog. *flicker-noise* oder *Johnson-noise* eines elektrischen Widerstandes bezeichnet wird, da z. B. durch Wärmestrahlung ebenfalls Elektronen aus der Photokathode austreten können und auf der Anode zu einem messbaren Strom führen. Er liegt meistens in der Größenordnung von ca. $10^{-10}$ A und steigt bei Vergrößerung der anliegenden Spannung ebenfalls an. Im Bereich von ca. 100 V pro Dynodenstufe ergibt sich ein Optimum des Photostrom/Dunkelstrom-Verhältnisses.

Der spektrale Empfindlichkeitsbereich ist bei Photomultipliern durch das Material der Photokathode bzw. der fotosensitiven Schicht auf der Kathode vorgegeben. Mit einer Bialkali-Photokathode (Sb-Rb-Cs und Sb-K-Cs) versehene PMT besitzen z. B. einen spektralen Ansprechbereich, der von ca. 190–650 nm reicht. Ein PMT mit einer Cs-Te-Photokathode ist dagegen vor allem im UV-Bereich zwischen 190 nm und 300 nm sensitiv. PMT, die mit einer solchen Kathode ausgestattet sind, werden *solar-blind* genannt, da sie im Bereich des sichtbaren Lichtes eine äußerst geringe Empfindlichkeit aufweisen. Moderne PMT mit einer Ga-As-Photokathode können den Spektralbereich von 190–900 nm mit fast gleichbleibender Empfindlichkeit überstreichen (s. Abb. 4.20).

***Photodioden***

Immer häufiger werden in neuerer Zeit neben den weitverbreiteten Photomultipliern Halbleiter-Photodioden zur Detektion eingesetzt. Diese Photodioden bestehen aus einem Halbleiter vom Typ p-n. Im n-leitenden Gebiet gibt es Störstellen, in denen vierwertige Halbleiter-Atome durch fünfwertige Atome ersetzt sind. Diese Donatoren besitzen ein schwach gebundenes Elektron (negativer Ladungsträger), das thermisch leicht ins Leitungsband angeregt werden kann. Hierdurch wird die Leitfähigkeit gegenüber dem reinem Halbleiter bei gegebener Temperatur erhöht. Im p-leitenden Gebiet sind dagegen dreiwertige Elemente als Fremdatome eingebaut. Diese Akzeptoren weisen einen unbesetzten Zustand auf (sog. Defektelektronen oder positive Löcher), in den Elektronen des Valenzbandes leicht durch thermische Anregung angehoben werden können. Am Übergang zwischen einem p-leitenden und einem n-leitenden Gebiet entsteht aufgrund des Konzentrationsgefälles an beweglichen Elektronen ein Diffusionsstrom. Durch die Diffusion von Elektronen aus dem n- in das p-Gebiet und die Rekombination von Elektronen-Loch-Paaren verarmt die Umgebung des pn-Überganges an Ladungsträgern. In diesem verarmten Gebiet herrscht ein Überschuss an negativen Akzeptoren am Rande des p-Gebietes und ein Überschuss an positiven Donatoren am Rande des n-Gebietes, wodurch eine Spannung aufgebaut wird. Diese Spannung verursacht einen Feldstrom,

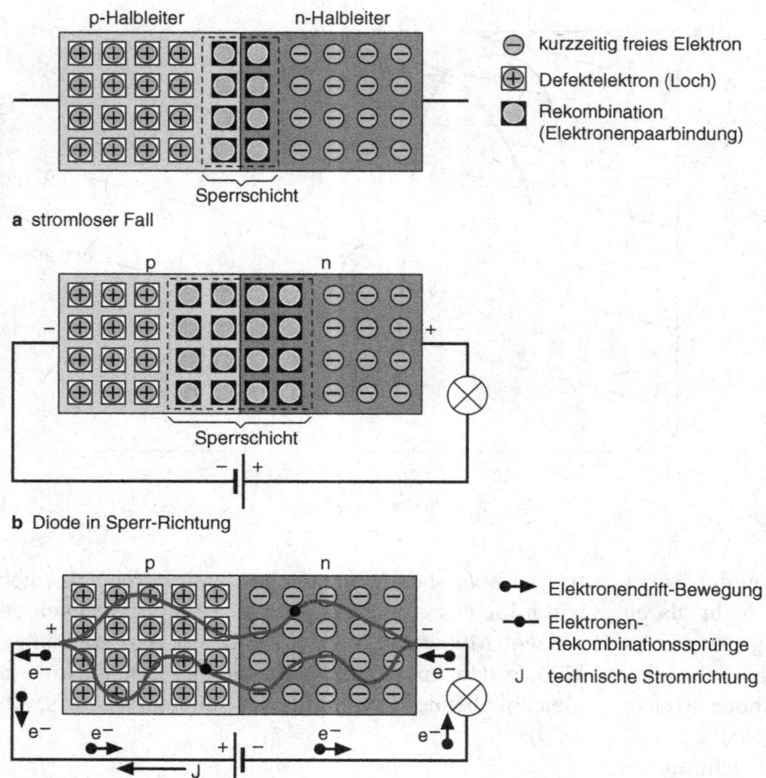


**4.21** Halbleiter pn-Übergang a) im Gleichgewicht, b) mit angelegter Sperrspannung, c) in Durchlassrichtung

der dem Diffusionsstrom entgegengerichtet ist. Am pn-Übergang entsteht also als Gleichgewichtszustand eine elektrische Doppelschicht, wie sie in Abbildung 4.21 a schematisch dargestellt ist.

Da das an Ladungsträgern verarmte Gebiet im Vergleich zu den p- und n-Gebieten einen viel höheren elektrischen Widerstand aufweist, wird diese Zone auch Sperrschicht genannt. Legt man an den Halbleiter ein äußere Spannung derart an, dass Elektronen aus dem n-Gebiet (zum Pluspol hin) herausgezogen werden, verbreitert sich die an Ladungsträgern verarmte Schicht und ihr elektrischer Widerstand wird weiter erhöht (Abb. 4.21.b). Die Spannungsquelle ist damit in Sperrrichtung gepolt.

In der Sperrschicht können nun durch auftreffende Photonen Elektronen aus dem Valenzband in das Leitungsband angehoben werden. Durch die angelegte Sperrspannung trennen sich die entstehenden Elektronen-Loch-Paare, und es entsteht ein Photostrom, der proportional zur Intensität der auftreffenden Strahlung ist. Man kann die Empfindlichkeit von Photodioden über die Dicke der Sperrschicht, die direkt mit der angelegten Spannung zusammenhängt, in einem begrenzten Rahmen variieren. Gute Empfindlichkeiten liegen um 0,1 A Photostrom je Watt einfallender Lichtleistung. Der entstehende Photostrom muss bei analytischen Anwendungen natürlich nachverstärkt werden.

Moderne Spektrometer verwenden Photodiodenarrays sowie CCD-Detektoren. Photodiodenarrays sind zweidimensionale Anordnungen mehrerer, miniaturisierter Photodioden, die einzeln adressiert elektronisch ablesbar sind, wodurch quasi simultane Messungen eines bestimmten Bereiches eines Spektrums möglich werden. Dioden-Array-Anordnungen arbeiten wie die alten Anordnungen mit einem Film auf dem Rowlandkreis. CCD-Detektoren (engl. *charge coupled device* – ladungsgekoppeltes Halbleiterelement) erlauben durch ihren Aufbau als Zeile oder als zweidimensionale Matrix ebenfalls das gleichzeitige Erfassen eines größeren spektralen Bereichs.

Beide Arrays brauchen wegen ihrer abbildenden Eigenschaften keinen Austrittsspalt mehr. Sie zeichnen sich dabei durch einen großen dynamischen Bereich aus und sind je nach eingesetztem Typ vom UV-Bereich oder weicher Röntgenstrahlung bis ins nahe IR einsetzbar. CCD-Detektoren sind im Gegensatz zu anderen Photodetektoren in der Lage, die von den einfallenden Photonen induzierten Ladungen kapazitiv zu sammeln und somit integrierend zu arbeiten. Das prädestiniert sie für Anwendungen, bei denen man mit sehr wenig Messlicht auskommen muss. Anwendungsbeispiele gibt es in der Raman-Spektroskopie oder bei Spektrometern mit hochauflösenden Echelle-Polychromatoren. Das Eigenrauschen der CCD-Detektoren kann durch Kühlung minimiert werden, wodurch Integrationszeiten von mehreren Stunden z. B. für Anwendungen in der Astronomie ermöglicht werden. Üblicherweise haben CCD-Detektoren sehr viele einzelne Elemente (> $10^6$ Pixel). Ein Pixel besteht im Wesentlichen aus einer Kondensatorzelle (Ladungssenke) bestehend aus Metall-Isolator-Halbleiter (MIS-Zelle). In diesem Kondensator werden die photoelektrisch induzierten Ladungen gesammelt, beim Auslesen in ein analoges Schieberegister übertragen und seriell ausgegeben. Der Kondensator des Pixels wird dabei in den Ausgangszustand zurückgesetzt *(destructive reading)*. Die CCD-Detektoren werden dabei wie Kameras eingesetzt. Es ist nicht möglich, einzelne Pixel oder Zeilen direkt auszulesen, oder den Zustand eines Pixels „zwischendurch" abzufragen. Ein weiteres Problem der CCD-Detektoren liegt in ihrem Übersprechverhalten *(Blooming)*. Die Ladungssenke eines Pixels kann nur eine bestimmte Menge an Ladungen aufnehmen. Ist die Senke gefüllt, werden überzählige Ladungen in die benachbarten Pixel abgeleitet. Diesen Effekt kennt man bei Video-Aufnahmen mit nachleuchtenden hellen Lichtquellen auch.

Neben den CCD-Kameras werden noch CID-Detektoren (engl. *charge injection device*) eingesetzt. Die CID-Detektoren haben weniger Einzelelemente als CCD-Kameras. Dafür sind die Pixel einzeln ansteuerbar und auslesbar, ohne dass sie ihre Ladung verlieren *(nondestructive reading)*. Realisiert wird das durch zwei Kondensatorzellen pro Pixel, zwischen denen die angesammelte Ladung durch unterschiedliche Steuerleitungen transferiert werden kann. Falls man die Ladung nahezu stromlos erfasst, kann man diesen Auslesevorgang wiederholen und durch Signalmittelwertbildung das statistische Rauschen weiter unterdrücken (Signal-/Rauschverhältnis steigt hier mit $\sqrt{\text{Messungen}}$ an). Außerdem lassen sich hier einzelne Pixel selektiv zurücksetzen *(destructive reading)*. Dadurch lässt sich auch das Problem des Übersprechens lösen, indem der Ladezustand der einzelnen Pixel überwacht wird, und sie bei Bedarf zurückgesetzt werden, während andere Pixel weiterhin Ladungen sammeln können. CCD- und CID-Detektoren werden unter dem Begriff CTD (engl. *charge transfer device*) zusammengefasst.

Die modernen photoelektrischen Bauteile, die inzwischen wegen ihrer Bedeutung für die Unterhaltungselektronik preiswert erhältlich sind, besitzen gegenüber den sequenziell registrierenden Monochromatoren, wo das Spektrum durch Drehen des dispersiven Elementes selbst oder eines Spiegels am Austrittsspalt vorbeigeführt wird, den Vorteil, dass das mit ihnen erfasste digitale Bild (des Spektrums) noch weiteren Nachbehandlungsroutinen unterworfen werden kann. So lassen sich beispielsweise Softwareprogramme, die scharfzeichnen, aufhellen, Kontraste verstärken usw. auch hier einsetzen. Es wurde in diesem Zusammenhang auch schon von Algorithmen berichtet, die mathematisch zwei nicht völlig getrennte Spektrallinien auftrennen können.

## 4.3 Atomabsorptionsspektrometrie (AAS)

Grundlage der Atomabsorptionsspektrometrie (AAS) ist das Gesetz von Bunsen und Kirchoff, dass ein Atom die Strahlung, die es emittieren, kann auch äußerst spezifisch absorbieren kann. Die betreffenden Atome gehen dabei i. d. R. vom Grundzustand in einen angeregten über. Der angeregte Zustand dauert nur ca. $10^{-8}$ Sekunden. Wenn das angeregte Elektron wieder auf sein ursprüngliches Energieniveau zurückfällt, wird genau die absorbierte Energie wieder in Form einer Strahlung identischer Wellenlänge (als absorbiert) emittiert. Diese Fluoreszenzstrahlung kann man messen, wenn man nicht in Richtung auf die Anregungsquelle misst. Genau in optischer Achse mit der Anregungsquelle ist eine Beobachtung der Absorption dadurch möglich, dass die Fluoreszenz isotrop in alle Raumrichtungen ausgesandt wird, aber nur die winzige Kugelfläche im Strahlengang vom Emissionssignal mit erfasst wird. Die abgeschwächte Messstrahlung fällt dagegen fokussiert auf den genau gegenüber zur Strahlungsquelle angebrachten Detektor. Es kann experimentell gezeigt werden, dass man durch Verkleinerung dieser Kugelfläche durch eine sog. Bleistift-Optik die Empfindlichkeit steigern kann.

Der Effekt dieser elementspezifischen Strahlungsabsorption ist in Gestalt der Fraunhoferschen Linien im Sonnenspektrum, die von einer selektiven Strahlungsabsorption durch kältere Atomdampfwolken zwischen dem weißes Licht emittierenden Sonnenzentrum und dem Beobachter herrühren, schon früh erkannt worden. Instrumentell analytisch wird das Phänomen aber erst seit der Entwicklung des ersten Atomabsorptions-Spektralphotometers durch Walsh 1952 genutzt. Die AAS gehört zu den am weitesten verbreiteten Verfahren im Bereich der Spurenanalytik der Elemente. Durch die Entwicklung verschiedener Techniken, die sich vor allem auf die Probenzufuhr und die Art der Atomisierung erstrecken, konnte sich die AAS in vielen analytischen Anwendungsbereichen – und den damit verbundenen unterschiedlichsten Matrizes – für Proben jeglichen Aggregatzustands bewähren. Grund für diesen Erfolg ist ihre hohe Spezifität. Es sind im Gegensatz zur optischen Atomemissionsspektralanalyse kaum spektrale Interferenzen (Linienüberlappungen) bekannt, da die verwendeten Strahlungsquellen (Hohlkathodenlampen) nahezu monochromatische Strahlung ausstrahlen. Dadurch wurde es möglich, dass auch Nicht-Spektroskopiker ohne Detailkenntnis der möglichen Linienvielfalt eines Elementes diese Methode benutzen konnten.

## 4.3.1 Theoretische Grundlagen

**Die Extinktion und das Lambert-Beer'sche Gesetz**
Die Meßgröße der AAS ist wie bei allen quantitativen Absorptionsspektrometriearten die Extinktion. Sie ist nach dem Lambert-Beer'schen Gesetz direkt proportional der Konzentration der absorbierenden Atome im Strahlengang und der Schichtdicke der durchstrahlten Probe:

$$A = -\lg \tau = \varepsilon \cdot c \cdot d \tag{4.15}$$

mit
- $A$: Extinktion (engl. *absorbance*)
- $\tau$: Transmission, mit $\tau = \Phi_\tau / \Phi_0$
- $\Phi_\tau$: Strahlungsfluss ohne Absorption
- $\Phi_0$: Strahlungsfluss nach Absorption
- $\varepsilon$: elementspezifischer Extinktionskoeffizient in $m^2$/mol
- $c$: Konzentration in mol/$m^3$
- $d$: Schichtdicke der durchstrahlten Probe in m

Die Schichtdicke ist in der AAS eine durch die Ausmaße der Atomisierungseinheit festgelegte Konstante, sodass die Messgröße für ein bestimmtes Element nur noch von der Konzentration abhängig ist (Konzentration

---

**Krumme Kalibrations„geraden"**

In der Praxis ist bei höheren Extinktionswerten oft eine Abweichung vom Lambert-Beer'schen Gesetz zu beobachten, was sich in einer Krümmung der Bezugsfunktion in Richtung der Abszisse bemerkbar macht. Ursache solcher Unlinearität ist das Auftreten von Effekten, die die elementspezifische Strahlungsabsorption begrenzen, sodass sich die Kurve an einen Höchstwert annähert. Ausschlaggebend für die Krümmung sind auch das sog. Streulicht sowie der Strahlungsuntergrund aus der Strahlungsquelle. Es können aber auch bei der Atomisierung bei zu hoher Salzkonzentration Änderungen in der Atomisierungsausbeute auftreten, die ähnlich wirken. Streulicht ist unerwünschte Strahlung anderer Wellenlängen, die bei Verwendung eines Monochromators nicht auftreten sollte. Es entsteht u. a. durch Lichtreflexionen an den inneren Gehäusewandungen und anderen optischen Bauteilen oder Streuungen an Staubpartikeln. Dadurch werden auch Wellenlängen, die aus Gründen der Strahlengeometrie nicht durch den Austrittsspalt eines Monochromators fallen sollten, teilweise dorthin abgelenkt und tragen zu einem nichtmonochromatischen Strahlungsanteil bei. Da dieser Anteil bei der AAS nicht elementspezifisch absorbiert werden kann, bleibt er daher konzentrationunabhängig.

Es sollte hier auch erwähnt werden, dass die verwendete Elementwellenlänge, die spezifisch absorbiert werden soll, ca. $10^3$-mal schmalbandiger als die Absorptionslinienbreite sein soll, um eine hohe Empfindlichkeit zu erzielen. Daher führten alle Versuche, mittels eines Monochromators aus einer Weißlichtquelle die betreffenden Element-Absorptionslinien auszuwählen (und auf die vielen Hohlkathodenlampen zu verzichten) nicht zum Erfolg. Um in den Picometer-Bereich bezüglich der Linienbreite zu gelangen, wären entsprechend hochauflösende Monochromatoren notwendig, die aber dann zu viel Lichtenergie verschlucken oder zu aufwendig sind.

Strahlungsuntergrund aus der bei der AAS i. d. R. benutzten Strahlungsquelle, der Hohlkathodenlampe (s. weiter unten), setzt sich aus Emissionslinien von Füllgas und Kathodenmaterial sowie aus nichtabsorbierbaren Emissionslinien des Analyten, die höheren Übergängen entsprechen, zusammen. Außerdem können gerade bei älteren Lampen Wasserstoffspuren, die als Verunreinigungen im Kathodenmaterial enthalten sind, austreten und in der Glimmentladung zur Aussendung eines intensiven kontinuierlichen Spektrums angeregt werden.. Zur Empfindlichkeitssteigerung bei der AAS sollte der Anteil an Streulicht und Strahlungsuntergrund durch apparative Maßnahmen minimiert werden. Wichtig ist dabei vor allem auch die spektrale Spaltbreite des optischen Systems, dass zur Auswahl der optimalen Absorptionslinie benötigt wird. Sind die apparativen Grenzen erreicht, können aber auch gekrümmte Bezugskurven durch eine mathematische Beschreibung, im einfachsten Fall als Polynom zweiter Ordnung, zur Kalibrierung genutzt werden. Eine ausführliche Anleitung zur Messdatenauswertung bei kalibrierfähigen Verfahren findet sich weiter unten.

---

an gasförmigen Atomen im Strahlengang!). Die lineare Funktion $A = f(c)$ wird Bezugsfunktion genannt. Sie hat eine Steigung $S = \partial A/\partial c$, die als Empfindlichkeit bezeichnet wird. Ihre Umkehrfunktion $c = f(A)$ wird Kalibrierfunktion genannt. Anstelle der Steigung der Bezugsfunktion ist in der AAS die Angabe der charakteristischen Konzentration $c_c$ als Maß für die Empfindlichkeit üblich. Es handelt sich dabei um diejenige Konzentration, die eine Absorption von 1 % des Messlichtes hervorruft, das entspricht einer Extinktion von 0,0044.

**Der Extinktionskoeffizient**

Die Größe des Extinktionskoeffizienten ist für jedes Element und jede Absorptionslinie verschieden, denn sie hängt von der Wellenlänge ab. Es besteht folgender Zusammenhang mit dem Einstein-Koeffizienten, der die Übergangswahrscheinlichkeit für den entsprechenden Elektronenübergang beschreibt:

$$\varepsilon = B \cdot h/\lambda \tag{4.16}$$

mit $\varepsilon$: Extinktionskoeffizient in $m^2$/mol
$B$: Einstein-Koeffizient (Übergangswahrscheinlichkeit)
$h$: Planck'sche Konstante in Js
$\lambda$: Wellenlänge in m

Um eine möglichst hohe Empfindlichkeit zu erlangen, wird im Normalfall die Absorptionslinie mit dem größten Extinktionskoeffizienten vermessen. Aus dem Boltzmann'schen Verteilungsgesetz und dem Gesetz von Einstein lässt sich entnehmen, dass die größte Besetzung eines angeregten Niveaus bei gegebener Temperatur mit der kleinstmöglichen Frequenz zusammenhängt. Die am leichtesten anzuregende Linie sollte demnach die Linie kleinster Frequenz sein, also die Grenze des Linienspektrums auf der langwelligen Seite. Sie wird aus diesem Grunde als „letzte Linie" bezeichnet und entspricht meist dem Übergang zwischen Grundzustand und dem ersten angeregten Zustand. Die Atome der Übergangselemente weisen allerdings eine größere Anzahl von Anregungszuständen niedriger Energie auf, sodass hier die Absorptionslinie größter Intensität nicht notwendigerweise die letzte Linie ist und deshalb nur durch das Experiment bestimmt werden kann (vgl. Tab. 4.1).

## 4.3.2 Grundlegende apparative Anforderungen

Die speziellen Ausführungsformen der in der AAS verwendeten Geräten können sich teilweise erheblich voneinander unterscheiden. Im Prinzip lassen sie sich jedoch alle auf die gleichen funktionellen Grundelemente zurückführen. Dieser prinzipielle Aufbau eines Atomabsorptionsspektrometers ist in Abbildung 4.22 dargestellt.

Zur Erzielung einer möglichst großen Empfindlichkeit sollten nur von der betreffenden Atomdampfwolke stark absorbierbare Wellenlängen eingestrahlt werden, um den Effekt für den Detektor gut messbar zu machen. Andere, schlecht oder gar nicht absorbierbare Wellenlängen erzeugen dort nur eine Untergrundstahlung, die sich nachteilig auf Empfindlichkeit und Präzision der gesamten Messung auswirken kann. Daher werden Strahlungsquellen benötigt, die eine möglichst große Intensität (Strahlungsdichte) auf den vom Analyten absorbierbaren Wellenlängen aufweisen. Weiterhin ist eine Atomisierungseinheit nötig, mit der das zu analysierende Element aus der Probe in den gasförmigen atomaren Zustand überführt werden kann. Da die meisten bekannten Lichtquellen nicht eine ideal monochromatische Wellenlänge ausstrahlen und gerade auch das weiße Licht heißer Flammen, Plasmen oder Körper, die als Atomisierungseinheiten dienen, wegen der sonst starken Erhöhung der Untergrundintensität nicht zum Detektor gelangen soll, ist regelmäßig noch ein Monochromator vor dem Detektor einzusetzen. Es werden vor allem alle Variationen des Gittermonochromators sowie Interferenzfilter eingesetzt. Eine ausreichende Separation benachbarter Linien ist erfahrungsgemäß für praktisch alle mit der AAS bestimmbaren Elemente bei einer spektralen Spaltbreite von 0,2 nm gewährleistet. Eine größere spektrale Spaltbreite als 0,2 nm führt oft zu einer Abnahme der Empfindlichkeit und zu einem frühen Abknicken der Bezugskurve, weil nicht-absorbierbare Strahlung mit zur Detektion gelangt. Dies ist vor allem bei Elementen der Fall, deren Emissionsspektrum weitere Linien in der näheren Umgebung der Resonanzlinie aufweist. Eine kleinere spektrale Spaltbreite als 0,2 nm führt zwar zu geringfügig höheren Extinktionen und damit zu einer etwas besseren Empfindlichkeit, gleichzeitig nimmt aber die Intensität des insgesamt detektierten Lichtes stark ab, sodass das Signal/Rauschverhältnis bereits kritisch werden kann.

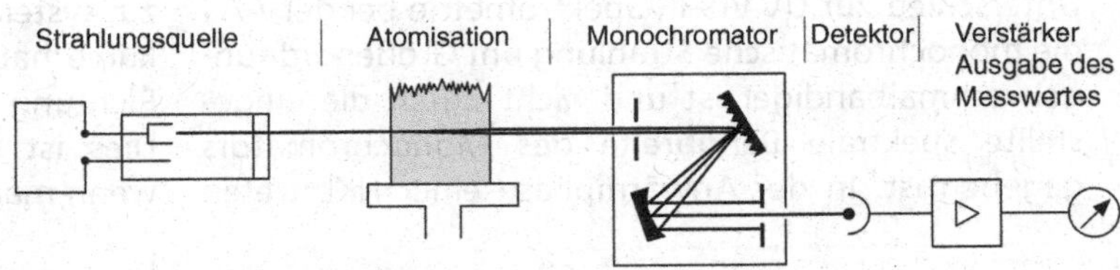


**4.22** Prinzipieller Aufbau eines einfachen Flammen-AAS-Gerätes.

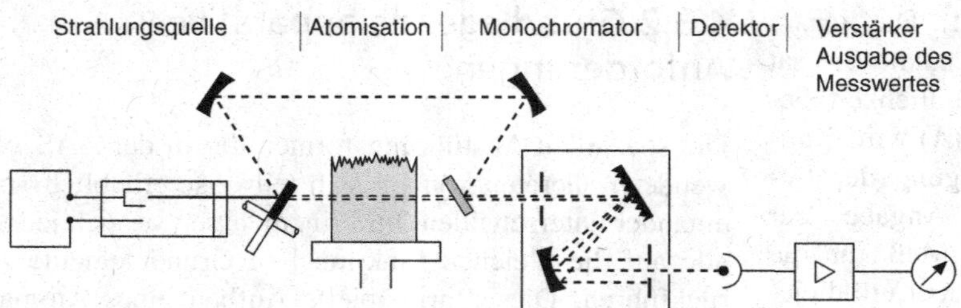


**4.23** Prinzipieller Aufbau eines Zweistrahl-Flammen-AAS-Gerätes.

Am beschriebenen Aufbau lässt sich erkennen, dass ein klassisches AAS-Gerät ein Einzelanalyt-Instrument ist, d. h. mit der jeweiligen Messwellenlänge wird nur ein einziger Zielanalyt erfasst. Für die Bestimmung eines anderen Analyten muss die Messwellenlänge geändert werden.

**Zwei-Strahl AAS-Geräte**

Normalerweise werden die Hohlkathodenlampen (HKL) für die zu bestimmenden Elemente vor Beginn der atomabsorptionsspektralanalytischen Untersuchung in einen Lampenhalter ins Gerät gebracht. Dort finden, entsprechend den geplanten Elementanalysen, meistens vier oder mehr HKLs Platz. Im Lampenteil des AAS-Gerätes werden sie dann mit einer geringen Stromstärke „vorgewärmt". Darunter versteht man die stets vorhandene Einlaufzeit einer Lichtquelle, bis sich ein stationärer thermischer Zustand eingestellt hat. Auch die Glimmentladung ist natürlich mit einer gewissen Temperaturerhöhung verbunden, die die Freisetzung der Elementatome aus der Hohlkathodenoberfläche beeinflusst. Diese Aufwärmphase macht sich bei Einstrahl-AAS-Geräten, die beispielsweise auf eine der empfindlichsten Nachweislinien des zu bestimmenden Elementes eingestellt sind, durch ein driftendes Signal bemerkbar. Diese Drift in Richtung zunehmender Intensität hängt mit dem Aufwärmvorgang zusammen. Davon zu trennen wäre eine Drift, die durch eine Drift in dem Durchlassbereich durch beispielsweise temperaturbedingte Dejustage der Spaltabbildung auf den Austrittsspalt des Monochromators verursacht wird, die meist nach Optimierung auf maximale Intensität in anderer Richtung verläuft. Zur Vermeidung der letztgenannten Drift arbeitet man bei der AAS nicht mit der kleinsten spektralen Spaltbreite, falls es aus Gründen der Linienseparation nicht erforderlich sein sollte.

Ähnliche Driftprobleme nach dem Anschalten der spektralen Lichtquelle hat natürlich auch die UV-VIS-IR-Spektrometrie mit ihren Kontinuumsstrahlern. Hier hat man dieses Problem dadurch gelöst, dass man die Messstrahlung mittels rotierender Spiegel oder halbdurchlässiger Spiegel aufgeteilt hat und einen „Referenzstrahlengang" an der Probe vorbei zum Empfänger führt. Falls letzterer immer nur das Intensitätsverhältnis misst, werden Intensitätsschwankungen der Lichtquelle dabei automatisch kompensiert. In vielen Fällen wird in diesem Referenzstrahlengang auch eine Blindlösung mit sämtlichen Chemikalien in gleicher Schichtdicke wie bei

**Selbst Zweistrahlgeräte müssen „warmlaufen"**

Bei der AAS hat man analoges wie bei UV-VIS versucht und einen monochromatischen Referenzstrahl geschaffen, der nicht durch die Atomisierungseinheit geschickt wird. Dadurch konnte natürlich eine bei Einstrahlgeräten sichtbare Drift eines Grundsignals (keine Absorption) sichtbar kompensiert werden. Man muss aber dabei berücksichtigen, dass zum Unterschied zur UV-VIS-IR-Spektrometrie bei der AAS die monochromatische Strahlung um Größenordnungen schmalbandiger ist und nicht durch die eingestellte spektrale Bandbreite des Monochromators gegeben ist. In der Anwärmphase einer HKL treten die weiter oben erwähnten Effekte auf, die zu einer (mittels der verwendeten Monochromatoren mittlerer Güte nicht feststellbaren) Linienverbreiterung der betreffenden Resonanzlinie führen. Die effektive Linienbreite ist aber direkt für die Empfindlichkeit (Steigung der Kalibrierkurve) verantwortlich! Daher kann es in Fällen, bei denen man dies nicht berücksichtigt, zu systematischen Fehlern kommen. Die Kalibrierkurve hat sich dann während der Aufwärmphase in Richtung geringerer Empfindlichkeit verschoben. Dies ist bei Zweistrahl-AAS-Geräten zu beachten, wenn man die Anwärmphase verkürzen möchte.

der Messküvette eingebracht. Dadurch wird automatisch durch die Verhältnisbildung am Empfänger ein Signalabzug dieser Lösung durchgeführt, der problematisch sein kann, wenn Matrixeffekte auftreten, die dieses Vorgehen verbieten.

### 4.3.3 Strahlungsquellen

Strahlungsquellen, die eine sehr hohe Strahlungsintensität genau auf der Resonanzwellenlänge des Analyt-Atoms und möglichst wenig Emission auf allen anderen Wellenlängen aufweisen, so genannte Linienstrahler, sind für den Einsatz in der AAS besonders gut geeignet. Sie sind aufgrund ihrer Bauart in der Lage, das Linienspektrum von Elementen zu emittieren. Dabei werden Atome des zu bestimmenden Elementes zur Emission angeregt. Nach der Art und Weise wie diese Anregung geschieht, unterscheidet man verschiedene Typen von Linienstrahlern, von denen sich zwei in der AAS etabliert haben:

- Hohlkathodenlampen (HKL)
- Elektrodenlose Entladungslampen (EDL).

**Hohlkathodenlampen**

Die erste Hohlkathodenlampe (HKL) wurde bereits 1916 von Paschen eingesetzt. Modifizierte und vereinfachte Lampen dieses Typs wurden 1959/60 von Walsh und Mitarbeitern für das erste AAS-Gerät konstruiert. Eine typische HKL besteht aus einem Glaszylinder, der mit einem Edelgas (Ar oder Ne) mit Drücken von wenigen Pascal gefüllt ist. Darin befinden sich eine ringförmige Anode und eine dazu zentrosymmetrische, becherförmige Kathode (s. Abb. 4.24). Die Kathode besteht entweder aus dem zu bestimmenden Element oder ist mit diesem oder einer seiner Legierungen oder Verbindungen beschichtet. Durch Anlegen einer genügend hohen Spannung kommt es zwischen Anode und Hohlkathode zu einer Glimmentladung, in der positiv geladene Edelgasionen erzeugt werden. Diese werden zur Kathode hin beschleunigt und setzen dort durch ihren Aufprall bei relativ niedrigen Temperaturen Metallatome frei. Die Metallatome werden in der Glimmentladungsstrecke durch Aufnahme von Energie aus den Zusammenstößen mit den geladenen Edelgasionen und Elektronen angeregt. Bei der Relaxation wird dann ein elementspezifisches Linienspektrum ausgesandt. Da dies alles bei relativ geringen Temperaturen und unter niedrigem Gasdruck abläuft, treten zwei für die AAS günstige Effekte auf:

1. Es werden bevorzugt Energieübergänge aus dem Grundzustand heraus angeregt, was zu einem besonders linienarmen Spektrum führt. Dies erleichtert die Auswahl einer geeigneten Absorptionswellenlänge für das zu bestimmende Element erheblich.
2. Es treten kaum Verbreiterungseffekte (Doppler-Effekt oder Lorentz-Verbreiterung) auf. Man erhält daher äußerst schmale Resonanzlinien.

Der Innenraum der Hohlkathode besitzt bei modernen Lampen die Form einer Hohlkugel. Entspricht der Durchmesser der Öffnung der Kathode einem Viertel des Innendurchmessers der Kugel, so ist nach White die Entladung und die Atomwolke weitgehend im Innenraum der Kathode lokalisiert. Dadurch wird der Verlust an Kathodenmaterial durch Diffusion des atomisierten Elementes aus der Kathode reduziert, was eine längere Lebensdauer der Lampen bewirkt. In modernen HKL ist auch aufgrund der vollständigen elektrischen Isolierung der Kathode von der Anode mit keramischem Material und durch Glimmerscheiben die Glimmentladung räumlich praktisch ausschließlich auf das Innere der Kathode begrenzt, da so keine unerwünschten Entladungen über andere Entladungsstrecken möglich sind. Die Emission wird deshalb nur im Inneren der Hohlkathode erzeugt und ist daher bereits relativ gut gebündelt. Am gegenüberliegenden Ende des Glaszylinders befindet sich ein Quarzfenster für den Austritt der Emissionsstrahlung aus der Lampe. Dieses Fenster ist in der Regel ca. 10 cm von der Kathode entfernt, damit sich kein Kathodenmaterial auf ihm niederschlagen (Sputter-Effekt) und dadurch die optische Durchlässigkeit vermindern kann. Diese Gefahr besteht vor allem bei leicht verdampfbaren Materialien, z. B. bei den Alkali-Elementen. In Abbildung 4.24 ist der Querschnitt durch eine moderne HKL dargestellt.

Die Strahlungsintensität einer HKL steigt mit dem Betriebstrom. Das ist der Strom (typisch: wenige mA), der durch Ladungstransport mittels Edelgas-Ionen und freien Elektronen zwischen der Anode und der Kathode

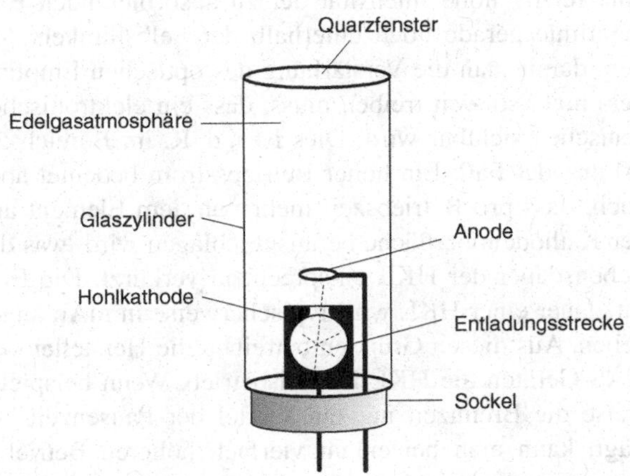


**4.24** Querschnitt durch eine moderne Hohlkathodenlampe.

fließt, wenn zwischen diesen die Betriebsspannung (ca. 400 V) anliegt. Zur Erzeugung einer konstanten Emissionsintensität des elementspezifischen Spektrums muss daher dazu ein Netzgerät mit exakt kontrollierbarer Stromstärke verwendet werden. Mit zunehmendem Betriebsstrom (Spannung) nimmt die Intensität der Glimmentladung zu und es werden mehr Atome des zu bestimmenden Elementes aus der Tiegeloberfläche herausgeschlagen. Dadurch steigt die Konzentration von Atomen im Grundzustand im Gasraum weiter an und führt dazu, dass eine heißere, emittierende Atomdampfwolke von einer Schicht mit kälteren Atomen vor allem in der Hauptstrahlungsrichtung umgeben ist (Prinzip der Fraunhoferschen Absorptionslinien im Sonnenspektrum). Diese kälteren Atome rufen schon in der Lampe eine sog. Selbstabsorption hervor, wodurch die Intensität der Emission genau in der Mitte der Emissionslinie vermindert wird und ein Einschnitt sichtbar wird. (vgl. Smith-Hieftje-Untergrundkorrektur, Abschnitt 4.3.6), der sich bei weiterer Lampenstromerhöhung bis zur Basislinie erstreckt. Die beobachtete Emission tritt in diesem Fall als Doppellinie auf, symmetrisch um die zentrale Wellenlänge der ursprünglichen Linie angeordnet. Dieser Effekt tritt auch in der Atomemissionsspektrometrie bei zu hohen Analytkonzentrationen auf und wird als Linienumkehr bezeichnet.

Es werden auch HKL hergestellt, deren Kathoden aus mehr als einem Element bestehen. Solche Mehrelementlampen werden für simultane oder sequentielle Mehrelementbestimmungen eingesetzt. Sie erreichen aber meist nicht die Emissionsleistung der Ein-Element-HKL, da der maximale Betriebsstrom, mit dem die Lampen zerstörungsfrei betrieben werden können, von Element zu Element verschieden ist, und also ein Kompromiss gewählt werden muss.

Bei der Wahl eines optimalen Lampenstroms ist ebenfalls ein Kompromiss notwendig. Einerseits möchte man eine relativ hohe Intensität der zu absorbierenden Elementlinie gerade noch unterhalb der Selbstumkehr haben, damit man die Verstärkung des optischen Empfängers nicht so weit treiben muss, dass ein elektronisches Rauschen sichtbar wird. Dies ist i. d. R. im Bereich 5–20 mA der Fall. Ein hoher Betriebsstrom bedeutet aber auch, dass pro Betriebszeit mehr von dem Element aus der Kathodenoberfläche herausgeschlagen wird, was die Lebensdauer der HKL entsprechend verkürzt. Die Einsatzdauer einer HKL wird typischerweise in mAh angegeben. Aus diesen Gründen betreiben die Hersteller von AAS-Geräten die HKL im Pulsbetrieb. Wenn beispielsweise die Brennzeit nur ein Viertel der Pausenzeit beträgt, kann man bei einem vierfach höheren Betriebsstrom trotzdem die garantierte Einsatzdauer erhalten und die Lampen nicht zu stark aufheizen. Ein Betrieb mit Modulation ist aus anderen Gründen (siehe weiter unten) ebenso erwünscht.

**Elektrodenlose Entladungslampen – EDL**

1935 wurden die ersten elektrodenlosen Entladungslampen von Bloch und Bloch untersucht. Seit 1969 wurden sie von Woodward auch in der AAS als Strahlungsquelle erfolgreich eingesetzt. Die eigentliche Strahlungsquelle einer modernen EDL ist eine kleine Quarzkapsel, in der sich in einer Edelgasatmosphäre von wenigen Pascal das zu bestimmende Element befindet. Um diese Kapsel befindet sich eine Hochfrequenzspule. Nach Zündung mithilfe eines Teslafunken (Erzeugung primärer freier Ladungsträger) entsteht im Hochfrequenzfeld (ca. 27 MHz) im Inneren der Quarzglaskapsel ein intensives Edelgas-Plasma (vgl. Abb. 4.25). Durch die im Hochfrequenzfeld schwingenden geladenen Teilchen wird der Kapselinhalt aufgeheizt, und das darin befindliche Element verdampft. Das gelingt jedoch nur für Elemente, deren Siedetemperatur unter 1000 °C liegt. Die gasförmigen Atome werden schließlich durch Stöße mit Edelgasionen und Elektronen in den angeregten Zustand überführt und senden bei der Relaxation in den Grundzustand ihre elementspezifische Strahlung aus. Da in einer EDL die Atome nicht aus der Anregungszone hinausdiffundieren, können wesentlich höhere Atomkonzentrationen erreicht werden als bei einer HKL, ohne die Lebensdauer der Lampen zu verkürzen. Störende Selbstabsorptionseffekte sind beim Einsatz einer EDL bisher nicht bekannt. Trotzdem gibt es auch hier Begrenzungen. Wird die Leistung des Feldes zu hoch gewählt, findet in der Lichtquelle nicht nur Anregung, sondern auch Ionisation der Atome statt. Dadurch wird die Intensität der Atomemission notwendigerweise vermindert, da die Atompopulation durch diesen Effekt herabgesetzt wird.

Allgemein kann mit einer EDL eine deutlich höhere Strahlungsintensität auf der Resonanzlinie des Elementes erreicht werden als mit einer HKL. Das führt unter Umständen zu einem besseren Signal/Rausch-Verhältnis und damit zu besseren Nachweisgrenzen. Die Empfindlichkeit der AAS, d. h. die Steigung der Kalibrierkurve, kann auf diese Weise allerdings nur bei wenigen nur schwer anregbaren Elementen wie z. B. Arsen und Selen

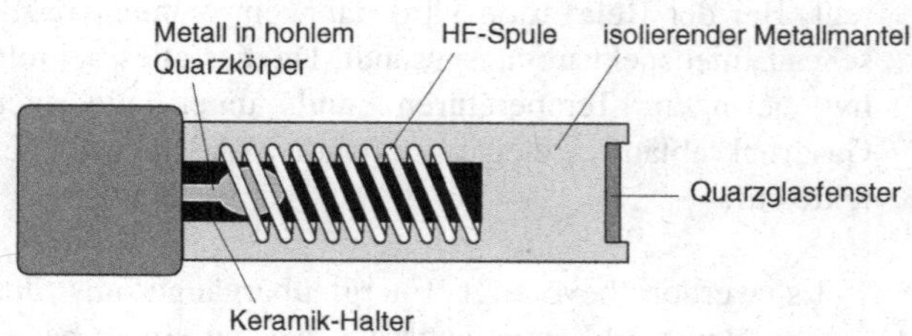


**4.25** Aufbau einer elektrodenlosen Entladungslampe.

gesteigert werden. Die hohe Strahlungsleistung der EDL ist vor allem im UV-Bereich bei Wellenlängen unterhalb 200 nm von Vorteil, da in diesem Wellenlängenbereich erhebliche Lichtverluste durch optische Elemente wie Linsen, Spiegel und Gitter aber auch in hohem Maße durch Absorption durch den Luftsauerstoff entstehen. Aus diesem Grund hat sich die EDL als Strahlungsquellen gegenüber der HKL vor allem für die Bestimmung der Elemente Arsen und Selen durchgesetzt, deren empfindlichste Resonanzlinien unterhalb 200 nm zu finden sind, während die entsprechende HKLs aufgrund des hohen Dampfdruckes dieser Elemente nur mit sehr geringen Stromstärken betrieben werden können. Die EDL weist für Elemente mit relativ hohem Dampfdruck eine besondere Stabilität und Langlebigkeit auf. Dies ist relevant für Antimon, Blei, Cadmium, Zink, Quecksilber, Thallium, Zinn und Bismut. Für diese Elemente konnten bisher keine langlebigen HKL hergestellt werden.

**Andere Strahlungsquellen**

Neben den etablierten Strahlungsquellen HKL und EDL wurde auch der Einsatz von Flammen, in welche Lösungen mit hohen Konzentrationen des Analyten eingesprüht werden, von Alkemade und Milatz untersucht. In der Flamme werden die Atome thermisch zur Strahlungsemission angeregt. Der Nachteil einer solchen Strahlungsquelle ist ihre Instabilität, der hohe Verbrauch an Reagenzien und Brenngasen sowie der große Strahlungsuntergrund durch die Eigenemissionen der Flamme. Eine Variante dieser Methode, besonders für schwer anregbare Elemente geeignet, ist der Einsatz eines Lichtbogens an Stelle der Flamme. Da mit einem solchen Lichtbogen eine höhere Emissionsstabilität und ein geringer Strahlungsuntergrund verbunden ist, lassen sich Ergebnisse vergleichbar mit einer HKL erzielen. Nach dem gleichen Schema sollte auch ein Plasma als primäre Anregungsquelle verwendbar sein. Die in der Emissionsspektrometrie eingesetzten ICP, CMP oder MIP (s. Abschnitt 4.4.3) vertragen aber in der Regel keine hohen Salzfrachten, sodass die erreichbaren Intensitäten der Emission nicht mit denjenigen der HKL oder EDL konkurrieren können. Außerdem ist der apparative Aufwand zum Betrieb eines Plasmas als Strahlungsquelle für die AAS im Vergleich zu diesen sehr hoch, sodass diese als Strahlungsquellen höchstens für exotische Anwendungen von Interesse sind.

Kontinuierliche Strahlungsquellen wie z. B. Wasserstoff- oder Deuterium-Lampen, Halogenlampen oder auch Xenon-Hochdrucklampen zeigen eine stabile Emission über einen relativ großen Wellenlängenbereich. Das macht sie vor allem als Strahlungsquellen für Multielementanalysen interessant. Obwohl die Gesamtintensität der von einem Kontinuumstrahler emittierten Strahlung sehr hoch ist, besitzen diese Lampen jedoch im Vergleich zu den Linienstrahlern auf den Wellenlängen der Resonanzlinien eine deutlich geringere Intensität. Um z. B. zu einer mit den HKL vergleichbaren Linienhalbwertsbreite zu gelangen, müssen dann noch extrem hochauflösende Monochromatoren verwendet werden. Letztere werden zu diesem Zweck mit besonders geringen Spaltbreiten betrieben, wodurch aber mehr als 99 % der Strahlungsintensität der Lichtquelle ausgeblendet werden. Die dadurch erforderliche größere Verstärkung des detektierten Messsignals zieht jedoch ein erhöhtes elektronisches Rauschen nach sich. Daher ist die Nachweisstärke der AAS mit solchen Lichtquellen um etwa zwei Zehnerpotenzen schlechter als bei einem vergleichbaren Verfahren mit Linienstrahlern.

In jüngster Zeit wird die Strahlungsintensität von HKL und EDL durch den Einsatz von Laserdioden als monochromatischen Strahlungsquellen teilweise deutlich übertroffen. Da die Wellenlänge, die ein Laser emittiert, abhängig von elektronischen Übergängen im verwendeten Laser-System und von der Existenz so genannter umgekehrter Besetzungszustände ist, ist es aber nicht trivial, Laser genau für die Wellenlängen der Resonanzlinien von mit der AAS zugänglichen Elemente zu entwickeln. Im IR-Bereich experimentiert Niemax bereits erfolgreich mit so genannten durchstimmbaren Laserdioden, deren Emissionswellenlänge über einen kleinen Wellenlängenbereich frei wählbar ist. Die Ausweitung solcher Laser auch auf andere Wellenlängenbereiche (z. B. UV) könnte für die AAS eine erhebliche Weiterentwicklung sowohl hinsichtlich ihrer Nachweisstärke als auch der Einfachheit und Größe ihres Aufbaus darstellen. Falls man bei der Wellenlängenmodulation das betreffende Absorptionsprofil des Analyten „abscannen" könnte, hätte man automatisch die beste Untergrundkompensationsmethode vorliegen.

## 4.3.4 Atomisierungstechniken

Aus einer gegebenen Probe reproduzierbar gasförmige Atome des zu bestimmenden Elementes im Grundzustand in einer möglichst hohen Konzentration bereitzustellen, ist die Aufgabe der Atomisierungseinheit. Die Leistungsfähigkeit eines atomabsorptionsspektrometrischen Verfahrens hängt entscheidend vom Wirkungsgrad der Atomisierung ab. Für unterschiedliche Anwendungen, verschiedene Probenarten und je nach zu bestimmendem Element existieren mehrere apparative Verfahren, um einen optimalen Atomisierungsgrad des zu bestimmenden Elementes zu erreichen. Das am längsten praktizierte Atomisierungsverfahren in der AAS basiert auf dem Zerstäuben einer flüssigen Lösung in eine Flamme. Der prinzipielle Mechanismus der Trocknung,

Verdampfung und Atomisierung einer flüssigen Probe durch Zufuhr thermischer Energie wurde bereits in Abb. 4.5 in Abschnitt 4.2 dargestellt. Für die Spuren- und Ultraspurenanalytik haben sich darüber hinaus die Graphitrohrtechnik, die Hydrid- und die sog. Kaltdampf-Technik etabliert.

**Die Flammentechnik**

Die Flammenatomisierung ist als das am längsten in der AAS praktizierte Verfahren auch am besten untersucht und am häufigsten modifiziert worden. Sie wird in sog. Schlitzbrennern durchgeführt. Dadurch soll ein großer Lichtweg mit entsprechender Empfindlichkeit ermöglicht werden. Bei zu hohen Analytkonzentrationen kann dieser Brenner manchmal zur Verringerung dieser Absorptionstrecke und damit zur Verhinderung stark gekrümmter Kalibrationskurven im Strahlengang des Gerätes verdreht werden. Eine für die AAS geeignete Flamme sollte Temperaturen zwischen 2000 °C und 3000 °C erreichen. Sie sollte eine geringe Eigenabsorption bei der betreffenden Elementwellenlänge aufweisen und ebenso eine möglichst geringe Emission von weißem Licht, also keine hell leuchtende Strahlungsquelle darstellen. Die Strömungsgeschwindigkeit der Flammengase sollte nicht zu hoch sein, damit die Aufenthaltsdauer des mit einem Zerstäuber erzeugten Aerosols der Analysenlösung im beobachteten Ausschnitt der Flamme zur möglichst vollständigen Atomisierung der zu bestimmenden Elemente ausreicht. Über die Strömungsgeschwindigkeit ist auch die Beobachtungshöhe der Atome in der Flamme mit der maximalen Absorption verknüpft.

Je nach gewünschten Atomisierungsbedingungen kann bei der Flammenatomisierung die Zusammensetzung der Gasmischung nach Art und Verhältnis von Brenngas und Oxidans variiert werden. Heute werden praktisch nur noch die sehr stabile und störungsarme Luft/Acetylen-Flamme (bis ca. 2400 °C) verwendet, und seltener, vor allem für schwerflüchtige Analyten (Atomisierungstemperaturen bis ca. 3000 °C), die Lachgas/Acetylen-Flamme. Mit diesen beiden Flammen lassen sich praktisch alle Elemente störungsarm und mit guter Empfindlichkeit bestimmen. In Tabelle 4.4 (Abschnitt 4.3.5) sind einige Beispiele für mit der Flammen-AAS erreichbare Nachweisgrenzen gegeben.

***Die Luft/Acetylen-Flamme***

Die Luft/Acetylen-Flamme ist für einen weiten Spektralbereich optisch transparent. Sie zeigt erst unterhalb 230 nm eine merkliche, zu niedrigeren Wellenlängen weiter ansteigende, unspezifische und unstrukturierte Eigenabsorption. Die Temperaturen in dieser Flamme sind für die Bestimmung der meisten Elemente optimal. Nur bei den Alkali-Metallen ist bei Temperaturen über 2000 °C bereits ein gewisser Ionisationsgrad zu verzeichnen. Sie lassen sich besser in Emission bestimmen. Die Luft/Acetylen-Flamme wird meistens leicht oxidierend (nicht leuchtend) betrieben, da die Flamme dann die größte Transparenz aufweist. Die Gasmischung kann jedoch über einen weiten Bereich variiert werden bis hin zu einer mit deutlichem Brenngasüberschuss betriebenen, und wegen nicht verbrannter Kohlenstoffpartikel, stark leuchtenden Flamme. Dies ist zum Beispiel bei der Bestimmung von Chrom notwendig, da nur durch eine extrem reduzierend wirkende Umgebung in der Flamme die Bildung der thermisch sehr stabilen und daher in der Luft/Acetylen-Flamme nicht spaltbaren Oxide verhindert werden kann. Unter solchen Bedingungen tritt jedoch durch den unverbrannten Kohlenstoff bereits erhebliche unstrukturierte Lichtstreuung und eine starke Eigenemission der Flamme auf, was sich sehr nachteilig auf das Signal/Rausch-Verhältnis auswirkt und eine präzise und empfindliche Analyse erschwert.

***Die Lachgas/Acetylen-Flamme***

Für Chrom und einige andere Elemente wie z. B. Molybdän, Zinn oder Wolfram, die ebenfalls sehr schwerflüchtige, stabile Oxide bilden, bietet sich die Verwendung der Lachgas/Acetylen-Flamme an. Mit der Lachgas/Acetylen-Flamme sind zum einen höhere Temperaturen als mit der Luft/Acetylen-Flamme erreichbar, zum anderen liefert sie äußerst reduzierende Bedingungen. In dieser Flamme setzt für viele Elemente aufgrund der höheren Temperatur bereits eine verstärkte Ionisierung ein, die die Konzentration der zur Absorption der Messwellenlänge fähigen Atome vermindert. Diese Ionisierung lässt sich aber oft durch den Zusatz eines leicht ionisierbaren Salzes im Überschuss durch die eintretende Erhöhung der Anzahl freier Elektronen gemäß des Massenwirkungsgesetzes im Gleichgewicht zurückdrängen (sog. Strahlungspuffer). Auch die hohe Eigenemission der Flamme, z. B. durch intensive und breitbandige CN-, NH- oder CH-Banden, erschwert zusätzlich die Analyse durch das erhöhte Rauschen am Detektor. Dennoch ist diese Flamme für manche Elemente das ideale Atomisierungsmedium.

***Andere Flammengase***

Für die Anwendung zur Bestimmung von leicht ionisierbaren Elementen, z. B. für niedrige Temperaturen (< 2000 °C) wurden früher auch Wasserstoff, Propan, Erdgas, Methan und Kohlengas mit Luft als Oxidans verwendet. Da viele Elemente bei Temperaturen unter 2000 °C aber nicht mit ausreichender Ausbeute atomisiert werden können, und weil für die leichtflüchtigen Elemente andere, effektivere Analysenmethoden wie

z. B. die auf Emission beruhende Flammenphotometrie vorhanden sind, hat die Bedeutung dieser Flammen in der AAS sehr stark abgenommen. Wasserstoff und Acetylen wurden früher auch in Verbindung mit reinem Sauerstoff als Oxidans eingesetzt. Mit solchen Flammen lassen sich zwar relativ hohe Temperaturen erreichen (ähnlich der Lachgas/Acetylen-Flamme), ihre Brenngeschwindigkeiten sind jedoch so hoch, dass sie nur mit einem so genannten direkt zerstäubenden Turbulenzbrenner (siehe unten) ohne die Gefahr des Zurückschlagens der Flamme verwendet werden können.

***Brennertypen***

Zur Atomisierung von Proben in Flammen wurden verschiedene Brennertypen entwickelt. Die Zuführung der meist flüssigen Proben erfolgt mit den in 4.2.2 beschriebenen Zerstäubertypen.

*a. Der Direktzerstäuberbrenner*

Ein Beispiel für einen Brenner mit pneumatischem Zerstäuber, bei dem als Aerosolgas direkt eines der Brennergase verwendet wird, stellt der Direktzerstäuberbrenner dar. Er besteht aus zwei konzentrischen Rohren, durch die Brenngas und Oxidans getrennt der Brenndüse zugeführt werden. Die Vermischung der Gase findet erst in der Flamme statt, wodurch ein Rückschlagen der Flamme nicht möglich ist. Es entstehen jedoch erhebliche Turbulenzen, die sich akustisch und optisch bemerkbar machen. Durch den Druckabfall des Oxidans an der Brenndüse wird die Analysenlösung durch eine zentrisch im Brenner angeordnete Kapillare angesaugt und direkt zerstäubt. Bei dieser Verfahrensweise erhält man eine starke Streuung der Größe der in die Flamme gelangenden Tröpfchen. Da die Tröpfchen für die Verdampfung des Lösungsmittels eine von ihrer Größe abhängige Zeit benötigen, existieren somit in der Flamme keine scharf begrenzten Reaktionszonen. Besonders große Tröpfchen verdampfen auf ihrem Weg durch die Flamme nicht einmal vollständig, sodass der Atomisierungsgrad bei diesem Brenner trotz 100%-igen Transportes der Analysenlösung in die Flamme bezogen auf die Beobachtungszone unter 10% liegt. Zusätzlich wirken sich die Turbulenzen nachteilig auf das Signal/Rausch-Verhältnis und damit auf die Nachweisgrenze aus.

Um diese Nachteile zu kompensieren, wurde ein so genannter Langrohr-Brenner eingeführt. Bei diesem ist direkt über der Flamme eines Turbulenzbrenners ein langes, beheiztes Keramikrohr angebracht, durch das der Strahlengang des Spektrometers führt. Mit diesem Verfahren wird die Aufenthaltsdauer der Atome im Strahlengang erhöht. Falls die Atome im Strahlengang eine entsprechende Lebensdauer besitzen, wird dadurch die Empfindlichkeit in Abhängigkeit von der Rohrlänge bis zu einem gewissen Grad erhöht.

**Sicherheitshinweis**

Jede Brenngas/Oxidans-Mischung benötigt einen speziellen Brenner. Unterschiedliche Gerätemerkmale wie z. B. die Gas-Ausströmöffnungen garantieren, dass die Ausströmgeschwindigkeit stets höher ist als die Brenngeschwindigkeit, wodurch ein „Rückschlagen“ der Flamme in die Mischkammer verhindert wird. Man darf daher jeden Brenner nur mit der vom Hersteller vorgeschriebenen Gasmischung betreiben! Die Lachgas/Actylen-Flamme besitzt z. B. eine wesentlich höhere „Brenngeschwindigkeit“ als die Acetylen/Luft-Flamme und wird deshalb mit einem dafür vorgesehenen Schlitzbrenner betrieben, der am Schlitz durch eine höhere Ausströmgeschwindigkeit ein Zurückschlagen der Flamme in die Mischkammer verhindert. Auch wird die Lachgas/Acetylen-Flamme meist über die Acetylen/Luft-Flamme gezündet. Kommerzielle Geräte besitzen entsprechende Sicherheitsvorrichtungen und eine automatische Flammenzündung. Falls man aber einmal mit den Brennern allein „experimentiert“, sollte man diesen Hinweis beachten.

*b. Der Mischkammerbrenner mit laminarer Flamme*

Der heute am häufigsten verwendete Brennertyp in der AAS ist der Mischkammerbrenner mit laminarer Flamme. Der Probeneintrag erfolgt durch einen pneumatischen Zerstäuber in Kombination mit einer Mischkammer. Die Flamme brennt laminar über einem oder drei 5-10 cm langen schmalen Schlitzen, deren Breite von der Art der Brenngas/Oxidans-Mischung abhängt und zwischen 0,5 mm und 1,5 mm liegt. Die laminare Flamme ist im Gegensatz zur turbulenten Flamme sehr klar strukturiert, d. h. es existieren Zonen unterschiedlicher Reaktivität und Temperatur. Da die Zone der Dissoziation zu Atomen in einer solchen Flamme aufgrund der homogenen Partikelgröße im Aerosol und dem dadurch bedingten einheitlichen und synchronisierten Atomisierungsverhalten sehr leicht in einem relativ schmalen Bereich der Flamme lokalisierbar ist, lässt sich trotz einer Aerosolausbeute von nur 5–10% bei Verwendung eines pneumatischen Zerstäubers aufgrund der lokal begrenzten Atomisierungszone eine im Vergleich zum Einsatz eines Turbulenzbrenners deutlich höhere Empfindlichkeit erreichen. Als Standardbrenner hat sich der Mischkammer-Einschlitzbrenner mit einem 10 cm-Schlitz in den meisten modernen Flammen-AAS-Geräten durchgesetzt (vgl. auch Abb. 4.26).

Die Probenzuführung mittels Probenboottechnik wird vereinzelt für die Elemente Ag, As, Bi, Cd, Hg, Pb, Se, Te, Tl und Zn angewendet. Die Probe wird dabei in einem Tantalschiffchen getrocknet, das Schiffchen in die Flamme eingetragen und dort die getrocknete Probe entsprechend schnell atomisiert, wobei ein transientes Analysensignal entsteht, das integriert ausgewertet werden kann. Für die genannten Elemente werden dann gegenüber den pneumatischen Zerstäubern um den Faktor 20–50 verbesserte Nachweisgrenzen angegeben. Eine weitere Verbesserung der Empfindlichkeit dieser Technik wurde erzielt, indem ein unten offenes Quarzrohr über die Flamme eines Dreischlitzbrenners in den Strahlengang des Messstrahles gebracht wurde (Delves-Technik). Dadurch wird wie beim Langrohrbrenner die Aufenthaltsdauer der leichtflüchtigen Atome im Strahlengang und folglich die Empfindlichkeit deutlich erhöht. Bei beiden Verfahren treten jedoch durch Rauchentwicklung während der Atomisierung erhebliche Störungen durch unspezifische Absorptionen auf. Abschließend seien die Vor- und Nachteile der Flammen-AAS noch einmal gegenübergestellt:

| *Vorteile* | *Nachteile* |
|---|---|
| - robustes Verfahren | - relativ geringe Empfindlichkeit (mg/L) |
| - einfach zu handhabende Technik | - hoher Probenbedarf (einige mL) |
| - geringe Störanfälligkeit | - Problem der geringen Effizienz der Zerstäuber |
| - hoher Probendurchsatz | |
| - Verfahren leicht automatisierbar | |

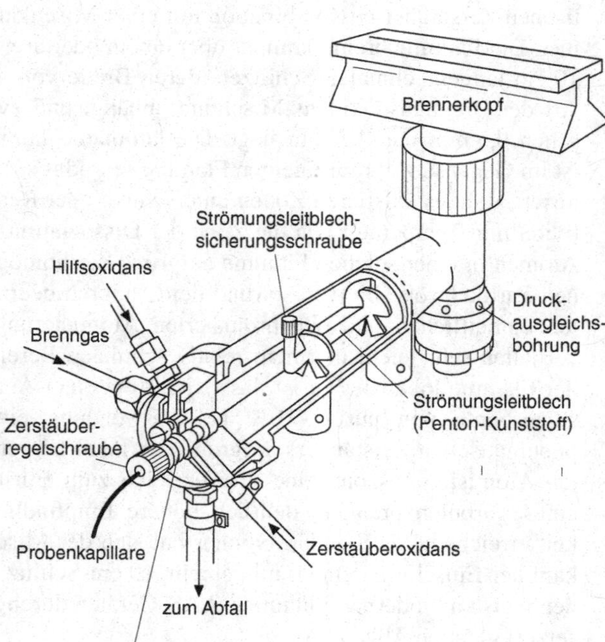


**4.26** Linearstrombrenner für die Flammen-AAS (Perkin Elmer).

**Die Graphitrohr-Technik**

Auf der Suche nach einer Weiterentwicklung der Atomisierung zur Verbesserung der Nachweisempfindlichkeit der AAS, wurde schnell klar, dass die Aufenthaltszeit der absorbierenden Atome in einem bleistiftdünnen Strahlengang eigentlich sehr kurz ist. Um die Atomdampfwolke länger im Strahlengang zu halten, wurde die elektrothermale Verdampfung mit anschließender Atomisierung in einem Graphitrohr technisch realisiert. Heute hat sich der Einsatz elektrisch beheizter Graphitrohröfen durchgesetzt. Bei der elektrothermalen Verdampfung erfolgt eine einmalige Probendosierung in den Ofen (durch eine kleine Öffnung im Graphitrohr) im Mikrolitermaßstab. Das Graphitrohr lässt sich mittels eines leicht zu kontrollierenden Stromflusses reproduzierbar aufheizen (Widerstandsheizung). Man kann so genaue Aufheiz-, Trocken-, Veraschungs- und Atomisierungsphasen und Aufheizraten programmieren. Die Konzentration an gasförmigen Atomen im Strahlengang des Spektrometers weist daher im Gegensatz zu den kontinuierlichen Signalen der Flammen-Technik einen zeitabhängigen (transienten) Verlauf mit einem Maximum auf. Die Auswertung erfolgt entweder über die Höhe des Maximums (Peakhöhenauswertung) oder das Signal wird über die gesamte Atomisierungsdauer integriert (Peakflächenauswertung).

Nach dem Lambert-Beer'schen Gesetz ist die Extinktion $A$ von der Konzentration an gasförmigen Atomen $c$ im Strahlengang abhängig. Mit der Beziehung $c = m/V$ und einem konstanten Ofenvolumen $V$ ergibt sich eine Abhängigkeit der Extinktion von der absoluten eingebrachten Masse $m$. Die Bezugsfunktionen werden daher in der Form $A = f(m)$ angegeben. Angaben von Messwerten, Nachweisgrenzen und Empfindlichkeiten erfolgen ebenfalls als absolute Massen oder müssen bei Angabe einer Konzentration immer einen Hinweis auf die verwendete Probenmenge enthalten. Als Maß für die Empfindlichkeit wird dementsprechend anstelle der charakteristischen Konzentration $c_c$ die charakteristische Masse $m_c$ angegeben, die eine Absorption von 1% des Messlichtes hervorruft.

***Der Graphitrohrofen***

Die heute verwendeten Graphitrohröfen beruhen bis auf wenige Ausnahmen für spezielle Anwendungen auf dem Prinzip des Massmann-Ofens. Hierbei handelt es sich um ein Graphitrohr, das zwischen zwei Elektroden an den Rohrenden gelagert ist. Fließt über die Elektroden ein hoher Strom, so heizt sich das Rohr aufgrund seines Widerstandes auf. Die Probe wird durch eine Bohrung in der Mitte der Rohrwandung mittels einer engen Mikroliterspritze manuell oder automatisch eingebracht.

Die Extinktion und damit die Empfindlichkeit hängen über die Konzentration gasförmiger Atome (Atomwolkendichte) neben der eingebrachten Masse auch von Ofenvolumen und Ofenform ab. Nach der Beziehung $c = m/V$ sollte ein möglichst kleines Graphitrohr die höchste Konzentration im Strahlengang bewirken. Der Querschnitt darf jedoch nicht zu klein werden, damit der gebündelte Messstrahl noch ungehindert passieren kann. Bei fokussierter Strahlführung errechnet sich der optimale Durchmesser $d$ aus dem Fokussierungswinkel $\alpha$ der Blendengröße $g$ und der Rohrlänge $l$ zu $d = g + l\tan\alpha$ (Abb. 4.27).

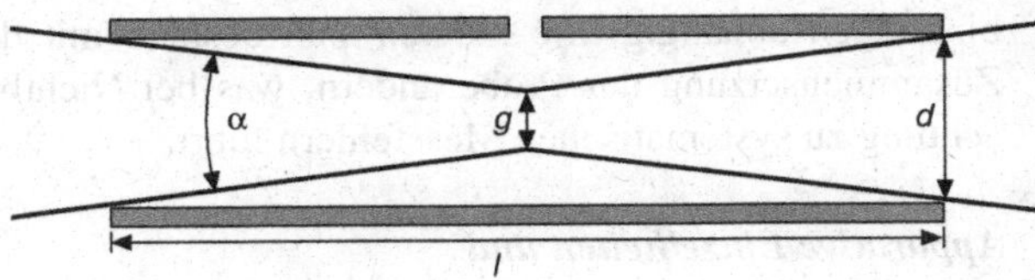


**4.27** Messstrahlführung durch den Graphitrohrofen (Bezeichnung s. Text).

Für die Atomwolkendichte ist weiterhin auch die Aufenthaltsdauer der Atome im Ofen entscheidend. Sieht man von Gasströmungen, die durch die Ausdehnung der Probe entstehen ab, so hat die Diffusion hier einen entscheidenden Einfluss. Die Aufenthaltsdauer ist hierbei dem Quadrat der Diffusionsstrecke proportional und somit direkt abhängig von der Länge des Rohres. Längen über 10 cm sind jedoch wegen der hohen Stromaufnahme nicht mehr gut einsetzbar. Die meisten erhältlichen Rohre weisen Längen zwischen 3 und 5 cm auf. Es sind Dosierungen bis zu 100 μL Probenlösung oder Aufschlämmung (Slurry-Technik) oder wenige mg Festsubstanz möglich. In Tabelle 4.4 (Abschnitt 4.3.5) sind Beispiele für Nachweisgrenzen gegeben, wie sie mit einem guten Graphitrohrofen erreicht werden können.

***Das Temperaturprogramm***

Um eine möglichst störungsfreie Analyse zu gewährleisten, sollte der Analyt während der Messung mit möglichst wenigen Begleitsubstanzen im Probenraum vorliegen. Dies ist allerdings häufig mit einem nicht zu vertretenden Zeitaufwand verbunden oder teilweise gar unmöglich (z. B. wenn durch die Abtrennung der zu bestimmende Analyt beeinflusst wird). So enthält die in den Ofen eingebrachte Probe häufig neben großen Mengen an Reagenzien, Lösungs- und Aufschlussmittel noch die Begleitsubstanzen aus der Probe wie z. B. Natriumchlorid, andere Salze oder auch organische Bestandteile. Die Widerstandsheizung der Graphitrohr-AAS bietet mit einer Spannungs-Effektivwert-Regelung die Möglichkeit einer sehr genauen Temperatureinstellung. Hiermit ist eine thermische Vorbehandlung der Probe im Ofen möglich. Viele Begleitsubstanzen können schon bei niedrigen Temperaturen verflüchtigt und aus dem Graphitrohr ausgetrieben werden. Während einer solchen thermischen Vorbehandlung werden auch Analytverbindungen umgewandelt und zum Teil bis zum Metall reduziert. Bei höherer Temperatur erfolgt die Erzeugung gasförmiger Atome dann relativ schnell und störungsfrei. Der Messzyklus wird daher mit einem Temperaturprogramm in vier Hauptphasen eingeteilt:

- Trocknungsphase (oft in zwei Schritte unterteilt): Langsame Verdampfung des Lösungsmittels
- Vorbehandlungsphase: Abtrennung leichtflüchtiger Begleitsubstanzen, evtl. Reduktion des Analyten zum Metall und Veraschung organischer Materialien
- Atomisierungsphase: Überführung des Analyten in gasförmige Atome
- Ausheizphase: Austreibung schwerflüchtiger Begleitsubstanzen und Reinigung des Graphitrohres

Die einzustellenden Parameter sind dabei neben der Temperatur die Anstiegszeit und die Haltezeit. Tabelle 4.2 zeigt ein Standard-Temperaturprogramm für wässrige Lösungen.

Müssen während der Vorbehandlungsphase größere Mengen von Salz, Öl oder biologischem Material abgetrennt werden, so muss in mehreren Schritten mit längeren Anstiegszeiten vorgegangen werden. Für den Atomi-

| Phase | Temperatur in °C | Anstiegszeit in s | Haltezeit in s |
|---|---|---|---|
| Trocknung I | 100 | 100 | 20 |
| Trocknung II | 250 | 1 | 5 |
| Vorbehandlung | elementspezifisch | 1 | 15 |
| Atomisierung | elementspezifisch | minimal | 5 |
| Ausheizung | maximal (z. B. 2700) | 1 | 3 |

**Tabelle 4.2** Übliches Temperaturprogramm für wässrige Lösungen (Probevolumen: 20μL).

sierungsschritt ist eine minimale Anstiegszeit vorgesehen. Das Graphitrohr sollte hierbei mit einer Anstiegsrate von nicht weniger als 2000 °C/s aufgeheizt werden. L´vov hat gezeigt, dass die maximale Atomwolkendichte bei Atomisierungszeiten unter 0,1 s erreicht wird, da die Atomisierungsdauer dann kleiner als die Aufenthaltsdauer der Atome im Strahlengang wird. Nach Slavin ist dann eine genügend schnelle Aufheizung im Atomisierungsschritt gewährleistet, wenn die Differenz zwischen Vorbehandlungs- und Atomisierungstemperatur 1000 °C nicht überschreitet. Bei einer so schnellen Atomisierung wird eine entsprechend schnell ansprechende Opto-Elektronik mit sehr kurzer Zeitkonstante benötigt.

***Temperaturdoppelkurven***

Die optimalen Vorbehandlungs- und Atomisierungstemperaturen sind für jedes Element in Abhängigkeit von seiner Speziation verschieden. Die notwendigen Informationen entnimmt man sog. Temperaturdoppelkurven, in denen die Extinktion sowohl gegen die Vorbehandlungs- als auch gegen die Atomisierungstemperatur aufgetragen wird. Der schematische Verlauf einer solchen Kurve ist in Abbildung 4.28 dargestellt. Kurve 1 zeigt, bis zu welcher Temperatur eine Probe thermisch vorbehandelt werden darf, ohne dass ein Analytverlust auftritt. Dies ist die optimale Vorbehandlungstemperatur (VT). Außerdem lässt sich entnehmen, bei welcher Temperatur das Element in der vorgegebenen Zeit quantitativ verdampft. Kurve 2 zeigt, bei welcher Temperatur das Element erstmals atomisiert wird. Diese Temperatur wird Erscheinungstemperatur genannt (ET). Die Temperatur, bei der die maximale Atomwolkendichte erreicht wird, ist die optimale Atomisierungstemperatur (AT).

Es wird angenommen, dass beim Atomisierungsmechanismus üblicherweise Metalloxide als Zwischenstufe entstehen. Der einzige Unterschied zwischen Dissoziation der Oxide und Verdampfung des Elementes wäre dann der Zeitpunkt der Reduktion, wobei eine Beteiligung der Graphitoberfläche aufgrund verschiedener Beobachtungen angenommen werden muss. Sind die Reduktionstemperaturen z. B. gleich oder kleiner als die Schmelzpunkte der Metalle, so findet die Reduktion vor der Verdampfung statt und die Schmelztemperaturen sind für den Mechanismus verantwortlich. Sind Begleitsubstanzen in der Probe enthalten, können sich die Atomisierungsmechanismen jedoch auch sehr viel komplexer gestalten. Die Kurvenverläufe sind dann neben der Schmelz-, Siede- und Zersetzungstemperatur der Analyten und der Reduktionstemperaturen ihrer Oxide auch von entsprechenden Daten anderer möglicher Analytverbindungen abhängig. Sie können sich deshalb mit der Zusammensetzung der Probe ändern, was bei Nichtbeachtung zu systematischen Messfehlern führt.

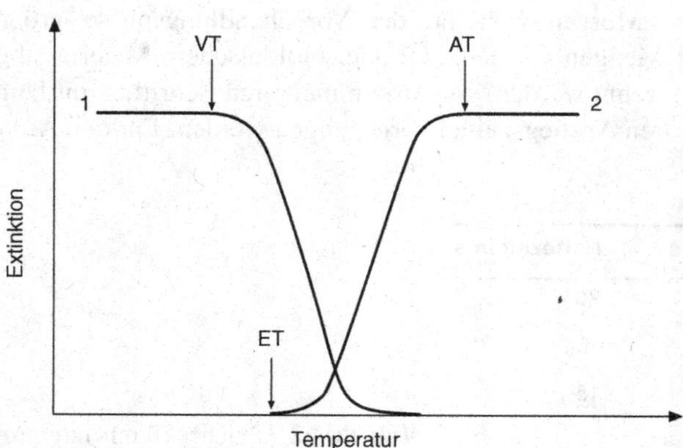


**4.28** Temperaturdoppelkurven.

***Apparative Einzelheiten und besondere Ofenformen***

*a. Beschichtung*

Die Oberfläche des Graphitrohrofens kann Einfluss auf den Atomisierungsmechanismus nehmen und sogar Reaktionen mit der Probe eingehen. So bilden z. B. Molybdän, Vanadium, Titan und viele andere Elemente schwerflüchtige Verbindungen (refraktäre Elemente), z. B. Carbide. Dies kann zu Störungen bei deren Bestimmung führen. Auch die Diffusion von Metallatomen durch die Graphitwandungen des Rohres kann zum Teil erhebliche Ausmaße annehmen, wodurch die Empfindlichkeit wesentlich verschlechtert wird. Um solchen Vorgängen entgegenzuwirken, werden die Graphitrohre durch Pyrolyse von Methan bei über 2000 °C mit Kohlenstoff beschichtet. Diese Pyrokohlenstoffschicht ist nicht nur dicht, hart und gasundurchlässig sondern auch wesentlich weniger reaktiv.

*b. Schutzgas*

Da die Graphitteile bei den Betriebstemperaturen mit dem Luftsauerstoff reagieren würden, wird der Ofen zum Schutz mit einem Inertgas gespült. Auch einer Oxidation der zu bestimmenden Elemente wird so entgegengewirkt. Der Gasstrom hat zusätzlich die Aufgabe, die während der Trocknungs- und Vorbehandlungsphasen verflüchtigten Begleitsubstanzen möglichst schnell aus dem Ofen hinauszutransportieren. Dieser Effekt ist jedoch während der Messung selbst unerwünscht. Um hier durch längere Aufenthaltszeiten die Atomwolkendichte zu erhöhen, wird daher der Schutzgasstrom in den meisten Geräten während der Messung reduziert oder ganz abgeschaltet. Das Abschalten des Gasstromes hat zusätzlich den Vorteil, dass die Temperatur im Gasraum des

Ofens der Temperatur des Graphitrohres besser folgen kann. Üblicherweise wird als Spülgas Argon verwendet. Der preisgünstigere Stickstoff wird wegen der Gefahr der Cyanidbildung nur in Ausnahmefällen eingesetzt.

*c. Die L´vov-Plattform*

Die Temperatur des Gasraumes im Graphitrohr kann der Temperatur der Graphitwand auch bei abgeschaltetem Schutzgasstrom nur mit einer gewissen Zeitverzögerung folgen. Während der Atomisierungsphase verdampft so die Probe von der heißen Graphitwand in eine Umgebung niedrigerer, sich ständig ändernder Temperatur. Die Einstellung von Dissoziationsgleichgewichten in der Gasphase sowie von Gleichgewichten zwischen der Gasphase und der kondensierten Phase ist damit Störungen unterworfen. Es kommt zu Kondensationen und Rekombinationen im Gasraum. Hierdurch besteht zum einen die Gefahr, dass der Analyt teilweise in nicht atomisierter Form wieder aus dem Ofen ausgetragen und somit nicht erfasst wird. Zum anderen bekommen infolge kinetischer Hemmungen die transienten Signale eine flachere Form. Besonders die Reproduzierbarkeit der Peakhöhenauswertung wird davon negativ beeinflusst. L´vov hat daher eine Verbesserung gegenüber dem Massmann-Ofen vorgeschlagen, die sich heute für einen Großteil von Routineuntersuchungen durchgesetzt hat. L´vov führte ein Graphitplättchen aus Pyrokohlenstoff ein (L´vov-Plattform), dass, da es anisotrop ist und zudem eine minimale Kontaktfläche zur Rohrwandung besitzt, zusammen mit dem Gasraum nur durch Wärmestrahlung erwärmt wird. Wird die Probe auf eine L´vov-Plattform in den Ofen eingebracht, kann sich ein thermisches Gleichgewicht zwischen ihr und dem Gasraum einstellen, bevor der Analyt schließlich in eine isotherme Umgebung verdampft wird. Viele Unregelmäßigkeiten und Störungen können so vermieden werden.

*d. Der querbeheizte Ofen*

Neben dem Temperaturgradienten durch den Querschnitt des Graphitrohres entsteht bei der herkömmlichen Anordnung der Stromzuführung von beiden Enden auch ein erheblicher Temperaturgradient durch die Graphitrohrlänge. Slavin stellte bei einer Betriebstemperatur von 2500 °C ein Gefälle von 1000 °C von den Enden zur Rohrmitte fest. Zur Beseitigung dieser Störquelle trägt ein Schutzgasstrom bei, der von den Enden her zur Rohrmitte geleitet wird. In neuerer Zeit werden darüber hinaus Geräte mit einem querbeheizten Graphitrohrofen angeboten. Hier erfolgt die Stromzuführung von beiden Enden.

*e. Automation*

Die manuelle Dosierung kleinster Probenmengen in einen Graphitrohrofen ist nur unter Schwierigkeiten und mit größter Sorgfalt zu bewerkstelligen. So sollte z. B. der in den Ofen gebrachte Tropfen immer an derselben Stelle abgelegt werden. Diese Präzision ist bei einer Dosierung von Hand kaum zu realisieren. Wartezeiten von einigen Minuten zwischen den einzelnen Dosierungen lassen eine automatische Probendosierung zusätzlich wünschenswert erscheinen. Alle handelsüblichen Graphitrohr-AAS-Geräte können daher mit automatischen Probengebern ausgestattet werden. Die Reproduzierbarkeit solcher Dosierautomaten ist deutlich besser als bei der Dosierung von Hand und auch Kontaminationsprobleme durch ungewollte Berührung der Einfüllöffnung ergeben sich kaum. Die meisten Dosierautomaten sehen darüber hinaus Programme zur automatischen Durchführung von Standardadditions-Messreihen oder zur automatischen Zugabe verschiedener Zusätze vor. Probleme machen nur Messreihen, die über einen größeren Zeitraum hinweg automatisch durchgeführt werden, da hier eine Aufkonzentrierung in den einzelnen Probengefäßen durch Verdampfung des Lösungsmittels nicht auszuschließen ist. In solchen Fällen sollte die offene Oberfläche der Probengefäße möglichst klein gehalten werden. Auch hier sollen abschließend die wichtigsten Vor- und Nachteile der elektrothermalen Atomisierung noch einmal zusammengefasst werden.

| *Vorteile* | *Nachteile* |
|---|---|
| - Eintrag von Festsubstanzen möglich<br>- Temperatursteuerung vom Graphitrohr ermöglicht die Abtrennung störender Probenbestandteile<br>- sehr geringer Probenbedarf (Bereich von wenigen µL bzw. µg)<br>- hohe Empfindlichkeit (µg/L-ng/L) | - apparativ aufwendig<br>- Vielzahl von Interferenzen, die teilweise beseitigt werden können<br>- geringer Probendurchsatz |

**Die Hydrid-Technik**

Die Hydrid-Technik bietet die Möglichkeit, hydridbildende Elemente nach quantitativer Abtrennung und ggf. nach anschließender Anreicherung zu bestimmen. So können einige wichtige Elemente bestimmt werden, die mit anderen Atomisierungsmethoden Schwierigkeiten bereiten. Man nutzt deren Eigenschaft, zusammen mit naszierendem Wasserstoff leichtflüchtige kovalente Hydride zu bilden. Die flüchtigen Hydride können dann mithilfe eines Trägergasstromes in eine Atomisierungseinheit überführt werden. Bestimmbar sind die Elemente Ge, Zn und Pb aus der IV., As, Sb und Bi aus der V. und

Se und Te aus der VI. Hauptgruppe des Periodensystems. Die Hydrid-Technik ist insbesondere für die Bestimmung von Spuren der Elemente As und Se geeignet, weil die gebräuchlichen Resonanzlinien dieser Elemente unterhalb von 200 nm liegen, weshalb z. B. die Flammen-AAS wegen der hohen Eigenabsorption der Flamme in diesem Spektralbereich ungeeignet ist.

***Hydridbildung – Reagenzien und Geräte***

Die Entwicklung der flüchtigen Metallhydride ist früher in der salzsauren Analysenlösung durch Reaktion mit $Mg/TiCl_3$ oder einer Zinkpulveraufschlämmung vorgenommen worden. Diese heterogenen Reaktionen verlaufen jedoch sehr langsam und wenig reproduzierbar. Heute wird deshalb ausschließlich gelöstes Natriumborhydrid ($NaBH_4$) als Reduktionsmittel eingesetzt. Die wässrige Lösung wird mit etwas Natriumhydroxid (NaOH) stabilisiert. $NaBH_4$ wird auch in Form von Tabletten angeboten, wobei jedoch wiederum weniger gut reproduzierbare Ergebnisse erreicht werden. Die Reduktion in homogener Phase mit einer $NaBH_4$-Lösung verläuft dagegen sehr schnell und gut reproduzierbar. Das Reduktionsmittel zersetzt sich in der salzsauren Analytlösung gemäß der Gleichung

$$BH_4^- + 3\,H_2O + H^+ \rightarrow H_3BO_3 + 8\,H_{nsc}\,.$$

Der bei der Zersetzung entstehende naszierende Wasserstoff reduziert anschließend den Analyten zum Hydrid, wie am Beispiel des Selenits gezeigt:

$$6\,H_{nasc.} + SeO_3^{2-} + 2\,H^+ \rightarrow H_2Se + 3\,H_2O$$

Neben Salzsäure können auch andere nicht-oxidierende Säuren als Wasserstoffkationen-Lieferanten verwendet werden. Bei Bestimmungen in biologischen Matrizes wie Blut oder Urin kann es zu heftiger Schaumbildung kommen, weshalb es manchmal notwendig ist, der Analytlösung ein Anti-Schaum-Reagenz zuzusetzen, welches die Oberflächenspannung der Lösung herabsetzt. Auf die Reinheit der verwendeten Reagenzien ist in der Hydrid-Technik besonders zu achten, da diese die relevanten Elemente in durchaus nennenswerten Mengen enthalten können. Grundsätzlich sind Blindwertbestimmungen durchzuführen.

Bei den verschiedenen Geräten zur Generation der Hydride lassen sich grundsätzlich zwei Haupttechniken unterscheiden. Zum einen gibt es die Batch-Verfahren, diskontinuierlich arbeitende Methoden, bei denen Probenportionen schubweise (Schub – engl. *batch*) umgesetzt werden. Zum anderen gibt es Fließsysteme mit peristaltischen Pumpen für einen kontinuierlichen Reagenzien- und Probentransport. Zur Unterstützung der Austreibung der Hydride aus der Reaktionskammer oder der Trennung im Fließsystem wird üblicherweise ein Inertgas als Trägergas eingesetzt. Die Effizienz der Hydridbildung und der anschließenden Detektion muss bei beiden Grundtechniken für das jeweils zu bestimmende Element optimiert werden. Die optimalen Parameter sind vom Probenvolumen, von der Säureart und -konzentration, der Reduktionsmittelmenge und -konzentration, der Misch- oder Pumpgeschwindigkeit, dem Inertgasfluss und von der Probenzusammensetzung abhängig.

*a. Batch-Verfahren*

Beim Batch-Verfahren können drei Betriebsvarianten unterschieden werden. In der einfachsten Form wird das Hydrid unter starkem Rühren in einem geschlossenem Gefäß generiert, mittels eines Trägergases aus der Lösung ausgetrieben und unmittelbar in die Atomisierungsvorrichtung transportiert. Bei der zweiten Variante wird während der Zugabe des Hydrierungsreagenzes für kurze Zeit das Rühren gestoppt. Erst nach Abklingen der Reaktion werden dann die Produkte in die Atomisierungseinheit eingeleitet. Vorteil dieser Methode ist eine bessere zeitliche Fokussierung des Probeneintrages in die Atomisierungseinheit. Allerdings bereiten die instabilen Hydride Probleme. Zur weiteren Verbesserung der zeitlichen Fokussierung besteht schließlich noch die Möglichkeit, die generierten Hydride in einer stickstoff-

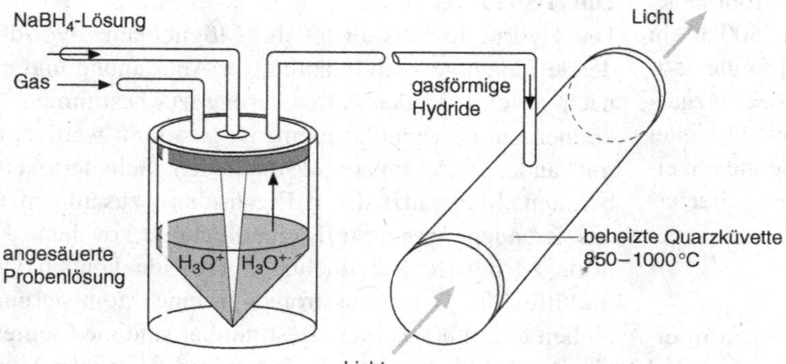


**4.29** Batch-System mit Hydrid-Generator.

gekühlten Kühlfalle auszufrieren und dann durch plötzliches Erwärmen wieder zu verflüchtigen, wie in Abb. 4.29 gezeigt.

Will man quantitativ ausfrieren und die Hydride unzersetzt verflüchtigen, müssen der Kühlfalle Glasperlen zugefügt werden. Zusätzlich sollten die Hydride getrocknet werden. Dazu hat sich Calciumchlorid bewährt, welches durch die Eigenwärme beim Trocknungsvorgang verhindert, dass Hydride auf dem Trockenmittel adsorbiert oder gelöst werden. Durch eine verbesserte zeitliche Fokussierung kann eine höhere Empfindlichkeit erreicht werden. Das Ausfrieren ermöglicht darüber hinaus auch die Vermeidung verschiedener Störungen, die bei der Hydriderzeugung auftreten können. Für Routineanalysen ist das Ausfrieren jedoch meist nicht notwendig, da die Empfindlichkeit der weniger aufwendigen Verfahren voll ausreicht. Diese erlauben darüber hinaus einen höheren Probendurchsatz.

*b. Fließinjektions-Verfahren*
In der modernen Analytik hat sich in den letzten Jahrzehnten mehr und mehr eine Automatisierungsmethode etabliert, die Fließinjektionsanalyse (FIA) bzw. Auto-Analyser-Methode (s. Abschnitt 9.6). Das Prinzip wurde 1975 von Ruzicka und Hansen auch in der Atomspektrometrie eingeführt. Bei der Fließsystem-Technik mit peristaltischen Pumpen für Reagenzien- und Probentransport erfolgt die Abtrennung der generierten Hydride von den Proben- und Reagenzlösungen in einem Gas-/Flüssig-Separator oder mittels einer Membran. Die FIA weist gegenüber den Batch-Verfahren wesentliche Vorteile auf. Zum einen ergibt sich ein deutlich niedrigerer Proben- und Reagenzienverbrauch. Zum anderen wird durch Pumpgeschwindigkeiten und Schlauchlängen eine bessere kinetische Kontrolle der Hydridbildung ermöglicht und es wird eine sehr geringe Wiederholstandardabweichung in der Größenordnung von 1–5% erreicht. Durch die in Fließsystemen geringere Konzentration an Reduktionsmittel werden einige Störionen nur sehr langsam oder gar nicht reduziert. Es treten erheblich weniger Störungen auf, da die schnelle Hydridbildung gegenüber der relativ dazu langsameren Reduktion der Störionen bevorzugt wird. Aus diesem kontrollierteren Ablauf der Hydrierung resultieren letztendlich bessere Nachweisgrenzen. Darüber hinaus ist der Probendurchsatz durch geringe Analysenzeiten erheblich erhöht und es können verschiedene Formen der Probenvorbereitung automatisiert werden. Möglichkeiten ergeben sich hier nach den Prinzipien von Flüssig-Flüssig-Extraktionen, Festphasenextraktionen und Gas /Flüssig-Trennungen zur Trennung der Analyten von störenden Begleitsubstanzen, wobei oft mit der Trennung gleichzeitig eine Anreicherung

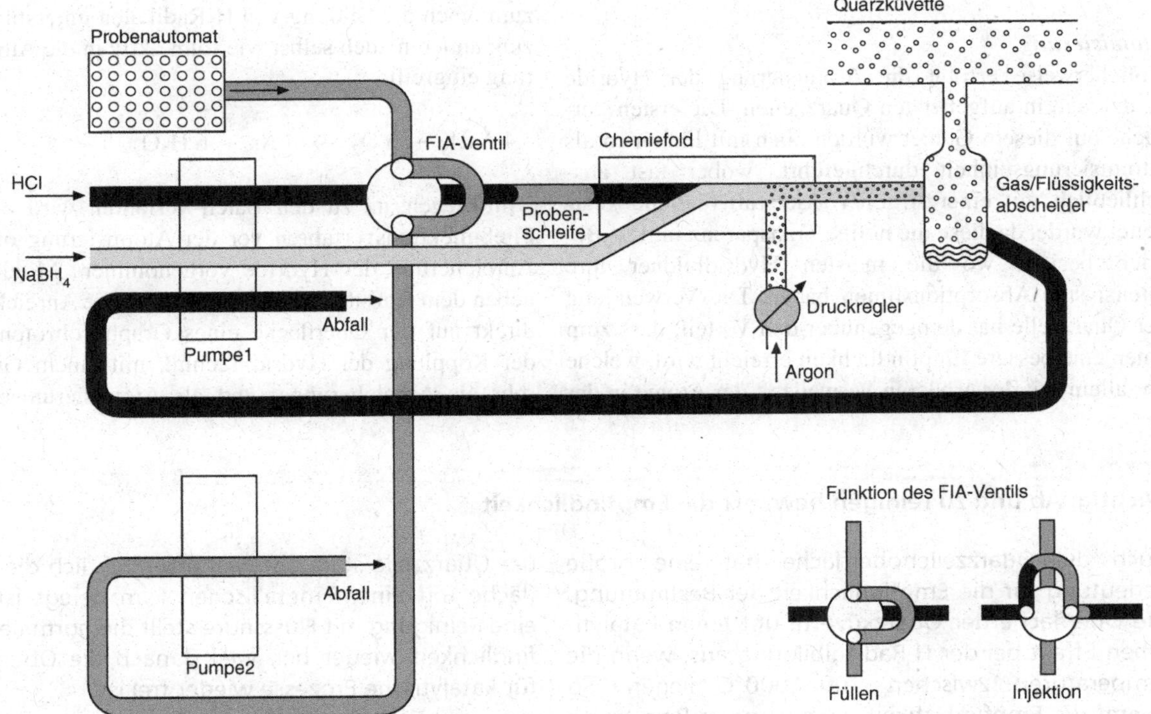


**4.30** Fließschema für die Hydrid-Technik (Perkin Elmer).

verbunden ist. Die Hydrid-Technik ist ein Beispiel für den Einsatz der Gas-/Flüssig-Trennung. Ein typisches Beispiel für den Aufbau eines derartigen Fließinjektionssystems ist in Abb. 4.30 gezeigt.

Über eine peristaltische Pumpe werden eine Trägerlösung und die Reduktionslösung in einer Mischkammer (Chemifold) zusammengeführt, wo sie miteinander reagieren. Dem Trägerstrom wird vorher über ein Vier-Wege-Ventil die angesäuerte Probenlösung injiziert, welche zuvor mit einer zweiten Pumpe in eine Probenschlaufe eingefüllt worden ist. Der Reaktionslösung wird ein Inertgas zugeführt und gelangt anschließend in einen Gas-/Flüssig-Separator. Dort werden die gasförmigen Hydride von der flüssigen Phase abgetrennt und in die Atomisierungseinheit geleitet. Durch das Einführen des Inertgases wird eine Dispersion der Reaktionsprodukte verhindert, weshalb die Signalform in der Atomisierungseinheit keine wesentliche Veränderung erfährt. Die großen Flussraten von 5–10 mL/min tragen dazu bei, dass die durch die Wasserstoffentwicklung hervorgerufenen Störungen minimiert werden. In der Hydrid-Technik bietet sich die Fließinjektion besonders an, da durch ihren Einsatz eine erhebliche Verringerung der Probenmengen bei gleichbleibender Empfindlichkeit erzielt werden kann. Während im Batch-Verfahren Probenvolumina von 10–50 mL pro Bestimmung benötigt werden, kommt man mit der Fließinjektion mit Probenvolumina von 0,1–1 mL aus.

***Atomisierung***

Üblicherweise erfolgt die Atomisierung der Hydride heutzutage in aufgeheizten Quarzzellen. Die ersten Versuche auf diesem Gebiet wurden noch mit Flammen als Atomisierungseinheit durchgeführt, wobei fast ausschließlich mit einer Argon/Wasserstoff-Flamme gearbeitet wurde, da diese die nötige Transparenz im UV-Bereich besitzt, wo die meisten Hydridbildner ihre intensivsten Absorptionslinien haben. Die Verwendung der Quarzzelle hat demgegenüber den Vorteil, dass zum einen eine bessere Empfindlichkeit erreicht wird, welche vor allem mit der größeren Verweilzeit der Atome in der Quarzzelle begründet werden kann. Zum anderen kann die Untergrundabsorption, besonders bei Bestimmung der Elemente Arsen und Selen, vernachlässigt werden, weil eine nahezu vollständige Abtrennung von Begleitsubstanzen erfolgt, was letztendlich zu einem besseren Signal-/Rausch-Verhältnis führt. Die Quarzzellen haben im Allgemeinen eine Länge von 10–15 cm und einen Durchmesser von 1–3 cm. An beiden Enden befinden sich Quarzfenster und Anschlüsse für den Auslass des Probenstromes. Der Einlass der Probe befindet sich im Zentrum der Quarzzelle, sodass die Atome nach beiden Seiten hin strömen können. Die Quarzzellen erreichen Temperaturen von bis zu 1100 °C und werden üblicherweise elektrisch, z. B. mithilfe von Röhrenöfen beheizt. Selten werden auch laminare Luft/Acetylen-Brenner zum Beheizen der Zellen verwendet.

Bei der Atomisierung der gasförmigen Hydride handelt es sich nicht um eine einfache thermische Dissoziation, vielmehr spielt der Wasserstoff in Form von Radikalen eine aktive Rolle, wie in den folgenden Gleichungen am Beispiel des Selens beschrieben ist:

$$SeH_2 + H^\bullet \rightarrow SeH + H_2$$
$$SeH + H^\bullet \rightarrow Se + H_2$$

Auch die Gegenreaktionen, die Rekombinationen, spielen dabei eine wichtige Rolle. Sauerstoff unterstützt die Atomisierung in Gegenwart von Wasserstoff, da es zum einen die Bildung von H-Radikalen unterstützt und zum anderen auch selbst wie folgt aktiv in die Atomisierung eingreift:

$$4\,AsH_3 + 3\,O_2 \rightarrow 4\,As + 6\,H_2O$$

Im Gegensatz zu den Batch-Verfahren wird bei den Fließinjektionsverfahren vor der Atomisierung oft eine Anreicherung der Hydride vorgenommen. Möglich ist neben dem Einsatz einer Kühlfalle hier die Anreicherung direkt auf der Oberfläche eines Graphitrohrofens. Bei der Kopplung der Hydrid-Technik mit einem Graphitrohr als Anreicherungs- und als Atomisierungseinheit

**Wichtig: Ab und zu reinigen bewahrt die Empfindlichkeit**

Auch die Quarzzellenoberfläche hat eine große Bedeutung für die Empfindlichkeit der Bestimmung. Die Oberfläche der Quarzküvette übt einen katalytischen Effekt bei der H-Radikalbildung aus, wenn die Temperaturen zwischen 700–1000 °C liegen. So nimmt die Empfindlichkeit nach längerer Benutzung der Quarzzelle stark ab, weil offensichtlich die Oberfläche mit einem metallischen Film belegt ist. Erst eine Reinigung mit Flusssäure stellt die normale Empfindlichkeit wieder her, weil danach die Oberfläche für katalytische Prozesse wieder frei ist.

werden die Hydride bei 500–700 °C in ein Graphitrohr eingeleitet, wo sie sich zersetzen und als Metalle angereichert werden. Die Graphitrohroberfläche sollte bei allen Elementen mit Ausnahme von Blei zuvor mit Pd oder Ir konditioniert werden. Dazu wird eine entsprechende Lösung in das Graphitrohr injiziert und das Metall thermisch durch Aufheizen des Ofens zum Element reduziert. Ir und Pd katalysieren die Zersetzung der Hydride, bedingt durch ihre Fähigkeit, Wasserstoff zu binden. Ein Problem liegt in den unterschiedlichen Betriebsprinzipien. Während Fließinjektionen im Durchfluss betrieben werden, arbeitet die Graphitrohr-AAS diskontinuierlich. Sinnvollerweise wird zur Kopplung beider Systeme deshalb auch das Fließsystem diskontinuierlich betrieben und mit dem Temperaturprogramm des Graphitrohrofens synchronisiert. Nach der Anreicherung folgt dann ein kurzer Vorbehandlungsschritt zur Vertreibung überschüssigen Wasserstoffes, indem der Graphitrohrofen kurze Zeit auf der Anreicherungstemperatur gehalten wird. Anschließend werden die angereicherten Elemente durch weiteres, schnelles Aufheizen des Graphitrohres atomisiert. Mit dieser Technik lassen sich vorzügliche Nachweisgrenzen erreichen. Für die Anreicherung von Quecksilber lässt sich diese Methode ebenfalls anwenden, doch hat sich hier die Kaltdampf-Technik durchgesetzt.

***Die Bedingungen zur Bestimmung einzelner Elemente***

Üblicherweise erreichen alle Elemente, die der Hydrid-Technik zugänglich sind, mit dieser Methode auch ihre besten Empfindlichkeiten im Vergleich zu den anderen beiden Methoden der AAS. Um für jedes zu bestimmende Element die bestmögliche Empfindlichkeit zu erreichen, müssen, wie bereits erwähnt, jeweils verschiedene Parameter optimiert werden. Richtwerte für die Bestimmung der wichtigen Elemente As, Se und Sb sind in Tabelle 4.3 angegeben. Einen entscheidenden Einfluss hat hier vor allem die Oxidationsstufe des zu bestimmenden Elementes. Während As(V) und Sb(V) eine geringere Empfindlichkeit gegenüber den dreiwertigen Oxidationsstufen aufweisen, ergibt Se(VI) überhaupt kein Signal und muss zum Se(IV) reduziert werden.

Die Elemente Zinn und Blei stellen eine Besonderheit in der Hydrid-Technik dar. Beim Zinn bereitet die Atomisierung in der Quarzzelle erhebliche Schwierigkeiten. Erst durch Zuführung von kleinen Mengen Sauerstoff wird eine befriedigende Empfindlichkeit erreicht. Eine elegantere Lösung dieses Problems gelingt durch die Kopplung der Hydrid-Generierung mit der Anreicherung im Graphitrohrofen, womit sehr gute Empfindlichkeiten mit hohen Nachweisgrenzen erreicht werden. Die Empfindlichkeit ist allerdings extrem stark vom pH-Wert abhängig. Üblicherweise wird deshalb die Bestimmung in gesättigter Borsäure durchgeführt, um eine Pufferwirkung zu erzielen. Mit der Kopplung Fließsystem-Graphitrohr lassen sich die Organozinnverbindungen, wie z. B. Tributylzinn, sehr einfach und empfindlich bestimmen.

Für das Element Blei verläuft die Atomisierung in der Quarzzelle ebenfalls nicht befriedigend. Hier sollte im Prinzip die gleiche Lösung wie beim Zinn zum Erfolg führen. Bei Blei spielt aber auch dessen Oxidationsstufe wiederum eine wesentliche Rolle. Blei kommt in wässrigen Lösungen nur in der stabilen zweiwertigen Stufe vor, welches kein Hydrid bildet. Aber in der vierwertigen Stufe bildet Blei mit naszierendem Wasserstoff flüchtiges Bleihydrid $PbH_4$ (Plumban). Deshalb muss vor der eigentlichen Generierung eine Oxidation zum Pb(IV) erfolgen. Dieses geschieht beim Batch-Verfahren dadurch, dass man ein Oxidationsmittel mit zur Analytlösung zusetzt. Hier zeigen Kaliumdichromat und Ammoniumperoxodisulfat deutliche Effekte bezüglich einer verbesserten Atomisierung. Bei Verwendung von Ammoniumperoxodisulfat ist das System stark pH-abhängig, weil bei pH-Werten <1 dessen Oxidationspotential nicht ausreicht. Die Verwendung von Kaliumdichromat

**Tabelle 4.3** Bedingungen für das Batch- und Fließinjektionsverfahren (FIAS) mit Atomisierung in der Quarzzelle.

| | | Wellenlänge in nm | Spaltbreite in nm | Küvettentemperatur in °C | NaBH4 [%w/w] | Inertgasstrom (Ar) in mL/min | HCl [%w/w] | Vorreduktion |
|---|---|---|---|---|---|---|---|---|
| As | Batch | 193,7 | 0,7 | 1000 | 3 | - | 3 | As (V) zu As (III) mit KI |
| | FIAS | | | | 0,4 | 70 | 5 | on-line-Reduktion möglich |
| Se | Batch | 196,0 | 2,0 | 800 | 2 | 800 | 3 | Se (VI) zu Se (IV) mit heißer konzentrierter HCl |
| | FIAS | | | | 0,2 | 60 | 3 | |
| Sb | Batch | 217,6 | 0,2 | 1000 | 5 | - | 3 | Sb (V) zu Sb (III) mit KI |
| | FIAS | | | | 0,5 | 80 | 5 | on-line-Reduktion möglich |

ist aus Gründen der Toxizität dieser Verbindung bedenklich. Organobleiverbindungen lassen sich ebenfalls sehr gut mit der Kopplung Fließsystem-Graphitrohrofen bestimmen. Diese Bestimmung ist viel einfacher als die des anorganischen Blei und es kann auf den Einsatz eines Oxidationsmittels verzichtet werden. Es werden Empfindlichkeiten erreicht, die eine Bestimmung bis in den unteren ng/L-Bereich ermöglichen. Durch Zusatz von EDTA zur Maskierung von anorganischem Blei können sehr elegant die organischen Bleiverbindungen selektiv neben größeren Mengen an anorganischem Blei bestimmt werden. Die Vor- und Nachteile werden noch einmal untenstehend zusammengefasst.

*Vorteile*
- hohe Nachweisempfindlichkeit
- Anreicherungsmöglichkeit der Hydride durch Kopplung mit Graphitrohr
- Kopplung mit FIA
- chemische Interferenzen minimal, da nur wenige Elemente Hydridbildner sind

*Nachteile*
- beschränkter Anwendungsbereich
- apparativ aufwendig
- relativ störanfällig

**Die Kaltdampf-Technik**

Dem Element Quecksilber kommt in der AAS eine Sonderstellung zu. Es hat bereits bei Raumtemperatur einen hohen Dampfdruck (10–20 mg $Hg/m^3$ Luft). Außerdem lässt es sich sehr leicht aus seinen Verbindungen zu elementarem Quecksilber reduzieren (z. B. durch Reaktion mit Natriumborhydrid). Führt man während der Reduktion einen Inertgasstrom durch die Lösung, so lässt sich das reduzierte Quecksilber leicht daraus vertreiben. Diese Eigenschaften führten zur Entwicklung der Kaltdampftechnik. Der Aufbau entspricht im Wesentlichen dem der Hydrid-Technik, nur dass einerseits keine Hydridbildung stattfindet und andererseits keine hohen Temperaturen zur Atomisierung benötigt werden, da das Quecksilber bereits atomar vorliegt. Der Quecksilberdampf wird in geeignete Absorptionszellen z. B. aus Quarz eingeleitet, die zur Vermeidung von Streulicht an Wassertröpfchen sowie von Kondensationen des Quecksilbers an den Wandungen auf über 100 °C erwärmt werden. Bei Quecksilber wird im Gegensatz zu den Hydridbildnern nicht auf der Resonanzlinie (184,9 nm) gemessen, sondern auf einer weniger empfindlichen Spektrallinie bei 253,7 nm. Dieser Übergang ist zwar ca. 30-mal unempfindlicher als der Resonanzübergang, jedoch stört Untergrundabsorption durch Luftsauerstoff bei 184,9 nm so stark, dass nur evakuierte oder mit Argon gespülte Systeme ein sinnvolles Arbeiten zulassen würden.

Alternativ zur Reduktion des Quecksilbers durch Natriumborhydrid kann auch eine Reduktion mit $SnCl_2$ erfolgen. Grundsätzlich wird für die Kaltdampftechnik und die Hydrid-Technik die gleiche Apparatur eingesetzt, doch sollte bei Verwendung von $SnCl_2$ bei der Kaltdampftechnik bedacht werden, dass beständige Kontaminationen eine anschließende Bestimmung von Zinn mit der Hydrid-Technik deutlich beeinträchtigen.

Bei der Bestimmung von Quecksilber im Ultraspurenbereich macht man sich eine weitere besondere Eigenschaft dieses Elementes zunutze, die Amalgambildung mit Metallen. Der in der Kaltdampfapparatur erzeugte Quecksilberdampf wird dabei über ein Gold-Netz geleitet und dort unter Amalgambildung angereichert. Eine nachfolgende thermische Freisetzung des Quecksilbers bei hohen Temperaturen ermöglicht eine sehr empfindliche Bestimmung durch die zeitliche Fokussierung des Probeneintrages. Mit dieser Technik können auch Feststoffe direkt auf Quecksilber untersucht werden, da infolge des hohen Dampfdruckes des Elementes und der leichten Zersetzbarkeit seiner Verbindungen das elementare Quecksilber bei Temperaturen über 500 °C leicht freigesetzt werden kann. Die Anreicherung an Gold ermöglicht eine störungsfreie Bestimmung.

Für die Bestimmung des Quecksilbers haben sich auf dem Gerätemarkt in letzter Zeit immer mehr Hg-Analysatoren, wie in Abb. 4.31 zu sehen, durchgesetzt. Diese sind sehr empfindlich und haben automatisch arbeitende Probengeber, die einen sehr hohen Probendurchsatz erlauben. Die Geräte haben lange Glasküvetten (20–40 cm). Als Strahlungsquellen werden Hg-Dampflampen verwendet. Die Analysatoren arbeiten ohne großen optischen Aufwand und sind daher sehr preiswert. Sie eignen sich sehr gut für Routinebestimmungen wie z. B.

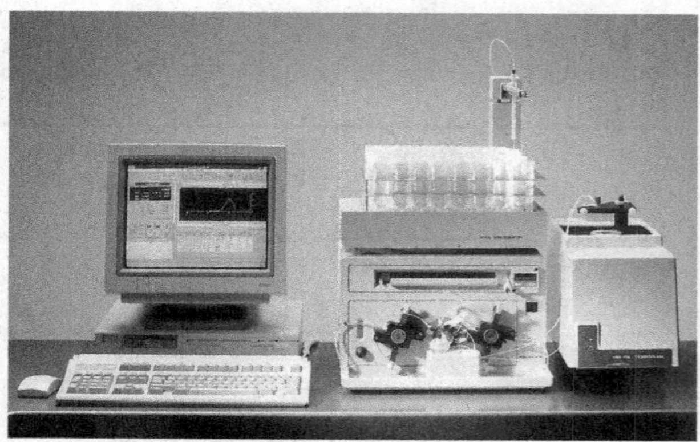

**4.31** Hg-Analysator mit automatischem Probengeber und Rechnersteuerung (Perkin Elmer).

in der Medizin zur Bestimmung des Hg-Gehaltes in Blut. Für den Aufschluss der komplexen Blutmatrix hat sich dabei das Vorschalten eines offenen miniaturisierten Mikrowellenaufschlussgerätes bewährt.

| *Vorteile* | *Nachteile* |
|---|---|
| - hohe Nachweisempfindlichkeit | - Anwendung nur für Quecksilber |
| - nur geringe Temperaturen nötig, da Hg bereits atomar vorliegt | - relativ störanfällig |
| - Anreicherung durch Amalgambildung möglich | |

## 4.3.5 Arbeitsbereiche der verschiedenen Techniken

Die AAS bietet mit Ihrer Vielfalt an Ausführungsmöglichkeiten ein enormes Potential im Bereich der Spurenanalytik aller Elemente. Kriterien für die Anwendbarkeit der einzelnen Atomisierungstechniken auf bestimmte Problemstellungen sind dabei oft das Nachweisvermögen, der Arbeitsbereich, der Automationsgrad und der erreichbare Probendurchsatz.

Durch Anreicherungsverfahren lassen sich in allen drei Techniken die Arbeitsbereiche deutlich nach unten verschieben. Die Nachweisgrenze hängt dann nur noch von der Präzision des Anreicherungsverfahrens ab. Nach oben ist der Arbeitsbereich der Methoden nicht ganz so eindeutig festgelegt. Durch die Abweichung vom Lambert-Beer'schen Gesetz erfolgt eine Krümmung der Bezugskurven bei höheren Konzentrationen, weshalb im oberen Konzentrationsbereich die Empfindlichkeit und die Präzision abnimmt. Daraus resultiert letztendlich eine Grenze des sinnvollen Messbereiches, die bei allen drei Methoden in der Regel das 100- bis 300-fache der charakteristischen Konzentration bzw. Masse nicht überschreitet. Der Arbeitsbereich lässt sich nach oben allerdings oft erheblich ausdehnen, wenn auf Resonanzlinien mit geringerer Empfindlichkeit gearbeitet wird. Bei Graphitrohr-, Hydrid- und Kaltdampf-Technik, welche transiente Messsignale liefern, die proportional zur Masse des zu bestimmenden Elementes sind, können die Arbeitsbereiche nach oben darüber hinaus durch Wahl kleinerer Probenvolumina erweitert werden. Grundsätzlich lassen sich die Methoden der AAS durch Wahl geeigneter Bedingungen erfolgreich zur Elementbestimmung vom unteren ng/L-Bereich bis in den unteren %-Bereich hinein mit genügender Präzision einsetzen.

Die Flammen-Technik stellt aufgrund des sehr ungünstigen Wirkungsgrades der meist verwendeten pneumatischen Zerstäuber und aufgrund der kurzen Aufenthaltsdauer der Atome im Strahlengang des Spektrometers die unempfindlichste Methode dar. Ihr Hauptarbeitsbereich liegt im mg/L Konzentrationsbereich. Durch Wahl geeigneter Flammen und entsprechender Bedingungen arbeitet die Methode weitgehend störungsfrei. Aufgrund der einfachen Automatisierbarkeit ist ein hoher Probendurchsatz möglich. Die Methode arbeitet sehr robust und ist vor allem preiswert einzusetzen. Gute Flammengeräte sind bereits für 30000–35000 € zu erwerben.

Bei der Graphitrohr-AAS sind demgegenüber die Nachweisgrenzen um etwa zwei bis vier Zehnerpotenzen

**Tabelle 4.4** Nachweisgrenzen ($x_{NG}$) ausgewählter Elemente beim Einsatz atomabsorptionsspektrometrischer Methoden.

| | **Flammen-technik $x_{NG}$ in µg/L** | **Graphitrohr-technik $x_{NG}$ in µg/L (V = 50 µL)** | **Hydrid/Kalt-dampf-Technik $x_{NG}$ in µg/L (V = 50 µL)** |
|---|---|---|---|
| Ag | 1 | 0,01 | - |
| Al | 30 | 0,02 | - |
| As | 20 | 0,6 | 0,02 |
| Au | 6 | 0,2 | - |
| Ba | 10 | 0,08 | - |
| Be | 2 | 0,06 | - |
| Bi | 20 | 0,2 | 0,02 |
| Ca | 1 | 0,1 | - |
| Cd | 0,5 | 0,006 | - |
| Co | 6 | 0,04 | - |
| Cr | 2 | 0,02 | - |
| Cu | 1 | 0,04 | - |
| Fe | 5 | 0,04 | - |
| Hg | 200 | - | 0,001 |
| K | 1 | 0,004 | - |
| Li | 0,5 | 0,4 | - |
| Mg | 0,1 | 0,008 | - |
| Mn | 1 | 0,02 | - |
| Mo | 30 | 0,04 | - |
| Na | 0,2 | 0,02 | - |
| Ni | 4 | 0,04 | - |
| Pb | 10 | - | - |
| Pt | 40 | 0,4 | - |
| Sb | 30 | 0,2 | 0,1 |
| Se | 100 | 2 | 0,02 |
| Si | 50 | 0,2 | - |
| Sn | 20 | 0,2 | 0,5 |
| Te | 20 | 0,2 | 0,02 |
| Ti | 50 | 1 | - |
| Tl | 10 | 0,2 | - |
| V | 40 | 0,4 | - |
| Zn | 1 | 0,002 | - |

besser als in der Flammen-AAS, da die Verweilzeit der Atome im Strahlengang deutlich länger ist. Der Arbeitsbereich dieser Methode liegt im Bereich von µg/L – ng/L. Aufgrund der thermischen Probenvorbehandlung in der Atomisierungseinheit ist die Graphitrohr-AAS jedoch relativ langsam. Die Dauer einer Bestimmung kann einschließlich der Probeneinführung bis zu 10 Minuten dauern. Interferenzen treten bei der Graphitrohr-AAS häufiger auf als bei der Flammen-AAS. Spektrale Interferenzen lassen sich dabei heute weitestgehend durch den Einsatz guter Untergrundkorrektur-Verfahren, besonders der Zeeman-Untergrundkorrektur, kompensieren. Verschiedene nichtspektrale Interferenzen konnten durch die Einführung der Matrixmodifikation, der L´vov-Plattform und der Auswertung über die Signalfläche beseitigt werden. Die Anwendung der Standardadditionsmethode ist unter Umständen unerlässlich, was nochmals zu Analysenzeitverlängerungen führt. Die Einführung der vollautomatischen Graphitrohr-AAS führt zu einer sehr guten Präzision auch im unteren Arbeitsbereich. Ein gutes AAS-Gerät mit Zeeman-Kompensation kann allerdings bis zu 75 000 € kosten.

Grundsätzlich hat die Hydrid-Methode für die üblicherweise damit zu messenden Elemente As, Sb, Se, Bi und Te deutliche Vorteile hinsichtlich des Nachweisvermögens selbst gegenüber der empfindlichen Graphitrohr-AAS. Zwar ist die absolute Empfindlichkeit des Systems gegenüber der Graphitrohrofen-AAS um fast zwei Zehnerpotenzen geringer, doch aufgrund des großen Probenvolumens von bis zu 50 mL im Batch-Verfahren (1000-fach größer als in der Graphitrohr-AAS) wird ein relativ hohes Nachweisvermögen, das im Schnitt um eine Zehnerpotenz größer ist, erreicht. Mit der Kopplung eines Fließsystems zur Hydridgenerierung mit einem Graphitrohr zur Anreicherung des Analyten können noch bessere Nachweisgrenzen erreicht werden.

Für die Analyse von Quecksilber werden mittlerweile spezielle Analysatoren angeboten, die auf dem Prinzip der Kaltdampf-Technik beruhen. Die Hersteller geben Nachweisgrenzen im Bereich von 1–10 ng/L an, wobei diese Verbesserung durch eine verlängerte Lichtabsorptionsstrecke erreicht wird. Zum Vergleich der atomabsorptionsspektrometrischen Verfahren sind in Tabelle 4.4 die Nachweisgrenzen ($x_{NG}$) bei Einsatz der verschiedenen Atomisierungstechniken für einige Elemente gegenübergestellt.

Grundsätzlich muss man festhalten, dass bei der Bestimmung von nur einem oder zwei Elementen vor allem die Flammen-AAS deutlich schneller und präziser arbeiten kann als die atomemissionsspektrometrische Verfahren. Erhöht sich die Zahl der zu bestimmenden Elemente, ist die simultane oder sequenzielle AES schneller. Bezüglich des Vergleiches mit der Graphitrohr- oder Hydrid-AAS ist die AES zwar schon bei der Bestimmung einzelner Elemente zeitlich überlegen, doch sind die möglichen Nachweisgrenzen um bis zu zwei Zehnerpotenzen schlechter.

### 4.3.6 Systematische Fehler – Interferenzen in der AAS und deren Vermeidung

Bei der AAS handelt es sich um ein Relativverfahren. Der Gehalt des Analyten in der Probenlösung wird durch den Vergleich dieses Messsignals mit dem von Bezugslösungen bekannter Konzentration (externer Referenzstandard) bestimmt. Jede in Proben- und Bezugslösung unterschiedliche Beeinflussung des Messsignals führt daher zu Störungen, die als Interferenzen bezeichnet werden. Eine Beeinflussung des Messsignals ist z. B. durch Begleitsubstanzen möglich, die auf die Bildung sowie den Verbleib von gasförmigen Atomen im Strahlengang wirken (nichtspektrale Interferenzen). Auch unspezifische Absorption oder Streuung von Strahlung beeinflusst das Messsignal (spektrale Interferenzen).

**Revolutionäre Innovationen sind nicht automatisch auch richtig**

Die ersten AAS-Geräte in den 60er Jahren wurden von den Herstellern noch als absolut selektiv angesehen. Erst als bei Ringanalysen weiterhin große Streuungen auftraten, wurde man vor allem bei der Spurenanalytik auf Störungen durch nicht korrigierte unspezifische Untergrundstrahlung oder -absorption aufmerksam. Es folgte eine erste Serie von Untergrundkompensationsgeräten, die wiederum eine Problemlösung versprach, bis auch hier die Erfahrung zeigte, dass bestimmte Annahmen bei der automatischen Untergrundkompensation nicht immer gelten. Bei der heutige Gerätegeneration werden nun verschiedene Methoden eingesetzt, um diese systematischen Fehler, die bei der AAS aufgrund von Interferenzen auftreten können, zu minimieren.

## Spektrale Interferenzen – Ursachen, Beseitigung und Korrektur

Spektrale Interferenzen in der AAS beruhen zum einen auf einer unvollständigen Separation der vom Analyten absorbierbaren Strahlung von anderer Strahlung, die ebenfalls detektiert und verstärkt wird und zur Auswertung gelangt. Sie entstehen zum anderen durch unspezifische Absorption der Messstrahlung durch Atome oder Moleküle der Probenmatrix, z. B. durch die Überlappung mehrerer Atomlinien oder Molekülbanden, sowie durch die unspezifische Streuung (Schwächung) des Messlichtes an Partikeln, die in den Strahlengang gelangen. Die Summe der unspezifischen Lichtverluste wird auch als „Untergrundabsorption" bezeichnet, obwohl es sich bei der Streuung nicht wirklich um einen Absorptionseffekt, der zu einer Anregung des Atoms führt, handelt.

Der Beitrag der Streuung zur Untergrundabsorption ist nach dem Rayleigh'schen Streulichtgesetz umgekehrt proportional zur vierten Potenz der Wellenlänge und direkt proportional zur Größe der streuenden Teilchen. Die durch diese Störung hervorgerufenen Fehler sind daher vor allem bei niedrigen Wellenlängen und großen streuenden Partikeln zu erwarten. Letztere treten in der Flammen-AAS vor allem beim Turbulenzbrenner auf, bei dem alle Tröpfchen des Aerosols ungeachtet ihrer Größe in die Flamme gelangen. In einem guten Mischkammerbrenner, wie er heute in der Routineanalytik praktisch ausschließlich verwendet wird, treten Interferenzen durch Streuung an Teilchen nur bei sehr hohen Salzfrachten (Gesamtsalzgehalt > 5%) und bei Flammen mit niedrigen Temperaturen auf, welche aber heute kaum noch eingesetzt werden. In der Graphitrohr-AAS kann die Streuung an Teilchen aufgrund des kleinen Volumens des Verdampfungsraumes zu erheblichen Störungen führen, da sich unter diesen Umständen schwer dissoziierbare Verbindungen von Begleitsubstanzen in der Probe bilden können (z. B. Oxide, Hydroxide oder Cyanide). Eine weitgehende Vermeidung dieser Störungen erlaubt die Verwendung der L´vov-Plattform (vgl. Abschnitt 4.3.4), da Kondensationen im Gasraum im dort herrschenden thermischen Gleichgewicht erheblich reduziert sind. Bei hohen Atomisierungstemperaturen muss bei der Graphitrohr-AAS zusätzlich mit Streuung an sublimierenden Graphitpartikeln gerechnet werden. Bei der Hydrid- oder Kaltdampftechnik treten Störungen durch Streuung nicht auf, da keine störende Matrix in die Atomisierungszone gelangt.

Molekülabsorptionen treten bei der Flammen- und bei der Graphitrohr-Atomisierung vor allem bei hoher Salzfracht auf. Sie werden durch Dissoziationskontinua oder Schwingungsbanden hervorgerufen (z. B. von NaCl und KCl im Wellenlängenbereich zwischen 200–300 nm). Der Zusatz von Matrixmodifiern sorgt bei der Graphitrohr-AAS teilsweise für Abhilfe.

Interferenzen durch Überlappung von Atomlinien sind in der AAS kaum von Bedeutung, da die überlappenden Linien meist große Intensitätsunterschiede aufweisen. Beispiele für die wenigen Fälle, in denen eine solche Störung auftritt, sind die Überlappung der Ga-Linie bei 403,29 nm mit der Mn-Linie bei 403,30 nm und die Interferenz der Pr-Linie bei 492,49 nm mit der Nd-Linie bei 492,45 nm. Diese beiden Störungen können zu nennenswerten systematischen Messfehlern führen. In solchen Fällen muss durch Ausweichen auf andere Absorptionslinien dieser Elemente Abhilfe geschaffen werden. Untergrundabsorptionen, deren Ursachen nicht auf einem der oben beschriebenen Wege beseitigt werden können, müssen zur Vermeidung von systematischen Messfehlern quantifiziert und korrigiert werden. Die Quantifizierung der Untergrundabsorption kann auf verschiedene Weisen erfolgen. Eine früher oft eingesetzte Möglichkeit ist die Messung der Untergrundabsorption auf einer nicht absorbierbaren Linie des Elementes (verbotener Übergang bei der Absorption) oder einer Linie des Lampen-Füllgases in unmittelbarer Nähe der Absorptionslinie. Unter der Voraussetzung, dass die Untergrundabsorption über einen gewissen Bereich als konstant und unstrukturiert angesehen werden kann, lässt sich so eine Korrektur der spektralen Interferenzen durchführen. Nicht für jede Absorptionslinie ist jedoch eine nicht absorbierbare Linie zu finden, die genügend nahe liegt. Bei modernen Atomabsorptionsspektrometern wird daher auf andere Weise versucht, den Untergrund möglichst nahe bei der Absorptionslinie durch messtechnische Unterscheidung der spezifischen von der unspezifischen Absorption zu bestimmen. Es sind verschiedene Möglichkeiten dieser Unterscheidung beschrieben worden. Die wichtigsten Korrekturverfahren sollen im Folgenden kurz vorgestellt werden.

## Untergrundkorrektur mit einem Kontinuumstrahler

Bei der Kontinuumstrahler-Untergrundkorrektur wird neben dem Licht der elementspezifischen Strahlungsquelle auch das Licht eines Kontinuumstrahlers durch die Atomisierungseinheit geführt. Die Korrektur beruht auf dem Prinzip, dass zwar die elementspezifische Strahlung vom Analyten absorbiert wird, dass aber die Schwächung der Gesamtintensität der kontinuierlichen Strahlung durch die sehr schmalbandige Atomabsorption des Analyten angesichts der spektralen Bandbreite des verwendeten Monochromators vernachlässigbar gering ist. Der breitbandigen Molekülabsorption und der Streuung an Partikeln unterliegen dagegen beide Strahlungsquellen im gleichen Maße. Das Prinzip ist in Abb. 4.32 dargestellt.

Wird als Kontinuumstrahler eine Deuteriumlampe verwendet, bezeichnet man diese Art der Untergrundkorrektur auch als Deuteriumkorrektur. Der nutzbare Bereich der Deuteriumkorrektur liegt bei 200–400 nm. Bei dieser Art der Korrektur wird, wie auch bei dem älteren Verfahren, ein über den betrachteten Wellenlängenbereich kontinuierlich absorbierender Untergrund vorausgesetzt. Deshalb können strukturierte Störungen wie sie zum Beispiel durch Rotationsspektren von Molekülen auftreten, zu einer fehlerhaften Korrektur führen. Bei unbekannter Probenmatrix kann der Vergleich einer Messung mit und einer Messung ohne Untergrundkorrektur solche Fehler aufdecken. Die Deuteriumkorrektur zeichnet sich vor allem durch eine sehr einfache Handhabung und den preiswerten Betrieb aus.

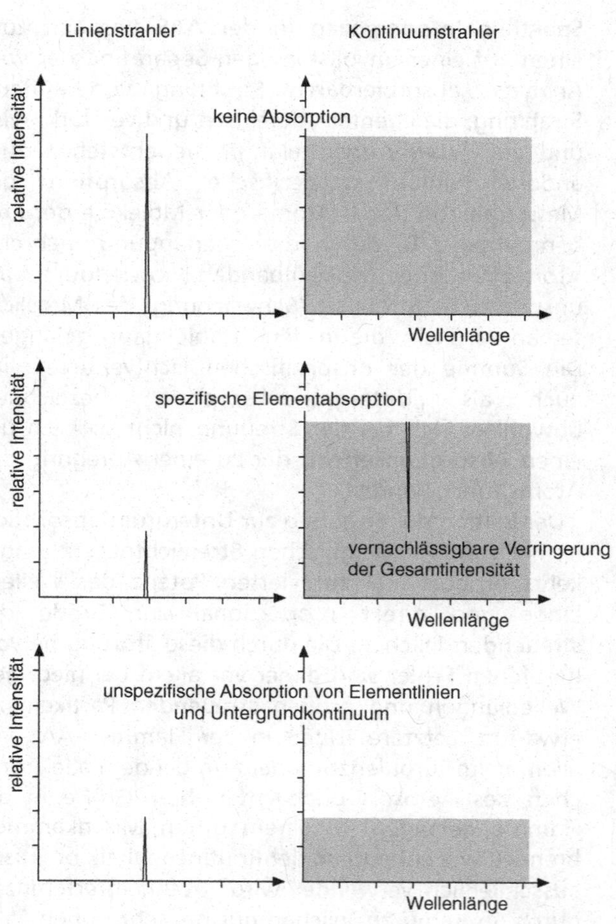


**4.32** Untergrundkorrektur mit Kontinuumstrahlern. Die spektrale Spaltbreite des Monochromators ist wesentlich größer als die Linienbreite der ausgewählten HKL-Linie (schraffierter Bereich).

## Untergrundkorrektur nach Smith/Hieftje

Eine von Smith und Hieftje 1983 zur Untergrundkorrektur vorgeschlagene und nach ihnen benannte Technik nutzt den Effekt der Selbstabsorption einer Hohlkathodenlampe während des Betriebes mit hohem Lampenstrom. Das durch Selbstabsorption entstehende Doppellinien-Profil ist in Abb. 4.33 schematisch dargestellt.

Die Flanken der Emissionslinie werden in der Atomisierungseinheit nicht durch spezifische Absorption durch den Analyten, wohl aber durch unspezifische Untergrundabsorption auch neben der eigentlichen Atomlinie geschwächt. Durch modulierten Betrieb der Lampe zwischen normalem und hohem Lampenstrom findet durch die Bildung der Differenz zwischen den Extinktionen bei hohem und niedrigem Lampenstrom die Untergrundkorrektur statt. Eine strukturierte Untergrundabsorption führt jedoch auch mit dieser Korrekturmethode zu fehlerhaften Ergebnissen, da die Korrektur genau wie die anderen bisher besprochenen Verfahren nicht auf, sondern

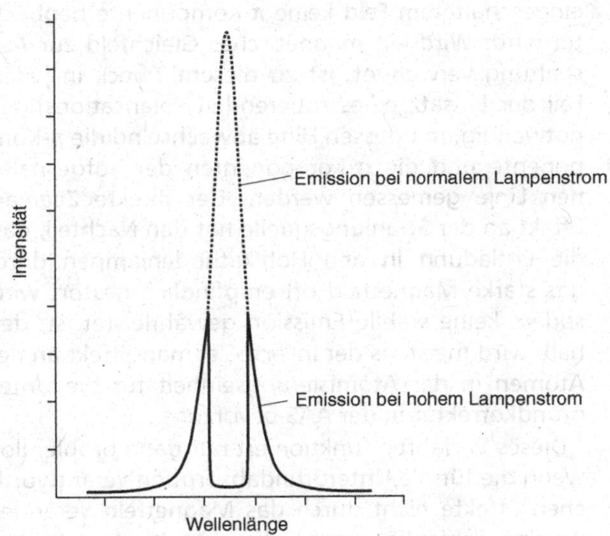


**4.33** Selbstabsorption in der Lichtquelle bei der Smith/Hieftje-Untergrundkorrektur.

neben der Absorptionslinie stattfindet. Ein weiterer Nachteil besteht darin, dass sich durch den Betrieb mit großen Stromstärken die Lebensdauer der Lampen erheblich verringert.

## Untergrundkorrektur mithilfe des Zeeman-Effektes

Die Aufspaltung von Spektrallinien im magnetischen Feld entdeckte Zeeman bereits 1897. In einem starken Magnetfeld wird die Entartung der Energiezustände von Elektronen in Atomen abhängig von ihrer magnetischen Quantenzahl $m_l$ teilweise aufgehoben. Für mögliche Elektronenübergänge sind dann in Abhängigkeit von der Stärke des angelegten Magnetfeldes die Anregungswellenlängen verschieden. Dies ist in Abb. 4.34 für das einfachste Beispiel dargestellt. Hier tritt die so genannte $\pi$-Komponente mit einer Intensität von 50% genau bei der Wellenlänge der ursprünglichen Linie auf. Zwei $\sigma$-Komponenten der aufgespaltenen Linie sind jeweils um den gleichen Betrag zu kleineren und größeren Wellenlängen verschoben und durch die beim Übergang nötige Spinumkehr senkrecht zur $\pi$-Komponente polarisiert. Ihre Intensität beträgt jeweils 25% derjenigen der ursprünglichen Linie.

Der Zeeman-Effekt lässt sich in der AAS zur Untergrundkorrektur verwenden. Je nach Platzierung des Magneten im Spektrometer und seiner Orientierung zum Strahlengang unterscheidet man insgesamt acht verschiedene Ausführungsformen der Zeeman-Untergrundkorrektur in der AAS. Dabei können drei Parameter variiert werden. Erstens muss das Feld an einem Ort anliegen, an dem Atome der zu bestimmenden Art vorliegen. Das ist einerseits in der Lichtquelle (direkter Effekt) und andererseits in der Atomisierungseinheit der Fall (inverser Effekt). Zweitens kann das Feld parallel (longitudinal) oder rechtwinklig (transversal) zur Strahlungsrichtung des Lichtes orientiert sein. Beim transversalen Effekt ist die $\pi$-Komponente parallel zum Magnetfeld polarisiert, während die beiden $\sigma$-Komponenten senkrecht zum Feld polarisiert sind. Wird stattdessen mit einem longitudinal orientierten Feld gearbeitet, tritt bei der Aufspaltung der Absorptionslinie im Gegensatz zum transversalen Zeeman-Effekt keine $\pi$-Komponente auf. Die Intensitäten der beiden zirkular polarisierten $\sigma$-Komponenten entsprechen dann jeweils 50% der ursprünglichen Linienintensität. Drittens kann das Magnetfeld als Wechselfeld oder als Gleichfeld betrieben werden. Bei Verwendung eines Wechselfeldes wird abwechselnd mit der unbeeinflussten Atomlinie die Elementabsorption zusammen mit der Untergrundabsorption und mit der aufgespaltenen Linie nur der Untergrund neben der ursprünglichen Linie gemessen. Die Differenz der beiden Extinktionen ist dann das korrigierte Messergebnis. Liegt das Feld dabei transversal an, muss ein feststehender Polarisationsfilter senkrecht zum Strahlengang in diesen eingebracht werden, damit die parallel zum Feld

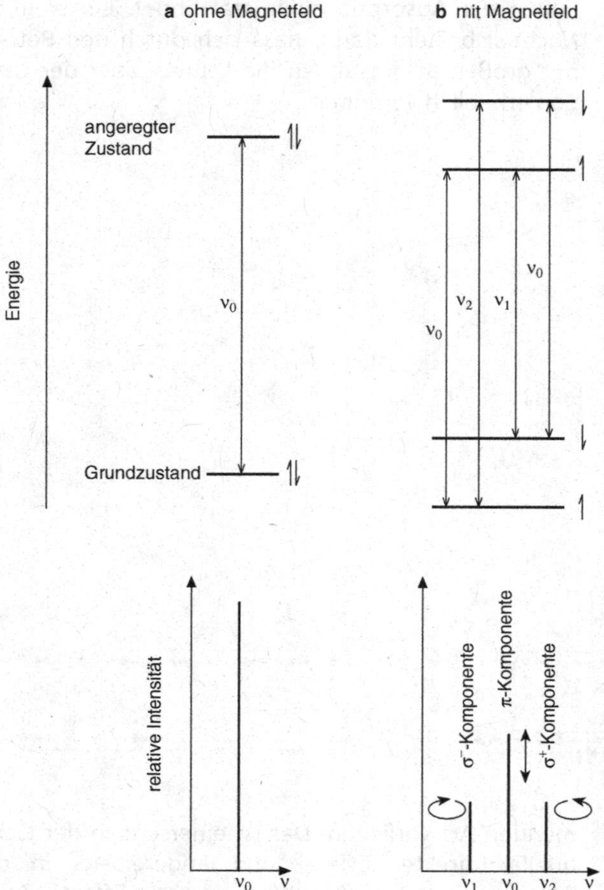


**4.34** Aufspaltung der Atomlinie beim Zeeman-Effekt. Ohne Magnetfeld a) ein definierter Übergang mit $\nu_0$; im Magnetfeld b) spalten die Atomorbitale je nach Spin-Orientierung auf, und mehrere Übergänge werden möglich.

polarisierte π-Komponente ausgeblendet wird. Bei Verwendung eines longitudinal orientierten Wechselfeldes ist der Einsatz eines Polarisationsfilters dagegen nicht notwendig, da in diesem Fall bei eingeschaltetem Feld keine π-Komponente beobachtet wird. Wird ein magnetisches Gleichfeld zur Aufspaltung verwendet, ist zu diesem Zweck in jedem Fall der Einsatz eines rotierenden Polarisationsfilters notwendig, mit dessen Hilfe abwechselnd die π-Komponente und die σ-Komponenten der aufgespaltenen Linie gemessen werden. Der direkte Zeeman-Effekt an der Strahlungsquelle hat den Nachteil, dass die Entladung in den Hohlkathodenlampen durch das starke Magnetfeld oft empfindlich gestört wird, sodass keine stabile Emission gewährleistet ist; deshalb wird meistens der inverse Zeeman-Effekt an den Atomen in der Atomisierungseinheit für die Untergrundkorrektur in der AAS bevorzugt.

Dieses Verfahren funktioniert nur dann problemlos, wenn die für die Untergrundabsorption verantwortlichen Effekte nicht durch das Magnetfeld verändert werden. Fehler können bei dieser Methode auftreten, wenn die Untergrundabsorption auf der Wellenlänge der Atomlinie bei angelegtem Magnetfeld verschieden ist von derjenigen ohne Magnetfeld. Außerdem können natürlich bei der Bestimmung der Untergrundabsorption neben der Absorptionslinie dieselben Fehler auftreten, etwa durch strukturierte Untergrundabsorption, die auch bei den übrigen Methoden der Untergrundkorrektur beschrieben wurden.

Im Jahr 1990 wurde die Anwendung des longitudinalen Zeeman-Effektes an der Atomisierungseinheit erstmals in einem kommerziell erhältlichen Gerät eingesetzt. Der Einsatz der Zeeman-Untergrundkorrektur verlangt aufgrund der Stärke des benötigten Feldes einen entsprechend dimensionierten Magneten, der wegen der Nähe zur Atomisierungseinheit und der daraus folgenden Aufheizung gut gekühlt sein muss. Aus diesem Gründen ist eine solche Korrektur nur in der Graphitrohr-AAS sinnvoll einsetzbar. Für die ohnehin störungsarme Flammen-AAS lohnt sich der apparative Aufwand nicht.

**Nichtspektrale Interferenzen – Ursachen, Beseitigung und Korrektur**

Nichtspektrale Interferenzen in der AAS entstehen durch ein in Proben- und Bezugslösungen unterschiedliches Verhalten des Analyten in Bezug auf die Bildung von freien Atomen und deren Verbleib im Strahlengang des Spektrometers. Da diese Vorgänge sehr von der Art der Atomisierungseinheit abhängen, werden die verschiedenen Techniken getrennt behandelt. Es hat sich eine Klassifizierung der nichtspektralen Interferenzen nach dem Ort ihrer Entstehung durchgesetzt. Man unterscheidet hauptsächlich zwischen Transport-, Verdampfungs- und Gasphasen-Interferenzen. Darüber hinaus können bei Verfahren, die transiente Signale liefern, kinetische Störungen auftreten. Sie werden durch Peakflächenauswertung jedoch weitgehend beseitigt.

### Nichtspektrale Interferenzen in der Flammen-Technik

*Transport-Interferenzen: Viskosität beachten!*
Transport-Interferenzen, die bei der Überführung der Probenlösung in die Atomisierungseinheit auftreten, sind auf die Flammen-AAS beschränkt. Hier ist die Effektivität des Transports in die Flamme mittels verschiedener Zerstäubertechniken z. B. abhängig von der Ansaugrate und dem Anteil an Messlösung, der schließlich als Aerosol die Flamme erreicht (Aerosolausbeute). Diese Größen werden neben der Art und Einstellung des Zerstäubers selbst auch von verschiedenen physikalischen Eigenschaften der Messlösung wie Dampfdruck, Dichte, Oberflächenspannung und Viskosität beeinflusst. Transport-Interferenzen werden daher oft auch als physikalische Interferenzen bezeichnet.

Eine Beseitigung gelingt durch Angleichen der Bezugslösungen an die Probenlösung (vor allem die Verwendung des gleichen Lösungsmittels), besser noch durch das Standardadditionsverfahren. Eine weitere Möglichkeit, die sich ausschließlich für die Korrektur von Transport-Interferenzen oder anderen eindeutig nicht elementspezifischen Interferenzen eignet, ist die Methode des internen Standards.

### Verdampfungsinterferenzen: Was nicht alles in einer Flamme entstehen kann ...

In der Flammen-AAS gelangt die Probe praktisch in fester Form in die Atomisierungszone, da das Lösungsmittel spätestens beim Eintreten in die Flamme verdampft. Nach diesem Trocknungsvorgang liegen die zu bestimmenden Elemente häufig in Verbindungen mit dem Anion aus der Probenlösung vor, mit dem sie die stabilsten Verbindungen bilden. Anschließend können diese im einfachsten Fall in die Elemente dissoziieren. Häufig aber werden sie in der Flamme zu schwer flüchtigen Verbindungen umgesetzt. Die meisten Elemente reagieren zu Oxiden oder in Abhängigkeit von den Begleitsubstanzen zu den noch stabileren Mischoxiden, die entsprechend schwer verflüchtigt werden. Auch die Reduktion zu Metallen oder Carbiden durch Reaktion mit den Flammengasen ist möglich. Die Dauer der Vorgänge von Verdampfung und Atomisierung ist dabei abhängig von Reaktionsgeschwindigkeiten, Flüchtigkeit und Stabilität der entstandenen Verbindungen sowie der Beschaffenheit und Größe der Partikel. Über die Strömungsgeschwindigkeit hängt diese Zeit direkt mit der Höhe in der Flamme zusammen, in der die zur Absorption fähigen Atome entstehen. Begleitsubstanzen, die den Verdampfungsvorgang verändern, beeinflussen also die Höhe sowie die Ausdehnung der Atomisierungszone. Damit ist direkt auch eine Beeinflussung der Konzentration an gasförmigen Atomen in Höhe der Beobachtungszone verbunden und es treten Störungen des Messsignals auf, die, wenn sie bei der Kalibration unberücksichtigt bleiben, zu systematischen Fehlern führen können.

Man begegnet den Verdampfungsinterferenzen durch den Einsatz von Abfangsubstanzen, die die Bildung von schwerflüchtigen Verbindungen des Analyten mit bestimmten Begleitsubstanzen verhindern sollen. So wird z. B. bei Anwesenheit von Aluminium zur Bestimmung von Erdalkalielementen häufig Lanthan als Abfangsubstanz zugesetzt, um die Bildung der äußerst stabilen Verbindungen des Spinelltyps mit dem Analyten zu verhindern. Auch ist die Anwendung des Standardadditionsverfahrens im Falle von Verdampfungsinterferenzen sinnvoll.

### Gasphasen-Interferenzen: Ein Gleichgewicht ist leicht verschiebbar

Die Konzentration an zur Absorption fähigen gasförmigen Atomen in der Beobachtungszone wird durch die Bildung und Dissoziation von Verbindungen ebenso wie durch die Ionisation sowie die thermische Anregung beeinflusst. Es kann angenommen werden, dass die Aufenthaltsdauer der Probe in der Beobachtungszone lang genug ist, damit sich die entsprechenden Dissoziations, Ionisations- und Anregungsgleichgewichte einstellen können. Jede Wirkung einer Begleitsubstanz, die eine Änderung dieser Gleichgewichtslagen zur Folge hat, muss folglich zu Interferenzen führen. Ebenso Änderungen, die durch Verlangsamung der Reaktion eine Einstellung des Gleichgewichtes in der Beobachtungszone verhindern bzw. verzögern. Mögliche Ursachen sind eine Veränderung des Reaktionsmechanismus oder das Abfangen oder die Zuführung eines gemeinsamen Reaktionspartners (z. B. eines Elektrons durch die Zugabe leicht ionisierbarer Atome wie Alkalimetalle).

Viele Gasphasen-Interferenzen lassen sich durch die Wahl geeigneter Lösungsmittel und geeigneter Flammengase, die eine gewisse Pufferwirkung ausüben, einschränken. Besonders zu beachten ist hier, dass das Ionisationsgleichgewicht konzentrationsabhängig ist und daher keine Beseitigung über das Standardadditionsverfahren möglich ist.

**Nichtspektrale Interferenzen in der Graphitrohr-Technik**

Da in der Graphitrohr-AAS die Proben üblicherweise unter Normalbedingungen in das Graphitrohr dosiert werden, treten keine Transport-Interferenzen auf. Vor allem die Verdampfungs- und im geringeren Maße die Gasphasen-Interferenzen können jedoch die Graphitohr-Technik teilweise erheblich beeinflussen.

*Verdampfungsinterferenzen: Chemie im Ofen!*
Das in der Graphitrohr-AAS angewandte Temperaturprogramm mit den Schritten der Trocknung und Vorbehandlung der Probe im Ofenraum beinhaltet vielfältige Fehlerquellen. Kann der Analyt mit Bestandteilen der Probenmatrix mitverdampfen oder leichtflüchtige Verbindungen bilden, führt dies zu Verlusten während der Vorbehandlungsphase. Ein Beispiel ist die Mitverdampfung von Blei mit Kochsalz bei Bestimmungen in Meerwasser. Dieser Trägereffekt des Kochsalzes wird auch bei der Bestimmung verschiedener anderer Metalle beobachtet. Analytverluste können bei der Anwesenheit von Chlorid aber auch auf die Austragung von leichtflüchtigen Metallchloriden aus dem Graphitrohr zurückzuführen sein. Starke Störungen werden durch die für manche Aufschlüsse verwendete Perchlorsäure hervorgerufen. Andererseits ist aber auch die Bildung schwerflüchtiger Analytverbindungen wie Legierungen, Oxide und Mischoxide möglich, die eine vollständige Verdampfung während des Atomisierungsschrittes verhindern (refraktäre Elemente), wenn die Atomisierungstemperatur diesen Bedingungen nicht angepasst wird.

Zur Vermeidung derartiger Interferenzen bietet sich die von Ediger vorgeschlagene Matrix-Modifikation an. Ein in großem Überschuss zugesetzter Matrix-Modifier dient der Isoformierung der Matrix von Proben- und Bezugslösungen, er wird daher auch als Isoformierungshilfe bezeichnet. Die Zusammensetzung des Modifiers wird dabei so gewählt, dass er mit störenden Begleitsubstanzen leichtflüchtige Verbindungen bildet, die während der Vorbehandlungsphase ausgetragen werden. Als weiterer Effekt ist oft gleichzeitig eine Stabilisierung des Analyten zu erreichen, die es ermöglicht, die Vorbehandlungstemperaturen zu erhöhen. Ein häufig mit Erfolg verwendeter Zusatz besteht aus einer Mischung aus Palladium- und Magnesiumnitrat. Eine Stabilisierung der Analyten soll hierbei entweder durch Legierungsbildung mit Palladium oder durch Einschluss in eine Matrix aus Magnesiumoxid hervorgerufen werden, während störende Begleitsubstanzen als leichtflüchtige Nitrate oder Ammoniumsalze ausgetragen werden. Die Temperaturdoppelkurven zur Erstellung eines optimierten Temperaturprogrammes müssen dabei unter Verwendung des Matrix-Modifiers aufgenommen werden. Bei besonders schwierigen, aber bekannten Matrizes, z. B. der routinemäßigen Analyse von Meerwasser, empfiehlt sich sogar eine Bestimmung der Temperaturdoppelkurven mit einer Probenlösung zur Ausarbeitung eines matrixspezifisch optimierten Temperaturprogramms.

**Gasphasen-Interferenzen**

Anregungs- und Ionisationsgleichgewichte bilden in der Graphitrohr-AAS kaum Störquellen, da bei den Betriebsbedingungen praktisch nur Atome im Grundzustand vorliegen. Eine Beeinflussung der Einstellung von Dissoziationsgleichgewichten kann allerdings Interferenzen hervorrufen. Ein Beispiel stellt die Gasphasenoxidation dar, die vom Partialdruck des Sauerstoffs abhängt und somit z. B. durch die Zersetzung von Nitraten oder Sulfaten gestört werden kann.

Da naturgemäß nur Einflüsse der in den Bezugslösungen nicht enthaltenen Probenmatrix zu Interferenzen führen, ist deren Auftreten stark vom eingestellten Temperaturprogramm abhängig. Deshalb wird auch hier die Verwendung eines Matrix-Modifiers angeraten. Das Arbeiten im thermischen Gleichgewicht durch Verwendung von Graphitrohren mit L´vov-Plattform ist oft von Vorteil. In Problemfällen wird das Standardadditionsverfahren zusätzliche Sicherheit für die Richtigkeit des Ergebnisses gewähren.

**Nichtspektrale Interferenzen in der Hydrid-Technik**

In der Hydrid-AAS gelangt kaum Probenmatrix in den Strahlengang des Spektrometers. Die Hydridgenerierung und die Austreibung der gasförmigen Hydride aus der Messlösung sind jedoch von einer Vielzahl von starken nichtspektralen Interferenzen begleitet. Auf das Standardadditionsverfahren wird daher nur in den seltensten Fällen verzichtet.

*Physikalische Interferenzen.*
Die Effektivität der Austreibung von gasförmigen Hydriden aus der Messlösung hängt mit dem Probenvolumen zusammen, das deshalb innerhalb einer Messreihe konstant gehalten werden muss. Darüber hinaus wird sie durch Schaumbildung negativ beeinflusst, die besonders bei der Analyse biologischer Materialien in erheblichem Maße auftreten kann. Neben dem Standardadditionsverfahren kann hier der Zusatz von Entschäumern hilfreich sein.

**Chemische Interferenzen**

Die Hydrid-AAS ist die einzige Technik in der Atomspektrometrie, bei der die Empfindlichkeit einiger Analyten von deren Wertigkeit abhängig ist. Bei der Bestimmung von As und Sb hat sich aus diesem Grunde eine Vorreduktion durch den Zusatz von Kaliumiodid bewährt. Se und Te werden in heißer Salzsäure vorreduziert.

Abhängigkeiten von der Säurekonzentration und der Borhydrid-Konzentration sind ebenfalls zu beobachten. Die Borhydrid-Konzentration wird innerhalb einer Messreihe ohnehin konstant gehalten. Zur Einstellung eines konstanten pH-Wertes können Pufferlösungen verwendet werden, was besonders bei der Bestimmung von Zinn und Blei angezeigt ist.

Starke Störungen durch Begleitsubstanzen treten bei Anwesenheit von Elementen der Nebengruppen VIII und I des Periodensystems auf. Ursache ist zum einen die Fähigkeit der Elemente der Platingruppe große Mengen an Wasserstoff zu adsorbieren, der für eine Hydrierung des Analyten dann nicht mehr zur Verfügung steht. Zum anderen werden aus schon vorhandenen Hydriden in der salzsauren Lösung schwerlösliche Arsenide, Selenide usw. gebildet. Diese Störungen lassen sich häufig durch starke Erhöhung der Säurekonzentration oder Verdünnen der Probenlösung vermeiden oder zumindest einschränken. Für einige konkrete Problemstellungen stehen spezifische Abhilfen zur Verfügung. Als Beispiel sei der Zusatz von EDTA-Salzen genannt, der durch die Bildung stabiler Komplexe Nickel und Cobalt maskieren kann. Eine Komplexierung von Kupfer ist durch Zusatz von Thioharnstoff möglich.

**Gasphasen-Interferenzen**

Gasphasen-Interferenzen in der Hydrid-AAS treten durch Konkurrenzreaktionen zwischen hydridbildenden Elemente auf. Andere Ursachen sind thermodynamischer Natur und äußern sich in der Bildung von Dimeren wie $As_2$ oder $Se_2$, aber auch von $As_4$. Nicht auszuschließen ist auch die Bildung von intermetallischen Dimeren, vor allem wenn das störende Hydrid in hoher Konzentration vorliegt. Die Interferenzen, die durch diese thermisch stabilen Verbindungen hervorgerufen werden, können durch Atomisierung bei höheren Temperaturen beseitigt werden. Diese störungsfreie Atomisierung kann z. B. ein Graphitrohrofen leisten. Da die Hydride bei dieser Anordnung auf der Graphitoberfläche bei Temperaturen um 500°C angereichert werden können, um sie dann anschließend bei über 2000°C zu atomisieren, werden größere Nachweisstärken erreicht. In beschränktem Maße kann bei Gasphasen-Inteferenzen auch eine Verdünnung der Probenlösung Abhilfe schaffen.

**Fehlerquellen in der Kaltdampf-Technik**

Die größten Fehlerquellen bei der Bestimmung von Quecksilber stellen nicht durch die Probenmatrix verursachte Interferenzen dar, sondern Verluste wegen der hohen Flüchtigkeit des Elementes oder durch Adsorption an Gefäßwandungen. Auch Kontaminationen durch Luft, Reagenzien oder Geräte bieten vielfältige Störmöglichkeiten.

Für die Aufbewahrung von quecksilberhaltigen Proben hat sich Quarz als das am besten geeignete Material erwiesen. Alle Gefäße sollten vor dem Gebrauch mit konzentrierter Salpetersäure ausgedämpft werden. Bei längerer Lagerung empfiehlt sich eine Komplexierung des Quecksilbers durch Zugabe von Kaliumiodid. Bezugslösungen sollten durch den Zusatz von Oxidationsmitteln wie Kaliumpermanganat stabilisiert werden. Bei der Probenvorbereitung ist zu beachten, dass Schwebstoffe nicht durch Filtrieren entfernt werden dürfen, da die große Filteroberfläche ebenfalls die Gefahr der Adsorption birgt. Werkzeuge, z. B. zum Zerkleinern fester Proben, dürfen keine Amalgame bilden. Aufschlüsse werden am besten in geschlossenen Systemen (Druckaufschluss) durchgeführt, oder verflüchtigtes Quecksilber in Kühlfallen oder Waschflaschen aufgefangen (vgl. Wickbold-Aufschluss, Abschnitt 3.5.2). Bei der Messanordnung sind gut adsorbierende Materialien wie Gummi- oder PVC-Schläuche zu vermeiden und die gesamte Oberfläche ist möglichst gering zu halten. Als eventuell notwendiges Trocknungsmittel stellen konzentrierte Schwefelsäure oder Magnesiumperchlorat die besten Möglichkeiten dar. Kontaminationsgefahren werden durch den Einsatz möglichst weniger und leicht zu reinigender Reagenzien gering gehalten. Es ist auf besonders saubere Arbeitsweise zu achten und häufige Blindwertbestimmungen sind unerlässlich.

## 4.3.7 Multielement-AAS

Mit der AAS steht dem Analytiker ein äußerst empfindliches Analysenverfahren für quantitative Bestimmungen im Spurenbereich zur Verfügung. Besonders die Graphitrohr-AAS ist heute eines der nachweisstärksten Spurenanalysenverfahren. Nachteilig ist jedoch die Ausführung als Einzelelementmethode, was sie z. B. im Vergleich zu emissionsspektrometrischen Methoden wie der ICP-AES (vgl. Abschnitt 4.4.3) bei der Bestimmung mehrerer Elemente aus einer Probe relativ langsam und damit unattraktiv macht. Seit Einführung der AAS werden daher intensive Forschungen betrieben, die AAS „multielementfähig“ zu machen.

Ein möglicher Ansatzpunkt zur Verwirklichung dieses Zieles sind die Lichtquellen. Verwendet man statt der üblichen Linienstrahler einen Kontinuumstrahler, so stehen die Messwellenlängen (fast) aller Elemente gleichzeitig zur Verfügung. Jedoch erhält man so nur eine vergleichsweise schwache Ausgangsintensität auf den Messwellenlängen, was bei der Detektion zu einem deutlich ungünstigeren Signal/Rausch-Verhältnis führt. Dies schlägt sich direkt in einer verminderten Nachweisstärke und einem wesentlich verkürzten dynamischen Messbereich

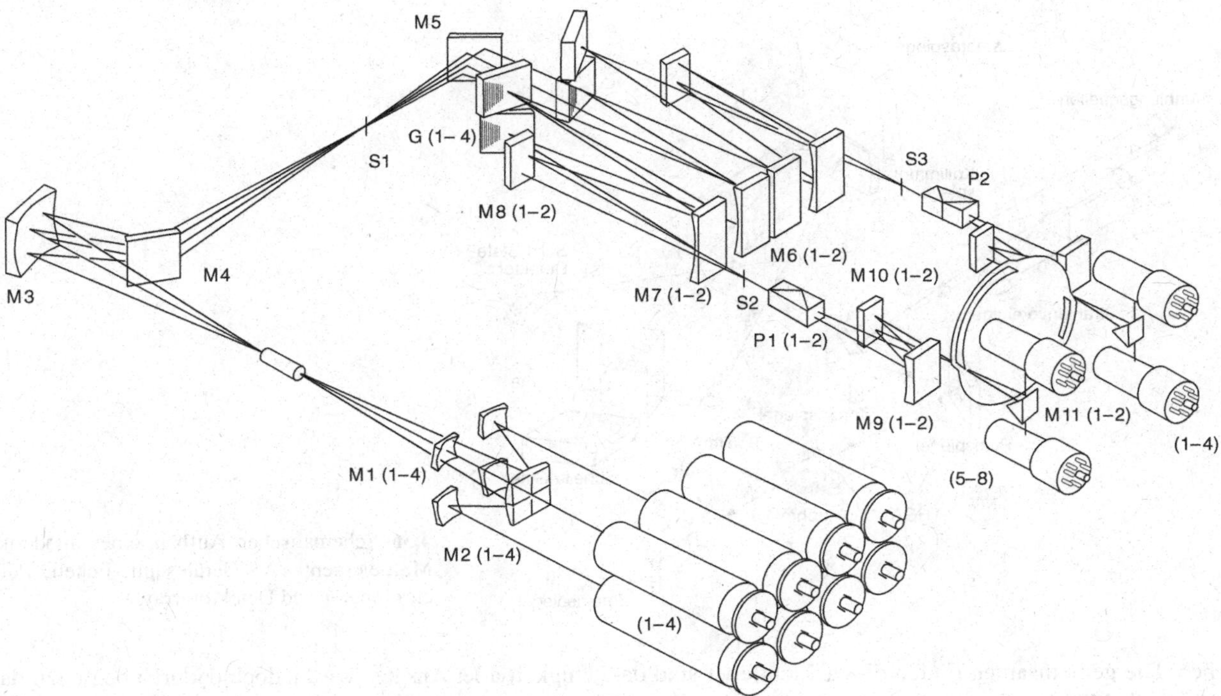


**4.35** Frühes Multielement-AAS-Gerät nach dem Prinzip des Mehrfachaufbaus.

nieder. Der Einsatz von Mehrelementlampen bringt demgegenüber zwar bereits einige Vorteile, diese sind jedoch wegen ihrer festgelegten Elementzusammensetzung wenig flexibel. Letztendlich hat sich die Verwendung von Kontinuumstrahlern oder Mehrelementlampen als Lichtquelle für die Multielement-AAS nicht durchsetzen können.

Es wurden daher Möglichkeiten gesucht, das Licht mehrerer Linienstrahler zu einem gemeinsamen Strahlengang zu vereinen und so durch die Atomisierungseinheit zu führen. Zu dieser Verfahrensweise sind sehr verschiedene technische Ansätze entwickelt worden. Die konsequenteste Umsetzung dieses Prinzips ist der ineinander verschachtelte Mehrfachaufbau eines Einelementgerätes. In einem solchen Gerät, wie es schon früh von der Fa. Hitachi für die simultane Bestimmung von vier Elementen konstruiert wurde (Z 9000), sind alle optischen Elemente, wie Lampen, Linsen, Spiegel und auch Monochromatoren vierfach vorhanden. Der Aufbau ist schematisch in Abb. 4.35 skizziert. Durch entsprechende Anordnung von Spiegeln gelingt es hier, die Strahlen von vier HKL durch den Mittelpunkt S1 einer Atomisierungseinheit zu fokussieren. Hinter der Atomisierungseinheit werden die Lichtstrahlen auf vier separate Gitter zur Wellenlängenauswahl abgebildet. Schließlich wird für jedes Element ein eigener Detektor genutzt.

In einem anderen Ansatz der Fa. Thermo Jarrel Ash wurden ebenfalls vier HKL als Lichtquellen eingesetzt. Ihr Licht fällt auf einen drehbaren Spiegel, durch den die vier Messstrahlen in schneller Reihenfolge durch die Atomisierungseinheit und über weitere Spiegel auf ein ebenfalls drehbares Gitter abgebildet wird. Mit diesem Gitter kann ein Spektrum von 190 nm bis 800 nm in wenigen Millisekunden abgefahren werden. Die Strahlung wird von einem einzigen Photomultiplier detektiert. Das ganze Messsystem arbeitet also nicht im strengen Sinne simultan, sondern nach einem schnellen sequentiellen Prinzip. Da nach einer Messung aber alle Ergebnisse für vier Elemente vorliegen, wird es trotzdem als simultanes Multielement-AAS-Verfahren eingestuft.

Ein neueres, von der Fa. Perkin Elmer entwickeltes Gerät (SIMAA 6000) vereinigt die Strahlen von ebenfalls bis zu vier HKL (von denen einige auch Mehrelementlampen sein können) über ein pyramidales Prisma zu einem Strahlenbündel, das durch die Atomisierungseinheit auf einen Echelle-Polychromator geführt wird. Dort wird das Licht zweidimensional dispergiert und auf einen Array aus ca. 60 Photodioden abgebildet. Die Dioden sind so positioniert, dass sie jeweils an der Stelle der wichtigsten Elementlinien liegen. Das Gerät ist schematisch in Abb. 4.36 dargestellt.

In einem weiteren Ansatz der Autoren wurde das Licht mehrerer HKL über einen mehrarmigen Lichtleiter zusammengeführt und durch die Atomisierungseinheit auf einen zweiten mehrarmigen Lichtleiter abgebildet, um die komplizierten Spiegel- und Gittersysteme zu umge-

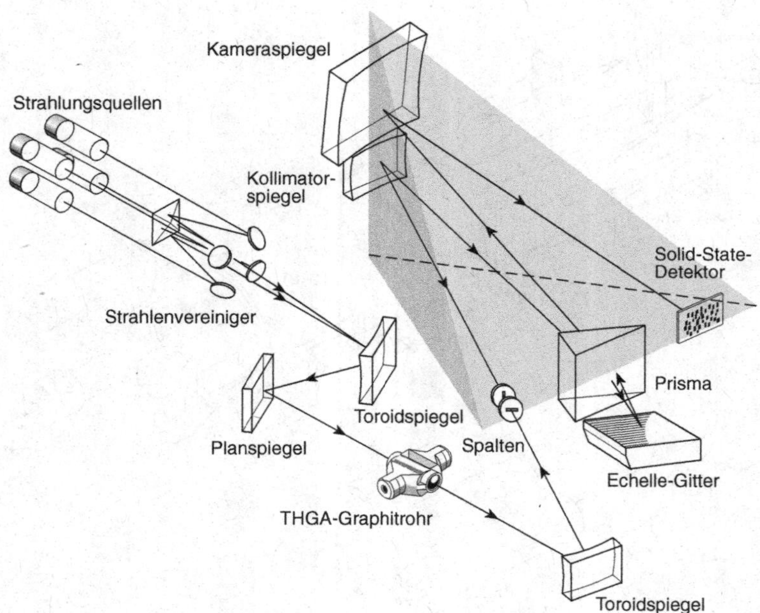


**4.36** Schematischer Aufbau eines modernen Multielement-AAS-Gerätes mit Echelle-Polychromnator und Detektorarray.

hen. Die gemeinsamen Enden dieser Lichtleiter sind dabei nach Messkanälen segmentiert, sodass eine genaue Abbildung möglich ist. Mit dem zweiten Lichtleiter wird das Licht wieder aufgeteilt und zur Vorseparation durch schmalbandige Interferenzfilter geleitet, hinter denen sich je ein PMT als Detektor befindet. Um das Licht der einzelnen Kanäle voneinander und von Störlicht zu unterscheiden, wird jede Lichtquelle mit einer individuellen Modulationsfrequenz gepulst. Den Detektoren sind Lock-In-Verstärker nachgeschaltet, die diese Frequenzen selektiv erkennen und verstärken. Diese Technik ist sehr robust und einfach und in Abb. 4.37 vereinfacht dargestellt.

Es gibt außer den hier exemplarisch beschriebenen Methoden noch eine große Anzahl weiterer Ansätze zur simultanen AAS-Multielementanalyse. Die Leistungsfähigkeit aller Ansätze wird jedoch dadurch begrenzt, dass es unumgänglich ist, für die simultane Atomisierung und Bestimmung mehrerer Elemente hinsichtlich der Atomisierungsbedingungen Kompromisse einzugehen. Daher muss gegenüber den Einelementbestimmungen immer mit Einbußen in der Nachweisstärke gerechnet werden. Diese Problematik tritt bei der Plasma-Emissionsspektrometrie nicht in gleichem Maße in Erscheinung. Außerdem sind dort die dynamischen Messbereiche mit in der Regel drei bis vier Konzentrationsdekaden erheblich größer als bei der AAS mit meist ein bis maximal zwei Dekaden. Wenn man sich jedoch auf die simultane Bestimmung von drei bis vier Elementen beschränkt, können Elementgruppen mit ähnlichen Atomisierungsbedingungen gebildet werden, sodass dieser Nachteil begrenzt werden kann. Unter dieser Vorraussetzung wird die Spu-

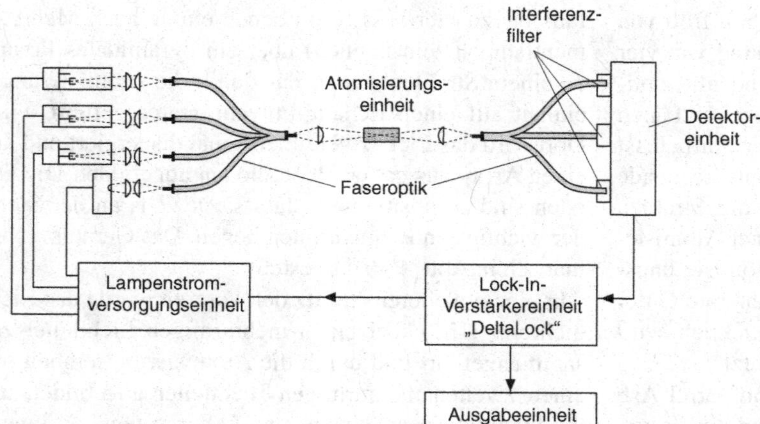


**4.37** Frequenzmodulierte simultane Multielement-AAS (FremsAAS).

renanalyse mit der AAS erheblich beschleunigt, sodass der Vorteil der emissionsspektrometrischen Methoden zumindest zum Teil wettgemacht wird.

## 4.4 Atomemissionsspektrometrie (AES)

Im letzten Kapitel, das sich mit der AAS beschäftigt, wurde gezeigt, dass Atome von *außen* zugeführte Strahlung selektiv absorbieren können und die Abschwächung dieser Strahlung gemessen werden kann. Atome in einem angeregten Zustand, also in einem Zustand, der energiereicher ist als der Grundzustand, senden bei ihrer Relaxation in einen weniger energetischen Zustand oder in den Grundzustand spontan die dabei freiwerdende Energie in Form von Licht aus. Die Messung dieser Strahlung ist die Grundlage der Atomemissionsspektrometrie (AES). Die Emission ist i. d. R. eine elementspezifische Linienstrahlung. Der Energiebedarf für Energieübergänge äußerer Elektronen ist dabei für die Alkali- und einige Erdalkalielemente so gering, dass die thermische Energie einer Propangasflamme (ca. 2000 °C) zur Anregung ausreicht (Flammenphotometrie). Für alle anderen Elemente werden wesentlich energiereichere Anregungsquellen benötigt (z. B. bei der Plasmaemissionsspektrometrie).

### 4.4.1 Flammenphotometrie

Die erste Anwendung der Emissionsspektroskopie ist die Flammenphotometrie. Sie wurde bereits durch Bunsen mit dem nach ihm benannten Gasbrenner, der wegen einer verbesserten Luftzufuhr mit einer „nichtleuchtenden" Flamme betrieben werden konnte, etabliert. Die Verwendung der Flamme als Anregungsquelle in der AES beschränkt sich heute aus Empfindlichkeitsgründen im Wesentlichen auf die Bestimmung der Alkali- und Erdalkalimetalle mit dem Schwerpunkt auf der Analyse von Flüssigkeiten.

**Die Flamme als Anregungsquelle**

Mit den Aufgaben der Atomisierung einer gegebenen Analysenprobe und der Anregung der gasförmigen Atome zur Emission ihrer elementspezifischen Linienstrahlung stellt die Flamme die zentrale Einheit des Flammenphotometers dar. Als Brenner kommen der auch in der Flammen-AAS verwendete direkt zerstäubende Turbulenzbrenner und der laminare Mischkammerbrenner mit pneumatischer Zerstäubung in Frage. Die Arbeitsweise der beiden Brenner ist in Abschnitt 4.3.4 beschrieben worden. Als Flammengase werden verschiedene Kombinationen von Brenngas und Oxidans vorgeschlagen. Propan und Butan sind die gebräuchlichsten Brenngase. Werden sie mit Luft vermischt, erzeugen sie Flammentemperaturen zwischen 1700 °C und 2000 °C.

**Spezielle apparative Anforderungen**

Da in den relativ kalten Flammen der Flammenphotometrie nur wenige Elemente zur Strahlungsemissions angeregt werden, entstehen besonders linienarme Emissionsspektren. Dieser Umstand macht es möglich, vergleichsweise simple Geräte für die optische Separation der Messwellenlängen zu verwenden. Routinemäßig wird aus Preisgründen i. d. R. auf dispergierende optische Bauteile verzichtet und stattdessen werden optische Filter eingesetzt. Bei den Filtern der preiswerten Flammenphotometer (z. B. für klinische Anwendungen wie die Bestimmung der Blutelektrolyte Na, K. Li, Ca, Mg) handelt es sich meist um einfache Farbfilter. Bei etwas anspruchsvolleren Geräten werden Interferenzfilter eingesetzt, die Durchlassbereiche mit Halbwertsbreiten um 1 nm aufweisen. Die zu detektierende Lichtintensität ist bei der Flammenphotometrie meist relativ groß. Daher genügt oft der Einsatz einfacher Photozellen als lichtelektrische Empfänger (Detektoren). Nur vereinzelt werden in Flammenphotometern auch Photomultiplier eingesetzt. In Abb. 4.38 ist der prinzipielle Aufbau eines gebräuchlichen Flammenphotometers dargestellt.

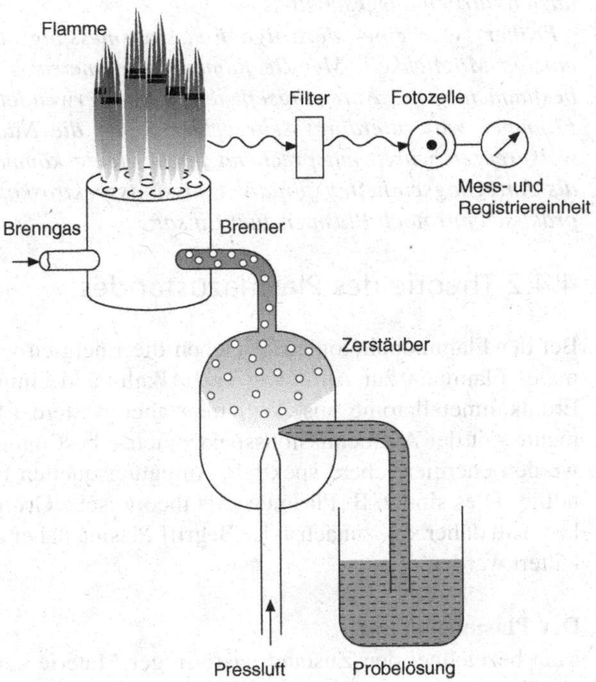


**4.38** Schematischer Aufbau eines Flammenphotometers.

**Arbeitsbereiche und Anwendungsbeispiele**
In Tabelle 4.5 sind einige typische Anwendungsbeispiele für die Flammenphotometrie zusammengefasst.

**Tabelle 4.5** Typische Anwendungsbeispiele für die Flammenphotometrie.

| | untere Arbeitsbereichsgrenze in µg/mL | Probenart | Flammenart |
|---|---|---|---|
| Na | 0,01 | Blut, Glas, Leichtmetalle | Butan/Luft, Popan/Luft |
| Li | 0,1 | Glas, Zement | Butan/Luft, Popan/Luft |
| K | 0,1 | Blut, Glas, Zement | Butan/Luft, Popan/Luft |
| Ca | 0,1 | Glas, Keramik, Mineralien | Acetylen/Luft |

***Zusatzinformation***
*Flammen-AAS-Geräte lassen sich prinzipiell auch in Emission betreiben. Die Analyse der Alkalielemente wird teilweise heute noch empfindlicher in Emission als in Absorption durchgeführt. Die Flüssigkeiten werden dazu direkt in den Brenner zerstäubt und die Emissionsstrahlung durch den Monochromator des AAS-Spektrometers detektiert. Die Lichtquellen, HKL oder EDL, bleiben dazu natürlich ausgeschaltet!*

*Früher war eine derartige Emissionsmessung die einzige Möglichkeit, Metalle flammenphotometrisch zu bestimmen. Die Anregungseffizienz der verwendeten Flammen war allerdings sehr schlecht und die Nachweisgrenzen waren entsprechend hoch. Heute kommen als Anregungseinheiten für die Emissionsspektroskopie praktisch nur noch Plasmen zum Einsatz.*

## 4.4.2 Theorie des Plasmazustandes

Bei der Flammenphotometrie reichen die Energien normaler Flammen zur Anregung von Alkali- und einiger Erdalkalimetallatome aus. Will man aber weitere Elemente mit der Atomemissionsspektrometrie bestimmen, werden energiereichere spektrale Anregungsquellen benötigt. Dies sind z. B. Plasmen. Als theoretische Grundlage soll daher soll zunächst der Begriff Plasma näher erläutert werden.

**Der Plasmazustand**
Man bezeichnet den Zustand gasförmiger Materie dann als Plasma, wenn seine physikalischen und chemischen Eigenschaften im Wesentlichen durch die Existenz von geladenen Teilchen, freien Ionen und freien Elektronen, bestimmt werden. Gase im Plasmazustand sind demnach als elektrische Leiter anzusehen, was heute zum Beispiel in jeder Leuchtstoffröhre ausgenutzt wird. Die Natur benutzt ebenfalls diesen elektrischen Leiter, wenn Blitze die Ladungsverteilung zwischen Luftschichten oder zwischen Luft und Erde auszugleichen versuchen.

Mehr als 99% der Masse des gesamten Universums befindet sich im Plasmazustand, denn jeder leuchtende Stern ist so heiß, dass die Elektronen nahezu vollständig von den Atomkernen getrennt sind (z. B. auf unserer Sonne Wasserstoff und Helium).

***Plasmaprozesse und Anregungsmechanismen***
Um Plasmen künstlich zu erzeugen, muss bereits vorhandenen Ladungsträgern Energie zugeführt werden, damit ein chaotischer Prozess von Teilchenkollisionen und anderen Energietransfervorgängen einsetzen kann, der eine ständige Neubildung geladener Teilchen gewährleistet. Die dafür nötige Energie kann mittels magnetischer oder elektromagnetischer Felder auf die Ladungsträger (negative Elektronen und positiv geladener Kern der Atome) übertragen werden.

Für die Initialzündung eines Plasmas sind freie Ladungsträger nötig. Diese können beispielsweise einem Gas, das zum Plasma angeregt werden soll, in Form von Elektronen zugeführt werden. Dafür kommen entweder thermische Elektronen z. B. eines glühenden Drahtes oder der Funke einer piezoelektrischen Entladung oder Teslaspule in Frage.

Einmal gezündet bilden sich in einem geeigneten elektromagnetischen Wechselfeld durch Stoßionisation der oszillierend beschleunigten Elektronen immer wieder neue Ladungsträger (freie Elektronen sowie ionisierte Atome und Moleküle), welche ebenso dem magnetischen bzw. elektromagnetischen Wechselfeld ausgesetzt sind. Auf diese Weise steigt ihre Anzahl lawinenartig an, wobei die schwereren Kationen dem Wechselfeld nicht im gleichen Maße folgen können wie die Elektronen. Da gleichzeitig auch Rekombinationsprozesse ablaufen, baut sich ein dynamisches Ionisationsgleichgewicht auf. Insgesamt befindet sich ein Plasma im elektroneutralen Zustand.

Am Beispiel des Heliumplasmas, das in der instrumentellen Analytik vorzugsweise für die Anregung von Halogenatomen eingesetzt wird, sind im Folgenden einige wichtige Elementarprozesse aufgeführt, die für die Unterhaltung des Plasmas verantwortlich sind.

Anregung $$He + e^* \rightarrow He^* + e \quad (4.17)$$

Ionisation $$He + e^* \rightarrow He^+ + 2e \quad (4.18)$$

Strahlungs-
rekombination $He^+ + e \rightarrow He + h \cdot \nu$ (4.19)

Dreierstoß-
rekombination $He^+ + 2\,e \rightarrow He + e$ (4.20)

mit e: Elektron
$e^*$: Elektron mit hoher kinetischer Energie
He: Helium-Atom
$He^*$: Helium-Atom im angeregten Zustand
$He^+$: einfach positiv ionisiertes Helium-Ion
h: Planck'sche Konstante
ν: Frequenz der elektromagnetischen Welle

Werden Elektronen unterschiedlicher kinetischer Energie durch Stoß abgebremst, so kommt es wie bei den Röntgenstrahlen zu der Aussendung von Kontinuumstrahlung, die bei energiereichen Plasmen (z. B. Sonne) sehr intensiv sein kann. Im Emissionsspektrum bedeutet das einen relativ hohen Untergrund, dessen Stabilität letztendlich die Nachweisgrenze bestimmt.

Gelangt eine Analytverbindung in ein Plasma, so wird sie zunächst durch die drastischen thermischen Bedingungen atomisiert, bevor die einzelnen Atome ein- oder mehrfach ionisiert oder in angeregte Elektronenzustände überführt werden. Für die Anregung von Analytatomen im Plasma spielen folgende Mechanismen eine Rolle:

Anregung
durch Stoß
$e^* + A \rightarrow A^* + e$
$\rightarrow A + h \cdot \nu_1 + e$ (4.21)

Strahlungs-
rekombination
$e^* + A \rightarrow A^+ + 2\,e$
$A^+ + e \rightarrow A + h \cdot \nu_2$ (4.22)

Strahlungs-
rekombination
$He^* + A \rightarrow He + A^+ + e$
$A^+ + e \rightarrow A + h \cdot \nu_2$ (4.23)

Anregung durch
Stoßaustausch
$He^* + A \rightarrow He + A^*$
$A^* \rightarrow A + h \cdot \nu_1$ (4.24)

mit A: Analyt-Atom
$A^*$: Analyt-Atom im angeregten Energiezustand
$A^+$: einfach positiv ionisiertes Analyt-Ion

Die bei diesen Prozessen freigesetzte Strahlung enthält Informationen über Anzahl und Art der Atome (beteiligte Energieniveaus) im Plasma, sodass die qualitative Analyse durch Messung der Wellenlänge der emittierten Strahlung und eine quantitative Analyse durch Messung der Intensität dieser Strahlung ermöglicht wird. Die Häufigkeit der jeweiligen Prozesse hängt dabei stark von den Plasmabedingungen wie Druck und Temperatur sowie von den Anregungs- und Ionisierungsenergien der betreffenden Analyt-Atome ab.

***Die Strahlungsintensität***

Das Grundprinzip der Emissionspektroskopie beruht auf der Möglichkeit spontaner Übergänge angeregter Atome des Zustandes $k$ mit der Energie $E_k$ in einen Zustand $i$ mit niedrigerer Energie $E_i$ unter Aussendung elektromagnetischer Strahlung gemäß Gleichung 4.7. Die Frequenz der emittierten Strahlung ist dabei proportional zur Energiedifferenz der beteiligten Zustände (vgl. Abschnitt 4.2). Im Falle der optischen Atomemissionspektroskopie liegen die Wellenlängen der emittierten Strahlung im sichtbaren Bereich oder in den angrenzenden UV- bzw. IR-Regionen. Da die einzelnen Energiezustände charakteristisch für eine Atomsorte sind (bestimmt durch die Haupt-, Neben- sowie die magnetische Quantenzahl), gibt die Wellenlänge der emittierten Strahlung Auskunft über die Art des emittierenden Atoms. Ihre Intensität ist abhängig von der Anzahl der emittierenden Atome und liefert somit die Grundlage der quantitativen Emissionsspektroskopie.

Einstein hat mit der Übergangswahrscheinlichkeit eine Größe eingeführt, welche die Wahrscheinlichkeit eines spontanen Übergangs bezogen auf eine Sekunde angibt. Die Strahlungsleistung bei der entsprechenden charakteristischen Wellenlänge ist dann durch die folgende Gleichung gegeben:

$$P = h \cdot \nu_{ki} \cdot n_k \cdot V \cdot B_{ki} \tag{4.25}$$

mit $P$: Strahlungsleistung in J
$\nu_{ki}$ $h$: Planck'sche Konstante in Js
$\nu_{ki}$: Frequenz des Überganges aus dem Zustand k in den Zustand i in 1/s
$n_k$: Teilchenzahldichte angeregter Atome im Zustand k in $1/m^3$
$V$: betrachtetes Volumen des Plasmagases in $m^3$
$B_{ki}$: Einstein'sche Übergangswahrscheinlichkeit

Will man die Strahlungsleistung messen, so gelingt dies nur für eine gewisse Beobachtungsfläche $F$, die durch die optische Apertur (analog zur Wirkung der Blende bei einem Photoapparat) bestimmt ist. Division von $V$ durch $F$ führt zu der so genannten spektralen Tiefe $L$ der Strahlungsquelle entlang der Beobachtungslinie. Berücksichtigt man nun noch, dass die Strahlung gleichmäßig in alle Raumwinkel emittiert wird, so ergibt sich die messbare Strahlungsleistung $P_m$ (Kugeloberflächensegment) wie folgt:

$$P_m = \frac{1}{4\pi} \cdot h \cdot \nu_{ki} \cdot n_k \cdot B_{ki} \cdot L \tag{4.26}$$

mit $P_m$: messbare Strahlungsleistung in W

$L$: spektrale Tiefe ($L = V/F$) in m
$V$: betrachtetes Volumen des Plasmagases in $m^3$
$F$: Beobachtungsfläche in $m^2$

Spektrallinien sind jedoch nicht streng monochromatisch, sondern weisen eine Intensitätsverteilung über einen gewissen, allerdings sehr kleinen Wellenlängenbereich um die Zentralwellenlänge $\lambda_{ki}$ auf (vgl. Abschnitt 4.2.1). Die Strahlungsmessung sollte immer integrativ über das gesamte Profil der Linie erfolgen. Typische Linienbreiten in der Plasmaemission liegen in der Größenordnung von 10 pm, sodass im Allgemeinen bei einer spektralen Bandbreite eines guten Spektrometers von z. B. 100 pm die quantitative Erfassung der Atomemissionsintensität in jedem Falle gewährleistet ist. Jedoch kann dieser Spektralapparat das eigentliche Linienprofil nicht liefern, dazu müsste er eine Auflösung haben, die wesentlich kleinere Linienbreiten als 1 pm zu messen gestatten würde.

In Gleichung 4.26 ist die Strahlung nur über die Besetzungsdichte des angeregten Zustands $n_k$ ausgedrückt. Sie soll nun noch in Bezug zur Gesamtteilchenzahldichte der betreffenden Atomsorte gesetzt werden. Mit Gleichung 4.6 ergibt sich nach mathematischen Umformungen für die messbare Strahlungsleistung folgender Zusammenhang:

$$P_m = \frac{1}{4\pi} \cdot h \cdot \nu_{ki} \cdot \frac{N}{Z(t)} \cdot g_k \cdot B_{ki} \cdot L \cdot e^{-\Delta E/ki} \qquad (4.27)$$

mit $N$: Gesamtteilchenzahldichte
$Z(t)$: Zustandssumme aller möglichen Energiezustände der betrachteten Teilchen

Dieser theoretische Hintergrund bildet die Basis der Atomemissionsspektroskopie. Es ergibt sich demnach ein linearer Zusammenhang zwischen der spektralen Strahlungsdichte und der Zahl bestimmter Atome im Plasma. Damit ist gleichzeitig ein linearer Zusammenhang mit der Konzentration eines in die Anregungsquelle eingebrachten Analyten gegeben. Die Beziehung gilt jedoch nur für das ideale Modell, von dem bei der Herleitung ausgegangen wurde und bei dem das gesamte Plasma integral optisch spektroskopisch erfasst werden muss. Für reale Plasmavorgänge kann es lediglich als grobe Näherung angesehen werden. Eine Berechnung der Zusammenhänge zwischen der Intensität einer Spektrallinie und der Menge oder Konzentration eines Analyten ist für quantitative Analysen nicht hinreichend präzise, da bereits die Ermittlung der richtigen lokalen Temperatur in einem bestimmten Plasmaausschnitt (Plasmazone) nicht zuverlässig möglich ist. In der Praxis ist im aktuellen Beobachtungsfenster sogar immer ein unvermeidbarer Temperaturgradient vorhanden. Atomemissionsspektrometrische Verfahren müssen daher durch Messung von Kalibrier- oder Bezugslösungen bekannter Konzentrationen kalibriert werden.

***Der Temperaturbegriff***

Da die Besetzungsdichte verschiedener Energieniveaus eines Atoms nach Boltzmann von der Temperatur abhängt (s. Gleichung 4.6), ist die Temperatur eines Plasmas für die spektroskopische Nutzung von entscheidender Bedeutung. Bei Diskussionen über die Plasmatemperatur ist weiterhin auch zu beachten, dass sich der Begriff „Temperatur“ zwar gemeinhin auf ein exakt definiertes thermodynamisches Gleichgewicht bezieht, ein Plasma als ganzes sich aber niemals in einem vollständigen thermodynamischen Gleichgewicht (CTE, *complete thermodynamic equilibrium*) befindet. Eine Annäherung findet durch die Definition kleiner, lokaler Gleichgewichte (LTE) in bestimmten Plasmabereichen statt. Den im Wechselfeld oszillierenden Ionen und Elektronen werden wegen ihrer unterschiedlichen Geschwindigkeiten und zurückgelegter Wegstrecken (siehe oben: Massenträgheit der schwereren Ionen) unterschiedliche Temperaturen zugeordnet. Der Zustand eines beispielsweise einatomigen Gases im Plasmazustand lässt sich also über verschiedene Temperaturen charakterisieren:

- Die Anregungstemperatur $T_a$ charakterisiert den Besetzungsgrad der verschiedenen Energiezustände.
- Die Elektronentemperatur $T_e$ wird durch die kinetische Energie der Elektronen bestimmt.
- Die Gastemperatur $T_g$ wird durch die kinetische Energie der Gasatome bestimmt.
- Die Ionisierungstemperatur $T_i$ charakterisiert den Besetzungsgrad der verschiedenen Ionisationszustände.

Die Bestimmung dieser unterschiedlichen Temperaturen kann mit speziellen Messmethoden oder theoretischen Berechnungen durchgeführt werden, die im Folgenden kurz umrissen werden sollen.

*a. Die Anregungstemperatur*

Die Anregungstemperatur $T_a$ ist durch den Besetzungsgrad der verschiedenen atomaren Energiezustände charakterisiert und liefert damit wichtige Informationen über die Anregungsbedingungen eines Plasmas. Zur Bestimmung der Anregungstemperatur können die Verhältnisse von Intensitäten geeigneter Linienpaare zueinander gemessen werden. In einem angenommenen lokalen thermodynamischen Gleichgewicht folgt die Besetzungsdichte – wie bereits beschrieben – der Boltzmannschen Verteilung. Mithilfe der Einstein'schen

Übergangswahrscheinlichkeit lässt sich auch ein Zusammenhang zur Emissionsintensität einer einzelnen Spektrallinie mit der Wellenlänge $\lambda$ herstellen.

*b. Die Elektronentemperatur*

Bei der Definition der Elektronentemperatur $T_e$ wird in erster Näherung eine Maxwell'sche Energieverteilung der Elektronen nach folgender Gleichung angenommen:

$$\frac{dn}{n} = \frac{2}{\sqrt{\pi}} \cdot \sqrt{\frac{\varepsilon}{\bar{\varepsilon}}} \cdot \exp\left(\frac{-\varepsilon}{\bar{\varepsilon}}\right) d\left(\frac{\varepsilon}{\bar{\varepsilon}}\right) \tag{4.28}$$

mit $\varepsilon$: Energie der stoßenden Teilchen
$\bar{\varepsilon}$: mittlere Energie der stoßenden Teilchen.

Damit erhält man für die Elektronentemperatur $T_e$

$$T_e = m_e \cdot \frac{\overline{v_e^2}}{3k} \tag{4.29}$$

mit $m_e$: Masse des Elektrons,
$\overline{v_e^2}$: mittleres Geschwindigkeitsquadrat der Elektronen,
k: Boltzmann-Konstante.

*c. Die kinetische Gastemperatur*

Für die Gastemperatur $T_g$ ergibt sich analog:

$$T_g = m_g \cdot \frac{\overline{v_g^2}}{3k} \tag{4.30}$$

mit $m_g$: Masse des Gasatoms,
$\overline{v_g^2}$: mittleres Geschwindigkeitsquadrat der Gasatome.

Die Gastemperatur eines Plasmas kann über die Doppler-Verbreiterung einer Atomemissionslinie, die von der Geschwindigkeit der emittierenden Atome abhängt, bestimmt werden. Eine andere Möglichkeit zur Bestimmung von $T_g$ ergibt sich aus der Anwendung des Wien'schen Gesetzes, wonach sich das Maximum der Kontinuumstrahlung eines als schwarzer Körper betrachteten Strahlers gemäß:

$$\lambda_{\max} \cdot T = 2,9 \cdot 10^{-3} m \cdot K \tag{4.31}$$

mit $\lambda_{\max}$: Wellenlänge am Maximum des Hintergrundkontinuums

linear mit der Temperatur verschiebt sowie die Anpassung der Planck'schen Strahlungskurve an ein beobachtetes Intensitätsprofil der Kontinuumstrahlung eines Plasmas.

*d. Die Ionisationstemperatur*

Die Ionisationstemperatur $T_i$ ist über die Saha-Gleichung definiert:

$$\frac{n_e \cdot n_{k+1}}{n_k} = S_n(T_i)$$
$$= 2 \cdot \frac{Z_{k+1}(T_i)}{Z_k(T_i)} \cdot \frac{\sqrt[3]{2\pi \cdot m_e \cdot kT_i}}{h^3} \cdot \exp\left(\frac{\chi_z - \Delta\chi_z}{kT_i}\right) \tag{4.32}$$

mit $n_e$: Teilchendichte der Elektronen
$n_k$: Teilchendichte der Atome im Ionisationszustand $k$ ($k = 0,1, \ldots$)
$n_{k+1}$: Teilchendichte der Atome im Ionisationszustand $k + 1$
$\chi_z$: Ionisationsenergie von Ionisationszustand $k$ nach $k + 1$
$\Delta\chi_z$: Korrekturgröße zur Berücksichtigung der Dichte störender Teilchen.

Die Saha-Gleichung beschreibt die Besetzung der verschiedenen Ionisationsstufen.

### 4.4.3 Die Plasmaemissionsspektrometrie

**Plasma-Anregungsquellen**

Die Plasma-Anregungsquelle ist das zentrale Bauteil jedes Emissionsspektrometers. Hier erfolgt die Atomisierung eines Aerosols einer gegebenen Analysenprobe und die Anregung der gasförmigen Atomdampfwolke zur Emission ihrer elementspezifischen Linienstrahlung.

***Elektrische Bögen und Funken***

In der Vergangenheit stellten elektrische Bögen und Funken wichtige Instrumentarien als Anregungsquellen zur qualitativen und halbquantitativen Analyse von Feststoffen dar. Es wurden verschiedene Anordnungen mit zwei oder drei Elektroden aus Kohle oder einem anderen elektrisch leitenden Material entwickelt, zwischen denen manchmal ein Inertgas (meist Ar) strömte, welches durch eine elektrische Entladung (Stromfluss zwischen den Elektroden) ionisiert wurde. Feststoffe, die direkt zwischen die Elektroden eingebracht werden konnten oder sich auf der Oberfläche einer Elektroden befanden, wurden so atomisiert und die Atome zur Strahlungsemission angeregt.

Charakteristisch für den elektrischen Lichtbogen ist eine hohe Stromstärke (üblicherweise > 5 A) bei relativ geringer Spannung (< 100 V). Es wurden Gleich- und Wechselstrombögen angewandt. Der Bogen wird gezündet, indem die beiden Elektroden kurzzeitig kurzgeschlossen werden, um anschließend beim Entfernen einen Lichtbogen, geleitet von einem Plasma, zu erzeugen. Bogenspektren bestehen hauptsächlich aus den Spektrallinien neutraler Atome. Der elektrische Funken hingegen ist durch eine sehr hohe Spannung charakterisiert, die für den Funkenüberschlag verantwortlich ist, verbunden mit eher moderaten Stromstärken (< 1 A). Funkenspektren zeichnen sich durch die Spektrallinien positiver Ionen aus. Je nach Ionisierungsgrad spricht man auch vom „ersten", „zweiten", „dritten" Funkenspektrum usw. (vgl. spektroskopischer Verschiebungssatz, Abschnitt 4.2).

Bei einer spektroskopischen Bogenanregung kommt es wegen der hohen Stromstärke zu einer starken Erwärmung der Elektroden. Dies fördert die Verdampfung von schwerschmelzbarem Material, führt aber bei leichter flüchtigen Elementen zu einer fraktionierten Verdampfung, d. h. die leichter verdampfbaren Elemente „destillieren" aus dem Probenraum heraus und sind daher nur zu Beginn spektroskopisch nachweisbar. Für die leichter verdampfbaren Elemente wurde daher bevorzugt die Funkenanregung gewählt. Auch mit unterbrochenen Bögen oder Kombinationen aus Funken- und Bogenanregung oder auch mit Hochspannungsbögen wurde analyt- und matrixabhängig gearbeitet.

Leider waren alle Methoden, eine bestimmte Probenmenge reproduzierbar in eine solche Anregungsquelle zu bringen, wenig erfolgreich. Quantitatives Arbeiten mit solchen Anregungsquellen, die des öfteren auch mehr oder weniger „flackerten", waren eigentlich nur mittels der integrierenden Auswertung über Photoplatten oder -filme möglich. Der Bezug auf einen zugesetzten, in der Probe nicht vorhandenen inneren Standard war hier ein Muss. Durch Bezug das Analytsignals auf dieses Standardsignal wollte man die schwankenden Anregungsbedingungen kompensieren. Weiterentwicklungen der klassischen Spektralanalyse zwischen zwei Elektroden führten zu einem Drei-Elektroden-Gleichstromplasma, bei dem die Probelösung direkt in das Plasmazentrum „eingesprayt" wurde. Modernere Ausführungen verwenden zwei Graphitanoden und eine Wolframkathode, mit deren Hilfe eine im Vergleich zur Zweielektrodenanordnung stabilere Bogenentladung zustande kommt. Dieses Plasma und auch alternative Ausführungsformen finden jedoch heute nur vereinzelt Anwendung. Die extrem kleine Anregungsregion erweist sich als problematisch für Multielementanalysen. Abbildung 4.39 zeigt eine schematische Darstellung eines Gleichstromplasmas, das mit Spannungen von 70–80 V und einer Stromstärke von jeweils 7 A betrieben wird.

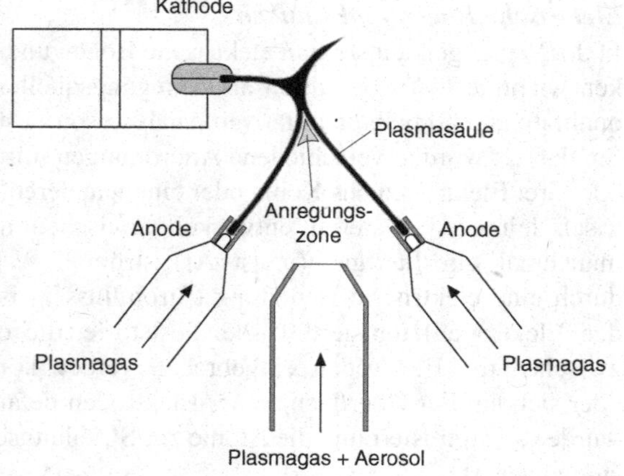


**4.39** Schematischer Aufbau einer Dreielektroden-Gleichstromplasmaquelle (DCP).

### *Kapazitiv gekoppelte Plasmen (CMP)*

Kapazitiv gekoppelte Plasmen (engl. *capacitvely coupled (microwave) plasma* – CC(M)P oder CMP) wurden bereits 1941 erstmals beschrieben. Die Funktionsweise basiert auf der Erzeugung von Mikrowellen (2,45 GHz) durch ein Magnetron mit einer Leistung von 0,3–2 kW, die durch einen Koaxial- oder Rechteckhohlleiter zu einer Elektrodenspitze geführt werden, die sich in einem metallischen Rohr befindet. Betrachtet man die Elektrodenspitze, die im Prinzip das Ende des Innenleiters des Koaxialleiters bildet, und die Rohrwandung als elektrischen Kondensator, so kann man von kapazitiver Einkoppelung der Mikrowellenenergie sprechen. An der feinen Spitze der zentralen Elektrode aus Gold oder Tantal entlädt sich die Mikrowellenenergie, sodass ein vorbeiströmendes Gas (Plasmagas) ionisiert werden und entsprechend ein Plasma durch das hochfrequente Feld aufrechterhalten werden kann, welches sich zwischen Elektrodenspitze und äußerem Rohr bildet. Oberhalb der Elektrodenspitze „brennt" eine Plasmafackel als stromführendes Plasma mit einer Höhe bis zu 3 cm. Abbildung 4.40 zeigt schematisch einen solchen Aufbau.

Die Anregungstemperaturen in einem CMP liegen bei 5000–9000 K, die Gastemperaturen bei 3000–5000 K. Ein entscheidender Nachteil des CMP besteht darin, dass die Elektrode mit dem Plasma sowie mit der Probe in Kontakt kommt. Darüber hinaus neigt die innere Rohrwandung dazu, zu korrodieren. Es ergeben sich Memory-Effekte z. B. durch Amalgambildung bei Goldelektroden oder Wiederverflüchtigungen niedergeschlagener Ablagerungen an den Wandungen. In der Routineanalytik konnte sich dieser Plasmatyp daher nie durchsetzen, obwohl einige Applikationen ihm gute Einsetzbarkeit bezeugten. Prinzipiell ist das CMP besser für

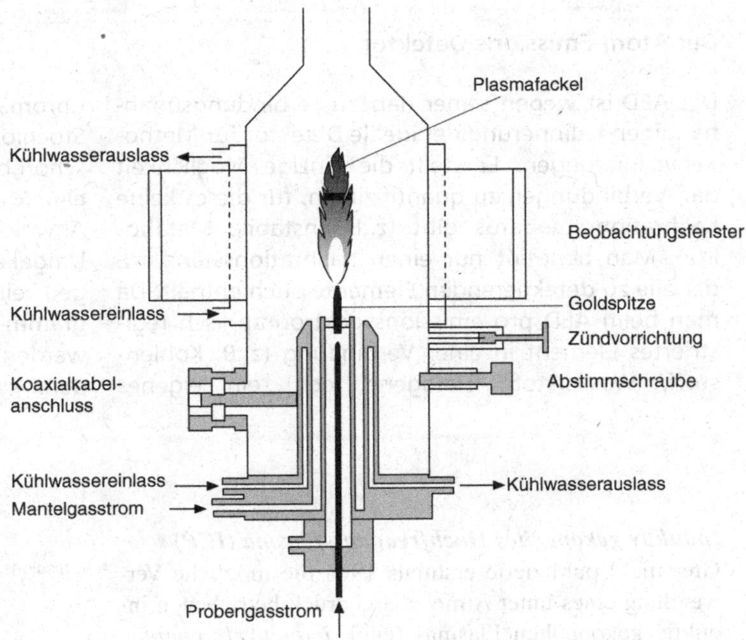


**4.40** Schematischer Querschnitt durch eine kapazitiv gekoppelte Mikrowellenplasmaquelle (CPM).

gasförmige Proben als für Aerosole geeignet. Als Atomemissionsdetektor in der Gaschromatographie bzw. Gasanalytik verträgt dieses Plasma beispielsweise eine erheblich höhere Fremdgaskonzentration als das im Folgenden beschriebene Mikrowellenplasma.

***Mikrowelleninduzierte Plasmen (MIP)***

Mikrowelleninduzierte Plasmen (engl. *microwave induced plasma* – (MIP) werden wie das CMP von Mikrowellen (2,45 GHz), erzeugt durch ein Magnetron, unterhalten. Allerdings werden die Mikrowellen mit einer wesentlich niedrigeren Leistung (50 – 200 W) in einen speziell geformten Hohlraumresonator (engl. *cavity*) eingekoppelt, in dem, bedingt durch die inneren Abmessungen eine stehende Welle entsteht. Bei 2,45 GHz liegt die Wellenlänge beispielsweise bei 12,2 cm. Im Zentrum eines Resonators mit einem Durchmesser von 12,2 cm existiert die höchste Energiedichte aller zirkular stehenden Wellen. An dieser Stelle ist ein Keramik-, Quarz- oder Bornitridröhrchen plaziert, durch das das Plasmagas (He oder Ar) strömt. Eine weit verbreitete Ausführung, deren Aufbau in Abbildung 4.41 wiedergegeben ist, ist die sog. $TM_{010}$-Cavity nach Beenakker. Sie zeichnet sich bei Verwendung von Helium unter Normaldruck als Plasmagas als effiziente und in ihren Abmessungen eher kleine Anregungsquelle für Metalle sowie Nichtmetalle aus.

Nachteilig bei diesem miniaturisierten Plasmatyp (Plasma ca. $< 1\ cm^3$) ist die geringe Lösungsmitteltoleranz. Das Plasma wird durch Flüssigkeitseintrag stark beeinträchtigt und kann sogar erlöschen, sodass das Hauptanwendungsgebiet in der Verwendung als elementselektiver Detektor für die Gaschromatographie liegt. Eine kommerzielle Umsetzung mit entsprechenden Modifikationen wurde von der Fa. Hewlett-Packard im Atom-Emissions-Detektor (AED) durchgeführt.

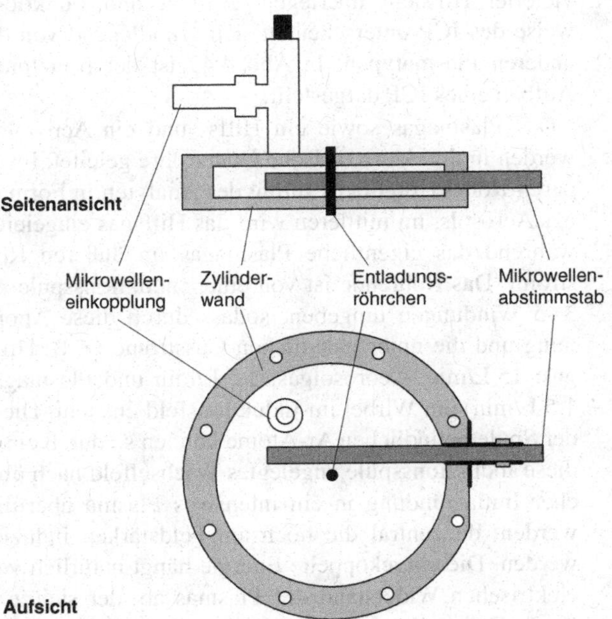


**4.41** Schematische Darstellung einer mikrowelleninduzierten Plasmaquelle (MIP) nach Beenakker.

### Der Atom-Emissions-Detektor

Der AED ist wegen seiner nahezu verbindungsunabhängigen Kalibrierung der ideale Detektor für Methodenvalidierungen. Er stellt die einzige Möglichkeit dar, Verbindungen zu quantifizieren, für die es keine Kalibrationsstandards gibt (z. B. instabile Metabolite). Man benötigt nur einen Kalibrationsstandard, der alle zu detektierenden Elemente auch enthält. Da man beim AED pro emissionsspektrographisch registriertes Element in einer Verbindung (z. B. Kohlenstoff, Wasserstoff, Halogene, ect.) ein eigenes Chromatogramm erhält, werden bei bekannter Stöchiometrie redundante Ergebnisse erzielt, die schon bei einem einzigen chromatographischen Lauf eine Mittelwertsbildung zulassen oder bei zu großen Abweichungen auf eine Ko-Elution hindeuten. Umgekehrt kann auch bei unbekannten Verbindungen eine zuverlässige Elementanalytik im Mikrogramm- und Nanogrammbereich durchgeführt werden und damit die Stöchiometrie bestimmt werden.

***Induktiv gekoppeltes Hochfrequenz-Plasma (ICP)***

Greenfield publizierte erstmals 1964 die mögliche Verwendung eines unter Atmosphärendruck betriebenen induktiv gekoppelten Plasmas (engl. *inductively coupled plasma* – ICP) in der Atomemissionsspektrometrie. Nachdem Fassel die Praktikabilität des ICP zur Analyse von versprühten Lösungen verifizierte, nahm eine rasante Entwicklung des ICP in den 70er Jahren ihren Lauf. Mittlerweile ist das ICP ein fester Bestandteil von Routinelaboratorien zur Elementbestimmung. Es eignet sich aufgrund seiner hervorragenden Anregungseigenschaften zur Simultanbestimmung einer Vielzahl von Elementen und ist den bisher besprochenen Plasmen in vielerlei Hinsicht überlegen. Aufbau und Funktionsweise des ICP unterscheiden sich grundlegend von den anderen Plasmatypen. In Abb. 4.42 ist der prinzipielle Aufbau eines ICP dargestellt.

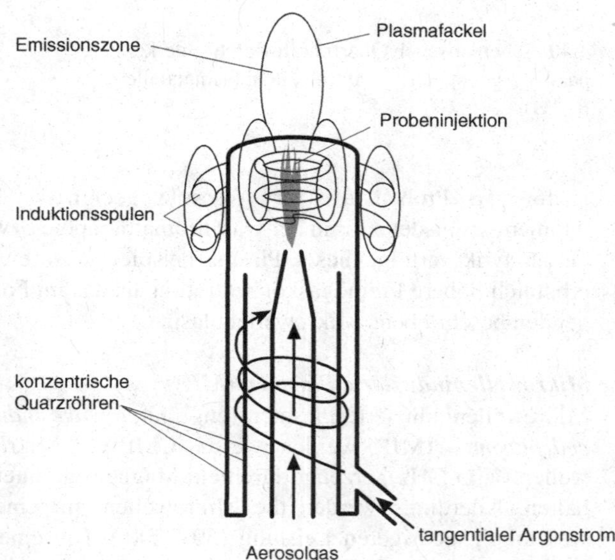


**4.42** Schematischer Aufbau einer induktiv gekoppelten Plasmaquelle (ICP).

Das Plasmagas sowie ein Hilfs- und ein Aerosolgas werden in drei konzentrische Quarzrohre geleitet. Im inneren Rohr erfolgt der Eintrag des Analyten in Form eines Aerosols, im mittleren wird das Hilfsgas eingeleitet, während das eigentliche Plasmagas im äußeren Rohr strömt. Das Rohrende ist von einer Induktionsspule mit 3–5 Windungen umgeben, sodass durch diese Anordnung und die unterschiedlichen Gasströme (z. B. Hilfsgas: 15 L/min, Aeorosolgas: 1,5 L/min und Plasmagas: 1,5 L/min) ein Wirbel im Induktionsfeld entsteht. Die in der Spule befindlichen Ar-Atome können so durch ein an diese Induktionsspule angelegtes Wechselfeld nach üblicher Initialzündung in ein intensives Plasma überführt werden, da zentral die höchsten Feldstärken induziert werden. Die eingekoppelte Energie hängt natürlich vom elektrischen Widerstand des Plasmas ab, der sich z. B. durch Zufuhr leicht ionisierender Elemente verändern kann. Häufig besteht bei solchen Plasmen die Möglichkeit, dass man die nicht vom Plasma aufgenommene Energie als reflektierte Leistung am HF-Generator zur Anzeige bringt. Elektronische Regelungen können diese Größe durch elektrische Abstimmkreise stets auf einem Minimum halten. Der außen geführte Gasstrom dient zusätzlich durch seine höhere Durchflussgeschwindigkeit zur Kühlung der Quarzwände. Die Spule wird bei einer Frequenz von 27,12 MHz oder 40,68 MHz mit einer Leistung von 700–2000 W gespeist und ist in der Regel wassergekühlt.

Das entstehende Plasma „brennt“ mit einer intensiven, fast farblosen, sich über mehrere Zentimeter erstreckenden Fackel, wobei es sich ringförmig ausbildet und mitgeführtes Probenaerosol axial in das Plasma eindringen

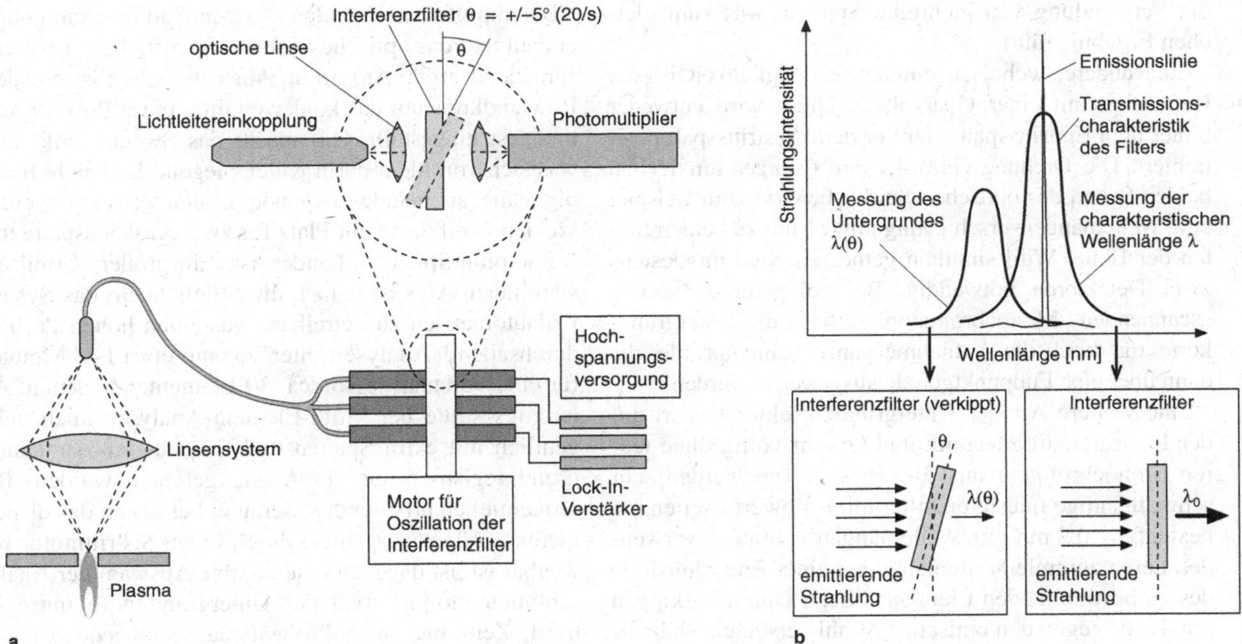


**4.43** Plasma-Emissions-Detektor (PED) a) Schematischer Aufbau b) Funktionsprinzip.

kann (s. Abbildung 4.42). Die im Plasmakern erzielten Gastemperaturen liegen bei 6000 – 8000 °C und dienen in Verbindung mit einer hohen Verweilzeit einer effektiven Energieübertragung auf die eingebrachten Probenbestandteile. Somit können die für analytische Bestimmungen notwendigen Prozesse der Atomisierung, Ionisierung und Anregung in einer extrem energiereichen Argonatmosphäre durchgeführt werden, sodass auch refraktäre Elemente, die in Verbindung mit feuchten Aerosolen zur Bildung schwer zersetzbarer Oxide neigen, wirkungsvoll atomisiert werden.

## Spezielle apparative Anforderungen

Der große Vorteil der AES gegenüber der herkömmlichen AAS ist die Möglichkeit der simultanen oder sequentiellen Multielementanalyse. Während aber bei der AAS der Monochromator lediglich die Resonanzlinien untereinander sowie von den Edelgaslinien der HKL trennen muss, dient der Monochromator in der AES dazu, eine Analysenlinie aus einem sehr komplexen Emissionsspektrum zu separieren. Das Emissionsspektrum eines Plasmas ist vor allem bei den Metallen durch extremen Linienreichtum gekennzeichnet. Es werden daher bei der AES wesentlich höhere Anforderungen an das spektrale Auflösungsvermögen gestellt. Auch die Opto-Elektronik sollte die elementspezifische Strahlung der zu bestimmenden Elemente entweder gleichzeitig oder schnell hintereinander messen können. Bei der AES ist stets die Untergrundstrahlung und das Auftreten spektraler Interferenzen zu beachten, weshalb eine gewisse Erfahrung erforderlich ist.

### *Untergrundkorrektur*

Neben der charakteristischen Strahlung aller vorliegenden Elemente sendet eine Plasma-Anregungsquelle auch einen starken unspezifischen Strahlungsuntergrund aus. Die Intensität des Strahlungsuntergrundes ist z. B. von den Plasmatemperaturen abhängig. Ein Probeneintrag ins Plasma führt zur Änderung der partiell vorhandenen Gleichgewichtsbedingungen, wodurch sich Elektronentemperatur, Elektronendichte usw. und damit auch der Strahlungsuntergrund ändert. Würde diese Änderung der Untergrundintensität während des Probeneintrages bei der Detektion und Auswertung nicht berücksichtigt, entstünden zwangsläufig systematische Fehler. Dies könnte beispielsweise beim Arbeiten mit einer festeingestellten Wellenlänge passieren. Einen wichtigen Aspekt in der Plasmaemissionsspektroskopie stellt daher die Untergrundkorrektur dar.

Eine Möglichkeit zur Untergrundkorrektur besteht in der Verschiebung des Eintrittspaltes des Monochromators. Bei gleichbleibender Gitterstellung verändert sich hierdurch der Einfallswinkel auf das Gitter minimal, wodurch die auf den Austrittsspalt fallende Strahlung je nach Bewegungsrichtung des Spaltes zu kürzerer oder längerer Wellenlänge verschoben wird. Es ist somit eine Untergrundmessung auf beiden Seiten der Linie möglich. Eine Variante ist bei simultan messenden Geräten die Verwendung von mehreren Spalten, was zum gleichen Ergebnis führt.

Eine andere, technisch einfachere Möglichkeit ist die Refraktion mit einer Quarzplatte. Diese wird entweder hinter dem Eintrittsspalt oder vor dem Austrittsspalt positioniert. Die Drehung eines 4,7 mm Quarzes um 15° zu beiden Seiten des optischen Strahls bewirkt zum Beispiel eine Wellenlängenverschiebung um 0,1 nm zu beiden Seiten der Linie. Wird simultan gemessen, sind mindestens zwei Detektoren notwendig. Bei computergesteuerten, „scannenden“ Monochromatoren erfolgt die Untergrundkorrektur durch die Aufnahme ganzer Linienprofile, die dann über eine Fußpunktgerade ausgewertet werden.

Eine weitere Art der Untergrundkorrektur basiert auf der Interferenzfiltertechnik und kommt völlig ohne teuren Monochromator aus. Bei diesem Typ werden sehr schmalbandige Interferenzfilter mit Halbwertsbreiten um bestenfalls 0,2 nm zur Wellenlängenseparation verwendet, deren zentrale Wellenlänge bei einer Emissionslinie des zu bestimmenden Elementes liegt. Durch Verkippen um 4 – 6° gegen den optischen Strahl verschiebt sich das Transmissionsmaximum des Interferenzfilters um ca. 0,4 nm zu kürzeren Wellenlängen. Wechselt man mit einer Frequenz von z. B. 20 Hz zwischen der senkrechten und der verkippten Position, so lässt sich mithilfe der frequenz- und phasenselektiven Lock-In-Verstärkertechnik direkt ein untergrundkorrigiertes Signal erzeugen. Eine schematische Darstellung dieser als Plasmaemissionsdetektor (PED) bekannt gewordenen Anordnung zeigt Abb. 4.43. Er ist jedoch nur für relativ linienarme Spektren, zum Beispiel beim Einsatz des MIP als GC-Detektor sinnvoll.

***Detektion***

Als Detektoren werden in der Plasmaemissionsspektrometrie Photomultiplier, Photodioden sowie CCD-Kameras eingesetzt (s. Abschnitt 4.2).

Bei simultan arbeitenden Geräten sind die Anregungseinheit und das optische System fest installiert. Eine entsprechend große Anzahl an Austrittsspalten ist auf dem Rowlandkreis um das konkave Gitter eines Polychromators fest eingestellt. Das macht das System unflexibel, was sich vor allem darin widerspiegelt, dass nicht beliebig nahe aneinander liegende Linien getrennt werden können, weil dort kein Platz für zwei Austrittsspalte und 2 Photomultiplier vorhanden ist. Ein großer Vorteil der simultanen AES ist jedoch die Möglichkeit, das System vollautomatisch zu betreiben, was einen hohen Probendurchsatz mit Analysenzeiten von nur etwa 1–3 Minuten für eine Vollanalyse von ca. 30 Elementen bedeutet. Allerdings sollte bei Multi-Element-Analysen auch gelegentlich mit extra Spalten und Empfängern der Untergrund registriert und in Abzug gebracht werden. Bei sequentiellen arbeitenden Geräten, bei denen das dispergierende Element (Gitter) durch einen Schrittmotor bewegbar ist, ist dagegen eine flexible Auswahl der Analysenlinien möglich und der Untergrund wird mitregistriert, Zeit- und auch Probenbedarf sind jedoch etwas erhöht.

Je nach individuellem Aufbau können alle Plasmaanregungsquellen entweder axial (in Richtung der Plasmafackel) oder von der Seite her (radial) betrachtet werden. Bei der Betrachtung von der Seite muss für die verschiedenen Elementemissionen jeweils eine optimale Beobachtungszone mit dem besten Signal-Untergrund-Verhältnis gefunden werden. Bei Multielement-Analysen kommt man dabei an einem Kompromiss nicht vorbei. Zum Beispiel können die intensivsten Emissionslinien der neutralen Natriumatome nur in den kälteren Randzonen eines Plasmas beobachtet werden. Bei Multielement-Analysen ist daher oft ein Ausweichen auf Ionenlinien dieses Elements notwendig. Bei axialer Beobachtung entfallen diese Überlegungen, da das Plasma als ganzes betrachtet wird.

**Unsicherer Untergrund?**

Die Nutzung des ICP in der analytischen Chemie wurde während der vergangenen Jahrzehnte derart rasant weiterentwickelt, dass die heute erreichte Anwendungsbreite nahezu alle Arten von Proben zugänglich macht. Dabei sollte aber nie vergessen werden, dass ein Plasma ein sehr empfindliches Gleichgewicht aus zu einem mehr oder weniger großen Anteil ionisierter Gasteilchen sowie freier Elektronen darstellt, dessen spektrale Bedingungen sich während eines Analysenprozesses möglichst nicht ändern sollten. Der Eintrag von Materie stellt aber grundsätzlich eine Beeinflussung der Plasmaverhältnisse dar, welche die analytisch genutzten spektralen Emissionen mehr oder weniger stark beeinträchtigt. Aus diesem Grund muss neben der Untergrundkorrektur auch dem Prozess des Probeneintrages selbst höchste Aufmerksamkeit gewidmet werden. Für die drei Aggregatzustände wurden bisher die bereits in Abschnitt 4.2.2 skizzierten Probeneinführungssysteme entwickelt.

**Arbeitsbereiche und Anwendungsbeispiele**

Unter den verschiedenen Plasmatypen hat sich das induktiv gekoppelte Plasma (ICP) im Routinebetrieb durchgesetzt. Ein Nachteil des insgesamt apparativ sehr aufwendigen ICP ist lediglich der hohe Gasverbrauch (bei Dauerbetrieb täglich eine große Argonflasche) und die damit verbundenen hohen Betriebskosten. Der Betrieb erfolgt ausschließlich mit Argon als Plasmagas, womit die

**Tabelle 4.6** Nachweisgrenzen ($X_{NG}$) ausgewählter Elemente beim Einsatz atomemissions- und -fluoreszenzspektrometrischer Methoden.

| | ICP-OES $x_{NG}$ in µg/L (2 × σ lt. Hersteller) | ICP-MS $x_{NG}$ in µg/L | Flammen-photometrie $x_{NG}$ in µg/L | AFS $x_{NG}$ in µg/L |
|---|---|---|---|---|
| Al | 0,05 | 0,2 | 10 | 0,5 |
| As | 20 | 0,05 | 50000 | - |
| Ba | 0,5 | - | 1 | - |
| Bi | 20 | 0,005 | 40000 | - |
| Ca | 0,03 | - | 0,1 | - |
| Cd | 0,2 | 0,05 | 2000 | - |
| Co | 0,5 | - | 50 | - |
| Cr | 0,5 | 0,005 | 5 | - |
| Cs | - | - | 8 | - |
| Cu | 1 | 0,01 | 10 | 0,002 |
| Fe | 0,5 | - | 50 | 0,003 |
| K | 1,5 | - | 3 | - |
| Hg | 0,2 | 0,02 | - | - |
| Li | - | - | 0,03 | - |
| Mg | 0,01 | 0,5 | 5 | - |
| Mn | 0,07 | - | 5 | - |
| Mo | 0,07 | - | 100 | - |
| Na | 0,3 | - | 0,1 | - |
| Ni | 0,5 | 0,005 | 30 | - |
| Pb | 2 | 0,05 | 200 | 0,00003 |
| Se | 5,9 | 0,1 | - | - |
| Sn | 30 | - | 300 | 3 |
| Ti | 2 | - | 20 | 1 |
| Tl | 2 | 0,01 | 200 | 5 |
| V | 5 | - | 10 | 3 |
| Zn | 0,13 | 0,2 | 50000 | - |

zur Verfügung gestellten Anregungsenergien zur Anregung einiger weniger Elemente, z. B. der Halogene, nicht ausreicht. Zur plasmaemissionsspektrometrischen Bestimmung der Halogene muss Helium als Plasmagas verwendet werden, das ein wesentlich höheres erstes Ionisationspotential und entsprechend hohe metastabile Zustände besitzt. Das Gas nimmt daher wesentlich mehr Energie von außen auf. In diesem energiereichen Plasma lassen sich dann auch die elektronegativen Elemente anregen, wobei die Halogenatome sogar ionisiert werden. Typische Plasmatypen für den Heliumbetrieb sind das CMP und das MIP, also Mikrowellenplasmen. Eine Auflistung der Nachweisgrenzen einiger ausgewählter Elemente findet sich in Tabelle 4.6.

***Analyse gasförmiger Proben mit dem ICP***

Die Analyse gasförmiger Proben führt zu den günstigsten Messbedingungen, da kein störendes Lösungsmittel in das Plasma gelangt. Häufig gelingt durch gezielte Ver-

**Tabelle 4.7** Methoden zur Erzeugung gasförmiger Analytspezies.

| Element | Verbindung | Methode |
|---|---|---|
| Cl | $Cl_2$ | Oxidation mit $H_2SO_4$/NaClO bzw. $KMnO_4$ |
| Br | $Br_2$ | Oxidation mit $H_2SO_4$/NaClO bzw. $KMnO_4$ |
| I | $I_2$ | Oxidation mit $H_2SO_4$/NaClO bzw. $KMnO_4$ |
| B | $B(OCH_3)_3$ | starke Säure mit Methanol |
| S | $H_2S$ | Pyrolyse in $H_2$-Strom |
| Se | $SeH_2$ | Hydridgenerierung (Reduktion mit $NaBH_4$/NaOH) |
| As | $AsH_3$ | Hydridgenerierung (Reduktion mit $NaBH_4$/NaOH) |
| Sb | $SbH_3$ | Hydridgenerierung (Reduktion mit $NaBH_4$/NaOH) |
| Bi | $BiH_3$ | Hydridgenerierung (Reduktion mit $NaBH_4$/NaOH) |
| Sn | $SnH_4$ | Hydridgenerierung (Reduktion mit $NaBH_4$/NaOH) |
| Pb | $PbH_4$ | Hydridgenerierung (Reduktion mit $NaBH_4$/NaOH) |
| Hg | Hg | Kaltdampftechnik (Reduktion mit $SnCl_2$) |
| Cd | unbekannt | Generation mit $[CH_3(CH_2)_{11}]_2N(CH_3)_2Br$ |

dampfung eines Analyten aus einer Probenmatrix oder durch dessen Überführung in gasförmige Verbindungen gleichzeitig eine Abtrennung von Begleitsubstanzen, wodurch viele Interferenzen vermieden werden können. Durch das Fehlen der Begleitsubstanzen steht darüber hinaus mehr Anregungsenergie für die Analyten zur Verfügung. Dadurch werden die vermessenen Elementlinien intensiver und die Empfindlichkeiten erhöht. Klassisches Beispiel für dieses Messprinzip ist die Bestimmung von Quecksilber mittels Kaltdampftechnik, wie sie auch in der AAS verwendet wird (siehe Abschnitt 4.3.4). Weitere gängige Methoden zur Überführung von Analyten in gasförmige Spezies sind in Tabelle 4.7 zusammengefasst.

***Analyse flüssiger Proben mit dem ICP***

Die Analyse von Lösungen ist die häufigste Anwendung des ICP. Bei den Proben handelt es sich sowohl um direkt zu analysierende flüssige Proben (Wässer, Abwässer etc.) oder zunächst im Rahmen der Probenvorbereitung gelöste, Feststoffproben (Böden, Sedimente, Gläser, Zemente, Kohlen, Stähle, Carbide, Nitride, Aschen, Stäube, Farben, Lacke, biologische Materialien etc.).

Oft reicht das alleinige Aufschließen einer Probe nicht aus, um Spuren eines zu bestimmenden Analyten mit dem ICP zu bestimmen, weil z. B. spektrale Interferenzen durch Begleitsubstanzen auftreten (z. B. Eisen bei Anwesenheit von Molybdän, Wolfram oder Osmium). In solchen Fällen müssen zusätzliche Trennungsschritte in den Probenvorbereitungsprozess aufgenommen werden. Hier kommen Flüssig/Flüssig- sowie Festphasen-Extraktionsverfahren zum Einsatz.

Für die Analyse von Wässern, Abwässern, Schlämmen und Sedimenten existiert seit 1988 eine DIN-Vorschrift (DEV DIN 38406, Teil 22), worin die Verfahrensweise für die Bestimmung der Elemente Ag, Al, As, B, Ba, Be, Bi, Ca, Cd, Co, Cr, Cu, Fe, K, Mn, Mo, Na, Ni, P, Pb, S, Sb, Se, Si, Sn, Sr, Ti, V, W, Zn und Zr mittels ICP-OES-Analyse (OES – optische Emissionsspektrometrie) vereinheitlichend vorgegeben ist. Die Bestimmung von Hg ist aufgrund der für die geforderten Grenzwerte zu geringen Empfindlichkeit der ICP-OES nach diesem Verfahren nicht vorgegeben.

Die Möglichkeiten der Probenvorbereitung werden durch die Anreicherung in Fließsystemen (FIA, Auto-Analyser-Methode) in Fällen, in denen extreme Nachweisempfindlichkeiten gefordert sind, ergänzt. Die Analyten können dabei an speziellen Säulen (z. B. XAD-Harze, Ionen-Austauscher) oder mittels voltammetrischer stripping-Verfahren (s. Abschnitt 7.3.2) angereichert werden, bevor sie dem Plasma zugeführt werden. Mit derartigen Methoden werden Nachweisgrenzen von wenigen ng/L (ppt) erreicht. Diese Konzentration ist derart niedrig, dass die Blindwerte der eingesetzten Chemikalien zum Hauptproblem der Analyse werden können.

Nicht nur wässrige Proben lassen sich mit dem ICP analysieren, auch die Zerstäubung organischer Lösungen sowie besonders auch von Ölen ist möglich und erlaubt beispielsweise die Bestimmung von Additiven in Mineralölen. Bei derartigen Proben beeinflussen andere Parameter die Analysenqualität als bei wässrigen Proben. So muss dem Plasmagas beispielsweise Sauerstoff zugemischt werden, um eine vollständige Zersetzung der organischen Komponenten zu gewährleisten. Auch spielen Viskositäten, Dichten und Polaritäten eine entscheidende Rolle bei der Zerstäubungseffizienz. Über die individuelle Einflüsse verschiedener Lösungsmittel wurden systematische Untersuchungen durchgeführt, die als Basis für alle Bestimmungen von organischen Lösungen oder Lösungsmittelgemischen mit der ICP-OES herangezogen werden können.

***Analyse fester Proben mit dem ICP***

Die Probenvorbereitung von Feststoffproben stellt durch die Vielzahl notwendiger Aufschluss- und Reinigungsschritte eine sehr große Quelle für Analysenfehler dar, sodass durch den Verzicht darauf wesentliche Vorteile eröffnet werden können. Daher wird seit einiger Zeit intensiv an der Entwicklung von Direktverfahren zur atomemissionsspektometrischen Analyse von Feststoffen mit dem ICP geforscht. Neben den Schwierigkeiten bei der Aliquotierung fester Proben haben dabei alle Verfahren das Problem, dass eine Vorseparation oder Anreicherung der zu bestimmenden Analyten nicht möglich ist. Jede Analyse erfolgt aus der Gesamtmatrix, sodass potentielle Interferenzen nicht ausgeschaltet werden können.

Feststoffe dürfen das Plasma nur in verdampftem Zustand oder in Form von Partikeln erreichen, die eine Größe von 8 µm nicht überschreiten. Andernfalls reicht die Energie des Plasmas nicht aus, um die Partikel vollständig zu verdampfen, zu atomisieren und spektral anzuregen, was aber für reproduzierbare Ergebnisse vorausgesetzt werden muss. Verschiedene Verfahren zur Probeneinführung, die diesen Anforderungen genügen, sind in Kapitel 4.2.2 dargestellt worden.

Wegen der genannten Probleme, die sich durch den direkten Feststoffeintrag ergeben, werden die beschriebenen Methoden heute nur in solchen Fällen eingesetzt, in denen die Ersparnis der Löseprozedur einen erheblichen Vorteil darstellt. Ein Beispiel hierfür ist der Einsatz der Slurry-Technik für die Analyse keramischer Proben wie $Al_2O_3$, AlN, $Si_3N_4$, SiC, $ZrO_2$ und ähnliche. In den meisten Fällen derartiger ICP-Analysen wird zur Erzielung optimaler Richtigkeiten mit internem Standard gearbeitet. Die Kalibration mit rein wässrigen Lösungen gelingt nur, wenn die Partikel eine Größe von 2 µm nicht übersteigen. Die Slurry-Technik ermöglicht so die direkte Analyse von Gehalten kleiner 1 µg/g.

### 4.4.4 Systematische Fehler – Interferenzen in der AES und deren Vermeidung

Bei der AES handelt es sich wie bei allen spektrometrischen Messprinzipien um ein Relativverfahren, wobei der Gehalt des Analyten in der Probenlösung durch den Vergleich ihres Messsignals mit dem von Bezugslösungen bekannter Konzentrationen (externer Referenzstandard) bestimmt wird (Kalibrierung). Jede in Proben- und Bezugslösung unterschiedliche Beeinflussung des Messsignals führt daher zu systematischen Fehlern, die als Interferenzen bezeichnet werden. Man unterscheidet in der Spektrometrie, wie bereits betont, allgemein zwischen spektralen und nichtspektralen Interferenzen. Spektrale Interferenzen sind solche Störungen, die durch unspezifische Strahlung (von einem Störelement) oder unspezifische Strahlungsabsorption hervorgerufen werden. Nichtspektrale Interferenzen umfassen hier alle Störungen, die die Konzentration an emittierenden Atomen in der Beobachtungszone beeinflussen.

Im Folgenden soll eine kleine Auswahl häufig auftretender Interferenzen sowie deren Beseitigung oder Korrektur beispielhaft beschrieben werden. Es soll an dieser Stelle auch noch einmal betont werden, dass gerade wegen des Linienreichtums vieler Plasma-Emissionsspektren und der damit gegebenen Überlagerungmöglichkeiten die Beurteilung des letztendlich analytisch ausgewerteten Spektralbereichs durch einen Fachmann unerlässlich ist. Ein Computer kann ihn noch nicht ersetzen, wenn es um die Bewertung der Güte einer Spektrallinie geht.

**Spektrale Interferenzen**

Ursachen für spektrale Interferenzen in der Atomemissionspektrometrie sind zum einen in der veränderlichen Eigenemission der Anregungsquelle (kontinuierliche Untergrundstrahlung), zum anderen in der Emission von Begleitsubstanzen (Linienüberlagerungen durch Nicht-Analyte) zu finden, wenn diese unspezifische Strahlung unzureichend von der elementspezifischen Emission des Analyten getrennt wird. Eine weiteren Ursache stellen Streulichteinflüsse dar.

***Spektrale Interferenzen bei der Flammenphotometrie***

Spektrale Interferenzen durch die Emission von Begleitsubstanzen kommen zustande, wenn deren Wellenlängen nicht oder nur unzureichend durch das optische System von der elementspezifischen Strahlung des Analyten getrennt werden, weil z. B. die Spektren des zu bestimmenden Elementes und eines Störelementes eng benachbarte Emissionslinien aufweisen. Das Störelement verursacht bei einem einfachen Filtergerät eine Erhöhung der Strahlungsleistung, die der Detektor nicht von der Strahlung des Analyten unterscheiden kann. Die Größe dieses Fehlers hängt dabei hauptsächlich vom Auflösungsvermögen des eingesetzten optischen Systems und der Konzentrationsverhältnisse zwischen Analyt und Störelement ab.

Die Hauptemissionslinien für die häufigsten Analyten Li, Na und K liegen so weit auseinander, dass normalerweise ein einfaches Filtersystem zur Separierung der Strahlung genügt, um Interferenzen zwischen diesen Elementen zu eliminieren. Liegt allerdings eines dieser Elemente in einem großen Überschuss vor (> 1:1000), z. B. nach einem Lithiumhydroxid-Aufschluss von Glas zur Bestimmung des Na-Gehaltes, so kommt es zu einem systematischen Fehler. Noch stärkere Interferenzen ergeben sich durch die Elemente Ca und Sr. Beide weisen Emissionslinien in der Nähe derer von Na und Li auf, welche zu Fehlern in der Alkali-Analyse führen. Wenn Na in Gegenwart großer Mengen an Ca bestimmt werden muss, wie es z. B. im Zement der Fall ist, so besteht ein großer Anteil des Messsignals aus Emissionsstrahlung der Störatome. Entweder müssen in diesem Fall gut auflösende Monochromatoren eingesetzt werden, oder es muss eine Simulation der Matrix in den Bezugslösungen vorgenommen werden, was aber selten gelingt. Das Standardadditionsverfahren schafft in diesen

---

**Ist die Kalibration jetzt gültig oder nicht?**

Problematisch gestaltet sich bei Feststoffanalysen vor allem auch die Kalibration. Jeder externe Standard unterscheidet sich hinsichtlich der Probenmatrix mehr oder weniger von der Analysenprobe. Häufig werden zertifizierte Standardreferenzmaterialien mit möglichst übereinstimmender Matrix zu Kalibrationszwecken herangezogen, aber auch bei dieser sehr kostenintensiven Methode kann sich der analytische Chemiker bzgl. der Richtigkeit seiner Analyse letztlich nicht sicher sein. Als beste Lösung für die Kalibration bei der direkten ICP-Analyse von Feststoffen bleibt die Methode des internen Standards (vgl. Anhang).

---

Fällen keine Abhilfe. Natürlich stören Na und Li auch in umgekehrter Weise die Bestimmung von Ca, wenn diese im extremen Überschuss vorliegen.

***Spektrale Interferenzen bei der Plasmaemissionsspektrometrie***

*a. Elektrische Bögen und Funken*

In Bogen-Entladungen sind zumeist Moleküle oder Fragmente von Molekülen enthalten, welche Breitband-Lichtemissionen aussenden. Typisch dafür sind z. B. CN-Banden, welche auftreten, wenn Graphitelektroden in einer Luftumgebung abgefunkt werden. Dabei reagiert der Kohlenstoff mit dem Stickstoff der Luft. Andere Breitband-Emissionen stammen von OH-Banden, CC-Banden oder CH-Banden, wenn organische Probenbestandteile vorhanden sind. Derartige breitbandige Untergrundstrahlung tritt häufig auch direkt auf einer entscheidenden Elementlinie auf, weshalb eine Korrektur notwendig ist. Eine Möglichkeit hierfür besteht darin, die Untergrundstrahlung direkt neben der Analysenlinie zu messen und die Intensität der detektierten Untergrundstrahlung von der Intensität der Analysenlinie zu subtrahieren. Hier muss jedoch auf die Gefahr einer fehlerhaften Korrektur bei einem strukturierten Strahlungsuntergrund (z. B. Rotationsstruktur) hingewiesen werden. Wegen der vielfältigen Schwierigkeiten bei quantitativen Bestimmungen wird die Emissionspektroskopie mit Bögen und Funken heute fast nur noch zur qualitativen bzw. halbquantitativen Übersichtsanalyse (z. B. in der Stahlindustrie) eingesetzt.

*b. Plasmen*

Das Entladungsspektrum eines Plasmas weist einen besonders starken Strahlungsuntergrund auf. Neben der elementspezifischen Strahlung des Plasmagases (Ar oder He) entsteht der spektrale Untergrund hauptsächlich durch Elektronenbremsstrahlung und Rekombinationsstrahlung (Untergrundkontinuum). Diese sind beide abhängig von der Elektronenzahldichte im Plasma, welche wiederum von der Temperatur und der Gaszusammensetzung beeinflusst wird und von der Frequenz der Strahlung abhängig ist. Besonders der Eintrag von Wasserstoff durch Wasser oder andere Lösungsmittel führt zu einer Änderung der Elektronenzahldichte und somit auch zur Änderung der Untergrundstrahlung. Des weiteren finden sich im Spektrum die Emissionslinien von Fremdsubstanzen, die in das Plasma gelangen, hauptsächlich von Wasser und Stickstoff (begleitendes Spektrum). Aus ihnen entstehen im heißen Plasma unter anderem Teilchen wie $N_2^+$, OH, NH und NO, die eine große Anzahl an Rotations- und Schwingungsbanden erzeugen.

Das Emissionsspektrum wird durch den Eintrag einer Probe beeinflusst und die enthaltenen Elemente erzeugen zusätzliche charakteristische Spektrallinien. Da nahezu jedes Element angeregt wird, entstehen meist sehr linienreiche Spektren. Die Linien interferieren je nach Art und Intensität mit benachbarten Linien. Die Stärke der Interferenz zwischen zwei Linien wird dabei durch das Rayleigh-Kriterium festgelegt. Basierend darauf sind zwei Linien gleicher Intensität aufgelöst, wenn der Intensitätswert des Tals zwischen den beiden Linien höchstens 19% der maximalen Linienintensität beträgt. Wird diese Bedingung erfüllt, so kann die Analytlinie für eine Quantifizierung verwendet werden. Die Nutzbarkeit einer Emissionslinie für analytische Zwecke ist deshalb in erheblichem Maße auch von der Güte des optischen Systems abhängig. Für die Emissionsspektrometrie bedeutet das, je hochauflösender der verwendete Monochromator, desto mehr Spektrallinien lassen sich isolieren und für eine quantitative Analyse heranziehen.

Bei der Plasmaemissionspektrometrie sind neben den bisher erwähnten spektralen Interferenzen durch Strahlungsuntergrund oder Strahlung von Begleitelementen auch noch Streulichteinflüsse zu beachten. Als Streulicht wird unerwünschte Strahlung bezeichnet, die durch Fehler im Monochromatorsystem oder durch Streuung an Staubpartikeln und Gerätewandungen zum Detektor gelangt. Liegen starke Linien von Störelementen in der Nähe der Spektrallinie des Analyten, steigt die Gefahr von Streulichteinflüssen. Störungen können durch die Verwendung bestimmter Bauteile, wie z. B. Bandsperrfilter (engl. *narrow-band rejection filter*), die intensive Strahlung von begleitenden Elementen effektiv blocken können, erheblich verringert werden. Auch Doppelmonochromatoren und Echelle-Spektrometer zeigen in dieser Hinsicht hohe Effizienz.

Der große Vorteil der Plasmaemissionsspektrometrie liegt gerade in der Fähigkeit, nahezu alle Verbindungen bzw. Elemente, die ins Plasma gelangen, zur Emission ihrer charakteristischen Strahlung anzuregen. Dieser Vorteil ist aber auch das größte Hindernis für den wirkungsvollen Einsatz in der Spuren- und Ultraspurenanalytik, da er gleichzeitig eine Vielzahl von spektralen Interferenzen bedingt. Entscheidend für die Bestimmung eines Spurenelementes ist die Wahl einer Spektrallinie, die relativ frei von spektroskopischen Störungen ist. Es gibt keine Linie im Spektrum, die vollkommen frei von spektralen Interferenzen ist, dennoch finden sich je nach Matrix im Allgemeinen bei jedem Element Linien, die hinreichend frei von Interferenzen sind und damit eine quantitative Bestimmung erlauben. Heute ist man sogar dank der modernen Computertechnologie in der Lage, durch die simultane Erfassung mehrerer Linien pro Element die Matrixeinflüsse auf die verschiedenen Emissionslinien zu erkennen und rechnerisch zu kompensieren (Chemometrie).

**Nichtspektrale Interferenzen**
Diese Art möglicher Interferenzen, die im Folgenden kurz erörtert werden soll, ist für Flammen und Plasmen in wesentlichen Aspekten analog. Nichtspektrale Interferenzen lassen sich zufriedenstellend durch die Anwendung des Standardadditionsverfahrens beseitigen (siehe Anhang).

---

**Chemische Interferenzen – Vorsicht: Nicht zuviel Sulfat!**

Die Intensität von Emissionsstrahlung hängt von der Anzahl der freien angeregten Atome in der Anregungsquelle ab. Enthält eine Probe Substanzen, die mit dem zu bestimmenden Element stabile Verbindungen eingehen, so werden diese in der Anregungsquelle langsamer oder gar nicht atomisiert oder angeregt. Auch die Anwesenheit organischer Verbindungen führt zu Fehlern, weil sie den Chemismus in der Anregungsquelle (z. B. reduzierend oder oxidierend) und die Temperatur beeinflussen können. Diese Störungen sind bei Flammen eine nicht zu unterschätzende potentielle Fehlerquelle, bei Plasmen treten sie wegen der herrschenden hohen Temperaturen weniger in Erscheinung.

Ein Element kann in der Flammenphotometrie mit den Brenngasen der Flamme reagieren. So bildet z.B. Ca in der Flamme zu einem gewissen Anteil Calciumoxid, welches einer flammenphotometrischen Bestimmung unzugänglich ist. „Chemische Interferenzen" treten in der Flammenphotometrie vor allem mit $Al^{3+}$ und $PO_4^{3-}$ auf, aber auch mit $SO_4^{2-}$ bilden die Erdalkalimetalle Verbindungen, die selbst in einer heißen Flamme nur langsam verflüchtigt und zersetzt werden. Erhebliche Minusfehler sind die Folge.

Diese Arten der chemischen Interferenzen spielen bei Plasmaanregungsquellen eine eher untergeordnete Rolle.

---

**Transportinterferenzen – die Tröpfchengröße ist entscheidend!**

Eine wichtige Störung ganz allgemeiner Art entsteht, wenn sich die Menge der pro Zeiteinheit in die Anregungsquelle gelangten Lösung ändert. An der Prallfläche der Zerstäuberkammer werden die größeren Tropfen aus dem Aerosol abgetrennt, und in die Anregungsquelle gelangen nur die kleinen Tropfen, die nur geringe Bruchteile der Lösung ausmachen. Ändert sich nun die Viskosität der Lösung, so ändert sich auch die Tröpfchengröße, und es gelangt mehr oder weniger Lösung in die Flamme. Diese Interferenz wird „Transportinterferenz" genannt. Außer freien Säuren können auch verschiedene Salze in entsprechender Weise stören.

---

**Ionisationsinterferenz – Achtung: Elektronenschwund!**

Eine weitere Störquelle ist die Anwesenheit von leichter ionisierbaren Elementen. Alle Elemente unterliegen bei den Prozessen in der Flamme dem Massenwirkungsgesetz, wobei die Verteilung der einzelnen Komponenten nach Boltzmann beschrieben werden kann. So liegt z. B. Na in einer Anregungsquelle zu bestimmten Anteilen in atomarer, angeregter aber auch ionisierter Form vor (vgl. Abbildung 4.5). Ist nun ein leichter ionisierbares Element, z. B. Cs, in der Probe enthalten, so drücken die aus dessen Ionisierung hervorgehenden freien Elektronen auf das Ionisierungsgleichgewicht des Na und bewirken so eine Verschiebung zu mehr atomaren und damit zu mehr angeregten Teilchen. Hier ist deshalb eine Signalerhöhung zu beobachten. Dem kann durch Ionisationspuffer, also durch den gezielten Zusatz dieser Störsubstanz zu allen Messlösungen, entgegengewirkt werden.

## 4.5 Atomfluoreszenz-spektrometrie

Die Atomfluoreszenzspektrometrie (AFS) spielt im Vergleich zur Atomabsorptions- (AAS) und Atomemissionsspektrometrie (AES) marktmäßig nur eine untergeordnete Rolle. Sie bietet jedoch bei einigen speziellen Problemstellungen einige Vorteile. Die Eigenschaften der AFS lassen sich wie folgt zusammenfassen.

1. Hohe Empfindlichkeit und hohes Nachweisvermögen
2. Großer linearer Arbeitsbereich
3. Hohe spektrale Selektivität (geringe spektrale Interferenzen)
4. Geringe Kosten und Einfachheit des Systems

### 4.5.1 Theoretische Grundlagen

Der Prozess der Atomfluoreszenz unterteilt sich wie bei allen zuvor beschriebenen in drei Teilschritte:

- Bildung freier Atome des zu bestimmenden Elementes (Atomisierung)
- Strahlungsabsorption (Anregung)
- Strahlungsreemission (Messung der Fluoreszenzstrahlung)

Aus dieser Aufzählung wird ersichtlich, dass die ersten zwei Schritte den Prozessen der Atomabsorptionsspektrometrie und der dritte denen der Atomemissionsspektrometrie ähnelt.

**Strahlungsabsorption**
Die Absorption von elektromagnetischer Strahlung durch gasförmige Atome folgt, wie bei der AAS beschrieben (vgl. Abschnitt 4.3), dem Lambert-Beer'schen Gesetz. Die Übergänge entsprechen denen aus dem Grundzustand zu höher angeregten Zuständen. Daneben sind auch Übergänge zwischen höher angeregten Zuständen möglich, jedoch bewirkt die geringere Besetzungsdichte im Vergleich zum Grundzustand eine geringere analytische Empfindlichkeit. Es ist zu berücksichtigen, dass die Besetzungsdichte der angeregten Zustände mit der Intensität der eingekoppelten Strahlung einhergeht, sodass beispielsweise die Verwendung von Lasern als strahlungsintensive Anregungsquellen vorteilhaft sein kann.

**Fluoreszenz**
Die durch Strahlungsabsorption angeregten gasförmigen Atome emittierten bei ihrer Relaxation in den Grundzustand elementspezifische Strahlung (spontane Emission, Fluoreszenzstrahlung). Die beobachtete Fluoreszenzintensität ist dabei unter anderem abhängig von der Anzahl der Atome im Einstrahlungsbereich der Anregungsquelle und von allem von der eingestrahlten Lichtintensität. Hohe Atomkonzentrationen in der Atomisierungseinheit haben dabei Selbstabsorption zur Folge (vgl. Abschnitt 4.3), sodass gegebenenfalls die Probenlösungen verdünnt werden müssen. Die Entstehung der Fluoreszenzstrahlung kann grundsätzlich auf vier unterschiedliche Arten der Fluoreszenz zurückgeführt werden, deren Einteilung dem Vorschlag von Winefordner folgt.

**Direkte Fluoreszenz**
Die direkte Fluoreszenz beschreibt das Auftreten von Fluoreszenzstrahlung bei derselben Wellenlänge, die zuvor absorbiert wurde. Hierbei sind die Beträge der Energieaufnahme und -abgabe gleich und damit entspricht der Endzustand des absorbierenden und fluoreszierenden Atoms dem Ausgangszustand. Abb. 4.44 a verdeutlicht schematisch diese Vorgänge.

***Resonanzfluoreszenz***
Die Resonanzfluoreszenz stellt den Spezialfall der direkten Fluoreszenz dar, bei dem der Ausgangszustand der absorbierenden Atome deren Grundzustand ist (s. Abbildung 4.44a). Aufgrund der hohen Populationsdichte des Grundzustandes ergibt Resonanzfluoreszenz ein besonders intensives Fluoreszenzsignals, was eine hohe analytische Empfindlichkeit zur Folge hat.

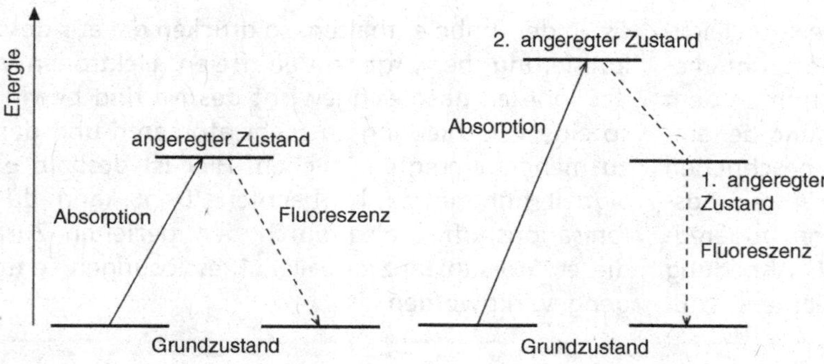


**4.44** Wichtige Fluoreszenzvorgänge.

***Schrittweise Fluoreszenz***
Bei der schrittweisen Fluoreszenz folgt der energetischen Anregung auf ein höheres Niveau zunächst eine strahlungsfreie Energieabgabe, um anschließend unter Fluoreszenz auf den Grundzustand zurückzufallen (s. Abbildung 4.44 b). Obwohl bei dieser Fluoreszenz dieselbe Wellenlänge wie bei der Resonanzfluoreszenz ausgesendet wird, ist sie intensitätsschwächer, da die Besetzungsdichte der emittierenden Atome geringer ist.

***Thermisch unterstützte Fluoreszenz***
Die thermisch unterstützte Fluoreszenz besteht wieder aus mehreren Teilschritten. Das bereits angeregte Atom wird hierbei zunächst durch Stoßprozesse in höher liegende Energieniveaus überführt. Die Energieabgabe erfolgt danach über mehrere Schritte, die zwar fluoreszenzbegleitet sein können, aber für die Analytische Chemie wegen ihrer geringen Intensität keine Bedeutung haben.

## 4.5.2 Spezielle apparative Anforderungen

Um nicht die Anregungsstrahlung des Linien- oder Kontinuumstrahlers mit zu erfassen, wie es bei einer geradlinigen Aufstellung der Fall wäre, beträgt der Winkel zwischen der gerichteten Strahlungsanregung und der Beobachtungsrichtung einen von 180° verschiedenen Winkel. Häufig wird der Detektor in einem Winkel von 90° zur Strahlungsquelle oder unterhalb dieser angebracht.

Die apparative Umsetzung der Anforderungen an die AFS führt zu einer Kombination von Bauteilen der AAS mit denen der AES. Der schematische Aufbau eines Atomfluoreszenzspektrometers ist in Abb. 4.45 wiedergegeben.

**Strahlungsquellen und Strahlungsseparation**
Prinzipiell können zur Anregung der Atomfluoreszenz sowohl Linienstrahler als auch Kontinuumstrahler verwendet werden. Kontinuumstrahler ermöglichen potentiell die simultane Anregung sämtlicher Elemente des Periodensystems. Größeren Anklang haben jedoch wegen ihrer höheren Strahlungsintensität auf den absorbierbaren Wellenlängen die Linienstrahler gefunden, deren Aufbau und Funktionsweise schon in Abschnitt 4.3 beschrieben wurden. Es kommen darüber hinaus noch Quecksilberdampflampen und Laser zum Einsatz.

Ein Problem bei der Separation der direkten Fluoreszenzstrahlung der Analytatome von der Anregungswellenlänge besteht darin, dass die zur Anregung benutzten Strahlungsquellen mit hoher Intensität genau die zu detektierenden Wellenlängen emittieren. Interferenzen durch Streustrahlung können daher erhebliche Ausmaße annehmen. Zusätzlich emittieren Strahlungsquellen sowie Atomisierungseinheiten Untergrundstrahlung. Es ist notwendig, solche unspezifische Strahlung von elementspezifischer Fluoreszenzstrahlung zu separieren. Anstelle des Einsatzes von Monochromatoren wird diese Strahlungsseparation bei der AFS üblicherweise durch Modulation der Anregungsstrahlung realisiert (Puls-Betrieb). Hierdurch entsteht zeitlich verschoben ein ebenfalls moduliertes (pulsierendes) Fluoreszenzsignal. In den Pulspausen wird nur die Untergrundstrahlung detektiert, sodass sie folglich elektronisch (frequenz- und phasenselektiv) herausgefiltert werden kann. Die Modulation der Anregungsstrahlung kann auf mechanischem Wege durch den Einsatz von Chopper oder durch elektronische Modulationen des Lampenbetriebsstromes umgesetzt werden. Interferenzfilter genügen dann, um die relativ linienarmen Fluoreszenzspektren analysieren zu können. Diese Verfahrensweise nennt man nicht-dispersive Atomfluoreszenz. Zur Detektion der Fluoreszenzstrahlung werden dann wie üblich Photomultiplier, Photodioden und CCD-Kameras eingesetzt.

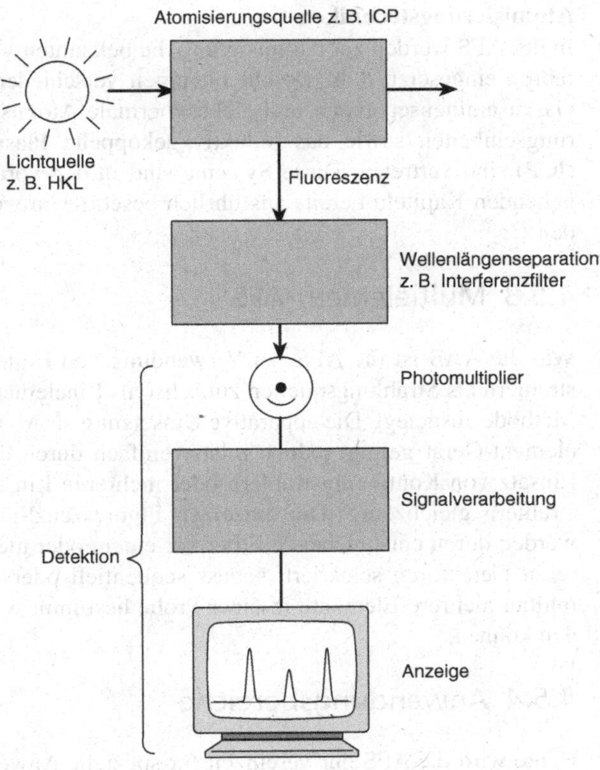


**4.45** Schematischer Aufbau eines AFS-Gerätes.

**Atomisierungstechniken**

In der AFS werden zur Atomisierung die bekannten Verfahren eingesetzt, d. h. sowohl Flammen verschiedener Gaszusammensetzungen und elektrothermale Atomisierungseinheiten sowie das induktiv gekoppelte Plasma (ICP) sind vertreten. Diese Systeme sind in den vorangehenden Kapiteln bereits ausführlich beschrieben worden.

### 4.5.3 Multielement-AFS

Wie die AAS ist die AFS bei Verwendung von Linienstrahlern als Strahlungsquellen zunächst als Einelement-Methode ausgelegt. Die apparative Umsetzung als Mehrelement-Gerät gelingt jedoch relativ einfach durch den Einsatz von Kontinuumstrahlern oder mehreren Linienstrahlern gleichzeitig. Die einzelnen Fluoreszenzlinien werden durch entsprechende Filter vor einem oder mehreren Detektoren selektiert, sodass sequentiell oder simultan mehrere Elemente in einer Probe bestimmt werden können.

### 4.5.4 Anwendungsbereiche

Heute wird die AFS nur vereinzelt für spezielle Anwendungen, vor allem für Metallbestimmungen, eingesetzt. Sie bietet sich dabei als besonders selektive Alternativmethode in der Elementanalytik an. Für einige Elemente (z. B. Ca, Cd, Hg) besitzt sie ein hervorragendes Nachweisvermögen. Besonderer Vorteil ist die Möglichkeit zur Bestimmung refraktärer Elemente im Spurenbereich bei Verwendung von Plasmen als Atomisierungseinheiten. Als weitere Vorteile der AFS z. B. gegenüber der AAS sind dabei zu nennen, dass es bei Spurenanalysen messtechnisch um das Erfassen eines sehr kleinen Strahlungssignals geht, während bei der AAS eine sehr kleine Differenz zwischen zwei großen Intensitäten gemessen wird. Da bei der AFS die Strahlung der Strahlungsquelle nicht direkt auf den Detektor fällt, sondern senkrecht dazu angeordnet ist, ergeben sich Arbeitsbereiche, die über mehrere Dekaden linear sind. Der bei der AAS limitierende Faktor der Linearität durch den Einfluss nicht absorbierbarer Strahlung aus der Strahlungsquelle fällt weg. Ebenso entfällt der Einfluss der Emissionslinienbreite der Strahlungsquelle, welche die Empfindlichkeit mitbestimmt.

Die AFS erreicht im Vergleich zur AAS und AES erheblich bessere Nachweisgrenzen und ist dabei durchaus genauso selektiv wie die AAS. Doch scheint es, dass extreme Matrizes bei der AFS im Gegensatz zur AAS und AES Schwierigkeiten bereiten. Wahrscheinlich wird die AFS als Alternative für die AAS oder AES keine große Bedeutung erlangen, obwohl das System sogar multielementfähig ist. Letztendlich wird es nur für spezielle Probleme ein ergänzendes Verfahren darstellen.

In Tabelle 4.6 (Abschnitt 4.4.3) sind zum Vergleich der atomemissions- und atomfluoreszenzspektrometrischen Verfahren die Nachweisgrenzen für einige Elemente gegenübergestellt.

## 4.6 Kopplungstechniken

Die in den vorangegangenen Kapiteln vorgestellten Spektroskopiearten dienen nicht nur zur Bestimmung von Gesamtelementgehalten. Durch Kopplung dieser Methoden mit chromatographischen Trennsystemen können darüber hinaus Verfahren entwickelt werden, die zwischen verschiedenen Verbindungen bzw. verschiedenen Bindungsformen oder Oxydationsstufen eines Elementes (Speziation) unterscheiden können. Man spricht von Kopplungstechniken (engl. *hyphenated, tandem, hybrid* oder *coupled techniques*). Hier eröffnet sich ein weiteres, mit zunehmendem Maße wichtiges Feld der instrumentellen Analytik. Die Speziation von Metallen und die elementselektive Bestimmung von Nichtmetallverbindungen, z. B. von Pestiziden oder Dioxinen, gewinnen an Bedeutung. Der Schwerpunkt dieses Kapitels bezüglich der Anwendungen verschiedener Kopplungstechniken soll stellvertretend in der Metallspeziation liegen, da eine Vielzahl der prinzipiellen Kopplungsmöglichkeiten hier hinreichend beschrieben werden kann.

Das analytische Interesse an der Bestimmung unterschiedlicher Metallspezies wuchs mit der zunehmenden großindustriellen Produktion ausgewählter Verbindungen wie z. B. Tetraalkylbleiverbindungen als Antiklopfmittel in Kraftstoffen, Tributylzinnverbindungen als Anti-Foulingmittel im Schiffbau und verschiedenen Desinfektionsmitteln und deren Auswirkungen auf einzelne Umweltkompartimente. Dieser Sachverhalt deutet dabei auch das verknüpfende Interesse verschiedener Wissenschaften wie der Umweltchemie, der Toxikologie, der Medizin etc. an, sodass die detailierte Analytik von Schwermetallverbindungen hinsichtlich biogeochemischer Zyklen, Akkumulationen, Remobilisierung sowie biochemischer Umwandlungsprozesse der Metalle erklärende Ergebnisse liefern kann. Daneben beeinflussen metallorganische Verbindungen Eigenschaften wie Detoxifikationen, Wirkungsmechanismen von Arzneimitteln, Verhalten von Schmierölen und vieles mehr.

Die Metallspeziation umfasst grundsätzlich neben der Quantifizierung eines Metalles auch die Bestimmung dessen Bindungs- und/oder Oxidationszustandes. Die Speziation wird unterteilt in die Analytik der Redoxsysteme (z. B. Fe(II)/Fe(III), Cr(III)/Cr(VI), As(III)/

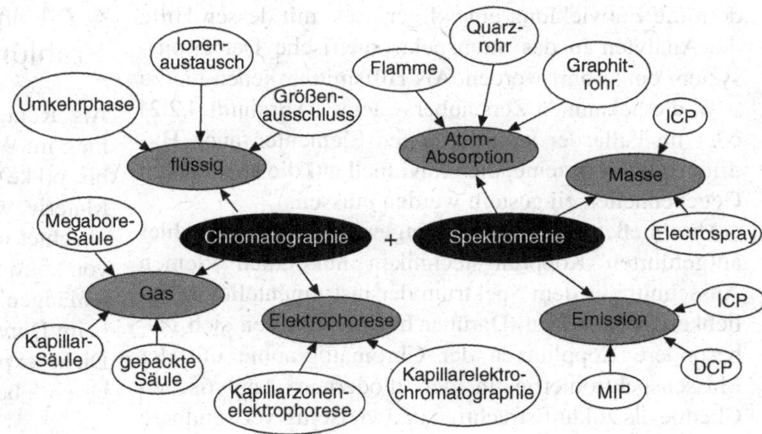


**4.46** Beispiele möglicher Kopplungstechniken.

As(V)), der niedermolekularen Organometallverbindungen (z. B. methylierte Hg-, Pb-, As-, ethylierte Pb- und butylierte Sn-Verbindungen) und der hochmolekularen Metallverbindungen (z. B. Metalloporphyrine und -proteine). Tabelle 4.8 zeigt einen Überblick über die verschiedenen Metallspezies. Zusätzlich kann die Bestimmung verschiedener Komplexverbindungen zu der Speziation hinzugerechnet werden (z. B. Al-Hydroxokomplexe und Pt-Komplexe wie cis-Platin).

**Tabelle 4.8** Einteilung der Metallspezies.

| Redoxsysteme | Alkyl-/Arylmetall-spezies | hochmolekulare Metallspezies |
|---|---|---|
| Fe(II)/Fe(III) | Methyl-Hg, -Pb, -Sn, -As, -Sb, -Se, -Ge | Metalloporphyrine |
| Cr(III)/Cr(VI) | Ethyl-Pb, -Hg | Metalloproteine |
| Se(IV)/Se(VI) | Butyl-Sn | Metalloenzyme |
| As(III)/As(V) | Cyclohexyl-Sn | |
| Sb(III)/Sb(V) | Oktyl-Sn<br>Phenyl-Sn, -Hg | |

Aus der Vielfalt der zur Verfügung stehenden Trenn- und Detektionsmethoden resultieren breitgefächerte Kopplungsmöglichkeiten. Einige wichtige Beispiele sind in Abbildung 4.46 dargestellt.

Prinzipiell bestimmen die physikalisch-chemischen Eigenschaften der zu untersuchenden Verbindungen die Wahl der Kopplungstechnik. Als Beispiel sei die Flüchtigkeit einer Verbindung genannt. Spezies wie Cr(III/VI) oder hochmolekulare Metalloproteine lassen sich unter normalen Umständen nicht verflüchtigen, sodass zur Trennung dieser Verbindungen nur flüssigchromatographische oder elektrophoretische Methoden herangezogen werden können. Liegen hingegen flüchtige (z. B. Tetraalkylbleiverbindungen) oder verflüchtigbare (z. B. durch Derivatisierung von $MeHg^+$ mit $NaBEt_4$ zum MeHgEt) Spezies vor, kann auf gaschromatographische Techniken zurückgegriffen werden. Bei der Auswahl einer Kopplungsmethode ist somit zu beachten, welche Anforderungen sich hierzu aus der analytischen Fragestellung ergeben. Jedoch ist der Markt für kommerziell erhältliche Geräte sehr beschränkt. Beispielsweise bietet die Kopplung der Gaschromatographie mit dem System MIP-AES, welche von der Fa. Hewlett-Packard angeboten wird, die Möglichkeit metallorganische Verbindungen (Alkyl-Pb, -Sn und -Hg) nachweisstark (Nachweisgrenzen von 0,1 – 1 pg absolut) und mit einer hohen Selektivität zu bestimmen. Derzeitige Entwicklungen zielen auf die Konstruktion eines Speziesanalysensystems (*Automated Speciation Analyzer* ASA), das für die Bestimmung flüchtiger bzw. verflüchtigbarer Metallverbindungen vorgesehen ist und bei den Autoren derzeit bearbeitet wird. Auch hier kommt die Kopplung eines Gaschromatographiesystems mit einem Plasmaemissionsdetektor zum Einsatz. Als Anwendungsbeispiel sei die Speziation von Quecksilber in einer Hummerprobe angeführt (Abbildung 4.47).

Unter Anwendung des Automated Speciation Analyser sind jedoch anders geartete Applikationen wie z. B. die Speziation der Metaboliten bzw. Adduktprodukten von cis-Platin und carbo-Platin nicht durchführbar, da diese Verbindungsklasse gaschromatographisch nicht trennbar ist. Zur Problemlösung müssen in solchen Fällen flüssigchromatographische Trennmethoden herangezogen werden, die z. B. in Verbindung mit der ICP-MS gute Ergebnisse liefern können.

Zusätzlich zu der Abhängigkeit von der analytischen Fragestellung stellen Probleme bei der technischen Realisierung derartiger Kopplungstechniken ein gewisses Auswahlkriterium dar. Sowohl gas- als auch insbesondere flüssig-chromatographische Trennsysteme erfordern die Entwicklung eines Interfaces, mit dessen Hilfe die Analyten in das atomspektrometrische Detektionssystem eingeführt werden. Als Hilfsmittel dienen hierzu z. B. die bekannten Zerstäubersysteme (Abschnitt 4.2.2) oder im Falle der hydridbildenen Elementen auch Hydridgeneratorsysteme, die individuell auf die apparativen Gegebenheiten eingestellt werden müssen.

Abschließend sei darauf hingewiesen, dass die hier aufgeführten Kopplungstechniken nur einen kleinen Ausschnitt aus dem Spektrum der instrumentellen Möglichkeiten darstellen. Darüber hinaus erweisen sich insbesondere Kopplungen der Chromatographie mit der Massenspektrometrie in der modernen Analytischen Chemie als zukunftsträchtige und vielseitig verwendbare Techniken (s. auch Abschnitt 5.6 und 6.2).

# 4.7 Röntgenfluoreszenzanalyse

Die Röntgenfluoreszenzanalyse (RFA) basiert auf der Anregung von Atomen durch energiereiche, primäre Röntgenstrahlung. Die angeregten Atome emittieren ihrerseits eine Fluoreszenzstrahlung im Röntgenbereich, deren Wellenlänge für jedes Element charakteristisch ist. Mit Ausnahme von Wasserstoff und Helium sind alle Elemente des Periodensystems nachweisbar. Die Methode arbeitet verbrauchsfrei, erfordert geringe Probenmengen und kann zur simultanen Multielementanalyse eingesetzt werden. Allerdings sind quantitative Bestimmungen mit der traditionellen RFA häufig starken Störungen durch Begleitsubstanzen unterworfen.

## 4.7.1 Wechselwirkung von Röntgenstrahlung mit Materie

Als Röntgenstrahlung wird elektromagnetische Strahlung im Wellenlängenbereich von 0,02 nm bis 2 nm (0,6 bis 60 keV) bezeichnet. Röntgenstrahlen durchdringen Materie, werden aber dabei geschwächt. Gleichzeitig beobachtet man Wärmeentwicklung sowie die Abstrahlung von kontinuierlichem Streulicht und Licht diskreter Wellenlängen. Die Abschwächung der Röntgenstrahlung beim Durchgang durch Materie erfolgt mit zunehmender Dicke exponentiell und wird durch folgende Gleichung beschrieben:

$$I = I_0 \cdot e^{-\mu d} \tag{4.33}$$

mit $I$: die Strahlungsintensität nach dem Durchgang durch Materie,
$I_0$: Strahlungsintensität vor dem Durchgang durch Materie,
$d$: Schichtdicke des Absorbers,
$\mu$: Schwächungskoeffizient.

Der Schwächungskoeffizient $\mu$ wird i. a. auf die Masseneinheit bezogen und als Massenschwächungskoeffizient $\mu_m$ bezeichnet. Seine Größe hängt ab von der Art des Elementes, aus dem das Absorbermaterial besteht, bzw. dessen Elementzusammensetzung, und von der eingestrahlten Wellenlänge.

Die Schwächung des eingestrahlten Röntgenlichtes sowie die Effekte der Wärmeentwicklung, Streuung und Aussendung diskreter Wellenlängen sind auf Wechselwirkungen der Röntgenstrahlung mit Elektronen der Atomhülle zurückzuführen. Hierbei unterscheidet man drei Mechanismen. Zum einem wird die Strahlung durch

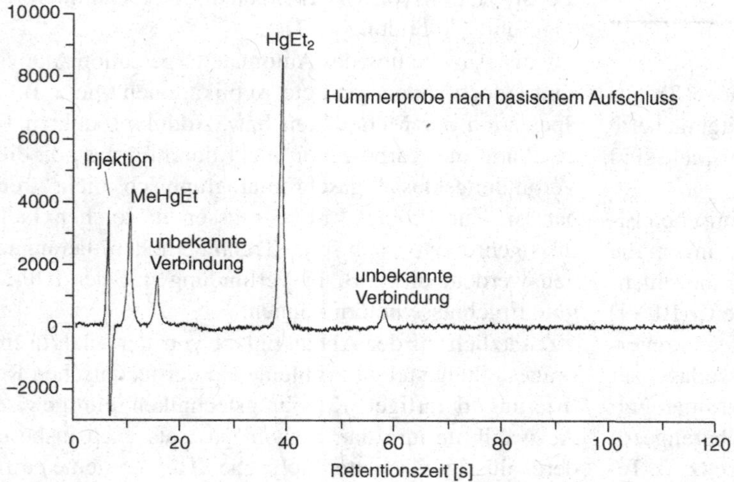


**4.47** Chromatogramm von Quecksilber-Spezies in Hummerfleisch nach basischem Aufschluss: $HgEt_2$ entsteht durch die Derivatisierung (Ethylierung) von im Hummer anorganisch gebundenem Quecksilber). Die Detektion ist hier quecksilber-selktiv (Hg-Kanal).

Materie absorbiert. Dabei werden durch die hohe Strahlungsenergie Elektronen aus der Atomhülle herausschlagen. Dieser Effekt wird als photoelektrische Absorption bezeichnet (Photoeffekt). Zum anderen erleidet Röntgenstrahlung beim Durchgang durch Materie Intensitätsverluste durch Streuung. Man unterscheidet die inkohärente Compton-Streuung und die kohärente Rayleigh-Streuung.

Zur Veranschaulichung der photoelektrischen Absorption dient das Bohr'sche Atommodell. Wird einem Atom energiereiche Röntgenstrahlung zugeführt, so können äußere und auch innere Elektronen herausgeschlagen werden, sofern die zugeführte Energie größer als die Bindungsenergie $E_B$ des betreffenden Elektrons ist. Der Restenergiebetrag wird in Form von kinetischer Energie $E_{kin}$ auf das ausgeschlagene Elektron übertragen:

$$h\nu = E_B + E_{kin} \tag{4.34}$$

Atome mit Elektronenlücken in inneren Schalen befinden sich in einem angeregten Zustand. Es treten Folgeprozesse auf, die auch bereits in Abschnitt 4.2 beschrieben werden. Die ausgeschlagenen Elektronen mit hoher kinetischer Energie bewirken ebenfalls Folgeeffekte wie z. B. die Anregung von Gitterschwingungen, die sich makroskopisch durch Wärmeentwicklung bemerkbar machen. Andere Folgeeffekte wie z. B. die Erzeugung von weiteren Elektronen-Loch-Paaren werden zur Detektion von Röntgenstrahlung genutzt.

Der Compton-Effekt beschreibt die Wechselwirkung von elektromagnetischer Strahlung mit einem Elektron, bei der die Strahlung einen Teil ihrer Energie auf das Elektron überträgt. Der Vorgang kann mit einem inelastischen Stoß verglichen werden, bei dem ein Teil der Energie eines bewegten Teilchens (Photon) auf ein lose gebundenes Teilchen (Elektron) übertragen und in Wärmeenergie umgewandelt wird. Infolge dieses Vorganges wird daher bei der inkohärenten Compton-Streuung die Richtung und die Energie und damit die Wellenlänge der gestreuten Strahlung verändert.

Kommt es bei einer Wechselwirkung von elektromagnetischer Strahlung mit Elektronen nur zu einer Richtungsänderung ohne Energieübertragung, so kann dieser Vorgang mit einem elastischen Stoß verglichen werden. Man spricht dann von kohärenter Rayleigh-Streuung. Durch Rayleigh-Streuung erzeugt monochromatische Röntgenstrahlung bei Stoffen kristalliner Struktur ein Beugungsmuster, mit dem Kristallstruktur und -zusammensetzung bestimmt werden können.

Der Schwächungskoeffizient $\mu$ setzt sich also insgesamt aus einem Koeffizienten für die photoelektrische Absorption $\mu_{ph}$, einem für kohärente Rayleigh-Streuung $\mu_{ra}$ und einem für inkohärente Compton-Streuung $\mu_{com}$ zusammen:

$$\mu = \mu_{ph} + \mu_{ra} + \mu_{com} \tag{4.35}$$

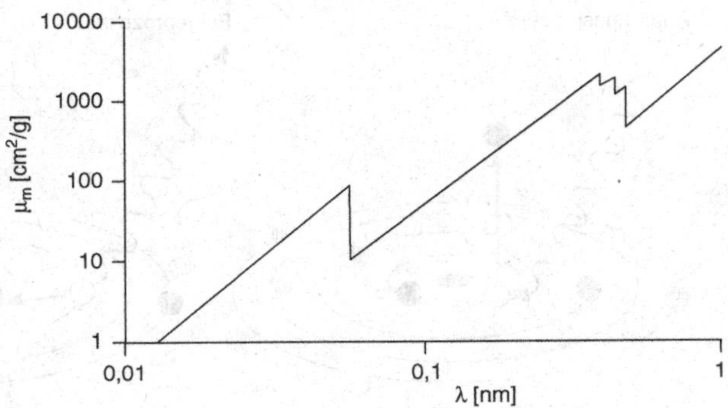


**4.48** Abhängigkeit des Massenabsorptionskoeffizienten von Mo von der Wellenlänge.

In Abb. 4.48 ist die Abhängigkeit des Schwächungskoeffizienten von der Energie der elektromagnetischen Strahlung am Beispiel von Molybden dargestellt. Danach nimmt der Schwächungskoeffizient mit zunehmender Strahlungsenergie ab. Die Auftragung zeigt außerdem an bestimmten Stellen Sprünge, die man Absorptionskanten nennt. Diese Sprünge sind auf den photoelektrischen Effekt zurückzuführen und stellen jeweils die Energie dar, die notwendig ist, um ein bestimmtes Elektron aus einer Schale herauszulösen. Sie werden entsprechend den Schalen des Bohr'schen Atommodells als K, L- und M-Kanten bezeichnet.

### 4.7.2 Röntgenfluoreszenz

Wird durch die Energie primärer Röntgenstrahlen ein inneres Elektron aus einem Atom herausgeschlagen (photoelektrischer Effekt), so befindet sich das entstehende Ion in einem angeregten Zustand. Nach etwa $10^{-8}$ Sekunden geht dieses unter Energieabstrahlung wieder in den Grundzustand über. Es gibt dabei zwei verschiedene Mechanismen. Sie sind in Abb.4.49 dargestellt.

*a. Röntgenfluoreszenz*

Beim Übergang in den Grundzustand fällt ein Elektron aus einer höheren Schale in die durch die photoelektrische Absorption entstandene Lücke. Die Energiedifferenz $\Delta E$ kann vollständig als Röntgenstrahlung mit der Frequenz $\nu$ abgegeben werden:

$$\Delta E = h\nu \tag{4.7}$$

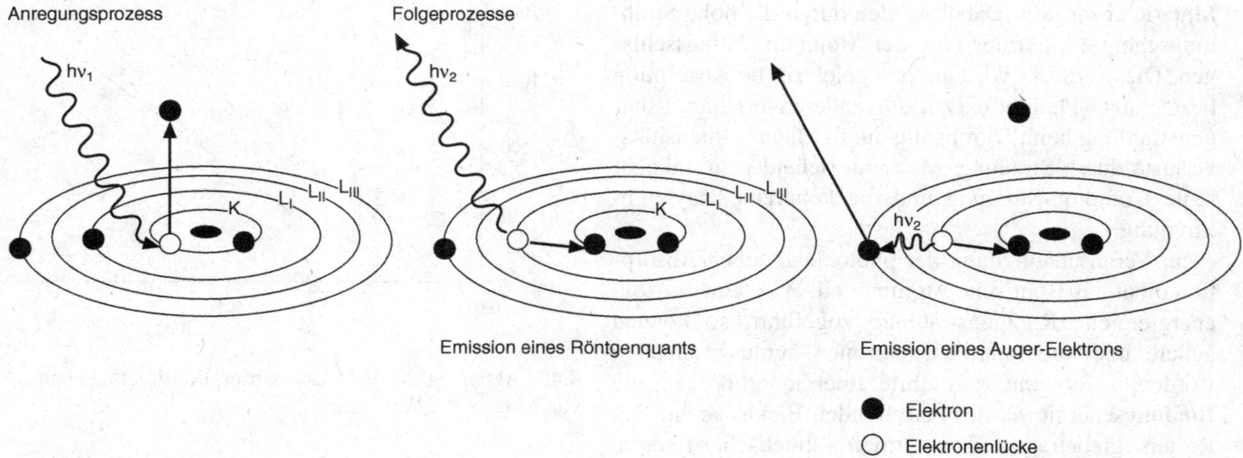


**4.49** Röntgenfluoreszenz und Auger-Effekt.

Man spricht von Röntgenfluoreszenz. Die Energie der emittierten Fluoreszenzstrahlung ist charakteristisch für das emittierende Element, sowie auch für den betrachteten Energieübergang innerhalb der Elektronenhülle. Der Zusammenhang zwischen der Frequenz ν der emittierten Strahlung und der Ordungszahl des Elementes sowie den Hauptquantenzahlen der beteiligten Schalen wird durch das Gesetz von Moseley beschrieben:

$$h \cdot \nu = R \cdot h \cdot c \cdot (Z - \sigma)^2 \cdot \left(\frac{1}{n_1} - \frac{1}{n_2}\right) \quad (4.36)$$

mit $R$ : Rydberg-Konstante

$h$ : Planck'sches Wirkungsquantum
$c$ : Lichtgeschwindigkeit
$Z$ : Ordnungszahl
$\sigma$ : Abschirmkonstante
$n$ : Hauptquantenzahl mit $n_2 > n_1$

Die Linien des emittierten Spektrums ordnet man in K-, L- und M-Serien, je nach dem, zu welcher Schale hin der Elektronenübergang erfolgt. Die verschiedenen Linien innerhalb einer Serie haben unterschiedliche Intensitäten, die auf die quantenmechanischen Übergangswahrscheinlichkeiten zurückzuführen sind. Abb. 4.50 a zeigt ein Schema quantenmechanisch erlaubten Termübergänge der K- und L-Serien von Zinn und Abb. 4.50 b die

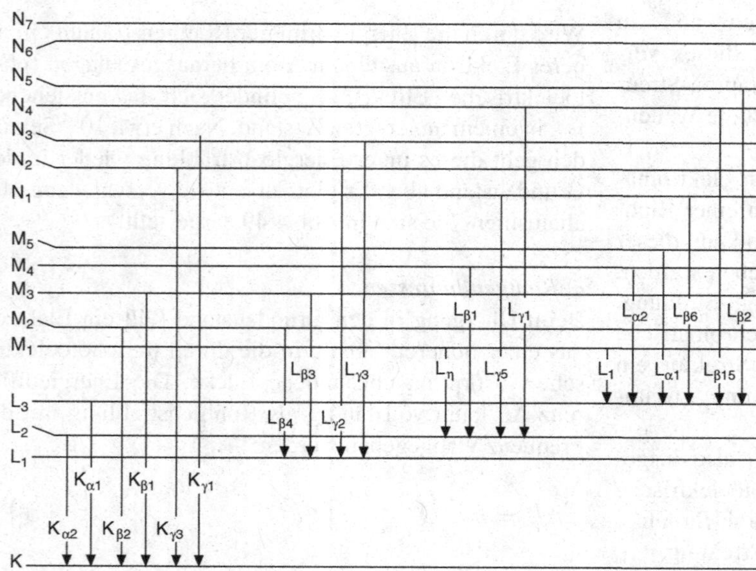


**4.50 a** Termschema der erlaubten Übergänge für die Röntgenfluoreszenz von Zinn.

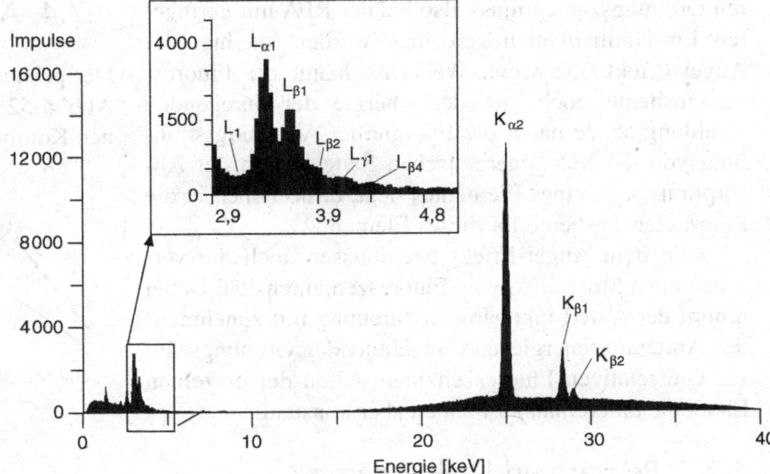


**4.50 b** L- und K-Serien aus dem Röntgenfluoreszenzspektrum von Zinn.

entsprechenden K- und L-Linien aus dem Röntgenfluoreszenzspektrum.

Die α-Linien haben jeweils die stärkste Intensität, da Übergänge zwischen benachbarten Schalen am häufigsten auftreten. Die Energien bzw. Wellenlängen der einzelnen Linien identifizieren das Element. Im Allgemeinen reicht schon die $K_\alpha$-Linie aus, um ein Element zu bestimmen. In selteneren Fällen müssen weitere Linien herangezogen werden. Da es sich um Elektronenübergänge in den inneren Schalen handelt, ist die Energie der abgegebenen Röntgenstrahlung unabhängig vom Bindungszustand der Elemente (vgl. dagegen UV/vis-Spektrometrie mit äußeren Elektronen).

*b. Auger-Effekt*
Die beim Übergang in den Grundzustand frei werdende Energiedifferenz kann auch auf ein anderes Elektron einer höheren Schale übertragen werden, das infolge dieser Energieaufnahme wiederum aus der Atomhülle ausgelöst wird. Das Atom ist dann zweifach ionisiert. Diesen Prozess nennt man Auger-Effekt (Aussprache: franz.). Die kinetische Energie $E_{kin}$ des so genannten Auger-Elektrons wird wieder durch seine Bindungsenergie $E_B$ und die Energiedifferenz ΔE des vorangegangenen Überganges bestimmt:

$$E_{\text{kin}} = \Delta E - E_B \tag{4.34}$$

Die kinetische Energie des Auger-Elektrons ist wie die Wellenlängen der Fluoreszenzstrahlung charakteristisch für den betreffenden Übergang und die Ordnungszahl des Elementes.

Beide Mechanismen, die Abstrahlung von Fluoreszenzstrahlung und die Aussendung von Auger-Elektronen, laufen immer nebeneinander ab. Der Auger-Effekt ist also als Konkurrenzvorgang zur Fluoreszenzemission der elementcharakteristischen Röntgenstrahlung aufzufassen. Man hat deshalb mit der Fluoreszenzausbeute $W$ eine Größe definiert, die das Verhältnis der Anzahl emittierter Röntgenquanten (Photonen) $n_{\text{Ph}}$ einer Serie zu den in der gleichen Zeiteinheit geschaffenen Leerstellen $n$ in der entsprechenden Schale beschreibt:

$$W = n_{\text{Ph}}/n \tag{4.37}$$

Die einzelnen Elektronenschalen eines Atomes haben unterschiedliche Fluoreszenzausbeuten. Der Zusammenhang für die K-und L-Schale ist in Abb. 4.51 wiedergegeben. Daraus geht hervor, dass die Fluoreszenzausbeute mit der Ordnungszahl steigt. Für Elemente mit niedrige-

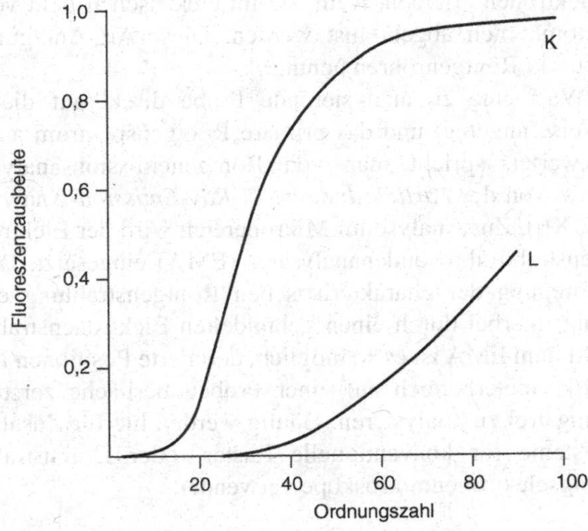


**4.51** Fluoreszenzausbeute für K- und L-Linien.

ren Ordnungszahlen muss also bei der RFA mit geringeren Empfindlichkeiten gerechnet werden, da hier der Auger-Effekt überwiegt. Weiterhin hängt die Fluoreszenzausbeute noch von der Energie der anregenden Strahlung ab. Je näher die Energie der Anregungsstrahlung von der höherenergetischen Seite her an der Absorptionskante eines Elementes liegt, desto höher ist die Fluoreszenzausbeute für dieses Element.

Neben dem Auger-Effekt beeinflussen auch die verschiedenen Streueffekte die Fluoreszenzintensität. Dabei nimmt der Anteil inkohärenter Streuung mit zunehmender Anregungsenergie und abnehmender Ordnungszahl zu. Die relativen Fluoreszenzintensitäten der einzelnen Elemente untereinander bleiben aber konstant.

## 4.7.3 Primäre und sekundäre Röntgenspektren

Für die Erzeugung angeregter Ionen zur Aussendung von Röntgenstrahlung gibt es grundsätzlich zwei Arten der Energiezufuhr. Bei Anregung durch Stoßprozesse (Teilchenstrahlung) erhält man primäre Röntgenspektren. Bei Anregung durch energiereiche elektromagnetische Strahlung (Röntgen- oder Gamma-Strahlung) entstehen sekundäre Röntgenspektren.

Für die Anregung durch Stoßprozesse lässt man in einem starken elektrischen Feld im Vakuum geladene Teilchen auf das anzuregende Material auftreffen. Dazu nutzt man leichte Partikel wie Elektronen, Protonen oder $He^{2+}$-Ionen, die im elektrischen Feld stark beschleunigt werden (Elektronen- bzw. Ionenstrahlung). Das so erzeugte primäre Röntgenspektrum besteht aus der charakteristischen Strahlung des bestrahlten Materiales und kontinuierlicher Bremsstrahlung. Die Bremsstrahlung entsteht durch den Verlust an kinetischer Energie, den Elektronen erleiden, wenn sie im elektrischen Feld von Atomkernen abgebremst werden. Diese Art Anregung wird in Röntgenröhren genutzt.

Wird eine zu analysierende Probe direkt auf diese Weise angeregt und das primäre Röntgenspektrum ausgewertet, spricht man von Röntgenemissionsanalyse bzw. von der *Particle-Induced-X-Ray-Emission*-Analyse (PIXE). Zur Analyse im Mikrobereich wird der Elektronenstrahlmikrosondenanalysator (EMA) eingesetzt. Die Anregung der charakteristischen Röntgenstrahlung erfolgt hierbei durch einen gebündelten Elektronenstrahl. Mit dem EMA ist es so möglich, definierte Positionen im Mikrometerbereich auf einer Probenoberfläche zerstörungsfrei zu analysieren. Häufig werden hierfür Zusatzsysteme für konventionelle Raster- oder Durchstrahlungselektronenmikroskope verwendet.

## 4.7.4 Aufbau eines RFA-Spektrometers

Der prinzipielle Aufbau eines RFA-Spektrometers ist in Abb. 4.52 dargestellt. Im Folgenden werden die einzelnen Komponenten detailliert besprochen.

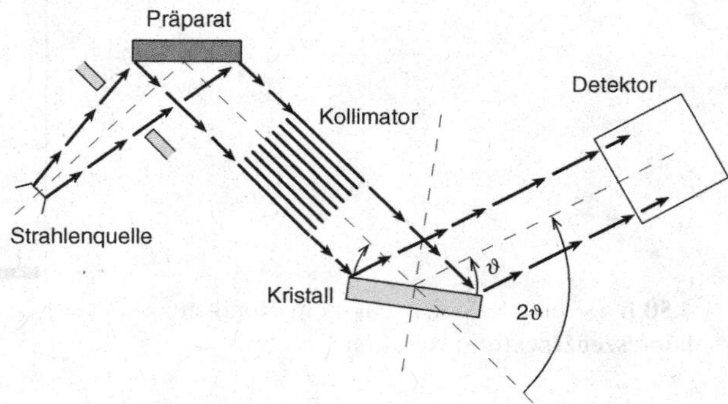


**4.52** Schematischer Aufbau eines Röntgenfluoreszenzspektrometers.

**Strahlungsquellen**

Als Strahlungsquellen für die Aussendung primärer Röntgenstrahlung kommen Röntgenröhren sowie Synchrotrons in Frage. In tragbaren RFA-Geräten finden Radionuklidquellen wie z. B. $^{109}$Cd oder $^{241}$Am zur Aussendung von Gammastrahlung Verwendung.

Eine Röntgenröhre enthält in einem evakuierten Glaskörper eine Metallkathode und eine Anode aus einem schweren Element wie z. B. Cr, Rh, W, Mo, Ag, Sc, Pt oder Au. Diese Anode wird in der Röntgentechnik *target* genannt (engl. für Zielscheibe). Aus der Metallkathode werden durch Glühemission Elektronen freigesetzt (thermische Elektronen). Durch eine angelegte Hochspannung $U$ werden sie beschleunigt und prallen mit hoher Geschwindigkeit auf das Target auf und es entsteht das elementcharakteristische primäre Röntgenspektrum des Targetmateriales. Röntgenröhren werden von Gleichspannungsgeneratoren mit Spannungen bis maximal 100 kV versorgt. Dabei werden nur etwa 1 % der Leistung in Röntgenstrahlung umgewandelt. Die restliche Energie führt zu einer starken Erwärmung der Anode, die deshalb laufend gekühlt werden muss. Der Bedarf an Kühlwasser liegt bei etwa 4 L/min.

Die kleinste Wellenlänge des von der Röntgenröhre emittierten primären Spektrums hängt nach der Duane-Hunt'schen Gleichung nur von der angelegten Hochspannung ab:

$$\lambda_{min} = hc/U \tag{4.38}$$

Die Bremsstrahlung kann mithilfe von Primärstrahlfiltern oder durch Verwendung eines Sekundärtargets unterdrückt werden. Für jedes Target gibt es eine Anzahl von Elementen, die mit seiner elementcharakteristischen Strahlung nicht angeregt werden können. Für eine Mo-Röhre z. B. liegt eine Lücke zwischen Zirkonium, welches zwei Stellen vor dem Molybdän im Periodensystem steht, und dem Barium. Dies ist dadurch zu erklären, dass die Energie der Mo-$K_\alpha$-Strahlung nicht mehr ausreicht, um die Elektronen aus der K-Schale für die Elemente ab dem Zirkonium herauszuschlagen. Die in jedem Fall angeregten L-Linien können aus apparativen Gründen erst ab dem Barium detektiert werden. Bei Verwendung von mindestens zwei verschiedenen Röntgenröhren in einem Spektrometer kann jedes Element angeregt und nachgewiesen werden.

Synchroton-Strahlung entsteht bei der Umlaufbewegung von Elektronen, wenn sie von einem Teilchenbeschleuniger in ein Magnetfeld injiziert werden. Ein Vorteil dieses Verfahrens ist, dass die Synchroton-Strahlung das gesamte elektromagnetische Spektrum enthält und sich damit durch günstige Anregungsbedingungen für alle Elemente mit der gleichen Intensität auszeichnet. Ein Nachteil ist, dass sie nur in Großforschungsanlagen zur Verfügung steht.

**Probenkammer**

Im Allgemeinen werden Feststoffproben untersucht, die fein gemahlen und zu Tabletten mit 20 bis 50 mm Durchmesser verpresst werden (Präparat in Abb. 4.52). Seltener werden auch Feststoffproben mit einer möglichst ebenen und glatten Oberfläche direkt untersucht. Die Tabletten oder Feststoffproben werden in einem Probenhalter in den Strahlengang des Spektrometers eingesetzt, sodass die Anregungsstrahlung unter einem Winkel von 45° auf die Probe auftrifft. Zur Reduzierung des Einflusses von Oberflächeninhomogenitäten können die Proben in der Messposition langsam gedreht werden. Die Probenkammer kann zusammen mit dem Innenraum des Spektrometers evakuiert werden, um Strahlungsabsorptionsverluste zu vermeiden. Dies ist für Elemente mit Ordnungszahlen kleiner als 19 unbedingt erforderlich.

**Dispersion und Detektion der Fluoreszenzstrahlung**

Ein RFA-Spektrum umfasst etwa den Wellenlängenbereich von 0,02 bis 2 nm (0,6 bis 60 keV). Als Detektoren werden Gasdurchfluss- oder Szintillationszähler sowie Halbleiterdetektoren verwendet. In allen Detektortypen wird dabei die photoelektrische Absorption der einfallenden Röntgenquanten durch Atome des Detektormateriales ausgenutzt. Zwischen der Energie eines eingestrahlten Röntgenquants, der kinetischen Energie des entstehenden Photoelektrons und über unterschiedliche Sekundärprozesse einschließlich der Amplitude des vom Detektor ausgegebenen Spannungsimpulses besteht ein linearer Zusammenhang. Man spricht daher von Proportionalzählern. Als Maß für die Intensität der Strahlung wird jeweils die Anzahl der vom Detektor ausgegebenen Spannungsimpulse aufgezeichnet.

Die spektrale Auflösung (Energieauflösung) der Proportionalzähler ist nur beim Halbleiterdetektor genügend hoch, um auf ein spezielles dispergierendes Element verzichten zu können (energiedispersive RFA – EDRFA). Bei Verwendung von Gasdurchfluss- oder Szintillationszählern muss die spektrale Verteilung der Röntgenfluoreszenzstrahlung durch Beugung an einem Analysatorkristall ermittelt werden (wellenlängendispersive RFA - WDRFA). In Abb. 4.53 sind die beiden Methoden schematisch dargestellt.

Bei der wellenlängendispersiven RFA (Abb. 4.53 a) wirkt ein Analysatorkristall mit bekanntem Netzebenenabstand $d$ als Monochromator. Zur Parallelisierung der

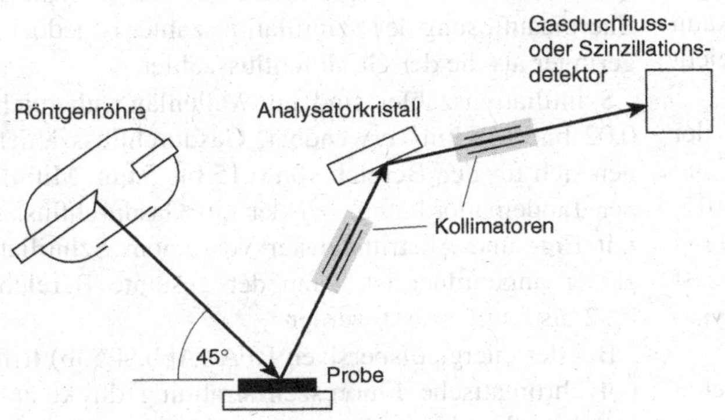


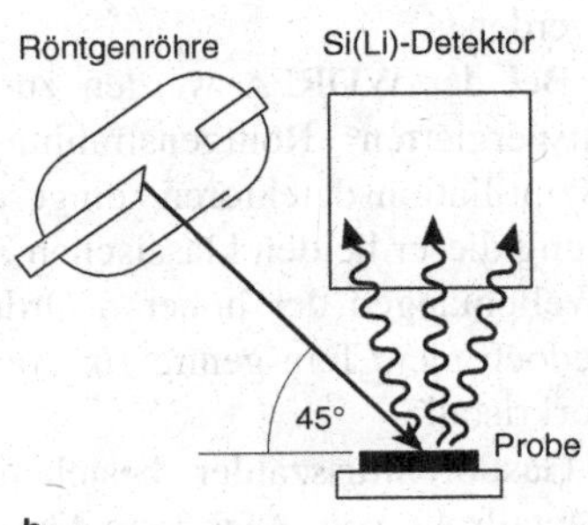


**4.53** Schematischer Aufbau (a) eines wellenlängendispersiven, (b) eines energiedispersiven RFA-Spektrometers.

Strahlung ist vor und hinter dem Kristall jeweils ein Kollimator geschaltet. Man verwendet hauptsächlich Kollimatoren vom Soller-Typ. Diese bestehen aus nahe beieinanderliegenden parallelen Metallfolien, die je nach ihrem Lamellenabstand (160 – 480 µm) verschiedene Winkelauflösungen haben. Je besser dabei die Winkelauflösung ist (kleinere Lamellenabstände), umso größer ist aber auch der Intensitätsverlust, der durch den Einsatz des Kollimators in Kauf genommen werden muss. Die parallele, polychromatische Strahlung wird am Analysatorkristall nach dem Bragg'schen Gesetz zerlegt:

$$n\lambda = 2d\sin\theta \tag{4.39}$$

mit $n$: Ordung der Beugung (natürliche Zahlen)
$\lambda$: Wellenlänge der einfallenden Strahlung
$d$: Netzebenenabstand
$\theta$: Winkel der einfallenden Strahlung zur Netzebene

Durch Bewegung des Analysatorkristalls kann der Einfallwinkel $\theta$ variiert werden, sodass die einzelnen Wellenlängen nacheinander detektiert werden. Ein Goniometer sorgt dafür, dass sich der Detektor bei Bezug auf die einfallende Strahlung immer genau im doppelten Winkel ($2\theta$) im Vergleich zum Analysatorkristall befindet. Für eine gegebene Wellenlänge $\lambda$ kann der Winkel $\theta$ umso genauer eingestellt werden je größer er ist, d. h. je kleiner der Netzebenenabstand $d$ ist. Die Auflösung des Spektrometers hängt also direkt von d des eingesetzten Analysatorkristalles ab. Bei gegebenem Netzebenenabstand ist dann die Auflösung umso besser, je größer die Wellenlänge ist. Um für das gesamte Spektrum eine gute Auflösung zu erhalten, verwendet man unterschiedliche Kristalle für einzelne Wellenlängenbereiche. Gebräuchliche Kristalle sind u. a. Lithiumfluorid (LiF) für 0,025 bis 0,27 nm, Pentaerythrit (PET) für 0,076 bis 0,83 nm und pyrolytischer Graphit (PG), der sich bei mäßiger Auflösung durch hohe Intensität auszeichnet. So kann eine spektrale Auflösung von wenigen 10 eV erreicht werden.

Bei der WDRFA werden zur Intensitätsmessung der dispergierten Röntgenstrahlung Gasdurchfluss- und Szintillationsdetektoren eingesetzt. Die Energieauflösung dieser beiden klassischen Zähler reicht aus, um die Wellenlängen der höheren Ordnungen abzutrennen, ist jedoch nicht fein genug zur Anwendung ohne Analysatorkristall.

Gasdurchflusszähler bestehen aus einem geerdeten Metallrohr von etwa 3 cm Durchmesser und einem ca. 100 µm starken Zähldraht in der Längsachse des Rohres. Das Rohr enthält ein Inertgas, wie Argon, Xenon oder Krypton. Zwischen dem Draht als Anode und dem Metallrohr als Kathode wird eine Hochspannung von 1,5 kV angelegt. Durch ein seitliches Fenster tritt die Messstrahlung ein. Um Absorptionsverluste möglichst gering zu halten, werden extrem dünne Kunststofffolien (Mylarfolien) als Fenstermaterial eingesetzt. Da solche Fenster jedoch nicht gasdicht sind, muss ständig frisches Gas durch das Zählrohr geleitet werden. Die Gasatome absorbieren Röntgenquanten und emittieren Photoelektronen. Aufgrund des starken elektrischen Feldes in der Umgebung des dünnen Zähldrahtes erreichen diese Elektronen sehr hohe kinetische Energien, sodass sie, bevor sie auf den Draht auftreffen, durch Stöße eine große Anzahl von Gasionen und weiteren Elektronen bilden, bis ihre Energie verbraucht ist (Gasverstärkungseffekt). Auf diese Weise entsteht eine Lawine von Elektronen, die zum Zähldraht wandern. Dort führen sie zu einem Spannungsimpuls, dessen Amplitude propotional der Energie der eingefallenen Röntgenquanten ist. In einem Einkanal-Impulshöhenspeicher werden die Spannungsimpulse gezählt. Zur Verringerung der Totzeit des Zählers wird dem Inertgas noch ein sog. Löschgas (z. B. $CH_4$) zugesetzt. Letzteres soll zu schnell abklingenden Pulsen führen.

Szintillationszähler bestehen aus einem Szintillationskristall (Szintillator, wo Lichtblitze erzeugt werden) und einem Photomultiplier (PMT). Als Szintillator wird bei der RFA im Allgemeinen ein mit Thallium aktivierter Natriumiodidkristall verwendet. Dieser Kristall zeichnet sich durch besonders intensive Photolumineszenz aus. Infolge der Absorption von Röntgenquanten entstehen im Kristall freie Photoelektronen, die durch Stöße weitere Elektronen in angeregte Zustände überführen, bis ihre Energie verbraucht ist. Beim Übergang dieser Elektronen in den Grundzustand entstehen kurze Lichtimpulse im sichtbaren Spektralbereich (Szintillationen), die vom PMT in Photostromimpulse umgewandelt werden können. Die Amplitude dient wieder als Maß für die Quantenenergie, die Impulsrate für die Intensität. Die Energieauflösung der Szintillationszähler ist jedoch noch geringer als die der Gasdurchflusszähler.

Szintillationszähler sind im Wellenlängenbereich von 0,02 bis 0,15 nm verwendbar, Gasdurchflusszähler eignen sich für den Bereich von 0,15 bis 5 nm. Mithilfe einer Tandemanordnung, bei der ein Gasdurchflusszähler mit Ein- und Austrittsfenster vor einem Szintillationszähler angeordnet ist, kann der gesamte Bereich von 0,02 bis 5 nm erfasst werden.

Bei der energiedispersiven RFA (Abb. 4.53b) trifft die polychromatische Fluoreszenzstrahlung direkt auf den Detektor. Ein Monochromator wird hier wegen des hohen spektralen Auflösungsvermögens der verwendeten Halbleiterdetektoren nicht benötigt.

Im Allgemeinen wird ein sog. Si(Li)-Detektor verwendet. Dieser besteht aus einem Siliziumkristall vom Typ p-i-n. In n-leitendem Silizium gibt es Störstellen, in denen Silizium durch fünfwertige Atome ersetzt ist. Diese Donatoren besitzen ein schwach gebundenes Elektron (negativer Ladungsträger), das thermisch leicht ins Leitungsband angeregt werden kann. Hierdurch wird die Leitfähigkeit gegenüber reinem Silizium bei gegebener Temperatur erhöht. p-leitendes Silizium entsteht dagegen, wenn dreiwertige Elemente als Fremdatome im Siliziumkristall eingebaut sind. Diese Akzeptoren weisen einen unbesetzten Zustand auf (sog. Defektelektronen oder positive Löcher), in den Elektronen des Valenzbandes leicht durch thermische Anregung angehoben werden können. Lässt man Lithium-Atome in p-leitendes Silizium eindiffundieren, so wirken diese ebenfalls als Donatoren. Werden unter bestimmten Bedingungen ebenso viele Lithium-Atome eingebaut, wie dreiwertige Akzeptoren vorhanden sind, entsteht eine an Ladungsträgern verarmte i-Zone (*intrinsic* – engl. für eigen), deren Leitfähigkeit damit der Eigenleitung von hochreinem Silizium entspricht. Aufgrund ihrer großen Beweglichkeit nehmen die Lithiumionen normalerweise keinen festen Platz im Kristallgitter ein. Der p-i-n-Detektor muss daher ständig – auch außerhalb des Betriebes – mit flüssigem Stickstoff gekühlt werden, um den Nicht-Gleichgewichtszustand durch die benachbarten p- und i-Zonen zu erhalten. Durch Anlegen einer Hochspannung in Sperrichtung erreicht man, dass in der aktiven Detektorzone i keine freien Ladungsträger existieren.

Beim Auftreffen von Röntgenstrahlung entstehen in der aktiven Detektorzone i Photoelektronen, die entsprechend ihrer kinetischen Energie wiederum durch Stöße eine große Zahl Valenzelektronen ins Leitungsband anheben. So entsteht eine Anzahl Elektronen-Loch-Paare, die der Energie der einfallenden Strahlung proportional ist. Bei der angelegten Hochspannung werden die Ladungsträger zu den Elektroden abgezogen und es entstehen Spannungsimpulse mit energieproportionaler Amplitude. Als erste Vorverstärkerstufe ist ein Feldeffekttransistor (FET) angeschlossen. Das Dunkelrauschen von Detektor und FET wird durch die ständige Kühlung mit flüssigem Stickstoff möglichst gering gehalten. Die Spannungsimpulse werden nach Verstärkung durch den FET in einem Analog-Digital-Wandler digitalisiert und einem Vielkanalspeicher zugeführt, wo sie je nach ihrer Amplitude den einzelnen Kanälen zugeordnet werden. Die Kanalnummer wird dann ein Maß für die Energie der Röntgenstrahlung. Es werden Energieauflösungen von 100 – 200 eV erreicht. Die Impulsereignisse werden gezählt und ihre Anzahl wird ein Maß für die Intensität der Röntgenstrahlung. Im allgemeinen werden Speicher mit 1024 Kanälen benutzt, die zur Auswertung an einen Rechner angeschlossen werden. Der Speicherinhalt sämtlicher Kanäle kann als Röntgenspektrum dargestellt werden.

Die WDRFA mit Analysatorkristall zeichnet sich gegenüber der EDRFA durch ihre sehr gute spektrale Auflösung aus. Allerdings kommt es beim Passieren des Monochromators zu erheblichen Intensitätsverlusten, sodass die WDRFA weniger empfindlich ist. Darüberhinaus sind energiedispersive Spektrometer wesentlich einfacher aufgebaut und deutlich preiswerter. Der größte Vorteil der EDRFA gegenüber der WDRFA ist jedoch die Simultanerfassung der Elemente, wodurch schnellere Multielementanalysen möglich sind. Eine Multielementanalyse mit energiedispersiven Spektrometern dauert ca. 20 Minuten. Bei wellenlängendispersiven Spektrometern beträgt der Zeitaufwand je Einelementanalyse ca. 30 Sekunden. Eine Multielementanalyse erfordert etwa zwei Stunden Messzeit. Es gibt jedoch auch wellenlängendispersive Spektrometer, bei denen mehrere Monochromatoren und Detektoren um die Probe herum angeordnet sind. Auf diese Weise können mehrere Elemente gleichzeitig registriert und der Zeitaufwand verringert werden.

## 4.7.5 Auswertung von RFA-Spektren

**Qualitative Analyse**

Röntgenspektren haben aufgrund der geringen Zahl an Interferenzen nur wenige Linien. Im allgemeinen reichen die $K_\alpha$-Linien aus, um die einzelnen Elemente zu identifizieren. Diese sind entsprechend des Gesetzes von Moseley nach ihrer Ordnungszahl angeordnet. In Abb. 4.54 ist beispielhaft ein RFA-Spektrum einer Probe dargestellt, die Ti, V, Cr, Mn, Fe, Co, Ni, Cu, Zn und Ga enthält. An Hand von Tabellen oder mithilfe einer elektronischen Datenbank können die Linien den Elementen zugeordnet werden.

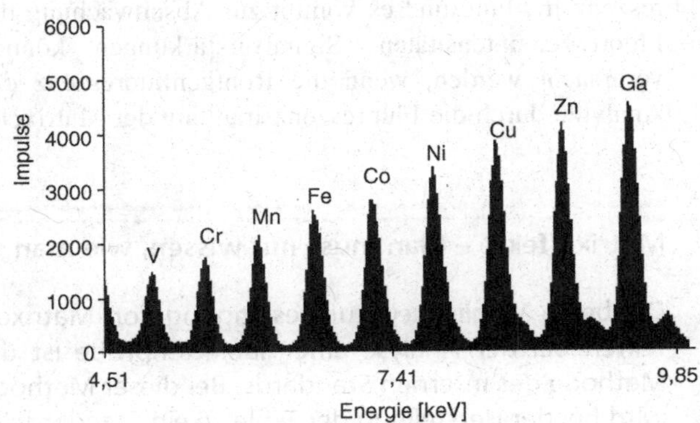


**4.54** Röntgenfluzoreszenzspektrum einer Standardlösung von jeweils äquivalenten Mengen an Ti, V, Cr, Mn, Fe, Co, Ni, Cu, Zn und Ga.

Auch bei der qualitativen Analyse sind jedoch verschiedene mögliche Störungen zu beachten. So ist z. B. bei wellenlängendispersiven Spektrometern mit höheren Spektralordnungen zu rechnen. Bei energiedispersiven Spektrometern tauchen Summenpeaks und so genannte Escapepeaks auf. Summenpeaks entstehen bei intensiver Einstrahlung, wenn zwei Photonen gleichzeitig auf den Detektor treffen und dieser nur ein Photon mit der Summe der Einzelenergien anzeigt. Dieser Effekt tritt dann auf, wenn die Probe sehr hoch konzentriert ist. Escapepeaks kommen zustande, wenn besonders kurzwellige Fluoreszenzstrahlung das Silizum selbst zur Röntgenfluoreszenz anregt. Die dann ausgeschlagenen K-Elektronen sind entsprechend ihrer höheren Bindungsenergie gegenüber den L-Elektronen ärmer an kinetischer Energie. Sie erzeugen damit beim Si-Halbleiterdetektor einen Escapepeak, der dem Hauptpeak um 1,74 eV vorgelagert ist. Außerdem ist mit Linien der Anregungsstrahlung zu rechnen, die durch Rayleigh- oder Compton-Streuung an der Probe entstehen. Ganz sicher kann ein Element dann identifiziert werden, wenn die beiden stärksten Linien im richtigen Intensitätsverhältnis im Spektrum enthalten sind.

**Quantitative Analyse**

Zur quantitativen Analyse muss bei der RFA wie bei allen spektrometrischen Verfahren eine Kalibration durchgeführt werden. Die quantitative Auswertung von RFA-Spektren ist jedoch äußerst problematisch, da ein einfacher linearer Zusammenhang zwischen der Linienintensität und der Elementkonzentration in der Probe aufgrund von Matrixeffekten in vielen Fällen nicht gegeben ist. Matrixeffekte kommen durch Begleitelemente in der Probe zustande, die mit der Anregungsstrahlung und auch mit der Fluoreszenzstrahlung in Wechselwirkung treten. Dabei absorbieren und streuen die Matrixelemente sowohl die Anregungsstrahlung als auch die Fluoreszenzstrahlung und es kommt zur Abschwächung der Fluoreszenzintensitäten. Signalverstärkungen können verursacht werden, wenn die Röntgenfluoreszenz des Analyten durch die Fluoreszenzstrahlung der Matrixelemente stärker angeregt wird als durch die Frequenz der Anregungsstrahlung (vgl. Abb. 4.51). Compton- und Rayleigh-Streuung an der Matrix erzeugen darüberhinaus eine starke Erhöhung des Untergrundrauschens und damit eine Verschlechterung des Signal-Rausch-Verhältnisses und der Nachweisgrenzen.

Um überhaupt quantitative Analysen durchführen zu können, müssen diese Matrixeffekte berücksichtigt und am besten möglichst klein gehalten werden. Eine Möglichkeit zur Vermeidung von Störungen durch Matrixeffekte ist z. B. der Vergleich der unbekannten Probe mit Standardproben, deren Zusammensetzung der der Probe so nahe wie möglich kommen sollte. Die Matrixeffekte wirken sich dann in allen Proben gleichermaßen aus, sodass lineare Kalibrationskurven genutzt werden können. Weitere Möglichkeiten zur Verminderung von Matrixeffekten sind zum einen die Verdünnung der Probe mit nicht absorbierenden Substanzen wie Zucker oder Zellulose, sodass die Matrixeffekte vernachlässigbar werden. Zum anderen kann eine stark absorbierende Komponente zugesetzt werden, um Matrixeffekte konstant zu halten (Pufferung ist gegenüber kleiner Matrixvariationen vernachlässigbar).

Die Hersteller von RFA-Geräten liefern allerdings auch eine Software mit, die insbesondere alle Matrixelemente mit einem hohen Massenschwächungskoeffizienten automatisch mitbestimmen und daraus eine variable Korrektur errechnen und anwenden. Für ähnliche Probenmatrices können so zufriedenstellende quantitative Analysen schnell und ohne große Probenvorbereitung durchgeführt werden.

Zur Minimierung von Störungen durch Inhomogenitäten der Probe haben sich Schmelztechniken bewährt, bei denen das Probenmaterial durch Zusatz von Natrium- oder Lithiumborat zu einer Glasscheibe verschmolzen wird, die direkt vermessen werden kann. Metallische Proben sollten geschliffen oder poliert werden.

**Nachweisgrenzen**

Die niedrigsten Nachweisgrenzen, die mit der wellenlängendispersiven RFA erreicht werden, liegen zwischen

---

**Matrixeffekte – Man muss nur wissen, wie man sie kompensieren kann!**

Die beste Möglichkeit zur Beseitigung von Matrixeffekten bei der Analyse einer Tablettenprobe ist die Methode des internen Standards. Bei dieser Methode wird bei der Herstellung der Tablette ein Standardelement zugesetzt, welches in der Probe nicht enthalten ist. Die Fluoreszenzintensitäten der reinen Elemente hängen gemäß Abb. 4.51 miteinander zusammen. Die relativen Fluoreszenzintensitäten sind daher immer konstant. Aus der Intensität des internen Standards können daher alle anderen Intensitäten rechnerisch ermittelt werden.

---

1 µg/g für die Elemente Ni, Cu, Rb, Sr, Y und 1150 µg/g für Na. Für die meisten Elemente liegt die Nachweisgrenze unter 20 µg/g. Sie hängt unter anderem von der Analysendauer und der Art des Detektors ab. Bei energiedispersiven Geräten liegen die bestmöglichen Nachweisgrenzen noch etwa um den Faktor zehn niedriger.

Dabei ist aber zu beachten, dass die Nachweisgrenzen der RFA sehr stark von der Matrix abhängig sind. Führen starke Matrixeffekte zu erhöhtem Untergrundrauschen, so wirkt sich dies über das Signal-RauschVerhältnis direkt negativ auf die Nachweisgrenzen aus (vgl. auch Abb. 4.57). Gelegentlich lassen sich daher in realen Proben nur die Hauptbestandteile quantifizieren.

### 4.7.6 Anwendungen

Bei den leichten Elementen (bis Z = 15) ist aufgrund der geringen Fluoreszenzausbeute das Signal-Rausch-Verhältnis sehr schlecht und damit sind hier die Nachweisgrenzen besonders hoch. Ein Vorteil der RFA ist, dass sie zerstörungsfrei arbeitet. Daher eignet sie sich gut für die Untersuchung von Werkstoffen oder Kunstwerken. Mit energiedispersiven Geräten sind so schnelle Multielementanalysen möglich. Besonders oft wird die RFA für schnelle qualitative Multielementanalysen eingesetzt. Genauere quantitative Anwendungen sind, wie bereits mehrfach betont, wegen der starken Auswirkungen der Matrixeffekte problematisch. Für die Bestimmung von Hauptbestandteilen eignet sich die RFA aber gut. Sie wird daher in den Bereichen der Metallurgie, der Zement-, Glas- und Keramikindustrie, der Geologie oder in der Kohle- und Erzgewinnung routinemäßig eingesetzt. So kann z. B. mittels moderner Software und entsprechender Kalibrierung das Rohmaterial zur Zementherstellung on-line auf dem Förderband analysiert werden und die unterschiedlichen Zuschläge so bestimmt werden. Diese Echtzeit-Analytik ist generell zur Qualitätssicherung sehr wichtig. Zur Elementanalyse von organischem Material kann dieses verascht und die Asche untersucht werden. Für die Bestimmung von Nebenbestandteilen und Spuren ist die traditionelle RFA jedoch kaum anzuwenden.

In die Probenkammer eines RFA-Spektrometers kann auch eine Mylarzelle eingesetzt werden, mit der auch die Analyse von Flüssigkeiten ermöglicht wird. Auf diese Weise steht ein weiteres Verfahren zur verbesserten Homogenisierung einer Probe durch Aufschließen und Lösen zur Verfügung. Das Verfahren wird auch zur Analyse von Wasser-, Blut-, Serum- und Urinproben angewendet. Dabei sind gelegentlich Matrixabtrennungs- und Anreicherungsverfahren nötig.

### 4.7.7 Totalreflexions-Röntgenfluoreszenzanalyse

Neben den Vorteilen der universellen Einsetzbarkeit und der schnellen Multielementanalyse ohne große Probenvorbereitung stellen die teilweise zu hohen Nachweisgrenzen und die starken Matrixeffekte bei der RFA schwerwiegende Nachteile dar. Möglichkeiten zur weitestgehenden Beseitigung von Matrixeffekten bietet die sog. Totalreflexions-Röntgenfluoreszenzanalyse (TRFA). Die TRFA arbeitet energiedispersiv und ist somit ein Multielementverfahren. Ihre Nachweisgrenzen liegen deutlich niedriger als bei den herkömmlichen instrumentellen Methoden und quantitative Analysen sind wesentlich unproblematischer durchzuführen.

Der apparative Aufbau bei der TRFA ist relativ einfach. Er unterscheidet sich von der traditionellen RFA hauptsächlich in der Anregungsgeometrie. Ein flacher, primärer Röntgenstrahl aus einer starken Röntgenröhre mit einem linienförmigen Fokus trifft unter den Bedingungen der Totalreflexion auf den Probenträger auf. Zuvor wird diese polychromatische Primärstrahlung nach Filterung durch eine dünne Metallfolie durch Vorbeileiten an einer Kante oder Durchleiten durch einen waagerechten Schlitz blattförmig auf einen ersten Reflektor gerichtet. Dieser kann aus einem einfachen Quarzglasspiegel (als "Low-Pass" Filter wirkend) bestehen oder es kann dazu eine Mehrlagenstruktur, die als Monochromator wirkt, verwendet werden (siehe Abb. 4.55).

Dadurch wird der zur Anregung verwendete Röntgenstahl nahezu monochromatisch. Nach Streifung einer weiteren Strahlbegrenzungkante trifft dieser Strahl mit einem Glanzwinkel von nur 0,1° auf die Probenoberfläche auf. Wegen der Totalreflexion dringt die Anregungsstrahlung nicht so tief wie üblich in die Probenmatrix ein, sondern regt die sich auf der Oberfläche befindende Probe optimal zur Fluoreszenz an. Letztere wird direkt mit einem darüber angebrachten energiedispersiven Halbleiter-Detektor registiert. Dadurch kann ein großer räumlicher Bereich aus kürzester Entfernung mit geringen Absorptionsverlusten durch die Umgebungsluft energiemäßig analysiert werden.

Bei der TRFA wird die Probe in Form eines dünnen, homogenen und armorphen Probenfilms auf einen Probenträger aufgebracht. Die Probenträger bestehen aus Quarzglas, Glaskohlenstoff oder Plexiglas. Für Röntgenstrahlung stellen diese Materialien gegenüber Luft das optisch dünnere Medium dar. z. B. ist für Strahlung von 20 keV der Brechungsindex von Quarzglas mit $n_{\text{Quarz}} = 0{,}9995$ klein gegenüber $n_{\text{Luft}} = 1$. Trifft Strahlung auf die Grenzfläche zwischen einem optisch dichteren und einem optisch dünneren Medium auf, so wird sie zur Grenzfläche hin gebrochen. Unterhalb eines Grenzwin-

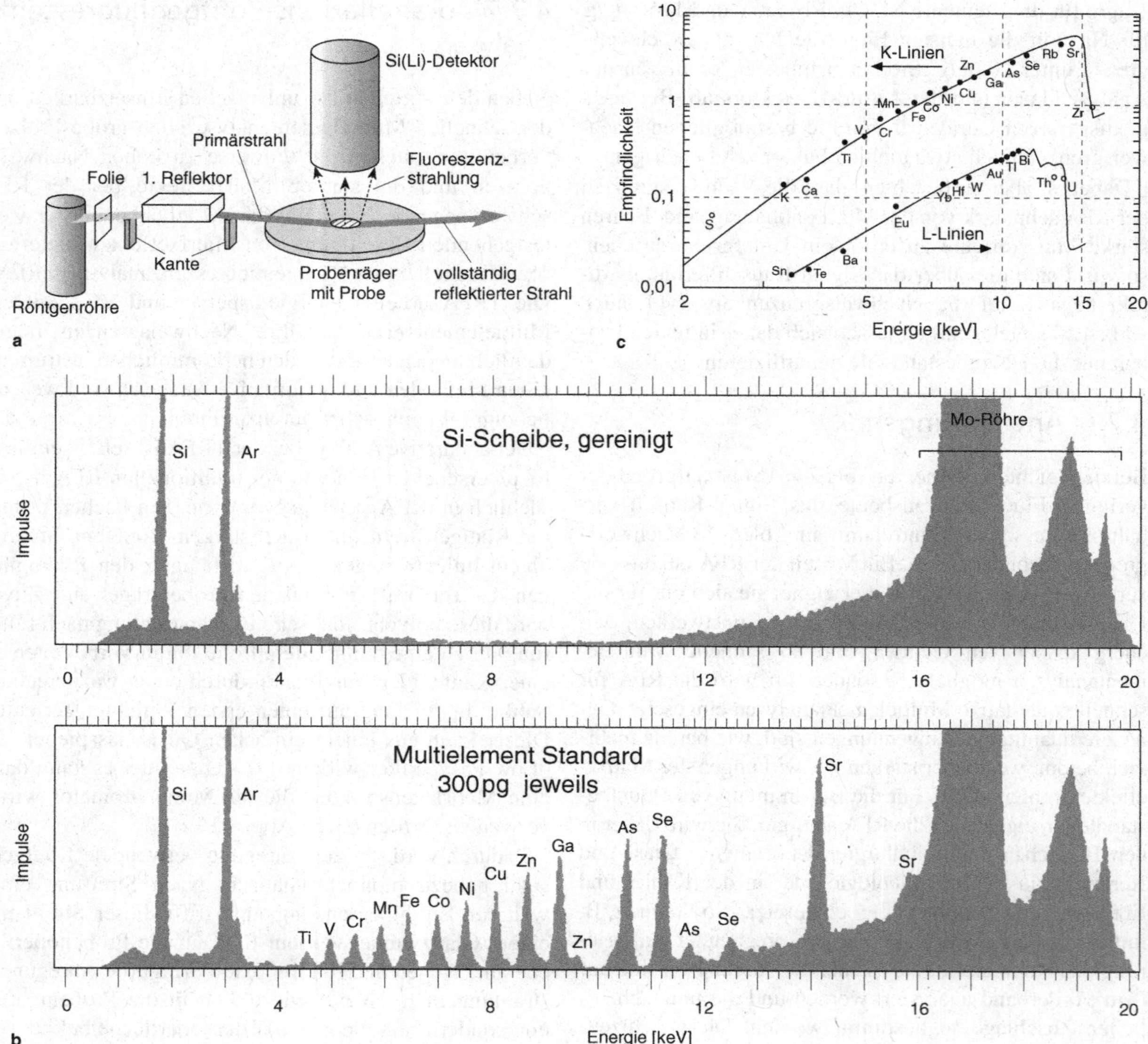


**4.55** Schematischer Aufbau eines Totalreflexions-Röntgenfluoreszenz-(TRFA)spektrometers (a) sowie typische Mess- (b) und Kennkurven (c).

kels kann die Strahlung jedoch nicht mehr innerhalb des dünneren Mediums gebrochen werden sondern wird totalreflektiert (Totalreflexionswinkel).

Trifft Röntgenstrahlung in einem Winkel auf den Probenträger auf, der unter dem Totalreflexionswinkel liegt, so wird durch die Totalreflexion eine besonders geringe Eindringtiefe erreicht. Hierdurch werden zum einen die Effekte der Compton- und Rayleigh-Streuung drastisch reduziert und zum anderen Matrixeffekte stark vermindert. Daraus resultiert ein niedrigerer spektraler Untergrund verbunden mit einem verbesserten Signal-Rausch-Verhältnis und niedrigeren Nachweisgrenzen. Der Einfluss der Matrixeffekte wird so klein, dass ohne weitere Maßnahmen lineare Einelementstandard-Kalibrierkurven genutzt werden können.

Als Anregungsquelle werden in den meisten Fällen eine Mo- und eine W-Röntgenröhre eingesetzt. Für Mo-$K_\alpha$-Strahlung beträgt der Totalreflexionswinkel sechs Bogenminuten. Da eine Mo-Röhre außer Mo-$K_\alpha$-Strahlung noch weitere Linien und kontinuierliche Bremsstrahlung emittiert, muss folgendes beachtet werden: Energieärmere Strahlung wird ebenfalls unter sechs Bogenminuten totalreflektiert. Energiereichere Strahlung jedoch würde in die Probe eindringen und muss daher zuvor durch einen Tiefpassfilter eliminiert werden. Bei der W-Röhre wird nicht die W-$K_\alpha$-Strahlung zur Anregung benutzt, sondern ein Anteil aus dem Bremsstrahlkontinuum, der durch eine spezielle Filtertechnik herausgefiltert wird. Extrem ebene und reine Probenträger stellen den wichtigsten Teil eines TRFA-Spektrometers dar. Sie werden nicht oder nur schwach zur Röntgenfluoreszenz angeregt.

## Auswertung von TRFA-Spektren

Aufgrund des matrixunabhängigen, linearen Zusammenhangs zwischen der Fluoreszenzintensität und der Analytkonzentration ist die Kalibrierung der Methode sehr einfach. Die Empfindlichkeiten der einzelnen Elemente werden während der Installationsphase eines TRFA-Gerätes durch wiederholte Messungen von Multielementstandards ermittelt. Sie behalten ihre Gültigkeit für alle Arten von Matrizes und für den gesamten Konzentrationsbereich und können somit als Gerätekonstante betrachtet werden. Die Konzentrationen aller Elemente können dann im Vergleich zu einem internen Standard ermittelt werden.

Abb. 4.56 zeigt ein TRFA-Spektrum eines leeren Quarzglas-Probenträgers bei Mo-Anregung. Das Spektrum lässt sich in drei Bereiche einteilen. Bereich 1 liegt unter 4 keV. Hier liegen die Peaks vom Silizium des Probenträgers und dem Argon der Umgebungsluft. Bereich 2 liegt zwischen 4,5 und 15 keV. Hier ist der spektrale Untergrund besonders niedrig. In diesem Bereich sollten die zu bestimmenden Elemente liegen. Bereich 3 liegt oberhalb von 15 keV. Hier steigt der spektrale Untergrund stark an. Dies wird durch Compton-Streuung verursacht. Rayleigh-Streuung führt zum Auftreten der Mo-$K_\alpha$-Linie.

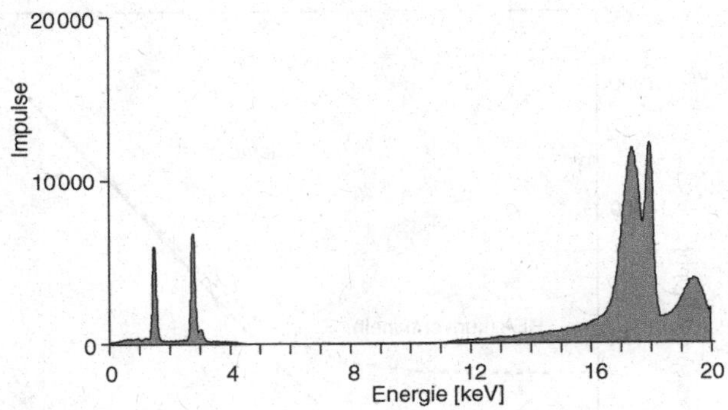


**4.56** TRFA-Spektrum eines leeren $SiO_2$-Probenträgers (Messzeit 2000 s).

## Nachweisgrenzen

Die Nachweisgrenzen der TRFA sind in Abb. 4.57 in Abhängigkeit von der Ordnungszahl bei Mo- und W-Anregung gezeigt. Apparative Beiträge zur Streustrahlung sind weitgehend beseitigt, wodurch Nachweisgrenzen unterhalb von 0,1 ng/g erreicht werden können. Abbildung 4.58 zeigt einen Zusammenhang zwischen Nachweisgrenze und Matrixanteil für Nickel in wässriger Lösung bei steigender NaCl-Konzentration. Zum Vergleich wurden dieselben Probenträger mit einem konventionellen RFA-Gerät gemessen. Es ist deutlich erkennbar, dass bei der konventionellen RFA bereits unterhalb von 10 ng/g die gerätebedingte Streustrahlung dominiert.

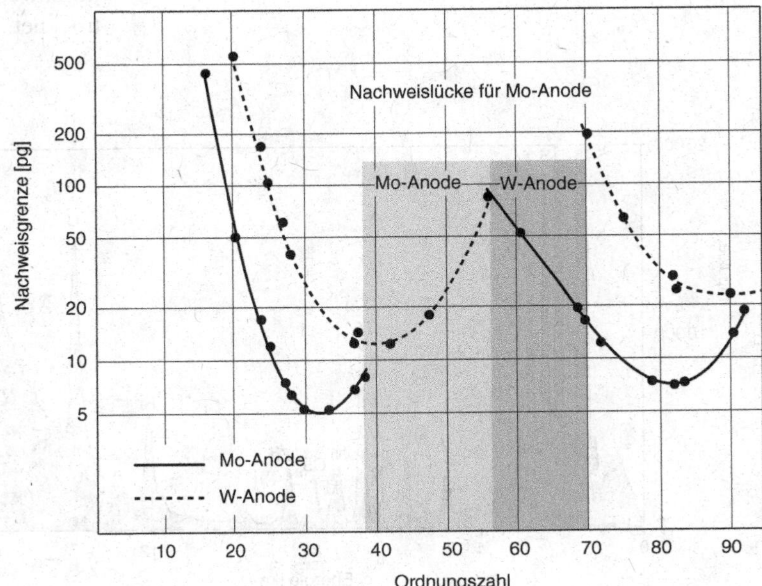


**4.57** Nachweisgrenzen (3σ des Untergrundrauschens) für isoliert vorliegende Elemente (Messzeit 1000 s).

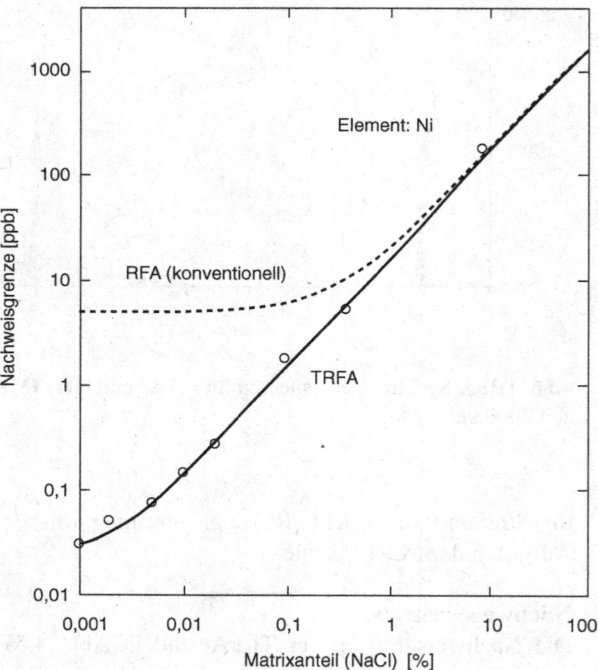


**4.58** Abhängigkeit der Nachweisgrenze von Nickel in wässriger Lösung bei steigender NaCl-Konzentration.

Aus Abb. 4.58 geht weiterhin hervor, dass auch bei der TRFA Matrixeffekte nicht völlig eliminiert werden können und die Nachweisgrenze deutlich beeinflussen. Werden TRFA-Untersuchungen mit Verfahren zur Matrixabtrennung und Anreicherung gekoppelt, so können Nachweisgrenzen bis in den unteren pg/g-Bereich hinein erzielt werden.

## Anwendungen

Auch die TRFA kann sowohl zur Analyse von Flüssigkeiten und Feststoffen als auch von organischem Material eingesetzt werden. Wesentlich bei der TRFA ist die Erzeugung des dünnen, armorphen und homogenen Probenfilms auf dem Probenträger. Dazu sind besondere Probenvorbereitungstechniken notwendig, die gegebenenfalls auch zu einer Matrixabtrennung und Anreicherung führen. Trenn- und Anreicherungstechniken erhöhen jedoch den Zeitbedarf für eine Analyse und bergen die Gefahr von Kontaminationen bzw. Verlusten von Elementspuren.

Für Wasserproben sind durch Eintrocknen einiger µL Probe auf dem Probenträger Direktanalysen im unteren ng/g-Bereich möglich. Für Bestimmungen im pg/g-Bereich sind Anreicherungsverfahren notwendig. Bei Meerwasser treten allerdings starke Streueffekte aufgrund der Salzmatrix auf. Eine Direktanalyse kann hier nur im µg/g-Bereich durchgeführt werden. Zur Bestimmung der Spurenelemente bis hinunter in den unteren ng/g-Bereich wird nach Zugabe eines internen Standards ein Komplexbildner zugesetzt. Die entstehenden Schwermetallkomplexe werden durch Festphasenextraktion in einem organischen Lösungsmittels angereichert und auf dem Probenträger eingetrocknet. Abb. 4.59 zeigt ein typisches TRFA-Spektrum einer Meerwasserprobe. Kobalt liegt im Meerwasser nicht in nennenswerten Konzentrationen vor und kann daher als interner Standard verwendet werden.

Schwebstoffe und Sedimente können bei einem Mikrowellendruckaufschluss in konzentrierter Salpetersäure, gegebenenfalls nach Zusatz von Flusssäure, gelöst werden. Nach Zusatz eines internen Standards, z. B. Gallium, werden wieder einige µL auf dem Probenträger getrocknet.

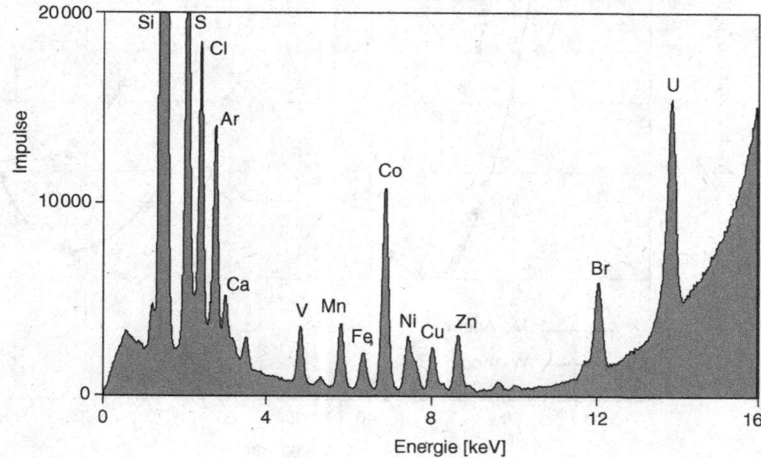


**4.59** TRFA-Spektrum einer Meerwasserprobe (Messzeit 2000 s)

Die TRFA eignet sich auch zur Direktanalyse von Biomaterialien verschiedenster Herkunft. Diese können mithilfe eines Mikrotoms gefriergeschnitten werden. Dabei entstehen Dünnschnitte von wenigen µm Dicke. Zur Quantifizierung pipettiert man vor der Analyse die Lösung eines Standardelementes auf den Probenträger. Die Trockenmasse des Schnittes muss nach der Analyse ermittelt werden.

Zur einfachen qualitativen Übersichtsanalyse kann die Oberfläche beliebiger Werkstoffe oder auch Kunstwerke ohne Firnisschicht mit einem Wattestäbchen abgerieben werden und die so erhaltenen geringen Metallspuren können auf den Probenträger übertragen werden. Bei harten Materialien wie Gesteinen eignet sich Siliziumcarbid-Schmirgelpapier, um wenig Substanz auf den Probenträger zu überführen. Sowohl Wattestäbchen, als auch SiC-Papier sind äußerst rein und beeinflussen daher die Analyse nicht. Bei der Si-Waferherstellung eignet sich besonders die TRFA zur direkten Untersuchung der glatten Siliziumscheiben, um Verunreinigungen aufzuspüren. Die Empfindlichkeit der TRFA ist so groß, dass man bei einem "Daumenabdruck" auf den Probenträger feststellen kann, welche Münzen oder metallischen Schreibstifte man beispielsweise zuletzt in den Händen hatte. Die enorme Bedeutung der TRFA für die Kriminalistik tritt hier deutlich zu Tage. Daher besitzen auch die meisten kriminaltechnischen Ämter ein derartiges Gerät.

Hervorzuheben sind die niedrigen Nachweisgrenzen der TRFA, der geringe Probenverbrauch von nur einigen µL bei Flüssigkeiten und 10 bis 100 µg bei Feststoffen sowie die Möglichkeit zur simultanen Bestimmung von mehr als 20 Elementen in sehr kurzer Zeit. Eine solche Multielementanalyse dauert ca. 10 bis 20 Minuten. Zur Quantifizierung reicht die Zugabe eines internen Standards, da Matrixeffekte fast völlig fehlen. Eine Kalibrierung ist nicht notwendig. Nachteilig ist nur, dass der erforderliche dünne, homogene und glatte Probenfilm oft arbeitsaufwendige Probenvorbereitungen nötig macht.

## 4.8. Neutronenaktivierungsanalyse (NAA)

### 4.8.1 Grundlagen

Bereits 1936 wurde die Neutronenaktivierungsanalyse (NAA) von George de Hevesy (Nobelpreis 1946) und Hilde Levi für die qualitative und quantitative Elementbestimmung eingesetzt. Intensive Neutronenquellen für die Neutronenaktivierung von Proben, das sind Kernreaktoren, bestehen aber erst seit 1942, seit dem Betrieb des ersten Kernreaktors in Chicago unter Leitung von Enrico Fermi. Die NAA ist aufgrund der vielfältigen Randbedingungen, die nachfolgend näher erläutert werden, eine Methode, deren Anwendung die Unterstützung erfahrener Experten bedarf.

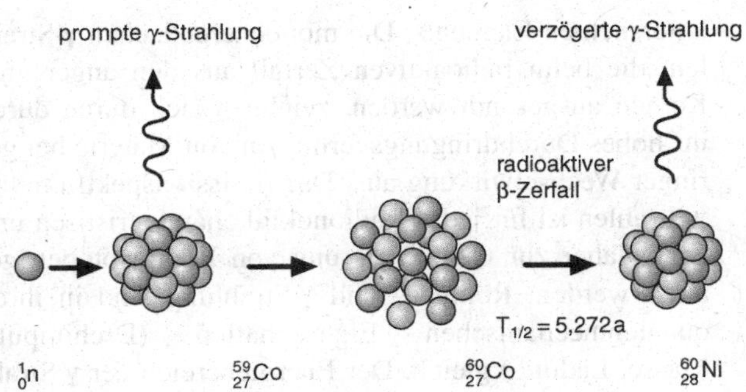


**4.60** Aktivierung eines Atomkerns (hier $^{59}Co$) durch den Einfang eines Neutrons unter Aussendung von γ-Strahlung.

Entgegen den in diesem Lehrbuch vorangestellten analytischen Methoden, die vielfach auf der Anregung von Elektronen beruhen, werden bei der NAA Kernsignale – die Energie (ca. 10 – 4000 keV) und die Intensität der freigesetzten γ-Strahlung sowie die Halbwertszeit ($T_{1/2}$) der generierten Radionuklide –, ausgewertet. Die Auswertung von Kerneigenschaften hat den Vorteil, dass chemisch ähnliche Elemente sich sehr gut unterscheiden lassen, da die Systematik der Atomkerne und die der Elektronenhülle (Periodensystem der Elemente) in keiner Weise korrespondieren. Im Unterschied zu den meisten chemischen Analysenmethoden sind die Kernreaktionen unabhängig von dem Bindungszustand des

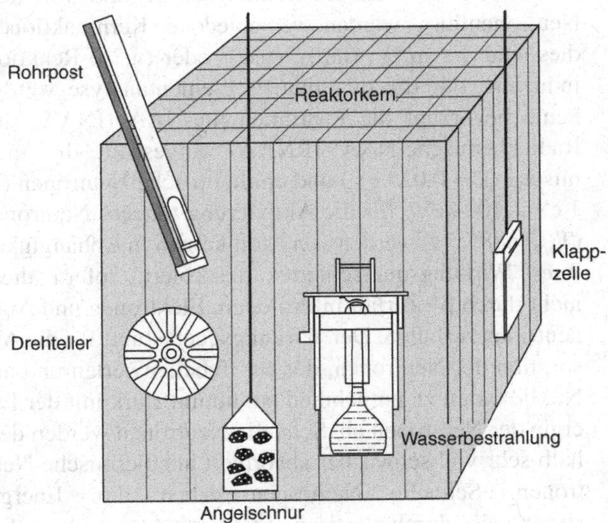


**4.61** Bestrahlungstechniken für feste und flüssige Proben an Forschungsreaktoren.

untersuchten Elements. Die monoenergetischen γ-Strahlen, die beim radioaktiven Zerfall aus den angeregten Kernen ausgesandt werden, zeichnen sich durch durch ihr hohes Durchdringungsvermögen von Materie bei geringer Wechselwirkung aus. Das Emissionspektrum von γ-Strahlen ist für jedes Radionuklid charakteristisch und kann daher zur Quantifizierung von Radioisotopen genutzt werden. Röntgen- und γ-Strahlung sind in ihren quantenmechanischen Eigenschaften (Drehimpuls, Masse, Ladung) gleich. Der Energiebereich der γ-Strahlung ist 10 keV bis 10 MeV, das entspricht einem Wellenlängenbereich 0,1 nm bis $10^{-4}$ nm.

Grundsätzlich erfolgt die NAA in zwei aufeinanderfolgenden Schritten, das ist zunächst die Aktivierung der Probe und des Standards mit Neutronen und hieran anschließend erfolgt die Identifizierung und Quantifizierung der auf diese Weise gebildeten Radionuklide mittels γ-Spektrometrie (Abb. 4.60). Die zu untersuchende Probe wird im ersten Schritt einem Neutronenfeld ausgesetzt, wodurch die Probe teilweise radioaktiv wird. Die hierfür gebräuchlichen Bestrahlungstechniken sind in Abb. 4.61 schematisch dargestellt.

## 4.8.2 Bestrahlung, Aktivierung

Die Probe kann entweder über Einhängen an Schnüren (Angelschnurtechnik, Klappzellen), rotierende Drehteller und Bestrahlungsrohre die so genannten Rohrpostsysteme an kernnahe Positionen hoher Neutronendichte gebracht werden (Abb. 4.61) oder die Neutronen werden über so genannte Neutronenleiter zur Probe unter Verlusten an der ursprünglich hohen Neutronendichte abgeleitet.

Abhängig von der Bestrahlungsdauer und von dem Neutronenfluss werden verschiedene Kernreaktionen, dies sind die (n,γ)-, (n,p)-, (n,α)- oder (n,2n)-Reaktion, induziert. Für die quantitative Elementanalyse werden heute bevorzugt die Instrumentelle-NAA (INAA) und Radiochemische-NAA (RNAA) eingesetzt, die thermische ($E \approx 0{,}025$ eV) und epithermische Neutronen (E: 1 eV – 100 keV) für die Aktivierung nützen. Neutronen ($T_{1/2} = 885{,}5$ s) werden von Atomkernen in Abhängigkeit ihres Wirkungsquerschnittes absorbiert, sofern diese nicht durch $\beta^-$-Zerfall in Protonen, Elektronen und Antineutrinos zerfallen. Der Wirkungsquerschnitt für die Absorption der Neutronen, der aus Tabellenwerten und aus Nuklidkarten zu entnehmen ist, nimmt stark mit der Energie der Neutronen ab. Schnelle Neutronen werden deshalb sehr viel schwächer absorbiert als thermische Neutronen. Schnelle Neutronen geben ihre Energie stufenweise durch elastische Stöße mit Atomkernen ab.

Die Aktivierung eines stabilen, nichtradioaktiven Isotops z. B. von $^{59}$Co, das ist das Target-Nuklid, mit thermischen und epithermischen Neutronen führt zur Bildung eines hochangeregten, instabilen Indikator-Radionuklids. In Gl. 4.40 ist die allgemeine Aktivierungsreaktion angegeben:

$${}^{A}_{Z}\mathrm{El} + {}^{1}_{0}\mathrm{n} \rightarrow {}^{A+1}_{Z}\mathrm{El} + \gamma \quad \text{und in Kurzschreibweise:}$$

$${}^{A}_{Z}\mathrm{El}(\mathrm{n},\gamma){}^{A+1}_{Z}\mathrm{El} \tag{4.40}$$

Durch die Neutronenaktivierung des stabilen Isotops $^{59}$Co wird nach Gl. 4.41 das Indikatornuklid $^{60}$Co gebildet:

$${}^{59}_{27}\mathrm{Co} + {}^{1}_{0}\mathrm{n} \rightarrow {}^{60}_{27}\mathrm{Co} + \gamma \tag{4.41}$$

Die bei der Aktivierung unmittelbar nach $10^{-9} - 10^{-13}$ s freigesetzten γ-Quanten (vgl. Gl. 4.40) werden nicht zur Nukliddetektion bei den üblicherweise eingesetzten Neutronenaktivierungstechniken, das sind die INAA und RNAA, genutzt, sondern nur bei der Prompt-Gamma-NAA (PGNAA).

## 4.8.3 Gamma-Spektrometrie

Im zweiten Teil der Analyse wird die radioaktive Probe mittels γ-Spektrometrie charakterisiert. Die Nuklid-Detektion erfolgt mithilfe bekannter Zerfallseigenschaften des gebildeten Radionuklides und dessen Folgeprodukte. Das im Beispiel nach Gl. 4.41 gebildete metastabile radioaktive Indikatornuklid $^{60}$Co, das nach $\beta^-$-Zerfall in das stabile $^{60}$Ni-Isotop übergeht, kann über diejenigen γ-Zerfälle identifiziert werden, die zusätzlich zum $\beta^-$-Zerfall emittiert werden (Gl. 4.42). Die Intensitäten der drei γ-Linien in Prozent und die Bildungswahrscheinlichkeit der Nuklide sind in Klammern angegeben:

$${}^{60}_{27}\mathrm{Co}(\beta^-,\gamma){}^{60}_{28}\mathrm{Ni} \tag{4.42}$$

γ-Linien: 58,6 keV (99,8%, 20), 1173,2 keV (99,9%, 37), 1332,5 keV (100%, 37)

Allgemein gilt, dass die mit einem γ-Detektor auf bestimmten Energielinien registrierten Zerfälle ($\mathrm{counts}_{\gamma\text{-Linie}}$) proportional sind zur Konstante $a_1$, Analytkonzentration ($m_{\mathrm{Analyt}}$)und Funktion $f_i$, die die Parameter Bestrahlungszeit $t_i$, Abklingzeit $t_d$ und Zählzeit $t_c$ enthält:

$$\mathrm{counts}_{\gamma\text{-Linie}} = a_1 \times m_{\mathrm{Analyt}} \times f_1(t_1, t_d, t_c) \tag{4.43}$$

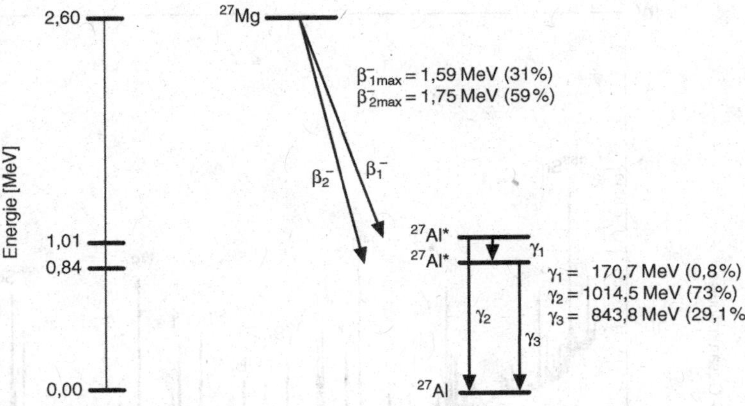


**4.62** Zerfallsschema mit γ-Energien für das Radionuklid $^{27}$Mg.

Die Konstante $a_1$ setzt sich zusammen aus dem Neutronenfluss Φ, dem Absorptionsquerschnitt für thermische Neutronen σ, der Intensität der γ-Linie I, und der Detektor-Effektivität ε. Die Funktion $f_i$ beschreibt den Zerfall des Indikatornuklids mit der Zerfallskonstante $\lambda_1 = \ln 2/T_{1/2}$:

$$f_i = \frac{1}{\lambda_1}(1 - e^{-\lambda_1 t_i}) \times e^{-\lambda_1 t_d} \times (1 - e^{-\lambda_1 t_c}) \tag{4.44}$$

Ein vereinfachtes Zerfallsschema mit γ-Energien für das Radionuklid $^{27}$Mg, das nach Neutronenaktivierung von $^{26}$Mg entstanden ist [$^{26}$Mg(n,γ)$^{27}$Mg(β$^-$,γ)$^{27}$Al], ist in Abb. 4.62 angegeben. Das so gebildete Indikatornuklid $^{27}$Mg zerfällt durch Aussenden von β$^-$-Strahlung zu zwei verschieden angeregten Energieniveaus von $^{27}$Al. Der höher angeregte $^{27}$Al*-Kern geht nach Emission einer γ-Strahlung von 1,01 MeV direkt in den Grundzustand über. Daneben erfolgt ein weiterer Übergang zu dem niedriger angeregten $^{27}$Al* nach Emission der γ-Strahlung von 0,17 MeV. Dieser $^{27}$Al*-Kern erreicht nach Emission eines dritten Photons (0,84 MeV) den stabilen Grundzustand. Diese drei γ-Linien, die aus dem Zerfall der beiden angeregten $^{27}$Al*-Zuständen resultieren, werden für die quantitative Bestimmung des Magnesiumgehalts der Probe genutzt..

Die Grundvoraussetzung zur Verarbeitung der transienten Messsignale variabler Intensität ist ein schneller, energiedispersiver, hochauflösender γ-Detektor gekoppelt an einen Vielkanalanalysator. In Abb. 4.63 wird der schematische Aufbau eines modernen HPGe-γ-Spektrometers wiedergegeben. Hochreine Ge-Halbleiterdetektoren (HPGe-) und Ge-Kristalle gedriftet mit Li (GeLi) werden heute bevorzugt für die Detektion der γ-Strahlung genutzt, anstatt der noch verbreiteten NaI(Tl)-Szintillationszähler. Halbleiterdetektoren haben eine Energieauflösung von < 2 keV. Die Zählausbeute des Detektors hängt ab von der Energie der γ-Strahlung, der γ-Zerfallswahrscheinlichkeit, der inneren Zählausbeute und der Totzeit des Detektors, der Strahlungsabsorption im Detektorfenster, der Selbstabsorption der Strahlung im Präparat, der Rückstreuung der Strahlung durch das Präparat sowie dem Geometriefaktor. Der Geometriefaktor hängt ab von geometrischen Anordnung des Messpräparats zum Detektor. Er beinhaltet Einflüsse wie die Größe und Form der Probe, die Verteilung der Radionuklide in der Matrix, die Anordnung des Probe relativ zum Detektor sowie die Abschirmung von Probe und Detektor. Das γ-Spektrum wird üblicherweise im Bereich von 50 bis 2200 keV aufgenommen, dies entspricht dann 4096 Kanälen (0,5 keV je Kanal) (Abb. 4.64). Die γ-Strahlung erzeugt im Halbleiter-Strahlungsdetektor paarweise Elektronen und Defekt-Elektronen, sog. Löcher. Ist die

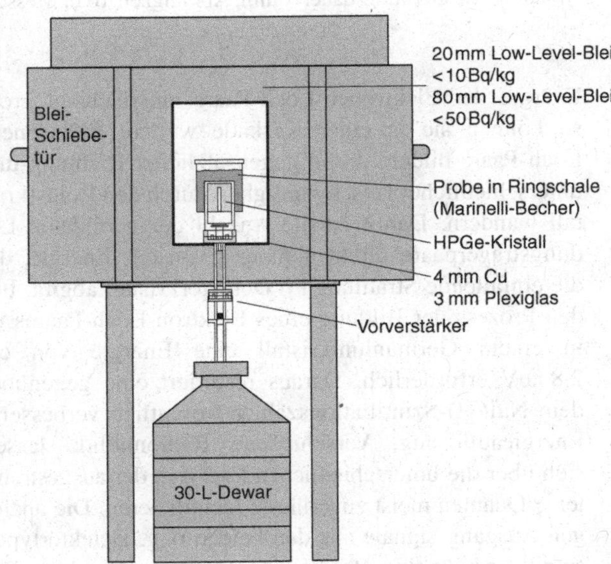


**4.63** Schematische Darstellung eines gut abgeschirmten Messplatzes mit niedrigem Untergrund (Low-Level) HPGe-γ-Spektrometers.

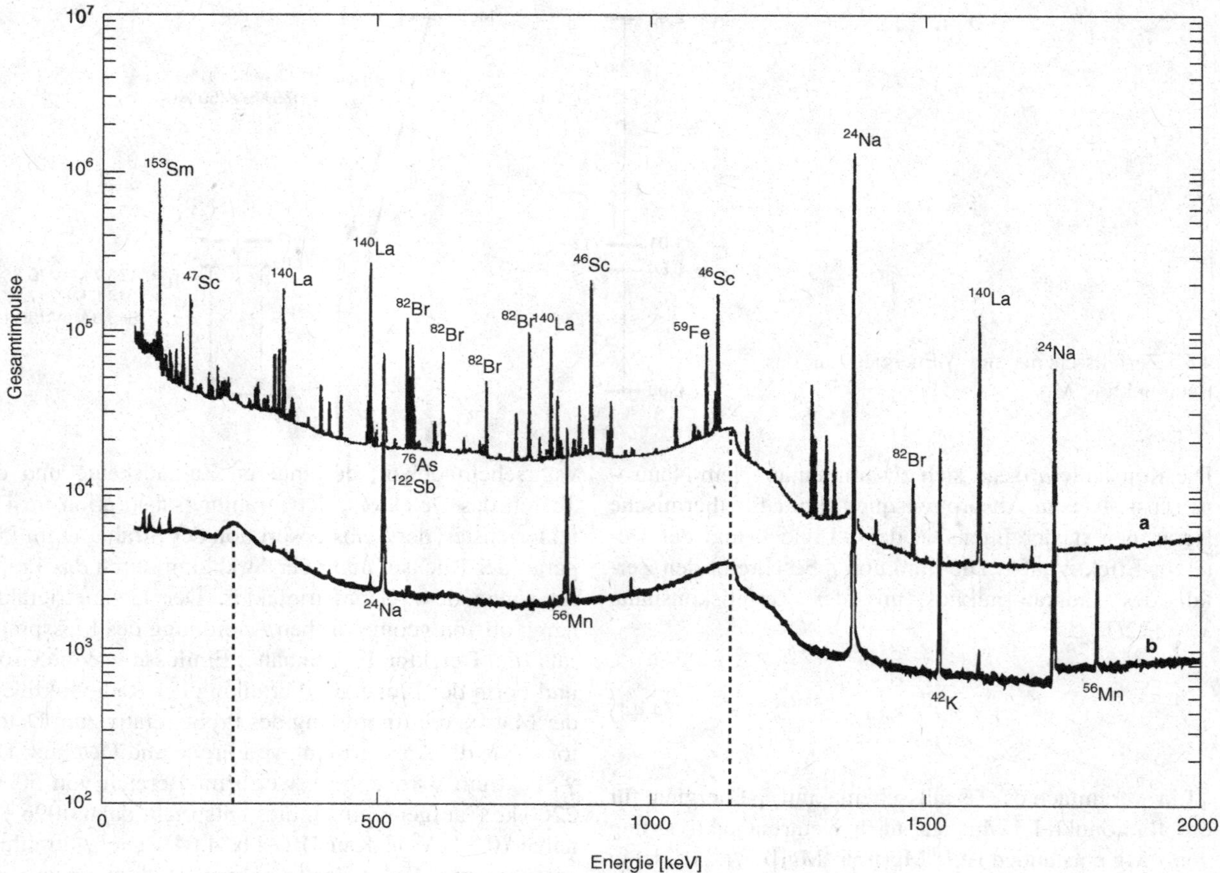


**4.64** HPGe-γ-Spektrum einer Kompost-Probe aus Reststoffen biologischer Herkunft aus Privathaushalten mit einigen zugeordneten Nuklidlinien; a) Bestrahlung über Angelschnur, Bestrahlungsdauer 1 h, Abklingzeit 6 d, Messdauer 22 h, b) Rohrpostbestrahlung, Bestrahlungsdauer 7 min, Abklingzeit 16 d, Messdauer 28 min.

Energie der Elektronen-Loch-Paare, ausreichend groß, so können sie in einer Kaskade weitere Elektronen-Loch-Paare bilden, die in gegensätzlicher Richtung und unterschiedlicher Geschwindigkeit durch den Reinstkristall wandern. Damit ist die Anzahl der gebildeten Ladungsträgerpaare direkt abhängig von der Energie, die die einfallende Strahlung im Detektorkristall abgibt. Für den Prozess der Bildung eines Elektron-Loch-Paares ist in einem Germaniumkristall eine Energie von ca. 2,8 keV erforderlich. Daraus resultiert eine gegenüber dem NaI(Tl)-Szintillationszähler wesentlich verbesserte Energieauflösung. Verschiedene Radionuklide lassen sich über die unterschiedlichen Energien der ausgestrahlten γ-Quanten meist zuverlässig identifizieren. Die analogen Ausgangssignale aus den beiden o. g. Detektortypen sind zeitabhängige Energiesignale (Stromimpulse). Die Höhe der Detektorimpulse ist von der Energie der Strahlung abhängig. Mit einem Impulshöhenanalysator wird das Energiespektrum aufgenommen. Das an den Detektor angekoppelte Elektroniksystem hat entscheidende Bedeutung für die Verstärkung, Peaksymmetrie, Linearität, Energie- und Zeitauflösung sowie Analog-Digital-Wandlung der eingespeisten Signale. Eingangszählraten von bis zu $10^6$ cps sind zu verarbeiten. Hauptaufgaben des Vielkanalanalysators sind das Auffinden und Bestimmen der Energie der Signale und ihrer Zählraten. Die Abschirmung von Analytsignalen gegen äußere Untergrundstrahlung wird durch Bleiplatten erreicht.

## 4.8.4 Die verschiedenen Methoden der NAA

Die Bezeichnung NAA umfasst eine ganze Bandbreite verschiedener Aktivierungsmethoden. An den für die Neutronenaktivierung eingesetzten Forschungsreaktoren können nur einige der unten stehenden NAA-Methoden, die unter anderem abhängig sind vom Neutronenfluss, der Neutronenenergie sowie den Bestrahlungs-,

| H | | | | | | | | | | | | | | | | | He |
|---|---|---|---|---|---|---|---|---|---|---|---|---|---|---|---|---|---|
| Li<br>-<br>6E-12 | Be<br>-<br>1E-10 | | | | | | | | | | | B | C | N | O | F<br>1E-6 | Ne |
| Na<br>1E-13 | Mg<br>3E-6<br>2E-9 | | | | | | | | | | | Al<br>3E-11 | Si<br>-<br>2E-9 | P<br>-<br>5E-12 | S<br>-<br>4E-9 | Cl<br>5E-9<br>7E-10 | Ar<br>2E-9<br>2E-11 |
| K<br>1E-11 | Ca<br>5E-11 | Sc<br>7E-16 | Ti<br>3E-9 | V<br>2E-9<br>3E-12 | Cr<br>2E-13 | Mn<br>1E-10<br>1E-12 | Fe<br>7E-12 | Co<br>2E-14 | Ni<br>2E-12 | Cu<br>1E-10<br>6E-12 | Zn<br>4E-13 | Ga<br>4E-13 | Ge<br>4E-10 | As<br>4E-14 | Se<br>6E-13 | Br<br>5E-13 | Kr<br>2E-8<br>5E-12 |
| Rb<br>1E-14 | Sr<br>2E-10 | Y<br>2E-7<br>2E-12 | Zr<br>3E-11 | Nb<br>2E-9<br>3E-10 | Mo<br>8E-13 | Tc | Ru<br>4E-13 | Rh<br>4E-10<br>2E-12 | Pd<br>6E-11 | Ag<br>6E-14 | Cd<br>2E-12 | In<br>4E-12<br>2E-13 | Sn<br>2E-11 | Sb<br>2E-14 | Te<br>4E-12 | I<br>2E-9<br>1E-12 | Xe<br>8E-10 |
| Cs<br>9E-14 | Ba<br>3E-11 | La<br>1E-14 | Hf<br>5E-15 | Ta<br>1E-14 | W<br>8E-14 | Re<br>3E-13 | Os<br>7E-13 | Ir<br>1E-15 | Pt<br>4E-12 | Au<br>6E-16 | Hg<br>2E-13 | Tl<br>3E-9<br>8E-10 | Pb<br>3E-7 | Bi<br>-<br>3E-9 | Po | At | Rn |
| Fr | Ra | Ac | | | | | | | | | | | | | | | |

| Ce<br>4E-13 | Pr<br>6E-12 | Nd<br>3E-12 | Pm | Sm<br>4E-15 | Eu<br>3E-14 | Gd<br>6E-12 | Tb<br>7E-15 | Dy<br>1E-10<br>8E-14 | Ho<br>3E-12<br>7E-13 | Er<br>4E-11<br>2E-12 | Tm<br>3E-12 | Yb<br>4E-14 | Lu<br>4E-14 |
|---|---|---|---|---|---|---|---|---|---|---|---|---|---|
| Th<br>2E-14 | Pa | U<br>6E-14 | Np<br>4E-10 | Pu<br>4E-16 | Am | Cm | Bk | Cf | Es | Fm | Md | No | Lr |

**Tabelle 4.9** Nachweisgrenzen in g/g für INAA und RNAA bei optimierten Bedingungen. In der ersten Zeile sind die INAA-Werte aufgelistet, in der zweiten Zeile die RNAA-Werte, wenn sie sich um eine Größenordnung von den INAA-Werten unterscheiden.

Probentransport- und Mess-Einrichtungen, für die Elementanalyse genutzt werden.

Die Geschwindigkeit der für die Aktivierung verwendeten Neutronen spiegelt sich in den NAA-Arten der Reaktor-Epithermischen-NAA (ENAA) und der Aktivierungsanalyse mit schnellen Neutronen (FNAA) wider. Mit schnellen Neutronen (E > 100 keV) werden bei dem oben gewählten Beispiel für $^{59}$Co weitere Radionuklide erzeugt als sie in der Gl. 4.41 angegeben sind:

$$^{59}_{27}\text{Co}(n, p)^{59}_{26}\text{Ni} \quad ^{59}_{27}\text{Co}(n, \alpha)^{56}_{25}\text{Ni}$$

$$^{59}_{27}\text{Co}(n, 2n)^{58}_{27}\text{Ni} \tag{4.45}$$

Je nachdem ob die erzeugten Nuklide direkt instrumentell (INAA) oder nach Abtrennung nachgewiesen werden, unterscheidet man zwei weitere Methoden. Chemische und radiochemische Trennoperationen werden bei der NAA durchgeführt um nukleare und spektrale Interferenzen bei der γ-Spektrometrie zu minimieren (s. Abschnitt NAA-Limitierungen). Abtrennung für die selektive Neutronenaktivierung oder auch Anreicherung geringer Analytmengen vor der Aktivierung werden bei der Chemischen-NAA (CNAA) durchgeführt. Bei der RNAA wird die Probe erst nach der Bestrahlung radiochemisch aufgearbeitet, ohne dabei zusätzliche Verunreinigungen der zuvor gebildeten Radionuklide befürchten zu müssen. Vor der Analytabtrennung wird der Probe ein Carrier oder ein Radiotracer zugesetzt (0,1–10 mg), um die Ausbeute nach dem Trennungsgang bestimmen zu können. Die Analytabtrennung muss also bei diesen Techniken nicht quantitativ dafür aber im hohen Grade reproduzierbar erfolgen. RNAA und CNAA erhöhen allerdings den Arbeits- und Zeitaufwand für die Aktivierungsanalyse beträchtlich. Gruppentrennverfahren durch Extraktion, Ionenaustausch, Säulenchromatographie sowie selektive Analyt-Matrix-Abtrennungen werden hierfür vorteilhaft eingesetzt. Die RNAA und die CNAA erweitern die Elementauswahl beträchtlich und erhöhen die erzielbare Nachweisempfindlichkeit für das Gesamtsystem. In Tab. 4.9 sind die Nachweisgrenzen für die INAA und die RNAA für 78 Elemente zusammengestellt. Die angegebenen INAA-Nachweisgrenzen wurden vor allem der Multielementbestimmung von Reinstwässern und hochreinem Silizium (1,3 kg Probe) entnommen. Häufig liegen die Nachweisgrenzen der INAA und RNAA im µg/g-ng/g bzw. im ng/g-pg/g Bereich. Sie sind von der Probenzusammensetzung abhängig (s. Abschnitt NAA-Limitierungen). Die RNAA-Werte wurden nur dann zusätzlich aufgeführt, wenn sie sich um mindestens eine Größenordnung von den INAA-Werten unterscheiden.

Die Aktivierung der Probe und das zeitgleiche Messen der prompten γ-Strahlung für die PGNAA erfolgen an Neutronenleiter-Positionen außerhalb des Reaktorkerns. Die PGNAA wird besonders vorteilhaft für das Quantifizieren der Nichtmetalle H, C, N, Si, P, S sowie die Elemente B, Cd und Gd eingesetzt, die ansonsten für die INAA nur schwer zugänglich sind.

## 4.8.5 Die Aktivierungsgleichungen und die Aktivierungsparameter

Die Bedeutung der drei Kernparameter für die Neutronenaktivierung, das sind die Isotopenhäufigkeit h, die Halbwertszeit des Targetnuklids $T_{1/2}$ und der Wirkungsquerschnitt σ, wird aus der Aktivierungsgleichung (Gl. 4.46) deutlich. Die Kernparameter sind in Nuklidkarten und Nuklidtabellen angegeben. Zusätzlich sind der Neutronenfluss, die Analytmasse und die Bestrahlungsdauer von zentraler Bedeutung für die Neutronenaktivierung.

$$A_0 = \sigma\Phi\frac{m_{\text{Analyt}}}{M}N_A h(1-\mathrm{e}^{-(\ln 2/T_{1/2})t_i}) \qquad (4.46)$$

mit
- $A_0$: Aktivität des bestrahlten Isotops [Bq = $s^{-1}$]
- $N_A$: Avogadrokonstante
- σ: Absorptionssquerschnitt für thermische Neutronen [$cm^2$]; [barn = $10^{-24}$ $cm^2$]
- Φ: Neutronenfluss [$cm^{-2}$ $s^{-1}$]
- $M$: Atomgewicht des Elements [g]
- $m_{\text{Analyt}}$: Masse des Analyten [g]
- $h$: relative Häufigkeit des Analyt-Isotops
- $T_{1/2}$: Halbwertszeit [s]
- $t_i$: Bestrahlungsdauer [s]

Für einen Al-Gehalt von 1 µg in einer Probe errechnet sich $A_0$ (Gl. 4.46) mit $\Phi = 10^{13}$ $cm^{-2}s^{-1}$, m = 1 µg, $\sigma = 0{,}23 \times 10^{24}$ $cm^2$, $T_{1/2} = 2{,}246$ min, $t_i = 1$ min wie folgt:

$$A_0 = 0,23\times 10^{-24}\times 10^{13}\frac{10^{-6}}{26{,}9815}(6,022\times 10^{23})$$
$$\times (1-\mathrm{e}^{-(\ln 2/2{,}246\times 60)60})$$
$$A_0 = 1,36\times 10^{4}[\text{Bq}]$$

In Tab. 4.10 sind die resultierenden Aktivitäten für verschiedene Indikatornuklide mit den o. g. Parametern $m$ und Φ unter Variation der Bestrahlungszeit von 1 min, 1 h und 1 d angegeben.

Die Faktoren vor der Klammer in der Aktivierungsgleichung (Gl. 4.46) geben die Sättigungsaktivität wieder, die bei einer Bestrahlungsdauer von 8–10 Halbwertszeiten erreicht wird. Dies wird in Abb. 4.65 verdeutlicht, in der die erzeugte Aktivität in Abhängigkeit der Bestrahlungszeit aufgetragen ist. Durch die Variation der Bestrahlungszeit, von Sekunden bis zu Tagen, lassen sich Radionuklide unterschiedlicher Halbwertszeiten für die Aktivierungsanalyse nutzen. Die Probenanalyse wird häufig so durchgeführt, dass die Probe im ersten Schritt zunächst mittels Kurzzeitbestrahlung

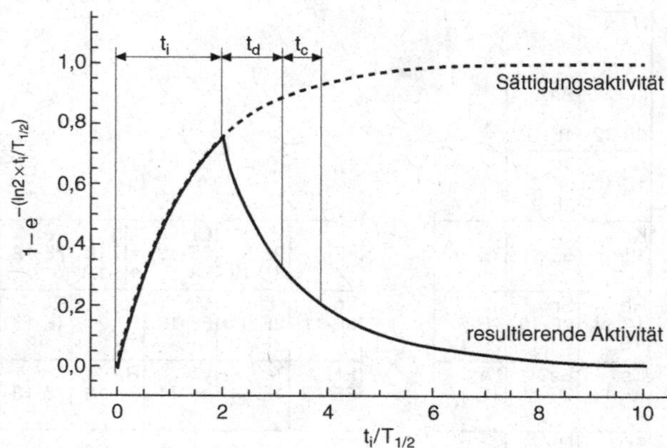


**4.65** Erreichbare Sättigungsaktivität in Abhängigkeit der Bestrahlungszeit $t_B$ mit Aktivitätsveränderung während der Probenaktivierung, Abklingzeit und anschließender γ-Messung.

im Sekunden- bis Minutenbereich und im zweiten Schritt mittels Langzeitaktivierung im Stundenbereich aktiviert wird. Dadurch werden unterschiedliche γ-Spektren generiert, die im ersten Fall vor allem die kurzlebigen Radionuklide anzeigen. Bei Langzeitbestrahlungen sind die Radioaktivitäten der kurzlebigen Radionuklide weitgehend abgeklungen (s. Abb 4.64).

Die Aktivität der Probe nach der Abklingzeit $t_d$ wird nach Gl. 4.47 ermittelt:

$$A(t) = A_0\,\mathrm{e}^{-(\ln 2/T_{1/2})t_d} \qquad (4.47)$$

Die Analytmenge $m_{\text{Analyt}}$ lässt sich nach Umformen von Gl. 4.47 berechnen, wenn alle anderen Parameter bekannt sind (Absolutmethode). Der Neutronenfluss während der Bestrahlung wird mithilfe von sog. Flussmonitoren ermittelt. Als Flussmonitore finden beispielsweise Zr-Plättchen oder Legierungen in Form von Au/Al- und Co/Al-Drähten Verwendung, um den Fluss der thermischen und epithermischen Neutronen anhand der erzeugten Radionuklide $^{95}$Zr und $^{97}$Zr zu bestimmen. Mithilfe eines $^{177}$Lu-Monitors lässt sich die Neutronentemperatur nach Maxwell berechnen. Bei der Relativmethode werden zur Probe ein oder mehrere Standards beigegeben, die unter möglichst identischen Bedingungen zusammen mit der Probe bestrahlt und detektiert werden. Die Quantifizierung bei der Aktivierungsanalyse wird dann über diese Mono- oder Multi-Elementstandards, die unter fast identischen Bedingungen in der Probe oder zusammen mit der Probe bestahlt werden, erzielt. Bei der $k_0$-Methode werden sog. $k_0$-Faktoren für das jeweilige Element aus kernspezifischen Parametern, wie der γ-Zerfallswahrscheinlichkeit, der Isotopenhäufigkeit und dem

**Tabelle 4.10**: Resultierenden Aktivitäten für verschiedene Indikatornuklide bei Variation der Bestrahlungszeit und mit $\Phi = 10^{13}$ cm$^{-2}$s$^{-1}$, $m = 1$ µg.

| Indikatornuklid | Halbwertszeit, $T_{1/2}$ | Aktivität [Bq] | | | |
|---|---|---|---|---|---|
| | | 1 min | 1 h | 1 d | Sättigung |
| $^{27}$Al | 2,246 min | 13600 | 51300 | 51300 | 51300 |
| $^{199}$Pt | 30,8 min | 231 | 7680 | 10400 | 10400 |
| $^{31}$Si | 2,62 h | 3,52 | 186 | 798 | 799 |
| $^{42}$K | 12,36 h | 14,4 | 838 | 11370 | 15370 |
| $^{191}$Pt | 2,8 d | 0,0989 | 5,9 | 127 | 608 |
| $^{47}$Ca | 4,54 d | 0,0004 | 0,0222 | 0,469 | 3,5 |

Neutronenquerschnitt berechnet. Diese erlauben es, mithilfe eines Komparators, einer simultan bestrahlten Goldprobe bekannter Masse, Rückschlüsse auf den Gehalt des entsprechenden Elements zu ziehen.

Zu den Elementen, die aufgrund ihrer Wirkungsquerschnitte durch die (n,γ)-Reaktion nur geringem aktiviert werden, gehören H, B, C, N, O und Pb. Dies hat unter anderem den Vorteil, dass mit der NAA auch organische Proben auf ihren Spurenelementgehalt untersucht werden, da die H-, C-, O-, N-Matrix, wie sie vor allem in Kunststoffen und biologischen Proben auftreten, zu keiner wesentlichen Aktivität führt. Mittels INAA sind die Elemente Li, Be, Si, P und Pb nur schwer zu erfassen. Die in Umweltproben recht häufigen Matrixelemente S, Ca und Fe stören wegen der geringen Isotopenhäufigkeit des aktivierbaren Nuklids nur wenig. Jedoch können hohe Konzentrationen an Na, Cl, K, Sc, Mn, Ga, As, Br, La, Hf, W, Os, Au und den Seltenheitselementen aufgrund der o.g. Kernparameter hohe Probenaktivität bzw. einen erhöhten Untergrund im Gamma-Spektrum bewirken. Bei diesen Proben muss dann eine Analyt-Matrix-Abtrennung vor oder nach der Bestrahlung (CNAA und RNAA) erfolgen.

## 4.8.6 Erzeugung von Neutronen

Kernreaktoren sind die leistungsstärksten Neutronenquellen, welche gleichbleibende Flüsse bis etwa $10^{15}$ n cm$^{-2}$ s$^{-1}$ oder gepulste Neutronenflüsse bis etwa $10^{18}$ n cm$^{-2}$s$^{-1}$ liefern. Für die NAA sind vor allem konstante Neutronenflüsse von $10^{13}$ n cm$^{-2}$ s$^{-1}$ von Bedeutung. Das Nachweisvermögen für die einzelnen Elemente wird hauptsächlich durch den Absorptionsquerschnitt für Neutronen des Targetnuklids und durch den Neutronenfluss bestimmt (Gl. 4.46). Eine Übersicht über die Neutronenflüsse verschiedener Reaktoren und über die Möglichkeiten, Neutronenaktivierungen durchzuführen, ist in Tab. 4.11 zusammengestellt. Von Spallationsquellen, die sich noch im Entwicklungsstadium befinden, werden thermische Neutronenflüsse von etwa $10^{15}$ n cm$^{-2}$ s$^{-1}$ erwartet. Für die Erzeugung von schnellen Neutronen und geladenen Teilchen (p, d, α, t, $^3$He, $^7$Li, $^{10}$B), für die *charged particle activation* (CPAA), variabler Energie (ca. 0,8–78 MeV) gewinnen Linearbeschleuniger und Zyklotrone an Bedeutung. Die Hauptanwendung dieser Technik besteht zur Zeit in der Medizin und Oberflächentechnologie wobei auch die Elemente Fluor, Sauerstoff, Silicium, Stickstoff und Yttrium für

**Tabelle 4.11** Thermischer Neutronenfluss in einigen ausgewählten europäischen Forschungsreaktoren.

| Land | Stadt | Bezeichnung | Neutronenfluss [cm$^{-2}$ s$^{-1}$] |
|---|---|---|---|
| A | Wien | VIENNA | $1\times10^{13}$ |
| | Wien-Seibersdorf | ASTRA | $1\times10^{14}$ |
| B | Gent | Thetis RR-BN-1 | $3\times10^{12}$ |
| | Mol | BR-2 | $1\times10^{15}$ |
| CH | Villingen,PSI | SINQ[3] | $1\times10^{14}$ |
| D | Berlin | BER II | $2\times10^{14}$ |
| | Geesthacht | FRG-1 | $7\times10^{13}$ |
| | Jülich | FRJ-2 | $3\times10^{14}$ |
| | Mainz | FRMZ | $4\times10^{12}$ |
| | München-Garching[1] | FRM II | $8\times10^{14}$ |
| F[2] | Grenoble | HFR Grenoble | $1\times10^{15}$ |
| EU | Petten | HFR | $3\times10^{14}$ |
| NL | Delft | HOR | $3\times10^{13}$ |

[1] im Bau
[2] Forschungsreaktor der Länder F, D, GB, A, I, ES; nur für PGNAA
[3] Spallationsquelle

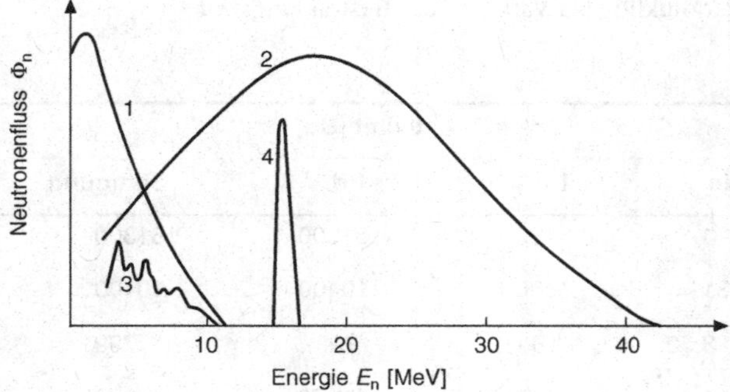


**4.66** Energiespektren von Neutronen aus verschiedenen Quellen: 1) Kernreaktor und $^{252}$Cf-Isotopenquelle; 2) Cyclotron 40 MeV-Neutronen; 3) 241 Am/Be-Isotopenquelle; 4) 14 MeV-Neutronengenerator.

die Quantifizierung gut zugänglich werden. Schnelle Neutronen der Energie von etwa 14 MeV werden in einem Neutronengenerator nach der Reaktion $^3H(d,n)^4He$ erzeugt ($10^9$ n $cm^{-2}$ $s^{-1}$). Im Labor dienen $^{252}$Cf-Spontanspalter als Neutronenquellen, geringer Flussdichte ($10^8$–$10^{10}$ n $cm^{-2}$ $s^{-1}$). Die Neutronen werden dort auch mittels kombinierten ($\alpha$,n)- und ($\gamma$,n)-Reaktionen in Ra/Be-, Am/Be-, Pu/Be-, Ac/Be- und Sb/Be-Quellen mit Neutronenflüssen von $10^5$–$10^7$ n $cm^{-2}$ $s^{-1}$ erzeugt. Die Aktivierung mit extrem energiereichen Photonen (IPAA) (35 MeV) erfolgt mithilfe eines Elektronenbeschleunigers hoher Energie zur Auslösung von ($\gamma$,n)-Reaktionen. Die qualitativen Energiespektren von Neutronen aus den o. g. Quellen sind in Abb. 4.66 wiedergegeben.

## 4.8.7 Analytische Bedeutung der NAA

Die NAA ist bei der Zertifizierung von Standardreferenzmaterialen (SRM) unentbehrlich. Das im zweijährigen Abstand fortgeschriebene Programm "Analytical Quality Control Services" der International Atomic Energy Agency (IAEA) basiert zu einem entscheidenden Anteil auf der Richtigkeit und Präzision der Neutronenaktivierungsanalytik. Vor allem die INAA und RNAA werden zur Bestimmung der Elementgehalte in den unterschiedlichsten SRM, die von dem Community Bureau of Reference (BCR), der IAEA , und dem National Institute of Standards and Technology (NIST) zu beziehen sind, eingesetzt. Als Absolutmethoden werden gleichberechtigt zur NAA die Isotopenverdünnungsanalyse (IVA) für die Zertifizierung von Referenzmaterialien eingesetzt. Die Richtigkeit der NAA-Ergebnisse wurde für die unterschiedlichsten Proben über zahlreiche Ringversuche immer wieder bestätigt. Die relativen Fehler, die bei der Routineanalyse mittels INAA angegeben werden, liegen für Multielementbestimmungen von Nebenbestandteilen und Spurenanalyse um 10 %. Diese relativen Fehler lassen sich für die INAA zum Teil bis auf Werte kleiner 1 % optimieren. Die Messunsicherheiten werden vor allem bedingt durch die Selbstabschirmung der Probe, die Zählunsicherheiten des Signals und des Untergrunds, den ungleichen Neutronenfluss bei Standard und Probe, deren ungleiche Neutronenabsorptionen sowie durch unterschiedliche Geometrien von Standard und Probe.

Der besondere Vorteil der INAA ist die simultane Multielement-Bestimmung von etwa 20 bis zu 30 Elementen nach einer Kurz- und einer Langzeit-Neutronenbestrahlung. Dabei werden die Probenbestandteile in dem weiten dynamischen Messbereich von $10^{-3}$ bis zu $10^{-12}$ g/g charakterisiert. Die $\gamma$-Spektrometrie der Probe erfolgt weitgehend kontaminationsfrei, weil keine Chemikalien oder Reagenzien zugefügt werden müssen, häufig auch ohne Zerstörung der Probe bei zugleich hoher Nachweisempfindlichkeit (bis zu $4 \times 10^{-16}$ g/g) und geringer Probeneinwaage (etwa 100 mg). Homogene Proben geeigneter Größe werden vor der Bestrahlung in Polyethylenfolie, Quarzglas oder Teflon verpackt und mit Kalibrierstandards versehen. Die Kalibrierung der NAA erfolgt auch für die Spuren- und Ultraspuren-Analyse über wägbare Elementstandards. Extrem niedrige Blindwerte bei der INAA und der RNAA ermöglichen die Untersuchung von Reinstchemikalien (Reinstwasser, ultrareine Säuren) und Reinststoffen (Si-Wafer, Precursoren). Je nach Probenzusammensetzung (s. Abschnitt NAA-Limitierungen) und Bestrahlungszeit wird nur ein geringer Anteil der Elemente zu kurzlebigen Radioisotopen aktiviert, sodass bei Reinstchemikalien und bei Reinstwässern die Probe schon nach kurzer Abklingzeit frei von Radioaktivität ist. Paralleluntersuchungen an der gleichen Probe mit anderen analytischen Methoden sind auf diese Weise möglich. Die Probenmenge kann u.U. vom mg- bis in den kg-Bereich variiert werden. Die NAA ist weitgehend unabhängig von der Probenart und wird vor allem für Feststoffe und Flüssigkeiten eingesetzt. Der Elementgehalt in schwerlöslichen Materialien und Werkstoffen (Kunststoffe, Keramiken, Gläser, geologische Proben, Verbundmaterialien, Refraktärmetalle und Refraktärmetalllegierungen) lässt sich zuverlässig über die INAA ermitteln. Bei der Bestimmung von Feststoffen ist für die Richtigkeit der NAA-Ergebnisse die Probenhomogenität entscheidend. Die Analyt-Identifizierung erfolgt über die Auswertung zweier voneinander unabhängiger Messgrößen, der Energie der $\gamma$-Strahlung und der Bestimmung der Halbwertszeit ($T_{1/2}$). Bei der $\gamma$-Detektion werden auch unerwartete und deshalb nicht abgefragte Elemente registriert.

## 4.8.8 NAA-Limitierungen

Die NAA ist örtlich an die jeweilige Neutronenquelle gebunden. Der Umgang mit Radionukliden wird durch die Strahlenschutzverordnung und Umgangsgenehmigungen geregelt. Eine lange Bestrahlungsdauer resultiert u.U. aus dem geforderten Nachweisvermögen (Gl. 4.46). Die Gesamtaktivität der Probe und die daraus resultierende Abklingzeit wird durch die Probenzusammensetzung bestimmt (Gl. 4.47). Die Multielementanalyse mittels NAA ist dann begünstigt, wenn keine stark dominierende Aktivität von einzelnen Radionukliden durch die Aktivierung hervorgerufen wird. Probenhauptkomponenten wie z. B. Na, P, Cl, K und Br bewirken hohe Probenaktivität, die vor der γ-Spektrometrie durch Abklingen der Probe über mehrere Stunden bis Tage reduziert wird. Dadurch können dann die Analyt-Elemente mit kürzeren Halbwertszeiten nicht mehr detektiert werden. Lange Abklingzeiten verzögern deutlich die schelle Auswertung der Proben und limitieren den Einsatz der NAA für die Routineanalytik. Nach der Aktivierung entstehende kurzlebige Radionuklide ($T_{1/2} \approx 0{,}1$–$100$ s) lassen sich durch sofort anschließende γ-Messungen erfassen. Hierzu wurde an wenigen Reaktoren (Berlin, München, Wien-Seibersdorf) ein ultraschnelles Rohrpost-Probentransportsystem mit Gesamttransportzeiten von etwa 100 ms in Betrieb genommen. Die Anzahl der mit INAA bestimmbaren Isotope wird durch diese Technik um etwa 100 Targetnuklide, zu denen $^{7}$Li, $^{11}$B, $^{19}$F, $^{23}$Na, $^{166}$Er und über Konsekutivreaktionen Ba und Pb zählen, erweitert. Auch der Probendurchsatz bei der INAA lässt sich mittels eines schnellen Rohrpost-Systems deutlich erhöhen.

Feststoffproben dürfen in Abhängigkeit von der Bestrahlungsdauer nur eine geringe Restfeuchte bzw. eine geringe Menge an organischen Lösungsmitteln enthalten, um zu verhindern, dass durch strahlenchemische Zersetzung, die sog. Radiolyse, die Bestrahlungseinrichtungen, der Transportbehälter oder die Probe zerstört bzw. kontaminiert werden. Radiolyse führt zur Gasbildung in der Probe und kann so das Zerreißen und Zerplatzen der Probenumhüllungen bewirken. Beim Öffnen solcher unter Druck stehenden Probenverpackungen ist besonders zu beachten, dass unkontrolliertes Austreten von radioaktiven Probenbestandteilen und der damit bedingten Kontamination von Personal und Laborumgebung vermieden wird.

Die Neutronen-Selbstabsorption muss bei Probenmengen größer 1 g berücksichtigt werden und lässt sich entweder rechnerisch oder durch Standards ähnlicher Geometrie erfassen. Diese Korrekturen werden durch Begleitelemente bedingt, die hohe Neutronenabsorptionsquerschnitte aufweisen, und die in erhöhten Konzentrationen in der Probe vorhanden sind.

Primäre Störreaktionen sind durch Neutronen induzierte Kernreaktionen, die das Indikatornuklid auch aus anderen als dem zu bestimmenden Element produzieren (Gl. 4.48):

$$^{26}\text{Mg}\,(n,\gamma)\,^{27}\text{Mg}: \quad ^{27}\text{Al}\,(n,p)^{27}\text{Mg}; \quad ^{30}\text{Si}\,(n,\alpha)\,^{27}\text{Mg} \qquad \text{Gl. 4.48)}$$

Diese Störreaktionenen sind bei der Reaktorneutronenaktivierung und der Aktivierung mit $^{252}$Cf-Neutronen rechnerisch korrigierbar. Sekundäre Störreaktionen sind Reaktionen verschiedener Kernteilchen zum jeweiligen Indikatornuklid. Diese Interferenzen treten hauptsächlich bei der Aktivierung mit energiereichen Neutronen auf. Störreaktionen zweiter Ordnung werden durch überlagernde (n,γ)-Folgereaktionen hervorgerufen (Gl. 4.49):

$$^{31}\text{P}\,(n,\gamma)\,^{32}\text{P}: \qquad ^{30}\text{Si}\,(n,\gamma)\,^{31}\text{Si} \xrightarrow{\beta^-} {}^{31}\text{P}\,(n,\gamma)\,^{32}\text{P} \qquad (4.49)$$

Bei der γ-Spektrometrie können die o. g. nuklearen Interferenzen das sind die primären und sekundären Störreaktionen nicht aufgelöst werden. In Einzelfällen kann zur Nuklid-Identifizierung in parallelen Messungen auch die emittierte β-Strahlung des Indikatornuklids genutzt werden, wie z. B. der Zerfall von $^{60}$Co (Gl. 4.42):

$^{60}$Co: γ-Linien:58,6; 1173,2; 1332,5 keV;
$\beta^-$-Energien: 0,3; 1,5 MeV

Spektrale Interferenzen überlagern u. U. die zu detektierenden γ-Linien. In Abb. 4.66 wird die spektrale Überlagerung von $^{199}$Au (158,4 keV), der Tochter von $^{199}$Pt, von $^{47}$Sc (159,3 keV), der Tochter von $^{47}$Ca, in einer Probe, die neben Pt auch Ca enthält, gezeigt.

## 4.8.9 Anwendungen der NAA

Ein Zweijahresüberblick über alle Aktivierungsmethoden wurde bis 1996 in der Zeitschrift "Analytical Chemistry" regelmäßig veröffentlicht. Artikel zur NAA und zu Konferenzen über Aktivierungsanalyse werden v. a. im J. Radioanal. Nucl. Chem. abgedruckt (s. a. Literaturhinweise). Zahlreiche analytische Untersuchungen mithilfe der Aktivierungsanalyse in der Archäometrie, Biologie, Forensik, Geologie, Kunsthistorik, Lebensmitteltechnologie, Materialwissenschaften, Medizin, Pharmazie sowie Untersuchungen von Umweltproben sind in der umfangreichen Literatur zur NAA beschrieben. Die NAA erhielt durch ihre Akzeptanz bei Gericht – auch in Strafprozessen – und als Schiedsmethode bei unterschiedlichen Analysenergebnissen durch andere Analysenverfahren herausragende Bedeutung. Der Methodenvergleich von NAA mit

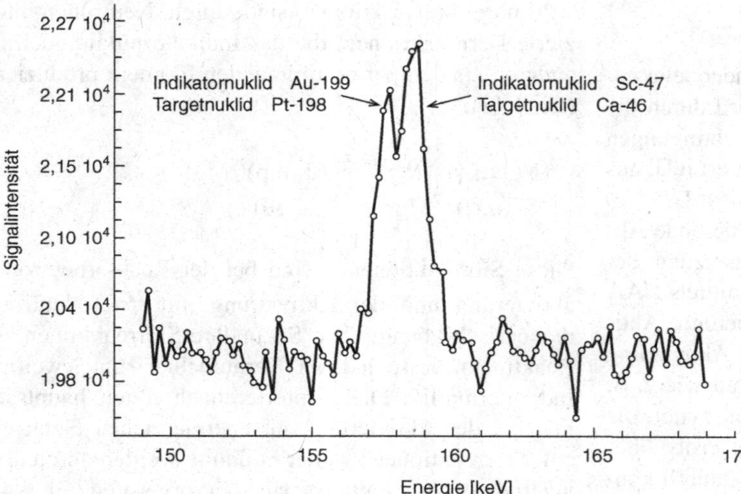


**4.67** Spektrale Überlagerung der γ-Linien von $^{199}$Au (158,4 keV) und von $^{47}$Sc (159,3 keV) in einer Probe, die neben Pt auch Ca enthält.

ICP-AES und ICP-MS erlangt gegenwärtig besondere Bedeutung, da diese Techniken eine weitgehende Übereinstimmung bzgl. ihres Analysenvermögens und ihrer Einsatzgebiete aufweisen. Der Vergleich von NAA mit Oberflächen- bzw. mit Festkörpermethoden (PIXE, RFA, TRFA, SIMS, GDMS) und mit atomspektroskopischen Techniken (AAS, ICP-AES) wurde sowohl für die Charakterisierung von Standardreferenzmaterialien als auch von verschiedenen Proben durchgeführt.

Die Elementbestimmung in medizinischen Proben erfolgt v. a. mittels INAA, RNAA und PGNAA. Der besonderere NAA-Vorteil für diese Untersuchungen liegt darin, dass nur geringe Probenmengen von etwa 50–100 mg benötigt werden. Mittels RNAA werden v. a. die Anreicherungen toxischer Elemente (As, Cd, Cr, Cu, Hg, Mo, Mn, Sb, Se, Sn und V) aus der Umwelt etwa in Hirnproben, Haaren, Knochen, Zähnen, Finger- und Fußnägeln, Blut, Blutplasma und Muttermilch untersucht. PGNAA in Kombination mit INAA werden bei *in vivo* Untersuchungen und bei Ganzkörper-Element-Bestimmungen von Patienten hauptsächlich von Ca, Cl, I, N, Na und P mit Messunsicherheiten von 1–2% eingesetzt. Im Zusammenhang mit der Borneutroneneinfangtherapie (BNCT) wurden in vivo $^{10}$B-Bestimmungen an Krebspatienten mittels PGNAA zur Abschätzung der verabreichten Strahlendosis vorgenommen.

Die exakte Bestimmung auch geringster Spuren (Edelmetalle und Seltene Erden) sind in der Geologie von besonderer Bedeutung. Die Bestimmung von 39 Elementen in Rohölen erfolgte mittels INAA. Aus diesen Ergebnissen wurden über Cluster-Analysen Korrelationen zu anderen Ölproben mit geologischen Kenndaten und zum geologischen Alter des Ölfeldes durchgeführt. Die Bestimmung der Edelmetallkonzentrationen in Meteoriten und in Mondgestein erfolgte mittels RNAA. Korrelation des Fundgegenstandes zum Herstellungsort aufgrund der mittels NAA ermittelten Elementverteilungen in den Proben, der sog. Fingerprint, werden häufig in der Archäometrie vorgenommen. Die Bestimmung von Nebenbestandteilen und Spuren in 1–50-kg-Proben in nur schwer zu homogenisierenden geologische Proben wird zur Zeit an einigen Reaktoren erarbeitet.

Durch Vorschalten von Chromatographie-Techniken (s. Kap. 6) vor die Aktivierung kann die NAA als nachweisstarker Detektor bei der Element-Speziation (z. B.: $As^{V}$; $Sb^{III}$, $Sb^{V}$; $I^-$, $IO_3^-$) verwendet werden. Mittels IPAA von $^{35}Cl(\gamma,n)^{34m}Cl$, wurde eine schnelle Chlor-Bestimmung in flüssigen und festen Stoffen mit hohen und niedrigen Chlor-Gehalten ausgearbeitet. Diese Technik wurde auf die indirekte Summenbestimmung von PCB, Dioxinen und AOX übertragen. Halogenhaltige Verbindungen in Wässern und Böden wurden nach Extraktion auf Aktivkohle absorbiert und anschließend der Cl-, Br- und I-Gehalt mittels CNAA bestimmt. Dabei wurden Nachweisgrenzen von 0,1–5 µg/g für die Elemente Cl und Br erreicht.

Die INAA wird für die Spuren- und Ultraspurenbestimmungen auf Wafer-Oberflächen, in hochreinem Si, von Si-Carbid, von Ga und von Ga-Arsenid eingesetzt. Auch die Charakterisierung von Al-Folien und von hochreinen Refraktärmetallen wie Ti, Zr, Hf, Ta und W erfolgt durch INAA. Die Verteilung von Bor und Sauerstoff im Tiefenbereich von wenigen Mikrometern in Halbleiter-Material und supraleitenden Keramiken wurde mittels PGNAA durchgeführt. Ortsauflösung in x,y-Richtung wird über die Kombination von Aktivierung und Detektion mittels Autoradiographie erreicht. Unregelmäßig geformte Werkstücke (Motoren, Getriebeteile, gebogene Röhren) lassen sich so auf mögliche Schadstellen überprüfen.

**Grundlegende radiochemische Begriffe:**

Für den Zerfall eine Radionuklids A* unter Bildung des stabilen Isotops B und Emission von Teilchen und/oder von Quanten gilt allgemein:

$A^* \rightarrow B + x + \Delta E$

α-Zerfall: $^{A}_{Z}El \rightarrow ^{A-4}_{Z-2}El + ^{4}_{2}He$

β⁻-Zerfall: $^{A}_{Z}El \rightarrow ^{A}_{Z+1}El + e^- + \bar{\nu}$

β⁺-Zerfall: $^{A}_{Z}El \rightarrow ^{A}_{Z-1}El + e^+ + \nu$

Elektroneneinfang: $^{A}_{Z}El + e^- \rightarrow ^{A}_{Z-1}El + \nu$

Der radioaktive Zerfall lässt sich zeitabhängig erfassen durch:

$$-\frac{dN}{dt} = \lambda N \quad (4.50)$$

N: Anzahl der Atome, λ: Zerfallskonstante

Integration von Gl. 4.50 zur Zeit t = 0 ergibt:

$$N = N_0 \cdot e^{-\lambda t} \quad (4.51)$$

und mit Einführung der Halbwertszeit $T_{1/2}$, das ist diejenige Zeit, in der die vorgegebene Menge eines Radionuklides zur Hälfte zerfallen ist $N_{T1/2} = N_0/2$ folgt:

$$N_t = N_0 \cdot e^{-\frac{\ln 2}{T_{1/2}} t_i} \quad (4.52)$$

bzw. mit Einführung der Aktivität ergibt sich die zeitabhängige Beziehung:

$$A_t = A_0 \cdot e^{-\frac{\ln 2}{T_{1/2}} t} \quad (4.53)$$

Die Aktivität ist definiert aus der Zerfallsrate (Gl. 4.50) als:

$$A = -\frac{dN}{dt} = \lambda N = \frac{\ln 2}{T_{1/2}} \cdot N\left[\frac{1}{s} = Bq\right] \quad (4.54)$$

und mit $m = \frac{N \cdot M}{N_A}$ ergibt sich die Beziehung von Aktivität A und Stoffmenge m für ein spezifisches Nuklid der Nuklidmasse M:

$$A = \frac{\ln 2}{T_{1/2}} \cdot \frac{m}{M} \cdot N_A \quad (4.55)$$

# Weiterführende Literatur


**Absorptionsspektrometrie**

Dean, J. R., *Atomic Absorption and Plasma Spectroscopy*, (2. Ed.) Wiley-VCH, Weinheim 1997.

Ebdon, L., (Ed.) *An Introduction to Atomic Absorption Spectroscopy*, Wiley-VCH, Weinheim 1998.

Haswell, S. *Atomic Absorption Spectrometry: Theory, Design and Applications*, Elsevier, Amsterdam 1991.

Jackson,K. W. *Atomic Absorption, Atomic Emission and Flame Emission Spectrometry*, Anal. Chem. 363 R, 1998.

Schlemmer, G., Radzuik, B., *Analytical Graphite Furnance Atomic Absorption Spectrometry*, Birkhäuser, 1999.

Welz, B. *Atomabsorptionsspektrometrie*, 4. Auflage, Wiley-VCH, Weinheim 1997.

**ICP**

Beauchemin, D., Le Blanc, J. C., Peters, G. R., Persaud A. T. *Plasmal Emission Spectrometry*, Anal. Chem. 66 (1964) 462 R. Boumans, P. W. J. M. *Inductively Coupled Plasma Emission Spectroscopy*, Part 1; Methology, Instrumentation and Performance; John Wiley & Sons, NY, Volume 90, 1987.

Boumans, P. W. J. M. *Inductively Coupled Plasma Emission Spectroscopy*, Part 2; Applications and Fundamentals; John Wiley & Sons, NY, Volume 90, 1987.

Montaser, A., Golightly, D.W. (Hrsg.) *Inductively Coupled Plasmas in Analytical Atomic Spectrometry*, 2nd Edition, VCH Verlagsgesellschaft mbH, New York, Weinheim, Cambridge, 1992.

Sneddon, J., (Ed.) *Sample Introduction in Atomic Spectroscopy*, Elsevier, Amsterdam 1990.

Thompson, M., Walsh, J. N. *Handbook of Inductive Coupled Plasma Spectrometry*, (2. Ed.) Blackie, London 1993.

Jackson, K. W. *Atomic Absorption, Atomic Emission and Flame Emission Spectrometry*, Anal. Chem. 363 R, 1998.

### Kopplungstechniken

Batley, G. E. (Hrsg.) *Trace Element Speciation: Analytical Methods and Problems*, CRC Press, Boca Raton, 1989.

Broekhaert, J. A. C., (Ed.) *Metal Speciation in the Environment*, Springer-Verlag, Berlin 1993.

Harrison, R. M., Rapsomanikis, S. (Hrsg.) *Environmental Analysis Using Chromatography Interfaced with Atomic Spectroscopy*, Horwood, Chichester, 1989.

Kramer, J. R., Allen, H. E. (Hrsg.): *Metal Speciation: Theory, Analysis and Application*, Lewis Pub, Chelsea, 1988.

Krull, I. S. (Hrsg.) *Trace Metal Analysis and Speciation*, J. Chrom. Library, Vol. 47, Elsevier, Amsterdam, Oxford, New York, Tokyo, 1991.

Rosenkranz, B., Bettmer, J., Buscher, W., Breer, C., Cammann, K. *The Behaviour of Different Organometallic Compounds in the Prensence of Inorganic Mercury (II): Transalkylation of Mercury Species and their Analysis by the GC-MIP-PED System*, Appl. Organometal. Chem., 11 (1997), 721.

Uden, P. C. (Hrsg.) *Element-Specific Chromatographic Detection by Atomic Emission Spectroscopy*, ACS Symposium Series 479, ACS, Washington DC, 1992.

### Röntgenfluoreszenzanalyse

Hahn-Weinheimer, P., Hirner, A., Weber-Diefenbach, K., *Röntgenfloureszenzanalytische Methoden*, Vieweg Verlag, Braunschweig/Wiesbaden 1995.

Jenkins, G. M., *X-Ray Spectral Analysis*, John Wiley Verlag, New York 1988.

Klockenkämper, R., *Röntgenspektralanalyse*, in: Ullmanns Encyklopädie der technischen Chemie, Band 5, S. 401, Verlag Chemie, Weinheim 1982.

Lachance, G., Claisse, F., *Quantitative X-ray Fluorescence Analysis: Theorie and Applications*, Wiley, Chichester 1995.

Sharma, A., Schulman, S. G. *Introduction to Fluorescence Spectrometry*, Wiley-VCH, Weinheim 1999.

Török, S. B., Labar, J., Schmeling, M., Van Grieken, R. E., *X-ray Spectrometry*, Anal. Chem. (1998) 495 R.

Van Grieken, R. E., Markowicz, A. A., (Eds.), *Handbook of X-ray Spectrometry*, Marcel Decker, New York 1993.

### Weiterführende Literatur

Alfassi Z. B., *Activation Analysis*. Vol. II, 1990, CRC Press, Boca Raton, Florida.

Erdtmann G., Nürnberg H.-W. (1973) *Aktivierungsanalytische Methoden zur Untersuchung organischer Substanzen*. S. 762–813. In: Korte F. (ed.) *Methodicum Chimicum*; Band 1 Analytik, Teil 2 Spurenanalyse, Biologische Methoden, Substanzklassen, Automatisierung. Georg Thieme Verlag, Stuttgart.

Krivan V., *Angew. Chem.* 91 (1979) 132.

Krivan V. (1985) *Neutronenaktivierungsanalyse.* In: Fresenius W., Günzler H., Huber W., Lüderwald I., Tölg G., Wisser H. (ed.) Analytiker Taschenbuch Bd. 5. Springer-Verlag, Berlin, pp 35–68.

Krivan V., Nachr. *Chem. Tech.* Lab. 39 (1991) 536.

Pfennig G., Klewe-Nebenius H., Seelmann-Eggebert W., *Karlsruher Nuklidkarte.* 6. ed. Forschungszentrum Karlsruhe GmbH. Druckhaus Haberbeck GmbH, Lage. 1995.

*Proceedings of the Third International Conference on Methods and Applications of Radioanalytical Chemistry* MARC-III, 1994. J Radioanal Nucl Chem, Art 192–195 (1995).

*8th International Conference Modern Trends in Activation Analysis* MTAA 8, 1991. J Radioanal Nucl Chem, Art 167–169 (1993).

### Allgemein

Broekaert, J. A. C. (Ed.) *Metal Specification in the Environment*, Springer-Verlag, Berlin 1993.

Cesser, M. S. *Flame Spectrometry in Environmental Chemical Analysis: A Practical Guide*, The Royal Society of Chemistry, Cambridge 1994.

Clement, R. E., Yang, P. W., Koester, C. J. *Environmental Analysis*, Anal. Chem. (1999) 257 R.

Günzler (Hrsg.) et al. *Elementaranalytik – Highlights aus dem Analytiker Taschenbuch*, Springer-Verlag, Berlin, Heidelberg, New York 1996.

Sneddon, J. (Ed.) *Advances in Atomic Spectroscopy*, (Vol. 2) JAI Press, Gennwich (Con.) 1995.

# 5 Molekülspektrometrie

## 5.1 Einführung

Der elektromagnetischen Strahlung kommt, wie bereits in Kapitel 4 erläutert, als messbare Größe für die analytisch nutzbare optische Spektroskopie eine zentrale Bedeutung zu. Jedes Spektrum, gleich welcher Art, entsteht durch Wechselwirkung der zu untersuchenden Materie mit elektromagnetischer Strahlung. So kann Materie Strahlungsenergie aufnehmen (Strahlungsabsorption) oder abgeben (Strahlungsemission), wobei sich ihr eigener energetischer Zustand entsprechend ändert. Die zeitverzögerte Strahlungsemission nach vorheriger Strahlungsabsorption wird Lumineszenz genannt, wobei man zwischen der relativ schnellen Fluoreszenz und der langsameren Phosphoreszenz unterscheidet. Die Beobachtung bzw. Messung von Strahlung, die in Wechselwirkung mit Materie steht, erlaubt also Rückschlüsse auf die Zustandsänderungen der Materie und daraus letztendlich auch ihre Identifizierung oder Quantifizierung.

Die Intensität $I$ elektromagnetischer Strahlung kann in Abhängigkeit von ihrer Wellenlänge z. B. unter Ausnutzung des photoelektrischen Effektes bei Photoplatten mittels Filmen oder Detektoren relativ leicht gemessen werden. Wird die Strahlung dabei vorher durch ein Prisma oder andere dispergierende optische Bauteile nach ihren Wellenlängen $\lambda$ aufgespalten, so entsteht, wie bereits in Kap. 4 beschrieben, ein Wellenlängenspektrum entsprechend der Funktion $I = f(\lambda)$. Jede spektroskopische Messung ist also eine Messung der Wellenlänge (qualitative Bestimmung) und der Intensität (quantitative Bestimmung) von elektromagnetischer Strahlung. Neben der Charakterisierung durch die Wellenlänge findet man dabei vor allem bei der IR-Spektroskopie oft auch die Angabe der Wellenzahl $\bar{\nu}$ in $cm^{-1}$, die angibt, wie viele Schwingungen pro Zentimeter stattfinden. Diese Größe ist der Energie bzw. der Frequenz der elektromagnetischen Strahlung direkt proportional.

$$\bar{\nu} = \frac{1}{\lambda} = \frac{\nu}{c} \tag{5.1}$$

mit $\bar{\nu}$: Wellenzahl in $cm^{-1}$
$\lambda$: Wellenlänge in cm
c: Lichtgeschwindigkeit in $cm\,s^{-1}$
$\nu$: Frequenz in $s^{-1}$

Der apparative Aufbau zur Messung eines Spektrums wird – wie bereits erwähnt – als Spektrometer bezeichnet. Die Ausführungsformen sind dabei in Abhängigkeit von dem zu untersuchenden Wellenlängen- bzw. Energiebereich und dem zu beobachtenden Effekt (Absorption, Emission, Lumineszenz etc.) sehr unterschiedlich. So braucht man beispielsweise in der UV-vis und IR-Spektroskopie in kondensierter Phase i. d. R. nicht die hohen Geräte-Auflösungen, die man in der Atomspektroskopie benötigt. Es gibt jedoch für alle spektrometrischen Messungen einige grundlegende Prinzipien, die sich in jedem Aufbau wiederfinden. Die Übersicht in Kapitel 4, in der die unterschiedlichen Techniken innerhalb des großen Energiebereiches eingeordnet wurden, versuchte dies schematisch zu verdeutlichen.

Man kann die bei einer spektroskopischen Messung durchgeführte Wechselwirkung der elektromagnetischen Welle mit Materie auch informationstheoretisch auffassen, wie es in der schematischen Abb. 4.4 durch die Begriffe Sender und Empfänger angedeutet wurde. Man hat einen Sender als Quelle der zu untersuchenden elektromagnetischen Strahlen vorliegen, der eine bestimmte Information (Wellenlängenbereich und Intensität = sein Emissionsspektrum) aussendet. Daraus wird apparativ meistens nur ein bestimmter, besonders interessierender Bereich ausselektiert, der dann mit einer in den Strahlengang gebrachten Materieprobe wechselwirkt. Dadurch verändert sich sein ursprünglicher Informationsgehalt und bei einem Vergleich wird die durch die Probe verursachte Änderung in dem Wellenlängen-Intensitätsdiagramm (Spektrum) als neue Information der Probe gewertet. Diese hoffentlich analytspezifische Information (ideal: über Art und Menge) wird mittels geeigneter Empfänger aufgenommen. Die unterschiedlichen Empfängertypen, angefangen von einem $\gamma$-Strahlen messendem Zählrohr bis zu einem radioempfänger-ähnlichen System bei der Kernresonanzspektroskopie, verdeutlichen die enorme Spannweite in Wellenlänge und Energie.

Die Betrachtungsweise als Informationsübertragung führt zu der Aufgabe der instrumentellen Analytik, die originale stoffspezifische Information – unverfälscht durch statistisches Rauschen oder Überlagerung störender, „fremder" Informationen – durch die Auswertung der Empfängersignale zu erhalten. Dies ist das interessante Gebiet der Chemometrie. Letztere beschäftigt sich mit dem Informationsgehalt des originalen analytischen Messsignals. Meistens enthält nämlich eine analytische Messgröße mehr Information als nur eine Intensitätsangabe. Die Chemometrie versucht allgemein störende Einflussgrößen auszumachen und rechnerisch zu berücksichtigen.

Ein Spektrometer ist mehr als nur ein Monochromator oder Polychromator, die in der Atomspektrometrie zusammen mit einem Empfänger das Messgerät ausmachen. Ein Spektrometer verfügt über mindestens eine Strahlungsquelle, in der oder mit deren Hilfe die zu untersuchende Strahlung auf verschiedene Art und Weise (Emission oder Absorption) erzeugt wird. Da bei der Emissionsspektroskopie die Proben selbst zur Strahlungsemission angeregt werden, werden diese Strahlungsquellen hier richtiger als Anregungsquellen bezeichnet. Für alle Absorptions- oder Lumineszenzspektroskopiearten sowie für einige andere Verfahren, die die Beugung, Polarisation o. ä. von elektromagnetischer Strahlung an einer Probe beobachten, werden Strahlungsquellen genutzt, deren Intensitätsschwächung registriert wird und die somit nicht selbst als Probenanregungsquelle dienen (sekundäre) Strahlungsquellen. In der Regel ist ein in Kapitel 4 bereits beschriebener Monochromator notwendig, der die zu untersuchende Strahlung wellenlängenabhängig zerlegt. Bei Absorptionsmessungen ist es vorteilhaft, diesen Monochromator vor der Wechselwirkung des Lichtes mit einer Probe (in einer Küvette) zu platzieren, weil sonst zuviel Strahlungsenergie durch die Küvette geleitet wird und die Probe aufgeheizt wird. Bei Fluoreszenzmessungen ist besonders wichtig, dass bei der Wellenlänge der Probenemission kein weiteres Fremdlicht durch unkontrollierbare Reflexionen oder Streuung an Partikeln vorhanden ist. Ein Spektrometer verfügt ferner über eine Probenzuführung (oder Küvettenraum), damit die Wechselwirkung von Licht mit Materie stattfinden kann. Und schließlich verfügt jedes Spektrometer über einen oder mehrere Detektoren, welche die Intensität der auftreffenden elektromagnetischen Strahlung in ein proportionales elektrisches Signal umzuwandeln vermögen. Weitere Konstruktionsdetails dienen dem Bedienungskomfort und der Praktikabilität.

Auf der Energieskala der Abb. 4.2 finden sich auch die Übergänge zwischen verschiedenen Rotations- und Schwingungszuständen von Molekülen. Zur Beobachtung der reinen Molekülrotation stehen die Mikrowellen- und die Ferninfrarotspektroskopie zur Verfügung. Energetische Zustandsänderungen bei den verschiedenen Arten von Molekülschwingungen werden mithilfe der Infrarot- und der Raman-Spektroskopie gemessen. Sie dienen der Strukturaufklärung und der qualitativen Analyse, werden aber in zunehmendem Maße auch für quantitative Analysen herangezogen.

Die Übergänge von äußeren Elektronen in Zustände höherer potentieller Energie befinden sich im Spektralbereich des sichtbaren Lichtes. Sie reichen auf der langwelligen Seite bis in den nahen IR-Bereich und auf der kurzwelligen Seite bis ins Vakuum-UV. Methoden der Molekülspektroskopie bedienen sich dabei vorzugsweise der Absorption und der Lumineszenz (UV/vis-, bzw. Fluoreszenzspektrometrie). Zur Analyse und quantitativen Erfassung von Atomen bzw. Elementen sind sowohl Verfahren der Absorption und Lumineszenz als auch der Emission bekannt ( Atomabsorptions-, optische Emissions- und Atomfluoreszenzspektrometrie). Diese Methoden sind bereits in Abschnitt 4.3 im Zusammenhang mit der Elementanalytik beschrieben worden.

## 5.2 UV/vis-Absorption

Das sichtbare Licht stellt nur einen sehr geringen Ausschnitt der großen Wellenlängenskala elektromagnetischer Schwingung dar ($\lambda = 400–780$ nm). Jede Farbempfindung hat bei derartigen Auswertungen ihren Ursprung in einer zum Auge gelangten Strahlung bestimmter wellenlängenmäßiger Zusammensetzung. Fällt weißes Licht, das aus einer Mischung aller Wellenlängen des sichtbaren Bereiches der elektromagnetischen Skala besteht, auf ein nicht weißes Objekt, so wird in der Regel Licht bestimmter Wellenlängen absorbiert, während der restliche Teil reflektiert wird. Der reflektierte Anteil enthält die farbgebenden Wellenlängen, die als Farbeindruck die Komplementärfarbe der absorbierten Wellenlängen ergeben. Zusätzlich zum reflektierten Licht durch das angestrahlte Objekt hängt die erscheinende Farbe von der spektralen Sensibilität des Auges und der Energieverteilung der Beleuchtungsquelle ab. Trägt man die relative spektrale Lichtempfindlichkeit des Auges bei Tageslicht in Abhängigkeit von der Wellenlänge auf, so erhält man eine Gaußkurve mit einem Maximum bei $\lambda_{max} = 555$ nm, was einer gelbgrünen Farbe entspricht. Dies bedeutet, dass im gelbgrünen Farbbereich für die gleiche Helligkeitsempfindung im menschlichen Auge wesentlich weniger Energie benötigt wird als in anderen Farbbereichen. Dies ist im Tierreich häufig anders. Nachtaktive Tiere besitzen einen anderen Empfindlichkeitsverlauf, und manche Tiere, beispielsweise Schlangen, reagieren auf IR-Strahlung. Die Abhängigkeit einer subjektiven Farberscheinung, von der Energieverteilung der Lichtquelle (Tages- oder Raumlicht, warmes oder kaltes Licht etc.) macht die Verwendung mancher kolorimetrischer Teststreifen nur zu einer halbquantitativen Methode, es sei denn man verfolgt das Reflexionsspektrum objektiv mittels spektraler Messung, wie es z. B. weiter hinten bei der IR-Reflexionsspektrometrie beschrieben wird.

## 5.2.1 Übersicht

Anfangs war die Entwicklung der UV/vis-Spektroskopie dominiert von astronomischen Fragestellungen (Zerlegung des Sonnenlichts in sein Spektrum durch Fraunhofer 1814, siehe auch Kapitel 4). Dementsprechend konzentrierten sich die Forscher zunächst auf die Atomspektroskopie. Erst gegen Ende des 19. Jahrhunderts gewann die Molekülspektroskopie an Popularität. Vor allem so spektakuläre Anwendungen wie die Unterscheidung zwischen echten Blutflecken und mittels Farbstoffen erzeugten Fälschungen in der Gerichtsmedizin, die mitunter bei der Lösung von Mordfällen eine Rolle spielten, gaben der Absorptionspektroskopie an Molekülen Aufwind. (Die Unterscheidung zwischen roten Farbstoffen und dem im Blut enthaltenen Hämoglobin konnte aufgrund der charakteristischen Absorptionsbanden des Blutfarbstoffs mithilfe eines einfachen Spektrometers auch mit kleinen Probemengen sicher durchgeführt werden.) 1920 war es H. v. Halban, der mittels „lichtelektrischer Apparate“ erstmals UV/visspektroskopisch die Konzentration von Molekülen bestimmte. Bereits 1941 lagen weit mehr als 800 Publikationen zu Konzentrationsbestimmungen klinisch relevanter Substanzen mithilfe eines Spektralphotometers vor. Waren zunächst ausschließlich Messungen im vis-Bereich mit kommerziellen Geräten durchführbar gewesen, wurde der UV-Bereich für käufliche Geräte erst 1941 mit dem von H. H. Cary und A. O. Beckman entwickelten Modell-DU-Spektrophotometer erschlossen. Von nun an stand einer rasanten Entwicklung absorptionsphotometrischer Verfahren aus technischen Gesichtspunkten nichts mehr im Wege.

Absorptionsspektrometrische Methoden zur Bestimmung von Molekülen im ultravioletten und sichtbaren Spektralbereich sind die weltweit am häufigsten eingesetzten optischen analytisch-chemischen Verfahren. Obwohl oft aufgrund ihrer einfachen technischen Erfordernisse belächelt, zeichnen sich diese Verfahren durch hervorragende Reproduzierbarkeit und Vielseitigkeit aus. Jeder kennt die kolorimetrischen Teststreifen zur Bestimmung des Blutzuckers in Urinproben, zur Untersuchung der Wasserhärte, der Konzentration von Peroxiden in organischen Lösungsmitteln und natürlich des pH-Wertes, die allesamt auf einer visuell auswertbaren Absorptionsmessung beruhen.

Auch wenn die grundlegenden technischen Entwicklungen der Absorptionsspektrometrie an Molekülen heute als weitgehend abgeschlossen bezeichnet werden können, entstehen doch immer neue Kombinationen mit chemischen und insbesondere biochemischen Reaktionen. Aufgrund ihrer einfachen Handhabung, der raschen Auswertung vor Ort und der niedrigen Kosten werden täglich viele Millionen kolorimetrischer Schnelltests weltweit durchgeführt. Ähnliche Zahlen genauerer Messungen werden unter Verwendung derselben chemischen Grundprinzipien im Photometer durchgeführt. Ein weiterer wichtiger Einsatzbereich sind Durchflussphotometer als Detektoren in der Flüssigchromatographie, der Kapillarelektrophorese und der Fließinjektionsanalyse.

Bezüglich ihres Leistungsvermögens unterschätzt wird dagegen oft die Bedeutung der Absorptionsspektroskopie in der Gasphase. Atmosphärenchemiker nutzen die schmalbandige und charakteristische Absorption atmosphärischer Spurengase zu deren Detektion. Hierbei werden lange Lichtwege von bis zu vielen Kilometern, beispielsweise bei der differentiellen optischen Absorptionsspektroskopie (DOAS) oder dem *Light Detection and Ranging* (LIDAR) eingesetzt. Diese Methoden sollen aufgrund ihrer limitierten Anwendungsbreite im Rahmen des vorliegenden Werkes nicht im Detail diskutiert werden.

Als neuartiges, hochempfindliches Absorptionsverfahren soll jedoch die *Cavity Ringdown Laser Absorption Spectroscopy* vorgestellt werden.

## 5.2.2. Allgemeine Grundlagen

Die UV/vis-Absorptionsspektrometrie beruht auf der Anregung äußerer Elektronen von Molekülen durch Licht im ultravioletten oder sichtbaren Bereich. In Abb. 5.1 ist ein entsprechendes Anregungsschema dargestellt.

Durch Energiezufuhr in Form eines Photons geeigneter Energie (Wellenlänge) wird ein Molekül $M$ aus dem elektronischen Grundzustand in den angeregten Zustand überführt:

$$M + h\nu \rightarrow M^* \tag{5.2}$$

Anhand der Abb. 5.1 ist zu erkennen, dass der elektronische Übergang durch die durch kleinere Energiedifferenzen gekennzeichneten Schwingungs- und Rotationsübergänge überlagert sein kann. Man erhält in Lösung sehr breite Absorptionsbanden, während in der Gasphase deutlich schmalere Banden registriert werden. Ursache hierfür sind vornehmlich Stoßvorgänge, die dazu führen, dass die an den Übergängen beteiligten Energieniveaus weniger klar definiert sind. Die so verursachte Bandenverbreiterung (zum theoretischen Hintergrund siehe Abschnitt 5.3 und 5.5) liegt bei einer Größenordnung von etwa 10–50 nm. Die von einem Molekül absorbierte Energie wird vorzugsweise in Form von Wärme (Stöße mit anderen Molekülen) wieder an die Umgebung abgegeben, sodass eine in der Atomspektroskopie übliche Re-Emission von Licht der gleichen

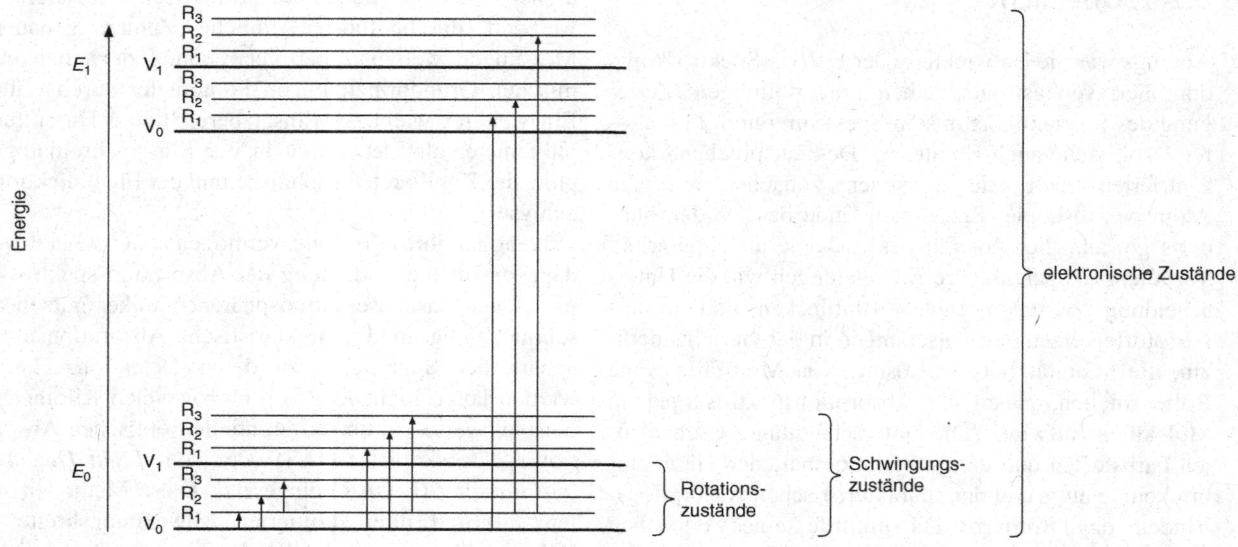


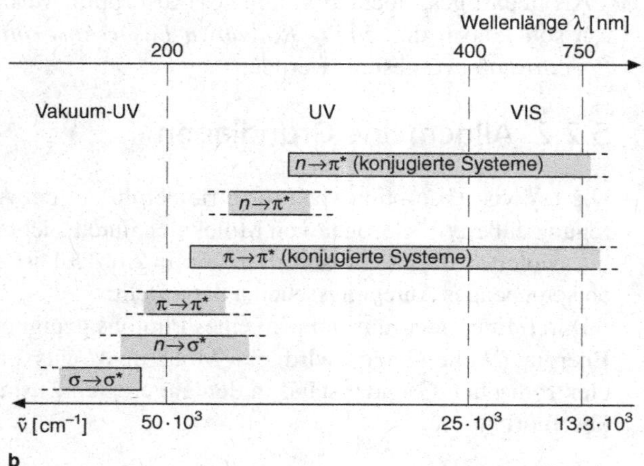


**5.1** a) Energieniveaudiagramm b) Absorptionsbereiche verschiedener Elektronenübergänge.

Wellenlänge bei der reinen Absorptionsspektrometrie nicht beobachtet wird.

Der Farbeindruck bzw. die Absorption von Licht im sichtbaren Bereich wird durch sog. Chromophore (griechisch für Farbträger) in einem Molekül hervorgerufen. In einer Vielzahl von Molekülen kann man die Absorption eines Photons auf die Anregung der Elektronen einer kleinen Gruppe von Atomen zurückführen. In organischen Verbindungen lassen sich Klassifizierungen der Elektronenübergänge (Absorptionsbanden) mithilfe der beteiligten Molekülorbitale (MO) treffen. Demnach sind grundsätzlich vier Arten elektronischer Übergänge möglich, an denen σ-Orbitale, π-Orbitale oder n-Orbitale beteiligt sein können. Diese Übergänge werden im MO-Diagramm mit σ→σ*, n→σ*, n→π* und π→π* bezeichnet. Die σ→σ*-Übergänge entsprechen Wellenlängen von etwa 130 nm im Bereich des Vakuum-UV. Auch n→σ*-Übergänge können nur durch Wellenlängen von etwa 200 nm angeregt werden (s. Abb.5.1b).

Diese beiden Arten von Übergängen spielen daher für die meisten quantitativen Betrachtungen nur eine sehr untergeordnete Rolle. Von größerer Bedeutung sind dagegen die n→π*- und π→π*-Übergänge, die durch den experimentell leicht zugänglichen Wellenlängenbereich des UV/vis von 200 bis 700 nm angeregt werden können (s. Tab. 5.2).

Dies bedeutet, dass Moleküle ohne freie Elektronenpaare oder Doppelbindungen (z. B. Alkane) den UV/vis-Absorptionsmessungen nicht zugänglich sind. Liegt dagegen ein konjugiertes π-Elektronensystem vor, so wird die Energie des π*-Energieniveaus mit steigender Konjugation immer stärker abgesenkt, sodass die Absorptionsmaxima zu längeren Wellenlängen verschoben werden (bathochrome oder „Rotverschiebung“). So zeigen beispielsweise α,β-ungesättigte Carbonylverbindungen oder aromatische Substanzen besonders starke Absorption. In der Regel korreliert die Rotverschiebung der Absorption mit einer verstärkten Absorption, die sich durch einen höheren molaren Extinktionskoeffizienten ε(λ) (s. unten) bemerkbar macht.

Bei anorganischen Übergangsmetallverbindungen kann die Farbigkeit auch durch Elektronenübergänge innerhalb des Metallatoms hervorgerufen werden. Die mechanistischen Grundlagen hierzu liefert die Ligandenfeldtheorie, die in den Lehrbüchern der anorganischen Chemie im Detail beschrieben ist. Auch Charge-Transfer-Übergänge zwischen zwei verschiedenen Oxida-

**Tabelle 5.1** Absorptionen isolierter chromophorer Gruppen.

| Chromophor | Übergang | Beispiel | $\lambda_{max}$ [nm] |
|---|---|---|---|
| C—H | $\sigma \rightarrow \sigma^*$ | $CH_4$ | 122 |
| C—Hal | $n \rightarrow \sigma^*$ | $H_3C—Cl$ | 173 |
| | $n \rightarrow \sigma^*$ | $H_3C—Br$ | 204 |
| | $n \rightarrow \sigma^*$ | $H_3C—I$ | 258 |
| | $n \rightarrow \sigma^*$ | $CHI_3$ | 349 |
| $C—NO_2$ | $\pi \rightarrow \pi^*$ | $H_3C—NO_2$ | 210 |
| | $n \rightarrow \pi^*$ | | 278 |

tionsstufen eines Metalls, z. B. des Eisens im Berlinerblau, eignen sich für die UV/vis-spektroskopische Untersuchung. Die Farbe der meisten anorganischen Pigmente, die beispielsweise in der Malerei ein größere Bedeutung haben, ist eine Folge von Charge-Transfer- und/oder d-d-Übergängen von hauptsächlich 3d-Übergangs-Metallen. Berlinerblau auch Preußischblau, Pariserblau, Stahlblau usw. genannt, erscheint beispielsweise in einem so intensiven Blauton, dass schon ein Bruchteil von 1/500 Teilchen ausreicht, um ein weißes Pigment bläulich zu färben.

### 5.2.3 Spektroskopische Methoden im UV/vis-Bereich

Im allgemeinen liefern spektroskopische Untersuchungen, wie bereits erwähnt, durch die Wechselwirkung von elektromagnetischer Strahlung und Materie Informationen über die Art, die Oxidationsstufe, den Abstand und auch die Stärke der Bindung von Atomen eines Moleküls. Die von den Molekülen aufgenommene Energie kann zur Anregung verschiedener Vorgänge führen, z. B. zur Rotation der Moleküle, zur Schwingung der Atome gegeneinander oder zur Anregung der Elektronen. Im Bereich der Wechselwirkung von Molekülen mit ultraviolettem und sichtbarem Licht führt die Absorption zur Anregung von Elektronen, im Allgemeinen von Valenzelektronen in höhere Energiezustände. Die Energien, die bei einer Änderung der Elektronenverteilung im Molekül ausgetauscht werden, liegen in der Größenordnung von einigen Elektronenvolt (1 eV entspricht etwa 8 000 $cm^{-1}$ oder 96,5 kJoule $mol^{-1}$). Da dabei die Moleküle simultan zur Elektronenanregung auch zu Vibrations- und Rotationsübergängen angeregt werden, entstehen Spektren mit meist nicht aufgelöster Bandenstruktur. Die einzelnen Banden werden durch ihre Eigenschaften Lage, Intensität, Gestalt und Feinstruktur charakterisiert, wobei in Festkörper- oder Lösungsspektren in der Regel nur breite, strukturlose Banden zu erwarten sind, die auch kein hochauflösendes Spektrometer erfordern. Die Auswertung von Elektronenspektren liefert nicht nur eine Erklärung für die Farbwirkung einer Substanz, sondern auch Informationen über die angeregten Zustände von Molekülen.

Die Breite der elektronischen Absorptionsbanden kommt durch ihre nichtaufgelöste Schwingungsstruktur zustande, welche man mithilfe des Franck-Condon-Prinzips (s. Abschnitt 5.3) erklären kann.

#### Das Lambert-Beer'sche Gesetz

Die Grundgleichung für die quantitative Absorptionsspektrometrie wird durch das Lambert-Beer'sche Gesetz geliefert. Dieses kombiniert die Befunde von Bouguer und Lambert, dass die Schwächung $dI$ eines Lichtstrahls in einer Küvette mit absorbierendem Inhalt proportional zur Intensität $I$ und der optischen Weglänge $x$ in der Küvette („Schichtdicke") ist mit der Feststellung von Beer, dass die Schwächung des Lichtstrahls auch proportional zur Konzentration $c$ ist.

$$\text{Bouguer-Lambert:} \quad dI \sim I\,dx \tag{5.3}$$

Mit dem Absorptionskoeffizienten $\alpha(\lambda)$ als Proportionalitätsfaktor gilt:

$$dI = \alpha(\lambda)\,I\,dx \tag{5.4}$$

Unter Berücksichtigung des Beer'schen Befundes erhält man:

$$dI = \alpha(\lambda)\,c\,I\,dx \tag{5.5}$$

Durch Integration über die Schichtdicke $x$ erhält man folgenden Ausdruck mit $I_0$ für die Intensität des eingestrahlten Lichts und I für die Intensität des Lichts nach Durchlaufen der Schichtdicke $x$:

$$I = I_0 e^{-\alpha(\lambda) x c} \tag{5.6}$$

Hieraus erkennt man, dass die Intensität exponentiell sowohl mit der Schichtdicke als auch mit der Konzentration abnimmt. Durch Umformung und Überführung in den dekadischen Logarithmus erhält man:

$$\log I_0/I = \alpha(\lambda)\, x\, c \log(e) \tag{5.7}$$

Führt man den molaren Extinktionskoeffizienten $\varepsilon(\lambda)$ mit

$$\varepsilon(\lambda) = \alpha(\lambda) \cdot 0,4343 \tag{5.8}$$

ein, so erhält man mit der Extinktion $E$ das Lambert-Beer'sche Gesetz in der am häufigsten verwendeten Variante:

$$\log I_0/I = E = \varepsilon(\lambda)\, x\, c \tag{5.9}$$

Dieser Zusammenhang ist graphisch aus Abb. 5.2 ersichtlich. Als weitere bedeutende Größe wird häufig die Transmission $T$ mit $T \doteq I / I_0$ verwendet.

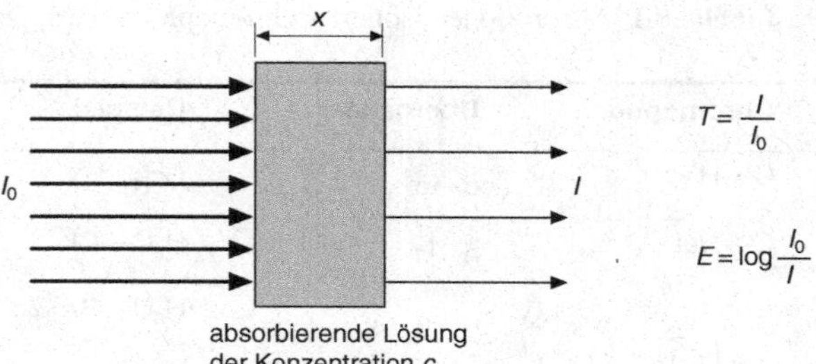


**5.2** Abhängigkeit der Lichtschwächung von Schichtdicke und Konzentration.

## 5.2.4 Generelle Bauweise von UV/vis-Spektrometern

Kernstück jeden Spektrometers ist der Teil, der das Licht auch in seine Bestandteile zerlegen kann. Dies ist der sog. Monochromator. Zu einem kompletten Spektrometer gehört aber – wie bereits erwähnt – mehr, z. B. eine stabile Lichtquelle, um Absorptionsmessungen durchzuführen und einen Detektor, um in Echtzeit die Lichtintensität zu erfassen. Zu dieser „Minimal-Ausstattung" bietet die Geräteindustrie nun eine Vielzahl von vorteilhaften Erleichterungen an, zu denen beispielsweise das Zweistrahl-Prinzip, das die spektrale Zusammensetzung der Lichtquelle und die wellenlängenabhängige Detektorempfindlichkeit kompensiert, eine Diodenarray-Anordnung sowie Software zur Spektrenspeicherung, -dif-

**Gültigkeitskriterien des Lambert-Beer'schen Gesetzes**

Es muss beachtet werden, dass das Lambert-Beersche Gesetz nur unter strenger Einhaltung einiger Bedingungen gilt, die aus dem Bouguer-Lambert-Gesetz herrühren: Das eingestrahlte Licht muss streng monochromatisch und kollimiert (parallelisiert) sein, die absorbierenden Moleküle müssen homogen verteilt sein, es darf keine Streuung auftreten und Wechselwirkungen zwischen den Analytmolekülen sind auszuschließen. Dieses letzte Kriterium wird typischerweise bei Analytkonzentrationen unter 0,01 M eingehalten, es sind jedoch Ausnahmen von Verbindungen bekannt, die durch intermolekulare Wechselwirkungen bereits bei deutlich niedrigeren Konzentrationen keinen linearen Zusammenhang mehr zwischen Extinktion und Konzentration (d. h. eine Konzentrationsabhängigkeit des molaren Extinktionskoeffizienten) zeigen.

Aus Gl. 5.9 erkennt man auch, dass Extinktionen von 2 und darüber bei der quantitativen Auswertung problematisch sind. Eine Extinktion von 2 bedeutet, dass die Ausgangsintensität des eingestrahlten Lichts $I_0$ auf 1% abgeschwächt wird. Leider kann bei einigen kommerziellen Geräten auch eine Extinktion oberhalb von 3(!) noch quantitativ ausgewertet werden. Man kann sich leicht vorstellen, dass bei diesen nur noch sehr geringen Lichtmengen keine ausreichende Messpräzision mehr erreicht werden kann, bzw. eine zu hohe Konzentration zu Nichtlinearitäten führt. Ähnliche Betrachtungen gelten für sehr geringe Extinktionen unter 0,01 (Differenz zweier großer Werte). Die höchste Genauigkeit der Messung wird bei Extinktionswerten zwischen 0,2 und 0,7 mit einem Optimum bei 0,43 erreicht.

ferenzbildung, -ableitungsbildung usw. gehört. Der Aufbau verschiedener Photometertypen ist nachfolgend beschrieben.

**Einstrahl-Filterphotometer**

In Abb. 5.3 a ist ein einfaches und preisgünstiges Filterphotometer, wie es auch häufig bei Geländeuntersuchungen (Feldmessungen) eingesetzt wird, dargestellt.

Als Anregungsquelle wird hier eine preiswerte und haltbare Wolfram-Halogenlampe, die ein kontinuierliches Spektrum im Bereich des sichtbaren Lichts erzeugt, verwendet. Durch ein (auswechselbares) Filter kann die gewünschte Anregungswellenlänge selektiert werden. Eine variable Blende wird zur Einstellung des 100%-Transmissionswertes (Maximalausschlag) genutzt. Die Probenküvette und eine Lösungsmittelküvette als Referenz werden nacheinander in den Strahlengang geführt, um den Hintergrund des Lösungsmittels oder eines Chemikalienblindwertes kompensieren zu können. Auf diese Weise bleiben allerdings störende Probenbestandteile unberücksichtigt, d. h. die durch die Matrix hervorgerufenen Abweichungen in der Extinktion der Probe gehen nicht in die Gehaltsbestimmung ein (siehe auch Qualitätskasten). Durch eine Photozelle wird das Licht, das die Küvette passiert hat, gemessen und über ein Mikroamperemeter ausgegeben.

**Zweistrahlphotometer**

Ein einfaches Zweistrahl-Filterphotometer, das unter Verwendung eines Strahlteilers in Form eines halbversilberten Spiegels einen Proben- und einen Referenzkanal beinhaltet, ist in Abb. 5.3 b präsentiert.

Auch bei diesem Gerät erfolgt die Wellenlängenselektion über ein Filter, das auswechselbar ist (man kann also nicht automatisch ein komplettes UV/vis-Spektrum aufnehmen). Der Vorteil einer solchen Messanordnung ist die Möglichkeit, das Hintergrundsignal und das Signal der Probenlösung simultan zu erfassen und auf diese Weise Schwankungen in der Intensität der Lampe zu eliminieren. Dies ist beispielsweise bei kontinuierlichen Messungen mit einer Durchflussmesszelle erforderlich. Die ersten Zweistrahlgeräte arbeiteten noch mit zwei Empfängern. Man kann sich leicht vorstellen, dass in diesem Fall größere systematische Fehler dann auftreten, wenn sich die beiden Detektoren unterschiedlich verhalten.

**Zweistrahl-UV/vis-Spektrometer**

Ein Spektralphotometer zur registrierenden Aufnahme von UV/vis-Absorptionsspektren ist in Abb. 5.4 gezeigt. Auch hier muss eine Hintergrundmessung (zur Kompensation der Wellenlängenabhängigkeit der Intensität der Lichtquelle und der des Empfängers) durchgeführt werden. Die Verwendung von Zweistrahlgeräten bei der Spektrenaufzeichnung erweist sich aus den oben erwähnten Gründen als notwendig.

Um den vollständigen UV/vis-Bereich abzudecken, werden sowohl eine Deuteriumlampe (Kontinuumstrahler im UV-Bereich) als auch eine Wolframlampe eingesetzt. Über einen Kollimatorspiegel wird das Anregungslicht zusammengefasst. Die Wellenlängenselektion erfolgt über ein konkaves Gitter, das eine Quarzlinse erspart, bevor ein rotierender Sektorenspiegel Proben- und Referenzstrahl teilt und dabei abwechselnd das Licht durch Referenz- und Probenküvette schickt. Die beiden Kanäle werden anschließend über einen Gitterspiegel wieder im Verhältnis 1:1 zusammengeführt und im Wechsel durch einen Photomultiplier ausgelesen. Regis-

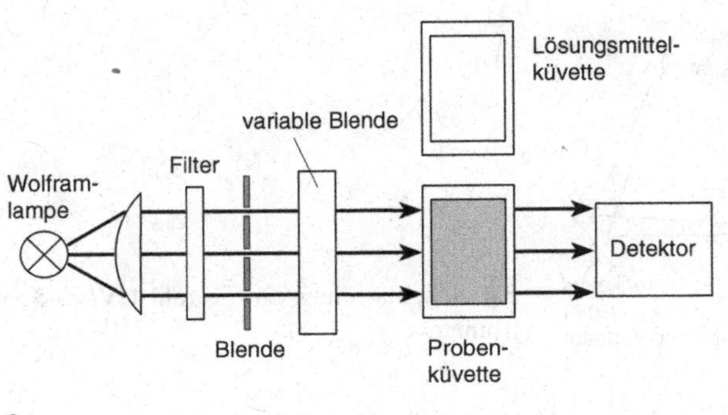


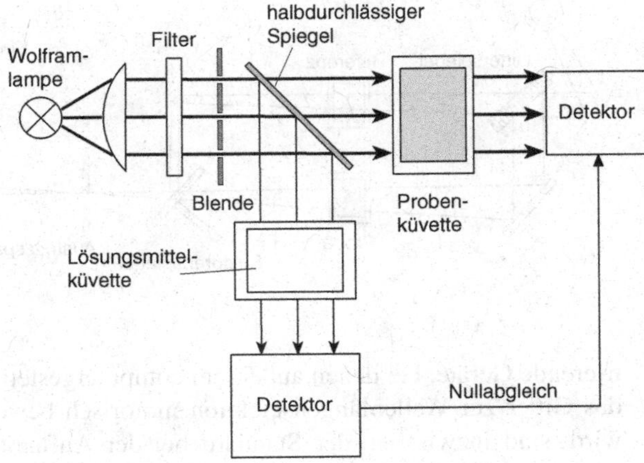


**5.3** a) Aufbau eines Einstrahl-Filterphotometers. b) Aufbau eines Zweistrahlphotometers.

### Falsche Analytik trotz internationaler Standard-Arbeitsvorschriften (SOP)

Mathematisch gesehen wird bei der üblichen apparativen Berücksichtigung des Chemikalienblindwertes in einer Referenzküvette faktisch eine einfache Signalsubtraktion zwischen Probe und Blindwert durchgeführt. Dies wird, abgesehen von neuesten „Einsichten" leider bei nahezu allen Standardvorschriften bezüglich einer Blindwertberücksichtigung ohne weitere Auflagen (zu erfüllende Bedingungen) vorgeschlagen. Dabei wird völlig übersehen, dass in der Referenzküvette mit den verwendeten Chemikalien die Probenmatrix, die stark stören kann, i. d. R. *nicht* enthalten ist. Diese einfache Signalsubtraktion des Blindwertsignals vom Probensignal darf aber nur dann gemacht werden, wenn in beiden Küvetten eine Standardaddition eine gleiche Empfindlichkeit (Steigung der Kalibrationsgeraden) bewiesen hat! Darauf wird leider in vielen Lehrbüchern und Normenvorschriften nicht ausdrücklich hingewiesen. Eine rühmenswerte Ausnahme findet sich in B. Welz' Buch über die AAS (siehe Literaturzu Kapitel 4). Je nach Matrixeffekt können dadurch große systematische Fehler entstehen, die natürlich nur bei Vergleich mit anderen Methoden erkannt werden! Man sollte sich auch bewusst machen, ob man genau diesen Fehler auch macht, wenn man komplette Spektren elektronisch voneinander abzieht.

Ein Spezialfall ist das Spektrallinienphotometer; hier sind die wählbaren Wellenlängen durch die Emissionslinien einer Quecksilberdampflampe vorgegeben. Diese liegen bei 254, 265, 280, 313, 334, 365, 405, 436, 492, 546, 578 und 623 nm und können mithilfe von verhältnismäßig breitbandigen Bereichsfiltern einzeln angewählt werden. Da die Wellenlängen der Emissionslinien sehr genau bekannt sind und damit hochwertiges monochromatisches Licht ohne weitere Wellenlängenkalibrierung vorliegt, können photometrische Messungen einfach über den bekannten Extinktionskoeffizienten des Analyten $\varepsilon(\lambda)$ ausgewertet werden. Eine Kalibration vor Ort ist daher bei Verwendung entsprechend reiner Reagenzien nicht notwendig. Insbesondere in der Klinischen Chemie, wo schnelle Analysenergebnisse von großer Bedeutung sind, fanden diese Photometer bis Mitte der 90er Jahre weitverbreitete Anwendung.

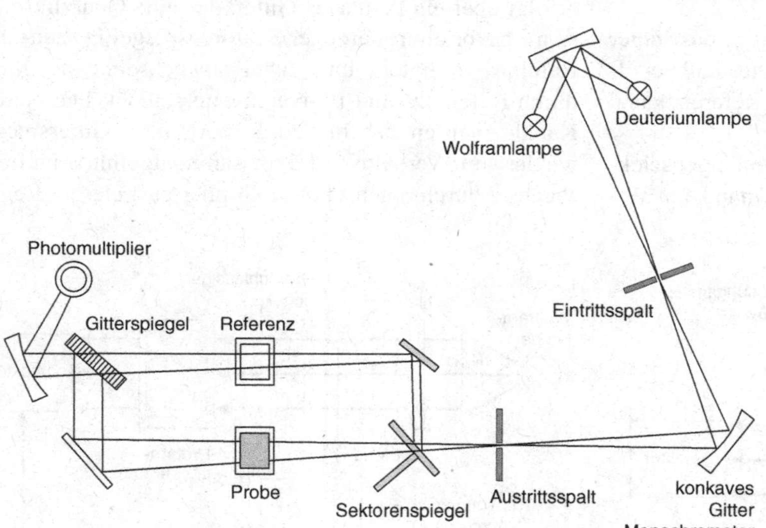


**5.4** Schema eines Zweistrahl-UV/vis-Spektrometers.

trierende Geräte, bei denen außerdem computergesteuert das Gitter zur Wellenlängenselektion motorisch bewegt wird, sind inzwischen der Standard bei der Aufnahme von UV/vis-Spektren. Diese Geräte sind gleichermaßen zur qualitativen Analytik (Spektrenaufnahme) und zur Quantifizierung geeignet. Da die Spektrenaufnahme aufgrund der Veränderung der Gitterposition bei hoher Auflösung in der Regel einige Sekunden dauert, ist eine kontinuierliche Aufnahme von Vollspektren mit dem Ziel einer kinetischen Auswertung mit diesen Geräten nur eingeschränkt möglich. Zu diesem Zweck eignen sich dagegen Diodenarray-Spektrometer (Abb. 5.5) besser.

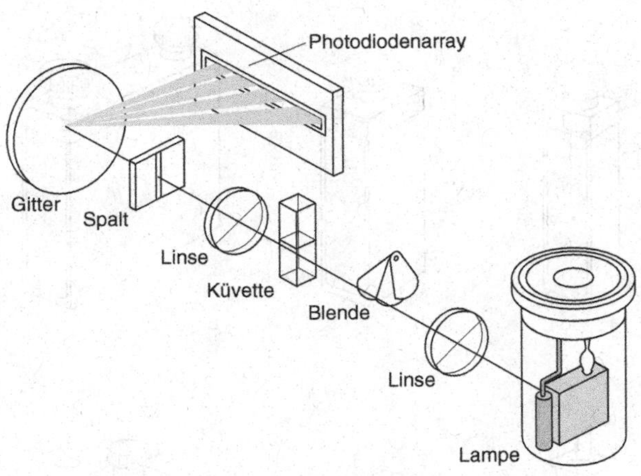


**5.5** Aufbau eines Diodenarray-Spektrometers.

### Diodenarray-Spektrometer

Als Lichtquellen im Diodenarray-Gerät (s. Abb. 5.5) können wiederum Deuterium- und/oder Wolframlampen eingesetzt werden. Das eingestrahlte Licht fällt durch eine Linse auf die in der Küvette befindliche Probe, wobei der Strahlengang anregungsseitig durch eine Blende verschlossen werden kann. Nach dem Passieren der Probe fällt das Licht durch eine weitere Linse und einen Spalt auf ein Gitter, welches die Funktion eines Polychromators übernimmt. Das komplette Spektrum wird auf einem linear angeordneten Feld aus Photodioden („Photodiodenarray") aus 512 oder 1024 Dioden in jedem elektronischen Scan von etwa 100 ms Dauer simultan registriert, wobei die Geräteansteuerung und die Datenauswertung (z. B. Vergleich zu einem Referenzspektrum zur Korrektur des Lampenspektrums) grundsätzlich über einen Computer durchgeführt wird. Das Gerät ist damit sehr schnell und hervorragend zur Durchführung von kinetischen Messungen, auch unter Verwendung einer *stopped-flow*-Einheit, geeignet. Andererseits erweisen sich in der Praxis die klassischen Photometer immer noch bezüglich ihrer Reproduzierbarkeit bei quantitativen Auswertungen als vorteilhaft. Ein typisches, automatisch registriertes UV/vis-Absorptionsspektrum zeigt Abb. 5.6 am Beispiel von 7-(N-Methylamino)-4-nitro-2,1,3-benzooxadiazol (MNBDA).

Diese Verbindung weist neben dem langwelligen Absorptionsmaximum und einem hohen molaren Extinktionskoeffizienten auch interessante Fluoreszenzeigenschaften auf. Das Fluoreszenzspektrum ist im folgenden Kapitel in Abb. 5.17 dargestellt.

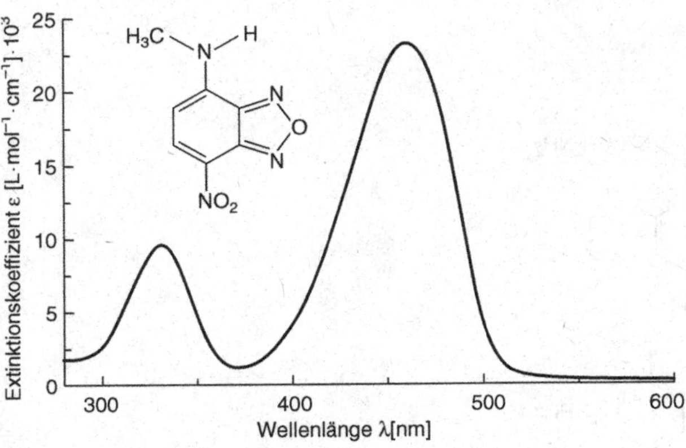


**5.6** UV/vis-Absorptionsspektrum von 7-(N-Methylamino)-4-nitro-2,1,3-benzooxadiazol (MNBDA).

### Lichtleiter-Photometer

Zur Durchführung photometrischer Titrationen und zu kontinuierlichen photometrischen Messungen in geschlossenen Reaktoren sind die so genannten Lichtleiterphotometer oder Sondenphotometer besonders attraktiv. Der Aufbau eines solchen Gerätes ist in Abb. 5.7 dargestellt.

Auch bei diesem Gerät dient eine Wolframlampe als Lichtquelle für den sichtbaren Spektralbereich. Durch eine Faseroptik wird das Anregungslicht zu dem aus inerten Materialien gefertigten Messkopf geführt, wo es in die Probenlösung eintritt, an einem Spiegel reflektiert wird und wieder in einen zweiten Lichtleiter eintritt. Emissionsseitig findet die Wellenlängenselektion unter

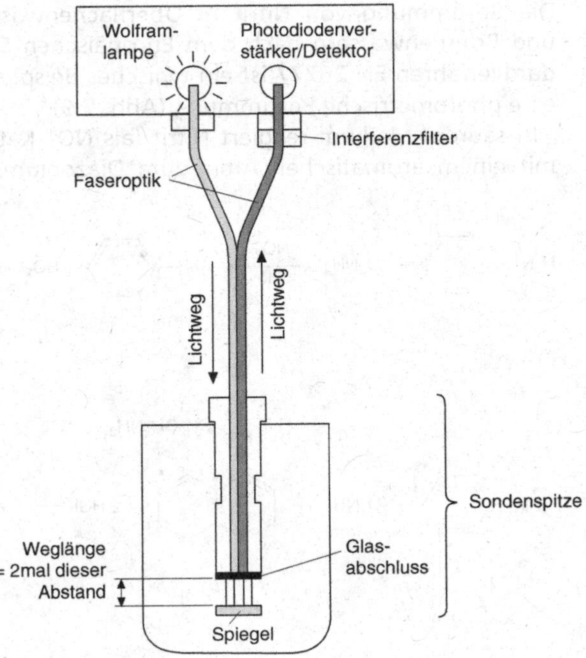


**5.7** Aufbau eines Lichtleiterphotometers.

Verwendung von Interferenzfiltern statt, bevor die Detektion über eine Photodiode erfolgt.

**Elektronische Strahlungsseparation – Unterdrückung von Störstrahlung**

Zur Unterdrückung der Störstrahlung können elektrische Verfahren zur Strahlungsseparation eingesetzt werden. Diese sind in Kap. 4.2 im Detail beschrieben.

**Küvetten**

Auch die Auswahl geeigneter Küvetten spielt bei einer photometrischen Bestimmung eine wichtige Rolle. Einige typische Küvetten für verschiedene Anwendungen sind in Abb. 5.8 dargestellt.

Beim Arbeiten mit leichtflüchtigen organischen Lösungsmitteln müssen unbedingt verschließbare Küvetten (a–c) verwendet werden, um eine Konzentrationszunahme des Analyten durch Verdampfen des Lösungsmittels zu verhindern. Während sich für die meisten Routineanwendungen Küvetten mit einer optischen Weglänge (Schichtdicke) von 1 cm (a) bewährt haben, ist aufgrund des Lambert-Beer'schen Gesetzes der Einsatz größerer Schichtdicken von 2 cm (b) oder 5 cm (c) für niedrige Analytkonzentrationen vorteilhaft. Durchflusszellen für die automatisierte Probenzufuhr in verschiedenen Geometrien sind in (d) und (e) gezeigt.

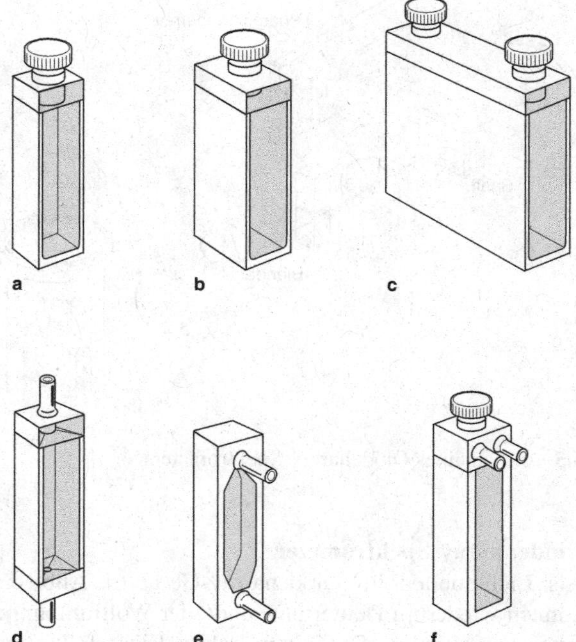


**5.8** Beispiele für verschiedene Küvettentypen.

## Nitrit in Wasser

Die Bestimmung von Nitrit in Oberflächenwässern und Brunnenwässern nach dem Europäischen Standardverfahren EN 26777 ist ein typisches Beispiel für eine photometrische Bestimmung (Abb. 5.9).

In saurem Medium reagiert Nitrit (als $NO^+$-Kation) mit einem aromatischen Amin zum Diazoniumsalz, welches mit einem Naphthylderivat als Kupplungskomponente zum Azofarbstoff umgesetzt wird. Dieser wird photometrisch bei $\lambda$ = 540 nm bestimmt. Nitrat kann auch auf diese Weise bestimmt werden, wenn man es beispielsweise mittels eines Cadmiumreduktors zu Nitrit reduziert.

$H_2N–C_6H_4–SO_2NH_2 \xrightarrow[H^+]{NO_2^-} \overset{+}{N_2}–C_6H_4–SO_2NH_2$

$\cdot \overset{+}{N_2}–C_6H_4–SO_2NH_2$ + H–N(CH$_2$CH$_2$NH$_2$)–C$_{10}$H$_7$ · 2 HCl ⟶ H–N(CH$_2$CH$_2$NH$_2$)–C$_{10}$H$_6$–N=N–C$_6$H$_4$–SO$_2$NH$_2$ · 2 HCl

**5.9** Prinzip des photometrischen Verfahrens zur Nitritbestimmung nach EN 26777.

Aufgrund ihrer großen Volumina sind diese Durchflusszellen jedoch nicht für den Betrieb in HPLC-Detektoren geeignet. Die Küvette (f) lässt sich durch einen Flüssigkeitsstrom temperieren. Ein eleganter Ansatz für Schnelltests ist der Einsatz selbstfüllender Küvetten in Ampullenform. Diese enthalten bereits die Reagenzlösung in einer verschlossenen Küvette mit Unterdruck. Die Küvette wird nun in eine Probenlösung so eingeführt, dass die Spitze der Ampulle bricht und sich die Küvette aufgrund des Unterdrucks mit der erforderlichen Menge an Probenlösung füllt. Nach erfolgter Reaktion wird dann die Färbung ausgewertet. Dabei ist entweder ein visueller Farbvergleich mithilfe eines Komparators oder die Verwendung der Küvettenbasis als Rundküvette zur photometrischen Bestimmung möglich.

**High-Throughput-Messungen**

Für einen sehr hohen Probendurchsatz ist der Einsatz von sog. Mikrotiterplattenreadern mit photometrischer Detektion hervorragend geeignet. Mikrotiterplatten sind in der klinischen Chemie zur Durchführung von Enzym- und Immunoassays weit verbreitet; ihr Potential für die klassische chemische Analytik wird jedoch erst langsam erkannt. Auf einer Mikrotiterplatte können bis zu 96 Proben quasi-simultan bestimmt werden. Für die Routineanalytik ist es beispielsweise möglich, 16 Proben und 8 Kalibrationsstandards jeweils in einer Vierfachbestimmung auf einer einzigen Platte in wenigen Minuten photometrisch zu vermessen. Die moderne Mikrosystemtechnologie bietet heute bereits Platten und Auslesegeräte für mehrere hundert Proben (Volumen im nL-Bereich) an.

***Cavity Ringdown Laser Absorption*-Spektroskopie**

Dass auch in der Absorptionsspektroskopie noch echte Innovationen möglich sind, zeigt das Beispiel der *Cavity Ringdown Laser Absorption Spectroscopy* (CRLAS). Dieses Verfahren (Aufbau s. Abb. 5.10) ermöglicht den sehr empfindlichen Nachweis geringer Absorption.

Mit Hilfe eines durchstimmbaren Pulslasers wird Licht in einen optischen Resonator mit hochreflektierenden Spiegeln (Reflektivität von über 99,995 %!) eingekoppelt. Der Lichtpuls wird typischerweise einige Tausendmal hin- und herreflektiert. Bei jedem Lichtweg nimmt die Intensität des Lichtpulses aufgrund der nicht vollständigen Reflexion an den Spiegeln und der Absorption durch den Resonatorinhalt ab. Am Detektor wird die Abklingkurve (Abb. 5.11) des Signals registriert.

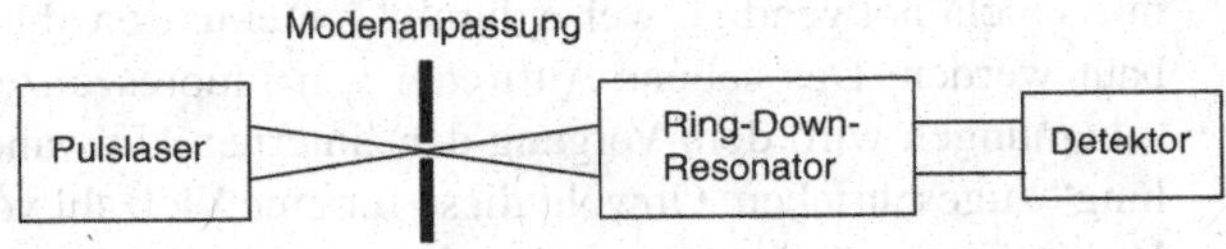


**5.10** Experimenteller Aufbau für die Cavity Ringdown Laser Absorption Spektroskopie.

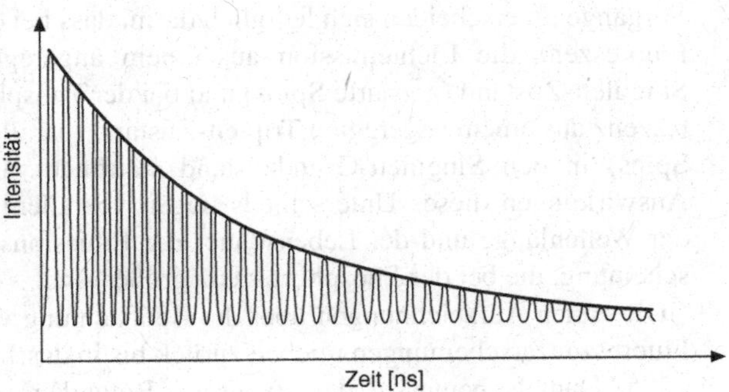


**5.11** Typische Abklingkurve der Cavity Ringdown Laser Absorption Spectroscopy.

Wenn eine absorbierende Probe in den Resonatorraum eingeführt wird, verringert sich die Abklingzeit (*ring-down time*) für die Absorptionswellenlängen. In der Praxis beruht das CRLAS-Experiment auf der Messung der Abklingzeit für jeden Laserpuls. Durch Mittelung über eine große Zahl von Laserpulsen kann das gewünschte hohe Signal/Rausch-Verhältnis erreicht werden. Damit ist die Messung äußerst geringer Absorptionen möglich.

# 5.3 Fluoreszenzspektrometrie

## 5.3.1 Übersicht

In diesem Kapitel werden zunächst die Grundlagen der Lumineszenzspektroskopie besprochen. Insbesondere sollen der theoretische Hintergrund für die Emissionsspektroskopie und der Aufbau eines Spektrometers vorgestellt werden. Anschließend werden einige Beispiele für Anwendungen der Fluoreszenzspektrometrie angeführt und schließlich ein Einblick in moderne Entwicklungen gegeben.

## 5.3.2 Allgemeine Grundlagen

Leuchterscheinungen chemischer Substanzen werden unter dem Begriff Lumineszenz zusammengefasst. Man unterscheidet zwischen Photolumineszenz (Anregung durch Photonen), Chemilumineszenz (Anregung durch eine chemische oder elektrochemische Reaktion) und Biolumineszenz (Anregung durch einen Stoffwechselprozess). Die Photolumineszenz lässt sich weiter unterteilen in Fluoreszenz und Phosphoreszenz. Die beiden

Vorgänge unterscheiden sich lediglich darin, dass bei der Fluoreszenz die Lichtemission aus einem angeregten Singulett-Zustand (gepaarte Spins) und bei der Phosphoreszenz aus einem angeregten Triplett-Zustand (parallele Spins) in den Singulett-Grundzustand stattfindet. Die Auswirkungen dieses Unterschieds liegen vor allem in der Wellenlänge und der Lebensdauer der Emissionserscheinung, die bei der Phosphoreszenz größer sind.

Die ersten Aufzeichnungen über die Beobachtung von Fluoreszenzerscheinungen reichen zurück bis in das Jahr 1565. Damals bemerkte der spanische Botaniker und Arzt Nicolas Monardes einen bläulichen Schimmer in Wasser, das über längere Zeit in Gefäßen aus dem Holz der Pflanze *Ligrium nephicicum* gelagert worden war. 1833 stellte Sir David Brewster eine rote Emission bei Grünpflanzenextrakten fest. Während er dieses Phänomen der dispersiven Streuung von Licht zuschrieb, ist die rötliche Fluoreszenz des Chlorophylls heute hinlänglich bekannt. 1845 wurde das erste „Fluoreszenz-Emissionsspektrum" des Chinins von Herschel aufgezeichnet. Herschel stellte auch fest, dass die Fluoreszenz des Chinins durch blaues Licht effizienter angeregt wird als durch längerwellige Strahlung. Jedoch konnte erst Stokes 1852 nachweisen, dass das von Chinin emittierte Licht eine größere Wellenlänge besitzt als das für die Anregung der Fluoreszenz benötigte. Die Differenz zwischen Emissions- und Anregungsmaximum trägt daher die Bezeichnung *Stokes' Shift*.

Als 1877 Adolf Baeyer die Existenz einer hydrologischen Verbindung zwischen Rhein und Donau beweisen wollte, ließ er 10 kg Fluorescein in die Donau schütten. Drei Tage später konnte die charakteristische grüne Fluoreszenz des Fluoresceins im Wasser des Rheins beobachtet werden. Dieses Experiment demonstrierte zugleich eindrucksvoll die Nachweisstärke fluorimetrischer Verfahren.

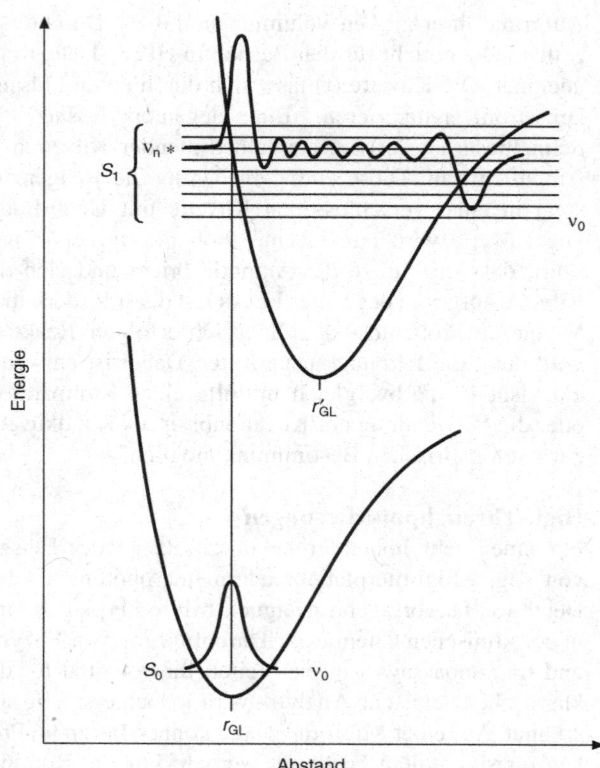

**5.12** Schematische Darstellung des Franck-Condon-Prinzips.

### Physikalische Grundlagen, Begriffe und Symbole

Grundlage für Fluoreszenzerscheinungen ist die Absorption von Photonen. Daher gilt für Fluorophore bezüglich der Lichtabsorption ähnliches wie für Chromophore. Organische Fluorophore verfügen gewöhnlich über ein ausgedehntes π-Elektronen-System und absorbieren Licht aus dem UV- oder vis- Bereich. Nach dem Franck-Condon-Prinzip verläuft der intensivste Übergang zwischen zwei elektronischen Zuständen vom Schwingungsgrundzustand $\nu_0$ des Grundniveaus $S_0$ zu demjenigen Schwingungszustand $\nu_n$ des angeregten Niveaus $S_1$, bei dem der Bindungsabstand des Grundniveaus unverändert bleibt (Abb. 5.12).

Das heißt, dass gleichzeitig mit der elektronischen eine Schwingungsanregung stattfindet, und man spricht daher von einem vibronischen Übergang. Da die Schwingungsenergie sehr schnell abgebaut wird (etwa $10^{-12}$ s) (Schwingungsrelaxation), erfolgt die Lichtemission aus dem Schwingungsgrundniveau des angeregten elektronischen Zustands. Im angeregten Niveau ist der Gleichgewichtsbindungsabstand gegenüber dem Grundniveau gedehnt. Bei der Rückkehr in das Grundniveau werden, da der Abstand sich gemäß des Franck-Condon-Prinzips nicht ändert, erneut Schwingungen angeregt. Der gesamte Vorgang lässt sich vereinfacht mittels eines Jablonski-Termschemas darstellen (Abb. 5.13).

Dadurch erklärt das Franck-Condon-Prinzip auch den Stokes' Shift zwischen Anregungs- und Emissionsmaximum: die Rotverschiebung resultiert aus der gesamten Energiedifferenz der Schwingungsniveaus, diese ist nur für den Übergang zwischen den beiden Grundniveaus gleich Null.

Die überschüssige Energie des angeregten Zustands $S_1$ muss nicht notwendigerweise durch Lichtemission abgebaut werden. Das seltene Auftreten von Fluoreszenzerscheinungen wird dem Vorgang der „internen Umwandlung" zugeschrieben. Obwohl diese für eine Vielzahl von Verbindungen äußerst effizient sein muss, ist die interne Umwandlung noch wenig verstanden. Bei genügend starker Überlappung zweier elektronischer Zustände

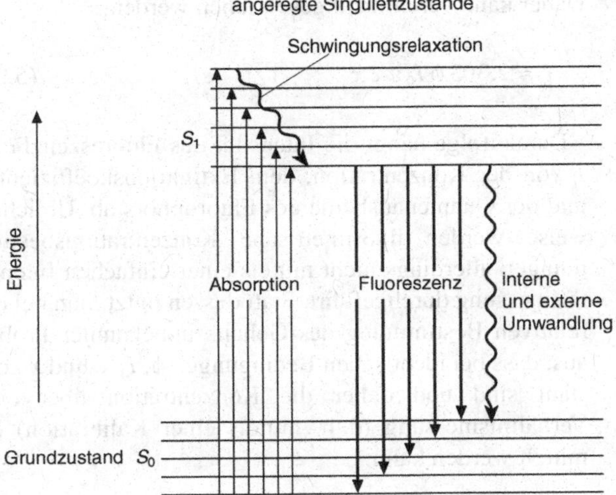


**5.13** Jablonski-Termschema, welches die an der Fluoreszenz beteiligten elektronischen Übergänge schematisch darstellt.

kann eine interne Umwandlung aus einem angeregten Zustand in einen angeregten Zustand des darunterliegenden elektronischen Niveaus stattfinden. Ist die Schwingungsenergie im niedrigeren elektronischen Niveau so groß, dass die Bindung gespalten wird, spricht man von Prädissoziation.

Alle Wechselwirkungen eines Fluorophors mit dem Lösungsmittel oder Lösungsmittelbestandteilen, die zum strahlungslosen Abbau der Anregungsenergie führen, werden unter dem Oberbegriff externe Umwandlung zusammengefasst. Die großen Energiedifferenzen der Schwingungsniveaus des Wassers führen beispielsweise dazu, dass Wasser die Anregungsenergie einiger fluoreszierender Spezies in Form von Schwingungsenergie aufnehmen kann.

Überlappen die Schwingungszustände des angeregten Singulettniveaus $S_1$ (antiparallele Spins) mit denen eines angeregten Triplettniveaus T (parallele Spins), so kann durch eine Spinumkehr ein Übergang von $S_1$ nach T stattfinden. Dieser Vorgang wird als *Intersystem Crossing* (ISC) bezeichnet. In Gegenwart von Sauerstoff ist die *Intersystem Crossing*-Wahrscheinlichkeit stark erhöht (Sauerstoff ist paramagnetisch und kann die Spinumkehr erleichtern) und daher die Fluoreszenz geringer. Die verstärkte Spin-Bahn-Kopplung von Schweratomen erhöht ebenfalls die ISC-Wahrscheinlichkeit, daher können Zusätze von Schweratomsalzen oder Substituenten wie Iod ebenfalls die Fluoreszenz schwächen.

Die Quantenausbeute gibt an, welcher Teil der absorbierten Strahlung als Fluoreszenzlicht emittiert wird und ist Maß für das Verhältnis der Lichtemission zu den übrigen (strahlungslosen) Deaktivierungsprozessen. Die Quantenausbeute $\phi$ kann mithilfe der Geschwindigkeitskonstanten aller Prozesse, durch die der niedrigste angeregte Singulett-Zustand deaktiviert wird, ausgedrückt werden:

$$\phi = \frac{k_f}{k_f + k_i + k_{eU} + k_{iU} + k_{pd} + k_d} = \frac{k_f}{k_f + \sum k_{\text{Deaktivierung}}} \tag{5.10}$$

Darin sind:

| | | |
|---|---|---|
| | $k_f$ | die Geschwindigkeitskonstante für die Fluoreszenz, |
| | $k_i$ | die Geschwindigkeitskonstante für ISC, |
| | $k_{eU}$ | die Geschwindigkeitskonstante für externe Umwandlungen, |
| | $k_{iU}$ | die Geschwindigkeitskonstante für interne Umwandlungen, |
| | $k_{pd}$ | die Geschwindigkeitskonstante für Prädissoziation, |
| und | $k_d$ | die Geschwindigkeitskonstante für Dissoziation. |

Die Lebenszeit $\tau$ des angeregten Zustands ist diejenige Zeitspanne, die ein Molekül durchschnittlich dort verweilt, bevor es in den Grundzustand zurückkehrt. Normalerweise liegt sie im Bereich um 10 ns. Sie ergibt sich aus dem Kehrwert der Geschwindigkeitskonstanten, welche die Deaktivierung des angeregten Zustands beschreiben.

$$\tau = \frac{1}{k_f + \sum k_{\text{Deaktivierung}}} \tag{5.11}$$

Man sollte allerdings bedenken, dass die Fluoreszenz-Emission ein willkürlicher Prozess ist und daher nur wenige Moleküle Photonen bei $t = \tau$ emittieren. Die Lebenszeit gibt vielmehr einen Durchschnittswert an. Für einen exponentiellen Abfall der Lichtemission haben 63 % der Moleküle die Anregungsenergie vor $t = \tau$ abgebaut und 37% der Moleküle ($e^{-1}$) emittieren erst bei $t > \tau$.

Falls keine strahlungslosen Deaktivierungsprozesse erfolgen, kann die so genannte intrinsische Lebensdauer $\tau_0$ ermittelt werden als:

$$\tau_0 = \frac{1}{k_f}\,. \tag{5.12}$$

Daraus ergibt sich ein Ausdruck für den Zusammenhang zwischen Lebenszeit und Quantenausbeute.

$$\phi = \frac{\tau}{\tau_0} \qquad (5.13)$$

$\tau_0$ ist immer größer oder gleich $\tau$, sodass die Quantenausbeute im Idealfall (Abwesenheit strahlungsloser Deaktivierungsprozesse) gleich eins ist. In der Praxis werden Quantenausbeuten im Normalfall mithilfe von Standards (z. B. Chininsulfat) durch Verhältnismessung bestimmt. Obwohl eine Reihe von Absolutmethoden entwickelt wurde, erfordern diese eine große experimentelle Sorgfalt und Analysenzeiten, die das gewünschte Ergebnis häufig nicht zu rechtfertigen vermag.

**Quantitativer Zusammenhang**

Der Zusammenhang zwischen Konzentration und Lichtemission ergibt sich auch im Falle der Fluoreszenz aus dem Lambert-Beer'schen Gesetz (Gl. 5.9). Die von einer Probe mit dem Extinktionskoeffizienten $\varepsilon$ bei der Anregungswellenlänge und der Konzentration $c$ auf einer Weglänge $x$ nicht absorbierte Strahlung $I$ ist:

$$\frac{I}{I_0} = 10^{-\varepsilon cx} . \qquad (5.14)$$

Deshalb ergibt sich für die von der Probe absorbierte Strahlung $I_a$:

$$\frac{I}{I_a} = 1 - \frac{I}{I_0} = \frac{I_0 - I}{I_0} = 1 - 10^{-\varepsilon cx} . \qquad (5.15)$$

Mit der Quantenausbeute $\phi$ ist dann der Anteil des Lichtes, der als Fluoreszenz emittiert wird:

$$\frac{I_f}{I_0} = \phi\frac{I_a}{I_0} = \phi(1 - 10^{-\varepsilon cx}) . \qquad (5.16)$$

In willkürlichen Einheiten geschrieben erhält man:

$$I_f = \phi I_0(1 - 10^{-\varepsilon cx}) . \qquad (5.17)$$

Der Exponentialterm kann in einer McLaurin-Reihe entwickelt werden:

$$1 - 10^{-\varepsilon cx} = 2{,}303\varepsilon cx - \frac{2{,}303\varepsilon cx^2}{2!} + \frac{(2{,}303\varepsilon cx)^3}{3!} - \frac{(2{,}303\varepsilon cx)^4}{4!} + \ldots \qquad (5.18)$$

Für sehr kleine Werte von $\varepsilon cx$, d. h. bei kleinen Fluorophorkonzentrationen, kann der Ausdruck linearisiert werden:

$$1 - 10^{-\varepsilon cl} \approx 2{,}303\varepsilon cx . \qquad (5.19)$$

Daher kann vereinfacht geschrieben werden:

$$I_f \approx 2{,}303\, \phi\, I_0\, \varepsilon\, cx . \qquad (5.20)$$

Demzufolge hängt die Intensität des Fluoreszenzlichts $I_f$ von der Konzentration, dem Extinktionskoeffizienten und der Quantenausbeute des Fluorophors ab. Üblicherweise werden fluorimetrische Konzentrationsbestimmungen allerdings nicht mittels einer einfachen Intensitätsmessung durchgeführt. Statt dessen nutzt man bei der relativen Bestimmung des Gehalts unbekannter Proben aus, dass bei identischen Bedingungen $\phi$, $I_0$, $\varepsilon$ und $x$ konstant sind und daher die Konzentration über eine Verhältnismessung (d. h. mittels einer Kalibration) ermittelt werden kann.

$$\frac{I_f(\text{Probe})}{I_f(\text{Standard})} = \frac{2{,}303\,\phi I_0 \varepsilon x}{2{,}303\,\phi I_0 \varepsilon x} \cdot \frac{c(\text{Probe})}{c(\text{Standard})} = \frac{c(\text{Probe})}{c(\text{Standard})} \qquad (5.21)$$

**Instrumentelles**

Für eine Fluoreszenzmessung werden folgende Komponenten benötigt:

- Lichtquelle,
- Monochromatoren und
- Detektor.

Ein ideales Spektrofluorometer sollte aus Bauteilen bestehen, welche die folgenden Eigenschaften besitzen:

1. Die Lichtquelle soll für den gesamten spektralen Bereich eine konstante Intensität aufweisen.
2. Die Monochromatoren sollen bei jeder Wellenlänge mit gleicher Effizienz arbeiten.
3. Die Monochromatoren sollen unabhängig von der Polarisation des Lichtes arbeiten.
4. Der Detektor soll bei allen Wellenlängen gleich empfindlich sein.

Unerfreulicherweise gibt es für keine der genannten Komponenten die vollkommene Lösung. Daher sind in Fluoreszenzspektren die wellenlängenabhängigen (und polarisationsabhängigen) Schwankungen, die durch die einzelnen Bausteine hervorgerufen werden, enthalten. Sie können bei Bedarf allerdings, sofern die Abweichung von der Idealität bekannt ist, herausgerechnet werden. Oft wird diese Korrektur aber als überflüssig betrachtet, da sie bei Relativmessungen (Kalibration) am gleichen Gerät keine Rolle spielt. Sollen allerdings die Fluoreszenzspektren einer Substanz, die mit verschiedenen Apparaturen erhalten wurden, verglichen werden, muss jeweils korrigiert werden. Die Kenntnis von gerätespezifischen Fehlern im Emissionsspektrum einer Verbindung ist von entscheidender Bedeutung für die absolute Bestimmung der Quantenausbeute, da ein korrekter Wert nur bei genauer Kenntnis der „wahren“ Intensität des emittierten Lichtes über den gesamten Emissionsbereich ermittelt werden kann. Ähnliches gilt auch für das Anregungslicht. Demnach muss, ist die Absolutbestimmung der Quantenausbeute einer Substanz gewollt, das Fluoreszenzspektrometer genau kalibriert sein.

Im Folgenden sollen die aktuell zu Fluoreszenzmessungen verwendeten Lampen, Monochromatoren und Detektoren mit ihren jeweiligen Eigenschaften und Vorzügen speziell für diese Art der Anwendung kurz vorgestellt werden.

**Lichtquellen**

Zur Zeit ist die vielseitigste Lichtquelle die Hochdruck-Xenon-Bogenlampe. Von 270 bis 700 nm ist die Lichtemission annähernd gleichförmig, lediglich um 450 nm treten einige scharfe Linien im Emissionsspektrum der Lampe auf. Im UV-Bereich fällt die Lichtintensität allerdings unterhalb von 280 nm stark ab, während oberhalb von 700 nm ausschließlich Linienemission beobachtet wird. Für einige Anwendungen eignen auch Quecksilberdampflampen, diese weisen bei gleichem elektrischen Verbrauch i. d. R. eine größere Lichtintensität auf als Hochdruck-Xenon-Lampen. Allerdings konzentrieren sich die Intensitäten auf schmale Emissionslinien zwischen 254 und 546 nm, sodass nur Fluorophore untersucht werden können, die Anregungsmaxima im Bereich dieser Linen haben.

Auch Laser haben mittlerweile eine Bedeutung als Anregungsquelle für Fluoreszenzmessungen. Die Vorteile beim Gebrauch eines Lasers sind die hohe Leistung, monochromatisches, linear polarisiertes Licht, gute Fokussierbarkeit, gerichtete Lichtemission und die Kohärenz der Strahlung. Daher sind mithilfe von Lasern äußerst empfindliche und präzise Fluoreszenzemissionsmessungen möglich. Jedoch ist der verfügbare Wellenlängenbereich selbst bei durchstimmbaren Farbstofflasern sehr eng, sodass zur Anregung oft nur ein kleiner Ausschnitt des elektromagnetischen Spektrums zur Verfügung steht. Zusätzlich sind Laserquellen kostspielig und haben eine begrenzte Lebensdauer. Diese Aussage muss aber wegen der Entwicklung neuer Fluorophore, die durch preiswerte Diodenlaser angeregt werden können (z. B. der Pentamethincyanainfarbstoff „Cy5“ (siehe Abschnitt 9.4.7) relativiert werden.

**Monochromatoren**

Im Gegensatz zur Absorptionsspektroskopie muss bei Fluoreszenzmessungen nicht nur das eingestrahlte Licht, sondern auch das von der Probe emittierte Licht (um Streulicht und Hintergrundfluoreszenz zu eliminieren) monochromatisiert werden. Für ein einfaches Fluoreszenzphotometer dienen Filter zur Monochromatisierung der Anregungs- und Fluoreszenzstrahlung (Abb. 5.14).

Interferenzfilter erlauben eine präzise Wellenlängenselektion. Sie lassen nur Strahlung aus einem sehr engen Wellenlängenbereich passieren (typische Bandbreiten liegen bei etwa 5 nm), die Transmission der Filter ist in diesem Bereich sehr hoch (zwischen 50 und 90%, siehe auch Kapitel 4.2, und damit wesentlich höher als bei einem Monochromator), was nach Gl. 5.20 zu einer verbesserten Empfindlichkeit beiträgt. Obwohl Fluorimeter auf Filterbasis sehr robust und sehr empfindlich sind, erlauben sie nur die Beobachtung bei jeweils einer Anregungs- und Emissionswellenlänge während der Messung. Bei der Untersuchung unterschiedlicher Fluorophore muss der Filtersatz gewechselt werden. Filterfluo-

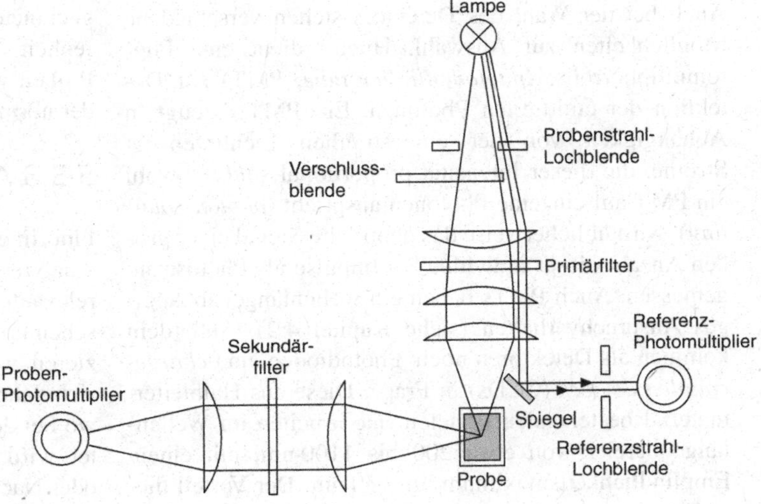


**5.14** Filterfluorophotometer.

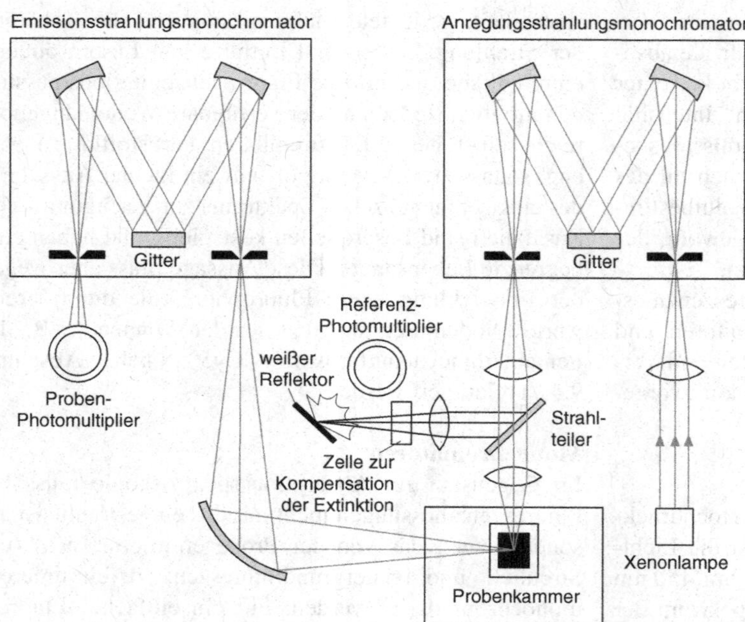


**5.15** Spektrofluorophotometer.

rimeter eignen sich demnach insbesondere für Messungen, bei denen nur ein einzelnes Fluorophor von Interesse ist, dessen Anregungs- und Emissionscharakteristik genau bekannt sind. Obwohl anfänglich vorzugsweise im UV-Bereich auch Prismen in Monochromatoren von Fluoreszenzspektrophotometern eingesetzt wurden, werden heute fast ausschließlich Gittermonochromatoren zur Dispersion des Lichts eingesetzt. Prinzipiell sind geritzte und holographische Gitter erhältlich. Bezüglich der Eigenschaften solcher Gitter sei an dieser Stelle auf das Kapitel 4.2 verwiesen. Ein Spektrofluorophotometer mit Anregungs- und Emissionsmonochromator auf Gitterbasis ist in Abb. 5.15 dargestellt.

**Detektoren**

Auch bei der Wahl des Detektors stehen verschiedene Möglichkeiten zur Auswahl. Häufig dient eine Photomultiplierröhre (*photomultiplier tube*, PMT) zur Detektion der emittierten Photonen. Ein PMT erzeugt in Abhängigkeit von der eingestrahlten Lichtintensität Ströme, die dieser Intensität proportional sind. Obwohl ein PMT auf einzelne Photonen anspricht (*photon counting*), wird üblicherweise das gemittelte Signal einer großen Anzahl dieser individuellen Impulse als Photostrom gemessen. Auch PMTs haben ein wellenlängenabhängiges Ansprechverhalten (siehe Kapitel 4.2). Außerdem kommen als Detektoren noch Photodioden und *charge-coupled devices* (CCDs) in Frage. Diese aus Halbleitermaterial bestehenden Bauelemente arbeiten im Wellenlängenbereich von etwa 200 bis 1100 nm, mit einem Empfindlichkeitsmaximum um 650 nm. Der Vorteil dieser Halbleiterdetekoren besteht vor allem darin, dass Photodiodenarrays (PDAs) und CCDs einen großen spektralen Bereich simultan erfassen können, sodass bei der Detektion die Wellenlänge nicht durch Verdrehen des Gitters „durchgescannt“ werden muss.

Eine Probe kann mit unterschiedlicher geometrischer Anordnung von Anregungs- und Emissionslichtweg vermessen werden. Normalerweise wird die Fluoreszenz im rechten Winkel zur Anregung ausgelesen, dabei wird die Küvette vom Anregungsstrahl zentral durchleuchtet. Eine ebenfalls häufig angetroffene Geometrie ist die so genannte *„front face illumination“*, bei der der Anregungsstrahl in einem Winkel auf die Vorderseite der Küvette fällt und die Fluoreszenz in einem Winkel von 45 Grad zum Anregungsstrahl betrachtet wird. Die Wahl der geeigneten Geometrie hängt vor allem von der Beschaffenheit der Probe ab, bei trüben, optisch sehr dichten Proben wird man die *front face illumination* gegenüber der normalen rechtwinkligen Geometrie bevorzugen.

### 5.3.3 Anwendungen

Fluorimetrische Methoden haben in viele Teilgebiete der Analytischen Chemie Einzug gefunden. Einige umweltrelevante Substanzen wie zum Beispiel die polycyclischen aromatischen Kohlenwasserstoffe (PAKs) fluoreszieren von Natur aus (native Fluoreszenz) und bieten sich daher zum fluorimetrischen Nachweis an. In Fällen, wo bei den Analyten keine native Fluoreszenz beobachtet wird, kann mit entsprechenden Markersubstanzen oder Nachweisreaktionen gearbeitet werden.

$\phi = 0{,}2$
Biphenyl

$\phi = 1$
Fluoren

**5.16** Zusammenhang zwischen Struktur und Fluoreszenzeigenschaften: Biphenyl und Fluoren.

Fluorimetrische Verfahren sind aufgrund der inhärenten Nachweisstärke (der Hintergrund ist im Idealfall gleich Null, sodass bereits sehr kleine Signale gemessen werden können) vor allem für Bestimmungen im Spurenbereich interessant, allerdings ist der apparative Aufwand und die Messunsicherheit im Allgemeinen größer als bei photometrischen Verfahren.

Bei der Auswahl eines Fluorophors spielt die Struktur eine entscheidende Rolle. Ein gutes Beispiel sind Biphenyl und Fluoren (Abb. 5.16).

Obwohl sich die beiden Strukturen nur durch eine einzelne $CH_2$-Gruppe unterscheiden, ist die Quantenausbeute $\phi$ für Fluoren um einen Faktor von fünf größer. Der Grund hierfür ist die größere Starrheit des Grundgerüsts. Nur die planare Konformation des Biphenyls ist ein effizienter Fluorophor, diese liegt aber in einer Lösung nicht immer vor. Beim Fluoren ist eine Drehung der Ringe gegeneinander nicht möglich, es liegt in jedem Fall die günstige planare Strukur vor. Auch Substituenten beeinflussen die Fluoreszenz, so sind beispielsweise iodierte Verbindungen oft schlechte Fluorophore, da Iod die ISC-Wahrscheinlichkeit erhöht (s. o.).

4-Nitro-2,1,3-benzooxadiazol (NBD) (siehe auch Abb. 5.6) ist eine beliebte Grundstruktur für Fluoreszenzmarker und Fluorogene; insbesondere die 7-Aminosubstituierten Varianten des NBD fluoreszieren sehr stark und werden in vielen Anwendungen eingesetzt. Das Fluoreszenzspektrum von 7-(N-Methylamino)-4-nitro-2,1,3-benzooxadiazol (MNBDA) ist in Abb. 5.17 dargestellt.

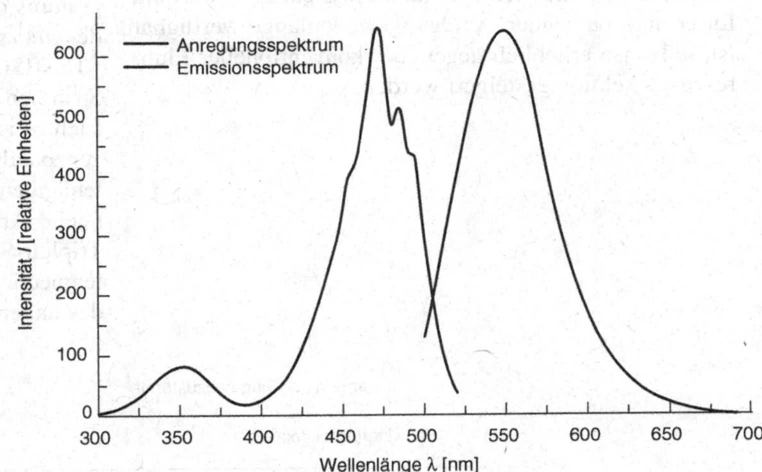


**5.17** Fluoreszenzspektrum des 7-(N-Methylamino)-4-nitro-2,1,3-benzooxadiazols (MNBDA).

## Wie zuverlässig sind Fluoreszenz-Messungen?

Fluoreszenzmessungen reagieren besonders empfindlich gegenüber Änderungen des pH-Wertes, der Temperatur, der Anwesenheit von „Quenchern" und der Lösungsmittelzusammensetzung. Man kann sie trotz vorteilhafter Nachweisgrenzen und üblicherweise großem dynamischen Bereich über mehrere Größenordnungen schwerlich zu den sog. robusten Methoden zählen. Oft können kleine Änderungen große Folgen haben, sodass auf eine genaue Einhaltung der Messbedingungen geachtet werden sollte.

Bei Messungen von matrixbehafteten Proben erfordert eine seriöse Qualitätssicherung und Validierung den Beweis, dass die Intensität des analytischen Signals nicht durch evtl. anwesende Substanzen, die zu den sog. „Quenchern" (Fluoreszenzlöschern) gehören, beeinflusst wird. Bei unbekannter Probenmatrix ist große Vorsicht geboten, denn wie sollen unbekannte Quencher bei der Kalibration berücksichtigt werden?

MNBDA bildet sich durch Oxidation aus 7-(N-Methylhydrazino)-4-nitro-2,1,3-benzooxadiazol (MNBDH) und kann bei der peroxidasekatalysierten Spurenbestimmung von Wasserstoffperoxid oder der Bestimmung von Nitrit in Wässern verwendet werden. Wegen der Bedeutung von $H_2O_2$ bei den enzymatisch katalysierten Reaktionen mittels Oxidasen, ist diese Fluoreszenz auch für die Bioanalytik interessant.

### 5.3.4 Moderne Entwicklungen

Da die Intensität eines Fluoreszenzsignals direkt proportional zur Strahlungsleistung der verwendeten Anregungsquelle ist (s.o.), kann die Sensitivität von Fluoreszenzmessungen durch den Gebrauch von lichtstarken Lasern anstelle der üblichen Lampen verbessert werden. Diese so genannte laserinduzierte Fluoreszenz (LIF) hat insbesondere bei kleinen Probenvolumina Vorteile, da der Laserstrahl auf ein sehr kleines Volumen fokussiert werden kann. Einige kommerzielle LIF-Detektoren für HPLC- und CE-Anwendungen sind bereits erhältlich. Mit ihrer Hilfe können die Nachweisgrenzen, sofern ein Laser mit passender Anregungswellenlänge verfügbar ist, teilweise erheblich gegenüber konventioneller Fluoreszenzdetektion gesteigert werden.

## 5.4 Weitere Lumineszenzverfahren

### 5.4.1 Übersicht

In diesem Kapitel werden die verschiedenen Arten der Lumineszenzspektroskopie mit Ausnahme der Fluoreszenzspektroskopie mit ihren jeweiligen Eigenschaften und Besonderheiten angesprochen. Die apparativen Abweichungen von der Fluoreszenzspektroskopie werden kurz dargestellt und jeweils beispielhaft einige der wichtigsten Anwendungen erwähnt.

### 5.4.2 Phosphoreszenz

**Grundlagen**

Wie die Fluoreszenz gehört auch die Phosphoreszenz zu den Photolumineszenzerscheinungen. Beide unterscheiden sich durch die emittierenden angeregten Zustände, während der Absorptionsvorgang identisch ist. Der gesamte Vorgang, der zur Emission von Phosphoreszenzlicht führt, ist in Abb. 5.18 in Form eines Jablonski-Diagramms dargestellt, er unterscheidet sich erst bezüglich des *Intersystem Crossing* (ISC) von der Fluoreszenz.

Das ISC überführt das Molekül vom Singulettzustand $S_1$ in den Triplettzustand $T_1$. Die Energie des emittierten Lichtes ist geringer als bei der Fluoreszenz. Phophoreszenzbanden sind im Spektrum daher in den roten Wellenlängenbereich verschoben. Wie bereits beschrieben (siehe Abschnitt 5.3.2), ist Phosphoreszenz mit einem Triplett-Singulett-Übergang verbunden. Dieser ist quantenmechanisch verboten, und daher ist die Lebensdauer des angeregten Triplettzustands erheblich größer als die

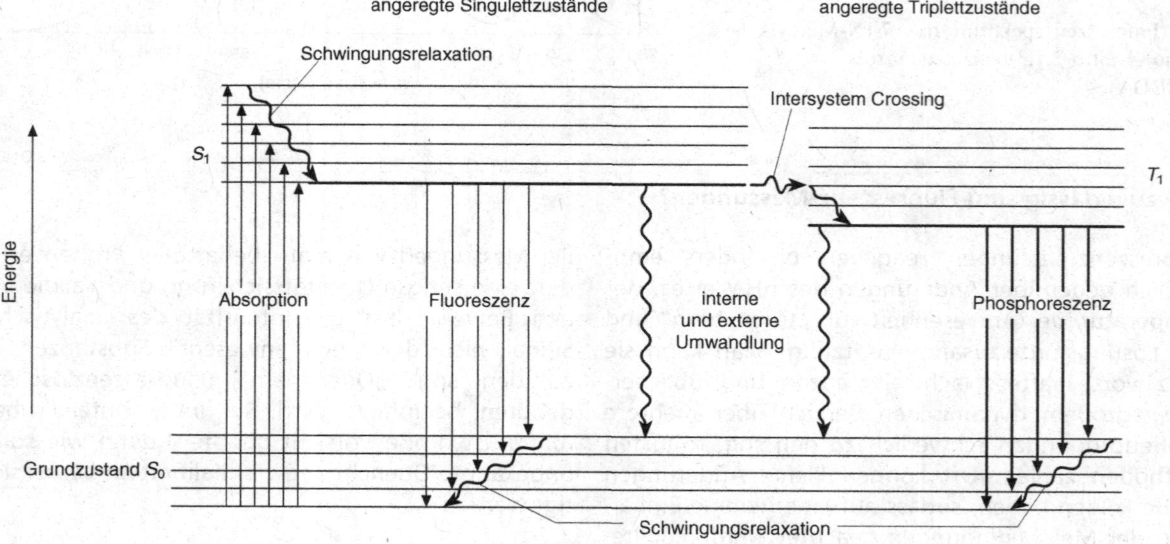


**5.18** Jablonski-Termschema für Phosphoreszenzvorgänge.

des angeregten Singulettzustands. Folglich ist auch die Phosphoreszenzlebensdauer (ms- bis Minuten-Bereich nach dem Ende der Anregungsstrahlung) größer als die Fluoreszenzlebensdauer. Das hat zur Folge, dass strahlungslose Deaktivierung im Falle der Phosphoreszenz eine sehr viel größere Rolle spielt als bei der Fluoreszenz, da die Emissionsrate für die Phosphoreszenz klein ist und daher konkurrierende Deaktivierungsprozesse an Bedeutung gewinnen.

Im Normalfall ist die strahlungslose Deaktivierung in Lösungen bei Raumtemperatur so dominant, dass sich keine Phosphoreszenz beobachten lässt. Daher ist eine besondere Verfahrensweise notwendig, wenn man Phosphoreszenzen messen möchte. Gängig sind das Tiefkühlen der Probe (fl. $N_2$, –196 °C), Messungen auf fester Phase (Filterpapier, Natriumacetat) oder der Zusatz von Micellenbildnern, wobei das emittierende Molekül in einer Micelle eingeschlossen wird. Auch Zusätze von Schwerionen (z. B. $Cs^+$) können genutzt werden, um das Phosphoreszenzsignal zu verstärken.

**Instrumentelles**

Prinzipiell lässt sich ein Phosphorimeter aus den gleichen Teilen wie ein Fluorimeter konstruieren, und viele der erhältlichen Fluorimeter können auch zur Aufnahme von Phosphoreszenzlicht genutzt werden. Die zusätzlichen Anforderungen an derartige Geräte sind zum einen elektronische oder mechanische Vorrichtungen, die eine zeitliche Verzögerung der Signalaufzeichnung gegenüber der Anregung erlauben und Probenbehältnisse, welche die erforderlichen tiefen Temperaturen aufrechterhalten können.

**Anwendungen**

Wegen der erwähnten Problematik bei der Vorbehandlung von Phosphoreszenzproben (Tiefkühlen, Aufbringen auf feste Phasen etc.), die i. d. R. zu verhältnismäßig hohen Nachweisgrenzen führen, hat die Phosphorimetrie nur in Randbereichen der Analytischen Chemie einen Stellenwert erringen können. In vielen Fällen werden fluorimetrische Verfahren bevorzugt, wenn beide Emissionsarten bei dem Analyten erzeugt werden können. Der Vorteil der Phosphorimetrie liegt vor allem in der erhöhten Selektivität, die durch die längere Lebensdauer und den größeren Stokes' Shift bedingt wird.

Ein Beispiel für eine phosphorimetrische Methode ist die Bestimmung des Gerinnungshemmers Warfarin in menschlichem Serum. Warfarin zeigt native Fluoreszenz und Phosphoreszenz. Während die fluorimetrische Bestimmung von Warfarin in Blutserum durch Hintergrundsignale der komplexen biologischen Matrix (z. B. Tryptophan) beeinträchtigt wird, ist der Hintergrund bei einer Phosphoreszenzmessung nach der Entfernung von Albumin durch Fällung unproblematisch.

## 5.4.3 Zeitverzögerte Fluoreszenz

**Grundlagen**

Bestimmte Metallionen, insbesondere Lanthanoidionen können ebenso wie organische Moleküle lumineszieren. Obwohl es sich dabei nicht um Fluoreszenz im klassischen Sinne handelt, wird die langlebige Lichtemission dieser Salze oder Chelate häufig als Fluoreszenz bezeichnet. Europium, Terbium, Samarium und Dysprosium sind aufgrund ihrer vorteilhaften Emissions- und Anregungscharakteristiken die hierbei verwendeten Sel-

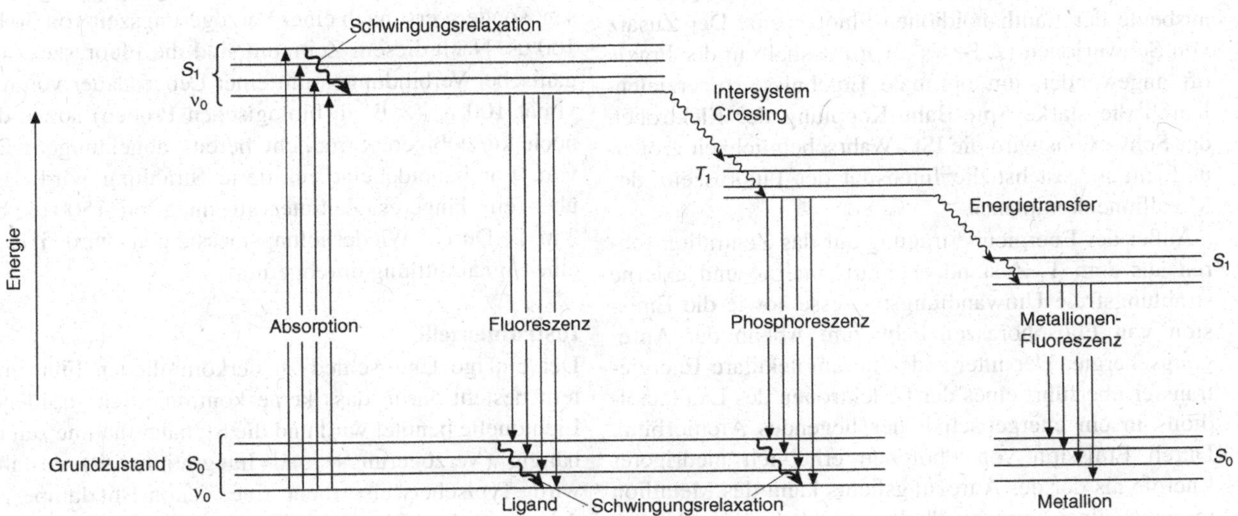


**5.19** Jablonski-Termschema für die „zeitverzögerte" Fluoreszenz von Metallchelaten.

tenerdmetalle, wobei Europium und Terbium deutlich häufiger verwendet werden als Samarium und Dysprosium. Lanthanoidchelate sind durch folgende Eigenschaften gekennzeichnet:

- großer Stokes' Shift (> 200 nm),
- schmale, linienartige Emissionsbanden (Emissioncharakteristik eines Metallions),
- lange Lebensdauer des angeregten Zustands (einige 100 µs bis einige ms).

Der Mechanismus der Fluoreszenzanregung und -emission derartiger Verbindungen soll anhand des Termschemas in Abb. 5.19 erläutert werden.

Am Anfang steht die Absorption kurzwelliger Strahlung durch das chromophore System des Liganden. Der Ligand geht dabei aus dem elektronischen Singulett-Grundzustand $S_0$ in einen höheren Schwingungszustand $\nu_n$ des ersten angeregten Singulettzustands $S_1$ über. Die Schwingungsenergie wird durch Relaxationsprozesse schnell abgebaut, und der Ligand erreicht das Schwingungsgrundniveau $\nu_0$ von $S_1$. Die verbleibende Anregungsenergie kann auf unterschiedliche Art und Weise abgebaut werden. Interne und externe Umwandlungsprozesse führen zum strahlungslosen Energieverlust. Fluoreszenz des Liganden führt Energie in Form von Strahlung ab.

Außerdem besteht die Möglichkeit einer Spinumkehr des angeregten Elektrons. Das *Intersystem Crossing* überführt den Liganden in den ersten angeregten Triplettzustand $T_1$ und ist für die Anregung des Zentralions von entscheidender Bedeutung: Nur aus einem Triplettzustand kann die Anregungsenergie wirkungsvoll an das Metallion abgeführt werden. Daher ist eine Erhöhung der ISC-Wahrscheinlichkeit essentiell für die Quantenausbeute der Lanthanoidionen-Fluoreszenz. Der Zusatz von Schwerionen (z. B. $Cs^+$) wird deshalb in der Praxis oft angewendet, um optimale Ergebnisse zu erzielen. Durch die starke Spin-Bahn-Kopplung der Elektronen des Schwerions wird die ISC-Wahrscheinlichkeit größer, und mit ihr wächst die Intensität der Fluoreszenz des Metallionenkomplexes.

Außer der Energieübertragung auf das Zentralion führen aus dem $T_1$-Zustand ebenfalls interne und externe strahlungsfreie Umwandlungsprozesse sowie die Emission von Phosphoreszenzlicht zum Abbau der Anregungsenergie. Der inter- oder intramolekulare Energietransfer überführt eines der f-Elektronen des Lanthanoidions in ein energetisch höher liegendes Atomorbital. Durch Emission von Photonen erheblich niedrigerer Energie als der des Anregungslichts kann das Metallion in einen seiner Grundzustände zurückkehren. In Abhängigkeit vom energetischen Abstand der elektronischen

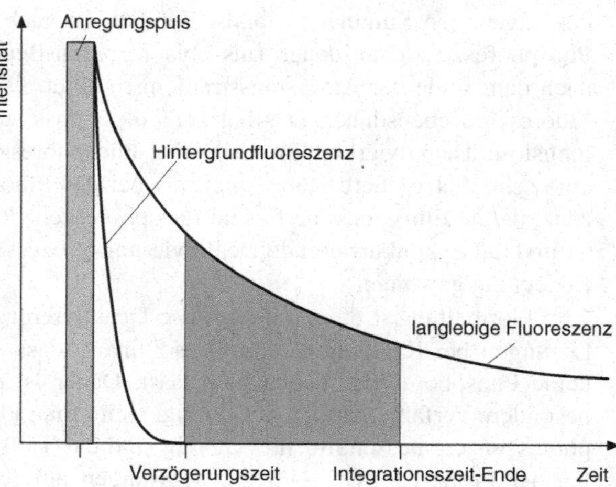


**5.20** Messprinzip für die zeitverzögerte Messung der Fluoreszenz von Metallchelaten der Lanthanoiden.

Niveaus resultieren daraus relativ schmale Banden unterschiedlicher Wellenlängen. Da die Übergänge quantenmechanisch verboten sind, ist die Lebensdauer des angeregten Zustands gegenüber derjenigen angeregter Singulett-Niveaus organischer Fluorophore deutlich erhöht.

Man bedient sich üblicherweise des in Abb. 5.20 dargestellten Messprinzips zur selektiven Erfassung dieser Strahlung.

Die Anregung der Probe erfolgt mittels einer gepulsten Lichtquelle. Die unterschiedlichen Abklingcharakteristika von Streulicht, Hintergrund- und Lanthanoidenfluoreszenz erlauben eine Selektion allein der gewünschten Emission der Metallionen. Die Intensität der Lumineszenz wird nicht direkt nach dem Anregungspuls gemessen, sondern erst nach einer Verzögerungszeit von 30 bis 100 µs. Nach diesem Zeitraum sind die Fluoreszenz organischer Verbindungen mit einer Lebensdauer von maximal 100 ns (z. B. in biologischen Proben) sowie das noch kurzlebigere Streulicht bereits abgeklungen. Die vom Lanthanoidchelat emittierte Strahlung wird dann über ein längeres Zeitintervall integriert (500 µs bis 3 ms). Durch Wiederholungsmessungen wird i. d. R. eine Signalmittlung durchgeführt.

**Instrumentelles**

Der einzige Unterschied zu herkömmlichen Fluorimetern besteht darin, dass keine kontinuierlich strahlende Lichtquelle benutzt wird und die Signalaufnahme zeitabhängig (Verzögerungs- und Integrationszeit) gestaltet wird. Typischerweise dient eine Xenon-Blitzlampe zur Anregung. Das Signal wird über mehrere Pulse erfasst, sodass Unterschiede in der Intensität der Anregungs-

## Störenfried Quenching

Im Gegensatz zur Fluoreszenz organischer Verbindungen wird die Metallionenfluoreszenz bei Lanthanoid-Komplexen nicht durch Sauerstoff gelöscht („Quenching"), wohl aber durch Wasser in der Koordinationssphäre des Lanthanoids. Daher ist es für empfindliche Messungen essentiell, dass diese Art von Quenching möglichst effizient unterdrückt wird. Es wurden zu diesem Zweck unterschiedliche Techniken entwickelt, die einzeln oder in Kombination angewendet werden: Zum einen kann unter Wasserausschluss gearbeitet werden (Überführung in organische Lösungsmittel, Trocknung); eine andere Möglichkeit ist die Verwendung micellarer Medien sowie synergistischer Liganden, die eine Migration der Komplexe in die Micellen unterstützen. Als weitere Alternative kann das Metallion auch koordinativ abgesättigt werden.

blitze ausgemittelt werden können. Ein so genannter Boxcarintegrator mit einem genau einstellbaren zeitlichen Messfenster kann als Verstärker dienen. Gleichermaßen können aber auch eine „gechoppte" Lichtquelle und ein vom Chopper getriggerter Lock-in-Verstärker gleicher Frequenz, allerdings mit einer bestimmten Phasenverschiebung arbeitend, die dann das Messfenster definiert, verwendet werden.

### Anwendungen

Die Besonderheiten der Fluoreszenz der Lanthanoidionen ermöglichen hochselektive Bestimmungen. Der große Stokes' Shift sowie die schmalbandige Emission erlauben bei Verwendung entsprechender Wellenlängenselektoren bereits die Unterdrückung eines großen Teils von Störsignalen. Durch die zeitverzögerte Messung der Lumineszenzerscheinung kann eine weitere Reduktion des Hintergrundsignals erreicht werden (Abb. 5.21).

Zeitverzögerte Fluoreszenzmessungen bieten sich deshalb immer dort an, wo mit Störungen durch die Probenmatrix (z. B. biologisches Material) gerechnet werden muss. Europium- oder Terbiumverbindungen werden auch häufig in Verbindung mit dem Prinzip der Nachsäulenderivatisierung bei der Flüssigchromatographie eingesetzt. Zunächst erfolgt eine flüssigchromatographische Trennung der Analyten, i. d. R. unter Verwendung von Umkehrphasen. In einem Reaktionsmodul wird dem Eluens ein nichtfluoreszierender Lanthanoidkomplex zugesetzt, und es findet eine Umsetzung mit den Analyten zu einem ternären Komplex statt. Durch die anschließende zeitverzögerte fluorimetrische Detektion lassen sich hochselektive und sehr empfindliche Analysenverfahren realisieren.

Ein Beispiel ist ein Verfahren zur Bestimmung von Orotsäure, die bei bestimmten Stoffwechselerkrankungen mit dem Urin ausgeschieden wird. Die MEKC *(micellar electrokinetic capillary chromatography)* wird hierbei mit der sensibilisierten Lumineszenz von Ter-

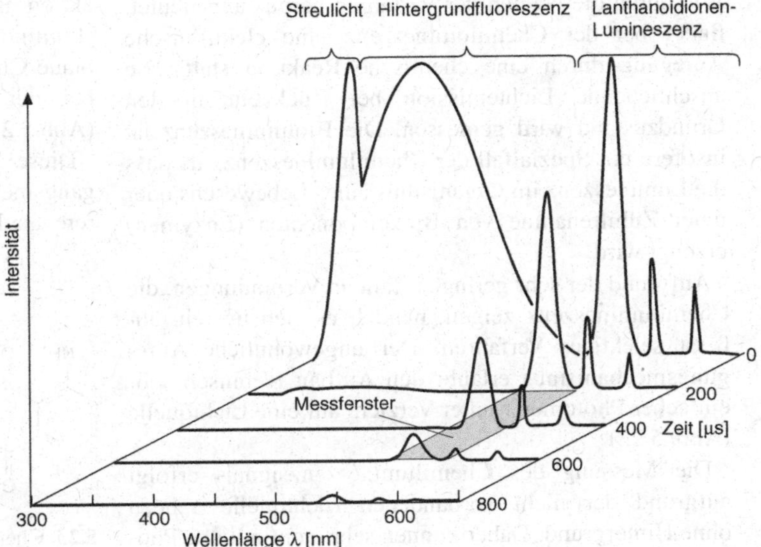


**5.21** Reduktion des Hintergrunds bei der zeitverzögerten Messung der Lanthanoidionen-Lumineszenz.

bium gekoppelt. Neben sehr guten Nachweisgrenzen und einer ausgezeichneten Selektivität hat diese Methode den Vorteil, dass eine Probenvorbereitung für Urinproben komplett entfallen kann.

Da im Bereich der Immunchemie oft niedrigste Nachweisgrenzen und hohe Selektivitäten erforderlich sind, haben sich für viele Anwendungen Verfahren, welche die Fluoreszenz von Lanthanoidchelaten ausnutzen, durchgesetzt. Im Wesentlichen sind es zwei Prinzipien, die für zeitverzögerte fluorimetrische Immunoassays (TRFIA) angewendet werden. Sie sind unter den Handelsnamen DELFIA® bzw. FIAgen™ kommerziell erhältlich. Bei dem DELFIA®-Verfahren wird eine der Immunkomponenten mit einem nicht fluoreszierenden Seltenerdmetallchelat markiert. Nach der immunchemischen Reaktion wird das Metallion zum Beispiel durch Säurezusatz vom Liganden getrennt. Im nächsten Arbeitsschritt wird dann eine sog. *enhancement solution*, bestehend aus Naphthoyltrifluoraceton (NTFA) sowie einem Micellenbildner, zugesetzt und die Fluoreszenzintensität bestimmt. Dieses Verfahren ermöglicht bei Verwendung unterschiedlicher Lanthanoidionen auch Multianalytassays. FIAgen™ arbeitet mit dem Biotin-Avidin-System. Eine der Immunkomponenten ist biotinyliert. Nach der Assoziation von Antikörper und Antigen (siehe Abschnitt 8.3) wird mit 4,7-Bis(chlorsulfophenyl)-1,10-phenanthrolin-2,9-dicarbonsäure (BCPDA) markiertes Avidin zugesetzt. Nach der Bildung des Biotin-Avidin-Aduktes wird eine Europium-Lösung zugegeben, überschüssiges Metall ausgewaschen und nach Trocknung die Fluoreszenz ausgelesen.

## 5.4.4 Chemilumineszenz und Biolumineszenz

Wie durch die Namen der Verfahren bereits angedeutet, findet bei der Chemilumineszenz eine elektronische Anregung durch eine chemische Reaktion statt. Die anschließende Lichtemission bei Rückkehr in den Grundzustand wird gemessen. Die Biolumineszenz ist insofern ein Spezialfall der Chemilumineszenz, als dass die Lumineszenz im Organismus eines Lebewesens oder unter Zuhilfenahme von Biokomponenten (Enzymen) erzeugt wird.

Aufgrund der sehr geringen Zahl an Verbindungen, die Chemilumineszenz zeigen, handelt es sich um ein äußerst selektives Verfahren. Der ungewöhnliche Anregungsmechanismus erlaubt den Aufbau technisch sehr einfacher Photometer unter Verzicht auf eine Lichtquelle (Abb. 5.22).

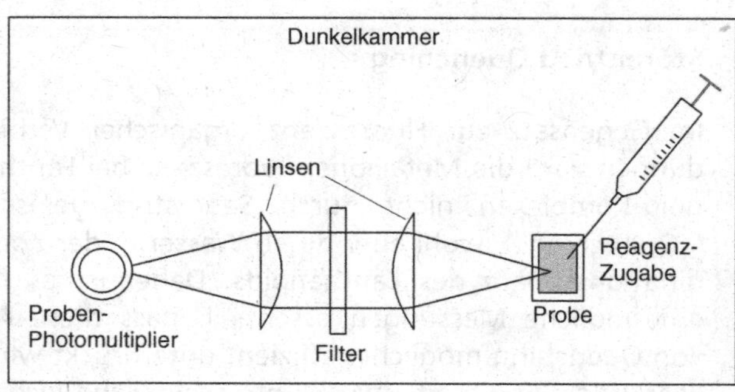


**5.22** Aufbau eines Chemilumineszenzphometers.

Die Messung des Chemilumineszenzsignals erfolgt aufgrund der nicht vorhandenen Lichtquelle nahezu ohne Hintergrund. Daher können sehr empfindliche Photomultiplier eingesetzt werden. Durch ein Linsensystem wird das Chemilumineszenzlicht gesammelt und auf den Photomultiplier fokussiert. Die Geometrie der Anordnung ist von entscheidender Bedeutung für ihre Leistungsfähigkeit. Die Chemilumineszenzreaktion wird durch Zugabe eines Reagenzes zur in der Detektorzelle befindlichen Probe gestartet. Die Vermischung muss hierbei in kontrollierter Weise erfolgen, da die Reaktion zeitabhängig ist. Insgesamt ist der Einsatz der Chemilumineszenz in einem Fließsystem, beispielsweise der Fließinjektionsanalyse (siehe Abschnitt 9.6) sehr sinnvoll, da die Reaktionsparameter dort leicht zu kontrollieren sind. Als Alternative bietet sich die automatische Reagenzzugabe, beispielsweise unter Verwendung eines Dispensers, an. Auch im Mikrotiterplattenformat kann man die Chemilumineszenzmessung erfolgreich durchführen. Die Chemilumineszenz kann natürlich auch als Detektionsverfahren in der HPLC eingesetzt werden (vgl. Abschnitt 6.2.3).

Das klassische Beispiel für eine Chemilumineszenzreaktion ist die Oxidation von 3-Aminophthalhydrazid (Luminol) in alkalischem Medium. Man beobachtet die blaue Chemilumineszenz des 3-Aminophthalations, das bei der Reaktion in angeregtem Zustand entsteht (Abb.5.23).

Diese Reaktion wird durch eine Vielzahl von Übergangsmetallionen katalysiert. Damit ergeben sich mehrere analytische Anwendungen: Die Bestimmung von

$NH_2$, O, NH, NH, O $\xrightarrow[-N_2/-H_2O]{OH^-/H_2O_2}$ $NH_2$, $COO^-$, $COO^-$ $+ h\nu$

**5.23** Chemilumineszenzreaktion des Luminols.

ArO–CO–CO–OAr + $H_2O_2$ ⟶ [Dioxetandion]

[Dioxetandion] + Fluorophor ⟶ Fluorophor* + 2 $CO_2$

**5.24** Mechanismus der PICL-Reaktion (Ar = Aryl).

Wasserstoffperoxid ist mit sehr niedrigen Nachweisgrenzen möglich, sodass indirekt auch Oxidasen und ihre Substrate aufgrund des bei ihren Reaktionen entstehenden Wasserstoffperoxids bestimmt werden können. Auch die katalytisch wirksamen Metallkationen können bestimmt werden. Hierbei ist aber auf die große Problematik der geringen Selektivität bei der Bestimmung des Katalysators in katalysierten Reaktionen hinzuweisen: Jede andere in einer Probe enthaltene katalytisch aktive Substanz führt zu erheblichen Querempfindlichkeiten. Diese können im Fall der Analytik der Metallkationen durch Einsatz der Ionenchromatographie mit Chemilumineszenz-Nachsäulenderivatisierung (zur Derivatisierung s. Abschnitt 6.2.3.) reduziert werden.

Von großer Bedeutung ist auch die Peroxyoxalat-initiierte Chemilumineszenz (PICL). Die Perhydrolyse eines Oxalsäurediesters mit Wasserstoffperoxid führt zur Entstehung eines energiereichen Dioxetandions, das seine Energie auf einen Fluorophor überträgt (Abb. 5.25).

Damit wird als Chemilumineszenz die typische Fluoreszenzwellenlänge des Fluorophors beobachtet. Durch Einsatz verschiedener Fluorophore kann die Emissionswellenlänge in Grenzen verändert werden. Katalysatoren, beispielsweise Dimethylaminopyridin, ermöglichen eine starke Beschleunigung der Reaktion. Mit besonderem Erfolg werden Diester mit stark elektronenziehenden Gruppen (Dinitrophenyl- oder Trichlorphenylgruppen) eingesetzt.

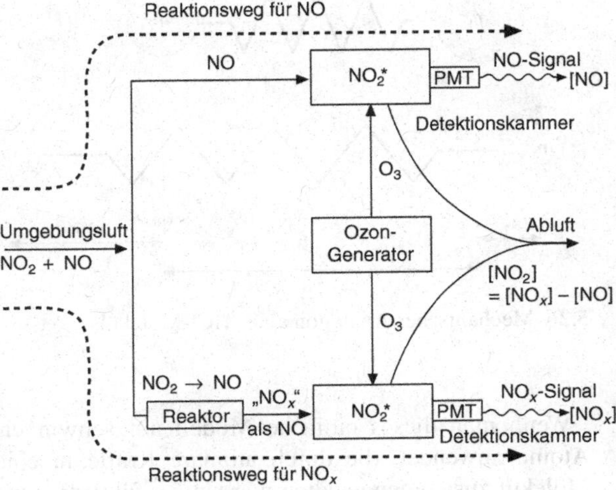


**5.25** Aufbau eines Stickoxidanalysators nach dem Chemilumineszenzprinzip.

Auch zur Gasanalytik haben sich Chemilumineszenzreaktionen bewährt: NO reagiert mit Ozon nach

$$NO + O_3 \rightarrow NO_2^* + O_2 .$$

Das angeregte Stickstoffdioxidmolekül emittiert unter Rückkehr in den Grundzustand breitbandig Licht im roten und infraroten Bereich des elektromagnetischen Spektrums.

Diese Reaktion wird in kommerziellen Stickoxidanalysatoren zur troposphärischen Überwachung und zur Emissionskontrolle genutzt (Abb. 5.25).

Die Luftprobe wird im Gerät in zwei Kanäle aufgeteilt. In dem einen Kanal wird das vorhandene NO nach der obigen Reaktion detektiert, wobei $NO_2$ nicht miterfasst wird. Im zweiten Kanal wird das in der Luftprobe enthaltene $NO_2$ an einem Metallkatalysator zu NO reduziert. Damit wird in diesem Kanal die Summe beider Stickoxide bestimmt. Durch Subtraktion der NO-Konzentration von der Gesamt-$NO_x$-Konzentration wird die $NO_2$-Konzentration rechnerisch bestimmt.

Die Reaktion von NO mit Ozon wird auch bei mehreren stickstoffselektiven GC-Detektoren und einem stickstoffselektiven flüssigchromatographischen Detektor genutzt (s. Abschnitt 6.2.3).

Obwohl durch diese Reaktion auch eine Bestimmung von Ozon möglich sein sollte, beruhen die meisten Ozonanalysatoren auf einer Chemilumineszenzreaktion zwischen Ozon und Ethylen.

Luziferasen aus dem amerikanischen Leuchtkäfer *Photinus pyralis* werden zur Bestimmung von Adenosintriphosphat (ATP) eingesetzt. Luziferin dient hierbei als Substrat. Nachweisgrenzen im attomolaren(!) Bereich wurden auf Basis dieser Reaktion für ATP in der Literatur beschrieben.

Obwohl aufgrund der interessanten chemischen Reaktionen attraktiv und mit einigen Anwendungen für die analytische Praxis versehen, wird die Bedeutung der Chemie- und Biolumineszenzmethoden aufgrund der geringen Zahl möglicher Anwendungen insgesamt limitiert bleiben.

# 5.5 Infrarotspektrometrie

## 5.5.1 Theoretische Grundlagen

Außer den bereits in Kap. 4 und weiter oben dargestellten Übergängen zwischen unterschiedlichen elektronischen Niveaus eines Atoms haben Moleküle auch die Möglichkeit, durch Änderung der Atomabstände intern zu vibrieren, oder um verschiedene Achsen zu rotieren. Die hierbei möglichen Übergänge korrespondieren mit Quantenenergien im Bereich der Infrarotstrahlung. Da Rotationen nur bei frei beweglichen Molekülen, also nur in der Gasphase individuell und damit analytspezifisch quantisiert sind, sollen im Folgenden nur die theoretischen und instrumentellen Möglichkeiten der Vibrationsspektroskopie behandelt werden. Seit der Entdeckung der Infrarotstrahlung durch Wilhelm Herschel im Jahre 1800 hat sich die Infrarot-Spektroskopie zu einer ausgereiften Untersuchungsmethode entwickelt. Da es über diese Methode ausgezeichnete Monographien (siehe Literatur zu Abschnitt 5.5) gibt, soll hier nur Grundlegendes vorgestellt werden und beispielhaft die neuen Entwicklungen der angewandten NIR-Technik etwas beleuchtet werden. Prinzip der IR-Spektroskopie ist die Messung von Wellenlänge und Intensität der Absorption infraroter Strahlung durch eine Probe. Der infrarote Bereich des elektromagnetischen Spektrums befindet sich etwa zwischen 0,7 μm und 50 μm (14300 $cm^{-1}$ bis 200 $cm^{-1}$).

Wird eine Molekülsorte mit Licht aus dem IR-Bereich bestrahlt, so stellt man bei einer Transmissionsmessung fest, dass bei bestimmten Wellenlängen Licht absorbiert wurde. Die Energie des fehlenden Lichts hat das Molekül zu Schwingungen angeregt. Das IR lässt sich in drei feinere Bereiche unterteilen,

- das **nahe IR** (NIR, ca. 0,7 μm-2,5 μm (12500 $cm^{-1}$ – 4000 $cm^{-1}$)),
- das **mittlere IR** (MIR, 2,5 μm-50 μm (4000 $cm^{-1}$– 200 $cm^{-1}$))
- und das **ferne IR** (FIR, 50 μm-1000 μm (200 $cm^{-1}$– 10 $cm^{-1}$)).

In der Tabelle 5.2 sind die drei Bereiche mit den zugehörigen Wellenlängen λ, den Wellenzahlen $\lambda^{-1}$ und die Art der jeweiligen Schwingungen dargestellt.

Durch Infrarotlicht werden vorzugsweise Schwingungen und Rotationen der Moleküle um den gemeinsamen Schwerpunkt angeregt. Im Bereich des Fernen Infrarotlichts werden hingegen vorwiegend Rotationen angeregt, im Bereich des Mittleren Infrarots die Grundschwingungen der Moleküle und im Bereich des Nahen Infrarotlichts sog. Kombinations- und Obertonschwingungen. Wenn Atome oder Moleküle Strahlung absorbieren, erfolgt auch hier eine gequantelte Anregung in einen höheren Energiezustand.

**Tabelle 5.2** Die verschiedenen Bereiche der Infrarotstrahlung.

| Bereich | Übergänge | λ [μm] | $\lambda^{-1}$ [$cm^{-1}$] |
|---|---|---|---|
| NIR | zu Ober- und Kombinationsschwingungen | 0,7–2,5 | 14300–4000 |
| MIR | zu Grundschwingungen | 2,5–50,0 | 4000–200 |
| FIR | reine Rotationsübergänge | 50,0–1000,0 | 200–10 |

Um diese Schwingungen zu verstehen, kann zunächst ein einfaches Modell benutzt werden. Dieses Modell geht von zwei Massen aus, die mit einer Feder verbunden sind, die dem Hook'schen Gesetz gehorcht (Kraft proportional zum Quadrat der Federauslenkung). Dies führt zum bekannten Potential des harmonischen Oszillators als symmetrische Energie-Weg-Kurve. Dieses System soll in der Lage sein, Schwingungen um den gemeinsamen Schwerpunkt auszuführen. Die zwei Massen können zwei unterschiedliche Atome, z. B. Wasserstoff und Chlor sein, die das HCl-Molekül bilden (s. Abb. 5.26); die Feder beschreibt das Verhalten des bindenden Elektronenpaars zwischen den Atomen. Mit Hilfe der reduzierten Masse $\mu = m_1 \cdot m_2 / (m_1 + m_2)$ ist das System auf eine eindimensionale Schwingung in einem Potential reduzierbar. Das Potential kann durch das parabolische Potential des harmonischen Oszillators angenähert werden.

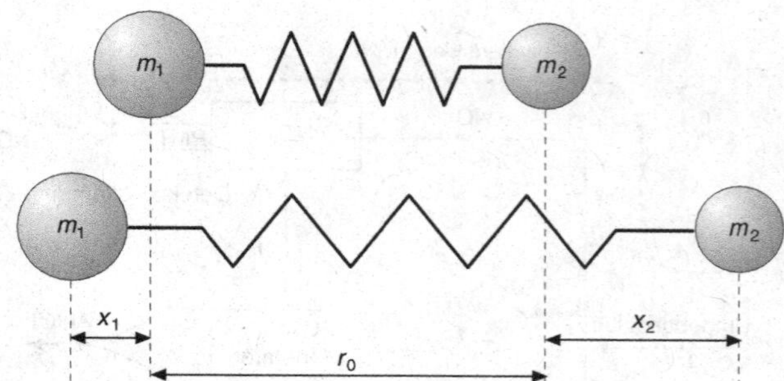


**5.26** Mechanisches Analogon eines HCl-Moleküls.

Wenn man dieses einfache Modell auf schwingende Atome anwendet, die durch atomare Kräfte in einem Molekül zusammengehalten werden, so führt die Quantelung zu dem Modell eines harmonischen Oszillators mit verschiedenen, erlaubten Schwingungsniveaus, wie es Abb. 5.27 zu verdeutlichen sucht. Diese Schwingungen sind bei atomaren Systemen gequantelt, d. h. die Schwingungsenergie tritt nur in diskreten Schritten von hν auf. Die Lösung der Schrödinger-Gleichung für den harmonischen Oszillator liefert die folgenden Energieeigenwerte:

$$E_{vi} = h\nu_{osc}\left(n+\frac{1}{2}\right) = \frac{h}{2\pi}\sqrt{\frac{k}{\mu}}\left(n+\frac{1}{2}\right) \qquad (5.33)$$

mit: $k$ = Federkonstante
$\mu$ = reduzierte Masse = $m_1 \cdot m_2/(m_1 + m_2)$

Die Federkonstante $k$ und die reduzierte Masse $\mu$ beeinflussen die Eigenfrequenz der Schwingung. Die Schwingungsquantenzahl $n$ kann sich beim harmonischen Oszillator lediglich um $\Delta n = \pm 1$ ändern.

Dieses Modell eines harmonischen Oszillators ist allerdings nur für kleine Variationen des Atomabstands gültig, da bei größeren Abständen die Bindung wieder schwächer wird, was im Grenzfall zur Dissoziation des Moleküls führt. Obwohl die quantenmechanische Betrachtung des harmonischen Oszillators die zu beobachtenden, durch Grundschwingungen verursachten Spektralbanden erklärt, versagt sie bei der Erklärung anderer Phänomene, die essentiell für die NIR-Spektroskopie sind. Dazu gehört das Auftreten von Obertönen und Kombinationsschwingungen. Diese Banden entstehen durch Übergänge mit $\Delta n = \pm 2, \pm 3$ etc., die nach dem bisher Gesagten verboten sind. Der Grund für diese Anomalie ist, dass reale Moleküle nicht exakt den Gesetzen einfacher, harmonischer, mechanischer Bewegung gehorchen und dass reale chemische Bindungen, obwohl sie elastisch sind, nicht genau dem Hook'schen Gesetz folgen. Die Schwingungsenergien treten nicht in äquidistanten Schritten auf, wie beim harmonischen Oszillator in Abb. 5.27 gezeigt, sondern die Abstände von einer Energiestufe zur nächsten werden immer mit steigendem $n$ kleiner.

Ein brauchbareres Modell liefert hier der auf einem Morsepotential (von Morse vorgeschlagene Energie-Abstands-Funktion) basierende anharmonische Oszillator, dessen Energieniveaus in Abb. 5.28 schematisch dargestellt sind. Der energetisch niedrigste Zustand des Systems ist die Grundschwingung mit $n = 0$.

$$V(r) = D_e\left(1 - e^{-a(r-r_0)}\right)^2 \qquad (5.34)$$

mit: $D_e$ = Tiefe des Potentialminimums (= Dissoziationsenergie);
$a = 2\pi\nu\sqrt{(\mu/2D_e)}$

Für die Energieeigenwerte ergeben sich hierbei nach Lösung der Schrödinger-Gleichung folgende Energien:

$$E_{vib} = h\nu_{osc}\left(n+\frac{1}{2}\right) - \chi_e h\nu\left(n+\frac{1}{2}\right)^2 \qquad (5.35)$$

mit: $\chi_e$ = Anharmonizitätskonstante = $h\nu/4D_e$.

Die Anharmonizitätskonstante liegt typischerweise im Bereich um 0,01.

Mit Hilfe dieser Theorie ist es möglich, die wichtigsten Probleme, die bei der Infrarotspektroskopie vorkommen, zu beschreiben. Durch die Abflachung des Potentials bei größer werdendem Bindungsabstand bekommen die Niveaus ständig kleinere Abstände und konvergieren ge-

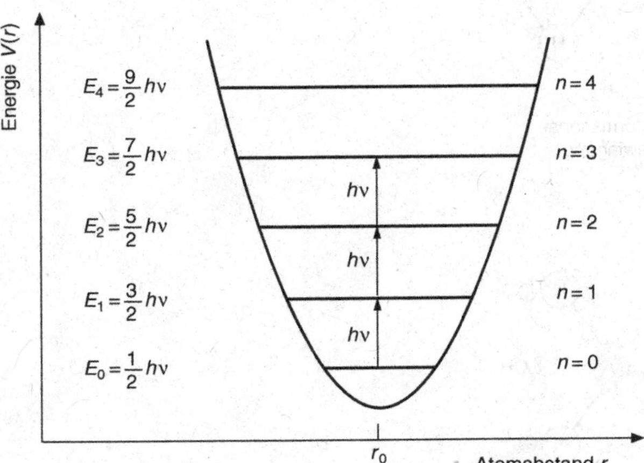


**5.27** Energiequantelung in einem harmonischem Oszillator.

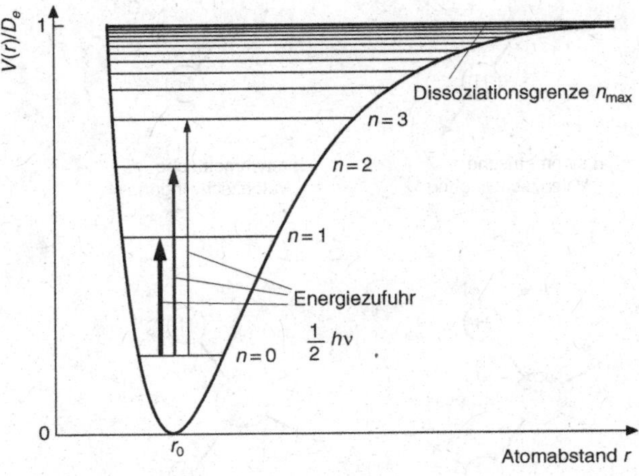


**5.28** Energiequantelung bei einem anharmonischem Oszillator.

gen die Dissoziationsgrenze. Für fast alle Moleküle ist bei Zimmertemperatur schon die Grundschwingungsenergie viel größer als *kT*, die mittlere Wärmeenergie pro Freiheitsgrad, wodurch die Mehrzahl der Moleküle sich im Grundzustand befindet. Mit Hilfe der Theorie eines anharmonischen Oszillators ist es nunmehr möglich, die Existenz von Obertönen oder die Dissoziation der Moleküle zu beschreiben. Obwohl höhere Übergänge mit $\Delta n > 1$ nun theoretisch erklärt werden können, sind diese in der Praxis von stark abnehmender Wahrscheinlichkeit; im Normalfall besitzen nur Banden mit $\Delta n = \pm 1, \pm 2$, und $\pm 3$ ausreichende Intensität für die Beobachtung. Zudem kommt es nur dann zum Auftreten von Spektralbanden, wenn die Schwingung mit der Strahlung wechselwirken kann. Da die Strahlung elektromagnetischen Ursprungs ist, benötigt sie für eine Wechselwirkung ein elektrisches Moment entlang der schwingenden Achse; dabei ist ein durch Molekülschwingungen temporär induziertes Dipolmoment in polaren Bindungen ausreichend.

Bei Molekülen mit mehr als zwei Atomen sind immer mehrere Bindungen von einem Schwingungsvorgang betroffen. Solch kollektive Atombewegungen lassen sich als Schwingungsmoden des Gesamtsystems modellieren, wobei sich jeder Modus wieder einem (zum anharmonischen Oszillator korrespondierendes) Energieniveauschema zuordnen lässt. Schon im einfachen Fall der $CH_2$-Gruppe existieren 6 verschiedene Moden, die in Abb. 5.29 dargestellt sind.

Die beobachteten Schwingungen lassen sich entweder als Streck- oder Biegeschwingung beschreiben, wobei Streckschwingung gleichbedeutend mit einer kontinuierlichen Änderung des inter-atomaren Abstandes entlang der Achse der Bindung zwischen zwei Atomen ist; im Fall eines dreiatomigen Moleküls wie $CH_2$ kann eine Streckung der beiden C-H-Bindungen symmetrisch (a) in gleicher Richtung oder asymmetrisch (b) entgegengesetzt erfolgen. Die Streckschwingungen werden üblicherweise mit dem griechischen Buchstaben ν bezeichnet. Biegeschwingungen beinhalten eine Änderung des Bindungswinkels und lassen sich in vier Arten einteilen:
c) die Deformationsschwingung δ,
d) die Kippschwingung ρ *(rocking)*,
e) die Torsionsschwingung τ *(twist)* und
f) die Nickschwingung ω *(wagging)*.

Damit durch die Absorption eines Photons eine Vibration angeregt werden kann, muss die betreffende Atomgruppe – wie oben bereits erwähnt – ein permanentes Dipolmoment besitzen, dessen Betrag durch die anzuregende Schwingung variiert wird. Homonukleare Moleküle wie z. B. $N_2$, $O_2$ oder $Cl_2$ besitzen kein solches Dipolmoment und können daher nur über eine Quadrupolwechselwirkung angeregt werden, die um Größenordnungen kleiner ist. Die Bedeutung der Variation des Dipolmoments als Auswahlregel lässt sich gut am linearen $CO_2$-Molekül veranschaulichen, von dessen Streckschwingungen nur die asymmetrische in Absorption beobachtet werden kann. Für Ramananregungen be-

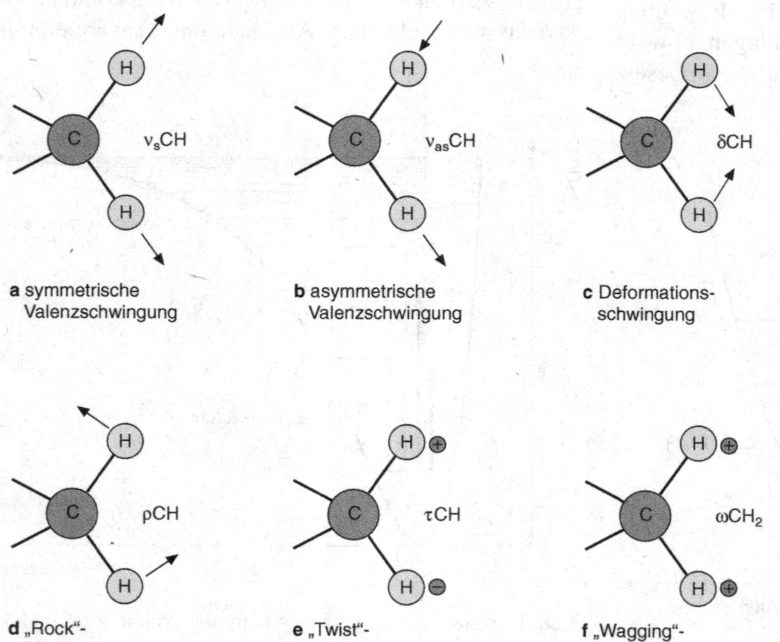


**5.29** Schwingungsmoden einer $CH_2$-Gruppe.

sagt die Hauptauswahlregel, dass die Polarisierbarkeit des Moleküls mit der Schwingung variieren muss, wodurch in Ramanspektren häufig Übergänge beobachtbar sind, die in Absorption verboten, d. h. stark abgeschwächt sind und umgekehrt. Übergänge in die höheren Niveaus sind auf zwei Weisen anregbar; durch Absorption eines Lichtquants passender Energie, oder durch Ramanstreuung, d. h. durch Energieaufnahme von einem am Molekül gestreuten Photon beliebiger Wellenlänge, dessen Energie dabei um den Betrag der Anregungsenergie vermindert wird. Da Vibrationsenergie durch Stöße sehr effizient an die Umgebung weitergegeben wird, ist das Molekül in der Regel nicht lange genug angeregt, um das Ende seiner Strahlungslebensdauer zu erreichen, d. h. Emissionsspektroskopie ist nicht möglich.

Die wichtigsten Übergänge in der IR-Spektroskopie sind somit $n = 0 \rightarrow n = 1$ $(\Delta n = +1)$, $n = 0 \rightarrow n = 2$ $(\Delta n = +2)$ und $n = 0 \rightarrow n = 3$, $(\Delta n = +3)$. Die drei Banden befinden sich nahe bei $n$ (Grundschwingung), $2n$ (erster Oberton) und $3n$ (zweiter Oberton). Die größte Wellenzahl, an der Anregung von Grundschwingungen stattfindet, beträgt etwa 4000 $cm^{-1}$; dies ist die Grenze zum NIR, wo die erwähnten Obertonschwingungen beobachtet werden. Zusätzlich treten Kombinations- und Differenzschwingungen auf, die möglich sind, wenn zwei oder mehr verschiedene Schwingungen miteinander wechselwirken, sodass Banden mit Frequenzen resultieren, die Summen oder Differenzen ihrer Grundschwingungen sind.

**Tabelle 5.3** Vergleich relativer Schwingungsintensitäten.

| **Übergang** $n_0 \rightarrow n_N$ | **Oberton Nr.** | **relative Absorption** (1 cm-Küvette) |
|---|---|---|
| 1 | Grundschwingung | 100 |
| 2 | 1 | 9 |
| 3 | 2 | 0,3 |
| 4 | 3 | 0,01 |

Jede einzelne der oben beispielhaft verdeutlichten Molekülschwingungen kann Ursache für Obertöne oder Kombinationsschwingungen im NIR sein. Deren Intensität hängt jedoch vom Grad an Anharmonizität ab. Da die Schwingungsenergie von der reduzierten Masse abhängt, finden sich die intensiven ersten Oberschwingungen von Bindungen, an denen Wasserstoff als leichtestes Atom beteiligt ist, bereits im NIR. Fast alle Banden im NIR rühren von Obertönen der Wasserstoff-Streckschwingungen von funktionellen Gruppen $AH_y$ her oder von Kombinationen aus Streck- und Biegeschwingungen solcher Gruppen. Charakteristische Gruppenabsorptionen im NIR sind in der Literatur vielerorts zu finden.

## 5.5.2 Spektrendarstellung

Für alle Arten der Absorptionsspektroskopie, bei denen Messungen im Transmissionsmodus durchgeführt werden, beschreibt auch im IR-Gebiet das Lambert-Beer'schen Gesetz den Zusammenhang zwischen Stoffkonzentration, Schichtdicke des absorbierenden Stoffes und eingestrahlter bzw. transmittierter Strahlungsintensität:

$$\lg \frac{I_0}{I} = E = \varepsilon(\lambda) \cdot c \cdot d \qquad (5.36)$$

Gemessen wird immer das Intensitätsverhältnis, wobei $I_0$ die Strahlungsintensität vor dem Durchgang durch die Probe und $I$ die Strahlungsintensität nach Wechselwirkung mit der Probe darstellt. In der quantitativen analytischen Chemie wird fast ausschließlich mit der Extinktion als Messgröße gearbeitet, wohingegen diese Messgröße für qualitative Untersuchungen weniger geeignet ist.

Hier bieten sich als Messgröße für die Ordinate eher folgende Größen an:

- Transmissionsgrad $T = I/I_0$
- prozentualer Transmissionsgrad $T(\%) = 100 \cdot I/I_0$
- Absorptionsgrad $A = 1 - (I/I_0) = 1 - T$
- prozentualer Absorptionsgrad $A(\%) = 100 \cdot (1 - (I/I_0))$

In IR-Zweistrahlspektrometern werden die Strahlungsintensitäten $I_0$ und $I$ häufig dadurch bestimmt, dass die eingestrahlte Strahlung vor Durchgang durch die Probe mithilfe eines Strahlteilers in zwei Strahlen geteilt wird. Nur einer dieser Strahlen geht durch die Probe, der zweite dient als Referenzstrahl und stellt $I_0$ dar. Bei moderneren Spektrometern, die direkt mit einem Mikroprozessor gekoppelt sind, werden die Daten einer Referenzmessung ohne Probe (oder mit Blindprobe) als $I_0$ gespeichert und nach der Messung von $I$ wird die entsprechende Messgröße gebildet.

## 5.5.3 IR-Messtechnik

Zur spektralen Zerlegung der IR-Strahlung verwendet man dispersive oder nicht-dispersive Systeme. In Monochromatoren als Vertreter der dispersiven Systeme, wurden früher auch Prismen eingesetzt, heute verwendet man wegen ihres höheren Auflösungsvermögens im IR-Bereich Gitter zur Aufspaltung des Lichts. Genaue

Beschreibungen solcher Geräte finden sich im Kapitel Atom-Absorptions-Spektroskopie. Monochromatoren werden im NIR oft wegen ihrer Schnelligkeit und Robustheit eingesetzt. Das Fehlen beweglicher Teile macht sie für industrielle Anwendungen interessant (vgl. Beispiel Kunststofferkennung). Im Vergleich zu nichtdispersiven Geräten sind allerdings wegen mangelnder Wellenlängengenauigkeit gelegentliche Rekalibrierungen nötig.

**FT-IR Spektrometer**

Im MIR-Bereich von 4000–400 $cm^{-1}$ wird üblicherweise die Interferenzmethode z. B. im „Fourier-Transform-Infra-Rot"-Spektrometer, kurz FT-IR genannt, angewendet. Im Gegensatz zu dispersiven Spektroskopiemethoden wird hier das gesamte Spektrum über ein Interferogramm erfasst. Derartige Fourier-Transfom-Spektrometer werden häufig im Labor verwendet. In der FT-IR-Spektroskopiewird kein Prisma oder Gitter für die Zerlegung des Lichtes in einzelne Spektralbereiche benutzt. In einem FT-IR Gerät wird – wie in Abb. 5.30 schematisch dargestellt – das Licht der IR Strahlungsquelle mithilfe eines Strahlteilers C, auf den es mit einem 45° Winkel auftrifft, in zwei Strahlen geteilt. Der eine wird an einem feststehenden Spiegel A reflektiert, während der zweite von einem beweglichen Spiegel B reflektiert wird. Wenn die beiden Spiegel A und B äquidistant zum Strahlenteiler sind, tritt dort konstruktive Interferenz auf. Wird der bewegliche Spiegel um ein Viertel Wellenlänge des auftreffenden Lichtes verändert, bringt dies die reflektierten Wellen am Strahlensteiler um 180° aus der Phase, sodass dort eine destruktive Interferenz stattfindet. Eine gleichförmige Bewegung des Spiegels B erzeugt so alternierend Energiemaxima und –minima entsprechend den beiden Interferenzarten. Ein Detektor zeichnet ein Interferogramm auf. Wegen der gleichförmigen Bewegung des Spiegels B zeigt es einen Intensitäts-Zeit-Verlauf.

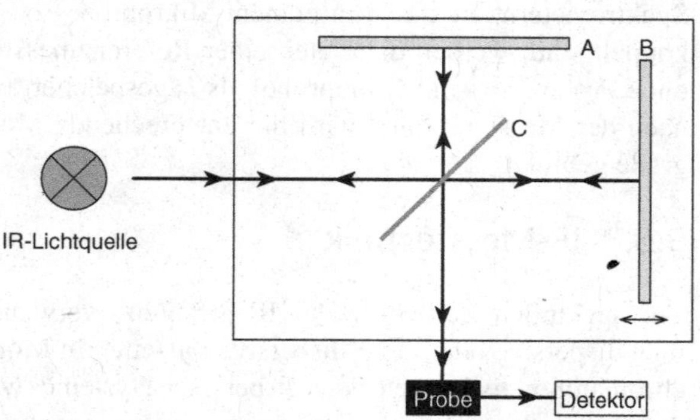


**5.30** Schematische Darstellung des FT-IR-Prinzips (Michelson-Interferometer).

Der mathematische Prozess, mit dem diese Zeitabhängigkeit in eine Frequenzabhängigkeit umgewandelt wird, heißt Fourier-Transform-Analyse. Dadurch erhält man letztendlich ein normales IR-Spektrum. FT-Spektrometer zeichnen sich vor allem durch eine exzellente Wellenlängengenauigkeit aus. Da zum Erhalt eines Spektrums jedoch immer der gesamte Frequenzbereich aufgenommen werden muss, sind diese Geräte langsamer als dispersive Systeme, bei denen bei Verwendung von Diodenarray-Detektoren die Information aller Wellenlängen zur gleichen Zeit zur Verfügung steht. Im Laboreinsatz ist dieser Geschwindigkeitsvorteil aber unwichtig. Leider sind die üblichen Michelson-Interferometer mechanisch empfindlich und erfordern einen besonderen Schutz. Der MIR-Bereich hat aber auch weitere Konsequenzen; so muss im MIR auf optische Bauteile aus Alkalihalogeniden oder Saphir zurückgegriffen werden, was vor allem den Preis in die Höhe treibt und den Strahlungstransport auf Strecken von wenigen Metern eingrenzt. Es wird heute zunehmend versucht, den Einsatz beweglicher Teile und teurer Lichtleiter durch die Verwendung der AOTF *(acousto optical tunable filter)*-Technologie zu vermeiden, was aber mit komplizierter Hochfrequenztechnik verbunden ist.

**Dispersive Spektrometer**

In dispersiven IR-Spektrometern erfolgt die Lichtzerlegung mithilfe traditioneller Monochromatoren. Diese Art von Spektrometern wird nicht zuletzt aufgrund des Preisvorteils gegenüber der Interferenzmethode in der NIR-Spektroskopie häufiger eingesetzt. Wegen der im Vergleich schlechteren Dispersion üblicher Prismenmaterialien im IR-Bereich verglichen zu UV Anwendungen werden überwiegend Reflexionsgitter eingesetzt. Die typischen Monochromatoren-Anordnungen unterscheiden sich im IR nicht grundlegend von den in Abschnitt 4.3 beschriebenen.

***Wellenlängenselektion mittels eines Blaze-Gitters***

Ein Blaze-Gitter ist ein Reflexionsgitter, das weißes Licht in Reflexion spektral auflösen und dabei die Intensität auf bestimmte Ordnungen lenken kann. Seine Oberfläche besteht aus Furchen, die unter einem bestimmten Winkel eingeritzt worden sind. Für die Wellenlänge, die konstruktive Interferenz in der regulären Reflexionsrichtung zeigt, kann ein Beugungswirkungsgrad von nahezu 100% erreicht werden. Das Blaze-Gitter wird oft als ein wellenlängenselektiver Spiegel in einer Littrow-Anordnung verwendet. Bei dieser Anordnung fällt das Licht senkrecht zur Furchenoberfläche ein; man erhält dann konstruktive Interferenz, wenn die Furchenhöhe nach Gleichung 5.37 ein ganzzahliges Vielfaches der halben Wellenlänge ist. Diese Wellenlänge wird Blazewellenlänge genannt, wenn die Furchenhöhe genau $\lambda_B/2$ beträgt, der zugehörige Winkel Blazewinkel; beide werden üblicherweise in den Datenblättern der Hersteller angegeben.

$$h = n\frac{\lambda_0}{2} \tag{5.37}$$

mit: $h$ = Furchenhöhe, $n \in N$
$\lambda_0$ = Wellenlänge;
für $n = 1$ ist $\lambda_0 = \lambda_B$ = Blaze-wellenlänge

$$\sin\beta = \frac{h}{b} = \frac{\lambda_B}{2b} \tag{5.38}$$

mit: $b$ = Furchenbreite,
$\beta$ = Blazewinkel.

Die Littrow-Anordnung ist für ein Spektrometer jedoch problematisch, da der reflektierte Strahl in die Lichtquelle zurück reflektiert wird, wo sich ein Detektor nur unter- oder oberhalb des Eintrittspaltes einbauen lässt. Es ist günstiger, wenn der Lichtstrahl aus einem anderen Winkel auf das Gitter trifft. Dann ist es möglich, Lichtquelle (Probe) und Detektor zu fixieren und die Wellenlängenselektion durch Drehen des Gitters zu erreichen. Bei dieser Anordnung wird die Auflösung des Spektrometers vom Durchmesser der Sammellinse und ihrem Abstand zum Blaze-Gitter bestimmt, da die Sammellinse auch das Licht benachbarter Wellenlängen um den Winkel $\gamma$ auf den Detektor abbildet.

Für eine solche Anordnung muss man wissen, wie sich der Verkippungswinkel $\alpha$ zu der Wellenlänge mit konstruktiver Interferenz verhält, die auf den Detektor gelangt. Hierzu wird die Wegstreckendifferenz $\Delta S_{ges}$ zweier Strahlen, die von zwei benachbarten Furchen reflektiert werden, in Abhängigkeit vom Einfallswinkel ($\alpha$) berechnet. Da es sich beim Blaze-Gitter um einen Spiegel handelt, ist der reflektierte Strahl, bei dem der Einfallswinkel ($\alpha$) gleich dem Ausfallswinkel (siehe Abb. 5.31) ist, der Strahl mit der größten Intensität. Gesucht wird die Wellenlänge, welche in diesem Fall konstruktive Interferenz aufweist. Es muss zur Berechnung zwischen zwei Fällen unterschieden werden, je nachdem ob der Einfallswinkel ($\alpha$), senkrecht zu der Furchenoberfläche gemessen, größer oder kleiner als der Blazewinkel ($\beta$) ist.

Hierzu muss berechnet werden, wie groß der Gangunterschied zwischen zwei benachbarten Furchen ist. Die Wegstreckendifferenz wird dabei unterteilt in die Differenz bis zur Reflexion und nach der Reflexion. Es gelten aufgrund der Geometrie folgende Gleichungen für $\alpha < \beta$

$$\Delta S_{hin} = \sin(\alpha + \beta)\, b \tag{5.39}$$

$$\Delta S_{rück} = \sin(\beta - \alpha)\, b \tag{5.40}$$

$$\Delta S_{ges} = \Delta S_{hin} + \Delta S_{rück} \tag{5.41}$$

mit Gleichung 5.38 folgt:

$$\sin\beta = \frac{\lambda_B}{2b} \Rightarrow 2b\sin\beta = \lambda_B \tag{5.42}$$

$$\Rightarrow \lambda_\alpha = \lambda_B \cos\alpha \tag{5.43}$$

mit:
$\lambda_B$ = Blazewellenlänge
$\alpha$ = Verkippungswinkel des Blaze-Gitters.

So ergibt sich beispielsweise für NIR mit $\lambda_B$ = 2500 nm und $\lambda_\alpha$ = 2400 nm ein Winkel $\alpha$ von 16,3°. Ein Reflexionsgitter dieser Art müsste also um ca. ±8° gekippt werden, um den angegebenen Wellenlängenbereich „abzuscannen“, d. h. am Austrittsspalt vorbei zu projizieren. Ein ebenes Blaze-Gitter ist sehr empfindlich gegen Dejustage, die beispielsweise auch durch mechanische Erschütterungen stattfinden kann. Die Abb. 5.32 zeigt beispielhaft den Strahlengang eines modernen IR-Gerätes der preiswerteren Kategorie.

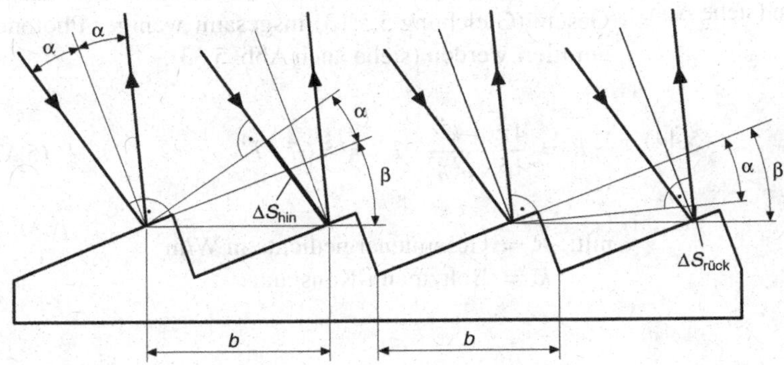


**5.31** Blaze-Gitter mit schrägem Strahleinfall, für $\alpha < \beta$. Zur besseren Darstellung wurden die Wegstreckendifferenz aufgeteilt in eine Wegstreckendifferenz bis zum Blaze-Gitter und eine Wegstreckendifferenz nach der Reflexion. Sie wurden darüber hinaus an zwei benachbarten Strahlengängen eingezeichnet, um eine bessere Übersicht zu erzielen.

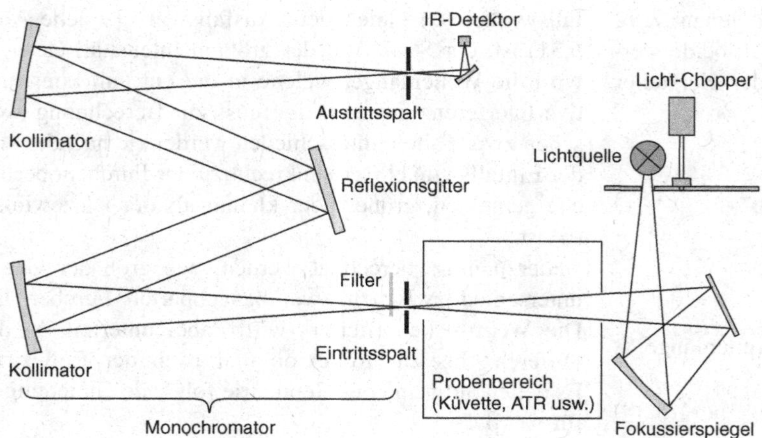


**5.32** Strahlengang des dispersiv arbeitenden IR-Spektrometers der Fa. Buck.

***Lichtquellen***

Für den gesamten IR-Bereich werden als IR-Strahlungsquellen gerne sog. Nernst-Stifte (aus $CeO_2$) aber auch einfache Heizstäbe eingesetzt, die beide auch das FIR erfassen. Im NIR verwendet man hingegen als Strahlungsquelle häufig Quarz-Halogenlampen, deren Maximum an Strahlungsintensität im Bereich des NIR liegt und die zudem relativ preiswert sind. Um möglichst viel Licht einer kleinen Halogenlampe auf eine kleine Fläche zu fokussieren, werden ellipsoide Reflektoren verwendet, die den Vorteil haben, keine lichtabsorbierende Linse zu benötigen und in allgemein handelsüblichen Ausführungen zusammen mit der Birne preisgünstig zu erhalten sind. Da das Interesse an der NIR-Spektrometrie aus Gründen ihrer vorteilhaften Nutzung bei industriellen Durchflussmessungen zusammen mit modernen chemometrischen Methoden stark gestiegen ist, soll im Folgenden auf die Eigenschaften eines NIR-Spektrometers etwas eingegangen werden. Eine Besonderheit bei der Benutzung einer Glühbirne als IR-Strahlungsquelle ist, dass sie manchmal nicht mit ihrer Nennspannung betrieben wird, sondern deutlich darunter, statt mit 12 V beispielsweise nur mit 2,5 V. Durch die Spannungsabsenkung sinkt die Glühtemperatur; damit verschiebt sich nach dem Planck'schen Strahlungsgesetz (Gleichung 5.44) das Maximum der spektralen Strahlungsdichte zu längeren Wellenlängen (von ca. 900 nm zu ca. 1500 nm (siehe Abb. 5.33)).

$$\rho(\nu, T)\,\mathrm{d}\nu = \frac{8\pi h\nu^3}{c^3} \cdot \frac{1}{\mathrm{e}^{(h\nu)/(kT)} - 1}\,\mathrm{d}\nu \qquad (5.44)$$

mit: $\rho$ = spektrale Energiedichte
$\nu$ = Frequenz der Strahlung
$h$ = Plancksche Konstante
$c$ = Lichtgeschwindigkeit
$T$ = Temperatur

Aus didaktischen Gründen im Zusammenhang mit der modernen instrumentellen Analytik sollen hier einige Überlegungen zur Konstruktion eines NIR-Spektrometers etwas näher erläutert werden. Die Verschiebung des spektralen Intensitätsmaximums lässt sich beispielsweise über die Leistungsaufnahme der Glühbirne abschätzen. Eine Glühbirne braucht z. B. bei 12 V 1,17 A Strom, bei 2,5 V hingegen nur 0,7 A, das entspricht ca. einem Achtel der Nennleistung. In den Datenblättern ist die Glühtemperatur der Birne mit 3120 K angegeben, mit einem Intensitätsmaximum bei 900 nm. Nach dem Stefan-Boltzmann-Gesetz (Gleichung 5.45) ist die insgesamt abgestrahlte Energie proportional zu $T^4$:

$$\frac{3120\ \mathrm{K}}{\sqrt[4]{8}} = 1850\ \mathrm{K} \qquad (5.45)$$

Damit folgt nach dem Wien'schen Verschiebungsgesetz ($\lambda$ proportional zu $1/T$) ein Maximum der Strahlungsintensität bei:

$$\lambda = \frac{900\ \mathrm{nm}\ 3120\ \mathrm{K}}{1850\ \mathrm{K}} = 1500\ \mathrm{nm} \qquad (5.46)$$

Der Nachteil ist, dass nach dem Stefan-Boltzmann-Gesetz (Gleichung 5.5.13) insgesamt weniger Photonen emittiert werden (siehe auch Abb. 5.33).

$$R = \frac{4\pi}{15} \cdot \frac{k^4}{c^2 h^3} \cdot T^4 = 5{,}67 \cdot T^4 \qquad (5.47)$$

mit: $R$ = Gesamtenergiedichte in W/m²
$k$ = Boltzmann-Konstante

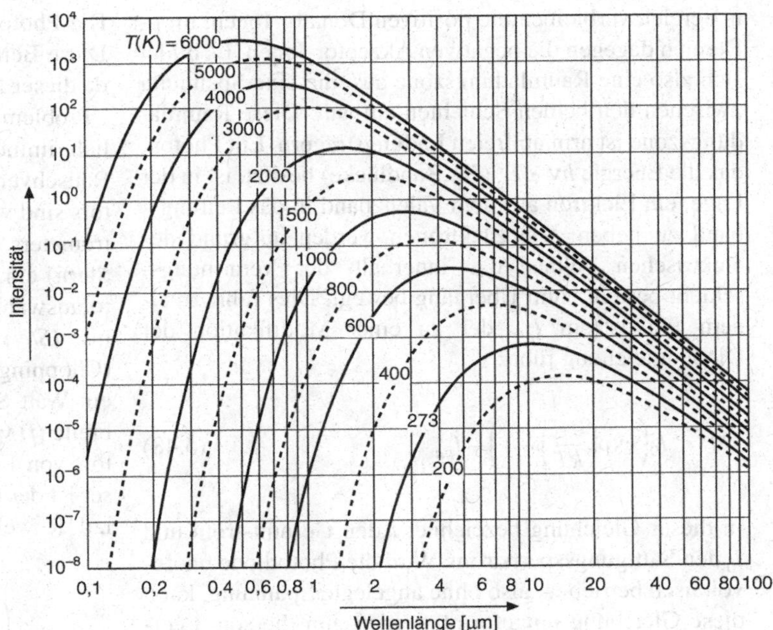


**5.33** Spektrale Intensitätsverteilung der schwarzen Strahlung, Planck'sches Strahlungsgesetz; Temperaturangaben in K.

## Detektoren

Zur Detektion der IR-Strahlung werden im MIR häufig Bolometer oder Halbleitermaterialien wie PbS oder MCT (*Mercury Cadmium Telluride*, HgCdTe) eingesetzt. Bei einem Bolometer, das auch für absolute Strahlungsintensitätsmessungen verwendet wird, handelt es sich im Grunde um eine Temperaturmessung (durch Thermoelemente). Von den verschiedenen Photodetektoren (mit innerem oder äußerem Photoeffekt oder anderen Funktionsprinzipien) sollen hier nur die Detektoren besprochen werden, die den inneren Phototeffekt ausnutzen, da diese meist verwendet werden. Diese Photodetektoren werden, je nach dem benötigten Spektralbereich, aus verschiedenen Halbleitern aufgebaut, wie z. B. aus Silizium, Germanium oder Galliumarsenid. Die Detektoren bestehen aus zwei unterschiedlich dotierten Schichten eines Halbleiters. Wird beispielsweise ein Halbleiter der IV-Hauptgruppe mit einem fünfwertigen Element (z. B. Arsen, Phosphor,...) dotiert, entsteht ein so genannter n-Halbleiter. Bei der Dotierung mit einem dreiwertigen Element (z. B. Bor oder Indium) ergibt sich ein p-Halbleiter. Diese Dotierung führt zu schwach gebundenen Elektronen bei n-Halbleitern und zu Elektronenlöchern bei p-Halbleitern (siehe Abb. 5.34 und Abb. 5.35).

Werden eine n- und eine p-Halbleiterschicht zusammengesetzt, wandern die überschüssigen Elektronen in den p-Halbleiter und die Löcher in den n-Halbleiter. Im

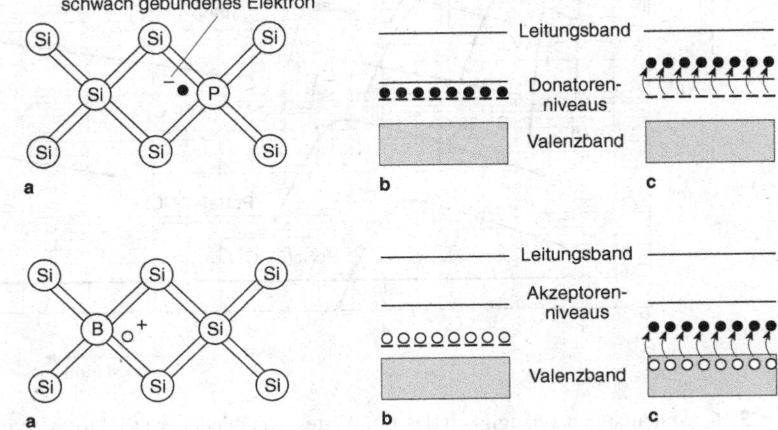


**5.34** Schematische Darstellung eines n-Halbleiters. a) Kristallgitter; b) Donatorenniveau bei T = 0 K; c) Donatorenniveau bei Raumtemperatur.

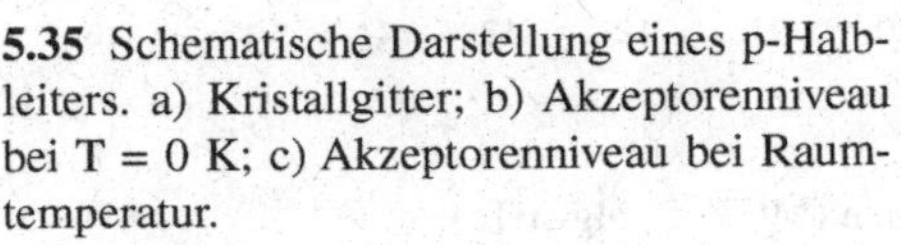

**5.35** Schematische Darstellung eines p-Halbleiters. a) Kristallgitter; b) Akzeptorenniveau bei T = 0 K; c) Akzeptorenniveau bei Raumtemperatur.

n-Bereich verbleiben die positiven Donator-Ionen, im p-Bereich dagegen die negativen Akzeptor-Ionen. Es bildet sich also eine Raumladungszone aus, die eine Spannung zwischen den beiden Schichten aufbaut. Diese Raumladungszone ist arm an freien Ladungsträgern. Ein Photon, das die Energie $h\nu \geq E_g$ ($E_g$: Bandlücke) besitzt, ist in der Lage, ein Elektron aus dem Valenzband in das Leitungsband zu heben. Die Elektronen werden aufgrund des elektrischen Feldes, das innerhalb der Verarmungsschicht besteht, zum Übergang bewegt. Dies führt zu einem Photostrom $I_{ph}$, der zu einer Modifikation der Diodengleichung führt:

$$I = I_0\left(\exp\left(\frac{eV}{kT}\right) - 1\right) - I_{ph} \tag{5.48}$$

In dieser Gleichung bezeichnet $I$ den Gesamtstrom und $I_0$ den Sättigungssperrstrom. Wird die Photodiode photovoltaisch betrieben, also ohne angelegte Spannung, kann diese Gleichung umgeformt werden, um die sog. Leerlaufspannung $V_{ph}$ zu bestimmen:

$$V_{ph} = \frac{kT}{e}\ln\left(1 + \frac{I_{ph}}{I_0}\right) \tag{5.49}$$

Die Photodiode wird hier wie eine Solarzelle betrieben. Diese Betriebsart der Photodioden wird gerne verwandt, da dieser Modus wesentlich rauschärmer ist.

Problematisch ist im infraroten Spektralbereich natürlich immer der Einfluss der Umgebungswärme. Das Rauschverhalten und die Empfindlichkeit eines Detektors sind wichtige Parameter für die Güte eines IR-Spektrometers. Beide gehen in den so genannten Wert $D^*$ (D-Stern) ein, der damit ein gutes Kriterium für die Detektorauswahl darstellt. $D^*$ gibt das Signal/Rausch-Verhältnis ($S/N$) für eine bestimmte Modulationsfrequenz (Choppingfrequenz, siehe Abschnitt 4.2.2) wieder, wenn ein Watt Strahlungsleistung ($P$) mit einer Rauschbandbreite ($f$) von 1 Hz auf die aktive Fläche ($A$) eines Detektors von 1 cm² trifft. Je höher der $D^*$-Wert ist, desto besser ist der Detektor. Das Signal/Rausch-Verhältnis $D^*$ ist i. d. R. wellenlängen- und temperaturabhängig.

$$D^* = \frac{\left(\frac{S}{N} f^{\frac{1}{2}}\right)}{P A^{\frac{1}{2}}}. \tag{5.50}$$

Mit $D^*$ als Kriterium der Detektorauswahl kommen für empfindliche Messungen im IR-Bereich lediglich

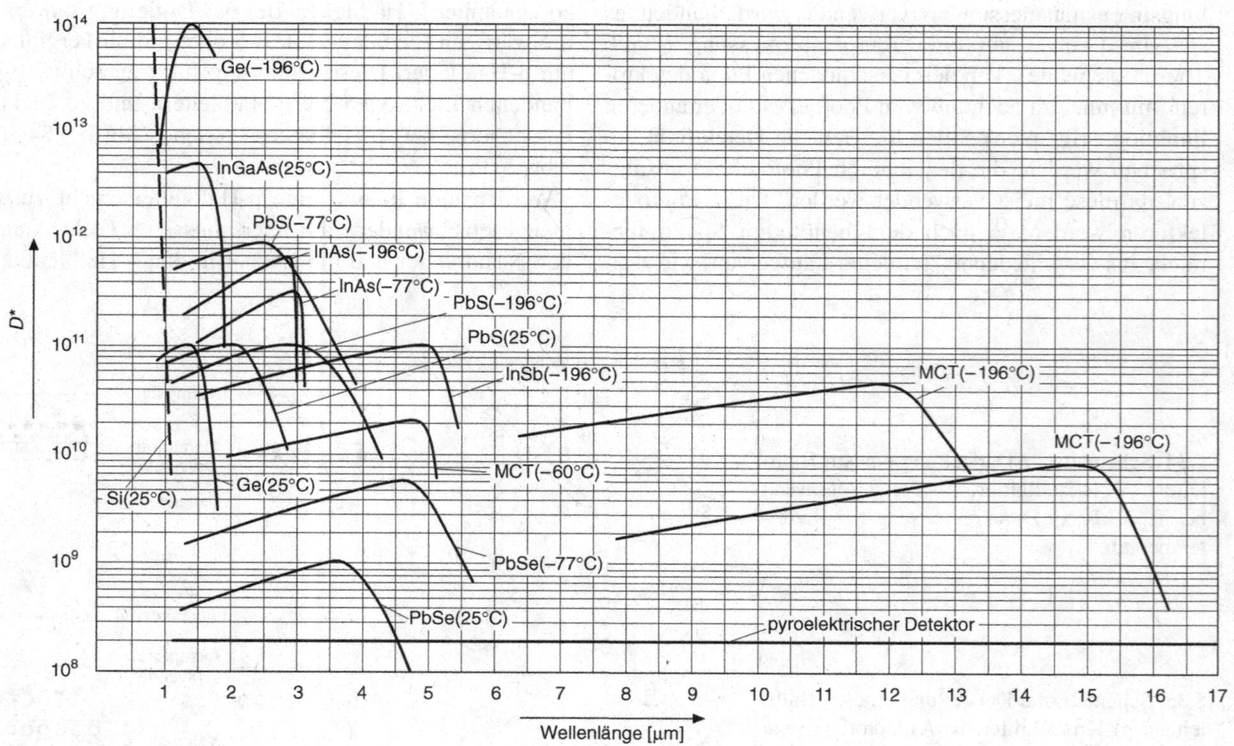


**5.36** Wellenlängenabhängigkeit des $D^*$-Wertes verschiedener Detektormaterialien (MCT ≙ HgCdTe).

InAs-Dioden, Extended-InGaAs-Dioden, PbS-Photowiderstände (Bleisulfid) und PbSe-Photowiderstände (Bleiselenid) als Detektoren in Frage (siehe Abb. 5.36).

Da Extended InGaAs erst seit kurzem erhältlich ist, ist es noch nicht in diesem Diagramm enthalten. InGaAs ist ein ternärer Halbleiter; über das Mischungsverhältnis der drei Komponenten lässt sich die Grenzwellenlänge, bei der nur noch 10% der Empfindlichkeit erreicht wird, in gewissen Bereichen einstellen. Beim Extended InGaAs Material wurde beispielsweise der Indiumanteil erhöht, wodurch die Grenzwellenlänge in den Bereich von 3000 nm angehoben wird. Der erhöhte Indiumanteil erschwert jedoch ein sauberes Kristallwachstum und führt zu mehr Störstellen, die das $D^*$ reduzieren. Erst seit kurzem ist es einem Hersteller gelungen, Extended InGaAs mit ausreichend hohem $D^*$ herzustellen. Von allen Detektoren weist PbS im Spektralbereich zwischen 2400 nm bis 2500 nm das höchste $D^*$ bei Raumtemperaturen auf. Alle anderen Detektoren müssen mehr oder weniger stark gekühlt werden, um auf ein vergleichbares $D^*$ zu kommen. Für eine Kühlung wird i. d. R. eine Peltier-Kühlung verwendet. Darüber hinaus sind PbS-Detektoren auch die preisgünstigsten aller in Frage kommenden Detektoren.

PbS-Detektoren sind photo-konduktive Halbleiter, sie sind entweder n- oder p-leitend. Fällt ein Photon auf den Detektor, werden Ladungsträger aus dem Valenzband in das Leitungsband gehoben; dadurch ändert sich der elektrische Widerstand des Detektors. Diese Widerstandsänderung verursacht bei anliegender Vorspannung eine Stromänderung und je nach Schaltung auch eine Spannungsänderung am Detektor, welche als lichtintensitätsproportionales Messsignal ausgewertet werden kann. PbS-Detektoren zeigen ein betriebsfrequenzabhängiges sog. 1/f-Rauschen, weshalb die Strahlung für einen Lock-in-Verstärker moduliert werden sollte. Bei der Modulation der IR-Strahlung (i. d. R. mit einem Chopper) muss jedoch die Relaxation des PbS-Detektormaterials bedacht werden. PbS-Detektoren benötigen einige Zeit, um nach Wegnahme des Lichts die erzeugten Ladungsträger durch Rekombination abzubauen; daher hinkt das gemessene Wechselstromsignal dem tatsächlichen immer etwas hinterher (Phasenverschiebung bei Lock-in Verstärker). Dieses Verhalten wird durch die Zeitkonstante $\tau$ beschrieben. Sie gibt an, wie viel Zeit benötigt wird, bis in der Dunkelphase das am Detektor gemessene Signal um 63 % gesunken ist. Produktionsbedingt kann die Zeitkonstante in einem gewissen Bereich eingestellt werden. Leider geht mit einer Verkürzung der Zeitkonstante eine Reduzierung der Empfindlichkeit einher, sodass hier ein Kompromiss für die jeweilige Anwendung gefunden werden muss. Der Zusammenhang zwischen Empfindlichkeit $E$ und Zeitkonstante lautet:

$$E = \frac{\eta e \mu}{d} \cdot \frac{\tau}{\sigma} \tag{5.51}$$

mit:

$d$ = Detektordicke
$\eta$ = Quantenwirkungsgrad
$e$ = elektrische Ladung
$\mu$ = Ladungsträgerbeweglichkeit
$\sigma$ = Leitfähigkeit.

Eine andere ungünstige Eigenschaft von PbS-Detektoren ist die Temperaturabhängigkeit ihrer Parameter. Mit zunehmender Temperatur sinken die Photoempfindlichkeit und auch der Dunkelstromwiderstand des Detektors (siehe Abb. 5.37), was beides die Messung kleiner Widerstandsänderungen erschwert. Des weiteren altert PbS, was sich ebenfalls in einer Änderung der Empfindlichkeit und des Dunkelstromwiderstandes äußert.

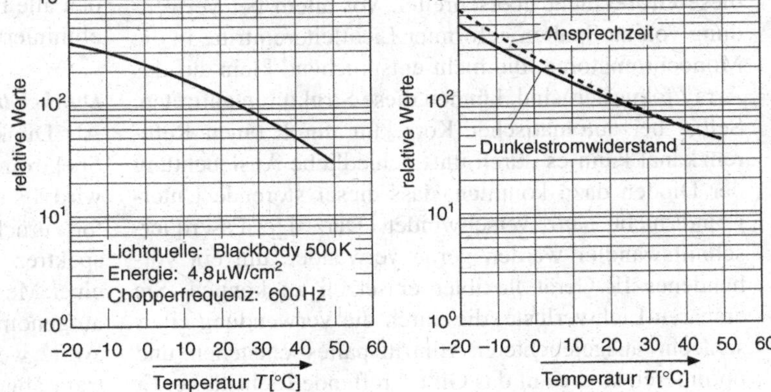


**5.37** Temperaturabhängigkeit von Empfindlichkeit und Dunkelstromwiderstand einer PbS-Photozelle.

***Diodenarray-Detektor***

Der Einsatz eines IR-Diodenarrays in Spektrometern mit Monochromatoren wird immer beliebter (siehe auch Abb. 5.6), da man damit das gesamte Spektrum simultan erhalten kann und eine parallele Auswertung an frei ausgewählten Wellenlängen hierbei leicht möglich ist. Allerdings ist bei einem Selbstbau oder Umbau eines älteren IR-Gerätes zu einem fiberoptischen Gerät ein „*odd-even*"-Effekt zu vermeiden. Abb. 5.38 zeigt die typische Bauweise eines Diodenarrays als stark vergrößerten Ausschnitt. Die Lötstellen der leitenden Verbindungen der Dioden (sog. „*bonding-pads*") können diese teilweise bedecken. Dabei befinden sich die der geraden *(even)* gegenüber denen der ungeraden *(odd)* Dioden.

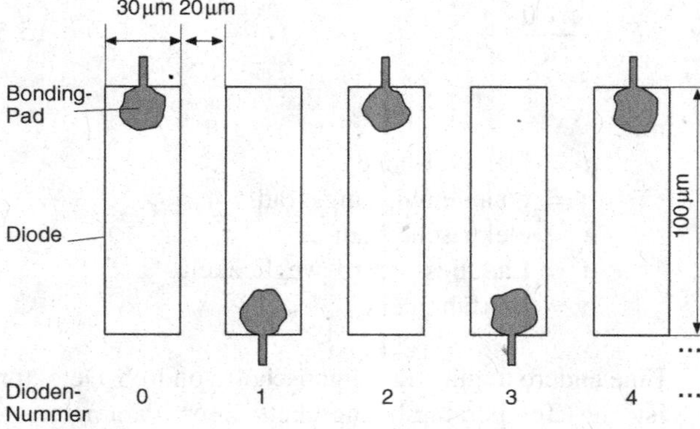


**5.38** Dimensionen und Bauweise eines Diodenarrays.

Wird ein solches Diodenarray von einem Lichtstrahl beleuchtet, dessen Durchmesser größer als der freie Raum zwischen den *bonding-pads* ist, so kann durch die unterschiedliche Beleuchtung der geraden und ungeraden Dioden ein störender zick-zack-förmiger spektraler Untergrund erhalten werden. Da die Höhe des Arrays nur 100 µm betragen kann, muss man sehr darauf achten, dass beispielsweise die Abbildung einer Faseroptik diese Größe nicht überschreitet. Vor allem bei Verwendung von zu Spalten geformter Lichtleitereintritte in die Monochromatoren, die nicht entsprechend klein auf das Array fokussiert sind, können diese Strukturen auftreten. Selbst bei automatischer Korrektur durch einen Referenzkanal kann es durch unterschiedliche Ausleuchtung der Dioden dazu kommen, dass dieser störende Untergrund nicht ganz verschwindet. Derartige Faserquerschnittswandler werden gerne verwendet, um ein vorhandenes IR-Gerät flexibler einsetzen zu können. Sie ersparen Lichtverluste, die durch die Verwendung eines schlecht ausgeleuchteten Eintrittspaltes entstehen und optimieren so die auf das Gitter treffende Lichtstärke. Er besteht häufig aus einem Faserbündel mit ca. 30 Einzelfasern. Auf der Eingangsseite sind diese in einem runden Bündel zusammengefasst (∅ 0,5 mm), auf der Ausgangsseite wird durch die lineare Anordnung der Einzelfasern der Eingangsspalt erzeugt (Spalthöhe $h = 2{,}5$ mm, bedingt durch die Anzahl der Fasern; Spaltbreite $b \approx 70$ µm, bedingt durch den Kerndurchmesser jeder Einzelfaser).

**Spektrometercharakteristik**

Als Charakteristik eines IR-Spektrometers bezeichnet man diverse Eigenschaften, die in ihrer Gesamtheit Aussagen über das Leistungsvermögen des Spektrometers und damit über die Aussagefähigkeit der gemessenen IR-Spektren liefern.

***Spektrale Empfindlichkeitskurve***

Die spektrale Empfindlichkeitskurve des Spektrometers stellt die Signalhöhe jeder Photodiode bei Beleuchtung mit verschiedenen Wellenlängen dar. Aufgetragen sind Intensität in Counts gegen Wellenlänge in nm. Wenn man das Spektrometer im Einstrahlbetrieb ohne absorbierende Probe im Strahlengang betreibt, erhält man oft einen Verlauf wie in Abb. 5.39 dargestellt. Man erkennt in diesem Beispiel einen steilen Anstieg der registrierten Strahlungsintensität bis 575 nm und dann einen langsamen Abfall bis 1050 nm. Diese Grundform der Empfindlichkeitskurve ergibt sich aus der wellenlängenabhängigen Empfindlichkeit der Diodenzeile, die annähernd die Form einer Gauss-Kurve mit Maximum bei 600 nm hat und der spektralen Verteilung der Strahlungsquelle (hier Halogenlampe).

Um eine Beeinflussung der eigentlichen Messspektren durch diese spektralen Eigenheiten des Messaufbaus – zuzüglich einer Lampendrift – zu verhindern, werden automatisch in regelmäßigen Abständen während einer Messperiode Referenzspektren aufgenommen oder ein Zweistrahlprinzip benutzt. Die Intensitätswerte des Probenspektrums werden im ersten Fall durch die Intensitätswerte des Referenzspektrums geteilt. Dadurch werden alle nicht von der Probe stammenden Informationen eliminiert.

***Dunkelstrom***

Als Dunkelstrom bezeichnet man das Signal, das vom Spektrometer bei verschlossenem Strahlengang geliefert wird. Es ist auf thermische Ladungsübergänge im Detektor zurückzuführen. Um eine Verfälschung der Probenspektren zu verhindern, wird der Dunkelstrom während einer Messperiode ebenfalls in regelmäßigen Abständen aufgenommen und gespeichert. Diese gespeicherten Werte werden dann von jedem aufgenommenen Spektrum abgezogen. Üblicherweise schwankt die Intensität

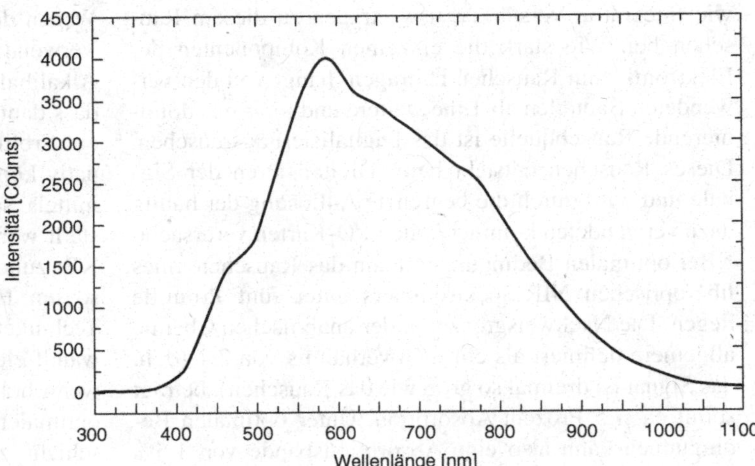


**5.39** Unkompensiertes VIS-IR-Spektrum (Lichtquellencharakteristik und Detektorempfindlichkeit).

des Dunkelstroms bei einer digitalen Photon-Counting Messtechnik um maximal 6 Counts, was den Dynamikbereich (übliche Counts z. B. 4096) kaum einschränkt.

***Rauschverhalten und Nachweisgrenze***

Einer der wichtigsten Aspekte bei der Beurteilung des Leistungsvermögen eines Spektrometers ist sein Rauschverhalten. Es beschreibt das statistisch bedingte Abweichen der gemessenen Intensitätswerte vom tatsächlichen Intensitätswert. Das Rauschen ist weniger auf den Detektor selbst zurückzuführen – dies wird durch den Dunkelstromabzug korrigiert – sondern zum großen Teil auf die Digitalisierung und Verstärkung durch die nachgeschaltete Elektronik. Dieses Rauschen steigt – wie erwartet – mit abnehmender Beleuchtungsintensität. Deshalb ist es besonders wichtig, bei allen Messungen eine möglichst hohe Lichtintensität in das Spektrometer einzukoppeln. Es können mehrere verschiedene Effekte zum Rauschen beitragen. Abb. 5.40 zeigt einen typischen Messaufbau und die einzelnen Quellen, die zum Rauschen beitragen können.

Das Photonenrauschen wird direkt von der Lichtquelle erzeugt. Es entsteht durch statistische Prozesse bei der Lichtemission innerhalb der Lampe. Als Wirkungsgrad $\eta$ wird das Verhältnis aus pro Zeiteinheit auf den Detektor auftreffenden Quanten $n$ zu den detektierten Quanten $m$ genannt. Es gilt $\eta = m/n$. Theoretisch kann damit das Signal/Rausch-Verhältnis (SNR) eines rauschfreien Detektors bestimmt werden mit $\mathrm{SNR} = \sqrt{\eta\, n}$. Ein völlig rauschfreier Detektor ist allerdings nicht herstellbar. Als zweite wichtige Rauschquelle ist das Rauschen zu nennen, welches durch den Detektor selbst verursacht wird. Wird der Detektor im photovoltaischen Modus betrieben, tritt als Rauschquelle hauptsächlich das thermische Rauschen auf, auch Nyquist- oder Johnson-Rauschen genannt. Andere Rauscharten wie das sog. Schrotrauschen treten in diesem Modus nicht auf. Das thermische Rauschen $i_n$ (in der Einheit A) wird durch folgende Formel beschrieben:

$$i_n = \sqrt{\frac{k\,T\,\Delta f}{R_{\text{shunt}}}} \tag{5.52}$$

wobei:

$k$ = Boltzmann-Konstante, $k = 1{,}38 \cdot 10^{-23}\ \mathrm{JK^{-1}}$
$T$ = Temperatur in Kelvin
$\Delta f$ = Frequenzbandweite
$R_{\text{shunt}}$ = Shuntwiderstand des Detektors.

Wie an der Formel zu erkennen ist, trägt der Photostrom nicht zu diesem thermischen Rauschen bei. Um das thermische Rauschen zu verringern, kann es sinnvoll sein, die Temperatur zu erniedrigen.

Als dritte Komponente, die zum Rauschen beiträgt, ist die Elektronik zu nennen. Alle elektronischen Bauteile,

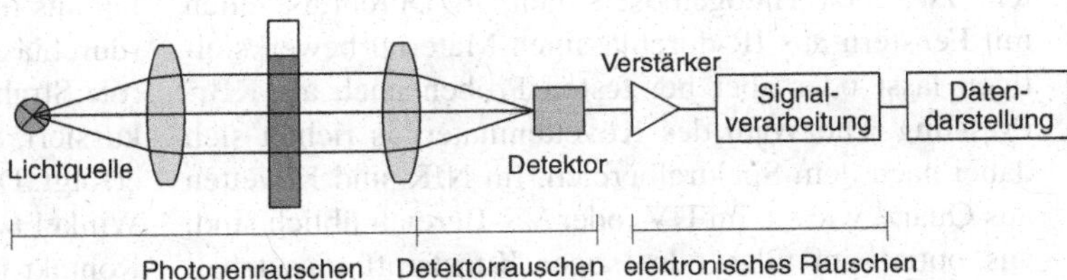


**5.40** Übersicht des Ursprungs der verschiedenen Rauschkomponenten eines Spektrometers.

wie Integrator, Verstärker, usw., tragen zu diesem Rauschen bei. Wie stark die einzelnen Komponenten der Elektronik zum Rauschen beitragen, hängt von den verwendeten Bauteilen ab. Eine weitere und meistens dominierende Rauschquelle ist das Digitalisierungsrauschen. Dieses Rauschen entsteht beim Digitalisieren der Signale und wird durch die begrenzte Auflösung der häufig dazu verwendeten kommerziellen I/O-Karten verursacht.

Bei optimalen Bedingungen kann das Rauschen eines fiberoptischen NIR-Spektrometers unter fünf Promille liegen. Die Nachweisgrenze, in der analytischen Chemie allgemein definiert als ein S/N-Verhältnis von 3:1 (d. h. das Signal ist dreimal so groß wie das Rauschen), beträgt somit ca. 1,5 Prozent Absorption. Unter optimalen Bedingungen kann also eine Absorptionsbande von 1,5% Intensität noch detektiert werden. Für den realistischen Fall, dass das Gesamtsignal lediglich 50 % der maximalen Signalhöhe ausmacht, muss die Absorptionsbande eines Analyten bereits eine Intensität von ca. 5% Absorption haben. Diese Aussagen sind jedoch zu relativieren, da die zu beobachtenden Absorptionsbanden sich über 20–40 nm (ca. 10–20 Pixel) erstrecken, während das Rauschen wie oben diskutiert nur statistisch einzelne Pixel betrifft, sodass Strukturen auch bei einem S/N-Verhältnis kleiner als 3:1 zu beobachten sein sollten, vor allem wenn eine gleitende Glättung über mehrere Pixel (Wellenlängenbereich) betrieben wird.

***Linearität***

Als Linearität eines spektroskopischen Detektors bezeichnet man die funktionelle Abhängigkeit zwischen eingestrahlter Intensität und registriertem Signal. Diese sollte in einem möglichst weiten Bereich direkt proportional zur eingestrahlten Intensität sein, da bei der Vermessung der Proben unterschiedlichste Strahlungsintensitäten auftreten. Dies kann man mit einem sog. *Neutral-Density*-Filter (ND-Filter – Graufilter, das alle Wellenlängen gleich absorbiert) im Strahlengang testen.

### 5.5.4 Probenpräsentation

**Transmissionsmessungen**

Je nach Beschaffenheit einer Probe lassen sich auch in der IR-Spektroskopie verschiedene Messtechniken anwenden. Klassisch und zuverlässig ist die Messung in Transmission, was sich bei flüssigen Proben in Küvetten, zwischen Halogenidscheiben, in Durchflusszellen mit Fenstern aus IR-durchlässigen Material bewerkstelligen lässt oder aber bei festen Proben auch als KBr-Pressling. Die Wahl des Küvettenmaterials richtet sich dabei nach dem Spektralbereich. Im NIR sind Küvetten aus Quarz, wie sie im UV- oder Vis-Bereich üblich sind, aus optischem Glas oder sogar Kunststoff einsetzbar. Wegen der Undurchlässigkeit von Glas im MIR ist die Verwendung von IR-durchlässigen Materialien, wie Alkalihalogeniden nötig. Es versteht sich von selbst, dass dann die Probe möglichst wasserfrei sein muss, um ein Erblinden der Küvettenwände zu verhindern. Alternativ können Proben mit Kaliumbromid vermischt und mittels spezieller Pressen sog. KBr-Presslinge hergestellt werden. Man macht sich hier die Eigenschaft des KBr zunutze, dass es unter Druck zu fließen beginnt und so am Ende ein glasklarer Pressling entsteht. Diese Techniken liefern zwar bei richtiger Handhabung einwandfreie Spektren, doch sind sie recht umständlich, wenn hohe Qualität gefordert ist. Die Einstellung einer optimalen Schichtdicke ist schwierig, oft ist die Probenschicht zwischen den Salzplättchen zu dick, sodass einige Banden gesättigt sind und die Probenvorbereitung wiederholt werden muss. Für quantitative Messungen sind diese Verfahren nicht oder nur bei viel Erfahrung nützlich. Man greift dann lieber auf die sog. ATR-Technik zurück (s. u.).

Spektren von gasförmigen Substanzen kann man entweder in Gasküvetten von einigen cm Länge und mit sehr dünnen Quarzfenstern oder Ein- und Ausfallsfenstern aus IR-durchlässigem Material, wie z. B. Zinkselenid aufnehmen. Es gibt aber kommerziell auch Gasmesszellen, in denen durch Mehrfachspiegelungen durchaus Weglängen von 50m (!) erreicht werden können. Gasmessungen im NIR-Bereich gestalten sich jedoch schwierig, da wegen der geringen Extinktionskoeffizienten sehr große Weglängen nötig sind; das NIR eignet sich dadurch jedoch hervorragend für atmosphärische oder astronomische Messungen.

Weitere wichtige Methoden sind die Technik der abgeschwächten Totalreflexion (ATR) und der diffusen Reflexion. Sie werden zur Vermessung flüssiger (ATR) und fester oder pulverförmiger Proben (diffuse Reflexion) angewandt.

**Abgeschwächte Totalreflexion (ATR)**

Die ATR (Abgeschwächte Totalreflexion, *attenuated total reflectance*)-Technik ist in der MIR-Spektroskopie weit verbreitet, da sie gegenüber herkömmlichen Techniken einige Vorteile bietet. Die Technik der abgeschwächten Totalreflexion erfordert nur einen minimalen Aufwand, um von einer gegebenen Substanz ein Spektrum zu erhalten. Das Kernstück einer ATR-Zelle ist ein Kristall aus infrarotdurchlässigem Material, hier Zinkselenid (durchlässig zwischen 20000 und 650 $cm^{-1}$). Die infrarote Strahlung wird auf die Einfallsseite des Kristalls fokussiert, die so geschliffen ist, dass keine Rückreflexion erfolgt. Die Strahlung trifft unter einem ganz bestimmten Winkel $\theta_E$ (siehe Abb. 5.41) die Kristalloberfläche, die in Kontakt mit dem zu untersuchenden Medium (z. B. ein

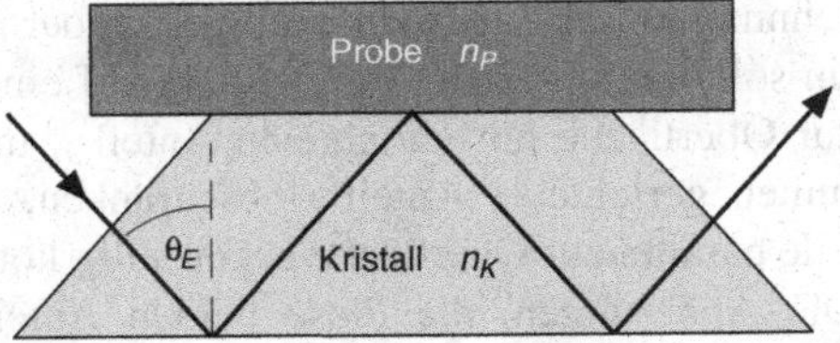


**5.41** Prinzip der ATR-Messung.

Öl) steht, welches einen kleineren Brechungsindex $n_P$ besitzt.

Der Einfallswinkel $\theta_E$ der IR-Strahlung muss größer als der so genannte kritische Winkel $\theta_{Krit}$ sein, ab welchem Totalreflexion eintritt. Es gilt:

$$\theta_{Krit} = \sin^{-1}\frac{n_P}{n_K} \quad (n_K > n_P)\,. \tag{5.53}$$

Je nach Konstruktion des Kristalls kommt es zu einmaliger oder mehrfacher Reflexion an der Grenzfläche Kristall/Probe, bevor die Strahlung den Kristall zur Messung seiner Wechselwirkung mit der Probe verlässt. Im Medium mit dem kleineren Brechungsindex jenseits der totalreflektierenden Kristallgrenzschicht fällt die Lichtintensität nicht sofort auf Null. An jedem Punkt der Totalreflexion entsteht eine sog. evaneszente Welle, deren Energie mit der Entfernung von der Grenzfläche mit dem größeren Brechungsindex exponentiell abnimmt. Ein Teil der Strahlung dringt somit in das umgebende Medium (= Probe) ein und wird abgeschwächt. Sofern es sich um ein IR-absorbierendes Material handelt, erhält man ein normales IR-Spektrum. Die Eindringtiefe $d$ einer Welle der Wellenlänge $\lambda$ ist gegeben durch:

$$d = \frac{\lambda}{2\pi n_K\sqrt{\sin^2\theta_E - \left(\frac{n_P}{n_K}\right)^2}} \tag{5.54}$$

Typische Werte von $d$ liegen im IR-Bereich zwischen 0,25 und 4 µm; eine ATR-Zelle entspricht also einer Transmissionszelle mit sehr kurzer optischer Weglänge. Da die Eindringtiefe der evaneszenten Welle nach Gleichung 5.54 von der Wellenlänge abhängt, gibt es im Vergleich zum Transmissions-Spektrum der gleichen Probe Unterschiede in den relativen Intensitäten, die aber mathematisch korrigiert werden können. Ein klarer Vorteil der ATR-Technik gegenüber Transmissionsmessungen tritt bei der Untersuchung stark absorbierender Materialien auf, wenn eine äquivalente Transmissionszelle eine extrem kleine Schichtdicke haben muss. Flüssige Proben können einfach auf den Kristall aufgetropft und nach der Messung abgewischt werden, feste Proben lassen sich einfach andrücken. Nachteilig ist jedoch die Empfindlichkeit des Kristalls gegenüber Abrieb, aggressiven Substanzen und Ablagerungen. Bei Verwendung von Diamant als Kristallmaterial stellen aggressive Chemikalien und hohe Anpressdrücke dagegen kein Problem mehr dar, allerdings sind solche Messzellen sehr teuer.

### *„Remote sensing“* mit Lichtleitern

In der industriellen Messpraxis ist häufig eine räumliche Trennung von Spektrometereinheit und IR-Messkopf erforderlich. Um die Strahlung zum Messort zu transportieren, werden Lichtleiter verwendet. Je nach Spektralbereich können unterschiedliche Materialien eingesetzt werden. Im nahen Infrarot lassen sich relativ preiswerte Quarz- und Kunststofffasern unterschiedlichster Länge und Dicke verwenden. Die Güte der Quarzfasern lässt sich leicht an der Stärke der OH-Absorptiosbande ausmachen. Der Strahlungstransport ist über weiteste Strecken problemlos möglich, je nach dem Lichtverlust, der in Kauf genommen werden kann. Durch die Undurchlässigkeit von Glas und Kunststoffen im mittleren Infrarot (MIR) wird die Verwendung von Lichtleitern zu einer teuren Angelegenheit, weil hier und im FIR Fasern aus Halogeniden oder Saphir genommen werden müssen. Dies ist ein einschränkender Aspekt für den praktischen Einsatz der MIR-Spektroskopie in der industriellen Messtechnik.

## Reflexionstechnik – Diffuse Reflexion

### *Der Streuprozess*

Wird eine Probe mit elektromagnetischer Strahlung durchleuchtet, tritt neben der materialspezifischen Absorption auch eine Streuung der Photonen auf. Diese Streuung hängt in erster Linie von der Wellenlänge $\lambda$ und von der Größe der streuenden Partikel ab. Je nach der Größe der Partikel (bzw. dem Durchmesser $d$) wird die Streuung, bei fester Wellenlänge, in verschiedene „Streubereiche“ unterteilt: Rayleigh-Streuung ($\lambda \ll d$), Mie-Streuung ($\lambda \approx d$) und die Fraunhofer-Streuung ($\lambda \gg d$). Es wird bei der Betrachtung dieser Streuungen von einer Einfachstreuung ausgegangen, d. h. die mittlere Weglänge zwischen zwei Streuprozessen muss länger sein als die Probendicke. Die verschiedenen Bereiche unterscheiden sich in der theoretischen Behandlung der Streuung. Da die verschiedenen Streuungen als dominierenden Term eine $\lambda^{-4}$ Abhängigkeit besitzen, soll im Folgenden die Behandlung der Rayleigh-Streuung genügen. Die theoretische Behandlung der anderen Streuprozesse ist recht aufwendig und verlangt eine definierte Partikelgröße, um zu einer eindeutigen Aussage zu gelangen. Die Rayleigh-Streuung kann für unpolarisiertes Licht durch folgende Gleichung beschrieben werden:

$$\frac{I_S}{I_0} = \frac{8\pi^4\alpha^2}{r^2\lambda^4} \cdot (1 + \cos^2\theta) \tag{5.55}$$

mit: $I_S$ = Intensität des gestreuten Lichtstrahls
$I_0$ = Intensität des einfallenden Lichtstahls
$\lambda$ = Wellenlänge des Lichtes
$r$ = Entfernung vom Streuzentrum
$\alpha$ = Polarisierbarkeit
$\theta$ = Azimutwinkel

Die Streuung hängt somit vorwiegend vom Abstandsquadrat und von der Wellenlänge hoch vier ab. Diese Streuung wird durch einen Rotationskörper um das Streuzentrum dargestellt, da sie lediglich vom Azimutwinkel abhängt. Die Rayleigh-Streuung führt zu einer Aufspaltung der Signalstärken der einzelnen Wellenlängen. Fokussiert man einen IR-Messstrahl auf eine feste Probe, die pulverförmig oder mit rauher Oberfläche vorliegt, und sammelt das reflektierte Licht, so erhält man ein Spektrum, das durch mehrfache Streuungen und Absorptionen in der Probe entstanden ist. Praktische Ausprägung findet diese Technik in Form der sog. Ulbrichtkugel (eine innen weiße, lichtintegrierende Kugel) oder Zellen mit elliptischen Sammelspiegeln.

Das Lambert-Beer'sche Gesetz lässt sich zur Beschreibung dieser Vorgänge natürlich nicht mehr anwenden. Bei Reflexionsmessungen verwendet man die empirische Kubelka-Munk-Gleichung. Zu der Herleitung geht man von Abb. 5.42 aus.

Das Untersuchungsobjekt besitzt eine endliche Dicke $x$ auf einer Unterlage mit dem Reflexionsgrad $\rho_G$. Daraus wird eine dünne Lage der Dicke $dx$ herausgegriffen und die durch diese Lage tretenden Strahlenflüsse betrachtet.

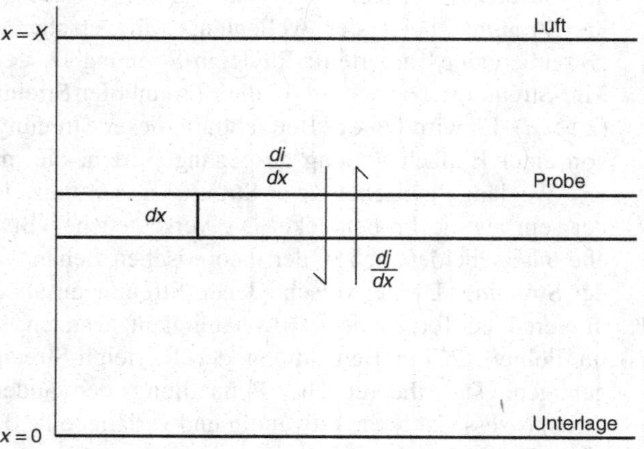


**5.42** Vorgänge bei der diffusen Reflexion.

Da die Ausdehnung dieser Lage sehr groß gegenüber ihrer Dicke sein soll, kann man die Betrachtung auf einen nach oben zur Oberfläche hin gerichteten Anteil $j$, und einen nach unten gerichteten Anteil $i$ beschränken, da sich die Anteile parallel zur Oberfläche gegenseitig kompensieren. Die Änderungen, die diese beiden Anteile beim Durchgang durch die Lage der Dicke $dx$ – in Bezug auf die $+x$-Richtung – erfahren, werden durch die beiden folgenden Gleichungen beschrieben:

$$\frac{dj}{dx} = -(S+K)j + Si \tag{5.56}$$

$$-\frac{di}{dx} = -(S+K)i + Sj \tag{5.57}$$

mit: $S$ = Streuung
$K$ = Absorption

Der erste Term beschreibt die Abnahme des Strahlungsflusses durch Streuung und Absorption in der Schicht, der zweite die Zunahme durch den vom entgegengerichteten Strahlungsfluss zurückgestrahlten Anteil. Nach Umformung unter Einbeziehung des Reflexionsgrades $\rho_G$ erhält man die allgemeine Form der Kubelka-Munk-Formel:

$$\rho = \frac{1 - \rho_G(a - b\coth(bsSX))}{a - \rho_G + b\coth(bsSX)} \tag{5.58}$$

Aus dieser Formel lassen sich einige Grenzfälle ableiten. Im Falle eines verschwindend kleinen Streukoeffizienten $S$ erhält man:

$$\rho = \rho_G\, e^{-2KX} \tag{5.59}$$

Das ist das Beer'sche Gesetz für eine transparente Schicht der Absorption $K$, wobei berücksichtigt ist, dass die Strahlung zweimal durch die Schicht der Dicke $X$ läuft und an der Unterlage reflektiert wird. Lässt man die Dicke der Schicht anwachsen, so wird das Argument $bSX$ der coth-Funktion sehr groß, und $\coth(bSX)$ geht gegen 1. In diesem Fall ist die Schicht so dick, dass keine Strahlung mehr von der Unterlage zurückkommt. Die Schicht ist dann definitionsgemäß opak und die Reflexion wird für diesen Fall:

$$\frac{K}{S} = \frac{(1-\rho_\infty)^2}{2\rho_\infty} \tag{5.60}$$

Bemerkenswert ist, dass die Reflexion einer opaken Schicht nur vom Verhältnis von Absorption zu Streuung abhängt. Wird die Absorption im Verhältnis zur Streuung sehr klein, so nähert sich die Reflexion dem Wert 1, d. h. die gesamte elektromagnetische Strahlung kommt aus der Schicht zurück an die Oberfläche.

In einer anderen Schreibweise lautet die Kubelka-Munk-Formel:

$$f(R_\infty) = (1 - R_\infty)^2 / 2R_\infty = K/S \qquad (5.61)$$

mit:

$R_\infty$ = Reflexionsgrad an der Oberfläche der Probe bei unendlicher Schichtdicke,
$K$ = Absorptionsmodul,
$S$ = Streumodul;

$K$ entspricht hier dem 2-fachen Wert des Absorptionskoeffizienten.

## 5.5.5 Informationsgewinnung aus IR-Spektren

**Spektreninterpretation**

In einem Spektrum wird generell die Stärke der Wechselwirkung einer Probe in Abhängigkeit von der Wellenlänge aufgezeichnet. Da die meisten Spektralzerlegungsapparate mittels des Wellenbildes der Lichtausbreitung am einfachsten zu verstehen sind, ist die klassische Einheit der Spektrenabszisse die in nm oder µm gemessene Wellenlänge. In FT-IR-Spektrometern ist die „natürliche" Einheit die in $cm^{-1}$ gemessene Wellenzahl, die Anzahl der Wellenzüge pro cm. Diese beiden Einheiten sind wie folgt ineinander überführbar:

Anzahl der Wellenzahlen = $10^7$/Wellenlänge in nm.

Als Gedächtnisstütze lässt sich dabei verwenden, dass sich beide Bezeichnungen für die Lichtenergie bei $\sqrt{10^7}$ treffen, also 3162 Nanometern die gleiche Zahl von Wellenzahlen entspricht. Da die Wellenzahl umgekehrt proportional zur Wellenlänge ist, ist sie direkt proportional zur Frequenz der Schwingung (eine Wellenzahl entspricht 30 GHz) und damit auch direkt proportional zur Energie der Photonen (8065,478783 Wellenzahlen entsprechen einem Elektronenvolt). Da die meisten molekültheoretischen Modelle in Energieeinheiten rechnen, setzt sich die Einheit „Wellenzahl" zunehmend auch in Bereichen außerhalb der IR-Fourierspektroskopie durch.

Mit Hilfe der IR-Spektrometrie lassen sich bei Laborgeräten sehr viele Moleküle und Materialien identifizieren und quantifizieren. Im Prinzip kann dies auch berührungslos und in sehr kurzer Zeit erfolgen. Dies macht besonders die NIR-Spektroskopie, die keiner teuren optischen Materialien bedarf, sehr interessant für industrielle Anwendungen, in denen kontinuierliche Produktionsprozesse überwacht werden müssen oder eine sehr große Probenanzahl zu untersuchen ist. Die NIR-Spektroskopie konkurriert damit mit den klassischen chemischen Nachweisverfahren, die zwar in der Regel in ihrer quantitativen Aussage wesentlich genauer, aber auch oft sehr zeitaufwendig und damit für viele Anwendungen nicht ökonomisch realisierbar sind.

**Qualitative Informationen**

Für das Auffinden von IR-Banden im MIR- oder NIR – Bereich muss derzeit noch unterschiedliche Literatur konsultiert werden, da bisher eine starke Trennung der Forschung in den beiden Bereichen existierte. Erst allmählich beginnen sich die Grenzen zu verwischen; Ursachen dafür sind z. B. die gerätetechnische Entwicklung, die Spektrometer mit einem sehr weiten Spektralbereich hervorbringt und das wachsende Interesse an einer kombinierten Auswertung von MIR- und NIR- Spektren eines Stoffes. Die folgende Darstellung (Abb. 5.43) von Absorptionen im MIR und NIR versucht daher Brücken zu schlagen. Da die Informationsvielfalt im MIR deutlich größer ist als im NIR (weniger und schwächere Absorptionen im NIR, Bandenüberlappungen), wurden nur einige beispielhafte aber wichtige Gruppen aufgeführt. Ausführlichere Listen finden sich in der einschlägigen Literatur.

Neben der Identifizierung mittels der erwähnten Hilfsmittel lassen sich auch chemometrische Verfahren anwenden, um aus einem gemessenen Spektrum auf die zugrunde liegende Substanz oder Verbindung zu schließen. Mit Hilfe von Verfahren wie z. B. der Cluster- oder Diskriminanzanalyse oder mittels neuronaler Netze können mittels zuvor durchgeführter Kalibrationsmessungen an bereits bekannten Stoffen neue Spektren den entsprechenden Klassen zugeordnet werden.

**Beispielhafte Anwendungen: Schwingungen in Polymeren**

Wie erwähnt, ist die Anregung von Oberschwingungen mit der Absorption von höherenergetischer Strahlung verbunden, als dies bei der Anregung von Grundschwingungen der Fall ist. Folglich werden Übergänge zu den Grundschwingungen bei Kohlenwasserstoffen im MIR-Bereich ($2{,}5 \cdot 10^3 - 5 \cdot 10^4$ nm) beobachtet und Übergänge zu Oberschwingungen im kürzerwelligen NIR-Bereich (700 – 2500 nm). Des weiteren treten im NIR Kombinationsschwingungen bei Wellenlängen auf, die einer Kombination von zwei oder mehreren Schwingun-

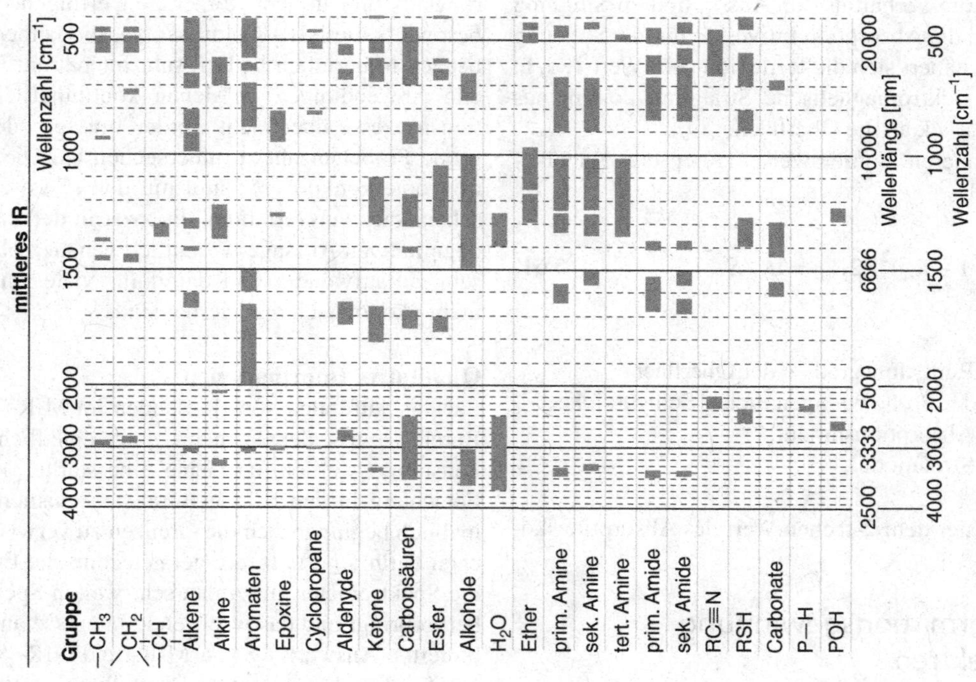


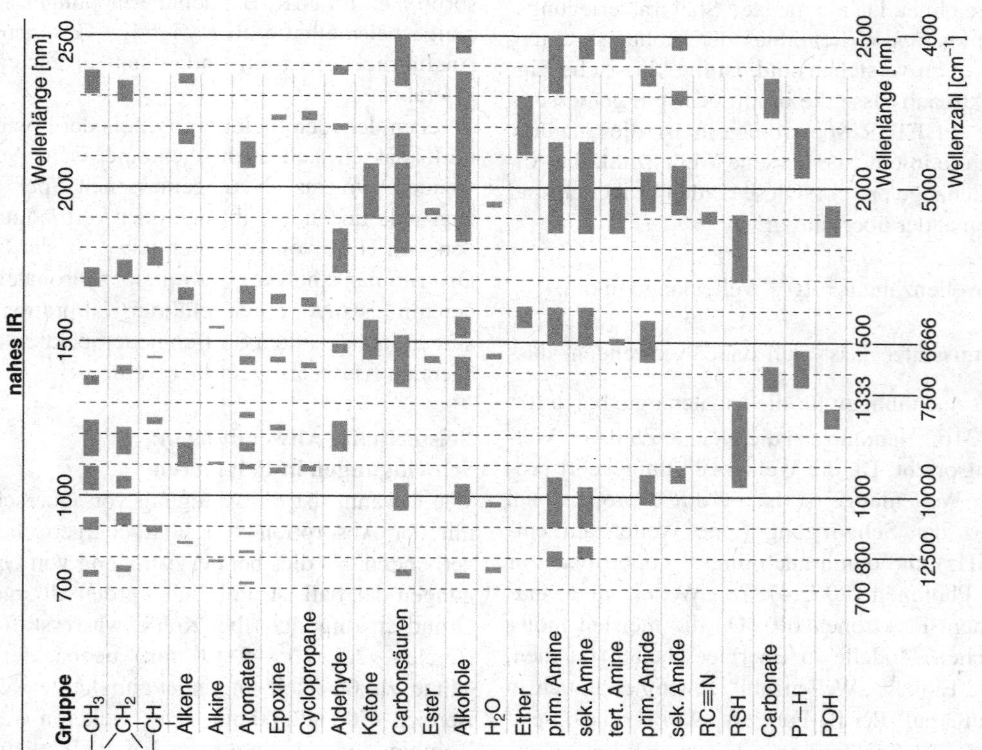


**5.43** Absorptionsbereiche einiger funktioneller Gruppen im NIR und MIR.

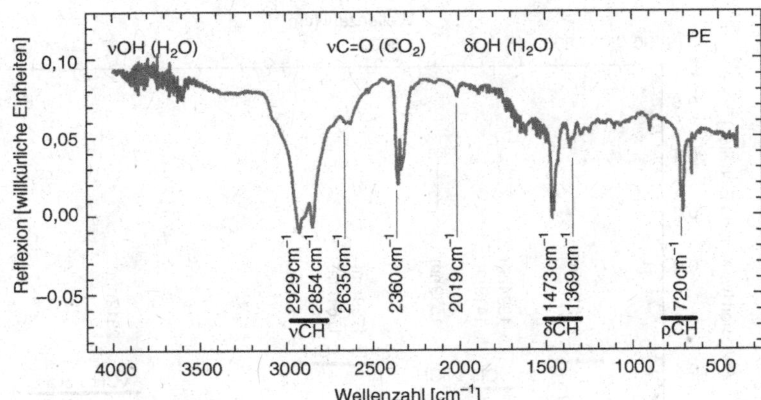


**5.44** FT-IR-Reflexionsspektrum einer Polyethylenprobe.

gen entsprechen. Für die Frequenz dieser Kombinationsbanden gilt allgemein:

$$\nu_{Comb} = \Delta n_1 \nu_1 \pm \Delta n_2 \nu_2 \ . \qquad (5.62)$$

Kombinationsbanden treten nur dann auf, wenn zwei Schwingungen unter Beteiligung von Bindungen, die entweder über ein gemeinsames Atom oder Mehrfachbindungen verbunden sind, angeregt werden. Bei langkettigen Kohlenwasserstoffen, in diesem Fall den Polymeren, sind besonders die CH-Deformations- und Valenzschwingungen von Bedeutung. Schwingungen der langen C-C-Ketten der Polymere, so genannte Gerüstschwingungen, können vernachlässigt werden.

Nach der Anregung von Molekülrotationen im FIR, auf die hier nicht näher eingegangen werden soll, werden im so genannten Fingerprintbereich ($6{,}5 \cdot 10^3 - 2 \cdot 10^4$ nm bzw. $1500 - 500\ cm^{-1}$) zunächst Deformationsschwingungen angeregt. Mit steigender Energie werden Oberschwingungen der Deformationsschwingung und Valenzschwingungen angeregt. Von besonderer Bedeutung bei Kunststoffen ist die CH-Grundstreckschwingung bei ca. $3{,}3 \cdot 10^3$ nm ($3000\ cm^{-1}$). Diese kann symmetrisch und asymmetrisch ($\nu_s$-CH bzw. $\nu_{as}$-CH) erfolgen, was zu einer Doppelabsorptionsbande führt. Die Absorption von Photonen höherer Energie führt bei Polymeren zur Anregung von Obertönen und Kombinationsschwingungen. So wird der erste Oberton der CH-Valenzschwingung bei 1700 nm, der zweite Oberton bei 1200 nm beobachtet. Zwischen diesen „reinen“ Obertönen der Valenzschwingung treten verschiedene Absorptionsbanden aufgrund von Kombinationsschwingungen aus Obertönen von Valenzschwingungen und Deformationsschwingungen auf. Als Beispiel zeigen Abb. 5.44 und Abb. 5.45 das Spektrum einer PE-Probe im Bereich von $4000–500\ cm^{-1}$ bzw. von $2500–2 \cdot 10^4$ nm. Die Absorptionsbanden sind den jeweiligen Schwingungen zugeordnet.Die Absorptionskoeffizienten $\alpha$ und mittleren Reichweiten $\alpha^{-1}$ der CH-Valenzschwingungen in Polymeren sind in Tabelle 5.4 aufgeführt.

Tabelle 5.4 zeigt, dass der Absorptionskoeffizient zur nächsthöheren Schwingung jeweils um ein bis zwei Größenordnungen abnimmt und damit die mittlere Reichweite der IR-Strahlung beim Bestrahlen der Proben von einigen µm auf bis zu 17 cm ansteigt. Dies führt zur Abnahme der Intensitäten der einzelnen Absorptionsbanden. Zur Entwicklung eines neuen Systems auf Basis der diffusen IR-Reflexionsspektrometrie zur Lösung spezieller Stofferkennungsprobleme beim Kunststoffrecycling müssen zuvor Untersuchungen in beiden IR-Spektralbereichen (s. Abb. 5.44 und 5.45) durchgeführt werden, da beide bezüglich der sicheren Identifizierung von Plastikartikeln ihre besonderen Vor- und Nachteile besitzen. Beispielhaft sei hier die Entwicklung eines IR-Messsystems in der Arbeitsgruppe des Autors beschrieben.

**Tabelle 5.4** Absorptionskoeffizienten $\alpha$ und mittlere Reichweiten $\alpha^{-1}$ für IR-Strahlung, gemessen in den Absorptionsmaxima der Grund- bzw. Oberschwingungen der CH-Valenzschwingung.

| | Grundschwingung | Oberschwingung | | |
|---|---|---|---|---|
| | | Erste | Zweite | Dritte |
| $\alpha$ [$mm^{-1}$] | 55–35 | 0,6–0,3 | 0,15–0,04 | 0,015–0,006 |
| $\alpha^{-1}$ [mm] | 0,018–0,029 | 1,7–3,3 | 6,7–25 | 67–170 |

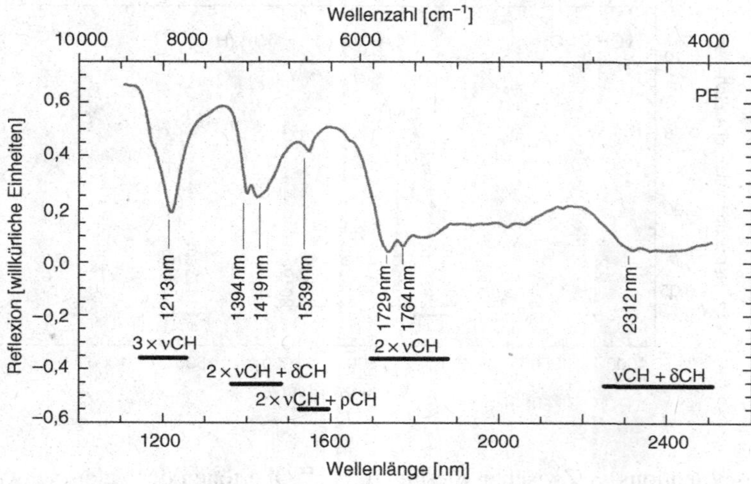


**5.45** NIR-Reflexionsspektrum einer Polyethylenprobe.

## IR-Messungen an typischen Proben aus dem „Gelben Sack"

### *High-Tech im Recyclinghof erleichtert sortenreine Wiederverwertung*

Die Verpackungsabfälle des Haushaltsmülls bestehen in der BRD hauptsächlich aus den Fraktionen Polypropylen (PP), Polyethylenterephthalat (PET), Polyethylen (PE), Polystyrol (PS) und TetraPak® (TP). Sollen diese Kunststoffe zu höherwertigen Produkten als Parkbänke wiederverwertet werden, muss die Sortenreinheit bei ca. 100% liegen. Dies ist durch eine nahezu unzumutbare Handsortierung an einem laufenden Fließband nicht möglich. Alle oben erwähnten Plastikabfälle lassen sich aber anhand ihrer Spektren sowohl im MIR als auch im NIR unterscheiden. Für eine „on-line"-Identifikation auf einem Recyclinghof besäße ein auf dem MIR basierender Sensor jedoch gravierende Nachteile. Neben den gerätetechnischen Problemen, wie den teuren und empfindlichen optischen Materialien (Halogenidbauteile), sind vor allem die Notwendigkeit eines direkten Kontaktes zwischen IR-Messkopf und Kunststoffoberfläche und die geringe Eindringtiefe der MIR- Strahlung echte Hindernisse. Mit direktem Kontakt sind keine schnellen Messungen am Fließband möglich; bei einer Eindringtiefe von nur wenigen Mikrometern wirken sich auch

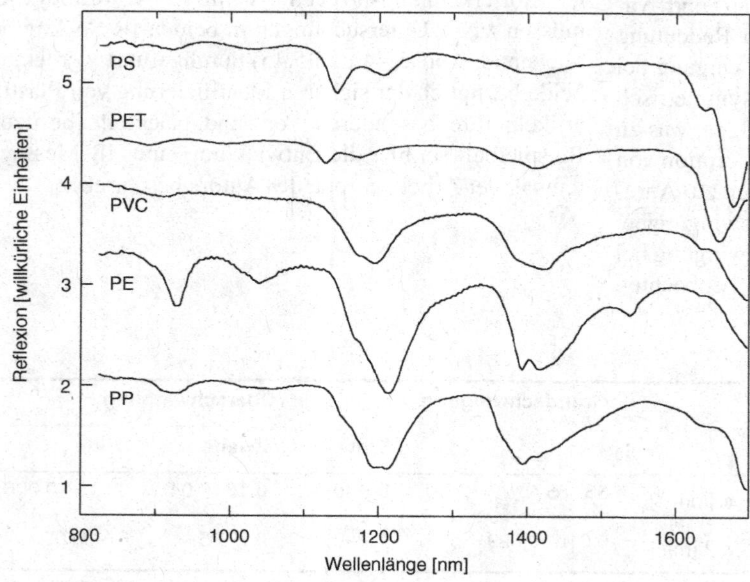


**5.46** NIR-Kunststoffspektren der wichtigsten Recycling Sorten in Reflexion.

Oberflächenverschmutzungen, aufgeklebte oder aufgedruckte Etiketten und Füll- und Farbstoffe fatal aus. Die TP-Fraktion ließe sich so nicht von der PE-Fraktion unterscheiden, da man nur die äußere PE-Folie der TetraPaks® erkennen würde.

Trotz der sehr ähnlichen und daher schwer zu unterscheidenden Spektren ist diese Aufgabe mit dem NIR elegant lösbar, wenn eine chemometrische Auswertung durchgeführt wird.

Die Verwendung von Glasbauteilen und Halogenlichtquellen ist darüber hinaus preisgünstig, das Licht kann per Glasfaser bequem vom „gelben Sack"-Förderband mittels relativ langer Lichtleiterkabel zum Spektrometer (in einem kleinen geschützten Messraum) „transportiert" werden. Die kleineren Extinktionskoeffizienten im NIR und damit größeren Eindringtiefen in die Proben vermeiden die oben angeführten Störungen durch Oberflächeneinflüsse und Farbstoffe. Die TP-Fraktion lässt sich so einwandfrei als Mischung aus Cellulose (Wasserbande im Spektrum) und PE (Schutzfolie) erkennen. Eine neuronale Netz-Software wertet nach kurzem „Training" (siehe Monographien zur Chemometrie) die im Sekundenbereich anfallenden Reflexionsspektren aus. Sie ermöglicht auch das spezifische Eintrainieren der unterschiedlichsten Ausprägungen und Verschmutzungsgrade einer Stofffraktion und schnelle Rechner erlauben Identifikationen, und Ansteuerung einer nachfolgenden Trennmechanik (Pressluftdüsen blasen die identifizierte Kunststoffsorte in einen Sammelbehälter) im Millisekundenbereich.

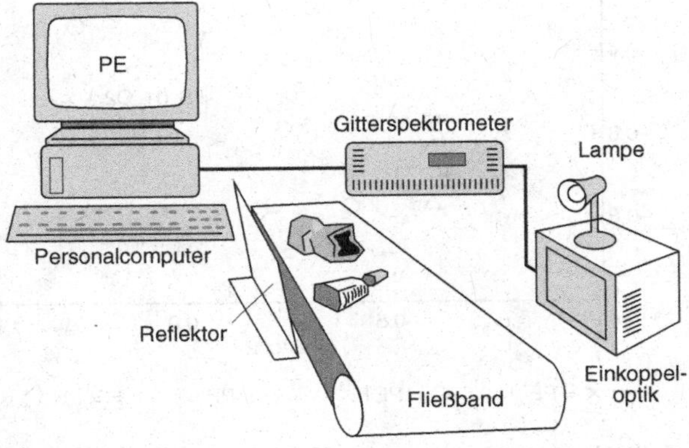


**5.47** Kunststofferkennung am Fließband.

Durch diese Entwicklung, die mittels Multiplexer-Schaltung in einer neuen Recyclinganlage über 8 Fließbänder parallel mit nur einem Spektrometer (teuerstes Teil) „bedient" wird, konnte erstens die persönliche Arbeitsbelastung der Mitarbeiter vor Ort verringert als auch zweitens die Sortenreinheit auf 99% gesteigert werden. Erst nunmehr kann an ein echtes Recycling zu hochwertigen Produkten gedacht werden.

### Quantitative Informationen

Meist wird zur quantitativen Bestimmung einer Komponente anhand einer zuvor erfolgten Kalibrierung die Peakfläche oder -höhe herangezogen. Dazu ist an die betrachtete Bande wie üblich eine – wie auch immer geartete – Basislinie anzufitten, die möglichst genau den Untergrund wiedergibt. Problematisch wird dieses Verfahren bei starken Bandenüberlappungen; chemische Änderungen in einem System machen sich eventuell nur durch geringe Variationen in der Bandenform bemerkbar. Dies ist üblicherweise im nahen IR der Fall. Die Entwicklung der NIR-Spektroskopie war und ist eng mit der Entwicklung leistungsfähiger chemometrischer Verfahren und der Verfügbarkeit immer schnellerer Computer verknüpft. So lassen sich nach intensiver Daten- (hier: Spektren-) Vorbearbeitung mit sog. multivariaten Verfahren wie der PCR (*Principal Component Regression*, Hauptkomponentenregression) oder der PLS (*Principal Least Squares-Regression*) oft auch aus stark überlappenden, schwachen Banden noch für Quantifizierungszwecke ausreichende Informationen gewinnen. Vor der Anwendung eines solchen multivariaten Verfahrens müssen die zu untersuchenden Daten möglichst gut „vorbereitet", d. h. von unnützem Ballast befreit werden. So kann das Rauschen in den Spektren durch verschiedenste Glättungsverfahren verringert werden, unwichtige Spektralbereiche lassen sich entfernen, Untergrundschwankungen zwischen verschiedenen Messungen durch entsprechende Skalierung oder mathematische Operationen beheben. Zur Verstärkung der interessierenden Signale kann ein Spektrum zusätzlich ein- oder mehrfach abgeleitet werden usw. Es gibt praktisch unendlich viele Bearbeitungsmöglichkeiten, wobei je nach Messproblem der einen oder anderen Variante der Vorzug zu geben ist, ebenso wie auch dem anschließend anzuwendenden chemometrischen Verfahren. Zur Durchführung dieser Maßnahmen existieren sowohl spezielle, als auch allgemeinere Computerprogramme, von denen einige in der Literatur angegeben sind.

### Chemometrische Spektrenauswertung der IR-Reflexionsspektren von Polymeren

Chemometrie ist die Teildisziplin der Chemie, die sich mit der Entwicklung und Anwendung mathematisch-statistischer Methoden zur optimalen Planung von Experi-

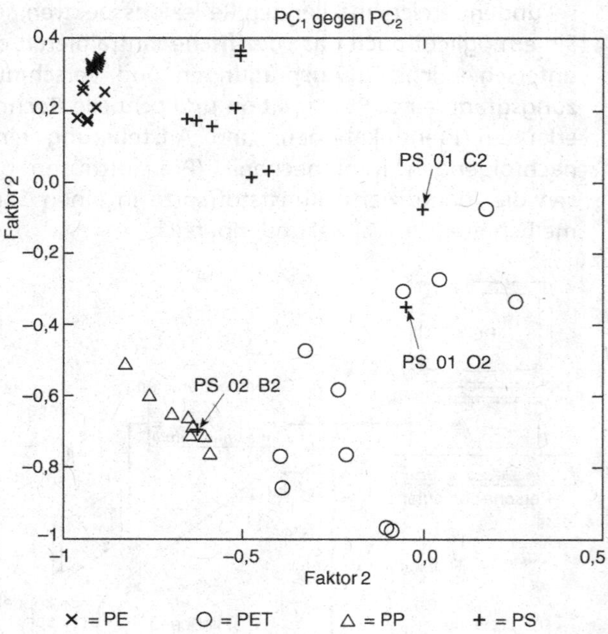


**5.48** Hauptkomponentenanalyse der in Abb. 5.46 dargestellten Reflexionsspektren.

menten und zur Gewinnung maximaler, relevanter Information aus experimentellen Daten beschäftigt. Will man aus der erzeugten Datenmenge vieler Spektren Schlussfolgerungen ziehen, bietet sich die multivariate Datenanalyse an. Hier wird, im Gegensatz zur univariaten Statistik, das Verhalten mehrerer Variablen gleichzeitig ausgewertet. Methoden der multivariaten Datenanalyse sind beispielsweise die Hauptkomponentenanalyse (**P**rincipal **C**omponent **A**nalysis, PCA), multivariate Regression oder Mustererkennung.

Ziel der PCA ist es, die Variation aller Variablen des gewonnenen Datensatzes, hier vieler IR-Reflexionsspektren, durch die Berechnung einiger weniger latenter Variablen (Faktoren oder Hauptkomponenten genannt) zu repräsentieren. Jede dieser (abstrakten) latenten Variablen erfasst unabhängig voneinander eine bestimmte, gemeinsame Variation aller ursprünglichen Variablen. Jedes der aus p Datenpunkten bestehenden Spektren kann als Punkt im p-dimensionalen Vektorraum (Euklidischer Raum) aufgefasst werden.

Legt man in die Verteilung aller gemessenen Spektren im Vektorraum eine neue Achse so, dass die Richtung der maximalen Varianz der Datenwolke mit der neuen Achse zusammenfällt, stellt diese die erste Hauptkomponente ($PC_1$) dar. Die nächste Hauptkomponente ($PC_2$) wird nach der selben Vorschrift in dem zur ersten Hauptkomponenten orthogonalen Unterraum definiert. Wird dieses Verfahren entsprechend fortgesetzt, repräsentieren p Hauptkomponenten die Gesamtvarianz des Datensatzes; der Anteil der Gesamtvarianz nimmt jedoch von der ersten Hauptkomponente zur p-ten Hauptkomponente sukzessive ab. Durch diese Datenkompression kann der Datensatz durch einige wenige Variablen (Hauptkomponenten) umfassend beschrieben werden.

In Abb. 5.56 sind lediglich die erste und zweite Hauptkomponente dargestellt. Von wenigen Ausnahmen abgesehen, bilden die ausgewerteten Reflexionsspektren mehr oder minder eng begrenzte Cluster für jede in diesem Anwendungsfall untersuchte Polymersorte.

Die erwähnten Ausnahmen bilden hauptsächlich die besonders gekennzeichneten PS-Proben, die aufgrund starker Färbung bzw. geringen Streuvermögens keine auswertbaren NIR-Reflexionsspektren ergaben. Die PE- und PP-Proben bilden zwei eng begrenzte Cluster; lediglich in den PP-Cluster fällt ein falsch identifiziertes PS-Spektrum. Die PET-Spektren zeigen die größte Streuung.

## IR-kontrollierte „Frittenbude" – Überwachung der Fettqualität

Beispielhaft sei die Bestimmung der Qualität von Frittierfetten angeführt. Allgemein bekannt ist das Altern von Frittierfetten, das sich in einer zunehmenden Braunfärbung und Geschmacksveränderung bis hin zum Ranzigen äußert. Fette bestehen zu über 90% aus Triglyceriden. Werden sie in Gegenwart von Luft und Feuchtigkeit erhitzt, so finden eine Vielzahl von Reaktionen statt. Hauptsächlich sind dies Hydrolyse, Oxidation und thermische Reaktionen, wobei Hunderte von flüchtigen und nichtflüchtigen Verbindungen entstehen. Viele tragen zum beliebten Frittieraroma bei, andere sind geschmacks- und geruchsneutral, aber teilweise gesundheitsschädlich. Bezüglich der Konzentration bestimmter Reaktionsprodukte existieren Maximalwerte, unterhalb derer Gesundheitsgefahren ausgeschlossen werden. Die Bildung von Stoffen wie freien Fettsäuren (FFA) und polaren Verbindungen durch Hydrolyse und Oxidationsprozesse lässt sich mit herkömmlicher Laboranalytik über die Ermittlung des FFA- bzw. Total-Polar-Wertes verfolgen. Üblicherweise wird das Fett im Hausgebrauch oder Gastronomiebereich bei Erreichen individuell unterschiedlicher Geschmacks-, Geruchs- oder Aussehensmerkmale verworfen. Diese Verfahrensweise ist in der Lebensmittelindustrie wegen der Einhaltung von Qualitätsstandards nicht aus-

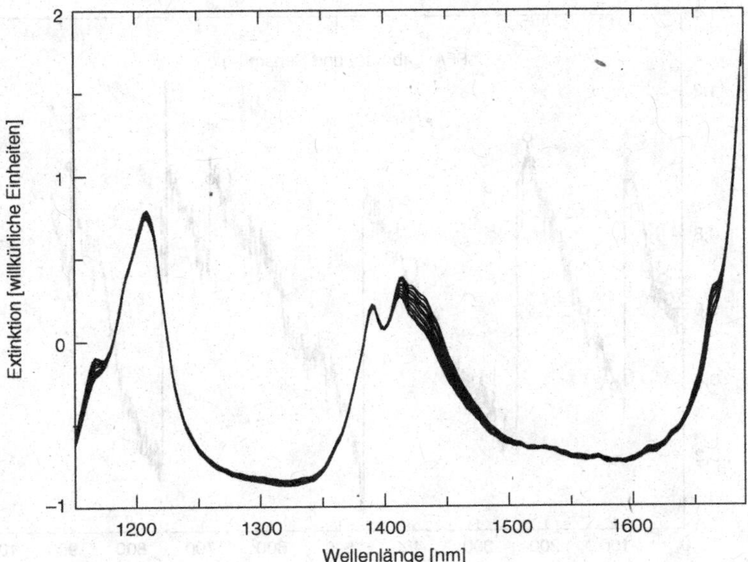


**5.49** Änderung der NIR-Spektren eines Frittierfetts während des Erhitzens (Dissertation H. Freitag, Münster 1999).

reichend. Vielmehr dient das Erreichen von Grenzwerten bestimmter Inhaltsstoffe, deren Konzentrationen in gewissen Intervallen auf chemischem oder physikalischem Wege gemessen werden, als Entscheidungsmaßstab. Diese Untersuchungsverfahren sind oft sehr aufwendig und erfordern ein hohes Ausmaß an chemisch-technischer Ausstattung, ausgebildetem Personal, Chemikalien und vor allem Zeit, sodass eine echte on-line Kontrolle des Fettes während der zahlreichen Frittiervorgänge bisher unmöglich war. Dies wäre jedoch wünschenswert, da in einer einzigen industriellen Großfritteuse, z. B. zur Produktion von vorfrittierter Tiefkühlkost, täglich im Tonnenmaßstab Frittierfette benutzt werden, deren Austausch mit hohen Kosten verbunden ist. Die Entstehung von Zersetzungsprodukten während des Frittierens ist in den Infrarotspektren des Frittierfetts deutlich be-obachtbar. Erhitzt man ein Öl über mehrere Stunden, so zeigen die NIR-Spektren von zwischendurch gezogenen Proben deutliche Änderungen (Abb. 5.49). Erkennbar ist ein Rückgang der Absorption bei ca. 1150 und 1650 nm, was der Abnahme der Zahl von Doppelbindungen durch Oxidationsprozesse entspricht, sowie eine Zunahme der Absorption bei ca. 1450 nm durch vermehrtes Auftreten von O-H-Gruppen.

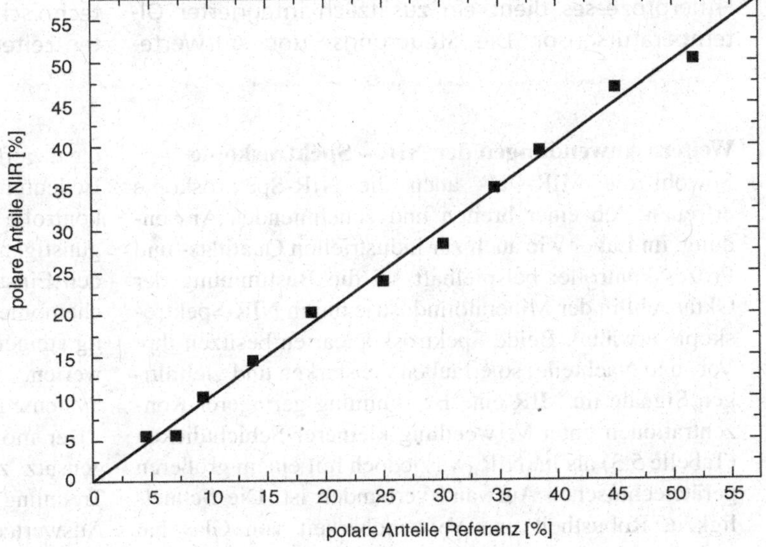


**5.50** Vergleich von Sensorwerten (IR-spektrometrisch ermittelt) mit Laborwerten (Dissertation H. Freitag, Münster 1999).

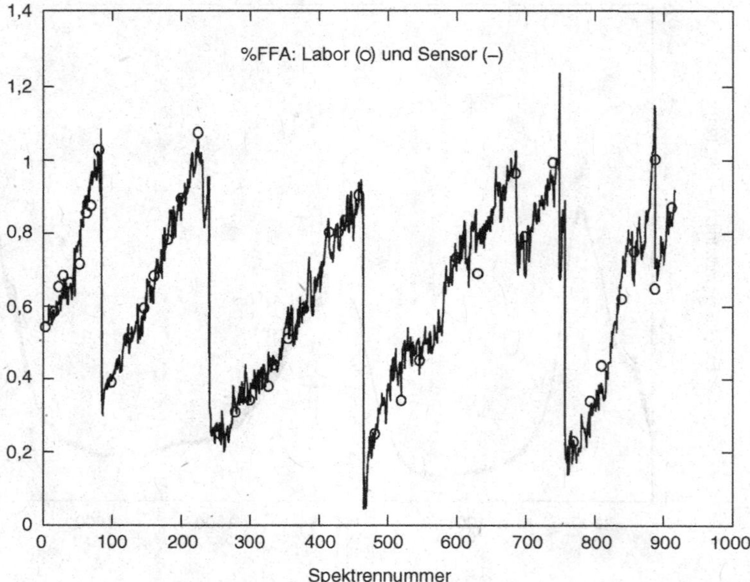


**5.51** Kontinuierliche NIR-Messungen zur Steuerung eines realen Frittiervorgangs mit Validierung (Dissertation H. Freitag, Münster 1999).

Durch die Kombination eines robusten, schnellen Gitterspektrometers, über Lichtleiter verbunden mit einer widerstandsfähigen Transmissionszelle im Ölkreislauf einer Großfritteuse, mit einem leistungsfähigen chemometrischen Verfahren, das auch Schwankungen der Temperatur und der Ölzusammensetzung berücksichtigt, lässt sich der Alterungsprozess on-line überwachen. Nach vorheriger Kalibration über herkömmliche Referenzmethoden lässt sich die Qualität des Fettes so während eines ganzen großtechnischen Frittierprozesses kontinuierlich abrufen, sodass gegebenenfalls frühzeitig in den Prozess eingegriffen werden kann, oder dieser bis zum Maximum, d. h. bis zum Erreichen des Grenzwertes sekundengenau ausreizbar ist. Zur Kontrolle des korrekten Ablaufs des Fritierprozesses dient ein zusätzlich integrierter Öltemperatursensor. Die Steuerungs- und Auswertesoftware kann so gestaltet werden, dass sowohl eine manuelle Bedienung des Sensors, als auch eine automatische Überwachung der Fettqualität möglich ist. Dabei werden zwei, optional drei Fettparameter (freie Fettsäuren, polare Anteile und Polymergehalt) überwacht und angezeigt; eine Protokollierung aller Parameter ist zusätzlich möglich. Die Vorzüge der Chemometrie werden aus Abb. 5.50 deutlich. Dort ist eine hervorragende Korrelation der IR-Werte mit den nass-chemischen Werten demonstriert.

Der Einsatz dieses einfach zu bedienenden Systems wird in Zukunft aufwendige und chemikalienintensive Qualitätsuntersuchungen überflüssig machen. Die Abb. 5.51 zeigt reale Messwerte im Vergleich zu traditionellen Kontrollproben während eines großtechnischen Frittierprozesses, bei dem zu bestimmten Zeiten frisches Fett zugeführt wurde.

**Weitere Anwendungen der NIR – Spektroskopie**

Sowohl die MIR- als auch die NIR-Spektroskopie erfreuen sich einer breiten und zunehmenden Anwendung, im Labor wie auch zur industriellen Qualitäts- und Prozesskontrolle; beispielhaft sei die Bestimmung der Oktanzahl in der Mineralölindustrie durch NIR-Spektroskopie erwähnt. Beide Spektroskopiearten besitzen ihre Vor- und Nachteile; so erlauben die starken und vielfältigen Signale im MIR eine Bestimmung geringerer Konzentrationen unter Verwendung kleinerer Schichtdicken (Tabelle 5.3) als im NIR, was jedoch mit einem größeren gerätetechnischen Aufwand verbunden ist. Die Schnelligkeit, Robustheit und Verwendbarkeit von Glas hat dazu geführt, dass die NIR-Spektroskopie zunehmend Bedeutung in der industriellen Prozess- und Qualitätskontrolle erlangt. Die Verbindung mit heutzutage preisgünstigen aber trotzdem schnellen Computern erlaubt den Einsatz immer komplexerer und leistungsfähigerer chemometrischer Auswerteverfahren, welche einen stetig steigenden Umfang an Parametern erfassen und auswerten. Damit lassen sich die zu beobachtenden Systeme immer besser beschreiben.

Der mögliche Einsatz von Glasfasern erlaubt im Gegensatz zum mittleren Infrarot eine weite räumliche Trennung des Messkopfes und der Spektrometer- und Auswerteeinheit, wenn nötig über Hunderte von Metern.

Dies ist gerade beim industriellen Einsatz wünschenswert, da am Messort oft „feindliche" Umgebungsbedingungen herrschen, wie z. B. hohe Temperaturen, feuchte oder aggressive Atmosphäre, Erschütterungen, starke elektrische oder magnetische Felder usw., im ungünstigsten Fall treffen alle Faktoren aufeinander. Die Verwendung robuster Monochromatoren anstelle von FT-IR-Spektrometern kann bei solchen Bedingungen zusätzlich helfen. Einige Beispiele für den Einsatz der NIR- Spektroskopie zur Prozess- oder Qualitätskontrolle sind in Abb. 5.52 dargestellt.

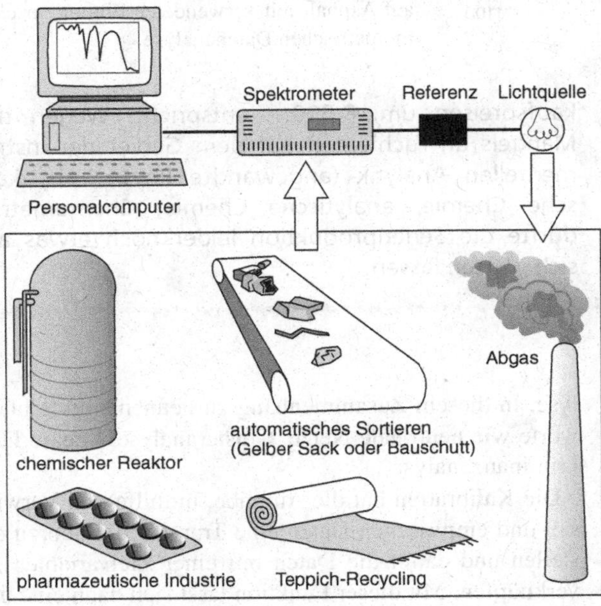


**5.52** Anwendungsmöglichkeiten der NIR-Spektroskopie.

So werden in der pharmazeutischen Industrie Tabletten auf korrekten Wirkstoffgehalt getestet, was durch die geringen Absorptionskoeffizienten in diesem Wellenlängenbereich problemlos durch die Plastikfolie der Verpackung erfolgt. Die berührungslose Messung ist ein weiterer Vorteil dieser Spektroskopieart. Durch größeren Abstand lässt sich der Kontakt mit dem Messobjekt vermeiden, es besteht nicht die Gefahr einer Verunreinigung oder Störung des Prozesses; auch wird die Schnelligkeit des Einzelmessung drastisch erhöht. Die berührungslose Identifikation von Kunststoffen (s.o.) ist daher nach vorgeschalteter Vereinzelung am Förderband möglich. Neben der Überwachung eines Prozessstromes über Tauchsonden oder Transmissionszellen in Pipelines lassen sich durch Verwendung extrem druckstabiler und resistenter Materialien (spez. Legierungen, Diamant- oder Saphirfenster) auch Reaktionsprozesse direkt im Reaktorkessel beobachten. Gasmessungen, z. B. von Reaktionsmischungen oder Abgasen erfordern zwar im NIR lange Weglängen, werden aber durchaus durchgeführt. Traditionell stark vertreten ist die NIR-Spektroskopie im Agrar- und Lebensmittelbereich, wo es vor allem um die Bestimmung der drei Parameter Wasser-, Fett- und Proteingehalt von Getreidekörnern oder sonstigen Lebensmitteln geht.

Generell ist eine Tendenz zum NIR-Bereich unter 1100 nm zu beobachten. Grund ist die dort mögliche Verwendung von sehr preisgünstigem Silizium als Detektormaterial. Schwierigkeiten bestehen aufgrund der noch kleineren Signale und der stärkeren Bandenüberlappung. Für brauchbare Signale müssen lange Weglängen im cm-Bereich in Kauf genommen werden; oft kommt aber gerade dies der Prozesstechnik entgegen, da dann keine aufwendigen Umbauten von Pipelines oder der Einbau eines Bypasses erforderlich sind.

### NIR als lebensrettender Auto-Sensor?

Eine weitere low-cost Anwendung der Infrarotspektroskopie im NIR-Bereich mit der Aussicht auf einen Massenartikel stellt beispielsweise auch die Entwicklung eines Sensors zur Erkennung des Straßenzustandes (Eis- oder Aquaplaning-Gefahr) dar, gedacht zum Einsatz im Automobilbereich. Durch die charakteristische Verschiebung der O-H-Absorptionsbande, je nachdem ob Eis oder flüssiges Wasser vorliegen, ist der Zustand der Straße unter bzw. kurz vor einem Auto permanent abrufbar und kann durch Integration in die übrige Elektronik des Fahrzeugs das Bremsverhalten entscheidend (evtl. lebensrettend) beeinflussen. Diese Remote-Sensing Methode analysiert mittels nur vier kleiner Filter (siehe Abb. 5.53) vor vier kleinen Photozellen mit diffuser Ausleuchtung das von der Fahrbahn zum Autoscheinwerfer zurück reflektierte Licht. Zwei zusätzliche Filter neben den Hauptabsorptionsbanden von Wasser und Eis dienen hierbei als Referenz für die jeweilige Art des Straßenbelages (Asphalt, Beton, Kopfsteinpflaster, Erde usw.) und zur Korrektur unterschiedlichster Sonneneinstrahlung.

Durch die Auswertung dieser vier „Informationskanäle" mittels schneller chemometrischer Software erhält der Fahrer im Millisekundenbereich eine zuverlässige Information über das Vorhandensein von Eis. Man kann sogar die mittlerer Dicke eines überfahrenen Eis- oder Wasserfilms in Millimetern mit einer Genauigkeit von ca. 30% anzeigen. Damit lässt sich auch im Zusammenhang mit dem Reifenprofil die

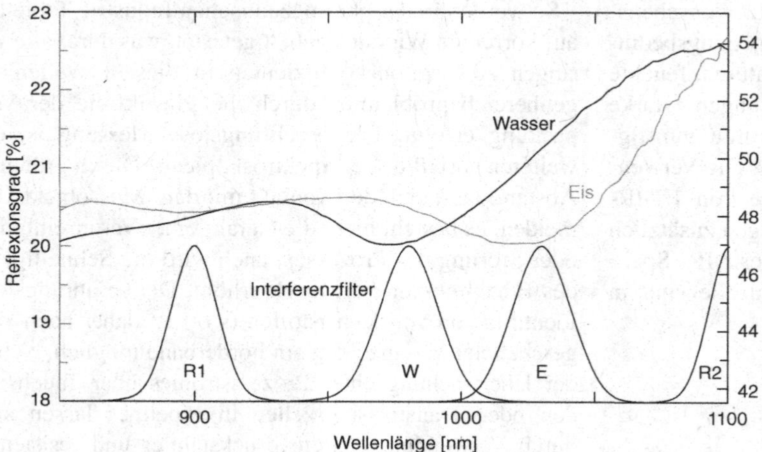


**5.52** Reflexionsspektren von Wasser und Eis auf Asphalt mit verwendeten Filtern zur chemometrischen Datenanalyse.

reale Aquaplaninggefahr zur Anzeige bringen. Dieser Sensor wurde im ICB Münster entwickelt, patentiert, als Prototyp gebaut und erfolgreich unter realen Bedingungen getestet. Er kann zur Serienproduktion zur Größe einer Zigarrenkiste verkleinert werden und für unter € 100,-- produziert werden (!), was Verkaufspreisen um € 500,-- entspricht. Wegen des Mangels an Fachleuten auf dem Gebiet der instrumentellen Analytik (angewandte Physik, physikalische Chemie, analytische Chemie, Chemometrie) dürfte die Serienproduktion leider noch etwas auf sich warten lassen.

## 5.5.6 Allgemeines zur Chemometrie in der IR-Spektroskopie – Multivariate Kalibrationsmethoden

Mit modernen analytischen Methoden wie der IR-Spektroskopie lässt sich in kürzester Zeit ohne großen Aufwand eine Fülle von Messdaten erzeugen; ein einziges IR-Spektrum kann weit mehr als tausend Messpunkte enthalten. Die gleichzeitige Messung vieler Objekteigenschaften ist das Kennzeichen multivariater Messmethoden. Es ergibt sich die Problematik, in dieser Fülle von oft unanschaulichen Daten die wichtigen von den unwichtigen Informationen zu trennen. Die Anwendung von oben angesprochenen Methoden, wie die der traditionellen Ermittlung der Peakfläche oder -höhe, stellt eine enorme Vereinfachung dar und lässt einen Großteil an analytischer Information unberücksichtigt. Hilfe lässt sich auf dem Gebiet der Chemometrie finden. Als Teilgebiet ist dabei z. B. die multivariate Kalibration zur quantitativen Datenauswertung von Interesse, deren für die gezeigten Anwendungsbeispiele relevanten Methoden im Folgenden kurz erläutert werden. Für vertiefende Beschäftigung mit diesem sehr wichtigen Teilgebiet einer modernen analytischen Chemie sei auf die angegebene Literatur verwiesen. Wichtige Teilbereiche der Chemometrie sind die Mustererkennung, Entwicklung von Expertensystemen und die multivariate Datenanalyse. In diesem Zusammenhang zu nennen sind Schlagworte wie neuronale Netze, Clusteranalyse, lineare Diskriminanzanalyse.

Die Kalibration hat die Aufgabe, mithilfe von Vorwissen und empirischen Daten eine Transferfunktion zu erstellen und damit die Daten mit einer Zielvariablen zu verknüpfen. Mit dieser Funktion lässt sich dann eine unbekannte quantitative Information aus den Messdaten schätzen. Im Falle multivariater Kalibration erfolgt die Entwicklung von Kalibrationsfunktion und Vorhersage anhand von Messungen mit mehreren Variablen.

Praktisch bedeutet das die Aufnahme von aus vielen einzelnen Wellenlängenintensitätsmessungen bestehenden Spektren von Proben mit bekannter Konzentration und Verwendung dieser Daten zum Erstellen des Kalibrationsmodells zur anschließenden Vorhersage unbekannter Konzentrationen aus neuen Spektren.

Von Bedeutung sind zwei multivariate Kalibrationsmethoden, einmal die **M**ultivariate **L**ineare **R**egression (MLR) und weiter die Hauptkomponentenregression (**P**rincipal **C**omponent **R**egression, PCR).

**Multivariate lineare Regression (MLR)**

Die MLR stellt die einfachste multivariate Kalibrationsmethode dar und ist Bestandteil vieler chemometrischer Methoden. Prinzip ist die Regression einer Matrix abhängiger Variablen *Y* auf eine Matrix unabhängiger Variablen $X$. In dieser Arbeit entspricht das einer Kalibrierung der Konzentrationen von $m$ Komponenten, die in $n$ Proben enthalten sind ($Y$-Matrix $\rightarrow$ Konzentrationsmatrix, $(n \times m)$), abhängig von den an p Positionen (diskrete Wellenlängen) gemessenen Intensitätswerten der $n$ Proben ($X$-Matrix $\rightarrow$ Spektrenmatrix, $(n \times p)$).

Dieses einfache Regressionsmodell hat folgende Form:

$$\begin{bmatrix} y_{11} & y_{12} & \dots & y_{1m} \\ y_{21} & y_{22} & \dots & y_{2m} \\ \vdots & & & \\ y_{n1} & y_{n2} & \dots & y_{nm} \end{bmatrix} = \begin{bmatrix} x_{11} & x_{12} & \dots & x_{1p} \\ x_{21} & x_{22} & \dots & x_{2p} \\ \vdots & & & \\ x_{n1} & x_{n2} & \dots & x_{np} \end{bmatrix} \begin{bmatrix} b_{11} & b_{12} & \dots & b_{1m} \\ b_{21} & b_{22} & \dots & b_{2m} \\ \vdots & & & \\ b_{p1} & b_{p2} & \dots & b_{pm} \end{bmatrix} + \text{Residuen} \quad (5.63)$$

In der Matrixschreibweise lautet dieses Modell:

$$Y = XB + E \quad (5.64)$$

Ziel der linearen Regressionsverfahren ist generell die Minimierung des Betrags der Fehlermatrix $E$. Es wird davon ausgegangen, dass die Matrizen $X$ (Spektren) und $Y$ (Konzentrationen) zentriert wurden, d. h. $X = X_0 - 1\bar{x}^{\mathrm{T}}$ und $Y = Y_0 - 1\bar{y}^{\mathrm{T}}$.

Meist ist die Matrix der unabhängigen Variablen $X$ nicht quadratisch, d. h. die Berechnung der Regressionsparameter $B$ muss über die generalisierte Inverse erfolgen:

$$B = (X^{\mathrm{T}}X)^{-1}X^{\mathrm{T}}Y \quad (5.65)$$

Diese Gleichung ist prinzipiell durch direkte Inversion der Matrix $X^{\mathrm{T}}X$ lösbar. Dies ist allerdings nur beim Fehlen von Kollinearitäten der Spalten der Spektrenmatrix $X$ möglich, sonst ist $X^{\mathrm{T}}X$ nahezu singulär, was eine instabile Schätzung von $B$ ergibt.

Für die Praxis bedeutet dies, dass es keine Analyt-Analyt-Wechselwirkungen und Signalüberlagerungen (typisch im NIR), konstante response-Faktoren und kein Rauschen gibt. Leider hat man es aber mit realen und nicht idealen analytischen Systemen zu tun. So lässt sich diese Methode zwar an künstlich gealterten Fetten erfolgreich einsetzen; sie versagt jedoch im Fall von anderen Realproben. Eine sehr effiziente Methode zur Lösung von Gleichung 5.65, die den hier gezeigten Anwendungsbeispielen verwendeten chemometrischen Programmen zugrunde liegt, ist die Eigenwertzerlegung, die auch Bestandteil der folgenden Methode ist.

### Principal Component Regression (PCR)

Die Hauptkomponentenregression (**P**rincipal **C**omponent **R**egression, PCR) ist eine sog. Voll-Spektrum-Methode und eignet sich besonders gut zur Analyse von NIR-Spektren mit ihren typischen Bandenüberlappungen. Die PCR besteht aus zwei Schritten, der Hauptkomponentenanalyse (PCA, **P**rincipal **C**omponent **A**nalysis) und einer sich daran anschließenden MLR.

### Hauptkomponentenanalyse (PCA)

Im allgemeinen besitzen die Rohdaten einen großen Anteil an korrelierter und redundanter Information. Wünschenswert ist deshalb sowohl eine Komprimierung als auch eine Extraktion von Informationen. Die Daten müssen derart komprimiert werden, dass die wertvollen Informationen erhalten bleiben und einfacher dargestellt werden, als durch jede Variable individuell. Oft liegt die essentielle Information nämlich nicht in einer einzigen Variablen, sondern im Zusammenspiel mehrerer Variablen, d. h. in ihrer Kovarianz. In diesem Fall müssen die Informationen aus den Daten extrahiert werden. Die PCA leistet diese Komprimierung und Extraktion von Information. Sie findet Kombinationen von Variablen, sog. Hauptkomponenten oder Faktoren, welche die Haupttrends in den Daten beschreiben. Sie sind abstrakte Gebilde, nicht etwa stoffliche Merkmale, wie z. B. Intensitätswerte o. ä.

Prinzip ist die Beschreibung der Varianz-Kovarianz-Struktur des Datenraumes durch möglichst wenige Linearkombinationen der $p$ Merkmale (d. h. Intensitätswerte, s.o.) in der Spektrenmatrix $X$. Die Varianz-Kovarianzmatrix, üblicherweise kurz Kovarianzmatrix genannt, für die Matrix der Rohspektren $X$ mit $n$ Zeilen (Proben) und $p$ Spalten (Variablen), errechnet sich wie folgt:

$$\mathrm{cov}(X) = \frac{X^{\mathrm{T}}X}{p-1} \quad (5.66)$$

Voraussetzung ist auch hier eine vorherige Zentrierung der Daten, d. h. ein Abzug des Spaltenmittelwertes von jeder Spalte. Eine Autoskalierung, d. h. die Kombination aus Zentrierung und darauf folgender Skalierung auf die Varianz 1, ergäbe die sog. Korrelationsmatrix. Um die Leistungsfähigkeit der PCA zu erhöhen, ist es unabdingbar, zuvor die Rohdaten einer wohlüberlegten Vorbearbeitung zu unterziehen, indem bereits erkennbare, überflüssige Informationen entfernt werden. Dies beinhaltet die Entfernung unwichtiger oder störender Spektralbereiche, die Anwendung von Glättungsalgorithmen und Skalierungen, wie z. B. der Autoskalierung etc.

In der PCA wird nun die Kovarianzmatrix $X$ durch zwei kleinere Matrizen, die Faktorenwertematrix $T$ (*Scores*, Hauptkomponentenwerte) und die Matrix der Ladungen $L$ (Loadings, Gewichte, Eigenvektoren), angenähert:

$$X = TL^{\mathrm{T}} \tag{5.67}$$

Die Vektoren der Faktorenwertematrix bilden die Spalten der $T$-Matrix, die Gewichtsvektoren die Spalten der $L$-Matrix. Die Faktorenwerte beschreiben die Beziehungen der Proben zueinander, die Ladungen die zwischen den Variablen. Wichtig ist, dass die beiden Vektoren jeweils senkrecht zueinander angeordnet sind. Die bei der Rekonstruktion der Matrix $X$ entstehenden neuen Variablen sind daher unkorreliert. Im durch die Zahl der diskreten Wellenlängen vorgegebenen $p$-dimensionalen Raum (jeder Messpunkt des Spektrums repräsentiert eine Achse) liegen die Proben als Punktwolke vor. Die Hauptkomponenten (auch: principal components, PCs) werden in Richtung der größten Varianz gewählt, die jeweils folgenden daher in Richtung der maximalen Restvarianz. Ohne ein Zentrieren der Rohdaten im Vorfeld der PCA würde die erste Hauptkomponente vom Ursprung des neuen Koordinatensystems ins Zentrum der Datenwolke zeigen, d. h. das Mittel der Daten beschreiben. Das kann eventuell ungünstig sein, da die folgenden Hauptkomponenten gezwungenermaßen zur ersten orthogonal sind, ohne Rücksicht darauf, ob es sinnvoll ist oder nicht.

Die Messwerte dreier Variablen für eine Reihe von Proben lassen sich in drei Dimensionen darstellen (Abb. 5.54).

Alle Proben liegen hier in einer Ebene, die durch eine Ellipse darstellbar ist. Die erste Hauptkomponente verläuft in Richtung der größten Varianz und entspricht der

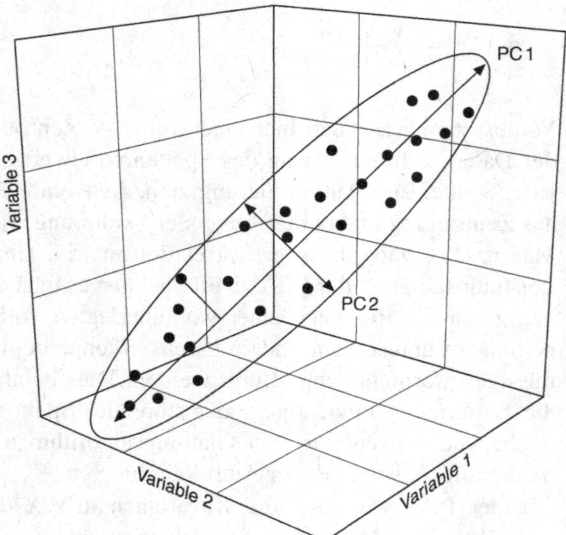


**5.54** Wahl der Hauptkomponenten (PCs) in Richtung maximaler Varianz und Projektion von Objektdaten auf die Hauptkomponenten.

Hauptachse der Ellipse. Die zweite, zur ersten senkrechte Hauptkomponente zeigt in Richtung der kleineren Achse der Ellipse und beschreibt somit die zweitgrößte Varianz. Dieses PCA-Modell beschreibt daher mit zwei Hauptkomponenten die gesamte Varianz des Systems.

So entsteht Schritt für Schritt ein neues Koordinatensystem aus zueinander senkrechten Hauptkomponenten. Sie sind zu verstehen als Projektionen der ursprünglichen Objektdaten auf einen um eine Dimension kleineren Unterraum bzw. als Projektionen der Datenmatrix $X$ auf die Faktorenwerte $T$.

Es gilt:

$$T = XL\,. \tag{5.68}$$

Die PCs stellen somit Linearkombinationen der ursprünglichen Variablen dar. Diese Variablenkombinationen, die nach dem Kriterium maximaler Varianz entstanden sind, stellen meist robustere Beschreibungen von Proben oder sonstiger Prozessparameter dar als die ursprünglich gemessenen Variablen. Algorithmen zur PCA basieren auf der Singulärwertzerlegung oder dem iterativen NIPALS (**N**onlinear **I**terative **Pa**rtial **L**east **S**quares)-Algorithmus. Durch die Verwendung der mithilfe der PCA erhaltenen Hauptkomponenten in einer multivariaten linearen Regression (MLR) vervollständigt sich die Methode zur Hauptkomponentenregression.

Im allgemeinen enthalten die ersten paar Hauptkomponenten die wertvollen Informationen, sodass sich mit ihnen das ganze System hinreichend beschreiben lässt. Störendes Signalrauschen findet sich wegen kleiner Varianz in den letzten, verwerfbaren Hauptkomponenten. Die Verwendung aller $p$ möglichen Linearkombinationen als Extremfall brächte keinen Reduktionsgewinn und entspricht einer MLR. Ergebnis ist somit durch die Reduktion auf $k < p$ Haupkomponenten eine im Vergleich zur $p \times n$-Ausgangsmatrix bedeutend kleinere $k \times n$-Matrix.

Entsprechend zu Gleichung 5.65 ergibt sich bei Verwendung der Hauptkomponenten $T$ als MLR-Gleichung zur Vorhersage unbekannter Konzentrationen:

$$Y = TB + E \tag{5.69}$$

unter Verwendung der analog zur MLR ermittelten Regressionsparametermatrix $\boldsymbol{B}$:

$$B = (T^{\mathrm{T}}T)^{-1}\,T^{\mathrm{T}}Y\,. \tag{5.70}$$

Alternativ zur PCR lässt sich auch die Methode der PLS (**P**artial **L**east **S**quares-Regression) anwenden; im Unterschied zur PCR erfolgt dort die Wahl der Hauptkomponenten unter Berücksichtigung der abhängigen Variablen. Ausführliche Beschreibungen zu allen Methoden finden sich bei Otto (s. Literaturverzeichnis).

## 5.6 Massenspektrometrie

### 5.6.1 Einleitung

Die Massenspektrometrie ist ein physikalisches Verfahren, das Ionen, die im Vakuum stabil sind, nach ihrem Verhältnis von Masse zu Ladung (m/z) trennt. Obwohl auch Elementbestimmungen mit höchster Genauigkeit und Richtigkeit mit diesem Verfahren durchgeführt werden, soll es wegen der Häufigkeit seines Einsatzes zur Molekülanalytik in diesem Kapitel behandelt werden. Bei einem Massenspektrum wird also – verglichen zu einem optischen Spektrum – die Wellenlänge durch die Größe (m/z) ersetzt und als Ordinate die Intensität des auf einen Detektor fallenden Ionenstrahls konzentrationsproportional aufgenommen. Im Gegensatz zur optischen Spektroskopie sind ihre physikalischen Grundlagen relativ einfach und überschaubar und werden im Abschnitt Massenauftrennung beschrieben.

Die Massenspektrometrie hat ihren Ursprung in den 1886 von E. Goldstein entdeckten Kanalstrahlen, die er als Strahlen positiv geladener Ionen erkannt hatte. Im Jahre 1889 konnten E. Wichert und W. Wien aus Ablenkversuchen dieser Ionenstrahlen auf die Ionenmasse rückschließen. Schon 1910 wurden von J. J. Thomson (Cambridge, 1906 Nobelpreis für Physik) die Neonisotope $^{20}Ne$ und $^{22}Ne$ mithilfe eines Parabelspektrographen unterscheiden. F. W. Aston, Cambridge, erhielt 1922 den Nobelpreis für Chemie für den massenspektrometrischen Nachweis von 212 natürlich vorkommenden Isotopen. Dazu wurden lange Zeit (bis in die 50er Jahre des letzten Jahrhunderts) selbstentwickelte Massenspektrometer verwendet. Diese bestanden größten Teils aus evakuierten Glasgefäßen, in denen die nachzuweisenden Elemente ionisiert und die hierbei entstandenen Ionen mittels einer entsprechenden Hochspannung beschleunigt wurden. Danach wurden dann diese Ionen anhand ihrer unterschiedlichen, masse-abhängigen kinetischen Energien in einem Magnetfeld räumlich getrennt nachgewiesen, was beispielsweise mit Photoplatten möglich war. Die Auftrennung gemäß dem m/z Verhältnis hat auch zu einer Klassifizierung der Massenspektrometrie als Trennverfahren geführt, was angesichts der unten beschriebenen Entwicklung von präparativen Isotopenanreicherungen verständlich ist.

Die von ihren Dimensionen größten Massenspektrometer, die so genannten Calutrons, wurden erstmals Anfang 1940 für die präparative Isotopenanreicherung von Kernbrennstoffen im Oak Ridge National Laboratory in Tennessee, USA eingesetzt. Noch heute werden derartige isotopenangereicherte Elementstandards, die u. a. für die äußerst wichtige und zuverlässige analytische Methode der Isotopenverdünnungsanalyse benötigt werden, mit diesen Massenspektrometern (Massenseparatoren) hergestellt.

Die Massenspektrometrie hat ihre zentrale Bedeutung zunächst bei der Strukturaufklärung organischer und metallorganischer Verbindungen, speziell großer Moleküle, erlangt. Sie kann dabei gleichberechtigt neben der Kernresonanz-Spektrometrie eingeordnet werden und für diese Zwecke als noch wichtiger als die optischen Infrarot- und Ultraviolettmethoden (UV/vis, NIR, IR und Raman) angesehen werden. Die massenspektrometrische Analyse erfolgt i. d. R. unter Molekül-Fragmentierung bzw. Atomisierung und Ionisierung der in das Vakuum eines Massenspektrometers eingeschleusten Probe (Gase, Flüssigkeiten, Feststoffe und Gemische). Das ausgewählte Ionisationsverfahren bestimmt die Fragmentierung chemischer Verbindungen zu Kationen, Anionen und Radikalionen, die in Abhängigkeit von der Separationstechnik des nachgeschalteten Massenspektrometers detektiert werden. Mit Hilfe der Massenspektrometrie können ionenbildende Substanzen über einen weiten dynamischen Massenbereich ($5 \rightarrow 300000$ Da) detektiert werden. Durch moderne Techniken wie z. B. die *matrix assisted laser desorptions ionisation* (MALDI, s. Abschnitt 5.7.5.), die besonders schonend ionisiert, können Molekülmassen (bis zu ca. 1,5 MDa) von Makromolekülen, wie z. B. von empfindlichen Biomolekülen oder von Polymeren, äußerst genau (ca. $10^{-4}$% oder 1 ppm) bestimmt werden. Schon kleinste Substanzmengen wie z. B. eine Monolage eines Stoffes auf einer Oberfläche reichen u. U. aus, um massenspektrometrisch die relativen Molekülmassen, Elementarzusammensetzungen, Isotopenhäufigkeiten, Ionisationspotentiale und Struktureinheiten zu bestimmen. Die Information aus der Fragmentierungsart, das ist die Art und Weise wie vorzugsweise organische Moleküle in der Ionenquelle nach entsprechender Energiezufuhr zerfallen, und der Intensität der beobachteten Molekülbruchstücke erlauben bei vorhandenem Sachverstand auch die Unterscheidung von Konformationsisomeren einer Verbindung. Die physikalisch-chemische Massenspektrometrie bietet zusätzlich die Möglichkeit, Reaktionsmechanismen und Reaktionsenthalpien in der Gasphase an nur etwa $10^9$ Molekülen je Kubikzentimeter zu untersuchen. Durch Kombination der Massenspektrometrie mit der Laser-Anregung wird es möglich, Ion-Molekül-Reaktionen zeitaufgelöst bis in den Femtosekunden-Bereich zu untersuchen.

In vielen Bereichen der qualitativen und quantitativen

Analytik von Elementen und Molekülen wird die Massenspektrometrie heute aufgrund ihrer Schnelligkeit, Selektivität und ihrer Nachweisstärke zunehmend eingesetzt. In der quantitativen Massenspektrometrie organischer Verbindungen sind die Identifizierung komplexer Stoffgemische und die Quantifizierung von Spuren- und Ultraspuren von besonderem Interesse. Die einzelnen Massenspektren werden im Bereich von Millisekunden bis zu Sekunden registriert und können mithilfe umfangreicher Spektrenbibliotheken von > 275 000 Spektren, die in leicht zugänglichen Spektrenbibliotheken gespeichert sind relativ schnell ausgewertet werden (s. Abschnitt 5.7.3).

Organische Verbindungen lassen sich i. d. R. im Bereich von $10^{-12}$ bis $10^{-17}$ mol noch quantitativ erfassen. In der anorganischen Elementanalytik sind Bestimmungen von Probenhauptbestandteilen bis hin zu den Ultraspuren möglich. Die Bestimmungsgrenzen in der Spurenelementanalytik liegen im Bereich von ca. $10^{-6}$ bis $10^{-15}$ g/g. Mittels Beschleunigermassenspektrometrie wurden Nachweisgrenzen von nur $10^4$ bis $10^8$ Atomen ermittelt (s. Abschnitt 5.7.2). Mit Hilfe der Isotopenverdünnungsanalyse (s. Abschnitt 5.7.4) lassen sich die Präzision und Richtigkeit der Massenspektrometrie optimieren, weil sich die zugesetzten Analyt-Isotopen wie die Analyte selbst verhalten und auf diese Weise Verluste oder unterschiedliche Extraktions- oder Ionisierungsausbeuten kompensieren. Allerdings wird weiter unten im Rahmen eines Qualitätskastens auf Probleme bezüglich einer automatischen Traceability hingewiesen. Durch eine sehr genaue Bestimmung von Isotopenverhältnissen (z. B. unter Korrektur von Isotopeneffekten bei Verdampfung und Detektion) in Proben werden geochronologische Untersuchungen, wie z. B. das Alter von Gesteinen (z. B. Rb-Sr, K-Ar, U-Pb Methoden) die Aufdekkung von Lebensmittelverfälschungen (z. B. gezuckerter Wein durch $^{16}O/^{18}O$ Verhältnis) oder die Aufklärung von metabolischen Abbaureaktionen in biochemischen Stoffkreisläufen möglich. Aus der Isotopenverteilung der Elemente kann geochemisch auf die Herkunft aus verschiedenen Lagerstätten, den Temperaturverlauf bei der Karbonatbildung ($^{16}O/^{18}O$), die Herkunft von Tiefenwässern und vieles mehr geschlossen werden. Der Einsatz der Massenspektrometrie für die Charakterisierung von Feststoffen, Oberflächen und Tiefenprofilen (Analyse der Verteilung eines Analyten innerhalb einer Feststoffprobe) erfolgt sowohl für die Identifizierung von organischen und anorganischen Verbindungen als auch für die quantitative Elementaranalyse.

Für die schnelle und kostengünstige Charakterisierung komplexer organischer Stoffgemische werden Kapillarelektrophorese- (CE), Flüssigchromatographie- (LC), Gaschromatographie- (GC) und Pyrolyse-Systeme an die Massenspektrometer angekoppelt (s. Abschnitt 5.7.4). Für diese vorteilhaften Kopplungstechniken wird im Englischen der Begriff *„hyphenated techniques“* benutzt. Die für die Atom- und Molekülspektrometrie relevanten Neuentwicklungen in der Massenspektrometrie betreffen vor allem die Kopplung von Chromatographie- und Überkritische Fluidextraktions-Verfahren (SFE), die Laserionisation und die Massenseparation mithilfe von Flugzeit- und Ionenfallen-Spektrometern. Der Laser hat in den letzten Jahren bei allen massenspektrometrischen Analysenmethoden neben dem Elektronen- Ionen- oder Neutralteilchen-Strahl zentrale Bedeutung für die Ionisation und die gezielte Fragmentierung organischer Substanzen sowie für die Feststoffanalyse erhalten.

## 5.6.2 Aufbau der Massenspektrometer

Die Massenspektrometrie, d. h. die Aufteilung der zu untersuchenden Stoffe gemäß ihrem m/z-Verhältnis, findet in einem Hochvakuum statt, weil sonst weder eine bleibende Ionisierung noch ungestörte, fokussierbare Ionenstrahlen (= Kanalstrahlen) entstehen. Massenspektrometer sind prinzipiell aus einem Einlasssystem für die Analytsubstanzen in das Gerätevakuum, einer Ionisationseinheit, einem Trennsystem für die nach m/z fraktionierten Massen und einer Detektionseinheit zum Nachweis der Ionenmassen aufgebaut (siehe auch Abb. 5.55).

Mit einem Massenspektrometer können – in der Ionenquelle erzeugte – Kationen, Anionen und Radikalionen nach m/z aufgetrennt und detektiert werden. Die Nachweisempfindlichkeit eines Massenspektrometers wird natürlich entscheidend von der zugeführten Analytmenge und der Anzahl der in das Separationssystem eingeschleusten Ionen bestimmt. Letzteres hängt entscheidend von der Transferleitung und von der Ionisierungsausbeute am Ionisierungsort ab! Das Ionentrennsystem und die Detektionseinheit aller Massenspektrometer befinden sich in einem gegenüber der Ionenquelle besserem Vakuum, in einem sog. Hochvakuum, um Streuung und Stöße der Ionen an Luft- oder Gasteilchen, die die für eine hohe Auflösung erforderliche homogene Energieverteilung stören können, zu vermeiden. Die Stickstoff- und Sauerstoffionen aus der Luft würden jedes andere Signal in einem Massenspektrum überlagern und wegen der „Überlastung“ des Detektors die Empfindlichkeit des Massenspektrometers stark herabsetzen. Außerdem werden dadurch spektrale Masseninterferenzen, die durch Reaktion der Analyten mit Luftbestandteilen entstehen, verringert. In Massenspektrometern sind oft verschiedene Druckzonen nebeneinander für den Probeneinlaß bis zur Massentrennung und Massendetektion, vom Atmosphärendruck bis zum Hoch- und Ultrahoch-Vakuum, vorhanden. Probeneinlass und Ionisation kön-

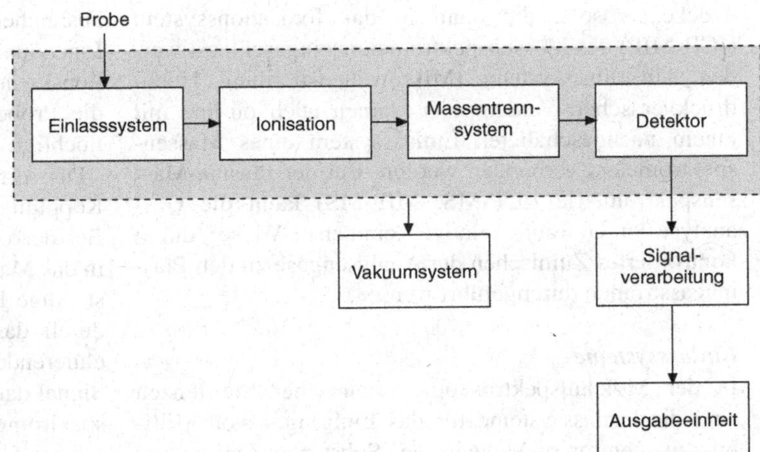


**5.55** Schematischer Aufbau eines Massenspektrometers.

nen in der Atom- und in der Molekül-Massenspektroskopie unter Atmosphärendruck z. B. TSP, ESI, Ion-Spray, ICP, MIP, GD (Erläuterung der Abkürzungen s. weiter unten sowie Tab. 5.5 u. Tab. 5.6) bzw. im Vakuum (z. B. EI, CI, FAB, LD, PD) erfolgen. Zur Detektionseinheit wird auch das meist nachgeschaltete, komplexe Datenverarbeitungssystem gerechnet, das im Rahmen dieses einführenden Lehrbuchs nicht näher erläutert werden kann.

## Probenzuführungs- und Einlasssysteme

Die Probenzuführungssysteme zu einem Massenspektrometer können on-line oder off-line sein. Sie beinhalten die verschiedenen chemisch-analytischen Möglichkeiten zur Probenvorbehandlung, zur Gemischtrennung, zur Analytanreicherung und zur Analyt-Matrix-Separation. Die unveränderte Gesamtprobe, verflüchtigbare bzw. verdampfbare Probenteile oder die bereits vorseparierten Analyten werden durch verschiedene Probenzuführungs- und Einlasssysteme in das Massenspektrometer befördert. Das Probeneinlasssystem kann u.U. auf nur eine einfache Verbindung (z. B. beheizbares Röhrchen) vom Probenzuführungs- zum Ionisationssystem reduziert sein (z. B. ICP-MS, GC/MS, Pyrolyse/GC/MS).

### *Probenzuführungssysteme*

Für die Probenvorbereitung und Probenzuführung in der Massenspektrometrie organischer Verbindungen finden Headspace- und Extraktions-Techniken (z. B. super fluid extraction, SFE, s. Abschnitt 3.5 und 6.2.4) inzwischen breite Anwendung, um die störenden Lösungsmittelmengen, die in das Massenspektrometer eingebracht werden, zu reduzieren und um die Analytsubstanzen in der Gasphase anzureichern. Bei komplexen, unaufgetrennten Proben werden häufig auch Pyrolyse- und Thermodesorptions-Systeme (s. Abschnitt 3.3) sowie effektive chromatographische Trennsysteme (s. Abschnitt 5.7.4, 6.2. und 6.3) vor das Massenspektrometer geschaltet. Das Massenspektrometer wird dann nur noch als Detektor bei der Substanzidentifizierung (CE/MS, GC/MS, LC/MS, SFC/MS) oder für die Elementspeziation, das ist der Bindungszustand bzw. die Bindungsform des Elements, (GC/ICP-MS, HPLC/ICP-MS) eingesetzt. Die analytische Information über die Probe wird dadurch mehrdimensional, da sowohl das Pyrogramm bzw. Chromatogramm als auch die Massensignale für die Auswertung genutzt werden. Die on-line Kopplungen von Chromatographiesystemen an das Massenspektrometer werden ausführlich in den Abschnitten 5.6.4 u. 6.2 und 6.3 dargestellt. Die Möglichkeit GC- und LC-Systeme an das gleiche Massenspektrometer anzukoppeln, wird inzwischen auch kommerziell angeboten. Ebenso gewinnt die Ankopplung der Überkritischen Fluid-Chromatographie (SFC) (s. Abschnitt 6.2.5) an das Massenspektrometer zunehmend an Bedeutung. Die Analyse von Gasen und luftgetragenen Aerosolen wird nach Adsorption der Gase und Gasinhaltsstoffe auf Trägern oder Säulen bei nachfolgender Extraktion oder Thermodesorption durchgeführt.

In der Atomspektroskopie (s. AAS, ICP-AES) erprobte Methoden zur Einführung von Flüssigkeiten, Feststoffen und Suspensionen finden auch in der Massenspektrometrie anorganischer Substanzen, z. B. der Hochfrequenzplasma-Massenspektrometrie (engl. *inductively coupled plasma mass-spectrometry*, ICP-MS) und der mikrowelleninduzierten Plasma-Massenspektrometrie (MIP-MS), Verwendung (s. Abschnitt 5.7.5). Hier sind vor allem die Elektroerosion, die Elektrothermische Verdampfung (ETV), die Fließinjektion (FIA), die Laserverdampfung (LA) und die zahlreichen Probenzerstäubungssysteme (*hydraulic high pressure nebulizer*, HHPN; *direct injection nebulizer*, DIN; *microconcentric nebulizer*, MCN; *ultrasonic nebulizer*, USN) zu nennen. Die Laser-Ablation erzeugt ähnlich wie die ETV und die Elektroerosion

Trockenaerosole, die dann in das Ionisationssystem (ICP, MIP) des Massenspektrometers eingeschleust werden. Aufschlusssysteme (Mikrowellenstrahlung, Hochdruckverascher, Verdampfer) können auch on-line mit einem nachgeschalteten Einlasssystem eines Massenspektrometers verbunden werden. Bei der Plasma-Massenspektrometrie (ICP-MS, MIP-MS) kann die Gasanalyse u. U. auf relative einfache Weise durch kontrolliertes Zumischen der Analysengase zu den Plasmagasströmen durchgeführt werden.

***Einlasssysteme***

In der Molekülspektroskopie organischer Substanzen sind die Einlasssysteme für das Einbringen von Millibis zu Femtomol-Mengen an Substanzen ausgelegt. Prinzipiell muss die gasförmige, flüssige oder feste Probe von Normaldruck, ohne Unterbrechung der Vakuumbedingungen des Massenanalysators, in das Vakuum bzw. Hochvakuum des Massenspektrometers eingeschleust werden. Man unterscheidet dabei generell drei Einlasssysteme:

- den Gaseinlass (indirekter Probeneinlass; diskontinuierlicher Chargen-Einlass) für das Einbringen flüssiger und gasförmiger Proben,
- den Direkt-Einlass für das Einbringen fester und schwerverdampfbarer bzw. viskoser Flüssigkeiten und
- chromatographische Einlasssysteme (direkter Gaseinlass) zur on-line-Ankopplung von GC und LC an das Massenspektrometer (s. Kapitel 6).

Beim Gaseinlass werden üblicherweise 0,1 bis 1 mg Probe in ein Vorratsgefäß eingebracht. Flüssigkeiten werden mithilfe einer Mikrospritze in den zuvor evakuierten Vorratsbehälter gespritzt oder in einem Gefäß wiederholt ausgefroren sowie evakuiert und anschließend in das Vorratsgefäß verdampft. Flüssige Proben mit Siedepunkten ≥ 150 °C können durch Heizen auf 350 °C im Vorratsgefäß verflüchtigt werden. Flüssigkeiten mit maximalem Siedepunkt von 500 °C sollen im Vakuumsystem einen Partialdruck von $10^{-2}$ bis $10^{-3}$ Pa erreichen. Bei gasförmigen Proben wird ein kleines Gasvolumen von ca. 3 mL zwischen zwei Ventilen eingebracht, das dann kontrolliert in einen Vorratskolben von 1 – 3 L expandiert. Die Proben werden aus dem jeweiligen Vorratsgefäß in die unter Vakuum stehende Ionenquelle eingebracht.

Beim sog. Direkt-Einlass (0,001 – 0,1 mg Substanz) werden die Substanzen mithilfe von heizbaren Sonden, Schubstangen, Spiralen oder Mikrotiegeln über Schleusen direkt in die Ionenquelle des Massenspektrometers eingebracht. Substanzverluste sind so gering, sodass u. U. auch Probenmengen von $10^{-9}$ g für die Ionisation ausreichen. Die Probe wird häufig auch gekühlt in die Ionenquelle eingebracht, danach wird die Ionisationskammer evakuiert und hieran anschließend werden die Probenbestandteile durch langsames Erhitzen verflüchtigt.

Der direkte Gaseinlass findet Anwendung für die Kopplung von GC und LC an das Massenspektrometer. Bei der on-line Zuführung von Chromatographie-Eluat in das Massenspektrometer muss besonders auf die vollständige Erfassung der zeitabhängigen Eluationssignale durch das Massenspektrometer geachtet werden. Ein eluierender GC Peak ist i. d. R. etwa 2 – 5 s breit, ein LC Signal dauert etwa 15 – 30 s. Der Computer des Massenspektrometers muss diese transienten Signale ausreichend schnell digitalisieren, um eine unverfälschte Peakform zu speichern. Für die GC/MS Kopplung (Probenbedarf der Einzelkomponente ca. $10^{-9}$ bis $10^{-15}$ g) finden bevorzugt Dünnfilmkapillarsäulen mit Gasflüssen von 1 – 2 mL/min Verwendung. Die thermostatisierbare Säule der GC (bis ca. 300 °C) wird über ein kurzes ebenfalls heizbares Verbindungsstück, das sog. Interface, direkt an die Ionenquelle des Massenspektrometers angeschlossen, sodass die aus der GC nacheinander ausströmenden Komponenten on-line im Massenspektrometer ionisiert werden.

Im Fall von größeren Gasmengen, wie z. B. nach Einsatz gepackter Chromatographiesäulen, muss allerdings der größte Teil des Trägergasstroms über Separatoren abgetrennt werden. Bei den sog. Jet-Separatoren fließen die GC-Gase durch eine enge Düse in eine räumlich abgesetzte Trennkapillare. Beim Ausströmen der Gase durch eine Kapillare in das Vakuum wird bevorzugt das leichtere GC-Trägergas abgepumpt. Überschall-Molekularstrahlen werden gebildet, wenn die Probe mit einem Edelgas im Verhältnis 1:100 gemischt wird und mit Überdruck von 10 bar aus einer engen Düse (Ø = 0,2 mm) adiabatisch in ein Vakuum ($10^{-4}$ Pa) expandieren. Von oben ausfließende, sog. effusive Gasmolekularstrahlen werden gebildet, wenn aus einer dünnen, auf mehrere hundert Grad aufheizbaren Kanüle, (Ø = 0,1 mm) Gase und Flüssigkeiten in ein Vakuum eintreten.

Bei der Ankopplung von Flüssigchromatographiesystemen an das Massenspektrometer (LC/MS) wird im einfachsten Fall das Eluat geteilt, wobei nur ein geringer Bruchteil direkt in das Massenspektrometer gelangt. Üblicherweise sind im Probeneinlass Eluatmengen von 50 µL je Minute zu verarbeiten. Das LC Eluat kann auch mittels eines Transportbandes (sog. *moving belt*-Kopplung) aufgebracht werden, das das Lösungsmittel und die Analyten zu einer geheizten Kammer transportiert, in der zunächst das Lösungsmittel verdampft wird. Nach diesem Verdampfungsschritt wird das verbleibendende

Eluat in der Ionenquelle bevorzugt durch Ionisation bei Normaldruck (*atomspheric pressure ionization*, API), Elektrospray (ESI) (1–5µL), Ionenspray (bis ca. 200 µL) und MALDI (nur bei TOF-MS; s. Abschnitt 5.7.5) ionisiert. Bei dem Thermosprayverfahren (TSP), das für die Probenverdampfung und die Ionisation von bis zu 2 mL LC-Eluat je Minute eingesetzt wird, wird ein resultierender Probengasstrom von 40 mL je Minute erzeugt. Das Eluat fließt zunächst in eine 150–200 °C geheizte Kapillare. Beim Austritt des Eluats in die nachgeschaltete Ionenquelle entsteht ein Naßaerosol, das sog. Spray. Das Eluat enthält einen flüchtigen Elektrolyten (z. B. Ammoniumacetat) zur Ionisation durch Adduktbildung. Alternativ hierzu kann bei dem TSP durch Cl in der Gasphase die Ionisation der Probe erreicht werden. Bei der Ionisation mittels Elektrospray ESI (s. auch Abschnitt 6.2.3) werden 1–5 µL/min Eluat und bei der Ionisation mit Ionenspray werden 200 µL/min Eluat in das Massenspektrometer eingebracht. Bei dem sog. *Continuos Flow Fast Atomic Bombardment* (CF-FAB) wird das Eluat aus (Mikro)-Hochdruckflüssigkeitschromatographen nach Zumischen von 5–20% Glycerin durch eine Quarzkapillare mittels *Fast-Atom-Bombardment* (FAB) in der Ionenquelle ionisiert.

In der Massenspektrometrie anorganischer Verbindungen sind die Probeneinlasssysteme streng auf die gewünschte Ionisationsmethode ausgerichtet. So werden z. B. bei den Plasma-Massenspektrometern ICP-MS und MIP-MS die im Regelfall flüssigen Proben fein zerstäubt und das so gebildete Nassaerosol mithilfe eines Edelgasstroms (Ar bzw. He) über ein Injektorrohr in das ICP-MS bzw. MIP-MS eingebracht. Dort erfolgt auch die Atomisierung und Ionisierung der Probe, bevor die Ionen über kleine Lochblenden (≤ 1 mm Durchmesser) in das Massenspektrometer gesogen werden.

Bei der Thermionen-Massenspektrometrie (TIMS) wird eine Lösung oder Suspension der zu analysierenden Substanz auf ein Verdampferband aufgetragen und eingedampft. Im Hochvakuum der Ionenquelle lässt man dann einen elektrischen Heizstrom durch das Band fließen, mit dem man die Verdampfung der Analyten regeln kann.

Probenmoleküle treffen auf das gegenüberliegende Ionisierungsband aus Ta, Re oder W auf, welches bei Temperaturen zw. 800–2100 °C die auftreffenden Moleküle thermisch spaltet und teilweise ionisiert.

Bei den massenspektrometrischen Festkörper- und Oberflächenmethoden (s. Abschnitt 5.7.5) mittels Laserionisations- (LIMS), Sekundärionen-Massenspektrometrie (SIMS) und Massenspektrometrie zerstäubter Neutralteilchen (engl. *sputtered neutral mass spectrometry*, SNMS) erfolgt die Ionisation auf der Probenoberfläche nach Beschuss mit einem Laserstrahl bzw. mit einem Primärionenstrahl ($Ar^+$, $O_2^+$, $Cs^+$). Bei der Glimmentladungs- (engl. *glow discharge mass spectrometry*, GDMS) und der Funkenquellen-Massenspektrometrie (engl. *spark source mass spectrometry*, SSMS) wird die Probenoberfläche über elektrische Entladungsprozesse abgetragen. Nach den Ionisationsprozessen gelangen die Massenteilchen über Lochblenden in das Massenspektrometer. Sie werden üblicherweise mithilfe eines elektrostatisches Linsensystem in den Massenseparator beschleunigt

**Ionenquelle und Ionisation**

Die Ionisationsausbeute ist ausschlaggebend für die Nachweisempfindlichkeit des Massenspektrometers und ihre Reproduzierbarkeit ausschlaggebend für ihre Kalibrationsfähigkeit. In der massenspektrometrischen Analyse müssen – wie bereits erwähnt – die eingebrachten Substanzen in freie positiv oder negativ geladene Ionen bzw. Radikalionen überführt werden, damit sie mittels einer entsprechend angelegten elektrischen Hochspannung für die Massenauftrennung beschleunigt werden können. Die Geschwindigkeit der Ionen im Massenspektrometer ergibt sich aus der kinetischen Energie, die sie durch Ionisation und anschließende Beschleunigung im angelegten elektrischen Feld aufnehmen. Für den induzierten Bindungsbruch von Molekülen oder zur Ionisation von Molekülfragmenten oder Elementen nützt man die kinetische Energie von Elektronen, Ionen, Molekülen, Photonen sowie thermische oder elektrische Energie (s. Tab. 5.5), sodass i. d. R. heute jede Verbindung ausreichend gut und reproduzierbar für die nachfolgende massenspektrometrische Detektion ionisierbar ist. Chemische Verbindungen werden durch die Energiezufuhr i. d. R. zersetzt, wobei organische Moleküle ein bestimmtes, von der Ionisierungsmethode abhängiges Fragmentierungsverhalten zeigen. Dieses kann bei vorhandenem chemischen Sachverstand zur Konstitutionsermittlung oder analytisch-chemisch ausgenutzt werden. Das auf diese Weise erzeugte Fragmentierungsmuster, das auch als massenspektrometrischer Fingerabdruck der Verbindung bezeichnet wird, ist bei reproduzierbaren Ionisierungs- und Fragmentierungsbedingungen charakteristisch für die betreffende Ionisationsmethode und reicht vor allem bei größeren organischen Molekülen von linienreichen Spektren (starke Fragmentierung) bis zu Spektren geringer Linienzahl (geringe Bruchstücksbildung) aber hoher Intensitäten (Anzahl der auf den Detektor treffenden Ionen). Grundsätzlich lassen sich die Ionisationsmethoden in weiche und harte einteilen. Die Gasdrücke in den Ionenquellen reichen üblicherweise von $10^2$ bis $10^{-4}$ Pa.

Von zentraler Bedeutung für die Massenspektrometrie flüssiger und gasförmiger Proben organischer und metallorganischer Verbindungen ist die Elektronenstoßioni-

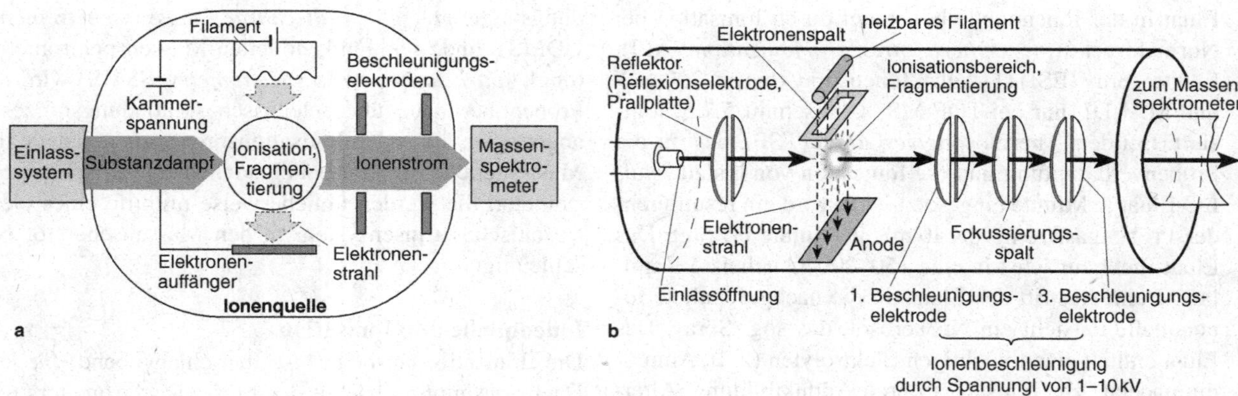


**5.56** a) Prinzip; b) Konstruktionsbeispiel der Elektronenstoßionisation.

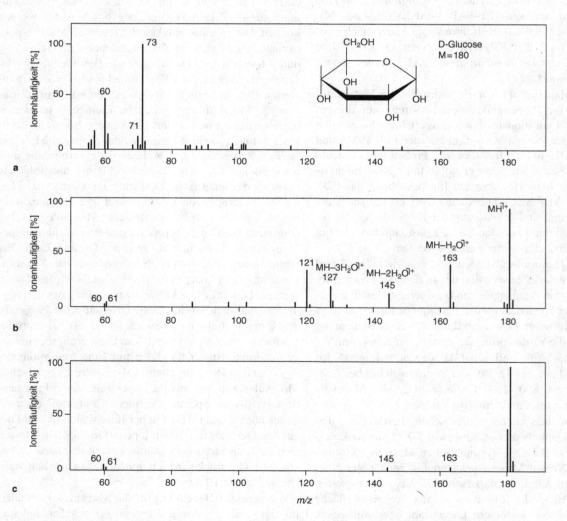

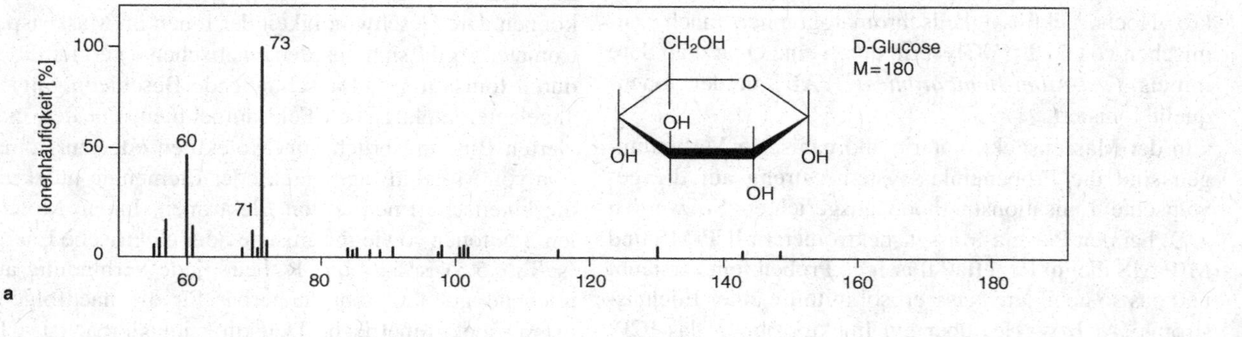

**5.57** Vergleich der Massenspektren von D-Glucose, die mittels a) EI, b) FI und c) FD erhalten wurden.

sation (engl. *electron impact*, EI). Zur Ionisation flüssiger Proben verdampft man die Probe in die Ionenquelle, in der sie mit einem Strahl thermischer Elektronen der kinetischen Energie von 70 bis 100 eV beschossen wird (s. Abb. 5.56).

Die Elektronen werden aus einer Glühkathode, z. B. einem geheizten Wolfram- oder Rheniumdrähtchen, emittiert und durch eine Spannung von 70 bis 100 V, die zwischen dem Heizfaden und einer gegenüberliegenden Anode anliegt, beschleunigt. Die Elektronen treffen dabei senkrecht auf den durch Verdampfen erzeugten Molekülstrahl auf, und bilden durch diese Stoßionisation hauptsächlich Radikalkationen $M^{+\bullet}$ (Hauptmechanismus s. Tab. 5.5). Die an dieser Stelle gebildeten Kationen werden durch ein entsprechend der Ionenladung angelegtes elektrisches Feld im Kilovolt-Bereich in die gewünschte Flugrichtung des Molekülstrahls beschleunigt und mit einer sog. Ionenoptik auf den Eintrittsspalt des Massenseparationssystems fokussiert. Letzteres geschieht mittels elektrostatischer Blenden, das sind i. d. R. von einander isolierte Metallplatten mit zentraler Durchtrittsöffnung, die auf unterschiedlichem Potential gehalten werden können. Die Ionenoptik wird zur Fokussierung eines aufgeweiteten Ionenstrahls eingesetzt und häufig zwischen Ionenquelle und Massenseparationssystem eingebaut.

Die Elektronenstoßionisation EI mit meistens 70 eV zählt zu den harten Ionisationsmethoden, d. h. dass generell Energien im Überschuss an die zunächst gebildeten einfach geladenen Molekülionen abgegeben werden. Die stark anregten Schwingungs- und Rotationszustände der auf diese Weise gebildeten primären Molekülionen relaxieren unter zahlreichen Bindungsbrüchen, wobei auch Stöße mit anderen Partikeln (Energieübertragung) eine Rolle spielen. Die maximale Ausbeute der so unter Elektronenbeschuss gebildeten Tochterionen wird bei einer Elektronenenergie von ca. 70 eV erzielt, wobei das Verhältnis von ionisierten zu unveränderten Molekülen etwa $1{:}10^6$ beträgt (nur ca. 1 ppm!). Durch EI bei 70 eV werden also relativ komplexe Massenspektren mit zahlreichen Tochterionen aber häufig keinen Mutterionen, das sind die unzersetzten Molekül- oder Analytionen, erzeugt. Dies erschwert u. U. die Identifizierung der eigentlichen Analytsubstanz. Die EI ist demgegenüber einfach in der Anwendung. Außerdem liefert sie relativ hohe Ionenströme. Nachteile der EI sind das häufigen Fehlen des Mutterions bzw. Molekülions, dessen Massenzahl der relativen Molekülmasse der Verbindung entspricht, und die Beschränkung auf flüchtige Analyten mit Molmassen kleiner als etwa 1000 amu. Die EI und die chemische Ionisation (engl. *chemical ionization*, CI) sind die in der Massenspektrometrie organischer Verbindungen am häufigsten eingesetzten Methoden (s. Abb. 5.57).

Die in der Massenspektrometrie organischer Verbindungen üblichen Ionisationsverfahren sind in Tabelle 5.5, diejenigen der anorganischer Verbindungen und der massenspektrometrischen Festkörperanalyse sind in Tabelle 5.6 aufgelistet.

**Tabelle 5.5** Ionisationsarten in der organischen Massenspektrometrie.

| Ionisation | Abkürzung | Ionisationsquelle | Hauptreaktion | Bemerkung |
|---|---|---|---|---|
| Atmosphärendruck | API bzw. APCI | thermische Elektronen | $M + e^- \rightarrow M^{+\bullet} + 2e^-$ | Bildung der therm. Elektronen in einem $N_2$-Interface; |
| chemische Ionisation und negative chemische Ionisation | CI, NCI | Reaktandgase | $M + X^+ \rightarrow M^{+\bullet} + X$; $[M+NH_4]^+$<br>$M + e^- \rightarrow M^-$ | X: $NH_3$, $CH_4$, Isobutan; $X^+$: $NH_4^+$, $CH_5^+$; Gaspartialdruck: 10-100 Pa; $M^+$: 3500 amu |
| Direkte Chemische Ionisation | DCI | Reaktandgase | $M + X^+ \rightarrow M^{+\bullet} + X$; $[M+NH_4]^+$ | s. CI; für thermisch labile Substanzen; bei direkter Zuführung der Probe über einen Heizdraht (1000 °C) in die Ionenquelle |
| Elektronenstoß- u. direkte Elektronenstoßionisation | EI u. DEI | Elektronen | $M + e^- \rightarrow M^{+\bullet} + 2e^-$ | IP: 50-100 eV; Gaspartialdruck: <0,7 Pa; $M^+$: 3.500 amu |
| Elektrospray und Ionenspray | ESI | elektrisches Potential | $M \rightarrow [M+nH]^{n+}$; n = 1-100 | bei 5.000 V; $M^+$: 300.000 amu; Desolvatation; NWG: 1 fmol |
| *Fast Atom Bombardment* | FAB | Atome (Ar, Xe), Ionen ($Cs^+$) | $M + X^+ \rightarrow [M_n+H]^+ + X$; $M + X \rightarrow [M_n+H]^+$; n = 1-4; $[M-H]^-$ | IP: 5-30 keV; $M^+$: 25.000 amu Glycerinmatrix |

(Fortsetzung Tabelle 5.5)

| Ionisation | Abkürzung | Ionisationsquelle | Hauptreaktion | Bemerkung |
|---|---|---|---|---|
| Felddesorption u. Feldionisation | FD, FI | elektrisches Feld Tunneln von Elektronen | $M \rightarrow M^{+\bullet} + e^-$; $[M+H]^+$ | Feldstärken: $10^7$-$10^8$ V/cm; $M^+$: 10.000 amu |
| Laser-Desorption, Photoionisation | LI, LD, LAMMA, PI | Photonen | $M + h\nu \rightarrow M^{+\bullet} + e^-$; $[M+Na]^+$; $[M+K]^+$ | $M^+$: 260.000 amu |
| Laser Resonanz Ionisation | RI | Photonen | $M + h\nu \rightarrow M^+ + e^-$ | |
| *matrix assisted laser desorption* | MALDI | Photonen | $M + h\nu \rightarrow M^+ + e^-$ | $M^+$: 500 kDa; NWG: 10 amol |
| Multiphoton Ionisation | MPI | Photonen | $M + h\nu_1 \rightarrow M^*$ $M^* + h\nu_2 \rightarrow M^+ + e^-$ | stufenweise, selektive Molekülanregung mittels Laser; v. a. bei TOF-MS |
| Sekundärionenanregung | SIMS | Ionen | $M + Ar^+ \rightarrow M^{+\bullet} + Ar$; $[M+H]^+$ | für nicht oder schwerflüchtige Proben (Peptide, Glykoside, Oligosaccharide) |
| Thermodesorption | TD bzw. TI | thermische Energie | $M + \Delta T \rightarrow M^+ + e^-$ | für organische Salze u. für neutrale Moleküle in Gegenwart von $Na^+$, $K^+$ |
| Thermospray | TSP (TSI) | thermische Energie | $M + X^+ \rightarrow [M+X]^+$; $[M+H]^+$ | $X^+ = NH_4^+$ ; LC-Ankopplung; Eluat mit Elektrolyt |
| Partikel-Desorption bzw. Kaliforniumplasmadesorption | PD | $^{252}Cf$ Zerfallsnuklide | $M + RN^+ \rightarrow [M+H]^+$; $RN = {}^{142}Ba, {}^{106}Tc$ | IP: 50 -100 MeV; $M^+$: 260.000 amu mit TOF-Spektrometer; NWG: $10^{-12}$ mol |

$M^+$: maximaler Molekülmasse; IP: Ionisationspotential

**Tabelle 5.6** Ionisationsarten in der anorganischen Massenspektrometrie und der massenspektrometrischen Festkörperanalyse.

| Ionisation | Abkürzung | Ionisationsquelle | Hauptreaktion |
|---|---|---|---|
| Glimmlampe | GDMS | Glimmentladung | $M + e^- \rightarrow M^+ + 2e^-$ und $M + Ar^* \rightarrow M^+ + Ar + e^-$ |
| Funkenionisation | SSMS | Hochspannungsfunken | $M \rightarrow M^+ + e^-$ |
| Neutralteilchenemission durch fokussierte Strahlung | SNMS | 1. Ionen; 2. Elektronen | $M + e^- \rightarrow M^+ + 2e^-$ |
| Sekundärionenanregung | SIMS | Ionen | $M + Ar^+ \rightarrow M^+ + Ar$; $[M+H]^+$ |
| Induktiv gekoppeltes Plasma | ICP-MS | thermisches Plasma | $M + Ar^+ \rightarrow M^+ + Ar$ |
| Mikrowelleninduziertes Plasma | MIP-MS | thermisches Plasma | $M + He^+ \rightarrow M^+ + He$ |
| Laserionisation | LIMS | Photonen | $M + h\nu \rightarrow M^+ + e^-$ |
| Thermoionen | TIMS; NTI | thermische Energie | $M + \Delta T \rightarrow M^+ + e^-$ |
| Resonanzionen | RIMS | Resonanz Laser | $M + h\nu \rightarrow M^+ + e^-$ |

Weiche Ionisationsmethoden stellen die CI, Elektrospray (ESI) mit Ionenspray, direkte chemische Ionisation (DCI), fast atomic bombardment (FAB), Felddesorption (FD), Feldionisation (FI), *matrix assisted laser desorption ionisation* (MALDI), Partikeldesorption bzw. Kaliforniumplasmadesorption (PD) und Thermospray (TSP) dar. Sie fragmentieren die untersuchten Substanzen nicht oder nur geringfügig. Sie erzeugen vor allem die häufig für eine Molmassebestimmung gewünschten Molekülionen und Quasimolekülionen wie z. B. $[M+H]^+$, $[M+Na]^+$, $[M-H]^-$; das sind Molekülmasse plus oder minus der Masse eines Wasserstoffatoms bzw. Molekülmasse plus Masse des Natriums (aus der Probenmatrix oder einem Puffer herrührend). Abhängig von der Ionisationsmethode werden Radikalionen bzw. einfach oder mehrfachgeladene Molekül-Kationen (CI, EI) oder -Anionen (engl. *negative chemical ionization*, NCI, *negative electron impact*, NEI, MALDI, FAB) erzeugt. Die Stoßaktivierung (engl. *Collision Activation Dissociation*, CAD bzw. *Collision Induced Dissociation*, CID) wird bei den weichen Ionisationsmethoden eingesetzt, um zusätzliche Fragmentierungen zu erhalten (s. Abschnitt 5.7.4). Stoßaktvierung wird durch das Auftreffen von Ionen hoher Translationsenergie auf gasförmige neutrale Atome oder Moleküle in einer Stoßkammer, die sich zwischen magnetischem und elektrostatischem Sektor befindet, erreicht. CA-Spektren gleicher Substanzen sind trotz unterschiedlicher Vor-Ionisation (DCI, ESI, FAB, FD) bezüglich Fragmentierung, Signalintensitäten und Linienhalbwertsbreiten gleich.

Die zahlreichen Ionisationsmethoden lassen sich auch in Ionisation mit oder ohne Desorptionsquellen unterteilen. Die direkte Ionenbildung ohne vorherige Verflüchtigung der Probe wird mit FAB, FD, Laserdesorption (LD), MALDI und PD erreicht. Desorptionsquellen werden bevorzugt für die Ionisation nichtflüchtiger Organika, biochemischer Moleküle und von Polymeren eingesetzt. Bei der Feld-Desorption (FD) wird die Probenlösung auf einen aktivierten Emitter, der an einem W-Draht (Ø = 5–10 µm, Länge = 4–5 mm) zahlreiche feine Kohlenstoffnadeln (Ø = 1 µm) aufweist, aufgebracht. Die Kohlenstoffnadeln werden vor jeder Bestimmung neu, durch Pyrolyse von Benzonitril bei Anlegen einer hohen Spannung (6–8 kV) gebildet. Der so präparierten Emitter wird in die Probe eingetaucht und über eine Schubstange in die Ionenquelle eingebracht. Unter Heizen und Anlegen eines hohen elektrischen Feldes ($10^7$–$10^8$ V/cm) bei einer Spannung zw. −10 kV bis −12 kV werden Ionen vom Emitter aufgrund quantenmechanischer Tunnelung der Elektronen an den Spitzen der Mikronadeln (vergl. die klassische Feldionisation) gebildet und von der Anode durch die angelegte Spannung desorbiert. Bei dieser Desorption findet also eine direkte Ionenbildung ohne vorherige Verflüchtigung der Probe statt. Üblicherweise resultieren daraus relativ linienarme Spektren, die den Molekülpeak enthalten.

Sprayionisationsquellen sind Chemische Ionisation bei Normaldruck (engl. *atmospheric pressure ionization*, API bzw. APCI), Elektrospray- (ESI), Ionenspray und Thermospray-Ionisation (TSI). Für die Ionenbildung von organischen Verbindungen bei Atmosphärendruck stehen daher die API, ESI, Ionenspray- und TSI zur Verfügung. In der Massenspektrometrie organischer Substanzen kann üblicherweise zwischen EI und CI bzw. inzwischen aus mehreren parallelen Ionisationsmöglichkeiten (z. B. EI, CI, FAB) am selben Spektrometer ausgewählt werden. Die für die Ionisation erforderlichen Druckverhältnisse sind oft sehr unterschiedlich. An einem kommerziellen Fourier-Transformations-Ionen-Cyclotron-Massenspektrometer (FT-ICR-MS) können sogar sechs Ionisationsmöglichkeiten nebeneinander (EI, CI, ESI, API, MALDI, LD) sowie die LC-Kopplung eingesetzt werden.

In der Massenspektrometrie anorganischer Verbindungen ist die Bildung von einfach geladenen Ionen in einem dicht fokussierten Ionenstrom konstanter Ionisierungsausbeute (das ist der Bruchteil der eingebrachten Substanz, die ionisert wird) von besonderem Interesse. Bei den massenspektrometrischen Festkörperanalysenverfahren unterscheidet man Verfahren mit direkter Ionisation (LIMS, SIMS, SSMS, ICP-MS) oder Verfahren mit Postionisation (SNMS, GDMS, LA-ICP-MS). Bei den Postionisationsmethoden sind die Prozesse der Verdampfung bzw. der Zerstäubung und Atomisierung des Probenmaterials von den Prozessen der Ionisation zeitlich und räumlich voneinander getrennt.

**Massenauftrennung**

Anschließend an eine möglichst reproduzierbare und matrixunabhängige Ionisation mit konstanter Ausbeute (falls quantitativ gearbeitet werden soll) werden die Analytionen nach ihrem Verhältnis Masse/Ladung ($m/z$) getrennt. Mehrfach geladene Ionen (z. B. Dikationen: $^{138}Ba^{2+}$; $z = 2$; $m/z = 69$ amu) werden im Massenspektrum auf den entsprechenden (geringeren) Teilmassen (Masse/Ladung) angezeigt. Die Massenauftrennung, die mit der optischen Dispersion verglichen werden kann, kann dabei allgemein nach sechs verschiedenen Prinzipien erfolgen:

1. Magnetfeld- und Sektorfeld-Trennung,
2. Quadrupolmassenfilter,
3. Ionenfalle,
4. Registrierung der Umlauffrequenz der Ionen in einer Ionencyclotronresonanz-Zelle,
5. Bestimmung einer Flug- oder Driftzeit,
6. Massenbeschleuniger.

Die Massentrennung mittels Quadrupolmassenfilter, Ionenfalle und Ionencyclotronresonanz lassen sich grundsätzlich auf das gleiche physikalische Massenfilterprinzip, zu dem auch die Massentrennung mittels Monopol gehört, zurückführen. Die ersten fünf Massentrennverfahren werden in kommerziell erhältlichen Massenspektrometern verwendet. Kombinationen von *statischen* und *dynamischen* Ionentrennsystemen wie etwa von Magnetfeldern und Quadrupolfiltern finden in der hochauflösenden Massenspektrometrie Anwendung.

Der massenmäßig aufzutrennende Ionenstrahl wird bei allen genannten Techniken im Hochvakuum ($10^{-1}$ bis zu $10^{-4}$ Pa) bis Ultrahochvakuum ($< 10^{-5}$ Pa) geführt. Die jeweils angewandte Separationstechnik ist entscheidend für den Massenbereich des Spektrometers, die Massenauflösung (vergl. Auflösung eines optischen Spektrometers, Kap. 4), die Nachweisempfindlichkeit und die Geschwindigkeit aufeinanderfolgender Massentrennungen.

Die Massenauflösung *R* eines Spektrometers ist allgemein definiert als das Verhältnis der gemittelten benachbarten Massenzahlen $\overline{m}$ zum noch sicher erkennbarem Masseninkrement $\Delta m$:

$$R = \overline{m}/\Delta m \,, \qquad (5.71)$$

was im folgenden Beispiel erläutert wird:
Um die beiden aus der Umgebungsluft gebildeten Kationen $N_2^+$ (28,0061 amu) und $CO^+$ (27,9949 amu) mit der nominellen Masse 28 amu im Massenspektrometer voneinander zu unterscheiden, ist eine Auflösung von immerhin 2500 notwendig ($\overline{m} = 28{,}0005$; $\Delta m = 0{,}0112$). Diese benötigte Massenauflösung ist definiert für Signale gleicher Intensitäten und gleicher Halbwertsbreiten. Die rechnerische Bestimmung der Qualität der Massentrennung zweier benachbarter Signale wird in Abhängigkeit der Massenseparationsmethode nach der 10%- bzw. 50%-Überlappung zweier benachbarter Signale festgelegt (vergl. auch Kap. 4). Für ein hochauflösendes doppelfokussierendes Massenspektrometer ($R_{max} = 60000$) ist in Abb. 5.58 die Empfindlichkeit in Abhängigkeit zur Massenauflösung aufgetragen.

Die beobachtete Kurve ist gerätespezifisch und zeigt die generelle Tendenz, dass mit zunehmendem Auflösungsvermögen die Empfindlichkeit nachlässt.

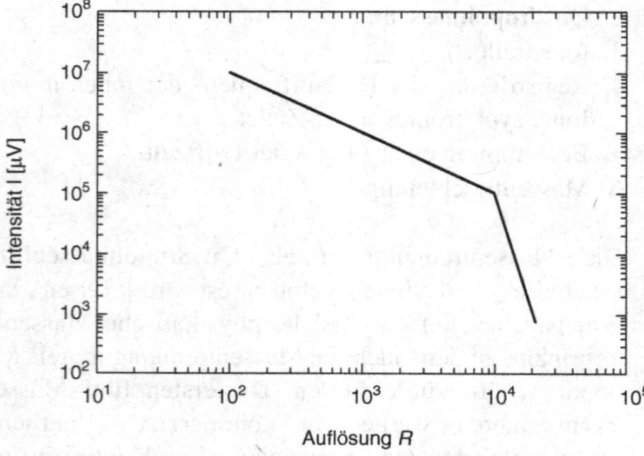


**5.58** Empfindlichkeit eines doppelfokussierenden Massenspektrometers ($R_{max} = 60000$) in Abhängigkeit zur Massenauflösung.

**Grundlegende Kenngrößen in der Massenspektrometrie:**
Als Masseeinheiten werden Dalton (Da bzw. d) und atomare Masseneinheiten (*atomic mass unit*, amu bzw. u), die sich aus 1/12 der Masse des Kohlenstoffisotopes $^{12}C$ (12.000000 amu) ableiten, verwendet. Für die Umrechnung in die SI-Masseneinheit Kilogramm gilt:
$1\ \text{Da} = 1\ \text{amu} = 1{,}6605402 \cdot 10^{-27}\ \text{kg}$.

Die Ladungszahl *z*, die bei der Angabe des Masse-Ladung-Verhältnis (*m/z*) benötigt wird, bezieht sich auf das *n*-fache der Elementarladung $e = 1{,}6021773 \cdot 10^{-19}$ C. Bei zu geringer Massenauflösung (z. B. $R \leq 2550$) des Massenspektrometers wird die gleiche nominelle Masse für das Kation $^{69}Ga^+$ ($z = 1$) und das Dikation $^{138}Ba^{2+}$ ($z = 2$) nämlich $m/z = 69$ festgestellt (s. Gl. 5.71).

Die Ionisierung von Molekülen im Gaszustand kann prinzipiell schon durch Elektronen-Beschuss der kinetischen Energie von etwa 10–15 eV (1 eV = 96,5 kJ/mol) erfolgen. Dabei werden Molekülradikalionen unter Abgabe eines einzelnen Elektrons gebildet. Bei Heteroatomen (O, N, S) wird jeweils das freie Elektronenpaar herausgeschlagen.

**Magnetfeld-Sektorfeld-Fokussierung**
Zur statischen Ionentrennung (= konstante Beschleunigungsspannung) werden heute doppelfokussierende Magnetfeld-Sektorfeldgeräte eingesetzt, die gewinkelt (60–180°) gebaut sind. Nach Beschleunigung der in einer Ionenquelle produzierten Ionen in einem elektrischen Feld von 1 bis 10 kV, wird der resultierende, fokussierte Ionenstrahl von beschleunigten Ionen unterschiedlicher m/z Verhältnisse in einem variablen magnetischen Feld (Größenordnung: ca. 1 T) gemäß den bekannten physikalischen Gesetzmäßigkeiten (Magnetfeldwirkung auf bewegte Ladungen) unterschiedlich stark abgelenkt:

$$\frac{m}{z} = \frac{B^2 r^2}{2U} \qquad (5.72)$$

mit: $B$ = Magnetfeldstärke
$m$ = Ionenmasse
$r$ = Ablenkradius
$U$ = Beschleunigungsspannung
$z$ = Ladungszahl.

**Gleichungen für die Magnetfeldfokussierung**

Die kinetische Energie $E_{kin}$ eines Ions der Masse $m$ und der Ladung $z$ ist bei Austritt am Auslassspalt proportional zur angelegten Spannung $U$:

$$\frac{1}{2} mv^2 = zU$$

mit: $v$ = Geschwindigkeit

Bei der Ionentrennung mit der Ladung $z$ im Magnetfeld $(B)$ ergibt sich ein Gleichgewicht zwischen der Lorentzkraft:

$$F_L = Bvz \tag{5.73}$$

und der Zentripetalkraft:

$$F_Z = mv^2/r \tag{5.74}$$

Aus: $F_Z = F_L$

folgt: $v = \frac{Bzr}{m}$.

Eingesetzt in die Beziehung für die kinetische Energie folgt Gleichung 5.72:

$$\frac{m}{z} = \frac{B^2r^2}{2U}$$

Grundsätzlich können für den magnetischen Massenanalysator Permanent- oder Elektromagnete verwendet werden. Bei den modernen Massenspektrometern wird das Magnetfeld $B$ bei konstanter $U$ und konstantem $r$ variiert, um die Massenspektren in einem bestimmten Bereich aufzunehmen (durch einen feststehenden Austrittsspalt auf den Detektor fallen zu lassen). Auf diese Weise kann das Massenspektrum eines Ionenstrahls bei Trennung im Magnetfeld durch Scannen von $B$ oder $U$ erhalten werden. Das Auflösungsvermögen eines magnetischen Massenanalysators wird wie bei einem optischen Monochromator von der Größe des Eintritts- und Austrittsspaltes bestimmt (siehe auch optisches Spektrometer, Kap. 4). Die Spaltgröße ist i. d, R. variabel einstellbar. Sie wirkt sich natürlich auf die Empfindlichkeit des Spektrometers aus, da mit enger werdendem Spalt zunehmend mehr Ionen ausgeblendet werden, welche größere Streuungen vom Mittelwert der kinetischen Energie zeigen. Die strenge Ausrichtung des Ionenstrahls in der Ebene wird durch ein Magnetfeld, das sog. Impulsfilter zur Richtungsfokussierung, erzielt. Eine sog. Energiefilterwirkung zur Korrektur unterschiedlicher kinetischer Ausgangsenergien wird erzielt, wenn die Ionen anschließend an das magnetische Feld (B) zusätzlich noch in einem elektrischen Feld (E) bezüglich ihrer mittleren kinetischen Energie fokussiert werden. Diese Fokussierung der Ionen wird durch elektrostatische Zusatzfelder erreicht. In Abb. 5.59 ist die Auftrennung dreier Ionenmassen bei Detektion von nur einer vorausgewählten Masse in einem hochauflösenden Magnetfeld-Massenseparator schematisch dargestellt.

Mit doppelfokussierenden Massenspektrometern (s. Abb. 5.60), die sowohl die Richtungs- als auch die Energieverteilung der Ionen, wie sie z. B. von der Verdampfung oder Stoßionisierung herrühren, nach Verlassen der Ionenquelle korrigieren, lassen sich höchste Massenauflösungen um $1{,}5 \cdot 10^5$ erreichen.

Der nutzbare Massenbereich für einfach geladene Ionen reicht bei diesen Geräten bis ca. 20 kDa. Die Fokussierung des Ionenstrahls senkrecht zum elektrischen Feld wird mit der sog. Nier-Johnson Geometrie erreicht. Bei der Mattauch-Herzog-Geometrie liegen die beiden Fokalebenen übereinander, sodass hierdurch kein Zwischenbild des Eintrittsspaltes zwischen elektrostatischem und magnetischem Analysator entsteht.

Tandemmassenspektrometer (MS/MS) (s. Abschnitt 5.7.4) bestehen aus zwei bis vier hintereinandergeschalteten magnetischen (B) bzw. elektrischen (E) Sektorfeldern in unterschiedlicher Abfolge (z. B. BE-, EB-, BEB-, EBE, BEBE- und EBEB-Geräte).

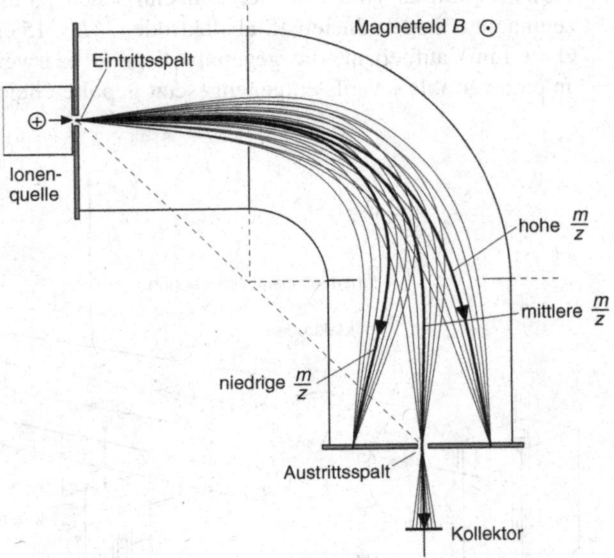


**5.59** Auftrennung dreier Ionenmassen in einem Sektorfeld-Massenseparator; Magnetfeld $B$ senkrecht zur Zeichenebene.

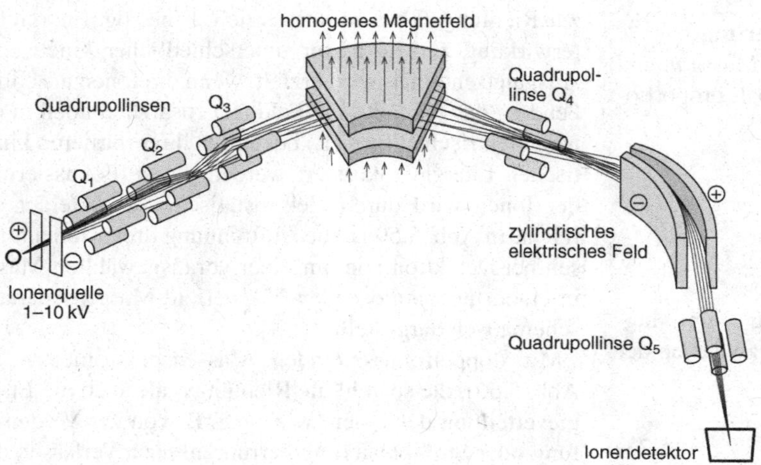


**5.60** Doppelfokussierendes Massenspektrometer in der BE-Konfiguration mit eingebauten Quadrupollinsen.

**Quadrupol-Massenfilter**

Die weiteste Verbreitung in der Massenspektrometrie hat auch aus Gründen seines Preises das Quadrupolfilter. Die Möglichkeit ein elektrodynamisches Quadrupolfeld zur Massentrennung einzusetzen, wurde zuerst von Wolfgang Paul, Universität Bonn, im Jahre 1953 veröffentlicht. Als preisgünstige und robuste Detektionseinheit für vorausgehende Chromatographie- (GC, LC) oder Pyrolysesysteme (s. Abschnitt 5.7.4) lässt sich das Quadrupolmassenfilter in kompakte Gerätemodule einpassen. Bei Einbau und Wartungen am Massenfilter führt jedoch schon ein Fingerabdruck auf den Quadrupolstäben zu erheblichen Potentialveränderungen! Extreme Sauberkeit im Bereich des Quadrupolmassenfilters ist für einen störungsfreien Betrieb Voraussetzung.

Quadrupolfilter sind aus vier konzentrischen parallel zueinander angeordneten Stabelektroden ($L = 15$ cm; $Ø = 6$ mm) aufgebaut, die gegenüberliegend paarweise an eine variable jeweils entgegengesetzt gepolte Gleichspannungsquelle (2 $U$) angeschlossen sind (s. Abb. 5.61). Zusätzlich wird eine modulierbare Hochspannungsfrequenz (2V cos ωt) überlagert, sodass nur Ionen gleicher Masse (Massenfilter) auf bestimmten stabilen Wellenbahnen beim Passieren dieser Stabelektroden den eigentlichen Massendetektor erreichen.

Nach einigen Vereinfachungen lässt sich die Ionenbewegung durch das elektromagnetische Quadrupolfeld abschätzen als:

$$\frac{m}{z} = \frac{5{,}7\,V}{\omega^2 r^2} \qquad (5.75)$$

mit:

$m$ = Ionenmasse
$r$ = Quadrupolradius
$V$ = Wechselspannung
$\omega$ = Kreisfrequenz
$z$ = Ladungszahl

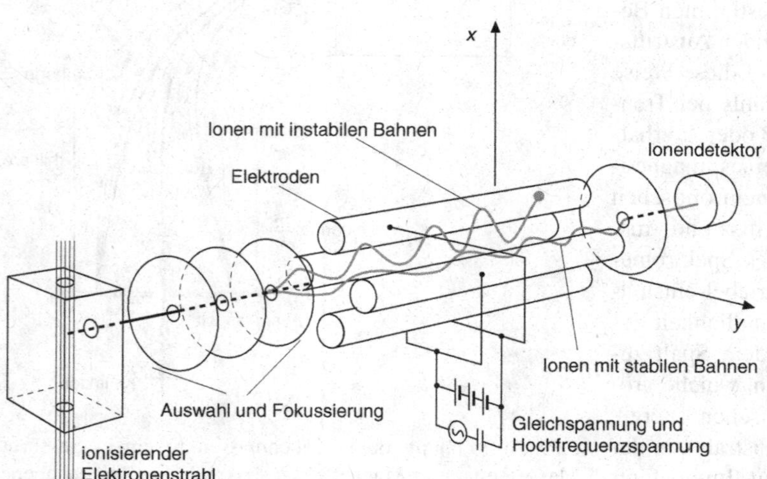


**5.61** Schema eines Quadrupolmassenfilters mit stabilen und instabilen Ionenbahnen.

Es lässt sich zeigen, dass ein Ion der Masse 800 amu und der Energie von 10 eV 130 µs benötigt, um ein 20 cm langes Quadrupolfilter zu passieren. In der Praxis führt der Wechsel der angelegten Spannungen zum schnellen Massenscan (ca. 10–200 ms) über ein jeweils gegebenes $m/z$-Verhältnis, wobei höhere Verweilzeiten je Masse zu erhöhten Signalintensitäten führen. Weitere Vorteile der Quadrupolfilter sind ihre hohe dynamische Empfindlichkeit für den Ionenstrom von bis zu sieben Größenordnungen und die Möglichkeit bei relativ hohen Drücken von nur ca. $3 \times 10^{-3}$ bis $7 \times 10^{-2}$ Pa zu arbeiten. Die beiden für den Benutzer wichtigsten Parameter eines Quadrupolmassenspektrometers sind der Massenbereich und die maximal erzielbare Auflösung. Der Massenbereich wird von den beiden Parametern maximale Wechselspannung und Durchmesser des Stabsystems (zwischen 1 und 19 mm) bestimmt. Die maximale Auflösung wird von den drei Parametern Länge des Stabsystems, Ionenenergie bei der Injektion und Hochfrequenzspannung bestimmt. Die Auflösung eines Quadrupolmassenfilters ist danach definiert durch:

$$\frac{\overline{m}}{\Delta m} = 0{,}05\left(fL\sqrt{\frac{m}{2V_Z}}\right)^2 \qquad (5.76)$$

mit: $f$ = angelegte Hochfrequenz
$L$ = Länge des Massenfilters
$V_Z$ = Ionenenergie beim Eintritt in das Quadrupolfilter

Die Energie der transmittierten Ionen liegt im Bereich von 5 eV. Es ergibt sich, dass die Auswahl des Massenbereichs die Auflösung des Instruments über den gesamten Massenbereich limitiert. Für viele Anwendungen werden Quadrupolmassenfilter mit Einheitsmassenauflösungen eingesetzt. Einheitsauflösung bedeutet, dass die nominelle Masse m noch von der nachfolgenden Masse $m + 1$ getrennt wird ($\Delta m = 1$). Die Auflösung eines Quadrupolmassenfilters kann durch Variation des Verhältnisses von Gleich- ($U$) zu Wechselspannung ($V$) verändert werden. Eine Erhöhung der Auflösung bewirkt eine Verringerung der effektiven Eintrittsöffnung, also des detektierbaren Ionenstroms. Die maximal erreichbare Auflösung hängt damit von der Masse ab und steigt mit zunehmender Massenzahl. Typische Werte eines Quadrupolmassenfilters für $\Delta m$ sind 0,01 bis 0,1 amu. Auch bei einem Massenbereich von 3000–4000 amu können noch problemlos Ionen aufgelöst werden, die sich um eine Masseneinheit unterscheiden. Ausserhalb der üblichen Anforderungen wurden bisher maximale Massenauflösungen von 8000 mit Quadrupolmassenfiltern erreicht. Tripelfilter-Hochleistungsquadrupole mit einem detektierbaren Massenbereich von 1–2500 amu bestehen aus drei eng zusammenhängenden Quadrupoleinheiten, die Neutralteilchen und Ionen instabiler Bahnen sehr effektiv abfangen.

Für MS/MS-Systeme (s. Abschnitt 5.7.4) sind bis zu drei unabhängige Quadrupoleinheiten in Serie hintereinander geschaltet. MS/MS-Hybridsysteme bestehen aus einem doppelfokussierenden Massenanalysator und zwei Quadrupolfiltern. Das Quadrupolmassenfilter kann zur Bündelung des Ionenstroms und zum Ausblenden ungeladener Teilchen eine spezielle Ionenoptik bilden. In Magnetfeld-Sektorfeldmassenspektrometern hoher Auflösung werden mehrere Quadrupollinsen zur Bündelung des Ionenstroms nach dem Eintrittsspalt und eine Quadrupollinse zwischen dem elektrischen und dem magnetischen Feld eingebaut (s. Abb. 5.60).

**Die Ionenfalle (Ion-Trap, IT)**

Die dreidimensionale Quadrupolionenfalle, auch Quistor (*Quadrupole Ion Store*) genannt, beruht auf der Weiterentwicklung des Quadrupolmassenfilters. Für die Entwicklung der Ionenfalle wurde der Nobelpreis für Physik im Jahre 1989 an W. Paul (Bonn) und H. G. Dehmelt (Washington) verliehen. In einer Ionenfalle können Ionen über Stunden und Tage hinweg ohne Wandstöße eingeschlossen werden. Die Zellen sind in zylindrischer Drei- oder kubischer Sechselektrodenform konstruiert. In der analytischen Massenspektrometrie mittels Ionen-

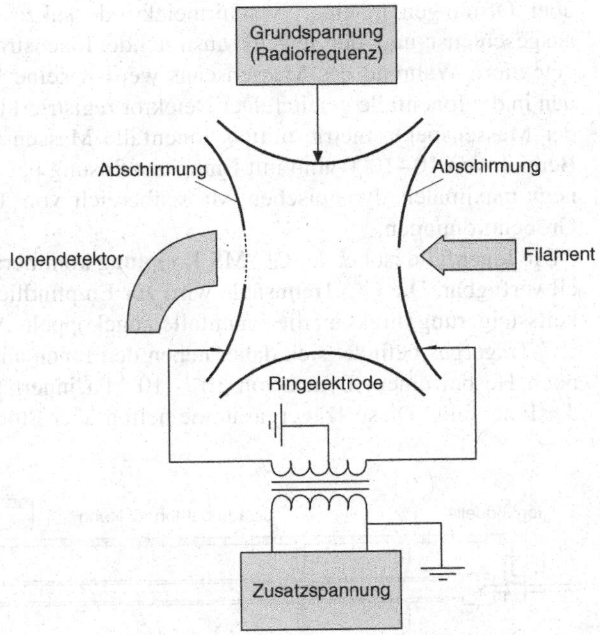


**5.62** Schema einer hyperbolischen Ionenfalle, die zusammen mit einem CEM-Detektor und der Ionenquelle dargestellt ist.

falle werden Dreielektrodenzellen in zylindrischer bzw. hyperbolischer Form eingesetzt (s. Abb. 5.62).

An die Ringelektrode wird eine variable Hochfrequenzspannung angelegt, während die beiden Abschirmelektroden geerdet sind. Eine gasförmige Probe wird bevorzugt innerhalb der Ionenfalle mittels eines Elektronenstrahls, der äquatorial bzw. axial durch Bohrungen in die Ionenfalle eintritt, ionisiert. Die Ionisation kann aber auch außerhalb der Ionenfalle mittels EI oder CI erfolgen. Dann treten die Ionen über ein Gitter in der oberen Abschirmung in die Ionenfalle ein. Die Ionenfalle kann in zwei unterschiedlichen Modi betrieben werden.

Im ersten Fall werden analog zum Quadrupolmassenfilter ausschließlich Ionen eines bestimmten m/z-Verhältnisses gespeichert, ausgeschleust und der austretende Ionenstrom in einem nachgeschalteten Detektor registriert. Hierbei zirkulieren die Molekülionen auf dreidimensionalen, stabilen, toroidialen Bahnen innerhalb des Elektrodenraums. Unter Einstellung einer bestimmten, an der Zelle anliegenden Wechselspannung, werden nur die Umlaufbahnen eines ausgesuchten Ions stabilisiert, während die Ionen verschiedener *m/z*-Verhältnisse an die Wandungen der Ringelektrode prallen.

Im zweiten Fall werden die Molekülionen in stabile Umlaufbahnen überführt und getrennt (nach ihrem m/z-Verhältnis) sukzessive ausgeschleust. Hierbei werden die Ionen zunächst bei relativ niedriger Umlauffrequenz in der Ionenfalle gehalten. Zur Detektion werden die Ionen durch Erhöhen der Umlaufamplitude aus der Ionenfalle über Öffnungen in einer Abschirmelektrode sukzessiv ausgeschleust und der jeweils austretende Ionenstrom detektiert. Während des Massenscans werden keine Ionen in die Ionenfalle geleitet. Der Detektor registriert bei der Massenspektrometrie mittels Ionenfalle Massen im Bereich von 10–1000 amu mit Einheitsauflösung bei einem maximalen dynamischen Massenbereich von $10^5$ Größenordnungen.

Die Ionenfalle ist bei der GC/MS Kopplung kommerziell verfügbar. Die GC-Trennsäule wird zur Empfindlichkeitssteigerung direkt an die Ionenfalle angekoppelt. Als GC-Trägergas befindet sich daher neben den Ionen auch noch He bei einem Druck von $10^{-1}$–$10^{-3}$ Pa innerhalb der Ionenfalle. Diese Trägergasatome helfen über Stöße, die Ionenbahnen zu stabilisieren und die Analytionen in der Ionenfalle zu halten. Das He-Gas kann auch für die Stoßaktivierung eingesetzt werden, sodass innerhalb der gleichen Zelle MS/MS Analysen durch gezielte Auswahl von Primärmolekülionen über die gewählte Hochfrequenzspannung möglich sind. Diese Tandem-Massenspektrometrie (s. Abschnitt 5.7.4) in der Ionenfalle wurde bereits zur MS/MS/MS (= $MS^3$) ausgebaut und lässt sich grundsätzlich auch zur $MS^n$ erweitern.

### Die Ionenzyklotronresonanz- (ICR) und die Fourier-Transformations-Ionenzyklotronresonanz-Fokussierung (FT-ICR)

Die Detektion der Ionen in einer kubischen Sechselektroden-Ionenfalle kann im Gegensatz zum sequentiellen Ausschleusen der Ionen in der oben beschriebenen Ionenfalle auch über die Bestimmung des emittierten Radiofrequenzspektrums erfolgen. Die ICR-MS wird zusammen mit der FT-ICR-MS bzw. auch FT-MS als eigenständiges Messprinzip aufgeführt, da hier die Massentrennung und Massendetektion nicht mehr räumlich und zeitlich getrennt voneinander sondern gleichzeitig mittels Frequenzanalyse erfolgen. Kernstück der ICR-Massenspektrometrie ist eine Ionenfalle, in der die Ionen über einen längeren Zeitraum zirkulieren (s. Abb. 5.63 und Abb. 5.64).

Bei der ICR-MS wird die gasförmige oder flüssige Probe entweder außerhalb der ICR-Zelle ionisiert und über ein Quadrupolsystem in die ICR-Zelle eingeschleust und dort gespeichert oder die gasförmige Probe wird direkt mittels gepulster EI ionisiert. Im Gegensatz zur Ionenfalle wird bei der ICR-MS ein äußeres statisches Magnetfeld höchster Feldstärke (1–25 T) von einem elektrischen Wechselfeld überlagert (Abb. 5.64). Bei kommerziell erhältlichen Geräten werden magnetische Feldstärken im Bereich von 1,4–3 T eingesetzt.

In der ICR-Zelle beschreiben die Ionen in einem konstanten Magnetfeld Kreisbahnen, deren Umlauffrequenz ω von der Teilchenmasse abhängt:

$$\frac{m}{z} = \frac{B}{2\pi\omega} \tag{5.77}$$

und aufgelöst nach der Frequenz ω:

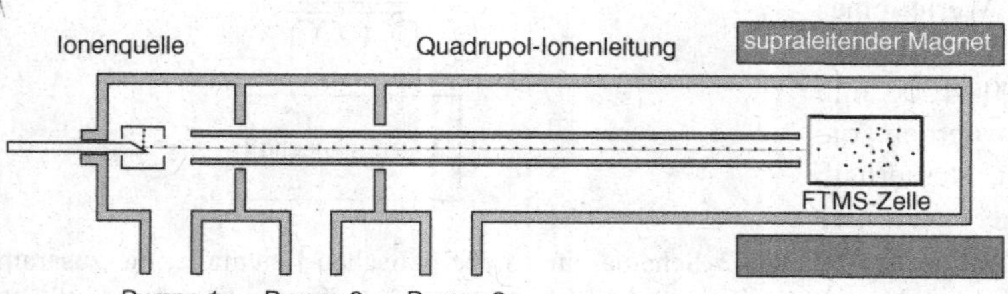


**5.63** Schnitt durch ein FT-MS-Gerät.

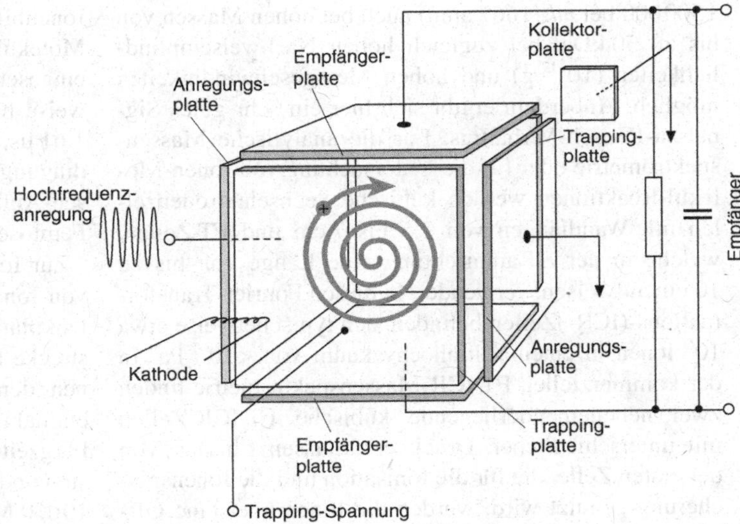


**5.64** Ionentrajektorie nach einem hochfrequenten Anregungspuls in einer FT-Zelle.

$$\omega = \frac{Bz}{2\pi m} \quad (5.78)$$

mit: $B$ = Magnetfeldstärke
$m$ = Ionenmasse
$\omega$ = Umlauffrequenz
$z$ = Ladungszahl

In einem statischen Magnetfeld ist daher die Umlauffrequenz umgekehrt proportional zu *m/z*. Grundsätzlich kann ein Massenspektrum durch Scannen des Magnetfeldes *B* erhalten werden. Auch aus der Umlauffrequenz bzw. der Zyklotronfrequenz ω kann das Massenspektrum abgeleitet werden: Ein kurzer Wechselstromimpuls mit passender Frequenz ω beschleunigt zunächst alle Ionen gleicher Masse und vergrößert zugleich die Ionenkreisbahn (Zentrifugalkraft) (Abb. 5.64). Ionen anderer Resonanzfrequenzen bleiben unbeeinflusst. Nach Impulsende bleibt der Radius der Ionen zunächst konstant. Die kohärente Kreisbewegung der Ionen induziert dabei einen Wechselstrom auf einer Empfängerplatte, der von der Zahl der Ionen in Resonanz, das ist das Maß für die Konzentration, abhängig ist. Die Frequenz des induzierten Stroms ist charakteristisch für die Masse der angeregten Ionen. Durch Stöße zwischen den Ionen klingt das induzierte Frequenzsignal allerdings innerhalb kurzer Zeit (0,1–10 s) ab, sodass ein transientes Signal bzw. ein Zeitdomänensignal resultiert. Durch Scannen der Frequenz können alle Ionen aufeinanderfolgend detektiert werden.

Die Massenauflösung *R* für ein ICR-MS ergibt sich aus:

$$\frac{\overline{m}}{\Delta m} = \frac{rB^2 z}{2Em} \quad (5.79)$$

mit: $E$ = elektrische Feldstärke
$r$ = Strecke von der Ionenbildung zum Ionenaustritt

Für die Detektion der Ionen in einem FT-ICR-MS wird das gegebene Magnetfeld senkrecht mit einem Hochfrequenzpuls (ca. 5 ms) überlagert, dessen Frequenz während seiner Dauer linear (70 kHz–3,6 MHz) anwächst. Die Ionen gehen dabei in Phase zu dem anregenden Frequenzspektrum. Dadurch wird in die – in der *z*-Raumrichtung angeordneten – Kondensatoren von den umlaufenden Ionen ein Strom induziert, dessen Radiofrequenzspektrum die Frequenzen aller im Magnetfeld umlaufenden Ionen enthält (s. Abb. 5.64).

Über Fouriertransformation des primär entstehenden Zeitdomänensignals in Frequenzdomänensignale (10 bis 100 ms) lässt sich das Massenspektrum errechnen (vgl. FT-IR und FT-NMR). Durch diese Technik sind extrem hohe Massenauflösungen (R = 1000000 bei *m/z* 35 amu;

---

**Welche Auflösung kann ein ICR-MS erzielen?**

Die Resonanzfrequenz des Kations $H^+$ errechnet sich beispielsweise nach Gl. 5.78 als ω = 7,21 MHz bei B = 0,469 T. Nach Gl. 5.79 ergibt sich die Massenauflösung zu: R=1,8 x $10^4$ für r = 0,7 cm und E = 0,041 V/cm. Unter den gegebenen Bedingungen erhält man für $N_2^+$: ω = 257 kHz und R = 647.

---

1500000 bei $m/z$ 1667 amu) auch bei hohen Massen von bis zu 30 kDa, bei zugleich hohen Nachweisempfindlichkeiten ($10^{-12}$ g) und hohen Messgeschwindigkeiten möglich! Außerdem ergibt sich hier ein sehr gutes Signal-zu-Rausch-Verhältnis. Für die analytische Massenspektrometrie oder für die Untersuchung von Ionen-Molekül-Reaktionen werden kubische Sechselektrodenzellen mit Wandlängen von 2,5 bis 7 cm und FT-Zellen, welche in der $z$-Raumrichtung eine Länge von bis zu 10 cm aufweisen, verwendet. In diesen Fourier-Transformations-(ICR-)Zellen befinden sich typischerweise etwa $10^6$ Ionen in einem Ultrahochvakuum von $<10^{-7}$ Pa. In der kommerziellen FT-ICR-Massenspektrometrie finden zwei nebeneinanderliegende kubische FT-ICR-Zellen mit unterschiedlichen Druckverhältnissen Einsatz. Von der ersten Zelle, die für die Ionisation und die Ionenspeicherung genutzt wird, werden die Ionen über eine Öffnung zur zweiten Zelle, die für die Ionendetektion eingesetzt wird, geschleust. FT-MS Geräte sind noch relativ teure Geräte, die mit supraleitenden Magneten (Kühlung mit He und $N_2$) ausgestattet sind (vgl. die Kernresonanzspektrometrie, FT-NMR).

**Flugzeit-Detektion (Time of Flight, TOF)**

TOF-Massenspektrometer sind prinzipiell einfach aufgebaut, wodurch auch ihre Handhabung relativ unproblematisch ist. Die in der Ionenquelle zu einem kontrollierten Zeitpunkt simultan erzeugten Ionen werden durch einen kurzen Spannungsstoß von etwa 4 bis 35 kV beschleunigt und auf einer feldfreien Flugstrecke von 0,1 bis 4 m Länge allein durch ihre massenabhängige Flugzeit unterschieden. Dabei werden alle in der Ionenquelle erzeugten gleichgeladenen Ionen detektiert. In dem Flugzeit-Massenspektrometer wird die Laufzeit der Ionen (ca. 1–100 µs) von der Ionenquelle bis zum Detektor als Messgröße genutzt. Schwerere Ionen lassen sich bei gegebener elektrischer Feldstärke weniger beschleunigen als leichtere. In einem Flugzeitspektrometer ist die Ionenmasse dem Quadrat ihrer Flugzeit proportional:

$$\frac{m}{z} = \frac{2Ut^2}{s^2} \tag{5.80}$$

mit:

$m$ = Ionenmasse
$s$ = Flugstrecke
$t$ = Flugzeit
$U$ = Beschleunigerspannung
$z$ = Ladungszahl

Die Flugzeit ermittelt man aus der Zeitdifferenz von Ionenbildung und Detektorsignal. Deshalb werden für die Ionenbildung gepulste Quellen, vor allem Laser, effusive Molekularstrahlen und Überschall-Molekularstrahlen eingesetzt. Für das $H^+$-Kation berechnet sich beispielsweise bei $U = 2$ kV und $L = 100$ cm eine Flugzeit von 1,61 µs, für das Kation $N_2^+$ ergibt sich unter gleichen Bedingungen eine Flugzeit von 8,52 µs. Für eine hohe Massen-Auflösung ist also auch eine hohe Zeitauflösung (im Femtosekundenbereich) erforderlich.

Zur Ionenbündelung bzw. zum selektiven Ausblenden von Ionen werden elektrostatische Ionenlinsen und Ablenkplatten zwischen Ionenquelle und Beschleunigerstrecke bzw. vor den Detektor eingebaut. Bevor die Ionen den Detektor erreichen, werden die Ionen noch einmal mit 20–50 kV nachbeschleunigt. Die Vorteile des Flugzeit-Massenspektrometers sind hohe Ionentransmission und sehr hohe Aufnahmegeschwindigkeit von bis zu 10000 Massenzahlen pro Sekunde. Die hohe Ionentransmissionen von der Ionenquelle in den Separationsraum bedeuten hier extreme Nachweisempfindlichkeiten, sodass beispielsweise Mengen von nur $10^{10}$ Atome $^{239}Pu$ (!) mittels Resonanzionisation TOF-MS noch sicher nachgewiesen wurden. Sie ergibt sich hier, weil kein enger Spalt schlecht fokussierte Ionen ausblendet. Der extrem hohe detektierbare Massenbereich von üblicherweise bis zu 40 kDa und vereinzelt von bis zu 500 kDa wird nur durch die Detektorempfindlichkeit und durch die mit zunehmender Molekülmasse abnehmende Massen-Auflösung eingeschränkt.

Kommerzielle TOF-Geräte erreichen heute leicht eine Massenauflösungen um 3000. Die Massenauflösung $R$ eines TOF-MS unter Berücksichtigung der Impulslänge $\Delta t$, der Flugzeit $t$ und der Flugstrecke $L$ ergibt sich aus:

$$R = \frac{\overline{m}}{\Delta m} = \frac{t}{2\Delta t} = \frac{L}{2\Delta L} \tag{5.81}$$

In der Zeitdomäne des TOF-Spektrometers sind die Anfangsbedingungen unter denen die Ionen extrahiert wurden, das sind ihre zeitliche und örtliche Verteilung sowie die Verteilung der kinetischen Energie, festgehalten. Die Massenauflösung wird bei konstanter Pulslänge auch durch die Verlängerung der Flugzeit (s. Gl. 5.81) verbessert. Dies kann durch Herabsetzen der Beschleunigungsspannung oder durch die Verlängerung der Flugstrecke erreicht werden.

Die Massenauflösung im TOF-MS lässt sich mittels der Reflektron-TOF (RETOF) bis zu $R_{max} \approx 35000$ weiter steigern. Mit Hilfe von RETOF-MS lässt sich auch die Pulsverbreiterung, die abhängig von der anfänglichen kinetischen Energieverteilung der Ionen zum Zeitpunkt der Ionisation ist, kompensieren. Zusätzlich verlängert das Reflektron die Flugstrecke. Das Reflektron besteht aus einer Serie von hintereinander geschalteten Ringen oder Gittern, an welche eine Hochspannung so gepolt angelegt wird, dass die ankommenden Ionen durch eine gleichartige Ladung abgebremst werden und in einer anderen Flugrichtung beschleunigt werden (s. Abb. 5.65).

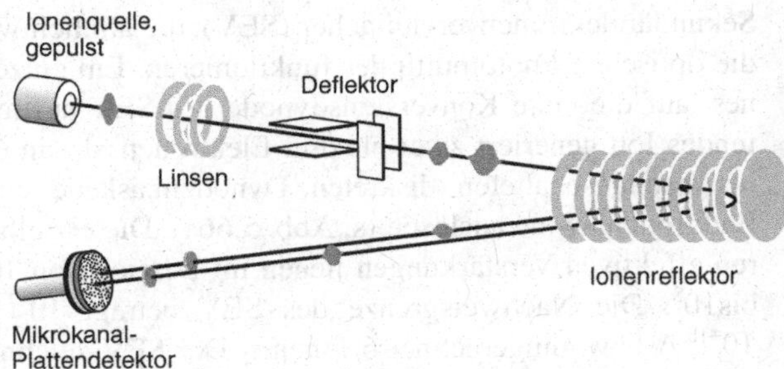


**5.65** RETOF-MS mit gebündelten Ionenpaketen an der Ionenquelle und am Ionendetektor. Über die Länge der Flugstrecke trennt sich der Ionenpuls in einzelne Fraktionen auf.

Zu einer Art Geschwindigkeitsfokussierung kommt es, weil die schnellen Ionen eine längere Bremsstrecke als die langsameren benötigen und so eine kleine Wegstrecke länger fliegen, die gerade ihrem Geschwindigkeitsüberschuss entspricht. Üblicherweise beträgt die Massenauflösungen $R$ bei kommerziellen RETOF-Geräten etwa 5000. Gitterlose Reflektoren bzw. so genannte Ionenspiegel ermöglichen zusätzlich eine effektivere Richtungsfokussierung des Ionenbündels als Gitterreflektoren bei gleichzeitig erhöhter Massenauflösung ($R_{max} \approx 20000$).

Die hauptsächlich verwendeten Ionisationstechniken bei TOF-MS sind FAB, ESI, LD, MALDI und PD. Relativ neu in den Markt eingeführt wurden MALDI-TOF- und on-line gekoppelte LC/TOF- und GC/TOF-Massenspektrometer. Für die Bestimmung von Elementkonzentrationen finden inzwischen auch TOF-ICP-MS Geräte Anwendung (s. Abschnitt 5.7.5).

### Beschleuniger-Massentrennung (*Accelerator Mass Spectrometry*, AMS)

Durch den zunehmenden Einsatz von Tandemmassenbeschleunigern in der Forschung und deren Verkleinerung auf Dimensionen im Meterbereich gewinnt die Beschleuniger-Massenspektrometrie (engl. *accelerator mass spectrometry*, AMS), die bisher nur an einigen wenigen Forschungseinrichtungen durchgeführt werden konnte, an Bedeutung. Mit der AMS können auch extreme Isotopenverhältnisse von $10^{-8}$ bis zu $10^{-15}$ exakt bestimmt werden. Die Nachweisgrenzen liegen bei $10^4$ bis $10^6$ Atomen! Ihr Haupteinsatzgebiet ist die Ultraspurenbestimmung durch Isotopenverdünnungsanalyse (s. Abschnitt 5.7.4) bzw. die hochgenaue Bestimmung von Isotopenhäufigkeiten für die Geochronologie ($^{1}H$, $^{2}H$, $^{10}Be$, $^{13}C$, $^{14}C$, $^{15}N$, $^{18}O$, $^{26}Al$, $^{36}Cl$, $^{129}I$) sowie von langlebigen Radionukliden (z. B. $^{10}Be$, $^{14}C$, $^{26}Al$, $^{36}Cl$, $^{41}Ca$, $^{126}Sn$, $^{129}I$). Bei der AMS werden Analyt-Anionen durch Beschuss mit einem $Cs^{+}$-Ionenstrahl aus der Probe herausgeschlagen und die auf diese Weise entstandenen Anionen in einem magnetischen Feld nach Masse getrennt. In den nachgeschalteten Tandembeschleuniger werden die zu messenden Isotope zyklisch eingeschossen und bei Energien von ca. 2–5 MeV in einem sog. Stripper durch Gasstöße in $n$-fach positive Ladungszustände umgeladen und weiter beschleunigt. Bei der Umladung zerfallen alle Molekülionen in die Elementkationen. Die so erzeugten, mehrfach positiv geladenen Analytionen (z. B. $Sr^{n+}$, $n$ = 6,7,8,9,10; $^{14}C^{3+}$) der einzelnen Isotope werden im elektrischen Sektorfeld und im Analysiermagneten des sich anschließenden doppelfokussierenden Massenspektrometers getrennt.

### Detektoren

Die Detektoren in der Massenspektrometrie wandeln den, nach ihrem $m/z$ Verhältnis, aufgetrennten Ionenstrom in einen elektrisch messbaren Strom, das Messsignal, um. Charakteristische Kenngrößen für die Detektoren sind die Ansprechzeit, die Empfindlichkeit und der dynamische Detektionsbereich. Die Detektoren lassen sich in solche mit einem Analogverstärker und solche, die eine Pulszählung durchführen, einteilen. Die Nachweisgrenze von Analogverstärkern liegt bei etwa $10^{-15}$ A, woraus man mittels der Einheitsladung die Anzahl der dabei pro Sekunde detektierten Ionen errechnen kann. Der Zusammenhang zwischen Gaspartialdruck (z. B. $10^{-6}$ Pa), Empfindlichkeit einer Ionenquelle (z. B. $10^{-6}$ A/Pa) und Ionenstrom ergibt sich aus $10^{-6}$ Pa · $10^{-6}$ A/Pa = $10^{-12}$ A. Detektionseinheiten, die aus mehreren baugleichen Detektoren bestehen, weisen empfindlich aufeinanderfolgende Massenbereiche nach. Sog. duale Kollektoren (z. B. Faraday- und CEM-Detektoren) werden für die simultane Detektion unterschiedlicher Intensitäten der Ionenströme nebeneinander eingesetzt. Sie bestehen aus räumlich benachbarten Kollektoren, die von verschiedenen Ionenmassen getroffen werden und so das Intentsitätsverhältnis (Isotopenverhältnis) hoch genau auch bei kleinen Instabilitäten der Ionenquelle messen können.

LC- und GC-Kopplungen an das Massenspektrometer erfordern Detektoren, die schnell die aufeinanderfolgenden Signale registrieren. Bei einer derartig kurzen Ansprechzeit darf der Lastwiderstand über den die Ionenladungen gegen Masse abfließen nicht zu hoch sein, weil dann zusammen mit den stets vorhandenen Kapazitäten ein elektronisches RC-Glied mit Dämpfungs-Eigenschaften entsteht.

Ionenströme über einen großen dynamischen Bereich und über alle Massenbereiche hinweg können natürlich auch simultan mithilfe von Photoplatten aufgenommen und gleichzeitig dokumentiert werden. Die Photoplatte ist eine zeitlich integrierende Einheit, die im Gegensatz zu einer computerisierten Strichdarstellung auch für den Nachweis metastabiler Ionen geeignet ist. Metastabile Ionen sind Ionen, die nicht in der Ionenquelle entstanden sind und folglich auch nicht die gesamte Beschleunigungsfeld-Strecke durchlaufen haben. Sie treten als störende m/z-Peaks bei einer anderen Masse, als sie selbst besitzen, auf und werden i. d. R. an ihrer breiteren Peakform erkannt. Daher sollten Augenfälligkeiten bei der letztgenannten sorgfältig beachtet werden. Die Photoplatte zeichnet sich durch Robustheit und hohes Auflösungsvermögen aus.

Für die elektrische Detektion relativ hoher Ionenströme (oder Analytkonzentrationen) findet der einfach aufgebaute Faraday-Detektor breiten Einsatz. Dabei handelt es sich um einen kleinen einseitig offenen Becher mit Abmessungen von etwa 2×4×4 mm aus Edelstahl, der über einen Hochohmwiderstand an Masse gelegt ist. Die Ionenladungen fließen über diesen Widerstand ab. Bei Kationen fließen die Elektronen von der Gerätemasse in den Becher und neutralisieren die Ionen. Dabei entsteht nach dem Ohm'schen Gesetz für die Dauer des Ioneneinfangens über den Lastwiderstand ein messbarer Spannungsabfall. Die Vorteile des Faraday-Detektors sind geringe Kosten und eine lange Lebensdauer bei zugleich hoher Messgenauigkeit und Reproduzierbarkeit. Im Gegensatz zu einem Sekundärelektronenvervielfacher (SEV) zeigt er keine Massendiskriminierung. Um Messgenauigkeiten von 1% bei der o. g. Empfindlichkeit der Ionenquelle und bei einem Partialdruck von $10^{-6}$ Pa zu erreichen, ergibt sich eine Verweilzeit von 0,3 s je Masse. Faraday-Detektoren werden deshalb üblicherweise für Ionenströme > $10^{-15}$ A eingesetzt. Zur Messung der Ionenströme wird an den Faraday-Detektor ein hochohmiger Verstärker angeschlossen. Wie oben bereits ausgeführt, muss man bei Lastwiderstanden um $10^{14}$ Ohm die stets vorhandenen Streukapazitäten berücksichtigen, die die Ansprechgeschwindigkeit stark limitieren können.

Sehr nachweisempfindliche Detektoren sind die sog. Sekundärelektronenvervielfacher (SEV), die ähnlich wie die optischen Photomultiplier funktionieren. Ein einzelnes, auf die erste Konversionsdynode des SEV auftreffendes Ion generiert zwei bis drei Elektronen, die in einer nachgeschalteten diskreten Dynodenkaskade eine Elektronenlawine auslösen (s. Abb. 5.66a). Die erzielbaren effektiven Verstärkungen liegen im Bereich von $10^5$ bis$10^8$. Die Nachweisgrenze des SEV beträgt $10^{-17}$–$10^{-18}$ A bzw. umgerechnet 6 Ionen/s. Der SEV zeichnet sich durch kurze Ansprechzeiten aus. Die Nachteile sind seine begrenzte Lebensdauer, da die detektierten Ionen als Neutralteichen auf der Oberfläche der Konversionsdynode liegen bleiben und dort die Elektronenaustrittsarbeit beeinflussen, der vergleichsweise hohe Preis und ein maximal tolerierbarer Gaspartialdruck von $10^{-4}$ Pa, da sonst die Elektronen nicht in dem Maße beschleunigt werden können, sowie eine gewisse Massenabhängigkeit bei der Konversion in Elektronen.

Der Kanalelektronenvervielfacher (Channel Electron Multiplier, CEM) hat die weiteste Verbreitung in der Massenspektrometrie (s. Abb. 5.66b). Der CEM, der sich im Hochvakuumteil des Massenspektrometers befindet, besteht aus einem nach innen offenem, sich verjüngendem Glas- oder Keramikhörnchen von etwa 70 mm Länge und 1 mm innerem Durchmesser, das mit einer Cu/Be-Widerstandsschicht bzw. mit einem speziellen Pb-Silikatglas beschichtet wurde. Diese Bauweise ergibt eine kontinuierliche Dynode hoher Verstärkung. Die Hochspannung von etwa –3 bis maximal –10 kV wird so an den CEM angelegt, dass Ionen in den CEM gelangen und bei ihrem Weg durch den Detektor eine Elektro-

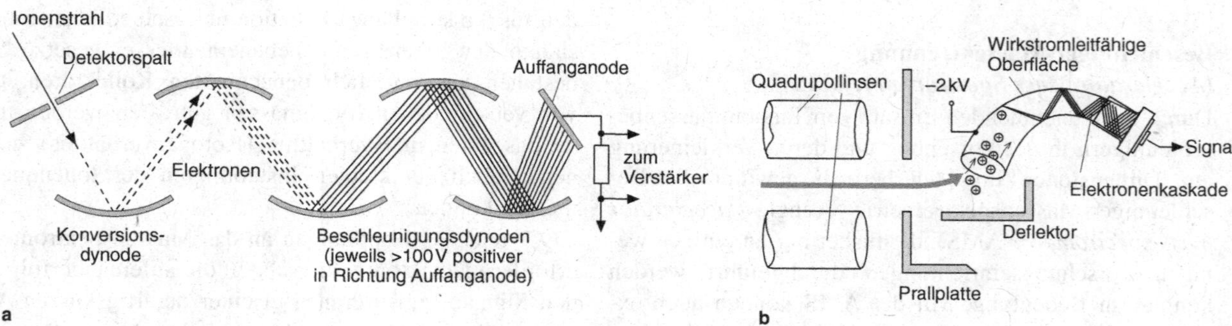


**5.66** a) SEV mit diskreten Dynoden. b) CEM mit kontinuierlicher Dynode.

nenlawine freisetzten. Der so gebildete Ionenstrom wird an einer geerdeten Kollektorelektrode nachgewiesen. Der CEM zeichnet sich aus durch ein hohes Signal zu Untergrund Verhältnis und wird limitiert durch eine begrenzte Lebensdauer, die von den registrierten Pulsen abhängt. Sogenannte Dual Mode CEM können gleichzeitig im Analog- und im Puls-Modus betrieben werden. Diese Vervielfacher geben den Ionenstrom in dem dynamischen Zählbereich von über 6 bis 9 Größenordnungen wieder. Der Detektoruntergrund lässt sich auf bis zu 1 Impuls je 10 s minimieren, wenn der Detektor aus der Ionenstromachse herausgenommen wird. Ein Ionendeflektor leitet dann den Ionenstrom auf den CEM. Die Verstärkung für ein einzelnes auftreffendes Ion liegen beim CEM im Bereich von $10^6$ bis $10^8$ Elektronen.

Sog. *Active Film Multipliers* bestehen aus ca. 18 bis 20 hintereinandergeschalteten Dynoden. Ein geringes Signal-zu-Rausch Verhältnis bei höchster Empfindlichkeit, großem dynamischen Bereich, geringer Totzeit und langer Lebensdauer resultieren aus der großen Oberfläche der Einzel-Dynoden und der nur 100 Å dicken Oxid-Oberfläche der Dynode.

Array-Detektoren (*Channel Electron Multiplier Array*, CEMA), die auch bei modernen Nachtsichtgeräten eingesetzt werden, finden ebenfalls Anwendung. Sie bestehen aus einer größeren Anzahl von parallel geschalteten Kanälen, von denen jeder einzelne Kanal über eine unabhängige Elektronenvervielfacher-Einheit verfügt. Der Durchmesser eines Kanals beträgt 10–25 µm. Für ein einzelnes, auftreffendes Ion werden Verstärkungen von etwa $10^3$ Elektronen erreicht. Die Empfindlichkeit der CEMA kann durch Hintereinanderschalten zweier Detektoren gesteigert werden. Der Haupteinsatz der CEMA-Detektoren liegt bei TOF-Massenspektrometern, um die auftreffenden Ionen simultan nachzuweisen.

Die höchste Nachweisempfindlichkeiten für die Detektion eines auftreffenden und sich schnell ändernden Ionenstroms wird über Festkörperszintillationsdetektoren, z. B. durch sog. Daly-Detektoren, erreicht. Der Ionenstrahl wird auf eine Konversionselektrode, an die ein hohes negatives Potential von > 20 kV angelegt ist, gelenkt. Nach Freisetzung von üblicherweise 3 bis 5 Elektronen pro auftreffendes Ion werden die Elektronen auf den Festkörperszintillationsdetektor beschleunigt, wobei sie dort einzelne Photonen freisetzten. Ähnlich wie bei der photometrischen Version (vergl. Kap. 4) werden so in geeigneten Ionenkristallen, z. B. aus Bismuthgermanat (BGO), NaI(Tl) oder $BaF_2$, Photonen erzeugt, die ihrerseits über eine Photokathode oder einem Photomultiplier zu einem Spannungs- oder Stromimpuls ungeformt werden.

Mit einem ΔE-E Gasdetektor können sehr geringe Ionenströme definierter Energie gemessen werden. Dabei wird gleichzeitig der Energieverlust $\Delta E$ im ersten Teil und die Restenergie $E$ im zweiten Teil einer gasgefüllten Ionisationskammer bestimmt. Die Intensität des Ionenstrahls ist eine Funktion der $\Delta E$- und $E$-Werte, die auch zur Unterscheidung von Isobaren genutzt werden können. Der ΔE-E Gasdetektor kommt bei der AMS zum Nachweis von sehr geringen Analyt-Mengen, wie etwa von $^{90}Sr$, $^{239}Pu$ und $^{240}Pu$, zum Einsatz.

### 5.6.3 Spektrenbibliotheken, Spektrenvergleich, Spektrenvorhersage

Massenspektren von vorzugsweise Reinsubstanzen oder reinen chromatographischen Peaks werden seit dem Jahre 1940 in Spektrenbibliotheken systematisiert und gespeichert. Massenspektren sind in idealer Weise geeignet in Computerbibliotheken aufgenommen zu werden, da sie im einfachsten Fall nur aus den Massenzahlen der betreffenden Fragmente und deren Intensitäten bestehen. In der Erweiterung der gespeicherten Informationen werden zusätzlich die Signalhalbwertsbreiten erfasst, was zum Erkennen metastabiler Peaks sehr wichtig ist. Der schnelle Zugriff auf Speicherbibliotheken ist besonders für den Spektrenvergleich bei MS/MS-Techniken, GC/MS, LC/MS, Pyrolyse-MS und SIMS von elementarer Bedeutung. Die Korrelation des gemessenen Spektrums mit ausgewählten, gespeicherten Vergleichsspektren wird für die Einzelsubstanzidentifizierung und die Gemischanalyse genutzt. Von den Herstellern werden Geräte mit einer großen Anzahl an Vergleichsspektren (ca. 40000 Massenspektren) ausgestattet. Die Strukturaufklärung unbekannter Substanzen anhand des Massenspektrums wird erleichtert, wenn Substanzsubstrukturen über Massenspektren schnell identifiziert werden können.

Ein Ausweg aus der teilweise ungenügenden Vergleichbarkeit von Massenspektren unterschiedlicher Herkunft ist der Aufbau einer eigenen Bibliothek. Dieser Schritt ist zeitaufwendig und wird von den verfügbaren Reinsubstanzen und deren reproduzierbare Einbringung zum Ionisationsort eingeschränkt. Der Vergleich gemessener Substanzspektren mit den Massenspektren, die in umfangreichen Spektrenbibliotheken (Wiley >275000), über Datenbanken (z. B. Beilstein, Gmelin, DETHERM, NBS, Wiley) oder über Informationsnetze (STN International, CAS) zugänglich sind, bedürfen daher fortgeschrittener Suchverfahren, mit deren Hilfe Musterähnlichkeiten von Teilstrukturen erkannt und mit chemischem Sachverstand bewertet werden können. Diese Verfahren liefern eine selektierte Auswahl von Spektren, die als Grundlage für die anschließende Auswertung durch den Chemiker eingesetzt werden. Auch der umgekehrte Weg, Massenspektren aufgrund des Molekulargewichtes, der Bruttoformel oder schon identifizierter Strukturelemente aus einer Bibliothek auszuwählen, und mit dem gemessenen Spektrum zu vergleichen, wird beschritten. Dadurch werden auch Spektren, die von dem Analytiker bislang nicht berücksichtigt wurden, beachtet. Auf alle Fälle sollte man sich nie auf die Identifikation mittels einer Spektrenbibliothek mit verbundener Software allein verlassen!

---

**Wie zuverlässig sind Identifizierungen mittels MS-Spektrenbibliotheken? Überzeugen Routine-Validierungen die Experten?**

Bevor man die Vorzüge von Spektrenbibliotheken seriös ausnützt, sollte man die möglichen Probleme mindestens ansatzweise kennen:

Molekülidentifizierungen allein aus ihrem 70eV-MS-Spektrum heraus mögen für identische Geräte, Ionenquellen, Geräte-Einstellungen und vor allem bei reinen Substanzen wohl relativ zuverlässig arbeiten, bei unterschiedlichen Geräten, Ionenquellen und Unsicherheit über die Einheitlichkeit und Reinheit der in der Ionenquelle vorhandenen Moleküle ist aber große Vorsicht geboten.

Das Fragmentierungsverhalten nach Energieaufnahme und die Ionisierungsausbeute hängen wegen der Beeinflussung des Relaxationsverhaltens durch Stöße (= Energieübertragung) mit anderen Molekülen am Ionisierungsort auch von dem dort lokal herrschenden Druck und der Art der Stoßpartner (reaktive Moleküle oder Ionen) ab. Neben der Molekülsortenreinheit und dem am Ionisierungsort lokal herrschenden Druck üben auch die Geometrie, die Bündelung oder Energieflussdichte der ionisierenden und fragmentierenden Strahlung einen großen Einfluss aus. Wegen dieser Beeinflussung der Ionisierungsausbeute ist bei quantitativen Chromatographie-MS Kopplungen schon eine überzeugende Validierung notwendig, die einen erfahrenen Fachmann/-frau erfordert. Ohne Bestätigung eines so erhaltenen Analysenergebnisses mittels einer anderen Trennsäule (mit wahrscheinlich anderen, nicht aufgetrennten Begleitstoffen in der Ionenquelle und damit anderem Fragmentierungsverhalten) oder Auswertung mittels weiterer Fragmentionen oder -isotope des Analyten, sollte keine Analyse von einer gewissen Bedeutung durchgeführt werden. Nicht umsonst schreiben beispielweise Qualitätsnormen bei Dioxin-Analysen eine innere Standardisierung mittels isotopenmarkierter Standards, die sich in der Ionenquelle genau wie die Analytmoleküle verhalten, vor. Eine Quantifizierung ohne weitere innere Standardisierung kann beispielsweise bei einem komplexen Gaschromatogramm mit einem erkennbar nicht aufgelösten, ansteigendem Untergrund (mittels eines Zweitdetektors nachgewiesen!) einen gewissen Leichtsinn darstellen. In der Massenspektrometrie beeinflussen auch Analytverschleppungen, die ausgehend von der Ionisation in den Massenseparator eingetragen werden, die Signalintensitäten und das Fragmentierungsmuster nachfolgender Substanzen. Zum Schluss können die Massenhäufigkeiten bei Verwendung eines SEVs auch noch durch verschmutzte Oberflächen der ersten Konversionsdynode nach längerem Betrieb beeinflusst werden. Wenn man auch das MS in der sog. „Single-Ion-Mode" (Hauptanalytfragment) als selektiven Detektor ansieht, der einfach blind für weitere, nicht aufgetrennte Verbindungen ist, so sollte in der quantitativen Analytik bei dieser Arbeitweise doch größte Vorsicht geboten sein! Vielleicht erklärt dieser – von den MS Herstellern bagatellisierte – Nachteil auch einige unerklärbare Dopingvorfälle.

Die Zusammenhänge zwischen der Struktur einer Verbindung und deren Massenspektrum aufzuklären, sind Auswege aus dem o. g. Dilemma. Bei diesem Ansatz versucht man mittels multivariater Statistik und Mustererkennung oder mittels neuronaler Netze die Substanzen aufgrund ihres Massenspektrums zu klassifizieren. Zwei prinzipielle rechnerische Lösungswege, die Fragmentierung der Verbindungen wird simuliert bzw. aus dem Massenspektrum wird die Struktur der Verbindung abgeleitet, werden z.Zt. untersucht. Die rechnerischen Untersuchungen gehen dabei zunächst von Bibliotheken aus, deren Massenspektren mittels EI bei 70 eV erzeugt wurden. Die chemischen Ursachen von potentiellen Bruchstellen in einem Molekül sollten zur Beurteilung und Plausibilitätsprüfung von Identifikationsvorschlägen aus computerbasierten Spektrenbibliotheken nie vergessen werden. Manche Vorschläge mit „theoretischen Zuordnungswahrscheinlichkeiten" von über 50% können sich bei einer logischen Prüfung als chemisch unsinnig erweisen.

---

## 5.6.4 Massenspektrometrische Verfahren

In der folgenden Übersicht werden die wichtigsten Methoden, die massenspektrometrische Isotopenverdünnungsanalyse, die Tandem-Massenspektrometrie (MS/MS) und die Ankopplung von Chromatographie- und Pyrolysesystemen an die Massenspektrometrie vorgestellt.

### Die massenspektrometrische Isotopenverdünnungsanalyse (IVA, engl. IDA)

Für die massenspektrometrische Elementanalytik und für die Quantifizierung organischer Spurenstoffe sind neben der Empfindlichkeit der Methode für Spurenanalysen vor allem die Präzision und die Richtigkeit (kein systematischer Fehler vorhanden) der Analysenergebnisse relevant. Die massenspektrometrische Isotopenverdünnungsanalyse (dt. Abkürzung: IVA-MS; engl.: *Isotope Dilution Mass Spectrometry*, ID-MS) wird aufgrund ihrer zuverlässigen und nachweisempfindlichen Resultate (bis in den sub-Picogrammbereich) sogar häufig zur Zertifizierung von Standardreferenzmaterialien SRMs) verwendet. Die IDA ist ein analytisches Prinzip, das vor allem bei der Massenspektrometrie als auch bei der radiometrischen Analyse besondere und häufige Anwendung findet. Die ID-MS wird als Absolutverfahren angesehen, d. h. man benötigt bei Kenntnis der Isotopenzusammensetzung der zugesetzten Spikes keine weitere Gerätekalibrierung mittels eines Analytstandards, sondern kann die Analytkonzentration über eine einfache Verdünnungsrechnung bestimmen.

Eine zweite grundsätzliche Bedeutung der ID-MS ist, dass sich die gesuchte Analytmenge in der SI-Einheit Mol unmittelbar aus den Isotopenverhältnismessungen ableiten lässt (Traceability). Bei der ID-MS wird das bestehende oder natürlich gegebene Isotopenverhältnis der Probe durch Zugabe von Tracern, so genannten isotopenangereicherten Spikes oder Indikatoren, verändert. Als Tracer kommen die Analyt-Elemente oder Analyt-Verbindungen mit einem zertifizierten Isotopenverhältnis, das vom natürlichen Isotopenverhältnis abweicht, zum Einsatz. Zu der Probenlösung mit bekannter Aliquotmenge wird eine genau bekannte Menge eines Isotopenspikes addiert, um ein gegebenes Isotopenverhältnis zu ändern. Wenn diese Spikezugabe sehr früh im Analysengang durchgeführt wird und sich die Probe homogen mit der Isotopen-Spike-Lösung vermischt hat, verändert sich das dadurch eingestellte neue Isotopenverhältnis nicht mehr, wenn unsauber gearbeitet wird oder bestimmte Schritte nicht quantitativ verlaufen. Unvollständige Fällungen, Extraktionen, Abtrennungen verfälschen nicht länger das Endergebnis, was vor allem bei der Spurenanalyse von großem Vorteil ist. Erfahrungsgemäß treten bei der ID-MS die geringsten systematischen Fehler auf, weshalb diese Technik auch als sog. definierte Methode von einigen Fachgesellschaften anerkannt wird.

Radioisotope werden als Spikes vor allem dann verwendet, wenn Elemente mit nur einem natürlich vorkommenden Isotop (Be, F, Na, Al, P, Sc, Mn, Co, As, Y, Nb, Rh, I, Cs, Pr, Tb, Ho, Tm) bestimmt werden sollen. Die Analytkonzentration in der markierten Lösung wird ganz einfach aus dem veränderten Signalverhältnis R der beiden Analytisotope berechnet:

$$c = \frac{c_s \cdot m_s}{m_n} \cdot \frac{A_s - R \cdot B_s}{R \cdot B_n - A_n} \qquad (5.82)$$

mit:

$c$ = Analytkonzentration in der Probe [z. B. ng/g]
$c_s$ = Analytkonzentration in der addierten Indikatorlösung [z. B. ng/g]
$A_n$, $B_n$ = molare, natürliche Isotopenhäufigkeit der Isotope A, B
$A_s$, $B_s$ = molare Isotopenhäufigkeit von A, B im Indikator
$m_n$ = isolierte Probenmenge [g]
$m_s$ = Probenmenge der addierten Indikatorlösung [g]
$R$ = gemessenes, molares Isotopenverhältnis in der gespikten Probenlösung

Die ID-MS wird in der Elementanalytik bevorzugt mit der TIMS und ICP-MS durchgeführt.

Die Speziesanalyse mittels ID-MS z. B. für $CN^-$, $NO_2^-$, $NO_3^-$, $SeO_3^{2-}$, $SeO_4^{2-}$, $I^-$, $IO_3^-$, $Cr^{3+}$ und $CrO_4^{2-}$ wird erreicht, wenn kein Austausch zwischen den in der originären Probe vorliegenden verschiedenen Elementbindungsformen stattfindet. Analysiert werden unter den eingestellten Bedingungen nur diejenigen Bindungsformen eines Elements, die mit dem Indikator im Austauschgleichgewicht stehen. Zusätzlich ist eine vollständige Speziestrennung vor der massenspektrometrischen Isotopenverdünnungsanalyse notwendig!

Die Einsatzschwerpunkt der ID-MS sind geologische und kosmologische Proben, die auch Schwermetallanalysen in silikathaltigen Matrices, in Grundwässern, im Meerwasser und Schneeproben umfassen. Eine Vielzahl von Nichtmetallbestimmungen (B, Se, Cl, Br, I) wurden in biologischem Material, Werkstoffen und Wässern, medizinischen Proben und Lebensmitteln durchgeführt. Die ID-MS wird auch im Zusammenhang mit verschiedenen analytischen Kombinationssystemen (GC/ID-MS, HPLC/ID-MS) eingesetzt, um vor allem die Richtigkeit bei Spurenanalysen zu erhöhen.

## Wie „traceable" sind ID-MS Messungen?

Wegen der überzeugten Demonstration der geringen Beeinflussung durch systematische Fehler und der leichten Zurückführung auf die internationalen SI-Einheiten, wird die ID-MS auch häufig als definitive Analysenmethode angesehen. Man hat weiter vorgeschlagen, sie als Beispiel für eine ideale Traceability zu nehmen. Dabei darf aber eine wichtige Voraussetzung nicht vergessen werden. Die homogene Durchmischung mit der Probe ist eine absolute Voraussetzung für die dabei übliche Auswertetechnik. So kann man beispielsweise nicht erwarten, dass bei geologischen Proben die zugesetzten Analytisotope noch vor dem Schmelzaufschluss in die Kristallgitter der Mineralien eindringen; ähnliches gilt auch für biologische Objekte mit undurchdringbaren oder nur langsam zu durchdringenden Zellwandungen. Wenn vor der totalen Durchmischung der Probenisotope mit denen des zugesetzten Spikes etwas vom Spike oder der Probe entweicht oder der Aufschluss oder eine Extraktion nicht quantitativ verlaufen, dann resultieren trotzdem systematische Fehler und die Traceability ist entsprechend unsicher!

Die chemische Form von Spike und Analyt darf sich bei der Elementbestimmung nicht unterscheiden. Daher wird gerade bei unbekannter Analytspezies und bei Feststoffen ein Probenaufschluss vorausgesetzt. Der addierte Tracer sollte außerdem das natürliche Isotopenverhältnis der beiden zu bestimmenden Isotope stark, möglichst in einem 1:1 Verhältnis, verändern. Voraussetzung für die Durchführung von ID-MS ist eine reproduzierbare Bestimmung ganzzahliger Massen bei geringer Standardabweichung (< 0,5% rel.). Masseninterferenzen können nur solange unberücksichtigt bleiben, als sie sich gleichmäßig auf die untersuchten Isotope und nur mit deutlich geringeren Signalintensitäten als die Intensitäten der Analytisotope auswirken. In allen anderen Fällen müssen die Analyten von der Matrix abgetrennt und interferenzfrei bestimmt werden.

Isotopenfraktionierungen, die bei der Ionisation, im Massenspektrometer oder bei der Probenvorbereitung auftreten, lassen sich durch abwechselndes Messen von Probe und zertifiziertem Isotopenstandard korrigieren. Die Probenhomogenisierung und der Probenaufschluss sowie die Durchführung von Element- und Gruppentrennungsgängen sind die zeit- und arbeitsintensivsten Schritte bei der ID-MS.

**Isotopenverdünnungsanalyse**

Das Grundprinzip der Verdünnungsanalyse kann mit einem einfachen Experiment veranschaulicht werden: zu einer unbekannten Anzahl an gleichen Kugeln $N_x$ wird eine bekannte Anzahl $N_1$ an einfarbigen Kugeln von sonst gleicher Eigenschaft zugesetzt. Nach dem vollständigen Durchmischen der markierten und unmarkierten Kugeln wird eine Teilanzahl $N_2$ entnommen, die die Teilanzahl $N_{11}$ an einfarbigen Kugeln enthält. Es gilt:

$$N_2 = (N_x + N_1) \cdot \frac{N_{11}}{N_1}$$

hieraus folgt:

$$N_x = N_2 \cdot \frac{N_1}{N_{11}} - N_1$$

Bei der Übertragung dieses Prinzip auf die quantitative Verdünnungsanalyse (Gl. 5.82) ist zu beachten, dass Stoffmengen unterschiedlicher Größe zugesetzt und entnommen werden. Zusätzlich muss die Markierung – hier also das jeweilige Isotopenverhältnis – in die Formel miteinbezogen werden.

Für die Bestimmung einer unbekannten Menge einer Substanz $N_x$ mittels Isotopenverdünnungsanalyse erhalten wir im Fall der radioaktiven Markierung unten stehende Gleichung.

$$N_x = N_1 \cdot \frac{A_1 - A_2}{A_2}$$

Für die Berechnung müssen nur noch die zugesetzte spezifische Aktivität $A_1$, die resultierende spezifische Aktivität $A_2$ sowie die Menge der isolierten Substanz $N_2$ bestimmt werden.

Diese Gleichung lässt sich auch für die Bestimmung unbekannter Volumina anwenden, da nur die Größen $N_x$ und $N_1$ in $V_x$ und $V_1$ übertragen werden müssen. Auf diese Weise können z. B. Blutvolumina in *in vivo* Untersuchungen nach der Totaldurchmischung von Tracer und Blut bestimmt werden.

**Tandem-Massenspektrometrie; das MS/MS Prinzip**
Die Tandem-Massenspektrometrie kann als eigenständiges, analytisches Verfahren zur Identifizierung und Quantifizierung von Reinststoffen und von komplexen Stoffgemischen oder in Kombination mit Chromatographie- (GC, HPLC, LC) oder Pyrolysesystemen eingesetzt werden. Das MS/MS-Prinzip ist in Abb. 5.67 schematisch dargestellt.

Aus einer Reinsubstanz oder aus einem Gemisch werden die einzelnen Ionen mithilfe des ersten Massenspektrometers ausgewählt und über eine Zwischenzone, ein so genanntes *Interface* oder eine Stoßkammer, in ein zweites Massenspektrometer eingeleitet und detektiert. Diese Übergangszone ermöglicht die gezielte Fragmentierung einer ausgewählten Masse vor allem durch Stoßaktivierung (engl. *collision activated decomposition*, CAD oder *collision induced decomposition*, CID) oder Laseranregung. Für die Tandem-Massenspektrometrie werden neben der EI bevorzugt die weichen Ionisationsmethoden eingesetzt. Die beiden Massenspektrometer MS I und MS II können auf drei verschiedene Weisen Spektren aufnehmen:

1. das MS I wird auf eine bestimmte Masse $m_P$ fixiert und das MS II registriert den Massenbereich von 1 bis $m_P$. Das auf diese Weise registrierte Fragmentierungsmuster von $m_P$ ermöglicht die Identifikation von $m_P$;
2. mit dem MS I wird der gesamte Massenbereich registriert, während das MS II auf eine konstante Masse eingestellt ist. Dies ermöglicht die Identifizierung identischer Substrukturen $m_D$ aus allen $m_P$-Massen;
3. das MS I registriert die Analytmassen um $\Delta m$ versetzt zum MS II. Hierdurch wird die Abspaltung von Neutralteilchen der Masse $\Delta m$ ermittelt.

Da die im MS I selektierten Ionen isotopenrein sind, enthalten die MS II Spektren keine Isotopenpeaks. Hierdurch wird die quantitative Analyse von nur unvollständig isotopenmarkierten Substanzen ermöglicht. Während bei der GC/MS und der LC/MS die Trennung der Komponenten in der Zeitdomäne erfolgt, wird bei der MS/MS die Auftrennung der Komponenten nach dem Masse-Ladung-Verhältnis vorgenommen. Der Zeitvorteil gegenüber GC/MS- bzw. LC/MS-Experimenten liegt also darin, dass eine schnelle, rein massenspektrometrische Identifizierung der Komponenten erfolgt, und dass für die GC/MS und die LC/MS eventuell notwendige Probenvorbereitungen entfallen können. Da bei der Tandem-Massenspektrometrie ein Doppelfilterprinzip angewandt wird, verbessert sich das Signal-zu-Rausch-Verhältnis des Massenspektrums drastisch. MS/MS-Geräte werden auch aus unterschiedlichen Kombinationen von statischen und dynamischen Massenseparatoren aufgebaut. Solche Hybridsysteme sind z. B. die Kombination eines doppelfokussierenden magnetischen Massenanalysators mit zwei Quadrupolfiltern. Kombinationen mit TOF- und FT-MS wurden ebenfalls verwirklicht. Zum Einsatz gelangen auch bis zu vier hintereinandergeschaltete Mehrsektorfeldanalysatoren oder Tripel-Quadrupol-MS/MS Systeme. Das mit der Ionenfalle erreichbare GC/MS$^n$-System bewirkt eine Potenzierung des Systeminformationsgehaltes mit steigendem $n$.

**Ankopplung von Chromatographie- und Pyrolysesystemen an die Massenspektrometrie**
Die GC-MS und die HPLC-MS Kopplung sind in der instrumentellen Analytik inzwischen weit verbreitete Routineverfahren. Diese Kombinationstechniken finden ihre Anwendung bei der Identifizierung und Quantifizierung

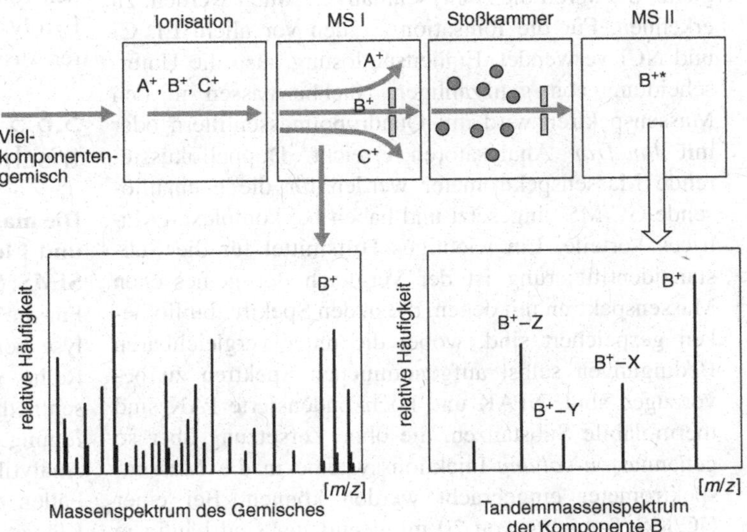


**5.67** MS/MS-Prinzip für die Identifikation des Ions $m_P$.

beispielsweise von PCDD, PCDF, PCB, PCBz, PCPh, PAK und NPAK vor allem in Umweltproben (Böden, Klärschlämmen, Luft, Wässern, Abgasen). Diese umweltrelevante, quantitative organische Spuren- und Ultraspurenanalytik komplexer Substanzgemische unterschiedlichster Konzentrationen basiert auf der hohen Trennleistung der GC bzw. HPLC und der hohen Nachweisstärke ($10^{-12}$ g/m$^3$ Luft) und Massenauflösung ($R_{max}$ = 60.000) des on-line angekoppelten Massenspektrometers. Die Unterscheidung ganzzahlig massengleicher Struktureinheiten und von Stellungsisomeren kann hiermit schnell und bei vorhandenem chemischen Verständnis auch zuverlässig erfolgen.

Die mehrfach chlorsubstituierten Stellungsisomere eines PCDD (75 mögliche Stellungsisomere für ein vierfach substituiertes Tetrachlordibenzodioxin) weisen mitunter sehr unterschiedliche Toxizitäten auf. Die Unterscheidung der im GC nicht getrennten Stellungsisomere erfolgt durch Auswerten des Fragmentierungsmusters der Verbindung. Die Isotopenmuster von $^{35/37}$Cl, und $^{12/13}$C sind charakteristisch für die Substanzen. Trotz der Trennleistung der GC muss z. T. eine umfangreiche Probenvorbehandlung und Probenaufbereitung über Headspace oder SFE vorgeschaltet werden, um verschiedene Stofffraktionen anzureichern bzw. abzutrennen. Der Zusatz von $^{13}$C markierten Substanzen und perdeuterierten Standards zur Probe ermöglicht die Identifizierung der Molekülfragmente, die Auswertung der Intensität der Massenlinie und die Bestimmung der Wiederfindungsrate und gehören zu einer überzeugenden Validierung. Für die Substanzquantifizierung sollten verschiedene signifikante Analysenlinien herangezogen werden, die alle das gleiche Ergebnis liefern müssen. Der Zusatz von internen Standards zu den Analysen- und Kalibrierproben ermöglicht es, Intensitätsveränderungen der Analysensignale, die durch die Analysenmatrix bedingt werden, zu erkennen. Für die Ionisation werden vor allem EI, CI und NCI verwendet. Einheitsauflösung, also die Unterscheidung von ganzzahligen Nachbarmassen in den Massenspektren wird mit Quadrupolmassenfiltern oder mit *Ion-Trap* Analysatoren erreicht. Doppelfokussierende Massenspektrometer werden für die hochauflösende GC/MS eingesetzt und haben bei komplexen Matrices Vorteile. Ein wichtiges Hilfsmittel für die Substanzidentifizierung ist der Vergleich der gemessenen Massenspektren mit denen, die in den Spektrenbibliotheken gespeichert sind, wobei die unter vergleichbaren Bedingungen selbst aufgenommenen Spektren zu bevorzugen sind. NPAK und hochkondensierte PAK sind thermolabile Substanzen, die ohne Zersetzung über so genannte *on-column*-Injektionssysteme in das Massenspektrometer eingebracht werden können. Bei einer GC/MS-Trennung von 20 min Zeitdauer sind häufig je nach Anzahl der eluierenden Substanzen etwa 1000–2000 Massenspektren aufzunehmen, welches hohe Anforderungen an das Datensystem stellt.

Entgegen den vorangestellten massenspektrometrischen Methoden werden bei der Pyrolyse-MS charakteristische Molekülbruchstücke vor der Ionisation erzeugt, die anschließend mittels GC und/oder Massenspektrometrie oder MS/MS aufgetrennt und weiter fragmentiert werden. Mit Hilfe der Pyrolyse-Massenspektrometrie können vor allem komplexe Gemische und hochmolekulare Verbindungen wie z. B. Polymere, Biopolymere und Naturstoffe schnell charakterisiert werden. Die Polymerbruchstücke gelangen ohne Sekundärreaktionen in die Gasphase und werden anschließend on-line mittels Massenspektrometrie oder GC/MS analysiert. Häufigste Ionisationverfahren sind die EI und die CI, daneben werden FI, FD, FAB sowie ESI eingesetzt. Als schnelle Massenseparatoren werden vor allem das Quadrupolmassenfilter und das TOF-MS verwendet. Beim Einsatz der Pyrolyse/GC/MS bzw. Pyrolyse/GC/MS/MS zur Charakterisierung von Substanzen ist die Information vieldimensional, da das Thermogramm, das Chromatogramm sowie die Massenspektren auswertbar sind. Bei der Pyrolyse können Anfangs- und Endtemperatur, Heizrate und Pyrolyseart verändert werden. Im Zusammenhang mit der Massenspektrometrie werden hauptsächlich die schnelle Ofen-, die Curie-Punkt (bei konstanter Pyrolysetemperatur) sowie die zeit- bzw. temperaturaufgelöste Pyrolyse eingesetzt. Die Proben werden über Tiegel, Schubstangen oder Spiralen in den Ofen eingebracht. Für die Charakterisierung von Flüssigkeiten werden die Festphasenextraktion (vergl. Abschnitt 3.6) und die Gefriertrocknung eingesetzt. Die Pyrolyse-MS wird durch unvollständige Pyrolyse, durch chemische Reaktionen des Pyrolysats untereinander, durch Reaktionen von Substanzrückständen sowie von Salzen mit dem Pyrolysat und durch Kondensation des Pyrolysats in ihrer Aussagekraft limitiert.

## 5.6.5 Ausgesuchte massenspektrometrische Methoden und ihre Anwendungen

**Die massenspektrometrische Festkörper- und Elementanalyse mittels GDMS, ICP-MS, LIMS, SIMS, SNMS und SSMS**

Für die Element-, die Oberflächen- und Tiefenprofilanalyse bei Festkörpern (=Verteilungsanalyse) stehen eine Reihe von massenspektrometrischen Festkörperanalysenmethoden für die Multielementbestimmung zur Verfügung. Ihre Bedeutung innerhalb der anorganischen Analytik erhalten diese Verfahren dadurch, dass in vielen Fällen ein Probenaufschluss z. B. bei Gläsern, Böden, Klärschlämmen und Refraktärmetallen, der zu hohen

Blindwerten Anlass gibt, umgangen werden kann. Im Vergleich zu der optischen Atomspektrometrie (GD-OES, ICP-AES) sind die GD- und die ICP-Massenspektren i. d. R. linienarm. Die Probenvorbereitung beschränkt sich darauf, dass die zu untersuchenden Substanzen durch Schneiden, Pressen, Drehen oder andere Verfahren in die für die jeweilige Ionenquelle erforderliche Form gebracht werden und eine geeignete Oberfläche präpariert wird. Homogenisierte, pulverförmige Proben können verpresst werden. Zur Erhöhung der Leitfähigkeit der untersuchten Substanzen kann Cu-, Ag- oder Au-Pulver der Probe zugemischt werden damit es bei der Ionisierung durch geladene Partikel nicht zu einer abstoßenden Aufladung kommt. Diese Methoden können dabei sowohl für die anorganische Feststoffanalyse als auch für die Bestimmung von Flüssigkeiten eingesetzt werden. Flüssigkeiten werden vor der Analyse getrocknet oder auf einen Träger aufgebracht und im Probeneinlass eingedampft. Für die Probenverdampfung werden Ionen (SIMS, SNMS), Photonen (LA-ICP-MS, LIMS) und Plasmen (GDMS, SSMS) eingesetzt. Voraussetzung bei den Festkörpermethoden ist es, einen über alle Analyten repräsentativen Strom an Atomen zu erzeugen und anschließend zu ionisieren. Aus dem Beispiel der GDMS wird die Nähe dieser Festkörpermethoden zu der weiter unten diskutierten ICP-MS ersichtlich.

Die Glimmentladungsmassenspektrometrie (*Glow Discharge Mass Spectrometry*, GD-MS) kann mit niedrigauflösenden Quadrupol- und mit doppelfokussierenden, hochauflösenden Sektorfeldgeräten durchgeführt werden (s. Abb. 5.68). Die mit GD-MS erreichten Nachweisgrenzen liegen im Bereich von $10^{-7}$ bis $10^{-10}$ g/g. Der dynamische Konzentrationsbereich umfasst bis zu acht Größenordnungen.

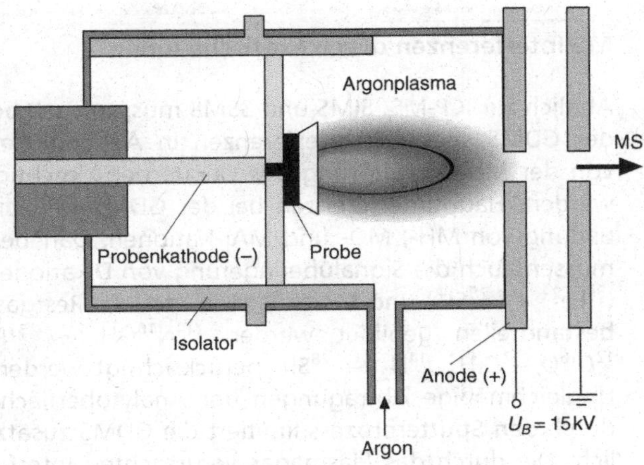


**5.68** Schema einer Glimmentladungsionenquelle.

Die Erosionsraten für eine zylindrische Probe von 4 mm Durchmesser liegen je nach Leitfähigkeit zwischen 10 und 1000 nm/min. Damit lassen sich Tiefenprofile im Nano- bis Mikrometerbereich erstellen. Die Glimmentladung ist eine selbständige, raumladungsbestimmte Gasentladung, die an zwei Elektroden unter vermindertem Druck von 10 bis 1000 Pa in einem Edelgas, vorzugsweise Ar oder Xe, erfolgt. Die Glimmentladung erfolgt über Gleichstromentladungen (engl. *direct current*, d. c.) oder im hochfrequenten Wechselfeld (engl. *radiofrequenzy*, r. f.). Mittels r.f. GDMS können auch nichtleitende Probenmaterialien wie etwa Keramiken untersucht werden. Die hauptsächlich stattfindenden Ionisationsprozesse im Niederdruckplasma sind die Elektronenstoß- ($M + e^- \rightarrow M^+ + 2e^-$) und die Penning-Ionisation ($M + Ar^* \rightarrow M^+ + Ar + e^-$) (s. Abb. 5.69). Die

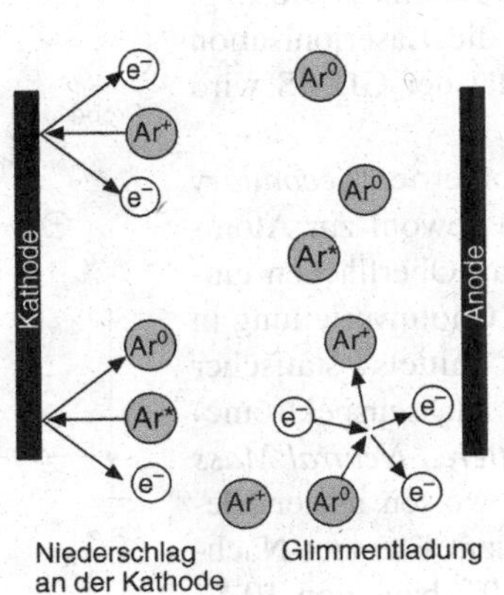


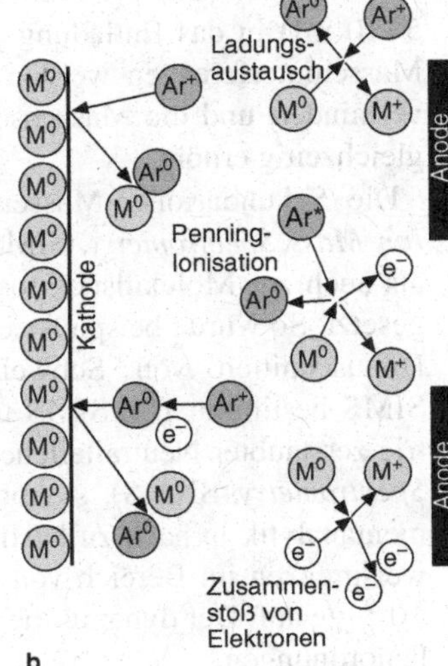


**5.69** Der Glimmentladungsprozess a) Prinzip der Entladung; b) der Sputter-Prozess.

### MS-Interferenzen durch exotische Ionen

Ähnlich zur ICP-MS, SIMS und SSMS müssen auch bei der GDMS spektrale Interferenzen in Abhängigkeit von der Massenauflösung des Geräts berücksichtigt werden. Hauptinterferenzen bei der GDMS sind die Bildung von MH-, MO- und MAr-Kationen. Daneben müssen auch die Signalüberlagerung von Dikationen ($^{56}Fe^{2+} \leftrightarrow {}^{28}Si^+$) und Molekülionen, die aus Restgasbestandteilen gebildet werden ($^{14}N^{16}OH \leftrightarrow {}^{31}P$; $^{12}C^{16}O$, $^{12}C_2H_4$, $^{14}N_2 \leftrightarrow {}^{28}Si$), berücksichtigt werden. Ungleichmäßige Abtragungen der Analytoberfläche durch den Sputterprozess limitiert die GDMS zusätzlich. Die durch das Plasmagas verursachten Interferenzen werden minimiert, wenn die Analyse in zwei verschiedenen Arbeitsgasen durchgeführt wird. Für die quantitative Auswertung muss ein Bezug der Analysensignale zu unter ähnlichen Arbeitsbedingungen analysierten Kalibrierstandards, wie etwa mithilfe von internen Standards, gefunden werden. Die Richtigkeit dieser Verteilungsanalytik steht und fällt allerdings mit dem Vorhandensein von Kalibrierstandards mit gleicher oder sehr ähnlicher Matrix. In vielen Fällen begnügt man sich daher mit der Bestimmung einer relativen Verteilung der Analyten. Die Bestimmung des Gesamtionenstroms und des Ionenstroms der Matrix ermöglicht bei bekannter Matrixkonzentration (z. B. 100% Si in Wafern) auch eine Screeninganalyse.

Extraktion der Ionen kann anodisch oder kathodisch erfolgen. Nach einer Vorglimmphase von etwa 2 h erfolgt die relative massenspektrometrische Elementbestimmung in einem Zeitraum von wenigen Minuten bis zu einer Stunde.

Die GD-MS wird hauptsächlich für die Analyse von Stahl, Refraktär- und Reinstmetallen sowie für die Charakterisierung von Ausgangsmaterialien für die Fertigung von Elektronikbauteilen (Wafer, Halbleiter) eingesetzt. Um Feststoff- und auch Flüssigkeitsanalysen mithilfe von Hochfrequenzplasmen durchführen zu können, wurde ein kombiniertes ICP- und GD-Massenspektrometer entwickelt. Um die Ionisationsrate bei der Glimmentladung von 1% auf 99% zu erhöhen und auch um mit d. c. Plasmen nichtleitende Materialien zu untersuchen, werden gepulste Laserstrahlen (Excimerlaser: Wellenlängen 265–700 nm; Pulsdauer 10 ns; Energie 5–10 mJ) in das Entladungsplasma gerichtet. Die o. g. Masseninterferenzen werden durch die Laserionisation vermindert und die Massenselektivität der GDMS wird gleichzeitig erhöht.

Die Sekundärionen-Massenspektrometrie (*Secondary Ion Mass Spectrometry*, SIMS) wird sowohl zur Atomals auch zur Molekülspektroskopie an Oberflächen eingesetzt. So wurde beispielsweise die Cholinverteilung in Dünnschnitten von Schweinehirn mittels statischer SIMS bestimmt. Die SIMS und die Massenspektrometrie zerstäubter Neutralteilchen (*Sputtered Neutral Mass Spectrometry*, SNMS), s. Abb. 5.70, weisen in der Elementanalytik je nach zu bestimmendem Element Nachweisgrenzen im Bereich von $10^{-3}$–$10^{-9}$ bzw. von $10^{-6}$–$10^{-9}$ g/g auf. Der dynamische Bereich beträgt sechs Größenordnungen.

Der Beschuss der Probenoberfläche erfolgt mit einem Primärionenstrahl (5-20 keV) aus $Ar^+$-, $Cs^+$-, $O_2^+$-, $O^-$- oder $Ga^+$-Ionen, die etwa 1 bis 10 nm tief in das Probenmaterial eindringen. Aus der Probenoberfläche werden infolge des Beschusses Neutralteilchen und positiv bzw. negativ geladene Sekundärionen emittiert. In Abb. 5.70 ist der Sputter- und Ionisationsprozess für das SIMS und das SNMS dargestellt. Bei der SNMS findet eine Postionisation der emittierten Neutralteilchen in einem hochfrequenten Ar-Plasma oder mittels EI statt. Der Atomisierungs- und Ionisationsprozess sind bei der SNMS entkoppelt. Unter Verwendung eines fokussierten Primärionenstrahls (0,3–5 mm) kann die Festkörperoberflä-

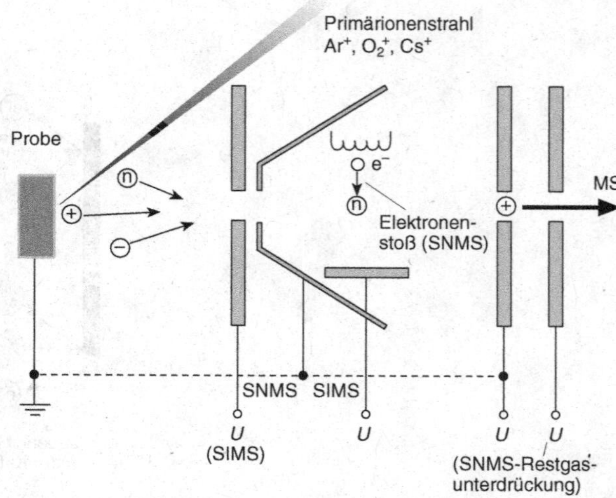


**5.70** Sputter- und Ionisationsprozess für SIMS und SNMS.

che gerastert werden. Auf diese Weise ist eine Oberflächenanalyse mit hoher Ortsauflösung möglich. Durch Beschuss der Probenoberfläche mit den Primärionen wird die Oberfläche abgetragen, sodass Tiefenprofile für einige Atommonolagen erstellt werden können.

Bei Mikrosonden-Ionenanalysatoren, die häufig auch mit der Elektronenmikroskopie verbunden ist, beträgt die Breite des Primärstrahls 0,05 bis 2 µm; dadurch wird eine Ortsauflösung von bis zu 0,5 µm erreicht. Mit Hilfe von bildgebenden Verfahren lassen sich die örtlichen (ca. $200 \cdot 200\ \mu m^2$) und die räumlichen Spurenelementverteilungen in hochreinen Refraktärmetallen sichtbar machen (2D- und 3D-SIMS). Der Vorteil der SNMS und der SIMS ist das schnelle Screening von Oberflächen auf Verunreinigungen, welches für viele technische Prozesse (Lack- und Oberflächenschicht-Haftung, Galvanik etc.) äußerst wichtig ist.

Mit den beiden letztgenannten Methoden können die Isotopenverhältnisse in Proben bei hoher Wiederholpräzision bestimmt werden. Nachteile der SIMS sind die zahlreichen Molekülioneninterferenzen vom Typ $M_2^+$, $MO^{\bullet+}$, $MO_2^{\bullet+}$, $M_2O^{\bullet+}$, die verschiedene andere zu bestimmende Analytmassen überlagern, sowie die stark unterschiedlichen Empfindlichkeiten für die verschiedenen Elemente. Für die SIMS-Analytik hat beispielsweise der Verlag John Wiley & Sons eine umfangreiche Spektrenbibliothek aufgebaut.

**Die Plasma-Massenspektrometrie**

Die induktiv gekoppelte Plasma-Massenspektrometrie (engl. *inductively coupled plasma mass spectrometry*, ICP-MS) wurde seit ihrer kommerziellen Einführung im Jahre 1983 zu einer in allen Gebieten der Elementanalytik stark nachgefragten Routinemethode, vor allem weil sie die schnelle Simultanbestimmungen einer Vielzahl von Elementen ermöglicht und nicht so linienreich ist, wie ihre optische Variante, die ICP-AES. Die Elementspeziation wird durch die Ankopplung von CE, LC, GC und SFC an die ICP-MS ermöglicht. Die sekunden- bis minutenkurzen Analysenzeiten, die Nachweisgrenzen im Bereich von $10^{-12}$-$10^{-15}$ g/g, die Multielementkapazität (78 Elemente) mit dem dynamischen Konzentrationsbereich über ca. acht Größenordnungen und ihre vielfältigen Ausbaumöglichkeiten lassen die Untersuchung von festen, flüssigen und gasförmigen Proben zu. Analog der optischen Variante werden die Proben-Aerosole in einem Argonplasma (Ar-Gesamtverbrauch: leider ca. 14–16 L/min; Plasmaleistung 0,6–1,4 kW) mit der Anregungstemparatur von 5000–12500 K verdampft, atomisiert und ionisiert (Ionisierungspotential: ca. 8 eV). Die auf diese Weise entstandenen einfach geladenen Element-Kationen werden im angekoppelten Massenseparator, einem Quadrupolmassenfilter, einem Magnetfeld-Sektorfeld-Separator oder einem TOF-Massenseparator, mittels einer Lochblende zugeführt und im Gerät nach der Ionenmasse aufgetrennt und detektiert. Ein Massenspektrum mit Einheitsauflösung für die einzelnen Isotope bei gleichzeitig hohen Zählausbeuten wird mit einem an den ICP-Teil angeschlossenen Quadrupolmassenseparator erreicht. Massenauflösungen bis zu $R = 43000$ werden allerdings nur mit hochauflösenden Sektorfeldgeräten erzielt.

Bei der mikrowelleninduzierte Plasma-Massenspektrometrie (engl. *Microwave Induced Plasma Mass Spectrometry*, MIP-MS), wird ein He-Plasma (Ionisationspotential 18,8–24,6 eV) für die Ionisation der Elemente eingesetzt. Im Handel angeboten werden Mikrowellengeneratoren (2,45 GHz) und Plasmasysteme mit einem He-Verbrauch von 0,1–0,5 L/min. Die Plasmaleistung liegt im Bereich von 0,1–0,4 kW. Das Mikrowellenplasma eignet sich besonders auch für die „Kationisierung“ der Halogene. Die Clusterionenbildung im Massenbereich von 1–90 amu ist im Gegensatz zur ICP-MS deutlich vermindert. In der Molekülspektroskopie wird derzeit die Ankopplung der SFC und der GC an die MIP-MS untersucht und in der Atomspektroskopie probiert man derzeit die Probenzuführung mittels ETV, LA und FIA. Es bestehen grundsätzlich verschiedene Möglichkeiten, Mikrowellenplasmen bei atmosphärischem Druck oder unter vermindertem Druck (50 hPa) aufzubauen und mit den Plasmagasen Ar, Kr und Xe zu betreiben.

**Laserionisation, Laseranregung**

Der Laser wird in der Massenspektrometrie zunehmend für die Probenzuführung von Feststoffen (LA, LAMMA) in das MS, aber auch für die Ionisation und die Ionenanregung (LI, LD, MALDI, RI) eingesetzt. Bei der Laserverdampfung (*Laser Ablation*, LA) werden durch einen üblicherweise fokussierten Laserbeschuss hoher Energiedichte Feststoffaerosole erzeugt, die in das Ionisationssystem des Massenspektrometers eingeschleust werden. Der Laser kann dabei auf die Probenrückseite (Transmission) oder die Probenoberfläche (Reflektion) gerichtet werden. Für die gezielte Ionisation und die gezielte Fragmentierung von Molekülen ist vor allem die Möglichkeit, diskrete Energieniveaus z. B. mittels resonanzverstärkter Multiphotonen-Ionisation (*Resonance Enhanced Multiphoton Ionisation*, REMPI oder RI) spezifisch anzuregen, von zentraler Bedeutung. Mehrfache Laseranregung eröffnet die Möglichkeit, Moleküle nach Anregung und Ionisation bzw. nach Ionisation und Fragmentierung detailliert zu analysieren. Zusätzlich können spezies-, isomer- und zustandsselektive Ionisationen erfolgen. Auch die direkte Korrelation zwischen Laser- und Massenspektrum wird ermöglicht. Durch die Wahl eines Lasers (UV, VUV, Excimer, Nd-Yag, $N_2$-Gaslaser) als Energiequelle stehen eine Reihe von Parametern zur Optimierung der Ionisiation zur Verfügung: Pulslänge, Wellenlänge sowie Leistungs- und Energiedichte. Die Kombination von Laseranregung und TOF-MS ergibt sich zwangsläufig, da der Laserimpuls zweckmäßigerweise auch die Zeitmessung für das TOF-MS startet.

## Wie störungsfrei ist die ICP-MS?

Spektrale und nicht spektrale Interferenzen beeinflussen die ICP-MS Analytik erheblich und wurden anfänglich übersehen. Die Isotopenmassen 1 bis 90 amu sind von Molekülionen, die zwischen Plasma und Quadrupol-Gerät gebildet werden, teilweise stark überlagert. Die Interferenzen sind dabei häufig matrixspezifisch. Salzfrachten von bis zu 0,1% können für die Untersuchung von wässrigen Proben in die ICP-MS eingebracht werden. Spektrale Interferenzen werden durch Isobare, Molekülionenstörungen und Dikationen gebildet. Häufig lassen sich die Dikationenbildung und der Isobarenanteil rechnerisch korrigieren. Die interferierenden Analytdikationen können u.U. aber auch zur Quantifizierung, wie z. B. bei den Lanthanoiden, genutzt werden. Die Molekülionenstörungen werden aus den Elementen der Probe, des $HNO_3$-Zusatzes und des Plasmaargons gebildet. Dabei werden hauptsächlich die Molekülionen vom Typ $Ar_nX_m$, ArXX´, $X_nX´$ und $MX_n$, (X, X´=H,C,N,O,Cl; M=Element; n=1,2; m = 0,1,2) gebildet. In Tab. 5.7 sind für einige ausgewählte Analytmassen die hauptsächlich auftretenden Massenüberlagerungen aufgelistet. In Abb. 5.71 wird das Untergrundspektrum aufgenommen mit einem Quadrupol ICP-MS dem Spektrum einer Standardlösung in der Konz. von 10 ng/mL gegenübergestellt. Deutlich erkennbar sind die hohen Signalintensitäten zahlreicher Molekülioneninterferenzen. Daraus wird klar, dass man für die Spektreninterpretation und Auswertung einen Experten benötigt.

**Tabelle 5.7** Hauptinterferenzen für ausgewählte Analytmassen bei der ICP-MS.

| Isotop | Häufigkeit (%) | Hauptinterferenzen |
|---|---|---|
| $^{54}Fe$ | 5,82 | $^{54}Cr^+$; $^{40}Ar^{14}N]^+$; $^{38}Ar^{16}O]^+$; $^{37}Cl^{16}OH]^+$; $^{40}Ca^{14}N]^+$; $^{40}Ar^{13}CH]^+$ |
| $^{56}Fe$ | 91,66 | $^{40}Ar^{16}O]^+$; $^{40}Ca^{16}O]^+$; $^{39}K^{16}OH]^+$ |
| $^{57}Fe$ | 2,19 | $^{40}Ar^{16}OH]^+$; $^{40}Ca^{16}OH]^+$ |
| $^{58}Fe$ | 0,33 | $^{58}Ni^+$; $^{23}Na^{35}Cl]^+$; $^{40}Ar^{16}OH_2]^+$; $^{40}Ca^{16}OH_2]^+$ |
| $^{69}Ga$ | 60,2 | $^{138}Ba^{2+}$; $^{37}Cl^{16}O_2]^+$ |
| $^{71}Ga$ | 39,8 | $^{36}Ar^{35}Cl]^+$; $^{40}Ar^{31}P]^+$; $^{40}Ar^{14}N^{16}O]^+$; |
| $^{75}As$ | 100,0 | $^{40}Ar^{35}Cl]^+$; $^{14}N^{16}O^{35}Cl]^+$; $^{38}Ar^{37}Cl^+$ |

Die Probenzuführung in die ICP-MS mittels verschiedener Zerstäuber (USN, HHPN, DIN, MCN) und Probeneintrags- (ETV, FIA, LA, Elektroerosion) sowie Chromatographiesystemen (CE, LC, GC, SFC) verän-

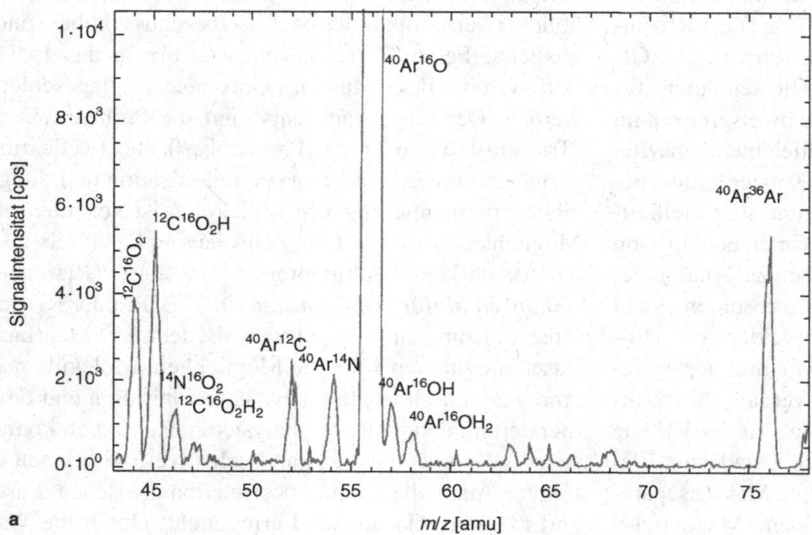


**5.71** Gegenüberstellung von ICP-MS-Spektren a) Untergrundspektrum.

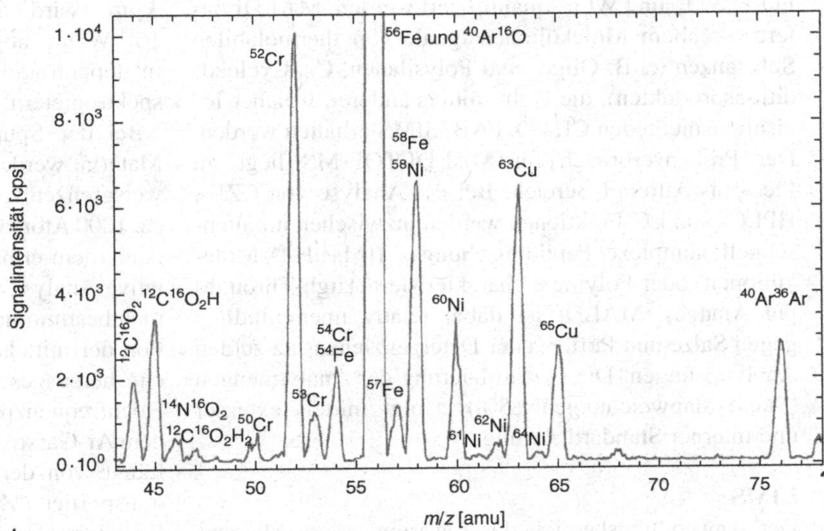


**5.71** Gegenüberstellung von ICP-MS-Spektren b) Spektrum der Kalibrationslösung für die Elemente Cr, Fe, Ni und Cu in der Konzentration 10 ng/mL.

dern bzw. vermindern die Masseninterferenzen deutlich. Die Nachweisgrenzen der ICP-MS werden je nach Probenzuführungsmethode bis zum Faktor 50 verbessert. Hochauflösende doppelfokussierende Sektorfeldgeräte ($R_{max}$=43.000) können demgegenüber zahlreiche Masseninterferenzen auflösen. Nichtspektrale Störungen, das sind Veränderungen der Aerosolausbeute, des Ionisationsgrades und des Ionenstroms, müssen aber auch bei der hochauflösenden ICP-MS beachtet werden. Bei der ICP-MS werden auch gegenwärtig von den Herstellern durch Veränderungen des ICP-Teils, der Ionenoptik, des Interfaces und durch Einbau einer sog. Kollisionszelle einige der o. g. Interferenzen vermindert.

## MALDI

Bei der von Karas und Hillenkamp an der Universität Münster entwickelten matrix-unterstützten Laser-Desorption-Ionisation (*matrix assisted laser desorption ionisation*, MALDI) wird der Analyt in eine Matrix aus z. B. Nicotinsäure, 2,5-Dihydroxybenzoesäure oder 3,5-Dimethoxy-4-hydroxy-trans-zimtsäure sowie in ein Lösungsmittel (z. B. 30% Acetonitril und 0,1% Trifluoressigsäure) eingebettet, getrocknet (Vakuum-, Infrarot-, Lufttrocknung) und anschließend mithilfe eines gepulsten Lasers (Nd-YAG: 355 bzw. 266 nm Wellenlänge; $N_2$-Laser: 337 nm Wellenlänge; Pulslänge: 1–10 ns) aus dieser Matrix heraus im Vakuum relativ unfragmentiert ionisiert. Der physikalische Prozess, der wahrscheinlich über schwingungsangeregte Matrix-Moleküle abläuft, ist noch nicht vollständig verstanden. Man kann hier auch mit zwei Lasern arbeiten, wobei ein zweiter parallel zur Verdampfungsoberfläche eine Postionisation durchführt. Auch hier wird die Massenseparation wegen der vorgegebenen Laserimpulszeit vorzugsweise mittels linearer TOF und/oder RETOF-Massenspektrometer durchgeführt. Die Empfindlichkeit nimmt jedoch bei MALDI-RETOF-MS um etwa den Faktor 10 gegenüber linearen Geräten ab. Die MALDI-TOF-Massenspektrometrie hat sich in den letzten Jahren als einfache, routinetaugliche Technik zur Molekulargewichtsbestimmung von Molekülen hoher Masse (1 MDa) und zur Charakterisierung von Biopolymeren und von synthetischen Polymeren durchgesetzt. Mit MALDI werden vor allem die Molekülionenpeaks $M^+$, die $[M+H]^+$-, $[M+Na]^+$- und $[M+A]^+$-Signale (A = Matrixaddukt) bei sehr geringer Fragmentierung der Substanzen mit Massenauflösungen zw. 400–5700 erhalten. Untersucht werden Reinsubstanzen und Gemische von Feststoffen, Flüssigkeiten und Suspensionen. Das benötigte Probenvolumen ist etwa 1 µL. Die MALDI-Spektren sind im Massenbereich > 400 amu frei von Matrixsignalen. Die MALDI-TOF-MS weist einen großen dynamischen Massenbereich von 5 bis > 300000 Da auf und ist damit FAB und ESI für die Ionsation in hohen Massenbereichen überlegen! MALDI-TOF-MS und MALDI-TOF-MS/MS wird für die Charaktersierung von Molekülen hoher Masse daher bevorzugt eingesetzt. Daneben werden aber auch die Moleküle im Massenbereich von 100–5000 Da mit Reflectron-TOF-MS untersucht. Die Ionisation hoch- und niedermolekularer Verbindungen ist im positiven und negativen Modus möglich. Im negativen Ionen-Modus können auch die Anionen $O^-$, $F^-$, $C_n^-$, $CN^-$, $Cl^-$, $PO_2^-$,

$PO_3^-$, $WO_3^-$ und $WO_4^-$ quantifiziert werden. MALDI liefert vor allem Molekülionensignale von thermolabilen Substanzen (z. B. Oligo- und Polysilanen, $C_{60}$-Cycloaditionsprodukten), die nicht mittels anderer, weicher Ionisationsmethoden CI, FD, FAB, SIMS erhalten werden. Der Probenverbrauch für MALDI-TOF-MS liegt im Pico- bis Attomol-Bereich. Bei der Analyse von CZE-, HPLC- und LC-Fraktionen werden inzwischen minutenschnell komplexe Peptidmischungen ($[M+nH]^{n+}$-Molekülionen) oder Polymere charakterisiert (High-Throughput Analye). MALDI ist dabei relativ unempfindlich gegen Salze und Puffer- oder Detergenzienzusatz zu den Analytlösungen. Die Quantifizierung der Analytmengen (Standardabweichungen ±5%) erfolgt mittels externer und interner Standardisierung.

### LIMS

Der Anwendungsbereich der Laserionisations-Massenspektrometrie (*Laser Ion Desorption Mass Spectrometry*, LIMS) reicht von der Analyse anorganischer bis organischer Verbindungen. Leitende, halb- und nichtleitende Festkörper können hierbei auch ortsaufgelöst (Verteilungsanalyse) untersucht werden. Im Mikrobereich (Laser Microprobe Mass Analyzer, LAMMA bzw. LMMS) beträgt der kleinste Laser-Focus etwa 1 µm, d. h. sogar solche kleinen Dimensionen können untersucht werden. Derartige Untersuchungen sind z. B. in der Mikroelektronik üblich. Mit der LIMS lassen sich Kraterdurchmesser von 1 – 1000 µm bei Kratertiefen von 0,04 – 1000 µm erreichen. Typische Einstellungen für einen Nd-YAG-Laser sind die Wellenlänge $\lambda/4 = 265$ nm und die Energie von 100 µJ/Impuls. Bei einem Spotdurchmesser von 3 µm wird eine maximale Leistungsdichte von $10^{11}$ $Wcm^{-2}$ abgegeben. Der Ionennachweis erfolgt dann in doppelfokussierenden, in TOF- oder in FT-Massenspektrometern.

Bei der Spurenelementbestimmung in biologischem Material werden mittels LIMS-TOF-MS absolute Nachweisgrenzen von $10^{-18}$ bis $10^{-20}$ g erreicht: das entspricht ca. 1000 Atomen in einem Probenvolumen von $10^{-13}$ $cm^3$! Außerdem ermöglichen diese Geräte die schnelle qualitative Analyse von Kationen und Anionen. Bei der Elementbestimmung mittels LA-ICP-MS erfolgt die Ionisation der mittels Laserstrahlung aus der Materialoberfläche herausgeschlagenen Aerosole im nachgeschalteten Hochfrequenzplasma. Die Aerosole werden dabei in einem Ar-Gasstrom über eine Wegstrecke von etwa 1 – 3 m Länge von der Laserverdampfungstelle in das Plasma transportiert. Zum Einsatz gelangen hier Nd-YAG und Excimer Laser. Vergleichende Materialanalysen wie z. B. von Legierungen oder Pb-Isotopenverhältnissen bei forensischen Projektiluntersuchung können mit LIMS und LA-ICP-MS schnell durchgeführt werden. Die quantitative Bestimmung bedarf allerdings zunächst geeigneter Referenzmaterialien. Im nachfolgenden Schritt muss die Übertragbarkeit der Analysenwerte auf diese Kalibriermaterialien sichergestellt werden. Tiefenprofile eines bestimmten Analyten lassen sich auch erstellen; sie werden bis in den unteren Zentimeterbereich durch wiederholten Beschuss des gleichen Kraters erstellt. Auf diese Weise wurden u. a. Holz, Gläser und Gesteine charakterisiert. In der Molekülspektrometrie werden häufig auch Analysen mit UV-LD-MS bei einem Substanzverbrauch von $10^{-12}$ – $10^{-17}$ mol durchgeführt.

---

**Nachweis von $^{90}Sr$ aus Tschernobyl**

Ein eindrucksvolles Beispiel für die extreme Leistungsfähigkeit hinsichtlich Massenauflösung und Nachweisempfindlichkeit, die durch die Kombination von Massenspektrometer und Laserionisation erreicht wird, zeigt die quantitative Ultraspurenbestimmung des extrem toxischen Radionuklids $^{90}Sr$, das 1986 bei dem Unfall von Tschernobyl freigesetzt wurde, mittels Resonanz-Ionisations-Massen-Spektrometrie (RIMS) (s. Abb. 5.72). Diese Ultraspurenanalytik wurde inzwischen auch auf die Bestimmung der Pu-Isotope $^{239}Pu$, $^{240}Pu$, $^{241}Pu$, $^{242}Pu$, $^{243}Pu$ und $^{244}Pu$ ausgeweitet. Die aus der Probe ionisierten Sr-Isotopen werden – wie üblich – in einem elektrischen Feld beschleunigt, in einem Magnetfeld das $^{90}Sr$ vorsepariert und der resultierende Ionenstrahl durch Ladungsaustausch mit Cs-Dampf neutralisiert, wobei sich ein Strahl aus schnellen Atomen bildet. In diesem Strahl weisen die verbliebenen Sr-Isotope unterschiedliche Geschwindigkeiten auf. Dem Atomstrahl wird ein UV-Laserstrahl überlagert, sodass durch Absorption eines Laserphotons die Sr-Isotope resonant und selektiv in einen energetisch hochliegenden Rydberg-Zustand (s. Abb. 5.73) angeregt werden. Diese angeregten Atome werden in einem elektrischen Feld selektiv ionisiert; die auf diese Weise gebildeten $^{90}Sr$-Resonanzionen aus der vorgegebenen Strahlrichtung abgelenkt und mittels eines Zylinderkondensators energieselektiv auf einen Teilchendetektor abgebildet. Mit dieser Methode konnten noch $10^7$ Atome $^{90}Sr$ neben $10^{17}$ Atomen $^{88}Sr$ nachgewiesen werden!

Die praktische analytische Bedeutung der RIMS liegt u. a. in der Ultraspurenanalyse organischer Stellungsisomeren sowie in der Möglichkeit, extreme Isotopenverhältnisse mit größter Genauigkeit für die Geochronologie (Altersbestimmung von Mineralien und Gesteinen) zu bestimmen.

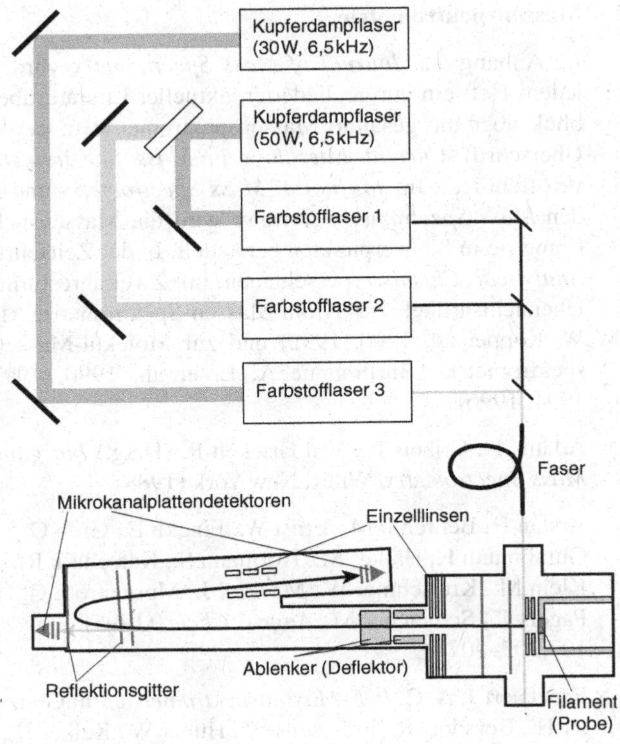


**5.72** Experimenteller Aufbau der RIMS Apparatur mit angekoppeltem RETOF-Massenspektrometer für den Nachweis von von Pu.

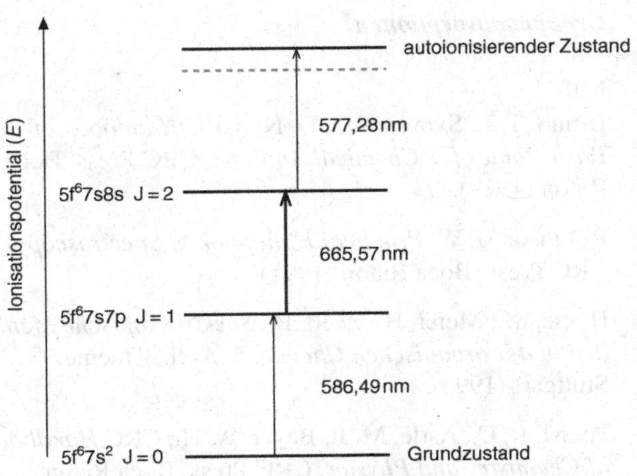


**5.73** Anregungsschema für den hochempfindlichen Sr-Nachweis mittels RIMS.

# Weiterführende Literatur


**UV/vis-Absorption**

Schmidt W. *Optische Spektroskopie*, 2. Auflage, WILEY-VCH, Weinheim, New York, Chichester, Brisbane, Singapore, Toronto (2000).

**Fluoreszenzspektrometrie**

Diamandis, E. P., Christoppoulos, T. K. *Anal. Chem.* 1990, **62**, 1149A–1157A.

Lakowicz, J. R. *Principles of Fluorescence Spectroscopy*, 2. Aufl., Plenum, New York, London (1999).

Sharma, A., Schulman, S. G. *Introduction to Fluorescence Spectroscopie*, WILEY-VCH, Weinheim, New York, Chichester, Brisbane, Singapore, Toronto 1999.

Wöhrle, D., Tausch, M.W., Stohrer, W.D. *Photochemie*, WILEY-VCH, Weinheim, New York, Chichester, Brisbane, Singapore, Toronto (1998).

**Infrarotspektrometrie**

***IR-Spektroskopie allgemein***

Coleman, P. B. (Hrsg.) *Practical sampling techniques for infrared analysis*, CRC Press, Boca Raton (1993).

Griffiths, P. R., de Haseth, J. A. *Fourier Transform Infrared Spectroscopy*, Wiley Interscience, New York, (1986).

Næs, T., *Near infrared spectroscopy*, Hrsg. von Hildrum, K. I., Isaksson, T., Næs, T., Tandberg, A., Ellis Horwood Ltd., Chichester (1992).

Skoog, D. A., Leary, J. J., *Instrumentelle Analytik: Grundlagen – Geräte – Anwendungen*, Springer, Berlin, Heidelberg, New York (1996).

Williams, D. H., *Strukturaufklärung in der organischen Chemie: Eine Einführung in die spektroskopischen Methoden*, 6. Aufl., Thieme, Stuttgart (1991).

***Gruppenabsorptionen***

MIR
Bruno, T. J., Svoronos, P. D. N., CRC *Handbook of Basic Tables for Chemical Analysis*, CRC Press, Boca Raton (1989).

Robinson, J. W. *Practical Handbook of Spectroscopy*, CRC Press, Boca Raton (1991).

Hesse, M., Meier, H., Zeeh, B., *Spektroskopische Methoden in der organischen Chemie*, 5. Aufl., Thieme, Stuttgart (1995).

Weast, R. C., Astle, M. J., Beyer, W. H., CRC *Handbook of Chemistry and Physics*, CRC Press, Boca Raton (1985).

NIR
Williams, P., Norris, K. (Hrsg.). *Near-Infrared Technology in the Agricultural and Food Industries*, American Association of Cereal Chemists, St. Paul, Minnesota, USA (1987).

Chemometrie
Martens, H., Næs, T., *Multivariate Calibration*, Wiley, New York (1989).

Otto, M., Chemometrie: *Statistik und Computereinsatz in der Analytik*, VCH, Weinheim (1997).

Henrion, R.; Henrion, G. *Multivariate Datenanalyse*, Springer, Berlin, Heidelberg (1995).

Sharaf, M. A., Illmann, D. L., Kowalski, B. R. *Chemometrics*, Wiley New York (1986).

Neuronale Netze
Backhaus, K., Hobert, H., *Computergestützte Auswertung Physikalisch-Chemischer Messungen*, Deutscher Verlag der Wissenschaften, Berlin (1990).

***Chemometrie-Software***
*MATLAB*®: High Performance Numeric Computation and Visualization Software, The MathWorks, Inc., Natick, Massachusetts, Version 4.2c.1, (1994) und 5.2.0, (1998).

*Chemometric Toolbox*®, The MathWorks, Inc., Natick, Massachusetts, Version 2.20

*PLS-Toolbox* Version 2.0, Eigenvector Research Inc., Manson (1998).

*The Unscrambler*®, Version 7, Camo ASA, Trondheim, Norwegen


**Massenspektrometrie**

Im Anhang des *Journal of Mass Spectrometry* wird in jedem Heft ein gut gegliederter, aktueller Literaturüberblick über die gesamte Massenspektrometrie unter der Überschrift *Current Literature in Mass Spectrometry* veröffentlicht. Im *Journal of Mass Spectrometry* und in den *Mass Spectrometry Reviews* wird die Massenspektrometrie in Schwerpunkten behandelt. In der Zeitschrift *Analytical Chemistry* erschienen im Zweijahresturnus Übersichtsartikel zur Atom-Massen-Spektrometrie (D. W. Koppenaal, 1990, 1992) und zur Molekül-Massenspektrometrie (Burlingame A. L. et al., 1990, 1992, 1994, 1996).


Adams F., Gijbels R., Van Grieken R. (Hrsg.) *Inorganic Mass Spectrometry.* Wiley, New York (1988).

Arslan F., Behrendt M., Ernst W., Finckh E., Greb G., Gumbmann F., Haller, M., Hofmann S., Karschnik R., Klein M., Kretschmer W., Mackiol J., Morgenroth G., Pagels C., Schleicher M., *Angew. Chem.* (1995) 107:205–207

Broekaert J. A. C. *ICP-Massenspektrometrie.* In: Günzler H., Borsdorf R., Fresenius W., Huber W., Kelker H., Lüderwald I., Tölg G., Wisser H. (Hrsg.) Analytiker Taschenbuch Bd. 9. Springer, Berlin 1990, S. 127–163

Budzikiewicz H., *Massenspektrometrie. Eine Einführung.* 1992, VCH, Weinheim.

Burlingame A. L., Boyd R. K., Gaskell S. J., *Anal. Chem.* (1996) 68:559R–651R

Cotter R. J. *Anal. Chem.* (1992) 64:1027 A–1039A

Dietze H.-J., Becker J. S., *Nachr. Chem. Tech. Lab.* (1995) 5:563–568.

Gasteiger J., Hanebeck W., Schulz K.-P., J. *Chem. Inf. Comput. Sci.* (1992) 32:264–271

Heumann K. G. (1990) *Elementspurenbestimmung mit der massenspektrometrischen Isotopenverdünnungsanalyse.* In: Günzler H, Borsdorf R, Fresenius W, Huber W, Kelker H, Lüderwald I, Tölg G, Wisser H (Hrsg.) Analytiker Taschenbuch Bd. 9. Springer, Berlin, S. 191-224

John K., Jahn K., *Mass spectrometry – Combined techniques with chromatography, Nachr. Chem. Tech. Lab.* (1997) 45:M1–M13.

King FL, Teng J, Steiner RE, J. *Mass Spectrom.* (1995) 30:1061–1075

Koppenaal D. W., *Anal. Chem.* (1992) 64:320R–342R

Lantzsch J., Bushaw B. A., Herrmann G., Kluge H.-J., Monz L., Nieß S., Otten E. W., Schwalbach R, Schwarz M., Stenner J., Trautmann N., Walter K., Wendt K., Zimmer K., *Angew. Chem.* (1995) 107:202–204

Levsen K., Schiebel H.-M., *Nachr. Chem. Tech. Lab.* (1989) 37:81–107

Lubman D. M. (Hrsg.) , *Lasers and Mass Spectrometry,* Oxford University Press, New York (1990).

Price D., Milnes G. J., Inter. J. *Mass Spectrom. Ion Proc.* (1990) 99:1–39

Schlag E. W. (Hrsg.), *Time-of-Flight Mass Spectrometry and its Applications,* Elsevier Science, New York (1994).

Schröder E., *Massenspektrometrie. Begriffe und Definitionen.*, Springer, Berlin (1991).

Schulten H.-R., Plage B. *Pyrolyse-Massenspektrometrie.* In: Günzler H, Borsdorf R, Fresenius W, Huber W, Kelker H, Lüderwald I, Tölg G, Wisser H (Hrsg.) Analytiker Taschenbuch Bd. 9. Springer-Verlag, Berlin (1990), S. 225–270

Schwarz H. *Tandem-Massenspektrometrie* (MS/MS). In: Borsdorf R., Fresenius W., Günzler H., Huber W., Kelker H., Lüderwald I., Tölg G., Wisser H. (Hrsg.) *Analytiker Taschenbuch Bd. 8.* Springer, Berlin (1989), S. 199–216

Van Vaeck L., Struyf H., Van Roy W., Adams F., *Mass Spectrom. Rev.* (1994) 13:189–208 und ibid. 209–232

Wilhartitz P., Krismer R., Hutter H., Grasserbauer M., Weinbruch S., Ortner H. M., Fresenius J. *Anal. Chem.* (1995) 353:524–532

Wolter O., Heitbaum J. *Ber. Bunsenges. Phys. Chem.* (1984) 88:2–6 und ibid. 6–10

Zupan J. *Computer-Supported Spectroscopic Databases.* Wiley, New York (1985).

# 6 Chromatographie

## 6.1 Allgemeines zur Chromatographie

### 6.1.1 Historische Betrachtung

Am Anfang des 20. Jahrhunderts war die Chemie bereits eine sich stürmisch entwickelnde Wissenschaft, die insbesondere auf dem Gebiet der organischen Synthese rasante Fortschritte machte. Eng verbunden hiermit war der schwunghafte Aufbau der chemischen Industrie in Europa und Nordamerika, wo aufgrund der wachsenden Bevölkerungszahl und der immer weiter fortschreitenden Industrialisierung ein stetig steigender Bedarf nach Farbstoffen, Pharmazeutika, Düngemitteln und zahllosen anderen Produkten zu verzeichnen war.

Im Gegensatz hierzu schien die Entwicklung neuer Techniken zur Reinigung und Isolierung von Substanzen, die insbesondere in der präparativen Chemie benötigt wurden, keine nennenswerten Neuerungen hervorzubringen. Extraktion, Destillation und Umkristallisation waren noch immer die gängigsten Verfahren, um Stoffgemische zu reinigen, Naturstoffe zu isolieren und Reaktionsprodukte charakterisieren zu können. Erst durch die wiederholte Durchführung der einzelnen Trenntechniken konnten die zu isolierenden Substanzen in der gewünschten Reinheit erhalten werden. Die Probleme hierbei lagen einerseits darin, dass bei jedem Einzelschritt ein Anteil der Verbindungen verloren ging, sodass die Reinigungsverfahren immer mit einer großen Menge des Rohproduktes begonnen werden mussten. Andererseits war der Zeitaufwand, den die Anwendung dieser Techniken erforderte, gewaltig. Werden heute während der experimentellen Arbeiten für eine Promotion in der Chemie – in Abhängigkeit von Fleiß und experimentellem Geschick – oftmals weit über 100 Verbindungen synthetisiert, isoliert und charakterisiert, so konnte zur damaligen Zeit nur ein Bruchteil dieser Zahl erreicht werden.

Die Entwicklung moderner Trennverfahren, die die präparative Chemie und insbesondere die Analytische Chemie in der Folgezeit revolutionieren sollten, begann im Jahr 1903 mit den Arbeiten des russischen Botanikers Michael Semjenowitch Tswett. Indem er eine Glassäule mit feinverteiltem Calciumcarbonat füllte und durch diese Lösungen von Pflanzenextrakten laufen ließ, gelang ihm die Trennung verschiedener Chlorophylle und Xanthophylle. Da die getrennten Substanzen auf der Säule als farbige Banden erschienen, prägte Tswett für dieses neue Trennverfahren den Begriff *Chromatographie*, wobei *chroma* im Griechischen „Farbe" bedeutet und *graphein* der griechische Begriff für „schreiben" ist.

Es sollte aber noch mehr als 20 Jahre dauern, bis sich, forciert durch die Entwicklungen in der Biochemie, das von Tswett entdeckte Prinzip der Chromatographie als Möglichkeit zur Separation komplexer Stoffgemische durchzusetzen begann. In den Folgejahren entwickelten zahlreiche Forscher neue und leistungsfähigere chromatographische Methoden. An dieser Stelle seien Martin und Synge genannt, die eine Verteilungschromatographie an wasserbeladenem Kieselgel zur Auftrennung lipophiler Stoffe einsetzten. Für ihre praktischen und theoretischen Arbeiten auf dem Gebiet der Chromatographie erhielten die beiden Wissenschaftler im Jahr 1952 den Nobelpreis für Chemie.

Die Möglichkeit einer Verteilungschromatographie zwischen einer mobilen gasförmigen Phase und einer stationären flüssigen Phase wurde bereits im Jahr 1941 von Martin und Synge vorausgesagt. Bedingt durch die rasanten Entwicklungen in der petrochemischen Industrie wurden in den 50er Jahren schließlich die ersten Gaschromatographen entwickelt. Die in der Folgezeit erarbeiteten theoretischen Modelle und der Einsatz von Kapillarsäulen haben die Gaschromatographie als Routinemethode einen Siegeszug in allen analytisch arbeitenden Laboratorien erleben lassen.

Mitte der 60er Jahre wurden die ersten Geräte für die Hochleistungsflüssigchromatographie (HPLC) vorgestellt, und rasch errang diese Trenntechnik neben der Gaschromatographie einen führenden Platz unter den chromatographischen Methoden. Der Entwicklung von modifizierten Kieselgelen mit unpolaren Eigenschaften, die als stationäre Phasen eingesetzt werden, ist es zu verdanken, dass die HPLC eine so große Anwendungsbreite in der modernen Analytik gefunden hat. Inzwischen ist die Gaschromatographie von der HPLC in ihrer Bedeutung auf den zweiten Rang verwiesen worden. Zusammen stellen die beiden Verfahren heute die Arbeitspferde in allen Routinelaboratorien dar.

Eng verbunden mit den Fortschritten der HPLC ist der erfolgreiche Einsatz der Ionenaustauschchromatographie (IEC) zur schnellen Trennung von Kationen und Anionen. Die IEC wurde bereits 1938 von Taylor und Urey beschrieben und fand während des Zweiten Weltkrieges im Rahmen des Manhattan Projektes der USA ihre erste wichtige Anwendung bei der Isolierung der Seltenerdmetalle und einiger Transurane.

Von geringerem Interesse für den Einsatz in der industriellen Analytik, aber auch heute noch Gegenstand von Forschung und Entwicklung, ist die überkritische Fluidchromatographie (SFC). Erste Arbeiten hierzu stammen aus der Zeit um 1960. Obwohl die SFC in den 80er Jahren ein großes Interesse erfuhr, hat sie bis heute noch nicht den Aufstieg in die Spitzengruppe der chromatographischen Techniken erlangt, die ihr mancher zu Beginn vorausgesagt hatte.

Insbesondere die Trennprobleme der modernen Biochemie, in der komplexe Matrices hohe Anforderungen an die Leistungsfähigkeit des verwendeten Separationsverfahrens stellen, haben in den letzten zwei Jahrzehnten für einen schwunghaften Aufstieg der Kapillarelektrophorese (CE) gesorgt. Folgt man der klassischen Definition, wonach die Chromatographie ein Verfahren ist, bei dem Substanzen durch Verteilung zwischen zwei Phasen getrennt werden, so darf die CE streng genommen nicht als chromatographische Technik bezeichnet werden. Sie nimmt jedoch heute wegen ihrer hohen Trennleistung einen so breiten Raum in Forschung und Industrie ein, dass Kenntnisse im Bereich der Kapillarelektrophorese heute zum Basiswissen jeder Analytikerin und jedes Analytikers gehören. Mit der Einführung der Gel-Elektrophorese durch Tiselius in den 20er Jahren, der hierfür 1948 den Nobelpreis für Chemie erhielt, waren die Grundlagen für die CE bereits früh geschaffen. Die Entwicklung der Kapillarelektrophorese begann jedoch erst Ende der 70er Jahre basierend auf den Arbeiten von Mikkers und Everaerts sowie von Jorgenson und Lukacs. Bis zum gegenwärtigen Zeitpunkt sind unter dem Sammelbegriff der CE eine Vielzahl von Verfahren etabliert worden, die das Spektrum der analytischen Anwendungen stetig erweitert haben. Hierunter seien als Beispiele nur die mizellare elektrokinetische Kapillarchromatographie (MEKC) und die elektrokinetische Kapillarchromatographie (CEC) genannt, bei denen es sich im Gegensatz zur klassischen CE um echte chromatographische Trenntechniken handelt.

Neben der großen Palette der chromatographischen Verfahren existiert mit der Massenspektrometrie (MS) ein unverzichtbares analytisches Werkzeug, das sich ebenfalls in die Reihe der modernen Trenntechniken einordnen lässt. Jedoch ist das zu Grunde liegende physikalische Prinzip – Trennung geladener Teilchen nach ihrem Masse/Ladungs-Verhältnis in einem elektrischen und/oder magnetischen Feld – so grundsätzlich verschieden von allen chromatographischen Mechanismen, dass die Massenspektrometrie in Abschnitt 5.6 ausführlich behandelt wird.

Der rasante Fortschritt in Theorie, Technik und Anwendbarkeit der Chromatographie hat sie zu dem Separationsprinzip des 20. Jahrhunderts werden lassen. Auch in Zukunft wird die Fülle der chromatographischen Verfahren einer der Stützpfeiler der modernen Analytik bleiben. Es ist sicherlich nicht vermessen zu behaupten, dass diese Position durch die fortschreitende Verbesserung von Kopplungstechniken der einzelnen Trennmöglichkeiten mit verschiedenen spektroskopischen und spektrometrischen Methoden noch weiter ausgebaut wird.

## 6.1.2 Verfahrensübersicht

Aufgrund der großen Fülle der bis heute entwickelten chromatographischen Methoden ist es nicht leicht, sie alle in ein umfassendes aber einprägsames Schema einzuordnen. Die Klassifizierung kann anhand der zu Grunde liegenden Trennmechanismen, der verwendeten apparativen Aufbauten und der Art der mobilen oder stationären Phasen erfolgen. Eine Einteilung der Verfahren auf Basis der zu trennenden Verbindungen (z. B. Proteinchromatographie, Ionenchromatographie usw.) ist im Allgemeinen nicht üblich, weil man hierbei eine sehr spezielle und unübersichtliche Gliederung erhält, die die Gemeinsamkeiten und Unterschiede der einzelnen Verfahren nur ungenügend berücksichtigt.

Eine sinnvolles Schema ergibt sich, klassifiziert man die Gesamtheit der chromatographischen Techniken zunächst nach der eingesetzten mobilen Phase. Geht man von diesem Ansatz aus, so lässt sich die Chromatographie in die drei Hauptgebiete Gaschromatographie (GC), überkritische Fluidchromatographie (SFC) und Flüssigchromatographie (LC) einteilen (Abb. 6.1).

Als stationäre Phasen können bei allen Methoden sowohl immobilisierte Flüssigkeiten als auch feste Phasen zum Einsatz kommen, wobei die Wahl der mobilen und der stationären Phase stark von dem zu lösenden Trennproblem abhängt. Verschiedene Adsorbenzien, Molekularsiebe und gebundene Phasen, aber auch Harze und polymere Gele finden dabei als Materialien für feste stationäre Phasen eine weite Anwendung. Ihre Strukturen und Eigenschaften werden in den folgenden Abschnitten genauer beschrieben.

Die Verwendung von Säulen mit Innendurchmessern von einigen Mikrometern bis zu einigen Zentimetern, in denen sich die verschiedenen stationären Phasen befinden und durch die die mobile Phase sowie das zu separierende Substanzgemisch strömen, hat sich in der GC, der SFC und der LC als dominierender apparativer Aufbau etabliert. Daneben existieren mit der Dünnschichtchromatographie (TLC) und der heute nahezu bedeutungslosen Papierchromatographie (PC) nur zwei der LC zuzuordnende Verfahren, die ohne Säulen durchgeführt werden. Bei beiden Methoden werden planare Materialien als stationäre Phase (Papier) oder als deren Träger (Glas, Aluminium, Kunststoff) benutzt.

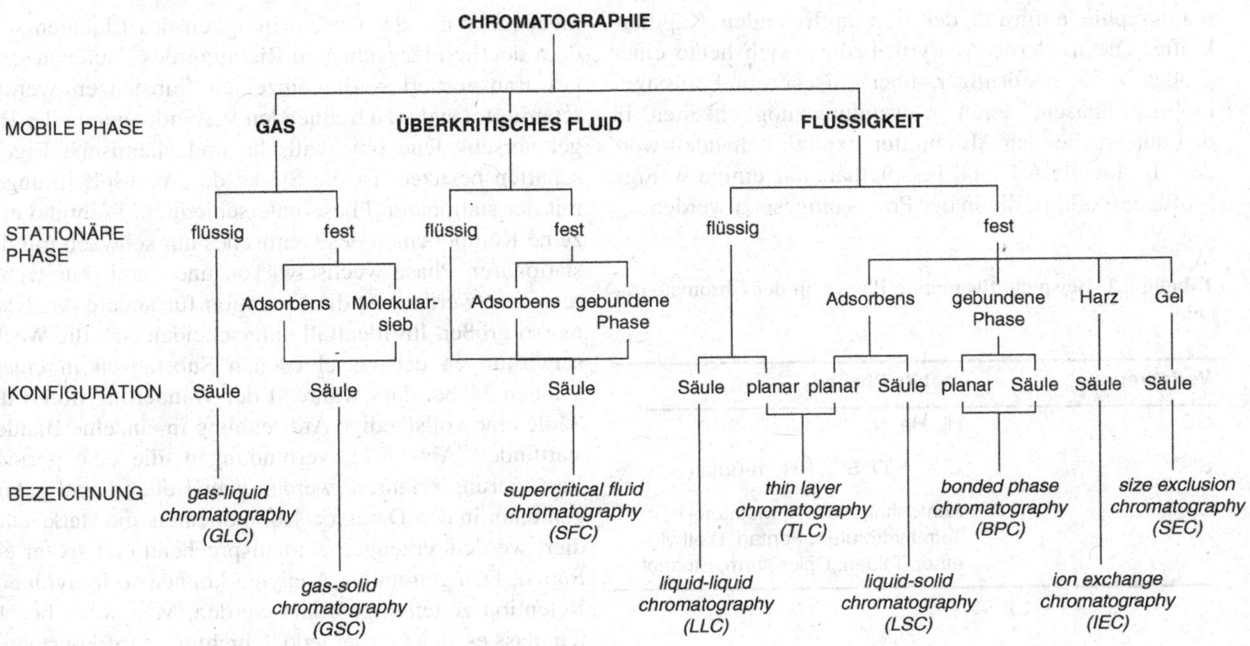


**6.1** Klassifizierung der verschiedenen chromatographischen Verfahren.

Da die Nomenklatur der Chromatographie wie viele andere Bereiche der Naturwissenschaften im Wesentlichen auf der englischen Sprache beruht, sollte man sich die Bezeichnung der einzelnen chromatographischen Methoden und deren Abkürzungen im Englischen bereits frühzeitig einprägen. Nur für wenige Techniken wie die Dünnschichtchromatographie (engl. *thin layer chromatography* TLC, deutsch DC) haben sich im Deutschen eigene Abkürzungen durchsetzen können.

## 6.1.3 Mobile und stationäre Phase

Funktion und Bedeutung der stationären und der mobilen Phase ergeben sich aus der allgemeinen Definition der Chromatographie, die wie folgt formuliert werden kann:

*„Chromatographie ist ein physikalisch-chemisches Trennverfahren, bei dem die zu trennenden Substanzen zwischen zwei Phasen verteilt werden, von denen die eine, die stationäre Phase, festliegt, während die andere, die mobile Phase, sich in einer bestimmten Richtung bewegt.“*

Somit ist die Grundvoraussetzung jedes chromatographischen Prozesses das Vorhandensein von zwei nicht miteinander mischbaren Phasen. Wie schon in Abschnitt 6.1.2 erläutert wurde, kann die stationäre Phase aus den unterschiedlichsten Materialien – mit einer entsprechend großen Zahl charakteristischer physikalisch-chemischer Eigenschaften – bestehen. Handelt es sich um eine feste Phase, so spricht man auch von einem Sorbens.

Insbesondere in der Gaschromatographie werden heute auf Feststoffen adsorbierte Flüssigkeiten als stationäre Phasen verwendet. Um Missverständnisse zu vermeiden, sollte man hier jedoch statt des Begriffs Flüssigphase den Ausdruck flüssige stationäre Phase benutzen. In der RP-HPLC (vgl. Abschnitt 6.2.3) und in der GSC (vgl. Abschnitt 6.3.2) werden oftmals gebundene Phasen eingesetzt. Hierunter versteht man Materialien, bei denen eine trennwirksame Schicht chemisch auf einem Trägermaterial oder an der Innenseite einer Kapillare immobilisiert wurde. Diese Klasse stationärer Phasen hat sich als sehr leistungsfähig erwiesen, weil durch die Modifikation der angebundenen Schicht ein breites Eigenschaftsspektrum abgedeckt werden kann.

Die mobile Phase, die ein Gas, eine Flüssigkeit oder ein überkritisches Fluid sein kann, durchströmt die stationäre Phase oder wird an dieser vorbeigeführt. Verantwortlich für diese Fließbewegung sind unterschiedliche Kräfte: Dabei kann es sich wie in der GC oder in der HPLC um das Anlegen eines Druckes handeln, der die mobile Phase durch die Säule bewegt. In der präparativen Flüssigchromatographie, wie sie vielen aus ihrer synthetischen Ausbildung bekannt ist, wird der Eluent zumeist mithilfe der Schwerkraft durch das chromatographische Bett befördert. Im Gegensatz hierzu erfolgt der Transport des Fließmittels in der Dünnschichtchromatographie aufgrund der dort auftretenden Kapillarkräfte. Die moderne Analytik bedient sich heute einer großen Zahl gasförmiger, überkritischer und flüssiger mobiler Phasen, deren Anwendungsmöglichkeiten in den entsprechenden Abschnitten explizit behandelt werden. In Tabelle 6.1 sind beispielhaft nur einige wenige Stoffe aufgeführt, die in der Praxis eingesetzt werden.

**Tabelle 6.1** Beispiele für mobile Phasen in der Chromatographie.

| Verfahren | mobile Phase |
|---|---|
| GC | $H_2$, He, $N_2$ |
| SFC | $CO_2$, $N_2O$, $SF_6$, $NH_3$, n-Butan |
| LC | Acetonitril, Wasser, Methanol, Tetrahydrofuran, Pentan, Diethylether, Toluen, Chloroform, Ethanol |

Die mobile Phase wird in Abhängigkeit vom chromatographischen Verfahren unterschiedlich benannt: In der GC spricht man vom Trägergas, während man in der Säulenflüssigchromatographie den Begriff Eluent und in der TLC den Ausdruck Fließmittel verwendet.

## 6.1.4 Der Retentionsvorgang

Während die mobile Phase das Bett der stationären Phase durchströmt, trägt sie die einzelnen Komponenten des zu trennenden Substanzgemisches mit sich (Abbildung 6.2).

Im Gegensatz zum Eluenten, der, nachdem die stationäre Phase einmal mit diesem gesättigt ist, ohne jegliche Verzögerung aus der Säule eluiert wird, unterliegen die zu separierenden Verbindungen einer oder mehreren reversiblen Gleichgewichtseinstellungen zwischen der mobilen und der stationären Phase. Dies führt dazu, dass sich die Analytmoleküle zeitweise in oder an der stationären Phase aufhalten. Als Folge hiervon werden sie nun nicht mehr mit der Geschwindigkeit des Eluenten sondern deutlich langsamer in Richtung des Säulenausganges transportiert – die einzelnen Substanzen werden retardiert. Da die zu trennenden Verbindungen in der Regel verschiedene physikalische und chemische Eigenschaften besitzen, ist die Stärke der Wechselwirkungen mit der stationären Phase unterschiedlich. Während einzelne Komponenten des Gemisches nur schwach mit der stationären Phase wechselwirken und damit nur wenig retardiert werden, ist die Retention für andere Analyten um so größer. Im Idealfall unterscheiden sich die Wechselwirkungen der verschiedenen Substanzen in einem solchen Maße, dass während der Wanderung durch die Säule eine vollständige Auftrennung in einzelne Banden stattfindet (Abb. 6.2). Verbindungen, die eine geringe Verzögerung erfahren, werden zuerst eluiert und gelangen dann in den Detektor. Komponenten, die stark retardiert werden, erzeugen dementsprechend erst später ein Signal. Den getrennten Analyten können so individuelle Retentionszeiten zugeordnet werden. Man sollte beachten, dass es sich hierbei jedoch nicht um Stoffkonstanten sondern um geräteabhängige Größen handelt.

Chromatographische Verfahren lassen sich anhand der jeweils zu Grunde liegenden Retentionsmechanismen klassifizieren. Dabei ist zu beachten, dass nur sehr selten ein einzelner Mechanismus für die Stofftrennung verantwortlich ist; fast immer beeinflussen mehrere Faktoren die Leistung der verwendeten Methoden. Verteilungsgleichgewichte spielen hierbei eine herausragende Rolle. Für einen Analyten in einem Trennsystem lässt sich das folgende dynamische Gleichgewicht formulieren:

$$A_M \rightleftharpoons A_S$$

Hierbei ist $A_M$ der Analyt in der mobilen und $A_S$ der Analyt in der stationären Phase. Gemäß dem Nernst'schen Verteilungssatz ist das Verhältnis der Konzentrationen eines Stoffes in zwei nicht miteinander mischbaren Phasen bei gegebener Temperatur eine Konstante. Somit lässt sich für jede Komponente eines zu separierenden Gemisches eine *Verteilungskonstante* $K_C$

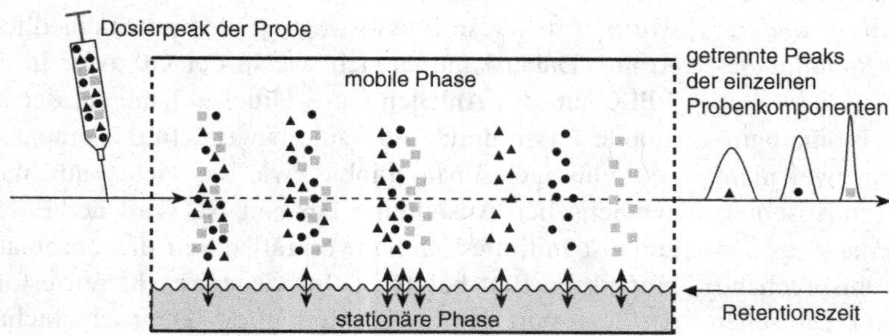


**6.2** Trennung eines Substanzgemisches aufgrund der unterschiedlichen Retention einzelner Analyten während des Transportes durch das chromatographische Bett.

(oft auch Verteilungskoeffizient genannt) angeben:

$$K_C = \frac{c_S}{c_M} \qquad (6.1)$$

Mit $c_S$ wird hier die Konzentration des Analyten in der stationären und mit $c_M$ seine Konzentration in der mobilen Phase bezeichnet. Sind nun die Verteilungskonstanten der Analyten hinreichend verschieden, führt der chromatographische Prozess zu einer Auftrennung der einzelnen Verbindungen. Bei der Verteilungschromatographie beruht die Trennung somit auf Differenzen der Löslichkeiten der Probenkomponenten in der stationären und der mobilen Phase.

Ein weiterer Retentionsmechanismus in der Chromatographie beruht auf der Adsorption der Analyten an einer festen stationären Phase. Auch hier liegt wieder ein dynamisches Gleichgewicht vor. Während des Transportes zum Säulenausgang wechseln die Substanzmoleküle reversibel von der mobilen Phase an die Oberfläche des Sorbens und zurück in die mobile Phase. Wegen der abweichenden Adsorptionsaffinitäten der Einzelverbindungen werden diese unterschiedlich lange retardiert und unter idealen Bedingungen vollständig getrennt.

Basiert das Trennprinzip eines chromatographischen Verfahrens im Wesentlichen auf dem Ausschluss der Analyten vom Inneren der porösen stationären Phase, so spricht man von Ausschlusschromatographie. Der Vorgang der Retention lässt sich mit der Wirkungsweise eines Filters oder eines Siebes vergleichen. Als Ausschlusskriterien können Faktoren wie Größe, Form oder Ladung bestimmend sein.

Zum Schluss seien hier noch zwei Retentionsmechanismen genannt, die nur für eine sehr begrenzte Zahl von Analyten bedeutsam sind und selten in Kombination mit den drei bisher genannten Mechanismen auftreten.

In der Ionenaustauschchromatographie wird die unterschiedliche Austauschaffinität einzelner Ionen zu den aktiven Zentren der stationären Phase (Ionenaustauscherharze) für die Trennung ausgenutzt. Auch hier liegt beim Transport durch das chromatographische Bett wieder ein dynamisches Gleichgewicht vor.

Der Retentionsmechanismus der Affinitätschromatographie beruht auf der hohen Selektivität von Ligand-Rezeptor-Wechselwirkungen. Man kann sich die Trennung hier anschaulich vorstellen, geht man modellhaft von einem Schlüssel-Schloss-Mechanismus aus. Den auf der Oberfläche der stationären Phase immobilisierten Rezeptoren lässt sich die Rolle des Schlosses und den Analytmolekülen die des Schlüssels (oder auch umgekehrt) zuweisen. Ein Schlüssel kann nun nicht oder exakt zu dem vorhandenen Schloss passen. In der Praxis bedeutet dies, dass die einzelnen Probenkomponenten verschieden stark retardiert werden und somit eine Trennung der Substanzen erreicht werden kann. Vielfach werden die Substanzen auch gar nicht mehr eluiert, sondern müssen mit speziellen Eluentien nach dem chromatographischen Prozess von der stationären Phase gewaschen werden.

## 6.1.5 Wichtige Parameter

**Das Chromatogramm**

Die Dokumentation einer chromatographischen Trennung erfolgt in der Regel dadurch, dass man das Detektorsignal gegen die Zeit aufträgt. Die hierbei erhaltene grafische Darstellung wird als Chromatogramm bezeichnet. In Abhängigkeit von der Art des Detektors erhält man nun entweder die differentielle oder die integrale Form eines Chromatogramms. Hierbei ist jedoch nur die differentielle Auftragung von Bedeutung, bei der man für die getrennten Analyten Signale in Form einer Gaußkurve erhält – sie werden als *Peaks* bezeichnet (Abb. 6.3).

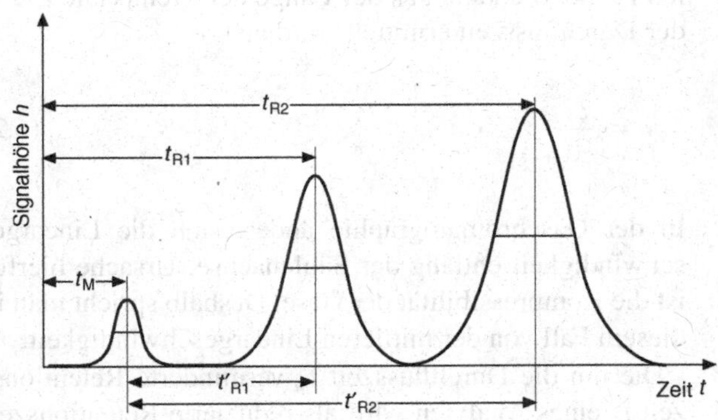


**6.3** Differentielle Auftragung eines Chromatogramms mit der charakteristischen gaußförmigen Signalform; ($t_M$ = Durchflusszeit, $t_{Ri}$ = Retentionszeit der Komponente *i*, $t'_{Ri}$= reduzierte Retentionszeit der Komponente *i*).

Im Gegensatz hierzu liefern integral arbeitende Detektorsysteme stufenförmige Signale.

**Aussagen eines Chromatogramms**

Chromatogramme liefern qualitative und quantitative Informationen über die getrennten Komponenten eines Gemisches. Zur Quantifizierung können sowohl die Peakflächen als auch die Peakhöhen herangezogen werden. Beide Parameter sind proportional zur Konzentration der Analyten in der Probe. Kommt es aufgrund der Schwankung eines Parameters wie z. B. der Temperatur oder der Geschwindigkeit der mobilen Phase zu bandenverbreiternden Effekten, wie sie später in Abschnitt 6.1.6 diskutiert werden, so bleibt zwar die Fläche eines Peaks konstant, seine Höhe nimmt jedoch ab. Wegen dieser Abweichungen wird eine Quantifizierung in der Regel nur anhand der Peakflächen durchgeführt.

**Retentionszeiten und Lineargeschwindigkeiten**
Die Retentionszeit $t_R$, die am Peakmaximum bestimmt wird (Abb. 6.3), kann bei der Identifizierung eines Analyten genutzt werden. Dies geschieht meist durch den Vergleich mit Standardsubstanzen, deren Retentionszeiten in dem gegebenen Trennsystem bekannt sind. Die Zeit, die das Trägergas in der GC oder der Eluent in der LC benötigt, um vom Injektor zum Detektor zu gelangen, wird als Durchflusszeit $t_M$ (früher Totzeit) bezeichnet. Da die mobile Phase in der Regel kein Signal erzeugt, werden zur Bestimmung der Durchflusszeit so genannte Inertsubstanzen injiziert. Diese unterliegen während ihres Transportes durch das chromatographische Bett keinerlei retardierenden Gleichgewichten und wandern so mit der Lineargeschwindigkeit $u$ der mobilen Phase. Sie kann aus der Länge der Trennsäule $L$ und der Durchflusszeit ermittelt werden:

$$u = \frac{L}{t_M} \; . \tag{6.2}$$

In der Gaschromatographie ändert sich die Lineargeschwindigkeit entlang der Säulenachse. Ursache hierfür ist die Kompressibilität der Gase. Deshalb spricht man in diesem Fall von der mittleren Lineargeschwindigkeit.

Die um die Durchflusszeit $t_M$ verminderte Retentionszeit $t_R$ eines Analyten wird als reduzierte Retentionszeit bezeichnet:

$$t'_R = t_R - t_M \tag{6.3}$$

Während $t'_R$ in der Theorie der GC mit einem Kompressionskorrekturfaktor $j$ multipliziert werden muss, um so die Nettoretentionszeit $t_N$ zu erhalten, sind die beiden Größen in der Flüssigchromatographie identisch:

$$t_N = j \cdot t'_R \;\; \text{(GC)} \tag{6.4}$$

$$t_N = t'_R \;\; \text{(LC)} \tag{6.5}$$

**Der Retentionsfaktor *k***
Der Retentionsfaktor $k$ wird in der älteren Literatur zumeist Kapazitätsfaktor $k'$ genannt. Man sollte sich unbedingt beide Ausdrücke merken, um so Verständnisprobleme beim Studium weiterführender Lehrbücher zum Thema Chromatographie zu vermeiden.

Dieser Parameter ist ein Maß dafür, um wie viel länger sich die Probenmoleküle an oder in der stationären Phase als in der mobilen Phase aufhalten. Der Retentionsfaktor lässt sich mit der folgenden Beziehung einfach berechnen:

$$k = \frac{t_R - t_M}{t_M} = \frac{t'_R}{t_M} \tag{6.6}$$

Als Verhältnis zweier Zeiten ist $k$ eine dimensionslose Größe. Für ideale Trennungen werden Retentionsfaktoren zwischen 1 und 5 angestrebt. Ist $k$ deutlich kleiner als 1, eluieren diese Verbindungen so schnell, dass eine genaue Bestimmung der Retentionszeiten schwierig wird. In diesen Fällen ist der Einfluss der Bedingungen außerhalb der Säule (*Extra-Column-Effects*, vgl. Abschnitt 6.1.6) auf die verschiedenen Peakparameter besonders groß. Bei Werten größer als 20 werden die Elutionszeiten im Allgemeinen sehr lang.

**Der Trennfaktor $\alpha$**
Der Trennfaktor $\alpha$ gibt die relative Retention zweier benachbarter Peaks an. Er ist ebenfalls eine dimensionslose chromatographische Variable. Definitiongemäß ist $\alpha$ immer größer oder gleich 1.

$$\alpha = \frac{t_{R2} - t_M}{t_{R1} - t_M} = \frac{t'_{R2}}{t'_{R1}} = \frac{k_2}{k_1} \tag{6.7}$$

Bei $\alpha = 1$ coeluieren die beiden betrachteten Analyten, das heißt, sie erscheinen ungetrennt am Säulenausgang. Der Trennfaktor wird in vielen Publikationen zum Thema Chromatographie auch als Selektivität bezeichnet. Dieser Ausdruck ist aber nur sinnvoll, wenn man die Trenneigenschaften verschiedener stationärer Phasen für ein definiertes Substanzpaar miteinander vergleichen möchte.

**Das Phasenverhältnis $\beta$**
Als Phasenverhältnis $\beta$ bezeichnet man in der Chromatographie das Volumenverhältnis der mobilen zur stationären Phase. Insbesondere in der Kapillar-GC ist $\beta$ ein geeigneter Parameter, um Säulen unterschiedlicher Dimensionen zu vergleichen. Das Phasenverhältnis wird wie folgt berechnet:

$$\text{GC:} \quad \beta = \frac{V_G}{V_S} = \frac{d_c}{4\,d_f} \tag{6.8}$$

LC: $$\beta = \frac{V_M}{V_S} \quad (6.9)$$

$V_G$ = Volumen der Gasphase
$V_S$ = Volumen der stationären Phase
$V_M$ = Duchflussvolumen
$d_c$ = Innendurchmesser der Kapillarsäule
$d_f$ = Filmdicke der stationären Phase

Je kleiner der Wert für $\beta$ ist, desto größer ist der Anteil der stationären Phase am Volumen der Trennsäule. Die Retention der Analyten wird so erhöht. Die Kenntnis des Phasenverhältnisses ist besonders bei der Auswahl einer GC-Kapillarsäule für ein gegebenes analytisches Trennproblem eine wichtige Entscheidungshilfe (Abschnitt 6.3.2).

## 6.1.6 Peakform und Peakverbreiterung

**Peakparameter und daraus ableitbare Größen**

Unter der Voraussetzung, dass man einen differentiell arbeitenden Detektor einsetzt, haben die bei allen chromatographischen Verfahren auftretenden Peaks annähernd die Form einer Gaußfunktion (Abb. 6.4).

Diese kann mathematisch wie folgt formuliert werden:

$$y = y_0 \cdot e^{-\frac{x^2}{2\sigma^2}} \quad (6.10)$$

$y$ = Peakhöhe an jeder beliebigen Stelle des Peaks
$y_0$ = Höhe am Peakmaximum
$x$ = Abstand von der Ordinate (hierbei gilt: für $x = 0$ ist $y = y_0$)
$\sigma$ = Standardabweichung der Verteilung
$\sigma^2$ = Varianz der Verteilung

An einem Peak lassen sich drei verschiedene Peakbreiten ablesen. Der Abstand, den die Schnittpunkte der Wendetangenten mit der Grundlinie bilden, wird auch als Basisbreite $w_b$ bezeichnet. Sie steht mit der Standardabweichung $\sigma$ in folgendem Zusammenhang:

$$w_b = 4 \cdot \sigma \quad (6.11)$$

Die Peakbreite in halber Peakhöhe $w_h$ wird oftmals irreführend auch Halbwertsbreite genannt. Man sollte diesen Ausdruck möglichst nicht mehr verwenden. Für $w_h$ gilt die folgende Beziehung:

$$w_h = 2 \cdot \sigma \cdot \sqrt{2 \cdot \ln 2} = 2,354 \cdot \sigma \quad (6.12)$$

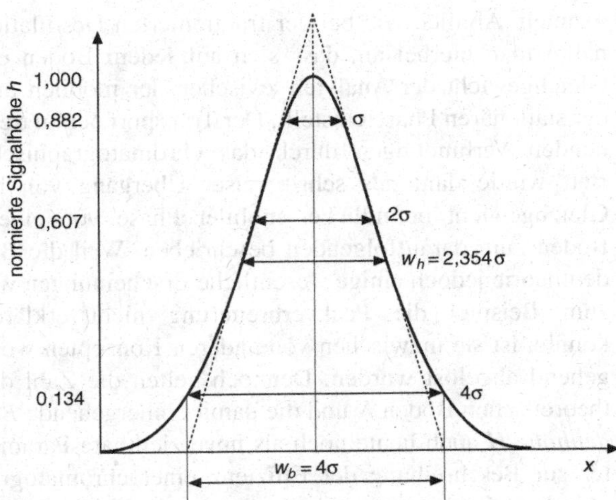


**6.4** Idealer gaußförmiger Peak und daraus ableitbare Parameter; ($w_b$ = Basisbreite, $w_h$ = Peakbreite in halber Peakhöhe, $\sigma$ = Standardabweichung).

Da $w_h$ ohne größeren Aufwand zu ermitteln ist, wird dieser Peakparameter in der Regel zur Berechnung von $\sigma$ herangezogen.

Bei 60,7% der maximalen Peakhöhe wird die Peakbreite $w_i$ zwischen den beiden Wendepunkten bestimmt:

$$w_i = 2 \cdot \sigma \quad (6.13)$$

Man sollte hier jedoch immer beachten, dass diese drei Möglichkeiten zur Berechnung des Wertes für die Standardabweichung $\sigma$ nur gelten, wenn die jeweiligen Peaks nicht signifikant von einem gaußförmigen Funktionsverlauf abweichen.

In der Praxis kommt es häufig vor, dass Peaks eine deutlich erkennbare Asymmetrie aufweisen. Bei diesem asymmetrischen Verhalten unterscheidet man zwei Fälle: Ist der Anstieg des Signals flacher als der Abfall zurück auf die Basislinie, spricht man vom so genannten *Fronting*. Häufiger kommt es jedoch zum umgekehrten Fall, bei dem der Abfall auf die Grundlinie sehr viel flacher verläuft als der Anstieg des Peaks. Man bezeichnet dies dann als *Tailing*.

Anfang der 40er Jahre wurden von Martin und Synge die ersten theoretischen Arbeiten zur Chromatographie verfasst. Von ihnen stammt das Konzept der theoretischen Böden, das lange Zeit als geeignetes Modell zur Erklärung des chromatographischen Prozesses galt. Mit der Bodentheorie schlugen Martin und Synge vor, eine Trennsäule als Aneinanderreihung zahlreicher diskreter, schmaler Lagen aufzufassen, die sie theoretische Böden nannten. Ähnlich wie bei der fraktionierten Destillation nahm man hierbei an, dass sich auf jedem Boden ein Gleichgewicht der Analyten zwischen der mobilen und der stationären Phase einstellt. Der Transport der zu trennenden Verbindungen durch das chromatographische Bett wurde dann als schrittweiser Übergang von im Gleichgewicht befindlicher mobiler Phase von einem Boden zum darauffolgenden beschrieben. Weil die Bodentheorie jedoch einige wesentliche Erscheinungen wie zum Beispiel die Peakverbreiterung nicht erklären konnte, ist sie inzwischen von anderen Konzepten weitgehend abgelöst worden. Dennoch gelten die Zahl der theoretischen Böden $N$ und die damit einhergehende *Bodenhöhe* $H$ auch heute noch als unverzichtbare Parameter zur Beschreibung der Effizienz einer chromatographischen Säule. Die beiden Größen sind durch die folgende Beziehung miteinander verknüpft:

$$H = \frac{L}{N} \tag{6.14}$$

Wie bereits erläutert wurde, kann die Standardabweichung $\sigma$ aus der Peakbreite bei halber Höhe berechnet werden. Mit der bekannten Retentionszeit $t_R$ eines Analytpeaks und der Varianz $\sigma^2$ ergibt sich für die Bodenzahl $N$ ein einfacher Zusammenhang gemäß:

$$N = \left(\frac{t_R}{\sigma}\right)^2 = \frac{t_R^2}{\sigma^2} \tag{6.15}$$

Experimentell werden $H$ und $N$ anhand der Peakbreiten ermittelt. Durch Substitution von $\sigma^2$ lassen sich für die Berechnung von $N$ die folgenden Gleichungen formulieren:

$$N = 16 \cdot \left(\frac{t_R}{w_b}\right)^2 \tag{6.16}$$

$$N = 5,54 \cdot \left(\frac{t_R}{w_h}\right)^2 \tag{6.17}$$

Neben der Bodenzahl $N$ findet man in der Literatur auch sehr oft die effektive Bodenzahl $N_{eff}$. Durch die Einführung von $N_{eff}$ werden früh eluierende Peaks, deren Bodenzahlen $N$ sonst sehr groß erscheinen, angemessen berücksichtigt. Sie wird analog zu $N$ ermittelt; allerdings wird die Retentionszeit $t_R$ durch die reduzierte Retentionszeit ersetzt. Mit dem Retentionsfaktor $k$ ergibt sich ein einfacher Zusammenhang zwischen $N$ und $N_{eff}$:

$$N = N_{eff} \cdot \left(\frac{k+1}{k}\right)^2 = \left(\frac{t'_R}{\sigma}\right)^2 \cdot \left(\frac{k+1}{k}\right)^2 \tag{6.18}$$

Während sich die beiden Bodenzahlen bei kleinen $k$-Werten deutlich unterscheiden, nähern sie sich bei wachsenden Retentionsfaktoren asymptotisch.

In Tabelle 6.2 sind zum Vergleich die Bodenzahlen und -höhen von in der GC und der HPLC eingesetzten Säulen gegenübergestellt. Je größer dabei die Zahl der theoretischen Böden ist, desto mehr Gleichgewichtseinstellungen sind während der Wanderung entlang der Trennstrecke möglich und desto größer wird die Trennleistung. Da hier die absoluten Bodenzahlen pro Säule angegeben sind, könnte man voreilig zu dem Schluss kommen, dass die Gaschromatographie die Flüssigchromatographie in ihrer Effizienz bei weitem übertrifft. Berechnet man aber die Bodenzahlen pro Meter Säulenmaterial, und vergleicht man die Bodenhöhen, so wird die große Leistungsfähigkeit der HPLC ersichtlich.

**Tabelle 6.2** Bodenzahlen und -höhen für gängige GC- und HPLC-Säulen.

| Säulentyp | *N* (pro Säule) | *H* (mm) |
|---|---|---|
| *GC* | | |
| gepackte Säulen, 1–3 m | 500–2000 | 1–6 |
| Kapillarsäulen, 25 m | | |
| 0,1 mm Innendurchmesser | 30000–100000 | 0,2–0,6 |
| 0,5 mm Innendurchmesser | 20000–50000 | 0,5–1,3 |
| *HPLC* | | |
| C18-RP-Phasen, 25 cm | | |
| 10 µm-Partikel | 2500–5000 | 0,05–0,1 |
| 3 µm-Partikel | 8000–18000 | 0,02–0,05 |
| Kieselgel, 25 cm (10 µm-Partikel) | 2500–5000 | 0,05–0,1 |

Sowohl die Zahl der theoretischen Böden als auch die Bodenhöhen werden in der Literatur und in Herstellerkatalogen gerne zur Demonstration der Effizienz einer Trennsäule angegeben. Man sollte beim Vergleich zweier Säulen jedoch immer darauf achten, ob die Werte für $N$ und $H$ bzw. $N_{eff}$ und $H_{eff}$ mit ein und demselben Analyten bestimmt wurden.

### Peakverbreiternde Prozesse

Bei allen chromatographischen Verfahren, sei es in der GC, der HPLC oder der DC versucht man, möglichst scharfe Peaks zu erhalten. Hierdurch wird die Auswertung der Chromatogramme erleichtert und die Auflösung, die in Abschnitt 6.1.7 diskutiert wird, verbessert. Dabei ist insbesondere darauf zu achten, dass das zu trennende Substanzgemisch als schmale Bande auf die Trennsäule gelangt. Werden die Analyten bei der Probenaufgabe zu langsam injiziert, so resultiert daraus bereits vor der Säule eine breite Substanzzone. Diese vorgegebene Bandenverbreiterung kann durch den chromatographischen Prozess nicht rückgängig gemacht werden, sondern wird durch die im Folgenden diskutierten Mechanismen, die während der Wanderung durch die Säule auftreten, noch verstärkt. Die richtige Injektion erfordert bei allen Techniken Übung und Geschick. Bei großen Probendurchsätzen wird diese Aufgabe in der Regel automatisiert durchgeführt; hierbei erhält man eine gut reproduzierbare Startbandbreite.

Betrachten wir nun den Gang der Analyten durch das chromatographische Bett einer Trennsäule: Während ihrer Wanderung wechseln die einzelnen Moleküle einer Komponente ständig zwischen der mobilen und der stationären Phase. Die Zeit, die sie in einer der beiden Phasen verweilen, hängt im Wesentlichen davon ab, ob ihnen für den Phasenübergang zufällig genug Energie zur Verfügung steht. Dadurch können sich die Aufenthaltszeiten der Analytmoleküle einer Komponente in der stationären und der mobilen Phase deutlich voneinander unterscheiden. Für Moleküle, die sich länger in der mobilen Phase befinden, ergibt sich eine größere und für solche, die länger in der stationären Phase verweilen, eine geringere Wanderungsgeschwindigkeit als für den Durchschnitt der Teilchen. Aufgrund dieser individuellen Zufallsprozesse resultiert eine symmetrische Verteilung der Geschwindigkeiten um einen Mittelwert. Im Chromatogramm äußert sich dieses Verhalten in der bekannten Peakform, die annähernd der einer Gaußfunktion entspricht. Bei der Wanderung der einzelnen Substanzzonen durch die Säule nimmt deren Breite im Fall einer isokratischen (LC) oder isothermen (GC) Trennung stetig zu, weil sich die Unterschiede in den Wanderungsgeschwindigkeiten mit fortschreitender Zeit zunehmend vergrößern – die Verteilung wird flacher. Je später ein Peak im Chromatogramm erscheint, das heißt, je größer der Retentionsfaktor $k$ ist, desto breiter erscheint ein Peak. Die Bandenverbreiterung korreliert direkt mit der Aufenthaltszeit in der Säule und ist somit umgekehrt proportional zur Lineargeschwindigkeit $u$ der mobilen Phase.

Mit der Variation der Lineargeschwindigkeit $u$ lässt sich die Effizienz eines Trennsystems wesentlich beeinflussen. In den 50er Jahren wurde von den Niederländern van Deemter, Zuiderweg und Klinkenberg eine Gleichung formuliert, die einen quantitativen Zusammenhang zwischen der Bodenhöhe $H$ und der Geschwindigkeit der mobilen Phase liefert. Sie ist heute als *van-Deemter-Gleichung* bekannt und findet sowohl in der GC als auch in der LC Anwendung:

$$H = A + \frac{B}{u} + Cu \tag{6.19}$$

In dieser sehr allgemeinen Formulierung steht der Term $A$ für den Beitrag, den die Eddy-Diffusion zur Bandenverbreiterung liefert. Der Anteil der Longitudinaldiffusion wird durch B beschrieben, während der C-Term die Verzögerung des Stoffaustausches zwischen mobiler und stationärer Phase berücksichtigt; $C \cdot u$ wird oft auch als Massentransfer- oder Massentransportterm bezeichnet. Die Mechanismen dieser einzelnen Beiträge zur Bandenverbreiterung werden im Folgenden noch detailliert diskutiert werden. Das klassische Modell von van Deemter ist heute in Teilen überholt, und in den letzten Jahrzehnten sind viele Modifikationen und Verbesserungen dieser Theorie publiziert worden, die zu erwähnen den Rahmen dieses Lehrbuches sprengen würde. Wegen ihrer didaktischen Klarheit ist die van-Deemter-Gleichung jedoch durchaus geeignet, Einsteigern ein einfaches theoretisches Werkzeug zur Optimierung der Effizienz einer Trennung an die Hand zu geben.

Der Kurvenverlauf der van-Deemter-Funktion ist in Abb. 6.5 qualitativ dargestellt.

Wie man sieht, erreicht die Bodenhöhe $H$ bei einer optimalen Lineargeschwindigkeit $u$ ihren minimalen Wert, das heißt, die Effizienz der Trennung erreicht hier ihren maximalen Wert. Bei einem gegebenen Trennsystem wird man somit stets versuchen, die Geschwindigkeit der mobilen Phase auf das Minimum der van-Deemter-Funktion einzustellen. Obwohl sich die Kurvenverläufe in der Gas- und der Flüssigchromatographie stark ähneln, bestehen aber einige quantitative Unterschiede. Während man für die Gaschromatographie van-Deemter-Kurven mit einem breiten Minimum beobachtet, erhält man in der Flüssigchromatographie meist sehr schmale Minima, deren zugehörige Lineargeschwindigkeiten deutlich kleiner sind als in der Gaschromatogra-

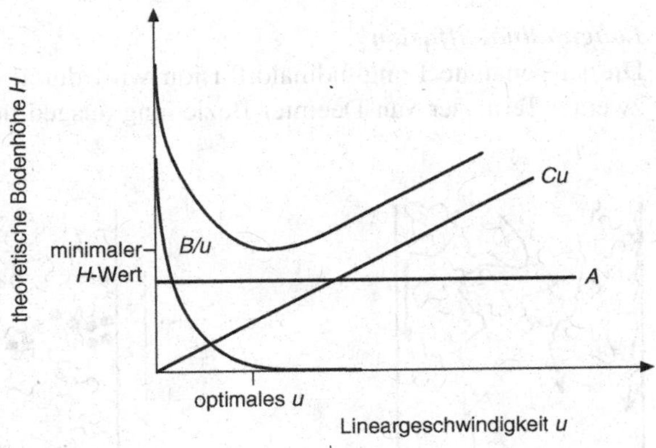


6..5 Beiträge der Eddy-Diffusion ($A$-Term), der Longitudinaldiffusion ($B$-Term) und der Stoffaustauschverzögerung ($C$-Term) zum Kurvenverlauf der van-Deemter-Funktion (rote Kurve).

**Tabelle 6.3** Lineargeschwindigkeiten und Flussraten in der GC und der HPLC.

| Technik | Lineargeschwindigkeit [cm · $s^{-1}$] | | Flussrate [ml · $min^{-1}$] | |
|---|---|---|---|---|
| | Optimum | in der Praxis | Optimum | in der Praxis |
| *GC* | | | | |
| 4 mm Innendurchmesser (gepackte Säule) | 2–4 | 4–8 | 40–50 | 40–80 |
| 0,25 mm Innendurchmesser (Kapillarsäule, Trägergas: $H_2$) | 30–40 | 60–80 | 1–2 | 1–4 |
| *HPLC* | | | | |
| 4,6 mm Innendurchmesser (gepackte Säule) | 0,05–0,1 | 0,1–0,2 | 0,2–0,5 | 1–2 |

phie. Als Faustregel sollte man sich merken, dass die minimalen Bodenhöhen in der LC um etwa einen Faktor 10 kleiner sind als in der GC. Einen Überblick über die in der Praxis verwendeten Lineargeschwindigkeiten und die damit korrespondierenden Flussraten gibt Tabelle 6.3.

### *Eddy-Diffusion*

Der *A*-Term der van-Deemter-Gleichung berücksichtigt die so genannte Eddy-Diffusion. Weil diese nur bei gepackten Säulen auftritt, kann man den Koeffizienten *A* in der Kapillargaschromatographie vollständig vernachlässigen. Wenn eine Substanzzone durch das chromatographische Bett transportiert wird, müssen die Moleküle die Partikel des Packungsmaterials umwandern. Hierbei legen die Analyten unterschiedliche Weglängen zurück (Abb. 6.6a).

Dieser Vorgang führt zu einer Bandenverbreiterung, deren Ausmaß von der Partikelgröße sowie der Homogenität und Dichte der Säulenpackung abhängt. Je kleiner und sphärischer die eingesetzten Partikel der stationären Phase sind, desto geringer ist der Effekt, den die Eddy-Diffusion auf die resultierende Peakbreite ausübt.

### *Longitudinaldiffusion*

Die so genannte Longitudinaldiffusion wird durch den zweiten Term der van-Deemter-Beziehung ausgedrückt. Sie beruht auf der zufälligen Molekularbewegung der Analyten in der mobilen Phase. Während sich letztere mit der Lineargeschwindigkeit $u$ durch die Säule bewegt, diffundieren die Substanzmoleküle in alle Richtungen (Abb. 6.6b).

Die longitudinale Komponente dieser Diffusion, das heißt in Richtung der Säulenachse, führt wieder zu einem bandenverbreiternden Effekt. Der Betrag der Longitudinaldiffusion ist proportional zur Aufenthaltszeit der Probe in der Säule und zum Diffusionkoeffizienten $D_M$ des Analyten in der mobilen Phase. In der Flüssigchromatographie kann der *B*-Term wegen der sehr kleinen $D_M$-Werte normalerweise vernachlässigt werden (Tab. 6.4). Dadurch kann es sogar vorkommen, dass das Minimum der van-Deemter-Funktion (vgl. Abb. 6.5) oft gar nicht beobachtet wird. Da die Diffusionskoeffizienten in Gasen bedeutend größer sind (Tab. 6.4), leistet die Longitudinaldiffusion in der Gaschromatographie insbe-

**Tabelle 6.4** Betrag der Diffusionskoeffizienten in verschiedenen mobilen Phasen.

| | Gas | Überkritisches Fluid | Flüssigkeit |
|---|---|---|---|
| *Diffusionskoeffizient* [$cm^2 \cdot s^{-1}$] | $10^{-1}$ | $10^{-3}$–$10^{-4}$ | < $10^{-5}$ |

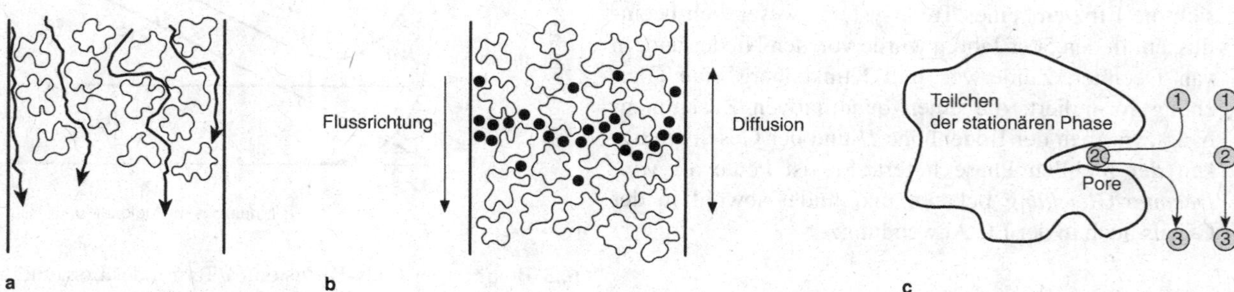


**6.6** a) Schematische Darstellung der Eddy-Diffusion b) Peakverbreiterung durch Longitudinaldiffusion c) Stoffaustauschverzögerung durch Porendiffusion.

sondere bei niedrigen Trägergasgeschwindigkeiten einen entscheidenden Beitrag zur Peakverbreiterung (vgl. Abb. 6.5).

### *Massentransport-Effekte*

Während die Eddy-Diffusion in der Kapillar-GC keine Rolle spielt und die Longitudinaldiffusion in der Flüssigchromatographie vernachlässigt werden kann, ist der Massentransferterm $C \cdot u$ sowohl in der GC als auch in der LC und der SFC von entscheidender Bedeutung für die Effizienz eines Trennsystems. Er setzt sich additiv aus zwei Anteilen zusammen:

$$C \cdot u = C_S \cdot u + C_m \cdot u \tag{6.20}$$

Hierbei sind $C_s$ und $C_m$ die Massentransferkoeffizienten in der stationären und der mobilen Phase.

Bisher wurde immer davon gesprochen, dass im Laufe des Trennprozesses eine Vielzahl von Gleichgewichten auftritt. Man sollte jedoch stets beachten, dass sich diese nur langsam einstellen. Aufgrund des Flusses des Trägergases bzw. des Eluenten haben die Analyten aber nicht genug Zeit, den Gleichgewichtszustand zwischen den beiden Phasen zu erreichen. Das bedeutet, dass eine chromatographische Säule immer unter Nichtgleichgewichtsbedingungen arbeitet. An der Front einer Substanzzone, wo die Analytmoleküle stets auf „freie" stationäre Phase treffen, kann sich der Gleichgewichtszustand nicht augenblicklich etablieren. Einige Teilchen werden deshalb bereits vor Erreichen der Gleichgewichtsbedingung von der mobilen Phase weitertransportiert. Parallel hierzu finden ähnliche Prozesse am Ende einer Substanzzone statt. Allerdings verweilen die Teilchen hier zu lange in der stationären Phase, sodass sie hinter der mobilen Phase zurückbleiben. Beide Vorgänge führen zu einer Bandenverbreiterung, die proportional zur Lineargeschwindigkeit $u$ ist. Je langsamer die mobile Phase durch die Trennsäule strömt, desto mehr Zeit haben die Analyten, das Gleichgewicht zwischen beiden Phasen zu realisieren.

Die Verzögerung des Massentransfers in der stationären Phase – beschrieben durch den Koeffizienten $C_s$ – kann für feste stationäre Phasen vernachlässigt werden, da die Übergänge eines Teilchens an oder von einer Oberfläche in der Regel schnell verlaufen. Bei flüssigen stationären Phasen hängt der Massentransfer wesentlich von der Filmdicke sowie dem Diffusionskoeffizienten der Analyten in der stationären Phase $D_S$ ab. In der Praxis werden flüssige stationäre Phasen niedriger Viskosität als dünne Filme eingesetzt. Wenn zur Steigerung der Probenkapazität einer Trennsäule die Filmdicke vergrößert wird, sollte man deshalb unbedingt beachten, dass die Verzögerung des Massentransfers in der stationären Phase erhöht und die Effizienz der Trennung somit herabgesetzt wird.

Mit dem Massentransferkoeffizienten $C_m$ werden die Stoffaustauschvorgänge in der mobilen Phase beschrieben. Er ist dem Diffusionskoeffizienten der Analyten in der mobilen Phase $D_M$ umgekehrt proportional. Aus diesem Grund werden in der Gaschromatographie bevorzugt Trägergase mit großen Diffusionskoeffizienten wie Wasserstoff und Helium eingesetzt. In der LC macht sich die reziproke Abhängigkeit des Massentransferkoeffizienten $C_m$ von $D_M$ (vgl. Tabelle 6.4) am stärksten bemerkbar. Da der Diffusionskoeffizient $D_M$ in Flüssigkeiten direkt proportional zur Temperatur ist, lässt sich die Effizienz einer flüssigchromatographischen Trennung neben der Optimierung der Lineargeschwindigkeit der mobilen Phase auch durch eine Temperaturerhöhung verbessern.

Bei der Verwendung von gepackten Säulen ist die Geometrie des Packungsmaterials ein weiterer Parameter, der den Massentransfer in der mobilen Phase beeinflusst. Die Teilchen der stationären Phase weisen in der Mehrheit der Fälle eine poröse Struktur auf. In den Poren der Partikel ist die Lineargeschwindigkeit der mobilen Phase deutlich geringer als außerhalb und kann sogar ganz zum Erliegen kommen. Analytmoleküle, die in diese Poren transportiert werden, gelangen zunächst durch Diffusion an die Oberfläche der stationären Phase (Abb. 6.6c), wo sie adsorbiert und desorbiert werden. Der Rückweg wird wiederum durch Diffusionsprozesse kontrolliert. Alle Teilchen, die sich während des Trennprozesses in den Poren aufhalten, wandern deutlich langsamer durch das chromatographische Bett als solche, die direkt an der Oberfläche der Partikel adsorbiert werden (Abb. 6.6c). Mit der Verwendung möglichst unporöser Packungsmaterialien kann dieser Beitrag zur Verzögerung des Massentransfers in der mobilen Phase minimiert werden.

### *Extra-Column-Effects*

Beim Einsatz flüssigchromatographischer Trenntechniken wie der HPLC kann es häufig zu einer deutlichen Peakverbreiterung außerhalb des Säulenvolumens kommen. Ursache hierfür ist der Transport der Analyten durch die Kapillaren, die die einzelnen Komponenten des chromatographischen Aufbaus miteinander verbinden. Da in diesen Verbindungen kein Trennprozess stattfindet, nennt man die Summe ihrer Volumina auch Totvolumen. Je größer dieses Totvolumen ist, desto breiter werden die Peaks im Chromatogramm. Physikalisch lässt sich diese Bandenverbreiterung dadurch erklären, dass in den Kapillaren ein laminares Strömungsprofil herrscht, sodass sich die Analytmoleküle in der Mitte des Kapillarinnenraums schneller bewegen als an den Wänden. In der Gaschromatographie werden diese Geschwindigkeitsunterschiede durch schnelle Diffusionsvorgänge nahezu wieder aufgehoben. Die Diffusionskoeffizienten in Flüssigkeiten sind hingegen sehr klein, und die Bandenverbreiterung durch Totvolumina wird häufig beobachtet. In der Praxis ist man deshalb bemüht, die Verbindungen zwischen Injektor und Trennsäule sowie zwischen Säule und Detektor so kurz wie möglich zu halten. Der Beitrag der *Extra-Column-Effects* $H_{ex}$ zur Bodenhöhe $H$ kann mit der folgenden Beziehung berechnet werden:

$$H_{ex} = \frac{\pi \cdot r^2 \cdot u}{24 \cdot D_M} \tag{6.21}$$

$r$ = Radius der Kapillare [cm]
$u$ = Lineargeschwindigkeit [cm · s$^{-1}$]
$D_M$ = Diffusionskoeffizient des Analyten in der mobilen Phase [cm$^2$ · s$^{-1}$]

Neben all diesen Mechanismen muss man sich stets auch all jener Faktoren bewusst sein, die die laminare Strömung der mobilen Phase stören. Dies können z. B. Unregelmäßigkeiten wie Spalten oder Kanten in der Packung der stationären Phase sein Das Auftreten kapillarer Risse kann im schlimmsten Fall so genannte Memory-Effekte bewirken, bei denen in einem Chromatogramm Peaks erscheinen, die von Substanzen früherer Trennungen verursacht werden und die Säule nur sehr verzögert verlassen.

## 6.1.7 Auflösung und deren Optimierung

Mit dem Trennfaktor $\alpha$ (vgl. Abschnitt 6.1.5) kann die Separation zweier benachbarter Peaks quantitativ beschrieben werden. Jedoch kann man anhand des erhaltenen Wertes für $\alpha$ keine Aussagen über die Güte einer Trennung treffen, da die Peakbreite als wesentliches Qualitätskriterium nicht in die Berechnung des Trennfaktors einfließt. Als quantitatives Maß für die Fähigkeit einer Säule, zwei Substanzen voneinander zu trennen, wird in der Chromatographie die *Auflösung* $R_S$ angegeben. Sie kann aus dem Abstand der Peakmaxima und dem Mittelwert der Basisbreiten $w_b$ berechnet werden (vgl. Abb. 6.3 und Abb. 6.4):

$$R_S = \frac{(t_{R2} - t_{R1})}{(w_{b1} + w_{b2})/2} = \frac{2(t_{R2} - t_{R1})}{w_{b1} + w_{b2}} \tag{6.22}$$

Betrachtet man zwei nahe beieinanderliegende schmale Peaks, so kann in guter Näherung angenommen werden, dass $w_{b1} \approx w_{b2}$. In diesem Fall gilt:

$$R_S \approx \frac{t_{R2} - t_{R1}}{w_{b2}} \tag{6.23}$$

Für benachbarte symmetrische Peaks mit einem Peakhöhenverhältnis von 1 beobachtet man bei einer Auflösung von 0,6 nur eine Antrennung der beiden Analyten. Mit einer Überlappung von 12% sind solche Signale im Chromatogramm quantitativ nicht auswertbar. Bei $R_S = 1$ beträgt die Überlappung nur noch ca. 2%; für viele Anwendungen wird eine solche Trennung bereits als ausreichend betrachtet. Erst mit einer Auflösung von 1,5 sind zwei Peaks gerade basisliniengetrennt.

Ersetzt man $w_{b2}$ in Gleichung 6.23 mithilfe von Gleichung 6.16, so erhält man für die Auflösung $R_S$ eine Abhängigkeit von der Bodenzahl $N$:

$$R_S = \frac{t_{R2} - t_{R1}}{t_{R2}} \cdot \frac{\sqrt{N}}{4} \tag{6.24}$$

Die Retentionszeiten lassen sich auch durch die entsprechenden Retentionsfaktoren (Gleichung 6.6) ausdrücken. Durch Substitution von $t_{R1}$ und $t_{R2}$ folgt:

$$R_S = \frac{k_2 - k_1}{1 + k_2} \cdot \frac{\sqrt{N}}{4} \tag{6.25}$$

Mit der Einführung des Trennfaktors $\alpha$ (Gleichung 6.7) lässt sich $k_1$ in Gleichung 6.25 eliminieren, und man erhält schließlich für die Auflösung:

$$R_S = \left(\frac{\alpha - 1}{\alpha}\right) \cdot \left(\frac{k_2}{1 + k_2}\right) \cdot \frac{\sqrt{N}}{4} \tag{6.26}$$

Unter der Bedingung, dass Gleichung 6.23 gilt, ist $R_S$ also nur eine Funktion des Trennfaktors $\alpha$, des Retentionsfaktors $k_2$ und der Bodenzahl $N$.

Abbildung 6.7a zeigt die typische Antrennung zweier Peaks in einem Chromatogramm.

$R_S$ ist hier deutlich kleiner als 1. Durch Variation der Parameter $\alpha$, $k_2$ oder $N$ kann die Trennung verbessert werden. Hierbei soll zunächst der Einfluss des $k_2$-Terms auf die Optimierung der Auflösung diskutiert werden.

Wie man in Abb. 6.7b sieht, führt die Vergrößerung des Retentionsfaktors zu einer deutlich verbesserten Auflösung, und die beiden Peaks sind nahezu basisliniengetrennt. Da die Erhöhung von $k_2$ aber mit einer längeren Retentionszeit verbunden ist, können sich die in Abschnitt 6.1.6 erwähnten bandenverbreiternden Prozesse so deutlich stärker auswirken und es kommt zu einer Peakverbreiterung. Weil der Retentionsfaktor $k$ proportional zum Verteilungskoeffizienten $K_c$ ist, wird sein Wert von den intermolekularen Wechselwirkungen zwischen den Analytmolekülen und der mobilen bzw. der stationären Phase bestimmt. Daher kann $k$ in der GC durch die Änderung der Temperatur oder einen Wechsel der stationären Phase variiert werden. Zur Variation des Retentionsfaktors wird in der Flüssigchromatographie dagegen meist die Zusammensetzung oder die Art des Eluenten geändert. Da der zweite Term in Gleichung 6.26 mit ansteigendem $k_2$ gegen 1 strebt, hat die Erhöhung des Retentionsfaktors auf einen Wert größer als 10 kaum noch einen Einfluss auf die Optimierung der Trennung.

Hält man $\alpha$ und $k_2$ konstant und erhöht die Zahl der theoretischen Böden, so erscheinen die Peaks nun deutlich besser getrennt an derselben Stelle des Chromatogramms (Abb. 6.7c).

Bei der Erhöhung der Auflösung mithilfe der Bodenzahl sollte man jedoch beachten, dass $R_S$ mit der Quadratwurzel aus $N$ korreliert. Möchte man nun die Auflösung verdoppeln, so muss die Zahl der theoretischen Böden vervierfacht werden. In der Praxis kann die Bodenzahl verändert werden, indem man die Säulenlänge oder die Lineargeschwindigkeit der mobilen Phase variiert. Da die Verlängerung der chromatographischen Trennstrecke auf Kosten der Analysenzeit geht, wird man einen Säulenwechsel stets zu vermeiden suchen. Generell ist es sinnvoll, $N$ erst dann zu variieren, wenn man durch Änderung von $k$ und $\alpha$ keine weitere Optimierung der Auflösung mehr erreichen kann.

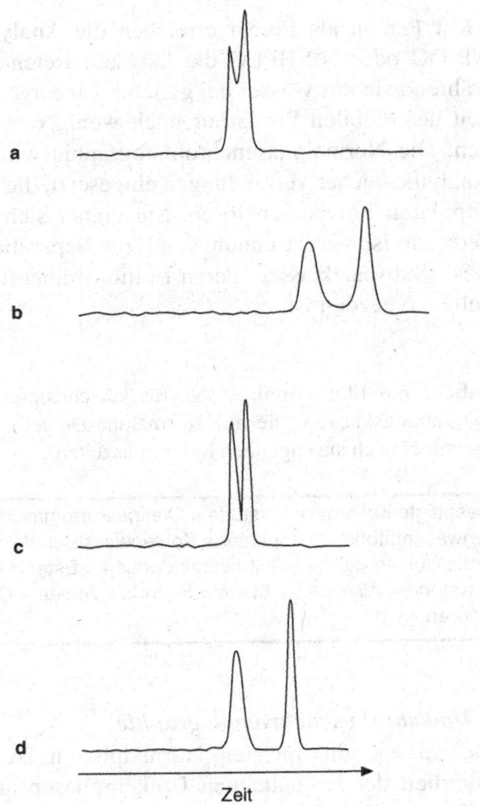


**6.7** a) Antrennung zweier Peaks in einem Chromatogramm. b) Verbesserung der Auflösung $R_S$ durch die Erhöhung des Retentionsfaktors $k_2$. c) Einfluss der Zahl der theoretischen Böden $N$ auf die Auflösung $R_S$. d) Verbesserung der Auflösung $R_S$ durch die Erhöhung des Trennfaktors $\alpha$.

In der Chromatographie können eine Vielzahl von Parametern eine Erhöhung des Trennfaktors $\alpha$ und damit eine Verbesserung von $R_S$ bewirken (Abb. 6.1.7d).

Hierzu gehören die Art und Zusammensetzung der mobilen Phase, die Temperatur der Säule ebenso wie die Qualität der stationären Phase. Wenn $\alpha$ nur wenig kleiner als 1,1 ist, verursachen bereits geringe Änderungen des Trennfaktors eine deutliche Veränderung der Auflösung.

Retentions- und Trennfaktoren können in der Regel nicht unabhängig voneinander variiert werden, weil Änderungen der mobilen oder der stationären Phase aber auch der Temperatur immer sowohl $\alpha$ als auch $k_2$ beeinflussen. Für den Praktiker auf dem Gebiet chromatographischer Trennungen wird das Problem der Optimierung von $R_S$ noch dadurch erschwert, dass sich in einem Chromatogramm sehr oft mehrere Peakpaare finden, die nur andeutungsweise getrennt sind. Variationen der mobilen oder der stationären Phase können sich bei dem Versuch, die Auflösung zu verbessern, für die verschiedenen Signalpaare zum Teil gegenläufig auswirken.

Zur Charakterisierung des Trennvermögens einer GC- oder einer LC-Säule wird neben der Peak-Auflösung auch oftmals die so genannte Trennzahl $TZ$ angegeben. Sie macht eine Aussage darüber, wie viele Peaks die verwendete Säule in einem gegebenen Zeitintervall zu trennen in der Lage ist. Die Bestimmung von $TZ$ erfolgt in der Regel dadurch, dass man zwei n-Alkane mit der Anzahl der Kohlenstoffatome $z$ und $z + 1$ trennt. Die Trennzahl entspricht dann der Anzahl der Peaks, die zwischen den beiden aufeinanderfolgenden Alkansignalen im Chromatogramm Platz finden.

$$TZ = \frac{t_{R(z+1)} - t_{R(z)}}{w_{h(z)} - w_{h(z+1)}} - 1 \qquad (6.27)$$

Die Trennzahl $TZ$ hängt davon ab, mit welchen Alkanen sie ermittelt wird. Deshalb sollten die verwendeten Alkane immer angegeben werden.

# 6.2 Trenntechniken in kondensierter Phase

## 6.2.1 Theorie von HPLC und DC

**Stationäre und mobile Phasen**

In der Flüssigchromatographie unterscheidet man im Wesentlichen zwischen zwei Klassen stationärer Phasen – den Normalphasen (NP, engl. *normal phase*) und den Umkehrphasen (RP, engl. *reversed phase*). Die Benennung hat hierbei ausschließlich historische Gründe, da die Normalphasen bereits vor der Entwicklung der RP-Phasen für die HPLC eingesetzt wurden. Heute dominieren in den analytischen Anwendungen die Umkehrphasen, mit denen ein breites Spektrum organischer Analyten verschiedenster Polarität getrennt werden kann.

***a. Normalphasen***

Typische Materialien für die Normalphasenchromatographie sind im Allgemeinen poröse anorganische Adsorbenzien wie Kieselgel ($SiO_2$) oder Aluminiumoxid ($Al_2O_3$), die an ihrer Oberfläche polare Hydroxylgruppen besitzen. Hierbei wird meistens $SiO_2$ als stationäre Phase bevorzugt, weil es leicht erhältlich und kostengünstig ist. Es hat zudem den Vorteil, dass es sich mit größeren Probenmengen beladen lässt als $Al_2O_3$. Darüber hinaus ist Kieselgel chemisch nahezu inert, während Aluminiumoxid eine Reihe von Analyten katalytisch zersetzen kann. Für die Anwendung in der HPLC werden poröse *(porous particles)* oder unporöse *(non-porous particles)* Siliciumdioxid-Partikel, die sphärisch oder irregulär sein können, mit einem Durchmesser von 3, 5 oder 10 µm eingesetzt. Der Trend geht hierbei immer mehr in die Richtung kleinerer Partikeldurchmesser. In der Dünnschichtchromatographie werden hingegen Partikelgrößen zwischen 5 µm für die HPTLC (vgl. Abschnitt 6.2.2) und 20 µm für die konventionelle DC verwendet. Die Partikelgröße und der Porendurchmesser werden durch das Herstellungsverfahren beeinflusst. Für den chromatographischen Trennvorgang ist es von Bedeutung, dass die eingesetzten Kieselgelteilchen eine möglichst homogene Verteilung der Größe und des Porendurchmessers besitzen. Als Eluenten werden in der Normalphasen-Chromatographie unpolare Solvenzien wie Pentan, Hexan, Heptan oder Octan eingesetzt. Wenn die Elutionskraft eines Alkans bei stark adsorbierten Analyten nicht ausreicht, wird die Polarität der mobilen Phase durch die Zugabe stärker polarer Lösemittel wie Tetrahydrofuran oder Dichlormethan erhöht. Noch polarer sind Eluenten wie Methanol oder Acetonitril. Die Elutionskraft eines Solvens wird in der Flüssigchromatographie als Ordnungskriterium verwendet. Sie korreliert direkt mit dem Verteilungskoeffizienten (Gl. 6.1) und ist ein qualitatives Maß dafür, wie weit die Verteilung der Analytmoleküle auf der Seite der mobilen Phase liegt. Je größer dabei die Elutionskraft ist, desto kleiner wird der Verteilungskoeffizient und desto schneller wandern die Analyten durch das chromatographische Bett. In der so genannten elutropen Reihe werden die Lösemittel nach steigender Elutionskraft geordnet. Man sollte unbedingt beachten, dass eine solche Reihe von der Polarität der stationären Phase abhängt und deshalb keine allgemeine Gültigkeit hat. Bei der Verwendung von Normalphasen ergibt sich für die gängigen mobilen Phasen die folgende elutrope Reihe:

**Tabelle 6.5** Elutrope Reihe einiger Solvenzien in der NP-Chromatographie.

| Pentan/Hexan < Cyclohexan < Toluen < Trichlormethan < Dichlormethan < Tetrahydrofuran < Dioxan < Acetonitril < Ethanol < Methanol << Wasser |
|---|

Mit Pentan als Eluent erreichen die Analyten in der NP-DC oder NP-HPLC die längsten Retentionszeiten, während sie mit Wasser bei gleicher Lineargeschwindigkeit der mobilen Phase nur noch wenig retardiert werden. Die Normalphasenchromatographie wird gern zur Analytik solcher Verbindungen eingesetzt, die sich gut in unpolaren Solvenzien lösen. Sie eignet sich insbesondere zur Isomerentrennung und zur Separation organischer Substanzklassen, deren Elutionsreihenfolge in Tabelle 6.6 gezeigt ist.

**Tabelle 6.6** Elutionsreihenfolge für verschiedene organische Verbindungsklassen, die auf Normalphasen getrennt wurden (geordnet nach ansteigenden Retentionszeiten).

| gesättigte Kohlenwasserstoffe < Olefine < aromatische Kohlenwasserstoffe ≅ halogenierte Kohlenwasserstoffe < organische Sulfide < Ether < Nitroverbindungen < Ester ≅ Aldehyde ≅ Ketone < Alkohole ≅ Amine < Sulfone < Amide < Carbonsäuren |
|---|

***b. Umkehrphasenchromatographie***

Ebenso wie die meisten Normalphasen ist auch die Mehrheit der so genannten Umkehrphasen auf Kieselgelbasis aufgebaut. Ihren unpolaren Charakter erhalten diese stationären Phasen durch chemische Modifikation der Feststoffoberfläche, indem Alkylketten unterschiedlicher Länge an die Hydroxylgruppen des anorganischen Trägermaterials gebunden werden (vgl. Abschnitt 6.2.3, Stationäre Phasen). Weil man die Alkylkettenlänge hierbei nahezu beliebig variieren kann, ist die Zahl der RP-Phasen seit ihrer Einführung stetig gestiegen, sodass heute für viele Trennprobleme „maßgeschneiderte“ stationäre Phasen zur Verfügung stehen. Im Gegensatz zu NP-Trennungen werden in der RP-Chromatographie Eluenten und Fließmittel mit einer deutlich höheren Polarität eingesetzt. Die gebräuchlichsten mobilen Phasen sind Wasser, Methanol, Acetonitril und Tetrahydrofuran, die in reiner Form oder als Mischungen verwendet werden. Sowohl die elutrope Reihe (vgl. Tabelle 6.5) als auch die Elutionsreihenfolge der getrennten Verbindungsklassen (vgl. Tabelle 6.6) zeigen bei der Verwendung von Umkehrphasen einen inversen Verlauf. Die RP-Chromatographie ist eine weitverbreitete Methode zur Trennung neutraler Verbindungen, die sich in Wasser oder anderen polaren Solvenzien wie Acetonitril oder Methanol lösen. Eine herausragende Eigenschaft ist insbesondere die Fähigkeit, Homologe einer Verbindungsklasse nach der Anzahl ihrer Methylengruppen zu trennen. Umkehrphasen werden in der pharmazeutischen Industrie zur Separation von Steroiden, Vitaminen, Beta-Blockern und vielen anderen Wirkstoffen eingesetzt. In der Umweltanalytik werden RP-Materialien z. B. zur Trennung von Pestiziden verwendet. Auch Biopolymere wie Proteine, Peptide, Nukleinsäuren oder Oligosaccharide lassen sich mit ihrer Hilfe erfolgreich trennen.

### *c. Weitere stationäre Phasen*

Neben den beschriebenen Normal- und Umkehrphasen wird auch eine Reihe anderer Materialien als stationäre Phasen für die HPLC eingesetzt. Hierzu gehören Polymere, deren Trenneigenschaften durch die Wahl der Monomerbausteine bestimmt werden, ebenso wie synthetische Ionenaustauscherharze oder Gele für die Größenausschlusschromatographie.

Von geringerer Bedeutung sind heute die flüssigen stationären Phasen für die Flüssig-flüssig-Chromatographie (LLC), die aufgrund von Adsorptionseffekten als dünne Schicht auf einem Supportmaterial haften. Damit die Haftung ausreichend ist, müssen sich Support und Flüssigkeit in ihren Polaritäten entsprechen. Als Trägermaterialien werden chemisch modifizierte und nicht modifizierte Kieselgele oder auch poröser Kohlenstoff eingesetzt. Ein wesentlicher Nachteil der Flüssig-flüssig-Chromatographie ist der stetige Verlust an adsorbierter Flüssigkeit durch das Lösen in der mobilen Phase, sodass eine periodische Erneuerung der Supportbeschichtung nötig ist.

## Trennmechanismen

In diesem Abschnitt sollen die wichtigsten flüssigchromatographischen Trennmechanismen besprochen werden. Man sollte sich im Folgenden stets vor Augen halten, dass die einzelnen Mechanismen nur selten allein für die Separation eines Mehrkomponentengemisches verantwortlich sind. Während im Regelfall zwar ein Prinzip dominiert, beeinflusst daneben mindestens noch ein weiterer Mechanismus den chromatographischen Prozess.

Da die Ionenchromatographie neben der HPLC und der DC einen eigenständigen Zweig der Flüssigchromatographie bildet, werden die dort relevanten Trennmechanismen in dem den ionenchromatographischen Verfahren gewidmeten Abschnitt 6.2.4 gesondert behandelt.

### *a. Normalphasenchromatographie*

Die Retention in der NP-Chromatographie kommt aufgrund verschiedener Wechselwirkungen zustande, die polare Gruppen der Analytmoleküle mit Zentren auf der Oberfläche der stationären Phase eingehen. Die Trennwirkung beruht nun darauf, dass die relative Stärke dieser polaren Wechselwirkungen für die einzelnen Substanzen unterschiedlich ist. Der sterische Anspruch eines Analyten und seine Fähigkeit, mit den Hydroxylfunktionen des Kieselgels oder des Aluminiumoxids Wasserstoffbrückenbindungen einzugehen, sind entscheidend für das Maß der Adsorption auf der stationären Phase. Daneben spielen aber auch Dipol-Dipol-Wechselwirkungen eine Rolle. Insbesondere der Einfluss der räumlichen Konfiguration eines Moleküls macht die Normalphasen- oder Adsorptionschromatographie zu einem idealen Werkzeug für die Trennung von Regioisomeren. Daneben zeigt sie gute Ergebnisse bei der Separation von Analyten mit einer unterschiedlichen Anzahl elektronegativer Atome wie Sauerstoff oder Stickstoff.

Für den eigentlichen Adsorptionsprozess sind im Wesentlichen zwei Mechanismen vorgeschlagen worden. Im Falle einer unpolaren oder mittelpolaren mobilen Phase geht man beim so genannten *Competition-Modell* davon aus, dass die gesamte Oberfläche der stationären Phase mit einer Monoschicht aus Solvensmolekülen belegt ist. Die Retention der Analyten erfolgt dann durch die kompetitive Verdrängung der Solvensmoleküle von der Adsorbensoberfläche. Hingegen wird beim *Solvent-Interaction-Modell* die Bildung einer primären und einer sekundären Schicht aus Eluensmolekülen vorgeschlagen. Die Zusammensetzung dieser Doppelschicht hängt hierbei vom Anteil der polaren Komponente in der mobilen Phase ab. Der Retentionsvorgang erfolgt hier durch Wechselwirkung der Analyten (Assoziation oder Verdrängung) mit der zweiten Schicht der Solvensmoleküle; die Substanzmoleküle haben somit keinen Kontakt mit der Oberfläche der stationären Phase.

***b. Umkehrphasenchromatographie***

Der Trennmechanismus in der RP-Chromatographie kann nicht allein durch einfache polare Wechselwirkungen beschrieben werden. Die Kräfte, die zwischen den Analytmolekülen und der unpolaren stationären Phase auftreten, reichen nicht aus, um das Maß der Retention auf Umkehrphasenmaterialien zu erklären. Der Retentionsmechanismus ist sehr komplex und lässt sich am besten als eine Kombination aus Adsorption und Verteilung erklären.

In der solvophoben Theorie wird angenommen, dass sich die unpolare stationäre Phase wie ein Feststoff verhält. Die Retention der Analyten kommt hauptsächlich dadurch zustande, dass diese aufgrund solvophober Effekte an der Oberfläche der Umkehrphase adsorbiert werden, wobei die Adsorption mit zunehmender Oberflächenspannung des Eluenten zunimmt. Hierdurch vermindern die Moleküle ihre Kontaktfläche mit der mobilen Phase. Die Retention erfolgt also primär aufgrund solvophober Wechselwirkungen mit der mobilen Phase und nicht aufgrund polarer Interaktionen mit der stationären Phase.

Beim Verteilungsmodell geht man davon aus, dass sich die chemisch modifizierte Oberfläche des Trägermaterials ähnlich wie eine flüssige stationäre Phase verhält, in der die Substanzmoleküle vollständig von den an die Hydroxylgruppen gebundenen Alkylketten umgeben sind. Natürlich liegt hier keine echte flüssige Phase vor, da ein wesentliches Charakteristikum von Flüssigkeiten, nämlich Isotropie, nicht gegeben ist. Durch die Anbindung an die Kieselgeloberfläche ist eindeutig eine Vorzugsrichtung gegeben.

Das solvophobe und das Verteilungsmodell lassen sich nie separat zur Deutung der Retention in einem Umkehrphasensystem heranziehen. Als Tendenz sollte man sich aber merken, dass mit zunehmender Alkylkettenlänge des RP-Materials der Verteilungscharakter der Trennung zunimmt, während mit abnehmender Kettenlänge ein Adsorptionsmechanismus dominiert.

***c. Größenausschlusschromatographie (SEC)***

In der Größenausschlusschromatographie, die auch als Gelpermeations- (GPC), Gelfiltrations- oder Gelchromatographie bezeichnet wird, werden Moleküle nach ihrer effektiven Größe in Lösung getrennt. Die eingesetzten stationären Phasen sind poröse Partikel mit einer streng kontrollierten Verteilung der Porengrößen. Analytmoleküle, die zu groß sind, um in die Poren des Trägermaterials eindringen zu können, werden nicht retardiert und gelangen als erste in den Detektor. Kleine Moleküle können komplett in die stationäre Phase eindringen und werden so am stärksten zurückgehalten. Analyten mittlerer Größe sind in der Lage, teilweise in die Poren einzudringen und eluieren in Abhängigkeit von ihrer Eindringtiefe. Bei einem idealen Ausschlussmechanismus gehen die Moleküle des zu trennenden Gemisches keinerlei Wechselwirkungen wie Adsorption oder Verteilung mit der stationären Phase ein. In der Praxis ist man bemüht, alle chemischen oder physikalischen Interaktionen zwischen den Analyten und der Oberfläche des chromatographischen Bettes zu vermeiden, da dies die Effizienz der Trennung nach dem Ausschlussprinzip mindern kann.

Die SEC eignet sich gut zur Trennung größerer neutraler Verbindungen. Eine typische Applikation dieser chromatographischen Methode ist die Bestimmung der Molekularmasse oder der Molekularmassenverteilung bei natürlichen und synthetischen Polymeren.

***d. Affinitätschromatographie***

Die Affinitätschromatographie ist eine der jüngeren Entwicklungen der Flüssigchromatographie. Die stationäre Phase besteht hier aus einem biologischen Liganden (z. B. Avidin, Rinderserumalbumin, Biotin, Lysin, Phenylalanin, Antikörper), der kovalent an ein inertes Trägermaterial gebunden wurde und eine spezifische Bindungsaffinität zu einem einzigen Analyten (z. B. einem Protein) oder auch nur zu einer funktionellen Gruppe zeigt. Als Bindeglied zwischen dem Trägermaterial und dem Liganden wird ein so genannter Spacer wie etwa Hexamethylendiamin eingesetzt. Während des Trennvorgangs werden nur diejenigen Analyten eines Probengemisches auf der Säule zurückgehalten, die eine Bindung mit der belegten stationären Phase eingehen können. Alle anderen Komponenten werden nicht retardiert. Da die Analyten mit den Liganden zwar eine hochselektive aber auch reversible Bindung, wie sie zum Beispiel zwischen Antikörper und Antigen beobachtet wird, eingehen, lassen sie sich in einem weiteren Schritt (beispielsweise durch die Modifizierung der mobilen Phase auf einen pH-Wert von 2 oder durch den Zusatz so genannter chaotroper Reagenzien) wieder von der stationären Phase ablösen.

Trotz ihres im Vergleich zu anderen chromatographischen Techniken hohen Preises, wird die Affinitätschromatographie häufig zur Reinigung von Proteinen, Antikörpern und anderen Biomolekülen eingesetzt.

***e. Komplexierungschromatographie***

Mit der Komplexierungs- oder Ligandenaustauschchromatographie lassen sich sowohl Metallionen als auch organische Verbindungen, die zur Komplexbildung befähigt sind, trennen. Die stationäre Phase besteht hier ähnlich wie in der Affinitätschromatographie aus einem Trägermaterial wie Kieselgel oder auch einem Styrol-Divinylbenzen-Polymer (vgl. Abschnitt 6.2.3), dessen

Oberfläche durch die kovalente Anbindung von Liganden modifiziert wurde. Als Liganden eignen sich eine Reihe von Verbindungen; nur einige von ihnen sind im Folgenden genannt: Iminodiacetat, Propylendiamintetraacetat, Diketone, 8-Hydroxychinolin, Hydroxamsäuren, Maleinsäure, Dithiocarbamate, Phenylhydrazone, Kronenether. Man kann in Abhängigkeit von den zu trennenden Analyten zwei Retentionsmechanismen unterscheiden. Bei der Trennung von Metallionen beruht die Retention auf der Fähigkeit eines Ions wie etwa $Pb^{2+}$ oder $Co^{2+}$ mit den immobilisierten Liganden einen Komplex zu bilden. Die Stärke dieser Komplexbildung kann dadurch modifiziert werden, dass der mobilen Phase konkurrierende Liganden wie Tartrate oder Acetate zugegeben werden. Auch der pH-Wert hat einen entscheidenden Einfluss auf die Komplexierung an der stationären Phase.

Zur Separation organischer Analyten, die selbst als Komplexbildner fungieren können, werden die Liganden auf der Oberfläche des Trägermaterials zunächst mit geeigneten Metallionen belegt. Hierdurch entstehen stabile Ligand-Metall-Komplexe, die koordinativ nicht vollständig abgesättigt sind. Die Analyten in der mobilen Phase können nun die freien Koordinationsstellen der Metallionen besetzen und werden so retardiert. Dieser Mechanismus findet zum Beispiel bei der Trennung von Mono- und Disacchariden Anwendung, die aufgrund ihrer Hydroxylfunktionen mit Calcium-, Zink- oder Blei-Ionen, die auf Ionenaustauscherharzen immobilisiert wurden, koordinieren können.

Die Geschwindigkeit, mit der sich der Komplex zwischen den Analyten und den Liganden bzw. den Metallionen auf der stationären Phase bildet, ist entscheidend für eine erfolgreiche Trennung. Meist werden jedoch nur geringe Komplexbildungsgeschwindigkeiten erreicht, sodass breite Peaks oftmals charakteristisch für die Ligandenaustauschchromatographie sind.

***f. Chirale Chromatographie***

Zur Auftrennung von Enantiomerenpaaren wie etwa der (R)- und der (S)-Form von Aminosäuren oder pharmazeutischen Wirkstoffen gibt es mehrere Möglichkeiten. Eine klassische Methode besteht in der Vorsäulenderivatisierung (vgl. Abschnitt 6.2.3) der Analyten mit einer enantiomerenreinen Verbindung. Die dabei entstehenden Diastereomere unterscheiden sich in ihren physikalischen Eigenschaften, sodass die Trennung in der Regel auf RP-Phasen durchgeführt werden kann.

Für die moderne chirale Chromatographie werden optisch aktive Substanzen wie Phenylharnstoff, Naphthylharnstoff, Phenylglycin oder Leucin chemisch an die Oberfläche eines Kieselgelmaterials gebunden. Die so erhaltenen stationären Phasen zeigen mit dem (S)- und (R)-Enantiomer einer Verbindung unterschiedlich starke Wechselwirkungen. Dadurch werden die beiden optischen Antipoden verschieden stark retardiert, und man erhält im Idealfall zwei getrennte Peaks. Ein Nachteil der chiralen Chromatographie ist, dass eine stationäre Phase, die mit einer optisch aktiven Verbindung modifiziert wurde, nur für eine Enantiomerenklasse effektive Trenneigenschaften zeigt. Während sich in der RP-HPLC häufig eine Reihe verschiedener Analytgruppen mit einer einzigen Säule trennen lässt, ist ein Wechsel der Säule in der chiralen Chromatographie deshalb die Regel.

Neben der Vorsäulenderivatisierung und der Verwendung chiraler stationärer Phasen kann eine Enantiomerentrennung auch durch den Zusatz chiraler Additive zur mobilen Phase erreicht werden. Allerdings wird hierbei selten die gewünschte Auflösung erzielt. Zur Trennung optischer Isomere wird heute bevorzugt die chirale Chromatographie mit oberflächenmodifizierten Kieselgelen verwendet.

## 6.2.2 Dünnschichtchromatographie

**Allgemeines**

***a. Bedeutung***

Heute gehört die Dünnschichtchromatographie (DC) zu den analytischen Techniken, die vielen Studierenden der Chemie bereits aus den ersten Semestern ihres Studiums vertraut sind. Während sie dort meistens zur Reinheitskontrolle von Syntheseprodukten oder zur Identifizierung der einzelnen Komponenten eines Reaktionsgemisches bzw. zur Reaktionskontrolle herangezogen wird, ist den Nicht-Analytikern die Bedeutung der DC für die quantitative Analyse in der Regel kaum bekannt. Da die Dünnschichtchromatographie es erlaubt, eine Vielzahl unterschiedlicher Proben simultan zu trennen und somit eine zeit- und kostensparende Technik ist, gehört sie heute zu den Routinemethoden in vielen industriellen Laboratorien. Mit ihrer Hilfe lassen sich zahlreiche Substanzklassen trennen und quantifizieren. Hierzu gehören die Bestimmung von Aminosäuren in Nahrungsmittelproteinen ebenso wie die Identifizierung von Steroiden und Drogenrückständen in Humanproben.

Die ersten Arbeiten zur Dünnschichtchromatographie wurden 1938 von den russischen Wissenschaftlern Izmailov und Shraiber durchgeführt. Das Potenzial dieser neuen chromatographischen Technik blieb jedoch lange Zeit unerkannt. Erst nach dem Zweiten Weltkrieg gelang der DC mit der Trennung verschiedener Terpene aus ätherischen Ölen, die von den Amerikanern Meinhard und Hall durchgeführt wurde, ein Durchbruch. In den fünfziger Jahren erfuhr die Dünnschichtchromatographie dann einen rasanten Aufschwung; eng verbunden hiermit sind insbesondere die Namen Kirchner und Stahl. Die folgenden Jahrzehnte waren durch die stetige Verbesserung der Qualität der stationären Phasen und die Automatisierung der Probenaufgabe (vgl. „Guter Start ist halb gewonnen") gekennzeichnet.

***b. Charakteristika von Dünnschicht(DC)-Platten***

In der DC wird das chromatographische Bett in Form einer gleichmäßigen dünnen Schicht auf eine Trägerplatte aufgebracht, die aus Glas, Kunststoff oder einer Aluminiumfolie bestehen kann. Damit die stationäre Phase fest auf der Trägerplatte haftet, werden oftmals Calciumsulfat, Stärke oder Polymere als Bindemittel verwendet. Beim Aufbringen sehr kleiner Kieselgelpartikel, wie sie für HPTLC(*High Performance Thin Layer Chromatography*)-Platten üblich sind, aber auch bei stationären Phasen auf Cellulosebasis kann allerdings auf die Zugabe solcher Hilfssubstanzen verzichtet werden, da die Teilchen hier durch Adhäsionskräfte bereits fest genug an der Oberfläche des Supportmaterials gebunden sind. Kommerzielle DC-Platten, bei denen die stationäre Phase mithilfe eines Bindemittels aufgebracht wurde, werden für gewöhnlich mit „H" oder „N" gekennzeichnet.

Die stationäre Phase kann aus den bekannten Normalphasen-Materialien wie z. B. Kieselgel oder Aluminiumoxid bestehen. Verwendung finden aber auch Kieselgur (Diatomeenerde) oder Cellulose. Ähnlich wie in der HPLC ist auch für DC-Anwendungen eine Vielzahl von Platten mit einer Umkehrphasenbelegung kommerziell erhältlich (vgl. Tabelle 6.7).

**Tabelle 6.7** Stationäre Phasen für die DC und typische Applikationen.

| Sorbens | typische Anwendungen |
|---|---|
| Kieselgel | Steroide, Aminosäuren, Alkohole, Kohlenwasserstoffe, Lipide, Aflatoxine, Vitamine, Akaloide |
| RP-Kieselgel | Fettsäuren, Vitamine, Steroide, Hormone, Carotinoide |
| Cellulose, Kieselgur | Kohlenhydrate, Zucker, Alkohole, Aminosäuren, Carbonsäuren, Fettsäuren |
| Aluminiumoxid | Amine, Alkohole, Steroide, Lipide, Aflatoxine, Vitamine, Alkaloide |
| PEI-Cellulose (mit Polyethylenimin imprägnierte Cellulose) | Nukleinsäuren, Nukleotide, Nukleoside, Purine, Pyrimidine |
| Magnesiumsilikat | Steroide, Pestizide, Lipide, Alkaloide |

Die Standardgrößen für konventionelle DC-Platten sind 20 × 20 cm, 5 × 20 cm, 10 × 20 cm und 20 × 40 cm. Für HPTLC-Trennungen werden in der Regel Plattengrößen von 10 × 10 cm verwendet. Während für die klassische Dünnschichtchromatographie Platten mit einer Schichtdicke der stationären Phase von 200–250 μm und Partikeldurchmessern von 20 μm eingesetzt werden, sind in der HPTLC Schichtdicken von 100 μm und Partikeldurchmesser von 5 μm oder kleiner üblich.

Um die Detektion der einzelnen Komponenten eines Substanzgemisches nach erfolgter Trennung zu erleichtern, wird die aufgebrachte Trennschicht häufig mit UV-Indikatoren (Konzentration ≈ 2%) markiert. Hierbei handelt es sich zum einen um durch Mangan aktiviertes Zinksilikat, das bei Bestrahlung mit UV-Licht der Wellenlänge 254 nm im sichtbaren Bereich grün-gelb fluoresziert. Ist nun ein Bereich der DC-Platte mit einer Substanz belegt, die in diesem Wellenlängenbereich absorbiert, so wird die Fluoreszenz an dieser Stelle geschwächt, und man erhält einen dunklen Fleck, der sich von dem fluoreszierenden Hintergrund abhebt. Als weiterer Indikator wird das Natriumsalz der Hydroxypyrensulfonsäure eingesetzt, das bei einer Anregungswellenlänge von 366 nm fluoresziert und für Substanzen geeignet ist, die im längerwelligen Bereich absorbieren. Beide Indikatoren können sowohl einzeln oder in Kombination eingesetzt werden. Im Handel erhältliche DC-Platten, die mit einem UV-Indikator markiert wurden, werden durch ein „F" gekennzeichnet, wobei zusätzlich das Anregungsmaximum des verwendeten Indikators in der Form „$F_{254}$" oder „$F_{366}$" angegeben wird. Ist ein Produkt nur mit einem „F" charakterisiert, so ist damit in der Regel die Verwendung des 254-nm-Indikators gemeint. Obwohl beide Indikatoren ein wertvolles Hilfsmittel zur visuellen Auswertung einer entwickelten DC-Platte sind, gibt es zahlreiche Analyten, die nicht in den beiden Wellenlängenbereichen um 254 nm oder 366 nm absorbieren. In diesen Fällen müssen vielfach spezielle Färbetechniken angewendet werden, um für das Auge vormals unsichtbare Substanzflecken sichtbar zu machen. In Abschnitt 6.2.2 „Detektion" werden einige dieser Färbereagenzien vorgestellt.

***c. Wichtige Parameter dünnschichtchromatographischer Trennungen***

Sowohl in der Gaschromatographie als auch in der Hochleistungsflüssigchromatographie wird die mobile Phase durch die Vorgabe einer externen Druckdifferenz durch die Trennsäule transportiert. Im Gegensatz hierzu bewegt sich das Fließmittel in der Dünnschichtchromatographie aufgrund von Kapillarkräften über die Platte.

Die Bewegung der mobilen Phase mit der Zeit folgt hierbei einer quadratischen Beziehung:

$$z_f^2 = \chi \cdot t \qquad (6.28)$$

$z_f$ = Entfernung von der Eintauchlinie bis zur Fließmittelfront
$t$ = Zeit seit dem Beginn des chromatographischen Laufes
$\chi$ = Fließkonstante oder Geschwindigkeitskoeffizient

Die Fließkonstante $\chi$ ist vom verwendeten Fließmittel und von der Qualität der stationären Phase abhängig. Das Fließgesetz in Gl. 6.28 ist jedoch nur eine grobe Näherung. In der Praxis muss man das Abdampfen des Fließmittels von der Trennschicht berücksichtigen; hierdurch ist die tatsächliche Fließgeschwindigkeit insbesondere zu Beginn des chromatographischen Prozesses deutlich kleiner als nach dem Fließgesetz berechnet. Unter Berücksichtigung des Fließmittel-Abdampfens erhält man das folgende modifizierte Fließgesetz:

$$z_f^2 = \chi \cdot t \cdot \left(1 - \frac{v \cdot t}{d}\right) \qquad (6.29)$$

$v$ = Abdampfrate (als Fließmittelvolumen pro Zeiteinheit und Fläche)
$d$ = Schichtdicke der stationären Phase

Durch Ableitung von Gl. 6.28 nach der Zeit erhält man die Wanderungsgeschwindigkeit $u_f$ der mobilen Phase an jeder Stelle der DC- oder der HPTLC-Platte:

$$u_f = \frac{dz_f}{dt} = \frac{\chi}{2 \cdot z_f} \qquad (6.30)$$

Die Wanderungsgeschwindigkeit des verwendeten Lösemittels nimmt demnach mit zunehmender Entfernung von der Eintauchlinie hyperbolisch ab. Die Dimensionen der eingesetzten Dünnschichtplatten können deshalb nicht beliebig groß gewählt werden. Gleichung 6.30 macht deutlich, dass die Wanderungsgeschwindigkeit $u_f$ nur durch eine Änderung des Geschwindigkeitskoeffizienten $\chi$ variiert werden kann. Die Bestimmung von $\chi$ ist schwierig und erfordert sehr exaktes experimentelles Arbeiten. Die Parameter, die die Fließkonstante im Wesentlichen beeinflussen, sind die Oberflächenspannung $\gamma$ der mobilen Phase, die Viskosität $\eta$, der mittlere Teilchendurchmesser $d_p$ des chromatographischen Bettes und die Permeabilitätskonstante $k_0$ der homogenen Schicht. In $k_0$ wird die Porenstruktur des chromatographischen Bettes berücksichtigt:

$$\chi = 2 \cdot k_0 \cdot d_p \cdot \left(\frac{\gamma}{\eta}\right) \cdot \cos\theta \qquad (6.31)$$

$\theta$ = Kontakt- oder Benetzungswinkel

Gleichung 6.31 gilt in dieser Form jedoch nur, wenn zwischen der Schicht auf der DC-Platte, der mobilen Phase und der Gasphase in der Entwicklungskammer (vgl. Abschnitt 6.2.2, Dünnschichtchromatographie) ein Gleichgewicht herrscht. In allen anderen Fällen müssen zur Berechnung der Fließkonstanten Korrekturfaktoren eingefügt werden, die hier jedoch nicht weiter erläutert werden sollen. Von entscheidender Bedeutung für $\chi$ und damit für die Fließgeschwindigkeit $u_f$ ist der Kontaktwinkel $\theta$, der angibt, wie gut das gegebene Laufmittelgemisch die stationäre Phase zu benetzen vermag. Je schlechter ein Fließmittel benetzt, desto größer wird $\theta$ und desto kleiner wird der Cosinus-Term in Gleichung 6.31. Für wässrig-organische mobile Phasen auf RP-DC-Platten kann $\theta$ in Abhängigkeit vom Wasseranteil sehr groß werden, sodass hieraus eine niedrige Fließgeschwindigkeit resultiert (vgl. Tabelle 6.8).

**Tabelle 6.8** Änderung der Fließkonstanten durch die Variation des Benetzungswinkels auf RP-18-Platten mit Ethanol-Wasser-Gemischen.

| Wasser-Anteil [%, v/v] | cosθ | $\chi$ [$10^3$ $cm^2 \cdot s^{-1}$] |
|---|---|---|
| 0 | 0,87 | 16,6 |
| 4 | 0,78 | 13,4 |
| 10 | 0,76 | 12,3 |
| 20 | 0,61 | 7,8 |
| 30 | 0,48 | 5,5 |
| 40 | 0,34 | 3,5 |
| 50 | 0,14 | 1,5 |

Bei sehr hohen Wasseranteilen in dem verwendeten Fließmittelgemisch kann der Transport der mobilen Phase im Extremfall ganz zum Erliegen kommen, und eine chromatographische Trennung wird unmöglich.

Während GC- und HPLC-Chromatogramme eine zeitliche Auflösung der getrennten Peaks ergeben, erhält man nach der Entwicklung einer DC- oder einer HPTLC-Platte eine räumliche Auflösung des Substanzgemisches. Aus diesem Grund wurden hier spezielle Retentionsparameter eingeführt. In der DC bezieht man die Wanderstrecke des Probeflecks (Fleckmittelpunkt) auf die Wanderstrecke des Fließmittels zwischen Auftragstelle und der Fließmittelfront. Dieser Parameter wird als

Verzögerungsfaktor oder auch als $R_F$-*Wert* bezeichnet. Da der $R_F$-Wert in der Regel auf zwei Dezimalstellen genau angegeben wird, multipliziert man ihn oftmals mit dem Faktor 100 und erhält so den $hR_F$-Wert:

$$R_F = \frac{z_s}{z_f} \tag{6.32}$$

$$hR_F = 100 \cdot R_F \tag{6.33}$$

$z_s$ = Entfernung des Probenflecks (Fleckmittelpunkt) von der Startlinie
$z_f$ = Entfernung der Fließmittelfront von der Startlinie.

Der Verzögerungsfaktor $R_F$ ist eine dimensionslose Größe und ist stets kleiner als eins. Die wichtigsten Parameter, die $R_F$ beeinflussen, sind die Schichtdicke der stationären Phase, die Temperatur, bei der die Trennung durchgeführt wird, die Sättigung des Kammervolumens mit den Lösemitteldämpfen der mobilen Phase und die Menge der aufgegebenen Probe. Der $R_F$-Wert eines Analyten lässt sich auch auf den einer Standardsubstanz beziehen, und man erhält so relative Retentionswerte:

$$R_{rel} = \frac{R_{F(i)}}{R_{F(st)}} \tag{6.34}$$

$R_{F(i)}$ = Verzögerungsfaktor einer bestimmten Komponente
$R_{F(st)}$ = Verzögerungsfaktor der Standardverbindung

In Analogie zu Gleichung 6.6 können auch für die Dünnschichtchromatographie Retentionsfaktoren $k$ bestimmt werden:

$$k = \frac{z_f - z_s}{z_s} = \frac{1 - z_s/z_f}{z_s/z_f} = \frac{1 - R_F}{R_F} \tag{6.35}$$

Mit Hilfe der DC-Technik können auch ungefähre Bodenhöhen für eine gegebene stationäre Phase bestimmt werden. Mit der Strecke $W$, die ein Probefleck in Fließrichtung einnimmt, ergibt sich für die Zahl der theoretischen Böden $N$ die folgende Beziehung:

$$N = 16 \cdot \left(\frac{z_s}{W}\right)^2 \tag{6.36}$$

Die Höhe eines theoretischen Bodens folgt aus Gleichung 6.36:

$$H = \frac{z_s}{N} \tag{6.37}$$

Im Gegensatz zu GC und HPLC lässt sich die Fließgeschwindigkeit der mobilen Phase in der DC bei einem vorgegebenen chromatographischen System kaum variieren. Deshalb wird zur Erhöhung der Bodenzahl $N$ meist die Teilchengröße der stationären Phase verringert.

**Guter Start ist halb gewonnen**

Die Probenaufgabe ist einer der wichtigsten Schritte bei allen dünnschichtchromatographischen Techniken. Unsachgemäßes Arbeiten führt hier zu mangelhaften Chromatogrammen und somit zu einer erschwerten Auswertung. Hauptfehlerquellen sind zum einen das Aufbringen zu großer Substanzflecken aber auch das Überladen der Platte. Für die qualitative Analyse eines Gemisches, wie man sie zum Beispiel zur Reaktionskontrolle während einer chemischen Synthese durchführt, genügt in der Regel die manuelle Auftragung der Probe. Diese wird hierbei mithilfe einer Glaskapillare, die man sich leicht aus Pasteur-Pipetten selbst herstellen kann, oder einer Mikro-Pipette in Form einer verdünnten Lösung auf die DC-Platte aufgebracht. Die Startlinie sollte sich idealerweise in einem Abstand von 1,5 bis 2,0 cm von einer Kante der Platte befinden, sodass die Substanzflecken (Spots) bei der anschließenden Entwicklung in der DC-Kammer nicht in die mobile Phase eintauchen. Um eine möglichst kleine Startbandbreite vorzugeben, muss bei diesem Tüpfelvorgang darauf geachtet werden, dass der Durchmesser des entstehenden Substanzflecks sehr gering bleibt. Nach dem Auftragen der Proben, wird die Platte so lange getrocknet, bis das gesamte Lösemittel, in dem die Analyten gelöst waren, verdampft ist.

Heute bieten mehrere kommerzielle Anbieter eine Reihe von automatisierten Probenaufgabesystemen an, die sich wegen ihrer besseren Reproduzierbarkeit insbesondere für die quantitative Analytik eignen (Abb. 6.8).

Die gelöste Probe wird dabei meistens mit einer Mikroliter-Dosierspritze aufgezogen, die in das Gerät eingespannt ist. Die Dosierung kann variabel auf Volumina von 5 $\mu$L bis 100 $\mu$L eingestellt werden, die strichförmig oder als Spot sehr gleichmäßig auf die in das System eingelegte Platte aufgetragen werden. Einige Hersteller bieten heute Geräte an, mit denen bis zu 20 verschiedene Proben simultan aufgetragen werden können. Im Gegensatz zur klassischen Dünnschichtchromatographie muss sich das Probenvolumen für die HPTLC im Nanoliterbereich bewegen, um so einen hinreichend kleinen Spot-Durchmesser (< 1,5 mm) zu erhalten. Zu diesem Zweck sind ebenfalls verschiedene Verfahren wie der Gebrauch von Mikro-Spritzen, Dosimetern oder Sprühtechniken entwickelt worden. Mit handelsüblichen Probeaufgabesystemen für die HPTLC lassen sich Volumina im Bereich zwischen 100 nL und 200 nL dosieren.

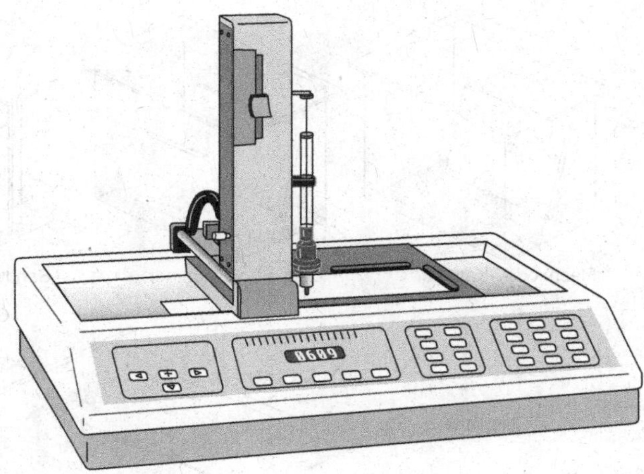

**6.8** Kommerziell erhältliches automatisiertes Probeaufgabesystem für die Dünnschichtchromatographie.

**Entwicklung**

Als Entwicklung bezeichnet man in der Dünnschichtchromatographie den Prozess, bei dem die mobile Phase durch das chromatographische Bett auf der DC- oder HPTLC-Platte strömt. Dieser Vorgang kann in verschiedener Weise durchgeführt werden; man unterscheidet hier im Wesentlichen zwischen linearer und radialer Entwicklung, wobei sich letztere in die zirkulare (zentrifugale) und die antizirkulare (zentripetale) Technik unterteilen lässt.

Am weitesten verbreitet ist die lineare Entwicklung, die mehrheitlich in aufsteigender Form durchgeführt wird. Hierbei werden die Substanzen als Flecken oder schmale Streifen auf die Startlinie gegeben.

Nach der Trocknung der Platte wird diese dann in eine der verschiedenen Entwicklungkammern (Abb. 6.9) gestellt (Flachbodenkammer, Doppeltrogkammer, Sandwichkammer) oder eingelegt (Linearkammer). Im Gegensatz zur Lineartechnik wird der DC-Platte das Fließmittel bei der zirkularen Entwicklung über einen Docht zugeführt, der sich in einer Bohrung in der Plattenmitte befindet. Die zu trennenden Spots sind kreisförmig um die Fließmittelzufuhr angebracht. Die mobile Phase strömt dann während der Entwicklung vom Kreismittelpunkt (Docht) nach außen. Bei der Zirkulartechnik strömt das Lösungsmittel nicht nur vom Docht zum Plattenrand sondern auch senkrecht dazu. Dadurch werden die getrennten Spots quer zur Fließrichtung verbreitert und überlagern sich auch bei geringen Unterschieden in den Verzögerungsfaktoren $R_F$ nicht. Bei der antizirkularen Entwicklung befinden sich die Substanzflecken auf einem äußeren Kreis; das Fließmittel wird hier von außen kreisförmig zugeführt und strömt nach innen. Durch den Transport der mobilen Phase in Richtung des Kreismittelpunktes wird die durch Querdiffusion auftretende Fleckenvergrößerung bei Analyten mit großen $R_F$-Werten verringert.

In einer Vielzahl von Fällen erhält man nach der Entwicklung der DC-Karte keine ausreichende Trennung des aufgegebenen Substanzgemisches. Verschiedene Methoden der Mehrfachentwicklung einer Platte können jedoch die Separation wesentlich verbessern:

1. Durch die wiederholte Entwicklung mit demselben Fließmittelgemisch in die gleiche Richtung soll die Trennung zweier benachbarter Peaks verbessert werden.
2. Durch die wiederholte Entwicklung mit verschiedenen Fließmittelgemischen in die gleiche Richtung lassen sich auf einer Platte Substanzen über einen breiten Polaritätsbereich trennen. Oftmals geht man hierbei so vor, dass man in einem ersten Entwicklungsschritt eine mobile Phase mit hoher Elutionskraft einsetzt und diese nur bis zur halben Plattenhöhe wandern lässt. Stark retardierende Substanzen werden dabei bereits gut separiert, während wenig retardierende Verbindungen mit der Fließmittelfront wandern. Nach der Trocknung der DC-Karte wird die Entwicklung mit einem Fließmittelgemisch niedrigerer Elutionskraft wiederholt. Diesmal wird die Karte jedoch vollständig entwickelt. Die während des ersten Laufes getrennten Spots verändern ihre Lage jetzt nur noch wenig, während die zuvor coeluierenden Komponenten nun im Idealfall auf der zweiten Hälfte der DC-Karte getrennt werden. Diese Technik der Mehrfachentwicklung ist mit der Gradientenelution in der

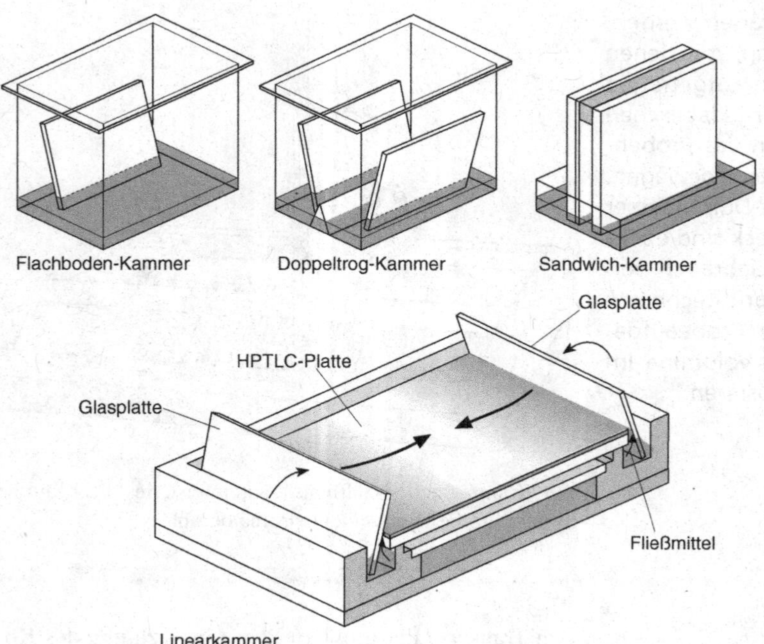


**6.9** Entwicklungskammern für die DC und die HPTLC.

HPLC vergleichbar (vgl. Abschnitt 6.2.3, Gradientenelution). Im Gegensatz zur HPLC ist die DC-Methode jedoch mit einem ungleich höheren Zeitaufwand verbunden.

Heute sind für diesen Entwicklungsmodus jedoch bereits automatisierte Systeme erhältlich. Mit so genannten AMD-(*automated multiple development-*)Geräten wird jedes Chromatogramm ähnlich wie oben beschrieben mehrfach in derselben Richtung entwickelt. Dabei führt jeder Einzellauf über eine größere Strecke als der vorangegangene Lauf. Mit jedem nachfolgenden Lauf wird die Elutionskraft der mobilen Phase automatisch herabgesetzt, sodass schließlich ein Stufengradient entsteht.

3. Bei der zweidimensionalen Dünnschichtchromatographie wird die Platte in einem ersten Schritt mit einem Fließmittelgemisch komplett entwickelt. Nach der Trocknung wird die Karte um 90° gedreht. Nun wird mit einer veränderten mobilen Phase erneut ein Chromatogramm aufgenommen, wobei das Fließmittel jetzt senkrecht zur Trennstrecke des ersten Laufes wandert. Mit der 2D-DC lassen sich Mehrkomponentensysteme zunächst nach einer Gruppeneigenschaft trennen, während man in einem zweiten Lauf die separierten Gruppen weiter auflösen kann.

In der Praxis sucht man zumeist einen Kompromiss zwischen kurzen Analysenzeiten, die man mit der Einfachentwicklung problemlos erreichen kann, und einer verbesserten chromatographischen Auflösung, wie sie die Techniken der Mehrfachentwicklung bieten.

### Detektion

Nach der Entwicklung und der Trocknung müssen die getrennten Substanzbanden auf der DC-Platte detektiert werden. Hierbei ist die direkte visuelle Auswertung in der Regel nicht geeignet, weil nur wenige Substanzklassen eine Eigenfärbung besitzen. Ausnahmen sind Pflanzenpigmente, Lebensmittelfarben und Farbstoffe. Wenn die Analyten fluoreszieren, wie z. B. polycyclische aromatische Kohlenwasserstoffe (PAKs), Aflatoxine oder Riboflavin, können diese unter Einstrahlung der passenden Anregungswellenlänge lokalisiert werden. Wie bereits in Abschnitt 6.2.2 „Allgemeines“ erwähnt wurde, sind viele kommerziell erhältliche Platten für die Dünnschichtchromatographie mit UV-Indikatoren markiert, sodass Verbindungen mit geeigneten Absorptionsmaxima bei 254 nm oder 366 nm als dunkle Spots detektierbar werden.

Wenn die Analyten auf der Platte nicht direkt-spektroskopisch oder mithilfe der Markierung der stationären Phase lokalisierbar sind, kann die Plattenoberfläche chemisch derart behandelt werden, dass hieraus farbige oder fluoreszierende Substanzflecken resultieren. Die Reagenzien können dabei entweder als Sprühlösung in einem Zerstäuber oder in Form eines Tauchbades, das sich in speziellen Tauchkammern befindet, angewendet werden. Während man mit dem Einsatz von Tauchkammern eine sehr gleichmäßige Verteilung der Reagenzlösung

**Tabelle 6.9** Universelle Sprühreagenzien für die DC.

| | Zusammensetzung des Sprühreagenzes | Durchführung | Ergebnis |
|---|---|---|---|
| Schwefelsäure | konzentriert oder als 50%ige Lösung | sprühen, für einige Minuten auf 110–120°C erhitzen | braun-schwarze verkohlte Flecken |
| Schwefelsäure/ Essigsäureanhydrid | 1 Teil Säure / 3 Teile Anhydrid | sprühen, für einige Minuten auf 110–120°C erhitzen | braun-schwarze verkohlte Flecken |
| Schwefelsäure/ Natriumdichromat | 3 g Dichromat in 20 mL Wasser lösen, mit 10 mL konz. Schwefelsäure verdünnen | sprühen, erhitzen auf 110°C | braun-schwarze verkohlte Flecken |
| Schwefelsäure/ Salpetersäure | 1 Teil Schwefelsäure/ 1 Teil Salpetersäure | sprühen, erhitzen auf 110°C | braun-schwarze verkohlte Flecken |

erreicht, die insbesondere für die quantitative Analytik wichtig ist, wird die Sprühtechnik in der Mehrzahl der Fälle angewendet.

Es gibt einige Reagenzien, die sich allgemein zur Detektion organischer Verbindungen eignen. Hierbei werden zumeist Schwefelsäure oder deren Mischungen mit Essigsäureanhydrid, Natriumdichromat oder Salpetersäure verwendet (vgl. Tabelle 6.9). Nach dem Sprühvorgang werden die Analyten entweder sofort oder nach dem Erhitzen als braune bzw. schwarze verkohlte Flecken sichtbar. Die Verwendung dieser Sprühreagenzien bietet sich dann an, wenn eine Probe unbekannter Zusammensetzung mithilfe der DC getrennt wurde.

Im Gegensatz zu den universellen Reagenzien reagieren selektive Derivatisierungsreagenzien nur mit einer begrenzten Zahl verwendeter funktioneller Gruppen. Die Sprühlösungen zeigen dabei einen unterschiedlichen Grad an Selektivität. Aldehyde und Ketone werden zum Beispiel als orange-rote Spots lokalisiert, nachdem sie mit einer schwefelsauren 2,4-Dinitrophenylhydrazin-Lösung besprüht wurden. Saure und basische Analyten werden mithilfe von Säure-Base-Indikatoren wie etwa Bromkresolgrün (3',3'',5',5''-Tetrabrom-m-kresolsulfonphthalein) detektiert. Ninhydrin (2,2-Dihydroxy-1,3-dioxohydrinden) wird als selektives Reagenz für Amine und Aminosäuren eingesetzt. Reduzierende Verbindungen, z. B. Ascorbinsäure, zeigen mit diesem Reagenz aber ebenfalls eine Farbreaktion. Man sollte beim Einsatz von Derivatisierungsreagenzien in der Dünnschichtchromatographie immer die chemischen Hintergründe kennen, um Querempfindlichkeiten und Störungen richtig bewerten zu können. Einen kleinen Ausschnitt aus der Vielzahl der gängigen Derivatisierungsreagenzien gibt Tabelle 6.10.

Mit dem Einsatz von Derivatisierungsreagenzien ist immer eine chemische Umwandlung der zu untersuchenden Analyten verbunden. Solche so genannten destruktiven Methoden sind denkbar ungeeignet, wenn die getrennten Verbindungen in einem weiteren Schritt wieder verwendet werden sollen; dies ist zum Beispiel in der präparativen DC der Fall. Eine verbreitete nicht-destruktive Methode ist die Lokalisierung der Substanzflecken mit Iod. Hierzu werden einige Iodkristalle in einen geschlossenen Behälter gegeben, wobei sich dieser bereits

**Tabelle 6.10** Selektive Derivatisierungsreagenzien für ausgewählte Verbindungsklassen.

| Substanzklasse | Reagenz |
|---|---|
| Alkohole | 1. 2,2-Diphenyl-1-pikryl-hydrazyl<br>2. 4,4'-Methylen-bis-(N,N-dimethylanilin) |
| Aldehyde und Ketone | 1. 2,4-Dinitrophenylhydrazin<br>2. 2,2'-Diphenyl-1-pikryl-hydrazyl<br>3. Hydrazinsulfat |
| Alkaloide | 1. Bromkresolgrün<br>2. Cinnamylaldehyd / Säure<br>3. Dimethylaminobenzaldehyd |
| Amine, Amide | 1. Alizarin<br>2. p-Dimethylaminobenzaldehyd<br>3. Pikrinsäure (Jaffe-Reagenz)<br>4. p-Chinon<br>5. Sulfanilsäure (Paulys Reagenz) |
| Aminosäuren, Peptide, Proteine | 1. Dehydroascorbinsäure<br>2. N-Ethylmaleinimid<br>3. Fluoresceinamin<br>4. Ninhydrin |
| Barbiturate | 1. Diethylamin / Kupfersulfat |
| Kohlenhydrate | 1. 4-Amino-hippursäure<br>2. Aminophenol<br>3. p-Anisaldehyd<br>4. Benzidin<br>5. 3,5-Dinitrosalicylsäure<br>6. Hydroxylamin-hydrochlorid |
| Carbonsäuren | 1. Glucose / Anilin (Schweppe-Reagenz)<br>2. Methylrot / Bromthymolblau<br>3. o-Phenylendiamin / Trichloressigsäure |

bei Raumtemperatur genügend mit Ioddampf füllt. Die entwickelte DC-Karte wird nun in den Ioddampf gebracht. Das Iod löst sich in den Analytspots, die dann als braune Flecken unterschiedlicher Intensität auf einem blass gelb-braunen Hintergrund sichtbar werden. Mit Ausnahme einiger gesättigter Alkane werden auf diese Weise fast alle organischen Verbindungen durch Iod angefärbt. Der Vorteil hierbei ist, dass die Anfärbung reversibel ist. Nach dem Markieren der Substanzflecken kann das Iod wieder abgedampft werden.

Kommerzielle Geräte für die quantitative Auswertung von DC-Chromatogrammen kamen erstmals 1967 auf den Markt. Die Entwicklung der modernen Dünnschichtchromatographie wurde wesentlich von den Fortschritten auf dem Gebiet der automatisierten Detektion geprägt. Ohne geeignete Hilfsmittel für die quantitative DC-Analytik wäre die hohe Auflösung, die sich mit der HPTLC erreichen lässt, nur von geringem Nutzen. Die visuelle Auswertung von entwickelten DC-Platten erreicht nur eine geringe Genauigkeit mit Fehlern im Bereich zwischen 10% und 30%; die Nachweisgrenzen liegen hier typischerweise im Mikrogrammbereich. In ähnlicher Weise sind die zeit- und arbeitsintensiven Methoden zu bewerten, bei denen die getrennten Analyten mechanisch von der stationären Phase gelöst und in einem anschließenden Schritt bestimmt werden. Darüber hinaus existieren kleine Glasapparaturen, mit deren Hilfe die Verbindungen gelöst und abgesaugt werden können. Die In-situ-Quantifizierungen mit optischen Scannern ist heute die sinnvollste Methode für alle modernen High-Performance Systeme. Zwar ist der Einsatz solcher DC-Scanner mit vergleichsweise hohen Anschaffungskosten verbunden; diese rentieren sich jedoch aufgrund des hohen Probendurchsatzes und der erzielten Präzision der Geräte schon nach kurzer Zeit.

Densitometer (Farbdichte-Messgeräte) für die quantitative Dünnschichtchromatographie bestehen aus einem Spektralphotometer, einer mechanischen Transportvorrichtung für die DC-Platte und der elektronischen Datenauswertung. Die Oberfläche der stationären Phase wird mit monochromatischem Licht bestrahlt. Ein Strahlteiler sorgt dafür, dass ein Teil des Strahles die eigentliche Trennstrecke, auf der sich die getrennten Analyten befinden, bestrahlt, während der Referenzstrahl substanzfreie Schicht abtastet (Abb. 6.10). Durch den Transport der Platte kann die gesamte Trennstrecke ausgewertet werden. Die photometrische Messung kann sowohl im Durchstrahlverfahren als auch im Reflexionsmodus erfolgen (Abb. 6.10). Die letztgenannte Methode wird auch als Remissionsmessung (Remission = diffuse Reflexion von Licht) bezeichnet. Während die substanzfreie Oberfläche der DC-Karte das aufgestrahlte Licht nahezu vollständig reflektiert, absorbieren die Substanzflecken in Abhängigkeit von der Konzentration einen Teil der Strahlung, die hierdurch geschwächt wird. Voraussetzung hierfür ist natürlich, dass die eingestrahlte Wellenlänge mit einem Absorptionsmaximum der Analyten übereinstimmt. In der Datenauswertung wird dadurch ein Signal erzeugt, und man erhält so genannte Remissions-Orts-Kurven, die den Chromatogrammen der GC und der HPLC ähneln, mit dem Unterschied, dass die Zeit- durch eine Ortsachse ersetzt ist. Transmissionsmessungen lassen sich nur durchführen, wenn der Support für die stationäre Phase aus Glas besteht. Variationen in der Schichtdicke und Inhomogenitäten der Partikelgrößen beeinträchtigen das detektierte Signal jedoch wesentlich. Zudem ist der wählbare Wellenlängenbereich durch die Eigenabsorption des Glases stark eingeschränkt.

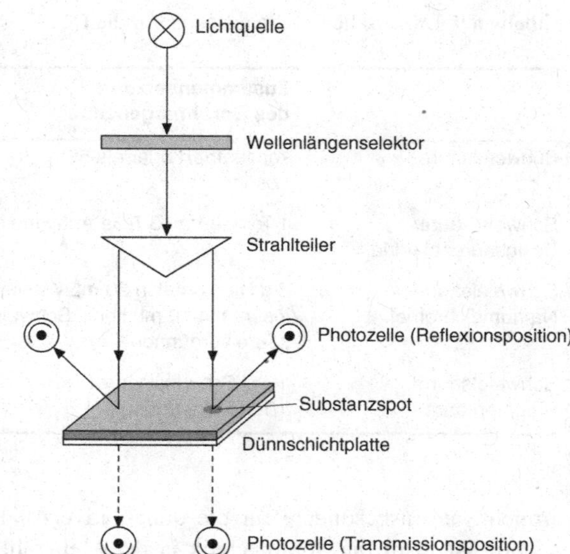


**6.10** Schematischer Aufbau eines Densitometers mit der Möglichkeit zur Detektion im Reflexions- oder Transmissionsmodus.

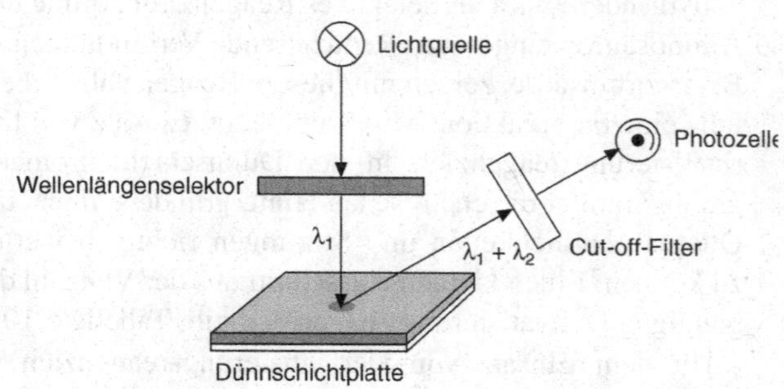


**6.11** Aufbau eines Densitometers mit fluoreszenzspektroskopischer Detektion.

Abbildung 6.11 zeigt den Aufbau eines Densitometers für die fluoreszenzspektroskopische Auswertung einer DC-Platte.

Die Substanzspots werden mit einer geeigneten Anregungswellenlänge bestrahlt, und das emittierte Fluoreszenzlicht wird hinter einem Cut-off-Filter, der die Streustrahlung der Anregung ausblendet, von einer Photozelle detektiert. Wenn die Eigenfluoreszenz der Analyten nicht gemessen werden kann, bietet sich alternativ die Messung der Fluoreszenzlöschung (Quenching) auf markierten Platten an. Das Prinzip dieser Quenching-Technik wurde bereits in Abschnitt 6.2.2 „Allgemeines" erläutert.

Neben diesen spektroskopischen Verfahren lassen sich isotopenmarkierte Analyten auch mit Scannern, die mit Geiger-Müller-Zählrohren ausgerüstet sind, bestimmen. Der Vorteil dieser Detektionsmethode sind ein geringeres Grundsignal als bei der Fluoreszenz und daher sehr niedrige Nachweisgrenzen. Nachteilig ist der Umgang mit radioaktiven Substanzen, der in der Regel vermieden werden sollte, aber insbesondere bei einer Vielzahl medizinischer und biologischer Applikationen unumgänglich ist.

**Anwendungen**

Mit der modernen Dünnschichtchromatographie besitzt der Analytiker eine leistungsfähige Trenntechnik, die sich aufgrund ihrer niedrigen Kosten insbesondere für industrielle Laboratorien eignet. Im Gegensatz zu allen anderen chromatographischen Verfahren erlaubt die DC die simultane Trennung mehrerer Proben auf einer einzigen Platte und öffnet somit die Möglichkeit zu einem effizienten *High-Throughput-Screening*, das in den letzten Jahren insbesondere aufgrund der rasanten Entwicklungen auf dem Gebiet der kombinatorischen Chemie zunehmend an Bedeutung gewann. In der pharmazeutischen Industrie ist die Dünnschichtchromatographie das Mittel der Wahl bei der Analyse komplexer und verschmutzter Proben, die nur mäßige Detektionseigenschaften zeigen. Oftmals können Verunreinigungen schon allein dadurch entfernt werden, dass sie während der Entwicklung einer DC-Platte auf der stationären Phase adsorbiert bleiben und nicht mit der mobilen Phase transportiert werden. Die Probenvorbereitung für DC-Trennungen ist vielfach deutlich weniger umfangreich als bei anderen chromatographischen Verfahren, wo sie einen Großteil der Analysenzeit beansprucht. Typische Anwendungen der Dünnschichtchromatographie sind die Überprüfung der Chargenhomogenität pharmazeutischer Produkte oder die Reinheitskontrolle von Pflanzenextrakten (Phytopharmazeutika).

DC-Verfahren haben sich darüber hinaus in der Umweltanalytik etabliert. In Europa ist der Einsatz der AMD-DC-Technik als Screening-Methode zur Bestimmung von Pflanzenschutzmitteln in Trinkwasser inzwischen ein etabliertes Verfahren und hat in Deutschland den Status einer DIN-Vorschrift (DIN 38407) erlangt.

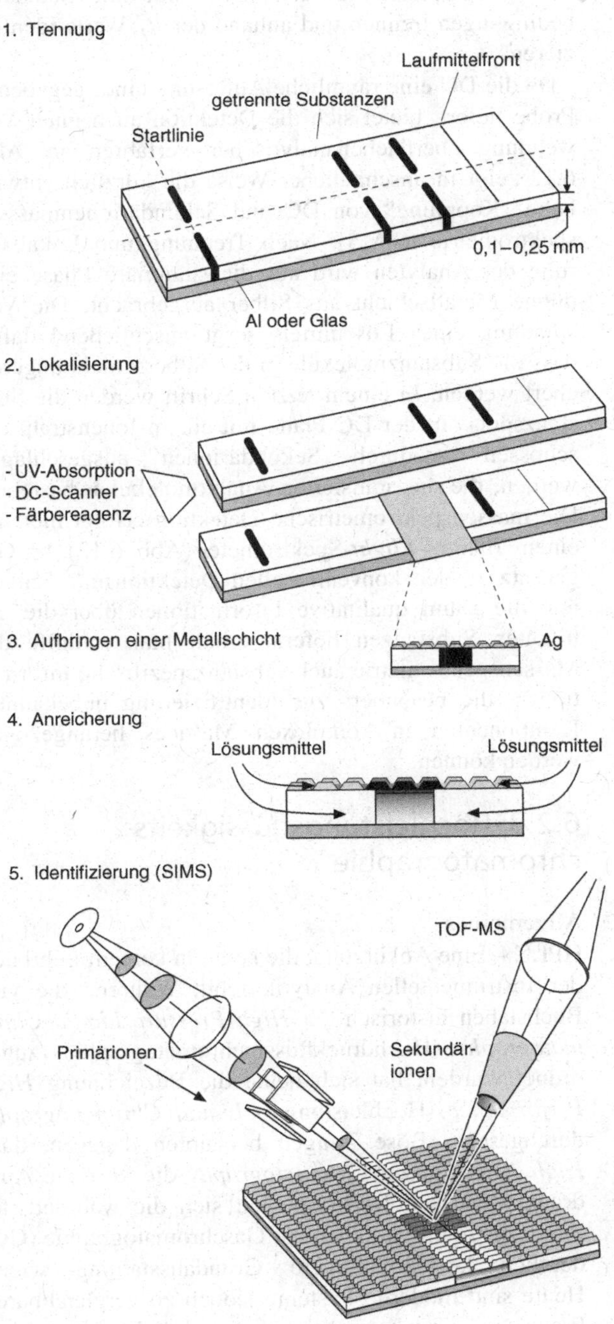


**6.12** Kopplung der Dünnschichtchromatographie mit der Sekundärionenmassenspektrometrie (SIMS). Als Detektor wird ein Time-of-Flight-Massenspektrometer (TOF-MS) eingesetzt (L. Merschel, Dissertation, Universität Münster, 1997).

Obwohl der Einsatz anaboler Steroide als Wachstumsförderer in der Rinderzucht in den meisten Staaten inzwischen verboten ist, gibt es immer wieder Fälle, bei denen die Verwendung dieser illegalen Medikamente nachgewiesen werden kann. Mit Hilfe der Dünnschichtchromatographie lassen sich die Steroide unter Standardbedingungen trennen und anhand der $R_F$-Werte identifizieren.

Da die DC eine räumliche Auflösung einer gegebenen Probe liefert, bietet sich die Detektion auch unter Verwendung oberflächenanalytischer Verfahren an. Abb. 6.12 zeigt in anschaulicher Weise die kürzlich entwikkelte „Kopplung" von DC und Sekundärionenmassenspektrometrie (SIMS). Nach Trennung und Lokalisierung der Analyten wird auf die stationäre Phase eine dünne Metallschicht aus Silber aufgebracht. Die Verwendung eines Lösemittels sorgt anschließend dafür, dass die Substanzmoleküle in der Silberschicht angereichert werden. In einem letzten Schritt werden die Substanzspots auf der DC-Platte mit einem Ionenstrahl beschossen, wodurch Sekundärionen ausgeschlagen werden, die aus ionisierten Analytmolekülen bestehen. Die massenspektrometrische Detektion erfolgt hier mit einem *Time-of-Flight*-Spektrometer (Abb. 6.12). Im Gegensatz zu den konventionellen Detektionsmöglichkeiten, die kaum qualitative Informationen über die getrennten Substanzen liefern, erhält man mithilfe der Massenspektrometrie auch substanzspezifische Informationen, die besonders zur Identifizierung unbekannter Komponenten in komplexen Matrices herangezogen werden können.

### 6.2.3 Hochleistungsflüssigkeitschromatographie

**Allgemeines**

HPLC – Eine Abkürzung, die heute in keinem Lehrbuch der Instrumentellen Analytik fehlt. Während die vier Buchstaben historisch der *High Pressure Liquid Chromatography* (Hochdruckflüssigchromatographie) zugeordnet wurden, hat sich heute die Bezeichnung *High Performance* (Hochleistungs-) *Liquid Chromatography* durchgesetzt. Böse Zungen behaupten dagegen, dass *High Price Liquid Chromatography* die korrekte Ausdrucksweise sei. Darin spiegelt sich die während der Pionierjahre im Vergleich zur Gaschromatographie (GC) deutlich kostenträchtigere Grundausstattung wider. Heute sind moderne Systeme jedoch zu vergleichbaren Preisen wie Gaschromatographen zu erhalten.

Die HPLC stellt eine geradezu ideale Ergänzung zur GC (vgl. Abschnitt 6.3) dar, da genau die Anforderungen, die den praktischen Einsatz der GC in den meisten Fällen beschränken, für die HPLC entfallen. Dies gilt insbesondere für die unzersetzte Verdampfung der Analyten, die unabdingbare Voraussetzung für die Anwendung gaschromatographischer Methoden ist. Obwohl der Einsatz schonender Probenaufgabeverfahren und moderner Derivatisierungstechniken die Möglichkeiten der GC stark erweitert hat, ist nur ein Bruchteil aller organischen Verbindungen überhaupt GC-gängig. Besonders im Bereich der Bioanalytik sowie für die Bestimmung thermisch labiler Substanzen bietet daher der Einsatz der Flüssigchromatographie große Vorteile.

Obwohl sich die HPLC bezüglich ihrer technischen Anforderungen eindeutig charakterisieren lässt, ist eine Abgrenzung gegenüber anderen Trennverfahren auf Basis der zu Grunde liegenden Mechanismen schwierig. Identische Trennmechanismen sind in der präparativen Säulenchromatographie („Schwerkraftsäulen" zur Aufreinigung organischer Verbindungen) oder der Dünnschichtchromatographie wirksam. Andererseits kann die Ionenchromatographie, die sich über ihren Trennmechanismus deutlich abgrenzen lässt, mit einer typischen HPLC-Anlage, idealerweise unter Verwendung „inerter" Materialien, durchgeführt werden. Dies zeigt die Problematik einer eindeutigen systematischen Klassifizierung flüssigchromatographischer Verfahren auf. Im vorliegenden Werk ist daher eine gemischte Klassifizierung nach Trennmechanismen und Arbeitstechniken gewählt worden, die für den praktischen Einsatz der Methoden vorteilhaft ist.

Veranlasst durch das Aufkommen der kapillarelektrophoretischen Trenntechniken (CE) und der kapillaren Elektrochromatographie (CEC), die jeweils deutlich höhere Trennleistungen aufweisen, haben Skeptiker der HPLC bereits vor einigen Jahren eine in Zukunft sinkende Bedeutung vorhergesagt. Die hervorragende Reproduzierbarkeit der Analysen vor allem in Hinblick auf die Retentionszeiten, der Einsatz neuartiger Trennsäulen für die rasche Analytik und auch die Entwicklung neuer Detektoren sind Hauptursachen dafür, dass der Markt für HPLC-Geräte weiter wächst. Es ist durchaus wahrscheinlich, dass auch bei weiteren Fortschritten auf dem Gebiet der CE und der CEC die HPLC einen bedeutenden Platz im Ensemble der Trenntechniken in kondensierter Phase behalten wird.

**Prinzipieller Aufbau einer HPLC-Anlage**

Der prinzipielle Aufbau einer HPLC-Anlage ist in Abb. 6.13 dargestellt.

Ein Lösungsmittelgemisch (die mobile Phase) wird nach Entgasung in einem Vorratsgefäß durch eine oder mehrere Pumpen gefördert. Mit Hilfe eines Ventils wird eine Lösung der Probe in einem mit der mobilen Phase mischbaren Lösungsmittel injiziert. Der Trennvorgang findet auf der chromatographischen Säule statt, die bei

Bedarf durch einen Säulenofen temperiert werden kann. Die getrennten Probenbestandteile werden anschließend mittels eines geeigneten Detektors nachgewiesen.

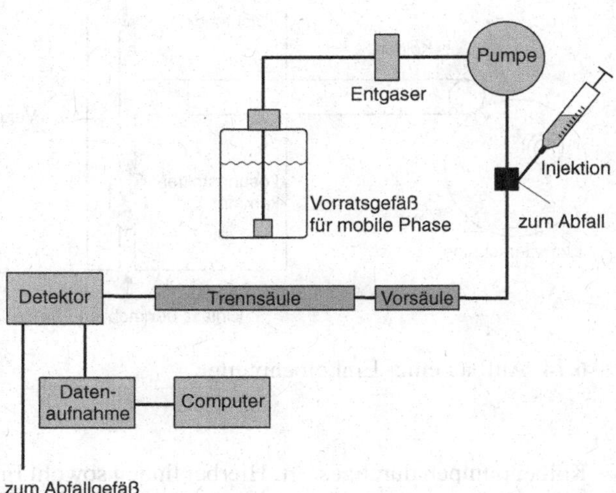


**6.13** Schematischer Aufbau einer HPLC-Anlage.

**Entgasung der mobilen Phase**

Die mobile Phase sollte möglichst frei von gelösten Gasen (Sauerstoff, Stickstoff) sein, da durch ihre Kompression ein Ausgasen im Bereich der Pumpe oder der Mischkammer möglich ist. Dies kann sich in Flussschwankungen widerspiegeln, die die Reproduzierbarkeit der chromatographischen Analyse stark einschränken. Eine ähnliche Problematik kann nach der Säule auftreten, wenn die mobile Phase wieder nahezu auf Atmosphärendruck entspannt wird und noch gelöste Gase ausgasen. Durch diesen Effekt können in der Detektorzelle Gasblasen entstehen, die zu nicht reproduzierbaren Messwerten (unruhigen Grundlinien oder starken spontanen Ausschlägen der Anzeige, sog. „Spikes") führen. Die Problematik des Ausgasens im Bereich der Pumpe und des Detektors ist jedoch auch stark von der Geometrie des Pumpenkolbens und der Detektorzelle abhängig. Während einige kommerzielle Geräte in der Praxis nur äußerst selten Probleme mit Gasblasen zeigen, sind Modelle anderer Hersteller sehr anfällig und sollten nicht ohne Entgaser betrieben werden. Bei Verwendung von Fluoreszenzdetektoren ist außerdem zu beachten, dass gelöster Sauerstoff als so genannter „Quencher" (Substanz, die Fluoreszenz löscht, s. Abschnitt 5.3) wirken kann.

Ein besonders einfaches und wirkungsvolles Verfahren zur Entgasung des Lösungsmittels ist der Einsatz von Ultraschall. Im Ultraschallbad lassen sich Wasser und organische Lösungsmittel effektiv entgasen. (Vorsicht! Zu Anfang der Prozedur kann es zum Überschäumen des Lösungsmittels aus seinem Gefäß kommen). Nachteilig ist jedoch, dass während eines Arbeitstages langsam wieder Gase in die Lösungsmittel diffundieren können. Aus diesem Grund ist eine *on-line*-Entgasung zu empfehlen, die allerdings recht kostspielig sein kann. Es haben sich hierbei zwei Verfahren bewährt, die Entgasung mit Helium und die Vakuumentgasung. Wird ein feiner Heliumgasstrom durch eine Fritte in die Lösungsmittel geblasen, so führt dies zum Ausgasen von Stickstoff und Sauerstoff. Die Entgasung mit Helium erfordert eine Gasversorgung mit Reinstgas, ist aber bezüglich der Anschaffungskosten preisgünstiger. Bei handelsüblichen Vakuumentgasern wird das Lösungsmittel vor der Pumpe durch einen Teflonschlauch geführt, der sich in einer mittels einer Membranpumpe evakuierten Kammer befindet. Aufgrund der hohen Gaspermeabilität des Schlauches werden in der mobilen Phase gelöste Gase entfernt. Vakuumentgaser weisen im Vergleich zu Heliumentgasern höhere Gerätekosten auf, erzeugen aber nahezu keine Folgekosten. Da beide Geräte auch hohen Anforderungen an die Entgasung von Lösungsmitteln gerecht werden, dürfte bei einer Anlage, die lange Einsatzzeiten aufweist, die Vakuumentgasung langfristig preisgünstiger sein. Außerdem entfallen die sicherheitstechnischen Anforderungen an eine Gasversorgung.

**Förderung der mobilen Phasen**

Die Pumpe nimmt die zentrale Rolle in einem HPLC-System ein, da sie die mobile Phase unter möglichst großer Flusskonstanz über die stationäre Phase bewegen soll. Des Weiteren sollte eine ideale HPLC-Pumpe einen großen Bereich von Flussraten fördern können. Der Wechsel von einem zum anderen Eluenten sollte innerhalb kurzer Zeit und mit geringem technischen Aufwand durchgeführt werden können, und das Gerät sollte wartungsfreundlich sein. Besonders wichtig ist die Beständigkeit der Pumpe gegenüber der verwendeten mobilen Phase.

HPLC-Pumpen sind dafür ausgelegt, im Routineeinsatz über mehrere Jahre nahezu wartungsfrei Lösungsmittel und Additive zu fördern. Alle Materialien, die in Kontakt mit der mobilen Phase kommen, müssen außerordentlich beständig gegenüber Korrosion sein. Besonders Pumpenköpfe, Kolben und Ventile werden daher aus hochwertigen Materialien gefertigt. Die Pumpenköpfe bestehen in der Regel aus korrosionsbeständigen Edelstählen, Kolben aus Saphir sowie Ein- und Auslassventilen aus Rubin- oder Saphirkugeln mit einem entsprechenden Ventilsitz.

Selbst bei Verwendung dieser Materialien muss jedoch die Auswahl der mobilen Phasen unter großer Vorsicht erfolgen, um Korrosion zu vermeiden. Es ist bekannt, dass hohe Chloridkonzentrationen ebenso wie stark komplexierende Puffersubstanzen (Citrat, EDTA etc.) auf Stähle korrosiv wirken können. Bei Verwendung chlorierter Kohlenwasserstoffe als mobile Phasen kann, besonders in Anwesenheit von Licht, Salzsäure als sehr stark korrodierende Substanz freigesetzt werden. Sehr polare Lösungsmittel wie Tetrahydrofuran verstärken die Korrosion weiter. Stark alkalische mobile Phasen können dagegen Saphir und Rubin angreifen und sollten ebenfalls vermieden werden. Sollte die Verwendung korrosiver mobiler Phasen unvermeidlich sein, so muss die Pumpe unmittelbar nach Abschluss der entsprechenden Arbeiten gründlich mit einem inerten Lösungsmittel gespült werden.

Für einige Anwendungen, speziell für das Arbeiten mit korrosiven mobilen Phasen, aber auch für die Analytik empfindlicher Biomoleküle ist es sinnvoll, auf Anlagen zurückzugreifen, in denen alle mit der mobilen Phase in Kontakt kommenden Edelstahlkomponenten gegen keramische Materialien, Polyetheretherketon (PEEK), Teflon oder Titan ausgetauscht worden sind. Solche „inerten" oder „biokompatiblen" Anlagen werden von mehreren Herstellern angeboten.

Problematisch ist nicht nur der Betrieb der Pumpen mit aggressiven Medien, sondern auch die Verwendung salzhaltiger Eluenten im Allgemeinen. Während des Betriebes, besonders aber bei Lagerung der Pumpen mit salzhaltigen Eluenten ist ein Auskristallisieren der Salze möglich. Dies kann den Kolben blockieren und die Kolbendichtungen, im schlimmsten Fall aber auch die Kolbenmaterialien zerstören. Eine elegante Lösung zur Vermeidung dieser Problematik ist eine Kolbenhinterspülung mit einem Lösungsmittel (in der Regel Wasser), das die Auskristallisation von Salzen im Kolbenbereich verhindert. Wer routinemäßig mit Puffern im Eluens arbeitet, sollte bei Neuanschaffung eines HPLC-Systems eine Kolbenhinterspülung einplanen. Ist eine solche nicht vorhanden, der Betrieb mit salzhaltigen Eluentien aber unvermeidbar, so empfiehlt sich ein regelmäßiges Spülen der Pumpe mit einem salzfreien wässrigen Lösungsmittel. Besonders dann, wenn ein Wechsel von einer salzhaltigen mobilen Phase auf ein organisches Lösungsmittel geplant ist, muss beachtet werden, dass zunächst die im organischen Lösungsmittel schlecht löslichen Salze durch Spülen mit Wasser entfernt werden.

Während historisch in der HPLC auch preiswerte druckkonstante Pumpen zur Förderung der mobilen Phase eingesetzt wurden, sind diese heute nur noch für das Packen chromatographischer Säulen von Bedeutung, da dort ihre aus analytischer Sicht mangelhafte Flusskonstanz nicht negativ ins Gewicht fällt. Unter den flusskonstanten Pumpen haben sich für die meisten Anwendungen in der HPLC kontinuierliche Kurzhub-

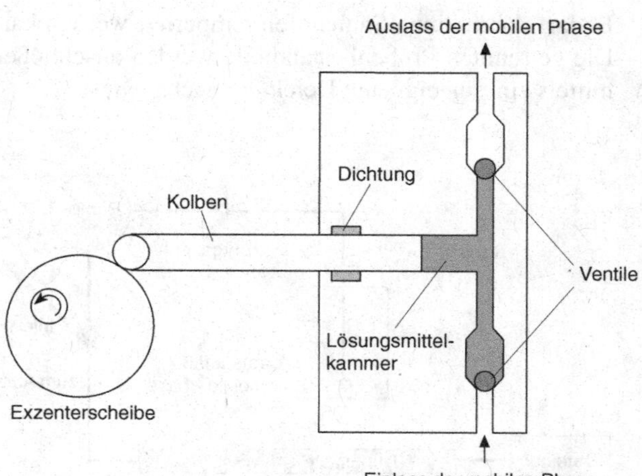


**6.14** Aufbau einer Einkolbenpumpe.

Kolbenpumpen durchgesetzt. Hierbei finden sowohl Einkolben- als auch Doppelkolbenanordnungen Verwendung. Das Schema einer typischen Einkolbenpumpe zeigt Abb. 6.14.

Durch eine von einem Elektromotor angetriebene Exzenterscheibe wird der Kolben in die mit Ein- und Auslassventil versehene Lösungsmittelkammer bewegt. Im Fördermodus (Vorwärtsbewegung des Kolbens) wird das Einlassventil geschlossen und das Auslassventil geöffnet. Im Füllmodus dagegen (Rückwärtsbewegung des Kolbens) ist das Einlassventil geöffnet und das Auslassventil geschlossen. Das Fördervolumen pro Kolbenhub hängt vom Volumen der Lösungsmittelkammer ab und variiert stark. Einige Hersteller bieten Pumpen an, bei denen die Pumpenköpfe ausgetauscht werden können. Dies ermöglicht den Einsatz derselben Pumpe nach Kopfwechsel sowohl im Bereich geringer Flüsse für analytische Zwecke als auch im semipräparativen Maßstab. Da sich während eines Umlaufes der Exzenterscheibe bei konstanter Drehgeschwindigkeit des Motors die Fördergeschwindigkeit des Kolbens ändert, sieht das Profil des erzeugten Flusses wie in Abb. 6.15 (a) gezeigt aus. Werden in einer Doppelkolbenpumpe zwei Köpfe um 180° phasenverschoben eingesetzt, so ergibt sich das in Abb. 6.15 (b) dargestellte Förderprofil.

Durch elektronische Steuerung ist es möglich, die Drehgeschwindigkeit der Exzenterscheibe so zu variieren, dass innerhalb eines Kolbenhubs eine konstante Fördergeschwindigkeit und somit ein konstanter Druck aufgebaut wird. Das entsprechende Förderprofil ist in idealisierter Form in Abb. 6.15 (c) dargestellt. In der Realität muss man jedoch berücksichtigen, dass sich die Flussrate bei der Kolbenbewegung nicht verzögerungsfrei ändert, woraus das in Abb. 6.15 (d) gezeigte Profil

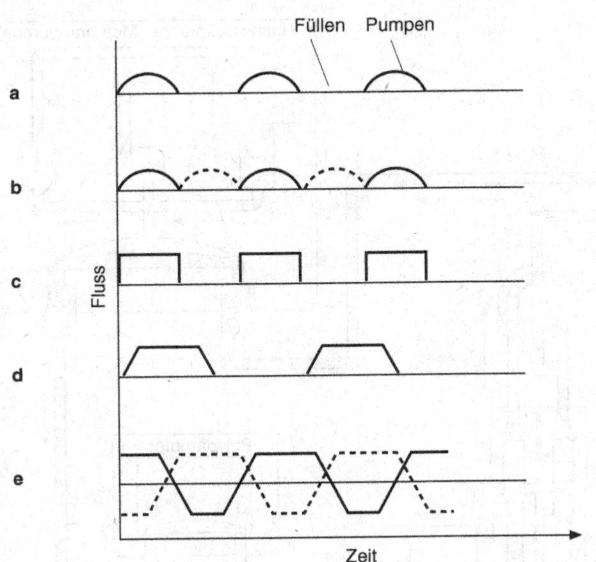


**6.15** Flussprofil von kontinuierlichen Kurzhub-Kolbenpumpen.

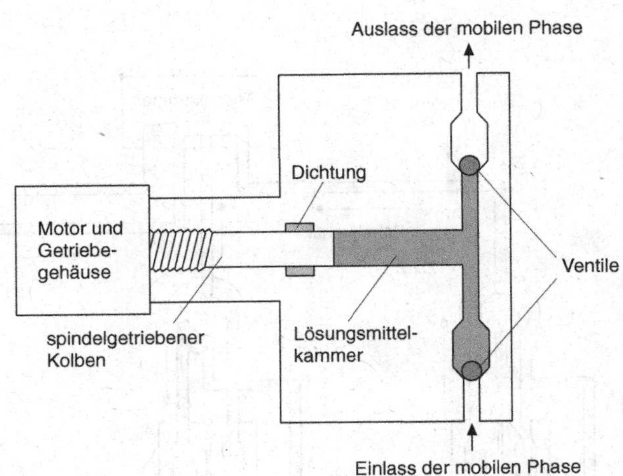


**6.16** Aufbau einer Langhub-Kolbenpumpe.

resultiert. Auch hier besteht nun die Möglichkeit, durch den Einsatz einer Doppelkolbenpumpe mit zwei förderkonstanten Kolben ein sehr pulsationsarmes System aufzubauen, wie in Abb. 6.15 (e) präsentiert. Eine weitere Möglichkeit zum Erreichen der Flusskonstanz ist der Einsatz einer Einkolbenpumpe oder Doppelkolbenpumpe, bei der der Füllschritt sehr rasch im Vergleich zum Förderschritt durchgeführt wird.

Für einzelne Anwendungen stellen Langhub-Kolbenpumpen („Spritzenpumpen") eine interessante Alternative dar. Das Prinzip einer solchen Pumpe ist in Abb. 6.16 dargestellt. Sie enthalten ein größeres Fördervolumen zwischen etwa 10mL und 500 mL und arbeiten, da sie von einem Schrittmotor mit extrem kleinen Schrittweiten angetrieben werden, praktisch völlig pulsationsfrei. Damit sind diese Pumpen insbesondere für die HPLC bei extrem niedrigen Flussraten („Microbore-HPLC") hervorragend geeignet. Sie finden weitere Verwendung für die Chromatographie und die Extraktion mit überkritischen Fluiden (vgl. Abschnitt 6.2.5). Aus dieser Technik der Langhub-Kolbenpumpen ergeben sich aber auch gravierende Nachteile, wie zum Beispiel die fehlende Möglichkeit eines kontinuierlichen Betriebes mit einer einzigen Pumpe. Ein Wechsel der mobilen Phase erfordert eine mehrfache gründliche Spülung der Pumpe, um Kontaminationen mit der vorherigen mobilen Phase zu vermeiden. Um kontinuierlich arbeiten zu können, müssen zwei Pumpen so verbunden werden, dass abwechselnd eine Pumpe gefüllt wird, während die andere Pumpe fördert. Weiterhin sind diese Pumpen um den Faktor 2–3 teurer als typische Kurzhub-Kolbenpumpen.

Eine besonders elegante, aber auch aufwendige Möglichkeit zur Lösungsmittelförderung stellt eine kombinierte Kolben-/Membranpumpe dar, die in Abb. 6.17 dargestellt ist. Bei diesem Pumpentyp können bis zu drei Lösungsmittel jeweils über zwei alternierende Spritzenpumpen bei niedrigem Druck gefördert werden. Nach Durchlaufen einer Mischkammer wird das Lösungsmittelgemisch durch eine Membranpumpe auf hohen Druck gebracht.

Diese Pumpentypen werden im typischen analytischen Routinebetrieb dazu eingesetzt, in Abhängigkeit vom verwendeten Säulendurchmesser Flussraten zwischen etwa 0,2 mL/min (bei Säulendurchmessern von 2 mm) bis zu 1,5 mL/min (bei Säulendurchmessern von 4,6 mm) mit extrem guten Reproduzierbarkeiten zu fördern. Um für praktische Anwendungen ausreichend Flexibilität zu gewährleisten, sollten gute HPLC-Pumpen daher in der Lage sein, Flussraten zwischen 0,01 mL/min und 10 mL/min zu erzeugen. Dieser Flussratenbereich entspricht dem in den technischen Beschreibungen der Hersteller von Kurzhub-Kolbenpumpen üblicherweise angegebenen Bereich. Während im unteren Flussbereich die Präzision der Förderung stark sinken kann, ist im Bereich der maximalen Flussraten mit erhöhtem Verschleiß der Pumpen zu rechnen. Als Faustregel kann man annehmen, dass eine Pumpe im Bereich der Flussraten vom Zehnfachen der vom Hersteller spezifizierten niedrigsten Flussrate bis zu einem Drittel der spezifizierten höchsten Flussrate besonders präzise arbeitet und das Material nicht übermäßig belastet wird.

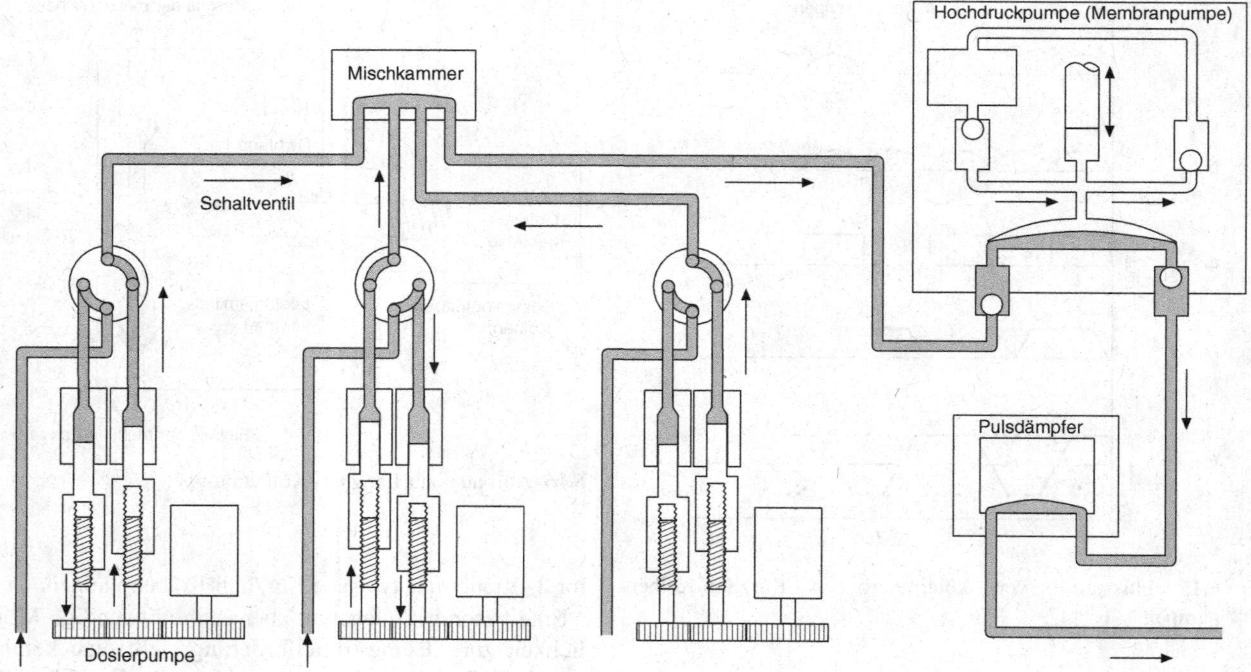


**6.17** Kombinierte Kolben-/Membranpumpe.

## Gradientenelution

Gradientenelution bedeutet die Änderung der Elutionskraft der mobilen Phase während der Laufzeit des Chromatogrammes. Daraus resultieren schärfere Peaks und kürzere chromatographische Laufzeiten besonders bei komplexen Gemischen mit sehr stark unterschiedlich polaren Substanzen. Die Elutionskraft der mobilen Phase wird hierbei in der Regel so gesteigert, dass die Konzentration der stärkeren Eluentien während der chromatographischen Trennung erhöht wird. Im Vergleich zur isokratischen Elution, bei der die Zusammensetzung der mobilen Phase während des Trennvorganges konstant gehalten wird, kann man die zunächst eluierenden Komponenten bei niedriger Konzentration des stärkeren Eluens besser trennen, während nach Steigerung der Elutionskraft die Peakform der später eluierenden Komponenten schärfer ist.

Die Lösungsmittelgradienten können auf zwei verschiedene Weisen bereitgestellt werden. Ein Hochdruckgradient entsteht, wenn zwei oder mehr Lösungsmittel jeweils von einer Pumpe gefördert werden und die Vereinigung der Ströme in einem Mischungsstück nach den Pumpen erfolgt. Abb. 6.18 zeigt eine entsprechende Anordnung.

Im Gegensatz dazu findet die Mischung von bis zu vier Lösungsmitteln im Falle eines Niederdruckgradienten vor der Pumpe statt. Ein Schaltventil wird hierbei zur Dosierung der einzelnen Lösungsmittel eingesetzt. Ein solches System ist für die Bereitstellung eines ternären Gradienten in Abb. 6.19 dargestellt.

Beide Systeme weisen Vorteile auf, sodass der Anwender die Auswahl aufgrund seiner analytischen Fragestellung treffen sollte: Sollen ternäre oder quarternäre Eluentengemische eingesetzt werden, so ist das Niederdrucksystem deutlich preisgünstiger, da mit einer Pumpe und einem Schaltventil bis zu vier Komponenten gefördert werden können. Der Hochdruckgradient erfordert dagegen eine Pumpe für jede Komponente der mobilen Phase. Andererseits ist das Niederdrucksystem ins-

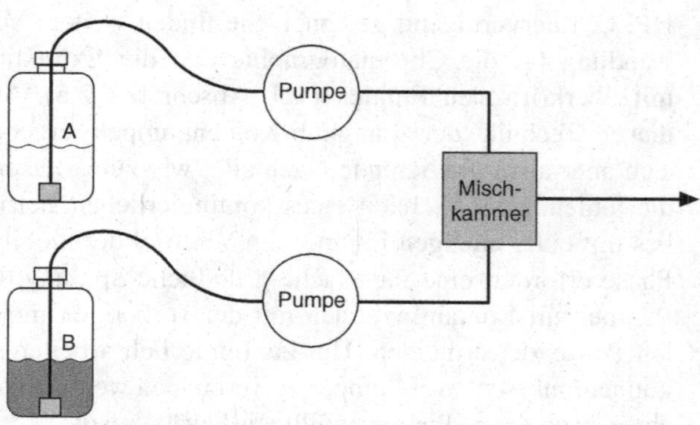


**6.18** Darstellung eines Hochdruckgradientensystems.

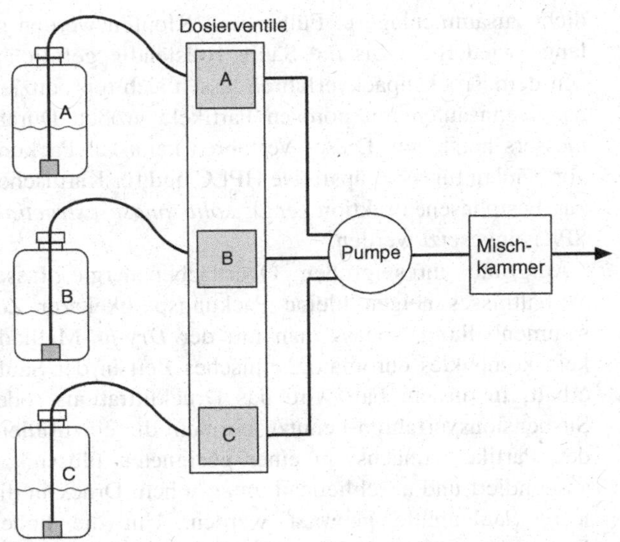


**6.19** Darstellung eines Niederdruckgradientensystems.

gesamt als empfindlicher zu bezeichnen, da auf eine Entgasung der mobilen Phase keinesfalls verzichtet werden kann. Ein wichtiger Vorteil des Hochdrucksystems ist die Möglichkeit, bei Einsatz einer Mischkammer mit geringem Volumen sehr geringe Verzögerungen zwischen der Erzeugung eines Gradienten und dem Wirksamwerden am Säulenanfang zu erreichen. Dies ist aufgrund der Positionierung des Schaltventils vor der Pumpe bei einem Niederdrucksystem nicht möglich.

**Probenaufgabe**

Das Sechswegeventil ist der Klassiker zur Probenaufgabe in der HPLC. Durch Umschalten von der Füll- in die Injektionsposition kann die Probe aus einer Probenschleife definierten Volumens auf die chromatographische Säule überführt werden. Ein solches Ventil ist in Abb. 6.20 dargestellt.

In der Füllposition wird, in der Regel mit einer Spritze, die Probenlösung in die Probenschleife von typischerweise etwa 10 μL Volumen gefüllt. Um eine vollständige Füllung zu gewährleisten und eine Verdünnung der Probe mit mobiler Phase aus der Injektionsposition zu vermeiden, sollte etwa das zehnfache Volumen der Probenschleife aufgegeben werden. Währenddessen strömt die mobile Phase über die Säule. Durch Umschalten in die Injektionsposition wird anschließend die Probenlösung durch die mobile Phase auf die chromatographische Säule überführt, wo der Trennvorgang stattfindet. Durch diese Technik können Proben und Standardlösungen mit einer hervorragenden Reproduzierbarkeit bei Standardabweichungen von deutlich unter 1% aufgegeben werden. Der Anwender sollte jedoch beachten, dass die angegebenen Volumina der Probenschleifen nur gute Näherungen darstellen. Insbesondere bei Wechsel einer Probenschleife zu einer anderen Probenschleife mit gleichem Nennvolumen können deutliche Unterschiede auftreten.

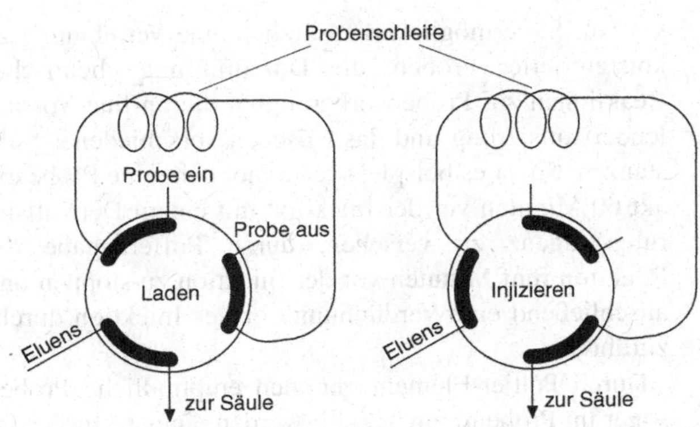


**6.20** Probenaufgabe mit dem Sechswegeventil.

Ein solches Sechswegeventil kann sowohl manuell als auch automatisch (elektrisch oder durch Druckluft) betrieben werden. In der Routineanalytik werden heute in der Regel automatische Probengeber („Autosampler") eingesetzt, deren Herzstück ein elektrisch betriebenes Sechswegeventil ist. Moderne programmierbare Autosampler sind jedoch weitaus mehr als ein Probeaufgabe-

**„Achtung! Fehlerquelle!"**

Zu beachten ist, dass viele Autosampler variable Injektionsvolumina aufweisen, die bei einer analytischen Probenschleife typischerweise in 1-μL-Inkrementen zwischen 1 μL und 50 μL gewählt werden können. Hierbei ist zu berücksichtigen, dass die Reproduzierbarkeit der Injektion mit Standardabweichungen von weit unter 1% im Routinebetrieb sehr gut ist, dass aber die absoluten Volumenangaben wiederum mit Vorsicht betrachtet werden sollten. Keinesfalls sollten Kalibrationsstandards und Proben mit unterschiedlichen Probenvolumina injiziert werden, da insbesondere bei kleinen Injektionsvolumina nicht immer eine vollständig lineare Beziehung zwischen dem eingestellen Injektionsvolumen und der Peakfläche beobachtet wird.

system: Sie ermöglichen zusätzlich eine Verdünnung zu konzentrierter Proben, die Durchführung chemischer Reaktionen zur Probenvorbereitung, die on-line-Vorsäulenderivatisierung und das Mischen verschiedener Substanzen. So ist es beispielsweise möglich, eine Probe exakt 60 Minuten vor der Injektion mit einem Derivatisierungsreagenz zu versehen, durch Pufferzugabe die Reaktion fünf Minuten vor der Injektion zu stoppen und anschließend eine Verdünnung vor der Injektion durchzuführen.

Durch Peltier-Elemente können empfindliche Proben sogar im Probenraum gekühlt werden. Dies ist insbesondere bei Proben aus biologischem Material von Bedeutung.

**Stationäre Phasen**

Die modernen Trennsäulen-Packungsmaterialien für die Hochleistungsflüssigchromatographie sind in unterschiedlicher Form und Größe erhältlich. Die Mehrzahl der heute verwendeten HPLC-Säulen enthält poröse sphärische Mikropartikel (Durchmesser in der Regel $\leq 5\ \mu m$). Allgemein gilt, dass die besten Trennleistungen mit Säulen erhalten werden, die mit kleinen Partikeln bepackt wurden, sodass daraus ein dichtes, stabiles und einheitliches chromatographisches Bett resultiert (vgl. Abschnitt 6.1.6, van-Deemter-Funktion). Eine jüngere Entwicklung auf dem Gebiet der Säulenpackungen sind die unporösen Partikel. Sie zeichnen sich durch eine definierte Oberfläche aus, die aufgrund der nicht vorhandenen Porendiffusion einen schnelleren Massentransfer erlaubt. Dies führt zu wesentlich verkürzten Retentionszeiten und somit zu schnelleren Trennungen sowie einem geringeren Lösemittelverbrauch. Man sollte sich jedoch darüber im Klaren sein, dass unporöse Partikel eine wesentlich kleinere Oberfläche haben, wodurch die Kapazität der Säulen deutlich erniedrigt ist.

Die Bepackung von Säulen für die Flüssigchromatographie kann mit der Trockenpack- (engl. *dry-fill procedure*) oder der Druckfiltrationsmethode (engl. *wet-fill* oder *slurry-packing procedure*) erfolgen. Die *Dry-fill*-Methode gilt heute als historisches Verfahren und wird für die Packung starrer Feststoffe und Harze mit einem Partikeldurchmesser $> 20\ \mu m$ eingesetzt. Hierbei wird zunächst ein kleiner Teil des Füllmaterials mithilfe eines Trichters in die leere Säule eingefüllt. Die Säule wird hiernach geklopft, sodass sich die Packungspartikel dicht zusammenlagern. Füllen und Klopfen werden so lange wiederholt, bis die Säule vollständig gefüllt ist. Mit dem Trockenpackverfahren lassen sich reproduzierbar Trennsäulen mit porösen Partikeln großen Durchmessers herstellen. Dieses Verfahren kann zur Packung von Säulen für die präparative HPLC und für Kartuschen zur Festphasenextraktion (engl. *solid phase extraction*, SPE) eingesetzt werden.

Aufgrund ihres großen Oberflächenenergie-Masse-Verhältnisses neigen kleine Packungspartikel zur Zusammenballung, sodass man mit der *Dry-fill*-Methode kein kompaktes chromatographisches Bett in der Säule erhält. In diesem Fall wird das Druckfiltrations- oder Suspensionsverfahren benutzt, bei dem die einzufüllenden Partikel zunächst in einer geeigneten Flüssigkeit suspendiert und anschließend unter hohem Druck in die leere Säulenhülle gepresst werden. Um die hohen Drücke von 600 bis 1000 bar zu erreichen, werden meistens pneumatische Verdichterpumpen eingesetzt. Bei der *Wet-fill*-Methode werden die in die Säule eingefüllten Partikel deutlich höheren Kräften ausgesetzt und finden deshalb eine deutlich stabilere Position in der Säulenpackung als bei der Trockenpacktechnik.

Die chemische Natur der stationären Phase spielt neben den physikalischen Parametern wie Partikelgröße und -form eine entscheidende Rolle für die Trennleistung einer HPLC-Säule. Das immer noch am weitesten verbreitete Material für das chromatographische Bett ist Siliciumdioxid ($SiO_2$), das synthetisch durch Hydrolyse von Siliciumtetrachlorid ($SiCl_4$) erhalten und als Kieselgel bezeichnet wird. In der Natur als Diatomeenerde vorkommendes $SiO_2$ ist unter dem Namen Kieselgur bekannt. Kieselgel ist in einer Fülle von Formen, Größen und Porositäten erhältlich. Als Säulenpackung ist es sehr druckresistent. Darüber hinaus ist Siliciumdioxid sehr einfach chemisch modifizierbar, wodurch sich eine große Bandbreite neuer Trenneigenschaften erhalten lässt. Die Techniken zur Modifikation von Kieselgel sind hierbei sehr effizient und seit langer Zeit erprobt. Die Nachteile von Kieselgel sind die Instabilitäten bei extremen pH-Werten und die große Oberflächenaktivität. Abb. 6.21 zeigt beispielhaft den Vorgang der chemischen Modifizierung eines Kieselgels.

Die freien Silanolfunktionen an der Oberfläche der $SiO_2$-Partikel werden mit einem Alkyldimethylchlorsilan zur Reaktion gebracht. Hierdurch wird die Anzahl der

**6.21** Chemische Modifizierung von Kieselgel mit Alkyldimethylchlorsilanen.

freien SiOH-Gruppen wesentlich verringert und damit die Polarität des Kieselgels umgekehrt; man spricht jetzt von einer Umkehrphase (engl. *reversed phase*). Durch die Wahl des Restes R lassen sich die Eigenschaften der Umkehrphase je nach Bedarf beeinflussen. Die gängigsten Reste sind Octyl-, Octadecyl-, Cyanopropyl-, Phenyl- oder auch Aminopropylgruppen. Aufgrund sterischer Ansprüche verbleiben auch nach der chemischen Modifikation noch freie Silanolfunktion auf der Kieseloberfläche. Diese polaren Zentren wirken sich bei vielen Trennungen störend aus. Mit Hilfe eines Silanisierungsreagenzes kurzer Alkylkettenlänge, in der Regel Trimethylchlorsilan, das einen geringen Raumbedarf einnimmt, kann ein Großteil der freien SiOH-Gruppen modifiziert werden. Dieser Vorgang wird als *end-capping* bezeichnet. Säulen, die durch end-capping einen besonders unpolaren Charakter besitzen sind mit ec gekennzeichnet.

Zur chromatographischen Charakterisierung von RP-Phasen sind eine Anzahl von Tests entwickelt worden, die wichtige Aussagen über das Phasenmaterial erlauben und auch Abweichungen ähnlicher Säulen untereinander einfach erkennen lassen. Hierbei wird ein Testgemisch, das Komponenten mit unterschiedlichen physikochemischen Eigenschaften enthält, unter standardisierten Bedingungen getrennt. Aus den erhaltenen Chromatogrammen erhält man z. B. Informationen über die Säuleneffizienz, die Hydrophobie, die Methylengruppenselektivität oder die silanophile Aktivität, das heißt die Wechselwirkung von Restsilanolgruppen mit basischen Analyten. Die meist benutzten Testmethoden sind der Engelhardt-Jungheim- (vgl. Tabelle 6.11) und der Tanaka-Test.

**Tabelle 6.11** Testgemisch für den Engelhardt-Jungheim-Test.

| Testsubstanz | Kriterium |
|---|---|
| Toluen, Ethylbenzen | hydrophobe Wechselwirkungen |
| Phenol, Benzoesäureethylester | saure und neutral-polare Wechselwirkungen |
| N,N-Dimethylanilin, Anilin, o-Toluidin, m-Toluidin, p-Toluidin | silanophile Wechselwirkungen |

Neben $SiO_2$ werden auch noch Materialien wie Aluminiumoxid ($Al_2O_3$) oder Zirkonia ($ZrO_2$) verwendet. $Al_2O_3$ wird jedoch wegen seiner im Vergleich zum Kieselgel noch größeren Oberflächenaktivität nur selten als stationäre Phase eingesetzt. Im Gegensatz zu $SiO_2$ ist Zirkonia über den gesamten pH-Bereich stabil und erträgt Säulentemperaturen bis zu 200 °C. Auch $ZrO_2$ kann chemisch so modifiziert werden, dass stationäre Phasen mit völlig neuen Polaritäten resultieren. Andere stationäre Phasen wie etwa Titandioxid wurden erst in jüngster Zeit erprobt; sie haben bislang jedoch noch keinen großen Stellenwert in der Chromatographie. Der Vollständigkeit halber seien an dieser Stelle noch Magnesiumsilicat (Florisil) und poröser graphitierter Kohlenstoff als Packungsmaterialien für HPLC-Säulen erwähnt.

Neben der Packung einer Säule mit starren Feststoffen existieren auch Materialien auf Polymerbasis: Hierbei sind insbesondere vernetzte Co-Polymere wie Polystyrol-Divinylbenzen (PS/DVB) zu nennen. Diese auch als Harze bezeichneten stationären Phasen haben den Vorteil, dass sie über einen weiteren pH-Bereich stabil sind als $SiO_2$. Nachteilig ist ihre mangelnde mechanische Stabilität bei hohen Drücken. Zudem besteht bei Polymerphasen oft die Gefahr, dass sie in Abhängigkeit vom Anteil der organischen Komponente im Eluenten quellen oder schrumpfen.

Abschließend sollte noch auf einige wichtige Punkte zum Einsatz und zur Pflege einer HPLC-Säule hingewiesen werden. Für eine lange Lebensdauer der in der Regel recht teuren Säulen sollte man unbedingt darauf achten, dass die vom Hersteller angegebenen Parameter wie pH-Bereich, Flussrate, Temperatur und Druck eingehalten werden. Beim Betrieb einer RP-18-Säule (octadecylmodifiziertes Kieselgel als stationärer Phase) ist ein pH-Wert des Eluenten zwischen pH 2 und pH 8 einzuhalten. Die mobile Phase muss für den Gebrauch in der HPLC von besonderer Qualität sein; existentiell ist hier das Entfernen auch kleinster Partikel durch geeignete Filter.

**„Vertrauen ist gut, Kontrolle ist besser"**

Obwohl auch jede HPLC-Säule nur eine begrenzte Lebensdauer besitzt, kann sie unter idealen Betriebsbedingungen mehrere tausend Trennungen problemlos überstehen. Trotz guter „Säulenpflege" sollte man die Trennleistung mit einer Reihe verschiedener Standardverbindungen in regelmäßigen Abständen überprüfen, um nicht mit augenscheinlich korrekt aussehenden Chromatogrammen analytisch unsinnige Ergebnisse zu produzieren. Als Prüfkriterien dienen solche Parameter wie die Peakform, Retentionszeiten, theoretische Bodenzahlen, Trennfaktoren und die Auflösung.

Zudem sind Entgaser in vielen Fällen zu empfehlen. Eine Säule sollte immer in der vorgegebenen Flussrichtung betrieben werden. Sehr hilfreich ist der Einsatz von so genannten Vorsäulen. Diese bestehen aus derselben stationären Phase wie die eigentliche Trennsäule und halten all jene Komponenten zurück, die ansonsten für immer auf der analytischen Säule haften würden, sodass diese für weitere Trennungen nicht mehr zu benutzen wäre. Vorsäulen müssen in regelmäßigen Abständen ausgetauscht werden, um ihre Schutzfunktion zu gewährleisten.

## Detektoren

### *A. Übersicht*

In erster Näherung lassen sich die Detektoren in der HPLC danach aufteilen, ob sie spezielle Eigenschaften des Gelösten oder aber Bulk-Eigenschaften, d. h. die Summe der Eigenschaften von Gelöstem und Lösungsmittel, nachweisen. Viele Autoren, die diese Klassifizierung einsetzen, erwähnen jedoch nicht, dass die Grenzen zwischen den beiden Gruppen fließend sein können. So misst zum Beispiel ein UV/vis-Detektor im langwelligeren Messbereich aufgrund der nahezu vollständigen Transparenz der meisten mobilen Phasen bei Wellenlängen oberhalb von 250 nm praktisch ausschließlich die Eigenschaften des Gelösten. Im kurzwelligen Bereich um 200 nm ist jedoch die Absorption der meisten mobilen Phasen nicht mehr vernachlässigbar, sodass dieser Detektor dort als Bulk-Detektor angesehen werden könnte.

Generell läßt sich feststellen, dass es keinen universellen „besten" Detektor für die HPLC gibt, sondern dass in jedem Fall eine sorgfältige Auswahl des bestgeeigneten Detektors für die geplante Anwendung erfolgen muss. Hierbei sind die folgenden Kriterien von Bedeutung:

*a. Nachweisgrenze*

Häufig wird die Nachweisgrenze eines Detektors als besonders wichtiges Kriterium für seine Leistungsfähigkeit angesehen. Nicht in jedem Fall ist jedoch der Detektor mit der niedrigsten Nachweisgrenze am besten für eine bestimmte Anwendung geeignet. Soll beispielsweise eine Reaktionskomponente während eines industriellen Produktionsprozesses bestimmt werden, so kann bei hohen Konzentrationen des Analyten ein weniger nachweisstarker Detektor vorteilhaft sein, wenn sein Einsatz keine Verdünnungsschritte vor der chromatographischen Bestimmung erfordert.

*b. Linearer Messbereich*

Während bei der Umweltanalytik oftmals ein Konzentrationsbereich von mehreren Dekaden durch ein Analysenverfahren abgedeckt werden muss, gibt es klinisch-chemische Fragestellungen, bei denen nur geringe Schwankungen eines Parameters um einen Sollwert auftreten. Daher ist im ersten Fall ein großer linearer Messbereich äußerst wichtig, während im zweiten Fall auch ein geringer linearer Messbereich zur Lösung des analytischen Problems geeignet wäre.

*c. Kompatibilität mit der mobilen Phase*

Hierunter fällt unter anderem die Frage, ob ein Detektor auch bei der Gradientenelution eingesetzt werden kann oder ob hierbei ein Signal der mobilen Phase erhalten wird, dass die Auswertung des Analytsignals stark erschwert. Die Brechungsindexdetektion ist beispielsweise nicht mit der Gradientenelution kompatibel, da ein Bulk-Signal gemessen wird, das Änderungen der Brechungsindices von Analyt und mobiler Phase beinhaltet. Dies führt zu einer sehr steilen und nicht mehr auswertbaren Basislinie. Als weiteres Beispiel ist die UV/vis-spektroskopische Detektion solcher organischer Analyten zu nennen, die nur bei sehr kurzen Wellenlängen deutlich unterhalb von 250 nm bestimmt werden können. Hier ist ein Einsatz des UV/vis-Detektors nur bei gleichzeitiger Verwendung UV-transparenter Eluentien möglich.

*d. Selektivität*

Die Selektivität eines Detektors ist von um so größerer Bedeutung, je komplexer eine Probe zusammengesetzt und je geringer die chromatographische Trennleistung ist. Detektoren, die auf der Messung sehr charakteristischer molekularer Parameter beruhen, sind besonders selektiv. Da wenige Substanzen beispielsweise Chemilumineszenz zeigen, ist ein Detektor auf Basis dieses Messprinzips von Natur aus hochselektiv. Massenspektrometrische Detektoren sind ebenfalls als besonders selektiv zu bezeichnen, während die klassischen Bulk-Detektoren wie Brechungsindex- oder Verdampfungslichtstreudetektor praktisch keine Selektivität aufweisen.

*e. Flexibilität*

Dort, wo ein HPLC-System für eine Vielzahl analytischer Anwendungen eingesetzt werden muss, spielt die breite Einsatzmöglichkeit eines Detektors eine entscheidende Rolle. Da bei den meisten umweltanalytischen Fragestellungen die Gradientenelution zur Trennung nativ oder nach Derivatisierung UV/vis-absorbierender Analyten eingesetzt wird, sind UV/vis-Detektoren mit variabler Wellenlängeneinstellung und Diodenarray-Detektoren heute die Standarddetektoren in diesem Bereich. Bei der isokratischen Elution kann man dagegen das Differentialrefraktometer als Universaldetektor ansehen, solange die Analytkonzentrationen nicht zu niedrig sind. Der Chemilumineszenzdetektor ist dagegen nur für eine sehr kleine Zahl ausgewählter Substanzen einsetzbar.

*f. Robustheit*
In der Routineanalytik sind die geringe Komplexität und die einfache Wartung eines Detektors weitere wichtige Kriterien. Ein niedriger Schulungsaufwand des Bedienpersonals und lange Laufzeiten zwischen Wartungsintervallen sind oftmals in der Industrie von wesentlich größerer Bedeutung als geringfügig verbesserte Nachweisgrenzen.

*g. Preis*
Selbstverständlich ist der Preis eines Detektors ein weiteres entscheidendes Anschaffungskriterium. Während die Anschaffungskosten bei den preisgünstigsten UV/vis-Detektoren nur etwa 15% des Preises der kompletten HPLC-Anlage ausmachen, kann ein Tandem-Massenspektrometer mit mehr als Hunderttausend Euro ein Vielfaches des Trennsystems kosten.

In Tabelle 6.12 sind die wichtigsten Eigenschaften der meistverwendeten HPLC-Detektoren zusammengefasst. Hierbei sind die oben aufgeführten Kriterien mit einem Punkteschlüssel bewertet, dessen Bereich sich von drei Pluszeichen bei hervorragenden Eigenschaften über ein *o* bei zufriedenstellenden Eigenschaften bis zu drei Minuszeichen bei sehr geringer Eignung erstreckt. Es ist dabei zu beachten, dass die Daten für typische Anwendungen dieser Detektoren angegeben sind und zwischen verschiedenen Analyten erheblich variieren können.

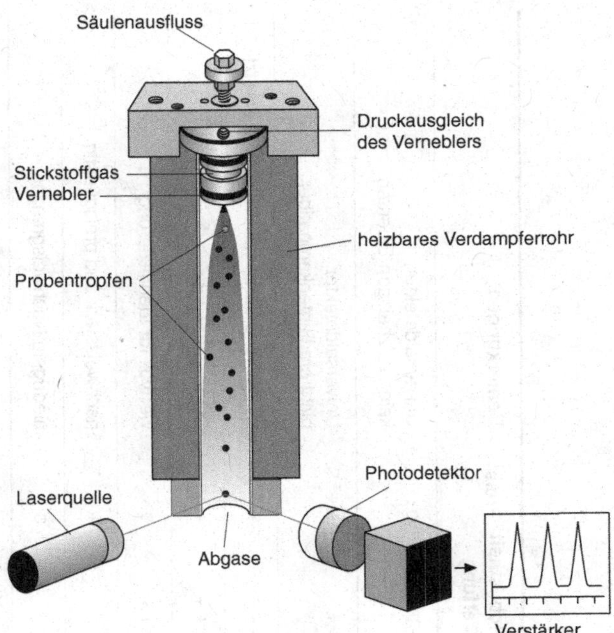


**6.22** Aufbau eines Verdampfungs-Lichtstreudetektors.

***B. Verdampfungs-Lichtstreudetektion***
Der Verdampfungs-Lichtstreudetektor (engl. *evaporative light scattering detector*, ELSD) beruht auf dem Phänomen der Lichtstreuung an Partikeln. Diese ist abhängig von Partikelgröße und -anzahl. Der Aufbau eines Verdampfungs-Lichtstreudetektors ist in Abb. 6.22 dargestellt.

Das Eluat aus der flüssigchromatographischen Trennung wird unter Zuhilfenahme von Stickstoff als Hilfsgas in einem pneumatischen Zerstäuber vernebelt. Es entsteht ein feines Aerosol flüssiger Partikel des Eluats im Gasstom. In einem heizbaren Verdampferrohr wird das Lösungsmittel verdampft, sodass feste Partikel der Analyten im Gasstrom übrigbleiben. Laserlicht wird durch die Partikel gestreut, das Streulicht wird registriert und als Funktion der Zeit ausgewertet. Das entstandene Chromatogramm gibt die Intensität des Streulichts in Abhängigkeit von der Zeit wider.

Der Verdampfungs-Lichtstreudetektor ist damit zur Detektion sämtlicher Substanzen geeignet, die einen signifikant höheren Siedepunkt als die mobile Phase aufweisen. Andererseits ist der Einsatz schwerflüchtiger Puffersubstanzen im Eluenten nicht möglich, da vor dem hierdurch zu erwartenden großen Hintergrundsignal die Detektion geringer Analytkonzentrationen nicht möglich ist.

Trotz dieses Nachteils hat der Verdampfungs-Lichtstreudetektor aufgrund seiner Kompatibilität mit der Gradientenelution und der niedrigeren Nachweisgrenzen den Brechungsindexdetektor (s. unten) in vielen Anwendungen verdrängen können. Analytgruppen, die sich nicht durch ausreichende Absorption im UV/vis-Bereich des elektromagnetischen Spektrums auszeichnen und dementsprechend nicht mit den UV/vis-Detektoren bestimmt werden können, können bei ausreichend niedrigem Dampfdruck mit dem ELSD bestimmt werden. Typische Anwendungsbereiche sind Trennungen von Biomolekülen oder auch von oberflächenaktiven Substanzen (Tensiden).

***C. Brechungsindexdetektion***
Brechungsindexdetektoren (engl. *refractive index detectors*, RID) sind die klassischen Universaldetektoren in der HPLC. In einem Durchfluss-Refraktometer wird der Brechungsindex des Eluats aus der chromatographischen Säule bestimmt. Aufgrund der Tatsache, dass sich das Gesamtsignal zum größten Teil aus dem Brechungsindex der mobilen Phase und nur zu einem kleinen Teil aus dem Brechungsindex der Analyten zusammensetzt, werden Differentialrefraktometer eingesetzt, bei denen das

**Tabelle 6.12** Eigenschaften ausgewählter HPLC-Detektoren.

| Detektor | Nachweis-grenze | linearer Bereich | Eignung f. Grad.-el. | Selektivität | Flexibilität | Robustheit Wartung | Preis[1] | Bemerkungen |
|---|---|---|---|---|---|---|---|---|
| Verdampfungs-Lichtstreud. (ELSD) | o | + + | + | - - - | + + + | + | o | Universaldetektor, keine salzhaltigen Eluenten |
| Brechungsindex (RID) | - - | + | - - - | - - - | + + | + + | + + | Universaldetektor, nicht gradientenkompatibel |
| UV/vis mit Festwellenlängen | + | + + + | + + | o | o | + + + | + + + | weitgehend durch var. WL o. DAD ersetzt |
| UV/vis mit variablen Wellenlängen | + | + + + | + + + | + | + | + + + | + + | Standarddetektor |
| UV/vis mit Diodenarray (DAD) | + | + + + | + + + | + | + | + + + | o | wertvoll für Identifizierung |
| Fluoreszenz-Detektor | + + + | + + + | + + | + + | o | + | + | nachweisstark und preisgünstig |
| Laserinduzierter Fluoreszenz (LIF)-D. | + + + | + + + | + + | + + | - - | o | o | niedrigste Nachweisgrenzen |
| Chemilumineszenzdetektor | + + + | + + | + + | + + + | - - | + + | + | hochselektiv |
| amperometrischer Detektor | + + + | + + | - - - | + + | - | o | + | beliebt für ausgewählte Substanzgruppen |
| coulometrischer Detektor | + + + | + + | - - -[2] | + + | - | o | o | beliebt für ausgewählte Substanzgruppen |
| MS-Single Quadrupol[3] | + | + + | + + | + + | + | o | - | einfacher und robuster MS-Detektor |
| MS-Ionenfalle[3] | + + + | + | + + | + + + | + + | - | - - | Strukturaufklärung |
| MS-Triple Quadrupol[3] | + + + | + + | + + | + + + | + + | - | - - | Strukturaufklärung |
| MS-Hybrid Quadrupol-Time of Flight[3] | + + + | + + | + + | + + + | + + | - - | - - - | Strukturaufklärung komplexer Moleküle |

[1] Die Preisskala variiert zwischen + + + (sehr niedrig) und - - - (sehr hoch).
[2] Als Coulometrischer Array-Detektor (s. unten) gradiententauglich mit Einschränkungen.
[3] Angaben für die MS-Detektoren beziehen sich auf Elektrospray- oder APCI-Interfaces.

Signal der mobilen Phase vom Gesamtsignal subtrahiert wird. Da exakt identische Brechungsindices von mobiler Phase und Gelöstem äußerst unwahrscheinlich sind, wird praktisch jede gelöste Substanz detektiert. Hierbei können, je nach Vorzeichen der Differenz zwischen den beiden Beträgen von mobiler Phase und Gelöstem, in einem Chromatogramm positive oder negative Peaks erhalten werden, die allerdings durch ein Datensystem leicht auswertbar sind.

Nachteilig ist bei den Brechungsindexdetektoren die fehlende Kompatibilität zur Gradientenelution, die den Einsatzbereich der Detektoren stark einschränkt. Man kann sich leicht vorstellen, dass der Einsatz eines binären Gradienten aufgrund der Brechungsindexunterschiede der beiden Komponenten zu einer extrem steilen Grundlinie führen würde, die das Erkennen oder gar die quantitative Auswertung eines Analytpeaks verhindert. Ein weiterer wesentlicher Nachteil des RI-Detektors ist, dass nur vergleichsweise schlechte Nachweisgrenzen erreicht werden, die zwei bis drei Dekaden oberhalb derer bei Einsatz der UV/vis-Detektion liegen können. Diese werden einerseits durch die erforderliche Differenzbildung, andererseits durch die extreme Anfälligkeit gegenüber Temperaturschwankungen hervorgerufen. Die Messzelle eines Brechungsindexdetektors muss auf mindestens 0,01 °C, besser auf 0,001 °C konstant temperiert sein, um eine stabile Grundlinie zu gewährleisten. Dies ist unter den gegebenen Durchflussbedingungen jedoch kaum zu realisieren.

Für Anwendungen, die durch den Gradientenbetrieb begünstigt werden oder für Arbeiten bei niedrigen Analytkonzentrationen ist der RID in den letzten Jahren verstärkt durch den ELSD ersetzt worden.

***D. UV/vis-Detektion***

Unter dem Oberbegriff „UV/vis-Detektion" werden typischerweise solche Verfahren verstanden, die auf der Messung der Lichtabsorption in diesem Spektralbereich beruhen. Die Fluoreszenzdetektion wird, obwohl ebenfalls in diesem Spektralbereich lokalisiert, in der Regel getrennt behandelt. Eine kurze Einführung in die Grundlagen der UV/vis-Spektrometrie (Photometrie) findet sich in Abschnitt 5.2. Dort werden die Vorgänge auf molekularer Ebene sowie die Gesetzmäßigkeiten zur quantitativen Auswertung diskutiert.

Diese Grundlagen gelten selbstverständlich auch für die UV/vis-Detektion, wobei jedoch die besonderen Charakteristika der Durchflussmessung berücksichtigt werden müssen. Nach dem Lambert-Beer'schen Gesetz ist die Lichtabsorption eines Analyten proportional zur Schichtdicke der Küvette, die hier als Durchflussküvette ausgelegt ist. Andererseits ist zu beachten, dass durch die chromatographische Trennung Banden der Analyten mit geringen Volumina entstehen. Daher ist zur Diskriminierung zweier rasch aufeinander folgender Peaks ein geringes Volumen der Durchflussküvette erforderlich. Um beiden Anforderungen gerecht zu werden, wurden Durchflussküvetten mit langen Lichtwegen und gleichzeitig geringen Volumina konstruiert. Für typische analytische Durchflusszellen werden beispielsweise optische Weglängen von 10 mm bei einem Volumen von 8 µL erreicht. Eine typische Geometrie für Durchflussküvetten ist in Abb. 6.23 dargestellt.

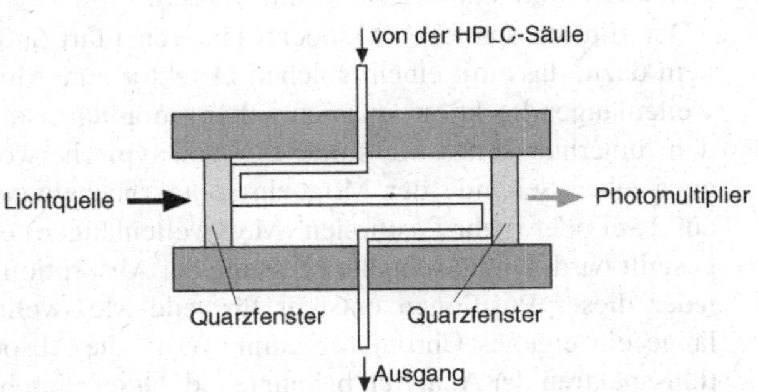


**6.23** Geometrie einer Durchflussküvette für die UV/vis-Detektion.

Die Detektoren auf Basis der UV/vis-Absorptionsmessung lassen sich grundsätzlich in drei verschiedene Gruppen einteilen, die sich durch unterschiedliche Leistungsfähigkeit, Flexibilität und Preis auszeichnen. Die technisch einfachste und preisgünstigste Möglichkeit ist die Festwellenlängendetektion, bei der der Detektor in der Regel eine Quecksilber-Niederdrucklampe enthält, die eine sehr intensive Emissionslinie bei 254 nm aufweist, die mittels eines optischen Filters von den anderen Linien abgetrennt wird. Damit kann auf ein sehr einfaches optisches System zurückgegriffen werden, das für den niedrigen Preis dieser Detektoren verantwortlich ist. Werden ausschließlich Substanzen mit einem Absorptionsmaximum in diesem Bereich (einfache aromatische Strukturen) untersucht, so ist ein Festwellendetektor empfehlenswert. Aufgrund der recht niedrigen Messwellenlänge leidet aber die Selektivität der Analytik in komplexen Matrices und bei der Bestimmung von Analyten mit Absorptionsmaxima im sichtbaren Bereich des elektromagnetischen Spektrums. Heute sind die Festwellenlängendetektoren am Markt fast vollständig von den Detektoren mit variabler Wellenlängeneinstellung verdrängt worden.

Diese zweite und heute am meisten verbreitete Gruppe von UV/vis-Detektoren enthält Lichtquellen, die ein kontinuierliches Spektrum im ultravioletten (Deuterium-lampen, 190–370 nm) oder sichtbaren (Wolfram-Halogenlampen, 370–800 nm) Bereich des elektromagnetischen Spektrums ausstrahlen. Durch einen Monochromator kann die Messwellenlänge exakt auf die Absorptionsmaxima der Analyten angepasst werden. Moderne Geräte enthalten oftmals sowohl eine Deuterium- als auch eine Wolfram-Halogenlampe, um den vollständigen UV/vis-Bereich ohne Umbau des Gerätes abdecken zu können. Durch eine Zeitprogrammierung können sogar Substanzen mit unterschiedlichen Absorptionsmaxima nacheinander an den jeweils optimalen Detektionswellenlängen bestimmt werden.

Der Einsatz schneller Monochromatoren führt außerdem dazu, dass mit einem solchen Detektor eine Mehrwellenlängendetektion quasi-simultan möglich ist, in dem innerhalb eines Messintervalls von typischerweise etwa einer Sekunde der Monochromator nacheinander auf zwei oder mehr Positionen (Messwellenlängen) eingestellt wird. Durch schnelle Messung der Absorption an jeder dieser Positionen entsteht für jede Messwellenlänge ein eigenes Chromatogramm. Wenn die Absorptionsspektren der Analyten bekannt sind, lassen sich beispielsweise Wellenlängenverhältnisse berechnen, mit denen die Peakreinheit abgeschätzt werden kann.

Noch leistungsstärker sind die Diodenarray-Detektoren (DADs) als dritte Gruppe der UV/vis-Detektoren, die zwar dieselben Lichtquellen wie die variablen Wellenlängendetektoren nutzen, aber dadurch charakterisiert sind, dass ein Polychromator das eingestrahlte Lichtbündel nach Durchtritt durch die Küvette in seine spektralen Bestandteile räumlich auftrennt (s. Abschnitt 5.2). Mit Hilfe eines Feldes von typischerweise 512 Dioden („Diodenarray“) werden die einzelnen Wellenlängen simultan registriert, sodass dreidimensionale Abbildungen erhalten werden, bei denen die Intensität in Abhängigkeit von der Zeit und von der Wellenlänge aufgetragen ist. Durch einen Schnitt in der Zeitachse erhält man somit das UV/vis-Spektrum der zu dieser Zeit eluierenden Komponente, während man durch einen Schnitt in der Wellenlängenachse ein Chromatogramm bei der gewählten Detektionswellenlänge erhält. Obwohl bei verwandten Substanzen die UV/vis-Absorptionsspektren oft sehr ähnlich sind, kann man mithilfe eines Diodenarray-Detektors in vielen Fällen wichtige Beiträge zur Identifizierung von Substanzen leisten. Die rechnerische spektrale Auflösung eines solchen Diodenarrays beträgt bei 512 Dioden im UV/vis-Bereich etwa 1,2 nm. Dieser Wert ist angesichts der breitbandigen Spektren in Lösung ausreichend.

Mit dem Diodenarray-Detektor steht eine Vielzahl technischer Möglichkeiten zur Verfügung, die beispielsweise die Subtraktion von Referenzwellenlängen zur Verbesserung des Signal-Rausch-Verhältnisses, die Errechnung von Peakflächenverhältnissen bei verschiedenen Wellenlängen zur Reinheitsüberprüfung der Analyten oder die Erstellung von Spektrenbibliotheken erlauben. Die feststehende optische Anordnung ohne bewegliche Teile und die aufgrund der in Halbleitertechnologie herstellbaren Komponenten immer preisgünstiger werdenden Geräte haben dazu beigetragen, dass sich immer mehr Anwender im Vergleich mit einem variablen Wellenlängendetektor für einen DAD entscheiden.

Frühere Modelle zeichneten sich oftmals durch im Vergleich zu variablen Wellenlängendetektoren signifikant niedrigere Signal/Rausch-Verhältnisse aus, was in deutlich höheren Nachweisgrenzen resultierte. Aufgrund verbesserter Baugruppen sind moderne DADs heute nur noch durch unwesentlich höhere Nachweisgrenzen im Vergleich zu variablen Wellenlängendetektoren gekennzeichnet. Eine Steigerung des Signal/Rausch-Verhältnisses kann, allerdings zu Lasten der spektralen Auflösung, erreicht werden, indem man die Signale mehrerer Dioden aufsummiert.

### *E. Fluoreszenzdetektion*

Im Gegensatz zur UV/vis-Absorption ist die Fluoreszenzdetektion durch deutlich niedrigere Nachweisgrenzen gekennzeichnet. Dies ist vor allem darauf zurückzuführen, dass für niedrige Konzentrationen des Analyten bei der photometrischen Absorptionsmessung ein kaum geschwächtes Signal vom Ausgangssignal subtrahiert werden muss. Im Gegensatz dazu findet die Fluoreszenzmessung in erster Näherung ohne Hintergrundsignal statt. Ein anschaulicher, wenn auch nicht in allen Details zutreffender Vergleich ist die Wägung eines Schiffskapitäns: Bei der UV/vis-Absorption subtrahiert man die Masse des Schiffs (Intensität des Lichts $I$ nach Durchtritt durch die Probe) von der Masse des Schiffs mit Kapitän (Ausgangsintensität $I_0$), um die Masse des Kapitäns (absorbiertes Licht) zu bestimmen. Bei der Fluoreszenzspektrometrie wird dagegen der Kapitän direkt gewogen. Man kann sich leicht vorstellen, dass diese direkte Messung deutlich nachweisstärker ist als die Differenzbildung zweier großer Zahlen. Für gute Fluorophore erhält man Nachweisgrenzen, die im Vergleich zur Absorptionsmessung um 2–3 Dekaden niedriger sind.

Andererseits ist die Fluoreszenzdetektion nur für die Bestimmung der wenigen nativ fluoreszierenden Substanzen oder nach Derivatisierung nicht fluoreszierender Analyten mit einem Fluoreszenzmarker (s. unten) einsetzbar.

Die theoretischen und apparativen Grundlagen der Fluoreszenzspektrometrie werden in Abschnitt 5.3 vorgestellt. Analog zur UV/vis-Detektion wird auch in der Fluoreszenzdetektion ein möglichst geringes Küvettenvolumen eingesetzt. Für eine niedrige Nachweisgrenze

**Wie sinnvoll sind Reinheitsangaben durch HPLC-UV?**

Beim Einsatz sämtlicher Arten der UV/vis-Detektoren ist zu berücksichtigen, dass die Extinktionskoeffizienten der Analyten stark substanz- und wellenlängenabhängig sind. Damit ist selbst eine Abschätzung der Konzentrationsverhältnisse verschiedener Komponenten in einem Gemisch aufgrund ihrer absoluten Peakflächen im Chromatogramm nicht möglich, obwohl es leider im Zusammenhang mit synthetischen Ausbeuteberechnungen immer wieder beobachtet wird. Reinheitsangaben von Substanzen, die auf der Verhältnisbildung der Peakflächen in einem Chromatogramm beruhen, sind als unseriös abzulehnen. Leider nutzen immer noch viele Hersteller von Chemikalien Reinheitsangaben von z. B. „>98% (HPLC)". Dies bedeutet häufig, dass die Substanz an ihrem Absorptionsmaximum flüssigchromatographisch mit UV/vis-Detektion untersucht wurde, und die Peakflächen der weiteren Probenbestandteile zusammen weniger als 2% ausmachen. Die o.g. Reinheitsangabe ist für den Anwender der Chemikalie nahezu wertlos, denn es ist möglich, dass andere Substanzen, die bei der Detektionswellenlänge nur schwach oder gar nicht absorbieren, zwar in hohen Konzentrationen in der Chemikalie vorhanden sind, aber aufgrund ihres geringeren Extinktionskoeffizienten bei der Messwellenlänge übersehen werden. Bei Reinheitsangaben der Hersteller, die über HPLC bestimmt sind, sollte man also anhand des Datenblattes überprüfen, wie die Reinheitsangabe zu Stande gekommen ist. Zudem muss sicher gestellt sein, dass sämtliche Probenbestandteile von der chromatographischen Säule eluiert werden.

Grundsätzlich sind bei der HPLC mit UV/vis-Detektion externe Kalibrationen mit Reinsubstanzen oder Standardmaterialien vorteilhaft. Aufgrund der sehr guten Reproduzierbarkeit zwischen einzelnen Flüssigchromatogrammen ist ein interner Standard in der Regel nicht erforderlich. Die Einsatzmöglichkeit eines internen Standards wird durch die geringere Peakkapazität der HPLC und damit die größere Wahrscheinlichkeit für Coelutionen im Vergleich zur GC deutlich reduziert (vgl. zum Einsatz interner Standards in der GC auch Abschnitt 6.3.6). Interne Standards sind bei flüssigchromatographischen Detektoren vor allem in der HPLC/MS sinnvoll, da dort coeluierende isotopenmarkierte Substanzen eingesetzt werden können.

---

ist die Küvettengeometrie von entscheidender Bedeutung.

Klassische Fluoreszenzdetektoren nutzen in der Regel lichtstarke Xenonlampen als Anregungsquelle. Diese können entweder kontinuierlich (engl. *continuous wave*, cw) oder gepulst betrieben werden. Besonders hohe Anregungsenergien werden durch Laserquellen erreicht. Diese so genannte laserinduzierte Fluoreszenz (LIF) ist besonders für die Mikro-HPLC oder die Kapillarelektrophorese (CE) geeignet, da sich der Laserstrahl aufgrund seiner geringen Divergenz leicht auf Mikroküvetten fokussieren läßt. Während Xenonlampen in Verbindung mit einem Monochromator über den gesamten UV/vis-Bereich als Anregungsquelle eingesetzt werden können, sind die meisten bisher für die HPLC/LIF oder CE/LIF eingesetzten Lasersysteme nicht durchstimmbar. Damit mangelt es zur Zeit noch an der gewünschten Flexibilität der LIF-Detektoren. Kommerzielle LIF-Kopplungen sind bisher unter anderem mit Ar-Ionenlasern (488 nm und 514 nm), HeCd-Lasern (325 nm und 442 nm) und Halbleiterlasern (635 nm) erhältlich. Viele weitere Lasertypen wurden für LIF-Prototypen in der wissenschaftlichen Literatur beschrieben. Es ist wahrscheinlich, dass in den nächsten Jahren mehrere dieser Systeme kommerziell erhältlich werden. Ein besonders großes Potential weisen dabei durchstimmbare Laser auf, da sie wesentlich flexibler einsetzbar sind als die bisher verwendeten Geräte. Neben dem zur Zeit noch wesentlich höheren Preis (Faktor 2–5 über Geräten auf der Basis von Xenonlampen) ist auch der größere Wartungsaufwand ein Nachteil der LIF. Bei hervorragenden Fluorophoren und optimierten Geräten wird der Anwender jedoch durch eine um 1–2 Dekaden verbesserte Nachweisgrenze im Vergleich zur klassischen Anregung entschädigt. Diese resultiert aus der größeren Anregungsenergie, die direkt proportional zur Signalgröße ist. Falsch wäre es jedoch, anzunehmen, dass durch den Einsatz immer leistungsstärkerer Laser immer niedrigere Nachweisgrenzen erzielt werden könnten: Die oben genannte Proportionalität wird durch das Erreichen einer Sättigungskonzentration der angeregten Moleküle limitiert. Trotzdem ist die LIF eines der nachweisstärksten Analysenverfahren überhaupt!

Der praktische Einsatz der Fluoreszenzdetektion ist verhältnismäßig einfach, da die Geräte problemlos zu handhaben und wartungsarm sind. Die Reproduzierbarkeit der Analysen ist nur geringfügig schlechter als die der UV/vis-Detektion. Zu berücksichtigen ist jedoch, dass die Fluoreszenzintensität deutlich stärker von der Lösungsmittelzusammensetzung abhängen kann als die

UV/vis-Absorption. Daher ist frühzeitig sicherzustellen, dass die für die chromatographische Trennung vorgesehenen mobilen Phasen eine starke Fluoreszenz der Analytmoleküle ermöglichen. Besonders große Unterschiede der Fluoreszenzintensität für einen Fluorophor in verschiedenen Medien werden oft zwischen Wasser und unpolaren, aprotischen Lösungsmitteln beobachtet. Bei einigen Fluorophoren kann auch gelöster Sauerstoff das Fluoreszenzsignal löschen. Daher sollte bei der Fluoreszenzdetektion ein leistungsfähiges Verfahren zur Entgasung der mobilen Phase (s. oben) eingesetzt werden.

Auch die zeitverzögerte Fluoreszenz (s. Abschnitt 5.4.3) kann als Detektionsverfahren in der HPLC eingesetzt werden. In diesem Fall werden gepulste Lichtquellen zur Anregung benötigt, und das Messsignal muss zeitaufgelöst detektiert werden. In der wissenschaftlichen Literatur wird die *lanthanide sensitized luminescence* beschrieben, bei der die Analyten nach ihrer chromatographischen Trennung mit Terbium(III) oder Europium(III) komplexiert werden. Nach kurzwelliger Anregung der Analyten geben diese ihre Anregungsenergie an das Zentralion weiter, welches bei den charakteristischen Emissionswellenlängen der Zentralionen Licht mit relativ scharfen Banden emittiert.

### *F. Chemilumineszenzdetektion*

Die Chemilumineszenzdetektion ist eines der nachweisstärksten Detektionsverfahren in der HPLC. Aufgrund der geringen Zahl chemilumineszierender Verbindungen ist ein breiter Einsatz aber bisher nicht erfolgt, sondern die Anwendungen beschränken sich auf bioanalytische Fragestellungen mit dem Bedarf an extrem niedrigen Nachweisgrenzen.

Ein Chemilumineszenzdetektor ist durch einen besonders einfachen Aufbau gekennzeichnet, da eine Lichtquelle nicht erforderlich ist (vgl. auch Abschnitt 5.3). Eine geschickte Konstruktion der Optik und ein hochempfindlicher Photomultiplier sind die wesentlichen Elemente für ein leistungsstarkes Gerät. Nachteilig bei der Chemilumineszenzdetektion ist die erforderliche Berücksichtigung der kinetischen Parameter der Chemilumineszenzreaktion: Flussraten, Reagenzkonzentrationen und die Volumina der Reaktionsschleifen müssen sorgfältig optimiert werden.

Eine zweite Variante eines Chemilumineszenzdetektors ist ebenfalls kommerziell erhältlich – der Stickstoff-Chemilumineszenzdetektor. Hierbei wird das Eluat verbrannt, und das aus Stickstoffverbindungen entstehende NO wird in der Gasphase durch Umsetzung mit Ozon in das chemilumineszierende $NO_2^*$ überführt (zum Prinzip der NO-Chemilumineszenz s. Abschnitt 5.4.4). Vorteilhaft ist hierbei die Selektivität des Detektors für nahezu sämtliche organischen Stickstoffverbindungen. Als Nachteile sind der hohe Preis und deutlich schlechtere Nachweisgrenzen im Vergleich zum Chemilumineszenzdetektor in Lösung zu nennen. Aufgrund der Stickstoffselektivität ist außerdem der Einsatz von Acetonitril als Bestandteil der mobilen Phase nicht möglich.

### *G. Elektrochemische Detektion*

Unter den HPLC-Detektoren mit besonders niedrigen Nachweisgrenzen nehmen auch elektrochemische Detektoren einen festen Platz ein. Für ausgewählte Analytgruppen, von denen die Catecholamine als wichtige Neurotransmitter herausragende Bedeutung aufweisen, sind elektrochemische Detektoren die mit Abstand nachweisstärkste Detektorgruppe.

Elektrochemische Detektoren basieren auf der Messung des Stromflusses bei der Oxidation oder Reduktion der Analyten bei konstantem Potential. Eine Dreielektrodenanordnung aus Arbeitselektrode, Gegenelektrode und Referenzelektrode wird durch einen Potentiostaten gesteuert. Während zwischen Arbeits- und Gegenelektrode der Stromfluss erfolgt und gemessen wird, ist die Referenzelektrode hochohmig geschaltet, um die Potentialmessung zwischen Arbeits- und Referenzelektrode nicht durch einen Stromfluss zu verfälschen und damit das Arbeitspotential konstant zu halten. Das zu Grunde liegende Messprinzip wird als amperometrisch bezeichnet. Die ebenfalls populären coulometrischen Detektoren arbeiten nach einem ähnlichen Prinzip. Während aber bei der Amperometrie typischerweise ein nur recht geringer Stoffumsatz von einigen Prozent beobachtet wird, findet bei der Coulometrie ein quantitativer Stoffumsatz statt. Damit scheint auf den ersten Blick die Coulometrie überlegen zu sein. In der Praxis weisen aber beide Ansätze jeweils typische Vorteile auf.

Die zunächst eingeführten amperometrischen Detektoren, die bereits mit einer Dreielektrodenanordnung betrieben wurden, wurden bei konstantem Potential eingesetzt. Dies hatte zur Folge, dass manche Produkte der elektrochemischen Reaktion (z. B. Radikale) auf den relativ kleinen Elektrodenoberflächen (z. B. durch Polymerisation) abgeschieden werden konnten. Durch dieses „Elektrodenfouling“ änderten sich die Elektrodeneigenschaften, sodass häufiges mechanisches Reinigen der Oberflächen nach Ausbau der Elektroden erforderlich war. Aufgrund der schlechten Reproduzierbarkeit und des Wartungsbedarfs galten diese Detektoren als umständlich und nur eingeschränkt routinetauglich.

Die Einführung der Pulsamperometrie hat diese Schwierigkeiten weitgehend eliminiert. Hierbei wird zunächst ein Messpuls beim Arbeitspotential eingestellt. Nach der Messung wird das Elektrodenmaterial bei einem höheren Potential oxidativ gereinigt, bevor ein Ruhepuls bei niedrigem Potential dem nächsten Mess-

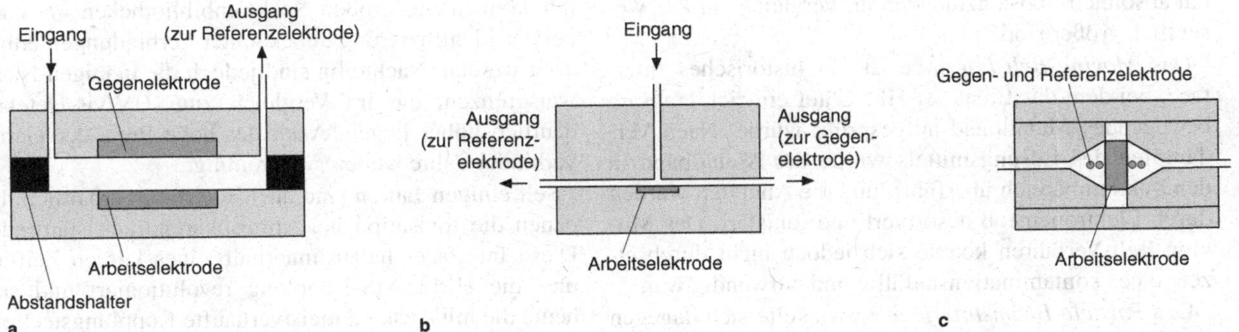


**6.24** Geometrien elektronischer Dünnschichtzellen (a), Wall-jet-Zelle (b), und der coulometrischen Zelle (c).

zyklus vorangeht. Hierdurch sinken die Wartungsintervalle, und die Reproduzierbarkeit der Messung ist deutlich erhöht. Bei allen elektrochemischen Detektoren muss beachtet werden, dass die erforderliche Leitfähigkeit durch Zusatz geeigneter Leitsalze sichergestellt wird. Hierfür bieten sich im einfachsten Fall schwach saure Puffer als Bestandteile der mobilen Phase an. Besonders häufig werden in der Praxis quarternäre Ammoniumsalze eingesetzt, da sie auch mit stark unterschiedlich zusammengesetzten mobilen Phasen kompatibel sind. Bei der Auswahl der Art und der Konzentration des Leitsalzes muss beachtet werden, dass dessen Ausfallen insbesondere die Pumpe aber auch die Detektorzelle schädigen kann.

Amperometrische und coulometrische Detektoren zeichnen sich durch unterschiedliche Geometrien der Messzellen aus. Diese sind in Abb. 6.24 dargestellt.

Die beiden amperometrischen Zellen (a) und (b) zeichnen sich durch eine geringe Oberfläche der Arbeitselektroden aus, während die voluminöse Arbeitselektrode in (c) für den quantitativen Stoffumsatz des coulometrischen Detektors sorgt. Die Dünnschichtzelle ist durch die gegenüberliegenden Arbeits- und Gegenelektroden gekennzeichnet, an denen das Eluat vorbeiströmt. Die Referenzelektrode befindet sich in Flussrichtung hinter der Messzelle. Bei der *Wall-jet*-Zelle wird die Arbeitselektrode durch das Eluat direkt angeströmt. Sowohl Gegenelektrode als auch Referenzelektrode befinden sich in Flussrichtung hinter der Arbeitselektrode.

Der Einsatzbereich der elektrochemischen Detektoren umfasst phenolische Verbindungen, Chinone, aromatische Amine, Stickstoff-Heterocyclen, Thiole und Nitroverbindungen. Auch metallorganische Verbindungen wie Ferrocenderivate können elektrochemisch detektiert werden. Eine zusätzliche Aufweitung des Einsatzbereiches erfahren die elektrochemischen Detektoren durch Derivatisierungsreaktionen (s. unten), bei denen entweder durch chemische Reaktionen aus den Analyten „Elektrophore“ entstehen oder bei denen die Analyten an elektroaktive Substanzen gekoppelt werden.

Leider eignen sich sowohl amperometrische als auch coulometrische Detektoren nicht für die Gradientenelution, da die Grundlinie durch die Veränderung der Zusammensetzung der mobilen Phase extrem steil wird. Dies rührt von der Lösungsmittelabhängigkeit des Grundstromes her. Zu beachten ist auch die Änderung im Diffusionsvermögen und der Nernstschen Diffusionsschicht, bei der auch die Viskosität berücksichtigt werden muss. Als Ausnahme ist ein von einem Hersteller erhältliches coulometrisches Array-System zu nennen, bei dem zwischen vier und sechzehn Arbeitselektroden mit verschiedenen Arbeitspotentialen in Serie geschaltet werden. Durch einen mathematischen Algorithmus kann hier die Steilheit der Grundlinie im Gradientenbetrieb auf ein erträgliches Maß gesenkt werden. Das Gerät erlaubt zusätzlich eine Bestimmung coeluierender elektroaktiver Substanzen mit unterschiedlichen Redoxpotentialen. Nachteilig ist jedoch der hohe Preis des coulometrischen Arrays, der bereits in der kleinsten Ausführung ein Mehrfaches des einfachen coulometrischen Detektors beträgt.

### *H. Massenspektrometrische Detektion*

Die Grundlagen der Massenspektrometrie werden in Abschnitt 5.6 vorgestellt. Dieser Abschnitt konzentriert sich daher auf die *on-line*-Kopplung zwischen Flüssigchromatographie und Massenspektrometrie. Ein massenspektrometrischer Detektor ist generell von großem Interesse für die Flüssigchromatographie, da er eine weitergehende Identifizierung und eine hochselektive Bestimmung der Analyten erlaubt.

Im Gegensatz zur Gaschromatographie, für die bereits seit langer Zeit massenspektrometrische Detektoren kommerziell erhältlich sind, galt die HPLC/MS-Kopplung über viele Jahre als nicht routinetauglich. Probleme ergaben sich besonders im Zusammenhang mit der Entfernung des Lösungsmittels, da die aus der HPLC eluierten absoluten Substanzmengen im Vergleich zur GC wesentlich größer sind.

Das *Moving-Belt-Interface* ist ein historisches Interface, bei dem das Eluat der HPLC auf ein sich langsam bewegendes Metallband aufgesprüht wurde. Nach Verdampfen des Lösungsmittels wurde das Metallband in den Vakuumbereich überführt, und die Analyten wurden durch Elektronenstoß desorbiert und ionisiert. Das Moving-Belt-Verfahren konnte sich jedoch nicht durchsetzen, da es kontaminationsanfällig und aufwendig war.

Das *Particle-Beam-Interface* entwickelte sich dagegen in den frühen 90er Jahren zu einem auch kommerziell erfolgreichen Modell. Es ist in Abb. 6.25 dargestellt.

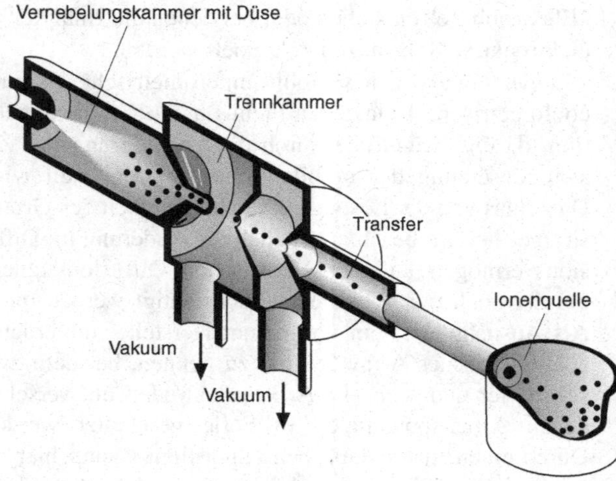


**6.25** Schema des *Particle-Beam*-Verfahrens.

Das Eluat der HPLC wird pneumatisch zerstäubt, und das Lösungsmittel wird in zwei Vakuumbereichen schrittweise entfernt. Nach Passieren eines Transferbereiches findet die Ionisation durch Elektronenstoß im Vakuumbereich statt. Die anschließende Massenselektion erfolgt zumeist durch einen Quadrupol. Vorteil des *Particle-Beam-Interfaces* ist die Vergleichbarkeit der Massenspektren mit den typischen Elektronenstoßionisations-Massenspektren der Direkteinlass-Geräte. Damit können die großen Spektrenbibliotheken als Hilfe bei der Identifizierung unbekannter Verbindungen eingesetzt werden. Nachteilig sind jedoch die mäßigen Nachweisgrenzen, die im Vergleich zum UV/vis-Detektor deutlich höher liegen. Auch der hohe Preis der Geräte verhinderte ihre weitere Verbreitung.

Seit einigen Jahren sind auch Interfaces erhältlich, bei denen die Ionisation bei Atmosphärendruck stattfindet. Diese Interfaces haben innerhalb eines kurzen Zeitraumes die HPLC/MS-Kopplung revolutioniert und sind heute die mit Abstand meistverkaufte Kopplungstechnik. Der Aufbau des *Electrospray-Interfaces* (ESI) ist in Abb. 6.26 dargestellt.

Das HPLC-Eluat wird durch eine Kapillare, an der eine Hochspannung von etwa 3 kV angelegt ist, in das Interface eingeführt. Unterstützt durch Stickstoff als Nebulizer- und „Vorhanggas“ bilden sich am Ende der Kapillare kleine, hochgeladene Tröpfchen des Eluats, die im Gasstrom weggetragen und desolvatisiert werden. Damit steigt das Ladungs-Volumenverhältnis der Teilchen stark an, sodass durch „Coulomb-Explosionen“ eine weitere Verkleinerung der Tröpfchen stattfindet. Dieser gesamte Vorgang findet bei Atmosphärendruck statt. Anschließend werden die Teilchen durch einen beheizten Transferbereich, der bei jedem Hersteller unterschiedlich gestaltet ist, ins Vakuum überführt.

Da die vorliegenden Ionisationsbedingungen sehr mild sind, eignet sich das ESI-Verfahren besonders für bereits ionische Substanzen oder für Substanzen, die leicht protoniert (bei Anlegen einer positiven Spannung an die Kapillare) oder deprotoniert (bei negativer Spannung) werden. Auch große und empfindliche Moleküle werden bei der Electrospray-Ionisation praktisch nicht fragmentiert. Bei größeren Peptiden oder Proteinen wird häufig eine Mehrfachionisation beobachtet, die oft etwa eine Ladung pro 1 kDa Molekülmasse beträgt. Unter Verwendung von chemometrischen Dekonvolutionsprogrammen kann aus der Massenverteilung der mehrfach ionisierten Teilchen die Molekülmasse des Ausgangsmoleküls errechnet werden.

Das *Electrospray*-Verfahren ist für viele unpolare Substanzgruppen ungeeignet, da nahezu keine Ionisation beobachtet wird. Unfunktionalisierte polycyclische aroma-

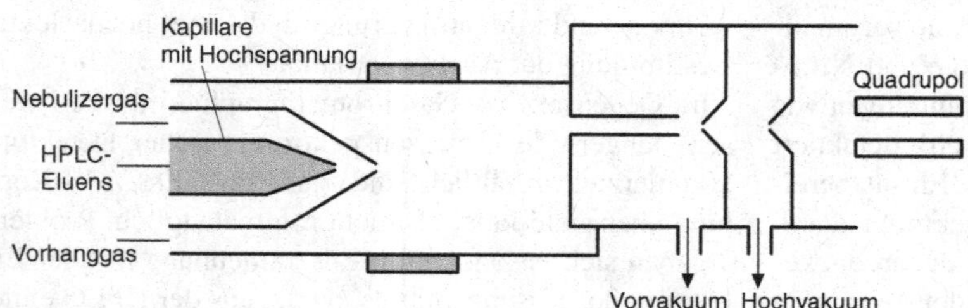


**6.26** Aufbau des Electrospray-Interfaces.

tische Kohlenwasserstoffe lassen sich beispielsweise derzeit nicht ohne Derivatisierungstechniken mit dem ESI-Verfahren bestimmen.

Für die Untersuchung auch weniger polarer Verbindungen eignet sich das verwandte Verfahren der chemischen Ionisation bei Atmosphärendruck (engl. *atmospheric pressure chemical ionization*, APCI), dessen Aufbau in Abb. 6.27 dargestellt ist.

Das APCI-Verfahren wird auch als *heated-nebulizer*-Verfahren bezeichnet, da das HPLC-Eluens durch eine stark geheizte Kapillare geführt und anschließend unter Zuhilfenahme von Stickstoff als Nebulizergas verdampft wird. Durch eine Coronar-Entladung werden Lösungsmittelbestandteile bzw. Trägergas protoniert (positive Spannung) oder deprotoniert (negative Spannung). Daraufhin folgt die eigentliche chemische Ionisation der Analytmoleküle. Insgesamt ist auch das APCI-Verfahren noch eine sehr weiche Ionisationstechnik, da auch hier keine wesentlichen Fragmentierungen auftreten und bei kleinen Molekülen wie beim ESI-Verfahren das $[M + H]^+$ oder das $[M - H]^-$-Pseudomolekularion beobachtet wird.

Das ESI-Verfahren ist besonders gut bei sehr niedrigen Flussraten der mobilen Phase von deutlich unter 100 µL/min geeignet, während das APCI-Verfahren auch mit höheren Flussraten von etwa 1 mL/min noch leistungsfähig ist. Damit kann das APCI-Verfahren problemlos mit analytischen HPLC-Anlagen bei 3 mm-Säulen und Flussraten von etwa 600 µL/min betrieben werden, was für die Übertragung bestehender chromatographischer Methoden mit anderen Detektoren von Vorteil ist.

Kommerzielle Geräte bieten heute in der Regel die Möglichkeit, rasch und ohne Werkzeug in einigen Minuten die Probenköpfe der ESI- und APCI-Interfaces gegeneinander auszutauschen, ohne das Vakuum des Massenspektrometers zu brechen.

Die Einsatzmöglichkeiten der HPLC/MS sind aber nicht nur von den Interfaces, sondern besonders auch von der Art des gewählten Massenanalysators abhängig. Der Analysator auf Basis eines einzigen Quadrupols (engl. *single quadrupole*) ist heute bereits als „Benchtop-Detektor“ (Tischgerät) von allen großen Herstellern erhältlich. Er ist wartungsfreundlich und erfordert keine Spezialkenntnisse der Massenspektrometrie. Allerdings sind auch die Einsatzmöglichkeiten, speziell im Hinblick auf eine Strukturaufklärung, limitiert. Neben der bei kleineren Molekülen leicht erhältlichen Information über die Masse des Pseudomolekularions kann nur durch die so genannte *cone fragmentation* oder *skimmer fragmentation* eine eingeschränkte Strukturinformation erhalten werden. Eine Quantifizierung mit diesen Geräten ist möglich, sollte jedoch im Idealfall durch den Einsatz interner Standards, beispielsweise unter Verwendung mit stabilen Isotopen markierter Substanzen, durchgeführt werden. Die single quadrupole-Analysatoren sind in den letzten Jahren deutlich im Preis reduziert worden, sodass ein breiter Routineeinsatz möglich ist.

Auch die Ionenfalle (engl. *ion trap*) ist ein beliebter Benchtop-Detektor, der zwar etwas aufwendiger in der Handhabung und der Wartung ist, sich dafür aber aufgrund seiner Möglichkeit zur Tandem-MS hervorragend auch zur Strukturaufklärung eignet. Viele kommerzielle Geräte können eine Mehrfachfragmentierung bis zu $MS^{10}$ (Durchführung von bis zu zehn aufeinanderfolgenden Fragmentierungsschritten) ausführen, sodass auch komplexen Identifizierungsvorhaben kaum Grenzen gesetzt sind. Bei der Quantifizierung werden jedoch häufig Probleme mit der Reproduzierbarkeit beschrieben, die neben dem höheren Preis ein weiterer wesentlicher Nachteil sind.

Die Reihenschaltung dreier Quadrupole (engl. *triple quadrupole*) ist eine weitere Möglichkeit zur Strukturaufklärung. Auch diese Geräte verlangen bereits eine längere Einarbeitung, bieten aber ebenfalls eine Vielzahl technischer Variationen. Die am ersten Quadrupol selektierten Teilchen werden anschließend im zweiten Quadrupol durch ein Kollisionsgas fragmentiert und schließlich findet im dritten Quadrupol eine weitere Massenselektion statt. Es ergibt sich daraus ebenfalls die Möglichkeit zur Tandem-MS. Beispielsweise kann bei einer Serie verwandter Verbindungen gezielt nach den Mutterionen eines gemeinsamen Fragments gesucht werden, was aufgrund der großen Selektivität ein sehr gutes Signal/Rausch-Verhältnis und damit sehr niedrige Nachweisgrenzen nach sich zieht. Die *triple quadru-*

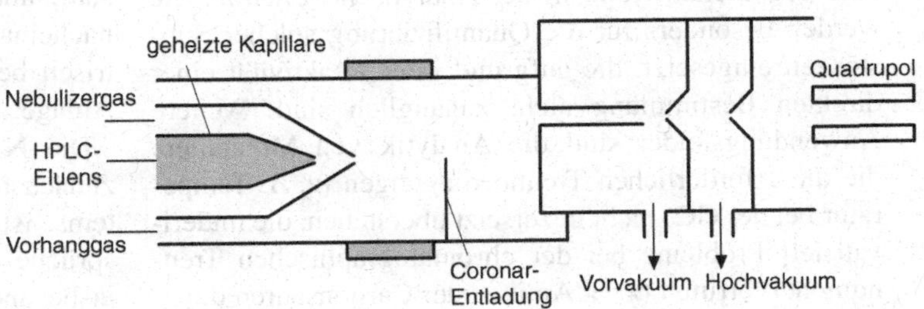


**6.27** Schematischer Aufbau des APCI-Verfahrens.

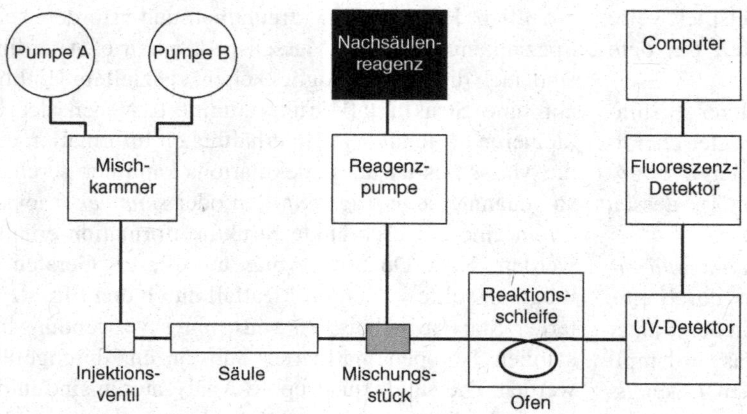


**6.28** Aufbau einer HPLC-Anlage mit Nachsäulenderivatisierung.

*pole*-Geräte sind zur Zeit noch etwas teurer als die *ion trap*-Geräte, liegen aber in derselben preislichen Größenordnung.

Flugzeitmassenspektrometer (engl. *time of flight*, TOF) sind in der Lage, äußerst rasch Vollspektren aufzunehmen. Dies ist insbesondere bei der Kopplung der Geräte mit der GC oder der CE ein Vorteil, da bei diesen Trennverfahren die Peakbreiten sehr gering sind. Für die Strukturaufklärung sehr großer Moleküle bietet sich die Hybrid-Quadrupol-TOF-Massenspektrometrie an, bei der die Kombination aus Quadrupol- und TOF-Analysatoren zu hochaufgelösten Massenspektren führt, die insbesondere im Bereich der Proteinanalytik erforderlich sind. Diese Geräte sind jedoch sehr teuer und erfordern qualifiziertes Personal zur Bedienung und Wartung.

Insgesamt ist zu erwarten, dass sich die HPLC-MS-Kopplung mit ESI- und APCI-Interfaces in den nächsten Jahren nicht nur in der Forschung, sondern auch in der Routineanalytik durchsetzen wird. Aufgrund der immer einfacher werdenden Bedienung und der bedingt durch größere Stückzahlen sinkenden Gerätepreise wird diese Technik in Kürze für die meisten Laboratorien einsatzbereit sein.

**Derivatisierung**

Der Begriff der Derivatisierung bedeutet eine chemische Umsetzung der Analyten während des analytischen Prozesses, an einer geeigneten Stelle zwischen Probenahme und Detektion. Derivatisierungstechniken spielen eine bedeutende Rolle in der Analytische Chemie. Sie werden besonders für die Quantifizierung solcher Substanzen eingesetzt, die aufgrund ihrer Reaktivität einer direkten Bestimmung nicht zugänglich sind. Weitere Anwendungsfelder sind die Analytik von Molekülen, die die erforderlichen Trennbedingungen (z. B. Temperatur bei der GC) nicht unzersetzt überstehen, die underivatisiert Probleme bei der chromatographischen Trennung hervorrufen (z. B. Amine oder Carbonsäuren durch Peaktailing in der RP-HPLC) oder die nicht die erforderlichen Detektionseigenschaften für den Einsatz eines vorgesehenen Detektors aufweisen. Typische Anwendungen sind die Derivatisierung reaktiver Verbindungen in der Gasphase durch Umsetzung zu stabilen Produkten, die Silylierung oder Veresterung von Steroiden für die anschließende gaschromatographische Bestimmung oder die Umsetzung von Proteinen mit Fluoreszenzmarkern.

Grundsätzlich lassen sich Derivatisierungstechniken in Vor- und Nachsäulenderivatisierung einteilen. Die Vorsäulenderivatisierung ist dann erforderlich, wenn Probleme aufgrund der Reaktivität der Analyten oder Schwierigkeiten bei der chromatographischen Trennung zu erwarten sind. Wenn ausschließlich die Detektionseigenschaften verbessert werden sollen, ist alternativ eine Nachsäulenderivatisierung denkbar. Diese kann auch als Kopplung der Flüssigchromatographie mit der Fließinjektionsanalyse betrachtet werden, und ist praktisch ausschließlich in kondensierter Phase einsetzbar. Der Aufbau einer HPLC-Apparatur mit Nachsäulenderivatisierung ist in Abb. 6.28 gezeigt.

In die mobile Phase aus einem binären Gradientensystem wird durch ein Injektionsventil eine Probe eingeführt. Nach erfolgter chromatographischer Trennung wird ein Nachsäulenreagenz, durch eine weitere Pumpe gefördert, in einer Mischkammer mit geringem Volumen mit dem Eluens vermischt. In einer durch einen Ofen temperierten Reaktionsschleife findet die Umsetzung statt, und die Produkte werden bei dieser Anordnung nacheinander UV/vis-spektrometrisch und fluorimetrisch bestimmt. Ein Datensystem steuert die gesamte Anlage.

Die Nachsäulenderivatisierung erfordert damit zwar zunächst einen Umbau des chromatographischen Systems, ist aber automatisierbar und stellt geringere Ansprüche an die Probenvorbereitung. Damit bietet sie insbesondere für die Routineanalytik mit großen Proben-

**Tabelle 6.13** Übersicht bedeutender Derivatisierungsreagenzien (U: geeignet für UV/vis-Detektion, F: geeignet für Fluoreszenzdetektion, MS: geeignet für massenspektrometrische Detektion; G: gasförmige Proben, L: flüssige Proben.

| fkt. Gruppe | enthalten in | Probenart | Reagenzien | Detektor |
|---|---|---|---|---|
| -$NH_2$ | Aminen | G / L | 5-(N,N-Dimethylamino)-naphthalin-1-sulfonylchlorid (Dansylchlorid) | F |
| | Aminosäuren | L | 2,4-Dinitrofluorbenzen (Sangers Reagenz) | U |
| | | | o-Phthaldialdehyd / Mercaptoethanol | F |
| | | | 4-Chlor-7-nitrobenzofurazan (NBD-Cl) | F |
| -OH | Alkoholen | G / L | 3,5-Dinitrobenzoylchlorid[1] | U |
| | | | Dansylchlorid[1] | F |
| -CHO | Aldehyden | G / L | 2,4-Dinitrophenylhydrazin (DNPH) | U |
| -CRO | Ketonen | G / L | 4-Hydrazino-7-nitrobenzofurazan (NBD-H) | F |
| -COOH | Carbonsäuren | L | 4-Brommethyl-7-methoxycoumarin | F |
| -NCO | Isocyanaten | G | 9-(Methylaminomethyl)anthracen | F |
| | | | Ethanol[2] | U |
| | | | Dibutylamin | MS |
| -SH | Thiolen | G / L | Dansylaziridin | F |

[1] Die Derivatisierungsreaktion ist eine nucleophile Substitution. Mit Querempfindlichkeiten gegenüber stärkeren Nucleophilen (Aminen) ist zu rechnen.
[2] Nur für aromatische Isocyanate einsetzbar, da das Reagenz selbst keine chromophoren Eigenschaften aufweist.

zahlen Vorteile. Im Gegensatz zur Vorsäulenderivatisierung muss bei der Reaktion zwischen Analyt und Reagenz nicht ein definiertes Produkt für jeden Analyten entstehen. Wie bei der Fließinjektionsanalyse ist eine quantitative Umsetzung zwischen Reagenz und Analyt zwar hilfreich aber keinesfalls Bedingung. Wenn darüber hinaus die folgenden Anforderungen erfüllt werden können, ist die Nachsäulenderivatisierung in Betracht zu ziehen:

- Die Reaktionsgeschwindigkeit zwischen Reagenz und Analyt muss ausreichend groß sein.
- Der Nachsäulenreaktor sollte in möglichst geringem Umfang zur Bandenverbreiterung beitragen.
- Die Reagenzien müssen mit der mobilen Phase mischbar sein.
- Die Reaktionsprodukte müssen in der mobilen Phase löslich sein.

Dem Problem der Bandenverbreiterung durch lange Reaktionsschleifen wird dadurch begegnet, dass die aus Teflonschlauch bestehende Reaktionsschleife statistisch verknotet wird. Dies kann beispielsweise durch Stricktechniken geschehen und erweist sich als ausgesprochen effektiv. Selbst zehn Meter lange Reaktionsschleifen tragen bei sorgfältiger Erstellung nur unwesentlich zur Peakverbreiterung bei!

Ein Vorteil der Vorsäulenderivatisierung besteht darin, dass das chromatographische System selbst nicht modifiziert werden muss. Dies ist besonders wichtig bei Anlagen, die für wechselnde Applikationen eingesetzt werden. Die bei der Nachsäulenderivatisierung stets vorhandene Gefahr der Bandenverbreiterung durch Reagenzmischung und Reaktionsschleife besteht für die Vorsäulenderivatisierung nicht.

Für die Auswahl geeigneter Derivatisierungsreagenzien gibt es kein Patentrezept. Eine Vielzahl einzelner Kriterien ist entscheidend, beispielsweise:

- Welche chromatographischen Trennsysteme stehen zur Verfügung?
- Welche Detektoren stehen zur Verfügung?
- Welche Substanzgruppe (funktionelle Gruppen!) soll untersucht werden?
- Welche Probenmatrix liegt vor (Luft, Wasser, Boden, biol. Material)?
- Welcher Konzentrationsbereich des Analyten ist relevant?

Die Antworten auf diese Fragen werden für jede analytische Fragestellung und in jedem Labor anders aussehen. Dies zeigt, dass die Entwicklung eines Derivatisierungsverfahrens einen individuellen Kompromiss zwischen den Anforderungen und den Gegebenheiten vor Ort darstellen muss.

Prinzipiell sind in der wissenschaftlichen Literatur Derivatisierungstechniken für die HPLC mit UV/vis-, Fluoreszenz-, Chemilumineszenz-, elektrochemischer und massenspektrometrischer Detektion beschrieben, wobei die beiden erstgenannten Detektoren in Kombination mit der Derivatisierung die größte Bedeutung besitzen. Die Derivatisierungsreagenzien für die HPLC lassen sich somit nach den geeigneten Detektoren und den zu derivatisierenden funktionellen Gruppen einteilen. In Tabelle 6.13 wird eine Auswahl bedeutender Derivatisierungsreagenzien für die HPLC vorgestellt.

Neben der klassischen chemischen Derivatisierung kann auch eine photochemische Derivatisierung durch Bestrahlung mit UV-Licht durchgeführt werden. Diese ist zwar nur für einige ausgewählte Analyten einsetzbar, erweist sich aber aufgrund der nicht erforderlichen Reagenzienzugabe als bedienerfreundlich und wartungsarm.

**Auswertung, Automatisierung, Validierung**

Die Auswertung der Flüssigchromatogramme erfolgt bei modernen Geräten computergesteuert und zumeist über die Integration der Peakfläche. Weitere Details zur Auswertung von Chromatogrammen finden sich in Abschnitt 6.3.5 mit Beispielen zur Gaschromatographie. In Analogie zur Gaschromatographie muss vor jedem Versuch einer Quantifizierung sichergestellt sein, dass ein HPLC-Peak tatsächlich in Reinform vorliegt. Die Wahrscheinlichkeit für verborgene Coelutionen der Analyten mit anderen Substanzen ist bei der HPLC sogar noch wesentlich größer als in der GC, da die Peakkapazität in einem HPLC-Chromatogramm deutlich geringer ist. Daher sollte stets versucht werden, zusätzliche Reinheitsparameter zu berücksichtigen. Steht ein DAD zur Verfügung, so ist es ratsam, diesen nicht nur bei *einer* ausgewählten Wellenlänge zu betreiben, sondern seine Möglichkeiten der Spektrenaufnahme und der Peakreinheitsüberprüfung immer zu nutzen. Bei programmierbaren UV/vis-Detektoren sollte die Zweiwellenlängendetektion mit Berücksichtigung der Peakflächenverhältnisse verwendet werden. Auch bei einigen elektrochemischen Detektoren kann durch Einsatz zweier Messzellen mit unterschiedlichen Arbeitspotentialen das Peakflächenverhältnis dieser beiden Messkanäle zur Identifizierung der Analyten eingesetzt werden. Problematischer ist die korrekte Peakidentifizierung bei den Detektoren, die nur einen Messkanal liefern, wie beispielsweise dem ELSD, dem RID, dem Fluoreszenzdetektor und dem Chemilumineszenzdetektor. Selbst bei den vergleichsweise selektiven massenspektrometrischen Detektoren kann der Anwender durch Coelution von Isomeren speziell bei den „weichen“ (fragmentierungsarmen) Ionisationstechniken böse Überraschungen erleben. Hier erweist sich die Möglichkeit der Tandem-MS als besonders hilfreich bei der Analytidentifizierung.

**Validierung bei der Analytik von Carbonylverbindungen – eine kritische Betrachtung von Standardverfahren**

Die 2,4-Dinitrophenylhydrazin (DNPH)-Methode ist ein weltweit anerkanntes Standardverfahren für die Bestimmung von Aldehyden und Ketonen mit der HPLC. Die Carbonylverbindungen werden durch DNPH im sauren Medium nach

$$\text{DNPH} + O{=}C(R_1)R_2 \xrightarrow[-\,H_2O]{H^+} \text{Hydrazon}$$

mit $R_1$, $R_2$ = H, Alkyl, Aryl

derivatisiert. Die hierbei entstehenden Hydrazone werden mittels $C_{18}$-Umkehrphasen-HPLC unter Verwendung binärer mobiler Phasen aus Acetonitril und Wasser getrennt und UV/vis-spektroskopisch bei den Absorptionsmaxima von etwa 360 nm detektiert. Die Hydrazone aliphatischer Carbonylverbindungen eluieren in der Reihenfolge ihrer Alkylkettenlänge, während das polarere Reagenz vor den meisten Hydrazonen (Ausnahme: Hydrazone ausgewählter hydroxy- und carboxylfunktionalisierter Carbonylverbindungen) eluiert. Die DNPH-Methode ist besonders im Zusammenhang mit der Bestimmung von aus Spanplatten emittiertem Formaldehyd in Raumluftproben bekannt geworden. Für diese Fragestellung existieren bei deutschen, skandinavischen, europäischen und US-amerikanischen Standardisierungs- und Umweltschutzbehörden umfangreiche Arbeitsvorschriften (SOPs). Für die Probenahme werden mit dem Reagenz beschichtete Probenahmeröhrchen, mit Reagenzlösungen befüllte Waschflaschen (sog. Impinger) oder diffusionskontrollierte Passivsammler (mit Reagenz beschichtete planare Trägermaterialien, Abschnitt 3.3) eingesetzt. Bei Probenahmeröhrchen und Impingern wird eine Luftprobenahmepumpe eingesetzt, um die Probe mit dem Reagenz in Kontakt zu bringen. Während die Reaktionslösung der Impinger nach der Probenahme direkt in den Flüssigchromatographen injiziert werden kann, werden Probenahmeröhrchen und Passivsammler vor der Probenaufgabe zunächst mit einem geeigneten Lösungsmittel eluiert.

Die DNPH-Methode gilt für diese Anwendung als sehr gut reproduzierbar und störungsarm. Sie wurde daher rasch auf weitere Anwendungen übertragen, die auf den ersten Blick verwandt erscheinen. Hierzu zählt die Bestimmung der Carbonylverbindungen in Kraftfahrzeugabgasen. Diese enthalten jedoch bekanntermaßen hohe Konzentrationen an Stickoxiden, welche mit DNPH nach

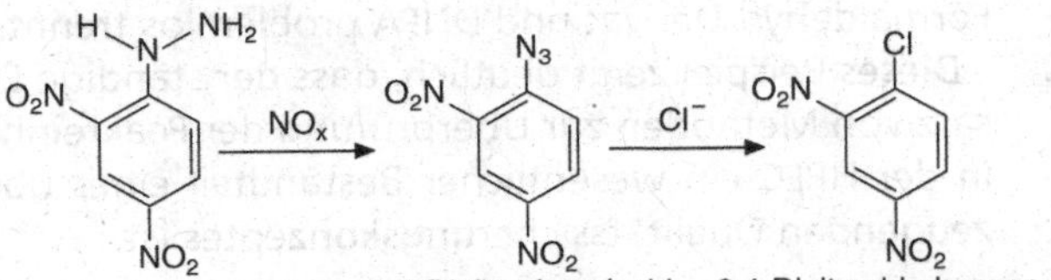

$\xrightarrow{NO_x}$ 2,4-Dinitrophenylazid (DNPA) $\xrightarrow{Cl^-}$ 2,4-Dinitrochlorbenzen (DNCB)

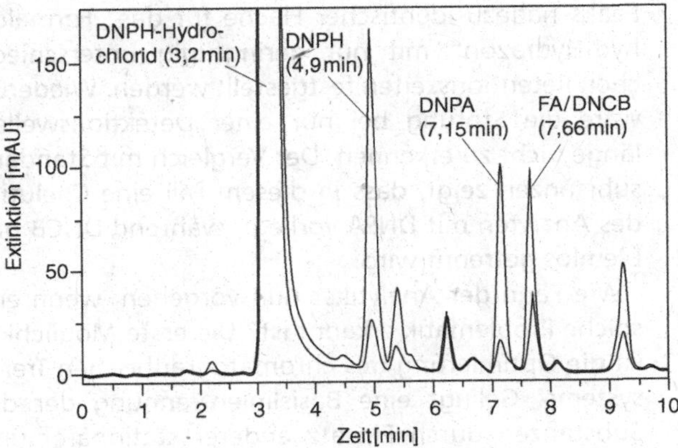


**6.29** Chromatogramm einer derivatisierten Kraftfahrzeugabgasprobe (Säule A); (Nach W. Pötter, U. Karst *Anal. Chem.* 1996, 68, 3354-3358).

zu DNPA reagieren können. In Anwesenheit hoher Chloridkonzentrationen (Verwendung von HCl als Katalysator bei der Umsetzung von DNPH mit Carbonylverbindungen!) kann zusätzlich DNCB entstehen. Sowohl DNPA als auch DNCB weisen unter den typischerweise bei der DNPH-Methode verwendeten chromatographischen Bedingungen ähnliche Retentionszeiten wie das Formaldehyd-2,4-DNPhydrazon auf. Hiermit besteht die Gefahr von Coelutionen und damit von falschen Mehrbefunden bei der Formaldehyd-Bestimmung.

Abb. 6.29 zeigt das Chromatogramm einer mit DNPH derivatisierten Kraftfahrzeugabgasprobe auf einer HPLC-Säule A. Die schwarze Linie zeigt das Chromatogramm bei der Detektionswellenlänge von 360 nm (typisches Absorptionsmaximum der aliphatischen DNPhydrazone), die rote Linie das Chromatogramm bei 300 nm (Absorptionsmaximum des DNPA).

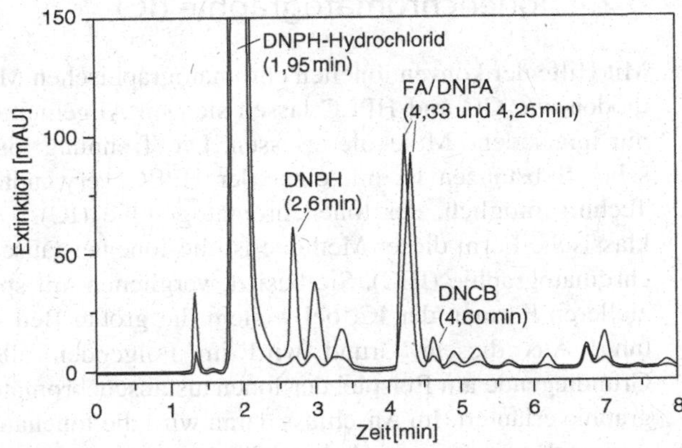


**6.30** Chromatogramm einer derivatisierten Kraftfahrzeugabgasprobe (Säule B); (Nach W. Pötter, U. Karst Anal. Chem. 1996, 68, 3354-3358).

Man erkennt bereits auf den ersten Blick, dass sich die Peakflächen der eluierten Komponenten in Abhängigkeit von der Detektionswellenlänge sehr stark unterscheiden. Damit handelt es sich um eine hervorragend geeignete Anwendung für den Einsatz von Peakflächenverhältnissen zur Qualitätssicherung. Aus Untersuchungen der Reinsubstanzen sind die Verhältnisse der Extinktionskoeffizienten bei 360 nm und 300 nm und der entsprechenden Peakflächenverhältnisse in der HPLC für das Formaldehyd(FA)-Hydrazon (5,5), DNPA (0,12) und DNCB (ebenfalls 0,12) bekannt. Für einen reinen Peak des Formaldehyd-Hydrazons müsste man also ein Peakflächenverhältnis (schwarz/rot) von 5,5 erwarten. Bereits ohne rechnerische Integration erkennt man jedoch sofort, dass das Peakflächenverhältnis nur bei etwa 2,5 liegt. Es besteht also der Verdacht einer Coelution mit einer Verbindung, die ein geringeres Peakflächenverhältnis aufweist. Wäre, wie in vielen Routinelabors üblich, nur die Wellenlänge 360 nm eingesetzt worden, hätte unter diesen Bedingungen keine Möglichkeit bestanden, die Coelution zu erkennen. Durch Vergleich mit den Reinsubstanzen konnte gezeigt werden, dass die Coelution vom DNCB herrührte, während DNPA vor dem Formaldehyd-Hydrazon eluiert.

Ein Chromatogramm derselben Probe auf einer stationären Phase mit unterschiedlicher Selektivität (Säule B) ist in Abb. 6.30 dargestellt:

Bei diesem Chromatogramm ist zu erkennen, dass diesmal bei den verschiedenen Wellenlängen zwei

Peaks nahezu identischer Fläche für das „Formaldehyd-Hydrazon" mit nur geringfügig unterschiedlichen Retentionszeiten festgestellt werden. Wiederum wäre die Störung bei nur einer Detektionswellenlänge nicht zu erkennen. Der Vergleich mit Standardsubstanzen zeigt, dass in diesem Fall eine Coelution des Analyten mit DNPA vorliegt, während DNCB problemlos getrennt wird.

Wie kann der Analytiker nun vorgehen, wenn eine solche Problematik erkannt ist? Die erste Möglichkeit ist die Optimierung des chromatographischen Trennsystems. Gelingt eine Basislinientrennung der drei Substanzen durch Einsatz anderer stationärer und/oder mobiler Phasen, so kann man das Problem einfach lösen.

Eine Entfernung der Stickoxide aus der Probe dürfte dagegen kaum möglich sein, und der Zusatz einer starken Säure als Katalysator ist für die quantitative Derivatisierung dringend erforderlich. Es ist allerdings sinnvoll, die Salzsäure gegen andere Mineralsäuren auszutauschen. Der Ersatz durch Schwefelsäure verhindert die Bildung von DNCB, und es werden keine anderen Nebenprodukte beobachtet. Damit kann man auf Säule A zurückgreifen, die das Formaldehyd-Derivat und DNPA problemlos trennt.

Dieses Beispiel zeigt deutlich, dass der ständige Einsatz von Methoden zur Überprüfung der Peakreinheit in der HPLC ein wesentlicher Bestandteil eines überzeugenden Qualitätssicherungskonzeptes ist.

## 6.2.4 Ionenchromatographie (IC)

Mit Hilfe der konventionellen chromatographischen Methoden wie GC und HPLC lassen sich im Allgemeinen nur ungeladene Moleküle erfassen. Die Trennung ionischer Substanzen ist mit einer der HPLC verwandten Technik möglich, der Ionenchromatographie (IC). Die klassische Form dieser Methode ist die Ionenaustauschchromatographie (IEC). Sie besitzt, verglichen mit spezielleren Formen der IC, bei weitem die größte Bedeutung. Aus diesem Grund wird im Folgenden alles Grundlegende am Beispiel der Ionenaustauschchromatographie erläutert. Im Anschluss daran wird die Ionenausschlusschromatographie behandelt.

### Ionenaustauschchromatographie (IEC)

#### *a. Historisches*

Die Nutzung des Ionenaustausches lässt sich bis weit in die Geschichte zurückverfolgen. Bereits im Alten Testament ist beschrieben, dass Moses ungenießbares Wasser eines Sees in Trinkwasser verwandelte, indem er einen nicht näher beschriebenen Baum benutzte. *»Mose ließ Israel ziehen vom Schilfmeer hinaus zu der Wüste Schur. Und sie wanderten drei Tage in der Wüste und fanden kein Wasser. Da kamen sie nach Mara; aber sie konnten das Wasser von Mara nicht trinken, denn es war sehr bitter. Daher nannte man den Ort Mara. Da murrte das Volk wider Mose und sprach: Was sollen wir trinken? Er schrie zu dem HERRN, und der HERR zeigte ihm ein Holz; das warf er ins Wasser, da wurde es süß.«* (Mose, Exodus 15: 22-25). Eine mögliche Erklärung für dieses Phänomen ist die Tatsache, dass morsches Holz ein recht guter Magnesium-Austauscher ist. Auch Aristoteles (384-322 v. Chr.) war bekannt, dass Meerwasser und verunreinigtes Trinkwasser aufbereitet werden kann, indem man es durch Sand- oder Tonschichten passieren lässt. Die eigentliche Ionenaustauscher-Forschung begann jedoch erst in der Mitte des neunzehnten Jahrhunderts. Die Ionenchromatographie, wie sie heute bekannt ist, wurde erstmals 1975 von Small, Stevens und Baumann beschrieben.

#### *b. Ionenaustauscher-Materialien*

Ionenaustauscher-Materialien nehmen aus einer wässrigen Lösung Kationen oder Anionen auf und setzen gleichzeitig eine stöchiometrische Menge gleichsinnig geladener Ionen frei. Dabei unterscheidet man zwischen Anionen- und Kationenaustauschern. Weniger gebräuchlich als diese sind amphotere Austauscher, die sowohl Anionen als auch Kationen freisetzen.

Ionenaustausch-Vorgänge wurden in der analytischen Chemie zunächst im Rahmen der Probenvorbereitung eingesetzt. Sie sind auch heute aus diesem Bereich nicht mehr wegzudenken. So lassen sich mit ihrer Hilfe beispielsweise Metallionen aus Wasserproben anreichern, Störionen entfernen und der Gesamtsalzgehalt von Lösungen bestimmen. Letzeres wird erreicht, indem sämtliche vorhandenen Anionen oder Kationen (in getrennten Austauschern) entweder durch $H^+$ oder $OH^-$-Ionen ersetzt werden, die dann anschließend titrimetrisch bestimmt werden können. Auch lässt sich beispielsweise schwerlösliches $BaSO_4$ mittels eines mit $Na^+$ beladenen Kationenaustauschers mit der Zeit quantitativ aufschließen.

Die wichtigsten Austauscher-Materialien sind feste Ionenaustauscher, die auf der Basis von Zeolithen, modifizierten Kieselgelen, organischen Polymeren oder Zel-

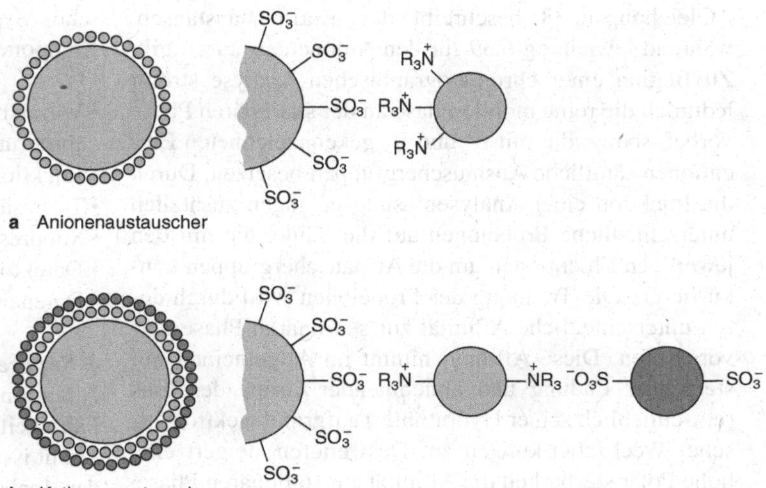

**6.31** Latex-beschichtete Austauscher-Materialien für die IC a) Anionenaustauscher, b) Kationenaustauscher.

lulose hergestellt werden. Für ionenchromatographische Anwendungen werden im Allgemeinen organische Polymere als Träger verwendet. Diese so genannten Austauscher-Harze bestehen meist aus einem Polystyren-Divinylbenzen-Copolymer (PS-DVB). Desweiteren sind Polymethacrylat- und Polyvinyl-Harze im Handel. Die unterschiedlichen Grundgerüste tragen kovalent gebundene ionische Ankergruppen, die in Tabelle 6.14 zusammengefasst sind.

**Tabelle 6.14** Funktionelle Gruppen herkömmlicher Anionen- und Kationenaustauscher.

| | | |
|---|---|---|
| **Kationen-austauscher** | –COOH, –$OPO_3H_2$ | schwach sauer |
| | –$SO_3H$ | stark sauer |
| **Anionen-austauscher** | primäre Amine | schwach basisch |
| | quartäre Ammonium-Verbindungen | stark basisch |

Eine wichtige Größe zur Charakterisierung eines Austauschers ist seine Austauschkapazität. Darunter versteht man die Aufnahmefähigkeit für austauschbare Gegenionen (bezogen auf die Masse oder das Volumen des Austauschers). Ionenaustauscher, die nicht für chromatographische Zwecke eingesetzt werden, besitzen im Allgemeinen eine hohe Kapazität. Dies bedeutet, dass die Belegungsdichte des meist porösen Materials mit den jeweiligen funktionellen Gruppen groß ist. Im Gegensatz dazu werden für die Ionenchromatographie Austauscher mit einer geringeren Kapazität benötigt. Nur so ist gewährleistet, dass die auf die Trennsäule gelangenden Analytionen auch in einer akzeptablen Zeit wieder eluiert werden können. Aus diesem Grund werden in der IC überwiegend nicht-poröse Partikel eingesetzt, deren Oberfläche funktionalisiert ist. Ein weiterer Vorteil dieser Materialien sind die kürzeren Diffusionswege der Analyten zur stationären Phase. Eine Weiterentwicklung der oberflächen-funktionalisierten Partikel sind die Latex-beschichteten Austauscher, in Abb. 6.31 dargestellt. Das aus einem Polystyren-Divinylbenzen-Copolymer bestehende Substrat (Durchmesser: 5–25 µm) ist an der Oberfläche sulfoniert. Darüber befindet sich eine Schicht von sehr kleinen, porösen und aminierten Polymer-Teilchen. Diese so genannten Latex-Teilchen besitzen einen Durchmesser von ca. 0,1 µm und werden durch elektrostatische und van-der-Waals-Wechselwirkungen am Substrat festgehalten. Im Falle eines Anionenaustauschers (Abb. 6.31 a) sind sie die eigentliche Austauscher-Matrix. Die prinzipiell gleich aufgebauten Kationenaustauscher (Abb. 6.31 b) besitzen noch eine zusätzliche Schicht sulfonierter Latex-Teilchen.

### *c. Grundlagen der Ionenaustauschchromatographie*

Die Ionenaustauschchromatographie (engl. *ion exchange chromatography*) dient üblicherweise der Analyse anorganischer Ionen, wobei wässrige Eluenten eingesetzt werden. Dabei können in einem chromatographischen Lauf, in Abhängigkeit vom gewählten Säulenmaterial und Eluenten, jeweils entweder nur Kationen oder Anionen getrennt werden. Die Verteilung der Analytionen zwischen stationärer und mobiler Phase ist ein Gleichgewichtsprozess, der sich wie folgt beschreiben lässt:

$$AS–SO_3^-E^+ + K^+ \Leftrightarrow AS–SO_3^-K^+ + E^+ \quad (6.38)$$

$$AS–NR_3^+E^- + A^- \Leftrightarrow AS–NR_3^+A^- + E^- \quad (6.39)$$

mit $E^+$, $E^-$ = Eluentionen und AS = Austauscherharz.

Gleichung 6.38 beschreibt den Kationenaustausch, während Gleichung 6.39 für den Anionenaustausch gilt. Zu Beginn einer chromatographischen Analyse strömt lediglich die reine mobile Phase an der stationären Phase vorbei, sodass die mit $E^+$ und $E^-$ gekennzeichneten Eluentionen sämtliche Austauschergruppen besetzen. Durch die Injektion einer Analysenlösung gelangen zusätzlich unterschiedliche Probeionen auf die Säule, die mit den jeweiligen Eluentionen um die Austauschergruppen konkurrieren. Die Trennung der Probeionen wird durch deren unterschiedliche Affinität zur stationären Phase hervorgerufen. Diese Affinität nimmt im Allgemeinen mit steigender Ladung und abnehmender Größe des Ions (einschließlich seiner Hydrathülle) aufgrund elektrostatischer Wechselwirkungen zu. Desweiteren steigert eine hohe Polarisierbarkeit die Affinität zur stationären Phase.

Um zufriedenstellende Trennungen bei gleichzeitig akzeptablen Analysenzeiten zu erzielen, müssen die Eluenten auf die jeweiligen Probenkomponenten abgestimmt werden. Man verwendet in der Regel solche Eluenten, deren Affinität zur stationären Phase ähnlich groß ist wie die der Analyten. Das bedeutet, dass für die Elution zweiwertiger Probeionen häufig auch zweiwertige Eluentionen eingesetzt werden. Im Rahmen der Anionenanalytik wird häufig ein Natriumhydrogencarbonat/Natriumcarbonat-Gemisch eingesetzt, während für die Kationenanalytik verdünnte Salz- oder Salpetersäure (0,002–0,04 mol/L) oder ein Gemisch aus 2,3-Diaminopropansäure und Salzsäure gebräuchlich ist.

### d. Aufbau eines Ionenchromatographen

Der prinzipielle Aufbau eines Ionenchromatographen ähnelt den schon bekannten HPLC-Systemen. Die flüssigen Elutionsmittel befinden sich in entsprechenden Vorratsbehältern und werden mithilfe einer üblichen HPLC-Pumpe gefördert. IC-Injektoren sind in der Regel mit Probenschleifen ausgestattet, mit denen zwischen 5 und 100 µL der Analysenprobe in das System eingebracht werden. Die verwendeten Trennsäulen besitzen einen Durchmesser von 1 bis 4,6 mm und eine Länge zwischen 5 und 25 cm. Sie bestehen im Gegensatz zu HPLC-Säulen häufig nicht aus Edelstahl, sondern aus Polymer-Materialien. Dies hat zwei Gründe: Zum einen können vom Edelstahl ionische Verunreinigungen freigesetzt werden, die die Bestimmung eventuell stören, und zum anderen sind die Elutionsmittel zum Teil korrosiv. Letzteres muss auch bei der Wahl geeigneter Pumpen, Detektoren und sonstiger Bauteile des IC-Systems unbedingt beachtet werden. Hinter der Säule befindet sich häufig ein so genannter Suppressor, dessen Funktionsweise im folgenden Abschnitt beschrieben wird. Es schließt sich der Detektor an, wobei die Datenaufnahme im Allgemeinen computergesteuert verläuft. Ein ionenchromatographisches System besteht damit prinzipiell aus folgenden Komponenten:

- Vorratsbehälter für Eluenten und Pumpe zur Eluentenförderung
- Injektionssystem
- Trennsäule, evtl. thermostatisiert
- Suppressor (optional)
- Detektor
- Datenaufnahme- und Auswerteeinheit

### e. Suppressor-Technik

Allen ionischen Substanzen in wässriger Lösung ist ihre Fähigkeit, den elektrischen Strom zu leiten, gemeinsam. Somit ist ein universell einsetzbares Detektionsprinzip in der Ionenchromatographie die Leitfähigkeitsdetektion. Problematisch dabei ist lediglich, dass sämtliche Eluenten ionische Spezies enthalten, sodass deren Grundleitfähigkeit bereits sehr hoch ist. Aus diesem Grund wird neben der so genannten Einsäulen-Technik, auf die im Folgenden noch eingegangen wird, häufig ein Suppressor dem Leitfähigkeitsdetektor vorangestellt. Die Aufgabe dieses Suppressors ist es, die Grundleitfähigkeit des Eluenten vor dem Eintritt in den Detektor zu erniedrigen. Die für diese Zwecke ursprünglich eingesetzten Suppressor-Säulen enthalten für die Anionenanalytik Kationenaustauscher-Harze, die mit Protonen beladen sind. Im Rahmen der Kationenanalytik werden mit $OH^-$-Ionen beladene Anionenaustauscher eingesetzt. Die ablaufenden Suppressor-Reaktionen sollen nun zunächst am Beispiel der Anionenanalytik dargestellt werden. Wird ein Gemisch von Natriumchlorid und -bromid mithilfe eines Natriumhydrogencarbonat/Natriumcarbonat-Puffers eluiert, so reagieren diese Substanzen mit dem Kationenaustauscher des Suppressors wie folgt:

$$\text{Austauscherharz–}SO_3H + Na^+ + HCO_3^- \rightarrow \text{Austauscherharz–}SO_3Na + H_2CO_3 \tag{6.40}$$

$$\text{Austauscherharz–}SO_3H + Na^+ + Cl^- \rightarrow \text{Austauscherharz–}SO_3Na + H^+ + Cl^- \tag{6.41}$$

$$\text{Austauscherharz–}SO_3H + Na^+ + Br^- \rightarrow \text{Austauscherharz–}SO_3Na + H^+ + Br^- \tag{6.42}$$

Wie Gleichung 6.40 zeigt, wird das gut leitende Natriumhydrogencarbonat des Puffers in die nur noch sehr schwach dissoziierte Kohlensäure umgewandelt. Auf diese Weise wird die Grundleitfähigkeit des Eluenten erniedrigt. Die Anwendung eines Suppressor-Systems hat jedoch noch einen weiteren Vorteil. Gleichung 6.41 ist zu entnehmen, dass auch der Analyt, der bei der Injektion als Natrium-Salz vorlag, in die korrespondierende Säure umgewandelt wird. Da nun die Leitfähigkeit des Protons in wässriger Lösung sehr hoch ist, wird auf diese Weise das Analyt-Signal im Leitfähigkeitsdetektor verstärkt. Die Suppressor-Reaktionen in der Kationenanalytik laufen analog ab und sind in den folgenden Gleichungen 6.43 und 6.45 für die Trennung von Natrium- und Kaliumbromid (Elutionsmittel: Salzsäure) dargestellt.

$$\text{Austauscherharz–NR}_3\text{OH} + \text{H}^+ + \text{Cl}^- \rightarrow \text{Austauscherharz–NR}_3\text{Cl} + \text{H}_2\text{O} \quad (6.43)$$

$$\text{Austauscherharz–NR}_3\text{OH} + \text{Na}^+ + \text{Br}^- \rightarrow \text{Austauscherharz–NR}_3\text{Br} + \text{Na}^+ + \text{OH}^- \quad (6.44)$$

$$\text{Austauscherharz–NR}_3\text{OH} + \text{K}^+ + \text{Br}^- \rightarrow \text{Austauscherharz–NR}_3\text{Br} + \text{K}^+ + \text{OH}^- \quad (6.45)$$

Auch hier bildet sich aus dem gut leitenden Elutionsmittel eine nur äußerst schwach dissoziierte Verbindung (Wasser) und aus den als Bromid vorliegenden Analyten das deutlich besser leitende Hydroxid. Somit führt der Einsatz eines Suppressors im Allgemeinen zu einer Steigerung der Detektionsempfindlichkeit. Ein weiterer Vorteil ist die Möglichkeit einer Gradientenelution, die ohne den Einsatz eines Suppressors aufgrund der sich ändernden Grundleitfähigkeit Probleme mit sich bringt.

Die im Vorangegangenen beschriebenen Suppressor-Säulen brachten in ihrer ursprünglichen Form einige Nachteile mit sich. Zum einen mussten sie häufig regeneriert werden, sodass ein kontinuierlicher Betrieb des Ionenchromatographen über einen längeren Zeitraum nicht möglich war. Außerdem besaßen sie ein verhältnismäßig großes Volumen und trugen somit zur Peakverbreiterung bei. Heutzutage sind jedoch Suppressor-Säulen mit geringen Totvolumina erhältlich, von denen beispielsweise zwei oder drei kombiniert und abwechselnd genutzt bzw. regeneriert werden können. Auf diese Weise ist auch mit einem solchen System ein kontinuierlicher Betrieb möglich. Neben den beschriebenen Suppressor-Säulen existieren noch weitere Suppressor-Systeme wie beispielsweise die so genannten Hohlfasermembran-Suppressoren. In diesen werden die konventionellen Austauscherharze durch halbdurchlässige Austauscher-Membranen ersetzt. Die Membranen sind entweder sulfoniert oder aminiert und lassen somit entweder nur Kationen oder Anionen passieren. Sie sind röhrenförmig aufgebaut, wobei der Eluent durch das Innere der Röhre strömt, während das Äußere im Gegenstromprinzip von Säure oder Lauge umspült wird. Abb. 6.32 zeigt den Längsschnitt eines solchen Hohlfasermembran-Suppressors mit den ablaufenden Ionenaustausch-Reaktionen des Eluenten am Beispiel eines Suppressors für die Anionenanalytik.

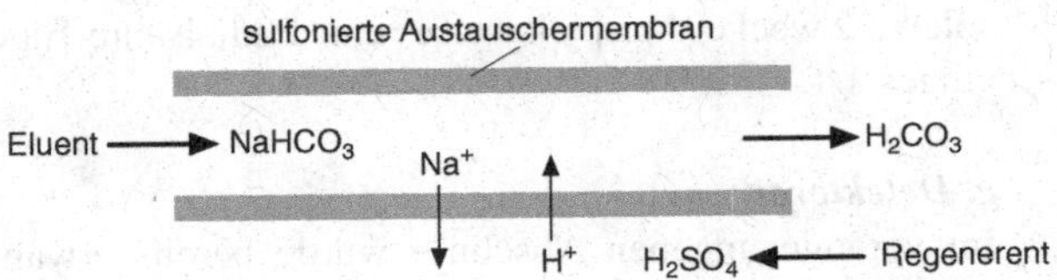


**6.32** Längsschnitt eines Hohlfasermembran-Suppressors für die Anionenanalytik.

Eine Weiterentwicklung der Hohlfasermembran-Suppressoren sind die so genannten Mikromembran-Suppressoren. Deren Funktionsweise ist analog den Hohlfasermembran-Suppressoren; sie besitzen jedoch einen abweichenden Aufbau. Mikromembran-Suppressoren bestehen aus zwei semipermeablen Membranen, die von einem flachen Gehäuse zusammengehalten werden. Zwischen den beiden Membranen befindet sich der Eluens-Kanal, während der Regenerent ober- und unterhalb der Membranen im Gegenstromprinzip geführt wird. Auf diese Weise wird auch hier eine kontinuierliche Regenerierung gewährleistet. Weiterhin sind elektrochemische Suppressoren im Handel, die im Gegensatz zu den übrigen Suppressoren nicht mehr chemisch mithilfe von Säuren oder Basen regeneriert werden müssen. Statt dessen erfolgt die Regeneration elektrochemisch durch Elektrolyse von Wasser. Dabei laufen folgende Reaktionen ab:

$$2\,\text{H}_2\text{O} \rightarrow 4\,\text{H}^+ + \text{O}_2 + 4\,\text{e}^- \quad \text{(Anodenreaktion)} \quad (6.46)$$

$$2\,\text{H}_2\text{O} + 2\,\text{e}^- \rightarrow 2\,\text{OH}^- + \text{H}_2 \quad \text{(Kathodenreaktion)} \quad (6.47)$$

Die auf diese Weise generierten Wasserstoff- bzw. Hydroxid-Ionen dienen dann zur Regeneration des Suppressors. Sowohl die anfangs beschriebenen Festphasen-Suppressoren als auch Membran-Suppressoren lassen sich auf diese Weise regenerieren. Der Vorteil der elektrochemischen Regeneration liegt darin, dass auf Chemikalien, die beispielsweise im Fall der Kationenanalytik recht teuer sein können, verzichtet werden kann.

#### *f. Ionenchromatographie ohne Suppression (Einsäulen-Technik)*

Im Gegensatz zur bereits beschriebenen Leitfähigkeitsdetektion mit vorangehender Suppression wird in der so genannten Einsäulen-Technik auf die Suppression verzichtet. Folglich sollte also, um eine hinreichend empfindliche Detektion zu gewährleisten, mit Austauschern geringer Kapazität und relativ schwachen (gering konzentrierten) Eluenten gearbeitet werden. Häufig wird für solche Zwecke beispielsweise ein Phthalsäure-Eluent eingesetzt.

### *g. Detektoren*

Im vorangegangenen Abschnitt wurde bereits erwähnt, dass für ionenchromatographische Untersuchungen häufig der Leitfähigkeitsdetektor eingesetzt wird. Speziell dafür wurden die beschriebenen Suppressor-Systeme entwickelt. Im Prinzip lassen sich jedoch fast sämtliche aus der Flüssigchromatographie bekannten Detektoren auch in der IC einsetzen. Die amperometrische Detektion von Analyten, die sich leicht oxidieren oder reduzieren lassen, ist ebenso möglich wie die Anwendung der universellen Brechungsindex-Detektion. Auch spektroskopische Detektionsmethoden können eingesetzt werden. Einige der anorganischen Ionen wie beispielsweise Bromid, Iodid, Nitrat und Nitrit absorbieren im Bereich zwischen 200 und 240 nm. Sie lassen sich somit durch direkte UV-Detektion erfassen. Nicht UV-aktive Substanzen werden dagegen entweder direkt durch eine Nachsäulen-Derivatisierung oder ohne Derivatisierung indirekt bestimmt. In diesem Fall wird dem Elutionsmittel kontinuierlich eine UV-absorbierende Verbindung zugemischt. Die Fluoreszenz-Detektion bestimmter Substanzen ist analog zur UV-Detektion nach Derivatisierung direkt oder aber indirekt möglich.

### *h. Anwendungsbeispiele*

Die Ionenaustauschchromatographie wird, wie eingangs bereits erwähnt, überwiegend in der Anionen- und Kationenanalytik verwendet. Eines der wichtigsten Einsatzgebiete ist sicherlich die Analyse verschiedenster Wasserproben (z. B. Grundwasser, Oberflächenwasser, Trinkwasser und Mineralwasser). In Tabelle 6.15 sind einige der anorganischen Analyten zusammengefasst. Neben anorganischen Spezies lassen sich mithilfe der Ionenaustauschchromatographie jedoch auch organische Verbindungen erfassen. Tabelle 6.16 gibt einen kurzen Überblick der Substanzklassen und einiger ihrer Vertreter.

**Tabelle 6.15** Anorganische Analyten in der Ionenaustauschchromatographie.

| | |
|---|---|
| Halogenide | $F^-$, $Cl^-$, $Br^-$, $I^-$ |
| sauerstoffhaltige Halogenide | $OCl^-$, $ClO_2^-$, $ClO_3^-$, $ClO_4^-$, $BrO_3^-$, $IO_3^-$ |
| Schwefelverbindungen | $S^{2-}$, $SO_3^{2-}$, $SO_4^{2-}$, $S_2O_3^{2-}$, $SCN^-$ |
| Stickstoffverbindungen | $CN^-$, $OCN^-$, $NO_2^-$, $NO_3^-$, $N_3^-$ |
| Phosphorverbindungen | $PO_2^{3-}$, $PO_3^{3-}$, $PO_4^{3-}$, $P_2O_7^{4-}$ |
| Bor- und Siliciumverbindungen | $BF_4^-$, $SiO_3^{2-}$, $SiF_6^{2-}$ |
| sonstige Anionen | $AsO_2^-$, $AsO_4^{3-}$, $CrO_4^{2-}$ |
| Alkalimetalle | $Li^+$, $Na^+$, $K^+$, $Rb^+$, $Cs^+$ |
| Erdalkalimetalle | $Mg^{2+}$, $Ca^{2+}$, $Sr^{2+}$, $Ba^{2+}$ |
| sonstige Kationen | $NH_4^+$<br>Übergangs- und Schwermetalle (nach Komplexierung) |

Wie Tabelle 6.16 zeigt, können verschiedenste Carbonsäuren mit der Ionenaustauschchromatographie getrennt werden. Lediglich der pH-Wert des Eluenten muss derart gewählt werden, dass die Säuren vollständig deprotoniert vorliegen. Eine interessante Anwendung ist die Analyse der Phenoxycarbonsäuren, einer bedeutenden Klasse von Herbiziden. Ebenfalls möglich ist die Trennung von Kohlenhydraten, da auch diese in stark alkalischem Milieu deprotoniert vorliegen. Auf diese Weise lassen sich Monosaccharide wie Glucose, Fructose und Lactose innerhalb von nur 10 min bestimmen. Im Be-

**Tabelle 6.16** Organische Analyten in der Ionenaustauschchromatographie.

| | |
|---|---|
| aliphatische Monocarbonsäuren* | Ameisensäure, Essigsäure |
| aliphatische Dicarbonsäuren* | Bernsteinsäure, Äpfelsäure, Maleinsäure, Fumarsäure, Weinsäure, Oxalsäure |
| aromatische Monocarbonsäuren* | Benzoesäure, Mandelsäure, Hippursäure |
| Phenoxycarbonsäuren* | 2,4-Dichlorphenoxyessigsäure (2,4-D), 2,4,5-Trichlorphenoxyessigsäure (2,4,5-T) |
| Kohlenhydrate in stark alkalischer Lösung* | Glucose, Fructose, Lactose |
| Amine in saurer Lösung** | Ethylamin, Diethylamin, Triethylamin |

*deprotoniert, **protoniert

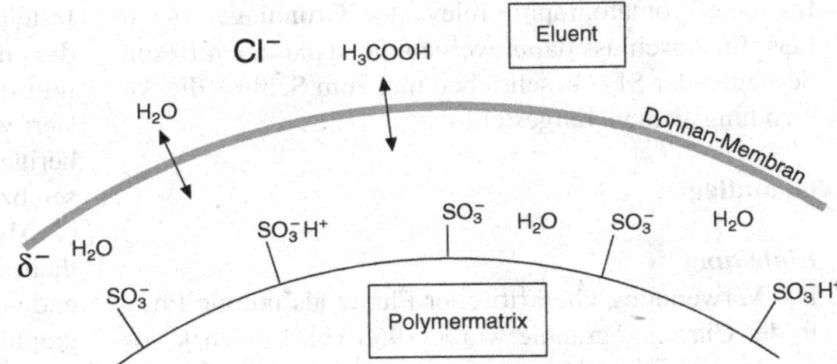


**6.33** Prinzip des Ionenausschluss.

reich der Kationenanalytik sind beispielsweise Amine zu nennen, die in saurer Lösung leicht protoniert werden.

**Ionenausschlusschromatographie**

***a. Prinzip der Ionenausschlusschromatographie***

Mit Hilfe der Ionenausschlusschromatographie werden in erster Linie sowohl anorganische als auch organische schwache Säuren analysiert. Ihre Trennung wird durch den so genannten Donnan-Ausschluss, durch Adsorption und eventuell durch sterischen Ausschluss bestimmt.

Die zur Ionenausschlusschromatographie verwendeten stationären Phasen sind in der Regel sulfonierte Kationenaustauscher auf der Basis von Polystyren-Divinylbenzen-Copolymeren. Diese Trägersubstanz, also das Polymer, besitzt einen unpolaren Charakter. An der Oberfläche des Polymers befinden sich jedoch polare funktionelle Gruppen. Strömt nun ein wässriger Eluent an der stationären Phase vorbei, so werden diese Sulfonsäure-Gruppen von einer Hydrathülle umgeben und liegen teilweise dissoziiert vor. Daraus resultiert eine partiell negative Ladung. Abb. 6.32 zeigt einen solchen Kationenaustauscher in wässriger Lösung. Die bereits erwähnte negative Überschussladung an der Oberfläche der stationären Phase wird im Allgemeinen durch eine gedachte, so genannte Donnan-Membran symbolisiert. Sie stellt eine Barriere für Anionen dar, jedoch nicht für ungeladene Moleküle wie Wasser oder für Kationen. Dieses Phänomen wird auch als Donnan-Ausschluss bezeichnet. Starke Säuren wie beispielsweise Salzsäure, die vollständig dissoziiert vorliegen, sind nicht in der Lage, in die Poren des Austauscher-Harzes vorzudringen und werden damit vollkommen ausgeschlossen. Schwache Säuren wie etwa Essigsäure können jedoch in ihrer undissoziierten Form bis zur Oberfläche des Austauschers gelangen. Da diese unpolar ist, werden sie durch Adsorptions-Wechselwirkungen mit der stationären Phase retardiert. Auf diese Weise lassen sich schwache Säuren unter Ausnutzung des Donnan-Effektes und ihrer unterschiedlichen Affinitäten zur unpolaren Oberfläche des Austauscher-Harzes trennen.

Ein weiterer Trennmechanismus, der in der Ionenausschlusschromatographie zum Teil eine Rolle spielt, ist der sterische Ausschluss. Da das Trägermaterial porös ist, können einige Analyten auch aufgrund ihrer Größe ausgeschlossen werden und eluieren früher als kleinere Moleküle, die in die Poren des Austauscherharzes eindringen können und somit retardiert werden.

Das verwendete Elutionsmittel für diese Variante der Ionenchromatographie ist im einfachsten Fall reines Wasser. Gebräuchlicher sind jedoch Salz- oder Schwefelsäure.

***b. Anwendungsbeispiele***

Wie bereits ausgeführt, wird die Ionenausschlusschromatographie für die Analyse schwacher, vor allem organischer Säuren eingesetzt. Auch die Trennung von Alkoholen, Aldehyden und Aminosäuren ist jedoch prinzipiell möglich. In Tabelle 6.17 sind einige Analyten zusammenstellt.

**Tabelle 6.17** Analyten in der Ionenausschlusschromatographie.

| | |
|---|---|
| organische Säuren | Ameisensäure, Essigsäure, Propionsäure, Zitronensäure, Oxalsäure, Buttersäure |
| aliphatische Alkohole | Methanol, Ethanol, Propanol, Ethylenglykol, Glycerin |

## 6.2.5 Überkritische Fluidchromatographie (SFC)

Die Überkritische Fluidchromatographie (engl. *supercritical fluid chromatography*, SFC) ist eine chromatographische Technik, in der überkritische Fluide als mobile Phase verwendet werden. Da das Phänomen des überkritischen Zustands bereits in Abschnitt 3.7 ausführlich behandelt wurde, werden im folgenden Abschnitt nur die für die Chromatographie relevanten Grundlagen diskutiert. Im Anschluss daran werden die apparativen Besonderheiten der SFC beschrieben und zum Schluss die Anwendungsgebiete dargestellt.

## Grundlagen

### *Einleitung*

Die Verwendung überkritischer Fluide als mobile Phase in der Chromatographie wurde 1958 von Lovelock vorgeschlagen. Diese Idee griffen u. a. Klesper, Corwin und Turner auf, die 1962 die erste chromatographische Trennung veröffentlichten. Ebenfalls in den sechziger Jahren wurde der heute gebräuchliche Begriff *Überkritische Fluidchromatographie* geprägt. Die ersten kommerziell erhältlichen SFC-Systeme für gepackte Säulen (Hewlett Packard) und Kapillarsäulen (Lee-Scientific) wurden 1982 bzw. 1986 auf den Markt gebracht.

### *Physikalisch-chemische Eigenschaften überkritischer Fluide*

In diesem Abschnitt soll lediglich auf die in der Chromatographie bedeutsamen Größen Dichte, Viskosität und Diffusion näher eingegangen werden. Hier ist es sinnvoll, Vergleiche zwischen Gasen, Flüssigkeiten und überkritischen Fluiden anzustellen. Aus diesem Grund zeigt Tabelle 6.18 die jeweilige Größenordnung dieser Parameter.

Der Tabelle ist zu entnehmen, dass sowohl die Dichte als auch die Viskosität und die Diffusionskoeffizienten überkritischer Fluide zwischen denen von Gasen und Flüssigkeiten liegen.

Überkritische Fluide besitzen eine erheblich größere Dichte als Gase, die durchaus flüssigkeitsähnliche Werte annehmen kann. Wie bereits in Abschnitt 3.7 erwähnt wurde, ist das Lösevermögen überkritischer Fluide für verschiedene Analyten eng mit der Dichte verknüpft. Somit können mit überkritischen Fluiden zum Teil ähnliche Löseeigenschaften erzielt werden wie mit flüssigen Lösungsmitteln. Im Gegensatz dazu besitzen Gase aufgrund ihrer geringen Dichte keinerlei Lösevermögen für feste oder flüssige Substanzen. Dies wiederum bedeutet, dass mithilfe der Gaschromatographie (s. Abschnitt 6.3) im Allgemeinen lediglich solche Verbindungen analysiert werden können, die sich unzersetzt (evtl. nach vorheriger Derivatisierung) in die Gasphase überführen lassen bzw. einen hinreichend großen Dampfdruck besitzen (s. Abschnitt 6.3). Analyten, für die dies aufgrund ihrer thermischen Instabilität, ihres hohen Molekulargewichts und/oder ihrer Polarität nicht gilt, müssen zur chromatographischen Trennung in einem Elutionsmittel gelöst werden. Dies kann eine Flüssigkeit wie in der HPLC (s. Abschnitt 6.2.3) sein, aber auch ein überkritisches Fluid. Das Spektrum an Substanzen, das mithilfe der SFC erfasst werden kann, ist damit ähnlich groß wie das der Flüssigchromatographie.

Die Diffusionskoeffizienten in überkritischen Fluiden sind zwar deutlich kleiner als die in Gasen, aber immer noch größer als die in Flüssigkeiten. Dies beeinflusst den chromatographischen Prozess wie folgt: Die Analyten diffundieren von der mobilen Phase zur stationären Phase der Säule und umgekehrt. Auf diese Weise wird sich ein thermodynamisches Verteilungsgleichgewicht zwischen den beiden Phasen einstellen, sofern hierzu genügend Zeit zur Verfügung steht. Dabei ist die Geschwindigkeit der Gleichgewichtseinstellung von der Größe der Diffusionskoeffizienten in der jeweiligen mobilen Phase abhängig. Verglichen mit der Flüssigchromatographie (kleine Diffusionskoeffizienten) verläuft die Gleichgewichtseinstellung damit in der SFC schneller. Im Vergleich zur Gaschromatographie (große Diffusionskoeffizienten) dagegen benötigt sie in der Überkritischen Fluidchromatographie mehr Zeit. Da nun bei jeder chromatographischen Technik die Bewegung der mobilen Phase der Gleichgewichtseinstellung entgegenwirkt, lassen sich aus dem bereits Gesagten folgende Schlüsse ziehen: Die Lineargeschwindigkeit der mobilen Phase kann in der GC relativ hoch gewählt werden, da sich das Verteilungsgleichgewicht zwischen den beiden Phasen aufgrund der hohen Diffusionskoeffizienten der Analyten sehr schnell einstellt. In der SFC dagegen verläuft die Gleichgewichtseinstellung langsamer, sodass

**6.18** Physikalische Daten von Gasen, überkritischen Fluiden und Flüssigkeiten.

| Zustand | Dichte $\rho$ [g/mL] | Viskosität $\eta$ [g/cm · s] | Diffusionskoeffizient $D$ [cm²/s] |
|---|---|---|---|
| gasförmig | $\sim 10^{-3}$ | $0{,}5 \cdot 10^{-4}$– $3{,}5 \cdot 10^{-4}$ | 0,01–1,0 |
| überkritisch | 0,2–1 | $0{,}2 \cdot 10^{-3}$– $1 \cdot 10^{-3}$ | $0{,}1 \cdot 10^{-4}$– $3{,}3 \cdot 10^{-4}$ |
| flüssig | 0,8–1 | $0{,}3 \cdot 10^{-2}$– $2{,}4 \cdot 10^{-2}$ | $0{,}5 \cdot 10^{-5}$–$2{,}0 \cdot 10^{-5}$ |

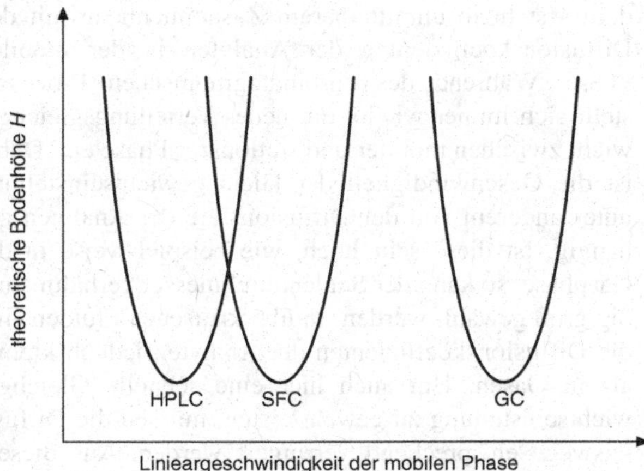


**6.34** Van-Deemter-Kurven (schematische Darstellung).

auch die Lineargeschwindigkeit geringer sein muss. Weiterhin erfordern die noch geringeren Diffusionskoeffizienten in Flüssigkeiten eine weitere Absenkung der Lineargeschwindigkeit für die HPLC. Einen qualitativen Vergleich zwischen den optimalen Lineargeschwindigkeiten in der HPLC, der SFC und der GC gibt Abbildung 6.34. Da sich die Geschwindigkeit, mit der sich die Analyten durch die Säule bewegen, unmittelbar auf die Analysendauer auswirkt, können vergleichbare Trennleistungen in der Gaschromatographie in deutlich kürzerer Zeit erzielt werden als in der Flüssigchromatographie. Die Überkritische Fluidchromatographie nimmt auch hier eine Zwischenstellung ein.

Die Viskosität überkritischer Fluide ähnelt der von Gasen und ist deutlich geringer als die von Flüssigkeiten. Daraus resultiert für den chromatographischen Einsatz ein günstiges Strömungsverhalten. Der Druckabfall entlang einer Trennsäule ist bei Verwendung überkritischer Fluide weniger ausgeprägt als bei Flüssigkeiten, sodass im Vergleich zur HPLC höhere Flussgeschwindigkeiten möglich sind.

## Apparatives

### *Aufbau eines SFC-Systems*

Wie bereits der vorhergehende Abschnitt zeigt, nimmt die Überkritische Fluidchromatographie in vielerlei Hinsicht eine Zwischenstellung zwischen der Flüssigchromatographie und der Gaschromatographie ein. Der apparative Aufbau (s. Abb. 6.35) ähnelt den schon bekannten chromatographischen Systemen.

Einem Druckbehälter wird die mobile Phase entnommen, die in einer Pumpe komprimiert wird. Mit Hilfe von Edelstahl-Kapillaren gelangt das Fluid in die Trenn-

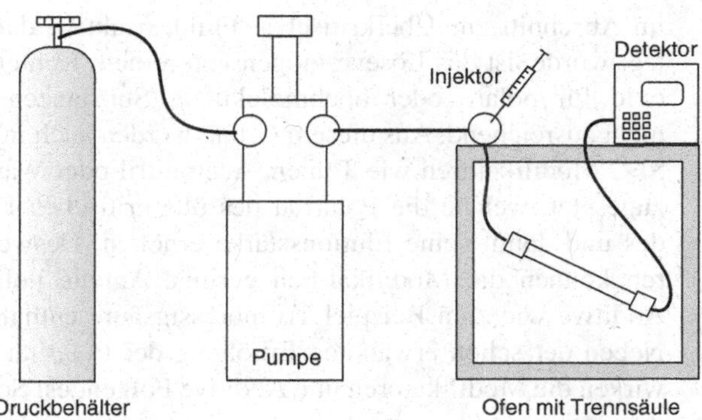


**6.35** Schematische Darstellung eines SFC-Systems.

säule, welche sich in einem Ofen befindet. Dieser ähnelt in der Regel einem GC-Ofen. Der Injektor in der Überkritischen Fluidchromatographie muss eine Injektion unter hohem Druck ermöglichen und ist daher typischen HPLC-Injektoren vergleichbar. Am Ausgang der Trennsäule befindet sich der so genannte Restriktor, der in der obigen Abbildung nicht mit dargestellt ist. Seine Funktion ist es, den erforderlichen Druck in der Säule aufrechtzuerhalten und anschließend kontrolliert abzubauen. Zum qualitativen und quantitativen Nachweis der Analyten dient ein Detektor. SFC-Trennungen werden im Allgemeinen in einem Druckbereich von 10–40 MPa und einem Temperaturbereich von 30–200 °C durchgeführt. Die einzelnen Komponenten eines SFC-Systems werden im Folgenden detaillierter beschrieben.

Ähnlich wie bei anderen chromatographischen Techniken kann auch in der Überkritischen Fluidchromatographie eine Gradientenprogrammierung durchgeführt werden. Mit Hilfe einer solchen Gradientenprogrammierung wird die Elutionskraft der mobilen Phase stetig erhöht, um die Retentionszeiten der spät eluierenden Komponenten zu erniedrigen. Möglich sind Temperaturgradienten wie in der Gaschromatographie und Änderungen der Elutionsmittelzusammensetzung wie in der Flüssigchromatographie. Eine zusätzliche bedeutende Alternative sind Druck- und Dichtegradienten. Auf diese Weise ist es möglich, auch Substanzen mit sehr unterschiedlichem Molekulargewicht während eines chromatographischen Laufes in einer akzeptablen Analysenzeit zu bestimmen.

### *Mobile Phase*

Für die SFC wird in den meisten Fällen Kohlendioxid als mobile Phase eingesetzt. Die Verwendung anderer überkritischer Fluide wie Distickstoffmonoxid, Xenon, Schwefelhexafluorid, Ammoniak, aliphatischen Kohlenwasserstoffen oder Fluorchlorkohlenwasserstoffen ist in der Literatur jedoch ebenfalls beschrieben. Wie bereits im Abschnitt zur Überkritischen Fluidextraktion dargelegt wurde, ist das Lösevermögen von reinem Kohlendioxid für polare oder hochmolekulare Substanzen oft nicht ausreichend. Aus diesem Grund werden auch in der SFC Modifikatoren wie Toluen, Acetonitril oder Wasser zugesetzt, welche die Polarität des überkritischen Fluides und damit seine Elutionsstärke erhöhen. Desweiteren können die Modifikatoren geringe Anteile polarer Additive wie zum Beispiel Trifluoressigsäure enthalten. Neben der schon erwähnten Erhöhung der Polarität bewirken die Modifikatoren und Additive Folgendes: Sollte die stationäre Phase noch unerwünschte aktive Adsorptionsstellen besitzen, in der Regel sind dies Restsilanolgruppen, so können sie durch die Bestandteile der mobilen Phase abgesättigt werden. Auf diese Weise wird das so genannte „Tailing", das vorzugsweise bei polaren Analyten auftritt, unterdrückt (zum Begriff des Tailings siehe auch Abschnitt 6.1.6). Die Zumischung der Modifikatoren zum Fluid erfolgt in der Regel mithilfe einer zweiten Pumpe.

***Trennsäule***

Die schon angesprochene Zwischenstellung der Überkritischen Fluidchromatographie spiegelt sich vor allem in der Wahl der Trennsäulen wieder. Während in der GC überwiegend Kapillarsäulen und in der HPLC ausschließlich gepackte Säulen verwendet werden, sind in der SFC beide Säulentypen gebräuchlich. Dabei besitzen die Kapillarsäulen etwa eine Länge von 5–25 Metern mit einem Innendurchmesser von 25–100 µm, womit sie sowohl kürzer als auch dünner als herkömmliche GC-Säulen sind. Dies liegt in den physikalischen Eigenschaften überkritischer Fluide begründet. Aufgrund ihrer höheren Viskosität, verglichen mit der von Gasen, ist der Druckabfall entlang einer Säule größer, was deren Länge begrenzt. Der Innendurchmesser einer Trennsäule wiederum steht in unmittelbarem Zusammenhang mit den Diffusionskoeffizienten der Analyten in der mobilen Phase. Während des chromatographischen Prozesses stellt sich immer wieder ein neues Verteilungsgleichgewicht zwischen mobiler und stationärer Phase ein. Dabei ist die Geschwindigkeit der Gleichgewichtseinstellung unter anderem von der Diffusionsrate der Analyten abhängig. Ist diese sehr hoch, wie beispielsweise in der Gasphase, so kann der Säulendurchmesser verhältnismäßig groß gewählt werden. In überkritischen Fluiden sind die Diffusionskoeffizienten der Analyten jedoch kleiner als in Gasen. Um auch hier eine schnelle Gleichgewichtseinstellung zu gewährleisten, müssen die Diffusionswege entsprechend verringert werden. Aus diesem Grund besitzen SFC-Kapillarsäulen geringere Innendurchmesser als GC-Kapillarsäulen. Die Bedeutung der Diffusionskoeffizienten für den chromatographischen Prozess wurde bereits in den vorangegangenen Abschnitten besprochen. Die in der Kapillar-SFC verwendeten stationären Phasen stammen aus der Gaschromatographie. Dementsprechend vielfältig ist auch die Auswahl an Materialien mit verschiedener Polarität und unterschiedlichen Trenneigenschaften. Es muss lediglich beachtet werden, dass die stationäre Phase ausreichend quervernetzt ist, um ein Auswaschen durch die mobile Phase zu verhindern.

Die ebenfalls in der Überkritischen Fluidchromatographie eingesetzten gepackten Säulen gleichen denen der Flüssigchromatographie. Es werden typische HPLC-Säulen mit 4,6 mm Innendurchmesser und 25 cm Länge verwendet, aber auch häufig solche mit einem kleineren Durchmesser von beispielsweise einem Millimeter. Ebenfalls gebräuchlich sind so genannte gepackte Kapillarsäulen, die meist einen Innendurchmesser von 320 µm besitzen. Als Füllmaterial für gepackte Säulen werden in den meisten Fällen die aus der Flüssigchromatographie

**Tabelle 6.19** Gebräuchliche Säulentypen in der SFC.

| | offene Kapillarsäulen | gepackte Kapillarsäulen | gepackte Säulen |
|---|---|---|---|
| Innendurchmesser | 50–100 µm | 320 µm | 1 mm (Microbore-Säulen) bis 4,6 mm |
| Länge | 10–25 m | 10 cm–1 m | 5–25 cm |
| stationäre Phase | Beschichtung der inneren Kapillarwand (kovalent angebunden) | in der Regel Kieselgelpartikel (3-10 µm), deren Oberfläche meist chemisch modifiziert ist | |
| übliche Injektionsvolumina | nL-Bereich (aufwendige Injektionstechniken erforderlich) | nL – 0,5 µL | 0,5-1 µL (für Microbore-Säulen) bis 20 µL (für 4,6 mm-Säulen) |
| Fluss (gemessen im gasförmigen Zustand) | < 1 mL/min | < 10 mL/min | < 100 mL/min |
| Handhabbarkeit | kompliziert | einfacher als bei offenen Kapillarsäulen | unproblematisch |

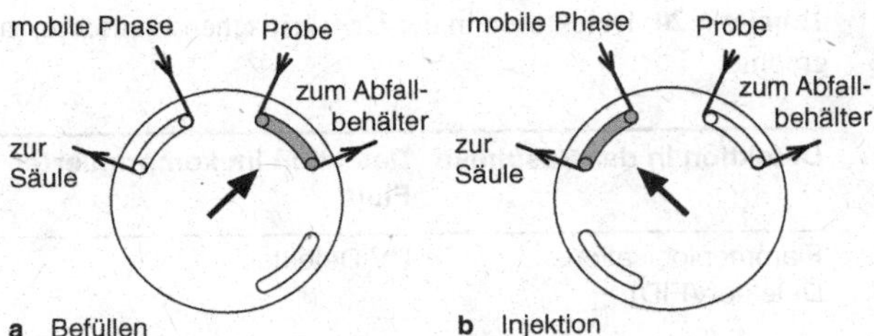


**6.36** Injektor für die Überkritische Fluidchromatographie.

bekannten modifizierten Kieselgele verwendet. Häufig sind dies Octadecylsilan-Phasen, die auch als C18-Phasen bekannt sind. Tabelle 6.19 gibt eine Übersicht der in der Überkritischen Fluidchromatographie verwendeten Säulentypen.

***Injektor***

Wie bereits angesprochen, findet die Injektion in der Überkritischen Fluidchromatographie gegen einen erhöhten Druck statt. Das Injektionssystem ist daher ähnlich wie das der Flüssigchromatographie. Unterschiede resultieren lediglich aus den zu injizierenden Volumina, die von der Beladungskapazität der Säule abhängen. Die Beladungskapazität wiederum wird im Wesentlichen durch das Volumen der stationären Phase und damit unter anderem vom Säulentyp bestimmt.

Typische HPLC-Injektionsvolumina liegen zwischen 5 und 25 μL, während in der SFC im Allgemeinen deutlich weniger injiziert wird (siehe auch Tabelle 6.19). Lediglich bei Verwendung gepackter Säulen mit großem Innendurchmesser (4,6 mm) können die aus der Flüssigchromatographie bekannten 6-Wege-Ventile mit Probenschleifen eingesetzt werden. In den meisten Fällen werden diese jedoch durch Injektoren ersetzt, die mit internen Probenschleifen ausgestattet sind (Abb. 6.36). Die hierzu verwendeten Rotoren besitzen kleine Aussparungen von 0,1 bis 1 μL, sodass auch derart kleine Volumina reproduzierbar injiziert werden können. Damit sind sie für gepackte Kapillarsäulen und gepackte Säulen mit kleinem Innendurchmesser geeignet.

Bei Verwendung von Kapillarsäulen sind dagegen Injektionstechniken nötig, bei denen nur einen Teil des Probenschleifeninhalts (nL-Bereich) auf die Säule gelangt. Dies lässt sich mit verschiedenen *Split*-Injektionstechniken erreichen. Verwendet man die *timed-split*-Injektion, so wird die Probenschleife während einiger Millisekunden in den Strom der mobilen Phase und wieder heraus geschaltet. Bei der *dynamic-split*-Injektion dagegen, die der Gaschromatographie entlehnt ist, gelangt permanent nur ein Teil der mobilen Phase und damit auch der Probe auf die Trennsäule.

Zusätzlich zu den genannten Injektoren werden zum Teil auch solche benutzt, die es erlauben, vor der eigentlichen Injektion das die Analyten enthaltende Lösungsmittel zu entfernen. Der Vorteil dieser Methode besteht darin, dass das Injektionsvolumen gegenüber einer direkten Injektion deutlich erhöht wird. Im letzteren Fall ist das maximale Volumen der Probe häufig dadurch begrenzt, dass das Lösungsmittel einige Zeit benötigt, um vollständig von der mobilen Phase gelöst zu werden. Infolgedessen wird am Anfang der Trennsäule ein Teil der Analyten vom Lösungsmittel mitgeführt, ohne dabei mit der stationären Phase in Wechselwirkung zu treten. Ein anderer Teil wird dagegen unmittelbar nach der Injektion von der mobilen Phase gelöst und somit auch an der stationären Phase retardiert. Aufgrund dieser Vorgänge ist die Peakform bei der Injektion großer Lösungsmittelmengen häufig nicht mehr akzeptabel, es tritt eine sehr starke Peakverbreiterung oder aber das so genannte *Peak-Splitting* auf. Dabei eluiert ein einzelner Analyt in Form eines Doppelpeaks, sodass eine Auswertung der Chromatogramme nicht mehr möglich ist. Dieses Phänomen ist auch aus der Flüssigchromatographie bekannt. Bei der bereits angesprochenen Nutzung eines Festphasen-Injektors werden die beschriebenen Probleme umgangen, indem das Lösungsmittel vor der eigentlichen Injektion entfernt wird. Somit lassen sich auch sehr gering konzentrierte Lösungen noch chromatographisch erfassen.

Eine weitere Injektionstechnik ist die direkte Kopplung, auch *on-line*-Kopplung genannt, von Überkritischer Fluidextraktion und Überkritischer Fluidchromatographie. Diese Methode ist insbesondere für die Spurenanalyse von Vorteil, da einerseits alle extrahierten Probenkomponenten quantitativ in das chromatographische System überführt werden und andererseits keine Kontamination des Extraktes durch zusätzliche Arbeitsschritte erfolgen kann.

***Restriktor***

Mit Hilfe des Restriktors wird der erforderliche Druck in der Säule aufrechterhalten und kontrolliert abgebaut. Es lassen sich zwei Gruppen von Restriktor-Typen unterscheiden. Zum einen können so genannte starre Restriktoren verwendet werden, mit denen der Fluss nicht reguliert werden kann. Hier wird der Fluss durch die vorliegenden Bedingungen (Druck und Temperatur) des überkritischen Fluids und die Form und die Größe des jeweiligen Restriktor-Typs bestimmt. Einige der gebräuchlichsten Restriktoren, hergestellt aus dünnen Quarzglas-Kapillaren mit stabilisierender Polyimid-Beschichtung, sind in Abb. 6.37 dargestellt. Lineare Restriktoren (Abb. 6.37a) bestehen aus einem mehrere Zentimeter langen Stück einer Quarzglas-Kapillare mit kleinem Innendurchmesser (5–25 µm). Die in Abb. 6.37b abgebildeten, sich am Ende verjüngenden Restriktoren werden durch Ausziehen der erhitzten Kapillare hergestellt. Weiterhin ist es möglich, das Ende der Quarzglaskapillare zuzuschmelzen und anschließend wieder vorsichtig aufzufeilen (siehe Abb. 6.37c). Als letztes seien noch die „Frit"-Restriktoren erwähnt (Abb. 6.37d). Hier befindet sich am Kapillarende eine feinporige Glasfritte, durch die das Fluid auf Atmosphärendruck entspannt wird.

Die beschriebenen starren Restriktoren haben den Nachteil, dass der Elutionsmittelfluss nur unter isokratischen Bedingungen konstant ist. Wird beispielsweise der Druck während eines chromatographischen Laufes erhöht, so nimmt auch der Fluss zu. Somit wurde eine zweite Gruppe von Restriktoren entwickelt, die so genannten variablen Restriktoren. Diese besitzen den entscheidenden Vorteil, dass der Fluss unabhängig von den anderen Bedingungen eingestellt werden kann. Auf diese Weise ist zusätzlich eine Flussprogrammierung möglich. Problematisch ist jedoch die exakte Regulierung sehr kleiner Flüsse, wie sie bei Verwendung von Kapillarsäulen auftreten. Aus diesem Grund werden die variablen Restriktoren zum jetzigen Zeitpunkt vor allem für gepackte Säulen eingesetzt. Für Kapillarsäulen und gepackte Kapillarsäulen dagegen werden überwiegend starre Restriktoren verwendet.

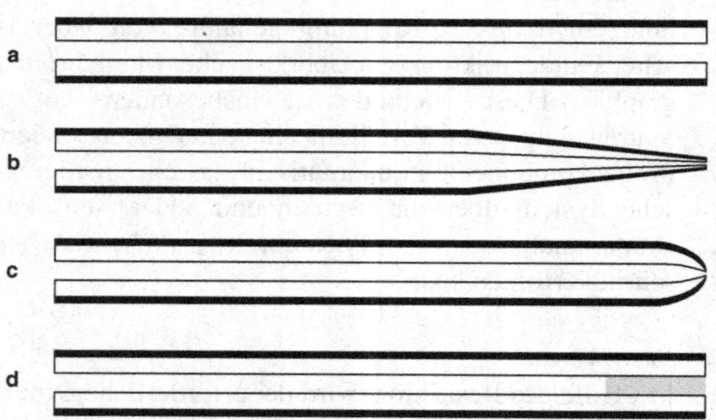


**6.37** Gebräuchliche Restriktor-Typen, hergestellt aus dünnen Quarzglas-Kapillaren (die umgebende Polyimid-Beschichtung ist schwarz dargestellt); nähere Erläuterungen siehe Text.

### *Detektoren*

In der Überkritischen Fluidchromatographie lassen sich sowohl GC- als auch HPLC-typische Detektoren einsetzen. Dabei sind zwei prinzipielle Unterscheidungen zu machen, die den Aggregatzustand der mobilen Phase betreffen. Zum einen kann die Detektion in der Gasphase erfolgen, also nach der Entspannung des Fluids durch den Restriktor, und zum anderen kann die Detektion vor dem Restriktor und damit noch in der kondensierten Phase durchgeführt werden. Einige der häufiger verwendeten Detektoren sind in Tabelle 6.20 aufgeführt. Bei der Wahl des geeigneten Detektors ist unbedingt die Kompatibilität mit dem jeweiligen Elutionsmittel zu beachten.

**Tabelle 6.20** Detektoren in der Überkritischen Fluidchromatographie.

| Detektion in der Gasphase | Detektion im komprimierten Fluid |
|---|---|
| Flammenionisations-Detektor (FID) | UV-Detektor |
| Flammenphotometrischer Detektor (FPD) | Diodenarray-Detektor |
| Elektroneneinfang-Detektor (ECD) | Fluoreszenz-Detektor |
| Massenselektiver Detektor (MSD) | |

### *Anwendungen*

Die Überkritische Fluidchromatographie wird beispielsweise eingesetzt, um den Aromaten-Gehalt von Dieselkraftstoffen zu bestimmen. Im Rahmen dieser, von der „American Society for Testing and Materials" genormten Methode, werden gepackte Kieselgelsäulen, reines Kohlendioxid als Elutionsmittel und ein Flammenionisations-Detektor verwendet. Ein weiteres wichtiges Anwendungsfeld der SFC ist die Polymer-Analytik. Gegenüber der gaschromatographischen Analyse kann der Bereich der hochmolekularen Substanzen deutlich erweitert werden. Dabei liefert die Überkritische Fluidchromatographie deutlich bessere Trennleistungen als die Flüssigchromatographie oder die Größenausschlusschromatographie. Auch Enantiomeren-Trennungen mithilfe chiraler stationärer Phasen lassen sich oft effektiver durchführen als in der GC oder der HPLC. Weiterhin wird die SFC häufig für pharmazeutische Anwendungen eingesetzt.

Ganz allgemein kann die Überkritische Fluidchromatographie als eine mögliche Alternative zur Normalphasen-Flüssigchromatographie (NP-HPLC) angesehen werden. Die HPLC unter Verwendung von Kieselgel als stationärer Phase und organischer Eluenten ist insofern problematisch, als das der Wassergehalt der mobilen Phase exakt eingestellt werden muss, um reproduzierbare Trennungen zu erhalten. Dies entfällt selbstverständlich in der SFC, sodass Analysen unter Verwendung von Normalphasen hier sehr viel einfacher und reproduzierbarer durchzuführen sind.

## 6.2.6 Trennung im elektrischen Feld: (Kapillar)-Elektrophorese

**Einleitung**

Wird an eine wässrige Lösung, die Ionen, geladene Moleküle oder geladene Partikel enthält, ein elektrisches Feld angelegt, bewegen sich geladene Moleküle und Partikel jeweils in die Richtung der Elektrode mit entgegengesetztem Vorzeichen. Dabei bewegen sich die verschiedenartigen Ionen, Moleküle und Partikel eines Substanzgemisches aufgrund unterschiedlicher Ladungen und Massen (Größen) mit unterschiedlicher Geschwindigkeit und werden in einzelne Fraktionen aufgetrennt. Dieser als Elektrophorese bezeichnete Vorgang kann zur Trennung von Ionen aufgrund unterschiedlicher Ionenbeweglichkeiten in der betreffenden Elektrolytlösung genutzt werden. Die Richtung, in der ein Ion wandert, wird von seiner Ladung, die Wanderungsgeschwindigkeit sowohl von der Ladung als auch von der Größe des Ions bestimmt. Gleich große Ionen haben unterschiedliche Mobilitäten, wenn ihre Ladung verschieden ist. Ionen gleicher Ladung haben unterschiedliche Mobilitäten, wenn ihre Größe und damit verbunden der Reibungswiderstand zwischen ihnen und den Solvensmolekülen verschieden ist.

Der schwedische Biochemiker und spätere Nobelpreisträger Arne Tiselius entwickelte 1930, aufbauend auf Arbeiten von Picton und Linde aus dem Jahre 1892 die Elektrophorese in freier Lösung oder auch trägerfreie Elektrophorese. In einem mit Puffer gefüllten U-förmigen Glasrohr, in dessen Enden Elektroden eingebaut sind, wird die Probe, z. B. ein Proteingemisch, eingebracht und mit einer wässrigen Elektrolytlösung überschichtet. Unter dem Einfluss des elektrischen Feldes wandern die Probenkomponenten je nach Ladungszahl und Ladungsrichtung unterschiedlich schnell in Richtung Anode oder Kathode. Werden farbige Substanzen untersucht, sind diese als wandernde „Grenzschichten" oder Banden zu erkennen. Hieraus ist die Bezeichnung „Wandernde Grenzschichten-Elektrophorese" entstanden (Abb. 6.38).

Der schwerwiegendste Nachteil dieser Technik ist, dass es bedingt durch den Abtransport der Joule'schen-Wärme aus dem Elektrolytinneren zur Oberfläche, zur thermischen Konvektion des Elektrolyten kommt. Hierdurch werden bereits getrennte Banden verzerrt. Die Joule'sche-Wärme entsteht durch die Ionenbewegung, wobei molekulare Reibungsenergie in Form von Wärme freigesetzt wird. Im Elektrolyten bildet sich dadurch zwischen der Grenzfläche zur U-Rohrwand und dem Lösungsinneren ein Temperaturgradient aus, da die Wärme nur durch die Oberfläche an die Umgebung abgegeben wird. Hieraus resultieren unkontrollierbare Konvektions-

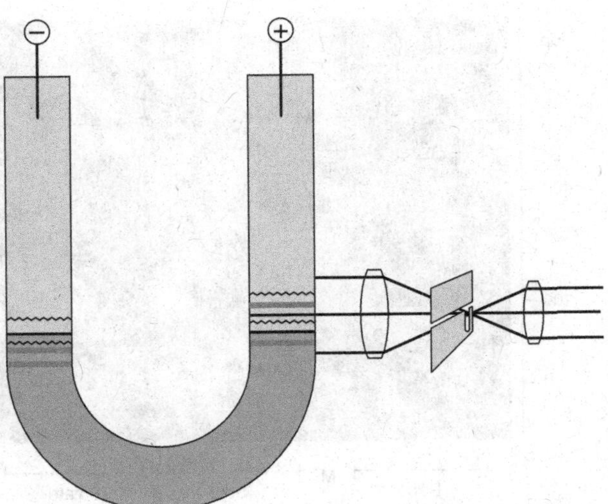


**6.38** Wandernde Grenzschichten-Elektrophorese im U-Rohr nach Tiselius.

strömungen, die zu einer Vermischung bereits getrennter Ionen oder zu einer Verzerrung der Trennzonen führen. Der Durchbruch als analytische Trennmethode erfolgte erst als es gelang, diese Störungen durch Verwendung von stabilisierenden Gelen, die auf Glasplatten gegossen wurden, oder durch puffergetränkte Papierstreifen einzuschränken bzw. ganz auszuschalten. Diese stabilisierenden Medien oder Träger verringern die thermische Konvektion des Elektrolyten und damit die Verzerrung der getrennten Zonen. Dadurch konnte die Elektrophorese zur Trennung von komplexeren Substanzgemischen verwendet werden. Die Gelelektrophorese (siehe auch Kapillar-Gelelektrophorese) auf Glasplatten oder Trägerfolien entwickelte sich in den folgenden Jahrzehnten zur verbreitetsten analytischen Methode in der Biochemie. Sie stellt ein einzigartiges Werkzeug für die Trennung von Proteinen und Nukleinsäuren sowie zur DNA-Sequenzierung dar. Ein entsprechendes System zur Gelelektrophorese auf Platten ist in Abbildung 6.39 skizziert. So ist die Elektrophorese auf mit Agarosegel

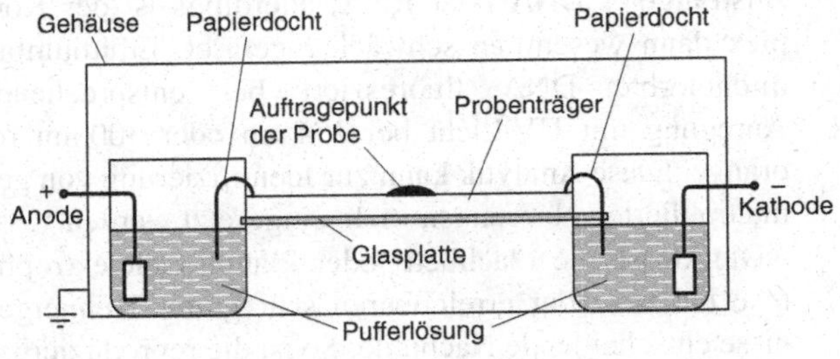


**6.39** Schema eines Systems zur Plattengelelektrophorese

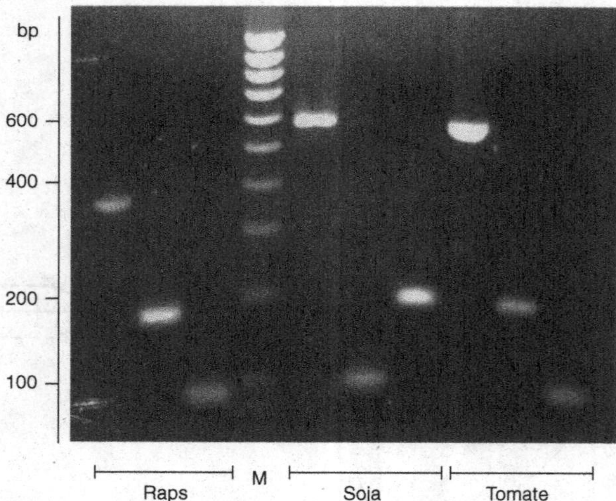


**6.40** Foto einer gelelektrophoretischen Trennung eines Transfer-RNA-Gels aus Tomate, Raps und Soja nach Amplifizierung durch PCR auf einer Agarose-Gel beschichteten Platte (M = DNA-Standard).

belegten Platten eine Standardmethode im molekularbiologischen Labor, die z. B. zur Charakterisierung von klonierter DNA und von Produkten der Polymerase-Kettenreaktion (engl. *polymerase chain reaction*, PCR) eingesetzt wird. Mit Hilfe der PCR können geringe Spuren einer bestimmten DNA-Sequenz erkannt und in vitro in kurzer Zeit mengenmäßig stark angereichert und damit der Analyse zugänglich gemacht werden. In dem in Abbildung 6.40 dargestellten Beispiel wurden drei unterschiedlich große Bereiche eines Transfer-RNA-Gens aus Tomate, Raps und Soja durch PCR amplifiziert und die Produkte auf dem Gel entsprechend ihrer Größe (Basenpaare, bp) getrennt. Um eine Zuordnung der Banden zu ermöglichen, wird gleichzeitig ein DNA-Standard (M) mit Banden im Abstand von 100 Basenpaaren aufgetragen. Die getrennten PCR-Produkte werden nach der Trennung durch Färben mit Ethidiumbromid sichtbar gemacht. Ethidiumbromid lagert sich sequenzunabhängig zwischen einzelne Basenpaare eines doppelsträngigen DNA-Moleküls ein. Der Farbstoff reagiert auch mit einzelsträngiger DNA oder RNA, allerdings ist der Komplex dann wesentlich schwächer gefärbt. Ethidiumbromidgefärbte DNA fluoresziert bei entsprechender Anregung mit UV-Licht bei 254 nm oder 300 nm rotorange. Diese Analytik kann zur Identifizierung von genmanipulierten Nahrungsmitteln eingesetzt werden.

Die klassische Flachbett- oder Platten-Gelelektrophorese hat trotz der erreichbaren sehr guten Trennergebnisse entscheidende Nachteile. So ist die reproduzierbare Herstellung und Handhabung der Gelplatten schwierig. Die Joule'sche Erwärmung macht eine effektive Kühlung des Systems notwendig, nicht nur um die thermische Konvektion des Elektrolyten zu reduzieren, sondern um vor allem ein Austrocknen der Gele während der Analyse zu verhindern. Kleinere Feldstärken führen zwar zu einem geringeren Stromfluss und so zu einer geringeren Erwärmung, aber die damit verbundenen Nachteile, wie geringere Trenneffizienz und hohe Analysenzeiten führten daher zur Suche nach alternativen Trägermaterialien.

Ein weiterer Nachteil, besonders für Routineanwendungen ist jedoch, dass eine direkte Detektion der aufgetrennten Proben nicht möglich ist, sondern aufgetrennte Proteine, wie am Beispiel gezeigt, erst nach Anfärben auf der Platte sichtbar gemacht und quantitativ bestimmt werden können.

Das Bestreben, die störenden Konvektionsströme zu vermeiden, ohne jedoch Gele einsetzen zu müssen, führte zur Verwendung dünner elektrolytgefüllter Kapillaren. Der endgültige Durchbruch gelang mit der Verwendung von Quarzkapillaren mit Innendurchmessern im Bereich von 50 µm – 100 µm. In diesen Kapillaren kann wegen des großen Verhältnisses von Oberfläche zu Volumen die Joule'sche Wärme effizient abgeführt werden. Dadurch wird der störende Einfluss der thermischen Konvektion drastisch reduziert. Dies ermöglicht die Durchführung äußerst effizienter Trennungen. Gleichzeitig lässt die gute Transparenz der Quarzkapillaren auch die Detektion der getrennten Analyten im unteren UV-Bereich zu.

Trotz der rasanten Entwicklung der kapillarelektrophoretischen Verfahren in den 80er Jahren sind die modernen Formen der Platten- oder Flachbettelektrophorese aus vielen Bereichen auch heute nicht wegzudenken.

In der Praxis erlangt jedoch die Kapillarelektrophorese immer mehr Bedeutung, da sie mehr Trennmöglichkeiten und höhere Trennleistungen erlaubt als die Flachbett- oder Plattenelektrophorese.

## Grundlagen der Kapillarelektrophorese

### *Elektrophoretische Mobilität*

Ursache aller elektrophoretischen Trennungen sind die unterschiedlichen Migrationsgeschwindigkeiten geladener Teilchen im elektrischen Feld. Die elektrische Kraft $F_E$, die ein Feld der Stärke $E$ auf ein Teilchen der Ionenladung $z$ ausübt, kann wie folgt erfasst werden:

$$F_E = z \cdot e \cdot E \tag{6.48}$$

$e$ = Elementarladung des Elektrons ($e = 1{,}602 \cdot 10^{-19}$ C)

Die elektrische Feldstärke in der Kapillare ist dabei eine Funktion der Spannung $U$ und der Kapillarlänge $L_{ges}$.

$$E = U/L_{ges} \quad (6.49)$$

Der elektrischen Kraft $F_E$ ist die Reibungskraft $F_R$ entgegengerichtet. Sie kann nach Stokes für ein kugelförmiges Teilchen in Lösung durch die Gl. 6.50 beschrieben werden.

$$F_R = -6 \cdot \pi \cdot \eta \cdot r \cdot v \quad (6.50)$$

$\eta$ = Viskosität der Lösung
$r$ = hydrodynamischer Ionenradius
$v$ = Lineargeschwindigkeit des Ions

Im Gleichgewicht ist die vektorielle Summe der Kräfte Null, und für jedes Ion resultiert eine stoffspezifische konstante Wanderungsgeschwindigkeit.

$$v = z \cdot e \cdot E/6 \cdot \pi \cdot \eta \cdot r \quad (6.51)$$

Durch Eliminierung der elektrischen Feldstärke aus Gl. 6.51 erhält man eine geräteunabhängige Größe, die in der Literatur als Ionenbeweglichkeit oder elektrophoretische Mobilität $\mu_{EP}$ bezeichnet wird.

$$\mu_{EP} = v/E = z \cdot e/6 \cdot \pi \cdot \eta \cdot r \quad (6.52)$$

Die Ionenbeweglichkeit ist lösungsmittel- und stoffspezifisch; sie wird, wie aus Gl. 6.52 ersichtlich, von dem Verhältnis zwischen Ionenladung und -größe geprägt. In einem wässrigen Elektrolyten ist ein Ion von entgegegesetzt geladenen Ionen umgeben, diese bilden die so genannte Ionenatmosphäre. Genau genommen sollte deshalb anstelle von $z$ die effektive Ionenladung verwendet werden, also die Ladung des Ions abzüglich des Anteils der umgebenden, entgegengesetzt geladenen Ionenatmosphäre. Das Ion zieht die Ionenatmosphäre aus Gegenionen bei der Wanderung im elektrischen Feld mit. Die ursprünglich kugelsymmetrische Ionenatmosphäre deformiert sich, und die Zentren der positiven und negativen Ladungen fallen nicht mehr zusammen. Somit reduziert sich die Wanderungsgeschwindigkeit und damit auch die elektrophoretische Mobilität. Die Ionenatmopshäre baut sich in Bewegungsrichtung zeitverzögert auf, während sie an der Rückseite des Ions noch im Abbau begriffen ist. Man nennt dies den Relaxationseffekt, da dieser Auf- und Abbau als eine Relaxation in eine jeweils neue Gleichgewichtslage beschrieben werden kann. Ein weiterer, die Mobilität eines Ions abschwächender Faktor, ist der *elektrophoretische Effekt*. Er beschreibt die Mobilitätsabsenkung, die aus dem Beitrag der Ionenatmosphäre zur inneren Reibung resultiert.

***Der elektroosmotische Fluss***

Die Elektrophorese von Ladungsträgern bewirkt letztendlich auch den Fluss der gesamten Pufferlösung im elektrischen Feld. Dieser wird als elektroosmotischer Fluss (EOF) bezeichnet und überlagert die elektrophoretische Wanderung der Ionen. Ursache des elektroosmotischen Flusses ist die Aufladung der inneren Kapillaroberfläche (s. Abb. 6.41). In wässriger Lösung besitzen Festkörperoberflächen auf Glas- oder Quarzbasis meist eine negative Überschussladung, die auf Säure/Base-Gleichgewichte und auf die Adsorption von Ionen (siehe elektrochemisches Phasengrenzmodell: *Doppelschicht-Kapazität, Gouy-Chapman- und Stern-Modell*) zurückzuführen ist. Im Falle von Quarzkapillaren können beide Effekte beobachtet werden, jedoch ist die negative Oberflächenladung bei pH-Werten oberhalb von 4 vollständig auf die Deprotonierung endständiger Silanolgruppen zurückzuführen. Die unter diesen Bedingungen resultierenden elektrostatischen Kräfte führen zu einer bevorzugten Anlagerung von Kationen aus der Elektrolytlösung an

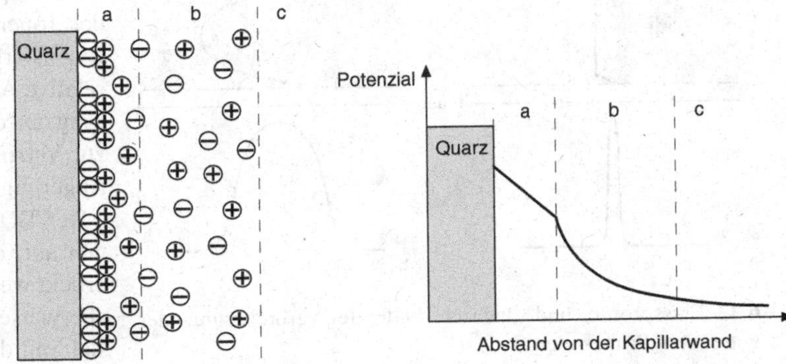


**6.41** Ladungsverteilung in der Oberfläche des Quarzes und Verlauf des Zeta-Potentials an der Grenzfläche Puffer/Quarz.

diese elektrostatisch anziehende Oberfläche und es bildet sich eine elektrische Doppelschicht bestehend aus einer starren (Sternschicht) (a) und einer beweglichen, diffusen Grenzschicht (b). Die Ladungsverteilung in der Doppelschicht führt zur Ausbildung eines Potentials, das nach der Theorie von Stern in zwei Regionen aufgeteilt wird. In der starren Grenzschicht (a) ist ein linearer und in der diffusen Grenzschicht (b) ein exponentieller Potentialabfall zu erwarten. Das exponentiell abfallende Potential wird als ξ-(Zeta-)Potential bezeichnet und ist verantwortlich für die Elektroosmose.

Wird nun längs der Kapillare ein elektrisches Feld angelegt, werden die beweglichen Kationen, die entsprechenden Anionen an der Kapillarwand sind nicht beweglich, der diffusen Schicht in Richtung der negativen Elektrode angezogen. Diese Ionen sind solvatisiert und ziehen deshalb die umgebenden Lösungsmittelmoleküle mit sich. Durch den kleinen Durchmesser der verwendeten Kapillare, beide diffuse Schichten kommen sich im Zentrum sehr nahe, und der Viskosität der Pufferlösung resultiert eine Bewegung des gesamten Elektrolyten normalerweise in Richtung der Kathode. Diese führt zu einem, verglichen mit der typischen Flüssigchromatographie sehr flachen Flussprofil (Abb. 6.42), welches eine wesentlich geringere Bandenverbreiterung verursacht als das parabolische Flussprofil bei den typischen hydrodynamischen Flüssen.

Die Vorgänge, die zur Ausbildung eines elektroosmotischen Flusses in Quarzkapillaren führen, sind in Abb. 6.43 dargestellt.

Die Lineargeschwindigkeit des EOF ($v_{EO}$) wird durch die Helmholtz-Smoluchowski-Gleichung beschrieben:

$$v_{EO} = \varepsilon \cdot \xi \cdot E/4 \cdot \pi \cdot \eta = \varepsilon_0 \cdot \varepsilon_r \cdot \xi \cdot E/\eta \qquad (6.53)$$

$\xi$ = Zeta-Potential (Volt)
$\varepsilon$ = absolute Dielektrizitätskonstante ($\varepsilon = 4 \cdot \pi \cdot \varepsilon_0 \cdot \varepsilon_r$)

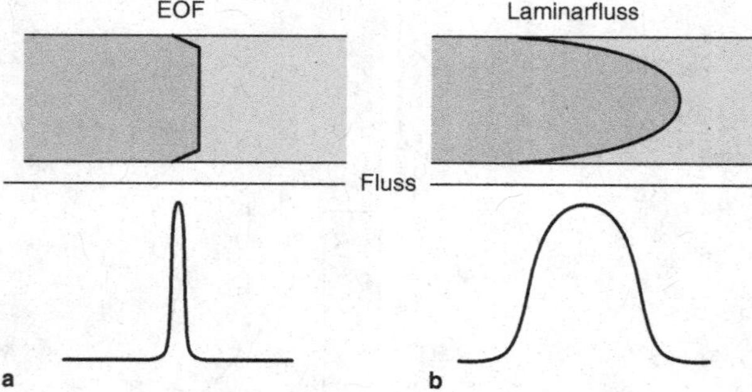


**6.42** Flussprofile und dadurch bedingte Verbreiterung der getrennten Probezonen.

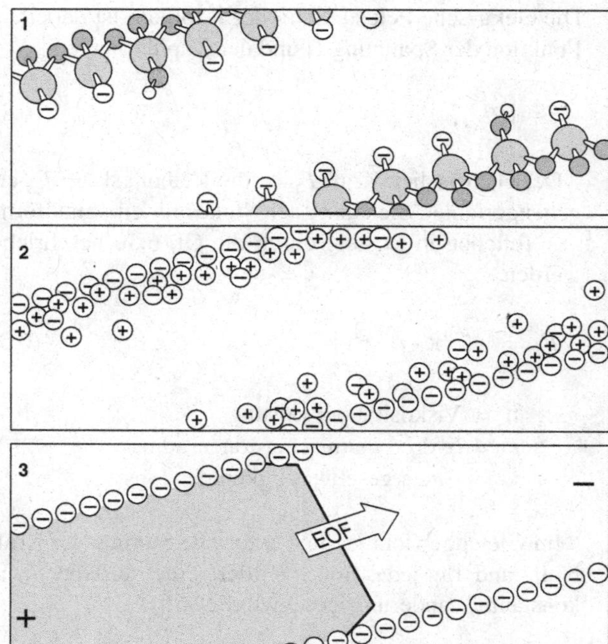


**6.43** Entstehung des elektroosmotischen Flusses in Quarzkapillaren 1: Negative Aufladung der Oberfläche durch Deprotonierung endständiger SiOH-Gruppen 2. Akkumulation hydratisierter Kationen in der Nähe der Oberfläche 3. Fluss des gesamten Elektrolyten in Richtung Kathode.

$\varepsilon_0$ = elektrische Feldkonstante, gemessen im Vakuum ($8{,}85 \cdot 10^{-12} J^{-1} \cdot C^2 \cdot m^{-1}$)
$\varepsilon_r$ = Dielektrizitätskonstante ($H_2O$ bei 25 °C)

Die Größe des Zeta-Potentials wird durch verschiedene experimentelle Parameter geprägt, die zur Variation des EOF verwendet werden können. Ein wesentlicher potentialbestimmender Faktor ist die Oberflächenladung an der Kapillarwand. Diese Ladungsdichte wird hauptsächlich durch den pH-Wert des Puffers bestimmt. Bei hohen pH-Werten erfolgt eine stärkere Deprotonierung der Silanolgruppen als bei niedrigeren pH-Werten. Dies bewirkt eine höhere Lineargeschwindigkeit des EOF bei höheren pH-Werten. Das Zeta-Potential wird ebenso von der Ionenstärke des Puffers bestimmt. Mit steigender Ionenstärke verkleinert sich die Doppelschicht, weil das relative Ausmaß der bevorzugten Gegenionen-Anreicherung an der Grenzfläche dadurch verringert wird, was zur Verringerung des Zeta-Potenials und damit zur Verringerung des EOF führt.

Der EOF tritt bei allen elektrophoretischen Trennungen auf, da Oberflächenladungen nie vollständig unterdrückt werden können, und der Detektor ist deshalb üblicherweise kathodenseitig angeordnet. Kationen bewegen sich mit dem EOF (Comigration) und man erhält für po-

**Tabelle 6.21** Möglichkeiten zur Veränderung des elektroosmotischen Flusses.

| Parameter | Ergebnis | Kommentar |
|---|---|---|
| Elektrische Feldstärke | • direkte Proportionalität zwischen $E$ und $v_{EO}$ | • Abnahme der Auflösung und Effizienz bei Verringerung von $E$<br>• Zunahme der Joule'schen Wärme bei Erhöhung |
| pH-Wert | • EOF-Abnahme bei pH-Wert-Erniedrigung<br>• EOF-Zunahme bei pH-Wert-Erhöhung | • Gängigste Methode zur Variation des EOF |
| Ionenstärke oder Pufferkonzentration | • Abnahme des Zeta-Potentials und des EOF bei Zunahme der Ionenstärke<br>• Beeinflussung des EOF bzgl. Richtung durch Kationen und Anionen stark unterschiedlicher Hydratationszahl | • Hohe Ionenstärken generieren hohe Ströme und damit große Joule'sche Wärme<br>• Bei geringer Ionenstärke Gefahr der Probenadsorption an der Kapillaroberfläche<br>• Beeinflussung der Peakgeometrie in der Kapillarzonenelektrophorese |
| Temperatur | • Viskositätsänderung um 2–3% pro K | |
| Organische Lösungsmittel | • Veränderung des Zetapotentials durch Variation der Dielektrizitätskonstante und der Viskosität | • komplexe Veränderungen verbunden mit Selektivitätsveränderungen |
| Tensid-Zusätze | • Unterhalb der kritischen Mizellbildungskonzentration Adsorption an der Kapillaroberfläche durch hydrophobe und/oder ionische Wechselwirkungen | • Zunahme des EOF durch anionische Tenside möglich<br>• Abnahme oder Invertierung des EOF durch kationische Tenside<br>• Deutliche Selektivitätsänderungen möglich |
| Neutrale hydrophobe Polymere | • Adsorption an der Kapillaroberfläche durch hydrophobe Wechselwirkung | • Abnahme des EOF durch Abschirmung der Oberflächenladung und Erhöhung der Viskosität |
| Kovalente Beschichtungen | • Kovalente Anbindung an Kapillaroberfläche | • Viele Modifikationen möglich z. B. der Hydrophilie oder der Ladung<br>• Stabilitätsprobleme, vor allem bei höheren pH-Werten |

sitiv geladene Moleküle sehr kurze Analysenzeiten. Selbst Anionen, die in die entgegengesetzte Richtung des EOF wandern (Contramigration), werden dann zum Detektor an der Kathodenseite transportiert, wenn die Größe ihrer elektrophoretischen Wanderungsgeschwindigkeit niedriger ist als die Strömungsgeschwindigkeit des EOF. Es ist daher möglich, unter geeigneten Bedingungen Kationen und Anionen in einer einzigen Analyse zu trennen (Abb. 6.48). Nur die Anionen, die schneller wandern als die Strömungsgeschwindigkeit des EOFs, migrieren in das Anodengefäß und entziehen sich der Detektion. Die ungeladenen Analytmoleküle werden nur durch den elektroosmotischen Fluss transportiert und nicht aufgetrennt.

Die verschiedenen Parameter zur Variation und Kontrolle des elektroosmotischen Flusses sind in der folgenden Tabelle 6.21 aufgeführt.

***Apparatives***

Kapillarelektrophorese-Systeme sind seit ca. 1988 kommerziell erhältlich, und die Zahl der Hersteller ist weiter steigend. Die einzelnen Geräte sind prinzipiell sehr ähnlich, und die Hauptunterschiede beschränken sich vor allem auf Probenaufgabetechniken sowie die verschiedenen Detektionsmöglichkeiten.

Ein Kapillarelektrophorese-System besteht aus einer Kapillare, zwei Elektrolytgefäßen, einer Hochspannungsquelle und einer oder mehreren Detektionseinhei-

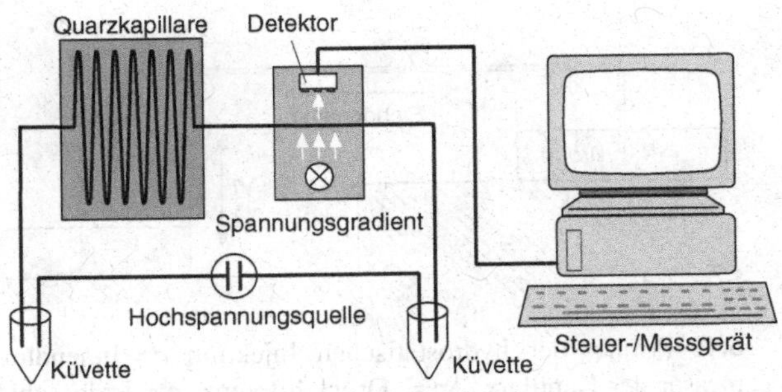


**6.44** Schematischer Aufbau eines Kapillarelektrophorese-Systems.

ten. Der schematische Aufbau eines entsprechenden CE-Systemes ist in Abb. 6.44 dargestellt. Die mit Pufferlösung gefüllte Quarzkapillare besitzt üblicherweise einen Innendurchmesser von 25–100 µm und eine Länge von 30–100 cm, sie verbindet die beiden Elektrolytgefäße, in denen sich die Platin-Elektroden einer Gleichstrom-Hochspannungsquelle befinden. Die Hochspannungsversorgung sollte eine stufenlose Spannungseinstellung von –30 kV bis 30 kV besitzen, bei der die Verwendung eines Spannungsgradienten durch Variation der Spannung während der Messung möglich ist. Daneben sollte das System elektrophoretische Trennungen bei konstanter Spannung *(constant voltage)* oder Stromstärke *(constant current)* ermöglichen. Die Detektion kann direkt innerhalb der Kapillare *(on-column)* erfolgen.

*Probenaufgabe*

Ein großes Problem in der Kapillarelektrophorese ist die reproduzierbare Probenaufgabe. Damit die Probenzonen möglichst klein bleiben und sie nicht zur Bandenverbreiterung beitragen, müssen Volumina im Bereich von 0,5 bis 50 nL injiziert werden. Durch das systembedingte geringe Durchflussvolumen der Kapillarelektrophorese führen zu große Probenvolumina sehr schnell zu Peakverzerrungen und Auflösungsverlusten. Zur Aufgabe dieser kleinen Volumina sind aus der HPLC bekannte Injektoren nicht einsetzbar, und es werden elektrokinetische, hydrodynamische oder hydrostatische Injektionsarten verwendet.

*Hydrostatische Injektion*

Bei der hydrostatischen Injektion wird (Abb. 6.45) durch das Anheben des Probengefäßes eine kontrollierte Druckdifferenz durch die Schwerkraft erzeugt. Durch die unterschiedliche Höhe der Flüssigkeitsspiegel in den Behältern am Ein- und Austrittsende der Kapillare entsteht so ein Siphoneffekt, der die Probelösung in die Trennkapillare saugt. Die aufgegebene Probenmenge ist dabei von der Höhendifferenz ($\Delta h$), der Injektionsdauer ($t$) und den hydrodynamischen Eigenschaften (Viskosität $\eta$ und Dichte $\rho$) der Probenlösung abhängig.

$$V = \pi \cdot \Delta p \cdot d^4 \cdot t/128 \cdot L_{\text{tot}} \cdot \eta$$

$$\Delta p = \rho \cdot \Delta h \cdot g$$

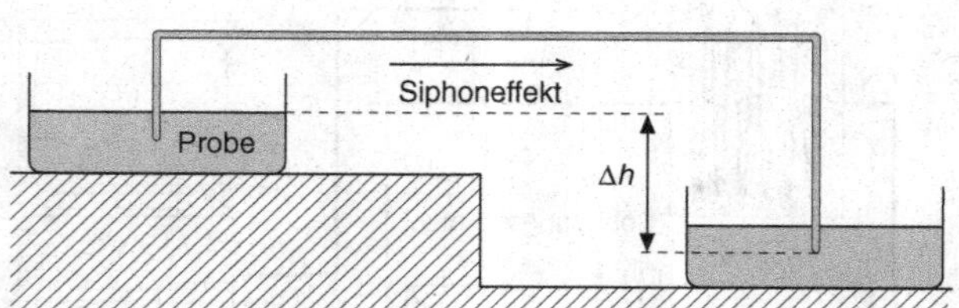


**6.45** Prinzip der hydrostatischen Injektion $d$ = Innendurchmesser der Kapillare, $\Delta p$ = Druckdifferenz, $g$ = Erdbeschleunigung. $\Delta h$ = Höhenunterschied zwischen Kapillarein- und -austrittsende

*Druck-Injektion*

Die Probenaufgabe erfolgt durch Anlegen einer Druckdifferenz (Abb. 6.46). Diese wird im vorliegenden Fall nicht durch eine Höhendifferenz, sondern durch einen Überdruck auf der Probenseite oder ein Vakuum auf der Detektionsseite erzeugt. Die aufgegebene Menge ist von der Druckdifferenz und der Injektionsdauer abhängig und lässt sich analog zur hydrostatischen Injektion berechnen.

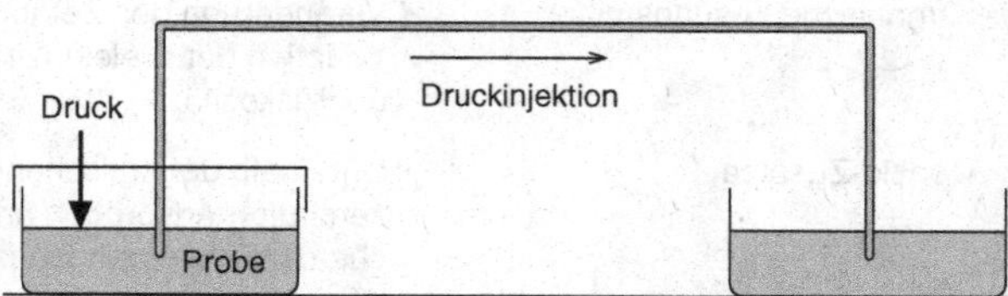


**6.46** Prinzip der Druck-Injektion durch Anlegen eines Druckes.

*Elektrokinetische Injektion*

Bei diesem Injektionsverfahren wird nach dem Eintauchen der Kapillare in das Probengefäß ein definiertes elektrisches Feld angelegt, durch das geladene Analyten in die Kapillare gelangen (Abb. 6.47). Die Wanderungsgeschwindigkeiten und damit die injizierten Probenmengen der einzelnen Substanzen differieren untereinander. Sie gestalten sich konzentrationsabhängig und ergeben sich als Summe aus den entsprechenden elektrophoretischen Mobilitäten und dem elektroosmotischen Fluss.

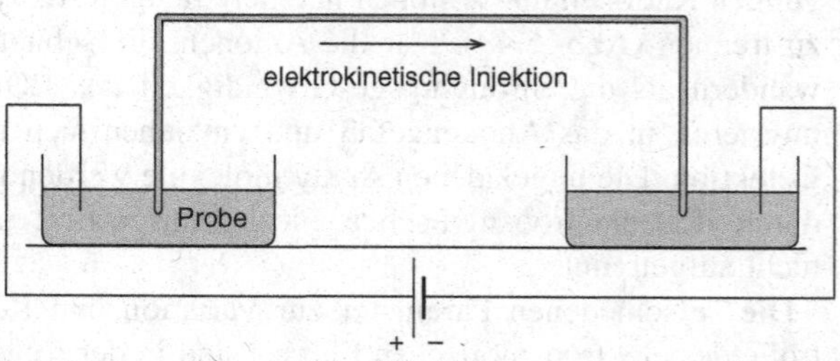


**6.47** Prinzip der elektrokinetischen Injektion.
$\mu_{EP,i}$ = elektrophoretische Mobilität der Substanz $i$, $\mu_{EO}$ = elektroosmotische Mobilität, $d$ = Kapillarinnendurchmesser, $U$ = Spannung [V], $c_i$ = molare Konzentration der Substanz $i$, $t$ = Zeitdauer der angelegten Spannung.

$$V = (\mu_{EP,i} + \mu_{E0})\pi \cdot d^2 \cdot t \cdot U \cdot c_i/L$$

Aus der Gleichung wird das Problem der Diskriminierung von Probenkomponenten mit unterschiedlicher Mobilität ersichtlich. Die Menge der aufgegebenen Analytionen hängt also entscheidend von der Zusammensetzung der Probe ab.

***Detektionsverfahren***

Die geringen Probenmengen stellen sehr hohe Anforderungen an die Detektion in der Kapillarelektrophorese. Die Detektion erfolgt i. d. R. direkt in der Kapillare *(on-column),* und lediglich bei der Kopplung mit einem Massenspektrometer oder elektrochemischen Detektoren erfolgt die Detektion außerhalb der Trennkapillare. Am häufigsten werden modifizierte optische Detektoren aus der HPLC zur Messung der UV-Absorption oder der Emission von Fluoreszenzstrahlung verwendet. Andere Detektionsarten wie Leitfähigkeitsdetektoren oder elektrochemische Detektoren und Massenspektrometer sind zum Teil schon kommerziell erhältlich oder noch in der Entwicklungsphase.

**Die verschiedenen Arten der Kapillarelektrophorese**

Unter dem Oberbegriff „Kapillarelektrophorese“ werden verschiedene Trenntechniken zusammengefaßt. Die Kapillarzonenelektrophorese (CZE) stellt dabei das zur Zeit am häufigsten eingesetzte Verfahren dar. Bei der CZE wird die Trennung in elektrolytgefüllten Kapillaren durchgeführt. Die Trennung der Probe beruht, wie beschrieben, auf Mobilitätsdifferenzen der einzelnen ionischen Analyten.

Die Kapillargelelektrophorese (CGE) ist besonders zur Trennung von Makromolekülen geeignet. Hier sind die Kapillaren mit einem Gel oder einer Polymerlösung gefüllt, die die Migration der geladenen Makromoleküle behindern, sodass die Trennung von der Molekülgröße bestimmt wird.

Weitere elektrophoretische Verfahren sind die mizellare elektrokinetische Kapillarchromatographie (MEKC), mit der auch ungeladene Moleküle getrennt werden können sowie die isoelektrische Fokussierung (IEF) und die Isotachophorese (ITP). Den Übergang zur HPLC bildet die Elektrochromatographie (EC), bei der die Trennkapillaren mit stationären Phasen aus der HPLC gefüllt sind; die Strömung des Eluenten und damit der Transport der Probenmoleküle werden hier nur durch den elektroosmotischen Fluss erzielt.

***Kapillarzonenelektrophorese***

Das Trennprinzip der CZE, die elektrophoretische Migration mit unterschiedlichen Mobilitäten, wurde bereits beschrieben und ist in Abb. 6.48 vereinfacht dargestellt. Sie ist geeignet für die Trennung von Aminosäuren, Peptiden sowie für kleine und mittlere geladene Moleküle und Ionen.

Ein Anwendungsbeispiel aus dem Bereich der Wasseranalytik ist die Analyse eines Abwassers. In diesem Fall wurde ein Abwasser aus einer Autowaschanlage mit der Kapillarelektrophorese untersucht, und das entsprechende Elektropherogramm ist in Abb. 6.49 dargestellt. Die Detektion der getrennten Anionen erfolgte durch indirekte UV-Detektion bei 210 nm. Die Trennung von Anionen mit der normalen Kapillarzonenelektrophorese, d. h. mit dem Probenauftrag auf den Anodenseite und der Detektion auf der Kathodenseite, ist schwierig, da die Anionen gegen den EOF wandern. Durch diesen Effekt erhält man zwar prinzipiell höhere Selektivitäten, doch gelingt es nur die Ionen zu detektieren, deren vektorielle Wanderung zur Anode geringer ist als der zur Kathode gerichtete EOF. Anionen mit hoher elektrophoretischer Mobilität in Richtung Anode (z. B. Bromid, Chlorid) sind deshalb nicht detektierbar. Nach Umpolung der Spannungsquelle können wohl auch diese Anionen bestimmt werden, jetzt wandern jedoch die langsamen Anionen nach der Injektion mit dem EOF ins Kathodengefäß zurück. Will man sowohl schnelle als auch langsame Anionen gleichzeitig bestimmen, so muss der EOF unterdrückt oder umgepolt werden. Der EOF lässt sich durch Zugabe von Kationentensiden mit quartären Ammoniumgruppen zum Elektrolyten umkehren. Das Tensid lagert sich an den Silanolgruppen der Kapillarinnenwand an, und diese wird positiv geladen, sodass der elektroosmotische Fluss zur Anode gerichtet ist. Nach Umpolung der Spannungsversorgung und Umkehrung des elektroosmotischen Flusses wandern die Anionen jetzt mit dem EOF in Richtung Anode, und die Trennung schneller und langsamer Anionen erfolgt in wenigen Minuten.

Die Kapillarelektrophorese wird, wie in diesem Fall gezeigt, bevorzugt bei schwierigen Probenmatrices eingesetzt. Eine entsprechende ionenchromatographische Bestimmung würde vor allem durch die hohen Tensid-Gehalte erschwert, die die typischerweise verwendete stationäre Phase irreversibel schädigen können und somit eine Probenvorbereitung erforderlich machen. Im Gegensatz dazu beschränkt sich die Probenpräparation zur elektrophoretischen Bestimmung auf eine einfache Verdünnung und Filtration der Probe.

Die Identifikation der Peaks erfolgt entweder durch Vergleich der Migrationszeiten von Standard und Probe oder durch Aufstocken der Probelösung mit einem entsprechendem Standard. Die Peakflächen der zudotierten Anionen müssen sich im Vergleich zur reinen Probenlösung vergrößern. Dies ist besonders in komplexen Pro-

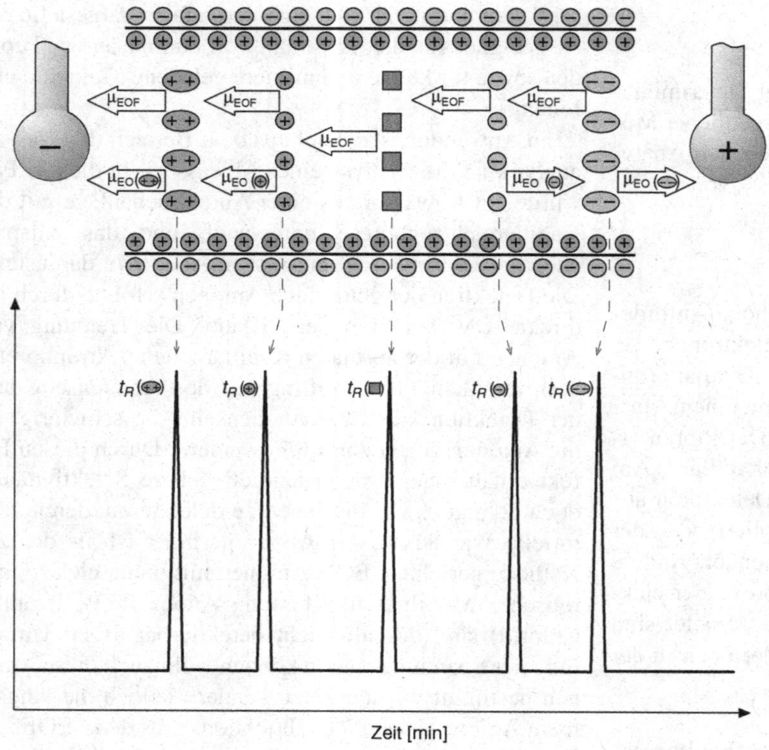


6.48 Differentielle Wanderung von Anionen und Kationen unter Überlagerung des elektroosmotischen Flusses.

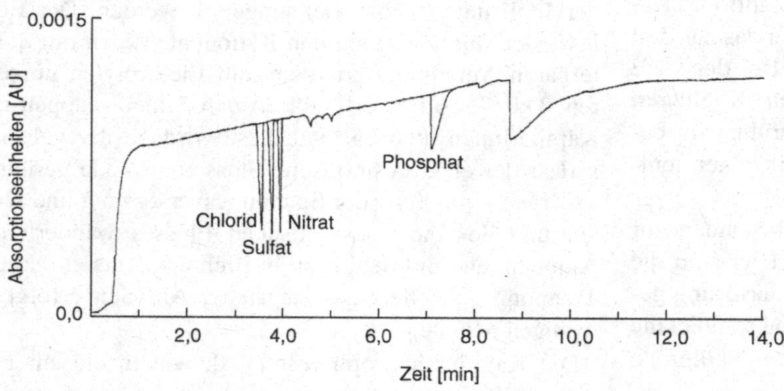


6.49 Direkte Analyse von anorganischen Anionen in einem Abwasser ohne Probenvorbereitung.

ben eine sichere Methode zur Peakidentifizierung. Die Quantifizierung erfolgt anhand der Peakflächen und einer externen Kalibrationskurve.

Auch anorganische Kationen lassen sich mithilfe der Kapillarelektrophorese trennen. Da eine Modifizierung des elektroosmotischen Flusses nicht notwendig ist, kann der normale apparative Aufbau verwendet werden. Eine Trennung von Anionen und Kationen im gleichen Lauf ist mit der beschriebenen Technik nicht möglich.

***Mizellare elektrokinetische Kapillarchromatographie (MEKC)***

Das Verfahren der mizellaren elektrokinetischen Chromatographie, das 1984 von Terabe eingeführt wurde, stellt eine Erweiterung der elektrophoretischen Trenntechniken auf ungeladene Analyten dar. Daneben ermöglicht es aber zusätzlich die Analytik ionischer Verbindungen, wie z. B. von Aminosäurederivaten, substituierten Phenolen oder sogar Metallkomplexen. Die Durchführung der MEKC ist auf allen üblichen Elektrophoresesystemen möglich, lediglich ein ausreichender Zusatz geladener Tenside zum Elektrolytpuffer ist erforderlich. Tenside sind nieder- bis mittelmolekulare amphiphile, grenzflächenaktive Verbindungen, die als hydrophoben Molekülteil mindestens einen Kohlenwasserstoffrest mit 8 bis 20 Kohlenstoffatomen und als hydrophilen Molekülteil geladene oder ungeladene polare Gruppen enthalten.

**6.50** Schema polar/unpolar am Beispiel von SDS (*sodium dodecyl sulfate,* Natriumdodecylsulfat).

Die für die mizellare elektrokinetische Chromatographie entscheidende Stoffeigenschaft der Tenside ist die Amphiphilie, aufgrund der sie Mizellen bilden. Durch die asymmetrische Molekülstruktur bilden Tenside oberhalb einer bestimmten Konzentration Assoziationskolloide mit einem Durchmesser von 3–6 nm, die Mizellen genannt werden (Abb. 6.51).

Die treibende Kraft für diese Aggregatbildung ist der Gewinn an freier Enthalpie durch van-der-Waals-Wechselwirkungen zwischen den lipophilen Gruppen bzw. die Vermeidung hydrophober Wechselwirkungen dieser Gruppen mit polarem Lösungsmittel. Daraus resultiert die positive Entropiebilanz bei der Bildung von Mizellen durch Entropievermehrung infolge des Zusammenbruchs der geordneten Wasserstruktur, um den hydrophoben Rest des Monomeren bei der Aggregation. Dem wirkt bei ionischen Tensiden die elektrostatische Abstoßung der polaren Gruppen entgegen.

Der innere Teil der Mizelle wird durch die zusammengelagerten Alkylketten bestimmt, die sich in einem quasi flüssigen Zustand befinden. Die Oberfläche der Mizellen, gebildet durch die polaren Gruppen der Tenside, wird durch das sie umgebende wässrige Medium solubilisiert.

**6.51** Schematische Darstellung einer kugelförmigen Mizelle.

Die Mizellen bilden im Puffer mit ihrem ausgeprägten lipophilen Innenraum eine Phase, die in ihren Eigenschaften mit einer stationären Phase aus der HPLC vergleichbar ist. Aufgrund ihrer Eigenbeweglichkeit im elektrischen Feld wird sie als pseudo-stationäre Phase bezeichnet.

Die Trennung ungeladener Analyten erfolgt in der MEKC (Abb. 6.52) generell durch die stoffspezifische polaritätsabhängige Verteilung zwischen der polaren wässrigen Phase und dem unpolaren Inneren der Mizelle, sodass es sich in diesem Fall um ein echtes chromatographisches Verfahren handelt. Neben der Lipophilie ist die Eigenladung dieser Aggregate als zweite Grundvoraussetzung an den Einsatz als pseudo-stationäre Phase geknüpft. Häufig wird Natriumdodecylsulfat (SDS, Abb. 6.50) eingesetzt. Die hierbei entstehenden negativ geladenen Mizellen besitzen eine elektrophoretische Mobilität in Richtung der Anode. Die neutralen Analytmoleküle verteilen sich zwischen dem Puffer (Transport durch EOF in Richtung Kathode) und dem Inneren der Mizelle. Wie in der CZE ergibt sich die effektive Wanderungsgeschwindigkeit der Analytmoleküle sowie der Mizellen aus der vektoriellen Summe der elektrophoretischen Wanderung und der elektroosmotischen Geschwindigkeit. Die elektrophoretische Mobilität der Mizelle in Richtung Anode ist gering, sodass bei Überlagerung mit dem elektroosmotischen Fluss eine Nettobewegung in Richtung der Kathode resultiert.

Unter diesen Bedingungen werden sehr polare Stoffe (**P**), die keinerlei Aufenthaltswahrscheinlichkeit in der Mizelle besitzen, zuerst eluiert ($t_0$). Eine Abnahme der Polarität des Analyten korreliert mit einem Anstieg der Wechselwirkung mit der mizellaren Phase und damit mit einer Verschiebung des Verteilungsgleichgewichtes. Stoffe, deren ausgeprägte Lipophilie ihre Aufenthaltswahrscheinlichkeit im Puffer gegen Null gehen lässt, werden demnach am längsten retardiert und wandern mit der Geschwindigkeit der Mizelle ($t_{MC}$). Andere retardierte aber weniger lipophile Moleküle erscheinen somit zwischen $t_0$ und $t_{MC}$ am Detektor. Die beiden Kenngrößen $t_0$ und $t_{MC}$ bilden das so genannte Retentionsfenster, in dem die Analyten nach abnehmender Polarität, d. h. mit steigender Aufenthaltswahrscheinlichkeit in der Mizelle getrennt werden.

Ein Beispiel aus dem Bereich der Umweltanalytik ist die Bestimmung von Sprengstoffrückständen, wie Nitroaromaten und Nitraminen, in Böden. Die Trennung eines Testgemisches aus 17 verschiedenen Explosivstoffen wurde zum Vergleich sowohl mit der HPLC als auch mit der MEKC unter den jeweils optimalen Bedingungen durchgeführt. Das resultierende HPLC-Chromatogramm ist dem entsprechenden Elektropherogramm in Abb. 6.53 gegenübergestellt. Betrachtet man den Zeit-

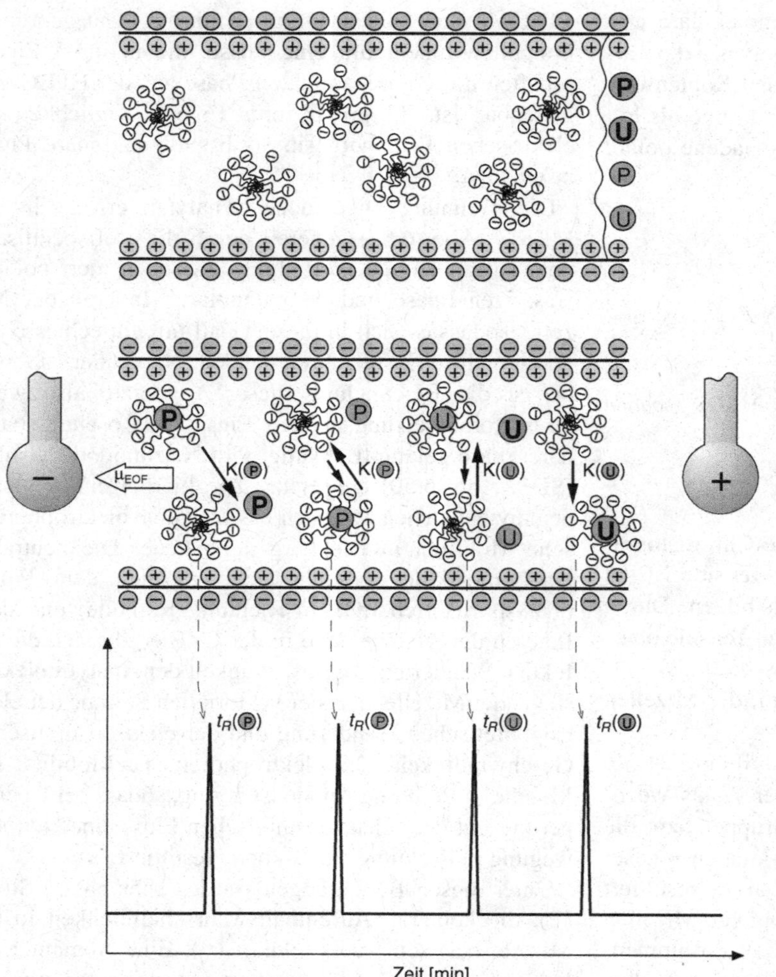


**6.52** Der Trennprozeß der MEKC unter Verwendung anionischer Tenside (S = Analyt) sowie schematische Darstellung eines Elektropherogrammes der mizellaren elektrokinetischen Chromatographie.
**P** = sehr polare Stoffe
P = polare Stoffe
U = unpolare Stoffe
**U** = sehr unpolare Stoffe

## Wie sicher sind Identifizierungen in der CE

Während bei der Untersuchung von Bodenproben mit der HPLC lediglich eine leichte Verschlechterung der Standardabweichungen bezüglich der Retentionszeiten und Peakflächen beobachtet werden konnte, ergaben die MEKC-Messungen eine Verschiebung der Migrationszeiten und einen deutlichen Anstieg der Standardabweichungen für die Elutionszeiten und Peakflächen. Dies ist ein großes und bisher nicht vollständig gelöstes Problem der MEKC. Bei der Analyse von Realproben wird so eine Identifizierung und Zuordnung der Peaks durch Vergleich der Migrationszeiten schwierig oder gar unmöglich.

aufwand für diese Trennungen, ist dieser für die MEKC deutlich geringer. Im Vergleich zur HPLC zeichnen sich die elektrophoretischen Signale durch eine deutlich höhere theoretische Trennstufenzahl aus. Beide Verfahren zeigen keine Veränderung in der Elutionsreihenfolge bei der Übertragung der Methode von Standardlösungen auf Bodenextrakte.

### *Gelelektrophorese*

Die CZE ist zur Trennung sehr großer geladener Moleküle wenig geeignet, da mit zunehmender Molekülgröße die Ladungsunterschiede und damit die Unterschiede in den elektrophoretischen Mobilitäten stark abnehmen.

Die Gelelektrophorese auf Platten ist eine der meist verwendeten Trennmethoden in der Biochemie. Sie ermöglicht die Trennung von Gemischen, die eine große

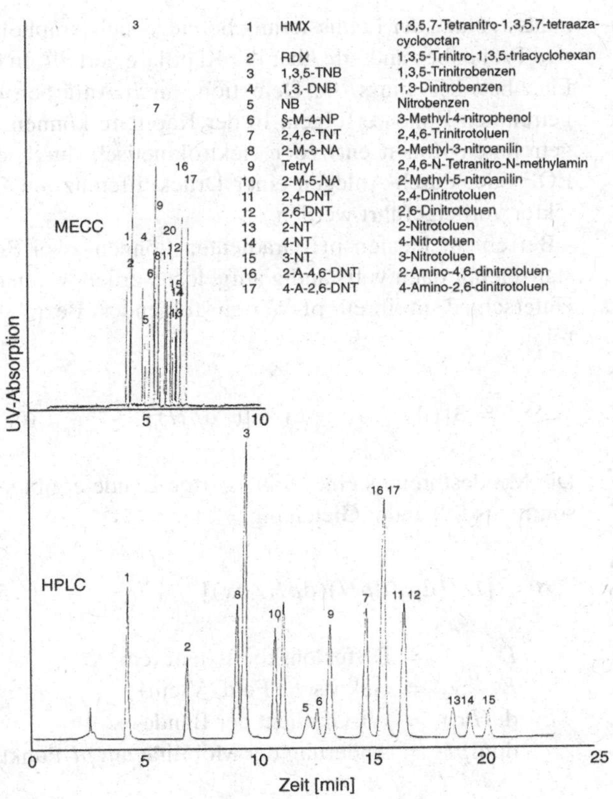


**6.53** MEKC und HPLC-Trennung einer aus 17 Komponenten bestehenden Lösung (Dissertation E. Mussenbrock, Universität Münster 1994).

Zahl verschiedener Makromoleküle enthalten. Die Gele beeinflussen die Mobilität der Makromoleküle, sodass es zu einer Trennung nach der Molekülgröße, d. h. nach steigendem Molekulargewicht, wie in Abb. 6.54 dargestellt, kommt.

Die Beweglichkeit der Moleküle im Gel hängt von der Molekülgröße und dem Vernetzungsgrad des Gels ab.

Die Kapillargelelektrophorese (CGE) ist absolut vergleichbar mit der klassischen Platten-oder Röhren-Gelelektrophorese, da sowohl der Trennmechanismus als auch die Art der verwendeten Gele identisch sind. Die Anwendung der Kapillargelelektrophorese hat gegenüber den klassischen Verfahren den Vorteil, das 10- bis

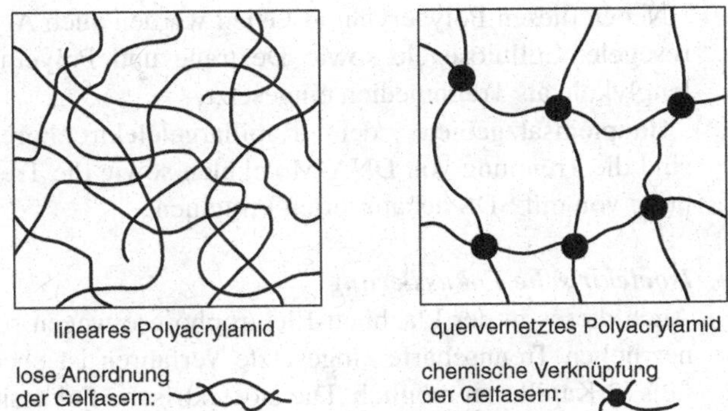


**6.55** Schema der Struktur eines linearen und eines quervernetzten Polyacrylamides.

100-mal stärkere elektrische Felder eingesetzt werden können, ohne dass es zu störenden Effekten durch Erwärmung kommt. Weiterhin erlaubt die CGE die direkte Detektion in der Kapillare und die Automatisierung des Verfahrens.

Hauptsächlich werden Gele auf Acrylamid-Basis sowie Agarosegele eingesetzt. Diese Gele sind antikonvektive Medien mit sehr geringer Diffusion von Analytmolekülen und daher für elektrophoretische Trennungen von besonderem Interesse. Die Gele unterscheiden sich in ihrer Viskosität und Stabilität im elektrischen Feld sowie in der Porenstruktur und der Porengröße.

Gele auf Acrylamid-Basis können in Gele mit unterschiedlichem Grad an Quervernetzung und Gele, die nur aus Monomerbausteinen (lineare Gele) aufgebaut sind, unterteilt werden. Lineare Polyacrylamide (LPA) unterscheiden sich bei gleichem Gesamtmonomergehalt stark von quervernetzten Gelen (Abb. 6.55). Der Zusammenhalt von LPA basiert auf physikalischen Wechselwirkungen, sie sind flüssig und können nach jeder Trennung durch Spülen der Kapillare ausgetauscht werden.

Quervernetzte Polyacrylamid-Gele werden durch Copolymerisation von Acrylamiden und einem „Vernetzer" hergestellt. Durch Variation des Reagenzes kann der Vernetzungsgrad und damit die Trenneigenschaft bestimmt werden. Diese Gele werden in der Kapillare mit dem benötigten Trennpuffer polymerisiert, ein nachträglicher Pufferwechsel ist schwierig.

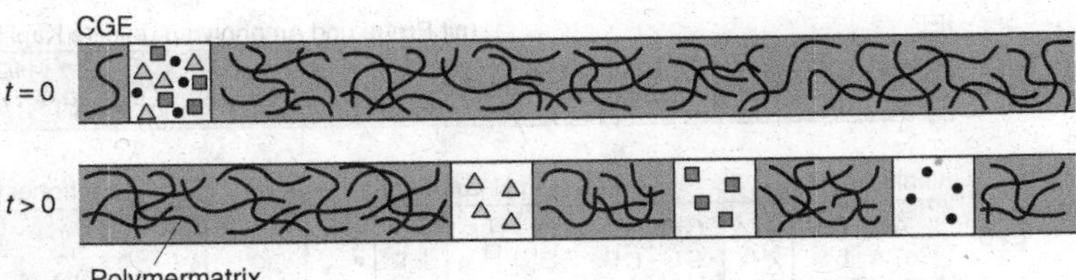


**6.54** Schematische Darstellung der Trennung von ionischen Biopolymeren nach der Molekülgröße.

Neben diesen Polyacrylamid-Gelen werden auch Agarosegele, Cellulosegele sowie Dextrane und Polyethylenglykole als Trennmedien eingesetzt.

Haupteinsatzgebiete der Kapillargelelektrophorese sind die Trennung von DNA-Molekülen sowie die Trennung von mit SDS denaturierten Proteinen.

***Isoelektrische Fokussierung***

Auch dieses in der Flachbett-Elektrophorese wegen seiner hohen Trennschärfe eingesetzte Verfahren ist ebenfalls in Kapillaren möglich. Die isoelektrische Fokussierung IEF ist ein hochauflösendes elektrophoretisches Trennverfahren für zwitterionische und amphotere Proben, wie Proteine und Peptide, die sich in ihrem isoelektrischen Punkt (pI-Wert) unterscheiden. Der isoelektrische Punkt gibt an, bei welchem pH-Wert eine amphotere Substanz nach außen hin elektrisch neutral ist und somit im elektrischen Feld nicht mehr wandert. Der pI-Wert ist eine stoffspezifische Größe und zur Trennung nach pI-Werten benötigt man einen pH-Gradienten entlang der Trennstrecke, der den gewünschten Bereich der pI-Werte überstreicht.

Diese pH-Gradienten in der Kapillare werden erzeugt, in dem man dem Puffer amphotere Substanzen, z. B. Aminocarbonsäuren mit unterschiedlichen Verhältnissen an Amino- und Carbonsäuregruppen, zugibt. Je nach Art der verwendeten Ampholyte können unterschiedlich große pH-Wert-Bereiche abgedeckt und der pH-Gradient so dem Trennproblem angepasst werden. Nach Anlegen einer Spannung ordnen sich die Ampholyte aufgrund des Protonen- und Hydroxidionenflusses entsprechend ihrer pI-Werte an, und es bildet sich ein stabiler pH-Gradient über die gesamte Trennstrecke aus.

Die Ausbildung des pH-Gradienten in Folge des Protonen- bzw. Hydroxidionenflusses ist in Abb. 6.56 dargestellt.

Die aufgegebenen amphoteren Probenbestandteile wandern im elektrischen Feld entsprechend ihrer Ladung bis zu dem Punkt, an dem der sich einstellende pH-Wert ihrem isoelektrischen Punkt entspricht. Nachdem dort ihre Nettoladung gleich null ist, wandern sie nicht mehr weiter, sondern bilden eine schmale, stabile Zone. Dies beruht auf der fokussierenden Eigenschaft des pH-Gradienten, der keine Bandenverbreiterung durch Diffusion zulässt. Nach der Fokussierung befinden sich Ampholyte und Probenbestandteile über die Kapillare verteilt. In der Flachbett-IEF muss die Detektion durch Anfärben der getrennten Zonen erfolgen. In der Kapillare können die getrennten Zonen entweder elektrokinetisch durch den EOF oder durch Anlegen einer Druckdifferenz am Detektor vorbeigeführt werden.

Bei einem idealen pH-Gradienten können zwei Substanzen nur dann vollständig aufgelöst werden, wenn der Unterschied in ihren pI-Werten folgender Beziehung folgt:

$$\Delta pI = 3[(dpH/dx)/E(-d\mu/dpH)]^{1/2} \tag{6.54}$$

Die Mindestbreite s einer fokussierten Bande ergibt sich somit aus folgender Gleichung.

$$\sigma = [D/(d\mu/dpH)(dpH/dx)]^{1/2} \tag{6.55}$$

$D$ = Diffusionskoeffizient ($cm^2/s$)
$E$ = elektrische Feld (V/cm)
$dpH/dx$ = *pH*-Gradient der Bande
$d\mu/dpH$ = Änderung der Mobilität am *pI*-Punkt

***Isotachophorese***

Die Isotachophorese (ITP) oder „Gleichgeschwindigkeits-Gelelektrophorese“ verwendet ein diskontinuierliches Puffersystem mit einem gemeinsamen Gegenion, einem Leition (L), z. B. Chlorid, mit hoher Mobilität und einem Folgeion (T), z. B. Glycin, mit niedriger Mobilität. Das Substanzgemisch mit Mobilitäten zwischen L und T wird an der Grenze zwischen Leit- und Folgeion aufgegeben. Im elektrischen Feld werden alle Ionen gezwungen mit gleicher Geschwindigkeit zu wandern, da sonst eine Ionenlücke entstehen würde. In diesem Fall müsste in einer solchen Stelle eine unendlich hohe Feldstärke existieren. Da sich bei gleicher Geschwindigkeit im Bereich der Leitionen automatisch eine niedrige Feldstärke und im Bereich der Folgeionen eine hohe Feldstärke einstellt, bewegen sich die Probensubstanzen in einem Feldstärkegradienten, der sich während des Laufes zu einem stufenförmigen Feldstärkeverlauf ent-

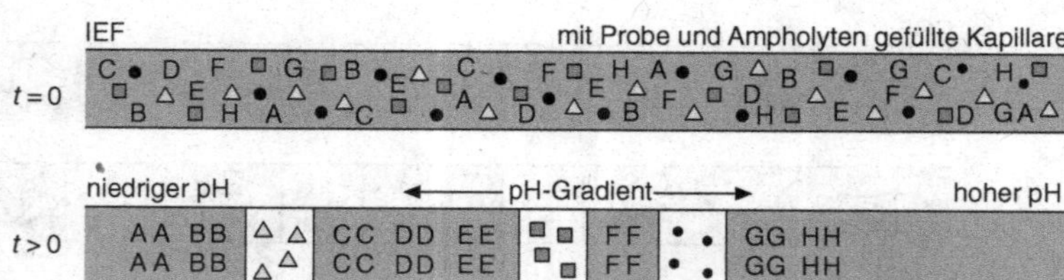


**6.56** Schematische Darstellung der IEF.

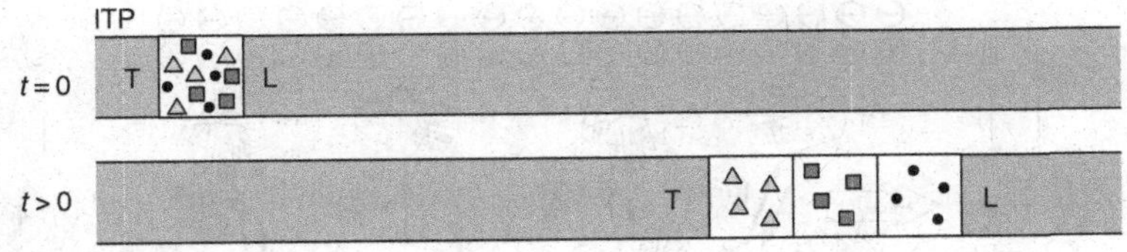

**6.57** Schematische Darstellung der ITP.

wickelt. Dabei werden die Substanzkomponenten getrennt, es entsteht ein Stapel der Substanzen in der Reihenfolge ihrer Mobilitäten. Die Methode hat einen aufkonzentrierenden Effekt und wirkt der Diffusion entgegen; allerdings wandern die getrennten Substanzen ohne Zwischenräume direkt hintereinander, und man erhält ein Stufendiagramm und keine getrennten Peaks.

Die ITP wurde vornehmlich für die Trennung anorganischer Ionen und organischer Carbonsäuren eingesetzt. Wegen der Detektionsprobleme und der Schwierigkeit bei Proben unbekannter Zusammensetzung geeignete Elektrolyten zu finden, konnte sich die ITP bisher nicht weiter durchsetzen.

### Trennung von Enantiomeren mittels Kapillarelektrophorese

In der Kapillarelektrophorese können Racemate unter optimierten Bedingungen mit sehr hoher Effizienz getrennt werden. Da sich Enantiomere wie Bild und Spiegelbild verhalten und sie sich in ihren physikalisch-chemischen Eigenschaften nicht unterscheiden, müssen dem Puffersystem geeignete chirale Selektoren zugesetzt werden. Die meisten in der Kapillarelektrophorese verwendeten chiralen Selektoren sind wasserlöslich und lassen sich einfach dem Puffer zusetzen. Universell einsetzbare Selektoren stehen jedoch nicht zur Verfügung, vielmehr müssen die Trennsysteme für jedes Problem entsprechend optimiert werden. Dadurch ergibt sich jedoch auf der anderen Seite die Möglichkeit, die Trenncharakteristika für eine chirale Trennung sehr flexibel anpassen zu können. Hingegen ist der Anwender in der HPLC auf teure käuflich erhältliche stationäre chirale Phasen angewiesen, die sein Trennproblem unter Umständen nicht lösen können. Als chirale Selektoren werden Cyclodextrine (Cds, Abb. 6.58), Proteine sowie chirale Kronenether und Mizellenbildner eingesetzt. Besonders häufig werden Cyclodextrine und deren Derivate eingesetzt.

Die underivatisierten α-, β- und γ-Cyclodextrine unterscheiden sich in der Anzahl der zu einem Ring verknüpften (6-, 7-, 8-) Glukoseeinheiten und damit in der Größe des Hohlraums. Eine dynamische Inklusion der Analyten im Sinne eines Wirt-Gast-Komplexes, aufgrund von hydrophoben und ionischen sowie sterischen Effekten und Wasserstoff-Brückenbindungen, wird für die chirale Erkennung optisch aktiver Moleküle verantwortlich gemacht (Abb. 6.59).

Neben der Auswahl und der Konzentration des geeigneten chiralen Selektors müssen auch die anderen Systemparameter wie pH-Wert, Art des verwendeten Puffersystems, Kapillarlänge und Feldstärke sorgfältig und meist sehr zeitaufwendig optimiert werden.

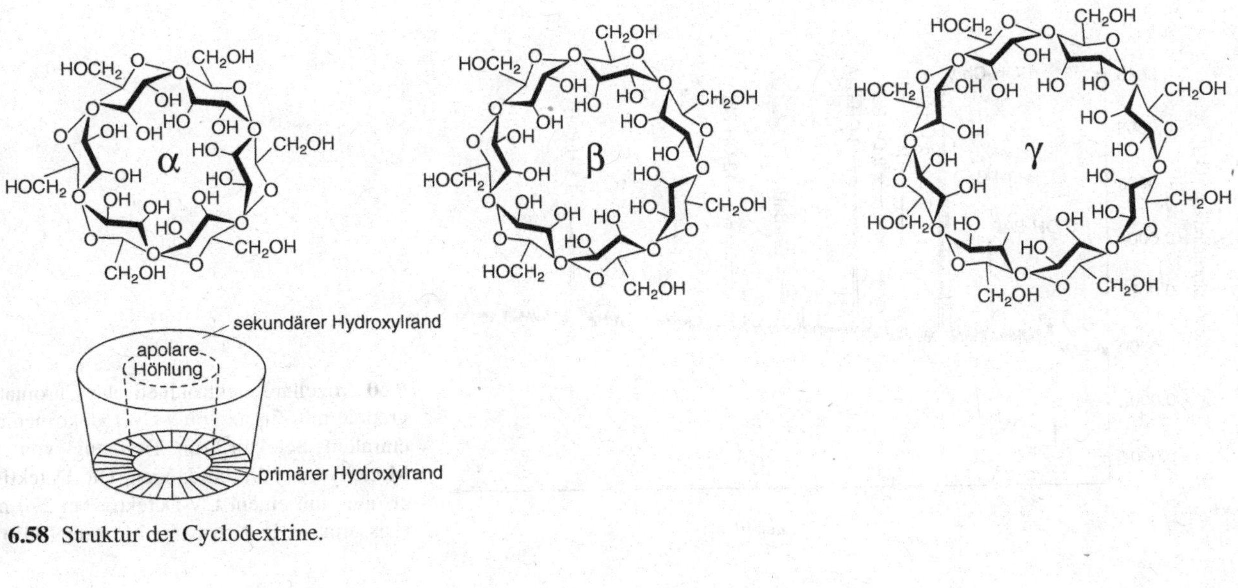

**6.58** Struktur der Cyclodextrine.

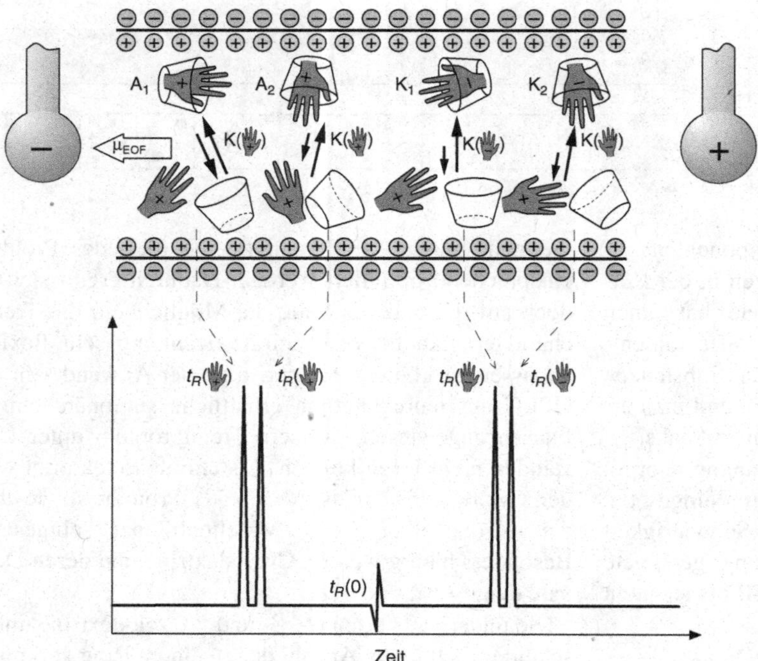


**6.59** Cyclodextrine als pseudostationäre Phase. $A_1$, $A_2$: Anionen unterschiedlicher elektrophoretischer Mobilität bzw. verschiedener Affinität zum Cyclodextrinmolekül, $K_1$, $K_2$: Kationen unterschiedlicher Mobilität, bzw. verschiedener Affinität zum Cyclodextrinmolekül.

Neutrale Teilchen müssen durch Änderung des pH-Wertes in eine ionische Form überführt werden, um unter den beschriebenen Bedingungen getrennt zu werden. Eine andere Möglichkeit ist, dem Puffer eine mizellenbildende Substanz zu zusetzen. Das mizellare System sorgt in diesem Fall für die Auftrennung in die einzelnen Probenkomponenten und das Cyclodextrin als chiraler Selektor für die Auftrennung der Probenkomponenten in die reinen Enantiomere (Abb. 6.60). Ein Beispiel für das Trennvermögen eines entsprechenden Systems ist in Abbildung 6.60 gezeigt. Hier wurden mögliche Abbauprodukte der ployzyklischen aromatischen Kohlenwasserstoffe (PAK) aufgetrennt. Es handelt sich hierbei um 10 verschiedene Monohydroxy-Verbindungen, die auf den vier Grundkörpern Chrysen, Benz[a]pyren, Benz[a]anthrazen und Benzo[b]fluoranthen basieren.

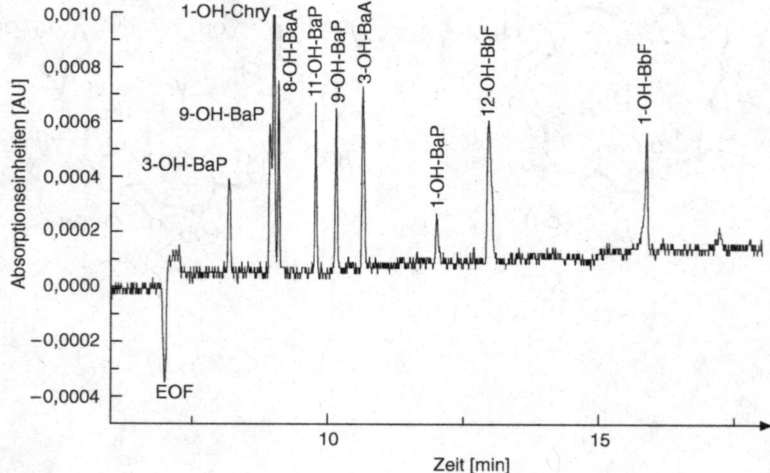


**6.60** Mizellare elektrokinetische Chromatographie mit Zusatz von γ-Cyclodextrinen als chiralem Selektor zur Trennung von 10 Monohydroxy-Verbindungen. Die Detektion erfolgte mit einem UV-Detektor bei 270 nm (Dissertation U. Krismann, Münster 1999).

# 6.3 Gaschromatographie

## 6.3.1 Einleitung

Die Gaschromatographie schließt alle Varianten der Chromatographie ein, in denen die mobile Phase ein Gas ist. Sie ist eine äußerst leistungsstarke Trennmethode, mit deren Hilfe die vielseitigsten Trennprobleme gelöst werden können. Durch Kopplung mit selektiven Detektoren können außerdem wichtige Informationen über die Inhaltstoffe der Probe gewonnen werden, die in vielen Fällen sogar ausreichen, die Verbindungen zu identifizieren. Da die gaschromatographische Analyse gut automatisiert werden kann, findet sie auch im industriellen Routinelabor oder im behördlichen Überwachungslabor weite Verbreitung. Selbst der Boden auf dem Planeten Mars wurde schon 1976 mit einem automatisierten Gaschromatographen gekoppelt mit einem massenspektrometrischen Detektor auf Indizien für lebende Materie untersucht.

Seit den ersten Beschreibungen eines gaschromatographischen Versuchs um 1950 und seit den grundlegenden theoretischen und gerätetechnischen Entwicklungen in den folgenden Jahren, ist die Gaschromatographie zu einer Standardmethode geworden. Entsprechend groß ist der Markt für gaschromatographische Geräte, der auf etwa eine Milliarde U.S. Dollar pro Jahr geschätzt wird.

Wie alle chromatographischen Methoden wird die Gaschromatographie (GC) im Prinzip nur für Trennungen eingesetzt, auch wenn die Kombination mit vor allem spektrometrischen Detektoren viele stoffliche Informationen qualitativer und quantitativer Art über die auf der gaschromatographischen Säule getrennten Stoffgemische liefern kann. Wie bei anderen Chromatographiearten erfolgt die Trennung dadurch, dass ein Stoffgemisch durch eine Säule transportiert wird und dabei in Wechselwirkung mit einer stationären Phase tritt (Abschnitt 6.1.4). Die mobile Phase ist ein Gas und dient lediglich dem Transport der Analyten vom Injektor durch die Säule bis zum Detektor. Bei den normalerweise verwendeten inerten Trägergasen treten keine Wechselwirkungen mit den zu analysierenden Stoffen auf.

Da der Transport der Analyten durch die Trennsäule in der Gasphase erfolgt, lassen sich im Prinzip alle Verbindungen, die in dem mit dem gaschromatographischen System zugänglichen Temperaturbereich einen ausreichenden Dampfdruck aufweisen, auch analysieren.

Stoffe, die diese Bedingungen nicht erfüllen, können trotzdem auf verschiedene Weisen der gaschromatographischen Analyse zugänglich gemacht werden. Sie können vielleicht durch eine Reaktion in eine andere chemische Form, die eine ausreichende Flüchtigkeit besitzt (Derivatisierung), überführt werden. So lassen sich sogar Metallionen gaschromatographisch analysieren, indem sie zu Komplexen mit organischen Liganden umgesetzt werden. Hochmolekulare organische Verbindungen (z. B. Polymere, Kohle) können durch Pyrolyse (Zersetzung durch Hitze) bei einer definierten Temperatur im Injektor des Gaschromatographen in kleinere, flüchtige Bestandteile zerlegt werden, die auf der Säule getrennt werden und ein für das Makromolekül charakteristisches Muster ergeben (s. Abb. 6.74).

Weitere Faktoren, die zu der weiten Verbreitung der Gaschromatographie geführt haben, ist die häufig niedrige (detektorabhängige) Nachweisgrenze, die auch im Routinebetrieb die Bestimmung von Nano- oder sogar Picogrammmengen erlaubt. Des weiteren zeigen moderne Kapillartrennsäulen ein sehr hohes Auflösungsvermögen, sodass ein Chromatogramm Hunderte von Peaks enthalten kann. Dies führt zwar zu einem hochaufgelösten Chromatogramm aber auch zu einer (manchmal schwer handhabbaren) Fülle von Information über die Probenzusammensetzung.

---

**Mangelndes Verständnis des GC-Prinzips**

Es ist ein häufig geäußertes Missverständnis, dass die Substanz gasförmig vorliegen müsse, also die Säulentemperatur oberhalb der Siedetemperatur des Stoffs liegen müsste. Dass dies nicht der Fall ist, lässt sich leicht zeigen. Zum Beispiel eluiert Anthracen von unpolaren Kapillarsäulen unter Routinebedingungen bei Temperaturen um 175°C, aber die Verbindung schmilzt erst bei 216°C und siedet (bei Atmosphärendruck) bei 340°C. Es reicht also, dass ein ausreichend großer Anteil der Moleküle sich in der Gasphase aufhält. Der Schmelzpunkt ist natürlich wenig relevant, da ein Analyt in der Säule nicht als Festsubstanz, sondern als Lösung in der stationären Phase vorliegt. Allein der Dampfdruck über dieser Lösung bei den gegebenen Bedingungen ist entscheidend für die Fähigkeit einer Verbindung, gaschromatographisch analysiert zu werden.

---

**Systematisierung der Gaschromatographie**

Es existieren mehrere Einteilungen der gaschromatographischen Methoden, je nachdem welche Beurteilungskriterien zugrunde gelegt werden. Im täglichen Jargon spricht man z. B. von Kapillar-GC-MS und hat damit die wichtigsten Elemente des Geräts, nämlich die Säule (eine Kapillare) und den Detektor (massenselektiven Detektor), schon beschrieben.

Die wichtigsten Klassifizierungsmerkmale sind nachstehend aufgeführt; sie werden im Folgenden detaillierter diskutiert.

Trennmechanismus (vgl. Abschnitt 6.1.4):
- Verteilung, mit einer Flüssigkeit als stationärer Phase (Gas-Flüssig Chromatographie, GLC, *gas-liquid chromatography*)
- Adsorption mit einem Feststoff als stationärer Phase (Gas-Fest Chromatographie, GSC, *gas-solid chromatography*)
- Spezielle Mechanismen (chirale Wechselwirkungen, Ligandenaustauschphänome etc.)

Säule:
- gepackt (innerer Durchmesser 2–4 mm, Länge 2–4 m)
- kapillar (innerer Durchmesser 0,15-0,53 mm, Länge 10–60 m)

Stoffmenge:
- analytisch (pg-ng)
- halbpräparativ (µg-mg)

Die Gas-Flüssig Chromatographie (GLC), bei der ein dünner Film einer häufig polymeren Flüssigkeit auf einem inerten Trägermaterial oder auf der Oberfläche der Säulenwand als stationäre Phase dient, dominiert stark, da sie sehr flexibel, robust und beinahe universell einsetzbar ist. Wenn von Gaschromatographie gesprochen wird, ist sehr häufig nur diese Art der Chromatographie gemeint. Für gewisse Anwendungen ist aber die Gas-Fest Chromatographie (GSC) eine bevorzugte Trennmethode. Hier werden ähnliche stationäre Phasen wie in der traditionellen Säulenchromatographie eingesetzt. Der Trennmechanismus ist dann adsorptiver Natur. Auch Molekularsiebe können dazu verwendet werden, sodass die Trennung dann auch durch die Größe der Moleküle (ähnlich der Größenausschlusschromatographie, Abschnitt 6.2.1) beeinflusst wird.

Die allgemeinen chromatographischen Begriffe wurden bereits im Abschnitt 6.1 behandelt.

Im Folgenden werden die verschiedenen Bauteile eines Gaschromatographen beschrieben, bevor einige theoretische Überlegungen eingeführt werden, die für die im Abschnitt 6.3.6 diskutierten Trennbeispiele notwendig sind.

**Der Gaschromatograph**

Ein Gaschromatograph besteht aus mehreren Einzelteilen, die zwar getrennt diskutiert werden müssen, die in der Praxis aber nicht von einander losgelöst betrachtet werden dürfen. Im Prinzip sollte das aktuell zu lösende Trennproblem als Vorgabe für die Auswahl der Gerätemodule dienen. In der Praxis ist es allerdings häufig so, dass ein gegebener Gaschromatograph zur Verfügung steht und man versucht, ihn mit so weit wie möglich optimierten Geräteeinstellungen einzusetzen. Allerdings sollte es zur analytischen Selbstverständlichkeit gehören, dass die Säule und der Detektor dem Trennproblem angepasst werden, in Spezialfällen auch der Injektor. Moderne Geräte erlauben beispielsweise einen unproblematischen und schnellen Wechsel der Säule.

In Abb. 6.61 sind die immer vorhandenen Bauteile eines Gaschromatographen gezeigt. Das Herzstück eines Chromatographen ist immer die chromatographische Säule, denn hier findet der Trennprozess statt. Aufbau und Eigenschaften der verschiedenen GC-Säulen sollen deshalb an erster Stelle detailliert diskutiert werden.

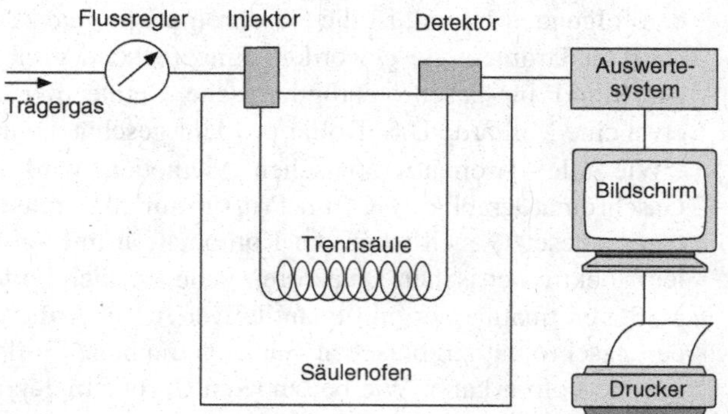


**6.61** Übersicht über die wichtigeren Komponenten eines gaschromatographischen Systems.

## 6.3.2 Die Säule

Im Prinzip ist die Säule ein Rohr, in dem die Gleichgewichtseinstellung zwischen der mobilen und der stationären Phase stattfindet. Da die Chromatographie auf einer vielfach wiederholten Gleichgewichtseinstellung beruht, müssen die zwei Phasen einander über einer großen Fläche berühren. Diese Aufgabe hat man in der klassischen Gaschromatographie mit gepackten Säulen und in der modernen Gaschromatographie mit Kapillarsäulen auf unterschiedliche Weise realisiert. Ein Querschnitt durch die verschiedenen Typen gaschromatographischer Säulen wird in Abb. 6.62 gezeigt.

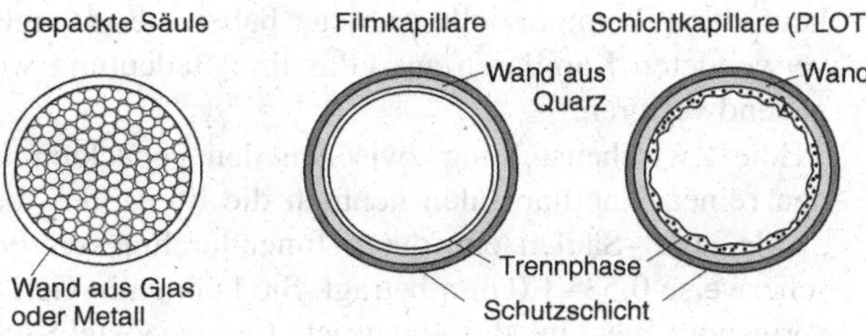


**6.62** Querschnitte durch drei Typen gaschromatographischer Säulen. Links: Eine gepackte Säule, Mitte: Filmkapillare mit der Trennphase auf der Innenwand, Rechts: Schichtkapillare (PLOT) mit einer porösen stationären Phase zur Adsorption der Probenkomponenten (Füllmaterial und Film nicht maßstäblich).

### Gepackte Säulen in der Gas-Flüssig Chromatographie (GLC)

In der klassischen Gaschromatographie besitzt die Säule einen inneren Durchmesser von etwa 2–4 mm. Darin befindet sich die stationäre Phase in Form eines Films auf Partikeln, dem so genannten Trägermaterial. Diese haben üblicherweise eine Korngröße im Bereich von 0,125–0,25 mm.* Ein beliebtes Trägermaterial auf Siliciumdioxidbasis ist Diatomeenerde (Kieselgur), ein leichtes erdähnliches fossiles Material, das aus den Skeletten einzelliger Algen besteht. Das Kieselgur wird industriell gereinigt und vorbehandelt und schließlich gemahlen. Durch Sieben werden Fraktionen verschiedener Korngrößen erhalten. Dies ist wichtig, da eine enge Korngrößenverteilung für die chromatographische Leistung günstig ist (Abschnitt 6.1.6). Im Handel ist dieses Material erhältlich beispielsweise unter dem Namen Chromosorb A, G, P und W (Chromosorb-Materialien mit anderen Buchstaben basieren auf anderen Grundstoffen). Zusatzbezeichnungen geben an, auf welche Weise das Material vorbehandelt wurde. Beispielsweise bedeutet AW, dass das Material mit Säure gewaschen wurde *(acid washed),* um Metallspuren, die den chromatographischen Prozess durch Wechselwirkungen mit den Analyten empfindlich stören können, herauszulösen.

Ein Vorteil der gepackten Säulen ist, dass sie leicht hergestellt werden können. Es gibt im Handel eine große Anzahl von stationären Phasen mit bekannten Eigenschaften. Für die Herstellung löst man eine Phase, die bei Raumtemperatur in Form eines Öls oder manchmal eines Wachses vorliegt, in einem geeigneten Lösemittel, und dazu wird das Trägermaterial gegeben. Nach Entfernung des Lösemittels haftet das zurückbleibende Öl als dünner Film am Trägermaterial. Die Menge stationärer Phase auf dem Trägermaterial wird häufig in Gewichtsprozent angegeben, z. B. „5 % DEGS auf Chromosorb W-AW" (DEGS = Polydiethylenglykolsuccinat). In den Chromatographiekatalogen bekannter Hersteller findet sich eine Vielzahl stationärer Phasen für gepackte GC-Säulen. Allerdings geht die Bedeutung der gepackten Säulen verglichen mit Kapillarsäulen durch ihre geringere Trennleistung immer weiter zurück. In Abb. 6.63 soll dieser Unterschied anschaulich an Hand einer Probe, die am Tatort einer Brandstiftung entnommen wurde, gezeigt werden. Hier ging es um die Identifizierung des verwendeten Brandbeschleunigers. Durch die höhere Auflösung auf einer Kapillarsäule wird wesentlich mehr Information über die Probe gewonnen.

### Kapillarsäulen in der GLC

Der wichtigste Säulentyp sind heute die Kapillarsäulen, die zwar schon in den 1950er Jahren vorgestellt wurden, aber erst 20 Jahre später auf den Markt kamen. Sie bestehen aus einem langen, offenen Rohr, dessen Innendurchmesser etwa zehnmal kleiner als der der gepackten Säulen ist, also ca. 0,10–0,32 mm (s. Abb. 6.62). Dafür können sie wesentlich länger sein, ohne dass ein unverhältnismäßig großer Trägergasvordruck angelegt werden muss. Längen zwischen 10 und 60 m sind gängig. Diese Länge führt zu verbesserten Trennleistungen.

Die kommerziellen Säulen bestehen aus Quarz *(fused silica)*** mit einer Wandstärke von vielleicht 100 µm. Die dünne Wand gibt der Säule eine unübertroffene Flexibilität, die die Handhabung wesentlich erleichtert, und eine kleine thermische Masse. Die Säule wird aufgerollt auf einem Metallkäfig geliefert und wird auch so in den GC-Ofen eingebaut. Da Quarz langsam durch die Luftfeuchtigkeit spröde wird und gegen mechanische Einwirkung (Kratzer) empfindlich ist, schützt man die Säule, indem sie gleich bei der Herstellung mit einem organischen Polymerfilm, üblicherweise auf Polyimidbasis, beschichtet wird. Dieser Film verleiht der Säule ihre charakteristische gelbliche bis bräunliche Farbe.

Wie alle organischen Materialien reagiert Polyimid bei erhöhten Temperaturen mit dem Luftsauerstoff. (Die stationäre Phase, in den meisten Fällen auch ein organi-

* In vielen Arbeiten wird die Korngröße einer Siebfraktion nicht in mm sondern in „mesh" angegeben. Dies ist ein Maß für die Anzahl der Maschen des Siebs pro Zoll. Eine große mesh-Zahl bedeutet also ein feines Kornmaterial. 120–140 mesh entspricht 0,125–0,105 mm und 100–120 mesh 0,149–0,125 mm.

** Eigentlich bezeichnet „Quarz" das aus der Natur gewonnene Mineral (Bergkristall) und *fused silica* das üblicherweise durch Hydrolyse von $SiCl_4$ gewonnene hochreine $SiO_2$. In der Praxis wird häufig nicht zwischen den beiden Ausdrücken unterschieden. Für Chromatographiesäulen wird ausschließlich fused silica verwendet.

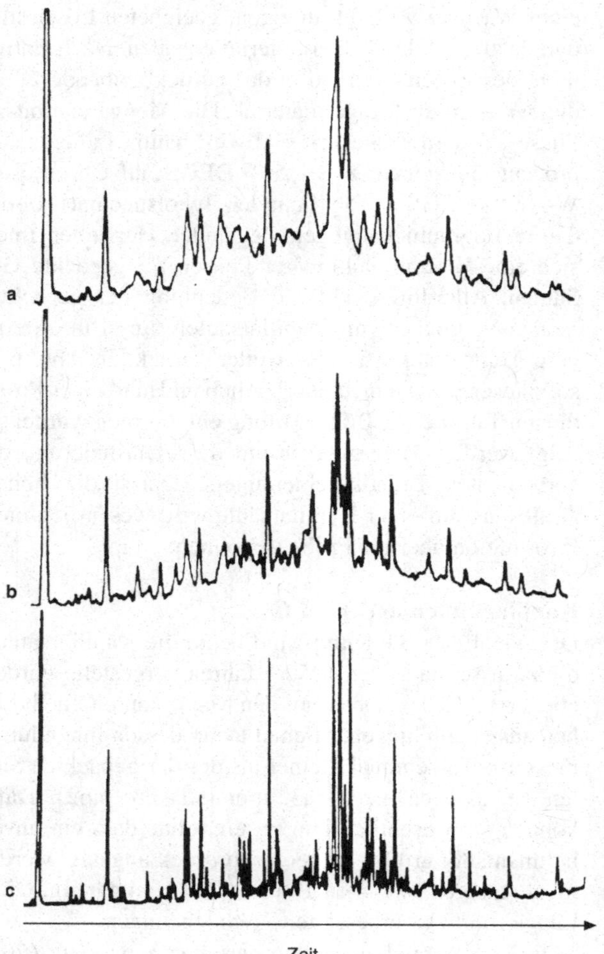


**6.63** Gaschromatogramm eines bei einer Brandstiftung gefundenen Brandbeschleunigers (Petroleum) auf a) einer 1,7 m langen, 1 mm Durchmesser Säule gepackt mit Methylpolysiloxan auf Chromosorb G, 80-100 mesh; b) einer 5 m langen, 0,53 mm Innendurchmesser *wide-bore* Kapillare mit Methylpolysiloxan; c) einer 25 m langen, 0,21 mm Innendurchmesser Kapillarsäule mit 95% Methyl-, 5% Phenylpolysiloxan als stationärer Phase mit einem massenselektiven Detektor.

scher Stoff, steht demgegenüber nur in Kontakt mit sauerstofffreiem, inertem Trägergas.) Da Trennungen von hochsiedenden Analyten erst bei 350°C oder noch höher (Hochtemperaturgaschromatographie, HT-GC) durchgeführt werden müssen, sind Quarzsäulen mit einer äußeren Aluminiumbeschichtung statt Polyimid entwickelt worden. Frühere Versuche mit Metallkapillaren sind häufig gescheitert, da Metalle bei den hohen Temperaturen gegenüber den Analyten nicht inert genug sind. Mit der Einführung reproduzierbar hergestellter Quarzkapillaren durch kommerzielle Anbieter haben die anfänglich verwendeten Kapillaren aus Glas ihre Bedeutung weitgehend verloren.

Eine Zwischenstellung zwischen den gepackten und den reinen Kapillarsäulen nehmen die Megabore- oder „wide bore"-Säulen ein, deren Innendurchmesser typischerweise 0,53 – 1,0 mm beträgt. Sie können in Geräten verwendet werden, die eigentlich für gepackte Säulen vorgesehen sind. Ihre Trennleistung pro Meter entspricht nur der einer gepackten Säule, aber da sie wesentlich länger gemacht werden können, wird die Leistung einer wide-bore Säule insgesamt deutlich höher (vgl. Abb. 6.63b).

## Die stationäre Phase

### *Die stationäre Phase in der Gas-Flüssig Chromatographie (GLC)*

Die am weitesten verbreiteten Phasen für Kapillarsäulen bestehen aus einem Polysiloxangerüst mit organischen Seitengruppen. Bei Raumtemperatur können sie fest oder halbfest sein, aber im chromatographischen Arbeitsbereich sind sie alle Flüssigkeiten. In Abb. 6.64 sind die wichtigsten Phasen aufgelistet. Zusätzlich zu diesen werden viele Spezialphasen angeboten, die für besondere Anwendungen zugeschnitten sind. Beispiele sind chirale Phasen, die Enantiomere auflösen, und solche, die die Trennung sämtlicher, in einer gewissen Überwachungsnorm vorgeschriebenen Komponenten garantiert.

Der Flüssigkeitsfilm ist auf der Innenwand der Kapillare aufgetragen und in vielen Fällen mit der Wand verbunden („chemisch gebundene Phasen"). Der kleine Durchmesser der Kapillare gewährleistet einen effektiven Kontakt zwischen mobiler und stationärer Phase. Auch wenn es möglich ist, eigene Kapillarsäulen mit stationärer Phase zu belegen, wird dies in der Praxis nur für Forschungszwecke gemacht.

Die Polarität der stationären Phase ist ein zentrales Merkmal. Zu den unpolaren Phasen zählen Siloxane mit 95 – 100% Dimethylseitengruppen, die die Analyten über van der Waals-Wechselwirkungen zurückhalten. Die in der Praxis am häufigsten benutzten Säulen besitzen solche stationären Phasen. Durch eine höhere Konzentration von Phenylgruppen im Polysiloxangerüst (z. B. 50% Phenyl- und 50% Methyl-Seitenketten) kann durch Einfluss des Analyten eine Polarisation der aromatischen Elektronenpaare stattfinden, und elektronische Wechselwirkungen gewinnen an Bedeutung. Die Phase bekommt dadurch einen polareren Charakter. Wenn Cyanogruppen vorhanden sind, hat die Phase einen permanenten Dipol und ist stark polar. Auch Polyethylenglykolether (Abb. 6.64) haben eine gewisse Bedeutung erlangt. Sie haben im Vergleich zu den obigen Phasen einen kleineren nutzbaren Temperaturbereich und sind auch sehr empfindlich gegenüber Spuren von Sauerstoff im Trägergas. Sie zählen zu den polaren stationären Phasen.

Die Anforderungen an die stationäre Phase in GLC sind vielfältig: Sie muss den Träger im ganzen verwendeten Temperaturbereich gleichmäßig benetzen, über einen großen Bereich thermisch stabil sein, chemisch homogen sein und eine niedrige Viskosität und niedrige Flüchtigkeit besitzen. Auch wenn es Phasen gibt, die diesen Vorgaben nahe kommen, existiert die ideale Phase nicht. Dass eine niedrige Flüchtigkeit verlangt wird, ist selbstverständlich, da sonst dem thermisch nutzbaren Bereich durch die Flüchtigkeit der stationären Phase zu enge Grenzen gesetzt werden. Heute werden fast nur Polymere verwendet, deren Flüchtigkeit so klein ist, dass andere Faktoren begrenzend auf den Einsatzbereich wirken.

Für gepackte Säulen ist eine verwirrende Vielzahl (mehrere hundert) stationärer Phasen erhältlich; allerdings genügen einige wenige für die Mehrzahl aller Trennungen. In vielen Herstellerkatalogen gibt es zahlreiche Trennbeispiele, die – in der Regel – nützliche Hinweise auf die für ein gewisses Trennproblem zu wählende Phase geben.

Meist haben Kapillarsäulen je nach Phase eine obere Temperaturgrenze zwischen 250 und 350°C. Neue Hochtemperaturphasen können sogar bis 460°C benutzt werden, ohne allzu starke thermische Belastung zu erleiden. Sie bestehen häufig aus einem Dimethylpolysiloxangerüst mit eingebauten Carboran-Sphären (Abb. 6.64). Die oberen Temperaturgrenzen von Trennsäulen werden weniger durch die Flüchtigkeit des Phasenmaterials als durch seine thermische Stabilität gesetzt, denn selbst die sonst so stabilen Polysiloxanphasen zerfallen bei zu hohen Temperaturen. In vielen Fällen kann die Abspaltung ringförmiger Produkten mit drei oder vier Siloxaneinheiten beobachtet werden, z. B. wenn ein massenselektiver Detektor mit dem Gaschromatogra-

| Struktur | Name | Kürzel [a] | Temperaturbereich (°C) | Beispiele für geeignete Trennungen |
|---|---|---|---|---|
| $[-O-Si(CH_3)_2-]_{100\%}$ | Poly(dimethylsiloxan) | X-1 | –60° bis +320° | Standardphase |
| $[-O-Si(C_6H_5)_2-]_{5\%}[-O-Si(CH_3)_2-]_{95\%}$ | Poly(5%-phenyl-95%-methylsiloxan) | X-5 | –60° bis +320° | Standardphase |
| $[-O-Si(CH_2CH_2CH_2CN)(C_6H_5)-]_{14\%}[-O-Si(CH_3)_2-]_{86\%}$ (● Kohlenstoff, ○ BH) | Poly(14%-cyanopropyl-phenyl-86%-dimethylsiloxan) | X-1701 | +20° bis +280° | Pestizide, Pharmazeutika, Umweltproben |
| $[CH_3-Si(CH_3)-\text{Carboran}-Si(CH_3)_2-O-Si(CH_3)_2-O-Si(CH_3)_2-O-]_n$ (● Kohlenstoff, ○ BH) | Polycarboransiloxan | HT-5 | +10° bis +460° [b] | simulierte Destillation in der Erdölanalytik, Hochtemperaturanalysen |
| $H-[OCH_2CH_2]_n-OH$ | Polyethylenglykol | X-Wax | +35° bis +260° | Lösemittel, Alkohole, Fettsäuren, ätherische Öle |

[a] X steht hier für herstellereigene Kürzel; auch andere Zahlen werden gelegentlich verwendet
[b] aluminiumbeschichtete Säule

**6.64** Beispiele für häufig verwendete stationäre Phasen in der Gas-Flüssig-Chromatographie mit Kapillarsäulen.

phen gekoppelt ist. Das Problem kann auch mit anderen Detektoren leicht erkannt werden, denn die Zersetzung erzeugt organische Moleküle, die vom Detektor erfasst werden. Die Grundlinie des Chromatogramms steigt also ab einer gewissen Temperatur an. Man sagt, dass die *Säule blutet*. In Abb. 6.65 ist dies ab einer Temperatur von 280 °C deutlich zu erkennen. Die von der Polydimethylsiloxan thermisch abgespalteten cyclischen Oligomere sind auch abgebildet.

Die obere Temperaturgrenze kann auch von anderen Faktoren gesetzt werden. Beispielsweise greifen Spuren von Sauerstoff im Trägergas die stationäre Phase stärker an, je heißer die Säule ist. Besonders empfindlich gegenüber Sauerstoff sind polare Phasen, z. B. solche auf Polyethylenglykol- und Cyanopropylbasis. Schließlich können Phasen, die nicht quervernetzt (s. unten) sind, sich unter dem Einfluss höherer Temperaturen von der Kapillarwand lösen und Tröpfchen bilden, sodass Teile der Kapillarwand ohne Belegung und andere Teile mit dicken Tröpfchen belegt sind. Wenn dies passiert, geht die Trennleistung der Säule unwiderruflich verloren, und sie muss verworfen werden.

Besonders bei polaren Phasen sollte man auf die untere Temperaturgrenze achten, die doch so hoch wie 60 °C liegen kann. Darunter ist die Trenneffizienz sehr niedrig, da die stationäre Phase noch nicht flüssig ist und deswegen keine gute Diffusion in die Phase erlaubt. Liegt der Schmelzpunkt (oder in gewissen Fällen andere Phasenumwandlungstemperaturen) so hoch, dass er im Bereich der in der Gaschromatographie üblicherweise verwendeten Temperaturen liegt, kann es passieren, dass die untere Temperaturgrenze unterschritten wird und eine gute Säule für untauglich erklärt wird. Für Anwendungen bei Raumtemperatur oder darunter sollte unbedingt eine Phase, die über eine ausreichend tiefe Minimaltemperatur verfügt, gewählt werden. Es gibt Phasen, die auch noch bei –80 °C einsatzfähig sind.

Um die Stabilität der stationären Phase zu erhöhen, werden die Polymermoleküle nach der Belegung in der Säule häufig chemisch miteinander verknüpft (Quervernetzung, *cross-linking*). Da die so entstandenen Polymerketten noch wesentlich größer und damit schwerer löslich sind, nennt man diesen Prozess auch Immobilisierung. Besonders bei unpolaren Phasen, z. B. Dimethylpolysiloxanen, kann dies einfach durch eine radikalische Reaktion, die mit zugesetzten Radikalinitiatoren thermisch eingeleitet wird, durchgeführt werden. Vorteilhaft für die Immobilisierung sind Vinylgruppen, die für diesen Zweck bei der Synthese in das polymere Gerüst eingebaut werden. Polare Phasen sind schwieriger umzusetzen, und folglich sind besonders Cyanopropylphasen nicht quervernetzt (oder nur zum kleinen Teil, „stabilisiert").

Nicht nur wird die Stabilität der Phase durch die Quervernetzung und die chemische Bindung an die Kapillarwand erhöht, sondern es ergeben sich auch andere Vor-

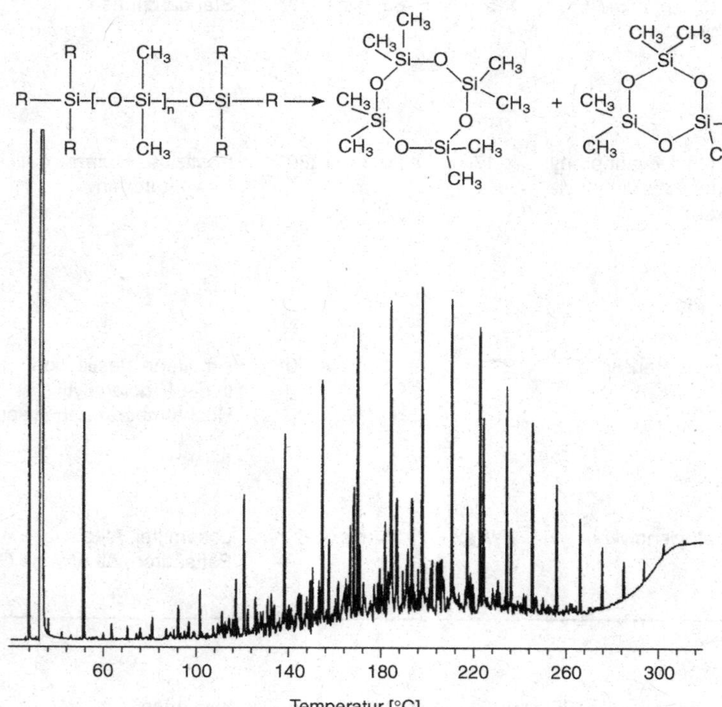


**6.65** Flammenionisationsdetektion. Das Chromatogramm eines Dieselkraftstoffes auf einer 30 m, 0,32 mm, 1,5 µm Poly(dimethylsiloxan)phase.
Temperatur 40 °C/5 min, 4 °C/min auf 300 °C/5 min. Injektor 275 °C, Detektor 300 °C. Helium 30 cm/s (40 °C). Splitverhältnis 30:1. Die großen Peaks stammen von den n-Alkanen mit n-$C_{15}H_{32}$ als dominierender Komponente.

teile. Durch chemische Umsetzungen lassen sich dickere Filme mit dem Vorteil herstellen, dass größere Mengen an Proben möglich sind und eine bessere Trennleistung erhalten wird. Für unpolare Phasen werden von den meisten Herstellern bis zu 5 μm dicke Filme angeboten, dagegen liegt die obere Grenze für polare Phasen häufig bei 0,3 μm. Die gebundenen Phasen sind zudem unempfindlicher gegenüber Flüssigkeiten, sodass größere Injektionsvolumina möglich sind. Säulen mit gebundenen Phasen können sogar mit einem Lösemittel gespült werden zwecks Entfernung von schwerflüchtigen Stoffen, die sich im Lauf der Zeit in der Säule angesammelt haben.

***Rohrschneider- und McReynolds-Konstanten***

Die Polarität ist ein Maß für die Fähigkeit der stationären Phase, in für die Retention entscheidende Wechselwirkung mit den Analyten zu treten. Von einer völlig unpolaren Phase, wo außer *Dispersionswechselwirkungen* keine speziellen Wechselwirkungen vorhanden sind, eluiert eine Reihe homologer Verbindungen nach ihren Dampfdrücken, also im Großen und Ganzen nach ihren Siedepunkten. Dies gilt allerdings nicht unbedingt für Verbindungen mit verschiedenen funktionellen Gruppen. Es ist schwer zu definieren, was genau die Polarität ist, und ihr Einfluss auf die Retention von Substanzen ist nicht immer leicht zu quantifizieren. Trotzdem ist sie ein praktisches Maß für eine Summe von Eigenschaften der Phase und gibt dem erfahrenen Analytiker eine erste Handhabe bei der Beurteilung, welche Phase für ein gewisses Trennproblem nützlich sein könnte. Sie wird üblicherweise rein empirisch anhand der Retention einiger definierter Testsubstanzen mit verschiedenen funktionellen Gruppen gemessen. Der erste Ansatz in diese Richtung wurde von *Rohrschneider* gemacht, dessen Überlegungen später von *McReynolds* erweitert wurden. Auch wenn die McReynolds-Konstanten auf schwachem theoretischem Boden stehen, werden sie in allen Herstellerkatalogen aufgeführt.

Die Testsubstanzen für die Polaritätsbestimmung sind so ausgewählt, dass sie verschiedene chemische Wechselwirkungsmöglichkeiten mit der stationären Phase haben:

- Benzen (Dispersionswechselwirkungen, polarisierbar)
- Butanol (Protonendonatoreigenschaften)
- 2-Pentanon (π-Akzeptoreigenschaften, Dipol-Dipol Wechselwirkungen)
- Nitropropan (π-Akzeptoreigenschaften, Dipol-Dipol Wechselwirkungen)
- Pyridin (π-Donoreigenschaften, polarisierbar)

Praktisch geht man so vor, dass die Retentionszeit dieser Substanzen und die Retentionszeiten einer im gleichen Elutionsbereich eluierenden Alkanreihe auf der zu charakterisierenden Phase gemessen werden. Dann werden die gleichen Messungen auf einer völlig unpolaren Phase wiederholt, wo nur Dispersionswechselwirkungen stattfinden können. Traditionell ist diese Phase *Squalan*, ein verzweigter Kohlenwasserstoff (Hexamethyltetracosan, $C_{30}H_{62}$). Auf der polaren Phase werden die polaren Analyten – im Vergleich zu den Alkanen – später eluieren als auf der völlig unpolaren Phase. Diese Verschiebung der Elution beruht sowohl auf stärkeren Wechselwirkungen zwischen Testsubstanzen und (polarer) Phase als auf schwächeren Wechselwirkungen zwischen den Alkanen ab). Die McReynolds-Konstanten errechnen sich aus den Differenzen der Retentionswerte (in Form von Retentionsindices, siehe unten) auf der Testsäule und der mit Squalan belegten Säule. Herstellerfirmen geben für ihre Phasen entweder die Konstanten individuell an, ihre Summe oder ihren Durchschnittswert. Nur die individuellen Konstanten geben ein vollständiges Bild von den besonderen Wechselwirkungen der stationären Phase wider (siehe unten). In Abb. 6.69 zeigen die schwach polaren aromatischen Verbindungen m- und n-Xylen stärkere Wechselwirkungen mit polaren Phase Polyethylen-Glykol als die unpolaren Alkane Decan und Undecan. An der unpolaren Siloxanphase ist es genau umgekehrt.

**Variable Wechselwirkungen**

Ein Beispiel zur Verdeutlichung: Auf Squalan eluiert Nitropropan zwischen Hexan und Heptan. Auf einer ziemlich unpolaren Phase, Typ Dimethylsiloxan, eluiert diese Testverbindung zusammen mit Heptan. Dimethylsiloxan zeigt also geringfügig stärkere Wechselwirkungen mit Nitropropan als Squalan. Werden nun 14% der Methylgruppen in der stationären Phase durch Cyanopropylgruppen ersetzt, eluiert Nitropropan etwa mit Nonan, und auf einer zu 50% mit Cyanopropylgruppen substituierten Phase kommt die Testsubstanz zusammen mit Undecan. Offensichtlich zeigen die Cyanogruppen mit ihrem Dipol deutliche Wechselwirkungen mit dem ebenfalls einen Dipol enthaltenden Nitropropan (und gleichzeitig schwächen sich die Wechselwirkungen zwischen den polaren stationären Phasen und den

Alkanen und der Phase (also schwächer als auf der unpolaren Vergleichsphase).

Es ist offensichtlich, dass viele Faktoren für die Eignung einer Säule für ein gegebenes Trennproblem eine Rolle spielen. Wie man bei der Auswahl der geeigneten Säule vorgeht, wird am Ende dieses Abschnitts besprochen.

***Die stationäre Phase in der Gas-Fest Chromatographie (GSC)***

Gepackte Säulen werden in der GSC heute noch häufig verwendet. Sowohl anorganische Adsorbentien (Kieselgel, Aluminiumoxid, Molekularsiebe) als auch organische Polymere (Polystyrene, Acrylate) werden hierbei eingesetzt. Die anorganischen Materialien sind allerdings wasserempfindlich, da sie Wasser stark adsorbieren und sich die Eigenschaften der Oberfläche dadurch verändern. Durch Ausheizen kann das Wasser wieder entfernt werden. Da auch andere Stoffe stark adsorbieren können, werden fast nur Gase oder niedrigsiedende Analyten mithilfe der GSC analysiert. Auf graphitiertem Ruß können jedoch auch polare Analyten vorteilhaft getrennt werden, beispielsweise die kurzkettigen Alkohole (Blutalkoholanalyse).

Auch für die GSC können Kapillarsäulen eingesetzt werden. Sie haben sich besonders bei der durch den niedrigen Siedepunkt bedingten, sonst so schwierigen Trennung von Gasen und leichtflüchtigen Kohlenwasserstoffen bewährt, wie dies z. B. in der petrochemischen Industrie von größter Bedeutung ist. Die Abkürzung PLOT erklärt den Aufbau: *porous layer open tubular column*. Die Innenwand der offenen Kapillarsäule wird mit einem als stationärer Phase dienenden porösen Feststoff wie Molekularsieben oder Aluminiumoxid belegt (Abb. 6.62).

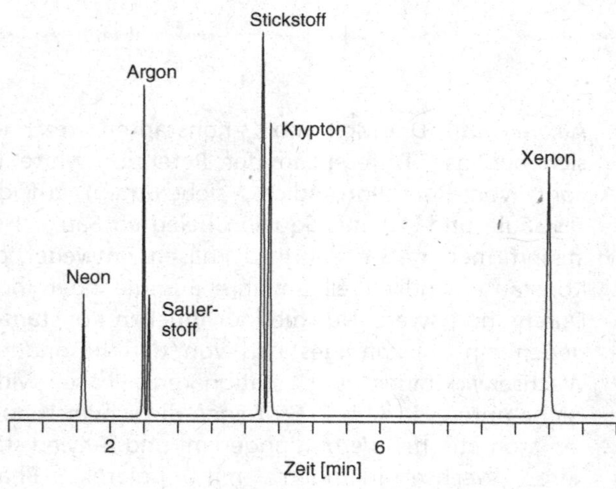


**6.66** Chromatogramm eines Gasgemisches auf einer PLOT wide-bore Säule mit Molekularsieben. 30 m, 0,53 mm, 50 µm Säule. Temperatur: 35°C/3 min, 25°/min auf 120°C/5 min. Wärmeleitfähigkeitsdetektor. Helium 4 ml/min. Splitverhältnis 50:1.

Ein Anwendungsbeispiel ist in Abb. 6.66 gezeigt, wo eine wide-bore Säule mit Molekularsieben der Porengröße 5 Å zum Einsatz kommt, um Edelgase und Sauerstoff, Stickstoff und Methan zu trennen. Man geht davon aus, dass auf diesen Materialien sowohl Siebeffekte als auch Adsorptionseffekte eine Rolle spielen. Die Trennung einer Reihe von Erdgaskomponenten in Abb. 6.67 zeigt die hohe Auflösung von Isomeren, die auf Aluminiumoxid möglich ist.

**Das Trägergas**

Das Trägergas soll keine Wechselwirkungen mit den Analyten zeigen, sondern diese nur durch das System transportieren. Dafür wird ein Gas benötigt, das eine hohe Reinheit besitzt, keine Reaktivität gegenüber den Analyten oder der stationären Phase bei den Arbeitstemperaturen zeigt und eine effektive Detektion erlaubt. Außerdem soll es ungiftig und nicht zu teuer sein. Die meist benutzten Trägergase sind Stickstoff, Helium und Wasserstoff.

Die Trägergasgeschwindigkeit wird über den Vordruck am Anfang der Säule reguliert. Abhängig von der Viskosität des Gases, der Temperatur und den Abmessungen der Säule stellt sich ein bestimmter Volumenstrom ein. Normalerweise wird der Fluss als eine (durchschnittliche) Geschwindigkeit angegeben, z. B. 45 cm/s für eine Kapillarsäule. Diese Zahl errechnet sich aus dem Fluss (in ml/min), der am Detektor gemessen wird. Da die geometrischen Abmessungen der Säule bekannt sind, kann diese Flusszahl in eine Geschwindigkeit umgerechnet werden, wobei die Kompressibilität des Gases berücksichtigt werden muss (Abschnitt 6.1.5). Bei der Angabe sollte unbedingt die Säulentemperatur bei der Messung angegeben werden, da ein gewisser Vordruck je nach Temperatur ganz unterschiedliche Gasgeschwindigkeiten bewirkt. Dies hängt mit der erhöhten Viskosität eines Gases bei erhöhter Temperatur zusammen. Ein Gasfluss, der bei Raumtemperatur gemessen wird, kann deutlich höher liegen als der Fluss – bei konstantem Vordruck – während der Aufzeichnung des Chromatogramms bei höherer Temperatur.

Dieser Effekt ist nicht nur im *isothermen* (bei gleichbleibender Temperatur im Säulenofen) sondern auch beim *temperaturprogrammierten* Arbeiten von Bedeutung. Die Temperatur im Ofen wird dabei kontinuierlich gesteigert, um weniger flüchtige Probenkomponenten schneller zu eluieren. Bei konstantem Vordruck sinkt also der Gasfluss während der Aufzeichnung. Dies kann leicht die Gasgeschwindigkeit um die Hälfte verringern

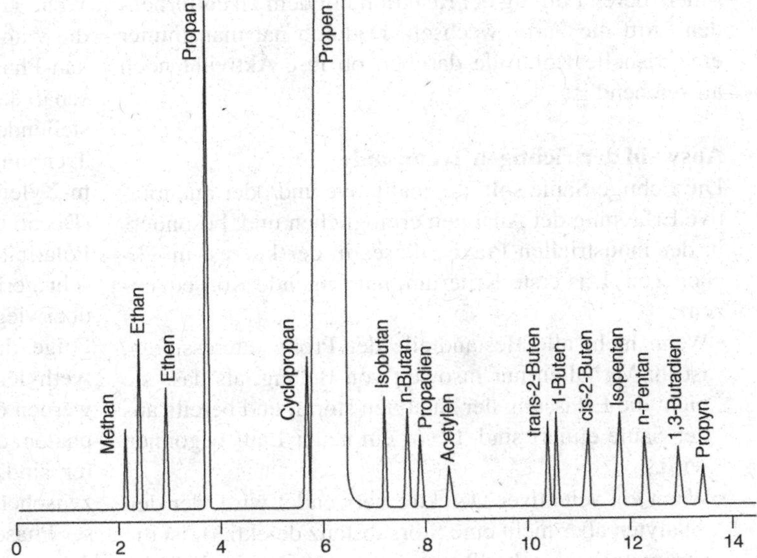


**6.67** Chromatogramm eines Gemisches von (zugesetzten) Verunreinigungen in Propen auf einer 50 m, 0,53 mm Säule mit Aluminiumoxid als Trennphase. Temperatur: 40 °C/3 min, 10 °C/min auf 120 °C/5 min. Flammenionisationsdetektor. Helium 37,5 cm/s (bei 80 °C). Splitinjektion.

und damit gemäß der van-Deemter-Gleichung (Abschnitt 6.1.6) einen negativen Einfluss auf die Güte der Trennung haben. Modernere Geräte besitzen die Möglichkeit, diesen Effekt durch eine elektronisch gesteuerte Erhöhung des Trägergasdrucks zu kompensieren, sodass die Trägergasgeschwindigkeit unabhängig von der Temperatur ist.

Auch wenn die genannten drei Gase Stickstoff, Helium und Wasserstoff die aufgeführten Kriterien erfüllen, ist es nicht gleichgültig, welches von ihnen man in der Kapillargaschromatographie wählt. Stickstoff hat die höchste Viskosität und deshalb zeigen die Analyten darin die niedrigsten Diffusionskoeffizienten. Bei gleichen Trägergasgeschwindigkeiten ist damit die Längsdiffusion der Analyten und damit die Bandenverbreitung kleiner als bei den anderen Trägergasen. Die Höhe eines theoretischen Bodens (Abschnitt 6.1.6) wird damit kleiner und die Auflösung besser. Dieser Effekt wird durch das etwas niedriger liegende Minimum der van-Deemter-Kurve für $N_2$ im Vergleich zu He und $H_2$ in Abb. 6.68 illustriert. Allerdings gilt dies nur für einen kleinen Bereich der Trägergasgeschwindigkeit. Wenn diese zunimmt, steigt die Bodenhöhe schnell an und die Auflösung wird demgemäß schlechter. Für Wasserstoff nimmt die Bodenhöhe mit der Gasgeschwindigkeit viel langsamer zu und die Auflösung bleibt über einen größeren Geschwindigkeitsbereich gut. Helium liegt zwischen den beiden genannten Gasen. Der beschriebene Effekt ist besonders bei temperaturprogrammiertem Arbeiten wichtig, da die Gasgeschwindigkeit – bei konstantem Trägergasvordruck – mit steigender Temperatur abnimmt und die Auflösung damit leicht leidet.

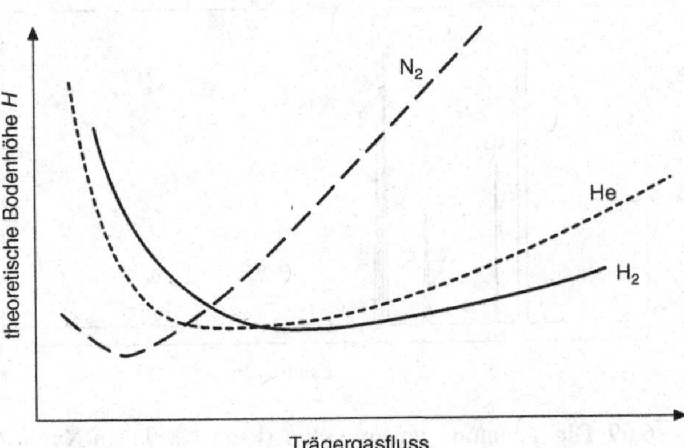


**6.68** van-Deemter-Kurven für die drei Trägergase Stickstoff, Helium und Wasserstoff.

Da Gemische von Wasserstoff mit Luft explosiv sein können (Explosionsgrenzen: 4–75,6 %), sollte also noch strenger als sonst auf Lecks geachtet werden, wenn Wasserstoff als Trägergas benutzt wird. Die Praxis hat allerdings gezeigt, dass Unfälle mit diesem Trägergas ausgesprochen selten vorkommen.

Die stationäre Phase kann durch Sauerstoffspuren zerstört werden. Das Trägergas muss daher sehr rein und insbesondere frei von Sauerstoff, Wasser und organischen Bestandteilen sein. Üblicherweise werden Gase der Reinheiten 5,0 bis 6,0 (99,999 % bzw. 99,9999 %) eingesetzt. Eine weitere Reinigung kann durch Kartuschen in der Gasleitung erreicht werden, die mit einem Material gefüllt sind, das mit den genannten Stoffen reagiert. Besonders vorteilhaft sind indizierende Kartuschen, deren Füllung bei Reaktion mit dem zu entfernenden Stoff die Farbe wechselt. Dadurch hat man immer eine visuelle Kontrolle darüber, ob ihre Aktivität noch ausreichend ist.

**Auswahl der richtigen Trennsäule**

Die richtige Säule soll die qualitative und/oder quantitative Erfassung der Analyten ermöglichen und, besonders in der industriellen Praxis, dieses in der kürzest möglichen Zeit. Das erste Kriterium hat folgende Konsequenzen:

- Wenn nicht alle Bestandteile der Probe interessieren, ist ihr Verhalten nur insoweit von Belang, als dass sie nicht die Erfassung der Analyten stören und bereits aus der Säule eluiert sind, bevor ein neuer Lauf begonnen wird.
- Wenn ein selektiver Detektor verwendet wird, der den Analyten aber nicht eine Störsubstanz detektiert, ist die chromatographische Trennung der beiden Verbindungen nicht notwendig (vorausgesetzt, die Störsubstanz beeinflusst die Detektion des Analyten nicht, z. B. durch Änderung der Empfindlichkeit oder der Detektionsgrenze).

Die Vorbehandlung der Probe sollte darauf ausgerichtet sein, dass eine ausreichend gereinigte Probelösung zur Verfügung steht, sodass keine Bestandteile auf der Säule bleiben, z. B. hochmolekulare Stoffe, die mit der Zeit die chromatographischen Eigenschaften der Säule verschlechtern. Auch das Lösemittel sollte richtig gewählt werden, damit die Injektion sauber durchgeführt werden kann (ähnliche Polarität zwischen Lösemittel und stationärer Phase, genügend tiefsiedend, sodass keine Überlagerung zwischen Lösemittelpeak und Analytenpeaks entsteht, chromatographisch rein und dadurch ohne Störpeaks, Abstimmung zwischen dem Siedepunkt des Lösemittels und der Anfangstemperatur des Chromatogramms). Schließlich muss auch die Konzentration der Analyten so gewählt sein, dass die injizierte Stoffmenge im dynamisch linearen Bereich des Detektors liegt.

Bei der Wahl der optimalen Säule spielen mehrere Faktoren eine Rolle: Die stationäre Phase und ihre Dicke, der Säulendurchmesser und die Säulenlänge. Normalerweise ist die Natur der Analyten bekannt, und damit ist auch die Wahl der stationären Phase eingeengt. Da ähnliche Polaritäten zwischen Analyten und stationärer Phase vorteilhaft sind, sucht man eine Trennphase, die dieses Kriterium erfüllt. Hilfreich sind hierbei Herstellerkataloge, die Beispiele aus vielen Stoffklassen zeigen. Selten kommt nur eine einzige Phase in Betracht, und Phasen mit etwas unterschiedlicher Polarität können alle sehr gute Trennungen zeigen, auch wenn in der Regel etwas unterschiedliche Feintrennungen beobachtet werden. Wenn keinerlei Information über die Probe vorliegt, fällt die Wahl häufig auf eine 5% Phenyl- / 95% Methylsiloxan-Phase, die so etwas wie eine Standardphase ist und schätzungsweise für 80% aller Trennungen zufriedenstellende Ergebnisse liefert. Abbildung 6.69 zeigt die Trennung von zwei aromatischen Verbindungen (p- und m-Xylen) und zwei aliphatischen Kohlenwasserstoffen (Decan und Undecan) auf zwei Phasen unterschiedlicher Polarität. Auf der 100% Dimethylsiloxanphase, die eine sehr geringe Polarität besitzt, werden die Komponenten überwiegend nach ihren Siedepunkten getrennt, mit der Folge, dass die beiden Aromaten coeluieren. Auf der Polyethylenglykolphase, die zu den polaren Phasen zählt, werden die Aromaten stärker zurückgehalten als die Aliphaten, da die Xylene aufgrund ihrer π-Elektronen polarer sind, und außerdem wird ein kleiner Unterschied zwischen den beiden Aromaten deutlich, sodass auf dieser Phase alle vier Verbindungen schön aufgetrennt werden.

Der Innendurchmesser spielt eine große Rolle für die Trennung: Ein kleiner Durchmesser führt bei sonst gleichbleibenden Bedingungen zu einer erhöhten Trennleistung aber zu einer niedrigeren Kapazität. In Abbildung 6.70 wird die bessere Trennung gezeigt, die auf der dünneren Säule mit einer Auflösung von 4,00 deutlich besser ist als die auf der 0,25 mm Säule mit der Auflösung 1,63. Was sich hier ändert ist das Phasenver-

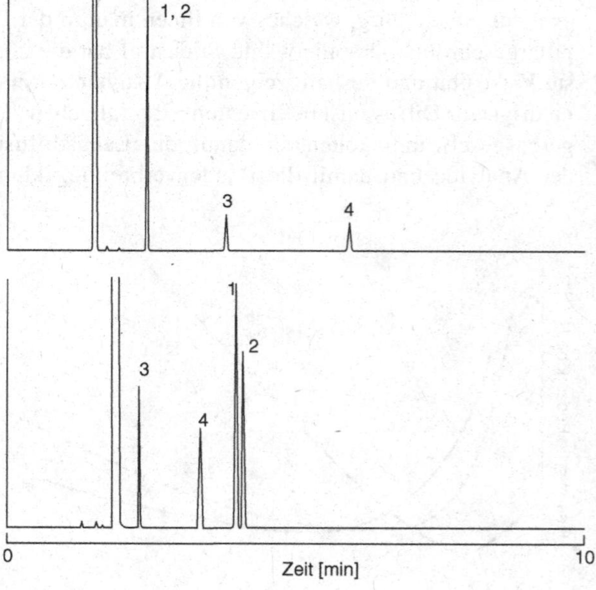


**6.69** Die Trennung von p-Xylen (Peak Nr. 1), m-Xylen (2), Decan (3) und Undecan (4) auf einer unpolaren 100% Poly(dimethylsiloxan)phase (oben) und einer polaren Polyethylenglykolphase (unten).

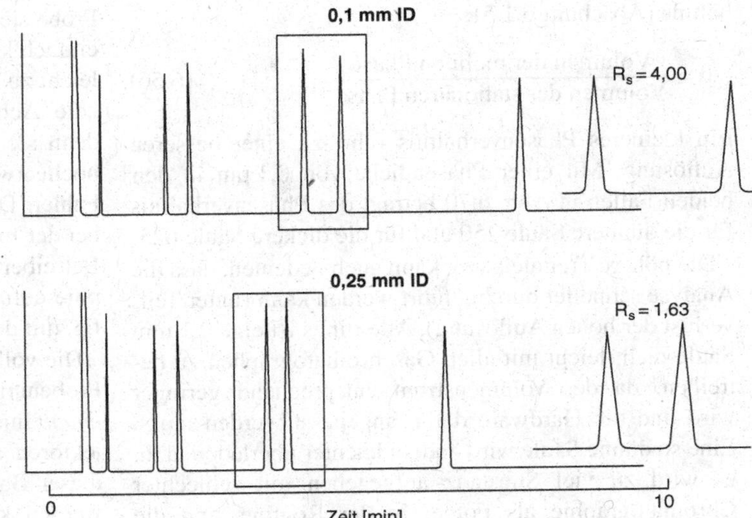


**6.70** Die Auflösung $R_s$ hängt vom Säulendurchmesser ab. Der geringere Durchmesser (oberes Chromatogramm) führt zu einer höheren Auflösung, wenn die sonstigen Bedingungen gleichgehalten werden.

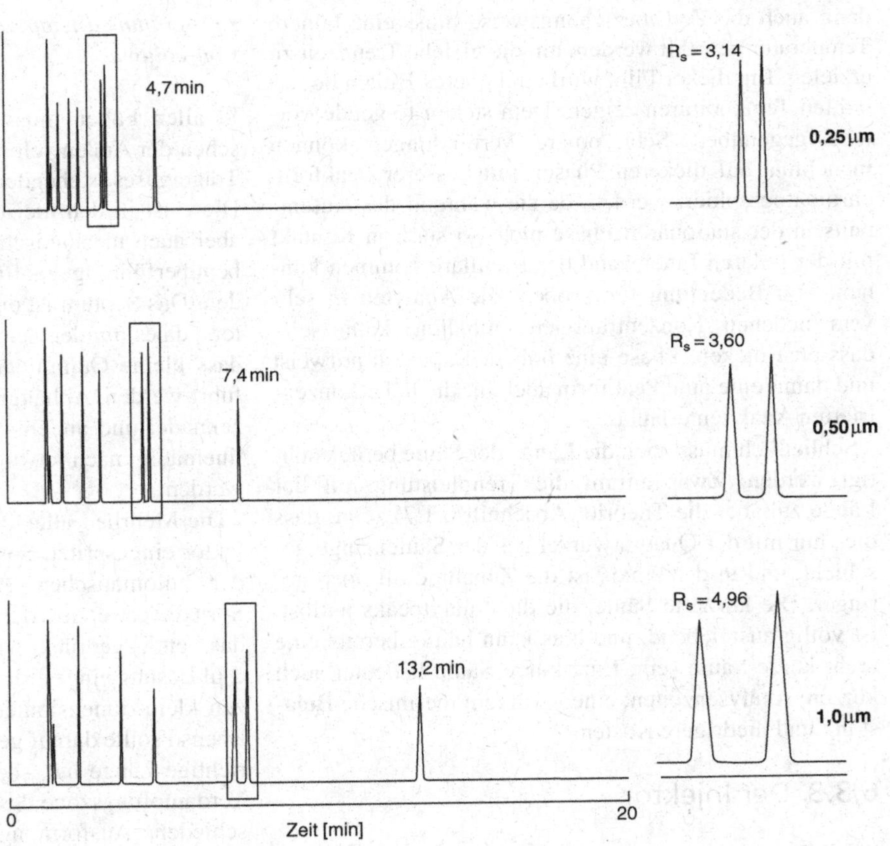


**6.71** Je dicker der Film, desto besser wird die Auflösung $R_s$. Die Retentionszeit (bei gleicher Temperatur) wird aber länger.

hältnis (Abschnitt 6.1.5):

$$\beta = \frac{\text{Volumen der mobilen Phase}}{\text{Volumen der stationären Phase}} \qquad (6.56)$$

Ein kleineres Phasenverhältnis führt zu einer besseren Auflösung. Mit einer Phasendicke von 0,1 µm in den beiden Fällen in Abb. 6.70 beträgt das Phasenverhältnis für die dünnere Säule 250 und für die dickere Säule 625.

Die höhere Trennleistung kann auch bedeuten, dass die Analyse schneller durchgeführt werden kann (unter Teilverlust der hohen Auflösung). Allerdings ist eine 0,1 mm Säule nicht leicht mit allen Gaschromatographen zu betreiben, da der Volumenstrom entsprechend geringer wird und die Hardware daran angepasst werden muss. Eine so dünne Säule wird zudem leichter überladen, d. h. es wird zu viel Substanz aufgegeben mit schlechter Chromatographie als Folge. In der Routine sind die Durchmesser 0,25 und 0,32 mm Standard.

Die Phasendicke kann üblicherweise – etwas in Abhängigkeit von der Phase – zwischen 0,1 und 5 µm gewählt werden. Ein dicker Film führt zu einer besseren Trennleistung, wie in Abb. 6.71 gezeigt wird, da sich das Phasenverhältnis verkleinert. Allerdings verlängert sich dann auch die Zeit, beziehungsweise muss eine höhere Temperatur gewählt werden, um die gleiche Trennzeit zu erzielen. Ein dicker Film wird ein höheres Bluten bei erhöhten Temperaturen zeigen. Dem stehen folgende Vorteile gegenüber: Sehr polare Verbindungen können manchmal auf dickeren Phasen mit besserer Peakform chromatographiert werden, da sie während des Aufenthalts in der stationären Phase nicht so stark in Kontakt mit der polaren Innenwand der Kapillare kommen können. Von Bedeutung für Proben, die Analyten in sehr verschiedenen Konzentrationen enthalten, kann sein, dass eine dickere Phase eine höhere Kapazität aufweist und damit eine gute Peakform auch für die höherkonzentrierten Analyten erlaubt.

Schließlich muss auch die Länge der Säule berücksichtigt werden. Zwar nimmt die Trennleistung mit der Länge zu, aber die Theorie (Abschnitt 6.1.7) zeigt, dass dies nur mit der Quadratwurzel aus der Säulenlänge geschieht, und in der Praxis ist die Zunahme oft noch geringer. Die kürzeste Säule, die die Analytpeaks auflöst, ist völlig ausreichend, und dies kann häufig bereits eine recht kurze Säule sein. Eine kurze Säule bedeutet auch kürzere Analysenzeiten, eine geringere thermische Belastung und niedrigere Kosten.

### 6.3.3 Der Injektor

Der Injektor ist die Schnittstelle zwischen der äußeren Welt und der Trennsäule. Er dient der Überführung der Probe auf die Säule, wobei die Zusammensetzung der Probe sich nicht verändern darf. Diese Anforderung mag einfach klingen, aber sie ist in der Praxis alles andere als leicht zu realisieren. Die Probenaufgabe wird manchmal „die Achillesferse" der Gaschromatographie genannt, denn sie ist häufig eine Schwachstelle in der sonst so hochentwickelten Technik und folglich Ursprung vieler Fehler. Diese hängen nicht nur vom Injektor sondern – bei der manuellen Probenaufgabe – auch sehr stark vom Betreiber ab. Wenn Probleme in der Gaschromatographie auftauchen, lohnt es sich bei der Fehlersuche häufig, mit dem Injektions-(Einlass-)system anzufangen.

Die vollständige Überführung aller Komponenten aller Probenarten auf die Trennsäule ist eine Aufgabe, die mit *einem* Injektorsystem nicht zu lösen ist. Verschiedene Injektoren sind deshalb entwickelt worden, sodass auch dieser Bauteil den Anforderungen der Probe angepasst werden kann. Die große Mehrzahl aller Proben wird flüssig aufgegeben, aber es gibt auch die Möglichkeit, gasförmige und feste Proben zu verwenden. Die bekanntesten Probenaufgabentechniken für Lösungen haben alle englische Bezeichnungen:

- *splitless*
- *split*
- *programmed-temperature vaporizer (PTV)*
- *on-column*

In allen Fällen muss eine gasdichte Absperrung zwischen der Außenwelt und dem unter dem Überdruck des Trägergases stehenden Injektor durchstochen werden. Diese ist in den meisten Injektoren ein Gummiseptum; aber auch mechanische Vorrichtungen, die bei der Probenüberführung geöffnet werden, sind entwickelt worden. Das Septum ist einer der Schwachpunkte des Injektors, da es mit der Zeit „zerbröseln" kann, mit der Folge, dass kleine Gummipartikel in den Injektorraum eingeführt werden. Abhängig vom Septummaterial, der Spritzennadel und anderen Faktoren sollte das Septum routinemäßig nach etwa 25–150 Injektionen gewechselt werden.

Die Mehrheit aller Proben wird als Lösung in den Injektor eingespritzt. Sowohl in der manuellen als auch in der automatischen Probenaufgabe wird dabei eine Spritze verwendet, deren Nadel durch das Septum (oder das Ventil) gedrückt wird. Da häufig nicht mehr als 0,5–2 µl Lösung eingespritzt werden, sind die Teile der Spritzen klein dimensioniert und entsprechend empfindlich. Ebenso sollte darauf geachtet werden, dass die Nadel die richtige Länge hat, sodass sie in die dafür vorgesehene Verdampfungszone des Injektors hineinreicht. Viele verschiedene Ausformungen der Spritze und der Kanülen sind für spezielle Zwecke entwickelt worden. Mit einer Standardspritze von 10 µl Volumen und einem Probenvolumen von 1 µl liegt die Standardabweichung bei manu-

## Den Geisterpeaks auf der Spur

Unter Umständen gibt das Septum im Laufe der Zeit Bestandteile wie Weichmacher und Monomere ab, sodass Störpeaks und/oder eine Drift der Grundlinie im Chromatogramm auftauchen. In diesem Fall kann das Septum vor der Anwendung ausgeheizt werden, doch nicht so stark, dass der Verlust an Weichmacher zu Undichtigkeiten führt. Vorteilhaft sind auch Septa, die mit Teflon beschichtet sind, die allerdings nicht mit dem hochempfindlichen Elektroneneinfangdetektor verwendet werden sollten. Vom Septum stammende Geisterpeaks sind leicht nachzuweisen, da sie auch in Chromatogrammen der reinen Lösemittel auftauchen. Eine Vorrichtung zum Septumspülen mit Gas kann das Problem der Geisterpeaks und der Drift verringern. Schließlich können auch Probleme durch Undichtigkeiten auftreten. Die septumfreien mechanischen Einlasssysteme sind entwickelt worden, um die ersten zwei Störmöglichkeiten auszuschließen.

ellem Einspritzen bei etwa 5%. Je kleiner das Volumen ist, um so größer wird dieser Wert. Dieser Fehler, der von der Schwierigkeit eines genauen Ablesens herrührt, sollte bei Quantifizierungen mit externer Kalibrierung berücksichtigt werden.

### Splitless-Injektion

*Splitless*-Injektion bedeutet, dass das ganze eingespritzte Probevolumen auf die Säule gelangen soll. Bei gepackten Säulen ist dies kein technisches Problem. In der einfachsten Ausführung bleibt der Anfang der Säule leer und ist in die beheizte Injektorzone eingebaut. Die Probe wird also direkt auf die Säule aufgegeben, wo die Probenbestandteile schnell verdampfen und vom Trägergas auf das Säulenbett gebracht werden. Manchmal findet die Verdampfung der injizierten Lösung in einem geheizten Insertröhrchen aus Glas statt. Von dort überführt das Trägergas die Probenkomponenten auf die Säule. Der Vorteil dieser Konstruktion ist, dass ein z. B. durch Septumbrösel oder zersetzte Probenbestandteile verschmutztes Insertröhrchen leicht auszutauschen ist.

Für Kapillarsäulen ist das Problem einer reproduzierbaren Probenaufgabe wesentlich größer. In Abb. 6.72 wird der typische Aufbau eines Injektors gezeigt. Bei der *Splitless*-Injektion wird die Probe wie oben in ein heißes Insertröhrchen gespritzt, das üblicherweise bei einer höheren Temperatur als der Säulenofen gehalten wird. Im Idealfall verdampfen alle Probenbestandteile sehr schnell und gelangen quantitativ und unzersetzt in kurzer Zeit auf die Trennsäule. Probleme tauchen besonders dann auf, wenn in der Probe Komponenten mit weit auseinanderliegenden Dampfdrücken vorliegen. Beispielsweise kann es dann leicht passieren, dass die höhersiedenden Komponenten unvollständig auf die Säule gelangen. Dadurch werden ihre Peakhöhen kleiner als die Konzentration in der Probe vermuten lassen. Den Effekt, dass die Überführung auf die Säule vom Dampfdruck der Probenkomponenten abhängt, nennt man *Diskriminierung*.

Um schmale Peaks zu erhalten, sollte die Probe in einer so schmalen Bande (d. h. innerhalb eines möglichst kurzen Zeitraums) wie möglich auf die Säule gelangen, denn nicht die Injektion sollte die Peakbreite am Ende der Kapillare bestimmen, sondern die (unvermeidliche) Bandenverbreitung in der Säule. Dies ist nicht leicht zu realisieren: 1 µl einer Dichlormethanlösung erzeugt im Injektor (300°C, 100 kPa Druck) ein Gasvolumen von fast 400 µl. Dieser Lösemitteldampf vermischt sich mit dem Trägergas, und dies kann zwei negative Konsequenzen haben. Zum einen kann das die Probe enthaltende Volumen größer werden als das Volumen des Insertröhrchens. Probenbestandteile können in solchen Fällen sogar in den Gaszuleitungen kondensieren. Zum anderen

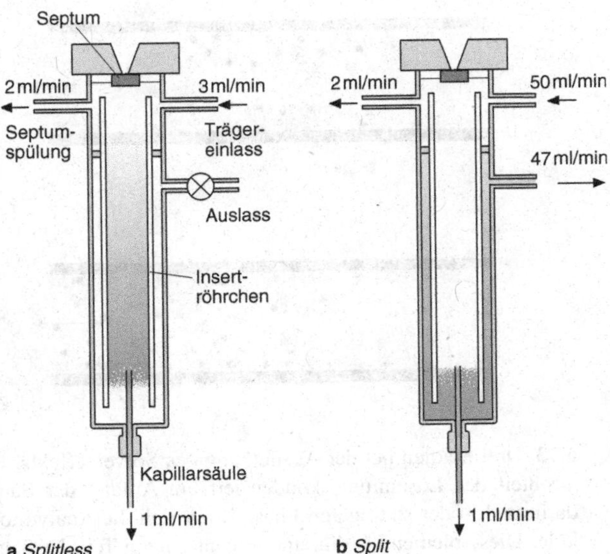


**6.72** Ein Injektor im (a) splitless- und (b) split-Betrieb. In (a) ist der Auslass geschlossen und der ganze Gasstrom wird auf die Säule geführt; in (b) ist der Auslass geöffnet und der Trägergasstrom wird auf die Säule und den Auslass aufgeteilt.

wird der Probendampf in einer exponentiell abklingenden Form auf die Säule über längere Zeit überführt. Als Folge zeigen die Peaks häufig ein unerwünschtes Tailing (Abschnitt 6.1.6). Dieses Problem kann umgangen werden, indem man die Injektion mit *split* (s. u.) durchführt oder, bei splitloser Probenaufgabe, Fokussierungstechniken wählt, die zu schmaleren Banden führen.

Ein Beispiel dafür ist der Solventeffekt, der in Abb. 6.73 illustriert wird. Man wählt die Anfangstemperatur der Säule 20–30°C unterhalb des Siedepunkts des verwendeten Lösemittels. Ein Großteil des Lösemittels kondensiert dann am Anfang der Säule (salopp ausgedrückt: die stationäre Phase wird dicker) und die Probenbestandteile lösen sich darin. Bei einer nachfolgenden Temperaturerhöhung verdampft das Lösemittel zuerst und die Analyten bleiben in der stationären Phase bis die Temperatur hoch genug ist, um sie weitertransportieren zu lassen.

Vorteilhaft ist weiter, eine Vorsäule ohne stationäre Phase (*retention gap* genannt) einzubauen. Dies ist eine Kapillare von 1–2 m Länge, die vor der Trennsäule geschaltet ist. Ihre Innenwand ist desaktiviert: durch Bindung einer organischen Siliciumverbindung direkt an die Quarzwand werden chemisch aktive Stellen weitgehend überdeckt. Sie trägt aber keine stationäre Phase, sodass die Kondensation des Lösemittels in einer leeren Kapillare stattfindet. Weitere Vorteile des retention gaps sind, dass (besonders bei on-column-Injektionen, s. u.) schwer verdampfbare Bestandteile nicht auf die Trennsäule gelangen, und dadurch wird diese effektiv geschützt. Da das retention gap leicht auszuwechseln ist, kann es bei vermuteter Verschmutzung leicht entweder um einen halben Meter gekürzt oder ganz ausgetauscht werden.

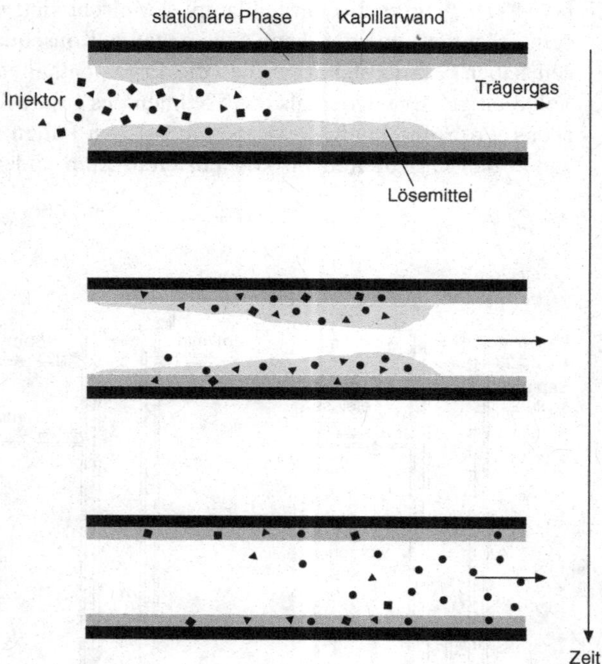


**6.73** Drei Stadien bei der Ausnutzung des Solventeffekts. Ein Großteil des Lösemittels kondensiert am Anfang der Säule; darin und in der stationären Phase lösen sich die Analytmoleküle. Diese bleiben also in einem recht kurzen Teil der Säule. Etwas später ist ein Teil des Lösemittels schon verdampft. Wenn das Lösemittel vollständig verdampft ist, werden die Analytmoleküle nicht mehr so stark zurückgehalten und, wenn ihr Dampfdruck hoch genug ist, fangen sie an, mit dem Trägergas zu wandern.

Der Vorteil der splitlosen Injektion ist, dass in der Spurenanalytik, wo häufig sehr verdünnte Probenlösungen und/oder begrenzte Probenmengen zur Verfügung stehen, das ganze eingespritzte Volumen dem chromatographischen Prozess zugeführt wird. Der apparative Aufwand ist naturgemäß gering.

Bei hitzeempfindlichen Stoffen können im Injektor Zersetzungen oder gar chemische Reaktionen unter den Probenbestandteilen stattfinden. Dies führt nicht nur zu Verlusten bei einigen Probenbestandteilen sondern auch zum Auftauchen probenfremder Peaks im Chromatogramm. In solchen Fällen sollte vorrangig eine Injektionstechnik mit geringerer thermischer Belastung (PTV, *on-column*) eingesetzt werden.

### *Split*-Injektion

Die Menge der stationären Phase in einer Kapillare ist sehr gering. Für eine Säule mit einem Innendurchmesser von 0,25 mm und mit einer Phasendicke von 0,5 µm beträgt die Masse der stationären Phase ca. 400 µg pro Meter. Folglich ist die *Kapazität* einer Kapillarsäule, also die Menge eines Analyten, die ohne Verzerrung des chromatographischen Peaks von der stationären Phase gelöst werden kann, sehr gering (häufig um den Faktor 100–1000 geringer als bei einer gepackten Säule). Unter Umständen kann es daher vorteilhaft sein, nicht das ganze Probenvolumen auf die Säule zu bringen.

Bei der Split-Injektion wird deswegen der Trägergasstrom aufgeteilt, sodass nur ein Bruchteil auf die Säule gelangt und der größte Teil aus dem Injektor und dem Chromatographen als Abfall geführt wird. Die Probe wird wie oben im heißen Insertröhrchen verdampft, aber dann – entsprechend den eingestellten Flüssen des Trägergases – zusammen mit dem Trägergas in zwei Portionen aufgeteilt (s. Abb. 6.72 b). Nur der kleinere Teil der Probe wird auf die Säule gespült, der größere Teil wird entfernt. Dadurch wird erreicht, dass das kleine, für die Trennung zur Verfügung stehende Volumen als schmale Bande den Säulenanfang erreicht und das störende Tailing der Peaks vermieden wird. Das Split-Verhältnis liegt überlicherweise in einer Größenordnung von 1:20 bis

1:100. Man nimmt also in Kauf, dass der größte Teil der injizierten Probe gar nicht chromatographiert wird. Offensichtlich ist dies nur für einigermaßen konzentrierte Proben hinnehmbar. Beispiele für diese Injektionstechnik werden in den Abbildungen 6.65, 6.66 und 6.67 gegeben.

In der Praxis ist eine Kombination der beiden Injektionsmethoden üblich. Die Probe wird zunächst splitlos injiziert, und nach einer im Voraus einprogrammierten Zeit, wenn der Hauptteil der Probe auf die Säule gelangt ist, wird der Split über ein Schaltventil elektronisch geöffnet und der Injektor leergespült. Nur der letzte Rest der Probe, der aber für den Hauptteil des Tailings verantwortlich ist, wird auf diese Weise aus dem Injektor entfernt. Diese Injektionsart wird splitlos/split genannt.

***Programmed-temperature vaporization (PTV)***

Der *programmed-temperature vaporizer* vereint die Vorteile der oben genannten Injektoren. Er ist ähnlich aufgebaut – und er kann auch genau wie sie verwendet werden –, zusätzlich kann er aber sehr schnell aufgeheizt werden. Die Probe kann in einen kalten (oder beliebig temperierten) Injektor injiziert werden, sodass sie nicht in Kontakt mit heißen Oberflächen kommt. Ist die Probe sehr verdünnt, kann das Lösemittel zunächst als Dampf abgeblasen werden. Danach wird der Injektor schnell auf eine hohe Temperatur gebracht, damit die Probenbestandteile verdampfen und auf die Säule getragen werden. Die Heizrate sollte auf die Probe abgestimmt werden und kann bis zu 18 °C/s betragen.

Mit der letztgenannten Injektorart ist die Diskriminierung höhersiedender Verbindungen kleiner. Ebenso beobachtet man eine geringere thermische Zersetzung empfindlicher Verbindungen als bei der splitlosen Injektion, da die Analyten entsprechend ihrer Flüchtigkeit schon bei sehr schonenden Temperaturen auf die Säule überführt werden.

***On-column-Injektion***

Am elegantesten, aber auch am schwierigsten zu betreiben, ist die *on-column*-Injektion, die völlig ohne einen beheizten Injektor auskommt. Die Probe wird mithilfe einer dünnen Edelstahl- oder Quarzkapillare, die in die Trennsäule oder noch besser in ein retention gap geschoben wird, aufgegeben. Dies ist allerdings nicht ganz unproblematisch, da die Flüssigkeit durch Kapillarkräfte leicht zwischen Säuleninnenwand und Nadel zurückgedrückt werden kann, mit dem Ergebnis einer schlechten Peakform. Erst nach der Probenüberführung wird die Ofentemperatur erhöht und die chromatographische Trennung beginnt. Probleme wie Diskriminierung, thermische Zersetzung usw. werden mit dieser Injektionstechnik – so weitgehend wie möglich – ausgeschlossen. Mit einem langen retention gap sind auch größere Volumina (> 100 µl) injizierbar.

**Automatisierte Injektion**

Bei Quantifizierungen ist die Injektion sicherlich eine der größten Fehlerquellen in der Gaschromatographie. Persönliche Gewohnheiten des Betreibers spielen häufig für die Güte der Injektion eine wichtige Rolle. Beispielsweise kann sie von solchen Faktoren wie: Wie schnell der Analytiker die Injektornadel in die heiße Zone drückt und wie schnell er die Spritze leert, abhängen. Um solche individuellen Schwankungen auszuschließen, sind die automatischen Probengeber (Autosampler) entwickelt worden, die in der Regel eine deutlich bessere Reproduzierbarkeit aufweisen als die manuelle Injektion. Sie verwenden eine Spritze, die automatisch gefüllt und nach der Injektion ausgespült wird. Autosampler sind besonders für den Dauerbetrieb zu empfehlen, z. B. wenn viele Proben analysiert werden sollen. Das Probenkarussell kann mit 100 oder mehr Probengefäßen gefüllt werden, von denen dann automatisch (bei voreingestellten chromatographischen Parametern) Aliquote entnommen und injiziert werden. Die elektronische Aufzeichnung des Detektorsignals bedeutet, dass das Gerät nur rechnergesteuert ohne Überwachung durch den Analytiker z. B. über Nacht betrieben werden kann. Dadurch werden naturgemäß der Probendurchsatz und damit die Wirtschaftlichkeit wesentlich erhöht.

**Feste Proben**

Hochmolekulare Proben sind der gaschromatographischen Analyse nicht zugänglich, da ihr Dampfdruck zu gering ist. Eine Möglichkeit, trotzdem gaschromatographische Informationen über solche Proben zu erhalten, ist die *Pyrolyse-GC*. Dabei wird die Probe im Injektor so hoch erhitzt, dass eine Zersetzung stattfindet. Die niedermolekularen Produkte werden vom Trägergas auf die Säule gebracht, und anschließend wird ein Gaschromatogramm auf übliche Weise aufgenommen. Das Problem der schnellen und reproduzierbaren Aufheizung hat man auf verschiedene Weisen gelöst, beispielsweise durch eine elektrische Widerstandsheizung. Eine andere Möglichkeit ist der *Curie-Punkt-Pyrolysator*, in dem sich ein Draht oder ein Blech aus einem ferromagnetischen Material befindet. Wenn elektromagnetische Strahlung im Radiofrequenzbereich eingestrahlt wird, nimmt das ferromagnetische Material Energie auf, und die Temperatur steigt bis zum so genannten Curie-Punkt. Bei diesem Punkt hört der Ferromagnetismus des Materials schlagartig auf. Eine höhere Temperatur kann also nicht erreicht werden. Durch Wahl der Zusammensetzung der Legierung können verschiedene, gut definierte Pyrolysetemperaturen erreicht werden.

## Pyrolyse-GC als Detektiv

Typische Proben, die pyrolytisch untersucht werden, sind Polymere, biologische Proben (z. B. Bakterien) und geologische Materialien (Kohle). Auch in der forensischen Analytik hat die Methode eine gewisse Bedeutung erlangt. Abb. 6.74 zeigt das Pyrogramm von zwei weißen Autolacken. Bei der Spurensicherung einer Unfallstelle werden häufig kleine Lackteile gefunden, deren Pyrogramm mit dem in Datenbanken enthaltenen verglichen werden kann. Im günstigsten Fall werden also mit recht einfachen Mitteln Hinweise auf das Automodell erhalten.

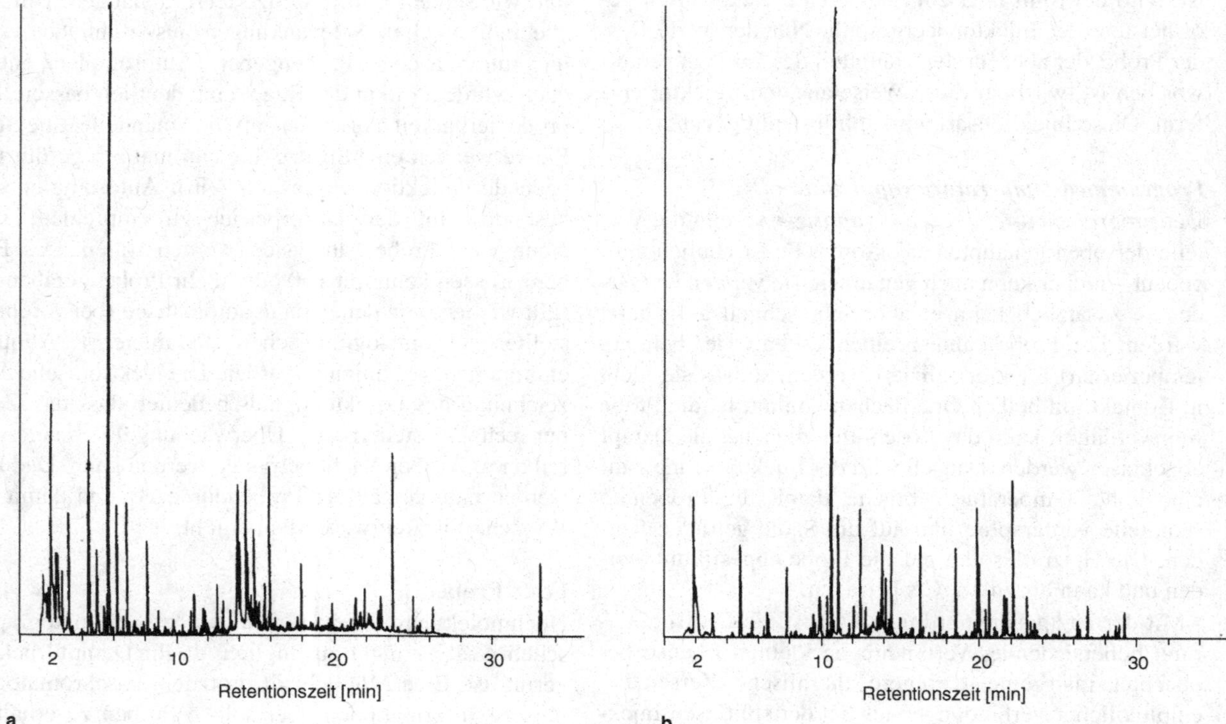


**6.74** Pyrolyse-GC von Autolacken von (a) einem 1987 Buick Riviera und (b) einem 1990 Geo Metro. Die Pyrolysetemperatur betrug 700 °C und ein massenselektiver Detektor (Totalinonenstrom) wurde verwendet.

### Gasförmige Proben

Gasförmige Proben können mit geeigneten Gasspritzen oder mithilfe von Ventilen injiziert werden. Ein in der Spurenanalytik immer häufiger anzutreffenes Verfahren ist die so genannte *headspace-Analyse*, die den erheblichen Vorteil einer weitgehenden Matrixeliminierung aufweist. Man unterteilt das Verfahren in die *statische* und die *dynamische* Variante. Für die statische headspace Analyse lässt man eine feste oder flüssige Probe in einem geschlossenen Gefäß bei kontrollierter Temperatur in ein Gleichgewicht mit der Gasphase kommen. Einigermaßen flüchtige Probenbestandteile liegen also nach ausreichender Zeit zum Teil im Gasraum vor, von wo sie mit einer Gasspritze in den Chromatographen injiziert werden können. Bei kleinen Injektionsvolumina sind dabei auch Wiederholungsmessungen möglich.

Bei der dynamischen Analyse leitet man einen Gasstrom kontinuierlich über (oder durch, *purge-and-trap*) die Probe. Um enge Anfangsbanden der Probenbestandteile zu bekommen, müssen diese erst kondensiert werden, wobei eine gekühlte Vorsäule oder ein Adsorptionsmaterial zum Einsatz kommen können. Schnelles Erhitzen dieser Sammelvorrichtung setzt die zu chromatographierenden Stoffe frei, die auf die Trennsäule aufgegeben werden.

Eine Quantifizierung von Stoffen, die mit dieser Methode injiziert werden, ist nicht ganz einfach durchzuführen, da die injizierte Menge stark von der genauen Zusammensetzung der Probe abhängt. Faktoren wie pH, Salzkonzentration, Temperatur, Feuchtigkeit etc. spielen eine große Rolle. Beispiele für diese Analytik sind Brandbeschleuniger in Überresten nach Bränden, flüchtige Schadstoffe in Wasser und Urin und Aromastoffe in Lebensmitteln.

## 6.3.4 Der Detektor

Anders als der Injektor ist der Detektor normalerweise weniger die Quelle von Fehlern durch nicht-optimale Hardware als vielmehr die (indirekte) Quelle von Fehlern durch falsche Interpretationen. Hauptaufgabe des Detektors ist zu indizieren, dass Substanzen von der Trennsäule eluieren und dies auf so eine Weise, dass das Detektorsignal der qualitativen und quantitativen Informationsgewinnung zugrunde gelegt werden kann. Anders als die meisten traditionell benutzten Detektoren in der Flüssigchromatographie sind viele GC-Detektoren in der Lage, wichtige Zusatzinformationen über die eluierenden Analyten zu liefern, beispielsweise über die Elemente, die im Analyten vorhanden sind. Die Bedeutung der Gaschromatographie wird dadurch erheblich gesteigert. Die hier diskutierten Detektoren werden in Tabelle 6.22 kurz vorgestellt.

Im Allgemeinen wird eine charakteristische Eigenschaft der eluierenden Stoffe vom Detektor erfasst und in ein elektrisches Signal umgewandelt, d. h. der Detektor macht eine Art Abbildung von dieser Eigenschaft in leicht handhabbare elektrische Energie. Bevor über die Schwierigkeiten und Fallen dabei, die zum Teil detektorabhängig sind, gesprochen wird, sollten die wichtigsten Detektortypen beschrieben werden.

Die GC-Detektoren werden in zwei Hauptgruppen eingeteilt: *destruktive* und *nicht-destruktive*. Wenn die Stoffe den Detektor unverändert passieren, spricht man von nicht-destruktiven Detektoren. Beispiele sind der *Wärmeleitfähigkeits-* (WLD) und der Infrarotdetektor (IRD). Solche Detektoren können – zumindest im Prinzip – einer zweiten Operation wie einem zweiten Detektor oder der Kondensation der eluierenden Stoffe (wie in der präparativen Gaschromatographie) vorgeschaltet werden. Häufig verwendete destruktive Detektoren sind der *Flammenionisations-* (FID), der *massenselektive* (MSD) und der *flammenphotometrische Detektor* (FPD). Hier wird das Signal durch die Produkte einer destruktiven chemischen Reaktion erzeugt.

Auch andere Einteilungen sind gebräuchlich, z. B. nach der Signalabhängigkeit. Der FID gehört zu den massenflussabhängigen, der WLD dagegen zu den konzentrationsabhängigen Detektoren, d. h. der FID spricht auf die Massenflussrate des Analyten (Masse pro Zeit) durch den Detektorraum an, der WLD dagegen auf die Konzentration des Analyten im Detektor (Masse pro Volumen). Die konzentrationsabhängigen Detektoren zeigen eine Signalabhängigkeit vom Detektorvolumen, die Massenflussdetektoren aber nicht. Diese letzteren reagieren auf Änderungen des Trägergasflusses, die konzentrationsabhängigen Detektoren dagegen nicht (vorausgesetzt die Konzentration bei den verschiedenen Flüssen bleibt konstant). Die Unterscheidung ist leicht zu treffen, indem man sich vorstellt, wie das Detektorsignal bei einem abrupt angehaltenen Trägergasfluss verlaufen würde. Konzentrationsabhängige Detektoren geben ein konstantes Signal ab, da die Konzentration des signal-

**Tabelle 6.22** Die behandelten Detektoren in Übersicht.

| **Name** | **Kürzel** | **Massenfluss/ Konzentrations-detektor** | **Selektivität** | **Nachweisgrenze*** | **Linearität*** |
|---|---|---|---|---|---|
| Flammenionisationsdetektor | FID | Massenfluss | (fast) universell | 5 pg C/s | $> 10^6$ |
| Elektroneneinfangdetektor | ECD | Konzentration | selektiv | stark verbindungsabhängig | $10^4$ |
| Wärmeleitfähigkeitsdetektor | WLD | Konzentration | universell | 400 pg/ml Trägergas | $10^6$ |
| Flammenphotometrischer Detektor | FPD | Massenfluss | S,<br>P, (Sn) | 20 pg S/s<br>0,9 pg P/s | $10^3$<br>$10^4$ |
| Atomemissionsdetektor | AED | Massenfluss | universell/selektiv | stark elementabhängig | $10^2–10^5$ |
| Massenselektiver Detektor | MSD | Massenfluss | universell/selektiv | 10 pg–10 ng | $10^5$ |

* Typische Angaben, die in besonderen Fällen deutlich abweichen können

gebenden Stoffs konstant bleibt. Bei massenflussabhängigen Detektoren dagegen sinkt das Signal auf den Hintergrundwert, da der signalgebende Stoff in einer Reaktion verbraucht wird. Massenflussabhängige Detektoren sind also destruktiv, konzentrationsabhängige Detektoren nicht-destruktiv.

Schließlich wird oft zwischen universellen und selektiven Detektoren unterschieden (s. auch den folgenden Abschnitt Selektivität). Ein universeller Detektor erzeugt ein Signal von allen Stoffen, die ihn passieren. Der WLD „sieht" alle Stoffe, die eine andere Wärmeleitfähigkeit als das Trägergas besitzen und zählt zu den universellen Detektoren. Zu diesen müsste man auch den Flammenionisationsdetektor zählen, aber mit der Einschränkung, dass einige, hauptsächlich anorganische, Stoffe nicht anzeigt werden. Dagegen detektiert z. B. der flammenphotometrische Detektor mit einem Filter bei 394 nm nur Verbindungen, die das Element Schwefel enthalten. Der massenselektive Detektor kann so eingestellt werden, dass er nur Stoffe detektiert, die Ionen mit einem gewissen Masse/Ladung-Verhältnis erzeugen, und ist also selektiv für diese Stoffe, egal zu welcher Verbindungsklasse sie zählen.

### Charakteristische Größen eines Detektors

Um die Leistungsfähigkeit eines Detektors zu beschreiben, nutzt man eine Reihe von Begriffen, anhand derer der Analytiker sich den geeigneten Detektor und die für eine gewisse Anwendung günstigen Bedingungen aussuchen kann bzw. beurteilen kann, ob ein vorhandener Detektor auch die Leistung erbringt, die er braucht. Die wichtigsten Größen sind: der dynamische lineare Bereich, die Empfindlichkeit, die Selektivität und die Nachweisgrenze.

#### *Der dynamisch lineare Bereich*

Im Idealfall ist der Response eines Detektors über einen weiten Konzentrationsbereich dynamisch linear, d. h. der Response nimmt mit dem gleichen Betrag zu, wenn die Analytmenge in gleichmäßigen Schritten verändert wird. Dynamisch bedeutet, dass das Signal auch bei größeren Konzentrationen wächst; linear heißt, dass diese Zunahme linear proportional der Stoffmenge ist. Die Zusatzbezeichung dynamisch ist in dem Sinn wichtig, dass ein Detektor, der ein konzentrationsunabhängiges Signal zeigt, auch linear ist (aber eben nicht dynamisch). In Abb. 6.75 zeigt die Detektorresponsefunktion im unteren Bereich kein Signal, da die Stoffmenge hier zu klein ist. Ab einer gewissen Stoffmenge wird der Stoff detektiert, aber nicht immer ist der Response sofort linear. Erst bei einer etwas höheren Stoffmenge geht die Responsefunktion in den dynamisch linearen Bereich über, der bei sehr großen Stoffmengen durch detektorabhängige Prozesse kein lineares Signal mehr geben kann. Bei sehr großen Konzentrationen kann eine Auswertung über die Peakhöhe zu einer nicht-linearen Situation führen, da die chromatographische Säule überladen wird und die Peakform nicht mehr der einer Normalverteilung entspricht. In solchen Situationen ist die Fläche immer noch proportional der Stoffmenge.

Abweichungen von der Linearität treten also häufig im unteren und oberen Bereich auf, und der Response wird nicht-linear. Für quantitatives Arbeiten sollte man immer sicherstellen, dass die Analytmengen innerhalb des dynamisch linearen Bereichs liegen. Es gibt Detektoren, die vom Arbeitsprinzip her nicht-linear sind, z. B. der schwefelselektive flammenphotometrische Detektor, aber auch dieser hat einen linearen Bereich, wenn die Wurzel aus dem Response als Funktion der Konzentration aufgetragen wird.

Normalerweise werden die Grenzen des dynamischen linearen Bereichs so definiert, dass die Abweichung der Responsefunktion von einer Gerade nicht mehr als 5% beträgt. (Punkt C in Abb. 6.75).

#### *Die Empfindlichkeit*

Im Alltag des Chemikers wird häufig die Empfindlichkeit mit der niedrigsten nachweisbaren Menge gleichgesetzt, korrekterweise muss man hier allerdings von der Nachweisgrenze sprechen (*minimum detectable quantity*, MDQ, oder *limit of detection*, LOD). Mit Empfindlichkeit bezeichnet man das Verhältnis zwischen dem Detektorsignal und der Analytkonzentration (im Trägergas) für konzentrationsabhängige Detektoren oder das Verhältnis zwischen dem Detektorsignal und dem Massenfluss für massenflussabhängige Detektoren. Die Empfindlichkeit ist also die Steigung der Gerade für den Detektorresponse im linearen Bereich des Detektors (Steigung der Kalibrationsgerade, Abb. 6.75). Wenn ein Detektor die gleiche Empfindlichkeit für eine Reihe von Verbindungen zeigt, besitzt er einen *molaren Response*. Dies ist eine sehr nützliche Eigenschaft, da man dann nicht die individuellen Responsefunktionen bestimmen muss. Sie sind in diesem Fall gleich und aus der Molekülformel ersichtlich. Beispielsweise zeigt der Atomemissionsdetektor im Schwefelmodus den gleichen Response für ein Schwefelatom in einem Sulfid und in einem Sulfonat, sodass die Signalintensität ein direktes Maß für die Anzahl der Schwefelatome – und damit die vorhandene Masse der Verbindung – ist.

Der Quotient zwischen den Empfindlichkeiten zweier Verbindungen ist der Responsefaktor der einen Verbindung bezogen auf die andere. Diesen Faktor muss man vor der Quantifizierung eines Analyten mithilfe von Standardverbindungen ermitteln (siehe Abschnitt 6.3.5).

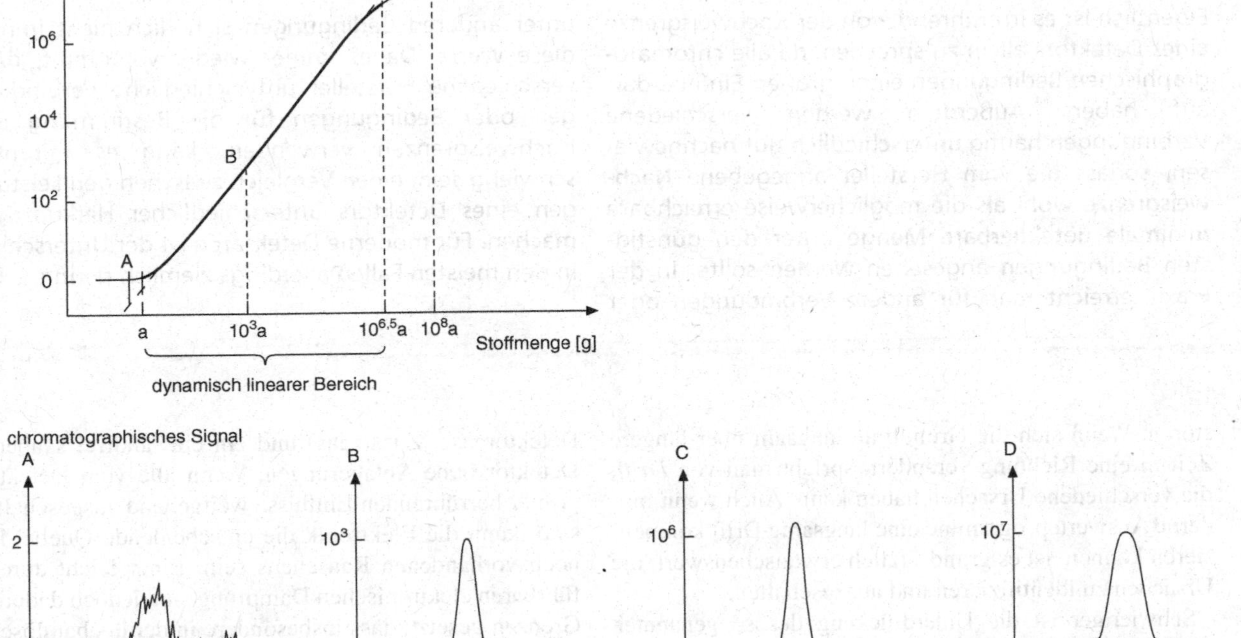


**6.75** Im linearen Bereich der Responsekurve steigt das Detektorsignal linear mit der Stoffmenge. Punkt A befindet sich unterhalb der Nachweisgrenze und das Chromatogramm zeigt hier viel Rauschen. Punkt B befindet sich im linearen Bereich und zeigt die ideal zu chromatographierende Menge an. Punkt C liegt am oberen Ende des linearen Bereichs, und die erste kleine Abweichung von der Linearität ist wahrnehmbar. Punkt D liegt schon außerhalb des linearen Bereichs und der Detektorresponse steigt kaum mehr mit der Stoffmenge. Außerdem ist die Kapazität der Trennsäule überschritten, und der Peak zeigt eine deutliche Asymmetrie (Skalierung beachten).

***Die Selektivität***

Selektive Detektoren sprechen auf eine bestimmte Eigenschaft des Analyten an, z. B. auf die Anwesenheit eines Heteroelements oder einer funktionellen Gruppe. Die Selektivität kann niedrig oder unter Umständen sehr hoch sein, sodass dann Stoffe, die diese Eigenschaft nicht besitzen, erst in sehr hohen Konzentrationen einen störenden Einfluss auf die Detektion haben. Wenn eine Substanzklasse mit einer mindestens um den Faktor 10 höherer Empfindlichkeit detektiert wird als eine andere, spricht man von Selektivität für diese Substanzklasse. Wird eine Stoffklasse 10000mal besser detektiert als eine andere, ist die Selektivität sehr hoch.

Innerhalb der Substanzklasse können allerdings große Selektivitätsunterschiede vorkommen. Der Elektroneneinfangdetektor (s. u.) wird u. a. als selektiver Detektor für Halogenverbindungen angesehen. Er zeigt einen etwa 100mal höheren Response für Dichloralkane als für die unsubstituierten Kohlenwasserstoffe, aber für 1,2-Dichlorethan ist der Response mehr als zehnmal größer als für 1,4-Dichlorbutan. Wenn ein Detektor eine so große Verbindungsabhängigkeit zeigt, muss das Responseverhalten aller quantifizierten Verbindungen genau bekannt sein, und es müssen individuelle Responsefaktoren benutzt werden, um eine zuverlässige Quantifizierung zu erlauben. Zu beachten ist zudem, dass der Responsefaktor manchmal auch durch die Anwesenheit weiterer Stoffe beinflusst werden kann, d. h. bei nicht-aufgelösten Peaks ist Vorsicht geboten.

Eine so hohe Selektivität, dass man von Spezifizität sprechen kann, ist dagegen selten: Insekten können beispielsweise als spezifische Detektoren für ihre Pheromone angesehen werden (Versuche mit Insekten als GC-Detektoren sind in der Literatur beschrieben).

***Das Rauschen und die Nachweisgrenze***

Unter dieser Überschrift sollen hier alle Ereignisse zusammengefasst werden, die eine stabile Grundlinie

## Anmerkungen zur Nachweisgrenze

Eigentlich ist es irreführend, von der Nachweisgrenze eines Detektors allein zu sprechen, da alle chromatographischen Bedingungen einen großen Einfluss darauf haben. Außerdem werden verschiedene Verbindungen häufig unterschiedlich gut nachgewiesen, sodass die vom Hersteller angegebene Nachweisgrenze wohl als die möglicherweise erreichbare minimale detektierbare Menge unter den günstigsten Bedingungen angesehen werden sollte. In der Praxis erreicht man für andere Verbindungen oder unter anderen Bedingungen sicherlich nicht immer diese Werte. Da es immer wieder vorkommt, dass verschiedene Hersteller unterschiedliche Verbindungen oder Bedingungen für die Bestimmung der Nachweisgrenzen verwenden, kann es mitunter schwierig sein, einen Vergleich zwischen den Leistungen eines Detektors unterschiedlicher Herkunft zu machen. Für moderne Detektoren ist der Unterschied in den meisten Fällen allerdings ziemlich gering.

stören. Wenn sich die Grundlinie langsam über längere Zeit in eine Richtung verändert, spricht man von *Drift*, die verschiedene Ursachen haben kann. Auch wenn moderne Auswerteprogramme eine langsame Drift kompensieren können, ist es grundsätzlich erwünschenswert, die Ursachen zu identifizieren und auszuschalten.

Schwieriger ist die Unterdrückung des so genannten *Rauschens*, also kurzzeitiger, statistischer Fluktuationen der Grundlinie (s. Abb. 6.75a). Sie treten immer auf, wenn die Verstärkung des elektrischen Signals des Detektors zu groß wird. Sie stören zunehmend, wenn geringere Analytmengen nachgewiesen werden sollen. Häufig wird die Nutzbarkeit eines Detektors durch das so genannte *Signal/Rausch-Verhältnis* begrenzt, das mit dem Symbol S/N (Signal/Noise) bezeichnet wird. Der nutzbare Bereich des Detektors wird am unteren Ende durch das zunehmende Rauschen begrenzt, das schließlich keine Unterscheidung zwischen dem Analytsignal und dem Detektorrauschen erlaubt. Wenn man von der Nachweisgrenze einer Verbindung spricht, sollte man also immer angeben, bei welchem S/N-Verhältnis diese Grenze bestimmt wurde. Üblicherweise geht man von einem Wert für $S/N = 3$ aus, um die Nachweisgrenze zu bestimmen, d. h. erst wenn das Signal für die Verbindung dreimal größer ist als das Rauschen (gemessen zwischen den oberen und unteren Spitzen der verrauschten Grundlinie), kann die Verbindung als nachgewiesen angesehen werden. Die Bestimmungsgrenze wird durch $S/N = 10$ gegeben, d. h. das Signal muss nun zehnmal größer als das Rauschen sein, bevor eine Flächen- oder Höhenbestimmung des Peaks zur Quantifizierung vorgenommen werden kann.

Das Obenstehende macht deutlich, wie wichtig es ist, das Rauschen zu verringern. Da jeder Detektor aufgrund seines Arbeitsprinzips besonderen Einflüssen unterliegt, ist es von Bedeutung, die Funktionsprinzipien des verwendeten Detektors zu kennen. Allgemein nützlich sind eine hohe Reinheit der verwendeten Gase (Trägergas, Detektorgase, Zusatzgas) und ein einwandfrei sauberer Detektor ohne Ablagerungen. Wenn alle vom Detektor primär herrührenden Einflüsse weitgehend ausgeschaltet sind, kann die Elektronik die entscheidende Quelle des noch vorhandenen Rauschens sein. Einer leicht durchführbaren elektronischen Dämpfung sind jedoch dadurch Grenzen gesetzt, dass insbesondere in der hochauflösenden Kapillar-GC schnelle Peaks voll zu erfassen sind.

**Detektoren**

In der Gaschromatographie sind der Flammenionisations-, der Wärmeleitfähigkeits-, der flammenphotometrische und der Elektroneneinfangdetektor weit verbreitet. Andere Detektoren, die auf der Kopplung zwischen dem Gaschromatographen und einer spektrometrischen Einheit beruhen und eine ebenso große Bedeutung haben, sind der massenselektive und der Atomemissionsdetektor. Diese sechs Detektoren werden hier näher beschrieben, weil ihre Detektionsprinzipien repräsentativ für andere Detektoren sind. Diese Auswahl heißt aber nicht, dass andere Detektoren (wie der Fourier-Transform-Infrarotdetektor, der Photoionisationsdetektor, der elektrolytische Leitfähigkeitsdetektor oder der Stickstoff/Phosphordetektor) bloße Kuriositäten wären. Sie haben für gewisse Zwecke wichtige Einsatzmöglichkeiten, und jeder Analytiker, der sich intensiver mit chromatographischen Methoden auseinandersetzen möchte, sollte sie kennen.

***Der Flammenionisationsdetektor (flame ionization detector, FID)***

Der FID ist in vielen Labors das Arbeitspferd der Gaschromatographie. Bedingt durch seine einfache Handhabung, Zuverlässigkeit, einen großen linearen Bereich, ausgezeichnete Nachweisgrenzen und einen guten (in den meisten Fällen auch noch molaren) Response für beinahe alle Verbindungen ist er zum *Allrounddetektor* aufgestiegen. Wie der Name schon sagt, gehört er – wie viele andere Detektoren – zu den Ionisationsdetektoren.

Wie die Abb. 6.76 zeigt, werden die aus der Säule eluierenden Stoffe in einem Wasserstoff-Luft-Flamme verbrannt. Fast alle Kohlenstoffatome werden im wasserstoffreichen Teil der Flamme zu Methan reduziert, das schnell im luftreichen Teil mit Sauerstoff über verschiedene Radikale verbrannt wird. Kohlenstoffspezies, die mit angeregten Sauerstoffverbindungen („O") reagieren, können Ionen bilden, gemäß der Reaktion:

$$\bullet CH + „O“ \rightarrow CHO^+ + e \qquad (6.57)$$

Die Ionenausbeute ist allerdings sehr klein, vielleicht einige wenige Ionen pro Million verbrannter Kohlenstoffatome. Kurz oberhalb der Flamme ist ein zylindrisches Blech angebracht, der Kollektor. Zwischen dieser Elektrode und der Flammendüse wird ein Potential von einigen Hundert Volt angelegt, wobei die Düse häufig geerdet und der Kollektor negativ gepolt ist. Dadurch werden die in der Flamme entstandenden positiven Ionen vom Kollektor angezogen, und ein Strom (im Pico- oder Nanoamperebereich) fließt zwischen der Düse und dem Kollektor. Nach einer elektronischen Verstärkung wird das Signal an das aufnehmende Datensystem weitergeleitet. Ein großer Vorteil ist, dass die Wasserstoff/Luft-Flamme selbst praktisch keine Ionen erzeugt; dadurch bleibt der Grundstrom extrem niedrig.

Die geringste detektierbare Menge beträgt etwa $10^{-13}$ g Kohlenstoff/s, und der lineare Bereich erstreckt sich über mindestens sechs Zehnerpotenzen. Jedes Kohlenstoffatom, das nicht mit Heteroatomen substituiert ist, hat etwa die gleiche Wahrscheinlichkeit, zu einem Ion zu führen und trägt also in gleicher Weise zum Signal bei. Bei heteroatomtragenden Kohlenstoffatomen ist die Situation unterschiedlich. Da ein Sauerstoffatom an einem Kohlenstoffatom die Reduktion zu Methan erschwert, sinkt der Beitrag dieses C-Atoms oder wird sogar zu Null, z. B. bei Carbonylkohlenstoffatomen, mit der Folge, dass Formaldehyd und Ameisensäure nicht vom FID angezeigt werden.

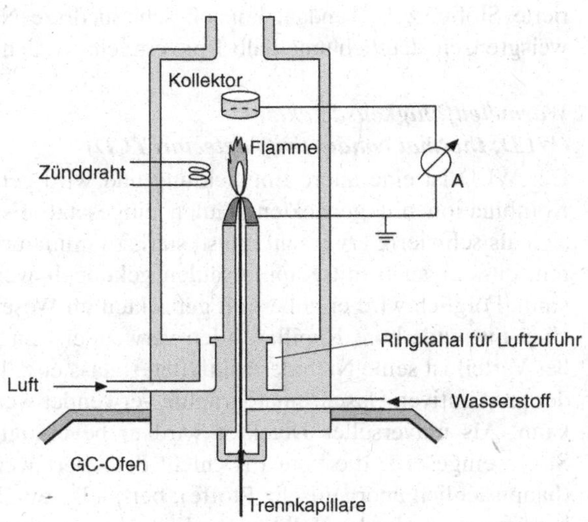


**6.76** Aufbau eines Flammenionisationsdetektors.

Der FID ist einfach zu betreiben. Die optimalen Gasflüsse müssen einmal ermittelt werden, aber hierfür gibt es Erfahrungswerte, oder die Angaben des Herstellers werden übernommen. Die Detektorgase sollen natürlich frei von Kohlenwasserstoffen sein, damit kein Rauschen von Spurenmengen organischer Verunreinigungen in den Gasen auftritt. Gelegentlich sollte der Detektor zerlegt und gereinigt werden. Besonders Siliciumdioxidablagerungen von „blutenden" siloxanhaltigen stationären Phasen oder von siliciumhaltigen Derivatisierungsreagenzien (Trimethylsilylgruppen) können mit der Zeit zu Beschlägen auf der Elektrodenoberfläche und damit zu einem verringerten oder verrauschten Signal führen.

### *Der Elektroneneinfangdetektor (electron capture detector, ECD)*

Der ECD gehört zu den Strahlungsionisationsdetektoren. Dieser Detektor wird häufig für die Schadstoffanalytik verwendet und hat zur schnellen Entwicklung der umweltanalytischen Chemie einen wichtigen Beitrag geleistet, denn für die „richtigen" Analyten zeigt er extrem niedrige Nachweisgrenzen. Allerdings ist seine richtige Bedienung nicht trivial, und der Anwender sollte sich viel Mühe geben, die Eigenheiten dieses Detektors genau kennenzulernen.

Ein β-strahlendes Element, üblicherweise in Form einer Folie mit $^{63}Ni$ (s. Abb. 6.77), sendet beim Zerfall Elektronen aus. Diese kollidieren im Detektorraum mit den Atomen oder Molekülen des Trägergases und ionisieren diese. Dadurch werden u. a. thermische Elektronen erzeugt, die energiärmer als die beim Zerfall erzeugten Elektronen sind. Jedes Zerfalls-Elektron kann durch solche Kollisionen mehrere hundert thermische Elektronen erzeugen, die von einer positiv polarisierten Elektrode im Detektionsraum angezogen werden. Auf diese Weise entsteht im reinen Trägergas ein Grundionisationsstrom. Eluiert nun eine Verbindung von der Trennsäule, die mit den thermischen Elektronen reagieren kann, z. B. durch Anlagerung oder Aufnahme mit nachfolgender Bindungsspaltung, erreichen weniger Elektronen die Anode und folglich verringert sich der Grundionisationsstrom. Diese Verringerung wird registriert und stellt das Detektorsignal dar.

Diese klassische Betriebsart zeigt allerdings gravierende Nachteile. Beispielsweise umfasst der lineare Be-

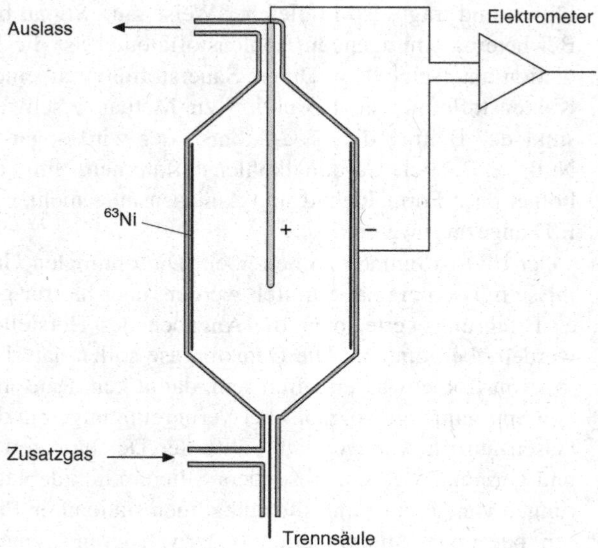


**6.77** Aufbau eines Elektroneneinfangdetektors. Das Zusatzgas wird gebraucht um die aus der Säule eluierenden Analyten schneller durch den Detektor zu bringen, damit die erreichte Auflösung durch die Verdünnung im Detektor nicht verlorengeht.

reich bei dieser Betriebsweise mit Gleichspannung wegen Raumladungseffekten und Ablagerungen häufig nicht viel mehr als eine Größenordnung. Heutige Konstruktionen verwenden deshalb Pulstechniken, wovon solche mit einer variablen Frequenz am häufigsten eingesetzt werden. Dabei wird eine vorgewählte Spannung nur in kurzen Pulsen über die Elektroden gelegt. Nur in der Zeit, in der die Spannung anliegt, werden diejenigen thermischen Elektronen, die nicht mit Stoffen im Trägergasstrom reagiert haben, eingesammelt. Diese Pulszeit wird so kurz (0,5 – 1 µs) gehalten, dass die durch Anlagerung von Elektronen entstandenen langsamen negativ geladenen Ionen die Anode nicht erreichen sondern nur die beweglicheren Elektronen. Nun wird dieser Spannungspuls nicht mit konstanter Frequenz angelegt sondern so häufig, dass der Mittelwert der gemessenen Stromstärke immer einen bestimmten Wert erreicht. Wenn also ein elektroneneinfangender Stoff aus der Trennsäule eluiert, nimmt er Elektronen auf, der Strom geht zurück, und dies wird von der Elektronik registriert und die Pulsfrequenz so weit erhöht, bis wieder der eingestellte Strom erreicht wird (Frequenzmodulation).

Bei dieser Arbeitsweise wird somit die Pulsfrequenz zur signalgebenden Größe. Dadurch, dass die Länge der pulsfreien Zeit variiert wird, kann in dieser Zeit immer eine konstante Zahl von Elektronen aufgebaut werden, d. h. die Analyten finden immer die gleiche Elektronenkonzentration vor. Der lineare Bereich wird dadurch wesentlich erweitert, für viele Verbindungen auf $10^4$.

Alle Verunreinigungen, die mit den Elektronen im Detektorraum reagieren können, müssen selbstverständlich aus dem Detektor ferngehalten werden. Dies gilt besonders für Wasser und Sauerstoff. Es ist schwierig, außer durch Hochheizen, einen ECD zu reinigen, da er wegen der Radioaktivität nicht geöffnet werden darf. (Der Umgang mit ihm erfordert auch eine behörderliche Umgangsgenehmigung und besondere Kennzeichnung).

Nur solche Verbindungen, die Elektronen aufnehmen können, werden angezeigt. Diese Selektivität bedeutet, dass besonders halogenierte und nitrierte Verbindungen empfindlich nachgewiesen werden können, genauso wie viele ungesättigte Systeme, die mit elektronenanziehenden Gruppen konjugiert sind. Der ECD ist also prädestiniert für viele umweltrelevante Verbindungen wie polychlorierte Biphenyle, Pestizide wie Lindan (Hexachlorcyclohexan) und DDT, polychlorierte Dibenzodioxine und -furane, sowie leichtflüchtige halogenierte organische Verbindungen (Freone, Chloroform). Der Detektorresponse hängt entschieden von der Struktur des Analyten ab. Es ist ein bislang nicht ausgeräumter Nachteil des ECD, dass jede Verbindung ein eigenes Responseverhalten hat, das aus der Molekülstruktur nicht abgeleitet werden kann. Der relative Response variiert sehr stark, z. B. wird Fluortrichlormethan mehr als sieben Größenordnungen empfindlicher angezeigt als Benzen. Erschwerend kommt hinzu, dass die Detektortemperatur und der lokale Druck einen großen Einfluss auf den Response haben können, und dass dieser Einfluss in beide Richtungen geht. Es ist also unerlässlich, das Responseverhalten eines jeden Analyten unter den Analysenbedingungen und mit den eigenen Geräten genau zu bestimmen, bevor der ECD für quantitative Zwecke eingesetzt wird. Für hochchlorierte Stoffe, z. B. Lindan, können sehr niedrige Nachweisgrenzen, deutlich unterhalb 1 pg, erreicht werden.

***Wärmeleitfähigkeitsdetektor (WLD; thermal conductivity detector, TCD)***

Der WLD ist eine ältere Entwicklung und wird gern in Kombination mit gepackten Säulen eingesetzt. Es hat sich als schwierig erwiesen, ihn so stark zu miniaturisieren, dass er auch mit Kapillarsäulen gekoppelt werden kann. Folglich wird er außer mit gepackten im Wesentlichen mit wide-bore Kapillarsäulen verwendet. Ein großer Vorteil ist seine Nichtdestruktivität, sodass er z. B. in der präparativen Gaschromatographie verwendet werden kann. Als universeller Detektor wird er bevorzugt für Stoffe eingesetzt, die vom FID nicht detektiert werden (hauptsächlich anorganische Stoffe), beispielsweise Verbindungen, die in der Halbleitertechnik Verwendung finden (Silan, German, Phosphan), und anorganische Gase.

Der WLD misst die Wärmeleitfähigkeit des Mediums um einen beheizten Metalldraht. Wenn dieses Medium reines Trägergas ist, wird die Grundlinie aufgenommen. Eluiert nun ein Stoff aus der Trennsäule, ändert sich die Wärmeleitfähigkeit (am häufigsten wird sie geringer, da die eluierenden Stoffe in der Regel schwerer als das Trägergas sind), es kommt zu einem Wärmestau, und dadurch steigt die Temperatur des Drahts und folglich auch sein Widerstand an.

Die Wärmeleitfähigkeit in der Messzelle wird ständig mit der in einer Referenzzelle mit reinem Trägergas verglichen. In der einfachsten Ausführung sind diese zwei Widerstände zwei der vier Äste einer Wheatstone'schen Brückenschaltung. Durch Abgleich mithilfe eines variablen Widerstands kann die Änderung leicht elektronisch aufgezeichnet werden. Neuere Entwicklungen vermeiden die Brückenschaltung und verwenden nur einen Heizdraht. Dabei wird in kurzen Zeitabständen (100 ms) abwechselnd reines Trägergas und Trägergas aus der Trennsäule durch die Zelle geleitet und die Wärmeleitfähigkeit in den zwei Situationen miteinander verglichen.

Da die Wärmeleitfähigkeit eine Funktion des Temperaturunterschieds zwischen Heizdraht und Zellwand ist, muss die Temperatur des Detektors genau konstant gehalten werden. Sie beeinflusst auch die Signalgröße und sollte gerade so hoch gewählt werden, dass die Analyten nicht an den Wänden kondensieren. Das Ausgangssignal ist die Differenz zwischen zwei häufig ähnlich großen Widerstandswerten, und dies bedeutet, dass der WLD nicht zu den nachweisstärkeren Detektoren gehört. Die Nachweisgrenze hängt auch entscheidend vom Trägergas ab, das eine möglichst hohe Wärmeleitfähigkeit haben sollte, damit die Differenz zwischen Trägergas und Analyt maximiert wird. Für analytische Anwendungen empfehlen sich besonders Helium und Wasserstoff; Stickstoff dagegen eignet sich weniger, da seine Wärmeleitfähigkeit sich nicht allzu stark von denen vieler potentieller Analyten unterscheidet.

#### *Der flammenphotometrische Detektor (FPD, flame photometric detector)*

Der flammenphotometrische Detektor gehört zu den optischen Detektoren, da er emittiertes Licht in ein elektrisches Signal umsetzt. Das Licht entsteht, wenn schwefel- oder phosphorhaltige Verbindungen in einer relativ kühlen, wasserstoffreichen Flamme verbrannt werden. In einer nicht detailliert bekannten Serie von Reaktionen wird das diatomare $S_2$-Molekül bzw. HPO gebildet. Da beide in einem angeregten Zustand vorliegen, kann die Anregungsenergie als Licht ausgestrahlt werden, das für Schwefel ein Maximum bei 394 nm und für Phosphor bei 526 nm besitzt. Licht anderer Wellenlängen von der Flamme wird durch einen Filter (durchlässig für die genannten Wellenlängen) ausgeblendet, und das von S oder P ausgestrahlte Licht wird von einem Photomultiplier aufgefangen und elektronisch verstärkt.

Da Schwefel als ein diatomares Molekül detektiert wird, ist der Response *(I)* nicht linear von der Schwefelmenge ($[S]$) abhängig, sondern er zeigt eine (annähernd) quadratische Abhängigkeit

$$I = k \times [S]^n , \qquad (6.58)$$

wo $n$ abhängig von verschiedenen Faktoren (funktionelle Gruppe im Analyten, Gasflüsse, Geometrie des Detektors, Detektortemperatur etc.), aber häufig annähernd 2 ist; $k$ ist eine Konstante. Da außerdem Quenchingeffekte (Schwächung des Lichts) durch Koelution mit nichtschwefelhaltigen Verbindungen auftreten können, darf der FPD für Schwefelbestimmungen nicht ohne aufwendige Voruntersuchungen und Kalibrierungen mit der Probe verwendet werden. Für den qualitativen Nachweis eignet er sich dagegen gut.

Viele Konstruktionsänderungen wurden vorgeschlagen, um die genannten Schwierigkeiten zu vermeiden. Beispielsweise gibt es FPD mit Doppelflammen und mit gepulster Flamme. Andere Erweiterungen der Anwendungsmöglichkeiten zielen auf den Einsatz für weitere Elemente, z. B. Zinn. Die Charakteristika des Detektors sind für Phosphor insgesamt günstiger als für Schwefel. Der dynamisch lineare Bereich beträgt etwa $10^3$ für S und $10^4$ für P, die Nachweisgrenze wird typischerweise mit $5 \times 10^{-13}$ g P/s bzw. $10^{-11}$ g S/s angegeben. Die Selektivität gegenüber Kohlenstoff ist etwa $10^4$. Die Ursache liegt in einer entsprechenden Anhebung des „weißen" Flammlichtes, das auch im Durchlassbereich des Filters durch Kohlenstoff ansteigen kann.

Die hauptsächlichen Anwendungsgebiete der FPD liegen in der Umwelt- und der Lebensmittelanalytik, da beispielsweise viele Pestizide (Parathion u. a.) diese Elemente enthalten. Auch wird er gern für die Untersuchung von flüchtigen schwefelhaltigen Verbindungen in der Luft oder in Aromen (z. B. Kaffee) eingesetzt.

#### *Der Atomemissionsdetektor (atomic emission detector, AED)*

Eine relativ neue Ergänzung der traditionellen Detektoren ist der Atomemissionsdetektor, mit dem sich prinzipiell alle Elemente des Periodensystems selektiv detektieren lassen. Da der Detektor gleichzeitig mehrere Elementspuren aufzeichnen kann, ist es möglich, die verschiedenen Elemente in jeder eluierenden Verbindung in Erfahrung zu bringen.

Das Kernstück ist ein kleines Quarzröhrchen, in dem ein Heliumplasma „brennt" (Abb. 6.78). Die Energie für das Plasma wird durch Mikrowellen eingespeist. Wenn

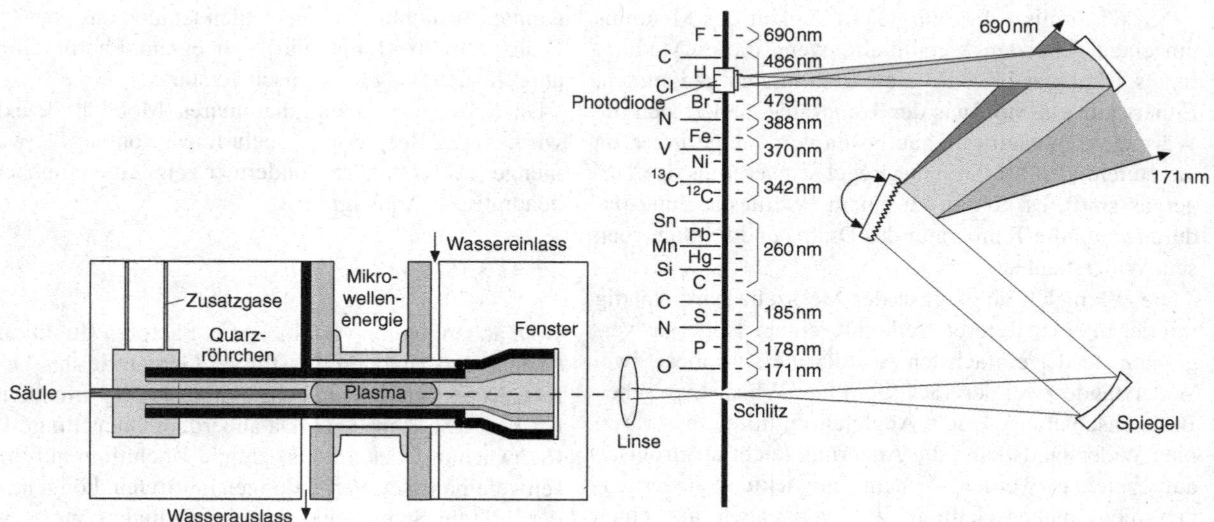


**6.78** Aufbau des Atomemissionsdetektors. Die beiden Teile der Skizze sind in verschiedenen Maßstäben abgebildet. (Das Quarzröhrchen ist etwa 10 mm lang.) Die Zusatzgase werden bei einigen Elementen genutzt, damit die Plasmabedingungen für ihre Atomisierung optimiert werden.

eine Verbindung aus der Trennsäule eluiert, wird sie direkt in das Plasma geleitet, wo die extrem hohen Temperaturen für eine vollständige Atomisierung der Verbindung sorgen. Die Atome werden dabei elektronisch angeregt – einige sogar ionisiert, auch wenn dies unerwünscht ist –, und wenn sie in niedrigenergetische Zustände zurückkehren, wird die Anregungsenergie als Licht ausgestrahlt (Abschnitt 4.5). Die Wellenlänge des emittierten Lichts ist charakteristisch für das angeregte Element; die Intensität hängt von der Konzentration ab.

Das Licht wird durch ein Gitter spektral zerlegt und das zerlegte Licht auf einen Diodenarray geleitet. Dadurch erhält man ein elementselektives Chromatogramm. Da auch Isotope individuelle Emissionswellenlängen zeigen, können auch isotopenselektive Chromatogramme aufgenommen werden, wenn die Differenz zwischen den Wellenlängen der Isotope groß genug ist. Beispielsweise liegen die Emissionswellenlängen für Deuterium und das leichte Wasserstoffisotop um 0,2 nm auseinander, sodass ein deuteriumselektives Chromatogramm möglich ist. Ähnliches gilt für die Isotope $^{12}C/^{13}C/^{14}C$ und $^{14}N/^{15}N$.

Die Nachweisgrenzen unterscheiden sich für verschiedene Elemente sehr stark und hängen von der spektralen Intensität der Emissionslinien der betreffenden Elemente ab. Für Nichtmetalle wie Schwefel, Phosphor und Silicium und für viele Metalle liegen die Nachweisgrenzen zum Teil deutlich unter 10 pg/s. Sauerstoff und die Halogene haben dagegen Nachweisgrenzen zwischen 10 und 100 pg/s. Da Kohlenstoff eine sehr niedrige Nachweisgrenze hat, kann der AED als ein universeller und empfindlicher Detektor für organische Stoffe betrachtet werden. Allerdings wird das „Bluten" der Säule natürlich auch angezeigt. Der dynamisch lineare Bereich liegt zwischen $10^3$ und $10^4$ und die Selektivität (gegenüber Kohlenstoff) häufig bei $10^3$ bis $10^5$. Ein Beispiel für die Anwendung des AED für die multielementselektive Detektion ist in Abb. 6.79 gegeben, wo sechs Elemente selektiv detektiert wurden und die Anwesenheit des Pestizides Chlorpyrifos (O,O-Diethyl-O-(3,5,6-trichlor-2-pyridyl)thiophosphat) durch Signale auf den Kohlenstoff-, Chlor-, Phosphor-, Schwefel- und Stickstoffspuren wahrscheinlich gemacht wurde.

Im Prinzip sollte es möglich sein, mit diesem Detektor die elementare Zusammensetzung einer eluierenden Verbindung zu bestimmen, aber bislang sind solche Versuche bei der kommerziellen Version einer AED nicht immer erfolgreich gewesen. Bei alternativen Entwicklungen in Forschungslabors waren derartige stöchiometrische Elementbestimmungen allerdings erfolgreich. Auch konnte die Unabhängigkeit der Elementemission von der Molekülart demonstriert werden.

***Der massenselektive Detektor (mass selective detector, MSD)***

Durch die Entwicklung des massenselektiven Detektors basierend auf den Prinzipien des Quadrupols oder der Ionenfalle ist der massenselektive Detektor zu einem Standarddetektor geworden. Moderne Geräte sind klein und ausreichend robust, um als Routinegeräte betrachtet

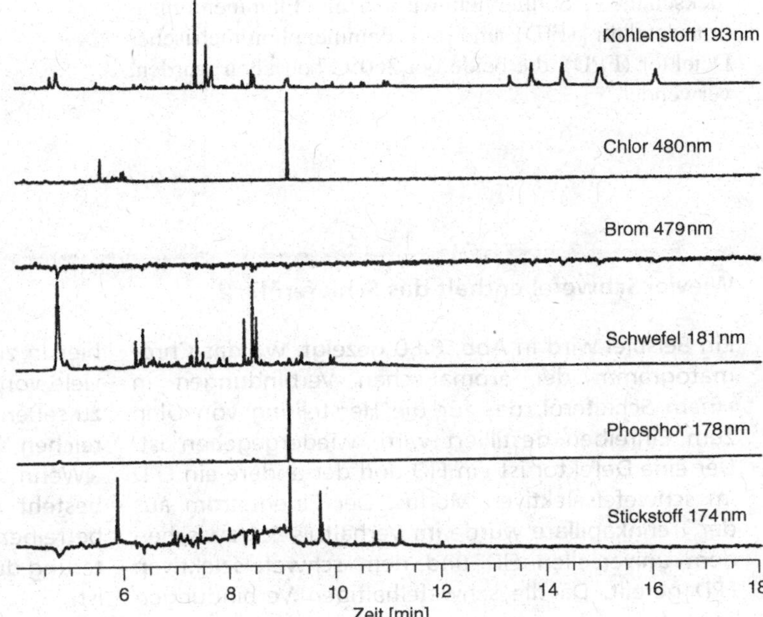


**6.79** Sechs elementselektive Chromatogramme erhalten mit einem Atomemissionsdetektor. Der Peak mit einer Retentionszeit von etwas über 9 Minuten auf den Kohlenstoff-, Chlor-, Schwefel-, Phosphor- und Stickstoffspuren entspricht Chlorpyriphos $C_9H_{11}Cl_3NO_3PS$.

zu werden. Ihr Aufbau und ihre Anwendung werden ausführlich in Abschnitt 5.7 besprochen.

***Detektorkombinationen***

Häufig ist es wünschenswert, sich sowohl ein Übersichtsbild über alle in der Probe vorkommenden Komponenten zu verschaffen (universelle Detektion) als auch ein Bild von gewissen darin vorhandenen Stoffen, die gemeinsame Charakteristika besitzen (selektive Detektion). Einige Detektoren bieten diese Möglichkeit an. Der AED ist elementselektiv, liefert aber im Kohlenstoffmodus einen Überblick über die Gesamtheit der chromatographierten organischen Verbindungen. Der MSD ist universell, wenn der Totalionenstrom aufgezeichnet wird und selektiv, wenn eine bestimmte Masse herausfiltriert wird. Ebenso kann der Infrarotdetektor als universell betrachtet werden, wenn die totale Infrarotabsorption aufgezeichnet wird, und selektiv für bestimmte funktionelle Gruppen, wenn nur die typischen Absorptionswellenlängen dieser Gruppen betrachtet werden.

Eine weitere Möglichkeit besteht darin, dass zwei Detektoren parallel betrieben werden. Der Eluent aus der Trennsäule wird in zwei gleiche oder ungleiche Teilströme aufgeteilt und jeder Strom einem anderen Detektor zugeführt. Ein Beispiel ist in Abbildung 6.80 zu sehen.

Die Beschreibung, unter welchen Bedingungen ein Chromatogramm aufgenommen wurde, erfolgt häufig in einer Art Kurzschrift. Es ist immer wichtig, genaue Angaben über alle verwendeten Parameter zu machen, damit auch der Leser das Chromatogramm interpretieren kann. Neben der Säule (stationäre Phase, Dimensionen der Säule) werden häufig der Detektor, der Injektor, das Trägergas und der Trägergasfluss genannt. Ein Beispiel für die benutzte Beschreibung der chromatographischen Bedingungen wird in Abb. 6.80 gegeben.

Die dort aufgeführte Kürzelanhäufung soll so verstanden werden, dass ein Gaschromatograph vom Hersteller Hewlett-Packard (HP), Modell 5890, verwendet wurde. Er ist mit einem Injektor ausgerüstet, der bei einer Temperatur von 260°C 60 Sekunden lang alles, was der Analytiker in den Injektor einspritzt, auf die Säule bringt (splitless), danach wird ein etwaiger Rest abgeblasen (split). Die verwendete Kapillarsäule ist 30 m lang und hat einen Innendurchmesser von 0,25 mm. Sie ist mit der stationären Phase DB-1701 belegt (DB ist ein Markenzeichen des Herstellers und steht für Durabond; 1701 ist eine Kürzel für die chemische Zusammensetzung der Phase und wird im Katalog des Herstellers näher beschrieben: 14% Cyanopropyl phenyl-86% Methylsiloxan, vgl. Abb. 6.64). Die Filmdicke der stationären Phase beträgt 0,25 μm. Als mobile Phase dient Wasserstoff bei einem Fluss von 60 cm/s, gemessen bei 80°C Ofentemperatur. Die Säule wurde vom Zeitpunkt der Injektion für 2 Minuten bei dieser Temperatur gehalten, die danach mit einer konstanten Rate von 4°C/min erhöht wurde, bis die Schlusstemperatur 250°C erreicht war. Diese Temperatur wurde 10 min lang eingehalten, bevor das Gerät automatisch auf die Anfangstemperatur zurückschaltete. Schließlich wurden ein Flammenionisationsdetektor (FID) und ein flammenphotometrischer Detektor (FPD), die beide bei 260°C betrieben wurden, verwendet.

## Wieviel Schwefel enthält das Schieferöl?

Ein Beispiel wird in Abb. 6.80 gezeigt, wo das Chromatogramm der aromatischen Verbindungen in einem Schieferöl, das für die Herstellung von Ölen zum Einreiben destilliert wird, wiedergegeben ist. Der eine Detektor ist ein FID und der andere ein FPD im schwefelselektiven Modus. Der Eluentstrom aus der Trennkapillare wurde im Verhältnis 1:1 zwischen dem universellen FID und dem schwefelselektiven FPD geteilt. Da die schwefelhaltigen Verbindungen hier in ziemlich hoher Konzentration vorliegen, sind viele von ihnen auch leicht im FID Chromatogramm zu sehen, auch wenn sie dort zum Teil von den zahlreichen Kohlenwasserstoffen überlagert werden.

Wenn der erste Detektor nicht-destruktiv ist, besteht die Möglichkeit, die Detektoren seriell zu betreiben, auch wenn eine gewisse Bandenverbreiterung durch den ersten Detektor nicht zu vermeiden ist.

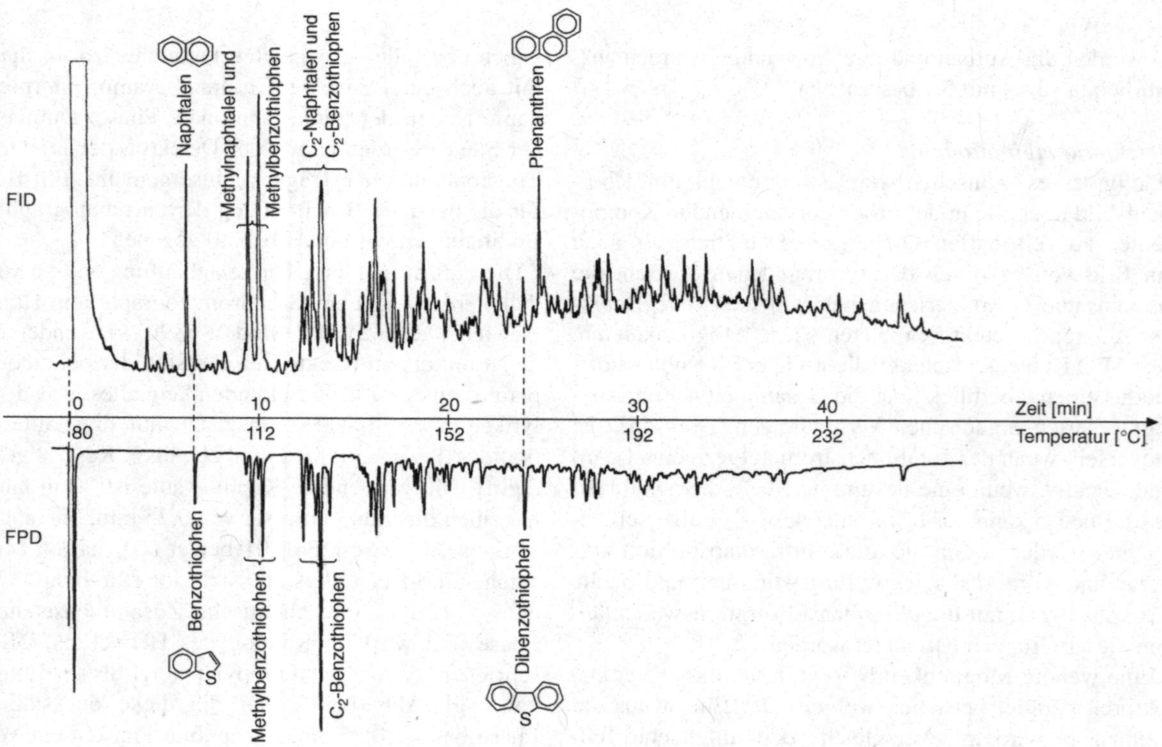


**6.80** Die aromatischen Verbindungen eines Schieferöls, detektiert nach der Trennung mit zwei parallelgeschalteten Detektoren: einem schwefelselektiven flammenphotometrischen Detektor und einem Flammenionisationsdetektor. Verwendet wurde ein HP 5890 mit *Splittless-Splitt*-Injektion (60 s splittless, 260 °C) und einem FID (260 °C) und einem FPD (260°C); Trägergas Wasserstoff (60 cm/s bei 80 °C). DB-1701 (30 m x 0,25 mm, 0,25 µm). 80 °C/2 min, 4 °C/min auf 250 °C/10 min. Die Strukturen einiger getrennter Analyten sind abgebildet.

## 6.3.5 Qualitative und quantitative Analyse mittels der Gaschromatographie

**Qualitative Analyse**

Bei der qualitativen Analyse gilt es, die Identität von Stoffen zu sichern. Auch wenn zuerst experimentell nachgewiesen werden muss, dass die Chromatogramme ein repräsentatives Abbild von der Probenzusammensetzung geben, soll im Folgenden einmal davon ausgegangen werden. Die Aufgabe besteht darin, eine eindeutige Zuordnung der Peaks zu individuellen Verbindungen zu finden. Da die Analysenplanung die Herkunft der Probe und die gesuchte Information schon berücksichtigt, ist die Aufgabe häufig schon auf wenige Stoffgruppen beschränkt. Wenn es z. B. um eine Pestizidanalyse von Tomaten geht, werden diese gezielt so aufgearbeitet, dass viele Störstoffe abgetrennt und die Pestizide angereichert werden, was üblicherweise als „cleanup" bezeichnet wird. Bei der Chromatographie wird dann zudem ein Detektor eingesetzt, der halogenierte Pestizide selektiv detektiert, z. B. ein Elektroneneinfangdetektor. Damit ist die Komplexität der Aufgabe bereits wesentlich reduziert. Eine Identifizierung ist immer am sichersten, wenn die gesuchte Substanz in reiner Form vorhanden ist, sodass ihre chromatographischen Eigenschaften ermittelt werden können. Wenn die reine Substanz mit der Probe gemeinsam auf die Trennsäule gegeben wird, muss eine Coelution auftreten. Wenn dies auch auf einer zweiten Säule deutlich anderer Polarität der Fall ist, ist mit hoher Wahrscheinlichkeit eine Identität zwischen den beiden Stoffen gegeben. Wenn die Retentionszeiten nicht übereinstimmen, handelt es sich mit Sicherheit um verschiedene Verbindungen. Sollten solche Referenzverbindungen nicht vorhanden sind, müssen indirekte Wege gefunden werden.

Die reine Retentionszeit allein ist für Vergleichszwecke schwer nutzbar, da zu viele experimentelle Faktoren einen Einfluss auf sie haben. In der Literatur sind viele Retentionsindices aufgelistet, die einen Hinweis auf die Identität geben können. Die Retentionsindices sind wertvoller, um die Retentionseigenschaft einer Verbindung weiterzugeben, als die Retentionszeiten, die von vielen experimentellen Faktoren abhängen. Sie beruhen darauf, dass die Retentionszeit in Beziehung zu den Retentionszeiten definierter Verbindungen gesetzt werden. Ursprünglich wurden dafür die n-Alkane verwendet, aber für polare Substanzen oder für selektive Detektoren gibt es auch andere Verbindungsklassen, die als Retentionsmarker benutzt werden können. Die Substanz wird zusammen mit den beiden n-Alkanen, die unmittelbar vor und unmittelbar nach der Substanz eluieren, unter isothermen Bedingungen chromatographiert und die drei

---

### Mangelware Kritikfähigkeit

*"No matter how expensive the integrator or computer, it is no substitute for good chromatography by a capable and critical analyst. The quality of results is largely determined before the integrator is ever brought into use."* (Dyson, *Chromatographic Integration Methods*, p. vii)

Aus dem sichtbaren Ergebnis eines chromatographischen Versuchs – einer sich mit der Zeit verändernden elektrischen Größe – soll der Analytiker qualitative und quantitative Informationen zur Probe herausfinden. Es kann nicht genug betont werden, dass der Detektor nur ein elektrisches Signal liefert. Herauszufinden, wie dieses Signal mit den auf die Säule gegebenen Stoffen und Stoffmengen zusammenhängt, ist Aufgabe des geschulten Analytikers. Die moderne Instrumentation macht es dem Benutzer leicht, ein Signal zu bekommen und auszuwerten. Sie macht es ihm aber auch leicht, dieses Signal *falsch* auszuwerten. Man braucht zwar keine lange Ausbildung, um eine Lösung eines Substanzgemisches in den Injektor einzuspritzen und am Bildschirm ein Chromatogramm aufzeichnen zu lassen, aber es bedarf guter Kentnisse der chromatographischen Trenn- und Detektionsprinzipien, um dies richtig durchzuführen und aus dem gewonnenen Chromatogramm zuverlässige Daten zu gewinnen. Es ist kein Geheimnis, dass viele Benutzer der Gaschromatographie diese notwendigen Kentnisse nur mangelhaft oder zumindest nicht optimal besitzen. Weniger „Datenschrott" würde erzeugt, wenn auch der gelegentliche Anwender mehr über die Auswertung des Detektorsignals wissen würde. Wie das Zitat oben andeutet, spielt die Ausbildung und die Erfahrung des Analytikers eine entscheidende Rolle. Auch die teuersten Analysengeräte und Computer sind wenig mehr als Spielzeuge, wenn sie nicht von einem kompetenten und kritischen Analytiker bedient und die Ergebnisse von ihm interpretiert werden. Hier kann also nur eine Einleitung zu diesem komplexen Thema gegeben werden.

Retentionszeiten in die folgende Gleichung eingesetzt, um den Retentionsindex (RI) nach *Kovats* zu berechnen:

$$\mathrm{RI} = 100\frac{[\log t_{R(i)} - \log t_{R(z)}]}{[\log t_{R(z+1)} - \log t_{R(z)}]} + 100z \qquad (6.59)$$

Hier sind die Retentionszeiten $t$ die Nettoretentionszeiten, $i$ ist die untersuchte Substanz, $z$ das Alkan, das unmittelbar vor und $z + 1$ das Alkan, das unmittelbar nach der Substanz eluiert (und damit logischerweise ein Kohlenstoffatom mehr hat als $z$). $z$ entspricht der Anzahl der Kohlenstoffatome im Alkan. Die Alkane selbst haben per Definition unter allen Bedingungen einen Retentionsindex, der genau 100-mal höher ist als die Anzahl der Kohlenstoffatome ($100z$), d. h. Butan hat immer den RI 400 und Decan 1000. Bei temperaturprogrammiertem Arbeiten verzichtet man auf die Logarithmierung (Gl. 6.59); sämtliche gemessenen Verbindungen müssen während des Temperaturprogramms eluieren.

Bei Benutzung solcher Daten sollte man in der Praxis nicht eine exakte Übereinstimmung mit den Literaturwerten erwarten, da jedes chromatographische System etwas anders ist und kleine Abweichungen in stationärer Phase, Temperatur, Trägergasfluss etc. einen Einfluss haben können. Allerdings sind solche Abweichungen wesentlich geringer, wenn Retentionsindices benutzt werden als Retentionszeiten, da sich die kleinen Schwankungen ähnlich auf die Markersubstanzen und die Analyten auswirken.

Ein wichtiges Hilfsmittel sind spektrometrische Detektordaten. Bei der Identifizierung eines unbekannten Peaks wird in erster Linie der massenselektive Detektor eingesetzt, der im günstigsten Fall Aufschluss über die Molmasse geben kann. Die beobachteten Fragmentierungen können auf übliche Weise schon ausreichen, um einen Strukturvorschlag zu machen, der allerdings noch verifiziert werden muss. Die Übereinstimmung mit bekannten Massenspektren, z. B. in Spektrenbibliotheken, ist zudem ein wichtiger Hinweis wenn auch kein Beweis (s. Abschnitt 6.3.6). Weitere Information kann auch durch die Kopplung der Chromatographie mit anderen selektiven Detektoren erhalten werden, z. B. über das Vorhandensein eines gewissen Elements.

**Quantitative Analyse**

Für die Ermittlung der Menge eines Stoffs in der chromatographierten Probe geht man von einer direkten Beziehung zwischen einer Signalgröße und der Menge aus. Diese Größe kann die Peakhöhe oder die Peakfläche sein. Auch wenn es Situationen gibt, in denen die Peakhöhe das bevorzugte Maß sein könnte, verwenden die heute gängigen Softwareprogramme fast ausschließlich die Peakfläche. Da elektronische Geräte die Papierschreiber weitgehend als Aufzeichnungsgeräte abgelöst haben, sollen hier nur die ersteren diskutiert werden.

Bevor ein Peak ausgewertet wird, müssen zuvor zwei Voraussetzungen gegeben sein, die nicht vom Gerät, sondern nur vom Analytiker sichergestellt werden können: die Verbindung muss eindeutig identifiziert und der Peak muss rein sein, d. h. eine Coelution mit anderen Stoffen darf nicht vorkommen. (Mögliche Konsequenzen, wenn dies nicht berücksichtigt wird, werden in Abschnitt 6.3.6 gezeigt.) Im Idealfall ist der Peak also vollständig von anderen Peaks aufgelöst, auch wenn dieser Fall bei Realproben häufig nicht gewährleistet werden kann. Wenn sich Peaks teilweise überlappen, werden die quantitativen Ergebnisse schlechter und zwar um so mehr, je stärker die Überlappung bzw. je größer der Flächenunterschied der beiden Peaks ist. Schließlich sind Peaks mit ausgeprägtem Tailing schwierig, korrekt zu integrieren. Mathematische Kurvenberechnungen können manchmal auch in solchen schwierigen Situationen eine Hilfe sein.

Ein Integrator oder die Software wandelt die meist analogen Detektorsignale (Ausnahme: ECD) in ein digitales Signal um und sammelt Datenpunkte als Funktion der Zeit. Damit die Peakform gut wiedergegeben werden kann, sollte die Abfragerate so eingestellt werden, dass 10–20 solcher Datenpunkte über einen Peak erhalten werden. Entscheidend ist auch, dass der Peakanfang und das Peakende korrekt erkannt werden. Die Empfindlichkeit, mit der die Abweichung von der Grundlinie und damit der Peakanfang erkannt werden, kann manuell eingestellt werden. Ähnlich ermittelt der Integrator den Trennpunkt zwischen zwei nur teilweise aufgelösten Peaks und setzt überlicherweise das Peakende des ersten und den Peakanfang des zweiten Peaks im Minimum zwischen den beiden. Vorteilhaft ist, wenn der Integrator alle solche Integrationspunkte sichtbar macht, damit der Analytiker sich vergewissern kann, dass die gewählten Integrationsparameter für jede untersuchte Probe sinnvoll sind. Im Zweifelsfall muss er manuell andere Integrationsparameter eingeben. Am höchsten Punkt des Peaks wird die Retentionszeit der Verbindung gemessen; sie wird häufig im Chromatogramm mit ausgedruckt. In Abb. 6.81 werden diese Punkte verdeutlicht. Die ersten drei Peaks sind gut getrennt und die Peakerkennung und die Integration werden ohne Probleme durchgeführt. Am Beispiel der zwei etwa gleich großen, nur teilweise aufgelösten Peaks (mit Retentionszeiten 5,017 und 5,203 min) wird deutlich, wie die Software durch das Lot versucht, eine Flächenermittlung der beiden Peaks zu ermöglichen. Naturgemäß wird hier der Fehler nicht unerheblich und schwer abzuschätzen sein. Die letzte Peakgruppe besteht aus einem größeren Peak mit etwas

Tailing, und auf seiner Flanke befindet sich ein kleiner Peak (Retentionszeit 5,743 min). Wird nun die Fläche bis zur Grundlinie für den kleinen Peak berechnet (gestrichelte Linie), wird die dazugehörige Substanzmenge stark überschätzt. Auch der Versuch, den Anfangs- und den Endpunkt des kleineren Peaks mit einer Gerade zu verbinden (durchgezogene Linie), führt zu einem Fehler, der möglicherweise kleiner ist als im ersten Fall. Wenn in solchen Fällen eine korrekte Analyse notwendig ist, sollte durch Wahl anderer chromatographischer Bedingungen eine bessere Auflösung angestrebt werden. Kein Analytiker darf sich von der Bequemlichkeit der Rechnerergebnisse überwältigen lassen!

Für die Quantifizierung wird im einfachsten Fall davon ausgegangen, dass das Chromatogramm ein exaktes Abbild der Probe ist. Die einzelnen Peakflächen stehen dann im gleichen Verhältnis zur Gesamtfläche wie die Probenkomponenten zur Gesamtprobenmasse („area percent"). Dieser Fall ist selten, da erstens vorausgesetzt werden muss, dass sämtliche Komponenten verlustfrei erfasst werden, und zweitens, dass sie alle vom Detektor mit gleicher Empfindlichkeit registriert werden. Da verschiedene Verbindungen häufig mit unterschiedlicher Empfindlichkeit angezeigt werden, muss der Responsfaktor für jeden Stoff in einem getrennten Versuch bestimmt werden! Dieser Faktor (RF) wird durch

$$\mathrm{RF} = \frac{\text{Peakfläche}}{\text{Stoffmenge}} \qquad (6.60)$$

definiert und benutzt, um die gefundenen Peakflächen durch Division mit dem RF in Gramm umzurechnen. Diese Methode ist eine externe Kalibrationsmethode und setzt voraus, dass der Detektor im dynamisch linearen Bereich arbeitet. Noch bessere Ergebnisse werden erzielt, wenn nicht eine einzige externe Kalibration durchgeführt wird, sondern eine ganze Kalibrationsreihe, die den gesamten erwarteten Konzentrationsbereich der Analyten umfassen sollte. Die externe Kalibration ist nur möglich, wenn alle chromatographischen Bedingungen sehr reproduzierbar sind. Beispielsweise führen kleine Abweichungen beim Injektionsvolumen zu nicht mehr abzuschätzenden Fehlern.

Häufig wird die Quantifizierung mittels eines (oder mehrerer) internen Standards durchgeführt. Dies sind Verbindungen, die der Probe zugegeben werden und gut aufgelöst von allen Probenkomponenten erscheinen und ähnliche Eigenschaften haben sollten. Der relative Responsefaktor (RRF) des Analyten (AN) bezogen auf den internen Standard (IS) muss in einem getrennten Experiment bestimmt werden, damit die bekannte Menge des Standards und die Peakflächen des Standards und des Analyten benutzt werden können für eine Massenermittlung mithilfe der Gleichung

$$\text{Masse}_{\text{AN}} = (\text{Masse}_{\text{IS}}) \times (\text{Fläche}_{\text{AN}}) \times \text{RRF}/(\text{Fläche}_{\text{IS}}) \qquad (6.61)$$

Besser als der Einsatz eines internen Standards ist eine Reihe von Standards, die über den ganzen Flüchtigkeitsbereich der zu bestimmenden Analyten verteilt sind (s. Abschnitt 6.3.6). Auf diese Weise werden kleine Unterschiede in der Verdampfungsrate, den Adsorptionen etc. besser kompensiert. Mit einer guten Integration von aufgelösten Peaks kann man in der Regel eine Präzision von etwa 1 % erreichen.

Häufig werden die Standards der Probe sogar am Anfang der Probenaufarbeitung zugesetzt, damit Verluste während der Aufarbeitung kompensiert werden können. Eine teilweise Verdampfung des Lösemittels, Fehler bei

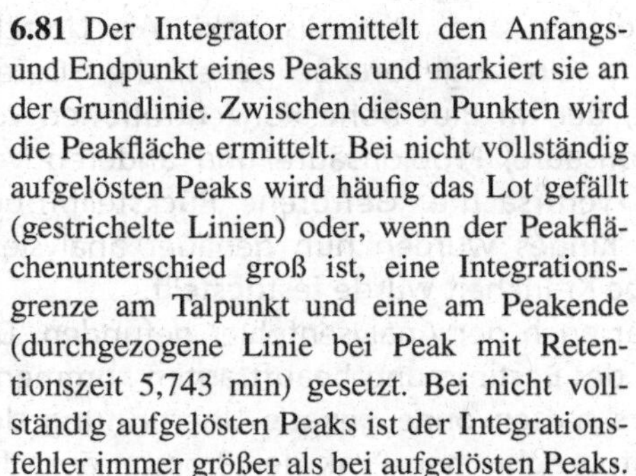

**6.81** Der Integrator ermittelt den Anfangs- und Endpunkt eines Peaks und markiert sie an der Grundlinie. Zwischen diesen Punkten wird die Peakfläche ermittelt. Bei nicht vollständig aufgelösten Peaks wird häufig das Lot gefällt (gestrichelte Linien) oder, wenn der Peakflächenunterschied groß ist, eine Integrationsgrenze am Talpunkt und eine am Peakende (durchgezogene Linie bei Peak mit Retentionszeit 5,743 min) gesetzt. Bei nicht vollständig aufgelösten Peaks ist der Integrationsfehler immer größer als bei aufgelösten Peaks.

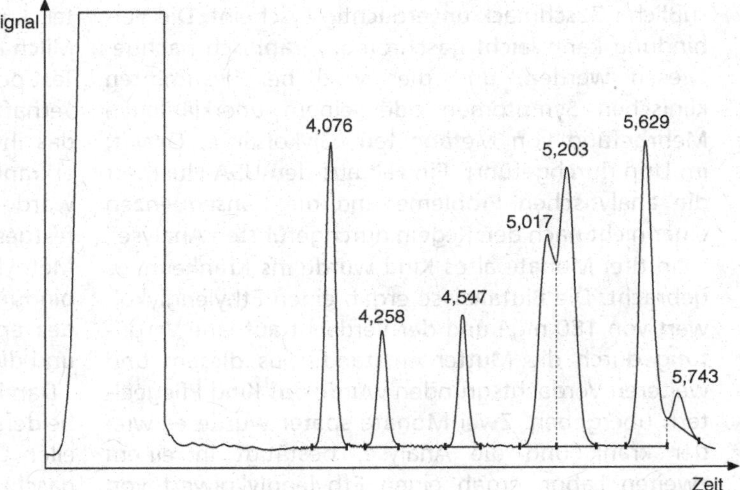

der Volumenbestimmung der injizierten Lösung etc. wirken sich genau gleich auf den IS und die Analyten aus.

Die notwendigen Eigenschaften von Verbindungen, die als interne Standards benutzt werden sollen, sind folglich:

- nicht vorhanden in der Probe
- ähnliche chemische und physikalische Eigenschaften wie die Analyten
- vollständige chromatographische Auflösung von anderen Komponenten
- wenn der Standard direkt zu einer festen Probe zugegeben wird, soll er sich darin wie die Analyten verteilen (selten der Fall).

Da die Bestimmung von relativen Responsefaktoren sehr aufwendig ist, sind Detektoren, die einen molaren Response für eine Reihe von Analyten zeigen, sehr vorteilhaft. Beliebt sind solche internen Standards, die isotopenmarkiert sind, da sie sich identisch zu den Analyten verhalten. Beispielsweise werden häufig deuterierte interne Standards für polycyclische aromatische Verbindungen und $^{13}C$-markierte Dioxine als interne Standards eingesetzt. Die voll deuterierten Verbindungen werden auf vielen Trennkapillaren von ihren nicht-deuterierten Analoga aufgelöst. Die kohlenstoffmarkierten Verbindungen müssen dagegen mithilfe der Massenspektrometrie gemessen werden.

Zur Qualitätssicherung einer chromatographischen Bestimmung gehört unbedingt eine Blindprobe. Dies ist eine Probe, die dem gesamten Analysengang unterworfen wird, ohne die Analyten zu enthalten. Damit werden Störungen durch Blindwerte in Lösemitteln, Reagenzien, der Laborluft, Glasgeräte, Septa, Phasenzersetzung, Übertrag von früher injizierten Proben etc. erfasst und können im Probenchromatogramm als solche erkannt werden. Bei der Berücksichtigung von Blindwerten darf entgegen allen internationalen Normen das Blindwertsignal nur dann einfach in Abzug gebracht werden, wenn bei der Standardaddition eine gleiche Empfindlichkeit wie bei der matrixbehafteten Probe gezeigt wird.

### 6.3.6 Anwendungsbeispiele der Gaschromatographie

In diesem Kapitel werden einige Beispiele für das falsche und das korrrekte Umgehen mit gaschromatographischen Methoden diskutiert. Aufgrund der Tatsache, dass ein Gaschromatogramm sehr einfach und schnell aufgenommen werden kann, weil die Auswertung vom Computer übernommen wird, vertrauen viele GC-Anwender irrigerweise blind der Auswertesoftware und verzichten meist auf die notwendige manuelle Überprüfung der Ergebnisse. Dies ist aber ein großer Fehler und führt immer wieder zu falschen Analysen. Da die Konsequenzen einer falschen Analyse sehr schwerwiegend sein können, sollte man sich immer die Mühe geben, nur abgesicherte und nach den Regeln der Wissenschaft erzeugte Daten vorzulegen. Die folgenden Beispiele sollen einige Fehlerarten illustrieren.

## Drei Negativbeispiele mangelnder Validierung

**Beispiel 1. Quantifizierung ohne Identifizierung ist unzulässig**

Ethylenglykol wird häufig als Gift verwendet, da der süßliche Geschmack unverdächtig erscheint. Die Verbindung kann leicht gaschromatographisch nachgewiesen werden, und dies wird bei bestimmten klinischen Symptomen oder einem unerklärlichen Mehrbefund von Metaboliten (Glykolsäure, Oxalat) im Urin durchgeführt. Ein Fall aus den USA illustriert die analytischen Probleme und die Konsequenzen einer nicht nach den Regeln durchgeführten Analyse.

Ein drei Monate altes Kind wurde ins Krankenhaus gebracht. Die Blutanalyse ergab einen Ethylenglykolwert von 180 mg/l und der Verdacht auf eine Vergiftung durch die Mutter entstand. Aus diesem und weiteren Verdachtsgründen wurde das Kind Pflegeeltern übergeben. Zwei Monate später wurde es wieder krank und die Analyse, bestätigt in einem zweiten Labor, ergab einen Ethylenglykolwert von 911 mg/l. Kurz danach starb es. Da die leibliche Mutter kurz vor der erneuten Erkrankung ihrem Kind Milch aus einer Flasche gegeben hatte, die bei einem Test positiv in Bezug auf Ethylenglykol war, wurde sie verhaftet. Im Gefängnis gebar sie ein zweites Kind, das ihr ebenfalls weggenommen wurde. Allerdings erkrankte dieses Kind ebenfalls bald. Als Ursache wurde dann ein angeborener genetischer Defekt festgestellt, der im Blut hohe Konzentrationen von Methylmalonsäure, Propionsäure und anderen Verbindungen verursachte. Gefrorene Rückstellproben des ersten Kindes wurden nun genauer analysiert, und dieselbe Krankheit wurde festgestellt.

Damit war auch der Analysenfehler gefunden. Die beiden mit der Bestimmung beauftragten kommerziellen Labors hatten ohne genaue Überprüfung den gaschromatographischen Peak der Propionsäure für

Ethylenglykol gehalten, mit der Folge, dass die Krankheit nicht identifiziert sondern statt dessen die Mutter wegen Mordverdachts in Haft genommen wurde. Nachdem dieser Fehler bekannt war, wurde die Mutter nach zwei Jahren Haft freigelassen, und es kam zu teuren Folgeprozessen vor Gericht.

In Abb. 6.82 ist das Gaschromatogramm eines Serumextrakts des Kindes abgebildet (gestrichelt) zusammen mit einem Chromatogramm des Blutprobes mit Ethylenglykol zugesetzt. Es ist offensichtlich, dass in der Probe ohne Glykolzusatz kein chromatographischer Peak an der Stelle ist, wo Ethylenglykol eluiert. Der Retentionszeitunterschied zwischen Ethylenglykol (EG) und Propionsäure (Pr) beträgt ca. 30 s.

Der Fehler der beiden kommerziellen Analysenlabors lag darin, dass nicht überprüft wurde, ob der GC-Peak tatsächlich von der vermuteten Verbindung stammte. Es ist eine Grundregel der Chromatographie, dass keine Verbindung quantifiziert werden darf, wenn nicht absolut sichergestellt ist, dass der ausgewertete Peak tatsächlich von dieser (und nur von dieser – keine Coelution!) Verbindung stammt. Die bloße Angabe des Analysenauftraggebers, Ethylenglykol zu bestimmen, hat vermutlich dazu geführt, dass der ungewöhnliche Peak als Analytpeak aufgefasst wurde. Möglicherweise wurde eine reine Ethylenglykollösung als Referenzprobe untersucht. Auch wenn es vorkommen kann, dass sich Retentionszeiten durch große Mengen anderer Verbindungen in der Probe (hier: Essigsäure) verschieben können, ist dies hier nicht der Fall, wie die Kontrollanalyse ergab. Der große Retentionszeitunterschied von 30 s hätte ausreichen müssen, um Verdacht auf eine Fehlidentifizierung aufkommen zu lassen. Angebracht wäre, die gezeigte Überprüfung mit und ohne Ethylenglykolzusatz zu machen: Wenn der echte Glykolpeak nicht mit dem verdächtigten aus der Probe genau zusammenfällt, liegen mit Sicherheit zwei verschiedene Verbindungen vor.

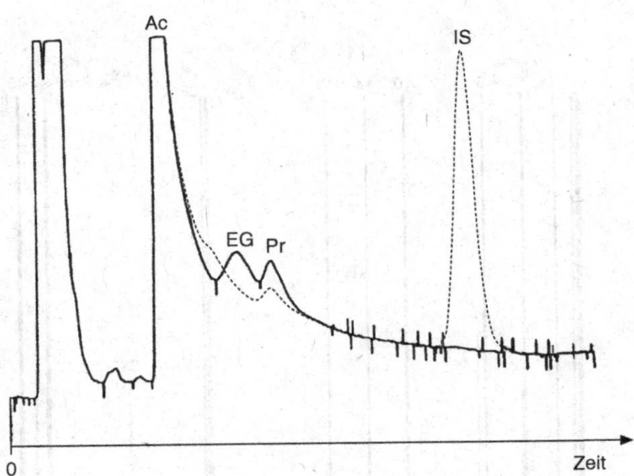


**6.82** Gaschromatogramm des Serums eines Kindes (gestrichelte Linie). Die durchgezogene Linie zeigt das Blut nach Zugabe von 25 mg Ethylenglykol pro Liter Blut. Ac = Essigsäure, EG = Ethylenglykol, Pr = Propionsäure, IS = interner Standard (2,5-Hexandion). Die Analyse erfolgte nach einer Standardmethode mit einem Flammenionisationsdetektor. Die gepackte gaschromatographische Säule hatte 2 mm inneren Durchmesser und war mit 5% Carbowax 20M als stationärer Phase auf Carbopack B gefüllt.

Im Kontrolllabor wurde ein aufwendigerer Weg gewählt, um die Identifizierung und Quantifizierung zweifelsfrei durchzuführen. Eine 15 m lange Kapillarsäule mit einem massenselektiven Detektor erlaubte eine wesentliche bessere Auftrennung der Probenkomponenten und ihre eindeutige Identifizierung. (Literatur: *Journal of Pediatrics*, 120 (1992) 417)

**Beispiel 2. Quantifizierung mit Coelution und falschen Responsefaktoren**

Polycyclische aromatische Verbindungen (PAC, polycyclic aromatic compounds) sind wichtige Vertreter von Umweltchemikalien, deren Vorkommen genau überwacht wird. Für viele Vertreter dieser Stoffklasse existieren Grenzwerte, beispielsweise in der Trinkwasserverordnung, da einige als Cancerogene bekannt sind. Sie treten beispielsweise in fossilen Brennstoffen und Verbrennungsprodukten auf und sind dadurch in der Umwelt weit verbreitet. Routinemäßig werden gas- und flüssigchromatographische Trennmethoden für ihre Bestimmung eingesetzt.

In einem Teer eines Kokereiofens sollte in einem renommierten nicht-kommerziellen Labor eine Reihe PAC gaschromatographisch bestimmt werden mit dem Ziel, die Lösung als Standardreferenzmaterial anzubieten. Die in diesen Materialien zertifizierten Konzentrationen müssen mit völlig unabhängigen Methoden ermittelt werden, um systematische Fehler

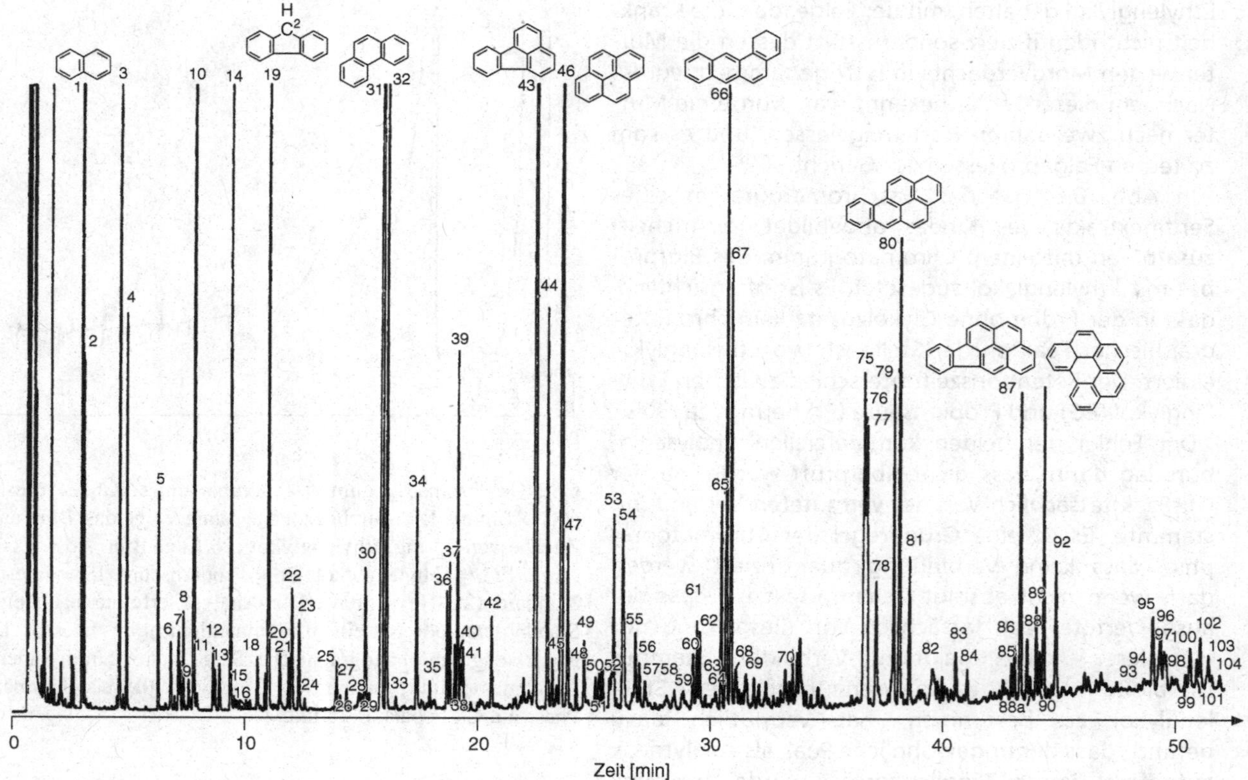


**6.83** Gaschromatogramm eines Teers. Chromatographische Bedingungen: 30 m × 0,25 mm Kapillarsäule mit einer 5% Phenyl/95% Dimethylsiloxanphase (0,25 µm) und mit einem Flammenionisationsdetektor. 100°C/2 min, 4°C/min auf 280°C/5 min. Peak Nr. 2 ist Benzothiophen, Nr. 14 Dibenzofuran, Nr. 30 Dibenzothiophen, Nr. 31 Phenanthren.

auszuschalten. (Solche Referenzmaterialien werden weltweit eingesetzt, um Analysenmethoden zu überprüfen, Geräte zu kalibrieren etc.) Aus dem vorliegenden Teer wurde eine aromatische Fraktion durch Säulenchromatographie isoliert und die Konzentrationen vieler PAC bestimmt.

Die Bestimmung wurde mittels Kapillargaschromatographie auf einer Kapillarsäule (Abb. 6.83) durchgeführt. Für die vier hier diskutierten Analyten wurden Acenaphthen und 1-Methylphenanthren als Standards benutzt, da sie in der Nähe der jeweiligen Analyten eluieren. Von den angegebenen Konzentrationen ist nur die von Phenanthren zertifiziert; die anderen konnten nicht mit einer zweiten unabhängigen Methode bestimmt werden und wurden als Richtwerte angegeben.

In einem zweiten Labor wurden nun die Konzentrationen mithilfe eines Atomemissionsdetektors auf einer polaren stationären Phase überprüft mit guter Übereinstimmung mit den angegebenen Konzentrationen. Die Ausnahmen waren die vier aufgelisteten Aromaten, es bestanden Unterschiede, die es zu diskutieren galt. Die im zweiten Labor bestimmten Werte sind in Tabelle 6.23, Spalte 4, aufgeführt.

**Tabelle 6.23** Konzentrationen der problematischen PAC (in µg/g Teer oder ppm).

| Stoff | GC/FID | innerer Standard für GC/FID | GC/AED |
|---|---|---|---|
| Benzothiophen | 27,5 | Acenaphthen | 35,8 |
| Dibenzofuran | 88,9 | Acenaphthen | 106 |
| Dibenzothiophen | 23,0 | 1-Methylphenanthren | 18,2 |
| Phenanthren | 461,5 | 1-Methylphenanthren | 451 |

Der Unterschied zwischen den Phenanthrenwerten beträgt 2,3%. Unter Berücksichtigung, dass die Werte in verschiedenen Labors, mehrere Jahre auseinander, und mit verschiedenen Gaschromatographen und Detektionsprinzipien und internen Standards bestimmt wurden, ist dies so wenig, dass man die Werte als übereinstimmend betrachten muss. Die anderen drei Werte liegen allerdings weiter auseinander, für Dibenzothiophen sogar um über 25%. Da außerdem kein Trend festzustellen ist, d. h. nicht alle im zweiten Labor bestimmten Werte liegen höher bzw. niedriger als die erstgenannten, gibt es guten Grund, der Sache nachzugehen. Zuerst wird nach Fehlermöglichkeiten in der eigenen Arbeit (stimmt die Einwaage, die Flächenbestimmung, die Responsefaktoren u.s.w.?) gesucht, und erst wenn sich in einem zweiten – genau kontrollierten Anlauf – die Ergebnisse bestätigen, beginnt die Suche nach Fehlermöglichkeiten in den im ersten Labor erhaltenen Daten.

Als Grundprinzip gilt, dass eine Verbindung erst dann quantifiziert werden darf, wenn nachgewiesen ist, dass der chromatographische Peak rein ist, d. h. der Peak nur von einer Verbindung erzeugt wurde. Coelutionsprobleme sind in der Chromatographie viel häufiger als manch erfahrener Analytiker denkt. Tatsächlich zeigt die statistische Theorie, dass ein Chromatogramm zu 95% leer sein muss, um mit 90%iger Wahrscheinlichkeit zu gewährleisten, dass keine Coelution vorhanden ist! Eine gern verwendete Möglichkeit, die Peakreinheit zu überprüfen, ist, die Probe auf einer zweiten Säule mit einer deutlich abweichenden Polarität zu chromatographieren. Die Wahrscheinlichkeit, dass dasselbe Substanzpaar auf zwei so unterschiedlichen stationären Phasen genau coeluieren, ist sehr gering (aber nicht gleich Null).

Die zertifizierenden Chemiker hatten eine unpolare Phase verwendet, und in der Tat findet dort eine Coelution statt, die auf einer stark polaren stationären Phase (100% Cyanopropylsiloxan) nicht auftritt. Weder der Peak für Phenanthren noch der für Dibenzothiophen war rein. Mit Hilfe des schwefelselektiven Atomemissionsdetektors wurde nachgewiesen, dass beide coeluierende Verbindungen schwefelhaltig waren. Mit einem massenselektiven Detektor wurden die Massenspektren aufgenommen: sie waren identisch mit dem von Dibenzothiophen. Es handelt sich also um zwei mit Dibenzothiophen isomere Naphthothiophene. Auf der polaren Cyanopropylphase konnten die beiden quantifiziert werden und ihre Menge von der von Phenanthren bzw. von Dibenzothiophen abgezogen werden (Tabelle 6.24).

Die Phenanthrenwerte stimmen nun noch besser miteinander überein und zeigen eine Differenz von gerade 1% – ein sehr gutes Ergebnis. Dagegen liegt nun der korrigierte Wert für Dibenzothiophen nicht mehr 25% zu hoch sondern 15% zu niedrig!

Die nächste Kontrolle betraf die Anwendung von Responsefaktoren. Bei der GC/AED-Arbeit waren detailliert gemessene Responsefaktoren von allen Analyten bezogen auf die verwendeten internen Standards verwendet worden, aber im ersten Labor wurden alle Responsefaktoren (für den Flammenionisationsdetektor) gleich 1 gesetzt. Dies ist für reine Kohlenwasserstoffe mit guten Erfolgsaussichten erlaubt, aber wenn Heteroatome im Molekül vorhanden sind, ist es nicht mehr zulässig. Die Responsefaktoren für die heterocyclischen Verbindungen – bezogen auf die verwendeten internen Standards – wurden im zweiten Labor gemessen. Zwar wurde ein anderer FID verwendet, aber dieser Detektor zeigt im Allgemeinen nur kleine Abweichungen von Gerät zu Gerät. Allerdings muss unbedingt berücksichtigt werden, dass Responsefaktoren indirekt vom Injektor (split oder splitless?), von der aufgegebenen Menge und anderen Faktoren abhängen können, sodass diese Faktoren immer so probennah wie möglich bestimmt werden sollten.

Die so ermittelten Faktoren wichen beträchtlich vom angenommenen Wert 1 ab. In der Tabelle 6.25 sind diese Responsefaktoren aufgeführt und die schon für Coelution korrigierten Werte um den neuen Responsefaktor korrigiert („doppelt korr.") und verglichen mit den im zweiten Labor erhaltenen Daten. (Responsefaktoren sind für viele Substanzklassen und Detektoren in der Literatur zugänglich und können zum Teil daraus recht gut abgeleitet werden.)

Nun lassen sich die in den zwei Labors erhaltenen Werte sehr gut miteinander vergleichen. Die Überein-

**Tabelle 6.24** Für Coelution korrigierte Daten (in µg/g Teer).

| Stoff | GC/FID | coeluierende Menge | Differenz | GC/AED |
|---|---|---|---|---|
| Benzothiophen | 27,5 | 0 | 27,5 | 35,8 |
| Dibenzofuran | 88,9 | 0 | 88,9 | 106 |
| Dibenzothiophen | 23,0 | 7,6 | 15,4 | 18,2 |
| Phenanthren | 461,5 | 5,9 | 455,6 | 451 |

**Tabelle 6.25** Für Coelution und Responsefaktor korrigierte GC/FID-Werte (in µg/g Teer).

| Stoff | Coelution korrigiert | Responsefaktor | doppelt korrigiert | GC/AED |
|---|---|---|---|---|
| Benzothiophen | 27,5 | 1,30 | 35,9 | 35,8 |
| Dibenzofuran | 88,9 | 1,16 | 102,8 | 106 |
| Dibenzothiophen | 15,4 | 1,16 | 17,9 | 18,2 |
| Phenanthren | 456,1 | 1,00 | 456,1 | 451 |

stimmung ist sogar extrem gut, denn in den zwei Fällen wurden völlig andere Bedingungen verwendet (stationäre Phase, Temperaturprogramm, innere Standards, Detektor usw.). Diese hohe Übereinstimmung mit Werten aus anderen Labors kann man selten erreichen, aber sie erhöht das Vertrauen in die gefundenen Konzentration erheblich.

Das Beispiel illustriert, dass die Peakreinheit eine unerlässliche Voraussetzung für die Quantifizierung ist, und dass der Quantifizierung mit internen Standards eine Bestimmung der eingesetzten Responsefaktoren vorausgehen muss. Das Beispiel illustriert auch, warum es so schwierig sein kann, in zwei Labors gleiche Ergebnisse zu bekommen. Das trifft um so gravierender zu, wenn die Probe erst einer Probenvorbereitung unterworfen werden muss, die naturgemäß störanfällig ist.

(Literatur: Analytical Chemistry, 69 (1997) 3476)

**Beispiel 3. Gutgläubigkeit gegenüber Computerdaten**

Je komplexer die analytischen Instrumente werden, desto schwieriger wird es für den Analytiker, die erzeugten Daten zu überprüfen. Allerdings sollte eine kritische Überprüfung durch einen geschulten Analytiker zur Routine gehören, denn er kann mit seinem Sachverstand und mithilfe der chemischen Logik falschen Daten auf die Spur kommen, bevor diese vom Analysenlabor ausgeliefert (verkauft) werden und womöglich große aber vermeidbare Folgekosten verursachen. Daher verlangen Qualitätsnormen auch eine entsprechende „Freigabe" durch einen anerkannten Fachmann.

Als Beispiel wählen wir die Verwendung von Spektrenbibliotheken in der Gaschromatographie mit massenspektrometrischer Detektion. Solche kommerziellen Bibliotheken laufen auf üblichen Tischrechnern und umfassen Massenspektren von Zehntausenden bis 100000 Verbindungen. Wenn der Analytiker eine Probe mit unbekannten Komponenten untersucht, kann er die selbst aufgenommenen Massenspektren mit denen in der Bibliothek automatisch vergleichen lassen. Der Rechner vergleicht die wichtigsten Fragmente und ihre Intensitäten im aufgenommenen Massenspektrum mit den entsprechenden Daten in der Bibliothek. Mit Hilfe eines Algorithmus berechnet er eine Zahl für die Übereinstimmung mit den gespeicherten Daten und liefert einige Vorschläge für die Identität der unbekannten Verbindung.

Unkritische Benutzer der Technik übernehmen häufig den Vorschlag mit dem höchsten Maß an Übereinstimmung ohne eine manuelle Überprüfung des Vorschlags. Dies kann zu absurden Konsequenzen führen, denn der Rechner kann aufgrund rein mathematischer Ähnlichkeitsberechnungen nicht über Sinn oder Unsinn seiner Vorschläge entscheiden. Als Beispiel nehmen wir eine Untersuchung eines marinen Sediments, das nach Extraktion und Aufreinigung mit Gelpermeationschromatographie ein Gaschromatogramm mit vielen unbekannten Peaks gab. Der Rechnervergleich mit der Spektrenbibliothek führte für einen Peak zum Vorschlag, dass er vom Dimethylsecobarbital ($C_{14}H_{22}N_2O_3$) stammt. Hier wird der kritische Analytiker sich fragen, was ein Derivat eines Schlafmittels im Sediment eines Flottenstützpunkts zu tun hat. Eine nähere Untersuchung mit dem Atomemissionsdetektor führte zu der Schlussfolgerung, dass weder Stickstoff noch Sauerstoff im Molekül vorhanden waren, sodass es sich vermutlich um einen Kohlenwasserstoff handelte.

Eine Reihe anderer Vorschläge wurde auf ähnliche Weise als nicht zutreffend gefunden. Wir lernen daraus, dass der Analytiker sich von den vom Rechner gegebenen Vorschlägen leiten lassen kann, aber er darf sie nicht ohne kritische Überprüfung übernehmen. Das Auftreten einiger erwarteter Fragmente im Massenspektrum stellt noch lange kein Beweis für die Identität der unbekannten Verbindung mit der in der Bibliothek vorhandenen.

(Literatur: *Chemosphere* 32 (1996) 1103)

# Weiterführende Literatur


**Chromatographie – Allgemeines**

Engelhardt, H., Rohrschneider, L. *Deutsche chromatographie Grundbegriffe zur IUPA-Nomenklatur*, Arbeitskreis Chromatographie der Fachgruppe Analytische Chemie in der Gesellschaft Deutscher Chemiker (Hrsg.)

Ettre, L. S. *Chromatographia*, 51, 7–17 (2000).

Robards, K., Haddad, P. R., Jackson, P. E. *Principles and Practice of Modern Chromatographic Methods*, Academic Press, London (1994).

**Dünnschichtchromatographie**

Fried, B., Sherma, J. (Hrsg.) *Practical Thin-Layer Chromatography – A Multidisciplinary Approach*, CRC Press, Boca Raton, New York, London, Tokyo (1996).

Kraus, L., Koch, A., Hoffstetter-Kuhn, S. *Dünnschichtchromatographie*, Springer-Verlag, Berlin, Heidelberg (1996).

Poole, C. F. *J. Chromatogr.* A, 856, 399–427 (1999).

Touchstone, J. C. *Practice of Thin Layer Chromatography*, Third Edition, John Wiley & Sons, New York, Chichester, Brisbane, Toronto, Singapore (1992).

**Hochleistungsflüssigkeitschromatographie**

Eppert, G. J., *Flüssigchromatographie. HPLC – Theorie und Praxis*, Springer-Verlag, Berlin, Heidelberg (1997).

Lindsay, S. *Einführung in die HPLC*, Springer-Verlag, Berlin, Heidelberg 1996.

Meyer, V. *Fallstricke und Fehlerquellen der HPLC in Bildern*, Wiley-VCH, Weinheim, New York, Chichester, Brisbane, Singapore, Toronto (1999).

Meyer, V. *Praxis der Hochleistungs-Flüssigchromatographie*, Sauerländer GmbH Verlag (1999).

Unger, K. K., Weber, E. *A Guide to Praxtical HPLC*, GIT Verlag, Darmstadt (1999).

Unger, K. K. *Handbuch der HPLC, Teil 2 – Präparative Säulenflüssig-Chromatographie*, GIT Verlag, Darmstadt (1999).

Weston, A., Brown, P. R. *HPLC and CE – Principles and Practice*, Academic Press, San Diego, London, Boston, New York, Sidney, Tokyo, Toronto (1997).

**Ionenchromatographie**

Weiß, J. *Ionenchromatographie*, VCH Verlagsgesellschaft (1991).

Small, H., Stevens, T. S., Baumann, W.C. *Anal. Chem.*, 47 (1975) 1801.

**Überkritische Fluidchromatographie**

Berger T. A. *Packed Column SFC*, RSC Chromatography Monographs, London (1995).

*Encyclopedia of Analytical Science*, Academic Press Limited, Volume 8, London (1995).

Jinno, K. (Hsg.) *Hyphenated Techniques in Supercritical Fluid Chromatography and Extraction*, Journal of Chromatography Library – Volume 53, Elsevier, Amsterdam (1992).

Klesper, E. Corwin, A. H. Turner, D. A. ; J. *Org. Chem.*, 92 (1962) 700.

Lee, M. L., Markides, K. E. (Hsg. ) *Analytical Supercritical Fluid Chromatography and Extraction*, Chromatography Conferences, Provo, Utah (1990).

Smith, R. M. (Hsg.) *Supercritical Fluid Chromatography*, RSC Chromatography Monographs (1988).

White, C. M. (Hsg.) *Modern Supercritical Fluid Chromatography*, Hüthig Verlag, Heidelberg, London (1988).

**Gaschromatographie**

Ettre, L.S., Hinshaw, J.V., Rohrschneider, L. *Grundbegriffe und Gleichungen der Gaschromatographie*, Hüthig, Heidelberg (1995).

Dyson, N. *Chromatographic Integration Methods*. Royal Society of Chemistry, London (1992).

Grob, K. *Injection Techniques in Capillary GC* Analytical Chemistry 66 (1994) 1009 A.

Kolb, B. *Gaschromatographie in Bildern. Eine Einführung*. Wiley-VCH, Weinheim (1999).

# 7 Elektroanalytische Verfahren

Die elektrochemischen Analysenmethoden zählen zu den ältesten instrumentellen Methoden, nicht nur weil Walter Nernst die nach ihm benannte Gleichung vor nunmehr über 100 Jahren publiziert hat. Er gelangte zu dem Zusammenhang zwischen der Ionenkonzentration und der elektrischen Spannung an einer Phasengrenze Elektrolyt/Elektrode durch rein thermodynamische Überlegungen. Durch Gleichsetzen der chemischen Verdünnungsarbeit, die beispielsweise bei der Überführung eines Metallatoms als Kation in eine Elektrolytlösung geleistet werden muss, mit der elektrischen Arbeit wegen dieses Ladungstransports, wird diese fundamentale Gleichung mithilfe des elektrochemischen Potentials auch heute noch mit wenigen Zeilen hergeleitet. Die Grundvoraussetzung für diese Betrachtung ist allerdings die Einstellung eines vollständigen thermodynamischen Gleichgewichtes an der betreffenden Phasengrenzfläche, weil ja bei der Herleitung die elektrochemischen Potentiale in beiden Phasen (sowohl Elektrode/Lösung als auch Membran/Elektrolytlösung) gleich gesetzt werden. Beobachtbare Abweichungen von der Nernst-Gleichung in beide Richtungen (sog. „super-Nernst"- bzw. „sub-Nernst"-Verhalten für Werte von > 59 mV/Ladung und Dekade oder < 59 mV/Ladung bei 25°C) werden entweder mithilfe des Aktivitätsbegriffes oder durch zusätzliche Diffusionspotentiale erklärt. Obwohl bereits Mitte der dreißiger Jahre durch Formulierung der sog. Butler-Vollmer-Gleichung die große Bedeutung der Grenzflächen**kinetik** erkannt wurde, bevorzugt man die rein thermodynamische Betrachtungsweise vielfach auch heute noch. Bei den analytischen Anwendungen betrifft dies die ionenselektiven Elektroden, deren regelmäßige Abweichungen von der Nernst-Gleichung inzwischen durch stationäre Zustände (also nicht thermodynamisch) erklärt werden.

Die Messtechnik der Potentiometrie konnte bereits vor hundert Jahren die Nernst-Gleichung im Rahmen ihrer Messgenauigkeit bestätigen. Allerdings waren die von den Elektrochemikern selbst zu bauenden Spannungsmessgeräte sehr fragil, und die Messung erforderte einiges Geschick. Die Messzellenspannung muss stromlos gemessen werden, damit das thermodynamische Gleichgewicht nicht durch einen Stromfluss (entsprechend einer elektrochemischen Reaktion) gestört wird. Bei der Methode der stromlosen Spannungsmessung einer galvanischen Zelle mithilfe der Poggendorff'schen Kompensationsmethode (siehe Lehrbücher der Physik) übersieht man aber den Kurzschluss der Messkette über den Widerstandsdraht; das führt bei entsprechend hochohmigen Messzellen oder elektrochemischen Grenzflächen mit niedrigen Austauschstromdichten zu Fehlmessungen.

Die Geburtsstunde der modernen instrumentellen Analytik kam mit der kommerziellen Verfügbarkeit der ersten pH-Meter Mitte der 30er Jahre, die mittels der gerade entwickelten Elektronenröhre quasi leistungslos (stromlos) eine Messkettenspannung auch unter Verwendung hochohmiger pH-Glasmembran-Elektroden auf wenige mV genau messen konnten. Kurz danach entwickelte Jaroslav Heyrovský die Polarographie, die analytische Anwendung einer registrierten Strom-Spannungskurve an einer sich ständig erneuernden Quecksilbertropfen-Elektrode, wobei aus dem sog. Halbstufenpotential auf die Identität eines Analyten und aus der Stromstufenhöhe auf dessen Konzentration geschlossen werden kann. Bis in die heutigen Tage hinein ist die Elektroanalytik ein beliebtes Forschungsthema, das gegenüber den konkurrierenden Methoden wohl zu den am besten erforschten gehört. Dies zusammen mit den vergleichsweise geringen Kosten für die apparative Ausstattung macht die Elektroanalytik heute auch für industriell weniger entwickelte Regionen interessant. Durch die Konkurrenz von selektiveren und leichter zu automatisierenden spektrometrischen Methoden (z. B. AAS) sind die elektrochemischen Analysenmethoden aber stark in den Hintergrund getreten. Die Verbannung des Quecksilbers aus den Labors und die steigenden Entsorgungskosten haben in den letzten Jahren ebenfalls ihren Beitrag zur Verringerung des Einsatzes der Polarographie geleistet. Aus diesem Grund wird in diesem Lehrbuch die Elektroanalytik nicht in der üblichen Tiefe behandelt. Nach einer Einführung in die Grundlagen und einer Klassifizierung einiger der über 50 unterschiedlichen Messtechniken, werden vorzugsweise nur die Techniken besprochen, die auch eine Bedeutung für die Entwicklung von Transducern bei Chemo- und Biosensoren haben.

Der Stand der Brennstoffzellenforschung und damit unser Wissen auf dem Gebiet der alternativen Energiequellen mit deutlich höherem Wirkungsgrad und umweltschonenden Prinzipien könnte wesentlich größer sein, wenn die elektrochemische Kinetik intensiver berücksichtigt worden wäre.

## 7.1 Grundlagen elektrochemischer Analyseverfahren

### 7.1.1 Einige Grundbegriffe

**Was ist Elektrochemie?**

Die im Folgenden beschriebenen Analysenverfahren nutzen elektrochemische Prozesse zur Gewinnung von analytisch wichtigen Informationen. Dabei wird unter einem elektrochemischen Prozess eine chemische Reaktion verstanden, die die folgenden vier Eigenschaften erfüllt:

- Sie findet an Phasengrenzen statt.
- Die einzelnen Phasen sind unterschiedlich geladen (unterschiedliche elektrische Potentiale).
- Es findet ein Ladungsübergang über die Phasengrenze statt.
- Mindestens eine Phase ist ein Ionenleiter.

Weiterhin behandelt die Elektrochemie Vorgänge in Ionenleitern (z. B. Salz-(Elektrolyt-)Lösungen, Salz-Schmelzen) einschließlich der sich einstellenden Gleichgewichte.

Ein elektrochemischer Prozess findet z. B. statt, wenn ein Silberdraht (elektronenleitende Phase) in eine Lösung, die Silberionen enthält (ionenleitende Phase), getaucht wird. Silberionen treten durch die Phasengrenzfläche Metall/Lösung in beiden Richtungen hindurch, wobei die Nettorichtung des Durchtritts von der Silberionenkonzentration in der Lösung abhängig ist. Das Bestreben eines Metalls, als Kation in Lösung zu gehen, hat W. Nernst als Lösungstension (oder -druck) eines Metalls bezeichnet. Diese Fähigkeit ist bei unterschiedlichen Metallen unterschiedlich stark ausgeprägt. Wenn man dieses Bestreben durch die sich jeweils einstellende Gleichgewichts-Potentialdifferenz in der Messeinheit Volt quantifiziert, und nach Vorzeichen und Größe ordnet, gelangt man zur bekannten Spannungsreihe der Metalle, die diese Lösungstendenz (Kationenbildung entspricht einer Oxidation) mit edlerem oder unedlerem Verhalten charakterisiert.

Der Übergang der Silberionen führt in unserem obigen Beispiel zu einer Aufladung der Grenzfläche, die dem Durchtritt weiterer Silberionen entgegenwirkt: Tritt ein Silberion vom Metall in die Lösung über, so hinterlässt es im Elektronenleiter (Silberdraht) ein Elektron, das diesen negativ, die Elektrolytseite hingegen positiv (Zugang von Silberionen) auflädt; tritt ein Silberion von der Elektrolytseite in das Metall über, so nimmt es dort ein Elektron auf und lädt dabei den Elektronenleiter positiv auf, während es ein kompensierendes Anion im Elektrolyten zurücklässt, wodurch sich dort ein Überschuss negativer Ladungen ergibt. In beiden Richtungen des Ladungsdurchtritts der Silberionen behindert die sich aufbauende Aufladung den unbegrenzten Ladungsübertritt dadurch, dass die übertrittsfähigen Silberionen eine Aufladung gleichen Vorzeichens zu überwinden haben bzw. durch eine sich parallel aufbauende Gegenladung in ihrer Ausgangsphase zurückgehalten werden. Da dies für den Übergang von Metallionen in beide Richtungen gilt, wird sich nach relativ kurzer Zeit an der Phasengrenze Silberdraht/Silberionenlösung ($Ag/Ag^+$) ein elektrochemisches Gleichgewicht eingestellt haben und die Anzahl der Silberionen, die die Phasengrenze durchschreiten, wird in beide Richtungen gleich sein. Da jede Ladungsbewegung auch ein Stromfluss bedeutet, fließen im Gleichgewichtsfall gleich große Ionenströme in beiden Richtungen (Nettostromfluss = 0). Diese Stromdichte (pro Oberflächeneinheit) heißt Austauschstromdichte und charakterisiert durch ihre messbare Größe einen guten Nernst'schen Sensor. Bis zur Erreichung dieses Gleichgewichts hat es jedoch aus chemischen Gründen ($\Delta G$ der Nettoreaktion) einen Nettostromfluss in die eine oder andere Richtung gegeben, der sich dann in unterschiedlichen Gleichgewichtspotentialdifferenzen (siehe z. B. Spannungsreihe) äußert.

Vereinfacht stellt man sich die Phasengrenzfläche als Doppelschicht vor, die sich aus Ladungen an der Elektrodenoberfläche und einer äquivalenten Menge entgegengesetzt geladener Ionen auf der Elektrolytseite zusammensetzt (Abb. 7.1a), wobei man sich letztere vorzugsweise in einer Fläche gegenüber der Elektrodenoberfläche ausgebreitet denkt (wegen des Einflusses der Diffusion und der damit erfolgten „Ladungsverschmierung" wurden dann weitere Modelle entwickelt, die auch dieses berücksichtigen). Entgegengesetzte Aufladungen, die sich beispielsweise im Vakuum gegenüberstehen, werden physikalisch als elektrische Kondensatoren betrachtet. Dies ist hier auch der Fall, und man spricht von der sog. Doppelschichtkapazität, die sich in elektronischen Analogieschaltungen wie ein echter Kondensator von einer bestimmten Größe verhält. In diesem Ersatzschaltbild (Abb. 7.1b) wird durch einen Transferwiderstand $R_t$ ebenfalls berücksichtigt, dass ein Ladungsdurchtritt von Ionen durch die Doppelschicht möglich ist.

**Aktivität**

Die elektrochemische Analytik ist eine der wenigen Analysenmethoden, die die Bestimmung von Ionenaktivitäten (= effektive Konzentrationen, erhalten durch Korrektur der Konzentration mittels des sog. Aktivitätskoeffizienten) erlaubt. Aktivitätsbestimmungen sind für viele Anwendungsfelder, so z. B. bei physiologischen Vorgängen, bei denen Ionen involviert sind, also auch in

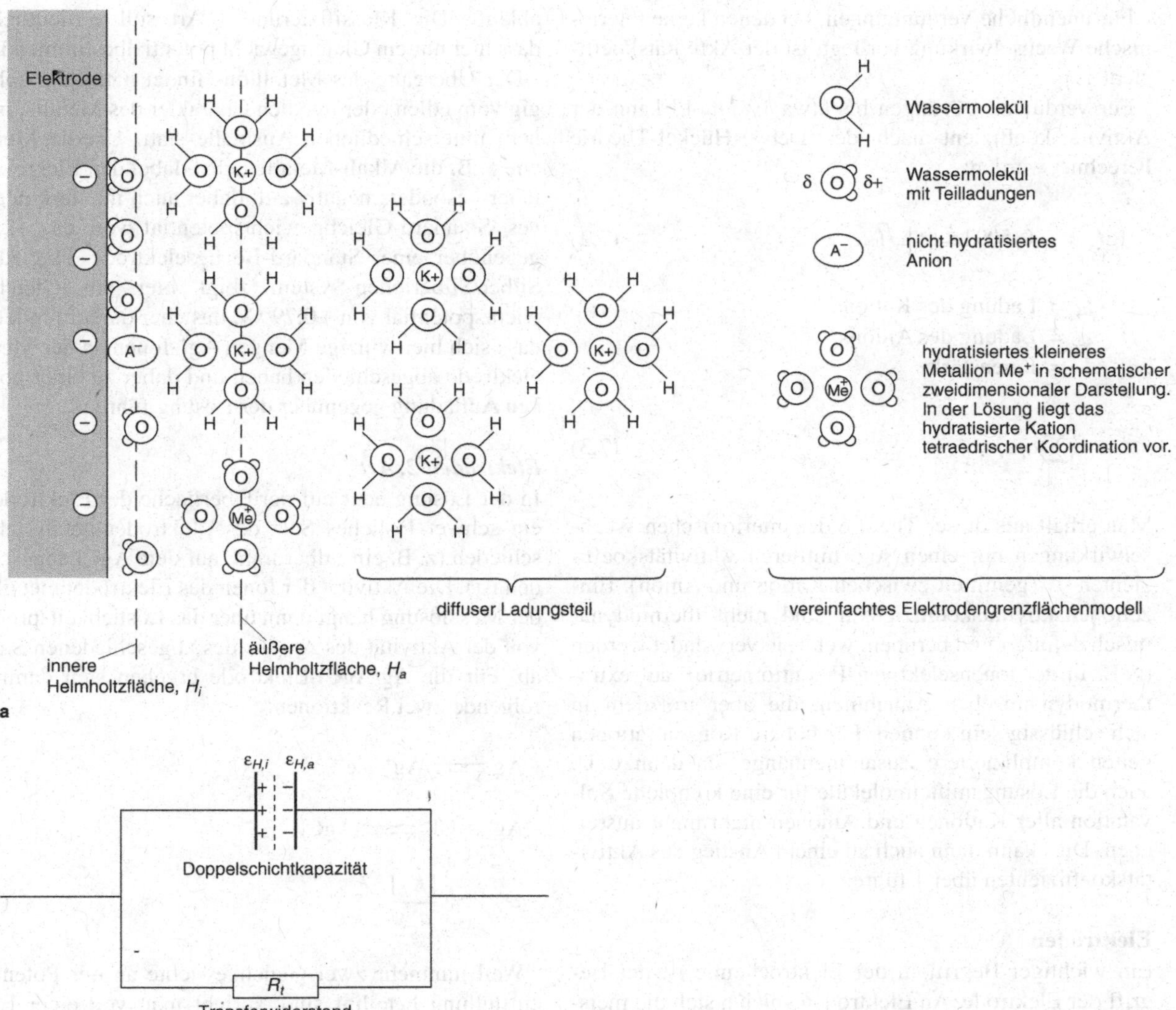


**7.1** a) Vereinfachte Darstellung der elektrochemischen Doppelschicht nach Helmholtz mit unterschiedlichen Dielektrizitätskonstanten $\varepsilon_{in}$ der inneren und äußeren Helmholtzfläche, b) Ersatzschaltbild.

der Medizin, sehr wichtig. So benötigt beispielsweise ein schlagendes Herz eine bestimmte Aktivität an freien Calciumionen im Blut, wobei die Totalkonzentration unerheblich ist. Man versteht unter Ionenaktivität also die „wirksame Konzentration" des Ions. In sehr verdünnten Elektrolytlösungen (< 0,0001 M) sind Anionen und Kationen so weit voneinander entfernt und durch Solvensmoleküle getrennt, dass Wechselwirkungen zwischen ihnen keine Rolle spielen. Wird die Konzentration des Elektrolyten (Salzes) erhöht (> 0,01 M), halten sich wegen der weit reichenden Coulomb'schen Anziehungskräfte die Kationen bevorzugt in der Umgebung von Anionen auf und umgekehrt. Dadurch werden die elektrische Leitfähigkeit (= Beweglichkeit) und die Fähigkeit der Ionen, an Reaktionen mit Partnern teilzunehmen, d. h. die „effektive Konzentration", herabgesetzt.

Die Aktivität eines Ions hängt mit der Konzentration über den konzentrationsabhängigen Aktivitätskoeffizienten zusammen, der die Abweichung vom idealen Verhalten beschreibt:

$$a_i = f_i \cdot c_i \qquad (7.1)$$

mit $a_i$ = Aktivität des Ions (betr. Einzelionenaktivitätskoeffizient, siehe unten)

$f_i$ = Aktivitätskoeffizient des Ions

$c_i$ = Konzentration des Ions

Für unendliche Verdünnungen, bei denen keine interionische Wechselwirkung vorliegt, ist der Aktivitätskoeffizient 1.

Für verdünnte Lösungen bis etwa $10^{-3}$ mol/l kann der Aktivitätskoeffizient nach der Debye-Hückel-Theorie berechnet werden:

$$\lg f_{\pm} = -0{,}5091 z_{+}|z_{-}|\sqrt{I} \tag{7.2}$$

$z_{+}$ = Ladung des Kations
$z_{-}$ = Ladung des Anions
$I$ = Ionenstärke

$$I = \frac{1}{2}\sum c_i z_i^2 \tag{7.3}$$

Man erhält aus dieser Theorie der interionischen Wechselwirkungen nur einen sog. mittleren Aktivitätskoeffizienten $f_{\pm}$ (gemittelt zwischen Kation und Anion). Einzelionenaktivitätskoeffizienten sind nicht thermodynamisch definiert und beruhen, wenn sie verwendet werden (z. B. in der ionenselektiven Potentiometrie), auf extrathermodynamischen Annahmen, die aber trotzdem in sich schlüssig sein können. Für höhere Konzentrationen gelten kompliziertere Zusammenhänge, da dann u. U. auch die Lösungsmittelmoleküle für eine komplette Solvatation aller Kationen und Anionen nicht mehr ausreichen. Dies kann dann auch zu einem Anstieg des Aktivitätskoeffizienten über 1 führen.

**Elektroden**

Ein wichtiger Begriff in der Elektrochemie ist der Begriff der Elektrode. An Elektroden spielen sich die meisten zur Gewinnung von analytischen Informationen genutzten elektrochemischen Prozesse ab. Unter einer Elektrode versteht man ein System aus mehreren sich hintereinander (im Kontakt) befindenden elektrisch leitenden Phasen, wobei eine Endphase ein Elektronenleiter und die andere ein Elektrolyt ist. Ein Beispiel für eine Elektrode (als elektrochemisches System) ist das oben schon beschriebene System Silber (Elektronenleiter) /Silbersalzlösung (Elektrolyt). Nach ihrem Aufbau unterscheidet man verschiedene Arten von Elektroden:

***Elektroden 1. Art***

Taucht ein Metall in eine Lösung, die das gleiche Elektrodenmetall als Ion enthält, spricht man von einer Elektrode 1. Art. Ein Beispiel stellt die oben beschriebene $Ag/Ag^{+}$-Elektrode dar, an der die elektrochemische Reaktion

$$Ag \rightleftharpoons Ag^{+} + e^{-} \tag{7.4}$$

abläuft. Die Klassifizierung 1. Art soll verdeutlichen, dass hier nur ein Gleichgewicht potentialbestimmend ist.

Der Übergang des Metallions findet natürlich, abhängig vom edlen oder unedlen Charakter des Metalls, in einem unterschiedlichen Ausmaße statt. Unedle Metalle wie z. B. die Alkali-Metalle laden dabei den Elektronenleiter besonders negativ auf, daher auch ihr stark negatives Standard-Gleichgewichtspotential von ca. −2,7 V gegenüber einer Standard-Bezugselektrode. Das edlere Silber/Silberionen-System zeigt hier ein Gleichgewichtspotential von +0,799 V, das eher darauf hindeutet, dass sich hier winzige Mengen $Ag^{+}$-Ionen an der Metallelektrode abgeschieden haben und daher zu einer positiven Aufladung gegenüber der Lösung führen.

***Elektroden 2. Art***

In der Lösung oder auf der Oberfläche der Elektrode ist ein schwer lösliches Salz des Elektrodenmetalls abgeschieden (z. B. ein Silberdraht, auf dem AgCl abgeschieden ist). Die Aktivität der Ionen des Elektrodenmetalls in der Messlösung hängt dann über das Löslichkeitsprodukt von der Aktivität des Anions des abgeschiedenen Salzes ab. Für die Ag/AgCl-Elektrode ergeben sich demnach folgende zwei Reaktionen:

$$Ag \rightleftharpoons Ag^{+} + e^{-}$$

$$Ag^{+} + Cl^{-} \rightleftharpoons AgCl$$

$$a_{Ag^{+}} = \frac{[K_L]}{a_{Cl^{-}}} \tag{7.5}$$

Weil nunmehr zwei Gleichgewichte an der Potentialeinstellung beteiligt sind, spricht man von einer Elektrode 2. Art. Man kann sich nunmehr auch Elektroden 3. Art vorstellen, wenn z. B. diesem chloridisierten Silberdraht keine chloridionenhaltige Lösung, sondern stattdessen festes $PbCl_2$ zugesetzt wird. Dann bestimmt über drei Gleichgewichte die $Pb^{2+}$-Ionenaktivität das Potential dieses Dahtes, weil mit der Konzentration freier $Pb^{2+}$-Ionen über das $PbCl_2$-Löslichkeitsprodukt die Chloridionenaktivität definiert wird, die ihrerseits die $Ag^{+}$-Konzentration bestimmt.

***Redoxelektroden***

Ein Elektronenleiter (meist ein chemisch inertes Metall wie Pt) taucht in eine Lösung, in der eine Teilchenart in zwei Oxydationsstufen (= Redoxsystem) vorhanden ist. Das chemische Gleichgewicht zwischen beiden Oxidationsformen lautet:

$$Ox + ze^{-} \rightleftharpoons Red^{z-}, \tag{7.6}$$

wobei Ox die oxydierte und Red die reduzierte Form ist.

Ein Beispiel für eine stabile Redoxelektrode ist ein Platindraht, der in eine equimolare Lösung von Hexacyanoferrat III / Hexacyanoferrat II eintaucht. „Stabil“ wurde hier anstelle von „reversibel“ verwendet, da dieses Redoxsystem an einem Platindraht eine relativ große Austauschstromdichte aufweist, d. h. eine gute Kinetik besitzt und daher nicht leicht beeinflussbar ist.

Über einen Übertritt von Elektronen aus diesem Gleichgewicht aus dem Redoxsystem in die inerte Metallelektrode oder umgekehrt lässt sich die oxidative oder reduzierende Kraft eines Redoxsystems in der Einheit Volt erfassen und auch das sog. Standard-Redoxpotential ermitteln, das natürlich bei einer inerten Messelektrode nicht von der Art des Metalls abhängt.

***Membranelektroden***
Zwischen dem elektronenleitenden Material und dem Elektrolyten können noch andere Schichten wie Glas, Membranen oder Halbleiter dazwischengeschaltet sein. An ihrer Phasengrenze bildet sich ebenfalls eine Potentialdifferenz aus. In diesem Falle spricht man von Membranelektroden.

## 7.1.2 Gleichgewichtselektrochemie

Die Gleichgewichtselektrochemie behandelt die Gleichgewichte an nicht stromdurchflossenen Elektroden. Sie ist die Grundlage für die in der Praxis bedeutsamen potentiometrischen Analysenmethoden.

**Die Nernst-Gleichung**
Berühren sich zwei elektrisch leitende Phasen, so tritt zwischen ihnen durch den Übergang von Ladungsträgern über die Phasengrenzfläche eine elektrische Potentialdifferenz auf, die als Galvanispannung $\Delta\varphi$ bezeichnet wird. Ein Beispiel für die Ausbildung einer solchen Potentialdifferenz wurde oben am Beispiel einer $Ag/Ag^+$-Elektrode beschrieben. Die treibende Kraft für den Übergang von Silberionen von einer Phase in die andere ist zu Beginn ein Unterschied im chemischen Potential der Silberionen in beiden Phasen, der sich ausgleichen möchte. Dieser Übergang von Ionen, das heißt Ladungsträgern, führt zu einer elektrostatischen Aufladung der aneinander grenzenden Phasen, die – wie oben kurz erläutert – einem Ionenübergang im messbarem Ausmaße entgegenwirkt, sodass der durch die chemische Potentialdifferenz bewirkte Nettoladungstransport über die Phasengrenze hinweg nach sehr kurzer Zeit (ms Bereich) zum Erliegen kommt. Dies ist dann der Fall, wenn das sog. elektrochemische Potential der Teilchensorte in beiden Phasen gleich ist. Das elektrochemische Potential berücksichtigt auch die elektrischen Wechselwirkungskräfte, die überwunden werden müssen oder frei werden, wenn eine geladene Teilchensorte in eine geladene Phase überführt wird. Anstelle der chemischen Gleichgewichtsbedingung $\mu_i(\mathrm{I}) = \mu_i(\mathrm{II})$ muss daher die elektrochemische Gleichgewichtsbedingung berücksichtigt werden:

$$\mu_i(\mathrm{I}) + z_i F \varphi(\mathrm{I}) = \mu_i(\mathrm{II}) + z_i F \varphi(\mathrm{II}). \qquad (7.7)$$

$\mu_i(\mathrm{I, II})$ = chemisches Potential der Komponente $i$ in Phase I bzw. II
$F$ = Faraday-Konstante
$z_i$ = Ladung der Komponente $i$
$\varphi(\mathrm{I, II})$ = elektrisches Potential der Phase I bzw. II

Der Ausdruck $\mu_i + z_i F \varphi$ wird als elektrochemisches Potential $\tilde{\mu}$ bezeichnet. Der erste Summand steht für die Arbeit, die aufgrund rein chemischer Wechelwirkungskräfte aufgebracht werden muss, um die ungeladene Teilchensorte aus dem Unendlichen in die betreffende Phase (Metall oder Elektrolyt) zu überführen, und der zweite Summand drückt die zusätzliche elektrostatische Überführungsarbeit aus, falls es sich um ein geladenes Teilchen und/oder eine elektrisch geladene Phase handelt.

Aus Gl. 7.7 ergibt sich durch Einsetzen der Konzentrationsabhängigkeit des chemischen Potentials, Umformen und Auflösen nach der sog. Galvanispannung $\Delta\varphi$ (= innere Potentialdifferenz zwischen zwei Phasen) direkt die Nernst-Gleichung, die den Zusammenhang zwischen Galvanispannung $\Delta\varphi$ (Differenz der elektrischen Potentiale zwischen Phase I und Phase II) und Aktivität beschreibt. Für eine Elektrode 1. Art erhält man:

$$\Delta\varphi = \Delta\varphi^0 + \frac{RT}{zF} \ln a_{Me^{z+}} \qquad (7.8)$$

$\Delta\varphi^0$ = Standard-Galvanispannung
$R$ = allgemeine Gaskonstante
$a_{Me^{z+}}$ = Aktivität des Metallions
$T$ = absolute Temperatur (in Kelvin)

**Zellspannungen**
Abbildung 7.2 verdeutlicht das Problem, das entsteht, wenn man das elektrische Potential einer Elektrode (Spannung zwischen Elektronenleiter und Elektrolyt) allein und absolut messen möchte. Dazu ist es natürlich notwendig, einen weiteren Leiter als sog. Ableitelektrode in die Lösung zu bringen, damit man die zweite Buchse des Voltmeters „versorgen“ kann. Das Problem dabei ist, dass sich an der Grenzfläche zwischen dieser Ableitelektrode und der Messlösung ebenfalls eine für diesen Leiter spezifische Gleichgewichtsgalvanispan-

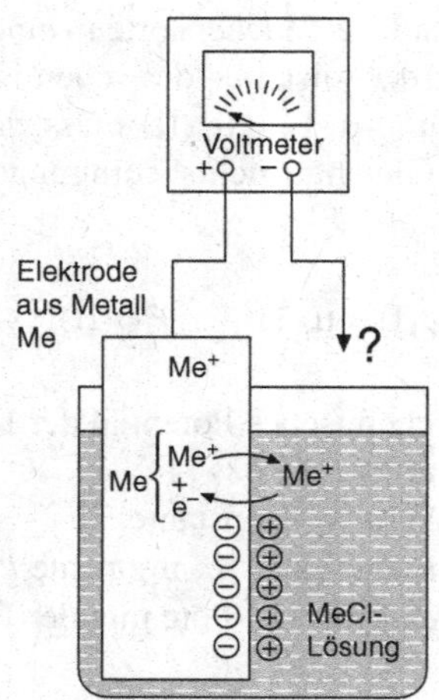


**7.2** Das Entstehen einer Galvanispannung am Beispiel einer Elektrode 1. Art (Metall Me in einer MeCl-Lösung eintauchend) und die Unmöglichkeit, diese Einzelpotentialdifferenz messen zu können.

nung einstellt, sodass die gemessene Spannung die Summe von mindestens zwei Galvanispannungen ist. Eine derartige Anordnung wird elektrochemische Zelle genannt (Abb. 7.3).

Man kann also eine Einzelpotentialdifferenz an nur einer Messelektrode nicht messen. Es ist aber möglich, die Änderung der Gleichgewichtsgalvanispannung einer Elektrode zu messen, wenn man dafür Sorge trägt, dass sich die Gleichgewichtsgalvanispannung an dieser Ableitelektrode nicht ändert. Eine solche Ableitelektrode mit konstantem Potential (salopp gesagt als Kürzel für

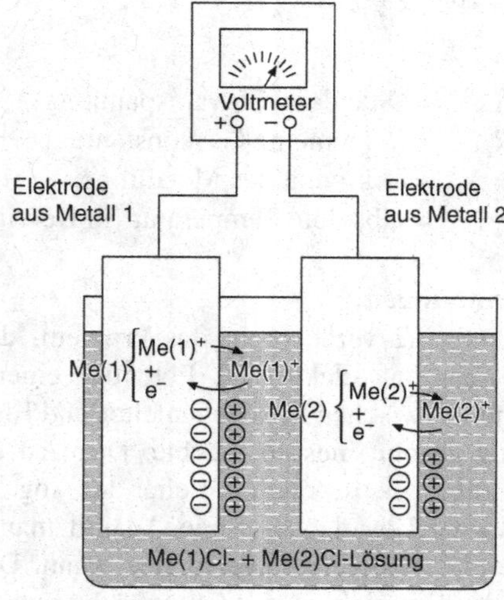


**7.3** Messung eines Potentials als Summe von zwei Galvanispannungen.

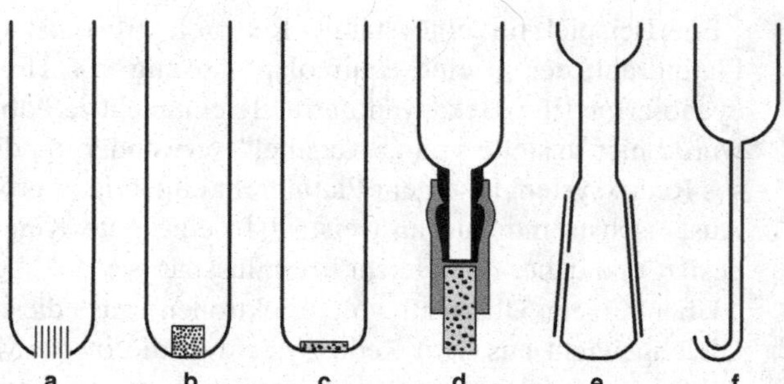


**7.4** Formen des Diaphragmas: a) Asbest- oder Platinfäden, b) Sinterkörper, c) Flächenkeramik, d) auswechselbarer Keramikstopfen, e) Schliffdiaphragma f) Kapillare.

eine konstante innere Potentialdifferenz) wird Bezugselektrode genannt. Derartige Messungen von Gleichgewichtszellspannungen müssen (nahezu) stromlos erfolgen, um die sich einstellenden elektrochemischen Gleichgewichte nicht zu stören. Dies ist immer dann der Fall, wenn die oben erwähnte Austauschstromdichte wesentlich größer als der unvermeidliche Messkreisstrom ist. Auch bei hochohmigen Voltmetern (z. B. pH-Metern) fließt noch ein Reststrom von ca. $10^{-12}$ A, was dem Ladungsübertritt von ca. $10^7$ Ladungsträgern pro Sekunde entspricht!

**Bezugselektroden**

Als primäre Bezugselektrode dient gemäß einer internationalen Übereinkunft die sog. Standardwasserstoffelektrode. Sie ist die generelle Bezugsbasis und der Bezugspunkt für die Tabellierung von Elektrodenpotentialen. Die Standardwasserstoffelektrode besteht aus einem platinisierten Platindraht, der in eine Lösung von pH = 0 taucht und mit Wasserstoffgas mit einem Druck von 101,3 kPa umspült wird. Das Potential der Standardwasserstoffelektrode wird definitionsgemäß bei allen Temperaturen gleich Null gesetzt. Der Standardzustand pH = 0 lässt sich allerdings experimentell nicht leicht verwirklichen. Man gelangt zu ihm durch Vorgabe von verschiedenen Wasserstoffionenkonzentrationen und Anwendung von Extrapolationsverfahren für den dann erforderlichen Einzelionen-Aktivitätskoeffizienten. Das absolute Potential dieser Standardwasserstoffelektrode gegenüber dieser pH = 0 Lösung wurde inzwischen zu ca. +4,5 V abgeschätzt.

Für den täglichen Gebrauch ist die Handhabung der Wasserstoffelektrode allerdings zu umständlich. Daher verwendet man Elektroden 2. Art, besonders die schon oben beschriebene Ag/AgCl-Elektrode oder seltener (wegen ihrer Toxizität) die Kalomelelektrode ($Hg/Hg_2Cl_2$). Diese Elektroden tauchen in eine Lösung konstanter Chloridionenaktivität.

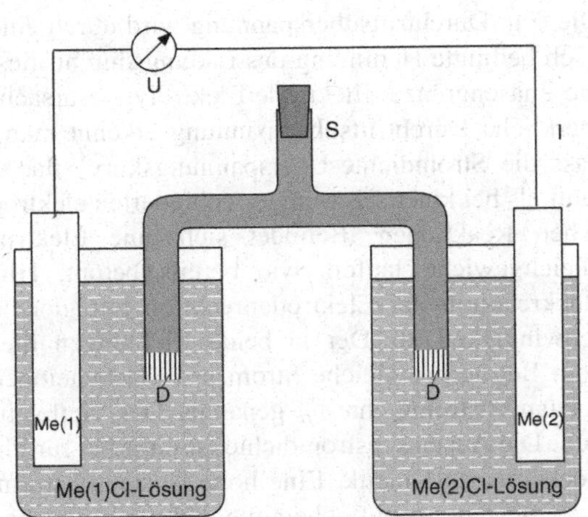


**7.5** Elektrochemische Zelle mit räumlicher Trennung der Halbzellen unter Verwendung eines Stromschlüssels (S) mit Diaphragma (D), U = Voltmeter, wird eine Halbzelle konstant gehalten, so dient sie als Referenzelektrode.

Bei derartigen Elektroden wird die Aktivität des potentialbestimmenden Metallions über das Löslichkeitsprodukt des schwer löslichen Metallsalzes bestimmt. Für die Ag/AgCl-Elektrode ergibt sich der folgende Zusammenhang:

$$a_{Ag^+} = \frac{K_L}{a_{Cl^-}} \qquad (7.9)$$

Durch Einsetzen in Gleichung 7.8 erhält man:

$$\Delta\varphi = \Delta\varphi^{0*} + \frac{RT}{F}\ln a_{Cl^-} \qquad (7.10)$$

$K_L$ = Löslichkeitsprodukt
$\Delta\varphi^{0*}$ = Standardgalvanispannung unter Einbeziehung des Löslichkeitsprodukts
$a_{Cl^-}$ = Aktivität der Cloridionen.

Wie aus Gleichung 7.10 hervorgeht, ist das Referenzelektrodenpotential nur stabil, wenn sich die Chloridionaktivität in der Lösung, in die die Elektrode 2. Art taucht, nicht ändert. Gleichzeitig müssen sich der Elektrolyt im Referenzelektrodenraum und die Messlösung berühren.

Dieser Elektrolytkontakt mit gleichzeitig geringer Vermischung wird im Allgemeinen durch ein Diaphragma hergestellt. Als Diaphragma dienen können z. B. poröser Ton, eine Glasfritte, eine eingeschmolzener Asbestfaden, ein ungefetteter Schliff oder eine Kapillare. Verschiedene Ausführungsformen sind in Abb. 7.4 dargestellt.

Eine bessere Trennung von Referenzelektrolyt und Messlösung erreicht man mithilfe eines sog. Stromschlüssels (Abb. 7.5). Hierbei wird ein weiterer Elektrolyt (der sog. Stromschlüsselelektrolyt oder Brückenelektrolyt) zwischen Refrenzelektrolytraum und Messlösung angeordnet. An beiden Elektrolytkontakten befindet sich ein Diaphragma. Um sog. Diffusionspotentiale, hervorgerufen durch unterschiedliche Ionenbeweglichkeiten, gering zu halten, sollten sowohl Strömschlüsselelektrolyt als auch Elektrolyt im Referenzelektrodenraum so ausgewählt werden, dass Kation und Anion in etwa gleiche Beweglichkeiten besitzen (z. B. KCl). Außerdem ist auf eine ausreichend hohe Konzentration zu achten. Beispiele für geeignete Elektrolyte finden sich in einschlägigen Lehrbüchern der Elektrochemie.

Eine Ausführungsform einer Ag/AgCl-Referenzelektrode ist in Abb. 7.6 dargestellt.

### 7.1.3 Dynamische Elektrochemie

Bisher wurden die Prozesse an nicht stromdurchflossenen Elektroden im elektrochemischen Gleichgewicht betrachtet (= Ruhe-EMK). Die dynamische Elektrochemie behandelt die Vorgänge in einer elektrochemischen Zelle bei Stromfluss, d. h. bei gestörtem thermodynamischen Gleichgewicht. Letzteres wird in einer elektrochemischen Zelle gestört, wenn die Klemmenspannung nicht mehr der Gleichgewichtszellspannung (Ruhespannung) entspricht. Das kann durch Anlegen einer äußeren Spannung oder durch Kurzschließen der beiden Pole (Elektroden) erreicht werden.

Welche Vorgänge laufen nun an einer Elektrode ab, wenn sich das Elektrodenpotential vom Gleichgewichtspotential ohne Stromfluss unterscheidet?

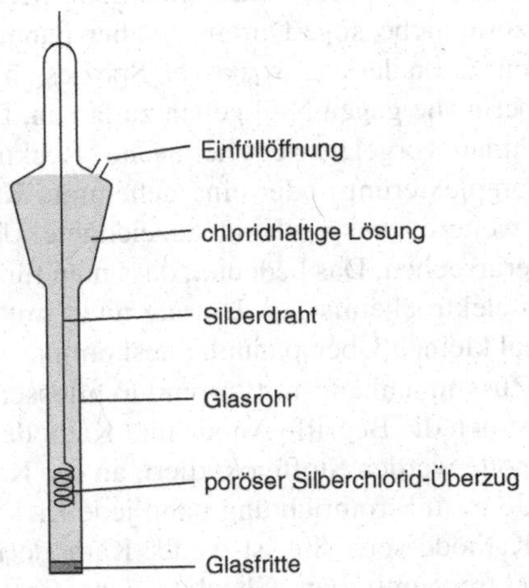


**7.6** Ausführungsform einer Ag/AgCl-Referenzelektrode.

Eine Abweichung des Elektrodenpotentials vom Gleichgewichtspotential bedeutet, dass die Nernst-Gleichung in dem Moment der Spannungsänderung nicht mehr erfüllt ist. Es wird eine Spannung angelegt, die nicht mehr den sich vorher freiwillig einstellenden Konzentrationsverhältnissen an den Elektrodengrenzflächen entspricht. Das System ist aus dem elektrochemischen Gleichgewicht gebracht. Bei einer so aufgeprägten Elektrodenspannung besteht die einzige Möglichkeit, wieder ins Gleichgewicht zu kommen, darin, die Konzentration der elektrochemisch aktiven Stoffe an der Elektrodenoberfläche zu ändern. Es beginnt eine elektrochemische Reaktion an der Elektrodenoberfläche. Ladungsträger treten durch die Phasengrenze Elektrolyt/Elektrodenoberfläche, d. h. es fließt ein Strom durch die Elektrode. Im Fall der $Ag/Ag^+$-Elektrode würden also je nach angelegter Elektrodenspannung (positiver oder negativer als das Gleichgewichtspotential bei Stromlosigkeit) Silber oxydiert ($Ag^+$-Ionen gebildet) oder Silberionen auf der Elekrodenoberfläche zu metallischem Silber reduziert. Diese Reaktion an der Elektrode führt zu Veränderungen der Konzentrationen der betreffenden Redoxpartner in der unmittelbaren Nähe der Elektrodenoberfläche und damit zu einem Konzentrationsgradienten zwischen der Elektrodenoberfläche und dem Inneren des Elektrolyten. Dieser wiederum hat Diffusionsprozesse zur Folge (Nachlieferung von umgesetzten Stoffen bzw. Wegdiffusion von Reaktionsprodukten).

Die Größe der Abweichung des angelegten Elektrodenpotentials bei Stromfluss vom Gleichgewichtspotential wird als Überspannung bezeichnet und häufig mit dem griechischen Buchstaben $\eta$ abgekürzt. Die oben beschriebene Diffusion der elektroaktiven Spezies zur Elektrodenoberfläche hin oder weg von der Elektrode benötigt dazu eine sog. Diffusionsüberspannung. Ein kinetisch behinderter Ladungsdurchtritt (z. B. durch Desolvatation vor einer Reduktion zum Metall) braucht eine zusätzliche sog. Durchtrittsüberspannung, um die Konzentration der elektroaktiven Spezies an der Elektrodenoberfläche gegen Null gehen zu lassen. Dazu können manchmal vorgelagerte chemische Reaktionen (z. B. De-Komplexierung) oder eine gehemmte Kristallisation noch weitere, entsprechend bezeichnete Überspannungen verursachen. Das bedeutet, dass man für einen merklichen elektrochemischen Umsatz nicht mit einer infinitissimal kleinen Überspannung auskommt.

Im Zusammenhang mit stromdurchflossenen Elektroden werden die Begriffe Anode und Kathode benutzt. An der Anode werden Stoffe oxydiert, an der Kathode reduziert. Je nach Stromrichtung kann jede Elektrode Anode oder Kathode sein. Sie ist weder Kathode noch Anode im elektrochemischen Gleichgewicht (im stromlosem Zustand).

**Durchtrittsüberspannung**

Die sog. Durchtrittsüberspannung wird durch eine kinetisch bedingte Hemmung des Ladungsdurchtrittes durch die Phasengrenze: Elektrode/Elektrolyt verursacht. Eine merkliche Durchtrittsüberspannung erkennt man daran, dass die Stromdichte-Überspannungskurve flacher verläuft als bei kinetisch weniger gehinderten elektrochemischen Reaktionen. Befindet sich eine Elektrode im Gleichgewicht, laufen, wie bereits betont, Hin- und Rückreaktion der Elektrodenreaktion mit gleicher Geschwindigkeit ab. Der in beide Richtungen fließende, vom Betrag her gleiche Strom pro Flächeneinheit wird Austauschstromdichte $j_0$ genannt. Der Nettostrom ist null. Die Austauschstromdichte ist ein Maß für die elektrochemische Kinetik. Eine hohe Austauschstromdichte steht für eine wenig gehemmte elektrochemische Reaktion, die auch als reversibel bezeichnet wird. Verändert man das Elektrodenpotential, indem man die Elektrode z. B. als Anode schaltet und ihr damit eine positive Überspannung erteilt, wird der Ladungsdurchtritt durch die Elektrode in anodischer Stromrichtung begünstigt, und die Geschwindigkeit des Oxydationsvorganges wird erhöht. Gleichzeitig wird der Ladungsdurchtritt von Kationen aus der Lösung an die Elektrodenoberfläche gehemmt. Die Durchtrittsgeschwindigkeit von Ladungsträgern hängt somit auch von der Überspannung ab. Den Zusammenhang zwischen Stromdichte $j$ und Überspannung $\eta$ liefert die Butler-Vollmer-Gleichung, die den bekannten Reaktionsgeschwindigkeitsgleichungen einen elektrischen Anteil der Aktivierungsenergie hinzufügt.

$$j = j_0\left[e^{-\frac{\alpha F \cdot \eta}{RT}} - e^{\frac{(1-\alpha)F \cdot \eta}{RT}}\right] \tag{7.11}$$

$j_0$ = Austauschstromdichte beim Gleichgewichtspotential
$\eta$ = Überspannung
$\alpha$ = Durchtrittsfaktor

Abb. 7.7 stellt diesen Zusammenhang bis zum erreichen der Diffusionsgrenzströme grafisch dar.

In $j_0$ steckt die überspannungsunabhängige elektrochemische Kinetik, und aus $\alpha$ ergibt sich das Verhältnis der Steilheiten des Stromanstieges für den kathodischen und den anodischen Ast der Strom Spannungskurve. $j_0$ erhält man aus einer halblogarithmischen Auftragung der Stromdichte gegen die Überspannung (sog. Tafel-Geraden) durch Extrapolation auf eine Überspannung von Null. Man sieht, dass man bei elektrochemischen Reaktionen durch eine genügend große Überspannung auch kinetisch stark gehinderte Reaktionen ablaufen lassen kann. Bekanntestes Beispiel ist die Sauerstoffreduktion

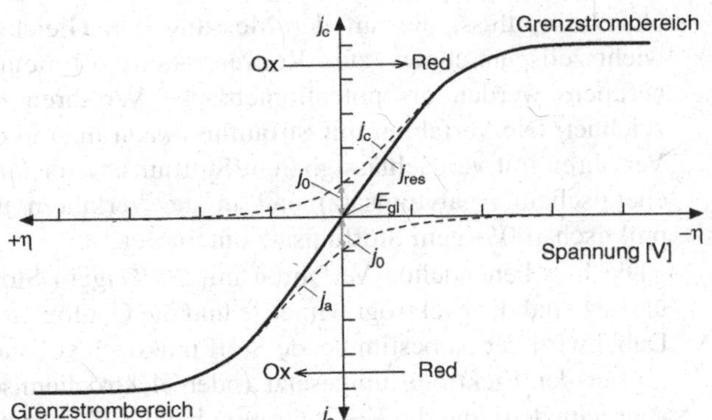


**7.7** Stromdichte-Spannungskurve für das System Ox + $ne^-$ ⇌ Red für den Fall einer kinetischen Hemmung, bei reiner Durchtrittsüberspannung, $j_0$ = Austauschstromdichte beim Gleichgewichtspotential (η = 0), $j_a$ = anodische Teilstromdichte, $j_c$ = kathodische Teilstromdichte, $j_{res}$ = Resultierende aus beiden Teilstromdichten, $E_{gl}$ = Gleichgewichtsspannung bei η = 0 ($j_a = j_c$) η = Überspannung.

an Metallelektroden zu $OH^-$-Ionen. Die Austauschstromdichten für unterschiedliche Elektroden variieren über viele Zehnerpotenzen. Elektroden/Elektrolyt-Systeme mit sehr hoher Austauschstromdichte werden als unpolarisierbare Elektroden bezeichnet. Bei ihnen verändert ein kleiner (messgerätebedingter) Nettostromfluss über die Elektrode das Elektrodenpotential kaum. Das ist der Fall bei guten Bezugselektroden und guten Nernst'schen Sensoren (ionenselektiven Elektroden). Umgekehrt heißen Elektroden mit geringer Austauschstromdichte polarisierbare Elektroden. Schon ein extrem kleiner Stromfluss über die Elektrode führt zu einer starken Abweichung vom Gleichgewichtspotential. Man kann dieses Verhalten auch in einem sog. elektronischen Ersatzschaltbild (Schaltung verhält sich elektrisch so wie die zu beschreibende Elektrodengrenzfläche) durch einen elektrischen Widerstand parallel zu einem die elektrochemische Doppelschicht abbildenden Kondensator beschreiben (vgl. Abb. 7.1b). Unpolarisierbar bedeutet hier einen Widerstand, der gegen Null geht; polarisierbar bedeutet einen Widerstand, der gegen Unendlich geht.

#### Diffusionsüberspannung

Bei schnellem Ladungsdurchtritt (kinetisch nicht gehinderter elektrochemischer Reaktion) durch die Phasengrenze Elektrolyt/Elektrode kann es in der Nähe der Elektrodenoberfläche zu einer Verarmung bzw. Anreicherung der durch die elektrochemische Reaktion verbrauchten bzw. gebildeten Teilchen kommen. Zwischen der Elektrodenoberfläche und dem Inneren der Lösung bildet sich dabei ein Konzentrationsgradient aus, der zu einem diffusionsgetriebenen Stofftransport führt. Die Geschwindigkeit der Elektrodenreaktion (Umsatz pro Zeiteinheit, Stromdichte) ist dann von der Transportgeschwindigkeit der Teilchen zwischen der Elektrodenoberfläche und dem Inneren der betreffenden Phase abhängig.

Der Transport elektrochemisch aktiver (reduzierbarer oder oxidierbarer Stoffe) aus dem Inneren der Lösung zur Elektrodenoberfläche kann durch

- Konvektion (Bewegung durch hydrodynamische Strömungen)
- Diffusion oder
- Migration (Wanderung im elektrischen Feld, beim Vorliegen von Ionen als elektrochemisch aktive Species)

erfolgen.

Einfache Diffusionsprozesse sind i. d. R. sehr gut reproduzierbar und gemäß dem Fick'schen Gesetz nur vom Konzentrationsgradienten abhängig. Daher ist man in der elektrochemischen Analytik, die unter Stromfluss stattfindet, meist daran interessiert, dass elektrochemisch aktive Teilchen nur durch Diffusion zur Elektrodenoberfläche transportiert werden, weil man so eine direkte Konzentrationsabhängigkeit des analytischen Signals erhält.

Die eine direkte Proportionalität störende Migration eliminiert man in diesem Fall durch Zusatz eines sog. Leitsalzes (auch Grundelektrolyt genannt) in hoher Konzentration. Dadurch wird der Anteil eines elektrochemisch umgesetzten Ions am Stromtransport entsprechend dieses Überschusses anderer Ladungsträger verschwindend gering.

Der Einfluss der Konvektion wird meist durch gleichmäßiges Rühren konstant gehalten. Es bildet sich in diesem Fall aus hydrodynamischen Gründen eine konstante, stagnante Diffusionsschicht der Dicke δ aus (Nernst'sche Diffusionsschicht), in der sich die Konzentration von der Grenzflächenkonzentration an der Elektrodenoberfläche $c_o$ bis zur Konzentration im Lösungsinneren $c_L$ ändert (Abb. 7.8). Die Grenzflächenkonzentration wird bei reversiblen Reaktionen gemäß der Nernst-Gleichung (Gl. 7.10) vom Elektrodenpotential bestimmt. Der Transport der Ionen zur Grenzfläche gehorcht dem 1. Fick'schen Gesetz.

Je weiter das Potential an der Elektrode vom Gleichgewichtspotential entfernt ist, desto geringer wird bei einem an der Elektrode umgesetzten Stoff die Konzentration an der Elektrodenoberfläche, da dann zunehmend alle herandiffundierenden Teilchen sofort elektrochemisch umgesetzt werden. Damit erhöht sich der Konzentrationsgradient und mit diesem der durch die Grenzfläche fließende Strom. Der Strom steigt so lange mit der Veränderung des Elektrodenpotentials, bis die Konzentration des elektrochemisch aktiven Stoffes an der Elektrode den Wert 0 erreicht hat. Ist dies der Fall, bleibt der

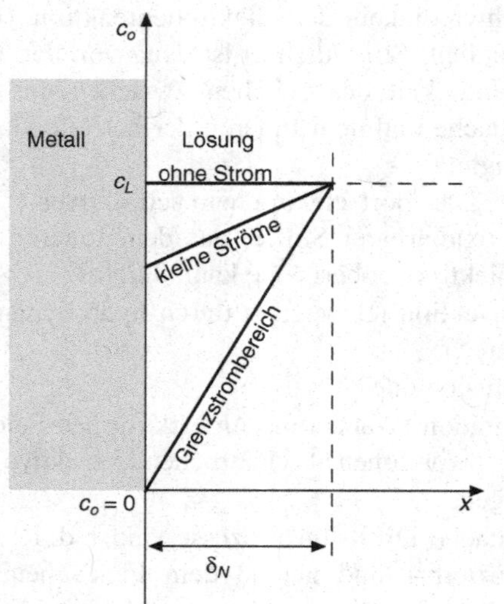


**7.8** Veranschaulichung des Konzentrationsgradienten in gerührter Lösung. $\delta_N$ = Nernst'sche Diffusionsschicht.

Strom auch bei weiterer Erhöhung der Überspannung konstant, da der Konzentrationsgradient nicht weiter vergrößert werden kann (Abb. 7.5). Der entsprechende Strom wird Diffusionsgrenzstrom genannt und ist analytisch wichtig, da er bei reproduzierbaren Bedingungen direkt proportional zur Analytkonzentration in der Messlösung ist.

### 7.1.4 Klassifikation elektrochemischer Analysenverfahren

Die für die elektrochemische Analytik genutzten Prozesse und damit die Methoden sind sehr vielfältig. Nach einem Klassifikationsvorschlag der IUPAC kann man über 60 Methoden unterscheiden. In diesem Lehrbuch können nur die wichtigsten und für die Praxis bedeutsamen besprochen werden. Es empfiehlt sich daher eine Gliederung, die nur die in diesem Kapitel besprochenen Verfahren einschließt (Abb. 7.9).

Dabei kann man zwischen Verfahren ohne Stromfluss und Verfahren mit Stromfluss unterscheiden. Verfahren ohne Stromfluss, die auf der Messung von Gleichgewichtszellspannungen zur Konzentrationsbestimmung beruhen, werden als potentiometrische Verfahren bezeichnet. Die Verfahren mit Stromfluss kann man in die Verfahren mit vernachlässigbarem Stoffumsatz (elektrochemischem Analytumsatz) und in die Verfahren mit praktisch 100%igem Stoffumsatz unterteilen.

Die hier behandelten Verfahren mit 100%igem Stoffumsatz sind die Elektrogravimetrie und die Coulometrie. Dabei wird der zu bestimmende Stoff praktisch vollständig an der Elektrode umgesetzt (oder elektrochemisch abgeschieden) und die Konzentration bei der Elektrogravimetrie aus der Gewichtszunahme der Elektrode und bei der Coulometrie aus der zur Abscheidung benötigten Strommenge (A × s) gemäß den Faraday'schen Gesetzen bestimmt. Von den Verfahren mit vernachlässigbarem Stoffumsatz werden in diesem Buch die Voltammetrie mit der Polarographie, die Amperometrie und die Konduktometrie behandelt.

Bei Voltammetrie und Polarographie (eigentlich ein Spezialfall der Voltammetrie an einer tropfenden Quecksilberoberfläche) werden komplette Strom-Spannungskurven an Elektroden aufgenommen und aus diesen Rückschlüsse auf die Konzentration und die Art der vorhandenen Stoffe gezogen. Die Konduktometrie nutzt die Messung der Leitfähigkeit (reziproker elektrischer Widerstand) einer Elektrolytlösung, die von der Anzahl der darin beweglichen Ladungsträger abhängt. Bei der Amperometrie wird der Strom bei einer konstanten Spannung, die an die Messkette angelegt wird, gemessen und aus diesem die Konzentration ermittelt.

## 7.2 Methoden ohne Stromfluss

### 7.2.1 Potentiometrie

In der Einleitung wurde die Entstehung einer Potentialdifferenz (Spannung) an einer Phasengrenze, an der Ladungen ausgetauscht werden können, erläutert. Für den Ausdruck „Elektrodenpotentialdifferenz", d. h. die eigentlich allein nicht messbare Einzelelektrodenspannung

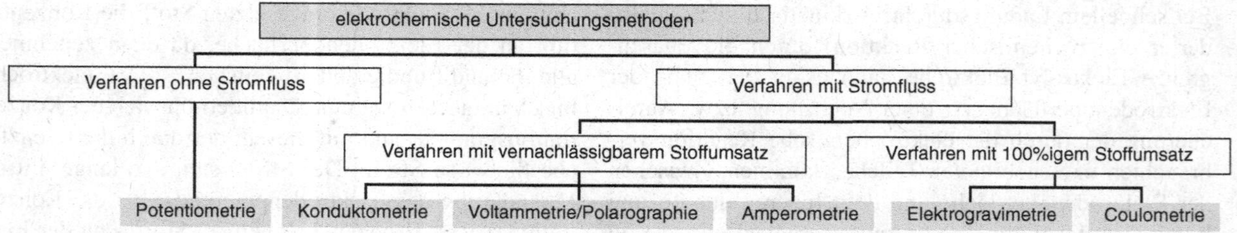


**7.9** Klassifizierung der in diesem Kapitel beschriebenen elektrochemischen Untersuchungsmethoden.

zwischen ihrem Phaseninnern und der angrenzenden Lösung, die im thermodynamischen Gleichgewichtsfall Gleichgewichtsgalvanispannung heißt, hat sich auch die etwas laxe Ausdrucksweise „Elektrodenpotential" eingebürgert. Wegen des stets notwendigen Bezugs auf eine Bezugs- oder Referenzelektrode, deren Potential als konstant angesehen wird, wäre der Begriff Messkettenspannung eigentlich richtig. Historisch hat man sie angesichts der vor ca. hundert Jahren vorhandenen messtechnischen Probleme **E**lektro**m**otorische **K**raft (EMK) genannt, die leistungslos, d. h. ohne Stromfluss zu messen sei. In der Potentiometrie wird diese EMK, die durch die Nernst-Gleichung beschrieben werden kann, für analytische Zwecke ausgenutzt.

In vielen Lehrbüchern der physikalischen Chemie wird häufig der Begriff einer potentialbestimmenden Ionensorte verwendet, ohne dass näher erklärt wird, wieso eine Ionensorte dazu in der Lage ist. Potentialbestimmend ist im oben erwähnten kinetischen Modell der Potentialdifferenzbildung an einer Phasengrenze diejenige Ladungsträgerart, die den größten Anteil an dem Ladungstransfer hat; bei dem also das Stromdichte-Zeit-Integral vor der Gleichgewichtseinstellung die größte Ladung ergibt. Da die exponentielle Form der Vorgleichgewichtsströme (Abb. 7.10) bei unterschiedlichen Ionensorten in etwa gleich verläuft, kann man auch von einer gewissen Proportionalität zwischen der verschobenen Ladungsmenge und der Austauschstromdichte ausgehen. Daher kann man in erster Näherung sagen, dass diejenige Ladungsträgersorte mit der höchsten Austauschstromdichte potentialbestimmend ist. Dieser Tatbestand lässt sich auch durch eine Überlagerung der individuellen, ladungsträgerspezifischen Strom-Spannungskurven graphisch darstellen.

Die Bedeutung der Kinetik soll in Abb. 7.11 am Beispiel einer Metallelektrode unter Einfluss durch gelösten Sauerstoff im Elektrolyten auf die Gleichgewichtsgalvanispannung des Metall-Redoxsystems verdeutlicht werden.

Ein Sensor mit annähernd Nernst'scher Sensitivität bzgl. einer potentialbestimmenden Ionensorte ist in dieser Abbildung nahezu unpolarisierbar, d. h. die Strom-Spannungskurve verläuft bei geringen Überspannungen nahezu parallel zur Ordinate. Andere Ladungstransfervorgänge an der gleichen Phasengrenze können in dieses Diagramm ebenfalls so eingezeichnet werden, wie sich eine Strom-Spannungskurve beim Vorliegen nur dieser Ionensorte allein ergeben würde. Aus der Überlagerung von zwei Strom-Spannungskurven ergibt sich dann nur eine Überspannung, bei der die kathodische gleich der anodischen Stromdichte ist. Diese Spannung stellt sich dann als sog. Mischpotential ein.

Obwohl kein Nettostromfluss messbar ist (potentiometrische Bedingungen), fließen doch zwei entgegengerichtete Ladungsträgerströme unterschiedlicher Art (Gegensatz zum thermodynamischen Gleichgewicht) über die Phasengrenze Elektrode/Elektrolytlösung. Derartige Darstellungen von überlagerten Strom-Spannungskur-

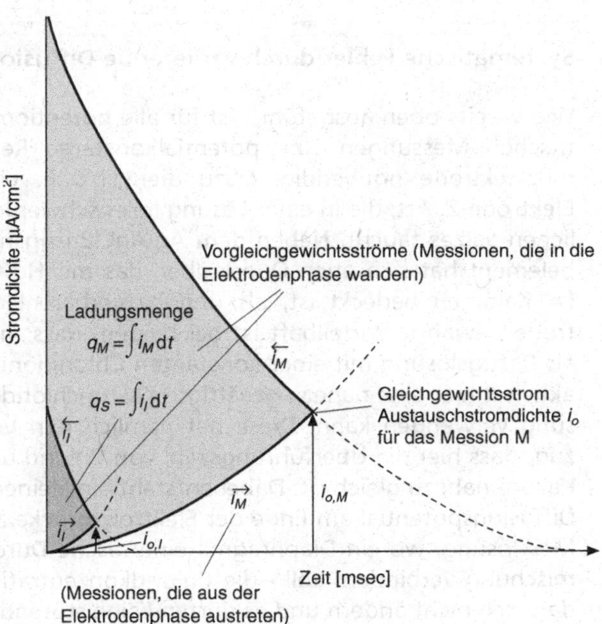


**7.10** Schematische Darstellung der gerichteten Ionenströme $\overrightarrow{i}$ und $\overleftarrow{i}$ über die Phasengrenze hinweg bis zur Einstellung eines Gleigewichts bei $i_0$; die Selektivität ist durch das Verhältnis der Messionenladungsmenge $q_m$ zu der der Störionen $q_I$ gegeben.

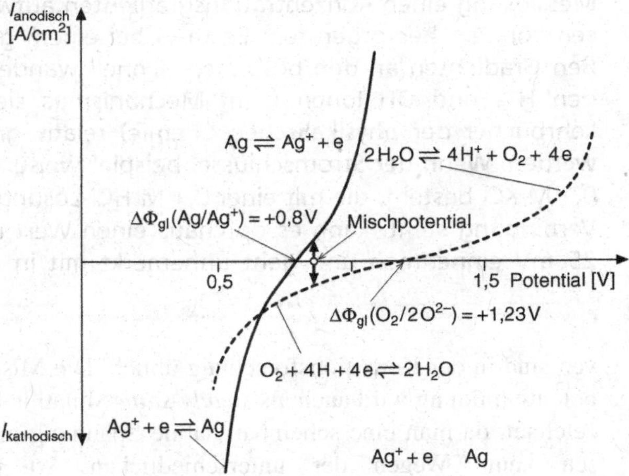


**7.11** Beispiel einer Mischpotentialbildung an einer Metallelektrode (Sauerstoffeinfluss übertrieben dargestellt). Beim gemessenen Mischpotential sind anodischer Silberauflösungsstrom und kathodischer Sauerstoffreduktionsstrom genau gleich.

### Systematische Fehler durch variierende Diffusionspotentiale

Wie bereits oben ausgeführt, ist für alle potentiometrischen Messungen eine potentialkonstante Referenzelektrode notwendig. Dazu dient i. d. R. eine Elektrode 2. Art, die in einer Lösung ihres schwer löslichen Salzes taucht. Neben dem Ag/AgClBezugshalbelement hat sich auch Quecksilber, das mit $Hg_2Cl_2$ (= Kalomel) bedeckt ist, als unpolarisierbare Elektrode bewährt. Vorteilhaft ist bei beiden, dass man als Bezugslösung mit einer konstanten Chloridionenaktivität hier eine nahezu gesättigte Kaliumchloridlösung verwenden kann. Diese hat nämlich den Vorzug, dass hier die Überführungszahl von Chlorid und Kalium nahezu gleich ist. Dabei entsteht ein kleineres Diffusionspotential am Ende der Elektrolytbrücke zur Messlösung, wo ein Diaphragma eine rasche Durchmischung verhindern soll – die Chloridkonzentration darf sich nicht ändern und es dürfen keine störenden Substanzen dort eindiffundieren, die das Halbzellenpotential beeinflussen können (z. B. andere Halogenidionen mit einem kleineren Löslichkeitsprodukt oder gar Sulfidanionen oder Redoxsysteme). Das Diffusionspotential wird durch die unterschiedlich schnelle Diffusion von Ionen, die dort an der Berührungsstelle zwischen Stromschlüsselelektrolyt und Messlösung einen Konzentrationsgradienten aufweisen können, hervorgerufen. Es kann bei einem großen Gradienten an den besonders schnell wandernden $H^+$- und $OH^-$-Ionen (zum Mechanismus siehe Lehrbücher der physikalischen Chemie) relativ groß werden. Wenn der Stromschlüssel beispielsweise aus 0,1 M KCl besteht, die mit einer 0,1 M HCl-Lösung in Verbindung steht, kann es durchaus einen Wert um 25 mV einnehmen und geht unbemerkt mit in die gemessene Messkettenspannung ein. Wenn dies nicht zwischen Kalibrierung und analytischer Messung konstant gehalten wird, resultieren systematische Fehler. Zur Kompensation der schnell aus der Messlösung in den Stromschlüsselelektrolyten hinein diffundierenden Protonen oder Hydroxylionen verwendet man einen großen Überschuss an KCl (3,5 M) und lässt es auch kontrolliert langsam aus dem Diaphragma in die Messlösung strömen. Dadurch soll sichergestellt werden, dass vorzugsweise die $K^+$- und die $Cl^-$-Ionen die Stromleitung an dieser Kontaktstelle zweier Elektrolyten übernehmen. Wenn diese Bedingung konstant gehalten wird, sollten auch die Diffusionspotentiale konstant und damit einkalibrierbar werden. Nicht umsonst zeigt diejenige Diaphragma-Art mit der höchsten Ausströmgeschwindigkeit für den Stromschlüsselelektrolyten, das Schliff-Diaphragma (besteht aus einem ungefetteten Glasschliff) die stabilsten Diffusionspotentiale und ist daher für Präzisionsmessungen zu empfehlen. Allerdings wird die Messlösung dabei mit dem Stromschlüsselelektrolyten schnell verunreinigt. Für Messungen, bei denen Kalium- und Chloridionen stören, muss daher ein zusätzlicher Stromschlüssel dazwischen geschaltet werden. Solche sog. Doppel-Stromschlüssel-Bezugselektroden sind im Handel erhältlich. Intelligent ist eine Füllung des äußeren, mit der Probe in Kontakt tretenden Stromschlüsselbereiches mit einer Probenlösung (oder einem Mix einer bestimmten Matrixserie). Wenn nahezu ähnliche Elektrolyte im äußeren Diaphragma aneinander grenzen, entsteht dort erst gar kein evtl. störendes sich änderndes Diffusionspotential.

ven sind in der Korrosionsforschung üblich. Die Mischpotentialbildung wird auch als *steady-state*-Situation bezeichnet, da man eine scheinbar stabile Spannung messen kann. Wegen der unterschiedlichen Art der Ladungsströme muss aber in solchen Fällen für einen ausreichenden „Nachschub" an phasenwechselnden Ladungsträgern zum Aufbau eines konstanten Konzentrationsgradienten gesorgt werden, um Drifterscheinungen zu vermeiden. Ebenfalls sollte sich durch diesen Übergang von Ladungsträgern (Ionen) das chemische Potential der Phasen nicht zu sehr ändern, weil es sonst auch zu einer Änderung des $E_0$-Terms in der Nernst-Gleichung kommt.

Elektroden 1. und 2. Art sind, rein theoretisch, analytisch anwendbar, weil man ein Messsignal erhält, das dem Logarithmus einer bestimmten Ionenaktivität proportional ist. Die Selektivität ist bei Lösungen, die mehrere Ionenarten enthalten, allerdings sehr schlecht, außerdem können bei elektronisch leitenden Elektroden auch in der Lösung vorhandene Redoxsysteme das Elektrodenpotential beeinflussen. Man wendet derartige Elektroden deshalb hauptsächlich nur als **Endpunktindikator** bei Titrationen an, bei denen ein angezeigtes Ion freigesetzt oder gebunden wird oder das Redoxpotential sich stark verändert.

Die **Membranelektroden** beruhen auf einer Entdeckung von M. Cremer, eines Physiologen, der im Jahre 1906 bei Untersuchungen über Modelle für biologische Membranen, an denen sich ja ionenabhängige Transmembranspannungen einstellen, über dünnen Glasmembranen einer bestimmten Zusammensetzung (z. B. 72% $SiO_2$, 22% $Na_2O$, 6% CaO) eine elektrische Spannung messen konnte, die von der Differenz der $H^+$-Ionenaktivität auf beiden Seiten der Membran abhing. Abbildung 7.12 zeigt den Aufbau einer pH-Glaselektrode zur Bestimmung des pH-Wertes einer Lösung. Redoxsysteme stören hier nicht, da die Glasmembran keine Elektronen leitet. Die Glaselektrode ist der Prototyp der ionenselektiven Elektroden, die Ergebnisse der Grundlagenforschung Cremers führten zum erfolgreichsten chemischen Sensor.

Bei genaueren analytischen Anwendungen sollte darauf geachtet werden, dass das Diffusionspotential am Diaphragma zumindest auf ±0,1 mV reproduzierbar ist, z. B. durch Verwendung eines Schliffdiaphragmas. Elektrochemische Zellen mit einem Stromschlüssel werden auch **Messketten mit Überführung** genannt. Bei Messketten ohne Überführung taucht die Elektrode 2. Art, z. B. ein mit Silberchlorid bedeckter Silberdraht, direkt in die Messlösung ein. Um ein stabiles Ableitungspotential zu erhalten, muss die Messlösung aber eine konstante Chloridionenaktivität aufweisen. Will man die gemessenen Spannungen auf die Standard-Wasserstoffelektrode beziehen, addiert man im Falle einer Ag/AgCl-Bezugselektrode mit 3,5 M KCl einen Betrag von 208 mV (20°C), im Fall einer gesättigten Kalomelektrode 252 mV (3,5 M KCl, 20°C).

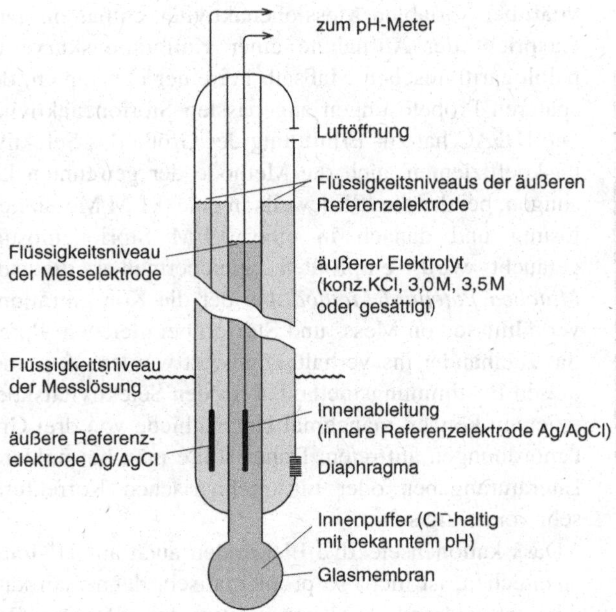


**7.12** Aufbau einer Glaselektrode mit integrierter Bezugselektrode (= Einstabmesskette).

## 7.2.2 Ionenselektive Potentiometrie

Bei der ionenselektiven Potentiometrie wird mithilfe einer ionenselektiven Messelektrode (ISE) und einer potential-konstanten Bezugselektrode eine elektrochemische Zelle aufgebaut, deren messbare Spannung $U$ von der Aktivität der freien, nicht gebundenen Messionen in der Probelösung abhängt. Im Allgemeinen gehören die ionenselektiven Elektroden zu den Membranelektroden, d. h. sie funktionieren wie die oben beschriebene pH-Glasmembranelektrode. Die nicht elektronisch leitende Membran ist für die Selektivität entscheidend. Die Innenlösung enthält das betreffende Mession, um an der inneren Membranoberfläche eine konstante Spannung einzustellen, und eine konstante Menge Chlorid, um an der meistens verwendeten Ag/AgCl-Ableitelektrode eine konstante Spannung einzustellen. Das Analysensignal ist die Messkettenspannung, die, wie Abb. 7.13 zeigt, aus verschiedenen Anteilen besteht. Im Idealfall (ohne Diffusionspotential am Bezugselektrodendiaphragma) lässt sich diese Abhängigkeit der messbaren Messkettenspannung von der Analytkonzentration (bei konstanter Ionenstärke, sonst Aktivität) in Form einer analytischen Funktion durch eine auf Nikolski zurückgehende erweiterte Nernst-Gleichung beschreiben:

$$E = E_0 \pm S \ln\left( a_M + \sum_{a_I} K_{M\text{-}I}\, a_I^{z_M/z_I} \right) \tag{7.12}$$

$E$ = Spannung der Messkette in Volt,
$E_0$ = Spannung beim Bezugszustand $a_M = 1$; $a_I = 0$, in Volt
$S$ = empirische Konstante (Steilheit der Kalibrierfunktion, bei Kationen +, bei Anionen – ) theoretischer Wert: $(RT)/(z_M F)$
$a_M$ = Messionenaktivität in der Lösung
$a_I$ = Störionenaktivität in der Lösung
$K_{M-I}$ = empirische Konstante (Selektivitätskoeffizient – Mession $M$ zu Störion $I$)
$z_M$ = Ladung des Messions
$z_I$ = Ladung des Störions

Abbildung 7.14 verdeutlicht diesen logarithmischen Zusammenhang im aktuellen Fall einer natriumselektiven Elektrode. Idealerweise soll das Analysensignal nur aus der Änderung der Galvanispannung an der äußeren Membranoberfläche resultieren; alle anderen Spannungsterme (Abb. 7.13) müssen konstant bleiben. Aus Abbildung 7.14 geht auch hervor, dass die Nachweisgrenze (N.G.) durch Störionen vermindert wird. Aus einer Messreihe konstante Störionenkonzentration, aber variable Messionenkonzentrationen, lässt sich, wie in Abb. 7.14 durch die gestrichelten Linien gezeigt, der Selektivitätskoeffizient für den vorliegenden Fall ermitteln. Der Selektivitätskoeffizient ist ein Maß für die Spezifität dieser direkt-potentiometrischen Analysenmethode. Er sollte möglichst klein sein.

Die pH-Glasmembranelektrode besitzt z. B. für Natrium als Störion einen extrem kleinen Koeffizienten von $K_{H\text{-}Na} \approx 10^{-13}$, d. h. erst bei pH-Werten um 13 und $Na^+$-Konzentrationen $c(Na^+) \geq 0{,}1$ mol/L treten Messfehler (Natriumfehler) auf. Als Folge der Entwicklung leistungsfähigerer pH-Elektroden mit minimalem Alkalifehler kamen in den 50er Jahren die ersten natriumselektiven Glaselektroden auf den Markt, da man herausgefunden hatte, dass dieser Fehler durch Zusatz von dreiwertigen Metalloxiden zum Glas so groß wurde, dass er schon bei pH-Werten > 6 einsetzte. Natriumselektive Glassorten, z. B. 27% $Na_2O$, 4% $Al_2O_3$, Rest $SiO_2$, weisen bezüglich der Störung durch $K^+$-Ionen einen Selektivitätskoeffizienten $K_{Na\text{-}K} \approx 10^{-4}$ auf. Diese Selektivität reicht glücklicherweise für physiologische Anwendungen aus.

Es soll an dieser Stelle aber auch erwähnt werden, dass der Selektivitätskoeffizient keineswegs eine Konstante darstellt und er selbst bei ein und derselben ionenselektiven Membran unterschiedliche Werte annehmen kann, wenn Mess- und Störion unterschiedlich geladen sind. Auch hängt er von der Art seiner Bestimmung ab und

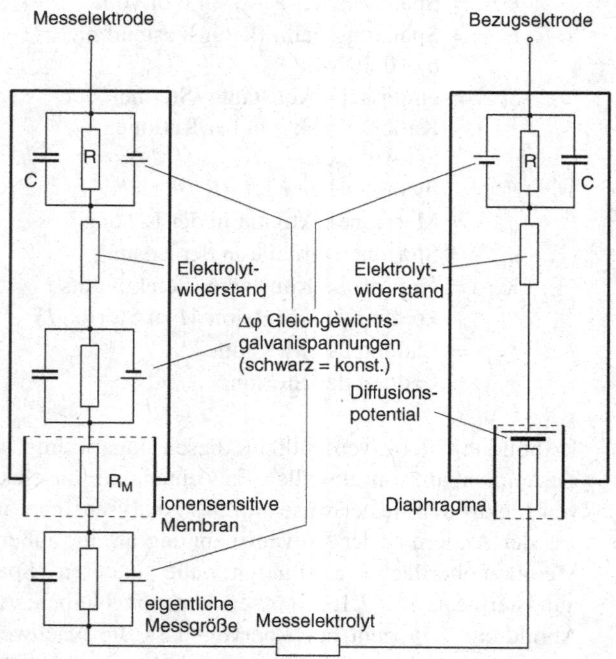


**7.13** Ersatzschaltbild einer Messkette mit Überführung.

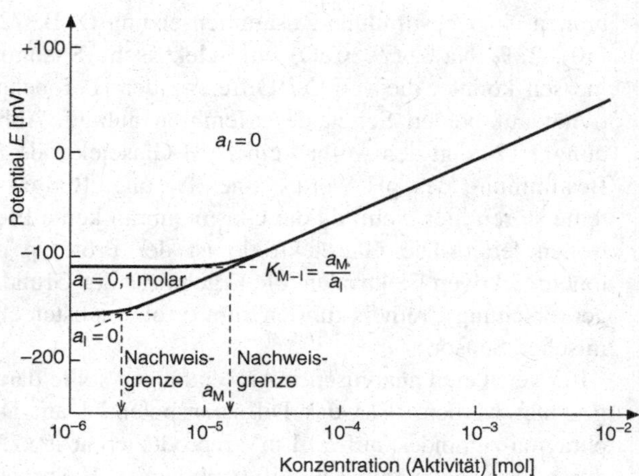


**7.14** Aktuelle Kalibrierkurve im Falle einer natriumselektiven Glasmembranelektrode. Wenn keine Störionen vorliegen (also Verdünnungsreihe von $10^{-2}$ molarer NaCl-Lösung ausgehend; $a_I = 0$) ist die Nachweisgrenze (N.G.) für $Na^+$-Konzentrationen (Aktivitäten) ca. 2,5 · 10-6 molar. Im Falle von anwesenden Störionen (hier $a_I = 0{,}1$ molare KCl; konstant gehalten bei variablen $Na^+$-Konzentrationen) ist die Nachweisgrenze in der ionenselektiven Potentiometrie immer schlechter (hier z. B. nur ca. $1{,}5 \cdot 10^{-5}$ molar). Aus letzterer lässt sich wie angegeben der Selektivitätskoeffizient berechnen. Im obigen Fall also $K_{Na\text{-}K} \approx (1{,}5 \cdot 10^{-5}/0{,}1 \approx 1{,}5 \cdot 10^{-4})$.

man geht von einer theoretischen Steilheit der Störionensorte aus. Weit verbreitet ist seine Bestimmung in gemischten Lösungen, die eine konstante Störionenaktivität bei variabler Messionenaktivität enthalten. Dies entspricht der Aufnahme einer Kalibrationskurve im halblogarithmischen Maßstab bei einer konstanten, den späteren Probelösungen angepassten Störionenaktivität. Die IUPAC hat zur Ermittlung der Größe des Selektivitätskoeffizienten auch die Methode der getrennten Lösungen, bei der die ISE jeweils in eine 0,1 M Messionenlösung und danach in eine 0,1 M Störionenlösung getaucht wird, empfohlen, gleichermaßen die sog. *Matched Potential Method*, bei der die Konzentrationsverhältnisse von Mess- und Störion bei gleichem Potential zueinander ins Verhältnis gesetzt werden. Zwischen diesen Bestimmungsmethoden für den Selektivitätskoeffizienten können manchmal Unterschiede von drei Größenordnungen auftreten. Daher sollte man bei unklaren Literaturangaben oder mit rechnerischen Korrekturen sehr vorsichtig sein.

Dass kationenselektive Elektroden auch auf $H^+$-Ionen ansprechen, ist nicht so problematisch, denn man kann eine evtl. störende $H^+$-Konzentration mithilfe einer Pufferlösung (mit möglichst einem pH-Wert im Alkalischen) leicht auf einem konstanten Wert halten.

**Funktionsweise ionenselektiver Membranelektroden**

Kurz nach der Entdeckung der pH–Sensitivität bestimmter Glassorten, die alle eine mittlere Wasseraufnahmekapazität auszeichnete, wurde vermutet, dass die aus Gründen der damals zur EMK-Messung verwendeten Elektrometer extrem dünn zu haltenden Glasmembranen (etwa in Größe und Gestalt kleiner Christbaumkugeln, und auch so zerbrechlich) die Protonen selektiv passieren lassen würden, analog zu den biologischen Membranen, bei denen ja Ionentransportvorgänge über die gesamte Membran beobachtet wurden. Dementsprechend wurden diese dünnen Glasmembranen wie semipermeable Membranen für Kationen betrachtet. Das Silikatgerüst sollte dann die fest positionierten negativen Ladungen tragen, die ein Eindringen gleich geladener Anionen ausschließen und aus Elektroneutralitätsgründen erforderlich sind. Letzteres Prinzip ist auch als Donnan-Ausschluss (s. Lehrbücher der physikalischen Chemie) bekannt. Durch einen selektiven Ladungstransfer von nur einer Ionensorte über die Membran hinweg konnte dann theoretisch die Nernst-gemäße Funktion für das permeierende Ion abgeleitet und eine Erklärung für die Selektivität geliefert werden. Erst um 1960 wurde aber durch Tritium-Tracer-Studien nachgewiesen, dass keine Protonen durch pH-selektive Glasmembranen wandern. Mit dem Aufkommen der ersten hochohmigen Röhrenvoltmeter und dem Vermessen verschiedenartigster Membranen wurde aber auch festgestellt, dass die Nernst-Gleichung nicht immer exakt erfüllt wurde; sehr häufig war der Faktor vor dem Logarithmusterm der Nernst-Gleichung kleiner als theoretisch vorhergesagt, d. h. bei einwertigen Ionen und einer Temperatur von 25 °C nur etwa 50–55 mV/Aktivitätsdekade (= Elektrodensteilheit). Zur Erklärung dieser Abweichungen wurde dann angenommen, dass sich im Inneren der Membran, etwas von den Ladungstransfervorgängen an den Oberflächen entfernt, ein zusätzliches Diffusionspotential wegen eines dort ablaufenden gemischten Ladungstransportes einstellt (selbst das hochohmigste Messgerät „zieht" noch ca. $10^{-14}$ A, d. h. ca. $10^5$ Ladungen pro Sekunde durch die Membran). Damit ergab sich automatisch die bis vor kurzem noch favorisierte 3-Segment-Potentialtheorie: zwei Phasengrenzpotentiale an der äußeren und inneren Membranoberfläche, an denen für das betreffende Mession ein thermodynamisches Gleichgewicht angenommen wurde, und hinter einem begrenzten Raumladungsbereich (vgl. Gouy-Chapman-Annahme) ein inneres Diffusionspotential. Das Diffusionspotential lässt sich dann bei bekannten Ionenbeweglichkeiten und Ionenaktivitäten im Zentrum der ionenselektiven Membran berechnen. Die Phasengrenzpotentiale sollten sich danach, vereinfachend ausgedrückt, anhand des heterogenen, thermodynamischen Austauschgleichgewichtes zwischen dem Mession in der Elektrolyt- oder Messlösung und einer Position in der Membranoberfläche beschreiben lassen.

Dieses Gleichgewicht schien zunächst einfach, selektiv zugunsten eines bestimmten Messions einstellbar. Man braucht beispielsweise nur nach Konfigurationen zu suchen, bei denen aus Raumladungsverteilungsgründen nur eine einzige Ionensorte in die Membranoberfläche eindringen kann. So fand man in den 60er Jahren, dass z. B. ein $LaF_3$ -Einkristall, dem mit einer Dotierung mittels $Eu^{2+}$ eine beachtliche Fluoridionenleitfähigkeit vermittelt wurde, extrem selektiv auf Fluoridionen anspricht. An der Phasengrenze kann aus Gründen vorgegebener Gitterplatzlücken kein anderes Ion eindringen; daher die überragende Selektivität. Bei der pH-Glasmembranelektrode fand man erst in den letzten Jahren, dass offensichtlich die pH-Wert-abhängige Dissoziation von Si-OH- und Al-OH-Gruppen das Elektrodenpotential bestimmt. Gleichermaßen wurde gefunden, dass ein hydrophiles Ion in eine organische ISE-Membran (siehe Kasten Seite 7–17) eindringen kann, wenn es durch bestimmte, selektive Komplexbildner mit organischen Gruppen komplexiert wird. Diese Komplexbildner kann man für die Bildung selektiver Membranen für das betreffende Ion verwenden. Eines der bekanntesten Beispiele ist in diesem historischen Zusammenhang das Valinomycin, das Kaliumionen vor Natriumionen bevorzugt komplexiert. Neben diesen neutralen Ionophoren (weil sie Ionen in einer nicht wässrigen Umgebung transportieren können), die meistens nur über Ion-Dipol-Wechselwirkungskräfte koordinieren, haben sich auch Verbindungen bewährt, die wie selektive Ionenaustauscher arbeiten. So kann man beispielsweise mit einem Dialkylphosphatester $Zn^{2+}$-selektive Membranen schaffen (die allerdings als Calcium-ISE in den Handel kamen). Eine kleine Auswahl derartiger Moleküle, deren Komplexbildung mit einem Mession man heute als Gast-Wirt-Beziehung bezeichnet, ist in Abb. 7.15 gezeigt. Eine sehr ausführliche Zusammenstellung derartiger Ionen erkennender Wirtmoleküle ist zu finden in den Übersichtsartikeln von Bakker, E., Bühlmann, P. und Pretsch, E. in *Chem. Rev.* 1997, *97*, 3083-3132 und von Bühlmann, P., Pretsch, E. und Bakker, E. in *Chem. Rev.* 1998, *98*, 1593-1687. Mit dieser Zusammenstellung kann man sich selbst die ISE bauen, die gerade benötigt wird. Nahezu für alle niederwertige Ionen sind derartige elektroaktive Verbindungen bekannt oder sogar kommerziell erhältlich.

Durch die Verleihung des Nobelpreises für Chemie 1987 an die beteiligten Pioniere C. J. Pederson, D. J. Cram und J. M. Lehn wurde das Gebiet der sog. Wirt-Gast- oder Supramolekularen Chemie auch einem größeren Kreis bekannt. Aber bereits bei diesen ersten ionen-

**7.15** Ionophore mit offener Sauerstoffkette: a: [ETH 1810]N,N-Dicyclo-hexyl-N',N'-diisobutyl-cis-cyclohexan-1,2-dicarboxamid für $Li^+$; b: [ETH 227]N,N',N"-Triheptyl-N,N',N-trimethyl-4,4',4-propylidynetris(3-oxabutyramid) für $Na^+$; c: [ETH 1117]N,N'-Diheptyl-N,N'-dimethyl-1,4-butandiamid für $Mg^{2+}$; d: [ETH 1001](-)-(R)-N,N'-[Bis (ethoxycarbonyl)undecyl]-N,N',4,5-tetramethyl-3,6-dioxaoctandiamid, Diethyl-N,N'[(4R,5R)-4,5-dimethyl-1,8-dioxo-3,6-dioxaoctamethylen]-bis(12-methylamino-dodecanoate) für $Ca^{2+}$; e: [V 163]N,N,N',N'-Tetracyclohexyl-oxybis(o-phenylenoxy)-diacetamid für $Ba^{2+}$; f: Calix[4]arene; Kronenether als Ionophore für Alkaliionen: g: 6,6-Dibenzyl-14-crown-4 für $Li^+$; h: Bis[(12-crown-4)methyl]dodecylmethylmalonat für $Na^+$; i: Bis[(benzo-15-crown-5)-4'-ylmethyl]-pimelat für $K^+$; j: Bis(benzo-18-crown-6)ether für $Cs^+$.

selektiven Membranen, die auch in Form einer weichen organischen Polymermembran (Basis PVC und Weichmacher) funktionierten und dadurch wie pH-Glaselektroden gut zu handhaben waren, wurden kommerzielle Interessen in den Vordergrund gestellt und nicht direkt darauf hingewiesen, dass das Valinomycin eigentlich $Rb^+$-Ionen bevorzugt und die oben erwähnte $Zn^{2+}$-Elektrode als $Ca^{2+}$-Elektrode verkauft wird. Mit der bevorzugten theoretischen Begründung für die Selektivität (selektive Wirt-Gast-Situation an der Membranoberfläche) erschien die Synthese entsprechender, für das Mession maßgeschneiderter organischer Verbindungen als sog. neutrale Ionophore oder geladener Ionenaustauscher zunächst recht einfach.

In vielen Fällen allerdings, bei denen in organischen Lösungsmitteln mittels NMR ein sehr stabiler und auch selektiver Komplex für ein bestimmtes Ion nachgewiesen werden konnte, funktionierten die darauf basierenden ionenselektiven Membranen weniger gut oder sogar für ein anderes Ion als theoretisch geplant und in homogener organischer Lösung auch nachgewiesen. Zudem traten manchmal auch Elektrodensteilheiten auf, die grö-

**Selbstbau einer ionenselektiven PVC-Membranelektrode**

Zur Herstellung der ionenselektiven Membranen werden die Membrankomponenten (Weichmacher, PVC – mittleres oder hohes Molekulargewicht –, elektroaktive Wirtsverbindung und organisches lipophiles Salz zur Erzeugung fixierter Gegenladungen – Donnan-Ausschluss) in ein Präparateglas eingewogen und bei verschlossenem Gefäß unter Rühren in Tetrahydrofuran (THF) gelöst. Dabei werden für 1 g Membranmaterial 10 mL THF verwendet. Von dem auf diese Weise erhaltenen zähflüssigen Membrancocktail werden dann jeweils 3 mL in einen auf einer Glasplatte liegenden Glasring (3 cm Innendurchmesser) ausgegossen. Die mit dem Cocktail befüllten Glasringe werden mit einem Filterpapier bedeckt und zusätzlich mit einer Glasplatte beschwert. Somit wird eine langsame Verdunstung des THF innerhalb von ca. 48 Stunden gewährleistet. Nach dem Aushärten der Membran werden diese vorsichtig von der unteren Glasplatte abgezogen und mit einem Skalpell aus dem Glasring herausgeschnitten. Sie haben dann eine Dicke von ca. 220 $\mu$m. Die eigentlichen Elektroden werden aus diesen Membranen hergestellt, indem mit einem Korkbohrer kleinere Stücke herausgeschnitten und auf das Ende von PVC-Röhrchen (Länge ca. 10 cm, Außendurchmesser ca. 1,3 cm; aus dem Elektrohandel) aufgeklebt werden. Als Kleber kann eine Lösung von PVC in Cyclohexanon dienen. Alternativ können die Röhrchenenden auch kurz in THF angelöst werden. Nach dem Trocknen und nach einer Dichtheitsprüfung (evtl. durch Widerstandsmessung) wird der sog. innere Ableitelektrolyt eingefüllt und ein chloridisierter Silberdraht als Ableitelement zusammen mit einem abschließenden Gummistopfen eingeführt. Der Innenelektrolyt sollte das Mession im zu messenden Konzentrationsbereich enthalten und auch ca. $10^{-2}$ – $10^{-3}$ M an Chlorid sein, um am Ag/AgCl-Ableitelement eine stabile Gleichgewichtsgalvanispannung einzustellen. Das Ag/AgCl-Halbelement wird elektrochemisch hergestellt: Ein zuvor ausgeglühter Silberdraht wird in 0,1 M Salzsäure getaucht und als Anode gegen einen Platindraht als Kathode geschaltet. Bei Stromdichten von ca. 0,5 mA/cm sieht man die Chloridschicht bräunlich wachsen. Wenn sich eine gleichmäßige braune Verfärbung eingestellt hat, kann man sicher sein, dass man eine nicht poröse, redoxunempfindliche Silberchloridschicht erzeugt hat.

Bei der Zusammensetzung der Membrancocktails kann man experimentieren. Offensichtlich ist derzeit keine Theorie in der Lage, nur aus thermodynamischen Stabilitäts- und Selektivitätsdaten allein eine entsprechend ionenselektive Membran vorherzusagen. In der Regel bestehen nahezu 66% der Membran aus einem Weichmacher, um damit eine bessere Ionendiffusion in der Membran zu erzielen. Gern gewählt wird Bis(2-ethylhexyl)sebacat (DOS), 2-Nitrophenyloctylether (NPOE) oder Diphenylether (DPE). Ca. 33% besteht dann aus PVC und der Rest aus dem ionenerkennenden Wirtsmolekül (s. Abb. 7.14) und einem organischen, stark lipophilen Salz (Additiv) zur Verstärkung des Donnan-Ausschlussprinzips. Bei kationenselektiven Membranen ist dazu das Messkation in Verbindung mit einem Tetraphenyloboratanion für anionenselektive Membranen das Messanion in Verbindung mit einem Tetraalkylkation oder Tetraphenylarsoniumkation geeignet. Je nachdem, ob das Wirtsmolekül und das lipophile Gegenion zum Mession stöchiometrisch oder nicht vorliegen, ergeben sich andere Eigenschaften. Von zentraler Bedeutung ist hier die Komplexstöchiometrie zwischen dem Mession und dem Wirtsmolekül. Das Verhältnis Additiv zu neutralem Wirtsmolekül (oder Ionophor) muss kleiner gewählt werden als das soeben erwähnte.

ßer als theoretisch möglich waren (nach dem Englischen manchmal als super-Nernst- im Gegensatz zu sub-Nernst-Verhalten, mit geringeren Steilheiten als theoretisch möglich, bezeichnet).

Sehr früh bemerkte man auch die Störung von kationensensitiven Membranelektroden durch lipophile Anionen. So „transmutiert" beispielsweise eine PVC-Membranelektrode auf der Basis 66% Weichmacher (z. B. Diphenylether), 33% PVC und 1% Valinomycin, wenn sie mittels steigender Konzentrationen an Kaliumthiocyanat „kalibriert" werden soll, von einer kaliumionensensitiven Elektrode zu einer thiocyanatsensitiven bei höheren Konzentrationen, wobei im Gegensatz zu den typischen Nernst'schen Sensoren eine ausgesprochene Empfindlichkeit gegenüber der Hydrodynamik der Messlösung auftrat, was eigentlich auf spannungskontrollierende Diffusionsvorgänge hinwies. Aber zunächst konzentrierte man sich darauf, diese Messfehler, die durch einen Zusammenbruch des sog. Donnan-Ausschluss-Prinzips der Gegenladungsträger hervorgerufen wurden, durch den Einbau fixierter negativer Ladungsträger (die analog dem Silikatgerüst bei den Glasmembranelektroden das Eindringen negativer Ladungsträger wegen der Abstoßung gleichnamiger Ladungen verhindern) zu vermeiden. Als besonders geeignet für den Aufbau kationensensitiver Membranen haben sich die verschiedenen Abkömmlinge des Tetraphenyloboratanions erwiesen. Sie weisen eine hohe Lipophilie auf und werden deswegen auch nicht so schnell aus der organischen Membranphase ausgewaschen. So konnte der negative Einfluss mittelmäßig lipophiler Anionen auf das Phasengrenzpotential organischer Membranen (starke Verminderung der Nernst-Steilheit) entscheidend vermindert werden. Bezüglich der Zusammensetzung der ionenselektiven Membran ist zu bemerken, dass die Mischung von PVC und den verschiedenen Weichmachern, mit denen sich in der organischen Phase eine für ein bestimmtes Mession optimale Dielektrizitätskonstante $\varepsilon$ einstellen lässt, auch durch organische Polymere, die keinen Weichmacher benötigen, ersetzt werden kann. Für den medizinischen Einsatz kann hier beispielsweise auch Polyurethan verwendet werden. Wichtig ist aber auf alle Fälle, dass die sog. elektroaktive Verbindung, die das Mession an der Phasengrenze zur Messlösung möglichst selektiv austauschen soll, nicht in einer zur hohen Konzentration eingebracht wird. Bei zu hohen Konzentrationen passiert das, was auch in der sog. Phasengrenzkatalyse abläuft, d. h. eine starke und mengenmäßig große Extraktion eines bestimmten Ions in die organische Phase zieht das dazugehörige Gegenion auch ohne große Lipophilie mit in die organische Phase herein und die Nernst-Gleichung ist wegen der dann nicht mehr vorhandenen Permselektivität nicht mehr gültig.

Im Laufe der Zeit wurde auch die Messtechnik immer weiter verfeinert. Bei der Anwendung ionenselektiver Mikroelektroden innerhalb und außerhalb biologischer Zellen wollte man sehr schnelle Ionenströme in der Zelle verfolgen. Die ionenselektive Membranelektrode weist aber i. d. R. einen hohen Membranwiderstand auf, der zusammen mit der Kapazität eines abgeschirmten Elektrodenkabels ein elektronisches Dämpfungsglied (RC-Glied) darstellt. Durch eine geschickte Schaltung kann man diese Kapazität allerdings „neutralisieren" und so Messungen mit diesen ionenselektiven Elektroden im Millisekundenbereich durchführen. Da dies möglich war und die Membrandicke dabei keinen großen Einfluss hatte, sollte eigentlich die Theorie, die ein sub-Nernst-Verhalten mittels eines sich erst über die gesamte Membrandicke einstellenden Diffusionspotentials erklärt, überprüft werden.

Weitere Probleme beim Verständnis der Funktionsweise ionenselektiver Membranen ergaben sich bei der Erklärung für das Versagen vieler bekannter selektiver Komplexbildner, die beispielsweise für die Photometrie der betreffenden Ionen geeignet sind, als sog. selektivitätsgebende elektroaktive Verbindung in ionenselektiven Membranen aber ungeeignet sind. Ein treffendes Beispiel dafür ist das Diacetyldioxim, das mit $Ni^{2+}$ die bekannte rosa Komplexverbindung bildet. Hier ist die Komplexbindung so stark, dass die Dekomplexierungsreaktion im Sinne des chemischen Gleichgewichtes an der Phasengrenze Membran/Messlösung in einem so geringen Ausmaß abläuft, dass sich die einmal gebundene Nickelmenge nicht entsprechend einer geringer werdenden äußeren $Ni^{2+}$-Konzentration ins Gleichgewicht setzen kann. Man kann auch davon sprechen, dass hier die Phasengrenzkinetik so gehindert ist, dass die einmal als Komplex vorliegenden Nickelionen die Aktivierungsenthalpie zum Übertritt in die Messlösung nicht aufbringen können. In der elektrochemischen Kinetik ist es ebenfalls üblich, ein Energie-Weg-Diagramm über eine Phasengrenze hinweg zu betrachten, wie in Abb. 7.16 gezeigt.

Anhand dieser Abbildung versteht man schnell die Bedeutung einer ausreichenden elektrochemischen Kinetik der Ladungsträger über die Phasengrenze hinweg. In der wässrigen Lösung ist vor einem Phasenübergang an oder in die Elektrodenoberfläche die mehr oder weniger fest gebundene Hydrathülle zu überwinden. Man kann sich leicht vorstellen, dass die dazugehörige Energie-Weg-Kurve bei harten Ionen (klein und hoch geladen) steiler verläuft als bei weicheren Ionen. Auf der Seite der Elektrodenoberfläche wird der Verlauf der Energie-Weg-Kurve ebenfalls von der Stärke der Wechselwirkungen des Gastiones mit seinem Wirtmolekül und weiteren Umgebung bestimmt. Starke kovalente Bindungen dürften einen steileren Verlauf verursachen und damit zu einem energetisch hoch liegenden Schnittpunkt mit der Desolvatations-Energie-Kurve führen. Dieser Schnittpunkt entspricht der Aktivierungsenergie für den betreffenden Ladungstransfer. Bei einer zu hoch liegenden Aktivierungsenergie kann man vor allem bei den typischen elektrochemischen Reaktionen, die bei Raumtemperatur ablaufen, keine ausreichende Reaktionsgeschwindigkeit erwarten, d. h. der thermodynamisch mögliche Gleichgewichtszustand kann sich nicht einstellen.

In vielen Fällen kann man mit ein und derselben elektroaktiven Verbindung nach ausreichend langer Konditionierung (Aufbewahrung in der betreffenden Messionenlösung) ein Nernst-gemäßes Ansprechen auf chemisch ähnliche Ionen feststellen; so lassen sich beispielsweise mit der elektroaktiven Verbindung Valinomycin Kalibierkurven für Rubidium-, Kalium- und Cäsiumionen aufstellen. Wegen des genauen Befolgens der Nernst-Gleichung wird in allen Fällen die komplette Einstellung eines elektrochemischen Gleichgewichts (schneller Ladungstransfer) für jede dieser Ionensorten an der betreffenden Phasengrenzfläche angenommen. Doch was ist, wenn Kalium z. B. neben Cäsium vorliegt? Da beide bei Messungen in einer ihrer Salzlösungen eine ausreichende elektrochemische Kinetik (ausreichende Austauschstromdichte) an der gleichen ionenselektiven Membran gezeigt haben, werden jetzt beide Ionensorten in Konkurrenz versuchen, ihr elektrochemisches Gleichgewicht einzustellen. Da beide Ionensorten aber in diesem Beispiel von Valinomycin unterschiedlich stark gebunden werden, laden sie die Grenzfläche bis zur Gleichgewichtseinstellung unterschiedlich auf (die Kalibrierkurven sind auf der EMK-Achse versetzt). Die dadurch gegebenen unterschiedlichen Grenzflächenpotentialdifferenzen von $K^+$- und $Cs^+$-Ionen wirken aber nun aufeinander ein, als hätte man in beiden Fällen eine externe Überspannung, die zwischen beiden Gleichgewichtsgalvanispannungen liegt, an die Messkette angelegt. Diese Situation ist die klassische Situation in der Korrosionsforschung, wo häufig die Gleichgewichtsgalvanispannung einer betreffenden „Sauerstoffelektrode“ die untersuchte Metallelektrode mit einer anodischen Überspannung beaufschlagt. Daher kann man auch hier mit gewissen Einschränkungen (anstelle einer Equipotentialfläche liegt bei den Membranen eine Raumladungszone vor) die in der Korrosionsforschung dafür entwickelte Betrachtungsweise übernehmen. Das analoge Verhalten einer ionenleitenden Membranelektrode zu einer elektronenleitenden Metallelektrode wurde von J. Koryta in einer Serie von Arbeiten um 1980 beschrieben.

Die Korrosionsforschung sagt bei konkurrierenden (parallel ablaufenden) ektrochemischen Reaktionen die Einstellung eines Mischpotentials voraus, dessen Lage (oder Betrag) man aus der Überlagerung der betreffenden Strom-Spannungskurven der um ein Gleichgewicht konkurrierenden Ionen entnehmen kann. Im stationären Zustand (nach außen hin stabile Spannungseinstellung) liegt es genau dort, wo der kathodische Ladungsträgerfluss gleich dem anodischen ist. Von außen ist dann kein Stromfluss feststellbar. Es liegen gleiche Bedingungen wie bei der Gleichgewichtsgalvanispannung vor, nur dass hier die in unterschiedlichen Richtungen fließenden Teilströme aus Ladungsträgern unterschiedlicher Art bestehen, die langfristig wegen eines ständig stattfindenden Nettotransportes einer Ionensorte das chemische Potential in der Elektroden- oder Elektrolytphase ändern, was zu entsprechend driftenden Messkettenspannungen und zu begrenzten Lebensdauern führt. Abbildung 7.11 stellt die Mischpotentialeinstellung am einfachen Beispiel

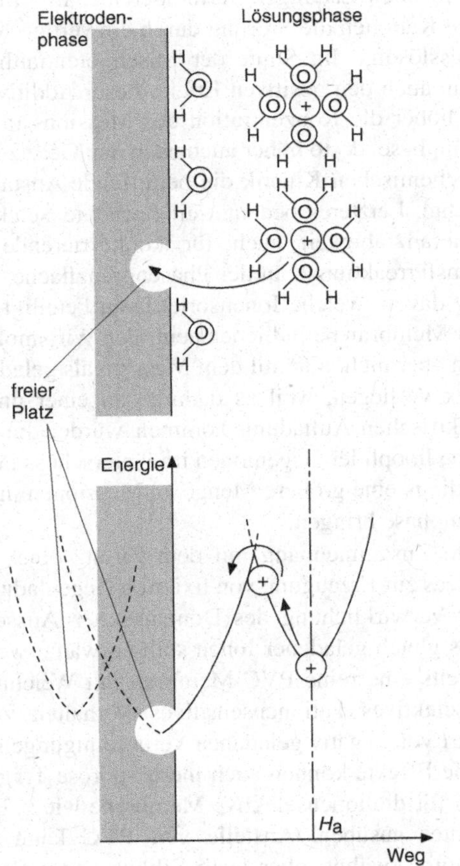


**7.16** Schematische Skizzierung eines Ladungsübertritts. a) Schematisierter Weg eines Kations von einer Position in der Helmholtzfläche auf eine Position auf der Elektrodenoberfläche. b) Korrespondoierendes „Energie-Weg“-Diagramm.

einer Metallelektrode schematisch dar. Sie wird bei neueren theoretischen Arbeiten zur ionenselektiven Potentiometrie als „stationäre Situation" bezeichnet, bei der es zu einer Diffusionskontrolle im Phasengrenzbereich kommt. Mittels der Mischpotential-Theorie lassen sich alle bekannten Eigenschaften ionenselektiver Membranen zumindest qualitativ erklären. Diese Darstellung erklärt aber auch, warum alle Versuche, eine Bezugselektrode dadurch zu umgehen, indem man mit zwei ISE-Membranen in Differenz misst, scheitern mussten. Wenn in der sog. Referenzmembran lediglich das Wirtsmolekül fehlt, um dort das Störionenpotential allein zu erzielen, so wurde vergessen, dass sich bereits an der Messmembran ein Mischpotential eingestellt hat, bei dem die höhere Austauschstromdichte für die Messionen das sog. Störionenpotential unter Gleichgewichtsbedingungen (stromlos) drastisch verändert hat. Viele diesbezügliche Versuche funktionierten nicht, weil die dahinterliegende Elektrochemie nicht verstanden wurde.

Alle Eigenschaften ionenselektiver Membranen lassen sich lückenlos erklären, wenn man sich den Mikrokosmos an einer Phasengrenze vorstellt. In beiden Phasen (die eine gewisse Ionenbeweglichkeit erlauben müssen) sind Ladungsträger beiderlei Vorzeichens vorhanden, die jeder für sich in den benachbarten Phasen (ionenselektive Membran/Elektrolytlösung) aufgrund von atomaren oder molekularen Wechselwirkungskräften (z. B. Solvatation) ein bestimmtes chemischen Potential (Zustand minimaler Energie) besitzen. Bei Berührung beider Phasen sorgen die Diffusionsgesetze zunächst dafür, dass die individuellen Ladungsträger (Ionen) die Phasengrenze überwinden können, wenn sie gemäß der Boltzmann-Verteilung genug Energie besitzen, ihre Umgebung (Hydrathülle oder Platz in einem Gitter oder Membrangerüst) zu verlassen. Ein Ion, das beispielsweise aus der wässrigen Phase gerade in die Membranphase übergetreten ist, kann natürlich auch wieder zurückwandern. Wenn es aber in der Membranphase einen Zustand niedrigerer Energie als zuvor einnehmen kann, wird es statistisch gesehen dort bevorzugt verbleiben. Da es aber eine elektrische Ladung mit über die Phasengrenze transportiert hat, kommt es dort zu einer elektrischen Potentialdifferenz. Wenn dieser Vorgang nur bei einer Ionensorte abläuft, ist die sich dort einstellende Gleichgewichtsgalvanispannung selektiv für eine Ionensorte. Die Ionensorte, die während dieses Zeitraumes die meisten Ladungsträger von Phase a in die Phase b transportiert hat, ist natürlich potentialbestimmend, wie schon oben angedeutet (Abb.7.8).

Diese „Erkennungsreaktion" zwischen Gast und Wirtsmolekül ist leider nicht die einzig mögliche, die an der Phasengrenze ablaufen kann. Diesem Ladungstransfer überlagert ist ein weniger selektiver, der durch die allgemein unselektiven Gesetze der Verteilung zwischen zwei Phasen beschrieben werden kann. Hier spielt die individuelle Lipophilie der betrachteten Ionen eine große Rolle. Die Lipophilie hängt umgekehrt mit der Standardhydratationsenthalpie zusammen. Sie ist z. B. mit Werten zwischen 300 und 400 $KJ mol^{-1}$ für die Alkaliionen (mit Ausnahme des $Li^+$) etwa um den Faktor 4 bis 6 kleiner als für die zweiwertigen Ionen. Daher stören die einwertigen Ionen die potentiometrische Bestimmung der zweiwertigen Kationen allein schon, weil sie undifferenziert von der üblicherweise organischen Polymermembran gegenüber den zweiwertigen bevorzugt werden. Es liegt nun nahe, auch für diese bekannte Störung bei der Messung von zweiwertigen Kationen durch ein Ausschlussprinzip nach Donnan zu verhindern. Hierzu geeignet sind große quarternäre Ammoniumkationen in Form ihrer Halogenidsalze. Sie dürfen aber nicht überstöchiometrisch zu dem ersten Additiv (ca. 0,02 mol/kg Weichmacher) hinzugefügt werden. Das Vorhandensein dieser – wegen der ihrer Lipophilie in der Membran verbleibenden Ladungen vermindert bei ISE für zweiwertige Kationen die Störung durch einwertige Ionen in der Messlösung. Im Sinne der Mischpotentialtheorie kann man auch den positiven Effekt dieser Additive erklären: Je höher die Konzentration des Messions in der Membranphase, desto höher auch nach den Gesetzen der elektrochemischen Kinetik die betreffende Austauschstromdichte. Letzteres bedeutet eine erhöhte Selektivität und Toleranzfähigkeit auch für konkurrierende Ladungstransferreaktionen an der Phasengrenzfläche – unabhängig davon, welche Ionensorte daran beteiligt ist. Die in der Membran befindlichen neutralen Wirtsmoleküle können aber nicht alle mit dem Mession als geladener Komplex vorliegen, weil es dadurch zu einer unmöglichen elektrischen Aufladung kommen würde; durch die Zugabe lipophiler Gegenionen im Unterschuss lässt sich allerdings eine größere Menge an Messionen in die Membranphase bringen.

Im Zusammenhang mit dem Zusatz eines lipophilen Salzes zur Erzeugung von fixierten Gegenladungsträgern zur Verwirklichung des Donnan'schen Ausschlussprinzips gleich geladener Ionen sollte erwähnt werden, dass bereits eine reine PVC-Membran mit Weichmacher ein unselektives kationensensitives Verhalten zeigt. Dies rührt von negativ geladenen Verunreinigungen her. Ähnliche Effekte können auch inerte, poröse Trägermaterialien für die ionenselektive Membrane wie z. B. Cellulosefilter ausüben. Anstelle von PVC kann man, wie bereits erwähnt, aber auch Silikon- oder Polyurethanmembranen verwenden. Hier entfällt der Weichmacher und kann daher auch nicht „ausbluten" und die Lebensdauer verkürzen. Allgemein wird das Auswaschen von Wirtmolekül und Weichmacher als der Grund für eine begrenzte Lebensdauer ionenselektiver Membranen angesehen. Da die Lebensdauer bei kovalenter Anbindung beider Molekülsorten ebenfalls begrenzt ist, scheint auch die Extraktion von thermodynamisch bevorzugteren Ionensorten in die Membran und eine damit verbundene Phasengrenzpotentialeinstellung für diese Ionensorte ein Grund dafür zu sein, dass je nach der Probenmatrix und dem potentiellen Auswaschvolumen die Lebensdauer auf einige Monate bis zu einem Jahr begrenzt ist.

### Eigenschaften ionenselektiver Elektroden

***Selektivität***

Ein wichtiges Kriterium ionenselektiver Elektroden ist die Eigenschaft, selektiv auf das Mession anzusprechen. In der Realität werden jedoch auch Störionen aus der Probenmatrix mit angezeigt. Ein Maß für die Selektivität gegenüber dem Störion ist der $K_{M\text{-}I}$-Wert aus der Nernst-Nikolski-Gleichung (Gl. 7.12). Je kleiner der $K_{M\text{-}I}$-Wert ist, desto selektiver ist die Elektrode. Zur Bestimmung des Selektivitätskoeffizienten empfiehlt die IUPAC-Kommission die Methode der gemischten Lösungen, bei der die Messionenaktivität bei konstanter, vorgegebener Störionenaktivität variiert wird. Man erhält eine Abhängigkeit zwischen der Messkettenspannung $E$ und dem dekadischen Logarithmus der Messionenaktivität $a_M$ (Abb. 7.17).

Mit Ausnahme der pH-Glasmembran-, der Fluorid-Einkristall- und der auf $Ag_2S$-basierenden Silberelektrode zeigen die ISE keine Spezifität. Der Ausdruck Selektivität ist allerdings berechtigt, denn i. d. R. sprechen die ISE auf die Gegenionen zum Mession nicht an. Eine Polymermembranelektrode für Kationen oder für Anionen soll das betreffende Mession um den Faktor $10^3$–$10^4$ empfindlicher als das in höchster Konzentration vorliegende Störion anzeigen. Dies bedeutet, dass beispielsweise erst Überschüsse von Störionen in dieser Größenordnung ein gleich großes Messsignal erzeugen (100% Fehler bedeutet doppelte Anzeige). Liegen die Störionen in der Probenmatrix in geringerer Konzentration als die Messionen vor (z. B. Bei $Zn^{2+}$-Ionen in biologischen Flüssigkeiten), dann reichen auch schlechtere Selektivitäten für richtige Analysen aus. Bei einem fairen Vergleich muss bemerkt werden, dass viele photometrisch benutzte Reagenzien auch ihre bekannten Störstoffe haben (z. B. Phosphat und Silikat, die sich gegenseitig bei der Molybdat-Methode stören).

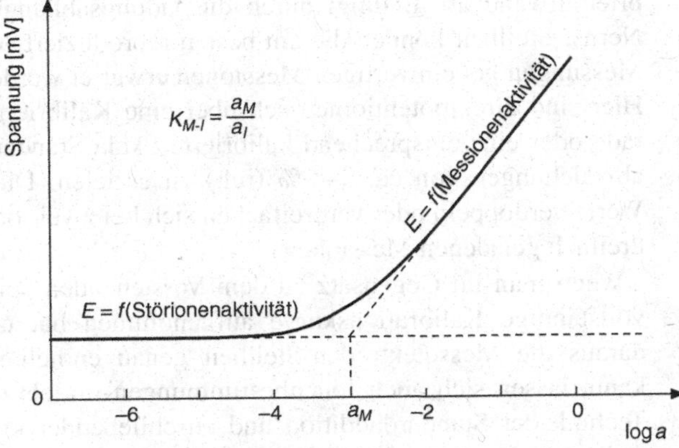


**7.17** Graphische Bestimmung von $K_{M\text{-}I}$ nach der Methode der vermischten Lösungen (hier für ein Kation gezeigt).

***Nachweisgrenze***

Bei potentiometrischen Messungen mit ionenselektiven Elektroden erhält man bei Auftragung des Messkettenpotentials $U$ gegen den dekadischen Logarithmus der Messionenaktivität eine Kalibrierkurve, wie sie in Abb. 7.18 dargestellt ist.

Der Teil der Kalibrierkurve einer ISE mit linearem Verlauf bei halblogarithmischer Auftragung kann durch eine Regressionsgerade ersetzt werden. Dieser Bereich wird als linearer Bereich bezeichnet; er ist der ideale Messbereich einer ISE. Bei Konzentrationen unterhalb des linearen Bereichs weicht die Kalibrierkurve von der Geraden ab und geht annähernd in eine Parallele zur Konzentrationsachse über, da hier der Einfluss von Störionen einsetzt oder die systembedingte Nachweisgrenze des Elektrodensystems unterschritten wird. Gemäß der früheren IUPAC-Konvention ist die Nachweisgrenze in diesem Konzentrationsbereich als diejenige Messionenkonzentration definiert, bei der das Messsignal gerade doppelt so groß ist wie das Untergrundrauschen. Bei Nernst-Verhalten der Elektrode und einer Temperatur von 25 °C ist das genau dann der Fall, wenn die Kalibrierkurve vom extrapolierten linearen Bereich um 18 mV/$z_M$ ($z_M$ = Ladungszahl des Messions) abweicht.

Im Allgemeinen liegen die Nachweisgrenzen unter $10^{-6}$ M. Es gibt auch Elektroden, wie z. B. die $Ag_2S$-Elektrode, die $Ag^+$-Ionen sogar bis zu einer Konzentration von $< 10^{-16}$ M anzeigen, allerdings nur in $Ag^+$-Ionen gepufferten Lösungen. Das bedeutet, dass man die Verluste an Messionen durch Adsorption an den Gefäßwandungen dadurch kompensiert, dass man entweder ein schwer lösliches Messionensalz zusetzt oder die freie Messionenaktivität durch einen Komplexmittelüberschuss mit bekannter Komplexbildungskonstante vermindert. In beiden Fällen werden durch den Gleichgewichtscharakter Messionenverluste ausgeglichen.

Neuerdings fand man, dass die nahezu ähnliche Nachweisgrenze von ca. $10^{-6}$ M für viele Messionen auch dadurch beeinflusst wird, dass Messionen aus der Membranphase in die Messlösung übertreten und dort evtl.

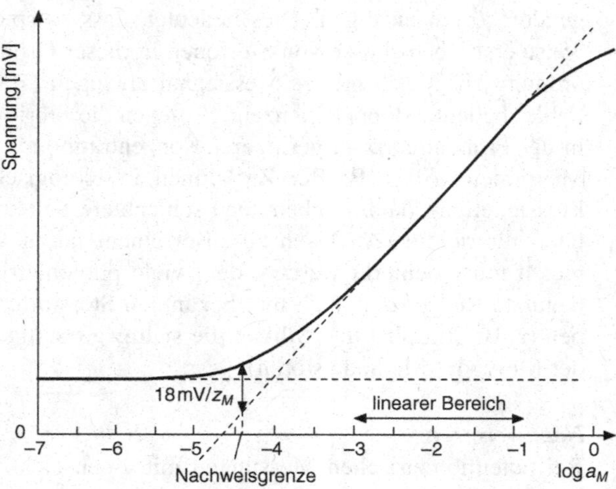


**7.18** Kalibrierkurve einer kationenselektiven Elektrode. Der dynamische Arbeitsbereich wird durch die Nachweisgrenze und Variation des Aktivitätskoeffizienten bei hohen Messionenkonzentrationen begrenzt.

eine untere Konzentration einstellen, die nicht weiter unterschritten werden kann. Dieser Vorgang ist besonders ausgeprägt, wenn die ionenselektive Polymermembran zuvor in einer Lösung mit einer relativ hohen Messionenkonzentration „konditioniert" wurde und bei Innenlösungen mit relativ hohen Messionenkonzentrationen (im letzten Fall verteilt sich die hohe Konzentration innerhalb weniger Stunden über die gesamte Membran). Falls man beide Effekte vermindert, was z. B. durch Verzicht auf die Konditionierung oder durch sehr niedrige Messionenkonzentrationen in der Innenlösung erreicht werden kann, sind die Nachweisgrenzen um mehrere Dekaden nach unten verschiebbar!

***Linearer Messbereich***

Die ISE erfassen die Aktivität des freien, nicht gebundenen Messions. Da auch viele physiologische Phänomene von der Ionenaktivität abhängen, ist die ionenselektive Potentiometrie nahezu die einzige Methode, die Einzelionenaktivitäten (extra-thermodynamische Annahmen) zu erfassen, gestattet. Es ist ein genereller Vorteil der Potentiometrie, dass sie i. d. R. weit mehr als drei Konzentrationsdekaden einschließt, man also nicht immer in einen optimalen Bereich hinein verdünnen muss. Auch ist die Messgenauigkeit bis in den Bereich der Bestimmungsgrenze (ca. eine Dekade über der Nachweisgrenze liegend) konstant. Abweichungen bei hohen Konzentrationen können durch einen sich entsprechend ändernden Aktivitätskoeffizienten bedingt sein. Um letzteren konstant zu halten und direkt in Konzentrationseinheiten zu kalibrieren und zu messen, werden die Proben i. d. R. mit einem sog. Ionenstärke-Einsteller verdünnt. Abweichungen bei sehr niedrigen Messionenkonzentrationen werden i. d. R. durch etwa anwesende Störionen verursacht.

***Messreproduzierbarkeit***

In vielen Fällen wird die Reproduzierbarkeit der EMK-Messung durch die Instabilität des Diffusionspotentials in den Diaphragmakanälen der Bezugselektrode (mit Überführung) gegeben. Bei Ketten mit Überführung sind bei Matrixanpassung eines zusätzlichen äußeren Stromschlüssels bestenfalls Messreproduzierbarkeiten von ca. ±0,1 mV erzielbar. Welcher Fehler daraus resultiert, hängt weiter davon ab, ob in Aktivitätseinheiten oder Konzentrationseinheiten gemessen werden soll. Im ersten Fall ist ein entsprechender Aktivitätsstandard vonnöten. Da Einzelionenaktivitäten aber thermodynamisch nicht definiert sind, hängt es von der Genauigkeit der dazu getroffenen Annahmen ab. Man kann nie absolut genauer messen, als die Standards definiert sind. Änderungen um 0,001-pIon-Einheiten (Definition analog dem pH-Wert) sind allerdings bei entsprechender Thermostatisierung feststellbar.

Um Konzentrationen zu messen, wird häufig ein die Messung nicht störender Elektrolyt zur Einstellung einer konstant bleibenden Ionenstärke zugesetzt (Ionenstärke-Einsteller). Diese Lösung kann unter Umständen auch noch einen Komplexbilder enthalten, der verhindert, dass sich die Messionen an andere Ionen beispielsweise als Liganden anbinden (z. B. Fluorid bei Anwesenheit von $Fe^{3+}$- oder $Al^{3+}$-Ionen). Die Hersteller von ISE liefern häufig solche auch als *Total Ionic Strength Adjustment Buffer* (TISAB) genannten Lösungen zusammen mit den Elektroden aus.

Natürlich hängt die Reproduzierbarkeit einer Konzentrationsermittlung mithilfe von ISE auch von dem Kalibrieraufwand ab. Bedingt durch die ladungsabhängige Nernst-Steilheit können die am besten reproduzierbaren Messungen bei einwertigen Messionen erwartet werden. Hier sind direktpotentiometrisch über eine Kalibriergerade oder eine entsprechend kalibrierte Skala Standardabweichungen von ca. 2–5% (rel.) zu erzielen. Diese Werte verdoppeln oder verdreifachen sich bei zwei- oder dreifach geladenen Messionen.

Wenn man im Gegensatz zu dem Vorstehenden keine vollständige Kalibrationskurve aufgenommen hat und daraus die Messelektroden-Steilheit genau entnehmen kann, lassen sich auch Ionenbestimmungen mittels der Technik der Standardaddition und anschließender kontrollierter Verdünnung durchführen. Hier werden die Messdaten in eine Auswertformel eingesetzt, die in der einschlägigen Literatur zu finden ist. Diese Ergebnisse sind naturgemäß am unsichersten und man muss die oben erwähnten Standardabweichungen verdoppeln.

Besser reproduzierbare Messungen sind nach der sog. Gran-Methode möglich, da es sich hierbei um eine mehrfache Standardaddition oder -subtraktion handelt und durch die graphische Auswertung auch eine Mitteilung erfolgt. Hierbei sind durchaus Standardabweichungen von < 1 % bei einwertigen und < 3 % bei höherwertigen Messionen erzielbar. Einige Hersteller von ISE bieten dazu entsprechendes Auswerte-Diagramm-Papier

## Mathematisch linearisierte Titrationskurve nach Gran

Bei der Anzeige des titrierten Ions durch eine ionenselektive Elektrode verfolgt man die Abnahme dieser Ionenkonzentration durch die fortschreitende Titration. Je weiter man sich dem Equivalenzpunkt nähert, umso kleiner wird die Konzentration der freien Messionen in der Lösung, um so größer ist die Möglichkeit von Störungen, die von Komplexbildungen oder Übersättigungserscheinungen (bei Fällungstitrationen) oder von anderen Störionen herrühren. Außerdem kann auch die mathematische Beziehung zwischen Messkettenspannung und Volumen Titriermittel anders sein als zu Beginn der Titration.

Gran zeigte ein Verfahren, den Equivalenzpunkt potentiometrisch indizierter Titrationen mittels Extrapolation aus linearisierten Teiltitrationskurven zu bestimmen

Das von Gran beschriebene Verfahren basiert auf der empirischen Form der Nernst-Gleichung, die mathematisch linearisiert wird:

$$E = E^0 + S \log a_M \Leftrightarrow 10^{E/S} = 10^{E^0/S} \cdot a_M \quad (7.13)$$

antilog $E/S$ = konstant + $a_M$

Falls man zur Aufnahme der Kalibrierkurve und der Titrationskurve der Messlösung den Verdünnungseffekt durch die Zugabe an Titrans nicht vernachlässigen kann, trägt man auf der Ordinate den Ausdruck $(V_0 + V)\,10^{E/S}$ auf.

Für die Titration einer TISAB enthaltenden Lösung, die eine unbekannte Menge des Messions enthält, lautet die Bestimmungsgleichung

$$10^{E/S} = \text{konstant} \cdot (c_M + c_B) \quad (7.14)$$

mit $c_M$ = Konzentration des Messions
$c_B$ = Konzentration des Messions im Blindwert

Man findet in diesem Fall im Diagramm (Abb 7.19) eine Parallelverschiebung einer zuvor mit einer messionenfreien Blindlösung aufgenommen Kalibrierkurve. Der Abschnitt $a_p$ der Aktivitäts- oder Konzentrationsachse gibt an, welche Messionenmenge in der Probenlösung selbst vorgelegen hat.

Die Steilheit der Elektrode muss für die Anwendung des Gran-Verfahrens sehr genau bekannt und gut reproduzierbar sein.

Das Verfahren lässt sich auch bei Rücktitration eines im Überschuss zugegebenen Titrationsmittels, bei Fällungstitrationen (hier tritt häufig eine Änderung der Löslichkeit des Niederschlags im Verlauf der Titration auf) oder bei komplexometrischen Titrationen anwenden.

Für die Auswertung von Titrationen, bei denen die Steilheit der Messelektrode von der angenommenen abweicht, verändert sich die Steigung der Gran-Funktion, diese läuft aber auf den gleichen Schnittpunkt zu. Da die Funktion nicht mehr linear ist, wird die graphische Extrapolation erschwert. Durch die Anwendung von Methoden der mehrfachen Standardzugabe mit Ausgleichsrechnungen mit Volumenkorrekturen lässt sich auch hier der Äquivalenzpunkt durch Extrapolation ermitteln

Ausführlichere Darstellungen sind der Originalarbeit und der Fachliteratur zu entnehmen.

G. Gran, *Analyst* 77 (11) S. 661-671

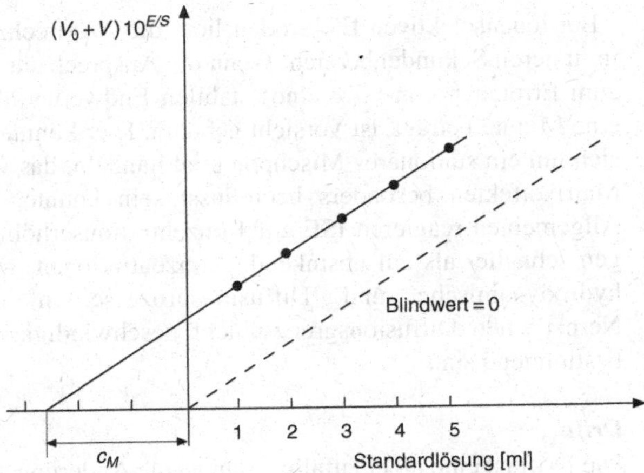


**7.19** Standardadditionstechnik nach Gran.

mit einer anti-log-Ordinate an. Bei einigen Ionenmetern kann die auch über eine entsprechende Software erfolgen.

Die höchste Messreproduzierbarkeit wird allerdings beim Einsatz der ISE als Endpunktsindikator maßanalytischer Titrationen erzielt. Dann sind die üblichen maßanalytischen Reproduzierbarkeiten zu erwarten, die durchaus um 0,1 % rel. liegen können.

Bisher wurde nichts über die Messgenauigkeit als Übereinstimmung mit dem wahren Wert der Probe (= Richtigkeit) gesagt, weil dies bei den instrumentellen Methoden sehr von der Qualität der Kalibrierstandards und der Kontrolle über Matrixeffekte abhängt. Hier ist die ionenselektive Potentiometrie vergleichbar mit konkurrierenden Methoden (z. B. die Photometrie). Man sollte im Sinne von *fit for the purpose* auch an die Preiswürdigkeit denken, denn welche Analysentechnik erlaubt schon Spurenanalysen für weniger als 1 000 Euro.

***Ansprechzeit***

Es ist wichtig, dass die ionenselektive Elektrode bei einer Konzentrationsänderung der Messionen mit einer raschen Potentialänderung reagiert. Charakterisiert wird das Ansprechverhalten einer ISE durch ihre Ansprechzeit. Als Ansprechzeit $\tau$ wird die Zeitdauer definiert, die nach einer Konzentrationsänderung des Analyten benötigt wird, um einen vorgegebenen Anteil der endgültigen Messkettenspannung zu erreichen. Meist wird ein $\tau_{90}$- oder ein $\tau_{95}$-Wert angegeben. Nach der neuen IUPAC-Empfehlung ist die Ansprechzeit die Zeit, die nach einer Konzentrationsänderung vergeht, bis die ISE einen bestimmten Grenzwert für Drift (Potentialänderung pro Zeit ($\Delta U/\Delta t$)) unterschreitet. Dieser Wert kann unter den jeweiligen experimentellen Bedingungen selbst gewählt werden und sollte mit der Ansprechzeit angegeben werden.

Bei ionenselektiven Elektroden liegt die Ansprechzeit im unteren Sekundenbereich. Wenn die Ansprechzeit bis zum Erreichen von 95% eines stabilen Endwertes über eine Minute beträgt, ist Vorsicht geboten. Hier könnte es sich um ein stationäres Mischpotential handeln, das von Matrixeffekten besonders beeinflusst sein könnte. Im Allgemeinen reagieren ISE auf Konzentrationserhöhungen schneller als auf absinkende Konzentrationen, weil hydrodynamische und Diffusionsprozesse in der Nernst'schen Diffusionsgrenzschicht geschwindigkeitsbestimmend sind.

***Drift***

Die Drift ist eine nicht zufällige, langsame Änderung des ursprünglichen Wertes der Messkettenspannung, die die Elektrode in einer Messkette bei konstanten Eigenschaften der Messlösung (Messionenkonzentration, Temperatur) zeigt. Zur Ermittlung der Drift wird das Elektrodenpotential unter konstanten Bedingungen über einen großen Zeitraum aufgenommen. Die Drift ist dann als Steigung einer Ausgleichsgeraden des Potentialverlaufs im untersuchten Zeitraum definiert.

Elektrochemische Messketten mit ISE zeigen gegenüber pH-Messketten eher eine gesteigerte Drift in den EMK-Werten. Viele Drifterscheinungen werden aber auch durch die Bezugselektrode verursacht. Werden beispielsweise Bezugselektroden zweiter Art eingesetzt und verwendet man eine gesättigte KCl-Stromschlüssel-Lösung, so verändern bereits geringe Temperaturschwankungen das Löslichkeitsprodukt des betreffenden Salzes, das das Potential am inneren Ableitelement bestimmt. Gute ISE können durchaus eine Drift von < 1 mV/Tag zeigen. Je größer die Drift, desto häufiger muss kalibriert werden.

Neben dieser Nullpunktsdrift ändert sich bei Polymermembranelektroden im Laufe der Einsatzdauer einer ISE aber auch die Steilheit der Messelektrode. Die Elektrodensteilheit wird i. d. R. im Laufe von Wochen und Monaten geringer. Das ist darauf zurückzuführen, dass evtl. lipophilere Ionen in der Membran angereichert werden, die dann ihrerseits langsam eine störend wirkende Austauschstromdichte einstellen. Die Verminderung der Elektrodensteilheit ist demnach auch mit einer Verschlechterung der Selektivität verknüpft. Daher sollte man die ISE nicht mehr benutzen, wenn die Steilheit um mehr als ca. 10–20 % gesunken ist.

***Lebensdauer***

Die Lebensdauer ist die Zeit, in der die ISE nach ihrer ersten Verwendung gerade noch alle Eigenschaften einer gut arbeitenden Elektrode aufweist. Die Lebensdauer ist in hohem Maße von der Art der Lagerung und der Sorgfalt bei der Verwendung der Elektrode abhängig.

Die Glaselektroden können jahrelang eingesetzt werden, doch werden sie meist vorher mechanisch zerstört. Auch die Lanthanfluorid-Einkristall-Membranelektrode kann lange Zeit verwendet werden, wenn sie nicht häufig nach einigen Jahren innen ausgetrocknet ist (Wasser aus der Innenlösung entweicht aus dem Kunststoffkörper bzw. der oberen Abdichtung). Sie kann regeneriert werden, wenn man vorsichtig ein Loch in die Hülle bohrt und wieder eine Fluorid- und Chloridionen (ca. $10^{-3}$ M) enthaltende Elektrolytlösung hineingibt. Kommerzielle Polymermembranelektroden haben üblicherweise eine Gebrauchslebensdauer (nicht zu verwechseln mit Lagerfähigkeit) von einigen Wochen bis Monaten. Bei kontinuierlichem Einsatz in biologischen Flüssigkeiten ist mit der kürzesten Lebensdauer zu rechnen, weil dort bevorzugt lipophile Störstoffe vorliegen, die sich in der Membranphase anreichern können. Der andere Grund für eine begrenzte Einsatzdauer liegt im „Ausbluten“ wichtiger Membrankomponenten, vor allem des Weichmachers, der elektroaktiven Verbindung und der Additive. Hier spielt nach den Gesetzen der Verteilung zwischen zwei Phasen das Volumen der zweiten Phase, hier der Messlösungen, eine große Rolle. Beim Einsatz von Polymermembran ISE in strömenden Proben (Durchflussmessungen) wird nach dem Fick'schen Gesetz besonders effektiv ausgewaschen. Daher sind hier noch kürzere Einsatzzeiten möglich. Nach einem deutschen Patent lässt sich dieses Ausbluten stark verringern, wenn die Messlösungen an den betreffenden Substanzen bereits gesättigt sind, bevor sie mit der ISE-Membran in Kontakt treten.

***Störungen***

Aus dem Funktionsprinzip der ionenselektiven Potentiometrie mit der Entstehung einer elektrischen Spannung an der Phasengrenze ISE/Messlösung, die selektiv für eine Ionensorte ist, ergeben sich die Möglichkeiten von Störungen bei Analysen realer Proben. Generell stören in der Probe anwesende lipophilere Ionen mehr als die, die man wegen des Donnan-Ausschluss-Prinzips als Additiv in die Membran gebracht hat. Probleme bereiten hier vor allem biologische Proben, die auch noch unbekannte lipophile Ionenarten enthalten können. Eine Standardaddition zur Ermittlung der Elektrodensteilheit kann hier über mögliche Störungen Auskunft geben. Die Austauschstromdichte für die Messionen wird natürlich durch grenzflächenaktive Substanzen (z. B. Tenside) i. d. R. stark verkleinert, da sich diese Substanzen zwischen der Elektrodenoberfläche und äußeren Helmholtz-Fläche ansiedeln und dort evtl. übertrittsfähige Messionen verdrängen. Bei Umweltanalysen ist also darauf zu achten, dass keine Tenside anwesend sind. Allgemein stören alle Stoffe, die sich bevorzugt auf der Messelektrodenoberfläche niederschlagen oder anderweitig die Messionenaustauschstromdichte verkleinern können. Ähnlich wirkt natürlich ein Abkühlen der Messvorrichtung oder eine durch Ausbluten des Weichmachers verhärtete Polymermembran. Dann sind die Diffusion der Messionen und dadurch auch die erreichbare Austauschstromdichte gehindert.

# 7.3 Methoden mit Stromfluss, aber vernachlässigbarem Stoffumsatz

## 7.3.1 Konduktometrie

**Konduktometrie bei mittleren Wechselspannungsfrequenzen**

Im Gegensatz zu den Leitern erster Klasse, die sich durch elektronische Leitfähigkeit auszeichnen, leiten Elektrolyte oder Elektrolytlösungen den elektrischen Strom mithilfe entsprechend ihrem Vorzeichen und angelegtem elektrischen Feld wandernder Ionen. Im Gegensatz zu den Leitern erster Klasse treten aber hier beim Ladungsübergang von den Ionen auf eine in die Elektrolyte eintauchende Metallelektrode chemische Umsetzungen auf. Dort, wo Elektronen vom Ion an das Metall abgegeben werden, kommt es zu einer Oxidation, dort, wo die Metallelektrode Elektronen an Ionen im Elektrolyten abgeben, zu einer Reduktion. Diese elektrochemischen Umsetzungen sind aber nicht von Belang, wenn man nur an der ionischen Leitfähigkeit eines Elektrolyten interessiert ist. Durch diese Umsetzungen kann sich erstens die Ionenkonzentration ändern (wenn beispielsweise aus $H^+$- oder $OH^-$-Ionen Wasserstoff oder Sauerstoff wird) und zweitens können zusätzliche Diffusions- und Reaktionswiderstände (Überspannungen) die reine und interessierende Ionenleitfähigkeit eines Elektrolyten (Bulk-Leitfähigkeit) verfälschen. Gemessen wird in der Konduktometrie stets der Reziprokwiderstand – die Leitfähigkeit (Einheit Siemens [$cm^2 mol^{-1}$], $1\ S = 1\ \Omega^{-1}$) – als Maß für die Fähigkeit, den elektrischen Strom zu leiten. Zur Bestimmung der sog. spezifischen Leitfähigkeit $\chi$ wird der Widerstand einer Lösung gemessen, die sich zwischen zwei parallelen indifferenten Elektroden, z. B. Pt-Bleche in einer Leitfähigkeitsmesszelle, mit 1 $cm^2$ Oberfläche und 1 cm Abstand befindet. Die Einheit ist dann $\Omega^{-1}\ cm^{-1}$. Um die störenden elektrochemischen Reaktionen an den Messelektroden zu umgehen, verwendet man zur Widerstandsmessung von Leitfähigkeitzellen Wechselstrom mittlerer Frequenz (1 bis 4 kHz). Wegen der raschen Stromumkehr treten keine messbaren elektrochemischen Reaktionen mehr an den Elektroden auf. Unter diesen Bedingungen kann auch hier die Gültigkeit des Ohm'schen Gesetzes bestätigt werden.

Zur Bestimmung der spezifischen Leitfähigkeit wird der Wechselstromwiderstand eines Milliliters der Messlösung meist mit einer Wheatstone'schen Brücke (siehe Widerstandsmessung in der Physik) gemessen. Bei Leitfähigkeitsmesszellen werden i. d. R. nicht die Abmes-

**Tabelle 7.1** Spezifische Leitfähigkeiten.

| Stoff | Temperatur [°C] | $\chi$ [$\Omega^{-1} \cdot cm^{-1}$] |
|---|---|---|
| Silber | 20 | $6 \cdot 10^5$ |
| Kupfer | 20 | $5{,}8 \cdot 10^5$ |
| Eisen | 20 | $1{,}1 \cdot 10^5$ |
| geschmolzenes NaCl | 850 | 3,5 |
| 1-normale HCl | 25 | 0,33 |
| 0,1-normale NaCl | 25 | $1{,}07 \cdot 10^{-2}$ |
| konzentrierte $H_2SO_4$ | 25 | $1 \cdot 10^{-2}$ |
| 1-normale $CH_3COOH$ | 25 | $1{,}3 \cdot 10^{-3}$ |
| $10^{-3}$-normale HCl | 25 | $4{,}21 \cdot 10^{-4}$ |
| $10^{-3}$-normale $CH_3COOH$ | 25 | $4{,}1 \cdot 10^{-5}$ |
| Wasser mit $CO_2$-Spuren | 25 | $0{,}8 \cdot 10^{-6}$ |
| reines Wasser | 18 | $4 \cdot 10^{-8}$ |
| Aceton | 18 | $6 \cdot 10^{-8}$ |
| Ethanol | 18 | $1{,}35 \cdot 10^{-9}$ |
| Hexan | 18 | $\approx 10^{-18}$ |
| Xylol | 18 | $\approx 10^{-19}$ |

**Tabelle 7.2** Temperatur- und Konzentrationsabhängigkeit der spezifischen Leitfähigkeit von KCl-Lösung als Kalibrierstandard zur Bestimmung der Zellkonstanten.

| Normalität [mol/l] | spezifische Leitfähigkeit $\chi$ [$\Omega^{-1} \cdot cm^{-1}$] | | |
|---|---|---|---|
| | 18 °C | 20 °C | 25 °C |
| 1,000 | 0,09822 | 01021 | 0,1118 |
| 0,1000 | 0,01119 | 0,01167 | 0,01288 |
| 0,01000 | 0,001225 | 0,001278 | 0,001413 |
| 0,001000 | 0,0001271 | 0,0001326 | 0,0001469 |

sungen berücksichtigt, sondern eine sog. Zellkonstante $C$ (Kalibrierfaktor) mittels einer Kalibrierlösung bekannter spezifischer Leitfähigkeit bestimmt, meist mit Kaliumchlorid-Lösungen verschiedener Konzentration unter Temperaturkonstanz (Tab. 7.1). In Tab. 7.2 sind die spezifischen Leitfähigkeiten einiger Stoffe und Lösungen aufgeführt.

Die Leitfähigkeitsmessung hat außer ihrem Einsatz als Transducer bei Sensoren für analytische Anwendungen an Bedeutung verloren. Neben ihrem Einsatz bei speziellen industriellen Anwendungen werden die größten Stückzahlen an Leitfähigkeitszellen und Geräten zur Kontrolle von entionisiertem Wasser und bei der Meerwasserentsalzung eingesetzt. Der Reinheitsgrad von Wasser wird oft durch seine dann (extrem) geringe Leitfähigkeit charakterisiert (s. Tab. 7.1). Durch die Bestimmung der Leitfähigkeit hat man jedoch wichtige Erkenntnisse für unsere heutigen Modellvorstellungen von Elektrolyten erlangt. So kann man z. B. über Leitfähigkeitsmessungen den Dissoziationsgrad und die dazugehörige Gleichgewichtskonstante schwacher Elektrolyte bestimmen. Ähnlich einfach ist die Bestimmung des Löslichkeitsproduktes von schwer löslichen Elektrolyten. Dazu benötigt man die individuellen Ionenleitfähigkeiten von Kationen und Anionen bei unendlicher Verdünnung $\lambda_+^0$ und $\lambda_-^0$, die für die gängigen Ionen tabellarisch erfasst sind.

Zu diesen individuellen Grenzleitfähigkeiten gelangt man, wenn man vom Kohlrausch'schen Gesetz („Quadratwurzel-Gesetz") ausgeht:

$$\Lambda = \Lambda^0 - a\sqrt{c} \tag{7.15}$$

$\Lambda$ = Äquivalentleitfähigkeit, definiert als $\chi/(c\,z)$, spezifische Leitfähigkeit dividiert durch die Stoffmengenkonzentration $c$ (mol cm$^{-3}$) und die Ionenladung $z$ ($\Omega^{-1}$ cm$^2$ mol$^{-1}$)
$\Lambda^0$ = gemessene Grenzleitfähigkeit bei Extrapolation auf unendliche Verdünnung ($c \to 0$)
$a$ = Konstante
$c$ = Stoffmengenkonzentration (mol cm$^{-3}$)

und auf den Wert bei unendlicher Verdünnung ($c \to 0$) extrapoliert. Dass sich bei der oben definierten Äquivalentleitfähigkeit trotz der Normierung auf eine gleiche Anzahl von Ladungsträgern noch eine Konzentrationsabhängigkeit ergibt, liegt an der gegenseitigen elektrostatischen Beeinflussung der Ionen untereinander, vor allem, wenn sie sich im Falle von konzentrierten Lösungen sehr nahe kommen können. Der individuelle Beitrag der Kationen und Anionen am Gesamtstrom (Gesamtladungstransport) hängt von der betreffenden Beweglichkeit des Ions im elektrischen Feld ab.

Die Ionenbeweglichkeit (Transportgeschwindigkeit) kann man direkt durch die Bestimmung der Driftgeschwindigkeit nach Anlegen eines elektrischen Feldes messen. Man kann sie aber auch indirekt durch eine Bestimmung der sog. Überführungszahl bestimmen. Die Gesamtleitfähigkeit einer Elektrolytlösung ergibt sich dann als Summe von Kationen- und Anionenleitfähig-

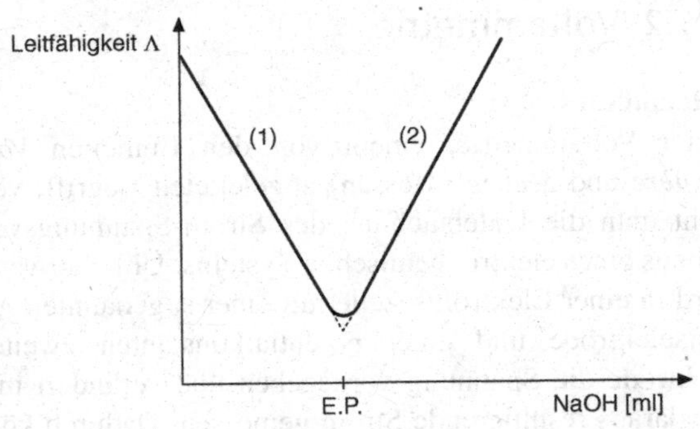


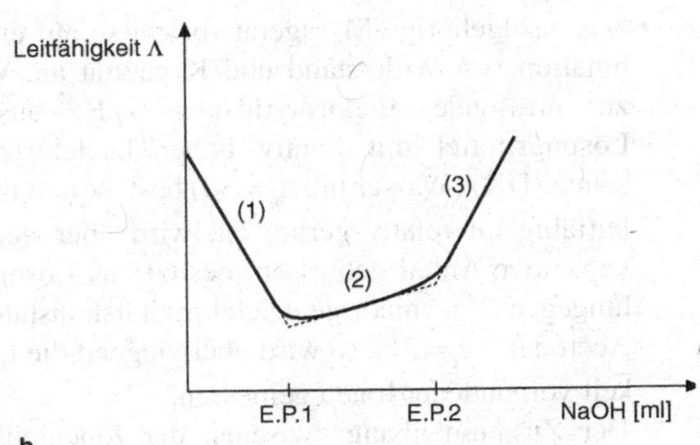


**7.20** Konduktometrische Titrationskurven. a) Titration von Salzsäure mit Natronlauge. Kurvenast (1): Die anfangs hohe Leitfähigkeit, bedingt durch die vorhandenen Hydroniumionen $H_3O^+$, nimmt durch die Zugabe von $OH^-$ -Ionen unter Bildung des undissozierten Wassers bis zum Erreichen des Equivalenzpunkts (E.P.) ab. Am Equivalenzpunkt ist die Leitfähigkeit nur durch die Equivalenzleitfähigkeiten der Natrium- und Chloridionen bestimmt. Bei weiterer Zugabe von $OH^-$ -Ionen steigt die Leitfähigkeit wieder an (Kurvenast (2)). b) Titration eines Gemischs von Salzsäure und Essigsäure mit Natronlauge. Nach der Titration der Salzsäure (Kurvenast (1)) bildet sich bei weiterer Zugabe von NaOH aus der schwachen, undissoziierten Essigsäure das stark dissoziierte Natriumacetat, die Leitfähigkeit steigt an.

keiten:

$$\Lambda = F(u_+ + u_-) \tag{7.16}$$

$u_\pm$ = Beweglichkeit der Kationen + Anionen –, d. h. Driftgeschwindigkeit bei einem Potentialgradienten von 1 V/cm
$F$ = Faraday-Konstante

Mit Gl. 7.17 lässt sich die Grenzleitfähigkeit von Elektrolytlösungen berechnen:

$$\Lambda^0 = \Lambda_+^0 + \Lambda_-^0 \tag{7.17}$$

$\Lambda_+^0$ = Grenzleitfähigkeit ($c \to 0$) der Kationen
$\Lambda_-^0$ = Grenzleitfähigkeit ($c \to 0$) der Anionen

Die Konduktometrie ist eine nichtspezifische Methode, d. h. alle Ionen tragen zur gemessenen Gesamtleitfähigkeit gemäß ihrer Konzentration, Ladung und Beweglichkeit bei, daher eignet sie sich weniger als direkte und selektive Analysenmethode. Als nichtspezifische Methode ist sie jedoch sehr gut als Detektorprinzip für Anwendungen geeignet, bei denen gerade eine nicht diskriminierende (alle Substanzen gleich gut erfassende) Anzeige erwünscht ist. So werden miniaturisierte Durchflussleitfähigkeitsmesszellen mit großem Erfolg z. B. in der Chromatographie bei einigen Spezialtechniken, z. B. mit einem sogenannten Hall-Detektor, und natürlich bei der Ionenchromatographie angewandt.

In der klassischen analytischen Chemie kann die Leitfähigkeitsmessung zur Endpunktsindikation bei der Maßanalyse (konduktometrische Titration) herangezogen werden, wenn sich im Verlaufe der Titration die Konzentration zumindest einer Ionenart und damit die Leitfähigkeit der Lösung verändert. Dies trifft bei den Neutralisations- und Fällungsreaktionen zu; in beiden Fällen wird der Endpunkt durch Extrapolation erhalten (Abb. 7.20). Im Gegensatz zur Potentiometrie, bei der ein logarithmischer Zusammenhang zwischen Messgröße (Zellspannung $U$) und Messionenkonzentration vorliegt und daher sigmoidale Titrationskurven erhalten werden, besteht bei der Leitfähigkeit bei verdünnten Lösungen ein linearer Zusammenhang, wodurch die Extrapolation auf den Endpunkt mittels Geraden möglich wird.

**Konduktometrie bei hohen Wechselspannungsfrequenzen**

Werden zur Bestimmung der ionischen Leitfähigkeit hochfrequente Wechselspannungen im Megahertzbereich ($10^6$–$10^7$ Hz) angewandt, dann spricht man von der *Hochfrequenzkonduktometrie*. Bedingt durch die sehr hohen Frequenzen des angelegten Wechselfeldes ergeben sich zur Konduktometrie bei mittleren Frequenzen einige Unterschiede:

- Die Elektroden brauchen wegen kapazitiver Einkopplung nun nicht mehr in direktem Kontakt mit der Messlösung zu stehen, was bezüglich Korrosion und Verunreinigungsproblematik erhebliche Vorteile bietet; so kann man beispielsweise ringförmige Leiterschleifen um Gefäße oder um nicht leitende Rohre (bei Durchflussmessungen) verwenden. Dies ermöglicht auch Messungen von sehr aggressiven Medien.

- Das dazugehörige Messgerät spricht so auf eine Kombination von Widerstand und Kapazität an. Wenn die zu messende Elektrolytlösung z. B. aus einem Lösungsmittel mit relativ hoher Dielektrizitätskonstante (DK) (Wasser mit $\varepsilon_r \approx 80$) besteht und die Ionenleitfähigkeit relativ gering ist, wird überwiegend der kapazitive Anteil gemessen; besitzt das Lösungsmittel hingegen eine niedrige Dielektrizitätskonstante (z. B. Aceton mit $\varepsilon_r = 21$), so wird überwiegend die Leitfähigkeit vorhandener Ionen gemessen.

Der Zusammenhang zwischen der Ionenleitfähigkeit bei mittleren Frequenzen $\chi$ und dem gemessenen Leitfähigkeitsanteil lautet:

$$\frac{1}{R_S} = \frac{\chi\, 2\pi f C_g^2}{\chi^2 + (2\pi f)^2 (C_g + C_S)^2} \tag{7.18}$$

$R_S$ = Widerstand der Messlösung in $\Omega$ (Realteil)
$\chi$ = spezifische Leitfähigkeit bei mittleren Frequenzen
$f$ = Frequenz in Hz
$C_g$ = Zellkapazität
$C_S$ = Lösungskapazität

Nach Gl. 7.18 durchläuft die Funktion $1/R_S = f(\chi)$ in Abhängigkeit von $\chi$ ein Maximum. Um eine kleine Änderung von $\chi$ gut detektieren zu können, sollten die Bedingungen (z. B. $C_g$ und $f$) so gewählt werden, dass man sich im steil aufsteigenden Bereich der Funktion befindet. Nur dann ähneln maßanalytische Titrationskurven bei Neutralisation und Fällung denen, die bei mittlerer Frequenz erhalten werden. Die optimalen Bedingungen müssen i. d. R. empirisch ermittelt werden.

Wenn in Gl. 7.18 der Leitfähigkeitsterm $\chi$ sehr klein wird, überwiegen die kapazitiven Terme. Man misst praktisch die Kapazität von Kondensatoren in Serie. Macht man $C_g$ sehr groß, z. B. durch Verringerung der Wandstärke, und $C_S$ sehr klein, z. B. durch Vergrößerung des Elektrodenabstandes, dann zeigt das Messgerät mehr oder weniger die relative Dielektrizitätskonstante des Lösungsmittels an. Diese Variante heißt Dekametrie und wird manchmal bei einfachen Zweikomponentensystemen analytisch angewandt. Über eine Kalibrierkurve „Geräteanzeige gegen Mischungsverhältnis" lassen sich so z. B. Wasserspuren in organischen Lösungsmitteln (z. B. preiswerter Detektor auf undichte Kühlschlangen) oder in Lebensmitteln usw. bestimmen. Auch das Ranzigwerden von Fetten oder deren Zersetzung in Frittierbädern lässt sich wegen der in beiden Fällen ansteigenden Polarität so verfolgen.

## 7.3.2 Voltammetrie

**Allgemeines**

Unter Voltammetrie, einem von den Einheiten *Volt*, *Ampère* und *Metrie* (Messen) abgeleiteten Begriff, versteht man die Untersuchung des Strom-Spannungsverhaltens eines elektrochemischen Systems. Üblicherweise wird in einer Elektrolysezelle mit einer sogenannten Arbeitselektrode und einer potentialkonstanten zweiten Elektrode die Spannung vorgegeben und verändert und der daraus resultierende Strom gemessen. Dadurch können Substanzen in einer Messlösung bestimmt werden, die unter diesen Bedingungen elektrochemisch reduziert oder oxidiert werden können. Bei bestimmten Zellspannungen (zum Unterschied zu $E$ = EMK) setzt die elektrochemische Umsetzung bestimmter Analyten an der polarisierbaren Arbeitselektrode ein. Somit kommt es zu einer Erhöhung des Stromes, die mit der Konzentration des Analyten korreliert.

In der Regel variiert man die Spannung über den maximal möglichen Bereich, in dem sich das Lösungsmittel oder der sog. Grundelektrolyt noch nicht nennenswert elektrochemisch umsetzt, weil darüber hinaus zu große Ströme fließen, die alle anderen elektrochemischen Reaktionen überdecken. Die resultierenden Strom-Spannungskurven (Voltammogramm) werden i. d. R. mit Metall- oder Halbleiterelektroden aufgenommen, wobei die Stromdichte $j$ [A/cm$^2$] als Ordinate und die Spannung $U$ [V] des zu untersuchenden Arbeitselektrode/Depolarisator-Systems gegen eine Bezugselektrode als Abszisse aufgetragen werden (als Depolarisator bezeichnet man elektrochemisch oxidierbare oder reduzierbare Stoffe, die durch ihren elektrochemischen Umsatz an der Arbeitselektrode einen Stromfluss ermöglichen, ohne dass die Spannung extrem gesteigert werden müsste (= Polarisation)).

Der Verlauf einer Strom-Spannungskurve liefert sehr nützliche Informationen über die elektrochemisch zu charakterisierende Substanz bzw. über die Anwesenheit und Menge eines so zu bestimmenden Stoffes. Die Strom-Spannungskurve (auch als *current-voltage-* (*cv-*)Diagramm bezeichnet) verläuft nicht – wie bei den Leitern erster Klasse – dem Ohm'schen Gesetz gehorchend, weil hier die elektrochemischen Reaktionen an der Arbeitselektrode dominierend sind. Aus Strom-Spannungskurven kann man u. a. feststellen, ob die Kinetik des Ladungstransfers diffusions- oder reaktionskontrolliert ist oder ob eine Passivierung, d. h. Behinderung des Ladungstransfers über die Phasengrenze Elektrode/Elektrolyt, vorliegt, und dadurch die Oberfläche einer Elektrode charakterisieren.

Heute werden voltammetrische Methoden bevorzugt zur elektrochemischen Untersuchung von Redoxsystemen, zur Charakterisierung von Elektrodenoberflächen und Sensoren, aber auch als Messprinzip in letzteren eingesetzt. Die moderne Korrosions-, Batterie- und Akkumulatorenforschung, die Entwicklung von Brennstoffzellen und die Galvanotechnik beruhen auf der Auswertung solcher Stromdichte-Spannungskurven.

## Elektrochemische Grundlagen

### *Die Strom-Spannungskurve*

Grundlage der analytisch-voltammetrischen Methoden ist die Aufzeichnung und analytische Deutung von Strom-Spannungskurven. Hierbei auftretende Reaktionen führen zu interpretierbaren Stromänderungen. Diese hängen von den sogenannten Transportprozessen ab, welche bei geladenen Teilchen zu entsprechenden Strömen führen.

Bei voltammetrischen Messzellen handelt es sich im Prinzip um Elektrolysezellen, da dem System von außen eine bestimmte Spannung aufgezwungen wird. Eine Anode entzieht einer gelösten Spezies, eine Kathode gibt Elektronen durch Oxidation einer Spezies, die Kathode gibt Elektronen ab (reduziert eine Spezies). Dies führt zu den sogenannten Faraday'schen Strömen, die durch elektrochemische Umsetzungen charakterisiert sind.

Wann können nun solche Ströme durch eine elektrochemische Umsetzung (Reduktion oder Oxidation) auftreten?

---

## Transportprozesse in Lösungen

In einer homogenen Lösung sind sowohl die Lösungsmittelmoleküle als auch gelöste Moleküle oder Ionen in chaotischer Bewegung. Es herrscht ein dynamisches Gleichgewicht, d. h. die Bewegung ist zufällig und es findet keinerlei messbarer Transport von Teilchen in eine Vorzugsrichtung statt. Wenn dieses Gleichgewicht gestört wird, kann der Ausgleich durch drei verschiedene Massentransportvorgänge in der Lösung erfolgen.

### *Konvektion*

Die Bewegung von Teilchen – im einfachsten Fall infolge einer gerührten Lösung – heißt Konvektion. Dieser Prozess tritt ebenfalls bei Temperatur- und/oder Dichteunterschieden innerhalb einer Lösung auf.

Es ist andererseits natürlich möglich, anstatt der Lösung die Elektrode zu bewegen, wie zum Beispiel bei der häufig verwendeten, so genannten „rotierenden Scheibenelektrode" (engl.: *rotating disk electrode,* RDE), die in eine konstante Drehung versetzt wird. Hierdurch können die Ergebnisse reproduzierbarer gestaltet werden und die Hydrodynamik ist theoretisch genau beschreibbar.

### *Migration*

Migration wird der Vorgang genannt, bei dem Ionen im elektrischen Feld wandern. Wenn zwischen zwei Elektroden eine Spannung angelegt wird, bewegen sich die Kationen zum negativen und die Anionen zum positiven Pol und erzeugen als messbaren Effekt einen Stromfluss. Die Wanderungsgeschwindigkeit ist proportional zur angelegten Feldstärke. Die Geschwindigkeit liegt dabei, abhängig vom jeweiligen Ion, im Bereich von etwa $6 \cdot 10^{-4}$ cm/s bei einer Feldstärke von 1 V/cm. Bremsend wirkt bei der Migration die innere Reibung, also die Viskosität der Lösung. Zusätzlich kommen Bremseffekte zum Tragen, die durch die Solvatation der Ionen – im Allgemeinen Hydratation – verursacht werden und die Hydrodynamik ist theoretische genau beschreibbar.

Damit der Stromtransport bei voltammetrischen Messungen nicht durch die zu messende Substanz übernommen wird und so störende, spannungsproportionale Migrationsströme entstehen, setzt man der Lösung ein elektrochemisch inaktives Elektrolytsalz (meist KCl oder $K_2SO_4$) in etwa 1000fachen Überschuss zu, das diese Funktion übernimmt. Dieses Salz sorgt weiterhin für eine hohe Leitfähigkeit in der Lösung. Bei geringer Leitfähigkeit, also hohem Widerstand, käme es innerhalb der Lösung zwischen beiden Elektroden zu einem zusätzlichen unerwünschten Spannungsabfall (engl.: *iR-drop*) nach dem Ohm'schen Gesetz gegenüber der Sollspannung zwischen der Arbeits- und Referenzelektrode.

### *Diffusion*

Die Diffusion tritt bei Konzentrationsunterschieden in einem Medium auf. Die Teilchen wandern einen Gradienten dc/dx bis zum Konzentrationsausgleich hinab, wobei der Teilchenfluss in zum Beispiel die *x*-Richtung proportional dazu ist: $J_x \propto dc/dx$. Der Proportionalitätsfaktor (Diffusionskoeffizient *D*) ist nicht von der Ladung der Teilchen abhängig und gilt somit auch für Neutralteilchen.

Die Beschreibung des Teilchenflusses erfolgt durch das *1. Fick'sche Gesetz*:

$$J_x = -D(dc/dx)\ . \qquad (7.19)$$

Das negative Vorzeichen des Diffusionskoeffizienten *D* gibt an, dass die Diffusion zur kleineren Konzentration hin verläuft.

Wenn die Diffusion zeitabhängig wird, d. h. die Konzentration sich in einem Volumenelement ändert $(dc/dt)_x$, müssen zwei Teilchenflüsse berücksichtigt werden. Die Teilchen wandern auf der einen Seite in diese Schicht hinein und auf der anderen heraus. Die mathematische Behandlung erlaubt das *2. Fick'sche Gesetz*, das besagt, dass (dc/dt) über den Diffusionskoeffizienten *D* mit der 2. Ableitung des Konzentrationsgradienten dc/dx verknüpft ist.:

$$(\partial c/\partial t)_x = D(\partial^2 c/\partial x^2)\ . \tag{7.20}$$

Diese Gleichung sagt auch aus, dass bei großen Konzentrationsdifferenzen in einem inhomogenen Bereich (starke Krümmung des Konzentrationsprofiles *c*(*x*)) der Ausgleich schnell erfolgt und umgekehrt. Wenn *c*(*x*) eine Gerade ist, die mit *x* linear abfällt, bleibt die Konzentration an der Stelle *x* konstant. Das heißt, es fließen genauso viele Teilchen auf der einen Seite zu, wie auf der anderen abfließen, und es gilt hiermit das *1. Fick'sche Gesetz*.

Allgemein gilt, dass die mittlere Entfernung, die ein Teilchen zurücklegt, proportional zur Quadratwurzel der Diffusionszeit ist. Die quadratisch gemittelte Strecke: $\bar{x} = (2Dt)^{1/2}$ zeigt in logarithmischer Darstellung das in Abb. 7.21 gezeigte Aussehen.

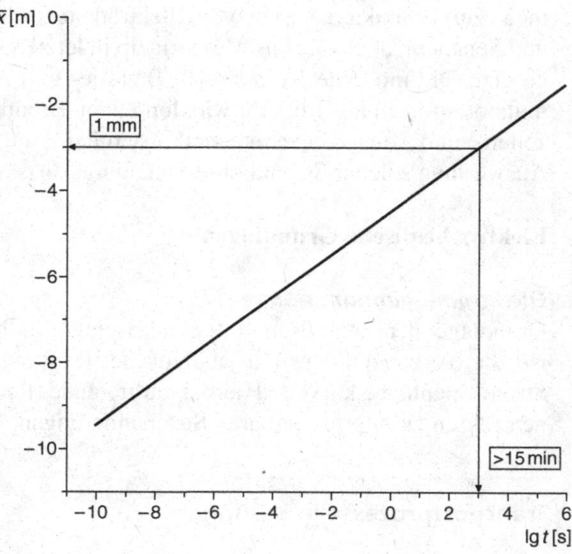


**7.21** Zusammenhang zwischen der mittleren Entfernung *x*, die ein Teilchen durch Diffusion zurücklegt, und der Diffusionszeit *t*, in logarithmischer Darstellung.

Die Diffusionsgeschwindigkeit bei einem mittleren Diffusionskoeffizienten von $5 \cdot 10^{-6}$ cm²/s (der Diffusionskoeffizient des bei elektrochemischen Untersuchungen als reversibles Standardsystem gebräuchlichen Hexacyanoferrates(III) in 0,1 M KCl liegt bei $7{,}63 \cdot 10^{-6}$ cm²/s) beträgt $10^{-5}$ cm/s. Das entspricht einer Wanderungsgeschwindigkeit von ca. 4 mm pro Stunde.

Im voltammetrischen Experiment ändern sich durch die Umsetzungen an der Elektrode die Konzentrationen der reduzierten und oxidierten Spezies, die sich durch Diffusion ausgleichen. Vor der Elektrode bildet sich dabei eine Diffusionsschicht aus, in der der maximale Konzentrationsgradient von $c = 0$ an der Elektrodenoberfläche bis $c = c_0$ in der Messlösung verläuft. Die Nernst'sche Diffusionsschicht hat eine konstante Dicke δ, wenn die Lösung bewegt wird, also Konvektion vorliegt (stationärer Fall mit einer als stagnant angesehenen Schicht der Dicke δ). In einer ruhenden Lösung wächst diese Schicht mit $\sqrt{t}$ in die Lösung hinein (nichtstationärer Fall). Abbildung 7.22 verdeutlicht diese Zusammenhänge.

Die Beschreibung der Diffusion erfolgt im stationären Fall (Abb. 7.22b) mithilfe des *1. Fick'schen Gesetzes*. Der nur noch von der Konzentration an elektrochemisch aktiver Substanz abhängige Maximalwert wird als Diffusionsgrenzstrom $i_d$ bezeichnet:

$$i_d = nFAD \cdot \frac{c_0}{\delta} \tag{7.21}$$

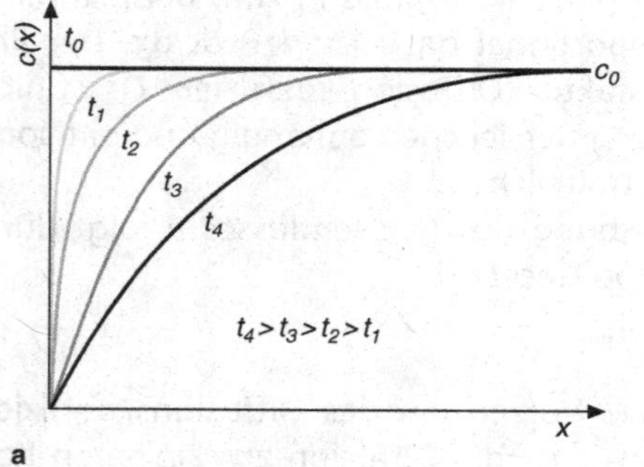


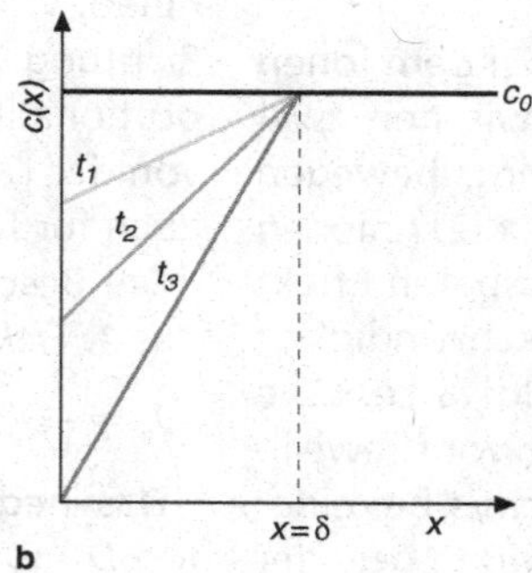


**7.22** Die Nernst'sche Diffusionsschicht (a) in ruhender Lösung (nichtstationärer Fall) und (b) in bewegter Lösung (Konvektion) (stationärer Fall); $c_0$ = Bulkkonzentration *t* = Zeit.

In ruhender Lösung (nichtstationärer Fall, Abb. 7.22a) ist die Nernst'sche Diffusionsschicht nicht mehr konstant und das Verhalten wird zeitabhängig. Somit gilt das *2. Fick'sche Gesetz*, wonach der Strom mit der Zeit abnimmt. Diesen Stromabfall beschreibt die so genannte *Cottrell-Gleichung*:

$$i = \frac{nFAD^{1/2}}{(\pi t)^{1/2}} \cdot c_0 \qquad (7.22)$$

Der Strom fällt demnach mit $1/\sqrt{t}$ ab, während die Diffusionsschicht mit $\sqrt{t}$ in die Lösung wächst.

---

Bei voltammetrischen Messzellen handelt es sich um Elektrolysezellen, da dem System von außen eine bestimmte Zellspannung aufgezwungen wird. Die Arbeitselektrode fungiert als Anode, wenn einer in der Messlösung vorhandenen Spezies Elektronen entzogen werden (Oxidation); als Kathode, wenn sie Elektronen auf eine Spezies überträgt (Reduktion). Dies führt zu den sog. Farday'schen Strömen, die durch elektrochemische Umsätze charakterisiert sind. Als Nicht-Faraday'sche Ströme bezeichnet man Ströme, die nur die Ladung einer elektrochemischen Doppelschicht (ohne Umsatz) ändern.

Verändert man die Ruhespannung einer Messzelle langsam und unter Rühren, so beginnt bei Anwesenheit elektrochemisch aktiver Stoffe (= oxidierbarer oder reduzierbarer Verbindungen) ein Strom zu fließen, wie bereits in Abschnitt 7.1 beschrieben.

Stationäre Strom-Spannungskurven erhält man, wenn man bei reproduzierbar gerührter Messlösung das Potential der Arbeitselektrode (genauer: die Spannung der gesamten elektrochemischen Zelle) in kleinen Schritten verändert (an einem sog. Potentiostaten manuell einstellbar) und die Stromdichte erst nach Einstellung eines konstanten Wertes abliest. Quasistationäre CVs entstehen, wenn man das Arbeitselektrodenpotential langsam kontinuierlich verändert (nach dem Englischen mit scannen bezeichnet) wobei man Spannungs-Zeitrampen unter 10 mV/s verwendet. Moderne Potentiostaten erlauben die Einstellung dieser sog. Scan-Raten in einem weiten Bereich mit positivem oder negativem Vorzeichen (kathodische oder anodische Richtung) und mit unterschiedlichen Rampenformen (sägezahn- oder dreieckförmig). Bei wiederholtem Durchlaufen dreieckförmiger Spannungs-Zeit-Funktionen spricht man von zyklischer Voltammetrie.

Abbildung 7.23 zeigt ein Beispiel für eine stationäre Stromdichte-Spannungskurve für das System Silberdraht (als Arbeitselektrode) in einer $AgNO_3$-Elektrolytlösung. Aus Gründen der besseren Vergleichbarkeit mit der Polarographie, die weiter unten noch erläutert wird, ist hier der kathodische Strom, d. h. die Reduktion von $Ag^+$-Ionen zu metallischem $Ag^0$, nach oben und die kathodische Überspannung $\eta$, d. h. die Abweichung der aktuellen, vom Potentiostaten erzwungenen Spannung von der Gleichgewichtsgalvanispannung in negativer Richtung, nach rechts auf der Abszisse aufgetragen. Die $AgNO_3$-Lösung wurde mit konstanter Intensität gerührt, damit sich eine stationäre Nernst'sche Diffusionsschicht einstellt.

Die so erhaltene, stationäre Stromdichte-Spannungskurve schneidet die Spannungsachse bei der Gleichgewichtsgalvanispannung des Systems $Ag/Ag^+$, das ist die (stromlos) potentiometrisch messbare Ruhespannung der Zelle gegenüber einer Bezugselektrode. Bei einer beliebig kleinen Abweichung in negativer Richtung fließt ein kathodischer Strom $I_c$, der mit der Reduktion von Silberionen und entsprechender Metallabscheidung verbunden ist:

$$\overset{+}{Ag}_{\text{Lösung}} = \overset{-}{e}_{\text{Metall}} \rightarrow \overset{0}{Ag}_{\text{Elektrode}} \; . \qquad (7.23)$$

Bei einer beliebig kleinen Abweichung in positiver Richtung fließt ein anodischer Strom $I_a$ und der Silberdraht löst sich auf (anodische Metallauflösung):

$$\overset{0}{Ag}_{\text{Elektrode}} \rightarrow \overset{+}{Ag}_{\text{Lösung}} + \overset{-}{e}_{\text{Metall}} \; . \qquad (7.24)$$

In beiden Fällen führt eine Abweichung vom Gleichgewichtspotential der Arbeitselektrode zu einer chemischen Reaktion. Die genaue Form der Stromdichte-Spannungskurve hängt bei kleinen Überspannungen von der Kinetik der beteiligten Redoxreaktionen ab und auch davon, dass eventuell die An- oder Abdiffusion zu oder von der Arbeitselektrode geschwindigkeitsbestimmend wird. In anodischer Überspannungsrichtung beobachtet man in Abb. 7.23 ein exponentielles Ansteigen der Stromdichte. Bei der elektrochemischen Auflösung des Silbers liegen so viele Silberatome im Metallgitter an der Elektrodenoberfläche vor, dass Diffusionseffekte allenthalben nur bei einem gehinderten Abtransport aus der Helmholtz-Fläche sichtbar werden und die Kurve abflachen würde.

Falls man bei dem *anodischen* Ast, pH-Wert abhängig, einen abrupten Abfall der Stromdichte verzeichnet, ist das ein Anzeichen dafür, dass sich eine Oxidschicht gebildet hat, die die weitere Auflösung des Metalls hemmt. Dies ist der Grund, warum sich einige an sich unedle

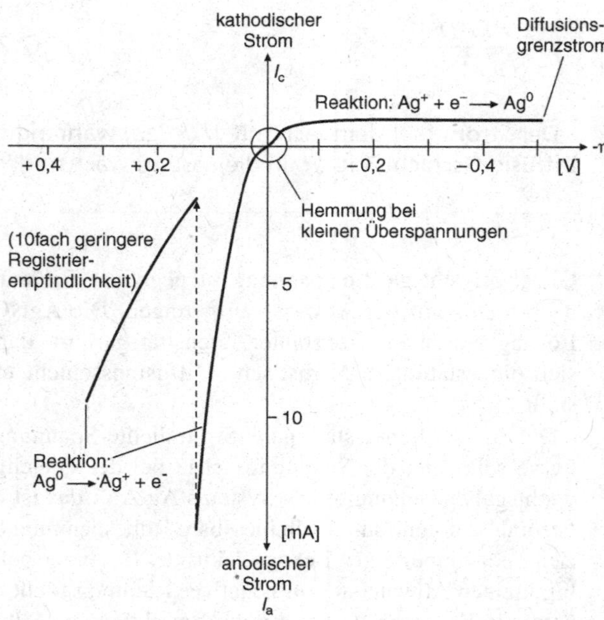


**7.23** Quasistationäre Strom-Spannungskurve eines Silberdrahtes in einer mit 0,1-molarer Salpetersäure angesäuerter $10^{-3}$-molaren gerührten Silbernitratlösung. Als Abzisse ist hier nur die Überspannung (Abweichung von $E_{gl}$) eingezeichnet. Durch logarithmische Auftragung des anodischen Stroms (in diesem speziellen Fall) und dividieren durch die aktuelle Elektrodenoberfläche lässt sich Extrapolation auf $\eta = 0$ die sog. Austauschstromdichte $I_0$ bestimmen.

Metalle (z. B. Chrom, Aluminium) der Korrosion widersetzen. Beim Eisen heißt das zugehörige Potential Flade-Potential.

Trägt man diesen exponentiellen anodischen Überspannungsbereich solcher stationären Strom-Spannungskurve bei Überspannungen > 200 mV halblogarithmisch (für die Stromdichte) auf, so erhält man die sog. Tafel-Gerade.

Aus ihr lassen sich die charakteristischen Parameter der Butler-Vollmer-Gleichung (s. Abschnitt 7.1.3) ermitteln. Besonders interessant ist hier die Extrapolation auf die Überspannung Null. Die dort ablesbare Stromdichte stellt die sog. Austauschstromdichte dar. Bei kleinen Überspannungen (< 20 mV) gilt die Tafel-Näherung der Butler-Vollmer-Gleichung nicht mehr und man erhält einen linearen Zusammenhang zwischen Stromdichte und Überspannung. Aus der Steigung (stellt einen Widerstand, den sog. Charge-Transfer Widerstand dar) lässt sich die Austauschstromdichte ebenfalls ermitteln.

In Richtung *kathodischer* Überspannungen ergibt sich ein völlig anderes Bild. Hier ist die Stromdichte nahezu unabhängig von der Überspannung. Der Beginn des kathodischen Stromanstiegs nach Überschreiten der Gleichgewichtsgalvanispannung (oder Ruhe-EMK) des Systems $Ag/Ag^+$ kann zunächst noch kinetisch kontrolliert sein. Da nach der Butler-Vollmer-Gleichung die Geschwindigkeit aber mit steigender Überspannung exponentiell gesteigert wird, kommt bei einer ausreichenden elektrochemischen Reaktionsgeschwindigkeit schnell die Andiffusion der umgesetzten Spezies zum Tragen. Es bildet sich im Verlaufe der voltammetrischen Stufe die Nernst'sche Diffusionsschicht und mit ihr zusammen ein Konzentrationsgradient am umgesetzten Stoff aus.

Im obigen Beispiel (Abb. 7.23) werden ab einer bestimmten, ausreichenden Überspannung alle an die Arbeitselektrodenoberfläche herandiffundierenden Silberionen sofort und quantitativ reduziert. Dadurch stellt sich an der Arbeitselektrodenoberfläche eine $Ag^+$-Ionenkonzentration von Null ein. Nunmehr kann über die trotz Rühren der Lösung als unbewegt betrachtete Nernst'sche Diffusionsschicht gegenüber der $Ag^+$-Konzentration im Inneren der Untersuchungslösung kein größerer Konzentrationsgradient mehr aufgebaut werden. Nach den Fick'schen Diffusionsgesetzen ist die Diffusion der $Ag^+$-Ionen zur Arbeitselektrodenoberfläche hier konstant und geschwindigkeitsbestimmend für die elektrochemische Reaktion. Es kann durch eine weitere Erhöhung der Überspannung keine Steigerung der Stromdichte erreicht werden. Die voltammetrische Stufenbildung ist beendet. Diesen Bereich der Strom-Spannungskurve nennt man Diffusionsgrenzstrom.

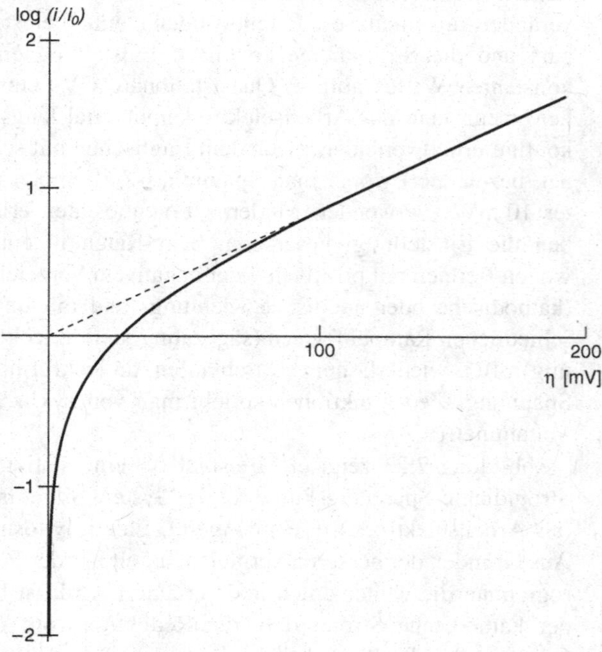


**7.24** Tafel-Gerade für den anodischen Zweig der Strom-Spannungskurve.

Bei ausreichender Kinetik der elektrochemischen Reaktion verläuft diese Stufenbildung des Stromes über einen Bereich von 60–120 mV. Falls jedoch eine ausgeprägte kinetische Hemmung vorhanden ist, kann die voltammetrische Stufe sehr lang gestreckt sein und mehrere 100 mV betragen. Man spricht dann von einer irreversiblen Stufe. Ein markantes Beispiel ist in diesem Zusammenhang die Sauerstoffreduktion, die i. d. R. in zwei Stufen mit je einem Elektronenübergang (also über die $H_2O_2$-Zwischenstufe) verläuft (s. auch Abschnitt 9.3). Derartige irreversible System können die Auswertung anderer Systeme in ihrem Bereich erschweren. Wegen dieser Störung durch Sauerstoff im kathodischen Bereich muss er auch mittels Durchleiten von Stickstoff oder durch Zugabe von Natriumsulfit im Allgemeinen aus allen Messlösungen entfernt werden.

Der Diffusionsgrenzstrom ist der Konzentration der elektrochemisch an der Arbeitselektrode umgesetzten Stoffe direkt proportional, daher die analytische Bedeutung, die noch dadurch erhöht wird, dass nicht nur Ionen elektrochemisch umgesetzt werden können, sondern auch neutrale Verbindungen. Bedingung ist aber, dass wirklich ein Diffusionsgrenzstrom (zur Nutzung katalytischer Ströme sei auf die Spezialliteratur verwiesen) gemessen wird. Dieser hängt nach dem oben Gesagten gemäß den Fick'schen Gesetzen aber von dem Diffusionskoeffizienten und von dem Konzentrations*gradienten* an der Phasengrenze zur Arbeitselektrode ab. Der Konzentrationsgradient hängt vom Konzentrationsunterschied zwischen Arbeitselektrodenoberfläche und Innern der Messlösung *und* der Dicke der Nernst'schen Diffusionsschicht ab. Bei analytischen Anwendungen ist also die Nernst'sche Diffusionsschicht konstant zu halten. Die Dicke (typischerweise im Mikrometerbereich) hängt von den hydrodynamischen Strömungsbedingungen ab. Hier geht die Relativbewegung zu Arbeitselektrodenoberflächen ebenso ein wie z. B. die Viskositäten der Messlösungen. Beides ist also bei analytischen Anwendungen konstant zu halten. Bei der Umsetzung von Ionen kommt noch eine zusätzliche Größe hinzu, die die reine Diffusionskontrolle verfälschen kann; das ist die Migration der Ionen im elektrischen Feld, die zu einer beschleunigten oder verzögerten Wanderungsgeschwindigkeit gegenüber der reinen Diffusion führt und zu geneigten Plateaus in CVs führt. Um dieses auszuschalten, fügt man allen Messlösungen eine konstante Menge eines nicht störenden Grundelektrolyten im Überschuss zu. So wird beispielsweise oft ein 0,1 M $Na_2SO_4$ Grundelektrolyt verwendet, um elektrochemisch umsetzbare Analyten im mmol/L-Bereich zu messen. Durch die Verwendung eines Grundelektrolyten mit viskositätskontrollierenden Eigenschaften können so auch unterschiedliche Viskositäten von Analysenlösungen ausgeglichen werden, wenn man nicht die Auswerttechnik der Standardaddition anwenden möchte.

Bei Kenntnis der Nernst'schen Diffusionsschichtdicke δ des betreffenden Diffusionskoeffizienten $D$ sowie der Depolarisatorkonzentration c lässt sich der resultierende Diffusionsgrenzstrom nach der Gleichung

$$I_{grenz} = \frac{nFDA}{\delta} c_{Depolarisator} \tag{7.25}$$

berechnen, wobei $n$ für die Anzahl der ausgetauschten Elektronen, $F$ für die Faradaykonstante und $A$ für die effektive Elektrodenoberfläche steht. Zu beachten ist, dass $D$ und δ in einem unterschiedlichen Ausmaß von der Viskosität der Messlösung abhängen.

Eine Strom-Spannungskurve erlaubt eine qualitative und eine quantitative Aussage. Wie schon oben betont, ist die Stromdichtegröße stets mit der Konzentration des elektrochemisch umgesetzten Stoffes (Ionen und neutrale Verbindungen = Vorteil gegenüber ISE) verbunden. Die Spannung, bei der die elektrochemische Reaktion beginnt, ist stoffspezifisch. Weil dieser Beginn des Stromanstieges schlecht reproduzierbar ist, je nach Empfindlichkeit der Messung, nimmt man bei stationären Strom-Spannungskurven das sog. Halbstufenpotential $U_{1/2}$ auf ($U$ zum Unterschied zu $E$ = EMK soll andeuten, dass hier eine Zellspannung $U$ anliegt, die zu einem Stromfluss führt), wo der Diffusionsstrom für den untersuchten Stoff die Hälfte seines Endwerts erreicht hat. Für viele Ionen und auch neutrale anorganische wie organische Verbindungen sind diese Halbstufenpotentiale tabelliert worden, sodass ein Zuordnung (qualitative Analyse) begrenzt möglich wird. Bei der cyclischen Voltammetrie nimmt man zur analytischen Charakterisierung die Spannung bei den betreffenden Stromdichte-Peaks auf. Für eine zweifelsfreie Zuordnung reicht aber das Auflösungsvermögen der Voltammetrie nicht aus. So verändern beispielsweise Komplexbildungen von Metallionen die betreffende Metallabscheidung, oder Oberflächeneffekte lassen eine Kristallisationsüberspannung entstehen. Generell wird die Voltammetrie mit Metallelektroden weniger zu quantitativen Analysen als zu elektrochemischen Redoxstudien eingesetzt. In vielen Fällen wird dabei auch das Elektrodenmaterial selbst untersucht. Beim praktischen Arbeiten ist die Güte der Oberfläche sehr wichtig. Rauigkeiten und Verunreinigungen können kinetische Messungen beeinflussen. Daher werden die planaren Stirnseiten rotierender Scheibenelektroden i. d. R. vor jeder Messung frisch mit feinstem $Al_2O_3$-Schmiergelpulver poliert und gründlichst gereinigt; manchmal ist dies auch durch kathodische Wasserstoffentwicklung und anschließender anodischer Sauerstoffentwicklung möglich. Dabei darf aber nicht übersehen werden, dass viele Metallelektroden nach anodischer Sauerstoffentwicklung mit einer Oxidschicht bedeckt sind. Aus den Strommengen zum Aufbau und Abbau (Reduktion) dieser Oxidschichten wird elektrochemisch auch die aktuelle Oberfläche ermittelt und durch Vergleich mit der geometrischen Oberfläche der Rauigkeitsfaktor bestimmt. Der Nachteil der quantitativ analytisch nutzbaren Voltammetrie liegt im Aufwand, die Arbeitselektrodenoberfläche immer in einem reproduzierbaren Ausgangszustand zu halten. Dieses Problem wird durch die Polarographie glänzend gelöst.

Neuere Entwicklungen betreffen das Gebiet der Miniaturisierung (s. auch Kapitel 9) der gesamten elektrochemischen Zelle. Neben der Mikrosystemtechnik, die mit Silizium als Basis arbeitet und durch die Anwendung lithographischer Methoden Ultramikroelektroden mit Durchmessern um 1 µm ermöglicht, hat sich, nicht zuletzt aus Preisgründen, die Siebdrucktechnik durchgesetzt. Hier lassen sich die verschiedensten Elektrodenmaterialien (z. B. Pt, Ag, Cu, C) drucken, wobei die Miniaturisierungsgrenze bei ca. 10 µm liegt. Wenn diese Mikroelektroden mit einem selektiv wirkenden Komplexbildner oder einer entsprechenden Wirtsverbindung überdeckt werden, erhält man die sog. chemisch modifizierten Elektroden auf einfacher und preiswerter Basis. Bei den chemisch modifizierten Elektroden kann man die Selektivität zum einen durch diesen Überzug einstellen, zum anderen aber auch das Messsignal nutzen, dem auf der Spannungsachse (Wahl des richtigen Potentials) eine zusätzliche Selektivität zugeordnet werden kann. Derartige Elektroden können heute in Siebdrucktechnik so preiswert hergestellt werden, dass sie nur einmal verwendet werden müssen. Diese Technik könnte vielleicht die Bestimmungen unter Verwendung von Quecksilber völlig ersetzen.

***Messaufbau für die Voltammetrie***

Im Prinzip genügt auch für voltammetrische Messungen eine Zweielektrodenanordnung mit Arbeits- und Referenzelektrode, wie sie in Abschnitt 7.1.2 beschrieben wurde. Zwischen Arbeits- und Referenzelektrode wird eine Zellspannung gemessen, die von den Potentialen der beiden Elektroden und dem Ohm'schen Spannungsabfall in der Lösung abhängt:

$$U = E_{\text{Anode}} - E_{\text{Kathode}} + i \cdot R \qquad (7.26)$$

In wässrigen Lösungen mit hoher Leitsalzkonzentration ist der Term $i \cdot R$ vernachlässigbar.

Bei voltammetrischen Messungen mit Zweielektrodenanordnung wird allerdings nicht berücksichtigt, dass es sich bei solchen Messungen um Nicht-Gleichgewichtsmessungen handelt, bei denen Strom fließt. Dies bedeutet, dass im Falle einer Oxidationsreaktion an der Arbeitselektrode als Konsequenz an der Gegenelektrode eine Reduktion ablaufen muss und umgekehrt. Bei einer Zweielektrodenanordnung kann diese Reaktion Änderungen der Aktivitäten potentialbestimmender Ionen, also z. B. das Chlorid im Innenelektrolyten von Ag/AgCl-Elektrod mit sich führen. Dadurch kann sich das Potential der Referenzelektrode verschieben.

Kommerzielle Bezugselektroden weisen zwar schon eine große Oberfläche auf, um die Stromdichte $j$ [A/cm$^2$] klein zu halten, bei Dauerströmen im mA-Bereich polarisieren auch sie und erzeugen eine zusätzliche Spannung in der Messkette, d. h. sie arbeiten nicht mehr potentialkonstant. Im nA-Bereich bei miniaturisierten Arbeitselektroden dagegen können kommerzielle Bezugselektroden problemlos eingesetzt werden.

Die klassische Polarographie mit einer tropfenden Quecksilber-Arbeitselektrode kommt ebenfalls mit zwei Elektroden aus: Liegt im Leitelektrolyt Chlorid oder Bromid als potentialbestimmendes Ion vor, kann der sich am Boden der Messzelle ansammelnde „Quecksilbersee“ als Referenzelektrode dienen. Aufgrund seiner großen Fläche kommt es aber nicht zu nennenswerten Potentialverschiebungen, wenn Strom durch die Phasengrenze $Hg/Hg_2Cl_2$ /$Cl^-$ oder $Hg/Hg_2Br_2$ /$Br^-$ fließt.

Um das Problem der polarisierten Bezugselektrode zu umgehen, wurden seit etwa 1950 die sog. Potentiostaten entwickelt. Dadurch wurde es möglich, eine Spannung an der Arbeitselektrode quasi stromlos (= hochohmig, Eingangswiderstand > $10^{10}$ Ohm) zu messen, während in einem rückgekoppelten Regelkreis mithilfe einer zusätzlichen Gegenelektrode (engl.: *counter electrode*) ein geeigneter Stromfluss über die Arbeitselektrode geleitet wird, der genau die gewünschte Spannung (= Soll-Spannung) einstellt. Abbildung 7.25 zeigt eine derartige Dreielektrodenanordnung.

Als Material für die Gegenelektrode ist Platin üblich. Die Gegenelektrode sollte natürlich durch einen zusätzlichen Stromschlüssel mit Diaphragma von der Messlösung getrennt werden, falls dort Stoffe vorhanden sind oder elektrochemisch erzeugt werden, die an der Arbeitselektrode die Untersuchung des eigentlichen Stoffes stören könnten.

Durch die Stromlosigkeit der Arbeitselektrodenpotentialmessung entsteht ein weiterer Vorteil: die Leitfähigkeit des Grundelektrolyten, die bei Untersuchungen in organischen Lösungsmitteln begrenzt sein kann, wirkt sich nicht mehr störend als zusätzlicher Ohm'scher Spannungsabfall ($i \cdot R$-Drop) auf das Voltammogramm aus. Die hochohmige Bezugselektrode sollte sich aber nicht genau zwischen der Arbeitselektrode und der Gegenelektrode befinden, da hier bei schlecht leitenden

Grundelektrolyten durchaus Feldstärken von > 10 V/cm auftreten. Hierzu bedient man sich ausgezogener dünner Bezugselektrolyt-Enden, sog. Luggin-Kapillaren, die nahe (bis 0,5 mm) an die Arbeitselektrode gebracht werden können und wegen ihrer geringen Dimensionen die Diffusion der Depolarisatoren an die Arbeitselektrode heran nicht stören. Bei Messungen in nicht wässrigen Medien sollte der Stromschlüssel ebenfalls nicht wässrig sein, weil sonst an der Kontaktzone organische Messlösung/wässrige KCl-Lösung beträchtliche, zusätzliche Phasengrenzpotentiale entstehen, die zu Instabilitäten führen. Eine konstante Spannung an einem Ag/AgCl-Ableitelement lässt sich beispielsweise auch mittels eines Tetra-alkylammoniumchloridsalzes in organischer Lösung einstellen. Alternativ kann man aber auch eine reine Redox-Bezugselektrode mittels eines Platindrahtes und eines Ferroceniumsalzes aufbauen, dessen elektrochemischen Daten (Normalpotential und Kinetik) bekannt sind und das sich in dem betreffenden Lösungsmittel gut löst.

Allgemein empfiehlt sich für die Messzelle eine Thermostatisierung und eine Gasspülvorrichtung. Dadurch

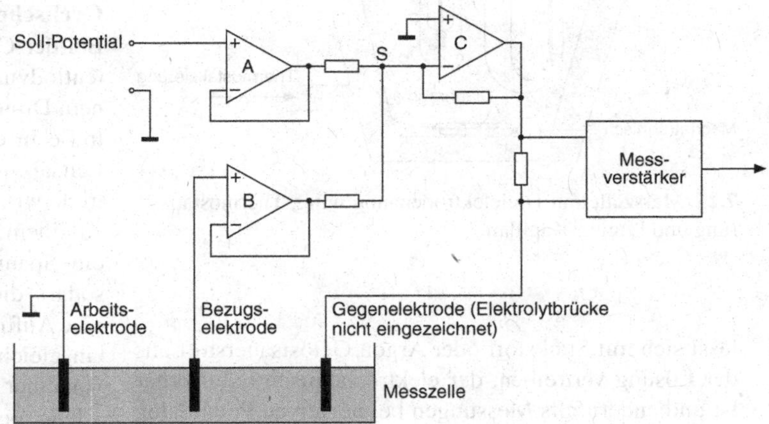


**7.25** Dreielektrodenanordnung mit Potentiostat. Operationsverstärker A und B wirken als Impedanzwandler, C als Differenzverstärker.

## Der Potentiostat

Das Herzstück eines Potentiostaten ist der so genannte Operationsverstärker (OP). Dabei handelt es sich um eine integrierte Schaltung aus mehreren Transistoren mit zwei Eingängen und einem Ausgang. Der OP wird von zwei Spannungsversorgungen exakt gleicher Spannung (üblicherweise ±15 V) versorgt und hält seine beiden Eingänge mittels seines entsprechend großen Ausgangsstroms auf exakt dem gleichen Potential. Aufgrund dieser Wirkungsweise lassen sich durch Ausnutzen der Ohm'schen und Kirschhoff'schen Regeln Schaltungen nach dem so genannten Feedback-Prinzip konstruieren. Zwei solche Schaltungen zeigt Abb. 7.26.

Die erste Schaltung, als Inverter bekannt, verstärkt Spannungen um einen Faktor, der dem negativen Quotienten aus Eingangs- ($R_{ein}$) und Feedback-Widerstand ($R_f$) entspricht:

$$U_{aus} = -\frac{R_f}{R_{in}} \cdot U_{ein} . \tag{7.27}$$

Die zweite wandelt einen Eingangsstrom in eine Ausgangsspannung um:

$$U_{aus} = -R_f \cdot I_{ein} . \tag{7.28}$$

**7.26** Grundlegende Schaltungen eines Operationsverstärkers. a) Invertierender Spannungsverstärker. b) Strom-Spannungs-Wandler.

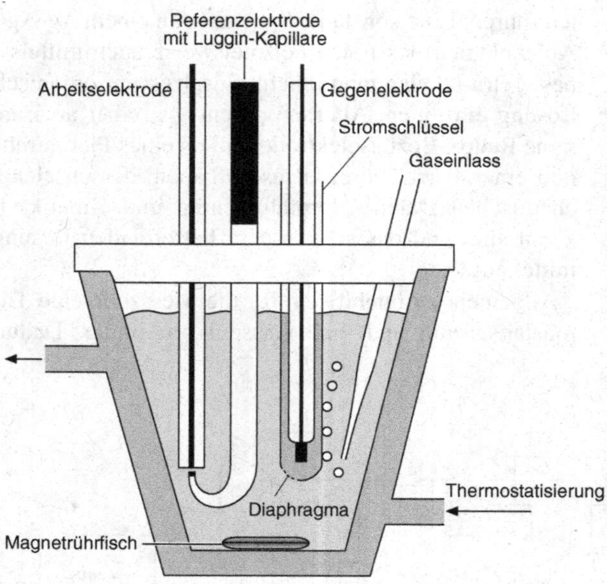


**7.27** Messzelle mit Dreielektrodenanordnung, Thermostatisierung und Luggin-Kapillare.

lässt sich mit Stickstoff oder Argon Gelöstsauerstoff aus der Lösung vertreiben, der elektrochemisch reduzierbar ist und andernfalls Messungen bei negativen Potentialen beeinträchtigt. (Abb. 7.27).

Anstelle einer stationären Arbeitselektrode und gerührte Lösungen, wo die Hydrodynamik leicht von anderen Faktoren (z. B. Art des Rührens, Form der Messgefäße) abhängt, verwendet man heute vorzugsweise zu diesen Untersuchungen rotierende Scheibenelektroden, wobei meist Platin oder glasartiger Kohlenstoff *(glassy carbon)* als Elektrodenmaterial verwendet wird. Hier lassen sich die hydrodynamischen Bedingungen exakt theoretisch beschreiben und auch experimentell kontrollieren. Für elektrochemische Grundlagenuntersuchungen (z. B. über die Lebensdauer elektrochemisch erzeugter Zwischenstufen) verwendet man auch sog. rotierende Ring-Disk-Elektroden. Diese bestehen aus einem kreisrunden Platin-Inlet auf der Elektrodenstirnfläche und einem durch einen Spalt getrennten (und isolierten) Platin-Inlet-Ring um diese zentrale Platinscheibe herum. An beide kann man eine andere, unterschiedliche Spannung anlegen. Üblicherweise werden an der zentralen Elektrode die zu untersuchenden Stoffe elektrochemisch primär umgesetzt und die Reaktionsprodukte dann beim „Überschleudern" über den Ring weiter elektrochemisch umgesetzt oder auch wieder in den Ausgangsstoff zurückverwandelt. Diese Ring-Diskelektroden sind ein beliebtes Werkzeug, um Reaktionswege zu erforschen.

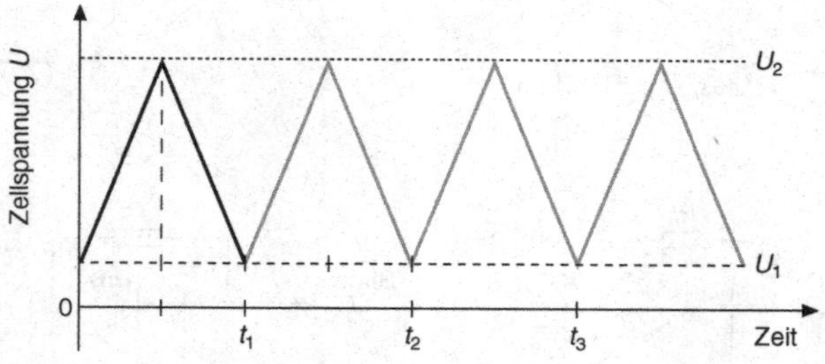


**7.28** Zeitlicher Verlauf der Spannungsänderungen bei der Cyclovoltammetrie.

### Cyclische Voltammetrie

Bei der Cyclovoltammetrie handelt es sich um eine potentiodynamische Methode. Man arbeitet i. d. R. in einem Dreielektrodensystem unter potentiostatischer Kontrolle in einer nicht bewegten Lösung, die hinreichend Leitsalz enthält. Zwischen Arbeits- und Referenzelektrode wird eine Spannung zwischen $U_1$ und $U_2$ linear bis zu einem Umkehrpunkt verändert. Anschließend erfolgt die Spannungsänderung mit umgekehrten Vorzeichen, sodass die Anfangsspannung wieder erreicht wird. Da eine Auftragung der angelegten Spannung gegen die Zeit ein gleichschenkliges Dreieck ergibt, spricht man auch von einer Dreieckspannung.

Jede periodische Wiederholung dieses Dreiecksverlaufs wird als Scan bezeichnet. Die Potentialänderungsgeschwindigkeit wird Scanrate (v) genannt. Sie liegt üblicherweise im Bereich von 10–100 mV/s, kann aber für kinetische Messungen auch 1 000 000 V/s betragen. Man

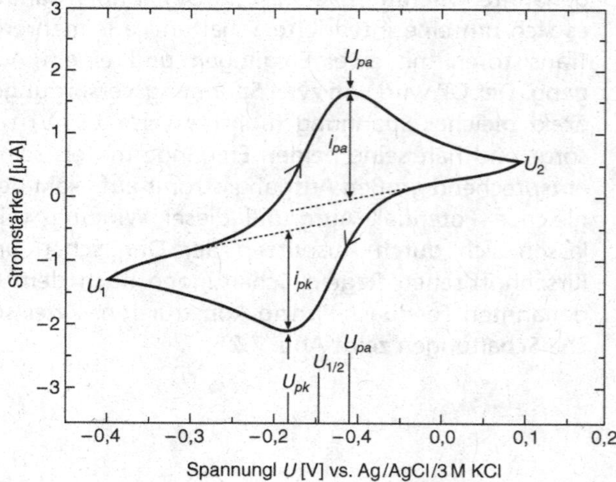


**7.29** Cyclovoltammogramm des reversiblen Redoxsystems Ru(II)/(III) an einer Pt-Elektrode (r = 0,25 mm), 5 mM $[Ru(NH_3)_6]^{3+}$ in stickstoffgesättigter 0,1 M KCl, v = 100 mV/s, T = 298 K .

**Reversibilität einer elektrochemischen Reaktion**

Bei vielen Betrachtungen geht man davon aus, dass die Diffusion eines Depolarisators zur Elektrodenoberfläche die Geschwindigkeit des elektrochemischen Umsatzes bestimmt. Dies ist jedoch nicht immer der Fall. Bestimmend für die Gesamtreaktion sind neben den Diffusionskonstanten der oxidierten ($D_{Ox}$) und der reduzierten ($D_{Red}$) Form auch die Geschwindigkeitskonstante des Elektronentransfers $k_0$ an der Phasengrenzfläche zwischen Lösung und Elektrode. Da üblicherweise $D_{Ox} \approx D_{Red}$ gilt, lassen sich drei Fälle unterscheiden. Entweder wird die Kinetik der Elektrodenreaktion von den Diffusionskonstanten bestimmt (man spricht dann vom reversiblen Fall) oder die Geschwindigkeit des Elektronentransfers ist geschwindigkeitsbestimmend (irreversibler Fall). Wird die Geschwindigkeit der Elektrodenreaktion durch beide Konstanten in vergleichbarer Größe beeinflusst, so spricht man vom quasireversiblen Fall.

Die Bezeichnungen sind leider missverständlich, da sie rein kinetische Phänomene umschreiben und in keinem Zusammenhang mit dem thermodynamischen Begriff der Reversibilität eines Prozesses stehen. So ist es z. B. möglich, bei bestimmten Reaktionen durch die Wahl der Scanrate den Prozess mit unterschiedlicher Reversibilität durchzuführen.

Quantitativ wird der Ladungstransfer an der Phasengrenzfläche für eine Redoxreaktion $Ox + ne^- \rightarrow Red$ durch die Butler-Vollmer-Gleichung beschrieben (vgl. auch Abschn. 7.3.1):

$$j_{Ox} = \frac{i}{nFA} = c_{Ox(0,t)} k_0 \cdot exp\left[\alpha \frac{nF}{RT}(E - E_0)\right] - c_{Red(0,t)} \cdot k_0 \cdot exp\left[(1 - \alpha)\frac{nF}{RT}(E - E_0)\right] \quad (7.30)$$

Der sog. Durchtrittsfaktor $\alpha$ kann aus der Steilheit einer polarographischen Stufe ermittelt werden, wenn die Anzahl der übertragenen Elektronen z bekannt ist. Er ist ein Maß für die Geschwindigkeit der Reaktion und nimmt Zahlenwerte zwischen 0 und 1 an. Viele Redoxreaktionen lassen sich mit einem Wert von $\alpha = 0{,}5$ sehr gut beschreiben. Sie sind also ausreichend schnell, sodass für sie die Nernst'sche Gleichung, welche sich aus der Butler-Vollmer-Gleichung mit $\alpha = 0{,}5$ ergibt, eine gute Näherung darstellt.

Bei langsamer Durchtrittsreaktion hingegen kann sich während der Aufnahme eines Voltammogramms das durch die Thermodynamik, nämlich die Nernst'sche Gleichung, geforderte Gleichgewicht zwischen oxidierter und reduzierter Form nicht schnell genug einstellen. Man spricht in diesem Fall von einer Durchtrittskontrolle der Reaktion. Dies ist beispielsweise der Fall, wenn sich der Depolarisator aus einem elektrochemisch inaktiven Stoff im Laufe des Experimentes durch eine chemische Reaktion bildet. Die chemische Reaktion ist dann bestrebt, das gestörte Gleichgewicht in der Nähe der Elektrode wiederherzustellen.

---

erhält ein für die elektroaktive Substanz charakteristisches Cyclovoltammogramm (Abb. 7.29).

Die in den Strom-Spannungskurven auftretenden Peaks bei $E_{pa}$ (anodisches Peakpotential) und $E_{pk}$ (kathodisches Peakpotential) werden durch Faraday'sche Ströme verursacht, die durch den Umsatz an der Elektrode entstehen. Das Startpotential liegt üblicherweise so, dass noch keine Redoxreaktion abläuft. Beim Erreichen eines Potentials, bei dem z. B. die oxidierte Form reduziert werden kann, erfolgt ein Anstieg des Stromflusses.

Im betrachteten reversiblen Fall, also bei schneller Durchtrittsreaktion, gilt für eine einfache Redoxreaktion $Ox + z\,e^- \rightarrow Red$ die Nernst'sche Gleichung (s. auch Gl. 7.10):

$$E = E_0 + \frac{RT}{zF} \cdot \ln\frac{[Ox]}{[Red]} \quad (7.29)$$

Der Anstieg des Stromes erfolgt bei diesem Scan in negativer Richtung so lange, bis die Oberflächenkonzentration der oxidierten Komponente auf Null abgesunken ist. Hier zeigt der Strom ein Maximum (Peakstrom $i_{pk}$), der Konzentrationsgradient ist hier am größten. Der weitere Stofftransport an die Elektrode erfolgt durch Diffusion, die aber langsamer als die Elektrodenreaktion ist und zu einem Abfall des Stroms führt (Diffusionskontrolle). Wie anhand der Cottrell-Gleichung (siehe Kasten Seite 7-29) zu erkennen ist, zeigt die Strom/Zeit-Kurve den Abfall des Stromes mit $1/\sqrt{t}$, da die Diffusionsschicht, aus der die elektroaktiven Teilchen zur Elektrode wandern können, mit dem Faktor $\sqrt{t}$ zeitabhängig ist.

Bei irreversiblen Reaktionen ist der Ladungstransfer so langsam, dass je nach Standardpotential nur die kathodische bzw. anodische Durchtrittsreaktion eine messbare

Geschwindigkeit besitzt (Durchtrittskontrolle). Zwischen diesen Extremen bestimmen sowohl die Diffusion als auch der Ladungsdurchtritt den Strom (quasireversibler Fall).

Ein wichtiges Kriterium für den Grad der Reversibilität ist der Abstand der Peakpotentiale $\Delta U_p$, woraus sich das Halbstufenpotential $U_{1/2}$ berechnen lässt (Abb. 7.29):

$$\Delta U_p = U_{pa} - U_{pk} \text{ und } U_{1/2} = U_{pa} - \Delta U_p/2$$

Das Halbstufenpotential ist eine thermodynamische Größe und von der Konzentration $c_0$ unabhängig. Der Abstand $\Delta U_p$ ist außerdem ein Maß für die Reversibilität der Reaktion. Bei reversiblen Reaktionen (25°C) beträgt er

$$\Delta U_p = \frac{2{,}3RT}{zF} = \frac{59}{z}\text{ mV} \quad (7.31)$$

bei nichtreversiblen Reaktionen steigt der Wert für $\Delta U_p$ an.

Wird der Nachtransport an elektroaktiver Substanz durch Konvektion oder die besonderen sphärischen Diffusionsbedingungen an Mikroelektroden gesteigert, nimmt auch bei Überschreiten des Peakpotentials der Strom nicht ab, da eine Verarmung nicht eintritt. Daher zeigen an Mikroelektroden aufgenommene Cyclovoltammogramme bei geeigneten Scanraten keinen peakförmigen, sondern einen sigmoidalen Verlauf (Abb. 7.30).

Als *Linear-Sweep-Voltammetrie (LSV)* wird ein Verfahren bezeichnet, bei dem nur die Strom-Spannungskurve einer Oxidation bzw. Reduktion verfolgt wird. Bei dieser Methode wird die Arbeitselektrode ein sich mit der Zeit linear änderndes Potential aufgeprägt, aber am Endpunkt nicht wieder zurückgefahren, sodass die Aufnahme nur eines Astes des CV erfolgt. Der Vorteil der Methode insbesondere bei der Verwendung von Mikroelektroden liegt darin, dass der zweite Ast des CV, der aufgrund von kleinen Kapazitäten fast mit dem ersten zusammenfiele und diesen dadurch überdeckte, entfällt.

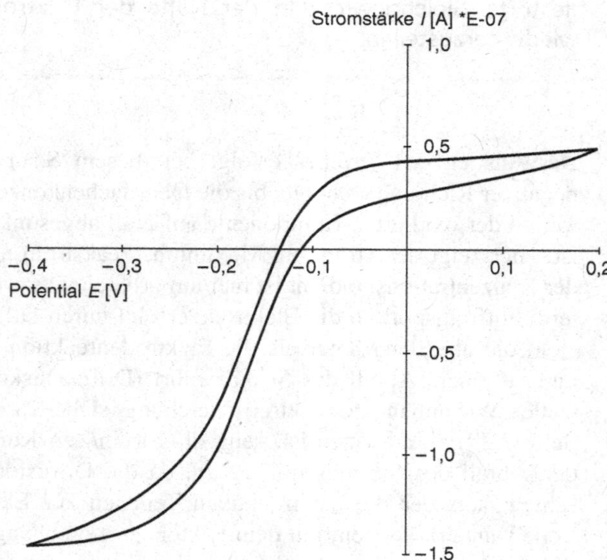


**7.30** Cyclovoltammogramm von 5 mM $[Ru(NH_3)_6]Cl_3$ in stickstoffgesättigter 0,1 M KCl an einem Ultramikroelektrodenarray, $v$ = 100 mV/s, $T$ = 298 K.

Die Cyclovoltammetrie kann nach Nicholson und Shain* auch zur Bestimmung von Geschwindigkeitskonstanten elektrochemischer Reaktionen herangezogen werden. Vor allem aber ist sie eine viel verwendete Methode zur Untersuchung der Redoxeigenschaften unbekannter Verbindungen, zum Nachweis reaktiver Zwischenstufen bei elektrochemischen Umsetzungen sowie zur Charakterisierung von Elektrodenoberflächen. Letzteres gilt insbesondere für die Entwicklung chemischer und biochemischer Sensoren auf Basis elektrochemischer Messprinzipien. Sogenannte chemisch modifizierte Elektroden (CMEs), Elektroden also, bei denen an der Oberfläche oder an der Zusammensetzung des Elektrodenmateriales Modifikationen vorgenommen wurden, lassen sich mithilfe der Cyclovoltammmetrie charakterisieren. So kann man feststellen, ob die CMEs die durch die Modifikationen beabsichtigten Redoxeigenschaften aufweisen.

Ein Beispiel für die chemische Modifikation einer Elektrode ist die Bildung von Polypyrrolfilmen durch Elektropolymerisation auf den Oberflächen unterschiedlicher Arbeitselektroden. In diese Polypyrrolfilme können bei schneller Abscheidung auch andere Stoffe eingeschlossen werden, die eine Detektion von z. B. Phenolen oder gelöstem Sauerstoff ermöglichen. Es lassen sich auf diese Weise auch miniaturisierte Biosensoren herstellen; dabei ist es möglich, Enzyme auf winzige Mikroelektroden (Durchmesser im Mikrometerbereich) gezielt zu positionieren. Für den Aufbau von Mikroelektrodenarrays lassen sich mit dieser elektrochemischen Methode relativ einfach Multianalyt-Biosensoren herstellen, während für die Immobilisierung unterschiedlicher Enzyme auf unterschiedlichen Mikroelektroden auf engstem Raum sonst komplizierte Manipulationen unter einem Mikroskop notwendig sind.

Kaum Verwendung findet die Cyclovoltammetrie hingegen direkt für quantitativ-analytische Zwecke. Ihre Empfindlichkeit ist hier durch die kapazitiven Ströme und die große Peakbreite beschränkt.

* R.S. Nicholson und I. Shain, *Anal. Chem.* **36** (1964) 706-723; R.S. Nicholson, *Anal. Chem.* **37** (1965) 1351-1355

**Polarographie**

Eine große historische und didaktische Bedeutung kommt der Polarographie zu. Als Spezialfall der Voltammetrie ist die Polarographie die Aufnahme von Strom-Spannungskurven an einer tropfenden oder stationären Quecksilberarbeitselektrode unter Verwendung einer Glaskapillare (Ø 0,05 bis 0,1 mm bei der Hg-Tropfenelektrode) zur quantitativen Bestimmung von bestimmten Analyten, insbesondere Schwermetallspuren, sowie zur Ermittlung thermodynamischer Größen, z. B. Komplexstabilitäten, oder zur Ermittlung stöchiometrischer oder reaktionskinetischer Zusammenhänge (z. B. Zahl der an der Reaktion beteiligten Protonen und Elektronen).

***Gleichstrompolarographie (DCP)***

Bei der polarographischen Messzelle handelt es sich im Prinzip um eine Elektrolysezelle, bei der dem System von außen eine bestimmte Spannung aufgezwungen wird; dies führt zu den Faraday'schen Strömen.

Für den einfachsten Fall eines Gleichstrompolarographen tropft das Quecksilber frei aus der Kapillare; es befindet sich über der Elektrode in einem Vorratsgefäß. Diese spezielle Elektrodenart wird als Quecksilbertropfelektrode (engl. *dropping mercury electrode,* DME) bezeichnet. Die Tropfzeit beträgt bei dieser Anordnung, je nach Kapillardurchmesser und -länge sowie dem Höhenunterschied zwischen dem Niveau des Quecksilbervorratsgefäßes und dem Ende der Kapillare, etwa 3 bis 5 s.

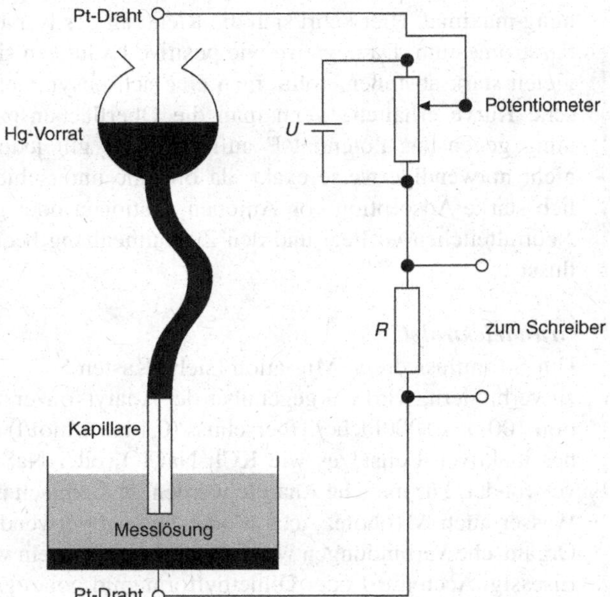


**7.31** Schematischer Aufbau eines historischen Gleichstrompolarographen.

Referenz- und Gegenelektrode ist eine Quecksilberschicht am Boden des Messgefäßes unter Verwendung eines chloridhaltigen Elektrolyten (Ausbildung einer Elektrode 2. Art). Meistens wird heute aber eine Ag/AgCl-Referenzelektrode verwendet, die unabhängig von der Elektrolytzusammensetzung arbeitet und gegen Ströme bis in den µA-Bereich beständig ist. In Abb. 7.31 ist der Aufbau eines einfachen Gleichstrompolarographen gezeigt.

Die Dämpfung der an sich großen Stromschwankungen beim Tropfen des Quecksilbers (die Oberfläche wird nach dem Abtropfen plötzlich viel kleiner) im Gleichstrompolarogramm erfolgt durch eine elektronische Schaltung bzw. einen trägen Schreiber. Bei einer elektrochemischen Reaktion eines Depolarisators entsteht eine Stromstufe, deren Höhe von dessen Konzentration abhängig ist. Die Lage des Halbstufenpotentials zeigt dabei die Art des Stoffes an (siehe Kasten S. 7 – 41). Ausreichend für die Trennung zweier Stufen ist ein Spannungsunterschied von mindestens 150 mV.

Die Polarographie ist eine preiswerte und empfindliche Methode (Messbereich bis $10^{-4}$ mol/l), die von von Jaroslav Heyrovský in den 20er Jahren eingeführt wurde, wofür er im Jahre 1959 den Nobelpreis für Chemie erhielt. Es ist neben der Quantifizierung eines Elementes möglich, dessen Oxidationsstufe und über die Verschiebung des Halbstufenpotentials den Bindungszustand (frei oder komplex) zu bestimmen, was für die Speziesanalytik sehr wichtig ist. Bei organischen Verbindungen kann man auch die Zahl der übertragenen Elektronen und die dazugehörenden Standardgeschwindigkeitskonstanten ermitteln.

Auch viele Anionen, die sonst instrumentell schwer erfassbar sind, lassen sich polarographisch leicht bestimmen. Das begrenzte Auflösungsvermögen verhindert allerdings jeden unvalidierten Einsatz in der Umweltanalytik mit Ausnahme von reinem Trinkwasser. Sie zählt jedoch zu den preiswertesten Analysenmethoden, wenn man die Matrix genauer kennt und Störungen ausschalten kann. Nicht umsonst wird sie in der pharmazeutischen Analytik zur Wirkstoffbestimmung bei bekannter Zusammensetzung eines Medikamentes bevorzugt eingesetzt.

***Quecksilber als Elektrodenmaterial***

Dass das polarographische Messverfahren mit der Quecksilberelektrode überhaupt möglich ist, liegt an der hohen Überspannung für die $H^+$-Reduktion. Der nutzbare Messbereich (Potentialfenster) erstreckt sich von +0,4 V (anodische Oxidation mit Auflösung des Hg) bis ca. –2 V (je nach Elektrolytsalz und pH-Wert). In Lösungsmitteln, die für die Analyse organischer Verbindungen zum Teil verwendet werden müssen, kann der

Bereich jedoch größer sein. Der große Vorteil einer tropfenden Elektrode ist eine sich ständig erneuernde Elektrodenoberfläche. Es können sich daher keine störenden oder inaktivierenden Abscheidungen auf der Oberfläche bilden. Durch die glatte Oberfläche werden kinetische Hemmungen i. d. R. nicht verstärkt und es sind keine Rauigkeiten bei der Oberflächenberechnung zu berücksichtigen.

An der DME werden nur geringste Mengen der zu analysierenden Substanz verbraucht, sodass mehrere Polarogramme mit einer Lösung aufgenommen werden können. Zur Bestimmung von Schwermetallen werden viele unter Amalgambildung im Quecksilber gelöst und so von der Oberfläche „entfernt". Diese Amalgambildung ist sehr wichtig für die Tropfenbildung. Inselförmige Metallabscheidungen auf der Oberfläche des Quecksilbertropfens können sich sehr störend bemerkbar machen. Entweder führen sie zu einem irregulären Tropfenfall, da die Oberflächenspannung beeinflusst wird, oder sie können katalytisch auf die Wasserstoffionen-Reduktion wirken und zu sog. katalytischen Wellen führen. Hierbei steigt der Strom unter einem verstärkten Signalrauschen mehr oder weniger stark an, um bei höheren Überspannungen dann wieder auf seinen Ausgangsdiffusionsgrenzstrom abzufallen. Falls es zu einer Wasserstoffentwicklung kommt, so wird davon auch der Tropfenfall berührt. Es kommt manchmal sogar zu einer derartigen Erniedrigung der Oberflächenspannung des Quecksilbers, dass es aus der Kapillare zu strömen scheint und der Strom „erratisch" ansteigt und das Polarogramm nicht mehr ausgewertet werden kann (Maxima zweiter Art). Eventuell lässt sich diese Störung durch Verringern der Tropfgeschwindigkeit beseitigen.

**Historisches**

| | |
|---|---|
| 1903 | Einführung der Quecksilber-Tropfelektrode durch Kucera |
| 1922/23 | Publikation der Polarographie durch Jaroslav Heyrovský und Mitarbeiter |
| 1925 | Konstruktion des Polarographen durch Heyrovský und Shikata: Beginn der Automatisierung der Polarographie |
| 1934 | Theoretische Betrachtung des Diffusionsgrenzstromes durch Ilkovic |
| 1935 | Herleitung der Strom-Spannungsabhägigkeit durch Heyrovský und Ilkovic |
| 1938 | Polarograph der Firma Radiometer, Kopenhagen |
| 1941 | Oszillographische Polarographie (Heyrovský) |
| 1946 | AC-Polarographie (Breyer) |
| 1952 | Square-wave-Polarographie (Barker und Jenkins) |
| 1959 | Nobelpreis für Chemie an J. Heyrovský |
| 1959/60 | Oberwellenpolarographie (Bauer) |
| 1960 | Pulspolarographie (Barker und Gardner) |
| 1962 | Inverse Voltammetrie (Lord, O'Neill, Rogers) |

Durch Adsorptionseffekte sowie durch Oberflächenströmungen im Quecksilbertropfen können auf der Quecksilberoberfläche Potentialunterschiede auftreten, die im Polarogramm störende Maxima (Maxima erster Art) bewirken, die ebenfalls die Auswertung erschweren. Um sie auszuschalten, werden oberflächenaktive Substanzen, z. B. Triton X 100, in Konzentrationen unter 0,1% zugesetzt. Als Nivellierungsmittel für Proben unterschiedlicher Viskosität hat sich auch Gelatine (ca. 0,5%) bewährt.

Besonders günstig bei der Polarographie ist, dass sich eine Reihe von umweltrelevanten, toxischen Schwermetallen, beispielsweise $As^{3+}$, $Cu^{2+}$, $Tl^{+}$, $Pb^{2+}$, $Cd^{2+}$, $Zn^{2+}$, einige sogar simultan, in einem Polarogramm messen lassen.

***Elektrokapillarität***

Die Elektrokapillarität beschreibt die Abhängigkeit zwischen der Oberflächenspannung und der Potentialdifferenz zwischen Quecksilbertropfen und Messlösung. Der Zusammenhang lässt sich anschaulich als Abstoßung der auf der Tropfenoberfläche vorhandenen Ladung deuten, die der Oberflächenspannung, die zur Minimierung der Tropfenoberfläche strebt, entgegenwirkt. Entsprechend ist am elektrokapillaren Nullpunkt die Oberflächenspannung maximal. Hier kehrt sich die Richtung des Kapazitätsstromes um. Da negative wie positive Ladungen sich gleich stark abstoßen, sollte man eine achsensymmetrische Kurve erhalten, wenn man die Oberflächenspannung gegen das Potential E aufträgt. Dies gilt jedoch nicht notwendigerweise exakt, da oft eine unterschiedlich starke Adsorption von Anionen, Kationen oder gar Neutralteilchen vorliegt und den Zusammenhang beeinflusst.

***Grundelektrolyt***

Um Stromfluss durch Migration (siehe Kasten S. 7 – 29) zu verhindern, wird ein gegenüber der Analytkonzentration 100- bis 1000facher Überschuss (0,1 bis 1 mol/l) eines inaktiven Leitsalzes wie KCl, $NaClO_4$ oder $NaSO_4$ verwendet. Für manche Analyte werden im Gemisch mit Wasser auch Alkohole, Aceton oder Dioxan verwendet. Organische Verbindungen werden in Lösungsmitteln wie Eisessig, Acetonitril oder Dimethylformamid polarographisch untersucht. Für ausreichende Leitfähigkeit in der Lösung sorgen Tetraalkylammoniumhalogenide oder verschiedene Lithiumsalze.

## Theoretische Betrachtungen zur Hg-Tropfelektrode

*Ilkovic-Gleichung*

Die Übertragung der Formel für den Diffusionsgrenzstrom (Gl. 7.21) auf die tropfende Quecksilbertropfelektrode mit ihrer variierenden Oberfläche im Verlauf eines „Tropfenlebens" durch Ilkovic führt zu der nach ihm benannten Gleichung:

$$i = 7{,}08 \cdot 10^3 nD^{1/2} m^{2/3} t^{1/6} c_0 = k \cdot c_0 \qquad (7.32)$$

$i$ = Strom in Ampere.
$D$ = Diffusionskoeffizient in $cm^2/s$
$m$ = Ausströmungsgeschwindigkeit des Quecksilbers in g/s
$t$ = Zeit in s
$c$ = Konzentrationen des Depolarisators in mol/l

Sie gibt für Stromwerte bei Potentialen, die im Diffusionsgrenzstrombereich liegen, den genauen Verlauf der Strom-Zeit-Kurve für reversible Reaktionen an der DME wieder. Wenn für die Zeit $t$ die eingestellte Tropfzeit $\tau$ der DME eingesetzt wird, erhält man den Diffusionsgrenzstrom $i_d$ am Ende des Tropfenlebens. Da $i_d \propto c_0$ ist, erhält man den für analytische Zwecke entscheidenden Zusammenhang zwischen dem gemessenen Stromsignal und der Depolarisatorkonzentration. Dieses lässt sich nur einhalten, wenn der Quecksilberfluss aufgrund seiner Abhängigkeit von der Höhe des Hg-Spiegels im Vorratsgefäß ($i_d \propto \sqrt{h}$, mit $h$: Höhe der Hg-Säule) während der Kalibration und der Messung konstant gehalten wird. In diesem Zusammenhang muss erwähnt werden, dass kommerzielle Polarographen die Tropfen gesteuert „abschlagen", was große Vorteile bietet (s. Abschnitt *„Normale Pulspolarographie"*).

*Heyrovský-Ilkovic-Gleichung*

Nachdem die vorangegangenen Ausführungen für den Strom bei konstantem Potential gelten, soll als nächster Schritt die Betrachtung von potentialabhängigen Stromänderungen bei einer großen Anzahl von Tropfen folgen. Die mathematische Beschreibung für die reversible Strom-Spannungskurve, also eine Auftragung des Diffusionsgrenzstromes am Ende eines jeden Tropfenlebens gegen die angelegte Spannung, ist die Heyrovský-Ilkovic-Gleichung:

$$U = U_{1/2} + \frac{RT}{nF} \ln\left[\frac{i_d - i}{i}\right] \qquad (7.33)$$

Der Kurvenverlauf ist punktsymmetrisch zum Halbstufenpotential $U_{1/2}$ und aufgrund der obigen Ausführungen unabhängig von der Zeit (s. Abb. 7.32).

Das Halbstufenpotential $U_{1/2}$ hängt mit dem thermodynamischen Standardpotential $E^{0'}$ wie folgt zusammen

$$U_{1/2} = E^{0'} + \frac{RT}{nF} \ln\left[\frac{D_{Red}}{D_{Ox}}\right]^{1/2} \qquad (7.34)$$

Eine mehr qualitative Beschreibung lautet: der Punkt in der Kurve, an dem $i = i_d/2$ ist. Wie an der Gleichung zu sehen, ist das Halbstufenpotential von der Konzentration $c_0$ und damit auch von der Stufenhöhe unabhängig; es ist eine thermodynamische Größe.

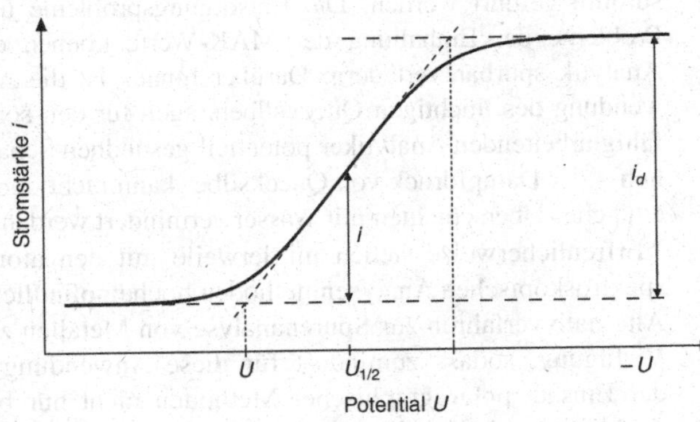


**7.32** Voltammetrische Strom-Spannungskurve (polarographische Stufe an einer Quecksilber-Tropfelektrode) bei Anwesenheit eines Depolarisators (schematisch). $i_d$: Diffusionsgrenzstrom, $U_{1/2}$ Halbstufenpotential.

Als störend kann sich der im Elektrolyten gelöste Sauerstoff auswirken, da bei negativen Potentialen (*vs* Ag/AgCl) abhängig von der Elektrodenoberfläche der Sauerstoff reduziert werden kann. Durch Einleiten eines Inertgases wie Stickstoff oder Argon vor der Messung kann man den Sauerstoff austreiben.

Problematisch an der (klassischen) Gleichstrompolarographie ist die Verwendung des flüchtigen Schwermetalls Quecksilber als Elektrodenmaterial. Aufgrund der so anfallenden Schwermetallabfälle (Sondermüll) dürfte für viele umweltanalytische Fragestellungen der Nutzen der gewonnenen Aussage durch die Umweltbelastung, durch

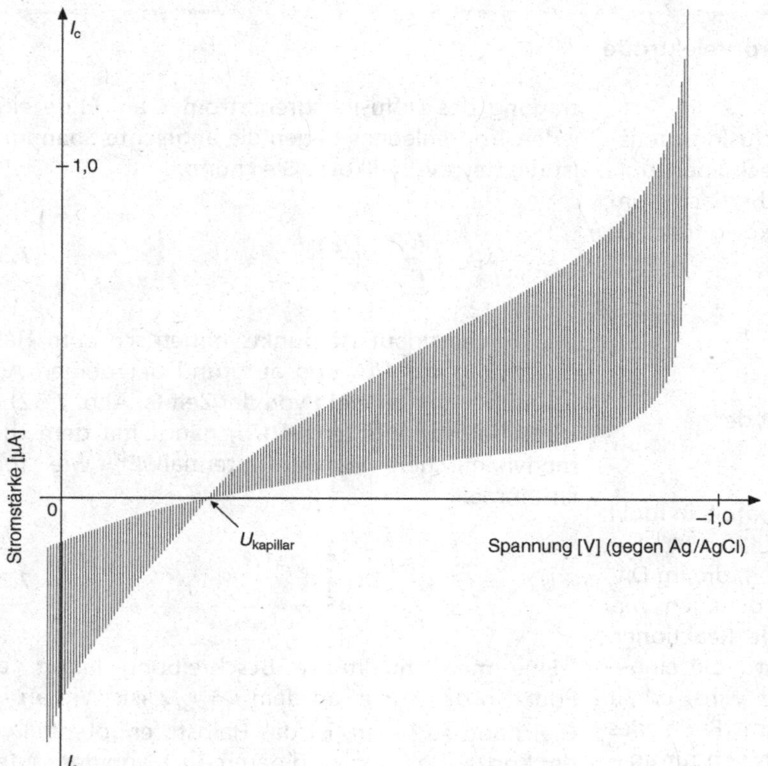


**7.33** Gleichstrompolarogramm eines Grundelektrolyten bei hoher Empfindlichkeit. Es fließt praktisch nur Nicht-Faraday'scher Strom. Dieser kapazitive Strom hat am sog. elektrokapillaren Nullpunkt (keine Überschussladungen auf der Tropfenoberfläche und der angrenzenden Lösung) sein Minimum. Jede einzelne Oszillation steht für einen Tropfenfall.

die sie erkauft wurde, geschmälert, wenn nicht gar ad absurdum geführt werden. Die Entsorgungsprobleme und Probleme der Einhaltung der MAK-Werte können die Analytik spürbar verteuern. Darüber hinaus ist die Anwendung des flüchtigen Quecksilbers auch für den sorgfältig arbeitenden Analytiker potentiell gesundheitsschädlich – der Dampfdruck von Quecksilber kann nicht durch einfaches Überschichten mit Wasser vermindert werden.

Erfreulicherweise stehen mittlerweile mit den atomspektroskopischen Analysenmethoden hochempfindliche Alternativverfahren zur Spurenanalyse von Metallen zur Verfügung, sodass zumindest für diese Anwendungen der Einsatz polarographischer Methoden nicht nur bedenklich, sondern wohl unverantwortlich ist.

- Die elektrochemische Nachweisgrenze ist bei der Gleichstrompolarographie durch das Verhältnis Faraday'scher Strom, der wegen des Elektronentransfers (also wegen des zu messenden elektrochemischen Umsatzes) fließt, zum kapazitivem, Nicht-Faraday'schen Strom bestimmt. Der kapazitive Strom entsteht dadurch, dass jeder Quecksilbertropfen mit seiner Doppelschichtkapazität als kleiner Kondensator wirkt, der die so gespeicherte Elektrizitätsmenge beim Herunterfallen zur Gegenelektrode transportiert. Da die Ladung auf einem Kondenstor mit steigender angelegter Spannung ansteigt, transportieren die fallenden Quecksilbertröpfchen auch im Verlaufe eines Polarogramms eine steigende Ladungsmenge. Dies ist in empfindlicheren Messbereichen durch eine ansteigende Basislinie, die eine genauere Stufenhöhe-Auswertung erschwert, zu erkennen (s. Abb. 7.33).

In den Anfangsjahren der kommerziellen Polarographen versuchte man, diesen kontinuierlichen Anstieg der Basislinie des Grundelektrolyten dadurch zu kompensieren, dass man durch eine entsprechende elektrische Kompensationsmethode den Schreiber bei einer konstanten Null-Linie hielt. Hierzu wurde über ein Drehpotentiometer eine elektrische Kompensationsgröße auf den Schreiber gegeben. Man merkte aber bald, dass i.a. dieser kapazitive Grundstrom zwei unterschiedliche „Steilheiten" aufwies. Je nach Grundelektrolyt änderte sich bei einer bestimmten Spannung (bei ca. 0,4 V *vs.* Ag/AgCl) die Form der Strom-Zeit-Funktion und auch offensichtlich die Kapazität der individuellen Quecksilbertropfen. Dieser Punkt ist als elektrokapillarer Nullpunkt bekannt. Bei dieser äußeren Zellspannung ist die individuelle Potentialdifferenz zwischen der Quecksilberoberfläche und der Lösung Null und es befinden sich keine Ladungen auf der Quecksilberoberfläche oder der äußeren Helmholtz-Fläche. Weil hier die Doppelschichtkapazität nicht aufgeladen ist, sind auch der kapazitive Strom und die

Oszillationen im Polarogramm hier am geringsten. Die unterschiedliche Doppelschichtkapazität rührt daher, dass die Wassermoleküle des Lösungsmittels in der inneren Helmholtz-Fläche ihre Orientierung ändern – ein schönes Beispiel dafür, wie man aus einfachen Messungen tiefere Einblicke in die atomaren Vorgänge gewinnen kann.

- Liegt ein großer Überschuss eines Depolarisators vor, so wird es z. B. bei polarographischen Metallanalysen häufig unmöglich, Stoffe mit negativerem $U_{1/2}$ und geringeren Konzentrationen zu messen, da das Registriergerät bereits nach dem leichter zu reduzierenden Stoff Vollausschlag mit entsprechend großen Oszillationen zeigt. Dieses Registrierungsproblem kann man umgehen, wenn man die 1. Ableitung des Polarogramms (derivative Gleichstrompolarographie) aufzeichnet. Hier treten im Wendepunkt der Stufen, also bei $U_{1/2}$, Maxima auf, deren Höhen konzentrationsproportional sind. In einiger Entfernung von $U_{1/2}$ ist das Signal wieder auf Null zurückgekehrt und nachfolgende Depolarisatoren können mit gleicher oder sogar höherer Empfindlichkeit gemessen werden.

### *Normale Pulspolarographie*

Die Pulspolarographie umgeht die oben erläuterte Beeinträchtigung der Nachweisgrenze durch den kapazitiven Strom damit, dass sie sich das unterschiedliche Zeitverhalten des Faraday'schen verglichen zu dem des kapazitiven Stroms $I_c$ bei einer kurzzeitigen, sprunghaften Veränderung des Elektrodenpotentials (Rechteck-Puls) zunutze macht. Wie Abb. 7.34 a zeigt, fällt der Nicht-Faraday'sche Strom nach einem Maximum schnell auf einen vernachlässigbaren Wert, während der Faraday'sche Strom wie weiter oben geschildert diffusionslimitierend wesentlich langsamer abnimmt.

Wenn man mit der Strommessung erst beginnt, nachdem der kapazitive Strom auf Null gefallen ist, hat man diesen nicht analytspezifischen Stromanteil beseitigt. Dies erreicht man in der Praxis dadurch, dass man den Quecksilbertropfen kurz vor seinem „freiwilligen" Abtropfen aus Gründen der Schwerkraft mechanisch mittels eines kurzen Rucks der Tropfkapillare sozusagen abschert. Wenn dieser Vorgang mit dem Anlegen eines Spannungspulses von einer Startspannung ausgehend synchronisiert wird, kann man den Puls kurz vor dem Tropfenfall bei nahezu maximaler und quasi konstanter Arbeitsoberfläche anlegen. Die Pulsdauer liegt dabei in einem Bereich von 50–100 ms, während die Spannung von Puls zu Puls um einen bestimmten mV-Betrag erhöht wird, bis der gesamte interessierende Spannungsbereich durchlaufen ist. Zur elektronischen Abtrennung des kapazitiven vom Faraday'schen Strom reicht es aus, wenn nur die letzten 5–20 ms des durch den Spannungsimpuls ausgelösten Stromflusses elektronisch durch eine sog. Sample-and-Hold-Schaltung gemessen und gespeichert werden. Diese so gespeicherte Stromstärke wird nun auf einem angeschlossenen Schreiber registriert, bis ein neuer Tropfen mit einem leicht veränderten Spannungspuls gemessen wird. Dadurch ergeben sich von der Pulsfrequenz und Schreibervorschubgeschwindigkeit abhängige winzige Stromstufen, die dann ihrerseits die größere polarographische Stufe ergeben. Abb. 7.34 b und c versuchen, dieses Prinzip schematisch zu verdeutlichen.

Diese auch als normale Pulspolarographie bezeichnete Technik kann natürlich auch bei normalen elektrochemischen Reaktionen an Metall- oder Festkörperelektroden

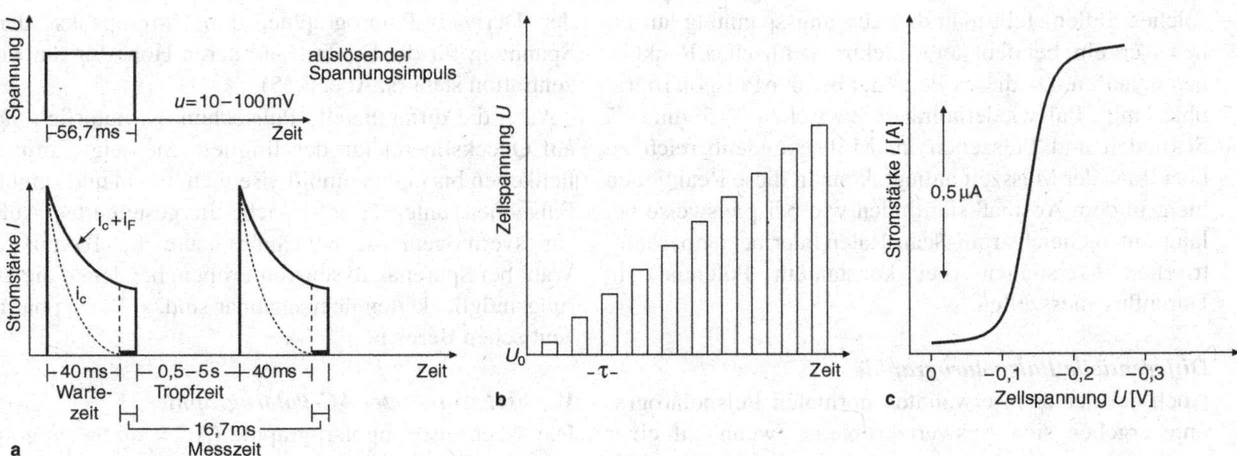


**7.34** Normale Pulspolarographie bei einem kommerziell erhältlichen Gerät. a) Zeitliches Verhalten des kapazitiven $I_C$ und des Faraday'schen Stroms $I_F$ während eines „Tropfenlebens", in den letzten 16,7 Millisekunden wird der Strom gemessen (hier fast nur der Faraday'sche Strom). b) Zellspannungs-Zeit-Funktion in der DPP. c) Normalpuls-Polarogramm von $Cu^{2+}$ ($c = 1 \cdot 10^{-4}$ m).

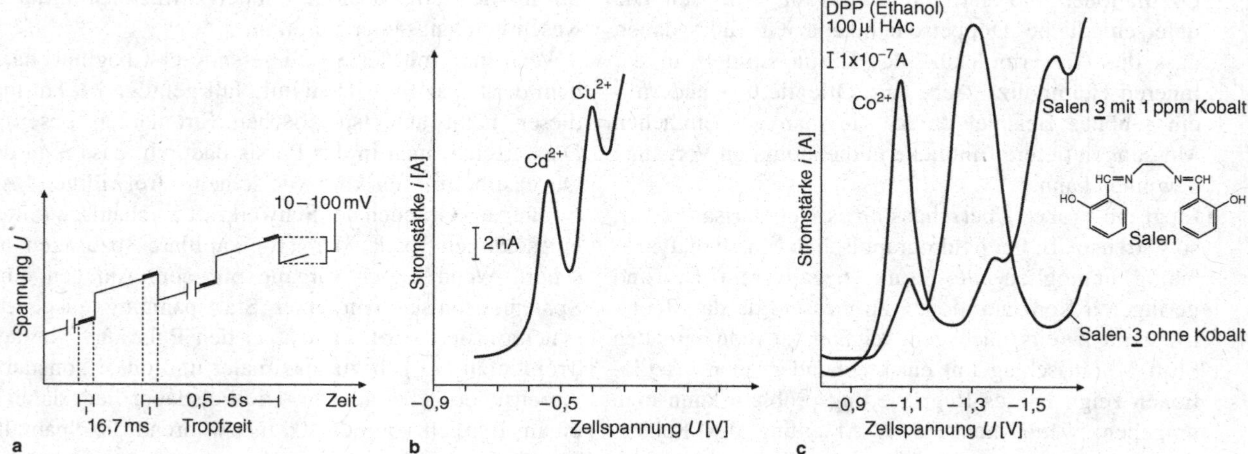


**7.35** Differentialpulspolarographie. a) Zellspannungs-Zeit-Funktion in der DPP; synchron mit dem (erzwungenen) Tropfenfall wird ein Spannungspuls der sich (wie auch bei der DCP) langsam ändernden Gleichspannung überlagert. Der Elektrolysestrom wird innerhalb von 16,7 ms jeweils kurz vor dem Spannungspuls und kurz vor dem Ende gemessen. b) DP-Polarogramm von $Cd^{2+}$ ($c = 5 \cdot 10^{-8}$ m) und $Cu^{2+}$ ($c = 4 \cdot 10^{-7}$ m). c) Analytische Anwendung der DPP: Polarogramme von Salen 3 [N,N'-Bis(salicyliden)-ethylendiamin], Polarogramm 1: Salen-3 ohne Kobalt, Polarogramm 2: Salen-3 mit Kobalt.

(z. B. *Glassy Carbon*) eingesetzt werden und weist hier, vor allem bei der Analyse von organischen Verbindungen, entscheidende Vorteile auf. Man kann nämlich das Ausgangspotential des Spannungsimpulses und seine Frequenz frei wählen. Das ist dann von Vorzug, wenn beispielsweise bei der elektrochemischen Reaktion primär ein Radikal entsteht, das sich auf der Elektrodenoberfläche als Polymer niederschlagen kann. Dadurch kommt es zu einem sog. Elektrodenfouling, weil die freie Elektrodenoberfläche abnimmt und eine tropfende Quecksilberelektrode möglicherweise irregulär tropft. In solchen Fällen stellt man die Ausgangsspannung auf einen Wert ein, bei dem keine elektrochemischen Reaktionen ablaufen. Da dieses Potential bei der Pulspolarographie mit Pulswiederholraten zwischen 0,5 und 5 Sekunden und Pulszeiten im Millisekundenbereich zu über 90% der Messzeit anliegt, können diese Reaktionen nicht in dem Ausmaß stattfinden wie beispielsweise bei langsamen Gleichstrom-Scan-Raten oder bei amperometrischen Messungen (bei konstantem Potential) in Durchflussmesszellen.

***Differentielle Pulspolarographie***

Auch bei der oben erwähnten normalen Pulspolarographie ergeben sich Auswerteprobleme, wenn auf einer großen polarographischen Stufe Spuren anderer Stoffe gemessen werden sollen. Anstelle einer elektronischen Differenzierung, wie bei der Derivativ-Gleichstrom-Polarographie, wendet man hier eine Methode analog zur Wechselspannungspolarographie (s. unten) an. Dabei steigt die Zellspannung wie im normalen Fall mit einer gewissen Rate konstant an. Dieser Basisrampe werden aber kurze rechteckige Spannungsimpulse zwischen 10 und 100 mV einstellbar für einen kurzen Zeitraum wie bei der normalen Pulspolarographie (50–100 ms) überlagert. Dadurch dass dies abwechselnd in beide Spannungsrichtungen geschieht und eine Sample-and-Hold-Elektronik nur die Differenzen zwischen den in den letzten Millisekunden der angelegten Impulse fließenden Stromes registriert, ergeben sich Polarogramme wie bei der Derivativ-Polarographie, d. h. Strompeaks, deren Spannung für die Stoffart und deren Höhe für die Konzentration steht (s. Abb. 7.35).

Auch die differenzielle Pulstechnik ist natürlich nicht auf Quecksilberelektroden limitiert. Sie zeigt Empfindlichkeiten bis in den nmol/L-Bereich hinein und zeigt bei Pulshöhen unter 50 mV auch ein gesteigertes Auflösungsvermögen. Sie ist häufig heute die Technik der Wahl bei Spurenanalysen von Proben, bei denen die Störungsmöglichkeiten überschaubar sind, z. B. im pharmazeutischen Bereich.

***Wechselstrom- oder AC-Polarographie***

Die Wechselstrompolarographie (AC = *alternating current*) funktioniert zunächst wie die differentielle Pulspolarographie, d. h. der langsamen Gleichstrom-Spannungsrampe wird eine kleine Wechselspannung zwischen 10–100 mV und einigen hundert Hertz überla-

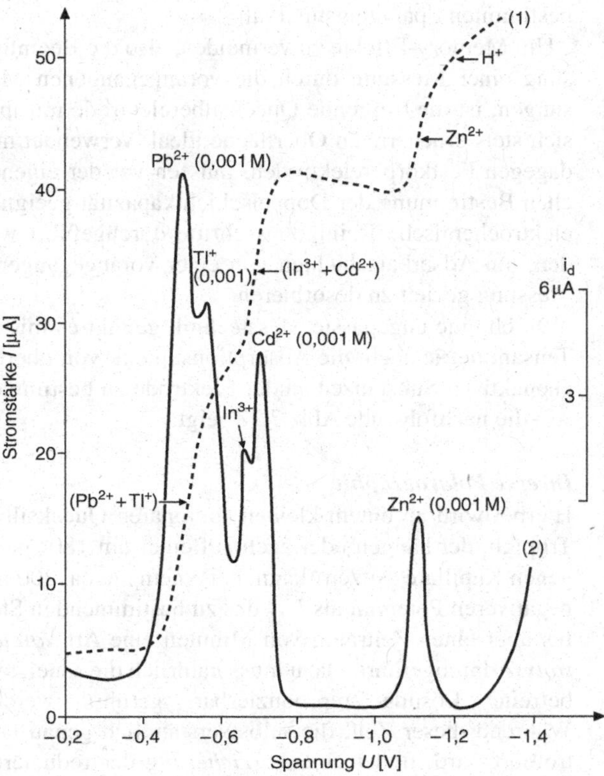


**7.36** Gleichstrompolarogramme (1) und Wechselstrompolarogramme (2) einer identischen Analysenlösung im Vergleich (Wechselstromamplitude < 25 mV).

gert. Diese sorgt bei waagerechtem Verlauf der Strom-Spannungskurve zu kaum messbaren Wechselströmen während letztere am $U_{1/2}$-Punkt am größten werden (Abb. 7.34).

In einer gewissen Analogie fungiert hier die polarographische Stufe wie die sog. Kennlinie einer elektronischen Triodenröhre mit einem Steuergitter. Der resultierende Wechselstrom setzt sich natürlich auch hier wieder aus einem interessierenden Faraday'schen und einem nicht interessierenden, die Nachweisgrenze einschränkenden kapazitiven Wechselstrom zusammen. Die Trennung beider Stromarten ist aber besonders einfach, da beide eine unterschiedliche Phasenverschiebung gegenüber der polarisierten Wechselspannung besitzen (im Idealfall kapazitiver Strom 90°, Faraday'scher Strom 45°, jeweils bezogen auf die Wechselspannung). Eine besonders elegante Trennung dieser beiden Wechselströme gleicher Frequenz, wie die Spannungsmodulation, aber unterschiedlicher Phase, erlaubt ein sog. Lock-in-Verstärker, der auf diese Frequenz extrem scharfbandig eingestellt werden kann (Lock-in, i. d. R. erzeugt er sogar die reine Sinusschwingung für die Spannungsmodulation selbst). Im Gegensatz zu normalen Wechselspannungsverstärkern kann ein hochwertiger Lock-in-Verstärker auch noch phasenselektiv arbeiten, wobei man den gewünschten Phasenwinkel zwischen Ausgangs-Sinusschwingung und Messgröße (phasenverschobene Ströme) sogar auf 0,1° genau einstellen kann. Die Verwendung eines Lock-in-Verstärkers hat wegen seiner Schmalbandigkeit auch noch den Vorteil, dass er das sonst manchmal störende Netzfrequenzbrummen nicht „sieht". Er ist beispielsweise in der Lage, aus einem 1000fach höheren, störenden Rauschsignal schwache Signale auf seiner Messfrequenz zuverlässig zu messen. Daher gewinnt man auch noch etwas an Empfindlichkeit und kann bezüglich der Nachweisgrenzen bei optimierten Bedingungen die differentielle Pulspolarographie noch übertreffen. Darüber hinaus hat die AC-Technik, die sich natürlich auch bei Feststoffelektroden anwenden lässt, noch eine weitere vorteilhafte Eigenschaft, die besonders bei höchsten Messempfindlichkeiten, bei denen sowohl die differentielle Pulspolarographie als auch die AC-Polarographie stark gekrümmte Basislinien liefern, ausgenutzt werden sollte. Wenn man beim Lock-in-Verstärker die Messfrequenz auf die sog. zweite Harmonische (d. h. doppelte Frequenz der Spannungsmodulation) einstellt, erhält man Polarogramme mit Kurven, die wie die 2. Ableitung einer polarographischen Stufe aussehen. Man erhält beim Halbstufenpotential zwei Maxima, deren Spitze-zu-Spitze-Strecke der Konzentration proportional ist, d. h. der Verlauf der Basislinie ist nicht länger bei der quantitativen Auswertung wichtig (s. Abb. 7.39). Falls man bei der AC-Polarographie bei Frequenzen oberhalb ca. 100 Hz arbeitet, ist es natürlich einsehbar, dass sie bei flachen irreversiblen Stufen weniger empfindlich ist und ihre volle Stärke nur bei elektrochemisch reversiblen Elektrodenreaktionen ausspielen kann. Dies kann aber auch bezüglich der Selektivität von Vorteil sein. Man kann bei der AC-Polarographie aus diesem Grunde sogar auf die Entfernung des in der Messlösung gelösten Sauerstoffs verzichten.

Tenside und andere oberflächenaktive Substanzen reichern sich an der Grenzfläche Elektrode/Lösung an und verdrängen dabei das zuvor adsorbierte Wasser. Da Wasser in der Regel eine höhere Dielektrizitätskonstante ε als das Adsorbat besitzt, verringert sich durch die Adsorption die Kapazität der elektrochemischen Doppelschicht. Betrachtet man diese idealisiert als Plattenkondensator mit zwei Platten der Fläche $A$ im Abstand $D$, beträgt dessen Kapazität $C = \varepsilon \cdot A/4 \cdot \pi \cdot D$. Wählt man die Messtechnik so, dass im Gegensatz zur klassischen Polarographie bevorzugt der kapazitive Strom statt des Faraday'schen Stromes bestimmt wird, ist über die Messung der Doppelschichtkapazität eine analytische Bestimmung der adsorbierenden Substanzen möglich; diese Messtechnik nennt man *Tensammetrie*. Als Messtechnik

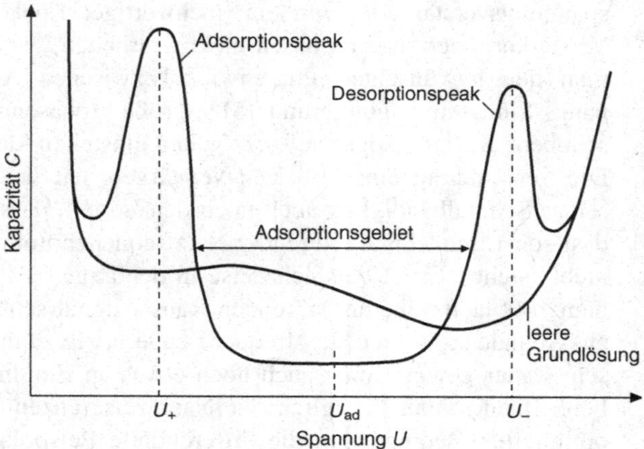


**7.37** Kapazitäts-Potential-Kurven einer Quecksilberelektrode in Abwesenheit und in Anwesenheit einer oberflächenaktiven Substanz. Verringerung der Doppelschichtkapazität durch die Adsorption.

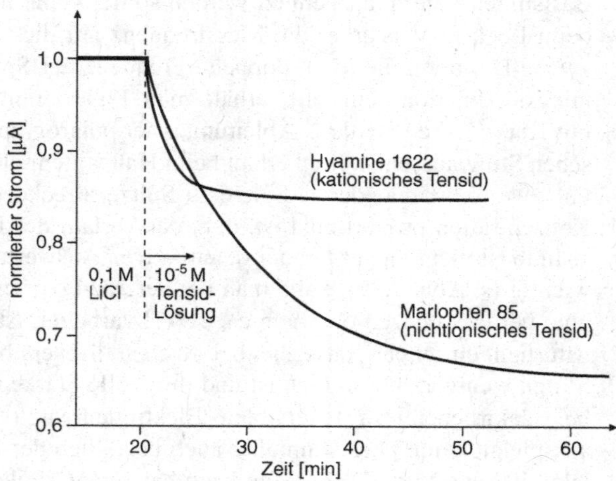


**7.38** Bestimmung der Adsorptionskinetik eines kationischen Tensids (Benzalkoniumchlorid) und eines nichtionischen Tensids (Octylphenolethoxylat mit 5 Mol Ethylenoxid) an einer Elektrode aus glasartigem Kohlenstoff. (Dissertation F. Hülskötter, Münster, 1999).

eignet sich beispielsweise die phasenselektive Wechselstrompolarographie (Phasenverschiebung zwischen Spannung und kapazitiven Strom im Idealfall 90°, in der Praxis häufig bei etwa 105–110°) oder eine der pulspolarographischen Techniken, bei der die Strommessung zu Beginn eines Spannungspulses erfolgt, wenn der kapazitive Strom noch nicht abgefallen ist.

In einer Elektrolytlösung ohne Depolarisator verursacht ein oberflächenaktiver Stoff eine Absenkung der Doppelschichtkapazität bzw. des Ladestromes in einem bestimmten Spannungsintervall.

Um Memory-Effekte zu vermeiden, also die Beeinflussung einer Messung durch die vorangegangenen Messungen, ist die tropfende Quecksilberelektrode mit ihrer sich stets erneuernden Oberfläche ideal. Verwendet man dagegen Festkörperelektroden, müssen vor der eigentlichen Bestimmung der Doppelschichtkapazität geeignete elektrochemische Reinigungsschritte durchgeführt werden, um Adsorbatschichten von einer vorangegangenen Messung gezielt zu desorbieren.

Durch eine angepasste Messtechnik gelingt es mit der Tensammetrie auch, die Adsorptionskinetik von oberflächenaktiven Substanzen an der Elektrode zu bestimmen, wie die nachfolgende Abb. 7.38 zeigt.

***Inverse Polarographie***

Hierbei wird an einem kleinen stationären Quecksilber-Tropfen, der hängen oder auch auf einer um 180° gebogenen Kapillare „sitzen" kann, bei einem um ca. 200 mV negativeren Potential als $U_{1/2}$ des zu bestimmenden Stoffes über einen Zeitraum von Minuten eine Art *Vorelektrolyse* durchgeführt. Dazu muss natürlich die sauerstoffbefreite Lösung reproduzierbar gerührt werden. Während dieser Zeit, die selbstverständlich genau kontrolliert wird, findet eine *Anreicherung* der reduzierten Form der zu bestimmenden Spezies – am besten sind Amalgam bildende Metalle – im oder am Quecksilbertropfen statt. Nach dieser Vorelektrolyse wird der Rührer abgeschaltet und nach einer bestimmten, konstanten Beruhigungszeit das Arbeitselektrodenpotential mit konstanter Geschwindigkeit in anodischer Richtung verändert. Sobald das aktuelle Arbeitselektrodenpotential positiver als das betreffende Halbstufenpotential der zu bestimmenden Spezies (häufig amalgambildende Metalle) ist, wird die umgekehrte elektrochemische Reaktion ablaufen, d. h. die zuvor reduzierten Stoffe gehen wieder unter Oxidation in Lösung. Dabei ergibt sich nach der Reaktion der angereicherten Stoffmenge bei positiveren Potentialen wieder eine Abnahme des anodischen Stromes, da kein oxidierbarer Stoff mehr am oder im Quecksilbertropfen vorhanden ist. Der Schreiber registriert einen anodischen Strompeak. Diese Technik wird im Angelsächsischen mit *anodic stripping* bezeichnet. Je schneller in dieser Stripping-Richtung „gescannt" wird, umso höher fällt der Strompeak aus. Zur Auswertung kann man entweder den Strompeak oder auch die Fläche unter diesem Strompeak heranziehen.

Extreme Empfindlichkeit (Ultraspurenanalyse) und Auflösung erhält man, wenn man zum *anodic stripping*-Vorgang die elektronische Technik der differentiellen Pulspolarographie verwendet. Mit einer Pulshöhe von ca. 20 mV und einer Potentialänderungsgeschwindigkeit um 5 mV/s werden Polarogramme erhalten, die bei

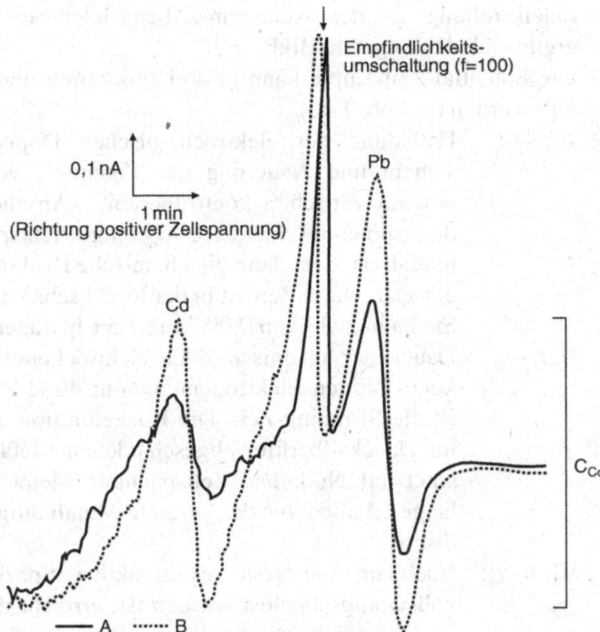


**7.39** Phasensensitive 2. harmonische *anodic-stripping*-AC Polarographie von Cadmium (ng-Bereich) und Blei (mg-Bereich) in einer Matrix von 10 mg Granit. Die Kalibrierung der Simultanbestimmung erfolgt durch Zugabe einer gemischten Standardlösung: Kurve A (durchgezogen): 10 mg Granit-Standardlösung; Kurve B (gestrichelt): nach gleichzeitiger Zugabe von 5ng Cd und 5mg Pb.

**Tabelle 7.3** Amalgam bildende Elemente.

| Hauptgruppen-elemente | Löslichkeit in Hg als Massengehalt (%) bei $\vartheta \approx 22°C$ | Nebengruppen-elemente | Löslichkeit in Hg als Massengehalt (%) bei $\vartheta \approx 22°C$ |
|---|---|---|---|
| Li | 0,047 | Cu | 0,003 |
| Na | 0,6 | Ag | 0,04 |
| K | 0,5 | Au | 0,13 |
| Rb | 1,3 | | |
| Cs | 3,5 | Zn | 2,1 |
| | | Cd | 5,9 |
| Mg | 0,3 | | |
| Ca | 0,3 | La | 0,009 |
| Sr | 1,0 | Ce | 0,016 |
| Ba | 0,3 | Th | 0,002 |
| | | U | 0,005 |
| Al | 0,002 | Pu | 0,015 |
| Ga | 1,2 | | |
| In | 57(!) | Zr | 0,003 |
| Tl | 42 (!) | | |
| | | Mn | 0,003 |
| Sn | 0,6 | | |
| Pb | 1,3 | Fe, Co, Ni | $\approx 10^{-5}$ |
| Sb | $10^{-4}$ | | |
| Bi | 1,4 | | |

Empfindlichkeiten im Subnanogrammbereich noch Peaks von Stoffen voll auflösen, deren Halbstufenpotentiale nur um ca. 150 mV differieren. Ähnliche Empfindlichkeiten werden auch erhalten, wenn man die anodische Wiederauflösung mittels der AC-Technik mit der 2. Hamonischen durchführt. Abbildung 7.39 zeigt eine Cadmiumanalyse einer Gesteinsprobe (nahezu ohne weitere Probenvorbereitung) im aktuellen Messbereich unter $10^{-10}$ mol/L bezogen auf die Messlösung.

Diese „Stripping"-Methode ist für Amalgam bildende Stoffe (s. Tabelle 7.3) so nachweisstark, dass die effektive Bestimmungsgrenze meist durch die Verunreinigungen der verwendeten Chemikalien gegeben ist. Auch hier ist natürlich eine Dreielektrodenanordnung mit Potentiostat nützlich, denn man kann dann geringere Konzentrationen für den Grundelektrolyten verwenden.

Es gibt auch die umgekehrte Methode, bei der eine zuvor anodisch angereicherte Spezie kathodisch wieder in Lösung gebracht wird, was als *cathodic-stripping*-Technik bezeichnet wird. So kann man z. B. Oxide wie $SeO_2$ erzeugen, die wieder kathodisch reduziert werden können. Auch bestimmte Metallchelate lassen sich so adsorptiv anreichern und mit höchster Empfindlichkeit quantifizieren. Hierüber liegen zahlreiche Veröffentlichungen vor, und es gibt kaum ein Element, das nicht bereits so bestimmt worden wäre. Vorteilhaft ist hier die zusätzliche Selektivität durch die Wahl eines geeignet selektiven Komplexbildners.

Arbeitet man voltammetrisch, z. B. mit einer Silberarbeitselektrode, so kann man bei anodischer Vorelektrolyse alle Anionen, die schwerlösliche Silberverbindungen bilden, als dünnen Film auf der Elektrodenoberfläche niederschlagen. Bei einem nachfolgenden *cathodic-stripping*-Prozess ergeben sich in diesem Fall kathodische Strompeaks, die bei kontrollierten und konstanten Bedingungen der Konzentration der betreffenden Anionen proportional sind. Selbst Spuren, bei denen das Löslichkeitsprodukt nicht erreicht wird, lassen sich so elegant im ppb-Bereich bestimmen.

Selbstverständlich kann man mit beiden Techniken durch Umrechnung auch die Dicke von sehr dünnen, filmartigen Überzügen messen, *film-stripping* genannt. So dient die *anodic-stripping*-Technik zur Bestimmung von Cd, Cr, Cu, Pb, Sn, Zn etc. und die *cathodic-strip-*

*ping*-Technik zur Untersuchung der Oxiddeckschichten oder allgemein von Verbindungsschichten.

Aus Gründen des Umweltschutzes hat man in jüngster Zeit die tropfende Quecksilberelektrode durch Hg-Filme auf i. d. R. glasartigen Kohlenstoffelektroden *(glassy carbon)* ersetzt. Sie lassen sich aus einer ca. $10^{-3}$ M $Hg(NO_3)_2$-Lösung durch kontrollierte Elektrolyse im Minutenbereich reproduzierbar herstellen. Wegen der Filmdicke im Mikrometerbereich verteilen sich die Amalgame nicht mehr in einem größeren Tropfen, und man kann bessere Nachweisgrenzen erwarten. Leider erfordern sie ein etwas umständlicheres Arbeiten. So wird die *glassy carbon*-Elektrode meistens vor ihrem Einsatz auf Hochglanz poliert. Vorteilhaft wird sie in Form einer rotierenden Scheibenelektrode eingesetzt. Mit diesen Filmelektroden lassen sich alle Stripping-Techniken durchführen, wobei der Quecksilberanfall tolerierbar bleibt.

Man muss natürlich bei den Stripping-Methoden nicht immer nur die Spannung vorgeben. Man kann auch beispielsweise mit einem sehr kleinen, konstanten Strom die Wiederauflösung der angereicherten Spezies betreiben. In diesem Fall registriert man im Verlaufe dieses elektrochemischen Vorganges die Spannung der Messzelle, die dann je nach Spezies und quantitativer Wiederauflösung das Potential in charakteristischer Weise verändert (s. Abb. 7.40). Diese Methode wird daher auch Chronopotentiometrie genannt.

Abbildung 7.40 zeigt ein typisches Spannungs-Zeit-Diagramm. Die bei der Vorelektrolyse abgeschiedenen Metalle, die in der Regel als Amalgam vorliegen, werden durch ein geeignetes Oxidationsmittel oder einem kleinen, konstanten anodischen Strom wieder in Lösung gebracht. Beobachtet man dabei die zeitabhängige Potentialeinstellung an der Amalgam-Arbeitselektrode, so ergibt sich das folgende Bild:

Die Potential-Zeit-Kurve kann in drei Abschnitte unterteilt werden (s. Abb. 7.40):

I. $t_0 - t_1$: Entladung der elektrochemischen Doppelschicht und Änderung des Potentials vom potentiostatisch kontrollierten Abscheidungspotential bis zum Gleichgewichtspotential, bei dem dann die chemische Reaktion einsetzt. Diese Zeit ist in der Regel sehr kurz. Sie kann zwischen 0,004 und 1,5 s betragen.

II. $t_1 - t_2$: Dauer der chemisch oder elektrochemisch kontrollierten Elektrodenreaktion; diese Zeit ist die Stripping-Zeit. Die Konzentration des im Quecksilberfilm abgeschiedenen Metalls sinkt auf Null. Die Zellspannung bleibt so lange erhalten, bis das gesamte Metall aufgelöst ist.

III. $t_2 - t_3$: Nachdem die erste elektroaktive Spezies vollständig abgelöst worden ist, erreicht das Gleichgewichtspotential einen Wert, bei dem ein weiteres Element wieder aufgelöst werden kann. Ein Teil der Zeit wird wiederum zur Entladung der Doppelschicht benötigt.

Die Auflösungspotentiale (Spannung bei Verwendung der Standard-Wasserstoffelektrode) werden durch die Nernst'sche Gleichung beschrieben:

$$E = E_{1/2} + [RT/zF]\ln[(C_0^{Me})/(C_0^{Me(Hg)})] \qquad (7.35)$$

(für reversible Elektrodenreaktionen)

mit: $C_0^{Me}$ = Metallionenkonzentration im Elektrolyten

$C_0^{Me(Hg)}$ = Metallkonzentration als Amalgam

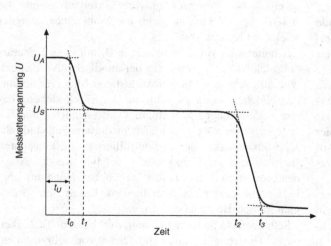

**7.40** Schematischer Verlauf einer Spannung-Zeit-Kurve in der Cronopotentiometrie $U_A$: Elektrolysespannung, $U_S$: Abscheidungsspannung, $t_U$: Vorelektrolysezeit.

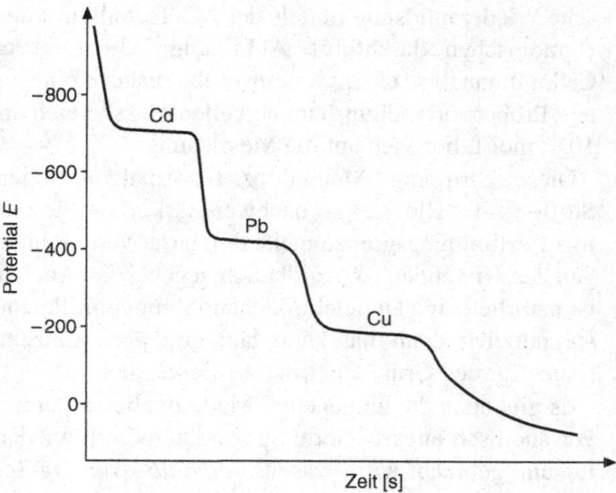


**7.41** Bestimmung von Cadmium, Blei und Kupfer simultan (Konzentration ≈ $10^{-6}$), Spannung als Funktion der Zeit (Diplomarbeit B. Roß, Münster, 1989).

## Technische Qualitätsgesichtspunkte bei den *Anodic Stripping*-Methoden

*Legierungsbildung*

Im Zusammenhang mit der Methode des *Anodic-Stripping* muss allerdings bei der Bestimmung mehrerer Schwermetalle nebeneinander darauf geachtet werden, dass man nicht solche Metalle zusammen an der Quecksilberoberfläche zum Metall reduziert, die typische Legierungen (z. B. Bronze: Cu, Sn, Messing: Cu, Zn) eingehen. Hierbei kommt es zu beträchtlichen gegenseitigen Störungen und zu systematischen Fehlern, wenn nicht sorgfältig validiert wird! Ebenso ist zu beachten, dass die Anreicherung durch die Vorelektrolyse durch in der Probe enthaltende Redoxsysteme, die ebenfalls bei diesem Potential elektrochemisch umgesetzt werden können, gestört wird und es zu unterschiedlichen Stromausbeuten kommen kann. Oberflächenaktive Substanzen können ähnliches bewirken, indem die effektive Elektrodenoberfläche unterschiedlich ausfällt. Daher ist bei unbekannten Proben die Standardadditionstechnik ein Muss!

*Speziationsanalyse mit der Polarograpie*

Als Analysenmethode weist die Polarographie wie die Potentiometrie die Vorteile auf, dass sie den *Bindungs-* und *Oxidationszustand* des detektierten Substrates erfasst. So ist beispielsweise leicht feststellbar, ob $Pb^{2+}$-Ionen frei in der Messlösung vorliegen oder ob sie an Komplexbildner gebunden sind. Dies würde eine Verschiebung von $U_{1/2}$ in negativer Richtung z. B. durch EDTA, Nitriloessigsäure und Huminsäuren hervorrufen. An Hand der ausgetauschten Elektronen lässt sich der Oxidationszustand eines reduzierbaren Ions leicht ermitteln. Selbst zwei Oxidationsstufen eines Elements nebeneinender lassen sich u. U. ohne Trennoperationen ermitteln. Dadurch ist sie zu einem wertvollen Hilfsmittel bei der Speziationsanalyse geworden. Obwohl sie durch die Entwicklung der Ionenchromatographie in dieser Hinsicht etwas in den Hintergrund gerückt wurde, sollte sie doch zu Validierungszecken zusätzlich eingesetzt werden, denn bei der polarographischen Analyse wird durch den vernachlässigbaren Analytumsatz nicht merklich in komplexe Speziationsgleichgewichte eingegriffen. Genau dies passiert aber bei der ionenchromatographen Auftrennung von zusammengehörenden Redoxsystemen (beispielsweise Nitrat/Nitrit). Trennt man beide quantitativ, dann sagt die Nernst-Gleichung große Änderungen im Redoxpotential der Analysenlösung voraus. Dies kann andere Spezies-gleichgewichte entscheidend verändern und damit einen unerkannten systematischen Fehler erzeugen.

Abbildung 7.41 zeigt die simultane Bestimmung von Cd, Pb und Cu. Man bezeichnet eine solche Methode ohne Stripping auch als Chronopotentiometrie. Sie hat vor allem Vorteile bei der Auswertung. Die konzentrationsabhängige Auswertegröße ist die Zeit, die sehr genau und in einfacher Weise bestimmt werden kann.

Man kann wie bereits erwähnt anstelle der galvanostatischen Arbeitsweise auch eine chemische Re-Oxidation durchführen. Die Oxidation kann chemisch durch Hinzufügen eines entsprechenden Oxidationsmittels in hoher Verdünnung erfolgen. Letzteres wird in einem kommerziellen Handgerät für Schwermetallbestimmungen durch eine Spannungs-Zeit-Messung durchgeführt.

### Generelle analytische Charakterisierung der Voltammetrie und Polarographie

*Selektivität*

Die Selektivität der Voltammetrie kann nur als bescheiden charakterisiert werden, weil man i. d. R. beim Arbeiten mit wässrigen Messlösungen je nach Überspannung an der betreffenden Metallelektrode nur ca. 1,2 Volt zur Verfügung hat, bevor das Wasser oder der Grundelektrolyt elektrolysiert wird und die Stromstärke enorm zunimmt. Zum genaueren Ausmessen der verschiedenen Plateaus der Diffusionsströme werden aber ca. 0,2 V benötigt, sodass man theoretisch bei Feststoffelektroden nur acht Stoffe, bei Quecksilber max. 13 – von den hunderttausend elektrochemisch theoretisch umsetzbaren – ohne Störungen nebeneinander bestimmen kann. In vielen Fällen lassen sich allerdings Überlagerungen mehrerer Analyte dadurch vermeiden, dass man bei einem anderen pH-Wert misst. Wenn bei einem elektrochemischen Umsatz einer organischen Verbindung Protonen in der Reaktionsgleichung auftreten, hängt das Halbstufenpotential beispielsweise vom pH-Wert der Messlösung ab. Manche Metallkationen lassen sich auch über ihre Hydroxykomplexe reduzieren. In anderen Fällen kann man selektive Komplexbildner zusetzen, die einen Analyten stärker als den anderen komplexieren, dann erscheint der mit der stärkeren Komplexbildungskonstante bezüglich seines Halbstufenpotentials zu höheren Überspannungen hin verschoben.

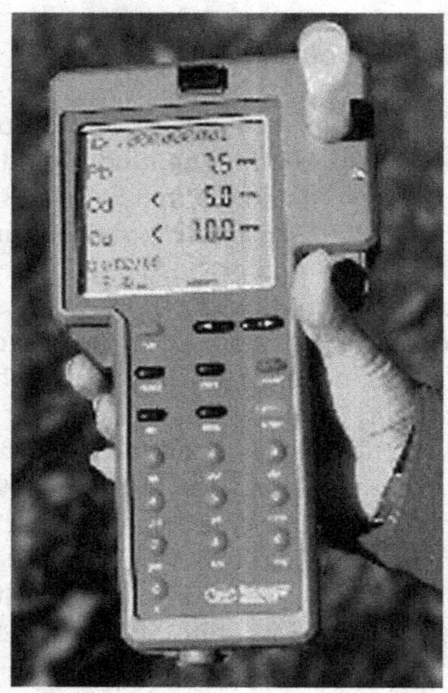

**7.42** Kommerzielles Handgerät zur Bestimmung von Schwermetallen auf der Basis der Chronopotentiometrie (Sensor Lab, USA).

Dieses schlechte Auflösungsvermögen lässt sich etwas verbessern, wenn man anstelle der stufenförmigen Strom-Spannungskurven die 1. oder 2. Ableitung der Stromdichte-Spannungs-Funktion verwendet. Bei der 1. Ableitung erhält man peakförmige Voltammogramme, bei denen die Peakposition auf der Spannungsachse $U_{1/2}$ entspricht und den elektrochemisch umgesetzten Stoff charakterisiert. Die Peakhöhe ist proportional der Konzentration. Dazu kann man unter Empfindlichkeitsgewinn (durch die Unterdrückung des kapazitiven Stromes) aber auch die differentielle Puls-Technik ohne Rücksicht auf die Elektrodenart (Quecksilber- oder Feststoff-Elektrode) nutzen. Bei Spurenanalysen in den empfindlichsten Strommessbereichen hat man hier allerdings Probleme mit einer variierenden Basislinie in Form einer durchhängenden Kurve. Diese Probleme treten bei Nutzung der 2. Ableitung nicht auf, da man hier anstelle von Peaks einen Nulldurchgang mit zwei eng benachbarten Spitzen vorliegen hat. Die Spitzen-zu-Spitzen-Strecke (ohne Rücksicht auf den Verlauf der Basislinie) ist konzentrationsproportional. Der Nulldurchgang entspricht dem $U_{1/2}$. Analoge Verhältnisse liegen bei der AC-Voltammetrie vor, wenn man den resultierenden Wechselstrom bei der doppelten Modulationsfrequenz (= 2. Harmonische) aufzeichnet und die Sinusamplitude unter 25 mV hält. Im Allgemeinen muss bei Analysen von Realproben die Selektivität durch weitere analytisch-chemische Voroperationen gesteigert werden. Die Chronopotentiometrie bereitet bezüglich der Auswertung weniger Schwierigkeiten, da man nur eine Spannungsänderung nach einer gewissen Zeit reproduzierbar erfassen muss. Falls sich dies bei langsam driftenden Arbeitselektrodenpotential schwer feststellen lässt, können auch hier die Aufzeichnung von Ableitfunktionen helfen. Insgesamt sollte aus Selektivitätsgründen die Probenmatrix bezüglich potentieller Störungsmöglichkeiten genauer bekannt sein oder selektivitätserhöhende Methoden (z. B. *adsorptive stripping*) mit chemisch modifizierten Elektroden eingesetzt werden.

*Nachweisgrenze*

Die Nachweisgrenze bei Auswertungen über die normalen stationären Strom-Spannungskurven liegt im mikromolaren Bereich. Die normale Pulsvoltammetrie reicht bis in den Bereich $10^{-7}$ mol/L, die differentielle Pulsvoltammetrie bis ca. $10^{-8}$ mol/L und die AC-Voltammetrie mit hochwertigem Lock-in-Verstärker bis ca. $10^{-9}$ mol/L hinunter. Der Einfluss der Reversibilität ist bei der AC-Technik allerdings am größten. Bei der differentiellen Puls-Technik muss bei irreversibleren Elektrodenprozessen mit einer um den Faktor 3 schlechteren Nachweisgrenze gerechnet werden.

Die Elektrochemie erlaubt allerdings eine interessante integrierte Anreicherungsmethode, die sie manchmal zur preiswertesten Analysenmethode für die Ultraspurenanalyse werden lässt. Durch die verschiedenen „Stripping-Techniken" kann man im Extremfall bei intensivem Rühren und langer Vorelektrolysedauer wie mit einem „Staubsauger" nahezu alle Analytmoleküle oder -ionen an der Arbeitselektrode anreichern! Das nachfolgende „Stripping" kann u. U. auch in einem anderen Grundelektrolyten mit besseren Trenneigenschaften durchgeführt werden. Die in der Praxis erreichbaren Nachweisgrenzen liegen $< 10^{-10}$ mol/L und werden meist durch die Reinheit der Grundelektrolyten begrenzt (nie besser als $3 \times \sigma$ der Blindwertstreuungen).

*Dynamischer Messbereich*

Der dynamische Messbereich der klassischen Voltammetrie kann > 6 Größenordnungen betragen und liegt i. d. R. zwischen Stromstärken im nA- bis mA-Bereich, welche üblicherweise Konzentrationen zwischen 0,1–$10^{-7}$ mol/L entsprechen. Bei der Polarographie sollte man allerdings nie Analytkonzentrationen $> 10^{-3}$ mol/L vermessen, um die Eigenschaften des Quecksilbers nicht zu stark zu verändern. Es werden i. d. R. lineare Kalibrierkurven erhalten. Bei den Stripping-Techniken kann es jedoch zu Abweichungen führen, wenn das elektrochemische „Wieder-in-Lösung-Bringen" mit unterschiedlichen Ausbeuten geschieht und bei höheren Konzentrationen nicht alles bei einer evtl. zu schnellen Scanrate erfasst wird.

*Reproduzierbarkeit*
Unter thermostatisierten Bedingungen (der Diffusionskoeffizient hat eine Temperaturabhängigkeit von wenigen Prozent pro Grad) und kontrollierter Nernst'scher Diffusionsschicht lassen sich Reproduzierbarkeiten um 1 % relativ erreichen. Zum Ausgleich von Viskositätsschwankungen unterschiedlicher Probenlösungen setzt man den Messlösungen manchmal auch Gelatine oder das Tensid Triton X-100 zu.

*Robustheit*
Wegen der begrenzten Selektivität sind elektroanalytische Methoden i. d. R. nicht so robust wie beispielsweise die Technik der AAS. Alles was den elektrochemischen Prozess beeinflussen kann, muss bei der Kalibration entsprechend berücksichtigt werden. Unbekannte Umweltproben mit Tensiden, Huminstoffen, Komplexbildnern etc. sind besonders heikel und verlangen eine gründliche Validierung. Bei „geschlossenen" Systemen allerdings, zur Produktionskontrolle etc., ist die Elektroanalytik manchmal die preiswerteste Methode.

## Amperometrie

### *Einführung und Definition*

Während bei der Voltammetrie in der Regel das Arbeitselektrodenpotential vorgegeben und verändert wird und die damit verbundenen Änderungen im Stromfluss durch die Zelle registriert werden, werden bei amperometrischen Messungen keine vollständigen Strom-Spannungskurven aufgezeichnet, sondern man beschränkt sich auf die Einstellung eines konstanten Arbeitselektrodenpotentials und misst den dabei durch die Phasengrenze Elektrode/Elektrolyt fließenden Diffusionsgrenzstrom. Der Stromfluss durch die Arbeitselektrode, die Elektrolytlösung und die Gegenelektrode führt bei höheren Stromdichten und schlecht leitenden Elektrolyten zu einem zusätzlichen Spannungsabfall im Elektrolyten und an der Gegenelektrode. Daher wird i. d. R. dazu eine Dreielektrodenanordnung gewählt, bei der das Arbeitselektrodenpotential mittels einer nicht stromdurchflossenen, hochohmig geschalteten Referenzelektrode gemessen wird (s. a. Abb 7.25). Diese Referenzelektrode sollte trotz Stromlosigkeit bei schlecht leitenden Messlösungen (z. B. organischen Lösungsmitteln) nicht in zu großer Entfernung von der Arbeitselektrodenoberfläche und nicht zwischen Arbeitselektrode und Gegenelektrode plaziert werden, da sie dann den Strompfad zwischen beiden und den möglicherweise vorhandenen Spannungsabfall $U$ ($= I \cdot R$) mit erfasst. Da bei der Amperometrie variable Ströme gemessen werden, die sich um den Faktor $> 10^3$ unterscheiden, würde man entsprechend variierende Spannungsabfälle miterfassen und u. U. das Arbeitselektrodenpotential entsprechend falsch einstellen.

Das an der Arbeitselektrode angelegte Potential, d. h. die Aufprägung einer Galvanispannung zwischen der Phase der Arbeitselektrode und der Phase des Elektrolyt-Innern, wird so eingestellt, dass es im Bereich des Diffusionsgrenzstromes (bei bewegter Messlösung und konstanter Nernst'scher Diffusionsschicht) des interessierenden, elektroaktiven Analyten liegt (Abb. 7.43).

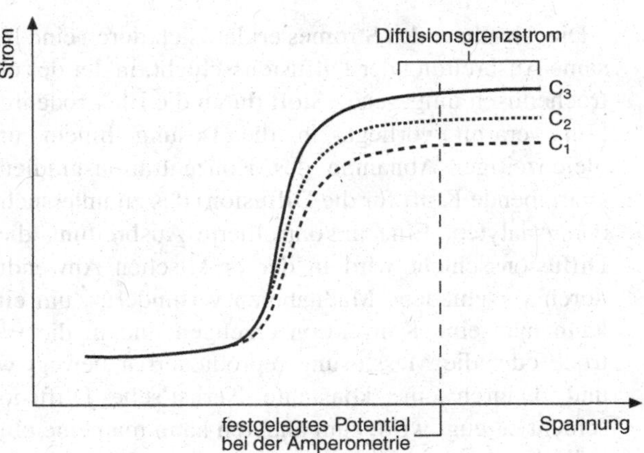


**7.43** Amperometrische Messung im Bereich des Diffusionsgrenzstromes mit $C_3 > C_2 > C_1$.

Das bedeutet, dass man die zugrunde liegende Strom-Spannungskurve schon kennt und auch die Zusammensetzung der Probe in etwa bekannt (und in etwa konstant) ist, was häufig bei industriellen Prozessströmen der Fall ist.

Der Diffusionsgrenzstrom ist nach der Gleichung

$$I_D = \frac{zFDA}{\delta} \cdot c \qquad (7.36)$$

mit $D$ = Diffusionskoeffizient
$A$ = Fläche der Arbeitselektrode
$\delta$ = Dicke der Nernst'schen Diffusionsschicht
$z$ = Anzahl der ausgetauschten Elektronen
$F$ = Faraday-Konstante

der Konzentration des an der Arbeitselektrode elektrochemisch (Oxidation oder Reduktion) umgesetzten Analyten proportional. In einer ruhenden Messlösung nimmt der unter diesen Bedingungen fließende Strom durch die sofortige Umsetzung des untersuchten Analyten an der Arbeitselektrodenoberfläche (= Konzentrationsabnahme) nach Anlegen der betreffenden Galvanispannung nach der sog. Cottrell-Gleichung (s. Kasten S. 7 – 31) graduell ab.

$$i = zFAc(D/\pi t)^{1/2} \qquad (7.37)$$

mit $D$ = Diffusionskoeffizient
$A$ = Fläche der Arbeitselektrode
$z$ = Anzahl der ausgetauschten Elektronen
$F$ = Faraday-Konstante
$c$ = Konzentration des Analyten
$t$ = Zeit nach Anlegen des betreffenden Potentials

Die Abnahme des Stromes erklärt sich durch eine langsame Ausbreitung der Diffusionsschicht, in der der elektrochemisch umgesetzte Stoff durch die Elektrodenreaktion verarmt vorliegt, in die Lösung hinein unter gleichzeitiger Abnahme des Konzentrationsgradienten (= treibende Kraft für die Diffusion) des zu untersuchenden Analyten. Eine unkontrollierte Ausbreitung dieser Diffusionsschicht wird in der praktischen Anwendung durch verschiedene Maßnahmen verhindert. Zum einen kann man eine Konvektion erzeugen, indem die Elektrode oder die Messlösung reproduzierbar bewegt wird und dadurch eine konstante Nernst'sche Diffusionsschicht erzeugt wird, zum anderen kann man eine physikalische Barriere in Form einer permeablen Membran integrieren, die für definierte Diffusionsgrenzen sorgt.

Darauf soll weiter unten bei der Besprechung der wichtigen Klasse der membranbedeckten elektrochemischen Sensoren eingegangen werden Die sog. Clark'sche Sauerstoffelektrode ist der bedeutendste Vertreter dieser Senso-Klasse.

***Amperometrische Methoden***

Prinzipiell lassen sich die wichtigsten amperometrischen Methoden in Chronoamperometrie, Pulsamperometrie sowie pulsamperometrische Detektion unterteilen. Der Vorteil amperometrischer (konstantes Arbeitselektrodenpotential) gegenüber voltammetrischen Messungen (Potentialrampe) ist die ausschließliche Registrierung des Faraday'schen Stromes. Unter diesen Umständen tragen die kapazitiven Ströme zum Aufladen der Doppelschichtkapazität nicht länger zum gemessenen Zellenstrom bei, sodass wesentlich niedrigere Nachweisgrenzen erzielt werden können.

Die Chronoamperometrie mit kontrollierter Nernst'scher Diffusionsschicht ist die klassische Form der Amperometrie und wird in der kommerziell vertriebenen, elektrochemischen Sensorik hauptsächlich angewandt. Dabei wird ein konstantes Arbeitselektrodenpotential vorgegeben, bei dem der quantitativ zu bestimmende Analyt elektroaktiv ist, das heißt elektrochemisch oxidiert oder reduziert werden kann. Ein Nachteil dieser Methode ist die mögliche Miterfassung von unter diesen Bedingungen ebenfalls elektroaktiven Störverbindungen oder eine Blockade der Arbeitselektrodenoberfläche, wenn beispielsweise bei dem elektrochemischen Umsatz polymerisationsfähige Radikale gebildet werden, was letztendlich zu einer Sensitivitätsverringerung und einem Totalausfall führen kann.

Zur Verringerung von Störeinflüssen können die Elektrodenoberflächen auch mit Redoxmediatoren (Elektronenvermittler sind Redoxsysteme mit großer Austauschstromdichte), elektrisch leitfähigen Redoxpolymeren oder metallaktivierten Kohlenstoffen modifiziert werden, um z. B. bei Biosensoren eine direkte amperometrische Oxidation oder Reduktion zu erreichen. Auf diese Weise kann die hohe Überspannung, die einer direkten Redoxreaktion auf Elektrodenoberflächen entgegensteht, drastisch vermindert werden. Damit verbunden ist eine wesentlich geringere Polarisationsspannung, sodass auch Interferenzen, die durch elektrochemisch aktive Stoffe realer Proben resultieren, weitgehend vermieden werden können.

Mithilfe der Pulsamperometrie verhindert man Fouling der Elektrodenoberflächen dadurch, dass nicht kontinuierlich das Messpotential, sondern zeitlich nur kurze Potentialpulse aufgeprägt werden, die Messung innerhalb dieser Pulse erfolgt und die Messlösung in einer Durchflussanordnung vermessen wird, um so evtl. polymerisierende Radikale von der Oberfläche entfernen zu können, bevor sich ein makromolekularer Überzug bildet. Dieses Problem ist beispielsweise bei der amperometrischen Detektion von Phenolen gegeben. Bei der pulsamperometrischen Detektion wird die Messelektrode einem vollständigen Potentialzyklus unterworfen, der eine Regeneration der Elektrodenoberfläche bei einem dazu geeigneten Potential einschließt. Diese Methode wird heute besonders in der Sensortechnik unter aggressiven Umgebungsbedingungen angewandt. Eine Übersicht ist in Tabelle 7.4 zusammengestellt.

***Anwendungen***

Die praktische Bedeutung der Chronoamperometrie liegt in der kommerziell vertriebenen elektrochemischen Sensorik. Das bekannteste Beispiel ist sicherlich die Clark-Elektrode zur Bestimmung von Sauerstoff in Gasen bzw. von in Flüssigkeiten physikalisch gelöstem Sauerstoff. . Im weiteren soll wegen ihrer Bedeutung nur auf die grundlegenden Prinzipien membranbedeckter amperometrischer Sensoren eingegangen werden.

Eine untergeordnete Rolle spielt heute die sogenannte amperometrische Titration als Endpunktsindikationsme-

**Tabelle 7.4** Zusammenstellung der wichtigsten amperometrischen Methoden.

| Methode | angelegtes Potential | Strommesssignal | Bemerkung |
|---|---|---|---|
| Chronoamperometrie | E, t | i, t | Das Potential wird in einen Bereich verschoben, in dem der Analyt elektroaktiv ist. Der abnehmende Strom zeigt das Anwachsen der Diffusionsschicht bei unbewegter Messlösung. |
| Pulsamperometrie | E, t | i, t | Das Potential wird kurz in einem Bereich gepulst, in dem der Analyt elektroaktiv ist. Zwischen den Pulsen kann die Diffusionsschicht durch Konvektion begrenzt werden. |
| pulsamperometrische Detektion | +, E, –, A, t | i, t | Elektrodenkonditionierung, Analytabsorption und katalytische Elektrooxidation erfolgen mit dieser Spannungsfolge. Der Strom wird nur während der letzten Phase im Bereich von *A* gemessen. |

thode in der Maßanalyse, bei der der Strom im Verlaufe der Titration bei konstant angelegter Spannung im Diffusionsgrenzstrombereich des Titranden oder des Titrators gemessen wird. Tabelle 7.5 gibt eine Übersicht (Auswahl) über die mit der Amperometrie zu bestimmenden Stoffe, die keinen Anspruch auf Vollständigkeit erhebt.

***Membranbedeckte amperometrische Sensoren***

Die Bedeckung amperometrischer Elektroden mit einer semipermeablen Membran hat verschiedene Vorteile, die im Folgenden kurz vorgestellt und erläutert werden sollen.

1. Eine semipermeable Membran ist für bestimmte Stoffe unterschiedlich durchlässig und kann gleichzeitig den Durchtritt anderer (z. B. störender) Bestandteile verhindern oder entscheidend verkleinern. Dieser Effekt dient z. B. der Abtrennung eines zu bestimmenden Analyten von komplexeren Matrizes. So können semipermeable Membranen für Gase, aber nicht für Flüssigkeiten und/oder Ionen oder andere gelöste Stoffe durchlässig sein. Aber auch nach der Größe gelöster Stoffe lässt sich eine Semipermeabilität erreichen, wie es beispielsweise bei den Dialysefolien der Fall ist, die Moleküle einer bestimmten Größe nicht mehr passieren lassen. Weiterhin gibt es auch kationen- oder anionenselektive Membranen, die aufgrund ihrer eigenen Ladung nur für Ionen einer bestimmten Ladung durchlässig sind.
2. Darüber hinaus ist jede semipermeable Membran vor einer Arbeitselektrodenoberfläche eine physikalische Barriere zur Verringerung der Ausbreitung einer zeitlich wachsenden Diffusionsschicht in die Messlösung hinein. Je dicker man z. B. im Falle der Clark'schen Sauerstoffelektrode die gaspermeable Membran wählt, desto geringer ist die Rührabhängigkeit des Messsignals bei der Erfassung von gelöstem Sauerstoff, weil dann der Konzentrationsgradient vorzugsweise durch die Membrandicke definiert ist und sich nur ein kleiner Teil in die angrenzende Lösung erstreckt. Damit verbunden ist allerdings der Nachteil einer z. T. deutlich erhöhten Ansprechzeit.

Die Vergiftung der Elektrodenoberfläche durch andere elektroaktive Spezies, Katalysatorgifte (Gold und Platin katalysieren die Sauerstoffreduktion und können beispielsweise durch $H_2S$ darin beeinflusst werden) oder oberflächenaktive Substanzen wird erheblich eingeschränkt. So können beispielsweise Redoxsysteme, die unter Umständen in komplexeren Matrizes anwesend sind, nicht zur Elektrodenoberfläche gelangen und dort elektrochemisch miterfasst werden. In der klinischen Analytik schließlich könnten sich beispielsweise bei der Untersuchung von Vollblut Eiweißbestandteile auf den ungeschützten Elektrodenoberflächen anlagern und die elektrochemisch aktive Oberfläche so verkleinern, dass es zu einem Totalausfall des betreffenden Sensors kommen kann.

**Tabelle 7.5** Anwendungsbeispiele amperometrischer Bestimmungen.

| Analyt | Arbeitselektrode AE | Membran | Gegenelektrode GE | Potential an der AE | Elektrolyt |
|---|---|---|---|---|---|
| $O_2$ (in $H_2O$, Blut etc.) | Pt | Polyethylen, PTFE | $Ag/Ag_2O$ | –1,1 | 0,5 M KOH |
| $O_2$ (in Gasen) | Pt, Au | PTFE | Ag/AgCl | –0,7 | ges. KCl |
| $HNO_2$ (in $H_2SO_4$) | Pt | - | Pt | | $H_2SO_4$ |
| $ClO_2$ (in Luft und H2O) | Ni | - | Zn | +0,15 (vs. NHE) | $H_2O$ |
| Acrylnitril (in $H_2O$) | Hg | - | Ag/AgCl | –1,8 | 0,1 M LiCl |
| Cystin, Cystein (in $H_2O$) | Hg | - | Kalomel | –1,7 | Phosphatpuffer pH 6,7 |
| CO (in Luft) | Pt (Anode) | - | Pt | +1,1 | 5 M $H_2SO_4$ |
| $SO_2$ (in Luft) | Au, Aktivkohle | - | NHE | +0,95 | 5 M $H_2SO_4$ |
| $NO_2$ (in Luft) | Au (Anode) | - | NHE | +1,15 | 5 M $H_2SO_4$ |
| Peressigsäure | Au, Pt | Cellophan | Ag/AgCl | +0,45 | Phosphatpuffer pH 6,8 |
| Wasserstoffperoxid | Pt, Au, C | - | Ag/AgCl | +0,65 | Phosphatpuffer pH 6,5 |

3. Die analytische Selektivität des Systems wird verbessert, weil andere, störende elektroaktive Spezies so abgetrennt werden können, die andernfalls einen Elektronentransfer an der Elektrode verursachen könnten.
4. Die Zusammensetzung des inneren Elektrolyten im Sensor zwischen Arbeitselektrodenoberfläche und Membran bleibt nahezu unverändert.

Der an einer membranbedeckten amperometrischen Elektrode gemessene Grenzstrom ist nach dem Anlegen einer ausreichenden Polarisations-Spannung (Überspannung bis in den Bereich des Diffusionsgrenzstromes hinein) eine Funktion der Zeit, bis ein sogenannter *steady state*-Zustand erreicht wird, dem ein dann konstanter Konzentrationsgradient zugrunde liegt und gerade so viel Substanz an der Elektrode elektrochemisch umgesetzt wird, wie aus der Messlösung nachgeliefert wird.

Für eine typische membranbedeckte amperometrische Sauerstoffelektrode mit einem Innenelektrolytfilm von ca. 10 µm Dicke (d. h. einem Abstand von der Elektrodenoberfläche zur gaspermeablen Membran von nur 10 µm), einer Membrandicke von 20 µm und einem Arbeitselektrodenradius von mehr als 2 mm sowie einem Diffusionskoeffizient für den Analyten, der in der Membran zwei Größenordnungen geringer ist als in der meist wässrigen Innenelektrolyt- und Messlösung, kann gezeigt werden, dass der Strom-Zeit-Verlauf durch die folgende Gleichung beschrieben werden kann. Für Zeiten > 20 s nach Einschalten des Spannungspulses kann der Grenzstrom nach der Gleichung

$$i = zFAC_0(P_m/d) \tag{7.38}$$

mit $P_m$ = Permeabilitätskoeffizient der Membran
$d$ = Dicke der Membran

beschrieben werden.

Eine wichtige Konsequenz aus dieser Abhängigkeit ist, dass der Grenzstrom eine Funktion der Analytpermeabilität der jeweiligen Membran ist. Die Membraneigenschaften hängen natürlich wiederum von weiteren Einflussgrößen und Umgebungsbedingungen, wie der Matrix, in der gemessen wird, sowie dem Druck und der Temperatur ab.

Kommerzielle, amperometrisch arbeitende membranbedeckte Sensoren benötigen zur einwandfreien Funktionsweise in der Regel eine konstante Anströmung durch die Messlösung, weil man aus Gründen der Ansprechgeschwindigkeit die Membran nicht zu dick wählt. Der Konzentrationsgradient zwischen Membran und angrenzender Messlösung ist bei dieser Anordnung sehr groß, da die Analytkonzentration an der inneren Membranoberfläche gleich der Analytkonzentration im Innern der Messlösung ist (Nernst'sche Diffusionsschicht 0). Damit befindet sich die durch den Analytumsatz an der Elektrodenoberfläche bedingte Verarmungszone zwangsläufig innerhalb der Membran. Bei ungerührten oder nur unzureichend gerührten Messlösungen

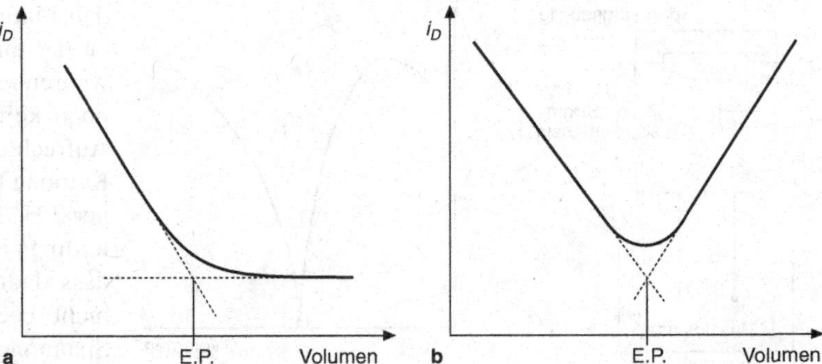


**7.44** Beispiele amperometrischer Titrationskurven a) Titrand $Pb^{2+}$; Titrator: Oxalat, Sulfat; b) Titrand: $CrO_4^{2-}$; Titrator: $Pb^{2+}$; Arbeitselektrode –0,8 V *vs.* Ag/AgCl.

dehnt sich diese Verarmungszone doch noch ein wenig in die angrenzende Messlösung aus. Der Analytgradient, und damit der gemessene Strom, wird kleiner. Es kommt zusätzlich zu Drifterscheinungen, weil die Einstellung eines konstanten Konzentrationsgradienten eine gewisse Zeit beansprucht und eine kleine, aber dennoch unerwünschte Abhängigkeit von der Relativbewegung der Messlösung zur Sensoroberfläche bedingt. Mithilfe dickerer Membranen oder Membranen mit definierten und geringeren Diffusionsraten kann die Strömungsabhängigkeit des Signals zwar vermindert werden, jedoch erhöht sich dadurch wie gesagt die Ansprechzeit erheblich, da der Transport von zu bestimmenden Teilchen an die Elektrodenoberfläche verringert wird.

Aus diesen Gründen gibt es Vorteile, gerade nicht unter *steady state*-Bedingungen zu arbeiten. So kann der Strom für einen typischen amperometrischen Detektor < 100 ms nach Einschalten des Potentials mit der Gleichung

$$i = zFAC_0(K_b/K_o)(D_e/\pi t)^{1/2} \quad (7.39)$$

mit $t$ = Zeit nach dem Einschalten des Potentials
$D_e$ = Diffusionskoeffizient für den Analyten im Elektrolyt
$K_b$ = Verteilungskoeffizient für den Analyten an der inneren Grenzfläche zwischen Elektrolyt und Membran

beschrieben werden.

Das $K_b/K_o$-Verhältnis drückt den sogenannten *salting-out*-Effekt der Elektrolytlösung aus.

Gleichung 7.39 beschreibt den diffusionslimitierten Strom innerhalb der Elektrolytschicht. Die Diffusionsschicht hat bis dahin nicht genügend Zeit, sich bis zur Membran auszubreiten, und somit ist der Grenzstrom vollkommen unabhängig von der Membran. Das hat den entscheidenden Vorteil, dass Veränderungen in der Membran (z. B. Verstopfungen) keinen Effekt auf den Grenzstrom haben.

***Amperometrische Endpunktsindikation maßanalytischer Titrationen, Biamperometrie***

Eine indirekte Anwendungsmethode der Amperometrie ist die Titration, bei der die Diffusionsgrenzströme zur Verfolgung des Titrationsverlaufes herangezogen werden. Voraussetzung ist, dass entweder der Titrator oder der Titrand elektrochemisch aktiv, d. h. oxidierbar oder reduzierbar sind. Der apparative Aufbau erfolgt häufig mit einer einfacheren Zweielektrodentechnik, da Driftphänomene hier keine Rolle spielen. Die Gegenelektrode ist im einfachsten Fall eine unpolarisierbare, größere Bezugselektrode (größere Oberfläche bedeutet geringere Stromdichte, damit das Arbeitselektrodenpotential definiert und unverändert bleibt). Die auf einem geeigneten Potential gehaltene Abeitselektrode zeigt dann die Konzentration eines der Reaktanden im Verlaufe der Titration an. Beim Auftragen der dabei gemessenen Stromstärke (Diffusionsgrenzstrom) gegen das Volumen des Titrators (Titrationsgrad) werden i. d. R. lineare Titrationskurven mit einem scharfen Knick im Endpunkt erhalten. Da jedoch in den meisten Fällen der Kurvenverlauf aufgrund unvollständiger Umsetzungen oder geringer Löslichkeit bei Fällungstitrationen nicht so scharf ausgebildet ist, wird der Endpunkt durch graphische Extrapolation der beiden geraden Kurvenäste ermittelt (vgl. auch konduktometrische Titration). Abb. 7.44 zeigt zwei typische Titrationskurven für verschiedene Elektrodenreaktionen und Analyte.

*Biamperometrie*

Wichtiger als die amperometrischen Endpunktsbestimmungsmethoden mit einer polarisierbaren Arbeitselektrode sind die mit zwei polarisierbaren Elektroden geworden. Diese Methode wird als Biamperometrie oder auch *dead stop*-Verfahren bezeichnet. Bei kommerziellen pH-Metern wird über den *dead-stop*-Ausgang allerdings (weil elektronisch einfacher) ein Konstantstrom von ca. 10 µA diesen Elektroden aufgezwungen und die Spannung zwischen beiden im Verlauf der Titration verfolgt. Die Methode erfordert den Einsatz einer i. d. R.

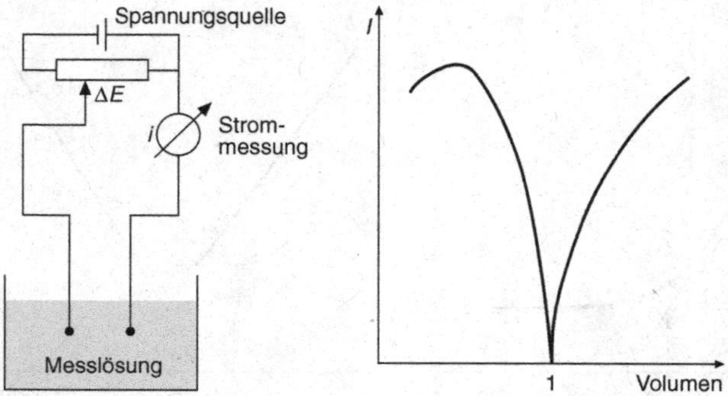


**7.45** Messanordnung zur biamperometrischen Indikation und schematische Titrationskurve.

Doppelplatinelektrode (das ist eine Elektrode mit zwei kleinen, millimetergroßen, herausragenden Platindrähten am unteren Ende). Abbildung 7.43 zeigt den prinzipiellen Messaufbau sowie eine zugehörige schematische Titrationskurve. Bei dem Hauptanwendungsfall dieser Methode, der Wasserbestimmung nach Karl Fischer, ist der Endpunkt erreicht, wenn die Zellspannung sehr plötzlich (daher *dead stop*) abfällt. Bei der Karl-Fischer-Titration läuft im Prinzip folgende Reaktion ab:

$$SO_2 + J_2 + 2\,H_2O \Leftrightarrow H_2SO_4 + 2\,HJ \qquad (7.40)$$

Titrator ist die Karl-Fischer-Lösung ($SO_2 + J_2$). Zur Oxidation des Schwefels durch das Jod ist eine stöchiometrische Wassermenge notwendig. Der Endpunkt ist erreicht, wenn die erste Spur überschüssiges Jod neben dem nicht umgesetzten $SO_2$ vorhanden ist. Da das System $J_2/2J^-$ elektrochemisch an einer Platinelektrode ein sehr reversibles System darstellt, d. h. dort ohne merkliche Überspannung reduziert und oxidiert werden kann, bricht beim Endpunkt die Spannung zwischen den beiden Platinelektroden zusammen (siehe Abb. 7.46), weil an der einen Elektrode elementares Jod reduziert wird, während an der anderen das Jodid oxidiert wird. Solange noch kein überschüssiges Jod vorhanden ist, wird zur Aufrechterhaltung der konstanten Stromstärke an der Kathode $H^+$ reduziert (dieses entspricht dem Potential einer 2 $H^+/H_2$-Elektrode) und an der Anode $J^-$ oxidiert, allerdings in solch kleinen Mengen (10 µA ≅ $10^{-10}$ mol/s), dass dadurch die Stöchiometrie der Titration praktisch nicht beeinflusst wird. Die am pH-Meter angezeigte Spannung entspricht dann in etwa der Differenz der Gleichgewichtsgalvanipotentiale des 2 $H^+/H_2$- und des $J^-/J_2$-Systems. Die *dead stop*-Indikation ist wesentlich empfindlicher als eine potentiometrische und eignet sich darum vor allem zur Titration stark verdünnter Lösungen oder im Spurenbereich. Aufgrund der zugrunde liegenden voltammetrischen Kurven kann man leicht erkennen, dass diese Endpunktsindizierungsmethode bei Anwesenheit eines reversiblen Redoxsystems (also auch generell in der Jodometrie) besonders vorteilhaft einsetzbar ist. Wenn beide Partner einer Titration elektrochemisch reversibel oder irreversibel sind, werden Titrationskurven unterschiedlichen Verlaufs, aber immer mit sehr scharfen und damit auffallenden Änderungen, im Endpunkt beobachtet. Sie alle können dadurch erklärt werden, dass man in den Voltammogrammen die kathodische und anodische Stromstärke einzeichnet und erstere durch dieses Fenster vom Überschuss des einen zum Überschuss des anderen Reaktionspartners „fahren" lässt.

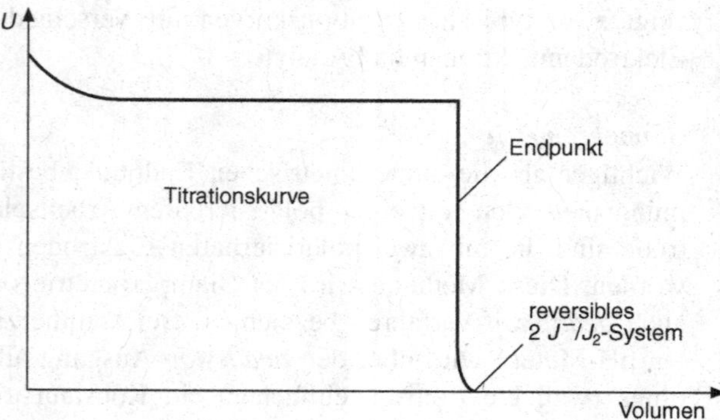


**7.46** Schematische Darstellung des Titrationsverlaufes einer Karl Fischer-Titration mit Konstant-Strom-Polarisation.

## 7.4 Methoden mit praktisch 100 % Stoffumsatz

### 7.4.1 Coulometrie

**Einführung**

Die Basis jeder coulometrischen Bestimmung sind die Faraday'schen Gesetze. Sie beschreiben, dass bei einer durch Stromfluss zwischen zwei Elektroden hervorgerufenen elektrochemischen Umsetzung in einer Elektrolytlösung die an den Elektroden umgesetzten Stoffmengen proportional der Stärke des fließenden Stromes $I$ und der Zeitdauer $t$ des Stromflusses sind, wobei der Proportionalitätsfaktor genauestens (bis auf 6 Stellen) bekannt ist. Die folgende Gleichung gilt nur bei eindeutigen elektrochemischen Elektrodenreaktionen mit einer 100%igen Stromausbeute, d. h. ohne parallel ablaufende elektrochemische Nebenreaktionen:

$$n = \frac{i \cdot t}{z \cdot F} = \frac{Q}{z \cdot F} \qquad (7.41)$$

$n$ = Stoffmenge in Mol
$i$ = Stromstärke in A
$t$ = Zeit in s
$z$ = Anzahl der pro Teilchen umgesetzten Elektronen
$F$ = Faraday-Konstante (96486 As/mol)
$Q$ = Ladungsmenge in As

Man kann auch sagen, dass an der Arbeitselektrode, die zumeist aus Platin besteht, „mit Elektronen titriert" wird (Urtitersubstanz: Elektron × Zeit). Vorteilhaft sind in diesem Fall vor allem die extrem genaue Dosiermöglichkeit und die bereits erfolgte externe Kalibrierung der Messinstrumente (Amperemeter und Zeit durch z. B. die Rückführung auf internationale Standards). Kleine elektrische Ströme lassen sich viel genauer bestimmen und regeln als kleine Volumina. So entspricht eine Stromstärke von beispielsweise 10 μA während einer Zeit von 10 Sekunden nur ca. $10^{-9}$ mol ($z = 1$) eines Stoffes. Aufgrund der ausgezeichneten Genauigkeit wird die Coulometrie häufig bei Präzisionsanalysen angewandt, z. B. zu Atommassenbestimmungen. Wegen der leichten Kontrolle über minimale Umsätze ist sie auch bei spurenanalytischen Titrationen die Technik der Wahl.

Ein anderes Charakteristikum für die Coulometrie ist die hohe Nachweisstärke zur Erfassung kleinster Analytmengen von $10^{-11}$ mol/L in Flüssigvolumina von 50 μL bei Ladungsmengen im μC-Bereich. Die Verwendung eines Diaphragmas oder einer zusätzlichen Salzbrücke zwischen Anoden- und Kathodenraum gewährleistet eine Trennung des Anolyten vom Katholyten, sodass es nicht zu störenden Rücktitrationen des umgesetzten Analyten an der Gegenelektrode oder zu Nebenreaktionen durch die an der Gegenelektrode gebildeten Stoffe kommen kann.

Nach der Art der Durchführung dieser Elektrolyse können zwei Verfahren unterschieden werden, wobei der Stromfluss zwischen einer Arbeits- und einer Gegenelektrode beiden gemeinsam ist: die Coulometrie bei *konstantem Potential* (potentiostatische Coulometrie) und bei *konstantem Strom* (galvanostatische Coulometrie).

**Potentiostatische Coulometrie**

Bei diesem Verfahren wird das Potential der Arbeitselektrode durch einen sog. Potentiostaten gegen eine Referenzelektrode im stromlosen (hochohmigen) Zustand gemessen und über einen entsprechend geregelten Stromfluss über die Gegenelektrode konstant gehalten. Die Wirkungsweise eines Potentiostaten auf der Basis von Operationsverstärkern ist in Abb. 7.25 u. 7.26 schematisch skizziert. Der Operationsverstärker $B$ ist so geschaltet, dass er nur eine Impedanzwandlung des Bezugselektrodenpotentials durchführt. Letzteres wird auf diese Weise hochohmig gemessen, sodass die Spannung zwischen Arbeits- und Bezugselektrodenpotential nicht durch eine evtl. schlechte Leitfähigkeit des Elektrolyten (störender $I \cdot R$ Spannungsabfall, z. B. bei nicht wässrigen Lösungen) verfälscht wird. Der Operationsverstärker $C$ ist der eigentlich aktive. Er ist so aufgebaut, dass er stets einen Stromfluss über den Messwiderstand $R$, der Gegenelektrode und schließlich auch der Arbeitselektrode zum Schaltungsnullpunkt hin erzwingt, bis die

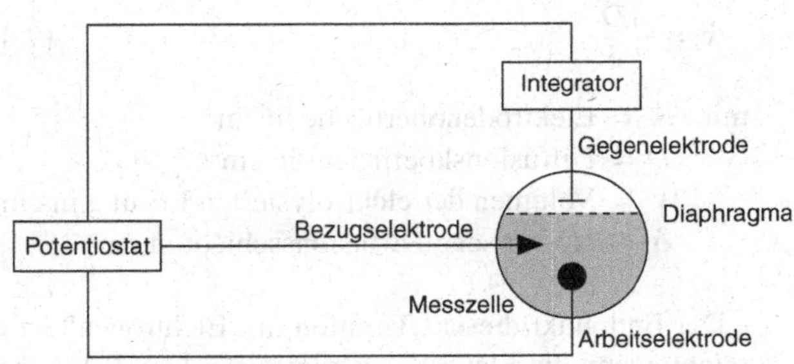


**7.47** Prinzipieller Aufbau der Messanordnung für die potentiostatische Coulometrie.

**Wie genau ist eine primäre Methode?**

Bei der Coulometrie handelt es sich um eine so genannte Absolutmethode oder primäre Methode, analog der Gravimetrie und Maßanalyse, wenn gewährleistet ist, dass die Stromausbeute bei 100% liegt. Es dürfen also keine elektrochemischen Nebenreaktionen stattfinden, die eine zusätzliche Ladungsmenge verbrauchen und so im Ergebnis zu einem zu hohen Analytgehalt führen würden. Es ist eigentlich selbstverständlich, dass die Richtigkeit dieser Absolutmethode unmittelbar aus der Zuverlässigkeit und Genauigkeit der Ermittlung einer 100%igen Elektrodenreaktion abhängt. Falls diese Prozentzahl mittels anderer Methoden ermittelt wurde, kann die Coulometrie ***nie*** genauer sein, als diese Größe bekannt ist. Bei realen Proben mit unbekannten Störstoffen ist daher eine besondere Validierung erforderlich! Diese Abhängigkeit von der Annahme einer 100%igen Stromausbeute wird leider vielfach übersehen!

Spannung zwischen Arbeits- und Bezugselektrode genau umgekehrt gleich der angelegten Spannung $U_{soll}$ ist. Das bedeutet, er versucht automatisch und nahezu verzögerungsfrei, den Punkt $S$ spannungsfrei zu halten. Falls man nun $U_{soll}$ kontinuierlich variiert (z. B. bei einem Potentialscan), verändert sich mit entgegengesetztem Vorzeichen auch das Arbeitselektrodenpotential.

Da die gesamte, in der Analysenlösung vorhandene Analytmenge reduziert oder oxidiert werden muss, wählt man in diesem Fall zweckmäßigerweise eine Arbeitselektrode mit großer Oberfläche. Abb. 7.47 zeigt den prinzipiellen Aufbau. Durch eine im Verlauf der Elektrolyse (elektrochemische Reaktion) eintretende Verarmung der Elektrolytlösung an dem Analyten nimmt der Strom zwischen Arbeits- und Gegenelektrode einer exponentiellen Beziehung folgend ab und nähert sich asymptotisch der Abzisse. Der Stromabfall gehorcht folgender Gleichung:

$$I_t = I_{0(t=0)} \cdot e^{-kt} \tag{7.42}$$

mit $I_t$ = Stromstärke zur Zeit t in A
$k$ = Konstante

Die Konstante ist gegeben durch:

$$k = \frac{AD}{V\delta} \tag{7.43}$$

mit $A$ = Elektrodenoberfläche in $cm^2$
$D$ = Diffusionskoeffizient in $cm^2s^{-1}$
$V$ = Volumen der elektrolysierten Lösung in $cm^3$
$\delta$ = Nernst'sche Diffusionsschicht in cm

Der Endpunkt dieser „Titration mit Elektronen" ist erreicht, wenn die Elektrolysestromstärke $I$ auf 0,1 % ihres Anfangswertes $I_0$ abgefallen und praktisch der gesamte Analyt elektrochemisch umgesetzt ist. Dieses Verfahren indiziert den Endpunkt somit selbst. Durch graphische oder elektronische Integration des zeitlichen Verlaufs der Elektrolysestromstärke wird die geflossene Ladungsmenge in As und über die Faraday'schen Gesetze die Stoffmenge des umgesetzten Analyten ermittelt. Dabei bietet die elektronische Integration den Vorteil der höheren Genauigkeit.

Ein Nachteil dieser sog. absolut, d. h. ohne Kalibrierung messenden Methode liegt in dem verhältnismäßig großen Zeitaufwand, insbesondere dann, wenn größere Stoffmengen zu bestimmen sind. Man kann den Zeitaufwand dadurch verringern, dass man in obiger Gleichung die Konstante $k$ groß macht, d. h. eine Arbeitselektrode mit großer Oberfläche $A$ in einem kleinen Volumen verwendet, den Diffusionskoeffizienten $D$ durch Erwärmen größer macht und die Nernst-Schicht $\delta$ durch intensives Rühren der Messlösung verkleinert.

Unter reproduzierbaren Zellbedingungen und verringerten Ansprüchen an die Genauigkeit kann aber auch die Elektrolysezeit $t$ dann abgebrochen werden, wenn eine Extrapolation der Geraden in logarithmischer Auftragung auf eine Reststromstärke von 0,1 % mit hinreichender Genauigkeit möglich ist. Man erhält die Konstante $k$ aus dem Anfangskurvenverlauf, indem man eine logarithmische Stromauftragung gegen die Zeit wählt und die Steigung der dann erhaltenen Geraden bestimmt. Dann integriert man rechnerisch den Strom $I$ zwischen dem Zeitpunkt $t = 0$ und einem extrapolierten Zeitpunkt $t$, wo die Stromstärke nur noch 0,1 % vom Ausgangswert beträgt.

Bei der potentiostatischen Coulometrie ist besonders darauf zu achten, dass nur der zu bestimmende Stoff oxidiert oder reduziert wird. Die Gegenelektrode ist daher wirksam von der Messlösung zu trennen, wie oben bereits erwähnt, z. B. durch einen Stromschlüssel mit einem mit Agar-Agar versteiften nicht störenden Elektrolyten oder durch Ionenaustauschermembranen, um zu verhindern, dass von dort umsetzbare Stoffe in die Messlösung gelangen. Diese Absolutmethode eignet sich in besonderer Weise für genaueste Analysen im Milligrammbereich und darunter. Man kann sogar in einer Lösung zwei oder mehrere Stoffe gleichzeitig bestimmen, wenn deren Halbstufenpotentiale weit genug voneinander entfernt liegen (ca. 0,4 V). Beispiele werden in Abschnitt 7.3.2 gegeben.

**Galvanostatische Coulometrie**

Bei diesem Verfahren wird durch einen Galvanostaten ein konstanter Stromfluss zwischen Arbeits- und Gegenelektrode eingestellt. Die Elektrizitätsmenge ist so wesentlich leichter zu ermitteln. Man braucht die Elektrolysestromstärke nur mit der Zeit zu multiplizieren, während der mit „Elektronen titriert" wurde. Die Erzeugung eines konstanten Stromflusses durch eine Elektrolysezelle ist auch weniger aufwendig als die potentiostatische Methode. Man benötigt im einfachsten Fall nur eine Gleichspannungsquelle von ca. 100 V, z. B. eine Batterie mit entsprechender Spannung, sowie einige Hochohmwiderstände. Wenn man nun die Elektrolysezelle mit einem Gesamtwiderstand in einem Bereich bis zu 100 kΩ in Serie mit einem Megohmwiderstand an die Spannungsquelle anschließt, bestimmt infolge seiner Größe praktisch nur letzterer die Stromstärke im Stromkreis. Variationen im Zellwiderstand ändern die Elektrolysestromstärke nicht.

Die an den Elektroden anliegende Klemmenspannung ist von der Art der elektrochemischen Reaktion, dem Ohm'schen Widerstand der Elektrolytlösung und dem

Diaphragma abhängig. Die potentiostatische Coulometrie hat den Vorteil einer gewissen Selektivität, d. h. das Arbeitselektrodenpotential bestimmt die reduzierende oder oxidierende Wirkung. Dies ist bei der galvanostatischen Arbeitsweise nicht möglich. Es kommt daher gegen Ende des elektrochemischen Umsatzes des Analyten zu einer unerwünschten Potentialverschiebung an der Arbeitselektrode, da das System den aufgezwungenen Stromfluss aufrechterhalten muss. In den meisten Fällen wird dabei der Grundelektrolyt elektrolysiert. Dann ist aber die elektrochemische Ausbeute nicht 100% und die Faraday'schen Gesetze können nicht länger angewandt werden. Darum wird stets ein Hilfsreagenz zugesetzt, das anstelle des Analyten elektrochemisch umgesetzt wird, mit der Restmenge des Analyten stöchiometrisch reagiert und so den Stoffumsatz bezogen auf den Analyten vollständig macht. Allerdings ist dieser Punkt nicht automatisch indizierbar, sondern benötigt externe Indikationsmethoden (elektrochemisch oder optisch).

An der Arbeitselektrode wird dabei häufig ein Zwischenreagenz (= Titrator) erzeugt, welches stöchiometrisch mit dem zu bestimmenden Analyten reagiert. Daher wird die Arbeitselektrode in diesem Fall auch als Generatorelektrode bezeichnet. Eine genaue Zeitmessung ermöglicht die einfachere Berechnung der geflossenen Ladungsmenge Q aus der Zeit $t$ und der angelegten Konstant-Stromstärke $I$ und damit der umgesetzten Stoffmenge des Analyten.

Abb. 7.48 zeigt den prinzipiellen Aufbau der Messanordnung.

Zur Endpunktserfassung eignen sich alle auch bei der Maßanalyse gebräuchlichen Indikationsverfahren, vorzugsweise die Potentiometrie, Amperometrie, Konduktometrie oder die Bipotentiometrie, aber auch die Kolorimetrie. Trägt man in einer Graphik das erhaltene Indikatorsignal, vorzugsweise als elektrisches Signal gegen die geflossene Ladungsmenge Q oder bei konstantem Strom gegen die Zeit auf, so erhält man den aus der

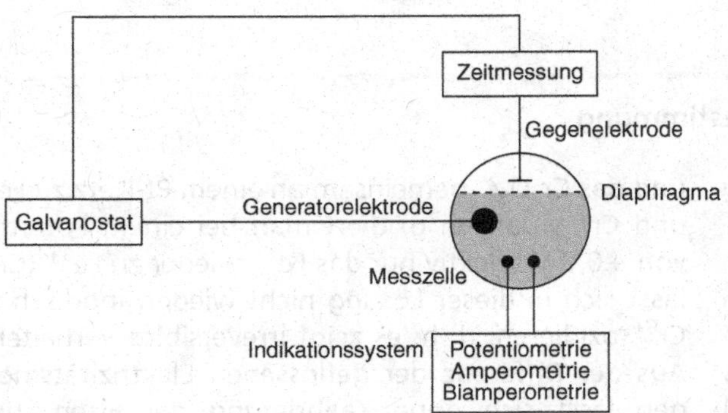


**7.48** Prinzipieller Aufbau der Messanordnung für die galvanostatische Coulometrie.

Maßanalytik bekannten Kurvenverlauf für das jeweilige Indikationsverfahren. Der große Vorteil gegenüber der Maßanalytik liegt aber in der Erzeugung des Titrationsreagenzes unmittelbar im Titrationsgefäß, welches auch die Anwendung von empfindlichen und leicht oxidierbaren Titrationsreagenzien, wie Titan (III)-Ionen ermöglicht, ohne eine wiederholte vorherige Titer-Einstellung desselben. Auch ist es möglich, die Reagenzzugabe wesentlich genauer und empfindlicher zu dosieren, da zum Beispiel Bürettenfehler entfallen.

Ein weiterer Vorteil dieser Methode liegt in einer kurzen Analysendauer, da die Stromstärke wegen der *in-situ*-Generation des Titrators mittels eines Hilfsreagenzes in höherer Konzentration weitestgehend unabhängig von der Analytmenge in der Lösung eingestellt werden kann.

Das bei der coulometrischen Titration durch den Generatorstrom erzeugte elektromagnetische Feld kann bei Mikrotitrationen zu einer Störung der elektrometrischen (potentiometrischen) Indikation führen, die sich besonders bei der Bestimmung kleinster Substanzmengen und bei hohem Widerstand des Generatorstromkreises bemerkbar macht. Abhilfe schafft hier die Generierung von Strompulsen mit definierter Stärke und Dauer. Dies ermöglicht in den Pulspausen eine Regenerierung des elektrometrischen Indikatorsystems, z. B. die Wiederherstellung der Helmholtz-Schicht (elektrische Doppelschicht) an der Glasmembran einer protonenselektiven Glaselektrode bei coulometrischen Säure-Basen-Titrationen oder Elektroden zweiter Art, welches damit zu einer ungestörten Anzeige führt.

## Analytische Anwendungen der Coulometrie

### *Potentiostatische Coulometrie*

Mithilfe der potentiostatischen Coulometrie erfolgt die Bestimmung von Metallen durch einen Wertigkeitswechsel oder eine kathodische Abscheidung an Platin-, Gold- oder Glaskohlenstoffelektroden. Die Methode hat besondere Bedeutung für die Bestimmung kleiner Gehalte von Edelmetallen sowie Aktiniden. Extrem kleine Konzentrationen können auch mikrocoulometrisch nach Voranreicherung als Amalgame über die Auswertung der $i$-$E(t)$-Kurven der inversen Auflösung bestimmt werden.

Organische Verbindungen können ebenfalls bestimmt werden, wenn diese stöchiometrisch elektrochemisch reduzier- oder oxidierbar sind. Das Prinzip dieser Methode liegt den coulometrischen Detektoren zugrunde, die z. B. in der Flüssigkeitschromatographie eingesetzt werden, die wegen eines größeren elektrochemischen Analytumsatzes verglichen zur Amperometrie mit vernachlässigbarem Umsatz empfindlicher, aber leider auch langsamer sind.

***Galvanostatische Coulometrie***

Die Grundlage der galvanostatischen Coulometrie oder auch coulometrischen Titration sind Säure/Base-, Redox-, Fällungs- und Komplexbildungsreaktionen.

Coulometrische *Säure-Base-Titrationen* werden durchgeführt, indem die Arbeitselektrode beispielsweise aus einem Platin-Netz als Kathode in einem $Na_2SO_4$-Grundelektrolyten eingesetzt wird und damit, falls keine weiteren leichter zu reduzierenden Ionen vorliegen, $H^+$-Ionen reduziert und als $H_2$-Gas freigesetzt werden. Es werden also indirekt stöchiometrische Mengen $OH^-$-Ionen erzeugt, die nach obigen Gleichungen berechenbar sind. Wenn die Arbeitselektrode mit dem Pluspol der Stromquelle (oder da der Strom konstant gehalten wird: Galvanostat) verbunden ist, werden durch die Oxidation von $OH^-$-Ionen zu $O_2$ und $H^+$ entsprechende Mengen an $H^+$-Ionen erzeugt (daher auch die Bezeichnung Generatorelektrode für die Arbeitselektrode). Man hat hiermit die Möglichkeit, selbst sehr kleine Säure- oder Basenmengen noch absolut zu bestimmen, wenn man nur die Elektrolysezeit bis zum Sprung in der pH-Zeit-Kurve bestimmt. In diesem Fall ist die praktisch 100%ige Stromausbeute an der Generatorelektrode fast immer gegeben.

Nach dem Prinzip der coulometrischen Säuretitration erfolgt zum Beispiel die Bestimmung von Kohlenstoff und Schwefel in Stählen. Die Titratorerzeugung im Titriergefäß kann durch Probenbestandteile gestört werden, die unter den gegebenen Elektrolysebedingungen selbst oxidiert oder reduziert werden. So ist die Säuretitration mit elektrolytisch erzeugten Hydroxylionen nur bei Abwesenheit von Fremdsubstanzen möglich, die leichter reduziert werden als das Proton. Für praktische Belange wurden deshalb auch Titrationsverfahren mit externer elektrochemischer Erzeugung des Titrators (z. B. im Hahnküken einer Bürette) entwickelt.

Für coulometrische *Redoxtitrationen* wird der Titrator aus einem zugesetzten Reagenz anodisch oder kathodisch an Platinelektroden erhalten. Wichtige Hilfsreagenzien sind z. B. Ti(IV) zur *in situ*-Erzeugung von Ti (III), Ce(III) zur *in situ*-Erzeugung von Ce (IV) oder Jodid zur *in-situ*-Erzeugung von Jod bei Karl-Fischer-Titration. Zahlreichen Verfahren liegt die elektrolytische Erzeugung von Brom oder Jod als Oxidationsmittel bzw. für Substitutionsreaktionen zur Bestimmung organischer Verbindungen zugrunde.

Eines dieser Verfahren ist die Bestimmung von Ammoniak in kaliumbromidhaltiger, schwach alkalischer Lösung. Folgende Reaktionen laufen dabei ab:

| | | |
|---|---|---|
| Anode: | $2\,Br^-$ | $\rightarrow Br_2 + 2\,e^-$ |
| | $Br_2 + 2OH^-$ | $\rightarrow Br^- + BrO^- + H_2O$ |
| Kathode: | $2\,H_2O + 2\,e^-$ | $\rightarrow 2\,OH^- + H_2$ |
| Bestimmung: | $2\,NH_3 + 3\,BrO^-$ | $\rightarrow 3\,Br^- + N_2 + 3\,H_2O$ |

Die Endpunktbestimmung erfolgt biamperometrisch. Nach diesem Prinzip können ppm-Gehalte von Stickstoff in Reinstmetallen bestimmt werden. Dazu wird die Probe im Druckgefäß mit Säuregemischen aufgeschlossen und das $NH_3$ destillativ in die Elektrolytlösung überführt. Die Bestimmung des Wasserstoffs in Metallen erfolgt nach Heißextraktion, Verbrennung zu Wasser und Umsetzung mit $NaNH_2$ zu $NH_3$ durch coulometrische Titration mit $BrO^-$.

Die coulometrische Bestimmung von Schwefelgehalten in anorganischen und organischen Proben sowie Aerosolen erfolgt nach Verbrennung im Sauerstoffstrom zu $SO_2$ und Absorption in einer KJ-Lösung durch Titration mit anodisch erzeugtem Jod. Der Endpunkt der Reaktion wird potentiometrisch ermittelt.

Auch die Karl-Fischer-Titration kann, wie oben bereits erwähnt, coulometrisch durchgeführt werden. Das benötigte Jod wird elektrolytisch erzeugt und der Endpunkt kann amperometrisch oder biamperometrisch verfolgt werden.

Für coulometrische *Fällungstitrationen* wird der Titrator durch anodische Oxidation aus dem Elektrodenmaterial erhalten oder nach Reduktion bzw. Oxidation aus einem zugesetzten Reagenz.

---

**Kombinierte coulometrische Eisen- und Chrom-Bestimmung**

Ein wichtiges Beispiel der praktischen Anwendung der Coulometrie ist die genaue Analyse des Eisen- und Chromgehaltes von Ferrochrom-Einschlüssen in einer Legierung (jeweils ca. 1 mg Einwaage). Nach einem oxidierenden Aufschluss liegt das Eisen in schwefelsaurer Lösung als $Fe^{3+}$ und das Chrom als $Cr_2O_7{}^{2-}$ vor. Bei einem Arbeitselektrodenpotential von +0,4 V vs. SCE. reduziert man zunächst das $Fe^{3+}$ und das $Cr_2O_7{}^{2-}$ gemeinsam an einem Pt-Netz zu $Fe^{2+}$ und $Cr^{3+}$. Danach oxidiert man bei einem Potential von +0,9 V selektiv nur das $Fe^{2+}$ wieder zu $Fe^{3+}$ ($Cr^{3+}$ lässt sich in dieser Lösung nicht wieder anodisch zu $Cr^{6+}$ oxidieren, d. h. es zeigt irreversibles Verhalten). Aus der Differenz der geflossenen Elektrizitätsmengen lässt sich ohne Kalibrierung der Eisen- und Chromgehalt auf etwa 0,1% genau ermitteln.

---

Eine Methode, die die Vorteile der potentiostatischen und der galvanostatischen Coulometrie miteinander vereinigt, ist die so genannte Pulscoulometrie. Bei kontinuierlichem Generatorstromfluss wird im Falle einer potentiometrischen Indikation diese durch das erzeugte elektrische Feld erheblich gestört. Durch die Erzeugung eines gepulsten Generatorstromes wird in den Pulspausen die potentiometrische Indikation ermöglicht. Bei dieser Methode wird nicht ein konstanter Dauerstrom generiert, sondern es werden einzelne, in Stromstärke und Dauer genau definierte Konstantstrompulse ausgegeben. Mit jedem Puls wird also ein Teil des Analyten mit Elektronen „titriert". Wie bei der volumetrischen Titration werden bei der Pulscoulometrie die Pulsgrößen in Abhängigkeit von der Nähe zum Endpunkt variiert. Befindet sich noch ein deutlicher Überschuss des Analyten im Grundelektrolyten, so werden analog zur Bürettentitration große Mengen des Titrans zugegeben, entsprechend verhältnismäßig lange Pulse hoher Stromstärke erzeugt. In unmittelbarer Nähe des Endpunktes werden nur noch sehr kleine Pulse ausgegeben.

**Tabelle 7.6** Beispiele für coulometrisch erzeugbare Titratoren.

| erzeugtes Reagenz | Elektrolyt | Generator-elektrode |
|---|---|---|
| $H^+$ | 0,5 M $Na_2SO_4$ | Pt |
| | 0,05 M $LiClO_4$ in $CH_3CN$ (wasserfrei) | Pt |
| $OH^-$ | 0,5 M $Na_2SO_4$ | Pt |
| | THF mit 0,2 % $H_2O$ | Pt |
| $Ce^{4+}$ | sat. $Ce_2(SO_4)_3$/ 1 N $H_2SO_4$ | Pt |
| $MnO_4^-$ | 0,5 M $MnSO_4$/ 6 N $H_2SO_4$ | Pt |
| $BrO^-$ | 1 M KBr/Borat-Puffer pH = 9 | Pt |
| $Fe^{2+}$ | 0,6 M $Fe_2(SO_4)_3$ 4 N $H_2SO_4$ + $H_3PO_4$ | Pt |
| $Cu^+$ | 0,2 M $CuSO_4$ + 1 M KBr/ 1 M HCl | Pt |
| $Ti^{3+}$ | 0,5 M $TiOSO_4$ 6 N $H_2SO_4$ | Pt |
| $Ag^+$ | 0,1 M $HClO_4$ | Pt |
| $Hg_2^{2+}$ | 0,5 M $HClO_4$ | Hg |
| EDTA | 0,05 M Cd-EDTA Acetat-Puffer | Hg |
| $Cl_2$ | 1 M HCl | Pt |
| $Br_2$ | 1 M KBr 3 M $HClO_4$ | Pt |
| $I_2$ | 0,1 M KJ + Puffer | Pt |

Durch dieses Verfahren erhält man einerseits die Vorteile der galvanostatischen Coulometrie, bei der durch die elektronisch verhältnismäßig einfache Erzeugung von Konstantstrompulsen sehr schnelle Messungen ermöglicht werden. Außerdem wird hier die einfache Produktbildung aus Strom und Zeit genutzt, wobei die Pulsladungen nur noch aufaddiert werden müssen. Andererseits werden keine zusätzlichen Indikatorelektroden benötigt und es ist es mit diesem System möglich, sich langsam dem Endpunkt zu nähern und diesen wie bei der potentiostatischen Methode nicht zu überschreiten. Damit bleibt die Apparatur ständig messbereit und bei Analytzufuhr kann sofort quasi *on-line* titriert werden. Diese Art sich langsam dem Endpunkt zu nähern ist vor allem auch bei Fällungstitrationen, bei denen eine Phasengrenze aufgebaut wird und die zum Effekt der Übersättigung neigen, sehr vorteilhaft.

Tabelle 7.6 gibt eine Übersicht über coulometrisch erzeugbare Titratoren, ohne Anspruch auf Vollständigkeit zu erheben.

## 7.4.2 Elektrogravimetrie

**Einführung**

Die Elektrogravimetrie ist eine Methode, bei der an einer geeigneten Elektrode ein schwer löslicher Stoff aus einer ionischen Verbindung in Lösung durch Elektrolyse gebildet wird. Wird die Elektrolyse so lange durchgeführt, bis die Konzentration des betrachteten Ions in der Lösung bis auf $10^{-6}$ mol/L abgefallen ist, lässt sich aus der auf der Elektrode abgeschiedenen Masse (Differenzwägung der Elektrode vor und nach der Elektrolyse) des schwer löslichen Stoffes die enthaltene Menge des betreffenden Ions ermitteln.

Die Elektrolysezelle besteht zumeist aus zwei Platinelektroden (Platinnetzelektrode als Kathode, Platinspiralelektrode als Anode). Die für die Abscheidung des Stoffes mindestens benötigte Elektrizitätsmenge ergibt sich aus den Faraday'schen Gesetzen. Sie wurden bereits in Abschnitt 7.1.2 erläutert.

Die Stromdichte, d. h. der gemessene Strom pro Elektrodenoberfläche, bestimmt die Dauer der Elektrolyse. Sie beeinflusst die Keimbildungsgeschwindigkeit und somit die Struktur und Haftung der Niederschläge. Hohe Stromdichten sollten nach Möglichkeit vermieden werden, da das betreffende Ion aufgrund der Überspannung erst bei negativeren Potentialen abgeschieden werden kann, bei denen Protonen reduziert werden und der entstehende Wasserstoff zu einer schlechten Haftung der Beschichtung führt.

**Elektrolytische Trennung**
Die beschriebene Methode ermöglicht auch eine Simultanbestimmung mehrerer Analyte, wenn sich die Potentiale der zu untersuchenden Ionen, bei denen sie zum Metall reduziert werden, deutlich voneinander unterscheiden. Abbildung 7.49 zeigt schematisch die erforderlichen Elektrolysespannungen in Abhängigkeit von der Art und der Konzentration von Kupfer und Cadmium.

Wenn beispielsweise die beiden Ionen vor der Elektrolyse in Konzentrationen von jeweils $10^{-3}$ mol/L vorliegen, so beginnt bei einer Spannung $U_1$ die Abscheidung des Kupfers. Bei $U_2$ ist die Konzentration an Kupferionen auf $10^{-6}$ mol/L abgesunken. Die Reduktion der Cadmiumionen beginnt erst bei $U_3$. Die Trennung der Stoffe ist also möglich.

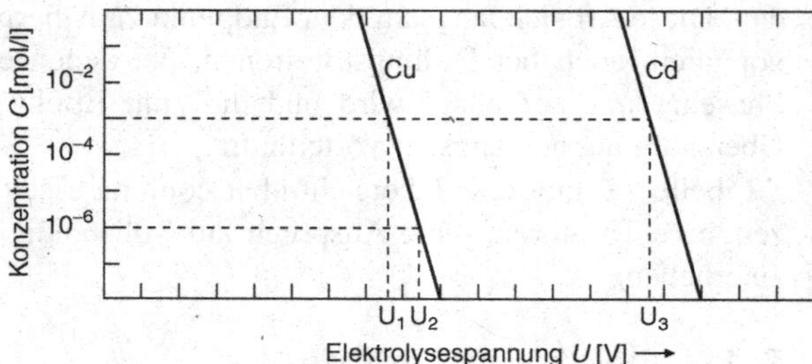


**7.49** Abhängigkeit der Elektrolysespannung von der Konzentration der abzuscheidenden Ionen Kupfer und Cadmium.

**Innere Elektrolyse**
Bei der inneren Elektrolyse wird ohne äußere angelegte Spannung gearbeitet, indem ein galvanisches Element gebildet wird. Dieses wird möglich, wenn z. B. die Platinarbeitselektrode mit einer Anode, deren Potential ausreicht, um das zu bestimmende Ion zu reduzieren, über einen Widerstand kurzgeschlossen wird. Da die Anode meist in einen anderen Elektrolyten eintauchen muss, wird der Kathodenraum durch ein Diaphragma abgetrennt. Als Anoden dienen häufig relativ unedle Metalle und Elektrolyte bestimmten pH-Wertes. Ein praktisch relevantes Beispiel ist die Variation des klassischen Clark-Sensors, der Mackereth-Sensor, bei dem es sich ebenfalls um eine membranbedeckte Sauerstoffelektrode handelt, die jedoch als Kathodenmaterial Silber und als Anodenmaterial Blei verwendet. Als Elektrolyt dient Kaliumhydroxid. Dieser Aufbau ermöglicht, dass die sich an Anode und Kathode einstellenden Redoxpotentiale als wirksame Polarisationsspannung verwendet werden können:

Kathode: $2\,Ag + 2\,OH^- \Leftrightarrow Ag_2O + H_2O + e^-$ $\quad E^0 = +340$ mV

Anode: $Pb + 3\,OH^- \Leftrightarrow PbOH_2^- + H_2O + 2\,e^-$ $\quad E^0 = -540$ mV

Aus den beiden Teilreaktionen steht eine Potentialdifferenz von 880 mV zur Verfügung, die im Plateaubereich des Diffusionsgrenzstromes der Sauerstoffreduktion liegt. Der Sensor wird damit „selbstgehend“, d. h. er arbeitet ohne äußere Polarisationsspannung.

# Weiterführende Literatur


Ammann, D. *Ion-Selective Microelectrodes*, Springer, Berlin, Heidelberg, New York (1986).

Bakker, E., Bühlmann, P., Pretsch, E. *Carrier-based Ion-selective Electrodes and Balk Optodes 1. General Characteristics*, Chemical Review **97**, 3083–3132 (1997).

Bard, J., Faulkner, L.R., *Electrochemical Methods, Fundamentals and Applications*, John Wiley & Sons, New York (1980).

Bockris, O'M.J., Reddy, A.K.N., *Modern Electrochemistry*, 3. Aufl., Plenum Press, New York (1977).

Bond, A.M., *Modern Polarographic Methods in Analytical Chemistry*, Marcel Dekker, New York (1980).

Brainina, Kh., Neyman, E., *Electroanalytical Stripping Methods*, John Wiley & Sons, New York (1993).

Bühlmann, P., Pretsch, E., Bakker, E. *Carrier-based Ion-selective Electrodes and Balk Optodes 2. Ionopheres for Potentiometric and Optical Sensors* **98**, 1593–1687, (1998).

Cammann, K., Galster, H., *Das Arbeiten mit ionenselektiven Elektroden – Eine Einführung*, 3. Aufl., Springer, Berlin (1996).

Cammann, K., in: *Untersuchungsmethoden in der Chemie*: Naumer, H., Heller, W. (Hrsg.), Georg Thieme, Stuttgart, 3. Aufl. (1997).

Doerffel, K. *Statistik in der analytischen Chemie*, 5. Auflage, Deutscher Verlag für Grundstoffindustrie, Leipzig (1990).

Galus, Z., *Fundamentals of Electrochemical Analysis*, 2. Aufl., Ellis Horwood, New York, London, Toronto & Polish Scientific Publ. PWN, Warsaw (1994).

Gnaiger, E., Forstner, H. *Polarographic Oxygen Sensors*, Springer, Berlin, Heidelberg, New York (1983).

Hamann, C.H., Vielstich, W., *Elektrochemie*, 3. Aufl. Wiley/VCH (1998).

Henze, G., Neeb, R., *Elektrochemische Analytik*, Springer, Berlin (1986).

Honold, F., Honold, B., *Ionenselektive Elektroden, Grundlagen und Anwendungen in Biologie und Medizin*, Birkhäuser, Basel, Boston, Berlin (1991).

Kellner, R. Mermet, J-M., Otto, M. Widmer, H. M. (Hrsg.), *Analytical Chemistry*, VCH, Weinheim (1995).

Koryta, J. Ions, *Elektrodes and Members*, 2. Aufl. John Wiley, Chichester, New York (1992).

Morf, W.E., *The Principles of Ion-selective Electrodes and of Membrane Transport*, Elsevier, Amsterdam (1981).

Smyth, M. R., Vos, J. G., *Analytical Voltammetry*, Elsvier, Amsterdam (1992).

Skoog, D. A., West, D. M., Holler, F. J., *Fundamentals of Analytical Chemistry*, 6. Auflage, Sounders College Publ., Fort Worth, USA, 1993.Smyth, M.R. Vos, J.G., *Analytical Voltammetry*, Elsevier, Amsterdam (1992).

Wang, J., *Analytical Electrochemistry*, VCH Publ., New York, Weinheim, Cambridge (1994).

Wang, J., *Electroanalytical Techniques in Clinical Chemistry and Laboratory Medicine*, VCH Publ., New York (1988).

# 8 Grundlagen biochemischer Assays

## 8.1 Einführung

Enzymatische und immunchemische Assays (allgemeine biochemische Assays) sind in der analytischen Chemie durchaus keine neuen Verfahren. Bereits im 19. Jahrhundert wurden Enzyme zur Bestimmung von Kohlenhydraten in der Lebensmittelchemie eingesetzt. Man muss diesen Testsystemen dennoch einen besonderen Stellenwert in der chemischen und physikalischen Analytik beimessen, da zur Durchführung biologische Komponenten eingesetzt werden. Die Basis für die enzymatischen Assays sind naturgemäß spezifisch arbeitende Enzyme. Die zu analysierenden Substanzen dienen im Test entweder als Substrate, die vom Enzym umgesetzt werden, oder aber als Effektoren, die enzymkatalysierte Reaktionen beeinflussen. Die biologischen Komponenten in immunchemischen Analysenverfahren sind analytspezifische Antikörper oder Antikörperfragmente. Sie formieren sich in einer Antikörper-Antigen-Reaktion mit dem Analyten zu einem Immunkomplex, dessen Bildung mit der Analytkonzentration korreliert.

Die biochemischen Assays eignen sich zur Detektion und Quantifizierung sowohl von organischen als auch anorganischen Analyten. Die heute erhältlichen kommerziellen enzymatischen und immunchemischen Tests sind in der Regel soweit optimiert, dass sie ohne biochemisches Spezialwissen im Labor angewandt werden können. Aufgrund der anwenderfreundlichen Gestaltung sollten solche Tests ohne Probleme im analytischen Labor eingesetzt werden können.

Die Komponenten in biochemischen Assays sind für gewöhnlich so stabil, dass sie bei ordnungsgemäßer Lagerung und bei sauberem Umgang monatelang verwendet werden können. Der Verbrauch an Reagenzien ist klein, der apparative Aufwand meist gering. Die Detektion der Tests erfolgt im Allgemeinen mit ausgereiften optischen, radiologischen oder elektrochemischen Techniken. Vielfach reicht ein einfaches Photometer zur Durchführung der Untersuchung aus. Für routinemäßige Reihenuntersuchungen sind automatische Pipettier-, Diluterstationen und Analyseeinheiten im Einsatz, die mehrere hundert Proben gleichzeitig bearbeiten können. Der Einsatzbereich reicht von der medizinischen Diagnostik, Drogen- und Lebensmittelanalytik bis hin zur Untersuchung von Umweltproben. Die Testverfahren sind in der Regel hochspezifisch. Dabei kann sich die Spezifität auf eine Einzelsubstanz oder auf eine Substanzgruppe beziehen. Insbesondere in der Analytik von höhermolekularen Substanzen, z. B. von Naturstoffen, haben biochemische Assays hinsichtlich der geringen Kosten, der Schnelligkeit und der Einfachheit anerkannte Vorteile gegenüber anderen Verfahren.

---

**Grenzen der biochemischen Analytik**

Die Grenzen der Analysenverfahren werden im Wesentlichen durch folgende Faktoren bestimmt: Die biochemischen Assays können nur in Anwesenheit von Flüssigkeiten durchgeführt werden. Die Flüssigkeit dient als Träger des Analyten und ist Voraussetzung für die Stoffwechsel- bzw. Antigen-Antikörper-Reaktion. Es gibt biochemische Assays, die in wässrigen oder organischen Medien arbeiten. Eine Variation der Arbeitslösung hinsichtlich der Zusammensetzung und der physikalischen Parameter ist jedoch vielfach nicht möglich. Damit die Probenmatrix keinen Effekt auf die Leistungsfähigkeit des Testsystems ausübt, müssen die Proben vor der Bestimmung stark verdünnt werden. Im spurenanalytischen Bereich werden durch diesen Schritt der Nachweis und die Bestimmung verschlechtert.

Die Proben müssen frei von Stoffen sein, die das biologische System des Tests stören oder zerstören. Hierzu gehören die Substanzen, die von den Enzymen oder Antikörpern trotz deren Spezifität ebenfalls erkannt werden. Unbekannte Kreuzreaktanden können das Analysenergebnis verfälschen. Kommerzielle Testsysteme sind so optimiert, dass für den gewünschten Anwendungszweck keine Kreuzreaktionen auftreten oder aber dass diese bekannt sind und in das Ergebnis mit eingehen. Gerade im Bereich der Umweltanalytik können Substanzen in der Probe die biologischen Komponenten in dem Assay hemmen oder zerstören. Diese Möglichkeit sollte bei der Betrachtung der Testergebnisse stets Berücksichtigung finden.

---

Die in schnellen Schritten voranschreitenden Entdeckungen in der Molekularbiologie werden zukünftig verstärkt die Entwicklung hochspezifischer biologischer Systeme zulassen. Schon heute können durch gezielte Manipulationen die Eigenschaften von Enzymen und Antikörperfragmenten so verändert werden, dass sie optimal in das formulierte Analysensystem passen. Durch Anwendung gentechnischer Methoden sollten in Zukunft für nahezu jeden Analyten und jedes gewünschte Assayformat geeignete biologische Komponenten herzustellen sein. Insofern werden die biochemischen Assays verstärkt das Interesse des Analytikers finden. Die Grundlagen dieser Analyseverfahren werden in den folgenden Abschnitten beschrieben.

## 8.2 Enzymassays

Enzyme stellen biologische Katalysatoren dar, die nahezu alle Stoffwechselreaktionen in jeder bisher bekannten Lebensform vermitteln. Die Geschwindigkeiten enzymatisch katalysierter Reaktionen sind in der Regel $10^6$- bis $10^{12}$-mal größer als die entsprechender nicht katalysierter Reaktionen und um einige Größenordnungen höher als die analoger chemisch katalysierter Reaktionen. Zudem laufen enzymatisch katalysierte Reaktionen bei sehr viel milderen Bedingungen ab und Enzyme sind im Hinblick auf die Substrate und Reaktionstyp weitaus spezifischer als chemische Katalysatoren, d. h. enzymatische Reaktionen haben selten unerwünschte Nebenprodukte.

Stehen Enzyme als reine Reagenzien zur Verfügung, kann man die durch sie katalysierten Stoffwechselreaktionen dazu verwenden, die umgesetzten Substanzen analytisch zu verfolgen. Die zu analysierenden Substanzen können naturgemäß nur Substrate von Enzymen sein oder sie müssen als Effektoren eine enzymkatalysierte Reaktion in irgendeiner Form beeinflussen, wobei der Grad der Beeinflussung von der Konzentration abhängig ist. Im Wesentlichen handelt es sich also um Naturstoffe, die man vorzugsweise mithilfe von Enzymen bestimmen kann. Diese Verbindungen sind meist mit chemischen Methoden schwierig zu analysieren. Der besondere Wert der Analyse mit Enzymen liegt dabei in der Möglichkeit, in einem Stoffgemisch einzelne Substanzen spezifisch zu erfassen. Damit erübrigen sich langwierige und oft verlustreiche Trennungsverfahren.

Unter dem Begriff „enzymatische Analyse“ versteht man nicht nur die Konzentrationsbestimmung von Analyten mithilfe von Enzymen, sondern auch die Bestimmung der *katalytischen Aktivität* von Enzymen. Veränderte Aktivitäten von Enzymen in Körperflüssigkeiten und Geweben geben Aufschluss über bestimmte krankhafte Veränderungen oder genetische Defekte. Insbesondere in der klinischen Chemie finden diese Enzymtests eine breite Anwendung. Obwohl dieser Bereich der enzymatischen Analyse in der klinischen Diagnose von weit reichender Bedeutung ist, soll er hier unberücksichtigt bleiben.

Im Folgenden werden biochemische Grundlagen nur soweit beschrieben, wie es zum Verständnis für das Arbeiten mit Enzymen im Zusammenhang mit analytischen Fragestellungen und dem Verständnis von Biosensoren notwendig ist. Zu diesen Grundlagen gehören Struktur und Funktion von Enzymen und weiterer, an enzymatischen Reaktionen beteiligter Faktoren, sowie einige grundsätzliche Betrachtungen zur Enzymkinetk. Hieran schließen sich eine Darstellung der gängigen Messtechniken und Auswerteverfahren an. Abgeschlossen wird das Kapitel mit einer kurzen Diskussion über die Möglichkeiten und Grenzen der enzymatischen Analyse.

### 8.2.1 Struktur und Funktion von Enzymen

**Aufbau der Enzyme**

Enzyme gehören zu der Substanzklasse der Proteine und bestehen somit im Wesentlichen aus Aminosäuren. In der Regel sind Proteine aus 20 unterschiedlichen Aminosäuren aufgebaut. Die Aminosäureseitenketten unterscheiden sich in Größe, Gestalt, Ladung, Wasserstoffbindungsfähigkeit und chemischer Reaktivität. In Proteinen ist die α-Carboxylgruppe einer Aminosäure mit der α-Aminogruppe einer zweiten Aminosäure durch eine Peptidbindung verknüpft. Mehrere durch Peptidbindungen verknüpfte Aminosäuren bilden eine unverzweigte Polypeptidkette. Enzyme sind Moleküle, die sich aus einer oder mehreren Polypeptidketten zusammensetzen. Die Länge dieser Polypeptidketten variiert von ca. 40 bis zu mehr als 4000 Aminosäureresten.

**Struktur von Enzymen**

Aufgrund spezifischer Wechselwirkungen zwischen den einzelnen Aminosäureseitenketten innerhalb einer Polypeptidkette oder zwischen mehreren Polypeptiden kommt es zur Ausbildung komplexer dreidimensionaler Strukturen. Zu diesen Wechselwirkungen gehören elektrostatische, hydrophobe, van-der-Waals-, Wasserstoffbrücken und kovalente Bindungen. Die dreidimensionale Struktur eines Proteins wird somit eindeutig durch die Aminosäuresequenz festgelegt. Die Bedeutung der räumlichen Anordung der Polypeptidketten ergibt sich aus der Beobachtung, dass die Eigenschaften und die Funktion eines Enzyms durch seine dreidimensionale Struktur bestimmt werden.

## Aktives Zentrum und Katalyse

Ein bestimmter Bereich des Enzymproteins bildet das so genannte *aktive Zentrum*, in welchem das Substratmolekül oder – bei einer Reaktion zwischen zwei Substraten – beide Substratmoleküle gebunden werden. Die räumliche Anordnung der Substratmoleküle spielt eine große Rolle und wird durch spezifische Wechselwirkungen zwischen funktionellen Gruppen des Substrates und der Aminosäureseitenketten des aktiven Zentrums gewährleistet. Eine Reaktion mit zwei Substraten kann auf diese Weise sehr viel rascher erfolgen, als wenn sich die beiden Moleküle in Lösung zufällig treffen müssten, um zu reagieren. Durch die räumliche Orientierung der Substratmoleküle im aktiven Zentrum ist weiterhin die Art der Reaktion festgelegt, wodurch die Bildung von Nebenprodukten vermieden wird. Das aktive Zentrum ist so gestaltet, dass das Enzym von mehreren Seiten her mit den bindenden Gruppen des Substrats in Wechselwirkung tritt. Dadurch nehmen sowohl das Proteinmolekül als auch das Substratmolekül eine veränderte Raumstruktur an. Diese *induzierte Passform* (engl. *induced fit*) führt dazu, dass im Substratmolekül eine Spannung hervorgerufen wird, die die nachfolgende Reaktion erleichtert. Man spricht sogar davon, dass die Enzyme Konformationen annehmen, die dem Übergangszustand der von ihnen katalysierten Reaktion komplementär sind (*entatischer Zustand*).

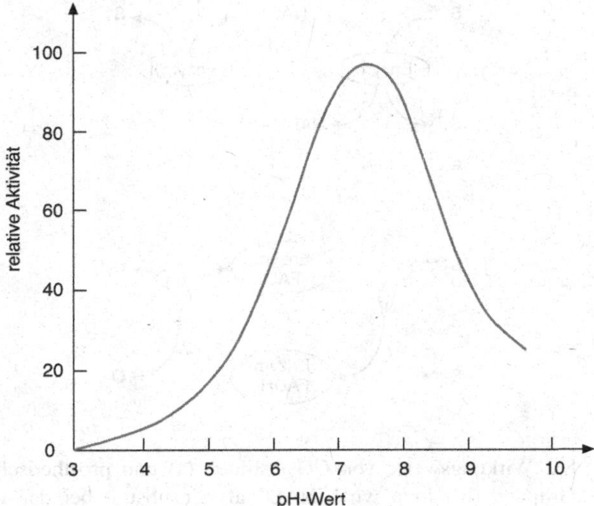


**8.1** Abhängigkeit der enzymatischen Aktivität vom pH-Wert. Aufgrund der Beteiligung geladener funktioneller Gruppen an der enzymatischen Katalyse und der Aufrechterhaltung der dreidimensionalen Struktur des Proteinmoleküls weist die enzymatische Aktivität eine starke Abhängigkeit vom pH-Wert des verwendeten Puffers auf. Der Bereich optimaler enzymatischer Aktivität wird als pH-Optimum des betreffenden Enzyms bezeichnet. Die pH-Optima der meisten Enzyme liegen in einem Bereich von pH 4 bis pH 9, wobei der Verlauf der Optimumskurve unterschiedlich ausgeprägt sein kann.

## Substrat- und Reaktionsspezifität

Die Passform zwischen Substrat und aktivem Zentrum ist so weit optimiert, dass die meisten Enzyme selbst aus einer Gruppe chemisch sehr ähnlicher Verbindungen *nur eine einzige* binden und umsetzen. Hierbei ist die Spezifität gegenüber chiralen oder prochiralen Substraten besonders ausgeprägt: Von einem Enatiomerengemisch wird in der Regel nur eine Form umgesetzt.

Die Vorbildung des Übergangszustandes der enzymatisch katalysierten Reaktion im aktiven Zentrum des Enzyms ist die Grundlage der Wirkungs- oder *Reaktionsspezifität* von Enzymen. Von der Vielzahl der möglichen Reaktionen, die die meist organischen Substratmoleküle eingehen können, wird nur *eine definierte* Reaktion katalysiert.

## pH-Optimum

Häufig sind dissoziable Gruppen im aktiven Zentrum an der Katalyse beteiligt. Ihr Ladungszustand ist vom pH der umgebenden Lösung abhängig, sodass bei einem bestimmten pH die katalytische Aktivität am größten sein wird. Weicht der pH geringfügig von diesem pH-Optimum ab, kommt es zu unwesentlichen Einbußen an enzymatischer Aktivität; liegt der pH-Wert der Lösung jedoch entsprechend weit vom Optimum entfernt, kommt es zum Erliegen der enzymatischen Reaktion (Abb. 8.1).

## Cofaktoren, Coenzyme, Cosubstrate und prosthetische Gruppen

Enzyme katalysieren eine Vielzahl chemischer Reaktionen. Hierbei können die funktionellen Gruppen der Aminosäureseitenketten Säure-Base-Reaktionen katalysieren, kovalente Bindungen bilden und öffnen und an Coulomb-Wechselwirkungen teilnehmen. Für die Katalyse von Redox- und Gruppenübertragungsreaktionen sind sie allein allerdings weniger geeignet. In solchen Fällen sind am Enzym gebundene *Cofaktoren* für die enzymatische Aktivität erforderlich. Cofaktoren können fest im aktiven Zentrum gebundene Metallionen – vorwiegend aus der ersten Übergangsreihe – oder organische Moleküle sein. Die an enzymatischen Reaktionen beteiligten organischen Moleküle werden auch als *Coenzyme* bezeichnet. Der Name *Coenzym* ist allerdings weniger sinnvoll, da diese Wirkgruppen chemisch in den katalysierten Vorgang eingreifen und dabei verändert werden. Der ursprüngliche Zustand wird erst in einer zweiten Reaktion wiederhergestellt.

Je nachdem, wie der Ausgangszustand des Coenzyms wiederhergestellt wird, kann zwischen *Cosubstraten* und *prosthetischen Gruppen* unterschieden werden. Ein typisches Beispiel für ein Cosubstrat ist das Nicotinamid-

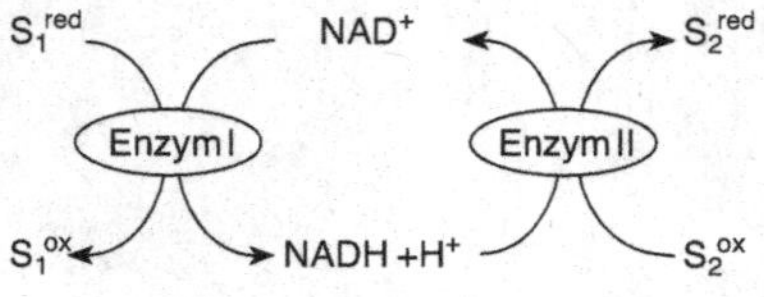

$S_1^{red}$ NAD⁺ $S_2^{red}$ Enzym I Enzym II $S_1^{ox}$ NADH +H⁺ $S_2^{ox}$

a

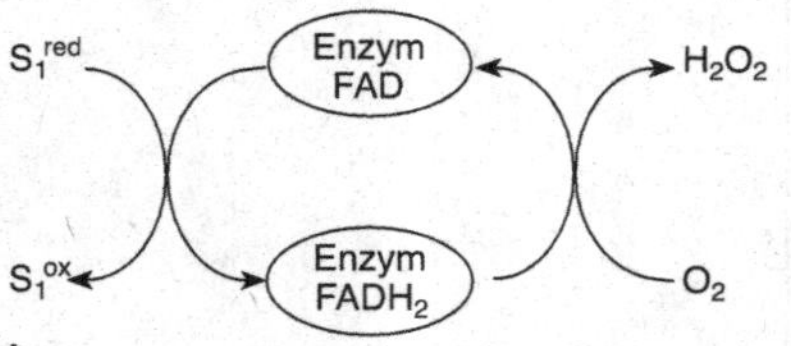

$S_1^{red}$ Enzym FAD $H_2O_2$ $S_1^{ox}$ Enzym $FADH_2$ $O_2$

b

**8.2** Wirkungsweise von Cosubstraten (a) und prosthetischen Gruppen (b). In a wirkt $NAD^+$ als Cosubstrat bei der von Enzym I katalysierten Oxidation des Substrates $S_1$. Die reduzierte Form des Cosubstrats, NADH, reagiert mit einem zweiten Enzym (Enzym II), wobei $NAD^+$ regeneriert und ein zweites Substrat ($S_2$) reduziert wird. In b überträgt ein Enzym mit FAD als prosthetische Gruppe Reduktionsäquivalente von einem Substrat ($S_1$) auf molekularen Sauerstoff, wobei die katalytisch aktive Form des Enzyms regeneriert und Wasserstoffperoxid gebildet wird.

adenindinucleotid ($NAD^+$), dem im Zusammenhang mit der enzymatischen Analyse eine große Bedeutung zukommt (s. u.). Bei der enzymatisch katalysierten Oxidation eines Substrates $S_1$ (Abb. 8.2a) nimmt $NAD^+$ ein Wasserstoffion und zwei Elektronen auf, was formal einem Hydridion entspricht. Die reduzierte Form des Coenzyms wird als NADH bezeichnet. In einer zweiten Reaktion, *die durch ein anderes Enzymprotein katalysiert wird*, wird NADH unter Reduktion eines zweiten Substrates ($S_2$) oxidiert, wobei die katalytisch aktive Ausgangsform $NAD^+$ wiederhergestellt wird. Im Gegensatz dazu ist eine prosthetische Gruppe fest am aktiven Zentrum eines Enzyms gebunden. Der katalytisch aktive Zustand der gebundenen prosthetischen Gruppe wird dann durch eine *nachfolgende Reaktion desselben Enzyms mit einem zweiten Substrat* wiederhergestellt (Abb. 8.2b). Ein Beispiel für eine prosthetische Gruppe ist das Flavinadenindinucleotid (FAD), ein weiteres Wasserstoff übertragendes Coenzym. Die reduzierte Form des FAD überträgt die Wasserstoffionen und Reduktionsäquivalente meist auf molekularen Sauerstoff, wobei Wasserstoffperoxid entsteht. Die Entstehung von Wasserstoffperoxid wird ebenfalls in der enzymatischen Analyse als messbarer Parameter genutzt (s. u.).

### 8.2.2 Grundlagen der Enzymkinetik

Die Enzymkinetik beschäftigt sich mit den quantitativen Beziehungen zwischen den Enzym- und Substratkonzentrationen und der Reaktionsgeschwindigkeit. Das Verständnis der kinetischen Grundlagen enzymatisch katalysierter Reaktionen stellt somit die Basis für die Durchführung enzymatischer Analysen dar. In diesem Rahmen wird nur ein kurzer Überblick über die Basis der Enzymkinetik gegeben (für weiterführende Literatur sei auf den Anhang verwiesen).

**Enzymaktivität**

Die Messung der Geschwindigkeit enzymatisch katalysierter Reaktionen ist die Voraussetzung der Enzymkinetik. Dazu bestimmt man entweder das Verschwinden des Substrates oder die Bildung eines Produktes in Abhängigkeit von der Zeit. Das Messprinzip richtet sich nach den physiko-chemischen Eigenschaften des Substrates oder Produktes, in erster Linie finden jedoch spektralphotometrische Verfahren im UV- oder sichtbaren Bereich Verwendung.

**Modell von Michaelis-Menten**

Bei vielen Enzymen hängt die Reaktionsgeschwindigkeit $V$ in der in Abb. 8.3 wiedergegebenen Weise von der Substratkonzentration $[S]$ ab. Bei niedrigen Substratkon-

**Zusammenhang zwischen Katal und U**

Die Geschwindigkeit einer chemischen Reaktion ist als Stoffumsatz pro Zeiteinheit definiert. Mit den Einheiten des internationalen Maßsystems ergibt sich somit als Einheit für die Reaktionsgeschwindigkeit [mol/s]. Die Einheit der Enzymaktivität ist das *Katal* (kat): 1 Katal bewirkt unter definierten Reaktionsbedingungen einen Stoffumsatz von einem mol pro Sekunde. In der Praxis ist diese Einheit jedoch viel zu groß, in der Enzymkinetik und der enzymatischen Analyse werden Aktivitäten von $\mu$kat oder nkat gemessen bzw. eingesetzt.

Eine gebräuchlichere Einheit der Enzymaktivität ist als Umsatz von 1 Mikromol pro Minute definiert und wurde 1960 als Internationale Einheit (engl. *Unit*, U) eingeführt. Als Umrechnung gilt:

$1\,U = 16{,}67 \cdot 10^{-9}$ kat und $1$ kat $= 60 \cdot 10^6\,U$.

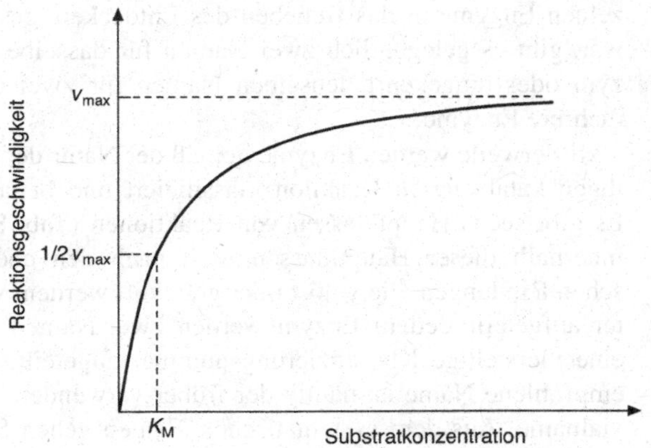


**8.3** Abhängigkeit der Geschwindigkeit enzymkatalysierter Reaktionen von der Substratkonzentration. Die Michaelis-Menten-Konstante $K_M$ entspricht der Substratkonzentration, bei der die halbmaximale Geschwindigkeit 1/2 $V_{max}$ erreicht wird. Die Maximalgeschwindigkeit $V_{max}$ wird beobachtet, wenn sämtliche Enzymmoleküle mit Substrat abgesättigt sind.

zentrationen steht *V* in linearer Abhängigkeit zu [*S*]; ist die Substratkonzentration hoch, so ist *V* nahezu unabhängig von ihr und strebt einem konstanten Wert, der Maximalgeschwindigkeit $V_{max}$, entgegen. Jede enzymatische Reaktion beginnt mit der Anlagerung des Substrates *S* an das Enzym *E*, wobei sich ein so genannter Enzym-Substrat-Komplex *ES* bildet (Gl. 8.1). Die Geschwindigkeitskonstante für die Bildung des Komplexes ist $k_1$, die Geschwindigkeitskonstante für den Zerfall in die Ausgangsstoffe ist $k_{-1}$. Die eigentliche enzymatische Reaktion, die zur Bildung des Produktes *P* führt, findet aus diesem Komplex heraus mit der Geschwindigkeitskonstante $k_2$ statt.

$$E + S \underset{k_{-1}}{\overset{k_1}{\rightleftharpoons}} ES \xrightarrow{k_2} E + P \qquad (8.1)$$

Das Modell geht davon aus, dass gebildetes Produkt nicht oder kaum in das ursprüngliche Substrat zurückverwandelt wird. Diese Annahme ist zumindest für die Anfangsphase der Reaktion, bei der die Konzentration des Produktes vernachlässigbar gering ist, zutreffend.

Bei hohen Substratkonzentrationen liegt das Enzym vollständig in Form des Enzym-Substrat-Komplexes vor, sodass der zweite Reaktionsschritt geschwindigkeitsbestimmend für die Bildung von *P* wird. Die Geschwindigkeit der Gesamtreaktion ist somit gegenüber einer weiteren Erhöhung der Substratkonzentration unabhängig. Der allgemeine Ausdruck für die Geschwindigkeit *V* dieser Reaktion ist somit:

$$V = d[P]/dt = k_2[ES] \qquad (8.2)$$

Unter diesen Bedingungen bleibt die Konzentration von [*ES*] so lange konstant, bis das Substrat nahezu verbraucht ist. Demnach ist die Bildungsgeschwindigkeit von *ES* im Laufe der Reaktion gleich der Geschwindigkeit seines Zerfalls. Die Konzentration von *ES* bleibt in einem *Fließgleichgewicht* oder stationären Zustand (engl. *steady state*).

Ausgehend von diesen Überlegungen entwickelten Leonor Michaelis und Maud Menten bereits 1913 ein einfaches Modell, das die in Abb. 8.3 wiedergegebene Abhängigkeit der Reaktionsgeschwindigkeit von der Substratkonzentration quantitativ beschreibt (Gl. 8.3).

$$V = V_{max}[S]/([S] + K_M) \qquad (8.3)$$

$$\text{mit: } K_M = k_{-1} + k_2/k_1$$

Diese Grundgleichung der Enzymkinetik, die so genannte Michaelis-Menten-Gleichung, entspricht der Gleichung einer rechtwinkligen, um 45° gedrehten und zum Ursprung verschobenen Hyperbel.

Die Bedeutung der Michaelis-Menten-Konstante $K_M$ wird deutlich, wenn die Substratkonzentration $[S] = K_M$ wird. Nach Gleichung (8.3) wird $V = V_{max}/2$, d. h. $K_M$ entspricht der Substratkonzentration, bei der die Reaktionsgeschwindigkeit die Hälfte ihres Maximalwertes erreicht. *Die Michaelis-Menten-Konstante ist ein Maß für die Affinität des Enzyms zum Substrat*, ein Enzym mit kleinem $K_M$-Wert erreicht seine maximale katalytische Wirksamkeit bei niedrigeren Substratkonzentrationen als ein Enzym mit höherem $K_M$-Wert.

Der Quotient aus Maximalgeschwindigkeit $V_{max}$ und der Gesamtkonzentration des Enzyms ($[ES] + [E] = [E]_T$) ist die so genannte *katalytische Konstante* $k_{kat}$:

$$k_{kat} = V_{max}/[E]_T \qquad (8.4)$$

$k_{kat}$ wird auch häufig als *Wechselzahl* (engl. *turnover number*) bezeichnet, weil sie die Anzahl umgesetzter Substratmoleküle pro Zeiteinheit angibt. Die Werte für $k_{kat}$ schwanken je nach Enzym und Substrat um mehrere Größenordnungen. Eines der katalytisch wirksamsten Enzyme ist die Katalase, die die Disproportionierung von Wasserstoffperoxid zu Wasser und molekularem Sauerstoff katalysiert. Die Wechselzahl für dieses Enzym beträgt $1{,}0 \cdot 10^7\ s^{-1}$.

**Grenzen des Modells nach Michaelis-Menten**

Die Annahme, dass enzymatische Rückreaktionen vernachlässigt werden können, war eine der Voraussetzungen des Modells nach Michaelis-Menten. Da Enzyme jedoch nur *die Gleichgewichtseinstellung einer chemi-*

*schen Reaktion beschleunigen, nicht aber die Gleichgewichtslage selbst verändern*, trifft diese Annahme vor allem bei Reaktionen mit geringer freier Enthalpie nicht immer zu. In solchen Fällen reagieren die Produkte zu einem nicht zu vernachlässigenden Teil wieder zu den Substraten. Die Berücksichtigung enzymatisch katalysierter Rückreaktionen in dem Modell führt zu komplexen mathematischen Ausdrücken und soll hier unbeachtet bleiben. Bei der Durchführung von enzymatischen Analysen ist man ohnehin bestrebt, die Versuchsbedingungen so zu wählen, dass ein vollständiger Umsatz erfolgt.

Ferner gilt die Kinetik nach Michaelis-Menten streng genommen nur für Reaktionen von Enzymen mit einem einzigen Substrat. In der Mehrzahl setzen enzymatische Reaktionen allerdings gleichzeitig zwei Substrate zu zwei Produkten um. Da die mathematische Behandlung so genannter Bisubstrat-Reaktionen keine wesentlichen neuen Erkenntnisse über die enzymatische Katalyse liefert, soll sie hier ebenfalls unberücksichtigt bleiben. Bisubstrat-Reaktionen können wie Einsubstrat-Reaktionen behandelt werden, wenn ein Substrat in so großem Überschuss zugegeben wird, dass die Reaktionsgeschwindigkeit gegenüber diesem Substrat unabhängig wird.

Je nach Reihenfolge der Substratbindung und Produktfreisetzung bei den Bisubstrat-Reaktionen kann zwischen *sequenziellen Reaktionen* und so genannten *Ping-Pong-Mechanismen* unterschieden werden. Im Verlauf einer sequenziellen Reaktion *müssen sich alle Substrate mit dem Enzym verbinden, bevor eine Reaktion stattfinden kann* und Produkte freigesetzt werden. Hierbei kann weiter unterschieden werden zwischen einem geordneten Mechanismus, bei dem die Substrate in einer strengen Reihenfolge an das Enzym anbinden, und einem zufälligen Mechanismus, bei dem die Substrate in einer beliebigen Reihenfolge an das Enzym anbinden. Im Fall eines Ping-Pong-Mechanismus *bindet das Enzym zunächst nur ein Substrat und setzt dieses zu einem Produkt um*. Der Ausgangszustand des Enzyms wird dann in einer *zweiten Reaktion mit einem zweiten Substrat* wiederhergestellt. Bei einem Ping-Pong-Mechanismus sind also – im Gegensatz zur sequenziellen Reaktion – niemals beide Substrate gleichzeitig am Enzym gebunden.

## 8.2.3 Enzymnomenklatur

Enzyme werden in der Regel durch die Endsilbe „ase“ gekennzeichnet und zwar entweder an den Namen ihres Substrates oder an einen Begriff, der die katalytische Wirkung des Enzyms beschreibt. So katalysiert zum Beispiel die Glucoseoxidase die Oxidation von Glucose zu Gluconolacton. Da jedoch vor der Einführung einer einheitlichen Regelung (1961) die Benennung der einzelnen Enzyme in das Belieben des Entdeckers gestellt war, gibt es gelegentlich zwei Namen für dasselbe Enzym oder umgekehrt denselben Namen für zwei oder mehrere Enzyme.

Mittlerweile werden Enzyme gemäß der Natur der von ihnen katalysierten Reaktion klassifiziert und benannt. Es gibt sechs Hauptklassen von Reaktionen (Tab. 8.1), innerhalb dieser Hauptklassen wird nach den chemischen Bindungen, die gelöst oder geknüpft werden, weiter aufgeteilt. Jedem Enzym werden zwei Namen und eine vierstellige Klassifizierungsnummer zugeteilt. Der empfohlene Name ist häufig der früher verwendete Trivialname. Aus dem systematischen Namen gehen Substrat und Reaktionsart klar hervor, sodass Verwechslungen ausgeschlossen werden. Die ersten drei Ziffern der Klassifizierungsnummer geben die Haupt- und Unterklassen an, die vierte ist die willkürlich zugeteilte Seriennummer innerhalb der zweiten Untergruppe. Der Nummer vorangestellt ist „EC“, die Abkürzung für *Enzyme Commission*.

**Tabelle 8.1** Enzymklassifizierung nach Art der katalysierten Reaktion in sechs unterschiedliche Hauptklassen.

| Klassifizierung | Reaktionstyp |
|---|---|
| 1. Oxidoreduktasen | Oxidation/Reduktion |
| 2. Transferasen | Transfer funktioneller Gruppen |
| 3. Hydrolasen | Hydrolysereaktionen |
| 4. Lyasen | Eliminierungsreaktionen unter Bildung von Doppelbindungen |
| 5. Isomerasen | Isomerisierung |
| 6. Ligasen | kovalente Bindungen, gekoppelt mit ATP-Hydrolyse |

## 8.2.4 Konzentrationsbestimmung nach der Endwertmethode

### Einfache Endwertmethoden

Enzymsubstrate können nach Ablauf der Reaktion durch physikalische, chemische oder abermals enzymatische Analyse des Produktes oder des nicht umgesetzten Substrates quantitativ bestimmt werden. Liegt das Gleichgewicht der Reaktion praktisch vollständig aufseiten der Produkte, so ist die Auswertung der Ergebnisse einfach, die Analytkonzentration lässt sich anhand der bekannten Stoffkonstanten (z. B. Extinktionskoeffizienten) berechnen. Bis heute werden neben elektrochemischen und fluorimetrischen Verfahren bei weitem photometrische Messverfahren bevorzugt. Dies ist in der einfachen

**Beispiel:**

Eine Ein-Substrat-Reaktion, deren Gleichgewicht praktisch ganz aufseiten der Produkte liegt, soll nahezu vollständig, d. h. zu etwa 99%, ablaufen. Bei einer Ausgangskonzentration $[S]_0 = 5 \cdot 10^{-5}$ mol/L ist die Konzentration am Ende der Reaktion $[S]_t = 5 \cdot 10^{-7}$ mol/L. Ferner sei $K_M = 7 \cdot 10^{-4}$ mol/L und damit $[S]_0 = 0{,}07\ K_M$. Aus der Michaelis-Menten Gleichung (Gl. 8.3) ergibt sich somit für die Anfangsgeschwindigkeit der Reaktion $V_i$:

$$V_i = (V_{max}[S])/(1{,}07 K_M) \qquad (8.5)$$

Dies entspricht der Geschwindigkeitsgleichung einer Reaktion 1. Ordnung ($V = k[S]$), in der die Geschwindigkeitskonstante $k$ durch $V_{max}/(1{,}07\ K_M)$ zu ersetzen ist. $V_{max}$ ist nichts anderes als die eingesetzte Enzymaktivität, sodass bei einer Enzymaktivität von 1 U pro mL Reaktionsansatz $k = 1{,}335\ \text{min}^{-1}$ wird.

Bei Reaktionen 1. Ordnung gilt für den zeitlichen Verlauf von $[S]$ (siehe Lehrbücher der chemischen Reaktionskinetik):

$$[S]_t = [S]_0 \exp(kt)$$
$$t = 1/k \ln([S]_0/[S]_t) \qquad (8.6)$$

Werden die entsprechenden Werte für $k$, $[S]_0$ und $[S]_t$ eingesetzt, ergibt sich für die Zeitdauer der Reaktion bis zu einem 99% igen Umsatz: $t = 3{,}5$ min.

---

Durchführbarkeit photometrischer Tests sowie in den oft hohen Extinktionskoeffizienten der Produkte bzw. Substrate enzymatischer Reaktionen und den damit einhergehenden niedrigen Nachweisgrenzen begründet. Darüber hinaus sind UV/vis-Spektralphotometer in fast jedem Labor vorhanden.

Bei der Durchführung der Endwertmethode wird relativ zur Substratmenge eine hohe Enzymaktivität eingesetzt, damit die Reaktion schnell abläuft. Mit den aus der Literatur bekannten kinetischen Parametern des eingesetzten Enzyms lässt sich die Zeitspanne bis zum vollständigen Umsatz abschätzen.

Sind weder der Analyt – also das Substrat der enzymatischen Reaktion – noch das Produkt einer direkten Bestimmung zugänglich, so kann auch ein weiterer Reaktionspartner, der im Verlauf der Reaktion in stöchiometrischen Mengen verbraucht wird oder entsteht, zur Bestimmung der Analytkonzentration herangezogen werden.

### Messungen gegen das Gleichgewicht

Enzyme haben als Katalysatoren keinen Einfluss auf die Gleichgewichtslage der von ihnen katalysierten Reaktion. Bleibt der Umsatz der Reaktion unvollständig, so muss das Gleichgewicht von außen auf die Seite der Produkte gedrängt werden. Bei Bisubstrat-Reaktionen kann dies durch Erhöhung der Konzentration des zweiten Substrates – selbstverständlich nicht des Analyten – erreicht werden. Gleiches gilt für die Konzentration an Coenzym von coenzymabhängigen Reaktionen. Das Abfangen von bereits gebildetem Produkt führt ebenfalls zu einer Verschiebung des Gleichgewichts. Werden z. B. Protonen im Laufe der Reaktion freigesetzt, so kann durch ein möglichst alkalisches Milieu ein vollständiger Umsatz erreicht werden. Dieser Methode sind allerdings durch das pH-Optimum der verwendeten Enzyme enge Grenzen gesetzt.

Eine weitere Möglichkeit, das Gleichgewicht auf die Seite der Produkte zu drängen, ist der Austausch von Reaktionspartnern. Wird z. B. an einer enzymatischen Reaktion beteiligtes anorganisches Phosphat durch Arsenat ersetzt, so ist das aus der Reaktion hervorgehende Organoarsenat instabil und zerfällt im Gegensatz zu dem stabilen Organophosphat sehr schnell. Auf diese Weise wird dem Gleichgewicht laufend Produkt entzogen, was zu einem vollständigen Umsatz des Substrates führt. Voraussetzung für den Erfolg dieser Methode ist natürlich eine ausreichende Affinität des Enzyms gegenüber dem Substratanalogon.

Gelingt es trotz aller Kunstgriffe nicht, das Gleichgewicht genügend weit auf die Seite der Produkte zu verschieben, muss man für definierte Messbedingungen Kalibrationskurven erstellen.

### Gekoppelte Reaktionen

Ist bei einer enzymatischen Umsetzung weder der Analyt noch das Produkt oder ein Reaktionspartner einer physikalischen oder chemischen Bestimmung zugänglich, so kann häufig eine dieser Komponenten durch eine weitere enzymatische Reaktion bestimmt werden. Die Reaktion, welche die zu analysierende Substanz umsetzt, wird *Hilfsreaktion* genannt, die tatsächlich zur Messung herangezogene *Indikatorreaktion*. Je nachdem, ob die Indikatorreaktion der Hilfsreaktion folgt oder vorangestellt ist, spricht man von *nachgeschalteter* bzw. *vorgeschalteter* Indikatorreaktion.

**Nachgeschaltete Indikatorreaktion**
Bei der wesentlich häufigeren Anordnung der nachgeschalteten Indikatorreaktion führt das Hilfsenzym die zu analysierende Substanz der messbaren Indikatorreaktion zu. Ist $S_1$ die zu analysierende Substanz, so ergibt sich folgendes Schema:

$$S_1 + S_2 \xrightarrow{\text{Hilfsenzym}, E_h} P_1 + P_2$$

$$P_1 + S_3 \xrightarrow{\text{Indikatorenzym}, E_i} P_3 + P_4 \qquad (8.7)$$

Als Messgröße dient eine physikalische oder chemische Eigenschaft von $S_3$, $P_3$ oder $P_4$.

Bei Kopplung von Hilfs- und Indikatorreaktion muss nur die nachgestellte Indikatorreaktion eine günstige Gleichgewichtslage besitzen oder durch entsprechende Bedingungen erhalten. Für die Hilfsreaktion genügt es, wenn deren Gleichgewichtskonstante größer ist als der reziproke Wert der Gleichgewichtskonstanten der Indikatorreaktion. Gekoppelte Reaktionen bringen auch hinsichtlich der Spezifität der Umsetzung Vorteile. Während bei direkten Endwertbestimmungen die Spezifität von nur einem Enzym abhängt, bestimmt bei gekoppelten Reaktionen das spezifischste Enzym die Spezifität.

**Vorgeschaltete Indikatorreaktion**
Der seltene Fall einer vorgeschalteten Indikatorreaktion findet dann Verwendung, wenn eine nachgeschaltete Indikatorreaktion nicht möglich oder ein Reaktionspartner so labil ist, dass man ihn zweckmäßig erst im Test erzeugt. Es ergibt sich folgendes Schema, wobei $S_1$ wiederum der zu bestimmende Analyt sei:

$$\mathrm{M} + \mathrm{N} \xrightarrow{\text{Indikatorenzym}, E_i} \mathrm{O} + S_2$$

$$S_1 + \mathrm{O} \xrightarrow{\text{Hilfsenzym}, E_h} P_1 + P_2 \qquad (8.8)$$

Als Messgröße dient eine physikalische oder chemische Eigenschaft von M, N oder O.

Wie das Beispiel der enzymatischen Acetatbestimmung zeigt, ist die Auswertung der Ergebnisse bei gekoppelten Reaktionen mit vorgeschalteter Indikatorreaktion nicht so unproblematisch wie bei einer nachgeschalteten Indikatorreaktion.

## 8.2.5 Kinetische Konzentrationsbestimmung

Bei den kinetischen Verfahren dient die Geschwindigkeit der Reaktion als Messgröße. Da die Geschwindigkeit enzymkatalysierter Reaktionen stark von den Reaktionsbedingungen abhängt, ist eine strikte Einhaltung der Versuchsbedingungen unabdingbar. Im Vergleich zu der Konzentrationsbestimmung nach der Endwertmethode besitzen die kinetischen Methoden jedoch nur eine untergeordnete Rolle und sollen hier am Rande erwähnt werden.

Der einfachste Fall besteht in einer irreversiblen enzymatischen Ein-Substrat-Reaktion erster Ordnung:

$$S \longrightarrow P \qquad (8.9)$$

Für die zeitliche Abnahme von $S$ gilt die allgemeine Geschwindigkeitsgleichung für Reaktionen erster Ordnung:

$$V = -\mathrm{d}[S]/\mathrm{d}t = k[S] \qquad (8.10)$$

mit: $k$ = Geschwindigkeitskonstante.

---

**Beispiel: Photometrische Glucose-Bestimmung.**

*Hilfsreaktion*:
Glucose + ATP $\xrightarrow{\text{HK}}$ ADP + Glucose-6-Phosphat

*Indikatorreaktion*:
Glucose-6-Phosphat + $\mathrm{NADP^+}$ $\xrightarrow{\text{G6P-DH}}$
6-Phosphogluconolacton + NADPH + $\mathrm{H^+}$

*Enzyme*:
HK, Hexokinase (ATP:D-Hexophosphotransferase, EC 2.7.1.1),
G6P-DH, Glucose-6-Phosphat-Dehydrogenase (D-Glucose-6-phosphat:NADP-Oxidoreductase, EC 1.1.1.49)

*Cosubstrate*:
ATP, Adenosin-5'-triphosphat
ADP, Adenosin-5'-diphosphat
$\mathrm{NADP^+}$, Nicotinamidadenindinucleotidphosphat

Die Hexokinase katalysiert, wie schon ihr Name vermuten lässt, nicht nur die Phosphorylierung von Glucose, sondern auch von weiteren Hexosen wie z. B. Fructose. Dahingegen ist die Glucose-6-Phosphat-Dehydrogenase spezifisch für Glucose-6-Phosphat, sodass eventuell aus der Hilfsreaktion hervorgegangenes Fructose-6-Phosphat bei der eigentlichen Messung nicht mit erfasst wird.

---

Mit $[S] = [S]_0 \mathrm{e}^{-kt}$ gilt:

$$-\mathrm{d}[S]/\mathrm{d}t = k[S]_0\, \mathrm{e}^{-kt} \quad (8.11)$$

mit: $[S]_0$ = Konzentration zum Zeitpunkt $t = 0$.

Nach Integration und Umstellen ergibt sich:

$$[S]_0 = -\Delta[S]/(\mathrm{e}^{-kt_1} - \mathrm{e}^{-kt_2}) \quad (8.12)$$

mit: $\Delta[S]$ = Konzentrationsänderung im Zeitintervall $\Delta t = t_2 - t_1$.

Aus dieser Gleichung folgt, dass die Konzentrationsänderung $\Delta[S]$ im Messzeitinterval $\Delta t$ der Anfangskonzentration $[S]_0$ direkt proportional ist. Werden die Messzeiten $t_1$ und $t_2$ konstant gehalten, reicht ein einziger Standardwert für die bei kinetischen Messungen stets erforderliche Kalibrierung aus.

Unter entsprechenden Bedingungen kann die Methode auch auf komplexe Reaktionen pseudoerster Ordnung (reversible Reaktionen, gekoppelte Reaktionen) angewandt werden. Auch Mehr-Substrat-Reaktionen – zu denen die Cosubstrat-abhängigen Reaktionen gehören – lassen sich mit ausreichender Genauigkeit wie Ein-Substrat-Reaktionen behandeln. Hierzu werden die Reaktionspartner im hohen Überschuss zugegeben, sodass die Reaktionsgeschwindigkeit allein von der Konzentration des zu bestimmenden Substrates abhängig wird.

---

**Beispiel: Photometrische Acetat-Bestimmung.**

(1) Acetat + ATP + CoA $\xrightarrow{\text{ACS}}$ Acetyl-CoA + AMP + Pyrophosphat

(2) Acetyl-CoA + Oxalacetat + $H_2O$ $\xrightarrow{\text{CS}}$ Citrat + CoA

(3) Malat + $NAD^+$ $\overset{\text{MDH}}{\rightleftharpoons}$ Oxalacetat + NADH + $H^+$

*Enzyme*:
ACS, Acetyl-CoA-Synthetase (Acetat-CoA Ligase, EC 6.2.1.1)
CS, Citrat-Synthase (Citratoxaloacetatlyase, EC 4.1.3.7)
MDH, Malat-Dehydrogenase (L-Malat:NAD-Oxidoreduktase, EC 1.1.1.37)

*Cosubstrate*:
ATP, Adenosin-5'-triphosphat
AMP, Adenosin-5'-monophosphat
CoA, Coenzym A
$NAD^+$, Nicotinamidadenindinucleotid

Acetat wird in Gegenwart des Enzyms Acetyl-CoA-Synthetase durch ATP und CoA zu Acetyl-CoA umgesetzt (1). Das Enzym Citrat-Synthase katalysiert dann die Bildung von Citrat aus Acetyl-CoA und Oxalacetat (2). Das für die Reaktion benötigte instabile Oxalacetat wird im Test aus Malat und $NAD^+$ in Gegenwart von Malat-Dehydrogenase gebildet, wobei $NAD^+$ zu NADH reduziert wird (3). Der Bestimmung von Acetat liegt eine photometrische Bestimmung des aus Reaktion (3) gebildeten NADH zugrunde.

Die Summenformel der Reaktion (4) täuscht eine der umgesetzten Acetatmenge linear proportionale Extinktionszunahme von NADH vor:

(4) Acetat + ATP + $NAD^+$ + Malat $\longrightarrow$ Citrat + AMP + NADH + $H^+$ + Pyrophosphat

Der Acetatumsatz ist zwar linear proportional dem Verbrauch an Oxalacetat, dieser ist jedoch nicht linear proportional der Zunahme an NADH. Dieser auf dem ersten Blick widersprüchliche Sachverhalt erklärt sich dadurch, dass die Zunahme an NADH nach dem Massenwirkungsgesetz aus der Nachstellung des Gleichgewichts aufgrund des Verbrauchs an Oxalacetat von Reaktion (3) erfolgt. Die gemessene Extinktionsdifferenz $\Delta E_{exp}$ infolge der Bildung von NADH und damit die bestimmte Acetat-Konzentration ist demnach zu niedrig. Zur Berechnung der der Acetat-Konzentration entsprechenden Extinktionsdifferenz DEber dient folgende, allgemein bei vorgeschalteten Indikatorreaktionen anzuwendende Formel:

$$\Delta E_{ber} = [(E_2 - E_0)_P - ((E_1 - E_0)_P^2/(E_1 - E_0)_P)] - [(E_2 - E_0)_L - ((E_1 - E_0)_L^2/(E_1 - E_0)_L)] \quad (8.13)$$

Hierbei entspricht $E_0$ der Extinktion nach Zugabe von Malat und den Cosubstraten ATP, CoA und $NAD^+$ zu der Probelösung. $E_1$ wird nach Zugabe der Malat-Dehydrogenase und Citrat-Synthase gemessen. Die Extinktionsdifferenz $E_2$ wird gemessen, nachdem die Reaktion nach Zugabe der Acetyl-CoA-Synthetase zum Stillstand gekommen ist. Der erste Term der Gleichung bezieht sich auf die Probelösung (Index *P*), der zweite Term auf den Reagenzienleerwert (Index *L*), d. h. auf einen Ansatz mit bidestilliertem Wasser anstelle der Probenlösung.

---

## 8.2.6 Die Messprinzipien

Der weitaus größte Teil aller Enzymassays basiert auf der photometrischen Detektion der Cosubstrate NADH oder Nicotinamidadenindinucleotidphosphat (NADPH) oder des Produktes Wasserstoffperoxid. Die entsprechenden Enzyme, NAD(P)H-abhängige Dehydrogenasen bzw. Oxidasen, gehören zu der Hauptklasse der Oxidoreduktasen (Tab. 8.1), stellen also Katalysatoren biologischer Redoxreaktionen dar. Hierbei dient entweder der Analyt selbst als Substrat dieser Enzyme oder die zu bestimmende Substanz wird in einer gekoppelten Reaktion mit einer biologischen Redoxreaktion kombiniert. In den letzten Jahren wurden zunehmend auch andere, hochsensitive Detektionsprinzipien angewandt, allen voran fluorimetrische und elektrochemische; diese sollen aber hier unberücksichtigt bleiben.

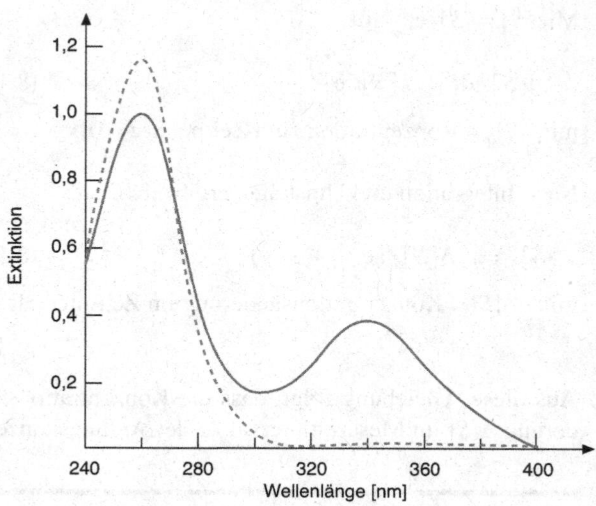


**8.5** UV-Absorptionsspektrum der Nicotinamidnucleotid-Coenzyme. Sowohl die reduzierte (durchgezogene Kurve) als auch die oxidierte (gestrichelte Kurve) Form weisen ein Absorptionsmaximum bei 260 nm auf, während allein NAD(P)H ein weiteres Maximum bei 340 nm aufweist. Dieser Unterschied erlaubt eine einfache Detektion Nicotinamidnucleotid-abhängiger Reaktionen bei 340 nm.

**UV-spektrometrische Detektion von NAD(P)H**

In Abb. 8.4 sind die Strukturformeln der oxidierten und reduzierten Cosubstrate wiedergegeben. Aus der Abbildung geht hervor, dass in der reduzierten Form die aromatische Natur des Pyridinrings aufgehoben ist. Dadurch ändert sich die Lichtabsorption in charakteristischer Weise: Das Dihydropyridinsystem besitzt ein breites Absorptionsmaximum bei 340 nm, während das Pyridinsystem hier nicht absorbiert (Abb. 8.5). Eine enzymatische Umsetzung, bei der entweder NAD(P)H entsteht oder verbraucht wird, kann somit über die Zu- bzw. Abnahme der Absorption bei 340 nm verfolgt werden. Der Extinktionskoeffizient von NAD(P)H beträgt $\varepsilon_{340} = 6300\ \mathrm{L\ mol^{-1}\ cm^{-1}}$. Bei Verwendung von Spektrallinien-Filterphotometern mit Hg-Lampe anstelle von Spektralphotometern wird bei 365 oder 334 nm gemessen. Die Extinktionskoeffizienten betragen hier $\varepsilon_{365} = 3400\ \mathrm{L\ mol^{-1}\ cm^{-1}}$ und $\varepsilon_{334} = 6180\ \mathrm{L\ mol^{-1}\ cm^{-1}}$. Erfolgt eine quantitative Umsetzung des Analyten, was meist duch Zugabe des Coenzyms im Überschuss erreicht wird, so ist die gebildete oder verbrauchte Menge an NAD(P)H der Analytkonzentration äquivalent. Wird NAD(P)H im Laufe der Reaktion verbraucht, so setzt der hohe Extinktionskoeffizient einer Konzentrationserhöhung allerdings Grenzen.

**NAD(P)H-Nachweis durch Farbreaktionen**

Durch die Kopplung mit geeigneten Redoxfarbstoffen *(Konversionsreaktion)* können NAD(P)H-abhängige Reaktionen ebenfalls im sichtbaren Spektralbereich nachgewiesen werden. Dieses Verfahren zeichnet sich neben

$+H^+, 2e^-$ / $-H^+, 2e^-$

NAD (R = OH)

NADP ($R = O-PO_3^{2-}$)

NAD(P)H

**8.4** Strukturformeln der oxidierten und reduzierten Nicotinamidnucleotid-Coenzyme NAD(P)$^+$ bzw. NAD(P)H. In der reduzierten Form ist die aromatische Natur des Pyridinrings aufgehoben, was zu einer charakteristischen Änderung des UV-Absorptionsspektrums führt.

der einfachen optischen Messtechnik durch – infolge der geringeren Hintergrundabsorption – niedrige Nachweisgrenzen aus. Ferner ist eine Kopplung mit Redoxfarbstoffen bei enzymatischen Reaktionen mit ungünstiger Gleichgewichtslage sehr vorteilhaft. Durch die Reduktion des Farbstoffes wird NAD(P)H dem Gleichgewicht laufend entzogen und gleichzeitig wird das Substrat $NAD^+$ regeneriert.

Redoxaktive Farbstoffe neigen oft zu autoxidativen Prozessen und instabilen Farbreaktionen, was in der Folge zu unzuverlässigen Ergebnissen führte. In letzter Zeit wurden jedoch stabile Farbstoffe entwickelt, die eine akkurate enzymatische Analyse ermöglichen. Zu diesen Farbstoffen gehören die gut wasserlöslichen, farblosen bis leicht gelb gefärbten Tetrazoliumsalze, die sich leicht in einem irreversiblen Prozess bei neutralen pH-Werten zu intensiv gefärbten, schlecht wasserlöslichen Formazanen reduzieren lassen. Die gebräuchlichen Tetrazoliumsalze sind 2,3,5-aromatensubstituierte Derivate des 1,2,3,4-Tetrazols. Neben den Monotetrazoliumsalzen werden auch Ditetrazoliumverbindungen eingesetzt, bei denen über eine aromatische Gruppierung zwei Tetrazoliumringe miteinander verknüpft sind. Die entsprechenden Monoformazane sind tiefgelb bis rot gefärbt, Diformazane blau bis schwarz.

In der Regel kann NAD(P)H die Tetrazoliumsalze nicht direkt reduzieren, eine Hilfsreaktion ist für den Transfer von Reduktionsäquivalenten notwendig. Hierzu nutzt man entweder die katalytische Aktivität des Enzyms Diaphorase oder nichtenzymatische Mediatoren wie Phenazinmethosulfat (5-Methylphenazinium-methylsulfat, PMS). In Abb. 8.6a und b ist die Reduktion des Tetrazoliumsalzes INT (2-(p-Iodophenyl)-3-(p-nitrophenyl)-5-phenyl-tetrazoliumchlorid) mit beiden Hilfsreaktionen zusammengefasst. Das dem INT entsprechende Fomazan besitzt bei 492 nm einen Extinktionskoeffizienten von 19 900 L $mol^{-1}$ $cm^{-1}$. Dies ermöglicht einen gegenüber der UV-spektrometrischen NAD(P)H-Detektion um den Faktor zwei empfindlicheren Nachweis.

Bei dem Nachweis von NAD(P)H im sichtbaren Spektralbereich ist die Mitführung eines *Probenleerwertes* (Probe + Tetrazoliumsalz, ohne $NAD^+$ oder Diaphorase bzw. PMS) erforderlich, da zahlreiche reduzierende Verbindungen (z. B. Cystein, Glutathion, Ascorbinsäure) Tetrazoliumsalze nicht-enzymatisch zu Formazanen umsetzen können. Diese nicht spezifische Zunahme der Extinktion muss dann bei der Ermittlung der Analytkonzentration entsprechend berücksichtigt werden.

Prinzipiell lassen sich alle NAD(P)H-bildenden Reaktionen mit diesem Verfahren nachweisen. Reaktionen, die unter Verbrauch von NAD(P)H ablaufen, sind jedoch nur in umständlichen Mehrpunktsmessungen, in denen die Menge nicht verbrauchten NAD(P)H zu unterschiedlichen Zeitpunkten bestimmt wird, quantifizierbar.

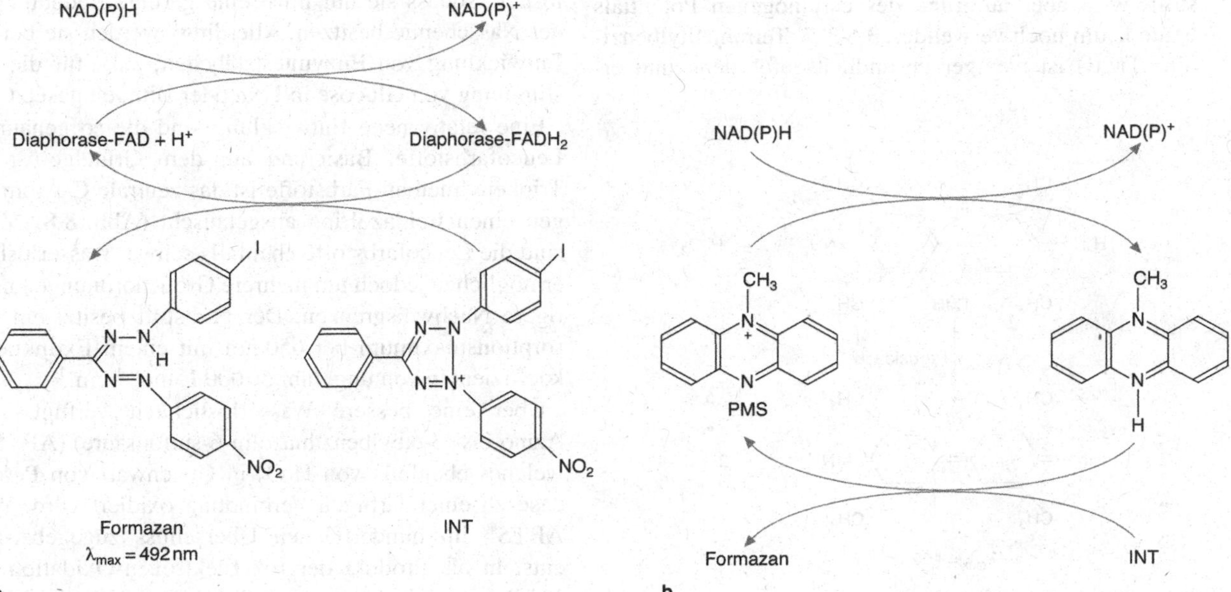


**8.6** Reaktionsschema der NAD(P)H-abhängigen Farbreaktion mit dem Tetrazoliumsalz 2-(p-Iodophenyl)-3-(p-nitrophenyl)-5-phenyl-tetrazoliumchlorid (INT). In a katalysiert das Enzym Diaphorase mit FAD als prothetische Gruppe den Transfer von Reduktionsäquivalenten von NAD(P)H auf INT, wobei ein farbiges Formazan entsteht und $NAD(P)^+$ regeneriert wird. In b dient Phenazinmethosulfat als Mediator für den Transfer von Reduktionsäquivalenten.

**Wasserstoffperoxid-Detektion**

Oxidasen, wie die Dehydrogenasen zu der Hauptklasse der Oxidoreduktasen gehörend, katalysieren ebenfalls biologische Redoxreaktionen. Hierbei werden die Reduktionsäquivalente allerdings auf molekularen Sauerstoff übertragen; es entsteht stets $H_2O_2$ als Produkt. Die Freisetzung von $H_2O_2$ kann mithilfe von oxidierbaren Farbstoffen und dem Enzym Peroxidase quantitativ verfolgt werden. Die Peroxidase katalysiert unter Oxidation des Farbstoffes die Reduktion von $H_2O_2$, wobei Wasser und eine intensiv gefärbte Substanz entstehen. Infolge des breiten Substratspektrums der Peroxidase sind mittlerweile eine ganze Reihe von Farbstoffen bekannt, die für den Nachweis von $H_2O_2$ in Frage kommen. Im Gegensatz zu den NAD(P)H-abhängigen Redoxreaktionen mit klar definierten Extinktionskoeffizienten sind die Extinktionskoeffizienten der $H_2O_2$-abhängigen Farbreaktionen von der Art der vorgeschalteten enzymatischen Reaktion sowie der Zusammensetzung des Testansatzes abhängig. Aus diesem Grund müssen stets Standardmessungen oder empirische Berechnungsfaktoren mitgeführt werden.

Je nachdem, ob *eine* Substanz durch Oxidation farbig wird oder zwei, meist unterschiedliche Komponenten miteinander nach erfolgter Oxidation zu einem Farbstoff reagieren, kann man die Indikatorreaktionen in zwei Gruppen einteilen. Zu der ersten Gruppe gehören die Derivate des Benzidins. Benzidin selbst bildet ebenfalls durch die Peroxidase-katalysierte Oxidation einen Farbstoff, wird aber aufgrund des carcinogenen Potentials heute kaum noch verwendet. 3,5,3',5'-Tetramethylbenzidin (TMB) ist weniger gesundheitsgefährdend und ermöglicht darüber hinaus niedrigere Nachweisgrenzen. In zwei aufeinander folgenden Ein-Elektron-Oxidationsschritten entsteht ein brauner Farbstoff mit einem Extinktionskoeffizienten von $\varepsilon_{450} = 59000\ \mathrm{L\ mol^{-1}\ cm^{-1}}$ (Abb. 8.7). Die Benzidinfarbstoffe sind schlecht wasserlöslich, sodass sie nur noch eine geringe Bedeutung in der Nasschemie besitzen. Allerdings werden sie bei der Entwicklung von Enzymteststäbchen, z. B. für die Bestimmung von Glucose in Urin oder Blut, eingesetzt.

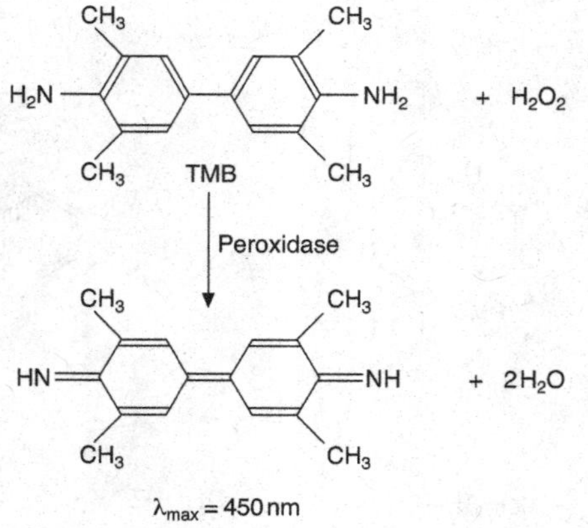

Eine relativ neue Entwicklung sind die so genannten Leucofarbstoffe. Basierend auf dem Grundgerüst der Triphenylmethan-Farbstoffe ist das zentrale C-Atom gegen einen Imidazolring ausgetauscht (Abb. 8.8). Zwar sind die Leucofarbstoffe ebenfalls schwer wasserlöslich, ermöglichen jedoch um mehrere Größenordnungen niedrigere Nachweisgrenzen. Der Farbstoff besitzt ein Absorptionsmaximum bei 650 nm mit einem Extinktionskoeffizienten von ungefähr $50000\ \mathrm{L\ mol^{-1}\ cm^{-1}}$.

Über eine bessere Wasserlöslichkeit verfügt 2,2'-Azino-bis-(3-ethylbenzthiazolin-6-sulfonsäure) (ABTS®), welches ebenfalls von $H_2O_2$ in Gegenwart von Peroxidase zu einer farbigen Verbindung oxidiert wird. Wird ABTS® im hundertfachen Überschuss zugegeben, so entsteht als Produkt der Ein-Elektronen-Oxidation das stabile, intensiv blaugrün gefärbte Radikalkation (Abb. 8.9). Der Extinktionskoeffizient bei 420 nm beträgt $432000\ \mathrm{L\ mol^{-1}\ cm^{-1}}$. Eventuell in der Probe vorhandene Proteine müssen vor einem Nachweis entfernt werden, da es sonst zu Störungen kommt.

TMB + $H_2O_2$ → (Peroxidase) → + $2 H_2O$; $\lambda_{max} = 450$ nm

**8.7** Farbreaktion von 3,5,3',5'-Tetramethylbenzidin (TMB) mit Wasserstoffperoxid als Produkt einer enzymatisch katalysierten Reaktion. Das Enzym Peroxidase katalysiert die Reduktion von Wasserstoffperoxid zu Wasser, wobei TMB zu einer farbigen Substanz oxidiert wird.

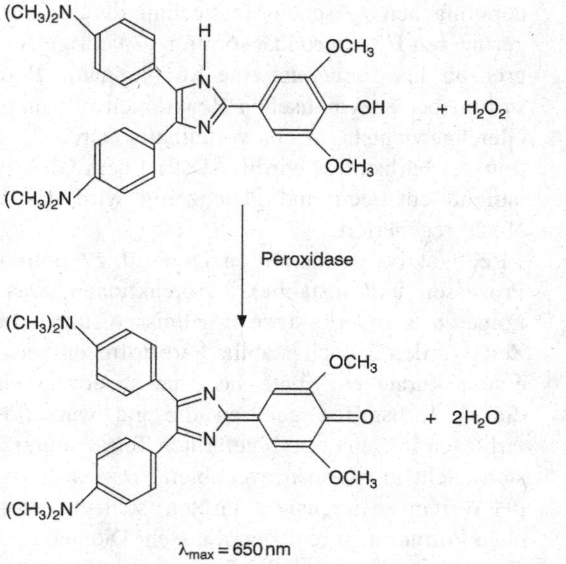

+ $H_2O_2$ → (Peroxidase) → + $2 H_2O$; $\lambda_{max} = 650$ nm

**8.8** Farbreaktion eines Leucofarbstoffes mit Wasserstoffperoxid in Gegenwart von Peroxidase.

Zu der zweiten Gruppe gehört die nach ihrem Entdecker benannte *Trinder-Reaktion* zwischen Phenol und 4-Aminoantipyrin. In Gegenwart von Peroxidase und $H_2O_2$ entsteht ein tiefrot gefärbtes Chinonderivat als Oxidationsprodukt (Abb. 8.10). Das Absorptionsmaximum liegt bei 500 nm mit einem Extinktionskoeffizienten von ungefähr 13000 L $mol^{-1}$ $cm^{-1}$. Die Edukte sind gut wasserlöslich sowie unempfindlich gegenüber autoxidativen Prozessen. Der stabile Farbstoff entsteht sehr schnell, selbst bei niedrigen Peroxidase-Konzentrationen.

Die Reaktion von 3-Methyl-2-benzothiazolin-hydrazon (MBTH) mit N, N'-Dimethylanilin ermöglicht einen sehr empfindlichen $H_2O_2$-Nachweis (Abb. 8.11). Der gebildete Azofarbstoff besitzt eine intensiv blaue Farbe. Dimethylanilin ist in wässrigen Lösungen toxisch und sollte durch weniger gesundheitsgefährdende Stoffe er-

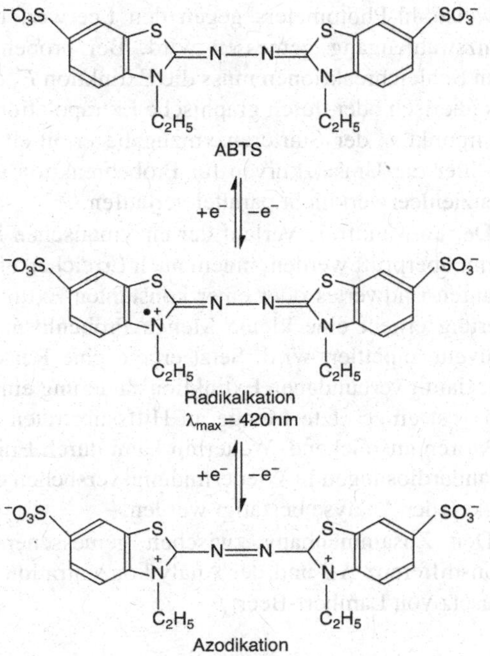

**8.9** Farbreaktion von 2,2'-Azino-bis-(3-ethylbenzthiazolium-6-sulfonsäure) (ABTS®) mit Wasserstoffperoxid in Gegenwart von Peroxidase. Im hundertfachen Überschuss an ABTS® entsteht allein das stabile, blaugrün gefärbte Radikalkation.

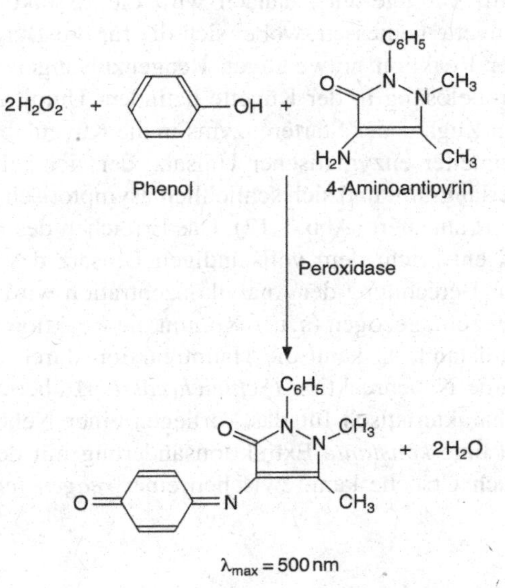

**8.10** Trinder-Reaktion zwischen Phenol und 4-Aminoantipyridin in Gegenwart von Wasserstoffperoxid und Peroxidase. Für die Bildung eines Farbstoffmoleküls werden zwei Moleküle Wasserstoffperoxid in einem Vier-Elektronen-Prozess zu Wasser reduziert.

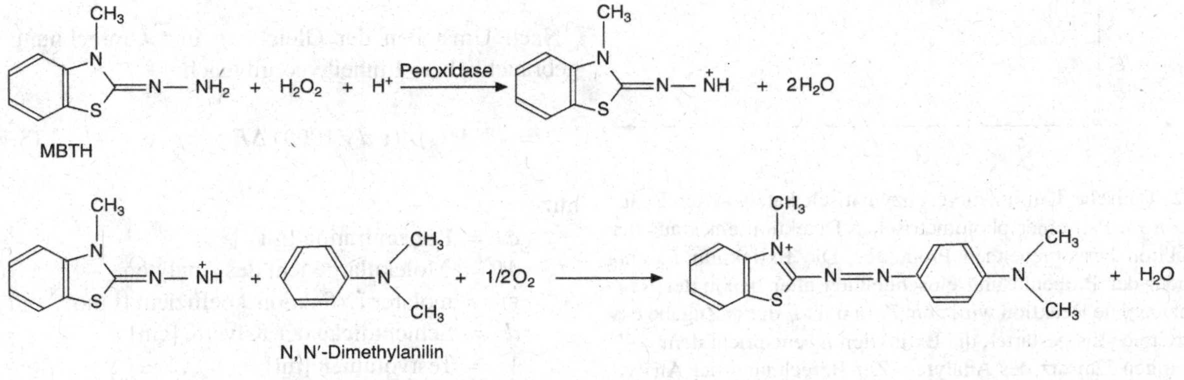

**8.11** Oxidation von 3-Methyl-2-benzothiazolin-hydrazon (MBTH) in Gegenwart von Wasserstoffperoxid und Peroxidase und anschließende Reaktion des Oxidationsproduktes mit N,N'-Dimethylanilin zu einem blauen Azofarbstoff.

setzt werden. Mit Dimethylaminobenzoesäure als Ersatz bildet sich ein Farbstoff mit einem Absorptionskoeffizienten von 47600 L $mol^{-1}$ $cm^{-1}$ bei 590 nm.

## 8.2.7 Messung und Berechnung

Die enzymatische Analyse in Verbindung mit dem photometrischen Nachweis gebildeter Reaktionsprodukte oder verbrauchter Substrate ist messtechnisch unkompliziert und leicht überschaubar. Nichts desto weniger sollen hier kurz die Vorgehensweise sowie mögliche Fehlerquellen und deren Behebung beschrieben werden.

Der Nullabgleich des Photometers wird meist gegen Luft durchgeführt; danach wird die Extinktion $E_1$ der Küvette gemessen, wobei sich die für die Durchführung der Reaktion notwendigen Reagenzlösungen sowie die Probelösung in der Küvette befinden. Unmittelbar nach der Zugabe des Starterenzyms in die Küvette beginnt ein schneller enzymatischer Umsatz, der sich mit der Zeit verlangsamt und sich schließlich asymptotisch dem Endwert annähert (Abb. 8.12). Das Erreichen des Endwertes $E_2$ entspricht dem vollständigen Umsatz des Analyten, zur Berechnung der Analytkonzentration wird $E_2 - E_1 = \Delta E$ herangezogen (s. u.). Kommt die Reaktion nicht zum Stillstand, so kann die Hauptreaktion durch eine langsame Nebenreaktion *(Schleichreaktion)* überlagert sein. Charakteristisch für das Vorliegen einer Nebenreaktion ist eine *konstante* Extinktionsänderung mit der Zeit. Je nach Ursache kann zwischen einer *reagenzienabhängigen* und einer *probenabhängigen* Schleichreaktion unterschieden werden. Bei der reagenzienabhängigen Schleichreaktion laufen die Umsatzkurven von Probenreaktion und *Reagenzienleerwert* (enthält statt der Probenlösung bidestilliertes $H_2O$) nach dem Ende der Hauptreaktion parallel zueinander. Die der Hauptreaktion zugrunde liegende Extinktionsänderung $\Delta E$ kann demnach ermittelt werden, wenn die Extinktionen der Probenlösung und des Leerwertes unmittelbar nacheinander abgelesen werden, oder bei Verwendung eines Zweistrahl-Photometers gegen den Leerwert im Referenzstrahlengang gemessen wird. Bei probenabhängigen Schleichreaktionen muss die Extinktion $E_2$ entweder rechnerisch oder durch graphische Extrapolation auf den Zeitpunkt $t_0$ der Starterenzymzugabe ermittelt werden, da hier die Umsatzkurven für Probenreaktion und Reagenzienleerwert nicht parallel verlaufen.

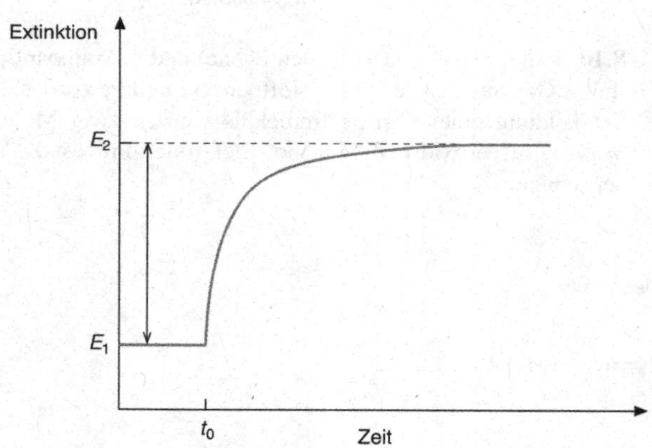


**8.12** Typische Umsatzkurve enzymatisch katalysierter Reaktionen im Fall einer photometrischen Detektion eines aus der Reaktion hervorgehenden Produktes. Die Extinktion $E_1$ entspricht der Probenlösung einschließlich aller benötigter Reagenzien. Die Reaktion wird zum Zeitpunkt $t_0$ durch Zugabe des Starterenzyms gestartet, die Extinktion $E_2$ entspricht dem vollständigen Umsatz des Analyten. Zur Berechnung der Analytkonzentration nach Lambert-Beer wird die Extinktionsdifferenz $\Delta E$ herangezogen.

Der einwandfreie Verlauf der enzymatischen Reaktion kann überprüft werden, indem nach Erreichen eines konstanten Endwertes oder einer konstanten Extinktionsänderung erneut eine kleine Menge Probenlösung in die Küvette pipettiert wird. Setzt erneut eine Reaktion mit der damit verbundenen Extinktionsänderung ein, war die im Test eingesetzte Menge an Hilfssubstraten und Cofaktoren ausreichend. Weiterhin kann durch Einsatz von Standardlösungen in Wiederfindungsversuchen die Richtigkeit der Analyse bestätigt werden.

Den Zusammenhang zwischen gemessener Extinktionsdifferenz $\Delta E$ und der Analytkonzentration gibt das Gesetz von Lambert-Beer:

$$\Delta E = c\,\varepsilon\,d \tag{8.14}$$

mit:

$\Delta E$ = Extinktionsdifferenz
$c$ = Konzentration [mol $l^{-1}$]
$\varepsilon$ = molarer Extinktionskoeffizient [l $mol^{-1}$ $cm^{-1}$]
$d$ = Schichtdicke der Küvette [cm]

Nach Umstellen der Gleichung und Umrechnung in gebräuchlichere Einheiten ergibt sich:

$$c = (VMG)/(\varepsilon\, d\, v\, 1000)\,\Delta E \tag{8.15}$$

mit:

$c$ = Konzentration [g $l^{-1}$]
$MG$ = Molekulargewicht des Analyten
$\varepsilon$ = molarer Extinktionskoeffizient [l $mol^{-1}$ $cm^{-1}$]
$d$ = Schichtdicke der Küvette [cm]
$V$ = Testvolumen [ml]
$v$ = Probevolumen [ml]
$\Delta E$ = Extinktionsdifferenz

### 8.2.8 Möglichkeiten und Grenzen der enzymatischen Analyse

Die Vorteile der enzymatischen Analyse ergeben sich aus der Natur der verwendeten Reagenzien. Die den Enzymen immanente Spezifität sowohl gegenüber den von ihnen umgesetzten Substraten als auch gegenüber der Art der katalysierten Reaktion lassen in den meisten Fällen eine Analyse ohne vorherige Probenvorbereitung zu. Dies führt zu einer erheblichen Verringerung der pro Analyse aufzuwendenden Zeit, was gerade in Ländern mit hohen Lohnkosten ein nicht unwesentlicher Aspekt ist. Dazu kommt, dass in der Regel keine teueren Extraanschaffungen zu tätigen sind, um enzymatische Analysen durchzuführen. Der enzymatische Umsatz erfolgt sehr schnell, sodass sich selbst Analyte, die mit anderen Methoden nur schwer zugänglich sind, auch in komplexen Probenmatrizes innerhalb von wenigen Minuten quantitativ bestimmen lassen. Mögliche Störungen können durch Mitführen entsprechender Leerwerte leicht ermittelt und beseitigt werden. Die untere Nachweisgrenze hängt stark von dem verwendeten Detektionsprinzip ab und bewegt sich bei den hier angegebenen Verfahren im mikromolaren Bereich. Dies ist in den meisten Fällen ausreichend, kann aber bei Verwendung empfindlicherer Bestimmungsmethoden (z. B. fluorimetrische NADH-Detektion) oder durch die Entwicklung von geeigneten Amplifizierungssystemen durchaus um mehrere Größenordnungen gesenkt werden.

Voraussetzung für exakte Analyseergebnisse sind hochreine Präparationen, sodass der einfachen Durchführbarkeit und Auswertung enzymatischer Analysen oft der scheinbar hohe Preis für aufgereinigte Enzympräparationen entgegen steht. Bei derartigen Überlegungen müssen jedoch sowohl die Zeitersparnis bei der Durchführung der Analyse als auch die Tatsache berücksichtigt werden, dass im Test nur wenige Milli- oder Mikrogramm an Enzym eingesetzt werden. Die dennoch bei Routineanalysen durch einen hohen Probendurchsatz anfallenden Kosten lassen sich in Zukunft durch die Verwendung von immobilisierten Enzymen in Enzymsensoren (s. Abschnitt 9.4.6) weiter reduzieren.

Die stärkste Einschränkung erfährt die enzymatische Analytik durch den Umstand, dass für den zu bestimmenden Analyten ein entsprechendes Enzym verfügbar sein muss. Dies begrenzt die enzymatische Analyse *a priori* auf die in der belebten Natur vorkommende Stoffe, sodass die Hauptanwendungsgebiete in den Bereichen Biochemie, Lebensmittelchemie, pharmazeutische und klinische Chemie liegen. Bei der Analyse von umweltrelevanten Stoffen wie z. B. Schwermetallsalzen kann man sich die Tatsache zunutze machen, dass umweltschädigende Substanzen oft einen hemmenden, konzentrationsabhängigen Einfluss auf bestimmte enzymatische Reaktionen ausüben, von dem nicht zuletzt das gesundheitsgefährdende Potential solcher Verbindungen ausgeht.

Mittlerweile sind an die hundert optimierte und gebrauchsfertige Enzymassays mit allen notwendigen Reagenzlösungen käuflich zu erwerben. Diese Tests zeichnen sich durch eine hohe Zuverlässigkeit und einfache Handhabung aus und sind für die jeweiligen Analyte in den unterschiedlichsten Probenmatrizes anwendbar. Durch die nahezu unbegrenzten Kombinationsmöglichkeiten enzymatisch katalysierter Reaktionen *in vitro* ist die enzymatische Analyse in den oben genannten Bereichen eine elegante und hervorragende Analysemethode und wird es auf absehbare Zeit auch bleiben.

## 8.3 Immunchemische Bestimmungsmethoden

### 8.3.1 Bedeutung immunchemischer Bestimmungsverfahren

Immunchemische Analyseverfahren gehören zu den Routinetestmethoden in der Biochemie und in der medizinischen Diagnostik. Mit dem steigenden Bedarf an der qualitativen und quantitativen Bestimmung neu entdeckter biologischer Komponenten oder Wirkstoffe schreitet auch die Entwicklung neuartiger immunchemischer Testsysteme voran. Zur Bestimmung niedermolekularer Substanzen werden heute vorrangig chromatographische Verfahren genutzt. In den letzten Jahren wurde jedoch das Bestreben verstärkt, die immunchemischen Testverfahren aufgrund der einfachen Probenvorbereitung und zunehmenden Leistungsfähigkeit in der Analytik von Umweltkontaminanten, Lebensmittelzusatzstoffen und Arzneimitteln zu etablieren. Auch die Diskussion darüber, immunchemische Nachweisverfahren als Standardmethoden in die amtlichen Regelwerke über die Bestimmung von chemischen Parametern aufzunehmen, zeigt die zunehmende Beachtung dieser Methoden.

Alle immunchemischen Bestimmungsmethoden beruhen auf der Reaktion des Analyten mit einem Antikörper. Aufgrund der Spezifität dieser biochemischen Erkennungsreaktion können einzelne Analyten auch in komplexen Matrizes nachgewiesen und quantifiziert werden. Aber auch die Bestimmung ganzer Stoffgruppen ist möglich. So können zum Beispiel gefährliche Substanzen, wie aromatische Kohlenwasserstoffe, Pestizide oder Sprengstoffe, in Böden oder in Gewässern leicht detektiert werden, wenn die entsprechenden Antikörper zuvor dafür gezielt hergestellt wurden. Im medizinischen Bereich eröffnen Immunoassays die Möglichkeit, relativ schnell Metaboliten oder Krankheitserreger nachzuweisen und zu quantifizieren. Ferner ist es möglich, die Einwirkungen von problematischen Schadstoffen auf Personen oder Personengruppen schnell und sicher abzuschätzen. In der Lebensmittelkontrolle können mithilfe immunchemischer Testverfahren die Belastungen der Nahrungsmittel mit einzelnen Pestiziden oder Tierarzneimitteln nachgewiesen werden. Durch die immunchemische Bestimmung tierarteigener und -fremder Proteine, z. B. in Wurstwaren, lässt sich im Verdachtsfalle die Verarbeitung nicht deklarierter Eiweißstoffe überprüfen.

## 8.3.2 Monoklonale und polyklonale Antikörper

Die Spezifität eines immunchemischen Testsystems wird im Wesentlichen durch die richtige Wahl des Antikörpers festgelegt. Grundsätzlich müssen Antikörper verwendet werden, die eine hohe Affinität zu dem zu bestimmenden Analyten oder zu einer Substanzklasse aufweisen.

Antikörper (oder *Immunglobuline*) sind Serumproteine, die von B-Lymphocyten und Plasmazellen eines Wirbeltieres (Vertebraten) als Antwort auf körperfremde Substanzen *(Antigene)* produziert werden (Abb. 8.13). Die Gewinnung von Antikörpern für immunchemische Testsysteme wird durch die Immunisierung von Versuchstieren eingeleitet. Die zur Auslösung der Immunreaktion im Organismus verwendeten Substanzen werden *Immunogene* genannt. Gegen niedermolekulare Substanzen, wie sie häufig in der Umweltanalytik bestimmt werden müssen, können Wirbeltiere nicht direkt Antikörper bilden. Stoffe, die wegen ihrer geringen molekularen Größe nicht als Fremdstoffe vom Organismus erkannt werden, nennt man *Haptene*. Eine immunogene Wirkung wird in der Regel erst bei Stoffen mit einer molekularen Masse von mehr als 1000 g $mol^{-1}$ beobachtet. Um dennoch spezifische Antikörper gegen Haptene zu erhalten, werden diese an größere Einheiten, so genannte *Trägerproteine* (Carrier) genannt, durch chemische Reaktionen kovalent gebunden. Für die Zielstellung, einen hochaffinen Antikörper gegen den gewünschten Analyten zu gewinnen, ist die Auswahl des richtigen Bindungspartners (meistens ein Analytderivat) für das Trägerprotein entscheidend. Er sollte wesentliche strukturelle Merkmale des Zielanalyten aufweisen. So beeinflussen z. B. polare Substituenten an aromatischen Ringsystemen erheblich das Affinitätsverhalten der Antikörper. Ferner muss das niedermolekulare Bindungsmolekül eine funktionelle Gruppe aufweisen, damit es kovalent an das Trägerprotein angebunden werden kann. Bei rein adsorptiver Bindung kann der niedermolekulare Teil am Trägermolekül vom Organismus metabolisiert und ausgeschieden werden. Es kommt nicht zur Bildung spezifischer analytspezifischer Antikörper.

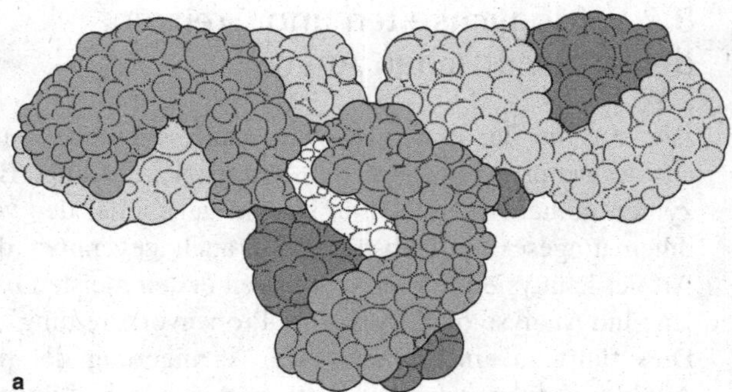


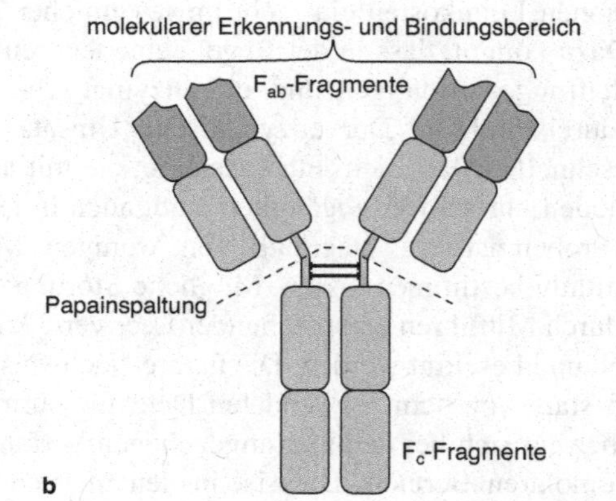


**8.13** a) Struktur eines typischen Antikörpermoleküles, typische „Y"-Form eines Antikörpers der Klasse „G", berechnet aus röntgenstrukturanalytischen Daten; b) Fragmente eines Antikörpers der Klasse „G" nach Spaltung mit Papain: 2 $F_{ab}$-Fragmente (Fragment *antigen binding*) und ein $F_c$-Fragment (Fragment *crystallizable*); der $F_c$-Teil eines Antikörpers bindet keine Antigene, kann jedoch von Sekundärantikörpern gebunden werden. (Darstellung aus: Janeway, Charles A; Travers, Paul (1997). Immunologie. 2. Aufl., Spektrum Akademischer Verlag).

Als Trägerproteine werden vorzugsweise γ-Globuline, Albumine, Thyroglobuline, *Maia squinada*-Hämocyanin (MSH) und das sehr immunogene *keyhole limpet*-Hämocyanin (KLH) verwendet. Die kovalente Kopplung der Haptenmoleküle kann über die reichlich vorhandenen Amino-, Carboxyl-, Carbonyl- oder Thiolgruppen der Trägerproteine erfolgen.

Zur Verstärkung der Immunantwort eines Antikörper produzierenden Organismus werden dem Immunogen Adjuvantien zugesetzt. Ihnen werden eine Aktivierung des Immunsystems sowie die Verbesserung der Antigenpräsentation und der Depotbildung zum längeren Verbleib des Immunogens im Organismus zugeschrieben.

Häufig wird das Freund'sche Adjuvans verwendet. Bei der ersten Injektion wird komplettes Freund'sches Adjuvans zugesetzt, welches mit der Immunogenlösung eine Wasser-in-Öl-Emulsion bildet und durch Anwesenheit von getrockneten, hitzeinaktivierten Mikroorganismen der Art *Mycobacterium tuberculosum* die Primärantwort verstärkt. Weitere Injektionen *(boost)* erfolgen unter Beimischung von inkomplettem Freund'schen Adjuvans, dem die mikrobiellen Antigene fehlen. Da während der Immunreaktion ein großes Spektrum unterschiedlicher Antikörper gegen den Fremdstoff gebildet wird, müssen in regelmäßigen Abständen die Affinitäten und die Konzentrationen der spezifischen Antikörper mit einem Immunoassay untersucht werden.

Je nach den Bedürfnissen können Antikörper gewonnen werden, die direkt aus dem Blutserum der Versuchstiere stammen und in ihrer Spezifität sehr heterogen sind *(polyklonale Antikörper)* oder aber solche, die in Kulturen genetisch identischer *Hybridomzellen* produziert werden und sehr homogen und spezifisch sind *(monoklonale Antikörper)*. Polyklonale Antikörper stehen direkt nach Beendigung der Immunisierungsphase zur Verfügung. Nach erfolgreicher Langzeitimmunisierung werden in polyklonalen Blutseren vielfach Antikörper mit höchster Antigen-(Hapten-)Affinität gefunden. Diese Merkmale sprechen für die Verwendung polyklonaler Antikörper in immunchemischen Testsystemen. Andererseits ist das Reservoir der Antikörper mit gleicher Charakteristik auf die jeweils gewonnene Serummenge (wenige Milliliter) beschränkt. Die Ausbeuten, Spezifitäten und Affinitäten der Antikörper können je nach Serumprobe variieren. Für die immunchemischen Bestimmungsmethoden werden Immunglobuline der Klasse „G" (IgG) verwendet. Der Anteil der Immunogen-spezifischen Antikörper am Gesamt-IgG-Gehalt des polyklonalen Serums liegt in der Regel zwischen 20% und 30%.

Spezifische Einzelanalyterkennung bei gleich bleibender Charakteristik der biologischen Komponente ist mit monoklonalen Antikörpern möglich. In einem so genannten Hybridomlabor können sie quasi in unbegrenzter Menge und gleich bleibender Qualität hergestellt werden. Die Entwicklung spezifischer monoklonaler Antikörper ist jedoch sehr zeit- und kostenintensiv. Für die Entwicklung des Verfahrens zur Herstellung monoklonaler Antikörper wurden die Wissenschaftler César Milstein und Georges Köhler zusammen mit Nils Kai Jerne im Jahre 1984 mit dem Nobelpreis für Medizin geehrt.

### 8.3.3 Systematik der Immunoassays

Allgemein werden die Substanzen, die von einem Antikörper gebunden werden, als *Antigene* bezeichnet. Die Bindung kann auf vier verschiedene Kräfte zurückgeführt werden (vergleiche Abschnitt 8.2). Neben den Dispersionskräften haben die elektrostatischen und hydrophoben Wechselwirkungen sowie die Wasserstoffbrückenbildung zwischen den Immunreaktanden einen entscheidenden Einfluss auf die Bildung des Antigen-Antikörper-Komplexes *(Immunkomplex)*. Bedingt durch die räumliche Nähe zwischen der Antikörperbindungsstelle und dem Antigen, die nur bei sehr guter geometrischer Komplementarität (Passform) möglich ist, führt das Zusammentreffen mehrerer physikalischer Wechselwirkungen zu einer starken und vor allem spezifischen Immunbindung. Unter Berücksichtigung der verschiedenartigen Bindungskräfte, die direkt von der räumlichen Struktur des Bindungsbereiches abhängt, wird klar, dass sich sowohl der pH-Wert und die Ionenstärke eines Bindungspuffers als auch die Anwesenheit von organischen Lösungsmitteln entscheidend auf die Bildung und Stabilität eines Immunkomplexes auswirken. Stabile Antigen-Antikörper-Bindungen werden bei physiologischen pH-Werten zwischen 6 und 8 beobachtet. Jenseits dieses Bereiches beginnt vielfach die Dissoziation des Immunkomplexes. Die Reaktionskinetik der Antigen-Antikörper-Bindung kann durch die folgende Gleichung beschrieben werden:

$$\mathrm{Ak} + \mathrm{Ag} \underset{k_d}{\overset{k_a}{\rightleftharpoons}} [\mathrm{Ak} - \mathrm{Ag}] \tag{8.16}$$

Ak = Antikörper
Ag = Antigen

Die Bildung des Immunkomplexes wird durch die Assoziationskonstante ($k_a$) beschrieben. Die Rückreaktion zu den Edukten wird durch die Dissoziationskonstante ($k_d$) charakterisiert. Die Ausbildung des Immunkomplexes ist von der Zeit abhängig. Die Einwirkungsdauer des Antigens auf den Antikörper wird als *Inkubationszeit* bezeichnet.

Die einfachste Art, eine immunchemische Reaktion zu erzielen und zu verfolgen, ist der Präzipitationstest. Bei der Wahl eines günstigen Verhältnisses zwischen Antikörpern und Antigenen fällt durch Bildung eines polymeren Antigen-Antikörper-Netzwerkes ein unlöslicher Immunkomplex aus, der visuell oder durch Trübungsmessung detektiert werden kann. Das Verfahren lässt sich jedoch nur zur Detektion von Molekülen anwenden, die mehrere antigene Determinanten (Epitope oder passgenaue Bindungsregionen) besitzen.

Zur Bestimmung niedermolekularer Substanzen werden Immunoassays verwendet, in denen die Bildung eines einfachen Immunkomplexes über Hilfsreaktionen verfolgt werden kann. Dazu werden Marker verwendet, die in Abhängigkeit von der Analytkonzentration ein Messsignal hervorrufen. Als „Marker" werden u. a. fluoreszierende, radioaktive oder elektrochemisch aktive Substanzen und Enzyme eingesetzt. In den Fluoreszenzimmunoassays (FIAs) werden die fluoreszierenden Marker mithilfe der Fluoreszenzphotometrie bestimmt. In Radioimmunoassays (RIAs) erfolgt die Detektion über die Aktivitätsmessung von Radionukliden, die an die entsprechenden Immunreaktanden gekoppelt sind. Für die Entwicklung und Anwendung von Radioimmunoassays hat Rosalyn S. Yalow 1977 den Nobelpreis für Medizin erhalten.

Da RIA zu den empfindlichsten immunchemischen Nachweisverfahren gehören, werden sie noch heute eingesetzt. Doch wegen der Entsorgungsprobleme der anfallenden schwach radioaktiven Abfälle geht man mehr zu alternativen Testverfahren mit z. B. optisch aktiven Markern über.

Enzymimmunoassays (EIAs) ermöglichen aufgrund der hohen enzymatischen Umsatzraten und der mit der Zeit ständig ansteigenden Konzentration von Indikatormolekülen (Produkten aus den Substraten, die in hoher Konzentration eingesetzt werden können) vielfach niedrigere Nachweisgrenzen als andere Immunoassays. Gegenüber Radioimmunoassays ist die Durchführung von Enzymimmunoassays mit geringeren Risiken für die Gesundheit des Experimentators verbunden.

Die nachfolgenden Darstellungen sind auf die Eigenheiten von Enzymimmunoassays beschränkt. Diese Art der Testführung hat in der heutigen immunchemischen Analytik die größte Bedeutung. Die hier vorgestellten immunchemischen Prinzipien sind jedoch auch auf andere direkt oder indirekt messende Detektionsformen übertragbar (RIA, FIA).

Die Einteilung der Enzymimmunoassays erfolgt zunächst nach *homogenen* und *heterogenen* Systemen. In *homogenen* Assays wird die Aktivität der Katalyse des Markerenzyms direkt durch die Bildung des Antigen-Antikörper-Komplexes beeinflusst. Nicht gebundene Substanzen üben darauf keinen Einfluss aus. Die unmittelbare Modulation der Enzymaktivität macht daher Wasch- oder Trennschritte während der Ausführung dieses Enzymimmunoassays weitestgehend überflüssig. Eine Festphase (gut adsorbierende oder chemisch aktivierte Oberfläche), an denen Antigen oder Antikörper gebunden werden, ist nicht erforderlich.

Wird die Enzymaktivität eines immunchemischen Testsystems nicht direkt durch die anwesenden Immunreaktanden beeinflusst, so spricht man von *heterogenen* Assays. Vor der eigentlichen Enzymreaktion wird ein Wasch- oder Trennschritt erforderlich, um überschüssiges Enzymkonjugat (mit einem Enzym kovalent verbundener Immunpartner – Antigen oder Antikörper) zu entfernen. Im Vergleich zu homogenen Assays zeigen die heterogenen Systeme eine höhere Nachweisempfindlichkeit. Voraussetzung für die Abtrennung überschüssiger enzymmarkierter Reaktanden ist die Immobilisierung eines der unmarkierten Immunreaktanden (Antigen oder Antikörper) an eine Festphase (*enzyme-linked immunosorbent assay*, ELISA).

Bei einem hohen Probendurchsatz, wie er in der täglichen Routineanalytik anfällt, erfolgt die Immobilisierung in Mikrotiterplatten. Das sind Kunststoffplatten (vornehmlich adsorptionsfähiges durchsichtiges Polystyrol oder Polyvinyl), in denen sich in gleichmäßigen Abständen Vertiefungen (Kavitäten, engl.: *wells*) befinden. Üblicherweise finden Mikrotiterplatten mit 96 Kavitäten Anwendung. In diesen Kavitäten werden die Immunpartner gemäß einer standardisierten Analysenvorschrift (Protokoll) zur Reaktion gebracht. Dies erfordert eine Reihe von Belegungs-, Blockierungs-, Wasch- und ggf. Substrat- und Färbereagenzzugabe-Operationen, die häufig mittels Vielfach-Mikropipetten erfolgen. Dabei müssen unter gleichen Bedingungen einige Kalibrationsstandards mit vermessen werden. Die photometrische Auswertung der Tests erfolgt in speziellen Mikrotiterplatten-Photometern; es werden automatisch die Extinktionen aller 96 Kavitäten der Platte gemessen. Meist erhält man dann das analytische Ergebnis schon nach wenigen Minuten. Je nach Standardisierungsaufwand, Blindwerttests und Doppelbestimmungen bzw. Standardadditions-Kontrollmessungen können ca. 40 Proben gleichzeitig analysiert werden.

Für spezielle Aufgaben, z. B. die „Vor-Ort"-Analyse mit Feldtest-Systemen in der Umweltanalytik, werden je nach Analyt beschichtete Kunststoffröhrchen als Festphasen verwendet. In jedem Röhrchen kann dabei immer nur eine Analyse durchgeführt werden, was natürlich einen hohen Probendurchsatz einschränkt. Diese Test-Kits wurden inzwischen von der amerikanischen EPA zugelassen und werden eingesetzt, um im Hinblick auf einen ganz bestimmten Stoff (z. B. Benzen) oder eine Stoffgruppe (z. B. Erdöl) eine „Ja-Nein"-Aussage über die Belastung des Probenmaterials zu treffen (Screening-Analyse). Sie dürfen natürlich keine falsch-negativen Ergebnisse zeigen. Bei positivem Test-Kit-Befund wird die betreffende Probe in ein Labor für eine genauere Analyse gebracht. Auf diese Weise erspart man sich den Transport und die aufwendige traditionelle Analyse von unbelasteten Umweltproben, sodass trotz eines Preises von wenigen Dollar pro nur einmal zu verwendendem Test-Kit unter dem Strich Geld gespart werden kann.

In der Molekularbiologie und Proteinchemie werden Enzymimmunoassays auch auf Membranen aus Nitrocellulose oder anderen proteinbindenden Materialien durchgeführt („Dot-Test"). Spezifische, enzymmarkierte Antikörper dienen hier zum Nachweis isolierter DNA-Stränge oder von Proteinen.

## 8.3.4 Kompetitive Festphasen-Enzymimmunoassays

Niedermolekulare Substanzen haben aufgrund ihrer Größe in der Regel nur eine antigene Determinante. Die Anbindung von mehreren Antikörpern ist daher unmöglich. So arbeiten Enzymimmunoassays zur Bestimmung von kleinen Analytmolekülen nach dem Prinzip von *kompetitiven Assays* heterogen. Während der Assoziation zum Immunkomplex konkurrieren die Analyten mit Analytderivaten ähnlicher Struktur um die Antigenbindungsstellen. Zur Vorbereitung des Tests wird eine Mikrotiterplatte entweder mit dem spezifischen Antikörper oder aber mit einem Analytderivat beschichtet. Für die Durchführung des Tests werden drei verschiedene Formate unterschieden:

- Die am häufigsten genutzten kompetitiven Assays basieren auf dem *Konkurrenzprinzip* (Abb. 8.14 a). Während der Immunreaktion konkurrieren gleichzeitig Analytmoleküle und enzymmarkierte Analytderivate um die antigenbindenden Stellen der Antikörper. Die Immunbindung des Analyten und die Sättigung freier Antigenbindungsstellen mit enzymmarkiertem Analytderivat erfolgt im Rahmen einer Inkubationsphase in einem Schritt. Schnelligkeit und Empfindlichkeit dieses Testsystems setzen allerdings optimale Konzentrationsverhältnisse der Immunreaktanden voraus.
- Beim *Titrationsprinzip* (Abb. 8.14 b) werden die Antikörper im ersten Schritt mit Analytmolekülen (d. h. Probe) allein inkubiert. Anschließend werden die noch freien Bindungsstellen der Antikörper mit enzymmarkierten Analytderivaten aufgefüllt. Mit dieser sequenzi-

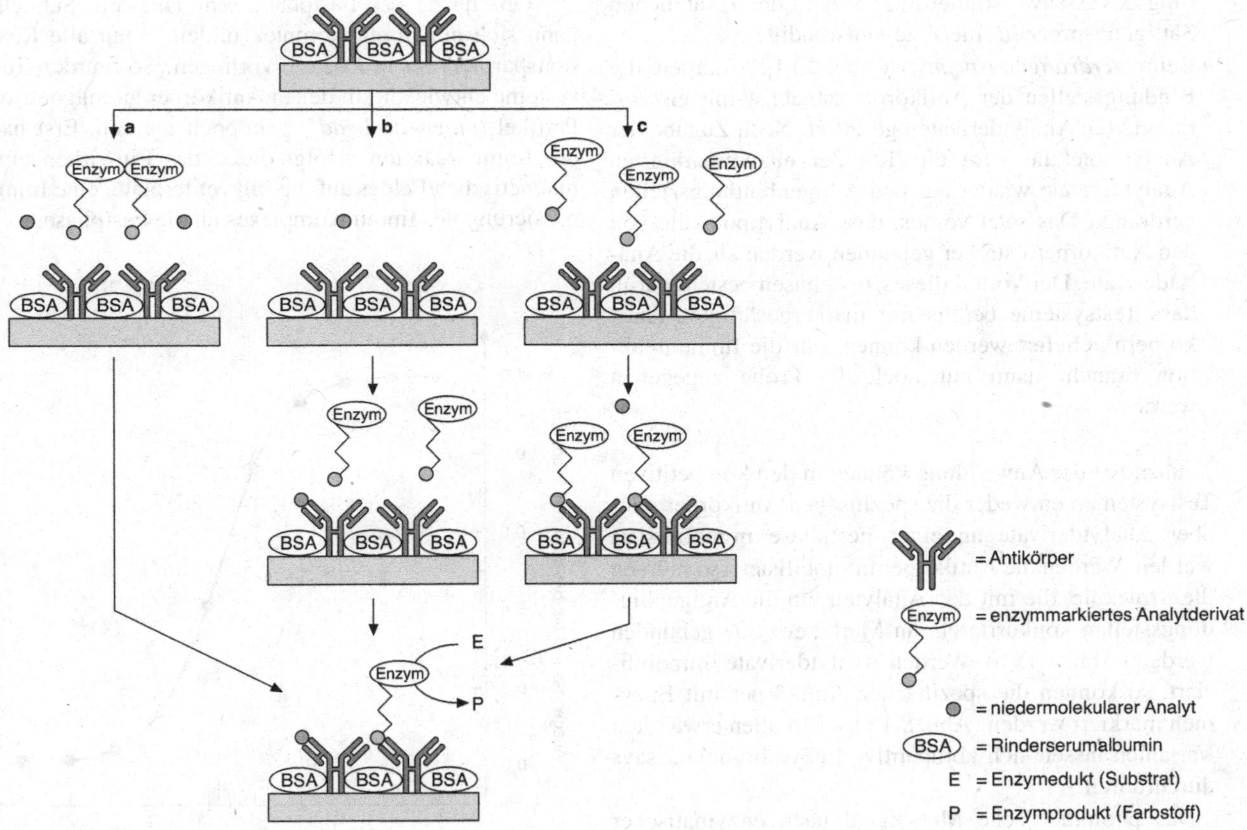


**8.14** Kompetitive Festphasen Enzymimmunoassays. In dem dargestellten Assayformat werden zunächst analytspezifische Antikörper in einer Mikrotiterplatte inkubiert. Die Platte wird danach mit Rinderserumalbumin *(bonine serumalbumine*, Rinderserumalbumin = BSA) abgesättigt (Blockage von unspezifischer Oberflächenadsorption). Im Konkurrenzassay a werden die Antikörper gleichzeitig mit Analytmolekülen und enzymmarkiertem Analytderivat inkubiert. Beim Titrationsprinzip b werden die Antikörper mit Analytmolekülen inkubiert. Anschließend werden die freien Antigenbindungsstellen mit einem enzymmarkierten Analytderivat titriert. Im Verdrängungsassay c wird das enzymmarkierte Analytderivat von den Analytmolekülen aus der Antigenbindungsstelle des Antikörpers verdrängt.

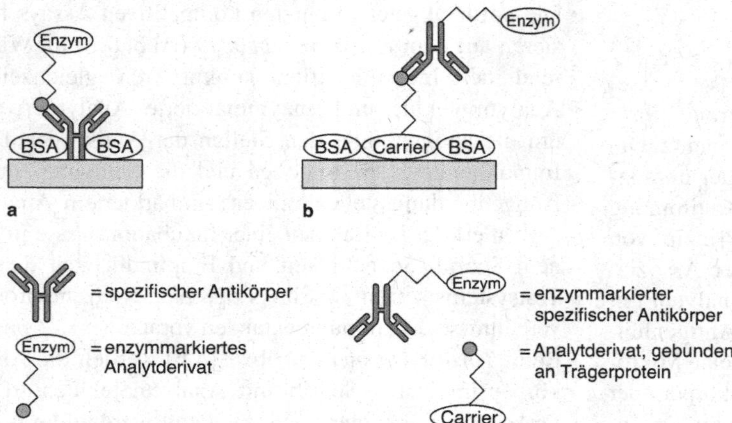


**8.15** Kompetitive Festphasen-Enzymimmunoassays. In dem grundsätzlichen Aufbau dieses Immunoassays können Antikörper immobilisiert werden, wobei dann zur Quantifizierung freier Bindungsstellen enzymmarkierte Analytderivate Verwendung finden. a) Alternativ können Analytderivate an die Festphase gebunden werden. b) Die Detektion erfolgt dann über enzymmarkierte Antikörper.

ellen Methode kann die Empfindlichkeit des Konkurrenzprinzips noch gesteigert werden. Die Durchführung des Assays ist allerdings wegen der zusätzlichen Sättigungsprozedur meist zeitaufwendiger.

- Beim *Verdrängungsprinzip* (Abb. 8.14 c) werden die Bindungsstellen der Antikörper zunächst mit enzymmarkierten Analytderivaten gesättigt. Nach Zugabe der Analytmoleküle wird ein Teil der enzymmarkierten Analytderivate wieder aus den Antigenbindungsstellen verdrängt. Das setzt voraus, dass Analytmoleküle von den Antikörpern stärker gebunden werden als die Analytderivate. Der Vorteil dieses Testphasen besteht darin, dass Testsysteme bereits mit markergesättigten Antikörpern geliefert werden können. Für die Immunreaktion braucht dann nur noch die Probe zugegeben werden.

Je nach Art der Anwendung können in den kompetitiven Testsystemen entweder die spezifischen Antikörper oder aber Analytderivate an einer Festphase immobilisiert werden. Werden die Antikörper immobilisiert, so müssen die Moleküle, die mit den Analyten um die Antigenbindungsstellen konkurrieren, an Markerenzyme gebunden werden (Abb. 8.15 a). Werden Analytderivate immobilisiert, so können die spezifischen Antikörper mit Enzymen markiert werden (Abb. 8.15 b). Mit allen erwähnten Varianten lassen sich kompetitive Enzymimmunoassays durchführen.

Das photometrische Messsignal nach enzymatischer Bildung eines gefärbten Produktes verhält sich jeweils umgekehrt proportional zur Konzentration des Analyten. Die Konzentrationskurve beschreibt in der Regel einen sigmoiden Verlauf (Abb. 8.16).

Die Bildung eines Immunkomplexes ist abhängig von der diffusionskontrollierten Annäherung von Antikörper und Antigen. Wenn einer der Immunreaktanden immobilisiert ist, verlaufen die Diffusionsvorgänge aufgrund der langen Wege der Reaktionspartner aus der Lösung bis zur Oberfläche der Festphase sehr langsam. Schneller kann sich ein Immunkomplex bilden, wenn alle Reaktionspartner frei in Lösung vorliegen. So wurden Testsysteme entwickelt, in denen Antikörper an magnetische Partikel *(magnetic beads)* gekoppelt wurden. Erst nach der Immunreaktion erfolgt durch das Einwirken eines magnetischen Feldes auf die Mikrotiterplatte eine Immobilisierung des Immunkomplexes an die Festphase.

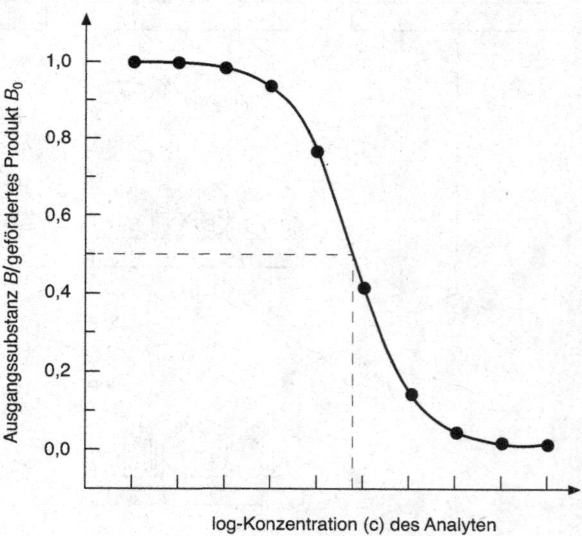


**8.16** Kalibrationskurve zur Bestimmung niedermolekularer Substanzen in kompetitiven Festphasen-Enzymimmunoassays. Das Messsignal ist umgekehrt proportional zur Konzentration des Analyten. Die größte Sensitivität des Testsystems wird am Wendepunkt ($B/B_0$ = 0,5) der dargestellten Kurve beobachtet. Die Größen $B$ und $B_0$ werden weiter unten erläutert.

## 8.3.5 Kompetitive homogene Immunoassays

In kompetitiven homogenen Enzymimmunoassays wird die Aktivität des Markerenzyms durch die Bildung des spezifischen Antigen-Antikörper-Komplexes je nach gewähltem Assayformat entweder gesteigert oder gemindert. Ein Prinzip zur Bestimmung niedermolekularer Substanzen soll hier näher erläutert werden. Wird ein Analytderivat in räumlicher Nähe zum katalytischen Zentrum kovalent an das Markerenzym angebunden, so kommt es bei der Komplexbildung mit dem Antikörper zu einem sterisch bedingten Aktivitätsverlust des Enzyms (Abb. 8.17). Werden Analytmoleküle hinzugefügt, kommt es zu einer Verdrängung des enzymmarkierten Analytderivates von den Antigenbindungsstellen der Antikörper und die Aktivität der Enzyme steigt durch die Aufhebung der Blockade des aktiven Zentrums. Das Messsignal verändert sich proportional zur Konzentration des Analyten.

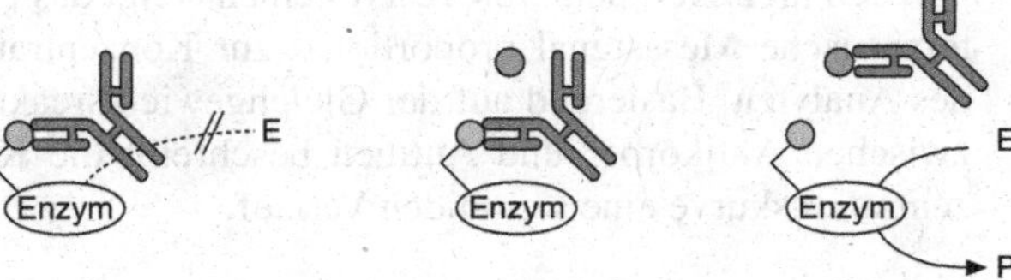


**8.17** Kompetitiver homogener Enzymimmunoassay. Analytderivate sind kovalent an Markerenzymmoleküle gekoppelt. Durch die Bindung an spezifische Antikörper werden die aktiven Zentren der Enzymmoleküle inhibiert. Nach der Zugabe der Analytmoleküle werden die enzymmarkierten Analytderivate aus den Bindungsstellen der spezifischen Antikörper verdrängt und die enzymatische Reaktion ist möglich.

## 8.3.6 Nichtkompetitive Festphasen-Enzymimmunoassays

Zur Bestimmung größerer Moleküle (z. B. Proteine, DNA-Stränge, Zellen) mit mindestens zwei antigenen Determinanten *(Epitopen)* wird vorrangig ein nichtkompetitives Assayprinzip (Sandwich-Prinzip, heterogen) angewandt. Dazu wird zunächst ein antigenspezifischer Antikörper an einer Festphase immobilisiert. In der Regel verwendet man dafür einen monoklonalen Antikörper (Fängerantikörper), der gegen eine der antigenen Determinanten gerichtet ist. Der Fängerantikörper bildet mit dem Antigen aus der Lösung einen Immunkomplex. Danach wird ein zweiter, meist polyklonaler Antikörper (Sekundärantikörper) dem Testsystem zugefügt. Der Sekundärantikörper kann an weitere, unbesetzte Epitope des Antigens anbinden. Ist der Sekundärantikörper mit einem Enzym gekoppelt, kann nach der Entfernung überschüssiger Antikörpermoleküle die enzymatische Detektionsreaktion erfolgen (Abb. 8.18 a). Wird ein unmarkierter Sekundärantikörper verwendet, so muss dieser in einem weiteren Arbeitsschritt mit einem enzymgebundenen „anti-Antikörper“ markiert werden (Abb. 8.18 b). Diese „anti-Antikörper“ binden spezifisch an Epitope von Antikörpern einer Tierart (z. B. „anti-Kaninchen-IgG“). In „Sandwich“-Enzymimmunoassays dürfen die „anti-Antikörper“ nur den Sekundärantikörper (z. B. polyklonale Antikörper aus Ziegen- oder Kaninchenserum), nicht aber den Fängerantikörper (z. B. monoklonale Mausantikörper) binden. Würden Fänger- und Sekundärantikörper von der gleichen Tierart stammen, markiert der enzymgebundene anti-IgG-Antikörper alle im Test verwendeten Antikörper und verhindert dadurch die Quantifizierung des Antigens.

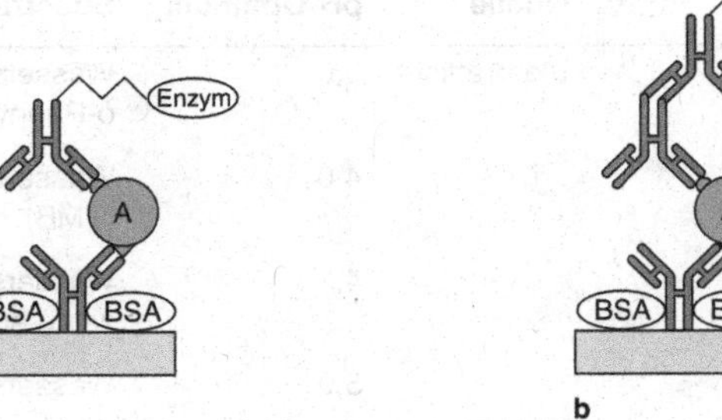


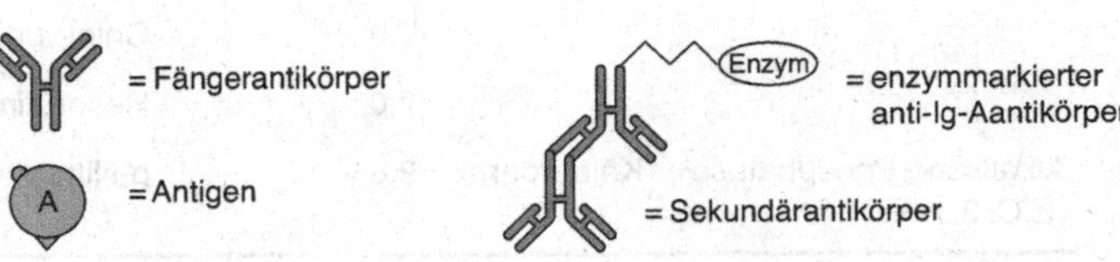


**8.18** Prinzipieller Aufbau von „Sandwich“-Enzymimmunoassays. Die Markerenzyme können direkt an Sekundärantikörper gebunden werden (a). Die Detektion ist auch möglich, wenn sich enzymmarkierte anti-IgG-Antikörper an die Sekundärantikörper binden (b).

In den nicht kompetitiven Testsystemen steigt das photometrische Messsignal proportional zur Konzentration des Analyten. Basierend auf der Gleichgewichtsreaktion zwischen Antikörper und Antigen beschreibt die Konzentrationskurve eine sigmoiden Verlauf.

## 8.3.7 Nichtkompetitive homogene Enzymimmunoassays

In nichtkompetitiven homogenen Enzymimmunoassays wird ein Antigen von zwei Antikörpern gebunden, die unterschiedliche Spezifitäten aufweisen. Sie sind mit korrespondierenden Enzymsystemen markiert. Das Antigen muss verschiedene Epitope besitzen. Eine signifikante Aktivität der beiden Markerenzyme wird nur dann beobachtet, wenn sie sich in unmittelbarer räumlicher Nähe befinden, also der Immunkomplex gebildet wurde (Abb. 8.19). Als Beispiel sei hier das Zusammenspiel von Glucoseoxidase und Peroxidase genannt. Glucose wird durch Glucoseoxidase zu Glucono-δ-lacton oxidiert. Dabei entsteht Wasserstoffperoxid. Das Peroxid wird unter der Beteiligung eines Wasserstoffdonators von der Peroxidase reduziert. Werden als Wasserstoffdonatoren die in Tab. 8.2 aufgeführten Substanzen verwendet, so kann die enzymatische Umsetzung über die Bildung eines Farbstoffproduktes verfolgt werden. Das Messsignal verändert sich proportional zur Konzentration des Antigens.

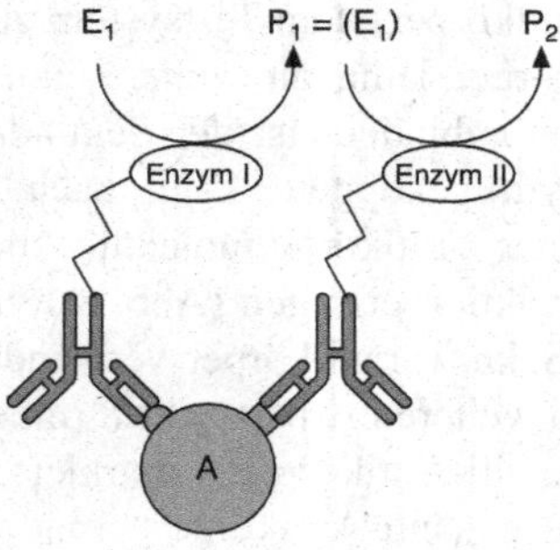


**8.19** Nichtkompetitiver homogener Enzymimmunoassay. Die Epitope der Antigene werden von unterschiedlichen Antikörpern erkannt. Diese wiederum sind mit korrespondierenden Enzymen I und II gekoppelt. Das Enzym I katalysiert die Reaktion vom Edukt 1 ($E_1$) zum Produkt 1 ($P_1$). Produkt 1 ist das Edukt 2 ($E_2$) für das Enzym II. Das Enzym II kann das Produkt 2 ($P_2$) nur dann in signifikanten Mengen bilden, wenn sich beide Enzyme in räumlicher Nähe befinden.

## 8.3.8 Verwendung verschiedener Markerenzyme

Die in Immunoassays verwendeten Markerenzyme müssen bestimmte Eigenschaften aufweisen. Nur eine hohe Substrataktivität führt zu deutlichen Messsignalen. Die Enzyme dürfen aufgrund ihrer Molekülgröße die Immunreaktion nicht sterisch beeinflussen. Wichtig ist eine hohe chemische Stabilität bei der Konjugation der Enzyme und der sich anschließenden Lagerung. Natürlich sollten die Markerenzyme zu einem akzeptablen Preis kommerziell erhältlich sein. Zur Vereinfachung der Testdurchführung eignen sich Enzymsysteme, die mit wenigen Reagenzien auskommen. Bei der enzymatisch katalysierten Umsetzung entsteht aus einem farblosen Edukt ein gefärbtes und damit optisch erfassbares Produkt. Dabei kann der Farbstoff direkt von dem Enzym gebildet

**Tabelle 8.2** In Enzymimmunoassays häufig verwendete Markerenzyme und Substrate.

| Enzym | Quelle | pH-Optimum | Substrat/Chromogen | Wellenlänge [nm] |
|---|---|---|---|---|
| Peroxidase (E.C. 1.11.1.7) | Meerrettich | 5,0 | Wasserstoffperoxid, o-Phenylendiamin (oPD) | 492 |
| | | 4,0 | Wasserstoffperoxid, 3,3',5,5'-Tetramethylbenzidin (TMB) | 450 |
| | | 4,2 | Wasserstoffperoxid, 2,2'-Azino-di (3-ethylbenzthiazolin)-sulfonsäure-6 (ABTS) | 414 oder 405 |
| | | 5,0 | Wasserstoffperoxid, o-Dianisidin (oDia) | 530 |
| β-Galaktosidase (E.C. 3.2.1.23) | E. coli | 7,0 | o-Nitrophenyl-β-D-galactopyranosid (oNPG) | 420 |
| | | 7,0 | Chlorophenolrot-β-D-galactopyranosid (CPRG) | 574 |
| | | 7,0 | Resorufin-β-D-galactopyranosid (RG) | 570 |
| Alkalische Phosphatase (E.C. 3.1.3.1) | Kälberdarm | 9,8 | p-Nitrophenylphosphat | 405 |

werden oder aber über eine Hilfs- oder Indikatorreaktion mit einem weiteren Enzymsystem entstehen. Die chromogenen Messsysteme zeichnen sich durch eine einfache Handhabung und durch große Sensitivität aus. In Enzymimmunoassays können Stoffe in Konzentrationen im pico- bis femtomolaren Bereich photometrisch bestimmt werden. Die Assays werden so kalibriert, dass die gemessene Extinktion in einem linearen Zusammenhang mit der eingesetzten Stoffmenge steht. Zur Steigerung der Empfindlichkeit des Enzymsystems sollten die verwendeten Farbstoffe einen hohen Extinktionskoeffizienten aufweisen und bei einer Wellenlänge im Bereich des Absorptionsmaximums gemessen werden. Neben der kinetischen Messung der Farbstoffbildung kann die Absorption bei ausreichender Farbentwicklung nach dem Abstoppen der enzymatischen Reaktion nach einer konstanten Zeit mit sauren oder alkalischen Reagenzien bestimmt werden.

Für die Markierung der Immunreaktanden wurden in den letzten Jahren verschiedene Enzyme etabliert (Tab. 8.2).

## Voraussetzungen zur Durchführung eines Enzymimmunoassays

Ein Enzymimmunoassay ist nur dann leistungsfähig, wenn er hinsichtlich der variablen Parameter optimiert wurde. Der Optimierungsprozess beginnt mit der Wahl einer geeigneten Festphase. In der Routineanalytik im Labor haben sich Mikrotiterplatten als Festphase durchgesetzt. Die Auswahl einer bestimmten Mikrotiterplatte ist davon abhängig, wie gut sich die Immunreaktanden an der Festphase immobilisieren lassen. Die Anbindung kann sowohl adsorptiv als auch kovalent erfolgen. Für die kovalente Anbindung müssen Mikrotiterplatten verwendet werden, auf deren Oberfläche kopplungsfähige Gruppen (z. B. Carboxyl- und Aminofunktionen) vorhanden sind. Mithilfe von vernetzenden Chemikalien, so genannten *Crosslinkern*, lassen sich Analytderivate, Antigene oder Antikörper kovalent an die Oberfläche der Mikrotiterplatte binden.

Zur Entwicklung des Enzymimmunoassays werden die Immunreaktanden in verschiedenen Verdünnungen an der Festphase immobilisiert. Anhand des Sättigungsverhaltens an der Oberfläche kann die optimale Beschichtungskonzentration ermittelt werden. Für die Ausrichtung der immobilisierten Antikörpermoleküle ist es wünschenswert, dass auf der Trägeroberfläche die beiden Antigenbindungsstellen nach außen gerichtet sind. Analoges gilt für die Immobilisierung des Antigens, wobei dort die antigenen Determinanten nach außen gerichtet sein sollen, damit die Antikörper optimal binden können. Beides kann z. Z. nicht vollständig erfüllt werden. Ideal wäre hier die Entwicklung und der Einsatz so genannter *rekombinanter* Antikörper (rAk), die vorzugsweise nur aus antigenbindenden Regionen bestehen und mit einer leicht kovalent zu verknüpfenden Gruppe enden. So werden zz. Versuche unternommen, eine SH-Gruppe endständig einzuführen, die sich sehr gut an Goldoberflächen kovalent anbinden lässt (Au-S-Cluster).

Um die unspezifische Anbindung enzymmarkierter Immunreaktanden an die Festphase zu minimieren, werden die unbelegten Stellen nach der Immobilisierung eines Immunreaktanden mit Serumproteinen (z. B. Rinder- oder Schweineserumprotein) oder niedermolekularen Polymeren (z. B. Tween oder Casein-Hydrolysat) blockiert. Durch diesen Schritt wird das unspezifische Signal des Testsystems (Hintergrundsignal) möglichst gering gehalten.

Weitere Variationsmöglichkeiten bei der Durchführung eines Enzymimmunoassays bestehen in der Wahl der pH-Werte und Salzkonzentrationen der verwendeten Puffer, der Inkubationstemperatur und der Inkubationszeiten. Routinemäßig sollte die adsorptive Immobilisierung der Immunreaktanden in Puffern verschiedener pH-Werte durchgeführt werden. Die Bildung des Immunkomplexes ist in der Regel im neutralen Milieu am wirkungsvollsten. Die verwendeten Salzkonzentrationen sollten im physiologischen Bereich (ca. 0,1 M) liegen. Durch hohe Salzkonzentrationen wird die Dissoziation des Immunkomplexes begünstigt.

Weiterhin muss darauf geachtet werden, dass die Antikörper bei nichtkompetitiven Assays immer im Konzentrationsüberschuss zum Analyten vorliegen, da andernfalls bei hohen Analytkonzentrationen nicht alle Moleküle erfasst werden können. Bei kompetitiven Assays ist es notwendig, dass die Antikörper und die maximal zu bestimmende Analytmenge in einem ausgewogenen Konzentrationsverhältnis vorliegen. Enzymmarkierte Analytderivate sollten im Überschuss zu den Antikörpern vorhanden sein. Das Verhältnis von assoziiertem und dissoziiertem Komplex zwischen Antikörpern und enzymmarkierten Analytderivaten wird wesentlich durch die Analytkonzentration bestimmt.

### 8.3.9 Bedeutung von Kreuzreaktivitäten

Antikörper zeigen nicht nur ein analytspezifisches Bindungsverhalten. Vielmehr sind sie in der Lage, verschiedenartige, meist strukturell verwandte Substanzen zu binden (Kreuzreaktivitäten). Bei der Produktion monoklonaler Antikörper können gezielt nur solche Zellen ausgewählt werden, die Antikörper mit einer besonders hohen Spezifität zum gewünschten Analyten produzieren. Dagegen zeigen polyklonale Antikörper in der Regel verschiedene Kreuzreaktivitäten zu strukturell ähnlichen Substanzen.

Um herauszufinden, inwieweit die im Enzymimmunoassay verwendeten Antikörper Kreuzreaktivitäten zu anderen, relevanten Substanzen aufweisen, muss das für den Kreuzreaktand erhaltene Messsignal direkt in Bezug zu dem Messsignal des Analyten gesetzt werden. Dazu nimmt man für die verschiedenen Kreuzreaktanden jeweils Kalibrationskurven auf. Um die Ergebnisse direkt miteinander vergleichen zu können, werden die Untersuchungsparameter konstant gehalten. Danach werden die Kalibrationskurven normiert. Das geschieht, indem man der größten gemessenen Extinktion den Wert „100 %" und der niedrigsten Extinktion den Wert „0 %" zuordnet. Nach folgender Formel lassen sich die gemessenen Extinktionen ($B/B_0$-Werte) normieren (siehe auch Abb. 8.16):

$$B/B_0 = \frac{E_{(\text{Analyt})} - E_{(\text{min})}}{E_{(\text{max})} - E_{(\text{min})}} \qquad (8.17)$$

$E_{(\text{Analyt})}$ bezeichnet die gemessene Extinktion der jeweiligen Analytkonzentration, $E_{(\text{max})}$ entspricht der größten gemessenen Extinktion und $E_{(\text{min})}$ entspricht der kleinsten gemessenen Extinktion.

Der Verlauf der Kalibrationskurve ändert sich bei diesem Umformungsverfahren nicht. Die Extinktionsdifferenz zwischen dem größten und kleinsten Messsignal lässt sich jedoch nicht mehr erkennen und sollte zur Bewertung der Messqualität angegeben werden.

Zur Berücksichtigung des sigmoiden Verlaufes der Kalibrationskurven werden die Kreuzreaktivitäten (*crossreactivities*, CR) für verschiedene Analytkonzentrationen berechnet. Dieses Verfahren bezieht die unterschiedlichen Sensitivitäten für die verschiedenen Kreuzreaktanden mit ein.

$$\text{CR}_{x/\text{mgl}^{-1}} = \frac{(1 - B/B_{0(\text{Kreuzreaktand})}) \times 100}{(1 - B/B_{0(\text{Zielanalyt})})} \qquad (8.18)$$

Der Index $x$ steht für die Analytkonzentration, bei der die Kreuzreaktivitäten verglichen werden. Die zugehörigen $B/B_0$-Werte werden nach Normierung der entsprechenden Kalibrationskurve für den Zielanalyten und den Kreuzreaktanden entnommen.

Für den Analyten ist der CR-Wert in allen Konzentrationsbereichen 100 %. Die Parameter für die Kreuzreaktivitäten sind für eine bestimmte Antikörpercharge spezifisch und müssen ggf. bei Chargenwechsel neu bestimmt werden.

### 8.3.10 Auswertung von Enzymimmunoassays

Grundsätzlich gelten für die Enzymimmunoassays die gleichen statistischen Grundlagen wie für andere analytische Messverfahren. Für die Charakterisierung eines Enzymimmunoassays müssen mehrere Kenngrößen berücksichtigt werden.

Um aus einer Kalibrationskurve direkt die Konzentration einer gemessen Probe ablesen zu können, ist ein mathematisches Modell zur Beschreibung des Kurvenverlaufes hilfreich. Sigmoide Kurven können mithilfe der Logistik-Fit-Funktion beschrieben werden.

$$y = \frac{(A_1 - A_2)}{((1 + (x/x_0)^p) + A_2)} \qquad (8.19)$$

mit:
- $y$ = Extinktion
- $x$ = Konzentration des Analyten
- $x_0$ = Konzentration des Analyten am Assaymittelpunkt
- $A_1$ = höchste Extinktion
- $A_2$ = niedrigste Extinktion
- $p$ = Sensitivität am Assaymittelpunkt

Löst man die Gleichung nach $x$ auf, kann jeder gemessenen Extinktion eine Konzentration zugeordnet werden.

Am Assaymittelpunkt ist der experimentelle Fehler am geringsten. Die Proben liegen im Idealfall in solchen Verdünnungen vor, dass in diesem Bereich gemessen werden kann. Die obere und untere Nachweisgrenze des immunchemischen Testsystems wird häufig durch den 95 %- bzw. 5 %-$B/B_0$-Wert angegeben. Eine gebräuchliche Berechnung des Nachweisbereiches erhält man, wenn von den äußeren Messpunkten der Kalibrationskurve die dreifache Standardabweichung des Blindwertes abgezogen wird.

## Validierung eines Enzymimmunoassays

Vor der Einführung eines Enzymimmunoassays in die Routineanalytik muss das Testsystem zur Etablierung und Aufrechterhaltung eines hohen analytischen Standards einer eingehenden Qualitätskontrolle unterzogen werden. So müssen die Präzision, Richtigkeit, Sensitivität, Spezifität, Linearität und die Kreuzreaktivitäten geprüft werden. Auch während des späteren Einsatzes des Enzymimmunoassays in der täglichen Laborpraxis sollte durch die Teilnahme an Ringversuchen und die ständige Überprüfung der Standardsubstanzen zur Kalibration des immunchemischen Testsystems die Qualität der Analysen gesichert werden.

Die *Richtigkeit* der Messergebnisse aus dem Enzymimmunoassays wird durch den Vergleich mit den Resultaten anderer Bestimmungsmethoden ermittelt. Voraussetzung ist natürlich, dass das herangezogene Referenzverfahren, eingehend getestet und im Labor etabliert, verlässliche Werte liefert. Zur Bestimmung niedermolekularer Substanzen werden dafür oft chromatographische Verfahren herangezogen. Für höhermolekulare Substanzen eignen sich vielfach elektrophoretische Trenn- und Bestimmungsverfahren.

Wird im Vorfeld der Evaluierung ein Vergleich der Resultate eines neuen Enzymimmunoassays mit denen eines etablierten Verfahrens durchgeführt, so kann festgestellt werden, ob mit dem Enzymimmunoassay *plausible* Messergebnisse ermittelt werden oder ob die Messwerte „falsch negativ" (zu niedrig) oder „falsch positiv" (zu hoch) angesiedelt sind.

Zur Beurteilung der *Linearität* eines Enzymimmunoassays werden zunächst mehrere Kalibrationen durchgeführt. Aus den Steigungen der Kalibrationskurven werden die Mittelwerte ($b_x$) und die Standardfehler des Mittelwertes ($s_b$) berechnet. Das Vertrauensintervall errechnet sich gemäß der Student-*t*-Verteilung nach der Formel:

$$b_x - t(s_b) \geq b_x \geq b_{(x)} + t(s_b) \qquad (8.20)$$

Die *t*-Werte können in entsprechenden Tabellen nachgeschlagen werden. Aus diesen Werten lässt sich ein Bereich errechnen, in dem sich zukünftig die Steigungen aller weiteren Tests befinden müssen. Bei Abweichungen muss das Assaysystem überprüft und gegebenenfalls korrigiert werden.

Die *Spezifität* eines Enzymimmunoassays ist von dem verwendeten Antikörper abhängig. Werden neben dem Analyten andere Substanzen miterfasst, so weist das Testsystem Kreuzreaktivitäten auf. Die Spezifität des Tests wäre in einem solchen Fall sehr niedrig.

Durch Mehrfachmessungen in analytisch relevanten Messbereichen kann die *Präzision* des immunchemischen Messsystems ermittelt werden. Als statistisches Maß dient dabei der Variationskoeffizient (*CV*), der sich aus dem Mittelwert ($\bar{x}$) und der Standardabweichung ($\sigma$) der einzelnen Proben nach folgender Formel berechnen lässt:

$$CV = \frac{\bar{x} \times \sigma}{100} \qquad (8.21)$$

Die *Sensitivität* eines Enzymimmunoassays ist durch die Steigung der Kalibrationskurve charakterisiert. Da in Enzymimmunoassays vielfach ein sigmoider Kurvenverlauf beobachtet wird, wird die Steigung am Wendepunkt (Assaymittelpunkt) ermittelt (s. Abb. 8.16). Beim Vergleich mehrerer Testsysteme für denselben Analyten kann so unter Berücksichtigung der Sensitivität eine Aussage über die Leistungsfähigkeit der Assays getroffen werden.

*Grenzen der Enzymimmunoassays*

Vorteile der Enzymimmunoassays gegenüber anderen analytischen Verfahren zur Bestimmung niedermolekularer Substanzen liegen sicherlich in der schnellen und kostengünstigen Durchführung. Automatisierte Anlagen können, trotz der teilweise erheblichen Inkubationszeiten, binnen weniger Stunden eine Vielzahl von Proben bearbeiten und durchmessen. Die Ergebnisse sind gut reproduzierbar. Wird der Analyt mit einem hochspezifischen Antikörper bestimmt, so sind die Kreuzreaktivitäten zu strukturell ähnlichen Substanzen sehr gering. Aufgrund der hohen Selektivitäten kann durchaus erreicht werden, dass ein 1000facher Überschuss einer ähnlichen Substanz keinen merklichen Fehler bei der Bestimmung eines Analyten verursacht. Bei der Bestimmung von Summenparametern stoßen die Enzymimmunoassays jedoch an ihre Grenzen. Es ist zwar möglich, mit einem wenig spezifischen Antikörper eine Vielzahl ähnlicher Substanzen zu bestimmen, jedoch lässt sich in Realproben nicht einwandfrei ermitteln, welche Substanz nun den größten Einfluss auf das Zustandekommen des Messsignals ausübt. Dennoch werden in zunehmenden Maße immunchemische Verfahren als Screening-Methoden oder für Routineuntersuchungen in der Qualitätskontrolle den Einzug in die Laboratorien halten. Wegen ihrer Robustheit und Einfachheit werden Enzymimmunoassays schon heute als Feldtest für die „Vor-Ort"-Analytik eingesetzt. In Zukunft werden sie andere analytische Verfahren nicht verdrängen, aber sinnvoll ergänzen.

## Weiterführende Literatur

**Allgemeine Biochemie und Enzymologie**

Dixon, M., Webb, E. C. *Enzymes*, Academic Press (1979).

Koshland, D. E. jr. *Protein Shape and Biological Control*, Sci. Amer. 229, 52–64 (1973).

Lehninger, A., Nelson, D. Cox, M. *Prinzipien der Biochemie*. Spektrum Akademischer Verlag, Heidelberg, Berlin (1994).

Stryer, L. *Biochemie*, Spektrum Akademischer Verlag, 4. Aufl. (1996).

Voet, D., Voet, J. G. *Biochemie*. VCH Verlagsgesellschaft mbH (1992).

**Enzymkinetik**

Bisswanger, H. *Enzymkinetik, Theorie und Methoden*. Wiley/VCH, 2. Aufl. (2000).

Schellenberger, A. (Hrsg.) *Enzymkatalyse*. Gustav Fischer (1989).

**Enzymassays**

Bergmeyer, H. U., Bergmeyer, J., Graßl, M. (Hrsg.) *Methods of Enzymatic Analysis*. Wiley/VCH (1983).

Eisenthal, R. Dawson, M. (Hrsg.) *Enzyme Assays. A Practical Approach*. IRC Press (1992).

Handbook of Enzymatic Methods of Analysis. Marcel Dekker (1976).

Janeway, C. A., Travers, P. *Immunologie*. 2. Aufl., Spektrum Akademischer Verlag, Heidelberg, Berlin (1997).

Peters, J. H., Baumgarten, H. *Monoklonale Antikörper: Herstellung und Charakterisierung*, 2. Aufl., Springer, Heidelberg, Berlin, New York (1990).

Tijssen, P. *Practice and theory of enzyme immunoassays*. 8. Aufl., Elsevier, Amsterdam (1993).

Tweel, J. G. van den *Immunologie – Das menschliche Abwehrsystem*. Spektrum Akademischer Verlag, Heidelberg, Berlin (1991).

# 9 Dynamische Konzentrationsmessungen – *on-line*-Analytik mit Sensoren

## 9.1 Einleitung

Die instrumentelle Analytik spielt, wenn sie automatisierbar ist, in der chemischen Verfahrenstechnik eine wichtige Rolle. Dementsprechend wurden auf dem Gebiet der industriellen Prozessanalytik folgende Begriffe geprägt:

- *In-line*: Messen im Produktionsfluss ohne Probenziehung.
- *On-line*: Kontinuierliche Entnahme und Analyse von Teilmengen.
- *Off-line*: Diskontinuierliche Entnahme und Analyse ohne direkte Prozessankopplung.
- *At-line*: Schnellprüfung in Prozessnähe.

Alle Prüfungen und Tests fangen in einem produzierenden Betrieb bei der Wareneingangskontrolle an, bei der die Qualität der Rohstoffe (z. B. Reinheit, Freiheit von prozessstörenden Begleitstoffen) festgestellt werden muss, und enden bei der Warenausgangskontrolle, bei der die Qualität des erzeugten Produktes (dazu gehören nach dem Chemikaliengesetz auch andere Prüfparameter, wie z. B. Toxizität – auch von Verunreinigungen – und biologische Abbaubarkeit) laufend überwacht werden muss. Hierzu gibt es auch internationale Normen (z. B. **G**ood **M**anufacturing **P**ractice, GMP; GLP, ISO 9000 Normen Serie, siehe auch Anhang), die eine Qualitätskontrolle im internationalen Handel zwingend vorschreiben. Diese qualitätskontrollierende Analytik kann mit einer statistisch zu berechnenden Häufigkeit durchgeführt werden, wobei die Stichproben meistens noch mit der traditionellen instrumentellen Analytik im Labor untersucht werden. Zwischen dem Wareneingang der Rohstoffe und dem Warenausgang des fertigen Produkts liegt die Herstellung, d. h. die Erzeugung oder Produktion des Endprodukts. Neuerdings verlangen qualitätsüberwachende Organisationen (Zertifizierungsstellen für den gesetzlich geregelten Bereich oder Akkreditierungsstellen) eine Qualitätskontrolle nach dem sog. „Stand der Technik". Dies kann bei einigen Produkten, z. B. im Bereich der Überwachung der Qualität von Lebensmitteln zu vermehrtem Aufwand führen, wobei der Schritt zu einer kontinuierlichen Kontrolle nicht mehr weit ist. Im Bereich des vorbeugenden Umweltschutzes sind in einigen Fällen (z. B. bei Großfeuerungsanlagen, für $SO_2$ und $NO_x$) auch bereits bei vorhandenen kommerziellen Geräten kontinuierliche Messungen zur Dokumentation der Grenzwerteinhaltung vorgeschrieben.

Selbstverständlich müssen in der chemischen Industrie auch die zentralen Schritte der eigentlichen Synthese überwacht und kontrolliert werden, wenn man eine optimale Effizienz und Qualität anstrebt. Je nach der Prozessführung und der Geschwindigkeit der einzelnen Prozessschritte besteht hier häufig nicht mehr die Möglichkeit, von Zeit zu Zeit eine Probe zu ziehen und ins Labor zur Analyse zu geben. Hier ist man auf dynamische Messungen, d. h. *on-line* (im Durchfluss innerhalb einer *pipeline* (Rohrleitung)) und in *real-time* (in Echtzeit: Messwert muss nahezu ohne Verzögerung angezeigt werden) angewiesen.

Für die Feststellung dynamischer Konzentrationsveränderungen müssen Analysenverfahren angewandt werden, die eine kontinuierliche oder quasi-kontinuierliche Analyse eines oder mehrerer Analyte ermöglichen. Unter quasi-kontinuierlich wird verstanden, dass die Messung zwar eine gewisse Messzeit beansprucht, diese aber verglichen zu der möglichen Änderungsdynamik bezüglich des Analyten des untersuchten Systems zu vernachlässigen ist. Drei Beispiele mit unterschiedlichen System-Zeitkonstanten sollen dies verdeutlichen:

a. Die kontinuierliche Überwachung eines bestimmten Grundwassers in der Nähe einer Deponie benötigt keine Messsonde, die Analytkonzentrationsänderungen im Sekundenbereich anzeigen kann, da aufgrund der Größe des Grundwasservolumens und der durch den Boden limitierten Diffusion und dadurch bedingten langsamen Strömungsgeschwindigkeit derartige Änderungen erst im Stunden- oder Tagebereich messbar werden. Hier können durchaus Analysenverfahren eingesetzt werden, die das Ergebnis im Stundenbereich erzeugen.
b. Bei einer kontinuierlichen Blutzuckermessung (z. B. zur Steuerung einer automatischen Insulinpumpe) liegen die Verhältnisse etwas anders. Nach einer zuckerreichen Nahrungsaufnahme steigt der Glucosegehalt des Blutes bei Diabetikern innerhalb von ca. 10 Minuten auf einen neuen stationären Wert. Daraus folgt, dass ein möglicher Glucosesensor nicht unbedingt eine Zeitkonstante (Zeit bis zum Erreichen von 63% vom Endwertes) im Sekundenbereich benötigt, um diesen zeitlichen Anstieg der Glucosekonzentration im Blut hinreichend genau anzuzeigen. Derartige Sensoren gibt es (s. Abschnitt 9.4.6), jedoch bereitet

eine längere Implantierung im Körper noch erhebliche Probleme.

c. Bei einer kontrollierten Explosion hingegen, wie sie beispielsweise in Verbrennungsmotoren abläuft, sind analytische Zeitkonstanten im Sub-Millisekunden-Maßstab erforderlich. Die wichtigsten Analyte in diesem Bereich sind: der Restsauerstoff nach der Explosion (= Information über eine „fette" oder „magere" Situation, d. h. Luftunterschuss oder Luftüberschuss), der CO-Gehalt, der $NO_x$-Gehalt und der Gehalt an unverbrannten Kohlenwasserstoffen (HC-Gehalt; von ***h**ydro**c**arbon*). Eine derartige Messgeschwindigkeit erlaubten bisher nur spektroskopische Verfahren, die beispielsweise den Kolbenraum mittels durchlässiger Saphirfenster durchstrahlen können und wegen der Verwendung von intensivem Laserlicht keine langen Messzeiten (für die Intensitätsmessung) benötigen. Neuerdings hat die Fa. Siemens eine Lamda-Sonde entwickelt, die mit dünnen Halbleiterschichten den Gehalt an Restsauerstoff sogar jedes einzelnen Zylinders getrennt erfassen kann, was auf eine Messzeit im sub-ms-Bereich hinausläuft. Hierdurch lässt sich natürlich die Einspritzpumpe individuell steuern und dadurch die Gesamtemission des Motors noch weiter verringern und zwar unabhängig vom Betriebszustand (z. B. Beschleunigen, Motorbremsung, Standbetrieb, schnelle Autobahnfahrt).

In der chemischen Verfahrenstechnik zur Synthese neuer Stoffe gibt es zwei grundlegende Verfahrensweisen: Man kann bei kleineren bis mittleren Produktionsmengen ein sog. Batch-Verfahren anwenden, das im Prinzip wie eine vergrößerte Laborsynthese abläuft. Ein Reaktor wird mit den Ausgangsstoffen gefüllt und die chemische Reaktion durch kontrolliertes Zudosieren der Reaktionspartner durchgeführt, wobei hier natürlich wegen der möglichen Gefährdung die wichtigsten physikalischen Parameter (z. B. Druck und Temperatur) registriert und vielfach auch mittels Überdruckventilen oder Kühlschlangen geregelt werden. Das Ende der chemischen Reaktion wird dann häufig aus Erfahrung oder anhand der Dynamik der physikalischen Parameter festgestellt. So ist z. B. das Ende einer exothermen Reaktion dann gegeben, wenn keine Wärme mehr vom Reaktor abgeführt werden muss. Häufig in diesem Zusammenhang verwendete Sensoren für physikalische Parameter stellen Temperatur- und Druckmessfühler dar, bei chemischen Parametern die pH-Glaselektrode, die Leitfähigkeitsmesszelle, faseroptische UV-VIS-IR Sensoren, viskositätserfassende Schwingquarze und ähnliche Entwicklungen.

Es gibt aber auch komplizierte Synthesen, die beispielsweise kinetisch über ein Zwischenprodukt kontrolliert und bezüglich ihrer Ausbeute optimiert werden müssen. Hier ist die Verfolgung der Bildung und des Umsatzes bestimmter einzelner Analyte für eine kontrollierte Synthese von großer Bedeutung. Dazu werden zuverlässige chemische Sensoren benötigt.

Bei höheren Produktionsmengen werden in der Verfahrenstechnik gerne Durchflussreaktoren eingesetzt, bei denen die betreffenden Reaktionspartner kontinuierlich zusammengeführt und das Produkt oder die Produkte

---

**Beispiele für *quasi-on-line*-Messungen**

Weitere Beispiele für die Notwendigkeit von kontinuierlichen analytischen Messungen sollen die große Bedeutung von dynamischen Messungen auch unter dem Blickwinkel der Speziesanalyse unterstreichen:

In der Medizintechnik wird bei allen Operationen am offenen Herzen die Aktivität der freien, ungebundenen Calciumionen im Blut laufend gemessen, da das Herz nur bei einer Konzentration von 1,0 ± 0,1 mmol $Ca^{2+}$ wieder zum Schlagen angeregt werden kann. Hierzu gibt es automatisch arbeitende Calciumanalysatoren auf Basis ionenselektiver Elektroden. Nur sie erlauben eine Aktivitätsbestimmung unter Berücksichtigung des Aktivitätskoeffizienten. Die früher verwendete flammenphotometrische Calciumbestimmungsmethode kann hingegen nur die Konzentration ermitteln.

Bei einem Bioreaktor benötigen die Mikroorganismen häufig Glucose zu ihrer Ernährung; dabei setzen sie Glucose unter Verbrauch von Sauerstoff um. Es besteht daher auch bei diesem Batch-Verfahren die Notwendigkeit, Glucose und Sauerstoff fortlaufend zu messen, um die optimalen biotechnologischen Produktionsbedingungen aufrechtzuerhalten. Mittels entsprechender Regelvorrichtungen wird dann Glucose nachgeliefert oder mehr Luft durch den Reaktor geleitet, damit er nicht in einen anaeroben Bereich hineindriftet. Auch hierzu finden sich entsprechende Messsonden auf dem Markt. Ein Problem ist hier, wie auch in der Medizintechnik, die Sterilisierbarkeit der entsprechenden Messsonden mit empfinlichen Biomolekülen.

---

kontinuierlich aus der Reaktionszone entfernt werden. Hierzu ist eine besonders genaue und zuverlässige Reaktionskontrolle notwendig, wenn man beispielsweise bei exothermen Reaktionen eine Überhitzung vermeiden oder wenn man stets beim Optimum der Ausbeute arbeiten will. Eine genaue Stoffmengenkontrolle der Reaktionspartner ist hier unverzichtbar. Wegen unterschiedlicher Reinheitsgrade der Ausgangsstoffe ist neben einer exakten Durchflusssteuerung auch die Stoffkonzentrationsermittlung sehr wichtig. Falls eindeutige physikalische Parameter zur Charakterisierung der gewünschten stöchiometrischen oder überstöchiometrischen (Überschuss eines Partners) Dosierung nicht vorhanden sind, müssen auch hier analytisch-chemische Durchflussmessungen mit Zeitkonstanten im Sekundenbereich durchgeführt werden. Die analytisch-chemischen Sensoren können an verschiedenen Positionen im Verlauf der Synthese eingesetzt werden. Die wichtigsten Messwertfühler (chemischen Sensoren) werden im Folgenden kurz skizziert.

Der Einsatz der über 100 physikalischen Sensoren zur Erfassung von nicht-chemischen Messgrößen ist klar begründet. Man möchte diese Größen, wie z. B. Temperatur, Druck, Abstand, Spannung und Strom, sowie die abgeleiteten Formen Geschwindigkeit, Beschleunigung, Widerstand etc., möglichst schnell, einfach, zuverlässig und genau wissen, damit man dynamische Vorgänge erfassen kann. Die physikalischen Größen kann man mit den verschiedensten Vorrichtungen messen; vorteilhaft ist aber auf alle Fälle, wenn die Messvorrichtung den Messwert in einer ihm proportionalen elektrischen Größe (Strom oder Spannung sowie zunehmend auch in der Digitaltechnik als Frequenz) anliefert, weil sie sich so – ohne zusätzliches Eintippen – in einen Computer eingeben lassen, der dann beispielsweise so programmiert werden kann, dass er automatisch den zeitlichen Verlauf einer oder auch mehrerer Messgrößen graphisch darstellt, was die Interpretationen vereinfacht.

Wie bereits oben erwähnt, sind die Sensoren bei der Mess- und Regeltechnik, der Schlüsseltechnologie der Automationstechnik, unentbehrlich. Hier liefern *on-line*-Sensoren die entscheidenden Messgrößen, die zu einer automatischen Regelung beliebiger Prozesse benötigt werden. Hier werden nach dem „GAU-Prinzip“ natürlich extrem zuverlässige Sensoren benötigt.

In den letzten Kapiteln wurde eine Reihe von instrumentellen Analysenverfahren beschrieben, die eine nachweisstarke und auch selektive Bestimmung von Analyten selbst in komplizierten Matrizes erlauben. Der im Allgemeinen hohe apparative Aufwand und der meist relativ hohe Preis dieser Analysengeräte beschränken aber die Anwendungsbreite dieser Methoden. Ihr Einsatz ist in der Regel auf das Labor begrenzt und erfordert qualifiziertes Personal. Weiterhin sind die bekannten klassischen Analysenverfahren, wie z. B. Gravimetrie, Maßanalyse und Photometrie, meist nur bedingt für einen Feldeinsatz oder zu kontinuierlichen *on-line*-Kontrollen geeignet.

In einer kostengünstigen Analytik außerhalb des Labors und in der kontinuierlichen Messung bzw. Überwachung, d. h. genau an den Schwachpunkten der klassischen Analysenverfahren, liegen die typischen Anwendungsfelder von Chemo- und Biosensoren.

Dabei wird als Chemosensor im Weiteren ein kleiner, relativ kostengünstiger Messfühler verstanden, der eine chemische Information, wie z. B. die Konzentration einer Komponente, den Partialdruck eines bestimmten Gases oder die Gesamtzusammensetzung einer Probe, *reversibel* in ein elektronisch auswertbares Signal umwandelt und möglichst keine Reagenzien benötigt. Reversibel soll hier andeuten, dass der Sensor Konzentrationsänderungen in beiden Richtungen anzeigen kann. Bei einem Biosensor ist zusätzlich am Erkennungsprozess des Analyten eine am oder im Sensor immobilisierte biologisch aktive Substanz als molekularer Erkennungsrezeptor beteiligt. Das können z. B. Enzyme, Antikörper, DNA-Abschnitte oder auch lebende Mikroorganismen sein.

### 9.1.1 Prinzipieller Aufbau von Chemo- und Biosensoren

Eine atomare oder molekulare Erkennung eines bestimmten Analyten ist nur möglich, wenn der Analyt mit dem Sensor in dem für ihn zugänglichen oberflächennahen Bereich selektiv in eine stoffspezifische Wechselwirkung treten kann. Dazu werden die verschiedensten Rezeptoren der supramolekularen Chemie oder Biochemie oder auch spezifische Chemisorptionsprozesse ausgenutzt. Das molekulare Erkennen der Analytatome, -ionen und -moleküle muss dabei in ein konzentrationsabhängiges elektrisches Signal „umgeformt“ werden.

Dies kann einmal eine inhärente Eigenschaft des analytisch-chemischen Messprinzips sein, wie z. B. von ionenselektiven Elektroden, die direkt eine konzentrationsabhängige elektrische Spannung liefern, wenn sie mit einer Bezugselektrode zu eine Messkette komplettiert werden. Ähnlich liefern auch amperometrische Sensoren ohne Wandler (Messwert-Umwandler oder Transducer) direkt einen analytkonzentrationsproportionalen Strom, und bei Leitfähigkeitssensoren (impediometrischen Sensoren) wird je nach Vorgabe entweder der Strom oder die Spannung direkt gemessen. Die Selektivität dieser Sensoren muss intrinsisch gegeben sein.

Dem stehen aber viele Sensoren gegenüber, die einen Transducer zur Lieferung eines EDV-gerechten elektri-

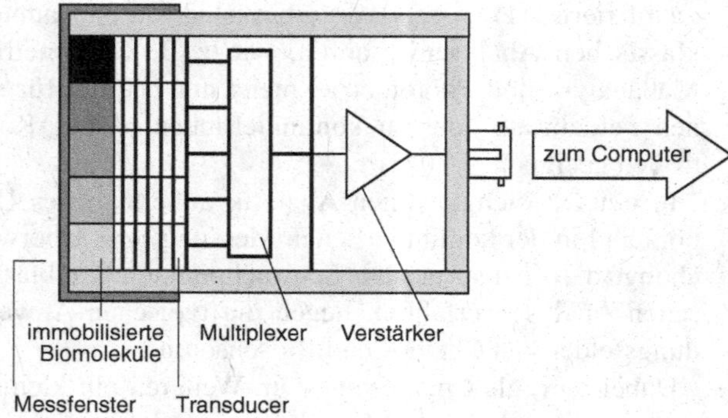


**9.1** Prinzip von Chemo- und Biosensoren hier mit Multi-Analyt-Sensorelementen und Verstärker mit Multiplex-Schaltung Bei einem Chemosensor werden u. a. Erkennungsmechanismen der supramolekularen Chemie genutzt.

schen Signals benötigen. Bekanntestes Beispiel für einen Übergang vom Laborgerät zu einem Sensor stellen die Lichtleiter-Photometer dar. Das Messende des Lichtleiters lässt sich bereits wie ein chemischer Sensor handhaben. Transducer bei der Photometrie ist der intensitätsmessende Empfänger (Photozelle, Halbleiterdetektor, Photomultiplier, etc.), der die eintreffende Lichtintensität in eine elektrische Größe umwandelt. Durch die Wahl einer geeigneten Wellenlänge kann auch in diesem Fall eine gewisse Selektivität intrinsisch erzielt werden.

Zur Erhöhung der Selektivität werden aber bei der klassischen Photometrie i. d. R. analyt-spezifische Reagenzien zugegeben, die mit dem Analyten selektiv eine optisch gut messbare Verbindung eingehen. Dadurch wird aber die Forderung nach Reagenzienfreiheit bei chemischen Sensoren verletzt. Erst durch die Schaffung einer Reaktionszone mit immobilisierten Reagenzien und reversibler Analytbindung außerhalb des Lichtleiters lassen sich derartige optische Sensoren verwirklichen. Da die Analyterkennung außerhalb des Lichtleiters in einer sog. Rezeptorschicht abläuft, spricht man auch von extrinsischen Sensoren.

In vielen Fällen befindet sich die analyterkennende Rezeptorschicht in unmittelbarer räumlicher Nähe zum Transducer, d. h. als Oberflächenschicht. Bei optischen Messungen aber ist dies eigentlich nicht notwendig. Man kann beispielsweise auch mehrere Rezeptorschichten für unterschiedliche Analyte mit abbildenden Optiken und CCD-Transducern simultan vermessen. In der Regel kann man also bei Chemo- und Biosensoren von einem Aufbau ausgehen, wie er in Abb. 9.1 skizziert ist.

Eine selektive mit dem Erkennungsvorgang in einer Rezeptorschicht verbundene Wärmetönung kann beispielsweise mittels Thermoelementen in eine Thermospannung umgewandelt werden. Ein Schwingquarz, dessen Frequenz von der Masse eines Stoffes abhängt, der von seiner Oberfläche selektiv ad- oder absorbiert wird, ist ebenfalls ein universell verwendbarer Transducer. Bei zu schwachen Transducersignalen kann auch ein zusätzlicher elektronischer Verstärker in den Sensor integriert sein. Tabelle 9.1 zeigt einen Überblick über die wichtigsten Messgrössen von Transducern für Chemosensoren.

Es gibt eine Vielzahl von Möglichkeiten, chemische Sensoren zu klassifizieren. Am häufigsten ist eine Klassifikation nach der Art des Transducers, die auch im Folgenden verwendet werden soll. Dagegen werden Biosensoren häufig auch noch nach der Art der biologisch aktiven Substanz als analyterkennendem Rezeptor weiter klassifiziert und so enzymatische von immunochemischen differenziert. Viele Eigenschaften von chemischen Sensoren (z. B. Nachweisgrenze, dynamischer Messbereich, Drift, Zuverlässigkeit) hängen direkt oder indirekt bei den extrinsischen Sensoren von der Art des Transducers ab. Daher

**Tabelle 9.1** Transducer-Messgrößen und darauf aufbauende Chemosensoren (aus: Webseite: AK Göpel/Uni Tübingen).

| physikalische Messgröße | Transducer | Chemosensor |
|---|---|---|
| Widerstand $\Delta R$ oder Impedanz $\Delta Z$ | *2-, 3-, und 4*-Elektroden-Anordnung | Metalloxid-Halbleiter-Gassensoren, impediometrische Polymersensoren |
| Strom $\Delta I$ | *2-, und 3*-Elektroden-Anordnung | elektrochemische Zelle |
| Kapazität $\Delta C$ | interdigitale Kondensatoren | Feuchtesensoren |
| Austrittsarbeit $\Delta E$ | Kelvin-Probes, Feldeffekt-Anordnungen | Gas-FET |
| Masse $\Delta m$ | *Bulk and Surface Acoustic Wave Transducers* | polymerbeschichtete Mikrowaagensensoren |
| Temperatur $\Delta T$ | *Thermopiles*, ntc- oder ptc-Widerstände | kalorimetrische Sensoren, Pellistoren |
| Lichtabsorption $\Delta\varepsilon$, Fluoreszenz $\Delta I$, optische Schichtdicke $\Delta(n \cdot d)$ | optische Wellenleiter, Faseroptik, integrierte Optik, Rezeptorschichten | Absorptions- oder Fluoreszenzsensoren, interferometrische oder Surface-Plasmon-Resonanz-Sensoren |

sollen die Eigenschaften der wichtigsten hier kurz erläuterten werden. Chemo- oder Biosensoren, die auf massenproduktionstauglichen Transducern beruhen, sind besonders interessant, weil man mittels ein und desselben Transducers eine Vielzahl unterschiedlicher Sensoren aufbauen kann. Dadurch ergeben sich höhere Produktionsstückzahlen und häufig auch ein günstigerer Preis.

Man sollte die Definition eines Chemo- und Biosensors aber nicht zu eng sehen. Die Methoden der Mikrosystemtechnologie erlauben es beispielsweise heute, Laboroperationen auf einem winzigen Chip von nur ca. 1 $cm^2$ Größe durchzuführen. Wegen dieser starken Miniaturisierung ist auch der Reagenzienverbrauch entsprechend reduziert, und man kann bei einem Verbrauch im Mikroliterbereich durchaus tagelang mit solchen Analysenvorrichtungen („Lab on Chip") messen, bevor man die Reagenzien nachfüllt oder das ganze System wegwirft. Weil derartige Systeme durchaus in der Größenordnung typischer Sensoren liegen und ohne weitere Probenvorbereitung analysieren können, kann man sie zu den Sensoren zählen. Dazwischen gibt es natürlich auch fließende Übergänge. Eine füllfederhaltergroße Fließinjektionsanalyse-Vorrichtung kann man dann auch als Sensor für den betreffenden Analyten bezeichnen. In der Tat ergeben sich bei enzymatisch arbeitenden Biosensoren durchaus auch Vorteile, wenn die Analyterkennung vom Transducer räumlich getrennt ist. So kann man in diesen Fällen beispielsweise die empfindlichen Enzyme besser gefriergetrocknet in einer kleinen Kartusche immobilisieren, die dann kurz vor der Komplettierung mit einem Transducer zu einem kompletten Biosensor durch Konditionierung in einer Pufferlösung aktiviert werden. Rein äußerlich muss man diese Konstruktion überhaupt nicht wahrnehmen, d. h. der Biosensor sieht wie typische Sensoren, z. B. ionenselektive Elektroden, aus.

## 9.2 Transducer für Chemo- und Biosensoren

### 9.2.1 Massensensitive Transducer – BAW und SAW

Die bekanntesten massenempfindlichen Transducer nutzen den Piezoeffekt zur Erzeugung schwingender Massen (Resonatoren) oder akustischer Oberflächenwellen aus. Bei Massenänderungen auf der Transduceroberfläche ändert sich entweder die Resonanzfrequenz oder die Ausbreitungsgeschwindigkeit und Amplitude der Oberflächenwelle, was beides gut messbar ist. Akustische Wellen im Festkörper entstehen durch eine richtungsabhängige, oszillierende Auslenkung bzw. Schwingung der Partikel, wie sie beispielsweise durch den Piezoeffekt beim Anlegen eines äußeren Wechselspannungsfeldes entstehen. Sie bilden die Grundlage für das Design piezoelektrischer Messwertaufnehmer, die bestimmte Schwingungsformen (Moden) und Frequenzen aufweisen. Allgemein werden piezoelektrische Messwertaufnehmer entsprechend ihrer Wellencharakteristika klassifiziert, denen folgende Eigenschaften zugrunde liegen:

- Richtung der Teilchenauslenkung in Bezug auf die Wellenausbreitungsrichtung im Festkörper.
- Orientierung der Partikelauslenkung unter Berücksichtigung der Substrat-(Sensor-)Oberfläche.
- Art der Wellenausbreitung: fortlaufend (geführt) oder stehend (wie z. B. in einem Resonator).

Grundsätzlich lassen sich bei akustischen Wellen in Festkörpern zwei Arten der Teilchenauslenkung unterscheiden: die longitudinale Auslenkung parallel zur Ausbreitungsrichtung der Welle und die transversale Auslenkung orthogonal zur Ausbreitungsrichtung der Welle (Abb. 9.2). Diese reinen Schwingungsmoden lassen sich im anisotropen Festkörper nur dann anregen, wenn die Ausbreitungsrichtung der Welle mit einer der kristallographischen Symmetrieachsen zusammenfällt. Breitet sich eine Welle in eine willkürliche Richtung aus, die nicht symmetriekonform ist, so tragen in der Regel ein longitudinaler und ein transversaler Betrag zur Schwingung bei, es resultiert eine ellipsoide Teilchenauslenkung. Je nachdem, welche Komponente überwiegt, werden diese Wellen als quasi-longitudinal oder quasitransversal bezeichnet. Für das Design piezoelektrischer Messwertaufnehmer wird die Substratorientierung im anisotropen Kristall nach Möglichkeit so gewählt, dass sich reine akustische Schwingungsmoden anregen lassen. Neben günstigeren Bedingungen zur Schwingungsanregung wird damit eine effizientere elektromechanische Energiewandlung erreicht.

Während die Erzeugung von Longitudinal- bzw. Kompressionswellen in der Schall- und Ultraschalltechnik (Echolot, Ultraschalldiagnostik) eine wichtige Rolle spielt, werden für massensensitive Sensoren überwiegend solche piezoelektrischen Messwertaufnehmer verwendet, in denen Transversalwellen erzeugt werden. Aufgrund der Teilchenauslenkung in Bezug zur Oberfläche des (Sensor-)Substrates lassen sich zwei transversale Schwingungsmoden (Scherwellen) unterscheiden: die horizontal polarisierte Scherwelle, bei der die Teilchen parallel zur Oberfläche ausgelenkt werden, und die vertikal polarisierte Scherwelle, bei der die Teilchen senkrecht zur Oberfläche ausgelenkt werden.

Das bisher Gesagte gilt für die Ausbreitung akustischer Wellen in einem nach allen Seiten unbegrenzten Medium, genügt aber nicht zur Beschreibung der Signal-

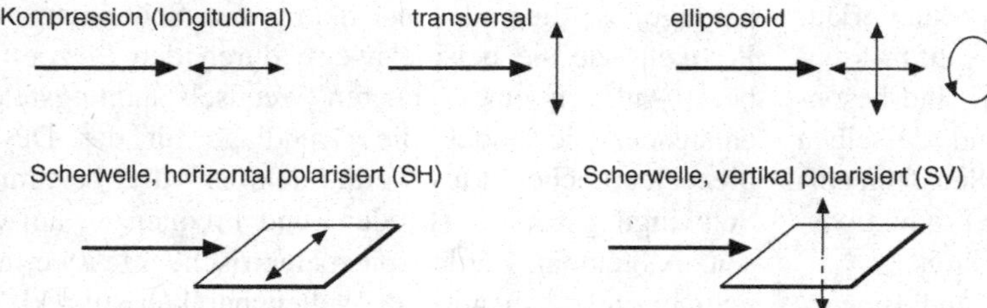


**9.2** Schematische Darstellung der Partikelauslenkung (schwarze Pfeile) im Verhältnis zur Wellenausbreitung (rote Pfeile) in einem anisotropen Festkörper.

wandlung in endlich dimensionierten piezoelektrischen Kristallen, die als Messwertwandler häufig in Form dünner Plättchen (laterale Abmessungen ≫ Dicke) vorliegen. Grundsätzlich sind diese Substrate geometrisch so zu dimensionieren, dass für die akustische Welle an den Phasengrenzen bestimmte Grenzbedingungen erfüllt sind. Allgemein sind Wellen im endlich dimensionierten piezoelektrischen Substrat dann ausbreitungsfähig, wenn alle Deformationskräfte senkrecht zur Oberfläche Null und alle mechanischen und elektrischen Felder an der Oberfläche stetig sind. Als Ergebnis derartiger Grenzbedingungen ergeben sich zwei Arten von piezoelektrischen Messwertaufnehmern:

- Resonatoranordnungen, bei denen sich die akustische Welle innerhalb des Substratvolumens und senkrecht zu den Oberflächen ausbreitet. Diese Anordnungen werden auch als Volumenwellenelemente (*bulk acoustic waves*, BAWs) bezeichnet. Der wichtigste Vertreter ist der Schwingquarz, der eine stehende Welle zwischen den Oberflächen (als Begrenzungen) über die Dicke des Quarzplättchens ausbildet. Diese für AT-geschnittene Quarze typische Schwingungsmode wird als Dickenscherschwingung oder Scheroszillation bezeichnet.
- Oberflächenwellenleiter, bei denen sich eine fortlaufende akustische Welle parallel zur Substratoberfläche ausbreitet. In SAW-Elementen sind Oberflächenwellen (*surface acoustic waves*, SAWs) in der Regel ein Produkt aus einer longitudinalen und einer vertikalen Scherkomponente, die dann als so genannte Rayleigh-Wellen bezeichnet werden. Die Eindringtiefe der Welle in das Substrat (Polymerschicht als analyterkennende Rezeptorschicht) liegt in der Größenordnung einiger Wellenlängen.

Eine grundsätzliche Eigenschaft von akustischen Messwertaufnehmern ist ihre hohe Massensensitivität, d. h. eine Masseanlagerung auf ihrer Kristalloberfläche hat eine Änderung der Ausbreitungsgeschwindigkeit der akustischen Welle zur Folge, die üblicherweise als Schwingungsfrequenz gemessen wird. Dieser Effekt ist hochempfindlich und ermöglicht die Anwendung dieser Signalwandler als massensensitive Sensoren für viele chemische und biochemische Messaufgaben.

Die Auswahl verschiedener piezoelektrischer Materialien, unterschiedlicher Schnittorientierungen und die Einhaltung bestimmter geometrischer Randbedingungen hat in den letzten Jahren zu der Entwicklung verschiedener akustischer Signalwandler geführt. Dabei ist man bestrebt, solche Wellenmoden in Leiterelementen anzuregen (häufig mit horizontaler Polarisation), die eine nur minimale Energieübertragung an das angrenzende Medium bewirken, sodass auch Anwendungen in oszillationsdämpfenden Flüssigkeiten ermöglicht werden sollen, wenn man die weiteren Parameter (z. B. Dichte und Viskosität des Messmediums) konstant halten kann.

Meistens werden sog. AT-geschnittene Schwingquarze als massensensitive Messwertaufnehmer eingesetzt, da sie in der Elektronik als Frequenznormale verwendet werden und durch die Massenproduktion im Handel sehr preiswert erhältlich sind.

Ausgangspunkt zur Herstellung von Schwingquarzen ist der α-Quarz-Einkristall, der natürlich vorkommt (z. B. als Bergkristall), für technische Anwendungen jedoch synthetisch gezüchtet wird. α-Quarz tritt in zwei enantiomorphen Formen auf: Rechtsquarz und Linksquarz. Sie unterscheiden sich äußerlich durch die Lage der Trapezoederflächen, durch das Reflexionsvermögen der Röntgenstrahlen von bestimmten Gitterebenen und durch den Drehsinn der optischen Aktivität, von dem ihre Bezeichnung abgleitet ist. Die Schwingungseigenschaften, wie z. B. die Schallgeschwindigkeit in Dickenrichtung, die periodische Kopplung oder der Temperaturgang der Frequenz, werden durch die räumliche Orientierung der Quarzplatte relativ zum kristallographischen Achsensystem festgelegt. Die Schnittrichtung für das Heraussägen einer dünnen Scheibe wird durch die Angabe des Drehwinkels, um die die Flächennormale von einer kristallographischen Achse weggedreht wird, definiert. Dieses Prinzip ist in Abbildung 9.3 am Beispiel der für technische Anwendungen bedeutenden Quarzschnitte AT und BT veranschaulicht.

Der AT- und BT-Schnitt gehören zur Familie der einfach rotierten Y-Schnitte, bei denen eine Platte in der XZ-Ebene (auf dieser Ebene befinden sich später die aufgedampften Metallelektroden) um die X-Achse ge-

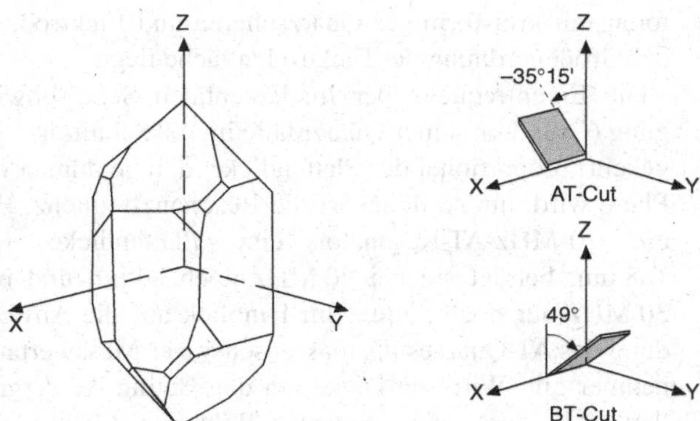


**9.3** Vereinfachte Darstellung der Kristallflächen eines α-Quarz-Einkristalls in seiner enantiomorphen R-Form (links). Das karthesische Koordinatenkreuz entspricht dem IEEE-Standard von 1988, wobei die Z-Achse der optischen Achse (c) und die X-Achse der elektrischen Achse (a) entspricht. Die Y-Achse wird dann so orientiert, dass im Rechtsquarz ein rechtshändiges Koordinatenkreuz entsteht. Um ein piezoelektrisches Substrat mit bestimmten Wellen- und Frequenzeigenschaften zu erhalten, wird die Platte mit einer bestimmten Orientierung zu den kristallographischen Achsen aus dem Einkristall herausgeschnitten (rechts), wie in der Abbildung am Beispiel des AT- und BT-Schnittes (Cut) gezeigt. Seine günstigen Frequenz- und Temperatureigenschaften machen den AT-Schwingquarz zu einem geeigneten Messwertaufnehmer in der Sensorik.

dreht wird. Der Drehwinkel zur Z-Achse gibt die Auslenkung an, im Fall des AT-Schnittes sind das –35°15' bzw. –35,25°. Per Definition erhalten Schnitte mit Drehungen entgegen dem Uhrzeigersinn positive Werte. Gemäß der IEEE-Standardkonvention wird der AT-Schnitt als (YX l) –35°15' bezeichnet. Die ersten beiden Großbuchstaben geben die Richtungen der Plattendicke (Y) und -länge (X) an. Der Kleinbuchstabe l gibt hier die Längenrichtung der dritten Achse (Z) an, die um den angegebenen Winkel Φ gedreht wird. Entsprechend der Plattenlage im Kristall kann ein Schnitt mit bis zu fünf Buchstaben und drei Winkeln gekennzeichnet sein: ($B_1$ $B_2$ $b_1$ $b_2$ $b_3$ ) $\theta_1/\theta_2/\theta_3$. Um den Schnitt exakt ausführen zu können, erfolgt die Einstellung der Kristallorientierung mithilfe eines Röntgengoniometers. Anschließend wird die Platte mit einer speziellen Sägevorrichtung herausgesägt. Aufgrund des Herstellungsprozesses kann die Orientierung um wenige Bogenminuten variieren, was die Schwingungsmode nicht, die Frequenz-Temperatur-Charakteristik jedoch geringfügig beeinflusst.

Der allgemein in der HF-Technik, speziell aber auch für Sensoranwendungen wichtigste Kristallschnitt ist der AT-Schnitt. Gegenüber dem BT- und SC-Schnitt *(stress compensated)*, deren Eigenresonanzfrequenzen ebenfalls von der Gesamtmasse des Resonators abhängen, zeigt der temperaturkompensierte AT-Schnitt sowohl eine günstigere Frequenz-Temperatur-Abhängigkeit als auch eine effizientere Umwandlung der elektrischen in mechanische Energie (Kopplungsfaktor *k*). Darüber hinaus decken Grundtonquarze im AT-Schnitt (nur solche Quarze sind als massensensitive Sensoren praktisch einsetzbar) einen weiten Frequenzbereich von 1 MHz bis ≈ 155 MHz ab und sind sowohl in ihrer Kurzzeitstabilität ($10^{-9}$ bis $10^{-11}$) als auch in ihrer Langzeitstabilität ($10^{-6}$ bis $2 \cdot 10^{-7}$) allen anderen Quarzschnitten überlegen.

Je nach Kristallschnitt lassen sich unter Berücksichtigung der geometrischen Struktur (Plättchen, Stimmgabel, Stab) verschiedene Schwingungsformen realisieren. Die in Quarzresonatoren hauptsächlich angewandten Schwingungsformen sind, von tiefen zu hohen Frequenzen gehend, die Längs-Dehnungs-Schwingung (GT-Schnitt: 100 kHz bis 550 kHz), die Biegeschwingung (X-5°-Schnitt: 10 kHz bis 100 kHz), die Flächenscherschwingung (CT-Schnitt: 300 kHz bis 1 MHz) und die Dickenscherschwingung (AT-, BT-Schnitt: 1 MHz bis neuerdings sogar 155 MHz). Zur Erzeugung akustischer Oberflächenwellen eignen sich z. B. Quarzsubstrate im ST-Schnitt (50 MHz bis 1500 MHz), die häufig als Wellenleiterelemente in akusto-gravimetrischen SAW-Sensoren eingesetzt werden.

Im Folgenden werden die Schwingungseigenschaften des AT-geschnittenen Quarzes beschrieben, die die Grundlage für die Massenabhängigkeit der Eigenresonanzfrequenz und damit für die Transducerfunktion des in diesem Kapitel betrachteten AT-Quarzresonators bilden. Dazu wird eine Quarzplatte im Y-Schnitt betrachtet

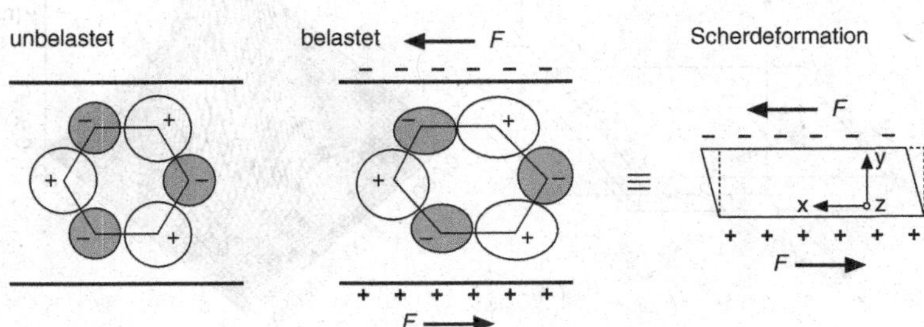


**9.4** Prinzip des Schubeffektes, der Scherdeformation und der horizontalen Oberflächenpolarisation einer Y-Quarzplatte in einem stationären elektrischen Feld, das in Y-Richtung über das Volumen bzw. die Dicke der Quarzplatte wirkt. Das Kristallgitter ist stark vereinfacht dargestellt, wobei die rot ausgefüllten Kreise die Sauerstoffatome und die weißen Kreise die Siliciumatome symbolisieren.

(Abb. 9.4), deren Y-Flächen (XZ-Ebene) mit Elektroden (aufgedampfte Metallschicht) belegt sind. Wird an den Elektroden ein stationäres elektrisches Feld angelegt, so wird über das Volumen des Quarzes, was hier der Dicke des Plättchens entspricht, eine Scherung in X-Richtung hervorgerufen. Damit ist die XY-Ebene die Scherebene, in der die Teilchen ausgelenkt werden, und die YZ-Ebene ist die Knotenebene. Als Folge der endlichen Dimensionen tritt eine Polarisation der Oberflächen auf, was in Abbildung 9.4 am Beispiel der Schubwirkung auf das vereinfacht dargestellte Kristallmodell veranschaulicht ist.

Analog tritt dieser Effekt bei einer Quarzplatte im AT-Schnitt ein. Die räumliche Ansicht der Scherdeformation ist in Abbildung 9.5 (links) dargestellt. Wird in Y-Richtung eine periodische elektrische Energie angelegt, so bildet sich über das Volumen bzw. über die Dicke des Quarzplättchens eine stehende akustische Welle aus. Dabei steht die sinusförmige Schallwelle transversal zu den beiden Oberflächen, hat dort eine maximale Amplitude, die innerhalb des Volumens gerade bei der halben Dicke der Platte ($d_q/2$, y = 0) verschwindet. Dort resultiert ein Schwingungsknoten. Aufgrund dieser Schwingungscharakteristik werden AT-Quarzresonatoren auch als Dickenscherschwinger bzw. Volumenschwinger bezeichnet. Durch die horizontale Teilchenauslenkung in der XZ-Ebene tritt unter Berücksichtigung der seitlich-endlichen Abmessungen der Quarzplatte ein weiteres Merkmal der Schwingung auf: die Schwingungsamplitude ist in der XZ-Ebene derart verteilt, dass im Zentrum ein Maximum auftritt, das zu den Rändern hin gegen Null abfällt. In der Regel sind die Amplitudenmaxima kleiner als 50 nm, für die AT-Dickenscherschwingung typischerweise um 30 nm. Da die spätere Belegung des Quarzresonators mit einer Fremdmasse (analyt-selektives Polymer) in dieser (Elektroden-)Ebene erfolgt, ist durch die radiale Amplitudenverteilung die massensensitive bzw. aktive Sensoroberfläche vorgegeben, die für AT-Resonatoren mit kreisförmiger Quarzscheibe und Elektrode in der Größenordnung der Elektrodenfläche liegt.

Die Eigenfrequenz der fundamentalen Scherschwingung (Grundton) einer Quarzplatte im AT-Schnitt ist umgekehrt proportional der Plattendicke, d. h. je dünner die Platte wird, um so höher ist die Resonanzfrequenz. Hat ein 10-MHz-AT-Resonator eine Plattendicke von 168 μm, beträgt sie bei 20 MHz noch 84 μm und bei 30 MHz nur noch 55 μm. Im Hinblick auf die Anwendung des AT-Quarzes als massensensitiver Messwertaufnehmer gilt: Wird die Dicke um den Betrag $\Delta d$ vergrößert, z. B. durch die homogene Belegung der Kristalloberfläche mit einer Fremdschicht, die ähnliche Eigenschaften wie der Quarz selbst aufweist, ergibt sich die Eigenfrequenzänderung $\Delta f$ zu:

$$\Delta f = \frac{N}{\Delta d} \tag{9.1}$$

mit $N$ = Frequenz-Dickenkonstante
(AT Quarz = 1668 KHz · mm)

Der qualitativ schon früh erkannte Zusammenhang der Massenabhängigkeit der Resonanzfrequenz piezoelektrischer Quarzresonatoren wurde quantitativ erstmalig von Sauerbrey Ende der Fünfziger Jahre beschrieben. Als Ergebnis seiner systematischen Untersuchungen beschrieb er ein semiempirisches Modell für die Schwingung in Gasphase, das die Massebelegung eines Schwingquarzes linear mit seiner Eigenresonanzfrequenz verknüpft. Gegenstand seiner Betrachtung war der mit Elektroden belegte, schwingfähige Quarzresonator im AT-Schnitt, d. h. ein typischer Schwingquarz, der eingebaut in einer Oszillatorschaltung im Grundton auf seiner Resonanzfrequenz arbeitet. Wird eine Fremdmasse auf die Oberfläche der Quarzplatte aufgebracht, nimmt die Resonanzfrequenz relativ um den Bruchteil $\Delta m/m_q$ ab. Die mit

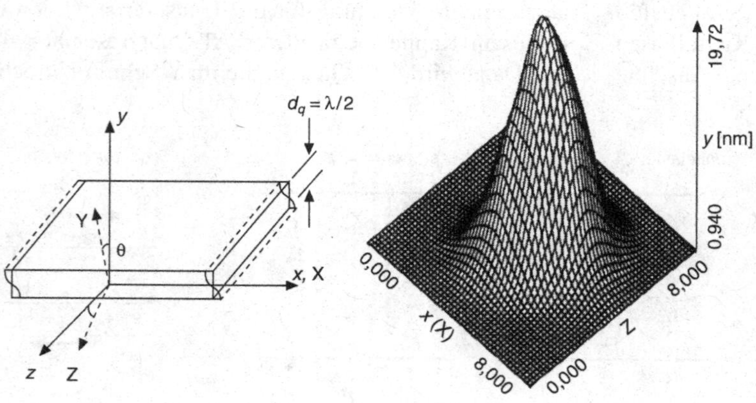


**9.5** Links: Im Grundton angeregte Dickenscherschwingung einer Quarzplatte im AT-Schnitt, deren Orientierung gemäß dem IEEE-Standard als (YX l) 35°15' bezeichnet wird. Die Achsen mit den Großbuchstaben geben das karthesische Koordinatenkreuz im Quarz-Einkristall an (vgl. Abb. 9.3), die Achsen mit den Kleinbuchstaben beziehen sich auf die Geometrie der AT-Quarzplatte selbst. Rechts: Radiale Verteilung der Schwingungsamplitude eines plankonvexen AT-Quarzresonators im Grundton, experimentell bestimmt mit einer optisch-interferometrischen Methode (Speckle-Interferometer).

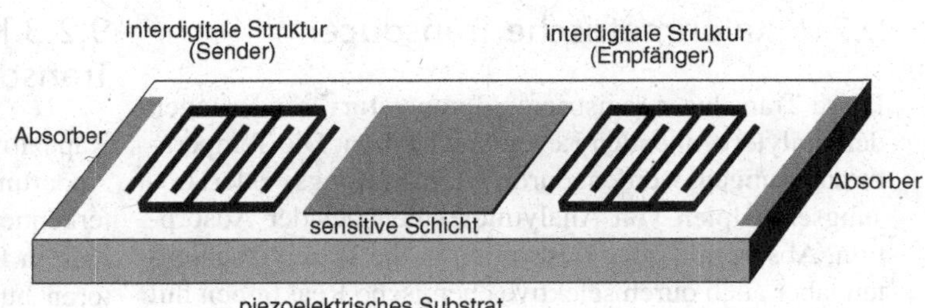


**9.6** Aufbau eines SAW-Transducers.

dem Fremdmaterial beschichtete Fläche ist gleich der des Quarzes. Für die relative Frequenzänderung $\Delta f/f_0$ folgt nach Sauerbrey:

$$\frac{\Delta f}{f_0} = \frac{f_0}{N \cdot \rho_q} \cdot \frac{\Delta m}{A} = \frac{f_0}{N \cdot \rho_q} \cdot \Delta m^{\#} \qquad (9.2)$$

mit $f_0$ = Resonanzfrequenz
$\Delta m^{\#}$ = $\Delta m/A$ = Massenbelegung pro Einheitsfläche
$\rho_q$ = Dichte des Quarzes
$\Delta m$ = Massenanlagerung in g
$A$ = Fläche in $cm^2$

Durch Einsetzen der Zahlenwerte für $\rho_q$ und $N$ für Quarze im AT-Schnitt ergibt sich die in der Literatur häufig beschriebene und nach Sauerbrey benannte Formel für die Frequenzänderung $\Delta f$ [Hz] aufgrund einer Massenanlagerung [g] an Schwingquarz mit $f_0$ (in Hz) schwingend zu:

$$\Delta f = -2{,}26 \cdot 10^6 \cdot f_0^2 \cdot \frac{\Delta m}{A} \qquad (9.3)$$

Unter Verwendung eines 10-MHz-AT-Quarzes ergibt sich ein konstanter Faktor von $> 10^8$, der schon auf die hohe Empfindlichkeit dieser Methode hindeutet. Für kleine Massebeladungen bis ca. 2% der Gesamtmasse des Quarzes ist die aus der Gleichung hervorgehende Linearität der Frequenzabnahme sehr gut erfüllt, woraus sich der Begriff „Quarzmikrowaage" (QMW) ableitet.

Trotz erster Versuche, die QMW als unselektiv arbeitende Detektorarrays in Analysengeräten mit chemometrisch unterstützter Datenauswertung (den so genannten künstlichen Nasen) auf dem Markt zu etablieren, bilden QMW-Sensoren allgemein bisher noch keine große kommerzielle Klasse. Dennoch ist das Interesse an dieser Sensortechnologie nach wie vor hoch, dokumentiert durch eine Vielzahl aktueller Literaturbeiträge, die kontinuierlich steigt. Eine mögliche Ursache für die noch eingeschränkte Kommerzialisierung könnte auf messtechnischer Seite in den üblicherweise verwendeten 10-MHz-Schwingquarzen begründet sein, deren Masseempfindlichkeit noch zu gering war und nicht an die der höherfrequenter Messwertaufnehmer (z. B. von Oberflächenwellenleiter-Elementen) heranreichte. Zudem scheint die maximale Schichtdicke des gassensitiven Films (analytselektive Rezeptorschicht), die über die absolute Masse der absorbierten Moleküle zu Messsensitivität beiträgt, noch nicht ausgereizt zu sein.

Höhere Frequenzen, von 200 bis 500 MHz, lassen sich durch SAW-(*surface acoustic wave-*)Transducer erreichen (Abb. 9.6).

Bei den SAW-Transducern wird die Schwingung durch Interdigital-Elektroden von einer Seite des Transducers, nur an der Oberfläche des Quarzes zur gegenüberliegenden interdigitalen Elektroden „Antenne" geleitet. Auf dieser Strecke durchdringt die Welle die Rezeptorschicht, verliert dadurch Energie und verändert ihre Frequenz. Durch den Vergleich mit einem gleichen, dem Analyten nicht ausgesetzten Transducer ergibt sich ein Signal, das proportional der von der Rezeptorschicht aufgenommen Analytmenge ist. Der durch die höhere Frequenz gegebene theoretische Sensitivitätsvorteil der SAW-Transducer gegenüber der BAW-Transducer ist in der Realität nicht ganz so groß, da die Rezeptorschicht auf dem SAW, resonanzbedingt, nur sehr dünn sein kann. Dadurch können weniger Analytmoleküle mit der Rezeptorschicht wechselwirken als mit einer dickeren Rezeptorschicht auf einem BAW-Quarz.

Als zusätzlicher Nachteil der SAW-Transducer ist die zur Messung notwendige kostenintensive Elektronik (i. d. R. Netzwerkanalysator) zu nennen. Hinzu kommt bei allen massensensitiven Transducern eine gewisse Temperaturquerempfindlichkeit. Jedoch zeichnen sich massensensitive Transducer durch gute Sensitivitäten, rasches Ansprechverhalten und eine lange Lebensdauer von mehreren Monaten bis Jahren aus. Die Interdigitalelektroden auf der Sender- und Empfängerseite können natürlich auch je mit einer kleinen herausragenden Antenne versehen werden. Dann ergibt sich aus diesem Transducer ein passives Bauelement, das dann keinerlei weitere Zuleitungen benötigt und ein ideales *remote sensing* darstellt. Gemessen wird dann die Frequenz- und Phasenänderung, mit der – vereinfacht ausgedrückt - das „Echo" der Anregungsfrequenz nach außen „gefunkt" wird.

## 9.2.2 Kalorimetrische Transducer

Diese Transducer registrieren Temperaturveränderungen der analyterkennenden Rezeptorschichten. Die Temperaturänderungen werden durch Verdampfungs- oder Lösungsenthalpien von Analytmolekülen bei der Adsorption, Absorption oder Desorption in die Rezeptorschichten, aber auch durch selektive chemische Reaktionen mit dazugehöriger Reaktionsenthalpie verursacht. Als Transducer bei Sensoren ist zu berücksichtigen, dass die Stoffumsätze im messenden Sensorelement sehr gering sind, also sehr kleine Wärmetönungen zu messen sind. Das Funktionsprinzip kalorimetrischer Transducer lehnt sich an das von Thermoelementen an. Zwischen Verbindungspunkten zweier unterschiedlicher Metalle entsteht eine durch den Seebeck-Effekt beschriebene Potentialdifferenz, wenn die Verbindungspunkte unterschiedlichen Temperaturen ausgesetzt sind. Diese Potentialdifferenz kann durch die Kombination mehrerer Thermoelemente zu sog. Thermopiles entsprechend vervielfältigt werden. Abbildung 9.7 gibt den Aufbau eines solchen kalorimetrischen Transducers in Mikrosystemtechnik wieder.

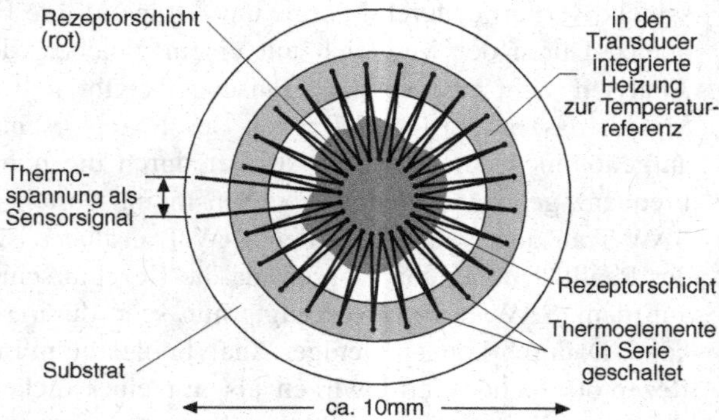


**9.7** Moderne Thermopiles in Mikrosystemtechnik – Aufbauprinzip – schematisch (Institut für Physikalische Hochtechnologie Jena).

Die einzelnen Thermoelemente sind mikrostrukturiert und so angeordnet, dass jeweils ein Kontaktpunkt in der Mitte und der andere am äußeren Rand des Transducers angeordnet ist. Die Rezeptorschicht bedeckt dabei nur die inneren Kontaktpunkte, die äußeren werden entweder durch die Umgebungstemperatur oder durch eine im Transducer integrierte Heizung auf einer konstanten Temperatur gehalten. Durch die Kombination von über 100 Einzelelementen können so auch sehr kleine Temperaturänderungen (ca. $10^{-5}$°C) der analyterkennenden Rezeptorschicht nachgewiesen werden.

## 9.2.3 Kapazitive oder impediometrische Transducer

Kapazitive oder impediometrische Transducer nutzen Änderungen der dielektrischen Eigenschaften der analyterkennenden Rezeptorschichten aus. Sensoren, die nach diesem Prinzip arbeiten, sind wie elektrische Kondensatoren aufgebaut. Die Rezeptorschicht dient hierbei als Dielektrikum zwischen den einzelnen Kondensatorelektroden. Im Gegensatz zu elektronischen Kondensatoren muss hier allerdings der Kontakt der analytselektiven Rezeptorschicht zum Messmedium gewährleistet sein. Es wurden bisher unterschiedliche Anordnungen der Kondensatorelektroden realisiert. Beispielsweise kann eine analytselektive Polymermembran auf beiden Seiten mit einer dünnen, gasdurchlässigen Metallschicht bedampft werden (Abb. 9.8 links). Durch das Eindringen von Analytmolekülen in die Rezeptorschicht wird in beiden Anordnungen die Dielektrizitätskonstante der Schicht und somit die Kapazität des Sensors verändert.

$$C = \frac{\varepsilon_0 \cdot \varepsilon_r \cdot A}{d} \tag{9.4}$$

mit $C$ = Kondensatorkapazität
$\varepsilon_0$ = Dielektrizitätskonstante des Vakuums
$\varepsilon_r$ = Dielektrizitätskonstante der Rezeptorschicht
$A$ = Fläche der Kondensatorelektroden
$d$ = Abstand zwischen den Kondensatorelektroden

Eine andere Möglichkeit, dielektrische Eigenschaften zu nutzen, ist durch die Verwendung von Interdigitalelektroden gegeben, die in Abbildung 9.8 rechts dargestellt sind. Durch das Ineinandergreifen dieser kammartigen Elektroden entsteht ein planarer Kondensator, der einfacher mit einer analyterkennenden Rezeptorschicht belegt werden kann. Dieser Transducer kann Leitfähigkeitsänderungen einer Rezeptormembran, die ihn bedeckt, empfindlich registrieren. Die Interdigitalelektroden lassen sich mittels Dick- oder Dünnfilmtechnik herstellen. Im ersten Fall werden die Elektroden mittels einer Siebdrucktechnik auf ein Substrat ( z. B. Glas- oder Kunststoff) „gedruckt", im zweiten Fall mittels moderner Lithographietechnik aufgedampft.

Zusätzlich zur Veränderung der Dielektrizitätskonstante lassen einige Analyten auch die Rezeptorschichten aufquellen, wodurch sich faktisch der Abstand der zwei auf die Polymerschicht aufgedampften Kondensatorlektroden verändert. Das Funktionsprinzip dieser Transducer verdeutlicht, dass vor allem Analyten, die selber eine hohe Dielektrizitätskonstante aufweisen, große Sensorsignale hervorrufen. So werden diese Sensoren häufig

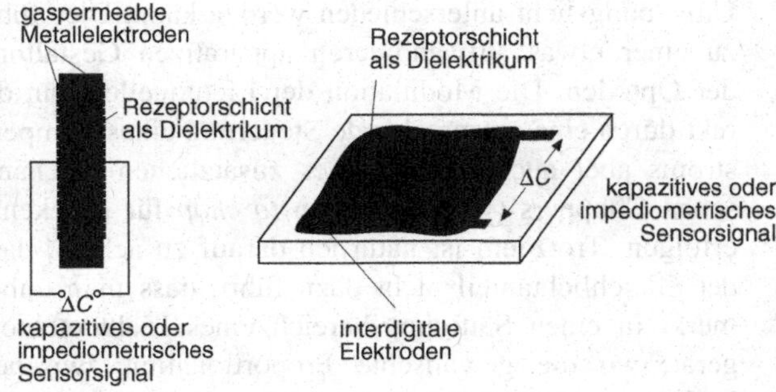


**9.8** Kapazitiver Transducer (links) und Interdigitalelektroden-Transducer (rechts) als Basis konduktometrischer oder impediometrischer Sensoren für Gase und Flüssigkeiten.

zur Messung der Luftfeuchtigkeit eingesetzt, da Wasser eine hohe Dielektrizitätskonstante aufweist. Vorteile dieser Sensoren sind der unkomplizierte Aufbau und die einfache Auswerteelektronik, die zu einer weiten Verbreitung solcher Feuchtesensoren geführt hat.

## 9.2.4 Optische Transducer

Neben den etablierten, elektrochemischen Transducern gewinnen seit einigen Jahren optische Transducer zunehmend an Bedeutung. Dies beruht zum einen auf der Tatsache, dass bereits eine große Erfahrung über „konventionelle“ optisch-analytische (z. B. photometrische) Methoden einschließlich der dazugehörigen Durchflussmesszellen existiert. Beispielsweise lassen sich die Methoden und Arbeitsroutinen der Absorptions- oder Fluoreszenzspektroskopie mit vergleichsweise geringem Aufwand auf neu entwickelte optische Transducer übertragen. Zum anderen profitierten sie stark von dem technologischen Fortschritt in der Nachrichtentechnik. Hier gab es bei der Entwicklung von transparenten Polymermaterialien und (Licht-)Wellenleitermaterialien unterschiedlicher Brechungsindizes (oder mit Gradienten der Brechungsindizes) aus Glas oder Quarz große Erfolge. Ähnliches gilt auch für die Entwicklung billiger und robuster Halbleiterlaser als Beispiel für moderne Lichtquellen. Mit diesen Voraussetzungen ist die kostengünstige und massenhafte Herstellung von optischen Transducern in einem weiten Wellenlängenbereich (UV bis IR) möglich geworden. Zur Benennung der daraus entwickelten optischen Sensoren ist der Begriff Opt(r)ode aufgrund der ähnlichen äußeren Form und Handhabung zu einer traditionellen potentiometrischen Elektrode geprägt worden. Inzwischen wird das „r“ eingeklammert, da es aus dem Griechischen: οπτικοσ οδοσ („der optische Weg“) stammt, und es ja auch nicht „Optrik“ heißt.

Im Gegensatz zu anderen Transducern besitzen die optischen einige inhärente Vorteile. So lässt sich beispielsweise im Bereich der Biosensorik die zentrale stofferkennende, immunologische Antikörper-Antigen-Reaktion elektrochemisch nur indirekt oder wenig empfindlich beobachten. Um direkt ein empfindliches elektrochemisches Signal für eine immunologische Reaktion zu erhalten, muss eine zusätzliche Markierung eines Partners mit einem Redoxsystem durchgeführt werden, oder eine Enzymmarkierung erzeugt einen elektrochemisch nachweisbaren Stoff. Bei einem Einsatz der massensensitiven Transducer unter physiologischen Bedingungen, die für die Immunochemie notwendig sind, ist die Dämpfung und der Einfluss der Dichte und Viskosität des Messmediums auf das Messsignal zu beachten. Demgegenüber sind einige Opt(r)oden oder modernere Entwicklungen auf dem Gebiet der sog. integrierten Optik in der Lage, mit unmarkierten Biokomponenten zu arbeiten und den Verlauf einer Immunreaktion an einer Oberfläche direkt in Echtzeit zu verfolgen. Das Arbeiten mit unmarkierten Komponenten ist darüber hinaus für kinetische Untersuchungen (z. B. zur Bestimmung der Affinitätskonstante einer Immunreaktion) wichtig, da eine Markierung eines Reaktionspartners einen Einfluss auf die Reaktionsgeschwindigkeit besitzen kann. Zusätzlich entfällt der finanzielle oder synthetische Aufwand, sich geeignet markierte Biokomponenten zu beschaffen, da diese Komponenten vielfach sehr teuer oder kommerziell nicht verfügbar sind. Als weiterer entscheidender Vorteil ist die Tatsache zu betrachten, dass die meisten Biomoleküle durch Licht im sichtbaren und IR-Bereich nicht beeinflusst werden. Bei elektrochemischen Messungen werden im Gegensatz dazu oftmals der Ladungszustand von Proteinen, das Oberflächenpotential oder die Ionenstärke der Messlösung verändert. Dies kann eine Verschlechterung der Affinität von Enzymen oder Antikörpern bewirken, da durch diese Parameter die für die Stofferkennung wichtige Tertiärstruktur beeinflusst wird.

Optische Signale unterliegen auch einer kaum nachweisbaren Beeinflussung durch elektrische oder magnetische Felder. Durch diese Eigenschaft kann mit optischen Transducern in Umgebungen mit starken magnetischen oder elektrischen Feldern (oder bei radioaktiver Strahlung) ohne aufwändige Abschirmung gearbeitet werden. Darüber hinaus lassen sie sich leicht miniaturisieren. So sind beispielsweise sehr kleine und flexible Fasersensoren als Katheter für die kontinuierliche Beobachtung medizinisch relevanter Parameter bereits im klinischen Einsatz. Gerade hier ist durch die Abwesenheit von elektrischen Signalen die Gefahr einer statischen Aufladung oder Spannungsentladung ausgeschlossen (vorgeschriebene galvanische Trennung zwischen Messgerät und Sensor), was ein hohes Maß an Sicherheit für den Patienten gewährleistet. Häufig wird auch noch zu den Vorteilen gezählt, dass sie, gegenüber elektrochemischen Transducern, keine potentialkonstante Bezugselektrode benötigen, die schwierig zu miniaturisieren ist und bei kontinuierlichen Messungen Instabilitäten zeigen kann. Dabei wird aber übersehen, dass eine Lichtintensitätsmessung auch einen Bezugspunkt (Ausgangsintensität $I_0$ bei Absorptionsmessungen bzw. Lichtintensität nach Durchqueren einer Küvette mit den analytfreien Chemikalien oder Intensität des Anregungslichtes bei Fluoreszenzmessungen) benutzt.

Die Verfügbarkeit kostengünstiger Lichtleiterfasern aus der Telekommunikation gestattet weiterhin eine hochwertige Signalübertragung über große Entfernungen. Damit lassen sich „Vor-Ort"- oder „*in-situ*"-Messungen unter drastischen Bedingungen, wie bei extremen Temperaturen, in gesundheitsschädlichen Umgebungen, in speziellen Industrieanlagen oder in Reinsträumen, durchführen, während die Auswertung räumlich entfernt unter moderateren Bedingungen (z. B. in einer Messwarte) erfolgt. Da optische Fasern und Bauteile generell eine außergewöhnliche Beständigkeit gegen hohe Strahlungsdosen besitzen, kann dieses *remote sensing*, also die räumliche Trennung zwischen Signalaufnahme und Auswertung, auch in radioaktiven Umgebungen erfolgreich eingesetzt werden.

Eine zusätzliche Einschränkung ist durch die Beeinflussung des eigentlichen, optischen Signals aufgrund von Umgebungslicht gegeben. Daher ist es notwendig, entweder in abgedunkelten Umgebungen zu arbeiten oder das optische Signal durch eine Zerhackung zu kodieren, sodass es mittels eines auf diese Zerhackerfrequenz eingestellten Verstärkers (Lock-In-Prinzip) vom Umgebungslicht unterschieden werden kann. Dies führt zu einer etwas aufwändigeren apparativen Gestaltung der Optoden. Die Modulation der Lichtquelle kann direkt durch eine entsprechende Steuerung eines Lampenstroms aber auch mittels eines zusätzlichen mechanischen Choppers (vom englichen *to chop* für „hacken") erfolgen. Trotzdem ist natürlich darauf zu achten, dass der Gleichlichtanteil nicht dazu führt, dass man unbemerkt in einen Sättigungsbereich eines Lichtdetektors gerät, wo die gewünschte Proportionalität zwischen Lichtintensität und elektrischem Signal nicht mehr konstant ist.

**Grundlagen optischer Transducer: Lichtleitung**

Die Lichtleitung in einem optischen Wellenleiter beruht auf dem Prinzip der internen Totalreflexion. Trifft ein Lichtstrahl beim Übergang von einem optisch dichten auf ein optisch dünneres Material, so wird er vom Einfallslot weg gebrochen (Abb. 9.9).

Trifft der Strahl unter größeren Winkeln auf die Grenzfläche, findet zunächst ein streifender Übertritt in den niedriger brechenden Stoff statt. Bei weiter zunehmenden Winkeln kann der Strahl nicht mehr in das optisch dünnere Medium übertreten und wird totalreflektiert. Dieses Phänomen stellt die Grundlage der optischen Wellenleitung dar. So ist in einem einfachen, faseroptischen Lichtleiter, der beispielsweise in Glasfaserkabeln verwendet wird, ein zylindrischer Kern aus einem Material mit einem hohen Brechungsindex von einem niedriger brechenden Mantel umgeben. Tritt Licht in einen solchen Wellenleiter ein, wird der Strahl im Kern durch interne Totalreflexion an der Grenze zum Mantel geführt. Dabei ist der Brechungsindexunterschied zwischen beiden Materialien so groß, dass auch bei einer Krümmung der Faser der Grenzwinkel der Totalreflexion nicht unterschritten und der Strahl weiterhin geführt

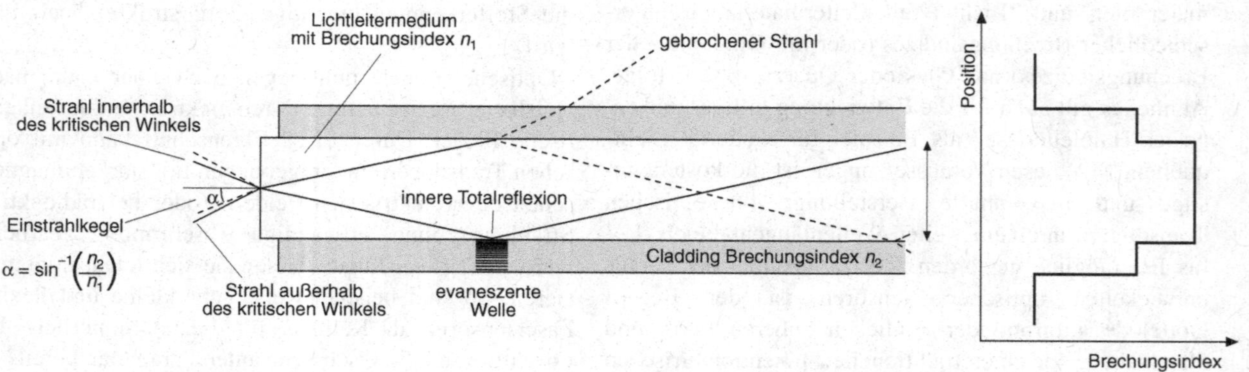


**9.9** Prinzip der faseroptischen Lichtleitung (Schutzhülle entfernt).

wird. Dies ist die Grundlage der sog. Faseroptik. Da Faser auf englisch *fiber* heißt, wird auch häufig dazu der Begriff Fiberoptik verwendet.

An der Grenzfläche unterschiedlicher, optisch transparenter Medien fällt unter den Bedingungen der Totalreflexion die Intensität des Lichtes im optisch dünneren Medium allerdings nicht unmittelbar auf Null ab. Es existiert vielmehr im niedriger brechenden Material ein sog. evaneszentes, elektromagnetisches Feld, dessen Intensität senkrecht von der Grenzfläche in den Raum hinein exponentiell abnimmt. Die Entfernung, bei der die Intensität noch den Wert 1/e besitzt, wird als Eindringtiefe bezeichnet. Sie beträgt für übliche Wellenleitermaterialien etwa 100–300 nm und hat insofern eine praktische Bedeutung, als innerhalb dieser Eindringtiefe des evaneszenten Feldes sehr empfindlich Veränderungen der optischen Eigenschaften erfasst werden können. Dieser Effekt wird bei sog. integriert-optischen oder einigen Fluoreszenztransducern zur Detektion von chemischen oder biochemischen Analyten genutzt. Solche Sensoren werden auch als intrinsisch bezeichnet. Kennzeichnend für diese Anordnung ist die Tatsache, dass die Erkennung des Analyten in unmittelbarer Nähe des Transducers, also innerhalb des evaneszenten Feldes, stattfindet. Diese Interaktion beeinflusst damit direkt die Ausbreitung der geführten Wellen. Demgegenüber findet in den extrinsischen Sensoren die Licht-Analyt-Interaktion unabhängig vom Wellenleiter statt. Diesem kommt also lediglich die Aufgabe zu, Licht an die Probe heran- oder wegzuführen. Dies könnte also auch rein strahlenoptisch und somit ohne Verwendung von Lichtleitern realisiert werden.

Im Folgenden werden einige wichtige optische Transducer und Sensorkonfigurationen exemplarisch beschrieben. Es ist zu beachten, dass nur eine Auswahl dargestellt wird, da durch geringe Veränderung einzelner Parameter formal ein neuer Transducer resultiert, dem allerdings ein identisches physikalisches Prinzip zugrunde liegt. Solche Parameter sind beispielsweise die Art der verwendeten Strahlung, also polychromatisches oder monochromatisches Licht, oder die Form des Transducers. So gibt es beispielsweise faseroptische und planare Interferometer- oder Oberflächenplasmonenresonanz-Anordnungen.

**Extrinsische Anordnungen**

Bei einem photometrischen Transducer wird die Veränderung eines Lichtstrahls bei der Interaktion mit der Probe außerhalb des Ausbreitungsmediums in einer Art Mini-Küvette erfasst. Dazu wurden unterschiedliche Messanordnungen vorgestellt (siehe auch Lichtleiter-Photometer in Abschnitt 5.2), die je nach Art der zugrunde liegenden Farbreaktion oder des verwendeten Indikators zur Bestimmung verschiedener Analyte geeignet sind. Dabei findet, wie in der klassischen Photometrie, eine selektive chemische Reaktion des Analyten mit einem Reagenz statt, bei der das Reaktionsprodukt mit elektromagnetischer Strahlung wechselwirkt. Dabei kann die Absorption von Licht oder die Aussendung von Fluoreszenzlicht gemessen werden. Zur Lichtleitung werden meist faseroptische Kabelbündel verwendet. Vorteile erzielt man hier beispielsweise bei industriellen Messungen, dass man das „Mess-Licht" so leicht an den Ort der Durchflussmesszelle heranbringen kann.

***Faseroptische Transducer***

Unter den indirekt optischen Transducern nehmen faseroptische Systeme einen wichtigen Platz ein, da durch die Entkopplung von Messplatz und optischer Messeinrichtung ein weiterer wichtiger Freiheitsgrad gewonnen wird. Extrinsische Sensoren nutzen Glasfasern nur zur Lichtleitung. Häufige Anwendung finden zweiarmige Lichtleiter, wobei der eine Arm das Anregungslicht zum Messort transportiert und der zweite Arm das vom Messort emittierte Fluoreszenzlicht zum optischen Messsystem führt. Das gleiche kann man auch mit einem einarmigen Lichtleiter erzielen, wenn man zur Strahlenseparation einen halbduchlässigen Spiegel verwendet (Abb. 9.10).

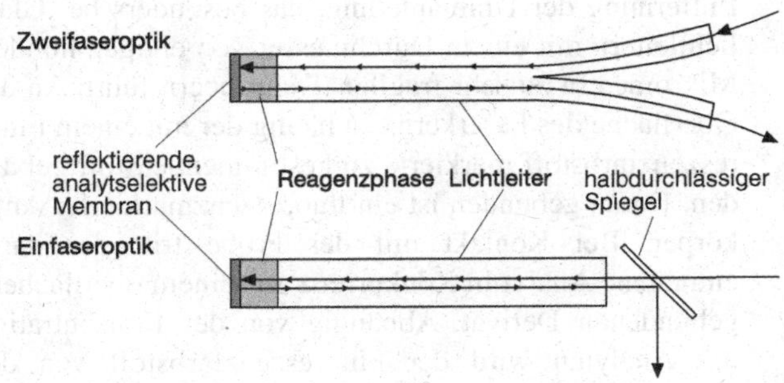


**9.10** Ein- und zweiarmiger Lichtleiter als extrinsische Chemosensoren.

Die eigentliche analyterkennende Reaktion erfolgt in der Nähe der Stirnflächen der Lichtleiter. Diese Anordnung oder auch Technik wird sehr häufig in Analysenautomaten zur Lichtleitung eingesetzt, um deren Handhabung zu verbessern. Im engeren Sinne kann hierbei auch nicht von einen Transducer gesprochen werden, sondern eher von einer optischen Technik. Der Vollständigkeit halber wurde diese Technik hier dargestellt.

### Intrinsische Anordnungen

***Interne Totalreflexions-Fluoreszenz-Transducer (TIRF)***
Bei intrinsischen indirekten faseroptischen Transducern wird der Effekt des evaneszenten Felds zur lokalen Fluoreszenzanregung ausgenutzt. Innerhalb eines Lichtleiters wird das Licht durch Totalreflexion an der Grenzfläche zwischen dem hochbrechenden Lichtleiterkern *(core)* und der niederbrechenden Ummantelung *(cladding)* geführt. Ein Teil des reflektierten Lichts dringt noch über die Grenzfläche hinaus in die Ummantelung ein. Dieser Teil wird evaneszentes Feld genannt und klingt exponentiell in den Bereich der Ummantelung mit einer Eindringtiefe von einigen hundert Nanometer ab. Wird die Ummantelung des Lichtleiters entfernt und durch eine Probenflüssigkeit ersetzt, so werden Fluorophore, die sich in Reichweite des evaneszenten Felds befinden, zur Fluoreszenz anregt. Da der optische Weg aufgrund der Zeitinvarianz einer Lichtwelle umgekehrt werden kann, wird ein Teil des generierten Fluoreszenzlichts in den Lichtleiter eingekoppelt und kann damit zu einem Detektor geführt werden (Abb. 9.11). Der Vorteil dieser Anordnung liegt in der Tatsache, dass nur an die Oberfläche gebundene und Fluorophor-markierte Biomolekühle detektiert werden, ohne dass eine Seperation zwischen gebundenen und ungebundenen Komponenten erfolgen muss. Dadurch werden weitere aufwändige Wasch- und Spülschritte bei der Durchführung eines Assays vermieden. Nachteilig ist jedoch die umständliche Entfernung der Ummantelung, das besonders bei Glaslichtleitern mit einem Durchmesser von einigen hundert Mikrometern zu sehr fragilen Transducern führt. An der Oberfläche des Faserkerns ist häufig der mit einem Fluoreszenzfarbstoff markierte zu bestimmende Stoff gebunden. Daran gebunden ist ein fluoreszenzmarkierter Antikörper. Bei Kontakt mit der Probe tritt der darin enthaltene Analyt in Konkurrenz zu seinem oberflächengebundenen Derivat. Abhängig von der Konzentration des Analyten wird der Fluoreszenzfarbstoff von der Oberfläche verdrängt. Dieser Prozess wird in einer Verminderung des Fluoreszenzlichts quantitativ erfasst.

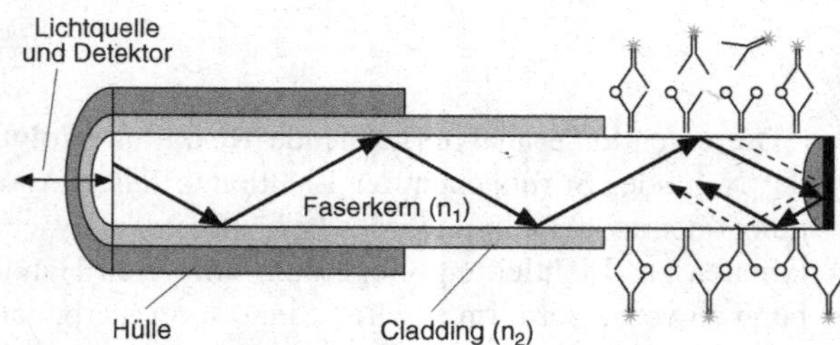


**9.11** Intrinsischer faseroptischer Transducer. Über das evaneszente Feld erfolgt eine lokale Fluorezenzanregung.

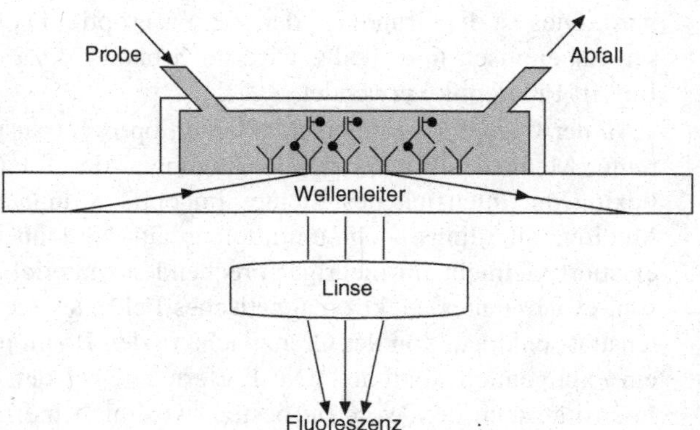


**9.12** Aufbau eines planaroptischen Transducers mit Fluoreszenzdetektion.

***Planaroptische Transducer***
Neben optischen Fasern finden auch planaroptische Lichtleiter aufgrund ihrer einfachen Herstellung und Handhabung Anwendung. Diese Anordnung besteht aus einem dünnen und hochbrechenden Lichtleiterkern, der auf einen niederbrechenden Träger aufgebracht wurde. In einigen Fällen wird auch nur ein dünnes Glasplättchen als Lichtleiter ohne weitere Ummantelung verwendet. Das in den planaren Lichtleiter eingekoppelte Licht wird mittels Totalreflexion geführt und erfasst mit dem dabei entstehenden evaneszenten Feld die unmittelbare Umgebung des Wellenleiters. Ähnlich wie beim intrinsischen faseroptischen Transducer wird das Fluoreszenzlicht am Ausgang des Lichtleiters detektiert. Bei den planaroptischen Transducern ergibt sich aber auch die Möglichkeit, das Fluoreszenzlicht außerhalb des Lichtleiters zu detektieren wie in Abb. 9.12 dargestellt, da nur ein Teil wieder in den Lichtleiter eingekoppelt wird. Dadurch kann ortsaufgelöst an verschiedene Punkte der Oberfläche des planaren Lichtwellenleiters das Fluoreszenzlicht mit einem optischen Detektionssystem wie z. B. einer Kamera erfasst werden. Sind dabei an verschiedenen Orten unterschiedliche Biokomponenten immobilisiert, so lässt sich auf diese Weise eine Multianalytbestimmung durchführen.

Seit es mit dieser und ähnlichen Messanordnungen gelang, Antikörpertiter in nur 25 Sekunden zuverlässig zu bestimmen, gibt es zahlreiche Untersuchungen zu dieser Technik.

### Transducer zur Messung von effektiven Brechungsindices

Die im Folgenden beschriebenen Transducer basieren auf der Erzeugung von oberflächengeführten Licht- oder Plasmonenwellen. Diese werden durch den unmittelbaren Kontakt der Probe mit der Transduceroberfläche beeinflusst. Physikalisch gesehen beruht diese Beeinflussung auf einer Veränderung des sog. effektiven Brechungsindexes. Es handelt sich hierbei um eine komplexe Größe, die von einer Reihe von Parametern, wie dem Brechungsindex des jeweiligen Wellenleiters, dem Brechungsindex der angrenzenden Medien, der Dicke des wellenleitenden Oberflächenfilms und der Wellenlänge des anregenden Lichts oder von der Polarisation, abhängt. Neben diesen „apparativen" Parametern, die beim jeweils verwendeten Transducer bekannt sind, wird der effektive Brechungsindex aber auch von der Dicke und dem Brechungsindex einer angrenzenden, analyterkennenden Schicht beeinflusst. Diese ist verantwortlich für die Spezifität und Sensitivität dieses optischen Transducers und daher von zentraler Bedeutung.

### *Oberflächenplasmonen-Resonanz (surface plasmon resonance, SPR)*

Bei der *surface plasmon resonance* (SPR) befindet sich zwischen einem Glasplättchen und dem Probenmedium ein Metallfilm von ca. 50 nm Schichtdicke aus z. B. Gold oder Silber. Die Metallschicht kann als gleichmäßige Anordnung von positiv geladenen Atomrümpfen angesehen werden, die von beweglicheren Elektronen umgeben sind. Der Begriff Plasmawelle beschreibt die frei oszillierenden Elektronen in der Umgebung der Atomrümpfe. Da auch bei diesem Wellenphänomen der Welle-Teilchen-Dualismus gilt, wird in der quantenmechanischen Interpretation der Plasmawelle auch von Plasmonen *(plasmons)* gesprochen. Plasmonen, die sich entlang der Metalloberfläche ausbreiten *(surface plasmons)*, können mit Licht (Photonen) angeregt werden. Hierbei müssen der Impuls und die Energie der Photonen denen der Plasmonen entsprechen *(resonance)*. Diese Voraussetzung wird nur bei der Totalreflexion unter bestimmten Einfallswinkeln und Wellenlängen des Lichts an der Grenzfläche zwischen den Glasplättchen und der Metallschicht erfüllt. Das dabei entstehende optische evaneszente Feld an der Grenzschicht kann Schwingungen der freien Ladungsträger an der Grenzfläche Metall/Probenmedium durch die Metallschicht hindurch anregen. Einfallswinkel und Wellenlänge, unter der Resonanz eintritt, sind wiederum vom Brechungsindex des an das Metall angrenzenden Mediums abhängig. In einer einfachen Kretschmann-Anordnung werden durch die Kombination eines Glasprismas mit aufgesetztem Glasplättchen, auf dem sich der Metallfilm befindet, und eines Laserstrahls unter einem bestimmten Einfallswinkel die Oberflächenplasmonen zur Resonanz angeregt. In Abb. 9.13 ist ein Beispiel für eine sog. Kretschmann-Konfiguration dargestellt. Bei Resonanz wird die Energie des Laserlichts auf die Plasmonen übertragen, und die reflektierte Strahlung weist unter diesem definierten Winkel $\varphi_{SPR}$ ein Intensitätsminimum auf. Die Winkelposition des Intensitätsminimums wiederum reagiert sehr sensibel auf Veränderungen an der Metalloberfläche. Kleinste Differenzen im Brechungsindex oder der Oberflächenbelegung, verursacht z. B. durch Anlagerung von Proteinen oder Veränderungen des Brechungsindexes, verschieben dieses Minimum. In der gewählten Anordnung wird ein paralleler Laserstrahl durch einen rotierenden Spiegel auf die Oberfläche gerichtet, entsprechend winkelaufgelöst die Intensität I des reflektierten Lichts gemessen und der Resonanzwinkel $\varphi_{SPR}$ ermittelt. In einer anderen sehr weit verbreiteten Anordnung, wie sie z. B. bei den Geräten der Firma BIAcore eingesetzt wird, wird konvergentes Licht einer Leuchtdiode mit ei-

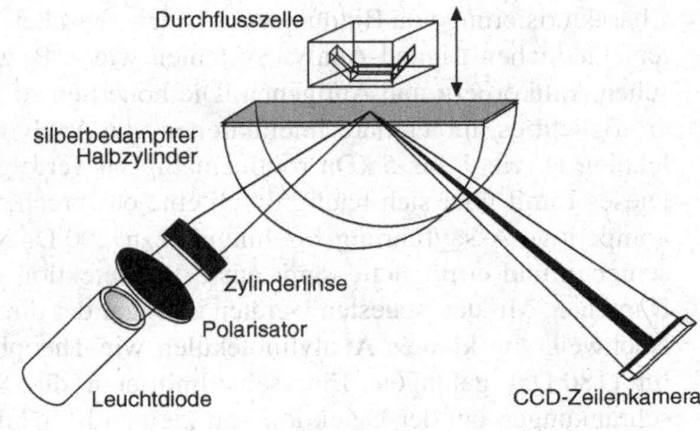


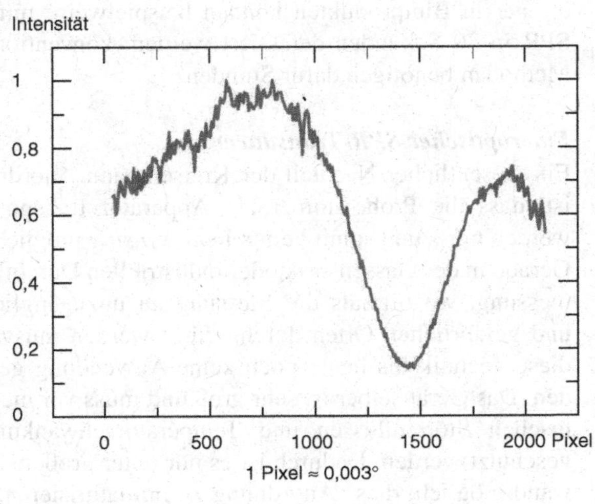


**9.13** a) Schematischer Aufbau eine SPR-Apparatur in Kretschmann-Konfiguration. b) Resultierendes, winkelabhängiges Intensitätsminimum auf der CCD-Zeile.

nem Winkelsegment um dem Resonanzwinkel $\varphi_{SPR}$ auf die Metalloberfläche gerichtet und das reflektierte Licht ortsaufgelöst mit einer Photodiodenzeile gemessen.

Das bekannteste SPR-Spektrometer ist das unter dem Handelsnamen BIAcore vertriebene Gerät, das speziell auf eine automatisierte Messung von biomolekularen Interaktionen abgestimmt ist. Hierbei werden die Transducer mit einer Dextranmatrix angeboten, an der im Allgemeinen wegen ihrer Hydrophilie nur sehr geringe unspezifische Bindungen von Biomolekülen, die man nicht erfassen möchte, auftreten. Zur gezielten kovalenten Immobilisierung von Molekülen existieren kommerzielle Kopplungs-Kits für unterschiedliche funktionelle Gruppen.

Die SPR ermöglicht zum einen eine Beobachtung von biomolekularen Interaktionen in Echtzeit, zum anderen damit die quantitative kinetische und thermodynamische Charakterisierung von Bindungsreaktionen zwischen unterschiedlichen Ligand-Analyt-Systemen wie z. B. zwischen Antikörpern und Antigenen. Die hohe Sensitivität ermöglicht es, molekulare Interaktionen von Analytmolekülen ab ca. 1 bis 5 kDa routinemäßig zu verfolgen. Dieses Limit lässt sich häufig durch eine entsprechende kompetitive Assayführung bis hinunter zu 200 Da verschieben und ermöglicht somit auch die Detektion von Haptenen. Mit den neuesten Geräten ist sogar der direkte Nachweis von kleinen Analytmolekülen wie Theophyllin (180 Da) gelungen. Einerseits limitieren die Einschränkungen bei der Detektion von kleinen Molekülen unter 1 kDa bislang die Anwendung der SPR-Technik in der Routineanalytik. Andererseits ersetzt dieses System langsame konventionelle, laborintensive medizinische Techniken zur Pathogen- oder Drogenanalyse. Syphiliserreger in Blutprodukten können beispielsweise mit der SPR in 30 Sekunden detektiert werden; konventionelle Methoden benötigen dafür Stunden.

### *Fiberoptischer SPR-Transducer*

Ein wesentlicher Nachteil der Kretschmann-Anordnung ist, dass die Probe immer zur Apparatur transportiert werden muss und somit kein *remote-sensing* möglich ist. Gerade in der Gassensorik oder industriellen Durchflussmessung, wo oftmals die Messung an unzugänglichen und gefährlichen Orten durchgeführt werden muss, hat diese Technik bis heute noch keine Anwendung gefunden. Das Gerät selber ist sehr groß und muss vor mechanischen Störeinflüssen und Temperaturschwankungen geschützt werden. Dadurch ist es nur unter großem Aufwand möglich, diese Anordnung zu miniaturisieren, um Vor-Ort-Messungen durchzuführen. Das würde für den Bereich der Immunosensorik oder allgemein der Refraktometrie ein ganz neues Anwendungsfeld erschließen. Der hier vorgestellte faseroptische Transducer, der nur einen kleinen Monochromator benötigt, wurde erstmals von R. Jorgenson und S. Yee (University of Seattle, USA) beschrieben. Der prinzipielle Messaufbau ist in Abb. 9.14 a) skizziert. Das Messsytem und die Sensorfaser sind nur durch einen flexiblen und dünnen Lichtleiter (Ø 0,45 mm) verbunden; so kann auch an unzugänglichen Orten noch gemessen werden. Dieses System bietet weiterhin die Möglichkeit, durch Verwendung eines faseroptischen Multiplexers mehrere Sensorfasern sequenziell zu vermessen. Die Sensorfaser wird mit einem sog. optischen SMA-Teststecker einfach an das Messsystem angeschlossen. Damit kann sehr schnell und einfach die

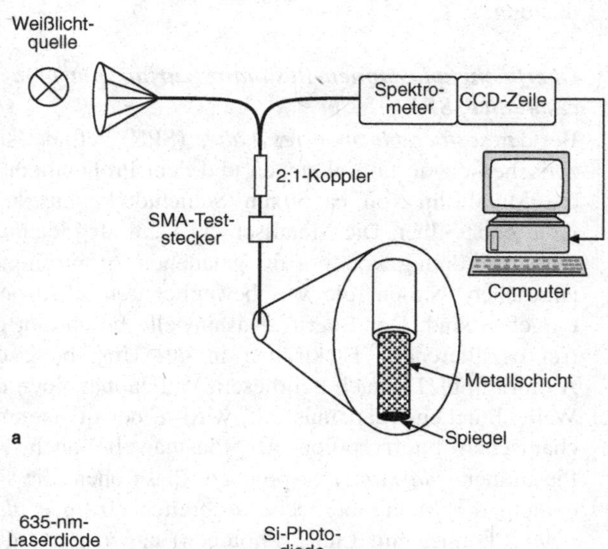


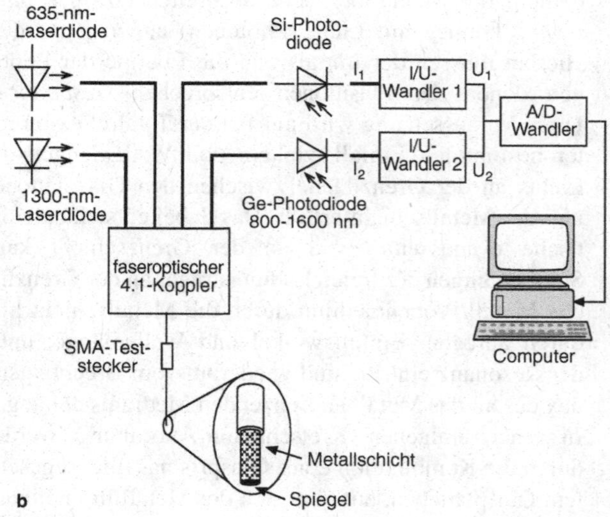


**9.14** Preiswerter faseroptischer SPR-Sensor. a) Auswertung mit polychromatischem Licht und Spektrometer (Monochromator + CCD). b) Auswertung mit monochromatischem Licht (ohne Spektrometer).

Faser gewechselt werden, ohne dass eine aufwändige Justage nötig wird.

Bei einer Weiterentwicklung durch Katerkamp (ICB Münster) konnte auf das teuerste Teil einer polychromatischen Arbeitsweise (Monochromator + CCD) verzichtet werden (Abb. 9.14 b). Bedingt durch die festgelegten Wellenlängen lässt sich hier natürlich nur ein begrenzter Brechungsindex-Bereich überstreichen. Je nach dem Bereich muss die Art und Dicke des Metallfilms variiert werden. Mit dieser einfachen Anordnung lassen sich Änderungen des Brechungsindexes bis hinunter zu 5 Stellen nach dem Komma (darunter limitieren Temperatureffekte) feststellen.

Bei der Kretschmann-Anordnung wird der Resonanzwinkel bei einer festen Wellenlänge gemessen, was zu einem starren und sperrigen Aufbau führt. Bei der hier vorgestellten faseroptischen Lösung wird nicht der Resonanzwinkel gemessen, sondern die Resonanzwellenlänge. Wie aus den theoretischen Ableitungen ersichtlich ist, kann auch bei einem festen, aber beliebigen Winkel $\alpha$ die Resonanzbedingung durch Abstimmung der Wellenlänge erfüllt werden. Daher wird, wie in Abb. 9.14 a dargestellt, die Sensoroberfläche des faseroptischen Sensors mit polychromem Licht einer Halogenlampe bestrahlt. Im reflektierten Spektrum wird dann bei einer bestimmten Wellenlänge, in Abhängigkeit von den äußeren Bedingungen, ein Resonanzminimum gemessen.

In dem hier vorgestellten Aufbau wird eine Multimodefaser, deren Cladding über eine definierte Länge $l$ am Ende der Faser entfernt wurde, verwendet. Der freigelegte Faserkern ist mit einer Silberschicht der Dicke $d$ beschichtet; zusätzlich ist die Stirnfläche der Faser verspiegelt. Aufgrund des großen Faserkerndurchmessers verglichen zur Wellenlänge des Lichts lässt sich die Ausbreitung des Lichts in der Faser sehr einfach strahlenoptisch beschreiben. Die Reflexion eines Lichtstrahls, der unter dem Winkel $\alpha$ mit der Wellenlänge $\lambda$ auf eine Silberoberfläche der Dicke $d$ fällt, wird durch den Reflexionsgrad $R(\alpha,\lambda,d)$, abgeleitet von den Fresnel-Gleichungen, beschrieben und kann mithilfe einer Matrixmethode berechnet werden. Die Anzahl $N$ der Reflexionen an der Sensoroberfläche wird durch den Reflexionswinkel $\alpha$, die Lauflänge $l$ und dem Faserkerndurchmesser $a$ bestimmt zu $N(\alpha,\lambda,a)$. Somit gilt für den gesamten Reflexionsgrad:

$$R_{ges}(\alpha, \lambda, d, l, a) := R(\alpha, \lambda, d)^{N(\alpha, l, d)} \tag{9.5}$$

Innerhalb einer Multimodefaser breiten sich Lichtstrahlen mit unterschiedlichen Winkeln aus. Der kleinste mögliche Winkel ist der der Totalreflexion und der größte mögliche 90°. Jedem einzelnen Winkel lässt sich eine Mode des Wellenleiters zuordnen. Die Intensität der Moden wird durch die normierte Modenverteilung $w(\alpha)$ beschrieben. Diese ist abhängig vom Typ des verwendeten Lichtleiters und von der Art der Lichteinkopplung. Da die einzelnen Moden des Lichtleiters nicht gemessen werden können, sondern nur die spektrale Verteilung des Reflexionsgrades, muss in der theoretischen Beschreibung des Sensors noch über alle Moden, gewichtet mit ihrer Verteilung, summiert werden:

$$R(\lambda, d, l, a) := \sum_i R_{ges}(\alpha_i, \lambda, d, l, a) \cdot w(\alpha_i) \tag{9.6}$$

Mithilfe dieser theoretischen Beschreibung können im Vorfeld die optimalen Werte für die Parameter $d$, $l$, $a$ ermittelt und natürlich auch der optimale Fasertyp bestimmt werden (z. B. eine Multimodefaser der Firma Ensign-Bickford mit einem Durchmesser von 400 µm, welche über eine Länge von 5 mm abgestrippt und mit einer Silberschicht von 55 nm in einer Vakuumaufdampfanlage beschichtet wird). Abbildung 9.15 zeigt das normierte Reflexionsspektrum des faseroptischen Sensors bei unterschiedlichen Flüssigkeiten, in denen die Sensorfaser eingetaucht wurde: destilliertes Wasser $n = 1{,}333$ und Ethanol $n = 1{,}361$.

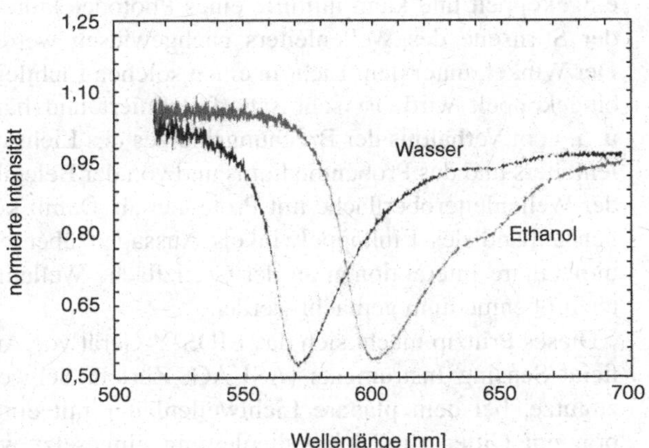


**9.15** Spektrum eines faseroptischen SPR-Sensors mit polychromatischer Arbeitsweise beim Eintauchen in Wasser ($n = 1{,}333$) und Ethanol ($n = 1{,}361$).

Deutlich ist ein Resonanzminimum zu erkennen, dessen spektrale Lage sich bei Veränderung des Brechungsindexes verschiebt. Da es sich hierbei um ein sehr breites Minimum handelt, kann zur exakten Bestimmung des Minimums an die Messkurve eine Funktion angefittet und aus den Fitparametern die exakte Resonanzwellenlänge berechnet werden. Da der Messaufbau eine Genauigkeit von 0,1 nm hat, können damit Brechungsindexänderungen von ca. $4 \cdot 10^{-5}$ erfasst werden. Darunter sind die Temperatureinflüsse zu stark und erlauben keine genaueren Messungen.

***Gitterkopplersensor (GCS)***

Auf die hohe Sensitivität von planaren Lichtwellenleitern bezüglich der Chemisorption von Gasen auf Wellenleiteroberflächen sind Lukosz und Tiefenthaler bereits 1983 aufmerksam geworden. Anknüpfende Entwicklungen resultierten in dem Gitterkopplersensor (GCS) für chemische und biochemische Interaktionsanalysen auf molekularer und makromolekularer Ebene. Abbildung 9.16 zeigt schematisch den Aufbau des Gitterkopplers. In dieser Gruppe von integriert-optischen Transducern wird die Schwierigkeit, Licht in sehr dünne Wellenleiterschichten einzukoppeln, durch die Verwendung von Gittern oder Prismen umgangen. Diese Ein- respektive Auskoppeleigenschaften des Lichts sind dabei abhängig vom effektiven Brechungsindex und bilden die Basis dieser Transducer. Ein kommerzieller Gitterkoppler (Bios™) besteht beispielsweise aus einem planaren Wellenleiter, in den über ein Gitter Licht eingekoppelt wird. Ein paralleler Laserstrahl wird unter variablen Winkeln auf den Lichtwellenleiter eingestrahlt. Durch Beugung an der Gitterstruktur wird das Licht in den Lichtwellenleiter eingekoppelt und kann mithilfe eines Photodetektors an der Stirnseite des Wellenleiters nachgewiesen werden. Der Winkel, unter dem Licht in einen solchen Lichtleiter eingekoppelt wird, ist sehr scharf definiert und hängt u. a. vom Verhältnis der Brechungsindizes des Lichtwellenleiters und des Probenmediums und von der Belegung der Wellenleiteroberfläche mit Proteinen ab. Damit können anhand des Einkoppelwinkels Aussagen über biomolekulare Interaktionen an der Grenzfläche Wellenleiter/Probenmedium gemacht werden.

Dieses Prinzip macht sich das BIOS™-Gerät von Artificial Sensing Instruments (ASI AG, Zürich, Schweiz) zunutze, bei dem planare Lichtwellenleiter mit eingeprägtem Gitter zur Lichtwellenleitung eingesetzt werden. Als Lichtwellenleitermaterial, in das das Gitter eingepresst, wird entweder $Ta_2O_5$ oder ein Gemisch aus $TiO_2$ und $SiO_2$ verwendet. Durch Immobilisierung von z. B. Antikörpern auf dem Wellenleiter lassen sich so Antigen-Antikörper-Wechselwirkungen direkt verfolgen.

***Resonant-Mirror-Prismenkoppler***

Grundsätzlich bezeichnet der Begriff „Prismenkoppler" Transducer, bei denen die Einkopplung des Lichts in einem optischen Wellenleiter über ein Prisma erfolgt. Auf Basis dieser Definition sind sehr einfache Transducer denkbar. Im Folgenden wird allerdings ein etwas komplizierterer, der so genannte *resonant mirror*, beschrieben. Das einzig bisher kommerziell erhältliche Gerät der Bauweise des *Resonant Mirror* (IAsys™) wird von Affinity Sensors angeboten und soll die höhere Sensitivität von wellenleitenden Systemen mit einer einfachen optischen Konstruktion vereinigen. Wie aus Abb. 9.17 hervorgeht, besteht die Sensoranordnung aus einem hochbrechenden Prisma, auf dem eine ca. 1 µm dünne niedrigbrechende $SiO_2$-Schicht als Kopplungsschicht aufgetragen ist. Auf diesem optisch dünneren Medium befindet sich eine 0,1 µm dünne wellenleitende dielektrische resonante Schicht aus z. B. Zirkonium-, Hafnium- oder Titanoxid mit einem hohen Brechungsindex. Tritt z. B. Laserlicht unter verschiedenen Winkeln in das Prisma ein, wird das Licht an der Grenzschicht zur Kopplungsschicht totalreflektiert. Ein Teil der entstehenden evaneszenten Welle koppelt über die $SiO_2$-Schicht in die wellenleitende Schicht ein und wird im Wellenleiter (resonante Schicht) geführt. Die Kopplung tritt nur unter einem definierten Winkel ein. In der Wellenleiterschicht wird dabei eine propagierende Welle erzeugt, die nach einer gewissen Strecke zurück in das Prisma koppelt. Die geführte Welle besitzt einen evaneszenten Anteil, der – wie bei den bereits beschriebenen integriert-optischen Transducern – eine hohe Sensitivität gegenüber Veränderungen der optischen Eigenschaften innerhalb der Eindringtiefe in das Messmedium hat. Der verbleibende Teil (senkrechte Polarisation gegenüber dem eingekoppelten) wird, ohne Einkopplung in den Wellenleiter, an der

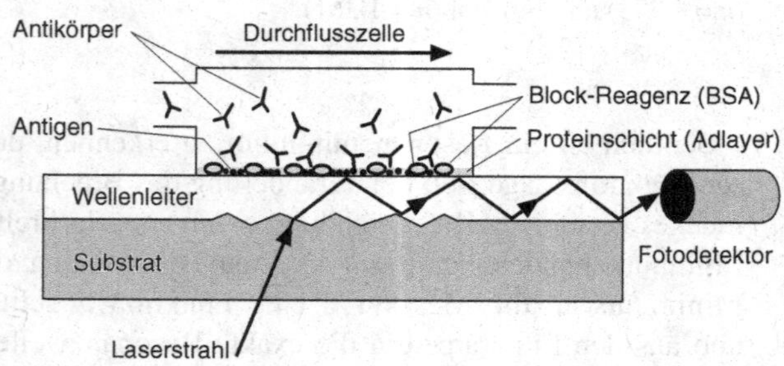


**9.16** Schematischer Aufbau des Gitterkopplersensors.

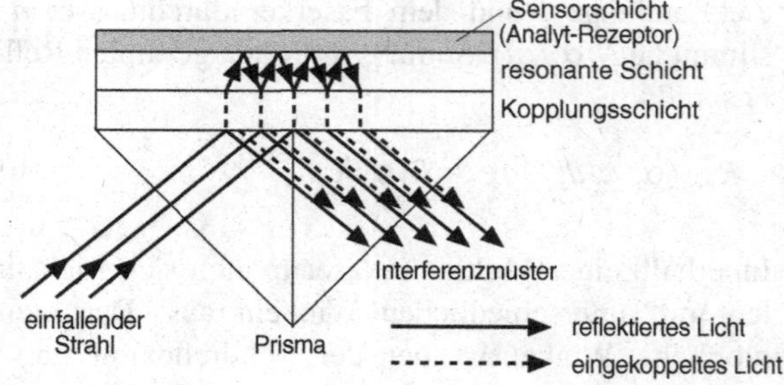


**9.17** Prinzipieller Aufbau des Resonant-Mirror-Systems.

Grenzschicht Prisma/Kopplungsschicht reflektiert. Innerhalb der evaneszenten Welle befindet sich wiederum eine Schicht aus einer carboxymethylierten Dextranmatrix, an der die Liganden immobilisiert sind.

Das im Wellenleiter geführte Licht koppelt aus diesen über die Kopplungsschicht wieder aus und erzeugt mit dem nicht in den Wellenleiter eingekoppelten, sondern an der Grenzschicht Prisma/Kopplungsschicht reflektierten Licht ein Interferenzmuster. Hierbei registriert dann eine CCD-Kamera ortsaufgelöst die scharfe Grenze zwischen destruktiver und konstruktiver Interferenz. Aus den Maxima wird während einer Messung kontinuierlich der Resonanzwinkel bestimmt und schließlich daraus die Änderung des effektiven Brechungsindexes errechnet. Eine Veränderung des Brechungsindexes in der Sensorschicht, z. B. durch eine biomolekulare Reaktion auf der Oberfläche, hat eine örtliche Verschiebung der Grenze zwischen konstruktiver und destruktiver Interferenz zur Folge. Eine Realzeit-Auftragung dieser Verschiebung gegen die Zeit liefert quantitativ auswertbare Messkurven zur kinetischen Charakterisierung eines chemischen oder biochemischen Systems.

Bei allen in diesem Kapitel beschriebenen Geräten handelt es sich um kommerzielle Systeme, die den Stand der Technik der direkt optischen Transducer darstellen. Eine Vielzahl von neuen Geräteaufbauten wird derzeit weltweit entwickelt und untersucht. Es ist abzusehen, dass in naher Zukunft weitere Geräte von unterschiedlichen Anbietern erhältlich sein werden. Grundsätzlich lassen sich die dabei verwendeten Methoden in die der SPR und die der optischen Wellenleiter unterteilen. Wobei, wie anhand des Resonant Mirror verständlich wird, es nicht immer sehr leicht ist, das Prinzip des optischen Wellenleiters zu erkennen. Unterschiede der beiden Methoden ergeben sich anhand der unterschiedlichen optischen Aufbauten und der unterschiedlichen Oberflächen, auf dem die Biomoleküle immobilisiert werden müssen. Anhand dessen werden sich die Geräte auch immer in ihrer Qualität und Eignung für die gewünschte Aufgabenstellung unterscheiden lassen. Eine Temperaturstabilisierung der sensitiven Oberfläche, eine sehr ausgereifte Mikrofluidik und eine sehr vielseitige und ausgereifte Oberflächenchemie zum Immobilisieren ist allerdings notwendig.

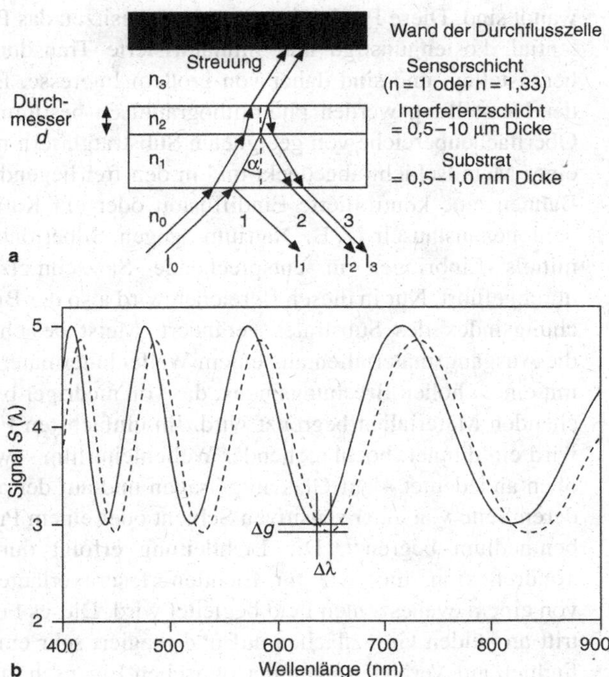


**9.18** a) Schematische Darstellung des RIFS Prinzips nach Gauglitz. b) Interferogramm eines RIFS-Transducers; Δλ ist durch eine Schichtdicken- und Brechungsindexänderung verursacht; Δ*g* wird durch eine Brechungsindexänderung allein kontrolliert.

### *Reflexions-Interferenz-Spektroskopie (RIFS)*

Gauglitz und Mitarbeiter führten die Reflexions-Interferenz-Spektroskopie als eine alternative Methode ein, um eine Änderung der optischen Schichtdicke an der Sensoroberfläche durch Schichtdicken- oder Brechungsindexänderungen empfindlich anzuzeigen. Abbildung 9.18 a zeigt das zugrunde liegende optische Prinzip. Durch die Interferenz der schematisch skizzierten Lichtstrahlen 2 und 3 wird eine Intensitätsmodulation des reflektierten Lichtes hervorgerufen. Diese Interferenz muss innerhalb der sog. Kohärenzlänge des Lichtes nach Verlassen des Substrats stattfinden. Bei einer Wolframlampe als Lichtquelle für den Wellenlängenbereich 400–1000 nm errechnen sich für die Kohärenzwellenlänge des Lichtes ca. 20 µm.

Das reflektierte Licht wird mit einem kleinen Monochromator, der mit einem CCD-Detektor bestückt ist, analysiert. Ein typisches Interferogramm ist in Abb. 9.18 b dargestellt. Zur Feststellung der Interferenzordnung und genauen Größe der Wellenlängenänderung wird eine Software benutzt, die unter Bezug auf ein Referenz-Interferogramm eine Änderung der Oberflächenbelegung dieses Transducers im pm-Bereich direkt anzeigt. Prinzipiell ermöglich der RIFS-Transducer die Verfolgung ähnlicher Vorgänge, die auch von den SPR-Transducern untersucht werden.

### *Integriert-optische Transducer*

Als integriert-optisch werden im Allgemeinen Wellenleitersysteme bezeichnet, die mithilfe von Techniken produziert werden, die denen der Halbleiterindustrie verwandt sind. Diese Produktionsverfahren besitzen das Potential, kostengünstige und miniaturisierte Transducer herzustellen, und sind daher von großem Interesse. Bei der Herstellung werden photolithographisch bestimmte Oberflächenbereiche von geeigneten Substratgläsern mit einer Metallschicht abgedeckt und in den frei liegenden Bahnen eine kontrollierte Eindiffusion oder ein Kationenionenaustausch (z. B. Natrium- gegen Silberionen) mittels Einbringen in entsprechende Salzschmelzen durchgeführt. Nur in diesen Bereichen wird also der Brechungsindex des Substrates verändert. Meist bestehen die Ausgangsmaterialien aus einem Wellenleitermaterial mit einem hohen Brechungsindex, das von niedriger brechenden Materialien begrenzt wird. Im einfachsten Fall wird ein dünner, hochbrechender Wellenleiterfilm – wie oben andedeutet – auf Glas aufgetragen und auf der anderen Seite von einer sensitiven Schicht oder einem Probenmedium begrenzt. Die Lichtleitung erfolgt durch Totalreflexion, die, wie für Lichtleiterfasern erläutert, von einem evaneszenten Feld begleitet wird. Dieses Feld tritt an beiden Grenzflächen auf und reagiert sehr empfindlich auf Veränderungen der optischen Eigenschaften innerhalb seiner Eindringtiefe. Da sich lediglich die Eigenschaften der zum Probenmedium gewandten Grenzfläche ändern, können mit diesen Anordnungen deren Veränderungen bestimmt werden.

***Integriert-optische Interferometer***

Bei integriert-optischen Interferometern werden schmale Wellenleiterbahnen erzeugt, die meist so gestaltet sind, dass ein geführter Strahl geteilt, unterschiedlichen Medien ausgesetzt und schließlich zur Interferenz gebracht wird. Die derzeit häufig verwendete Form, eine Variante des Mach-Zehnder-Interferometers (Abb. 9.19), besteht aus einem Wellenleiter, der sich Y-förmig gabelt. Die beiden entstehenden Arme werden eine kurze Strecke parallel geführt und auf einer Seite mit der Probe in Kontakt gebracht, während der andere Lichtweg in der Substratoberfläche als Referenz dient. Die Interferenz kann auf dem Chip (oben) oder außerhalb des Wellenleiters erfolgen und erzeugt ein Muster, wie in Abb. 9.18 b gezeigt. Diese Wellenleiterstruktur wird mit einer transparenten Schutzschicht überzogen, die nur über einem Interferometerarm eine Öffnung besitzt. Da die Dicke der Schicht größer ist als die Eindringtiefe des evaneszenten Feldes, kann nur innerhalb dieses „Fensters" eine Interaktion des geführten Lichts mit einer Probe eintreten. Es existieren also ein Mess- und ein Referenzarm. Mithilfe des Referenzarmes lassen sich unspezifische Einflüsse wie z. B. Temperaturschwankungen leichter kompensieren.

Innerhalb des Fensters des Messarms ist eine analyterkennde Schicht aufgetragen, die mit der Probe in Kon-

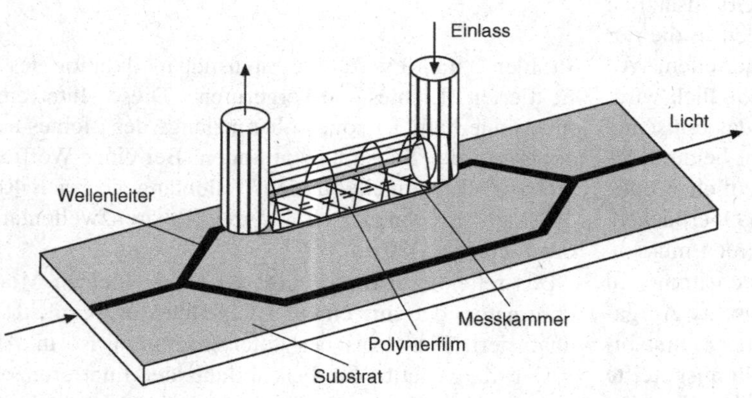


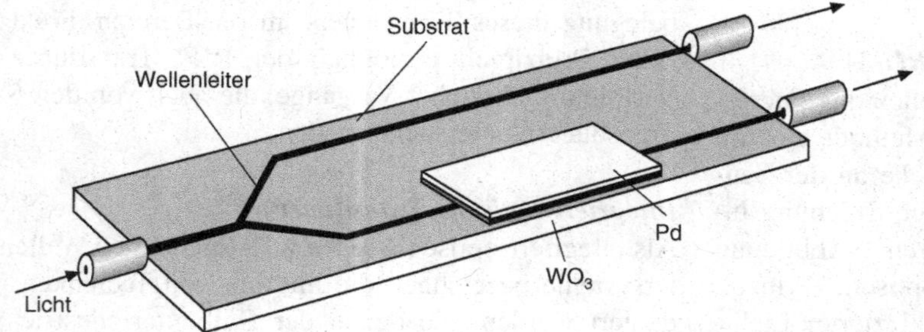


**9.19** Beispiele für die sog. integrierte Optik als Mach-Zehnder-Interferometer. Oben: Als Transducer für Flüssigkeiten. Unten: Als Transducer für Gase: hier $H_2$-Sensor.

takt gebracht wird. Ändern sich durch die Anwesenheit des Analyten die optischen Eigenschaften der Schicht, wird die Ausbreitungsgeschwindigkeit der geführten Welle beeinflusst. Dabei entsteht eine Phasendifferenz zu der Welle des Referenzarms. Die beiden Partialwellen werden innerhalb der Struktur wieder vereinigt und interferieren miteinander. Aus dem entstehenden Interferenzmuster können Veränderungen des effektiven Brechungsindexes und daraus Schichtdicken- und Brechungsindexänderungen bestimmt werden. Diese Transducer sind vor allem zum Aufbau von Gas- und Biosensoren eingesetzt worden, konnten bisher jedoch noch nicht aus dem Versuchsstadium heraustreten.

## 9.3 Chemische Sensoren

### 9.3.1 Chemische Sensoren für gasförmige Proben

In der heutigen hochtechnisierten und automatisierten Welt haben Gassensoren in vielen Bereichen Anwendungen gefunden und sollten als praxisnahe Beispiele in einem Buch über instrumentelle Analytik nicht fehlen. In Kliniken werden sie zur Atemluftkontrolle verwendet, im Bergbau dienen sie als Warngeräte für explosive Gase, im Haushalt werden sie zur Leckgaskontrolle von Gasherden und Heizungen eingesetzt, in Gebäuden als Brandmelder; außerdem sind sie bei der MAK-Wertüberwachung an gefährlichen Arbeitsplätzen unersetzlich. Die Bedeutung von Gassensoren wird auch an den produzierten Stückzahlen und im Umsatz im Vergleich zum gesamten Chemosensormarkt deutlich. Abbildung 9.20 gibt als Beispiel die Weltjahresproduktion chemischer Sensoren für das Jahr 1992 wieder. Halbleitergassensoren als Brandmelder oder Explosionsmelder bzw. CO-Warner in Garagen und Lambdasonden stellen die größten Positionen dar.

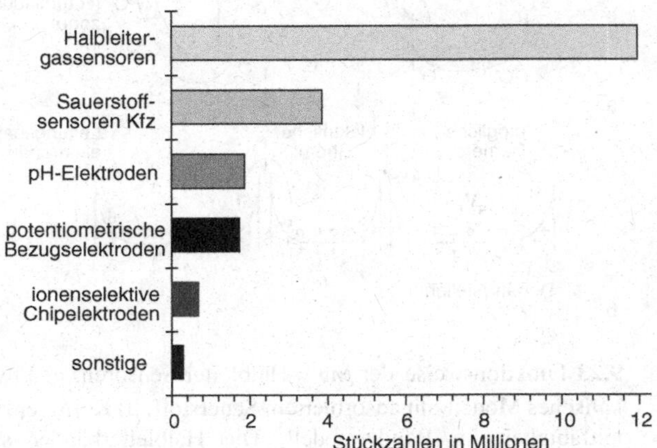


**9.20** 1992 Marktübersicht über wichtige Chemosensoren mit Gassensoren als größte Sensorklasse. Inzwischen stellen die $O_2$-Sensoren ($\lambda$-Sonde) die meist verwendete Sensorklasse dar

Die Einsatzgebiete von Gassensoren spiegeln die Schwierigkeiten bei ihrer Entwicklung wieder. Da sie den zu messenden Atmosphären direkt, d. h. im Vergleich zur Gaschromatographie ohne Probenvorbereitung oder Trennung, ausgesetzt sind, müssen sie mit den natürlichen Schwankungen der Umgebungsbedingungen fertig werden. Vor allem Feuchtigkeits- , Druck- und Temperaturänderungen sind bei ihrem Einsatz zu berücksichtigen. Durch die fehlende Probenvorbereitung ist die zu detektierende Komponente nicht von der Matrix getrennt, der Sensor sollte darum selektiv, d. h. im Idealfall nur auf den gewünschten Analyten, reagieren. Darüber hinaus sollen Gassensoren, die zur Überwachung von Prozessen oder Arbeitsplätzen eingesetzt werden, ohne aufwändige Wartung über mehrere Monate oder Jahre hinweg kalibrierte Signale liefern. Dies setzt hohe Langzeitstabilitäten, geringe Ausfallzeiten und eine kleine Drift ihres Messsignals voraus.

Gassensoren sind wie andere chemische Sensoren durch eine Dreiteilung charakterisiert. Abbildung 9.21 gibt den schematischen Aufbau eines Gassensors wieder. Das wichtigste Bauelement ist die Rezeptorzone, in der die zu detektierenden Gase chemisch oder physikalisch möglich selektiv wechselwirken und wo ein molekularer Erkennungmechanismus „in Echtzeit" stattfinden muss. Der Transducer stellt die Schnittstelle zwischen der Rezeptorzone und der auswertenden Elektronik dar. Er wandelt die spezifische Wechselwirkungen der Analyten mit dem Rezeptor in elektrische oder – bei Lichtleitertechnik – in optische Signale um. Als dritter Bauteil dient in vielen Fällen eine Verstärkungselektronik, um die Transducersignale in anschauliche Werte bzw. computertaugliche Signale umzuwandeln.

Nach den Sensoren, die vor allem im Kfz-Bereich zur Regelung und Kontrolle der Abgase eingesetzt werden (Lambdasonde), spielen die elektrochemischen Gassensoren eine wichtige Rolle. Sie werden zur Prozesskontrolle und Arbeitsplatzüberwachung in unterschiedlichen Industriezweigen eingesetzt. Eine weitere wichtige Gassensorgruppe stellen die Halbleitergassensoren dar, unter die sowohl die Zirkondioxid-Gassensoren als auch die nach ihrem japanischen Erfinder benannten sog. Taguchi-Sensoren fallen. Im Folgenden werden die wichtigsten Gassensortypen beschrieben und ihre Funktionsweise an Beispielen erläutert. Es gibt, wie bereits betont, auch hier intrinsische und extrinsische Gassensoren, wobei die letzteren einen nicht selektiven Transducer verwenden, der durch Rezeptorschichten analyterkennend gemacht werden muss. Diese Bauweise hat den Vorteil,

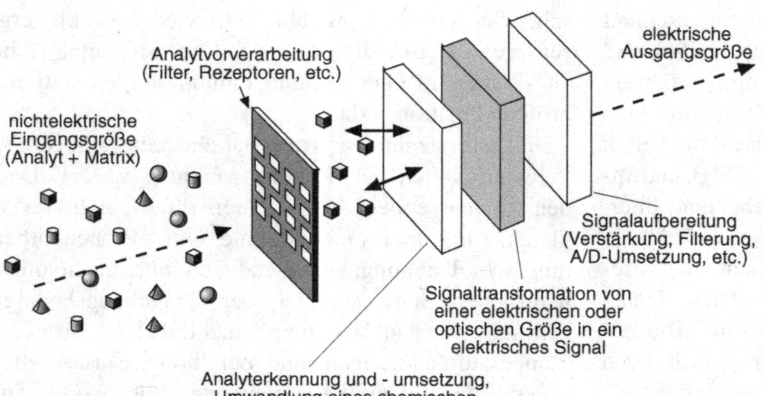


**9.21** Schematische Darstellung der Funktionsweise eines chemischen Sensors für gasförmige Proben (nach Göpel).

dass die Transducer mit modernen Massenproduktionsmethoden in größeren Stückzahlen hergestellt werden können, was zu Preisvorteilen führt.

**Halbleitergassensoren**

Halbleitergassensoren stellen, nach der Lambdasonde, heute die am häufigsten eingesetzten Gassensoren dar. Vor allem in Japan werden diese Sensoren zur Überwachung von Gasleitungen und Gasherden millionenfach eingesetzt. Die Entwicklung der Halbleitergassensoren ist eng mit dem Namen Taguchi verknüpft, der in den 60er Jahren diesen Sensortyp in „Heimarbeit" entwickelte. Er ist in Abb. 9.22 im Aufbau skizziert.

Der einfache Aufbau besteht aus zwei Pt- oder Pd-Ir-Elektroden, die durch eine Schicht gesinterten Zinndioxids verbunden sind. Durch das Sintern des Halbleitermaterials bleibt die körnige Struktur des $SnO_2$-Ausgangsmaterials erhalten, d. h. die Partikel berühren sich an den Korngrenzen. Durch eine Heizspirale werden die Elektroden und das Halbleitermaterial temperiert. Wird der Sensor in einer sauerstofffreien Umgebung durch einen entsprechenden Stromfluss durch den Heizdraht auf ca. 400 °C erhitzt, können freie Elektronen des n-halbleitenden Materials leicht über die Korngrenzen der $SnO_2$-Partikel wandern (Abb. 9.23). Der Widerstand zwischen den Elektroden, d. h. der Sinterschicht, ist relativ klein.

Unter normaler Atmosphäre wird Sauerstoff aufgrund seiner hohen Elektronenaffinität an der Oberfläche der Halbleiterpartikel adsorbiert. Durch Chemisorption kommt es zu einem Elektronenübergang vom Sauerstoff in das Leitungsband des $SnO_2$, wobei sich eine negative oberflächennahe Raumladungsschicht ausbildet, die für

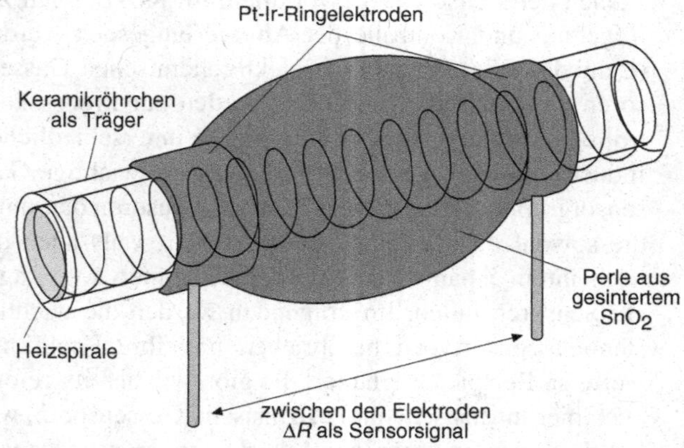


**9.22** Der schematische Aufbau eines $SnO_2$-Halbleitergassensors vom Taguchi-Typ.

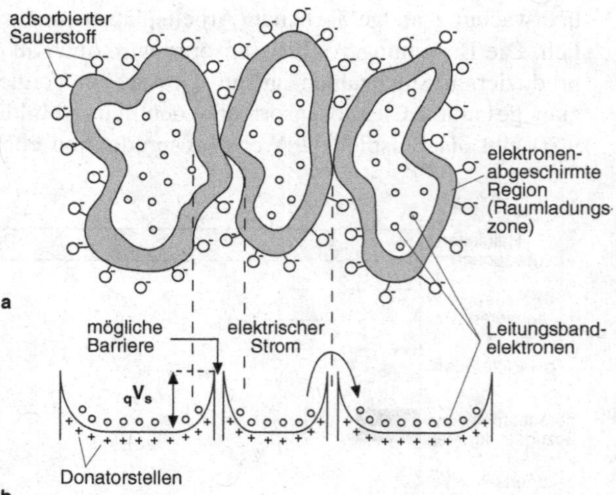


**9.23** Funktionsweise der $SnO_2$-Halbleiter-Sensoren. a) Physikalisches Modell mit adsorbiertem Sauerstoff; b) Korngrenzenleitfähigkeit im Bändermodell. Die Halbleiterbänder sind durch die negative Oberflächenladung nach oben (entsprechend einer Art Aktivierungsenergie für einen Elektronenübergang (Stromleitung) „verbogen". Nur das Leitungsband ist dargestellt.

## Achtung feuchteempfindlich!

Vorteile der preiswerten $SnO_2$-Sensoren (<100 €) sind ihre relativ hohe Empfindlichkeit bis in den ppm-Bereich hinunter und ihre einfache elektronische Schaltung. Nachteilig ist allerdings der in Abb. 9.25 beispielhaft für eine Benzen-Kalibrierung wiedergegebene Einfluss der Luftfeuchte. Da sich sowohl der Sensor-Nullpunkt als auch seine Empfindlichkeit (mögliche Veränderungen der Selektivität wurden hier nicht erfasst) bei variierender relativer Luftfeuchte (RH) verändern, ist eine Kompensation sehr schwierig und unzuverlässig. Dies sollte man bei genaueren quantitativen Gasanalysen mit derartigen Sensoren beachten. Auch andere Verunreinigungen auf der Halbleiteroberfläche können einen ähnlichen Einfluss ausüben.

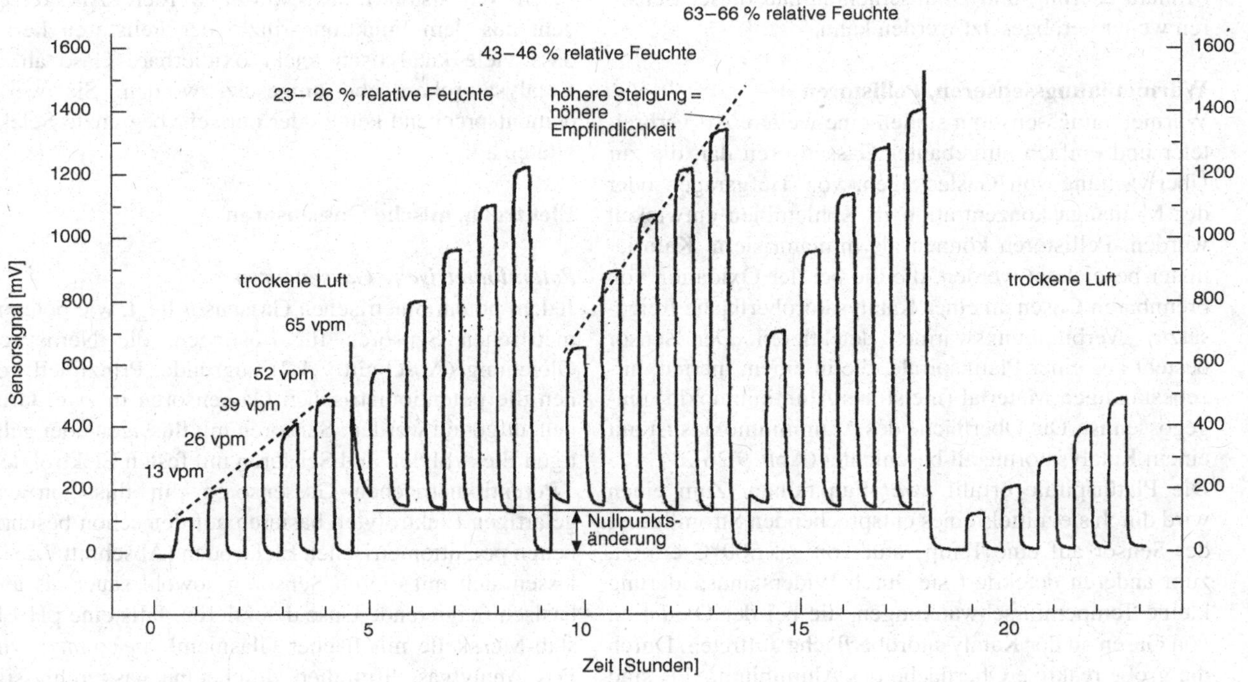


**9.25** Einfluss der relativen Luftfeuchte (% RH) auf die Kalibration eines $SnO_2$-Sensors mit Benzen.

einen Elektronenübergang über die Korngrenzen wie eine Potentialbarriere wirkt und den Elektronenfluss darüber behindert (Abb. 9.23 b). Dadurch steigt der Korngrenzenwiderstand. Werden der Luft ein oder mehrere reduzierende Gase wie Methan oder CO zugesetzt, werden auch diese Gase an der $SnO_2$-Oberfläche adsorbiert, und von dem durch die Elektronen aktivierten adsorbierten Sauerstoff oxidiert. Durch die Oxidation wird natürlich die adsorbierte Sauerstoffmenge reduziert und die Potentialbarriere herabgesetzt, der Elektronenfluss durch die $SnO_2$-Sinterschicht wird erleichtert und der Sensorwiderstand herabgesetzt. Diese der Analytkonzentration proportionale Widerstandsänderung wird als Sensorsignal ausgewertet. Die Sensitivität und Selektivität solcher Sensoren werden ausschließlich durch das Halbleitermaterial und die Sensortemperatur bestimmt. Durch die Zugabe von Katalysatormaterialien zu dem Halbleiter sind hier eingeschränkte Variationsmöglichkeiten in der Selektivität gegeben. Abbildung 9.24 zeigt deutlich den Einfluss der Temperatur und des Katalysators auf das Selektivitätsverhalten der $SnO_2$-Sensoren. Durch Einstellen der angezeigten Temperaturen kann in einem Fall CO und im anderen Fall $CH_4$ selektiver angezeigt werden.

Vorteilhaft ist ihre lange Lebensdauer von bis zu mehreren Jahren. Nachteilig sind hingegen die geringe Selektivität sowie der durch die erforderliche Temperierung bedingte hohe Energieverbrauch, der jedoch durch

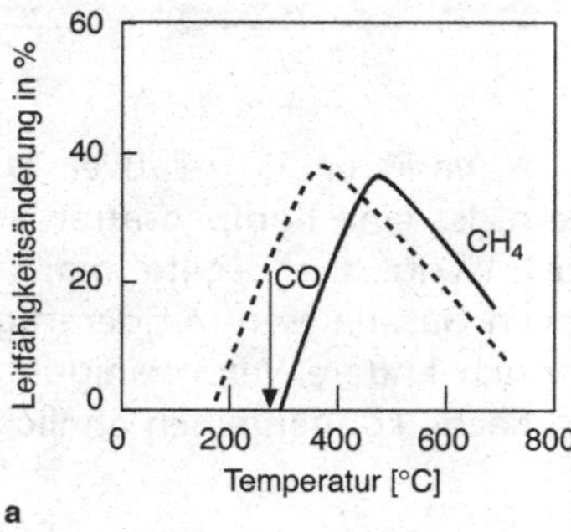


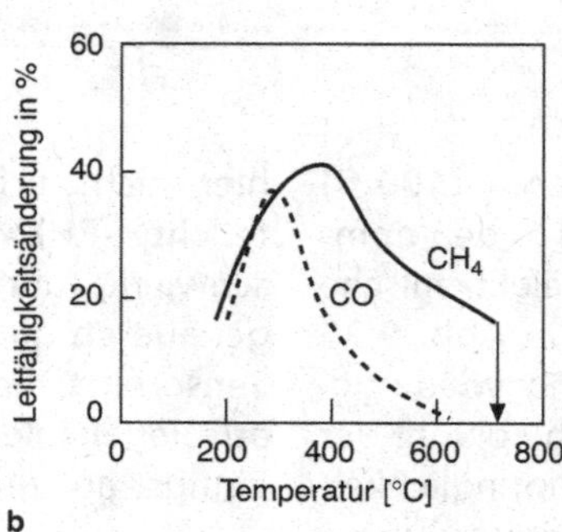


**9.24** Temperatur- und Katalysatoreinfluss auf die Selektivität eines $SnO_2$-Halbleitersensors. Die Pfeile verdeutlichen die optimale Temperatur a) als CO-Sensor und b) als Methansensor mit 1% Platin.

Miniaturisierung und Dünnschichtaufbau dieser Sensoren weiter herabgesetzt werden kann.

**Wärmetönungssensoren, Pellistoren**

Wärmetönungssensoren stellen eine weitere Art verbreiteter und einfach aufgebauter Gassensoren dar, die zur Überwachung von Gasleckagen, von Tiefgaragen oder der Methangaskonzentration in Kohleminen entwickelt wurden. Pellistoren können als miniaturisierte Kaloriemeter bezeichnet werden, die die bei der Oxidation von brennbaren Gasen an einer Katalysatoroberfläche freigesetzte „Verbrennungswärme" detektieren. Der Sensor besteht aus einer Platinspirale, die in einem inerten, hitzebeständigen Material (meist aus Aluminiumoxid) eingegossen ist. Die Oberfläche des Aluminiumoxids ist mit einem Katalysatormetall beschichtet (Abb. 9.26).

Die Platinspirale erfüllt zwei Funktionen. Zum einen wird durch sie mittels eines entsprechenden Stromflusses der Sensor auf eine Temperatur von ca. 500 °C erhitzt, zum anderen detektiert sie durch Widerstandsänderung kleine Temperaturschwankungen, die bei der Oxidation von Gasen an der Katalysatoroberfläche auftreten. Durch die große reaktive Oberfläche des Aluminiumoxids sind Pellistoren sensitiv bis in den unteren ppm-Bereich und durch die Verwendung inerter anorganischer Materialien langlebig. Zur Detektion von Widerstandsänderungen, die proportional der Temperaturänderungen sind, können die Sensorsignale durch einfache Brückenschaltungen (nach Wheatstone) ausgewertet werden. Andererseits geht aus dem Funktionsprinzip der Pelistoren hervor, dass viele katalytisch leicht oxidierbare Gase an der Katalysatoroberfläche umgesetzt werden. Sie weisen dementsprechend keine oder nur sehr begrenzte Selektivitäten auf.

**Elektrochemische Gassensoren**

***Potentiometrische Gassensoren***

Jedem potentiometrischen Gassensor liegt, wie potentiometrischen Sensoren für Lösungen, die Nernst'sche Gleichung (Abschnitt 7.1.2) zugrunde. Prinzipiell können die potentiometrischen Gassensoren in zwei Gruppen aufgeteilt werden: Sensoren mit flüssigen oder gelartigen Elektrolyten und Sensoren mit festen Elektrolyten.

Potentiometrischen Gassensoren mit flüssigen oder gelartigen Elektrolyten basieren auf den schon beschriebenen potentiometrischen Elektroden (Abschnitt 7.2). So lassen sich mit diesen Sensoren sowohl sauer als auch basisch reagierende Gase detektieren, falls eine pH-Einstab-Messkette mit flacher Glasmembran benutzt wird. Das Analytgas diffundiert durch eine gasdurchlässige, hydrophobe Membran (z. B. Teflon oder „gestrecktes Teflon" – Goretex) in einen geeigneten, schwach oder kaum gepufferten Elektrolyten. Hierdurch wird der pH-Wert dieses Elektrolyten verändert und von der potentiometrisch arbeitenden Glaselektrode registriert.

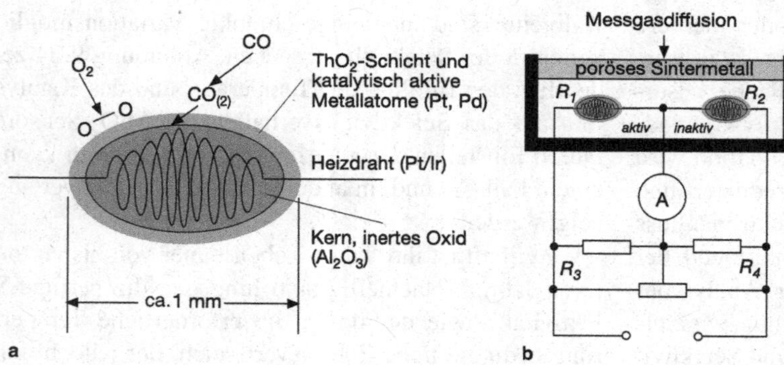


**9.26** Pellistor zur Messung von „entzündlichen" Gasen (oder CO in Garagen). a) Aufbau. b) Schaltung in Wheatstone-Brücke zur Kompensation störender Effekte.

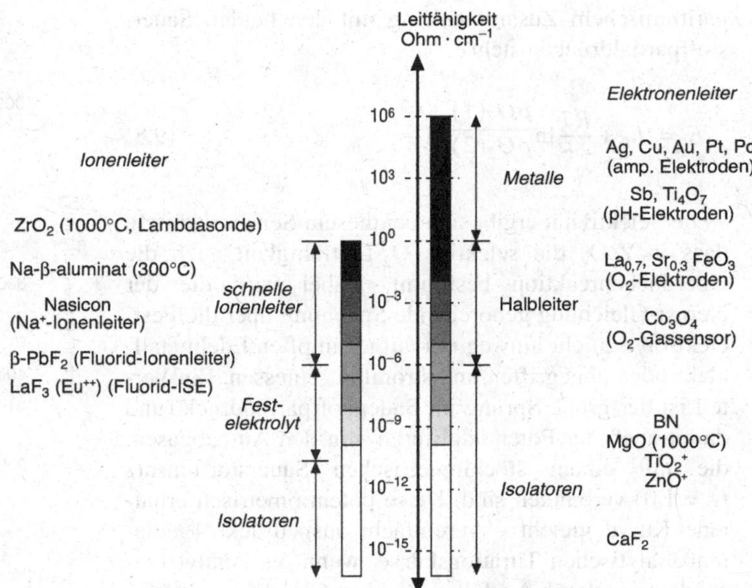


**9.27** Leitfähigkeitsspektrum ionen- und elektronenleitender Materialien.

Dieses einfache Prinzip kann für Gase wie z. B. $H_2S$, $CO_2$, $NH_3$, NO oder $NO_2$ angewandt werden. Dabei wird für jede Gasart ein optimaler Innenelektrolyt verwendet. Für $CO_2$ (sog. Severinghaus-Elektrode) dient beispielsweise eine ca. $10^{-3}$ M $HCO_3^-$-Lösung, für $NH_3$ eine ca. $10^{-3}$ M $NH_4Cl$-Lösung.

Durch die Wahl geeigneter Diffusionsmembranen können auch gewisse Selektivitäten gegenüber Störkomponenten erreicht werden. Der Aufbau mit einem gelartigen Innenelektrolyten setzt jedoch einer Miniaturisierung dieser Sensoren Grenzen.

***Sensoren mit festen Elektrolyten***

Unter festen Elektrolyten versteht man Materialien, die in der Lage sind, in festem Zustand Ionen zu leiten. Abbildung 9.27 verdeutlicht den großen Bereich der Leitfähigkeiten von sensorrelevanten Materialien. Viele benötigen allerdings zu einer für die Messtechnik ausreichenden Leitfähigkeit erhöhte Temperaturen, was ihren Einsatz als Handgerät wegen des zum Heizen erforderlichen Energieaufwandes etwas einschränkt.

Unter diese Sensoren fällt auch die Lambdasonde, ohne die der Einsatz geregelter Drei-Wege-Katalysatoren im Kfz-Bereich nicht möglich wäre. Die Lambdasonde ermöglicht die Messung des Restsauerstoffgehaltes in der Abluft von Verbrennungsmotoren. Ausgenutzt wird die selektive Ionenleitfähigkeit des $O^{2-}$-Ions in über 400 °C heißem, yttriumdotiertem $ZrO_2$ mit folgenden Elektrodenreaktionen:

Kathode: $O_2 + 4\,e^- \Leftrightarrow 2\,O^{2-}$ (9.7a)

Anode: $2\,O^{2-} \Leftrightarrow O_2 + 4\,e^-$ (9.7b)

Nach den obigen Reaktionsgleichungen lässt sich eine potentiometrisch arbeitende $O_2$-Konzentrationsmesskette aufbauen, wobei der gasförmige Sauerstoff mit dem im Festkörperelektrolyten befindlichen Gittersauerstoff im Gleichgewicht steht (Abb. 9.28) und die Elektronen mit einer inerten Metallelektrode im Gleichgewicht stehen.

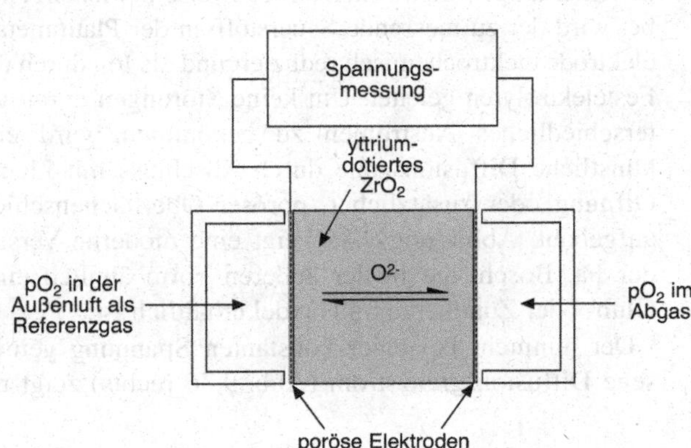


**9.28** Prinzip der Lambdasonde als potentiometrische Konzentrationskette.

Befindet sich auf einer Seite der $ZrO_2$-Membran eine höhere Sauerstoffkonzentration, d. h. ein höherer $O_2$-Partialdruck (zum Beispiel in der Außenluft, die als Referenzgas dient) als auf der anderen Seite (im Abgasstrom), so stellt sich entsprechend der Nernst-Gleichung für Konzentrationsketten eine Spannung ein, die in logarithmischem Zusammenhang mit den beiden Sauerstoffpartialdrucken steht.

$$E = E_0 + \frac{RT}{4F}\ln\frac{pO_2(1)}{pO_2(2)} \tag{9.8}$$

Die Selektivität ergibt sich bei diesem Sensor dadurch, dass in $ZrO_2$ die selektive $O_2$-Leitfähigkeit auch die Oberflächenreaktion bestimmt. Dabei wird die der Nernst-Gleichung gehorchende Spannung über die Festelektrolytschicht hinweg mit aufgedampften Edelmetallelektroden abgegriffen und stromlos gemessen. Ein Vorteil ist der große Sprung im Sauerstoffpartialdruck (und damit auch der Potentialdifferenz) in den Autoabgasen, die mit einem stöchiometrischen Sauerstoffumsatz ($\lambda = 1{,}0$) verbunden sind. Diese potentiometrisch erhaltene Kurve gleicht – vereinfacht ausgedrückt – einer maßanalytischen Titrationskurve, wenn ein Analyt beispielsweise durch Ausfällen aus dem Gleichgewicht entfernt wird. Wegen des logarithmischen Zusammenhangs wird eine sigmoidale Kurve erhalten, die bei $\lambda = 1{,}00$ ihren Wendepunkt hat. Dieser große Sprung in der Konzentrationskettenspannung erlaubt eigentlich nur eine Regelung auf Bereiche vor oder hinter dem Sprung (Abb. 29).

Für höhere Genauigkeiten macht sich die Temperaturabhängigkeit des Nernst-Faktors unangenehm bemerkbar. Deshalb wird dieser Sensor inzwischen vorzugsweise in seiner amperometrischen Arbeitsweise betrieben. Hierbei wird der zu messende Sauerstoff an der Platinmetallelektrode elektrochemisch reduziert und als Ion durch den Festelektrolyten geleitet. Um keine Störungen durch unterschiedliches Anströmen zu bekommen, wird eine künstliche Diffusionszone durch Abschluss mit kleiner Öffnung oder zusätzlicher, poröser Oberflächenschicht aufgebaut. Abbildung 9.30 zeigt eine moderne Version der Fa. Bosch, die in der äußeren Form ähnlich einer Glüh- oder Zündkerze im Handel erhältlich ist.

Der nunmehr bei einer konstanten Spannung gemessene Diffusionsgrenzstrom (Abb. 9.30 rechts) zeigt mit

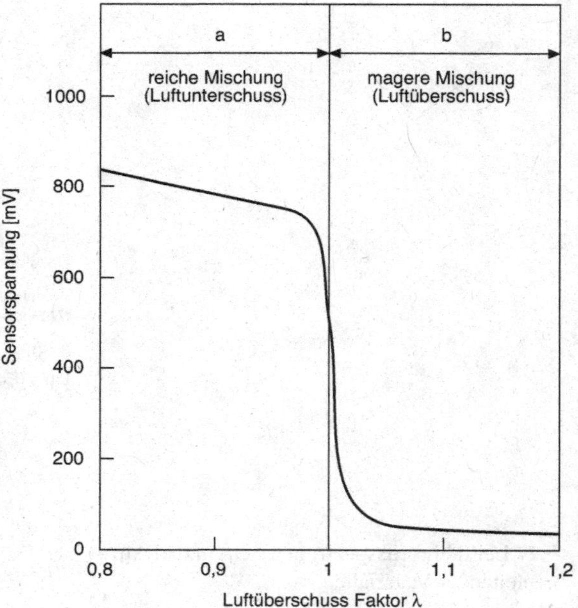


**9.29** Signalverlauf einer potentiometrisch arbeitenden Lambdasonde (Bosch).

wenigen Prozent Änderung pro °C eine weitaus geringere und einfacher zu korrigierende Temperaturabhängigkeit als der potentiometrische Sensor. Ohne diese Genauigkeitssteigerung der Lambdasonde wäre ein zuverlässiger Betrieb von sog. Mager-Mix-Motoren nicht möglich.

**Weitere potentiometrische Gassensoren mit Festelektrolyt**

Im Temperaturbereich zwischen 40 und 900 °C weisen auch andere Salze eine ausreichende Festkörperleitfähigkeit aus, um sie als Elektrolyt in Gassensoren einsetzen zu können. Nachteilig ist die Korrosionsrate an den stets notwendigen Metallelektroden, wenn bei hohen Temperaturen gearbeitet werden muss. Positiv wirkt sich hingegen die Temperatur auf die Reaktionsgeschwindigkeit

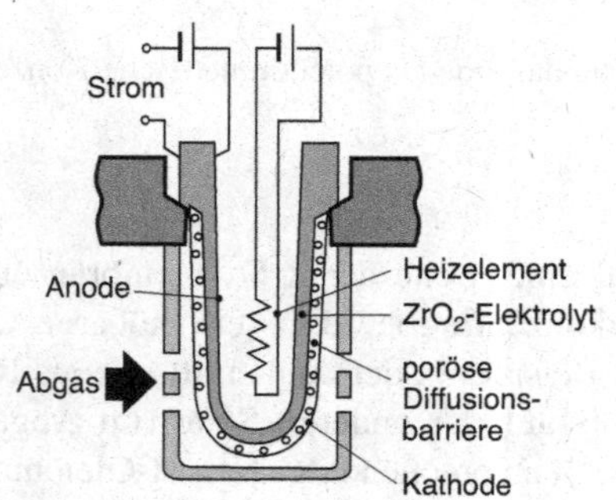


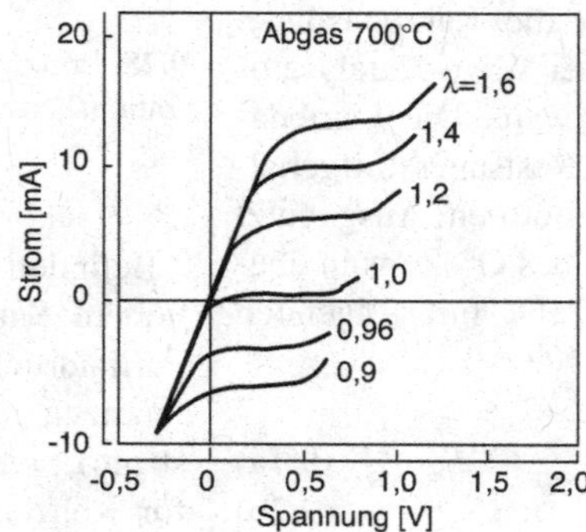


**9.30** Schematischer Aufbau einer modernen, amperometrischen Lambdasonde mit dazugehörigem Voltam-

**Tabelle 9.2** Übersicht über potentiometrische Festkörper-Sensoren *(solid-state sensors)*.

| Messgas | Messzelle | Temperatur-bereich [°C] | Konzentrations-bereich [atm] | Abweichung ΔP/P [%] |
|---|---|---|---|---|
| $Cl_2$ | Ag \| $SrCl_2$-KCl \| ME, Pt, $Cl_2$<br>Referenz: Ag \| $Ag^+$; ME: Graphit, $RuO_2$ | 100–450 | $10^{-6}$–1 | < 5 |
| $SO_2/SO_3$ | Referenz \| $K_2SO_4$ \| ME, $SO_2 + SO_3 + O_2$<br>Ag \| $K_2SO_4 - Ag_2SO_4$ \| ME, $SO_2 + SO_3 + O_2$<br>Luft, Pt \| ZrO2 – CaO \| $K_2SO_4$ \| ME, $SO_3$, Luft | 700–900 | $>10^{-6}$ | 3 |
| $H_2$ | Referenz \| H.U.P.* \| ME, $H_2$<br>Referenz: Pd oder Pt-$H_2$, $PdH_x$ | 20 | $10^{-4}$–$10^{-1}$ | 15 |
| CO | =2 + CO, RE \| $ZrO_2$-$Y_2O_3$ \| ME, $O_2$ + Co<br>RE: $Al_2O_3$-Pt, ME: Pt | 250–350 | $0–5 \cdot 10^{-6}$ | 30 |
| $NO_2$ | Ag \| $Ba(NO_3)_2$-AgCl \| Pt, $NO_2$<br>Referenz: Ag \| $Ag^+$ | 500 | $>10^{-6}$ | n. A. |
| $I_2$ | Ag \| $KAg_4\ I_5$ \| Pt, $I_2$ | 40 | $>10^{-7}$ | 3 |

* H. U. P.: Wasserstoff-Uranyl-Phosphat

aus. Abbildung 9.31 zeigt den Aufbau eines entsprechenden Chlorgassensors. Summarisch gesehen, oxidiert das Chlorgas das Silber einer Silberelektrode und bildet AgCl.

Die Selektivität wird hierbei durch selektive Elektrodenreaktionen und den sehr selektiven $Ag^+$-Ionentransport durch den Festkörperleiter erzielt. Die Empfindlichkeit derartiger Sensoren reicht bis in den ppb-Bereich hinunter. Die Tabelle 9.2 zeigt in verkürzter (elektrochemischer) Schreibweise für den Messkettenaufbau (Messzelle) den prinzipiellen Aufbau weiterer potentiometrischer Festkörpersensoren für verschiedene Gase, zu deren empfindlichem Nachweis Sensoren benötigt werden, um beispielsweise die maximale Arbeitsplatzkonzentration zu überwachen.

***Amperometrische Gassensoren***

Amperometrische Gassensoren spielen heute eine wichtige Rolle bei der Detektion von toxischen und noxischen Gasen ($AsH_3$, $NH_3$, CO, Halogene, HCN, $H_2S$, $SO_2$, NO, $NO_2$). Die ersten Sensoren dieser Art wurden von der Firma City Technology 1977 auf den Markt gebracht. Amperometrische Gassensoren werden heute vorwiegend zur Detektion von anorganischen Gasen eingesetzt, die leicht und mehr oder weniger selektiv elektrochemisch oxidiert oder reduziert werden können. Durch die Wahl des Arbeitselektrodenpotentials ist gemäß Abschnitt 7.3 eine gewisse Selektivität erzielbar. Der schematische Aufbau eines amperometrischen Gassensors ist in Abbildung 9.32 anhand eines NO-Sensors wiedergegeben.

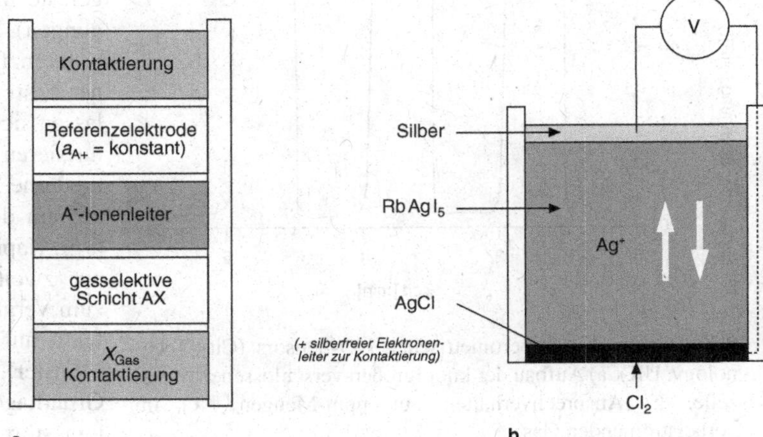


**9.31** Schematischer Aufbau eines Chlorgassensors (z. B. zur Überwachung von $Cl_2$-Gasflaschen und -Leitungen in Schwimmbädern). a) genereller Aufbau von potentiometrischen Festkörpersensoren. b) $Cl_2$-Festelektrolyt-Gassensor mit $RbAgI_5$ als „Superionenleiter“.

Durch das Anlegen einer festen Spannung zwischen der Referenzelektrode und der Arbeitselektrode, die zur elektrochemischen Umsetzung des Analyten mit katalytisch wirkenden Edelmetallen beaufschlagt sind, wird die chemische Umsetzung des Stickstoffmonoxid zu Nitrat im Elektrolyten möglich. Bei den gasförmigen Analyten spielt dabei die sog. Dreiphasengrenzfläche Elektrode/Elektrolyt/Gas eine große Rolle. Hierzu werden Erkenntnisse moderner Brennstoffzellenforschung mit porösen Elektroden (z. B. metallbedampfter Fritten als Diffusionsbarriere) ausgenutzt. Der dabei fließende elektrische Strom dient als Messsignal und steht im linearen Zusammenhang mit der umgesetzten Menge NO. Die Selektivität dieser amperometrischen Gassensoren ist begrenzt. Je nach angelegtem Potential werden nicht nur der Analyt, sondern auch alle anderen bei diesem Potential elektrochemisch umsetzbaren Verbindungen an der Arbeitselektrode oxidiert oder reduziert. Durch den Einsatz selektiver Diffusionsmembranen und spezieller Katalysatoren zusammen mit geeigneten Elektrolyten lassen sich solche Querempfindlichkeiten jedoch etwas reduzieren. Neben NO können mit ähnlichen Messzellen auch $SO_2$, $Cl_2$, $AsH_3$ und Phosgen ähnlich empfindlich angezeigt werden. Die beiden letztgenannten Gase müssen im Rahmen der Arbeitssicherheit bei Reinräumen ($AsH_3$ wird zum Dotieren benutzt) und in der chemischen Industrie (Phosgen ist wichtiges Zwischenprodukt) überwacht werden.

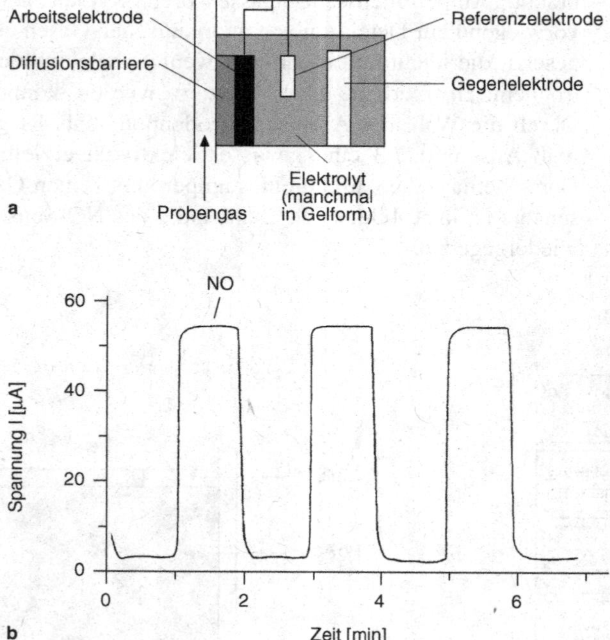


**9.32** Prinzip des amperometrischen NO-Sensors (City-Technology, UK). a) Aufbau der knopfgroßen verschlossenen Messzelle. b) Ansprechverhalten auf ppm-Mengen NO im vorbeiströmenden Gas.

Die Lebensdauer dieser amperometrischen Sensoren wird durch die Art und Menge des Elektrolyten bestimmt. Durch die bei der Messung stattfindende elektrochemische Reaktion werden die Elektrolytkonzentrationen oder die Zusammensetzung des Elektrolyten ständig verändert. Heute sind jedoch Lebensdauern von 1–2 Jahren Stand der Technik. Zusammenfassend ist zu sagen, dass amperometrische Gassensoren heute im Bereich der Arbeitsplatzüberwachung und der Prozesskontrolle vielerorts zum Einsatz kommen. Sie sind sensitiv, ausreichend selektiv und langlebig. Eine weitere Miniaturisierung in den Millimeterbereich erscheint jedoch wegen des benötigten Elektrolyten in den meisten Fällen nicht sinnvoll.

**IR-Gassensoren**

Miniaturisierte Infrarot-Gassensoren stellen derzeit eine der wichtigsten Gassensortypen dar. Ob in der Medizin zur Überwachung des $CO_2$-Gehaltes in der Atemluft, oder in der Kfz-Branche zur Untersuchung der Abgase, vielerorts haben diese Sensoren z. B. für Routinemessungen des $CO_2$-Gehaltes in Gasproben den Markt erobert. Diesen optischen Sensoren liegt folgendes Messprinzip zugrunde:

Infrarotstrahlung im Wellenlängenbereich von 700 bis 5000 nm wird durch eine – das zu analysierende Gas enthaltene – Glas- oder Stahlküvette geleitet. Ein Detektor registriert anschließend die vom Gas durchgelassene Strahlung. Die Abschwächung des eingestrahlten Lichtes bei den charakteristischen Absorptionswellenlängen des Analyten unterliegt dem Lambert-Beer'schen Gesetz (s. Abschnitte 4.3.1 und 5.2.3). Entscheidend für die Selektivität ist, dass gasförmige Analyten wesentlich schärfer ausgeprägte Absorptionsbanden als in Flüssigkeiten gelöste Moleküle aufweisen (nicht gehinderte Schwingungen). Durch den Einsatz spezieller scharfkantiger Interferenzfilter vor dem Detektor wird nur der Bereich einer bestimmten IR-Bande registriert. Diese Detektoren lassen sich mithilfe der Mikrosystemtechnik sehr miniaturisieren (kleiner als eine Streichholzschachtel). Die moderne Elektronik/Informatik macht es auch möglich, auf ein den Aufbau komplizierendes Zweistrahlprinzip (vgl. Kapitel 5) zu verzichten und statt dessen mittels einer zweiten Miniaturlichtquelle, die nur gelegentlich zum Vergleich mit der ersten eingeschaltet wird, Drifteffekte auf Jahre hinaus zu kompensieren (Patent ICB Münster). Ein sehr selektiver $CO_2$-Sensor auf dieser Grundlage ist möglich, weil die $CO_2$-IR-Bande relativ ungestört ist. Mit den neuen Lichtquellen ergibt sich ein extrem niedriger Energieverbrauch im μA-Bereich (= langer wartungsfreier Batteriebetrieb) und eine extrem hohe Empfindlichkeit im ppm-Bereich, sodass diese Sensoren für eine intelligente Klimatechnik (mit individueller Raumbelüftung) oder in Weinkellern eingesetzt werden. Der Strahlengang entspricht dem allgemeinen Aufbau von IR-Filterphotometern (s. Abschnitt 5.5).

Eine weitere, historische – aber sehr elegante – Möglichkeit, Gase selektiv zu detektieren, ist der ständige Vergleich des Probengases mit dem reinen Analytgas in einem Aufbau ohne dispersiven Element (Filter oder Prisma) nach dem Prinzip der positiven oder negativen Filterung, das Ende 30er bzw. Anfang 40er Jahre von Lehrer und Luft bei der BASF (DRP 730478) entwickelt wurde. Hierzu wird eine Zweiküvettenanordnung gewählt. Der schematische Aufbau einer solchen Anordnung ist in Abbildung 9.33 in abgeänderter Gestaltung wiedergegeben.

In einer Referenzküvette befindet sich ausschließlich das zu detektierende Gas. Fällt eine breitbandige IR-Strahlung durch diese Küvette, werden durch die hohe Analytgaskonzentration in der Referenzküvette nahezu alle IR-Wellenlängen von Absorptionsbanden des betreffenden Analytgases selektiv absorbiert. Dies führt nach den Gesetzen der IR-Strahlungsabsorption (s. Abschnitt 5.5) durch Relaxationsvorgänge zu einer gewissen Temperaturerhöhung in dieser Referenzküvette, die sich bei einem konstanten Küvettenvolumen in einer korrespondierenden Druckerhöhung niederschlägt aber hier noch nicht messtechnisch ausgenutzt wird. Das Probengas wird durch eine entsprechend dimensionierte Messküvette geleitet, und die Bestrahlung mit der gleichen Lichtquelle führt dort – je nach Konzentration des Analytgases – zu analogen Vorgängen wie bei der Referenzküvette. Die infrarote Strahlung wird von einer Modulationsblende (Chopper) mit einer bestimmten Frequenz (z. B. 5 Hz) abwechselnd durch die Referenzküvette oder die Messküvette zum Detektor geleitet. Wenn nicht reines Analytgas zu vermessen ist, lässt die Messküvette mehr Lichtenergie durch. Ein IR-Detektor registriert als analytgasabhängiges Signal die IR-Energiedifferenz zwischen der Referenzküvettenstrahlung und der Messküvettenstrahlung ohne ein einziges dispersives Element. Als Detektoren können hier auch photoakustische Detektoren eingesetzt werden. Letztere können beispielsweise aus einer Mikrofonmembran, die zwischen der Referenz- und Messweg platziert ist, bestehen. Sie trennt nur zwei schwarze, abgeschlossene Gaskammern. Bei allen Situationen ungleicher Analytgaskonzentrationen in beiden Küvetten resultiert an der Mikrofonmembran eine periodische Druckschwankung mit der Frequenz der Lichtmodulation durch den Chopper. Die Amplitude des resultierenden Mikrofonsignals ist proportional dem Unterschied in der Analytkonzentration in der Referenz- und Messküvette. Durch eine phasenselektive Verstärkung lassen sich im Messkanal sowohl höhere als auch geringere Analytgaskonzentrationen erfassen.

Nachteilig bei der IR-Referenzgaszelle ist die begrenzte Miniaturisierbarkeit im Vergleich zu einem IR-Sensor, der durch Filter wellenlängenselektiv arbeitet. Von Vorteil ist, dass das Messsignal als Differenz von Analytsignal und Referenzsignal nicht von der Alterung der Strahlenquelle oder des Detektors beeinflusst wird. Die Kalibrationsintervalle können dementsprechend größer ausfallen. Es sind neben dieser einfachsten Anordnung noch weitere Varianten entwickelt worden, die aber alle auf dem Prinzip der mit Messgas gefüllten Küvetten beruhen und je nach ihrer Positionierung als positive oder negative Filterung bezeichnet wurden.

Bei der sog. negativen Filterung wird in einem Referenzstrahlengang durch eine hohe Messgaskonzentration in einer verschlossenen Gasküvette dafür gesorgt, dass praktisch keine Energie von der vom Analyten selektiv absorbierten Energie auf den Detektor fällt. Das Messgas strömt dabei durch beide Strahlungsgänge und verändert konzentrationsabhängig die IR-Energie im Messstrahlungsgang, während auf der Referenzseite we-

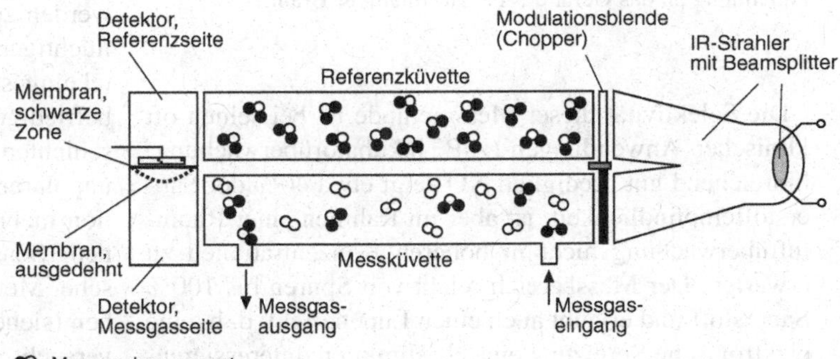


**9.33** Schematische Darstellung eines IR-Messprinzips, das keinen Monochromator oder Filter benötigt (in Anlehnung an die IR-Analysatoren vom Typ Uras (Hartmann & Braun) und LIRA (Mine Safety Appliance, USA)).

gen der hohen vorgelegten Konzentration an zu messendem Gas keine Veränderung mehr auftritt. Bei der positiven Filterung wird die Analytsensibilisierung in den Empfänger verlagert. Da diese Methode nicht mit monochromatischem Licht arbeitet, gilt das Lambert-Beer'sche Gesetz nicht und es werden mehr oder weniger gekrümmte Kalibrationskurven erhalten (ähnlich wie bei der AAS, wenn man mehrere Elementlinien gleichzeitig verwendet). Das Detektionsprinzip dieser Methode hat in den letzten Jahren eine Wiederentdeckung als photo-akustische Spektroskopie erlebt.

**Paramagnetische Sauerstoffsensoren**

Dieser Gassensor stellt einen Sonderfall dar, der den Paramagnetismus des Sauerstoffmoleküls ausnutzt. Sauerstoff wird dadurch in ein inhomogenes Magnetfeld hineingezogen. Lässt man, wie in Abb. 9.34 gezeigt, die gasförmige Probe in eine streng symmetrisch zweigeteilte Kammer einströmen und legt an einer Seite von außen ein inhomogenes Magnetfeld an, so wird bevorzugt der Sauerstoff in diesen Bereich einströmen und dort eine Art „Wind" erzeugen. Diese selektive Gasströmung lässt sich nunmehr leicht mittels einer typischen Wärmeleitfähigkeitszelle (s. Abschnitt 6.3.4) quantitifzieren, weil dadurch der Widerstand $R_1$ abgekühlt wird.

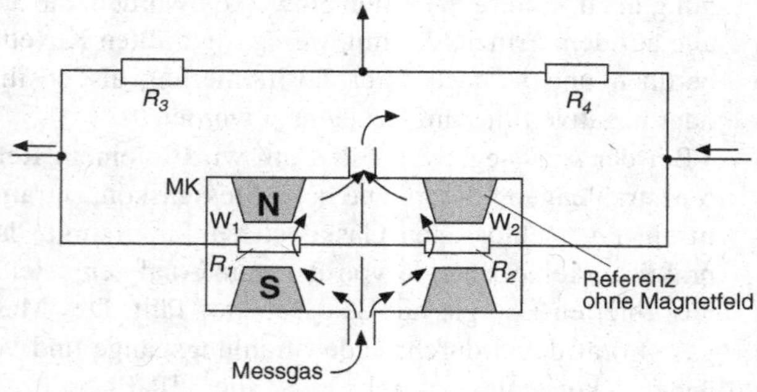


**9.34** Schematischer Aufbau eines Sauerstoffmessgerätes auf Basis des Paramagnetismus in Wheatstone-Schaltung (in Anlehnung an das Gerät der Fa. Hartmann & Braun).

Die Selektivität dieser Messmethode ist bei seinen oft klinischen Anwendungen (z. B. Inkubatorüberwachung) hinreichend gut. Lediglich NO zeigt etwa 40% der Sauerstoffempfindlichkeit, ist aber im Rahmen einer Raumluftüberwachung nicht in höheren Konzentrationen zu erwarten. Der Messbereich reicht von Spuren bis 100% Sauerstoff und erlaubt auch einen Lupeneffekt, d. h. eine elektronische Spreizung eines bestimmten, interessierenden Bereiches.

**Polymergassensoren**

Diese Klasse von Sensoren nutzt nicht wie die vorher beschriebenen Sensoren eine anorganische Schicht oder eine mehr oder weniger selektive Katalysatoroberfläche mit oder ohne elektrisches Feld, sondern eine organische Polymerschicht als Rezeptorbauteil des Sensors. Sie stellen eine eigenständige Sensorklasse dar. Es kommt bei der Wechselwirkung des Analyten mit dieser Rezeptorschicht zu keiner selektiven chemischen Umsetzung des Analyten, vielmehr werden diese von der Polymerschicht adsorbiert oder absorbiert, in sie aufgenommen. Die Klasse der Polymergassensoren liefert nicht intrinsisch ein analytproportionales Messsignal, sondern bedarf dazu eines Transducers. Die meistgenutzten Transducer sind in diesem Zusammenhang die massensensitiven, impediometrischen und optischen, die den effektiven Brechungsindex anzeigen. Dies hat den produktionstechnischen Vorteil, dass man mit einer Transducer-Art die unterschiedlichsten Gassensoren aufbauen kann, was zu höheren Stückzahlen und damit niedrigeren Preisen führt. Derartigen Sensoren dürfte im Zusammenhang mit dem Bau elektronischer Nasen eine gewisse Bedeutung zukommen; daher wird im Folgenden etwas genauer auf die zugrunde liegenden Prinzipien eingegangen.

Bei dem Verteilungsprozess eines Gases zwischen Gasphase und Polymerschicht werden unterschiedliche physikalische Parameter der Rezeptorschicht verändert, die von geeigneten Transducern erfasst werden können. Zu diesen durch das Eindringen des Analyten bewirkten Änderungen gehören die Zunahme der Rezeptorschichtmasse, die Zunahme der Schichtdicke durch das Anschwellen der Rezeptorschicht, die Veränderung der optischen oder elektrischen Eigenschaften wie Leitfähigkeit oder Kapazität und Temperaturänderungen aufgrund der Lösungsenthalpie des Analyten in der Rezeptorschicht. Als Polymere werden häufig Rezeptorschichten eingesetzt, die sich auch bereits in gaschromatographischen Säulen als mit dem Analyten wechselwirkungsfähig gezeigt haben. Hierzu zählen vor allem Silikone, Polyethylenglykole oder Wachse. Polymergassensoren werden zur Feuchtigkeitsbestimmung und zur Detektion flüchtiger organischer Substanzen wie z. B. Lösungsmittel eingesetzt. Nachteil der Polymerschichten ist eine unbefriedigende Selektivität. Die eingesetzten Rezeptorschichten können im besten Fall zwischen polaren und unpolaren Gasen unterscheiden. Durch eine Kombination mehrerer unterschiedlicher Polymersensoren zu einem Sensor-Array und der Verwendung chemometrischer Methoden wird versucht, diesen Nachteil zu umgehen (siehe Multisensor-Arrays). In neueren Studien wird versucht, die Polymere chemisch zu modifizieren, um deren Selektivität zu steigern. Durch das Einfügen spezifischer funktioneller Gruppen oder das Beimengen spezieller Rezeptormoleküle auf supramolekularer Grundlage wie Cryptanden oder Kronenether sollen die Detektionseigenschaften solcher Polymere gezielt zu steuern sein.

Polymerrezeptorschichten können von unterschiedlichen Transducern ausgenutzt werden, die bereits oben näher beschrieben worden sind. Ein Messprinzip, das häufig dazu benutzt wird, die dabei ad- oder absorbierte Masse zu bestimmen, ist die Quarz-Mikrowaage (QMW, s. auch Abschnitt 9.2.1), die im Zusammenhang mit der Detektion gasförmiger Stoffe auch als Sorptionsdetektor bezeichnet wird. Kernstück der QMW ist der piezoelektrische Messwertaufnehmer, ein Schwingquarzresonator, der durch die Belegung mit einer chemischen Komponente das gassensitive Sensorelement bildet. Das sensorische Funktionsprinzip beruht auf einer reversiblen sorptiven Aufnahme des Analyten in die Beschichtung, wodurch die Gesamtmasse des Quarzplättchens zu- und seine Resonanzfrequenz abnimmt. Nach diesem piezoelektrisch-gravimetrischen Sensorprinzip lassen sich Massenänderungen bis in den sub-Nanogrammbereich detektieren. Neben den piezoelektrischen Transducern sind aber auch andere Transducer geeignet, die selektive Analytaufnahme in einer dünnen Rezeptorschicht nachzuweisen. Dabei sind die impediometrischen Transducer aus Gründen ihrer Preiswürdigkeit den optischen Transducern, die Änderungen des effektiven Brechungsindexes (Schichtdicke und Brechungsindex) messen, vorzuziehen. Weil die Selektivität all dieser auf Polymerbeschichtungen basierenden Gassensoren weitgehend durch die Eigenschaften der Rezeptorschicht bestimmt wird, sollen die dort ablaufenden Vorgänge etwas näher beleuchtet werden.

### *Gassensitive Materialien: Sorption und Verteilungsgleichgewicht*

Unabhängig von den Charakteristika des Messwertaufnehmers lassen sich die Sorptionseigenschaften verschiedener gassensitiver Materialien diskutieren, die die späteren analytischen Kenngrößen des Sensors (Sensitivität, Selektivität, Stabilität) maßgeblich bestimmen. In Abhängigkeit von der Natur des Schichtmaterials kann die Wechselwirkung mit dem zu detektierenden Analyten sowohl durch Oberflächeneffekte (Adsorption) als auch durch Volumeneffekte (Absorption) bestimmt sein.

Der Begriff *Sorption* gilt als eine Sammelbezeichnung für alle Vorgänge, bei denen gasförmige Stoffe (Sorbate) durch eine Beschichtung (Sorbens) aufgenommen wird. In Abhängigkeit vom dem jeweiligen Schichtmaterial lassen sich folgende Grenzfälle der Stoffaufnahme unterscheiden:

- Adsorption (Physisorption und Chemisorption),
- Kapillarkondensation,
- Absorption (Verteilung).

Die Abtrennung der sorbierten Komponente(n) vom Sorbens wird als *Desorption* bezeichnet. Je nach den Eigenschaften des Schichtmoleküls kann der Sorptionsprozess durch weitere Wechselwirkungsprozesse an der Grenzfläche oder in der Schicht bestimmt sein, z. B. koordinative Effekte, zwischenmolekulare Kräfte und sterische Gegebenheiten.

Der physisorptiv-reversible Prozess kann beim direkten Nachweis von Gasen durchaus eine Rolle spielen. Mehrere Anwendungen von Sensoren, unbeschichtet oder mit typischen Adsorbentien belegt, wurden u. a. zum Nachweis von Wasserstoff (an Pd-, Pt-Oberflächen), Schwefelwasserstoff ($WO_3$), Kohlenwasserstoffen (Zeolith, Fullerene) oder Feuchte ($SiO_2$, Zeolith) realisiert. Das chromatographische Pendant ist die Adsorptionschromatographie; entsprechende Parallelen ergeben sich in der Auswahl der Adsorptionsmittel. Da der dem Anlagerungsprozess zugrunde liegende Physisorptionseffekt bei diesen oberflächenaktiven Stoffen im Allgemeinen völlig unspezifisch ist, sind die zu erwartenden Sensorselektivitäten jedoch sehr begrenzt. Ein typisches Beispiel für die stärkere Chemisorption ist die kovalente Anbindung von Molekülen an Oberflächen, z. B. durch die Anbindung von schwefelorganischen Verbindungen an Gold- und Silberoberflächen, mit der erkennungsfähige Moleküle (z. B. Käfigverbindungen mit endständig thiolisierten Alkanketten) in dünnen Schichten angebunden werden können.

Unter Kapillarkondensation versteht man die Kondensation von Dämpfen in den feinen Poren (Kapillaren) eines porösen festen Stoffes während des Physisorptionsprozesses. Hier kondensieren Flüssigkeitsdämpfe auch oberhalb des Siedepunktes, weil sich infolge der Adhäsionskräfte der Kapillarwände die Oberfläche der adsorbierten Flüssigkeit verkleinert, was eine Erniedrigung der Oberflächenspannung und damit des Dampfdruckes der umgebenden Flüssigkeit zur Folge hat. Mitunter wird die Kapillarkondensation im Zusammenhang mit der Beschreibung des Sorptionsprozesses von organischen Lösemitteldämpfen in kristalline Mehrfachschichten supramolekularer Strukturen diskutiert.

Unter Absorption (vom lateinischen *absorbere* für „verschlucken“) versteht man das gleichmäßige Eindringen gasförmiger Stoffe (Absorbat) in Flüssigkeiten oder Festkörper (Absorbens). Es ist eine Form der Sorption, bei der, im Gegensatz zur Adsorption, Oberflächeneffekte eine geringere Rolle spielen. Durch Diffusion verteilen sich die eindringenden Teilchen homogen über das gesamte Volumen, im Allgemeinen begleitet durch eine geringfügige Volumenausdehnung des Absorbens.

Treten bei der Absorption keine chemischen Veränderungen (wie chemische Reaktion, Dissoziation, Hydratation oder Assoziation) auf, so ist, bei niedrigem Partialdruck, die Teilchenkonzentration im Absorbens proportional der in der Gasphase (Henry'sches Gesetz). Das Maß der Verteilung wird durch die Absorptions- bzw. Verteilungskonstante $K$ quantifiziert und ist abhängig von der Temperatur, der Art des gasförmigen Stoffes und der Art der Beschichtung. Dieser Verteilungsvorgang, der gleichermaßen den Absorptionsprozess zwischen der mobilen und stationären Phase in der Verteilungschromatographie beschreibt, ist der wesentliche Prozess im Umgang mit piezoelektrisch-gravimetrischen Dickfilmsensoren (100 nm bis > 1 µm).

Eine scharfe Abgrenzung der oben erwähnten Sorptionseffekte ist nicht immer möglich, da ausgehend von den Materialeigenschaften des Schichtmaterials noch weitere Effekte unterschiedlicher Wirkung und Energie zu berücksichtigen sind. Diese werden im Allgemeinen unter dem Oberbegriff „zwischenmolekulare Kräfte" zusammengefasst, die aber eine entscheidende Funktion für eine erwünschte selektive Wechselwirkung zwischen den Schichtmolekülen und den aufgenommen Analytmolekülen haben.

Man unterscheidet:

- Elektrostatische Wechselwirkungen (Keesom-Kräfte): eine Dipol-Dipol-Wechselwirkung, die zwischen den permanenten elektrischen Momenten (Dipolmomenten) zweier Moleküle wirkt.
- Induktionswechselwirkung (Debye-Kräfte): wird dadurch hervorgerufen, dass das permanente elektrische Moment eines Moleküls ein Dipolmoment in einem anderen Molekül (oder Atom) erzeugt. Die Polarisierbarkeit $\alpha$ geht hier ein, die Wechselwirkung ist temperaturabhängig.
- Dispersionswechselwirkung (London-Kräfte): existiert zwischen allen Molekülen bzw. Atomen auch ohne das Vorhandensein permanenter Dipolmomente. Qualitativ lässt sich die Dispersionswechselwirkung als eine „induzierte Dipol – induzierte Dipol"-Wechselwirkung beschreiben.

Besondere Formen von zwischenmolekularen Kräften und Grenzfälle zur echten chemischen Bindung hin bilden die so genannten Wasserstoffbrückenbindungen (vgl. auch DNA-Struktur und Hybridisierung) und die Wechselwirkungen in Donor-Akzeptor-Komplexen (koordinative Bindungen). Ein energetischer Vergleich mit den zuvor beschriebenen rein physi- und chemisorptiven Bindungsstärken und deren Auswirkung auf das Sensorverhalten ist in Abbildung 9.35 schematisch dargestellt.

In supramolekularen Strukturen wird versucht, die zwischenmolekularen Kräfte gezielt auszurichten, um so eine komplementäre Umgebung nur für das passend einzuschließende Molekül zu schaffen, d. h. hier werden bewusst sterische Effekte durch den räumlichen Molekülbau berücksichtigt. Ziel ist es, diese Kräfte so zu beherrschen, dass sowohl eine selektive als auch reversible Wechselwirkung zu dem einzuschließenden Molekül resultiert.

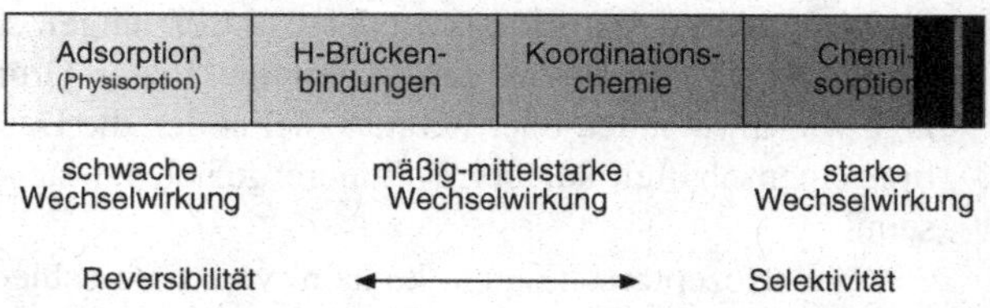


**9.35** Klassifizierung von Gas-Feststoff-Wechselwirkungen nach der Bindungsenergie, die die Kenngrößen Reversibiltät und Selektivität beeinflussen. Mit zunehmender Bindungsstärke nimmt die Reversibilität ab, die Selektivität jedoch zu.

Grundsätzlich ist eine Materialklasse dann als gassensitive Beschichtung geeignet, wenn sie folgende Kriterien erfüllt:

- hohe Sensitivität und Stabilität (Standzeit)
- schnelle Sorptions- und Desorptionszeiten (Sekunden bis Minuten)
- ausreichende Selektivität (Einzelsensor)
- homogene Filmbildung, gut haftend und nicht flüchtig
- resistent gegenüber Licht- und Umwelteinflüssen (Temperatur, Feuchte, Matrix)
- gute Verfügbarkeit, keine übermäßig aufwändige Synthese
- nicht toxisch, idealerweise physiologisch verträglich

Sowohl Polymere als auch supramolekulare Strukturen, die Wechselwirkungen zu kleineren, in der Regel organischen Molekülen zeigen, bringen hierfür geeignete Voraussetzungen mit. Damit liegt auch die Zielgruppe der zu analysierenden bzw. zu detektierenden Moleküle fest, die häufig unter dem Oberbegriff organisch-flüchtige Komponenten (*volatile organic compounds*, VOCs) zusammengefasst werden. Unter den Begriffen „Polymer" und „supramolekulare Strukturen" werden eine Reihe verschiedener Molekülklassen zusammengefasst, teilweise auch Verbindungen mit kombinierten Eigenschaften, die derzeit intensiv auf ihre gas- und dampfsensitiven Eigenschaften hin untersucht werden:

- Molekülkristalle, z. B. monomere oder polymere Metall-(II)-Phthalocyanine
- Flüssigkristalle (flüssigkristalline Strukturen in nematischer Ordnung)
- Einschlussverbindungen mit intramolekularen Hohlräumen: Käfigverbindungen
- Einschlussverbindungen mit extramolekularen Hohlräumen: Clathratbildner

- amorphe Polymere: Elastomere (engl. *rubbers*)
- modifizierte Polymere, z. B. durch Verknüpfung mit Käfigeinheiten
- Polymerisation räumlich an das einzuschließende Molekül angepasster komplementärer funktioneller Gruppen (sog. *molecular imprinting*)

Allgemein wird durch die Wechselwirkung mit dem Analytmolekül eine physikalisch-chemische Eigenschaftsänderung des Schichtmaterials hervorgerufen, z. B. eine Änderung der Leitfähigkeit (spezifisch, komplex), der Kapazität, der Temperatur, optischer Größen (Absorption, effektiver Brechungsindex) oder der Masse. Grundsätzlich ist die Wechselwirkung von einer gravimetrischen Änderung begleitet, daher ist die Massendetektion das allgemeinste, aber auch das objektivste Detektionsprinzip und bietet Vorteile sowohl bei der Betrachtung der Wechselwirkung zwischen einer Schicht und verschiedenen gasförmigen Stoffen als auch beim Vergleich der Schichtmaterialien und Transducer untereinander.

Als mehr oder weniger selektive und leicht handhabbare Absorptionsschicht haben sich bestimmte Polymere gut bewährt. Polymere sind Kettenmoleküle, aufgebaut aus regulär oder irregulär angeordneten niedermolekularen Grundeinheiten (Monomeren), die aufgrund ihrer variablen Aufbaumöglichkeiten sehr gute Voraussetzungen zur Anwendung als gassensitive Sensorbeschichtungen bieten. So existieren mehr als tausend verschiedene Grundeinheiten, eine Vielzahl verschiedener Polymerisationstechniken, unterschiedliche Vernetzungsmöglichkeiten, und oftmals ist die gezielte Einstellung der Kristallinität, Viskosität und Molmassenverteilung möglich. In Abhängigkeit von der Struktur und unter Kenntnis von wenigen Standardparametern (z. B. mittlere Molmasse, Löslichkeit, Schermodul, Dichte, Übergänge) lassen sich so auch wichtige Materialeigenschaften abschätzen. Eine dieser Eigenschaften ist die Permeabilität gegenüber gasförmigen Stoffe, insbesondere für VOCs, die bei amorphen Polymeren oberhalb ihrer Glastemperatur $T_\alpha$ besonders ausgeprägt ist. Allgemein sind Polymere mit gummielastischem Verhalten, sog. Elastomere, die aussichtsreichsten Stoffe, um die zuvor genannten Schichtkriterien zu erfüllen. Typische Verteter sind z. B. Polysiloxane, die im Aufbau ihrer Seitenketten besonders variabel sind (zu vergleichen sind stationäre GC-Phasen der Bezeichung OV, HP, SBP), Polyisobutylen (PIB), Polyepichlorhydrin (PECH), Polyvinylpropionat (PVP), Polyethylenoxid (PEO) und Polyurethane (PU), um nur einige zu nennen. Elastomere stellen die bislang bestuntersuchte Materialgruppe sowohl für gassensorische als auch gaschromatographische Anwendungen dar. Ein Polymer sollte zur Anwendung als Rezeptorfilm bei Gassensoren die folgenden Eigenschaften aufweisen:

- Die Glasübergangstemperatur $T_\alpha$ sollte deutlich unterhalb der Betriebstemperatur liegen, bei Raumtemperatur wäre z. B. ein $T_\alpha$-Wert unterhalb von 0 °C günstig.
- Geringe Kristallinität, niedrige Dichte und weitmaschige Vernetzung. Häufig zeigen Polymere mit solchen Eigenschaften ein gummielastisches Verhalten, das in der Regel mit einer schnellen Diffusion und damit einer hohen Permeabilität gegenüber organischen Lösemittelmolekülen verbunden ist.
- Das Schermodul μ sollte bei der Betriebstemperatur etwa im Bereich um $10^6$ N/m² liegen, der Diffusionskoeffizient D sollte mindestens $10^{-6}$ cm²/s betragen.
- Löslichkeit in gängigen Lösemitteln, wie z. B. THF, Toluen.

Nicht jedes der vorstehend genannten Kriterien muss zwingend erfüllt sein, sie dienen mehr der Orientierung. Speziell für die Beschichtung von Schwingquarzen ist es aber von Vorteil, wenn das Polymer reine Volumenabsorption zeigt, sodass eine Erhöhung der Schichtdicke, im Gegensatz zu SAW-Transducern (vgl. Abb. 9.6), zu einer Zunahme des Signal/Rausch-Verhältnisses führt.

***Modelle zur Beschreibung der Verteilungskonstante***

Modellvorstellungen sollen helfen, ein besseres Verständnis der Wechselwirkung zwischen Schicht- und Analytkomponente zu entwickeln. In Zusammenhang mit der Verteilungschromatographie bzw. -sensorik ist zweckmäßigerweise die Verteilungskonstante $K$ die zu beschreibende Größe, d. h. es wird die thermodynamische Gleichgewichtslage betrachtet und sich auf die Eigenschaften der Ausgangsstoffe bezogen. Je besser die den Sorptionsprozess und die Gleichgewichtslage bestimmenden Faktoren verstanden sind, umso effizienter lassen sich Schichtmaterialien für gegebene Messaufgaben auswählen, Arrays zusammenstellen, Sensitivitäten und Selektivitäten vorhersagen, kurz gesagt, die Schlüsselfunktion eines Gassensors, die „Schicht-Analyt-Kombination“, zielgerichtet optimieren. Will die instrumentelle Analytik nicht auf dem Niveau einer empirischen Wissenschaft verharren, muss sie sich auch mit theoretischen Überlegungen beschäftigen, die Vorhersagen und im Anwendungsfall eine schnellere zielgerichtete Optimierung erlauben.

In der Literatur (vor allem zum Verständnis der gaschromatogaphischen Trennprinzipien) wurden drei semiempirische Modellansätze vorgestellt, die sich durch die Anzahl der für eine Vorhersage vorzugebenden Parameter unterscheiden:

- Siedepunktmodell
- Löslichkeitsparamter-Modell
- additives Mehrkomponenten-Löslichkeits-Energie-Modell

Entsprechend ergeben sich Unterschiede im Umfang ihrer Anwendungs- bzw. Gültigkeitsbereiche. Diese Modelle sind weitgehend aus der Gas-Flüssig-Chromatographie (*gas liquid chromatography*, GLC) hervorgegangen. Das letztgenannte Modell hat sich bei Vorhersagen sehr bewährt. Es geht von folgenden Überlegungen aus: Wird ein Lösemitteldampf durch das Polymer absorbiert, tragen drei wesentliche Schritte zu diesem Prozess bei: zunächst die oberflächliche Adsorption der Lösemittelmoleküle, die unter Lösung und Verteilung im Polymervolumen entsprechende Hohlräume ausbilden, und schließlich das Auftreten von Attraktionskräften, die die Lösemittelmoleküle in der Polymermatrix (schwach) halten. Desweiteren tragen verschiedene Wechselwirkungen mit unterschiedlichen Energiebeiträgen zu nichtkovalenten zwischenmolekularen Bindungskräften bei, die im Rahmen dieses Modells als Löslichkeitsparameter bezeichnet werden. Dazu werden jeweils fünf komplementäre Parameter für das Gas und das Polymer eingeführt und additiv zu einer Gesamtgröße, hier $K_P$, zusammengefasst (Gleichung 9.9):

$$\log K_P = C_0 + rR_2 + s\pi_2^H + a\alpha_2^H + b\beta_2^H + l \cdot \log L^{16} \tag{9.9}$$

Hierin gibt $C_0$ eine Konstante an, die aus der Berechnungsmethode (multiple lineare Regression) resultiert. Die Bedeutung der Wechselwirkungsterme und die einzelnen Parameter für das Lösemittel ($R^2$, $\pi_2^H$, $a_2^H$, $b_2^H$, $\log L^{16}$) und das Polymer (r, s, a, b, l) sind in Tab. 9.3 aufgelistet; eine weiterführende Beschreibung findet sich bei Abraham, Grate et al., die diesen Modellansatz in Anlehnung an die GLC maßgeblich weiterentwickelt haben.

Dieses LSER-Modell ist eine semiempirische Methode zur Berechnung der Verteilungskonstante beliebiger Polymer-Lösemittel-Kombinationen, bei der zunächst die Parameter für das Lösemittel aus unabhängigen physikalisch-chemischen Messungen zu bestimmen sind. Für eine Vielzahl von Lösemitteln sind diese Messdaten bereits tabelliert. Um einen sicheren Datensatz für eine Polymerbeschichtung zu erhalten, sei es als stationäre GC-Phase oder als Sensorbeschichtung, sind die Retentions- oder Sensordaten von wenigstens 30 Lösemitteln experimentell zu bestimmen. Aus den berechneten $\log K_p$-Daten lassen sich die Polymerparameter über eine multiple lineare Regressionsanalyse ermitteln. Auf diese Weise wurden von Abraham et al. per GLC die Löslichkeitsparameter für mehr als 100 (Polymer-)Komponenten bestimmt.

### *Polymergassensoren auf der Basis massensensitiver Transducer*

Das zentrale Bauelement der QMW als Sorptionssensor ist der piezoelektrische Quarzresoantor im AT-Schnitt, dessen Eigenschaften in den vorhergehenden Abschnitten beschrieben wurde. Für praktische Anwendungen eignen sich sehr gut handelsübliche Grundton-Schwingquarze, wie sie in zwei typischen Ausführungsformen in Abbildung 9.36 nach Entfernen des Schutzgehäuses dargestellt sind und im Elektronikhandel preiswert zu beziehen sind. Der Durchmesser des kreisförmigen Quarzplättchens variiert zwischen ≈ 0,5 cm bis ≈ 1,4 cm. Je höher die Frequenz, d. h. je dünner das Plättchen, umso kleiner sind in der Regel die Abmessungen. Zur elektrischen Anregung der mechanischen Schwingung ist das Quarzplättchen beidseitig mit metallischen Elektroden

**Tabelle 9.3** LSER-Modell zur Vorhersage von Wechselwirkungskräften zwischen Lösemittel (z. B. VOC) und einem Polymerfilm mit der Erklärung der Terme von Gl. 9.9 und unabhängigen Bestimmungmethoden.

| Term | Bezeichnung des Wechselwirkungsterms | Polymer | Lösemittel |
|---|---|---|---|
| $r \cdot R_2$ | Polarisierbarkeit, wobei $R_2$ die molare Überschussrefraktion (zu bestimmen über den Brechungsindex $n_D$) und *r* ein Maß für die Wechselwirkung mit π- und *n*-Elektronen ist. | *r* | $R_2$ |
| $s \cdot \pi_2^H$ | Polaritätsterm: $\pi_2^H$ ist ein Dipolaritäts-Polarisierbarkeitsparameter, dessen Wert dem Dipolmoment des Molekpüls proportional ist; *s* ist ein Maß zur Ausbildung von *Dipol-Dipol-* und *dipolinduzierten Dipol*-Wechselwirkungen. | *s* | $\pi_2^H$ |
| $a \cdot \alpha_2^H$ | H-Brückenbindungsterm für C-H-azide Lösemittel (H-Donor): α ist ein Summenterm für die Azidität des Lösemittels ($\Sigma\alpha_2^H$) und *a* daher ein Maß für die Basizität der Beschichtung. | *a* | $\alpha_2^H$ |
| $b \cdot \beta_2^H$ | H-Brückenbindungsterm für basische Lösemittel (H-Akzeptor): β ist ein Summenterm für die Basizität des Lösemittels ($\Sigma\beta_2^H$) und *b* daher ein Maß für die Azidität der Beschichtung. | *b* | $\beta_2^H$ |
| $l \cdot \log L^{16}$ | Kombinationsterm zur Dispersion ($\log L^{16}$) und Cavitatbildung (l): $L^{16}$ ist die Gas-Flüssig-Verteilungskonstante des Lösemittels in Hexadekan bei 25 °C (Ostwald-Löslichkeitsparameter) und *l* ein endergonischer Effekt während der Cavitatbildung. | *l* | $\log L^{16}$ |

(Gold, Silber, Aluminium) bedampft, meist in kreisrunder Form mit einem seitlichen Ableitungssteg.

Der mit einem geeigneten Material beschichtete Schwingquarz bildet das gassensitive Sensorelement, das üblicherweise mit einer Oszillatorschaltung zur Schwingung angeregt wird. Hat der unbeschichtete Schwingquarz die Frequenz $f_0$, so erfährt er durch die Masse der aufgetragenen Beschichtung zunächst eine konstante Frequenzverschiebung $-\Delta f_S$. Dabei lässt sich auch die aufgetragene Menge kontrollieren, und im Fall von homogenen Filmen kann auch die Schichtdicke daraus berechnet werden. Abbildung 9.37 zeigt eine schematische Darstellung der Umwandlung eines kommerziellen Frequenzstandards in eine Quarz-Mikrowaage als piezoelektrisch-gravimetrischer Sorptionssensor bzw. -detektor. Für massensensitive Applikationen sind z. B. Colpitts-, Hartley- oder Clapp-Oszillatoren geeignet, teilweise werden auch integrierte Schaltkreise verwendet. Als Ausgangssignal wird eine Frequenz erhalten, die sich mit einem Frequenzzähler sehr genau messen lässt. Für die Anwendung als Sorptionssensor bzw. -detektor wird der Quarz mit einer gassensitiven Beschichtung belegt, die zunächst eine konstante Frequenzverschiebung ($-\Delta f_S$) hervorruft (Abb. 9.37 mitte). Das Sensorsignal entsteht schließlich durch ein reversibles Sorptionsgleichgewicht, das die Gesamtmasse des beschichteten Quarzes (Sensorelementes) entsprechend der Verteilungskonstante und der Analytkonzentration erhöht. Die proportionale Frequenzverschiebung ($-\Delta f_G$) ist das Sensorsignal (Abb. 9.37 rechts, der Index $G$ steht für Gas).

Die gesamte Anordnung, bestehend aus dem beschichteten Schwingquarz, der Oszillatorschaltung, teilweise noch weiteren signalverarbeitenden Maßnahmen und dem Frequenzzähler, bildet das piezoelektrisch-gravimetrische Sensorsystem.

Neben der im Beispielkasten beschriebenen Methode, die analyt-selektive Rezeptorschicht auf den massensensitiven Transducer aufzubringen, haben sich noch die Eintauchmethode *(dip-coating)* mit reproduzierbarem Herausziehen, die Schleudermethode *(spin-coating)* und die Aufsprühmethode bewährt. Allerdings erfordern sie einen erhöhten Materialeinsatz und zeigen nicht automatisch eine drastische Verbesserung der Sensoreigenschaften. Bei einer ausreichend schnellen Sorptionskinetik sollten dickere Rezeptorschichten bei einem gegebenen Verteilungskoeffizienten mehr Analyt aufnehmen können und somit eine höhere Empfindlichkeit zeigen. Dies wird in Abbildung 9.38 am Beispiel der Ansprechkurven von vier 10-MHz-Schwingquarzen, die mit unterschiedlichen Schichtdicken von Polyepichlorhydrin (PECH) belegt wurden, gezeigt. In den graphischen Darstellungen ist die Schichtdicke durch die tatsächlich gemessene

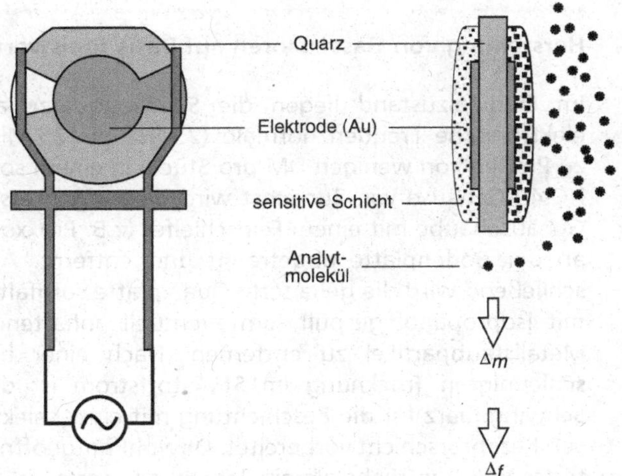


**9.36** Ausführungsform handelsüblicher Schwingquarze mit aufgetragener Rezeptorschicht (Quelle: Webseite AK Göpel, Tübingen).

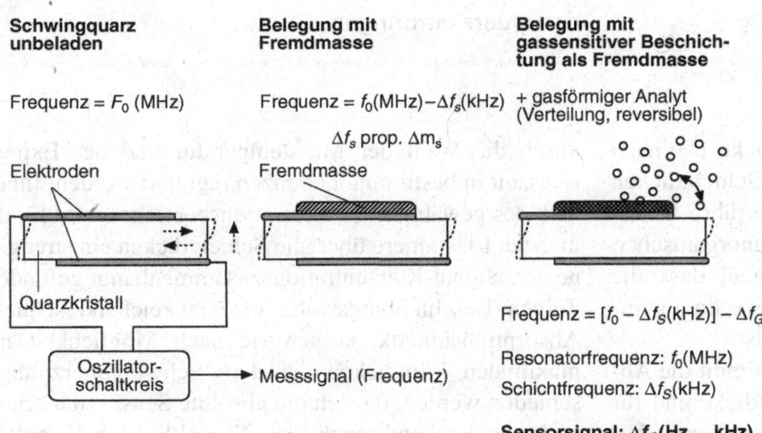


**9.37** Links: freigelegter Schwingquarz. Mitte: Belegung mit Rezeptorschicht. Rechts: Messung eines Gases, das merklich in die Rezeptorschicht eindringt. Die Dickenscherschwingung ist durch die horizontalen Pfeile angedeutet, die Wellenausbreitung durch den vertikalen Pfeil. Links: Unbeladen schwingt der Quarz auf seiner Frequenz $F_0$, der üblicherweise mit einer Oszillatorschaltung zur Schwingung angeregt wird.

### Herstellung von Gassensoren auf Basis preiswerter Schwingquarze

Im Originalzustand liegen die Schwingquarze als elektronische Frequenznormale (2 MHz bis 25 MHz zu Preisen von wenigen DM pro Stück) in einem sog. HC-49-Gehäuse vor. Zunächst wird die aufgepresste Gehäusehaube mit einem Feinschleifer (z.B. Proxxon) an der Bodenplatte abgetrennt und entfernt. Anschließend wird die gehalterte Quarzplatte sorgfältig mit Isopropanol gespült, um eventuell anhaftende Metallstaubpartikel zu entfernen. Nach einer beschleunigten Trocknung im Stickstoffstrom ist der Schwingquarz für die Beschichtung mit einer selektiven Rezeptorschicht vorbereitet. Obwohl für geöffnete Quarze, die mehr als ein Jahr der Laborraumluft ausgesetzt waren, keine optischen oder elektrischen Änderungen beobachtet werden konnten, sollte das Quarzgehäuse erst unmittelbar vor der Beschichtung geöffnet werden, um möglichst saubere Silberelektroden zu erhalten. Die seitlichen Ableitungen der Elektroden sind in einer geschlitzten metallischen Halterung eingepasst und, je nach Typ, mit der Halterung verklebt oder verlötet. Diese Klebe- bzw. Lötstellen haben sich als resistent gegenüber den gängigen organischen Lösemitteln (Tetrahydrofuran, Ethanol, Isopropanol, Chloroform) erwiesen, sodass ein wiederholtes Aufbringen und Ablösen der Beschichtung ohne Beeinträchtigung des elektrischen Kontakts oder der mechanischen Stabiliät möglich ist. Die Lagerung der Sensorelemente kann staubgeschützt in einem Sortierkasten unter Raumluftbedingungen erfolgen. Die Rezeptorschicht lässt sich sehr reproduzierbar mittels einer Auftropf-Verteilungsmethode *(drop coating)* auftragen. Dies geschieht mit einer Flüssigpipette mit Teflonstempel (Brand-Transferpettor), mit der das in einem Lösemittel gelöste Rezeptorschichtmateriel direkt auf der Elektrode der Quarzplatte aufgetragen und von dort teilweise über die gesamte Plattenfläche verteilt wird.

Die Methode ist für nahezu alle Beschichtungsstoffe geeignet, sofern sie gelöst vorliegen und sich durch Polymerisation oder Kristallisation homogen abscheiden lassen. Sehr gute Resultate werden mit Elastomeren erzielt, die an der Raumluft zügig und vollständig auspolymerisieren.

Es werden i. d. R. beide Seiten der Schwingquarze beschichtet, wobei man die Beschichtung zur Erzeugung dickerer Rezeptorschichten auch mehrfach wiederholen kann. Die Konzentration der Beschichtungslösung hängt von den Dämpfungs- und Haftungseigenschaften des betreffenden Polymers ab und kann zwischen $\approx 0{,}01\%$ bis $> 1\%$ für z. B. Polyurethane variieren. Die aufgetragenen Volumina sollen im Mittel bei $1{,}5\ \mu l \pm 0{,}5\ \mu l$ liegen. Nach Möglichkeit sollen die Beschichtungsstoffe in THF gelöst werden, weil dessen niedrige Viskosität und gleichmäßige Verdampfungsgeschwingkeit gute Voraussetzungen für den Erhalt homogener Filme bieten.

Bei dieser einfachen Herstellung zeigt sich aber auch einer der Vorteile der QMW: Die auf den Schwingquarz aufgebrachte Filmmasse wird durch die proportionale Frequenzverschiebung direkt angezeigt, wodurch die reproduzierbare Herstellung mehrerer Sensoren des gleichen Typs einfach kontrolliert werden kann. Unter der Voraussetzung, dass der Film gleichmäßig abgeschieden wird und die Dichte der Substanz bekannt ist, lässt sich aus der Frequenzverschiebung auch die Schichtdicke des Films berechnen. Unmittelbar nach der Sensorbeschichtung zeigt sich durch das Abdampfen des Lösemittels eine verstärkte Drift des Grundliniensignals, die für stabile Beschichtungen nach vollständiger Verdampfung einen konstanten Wert erreicht. Im Allgemeinen lassen sich mit dieser einfachen Methode Schichtmassen mit einer Reproduzierbarkeit besser als 5 % auf den Quarz aufbringen.

---

Frequenzerniedrigung ($\Delta f_S$-Wert) ausgedrückt. Die nach der Sauerbrey-Gleichung berechneten Schichtdicken sind in der Legende zu Abb. 9.38 mit aufgeführt. Untersuchungen zur Schichtdickenbestimmung anorganischer, aber auch organischer Materialien belegen, dass die Sauerbrey-Gleichung zur Schichtdickenberechnung innerhalb eines Fehlers von $\pm 5\%$ gut erfüllt ist.

Wie in Abbildung 9.38 zu erkennen ist, nimmt die Absorptionskinetik mit zunehmender Schichtdicke und für steigende Konzentrationen geringfügig ab, kann aber durch die Wahl der Messtemperatur und der Expositionszeit in bestimmten Grenzen reguliert werden. Innerhalb des gewählten Konzentrationsbereiches wird für die meisten Elastomere über alle Schichtdicken ein streng linearer Signal-Konzentrationszusammenhang gefunden. Zeigen Beschichtungsstoffe eine ausreichend schnelle Absorptionskinetik, sollten sie nach Möglichkeit mit maximalen Filmdicken auf dem Schwingquarz abgeschieden werden, da sich die absolute Sensitivität erhöht und entsprechend auch das Signal/Rausch-Verhältnis

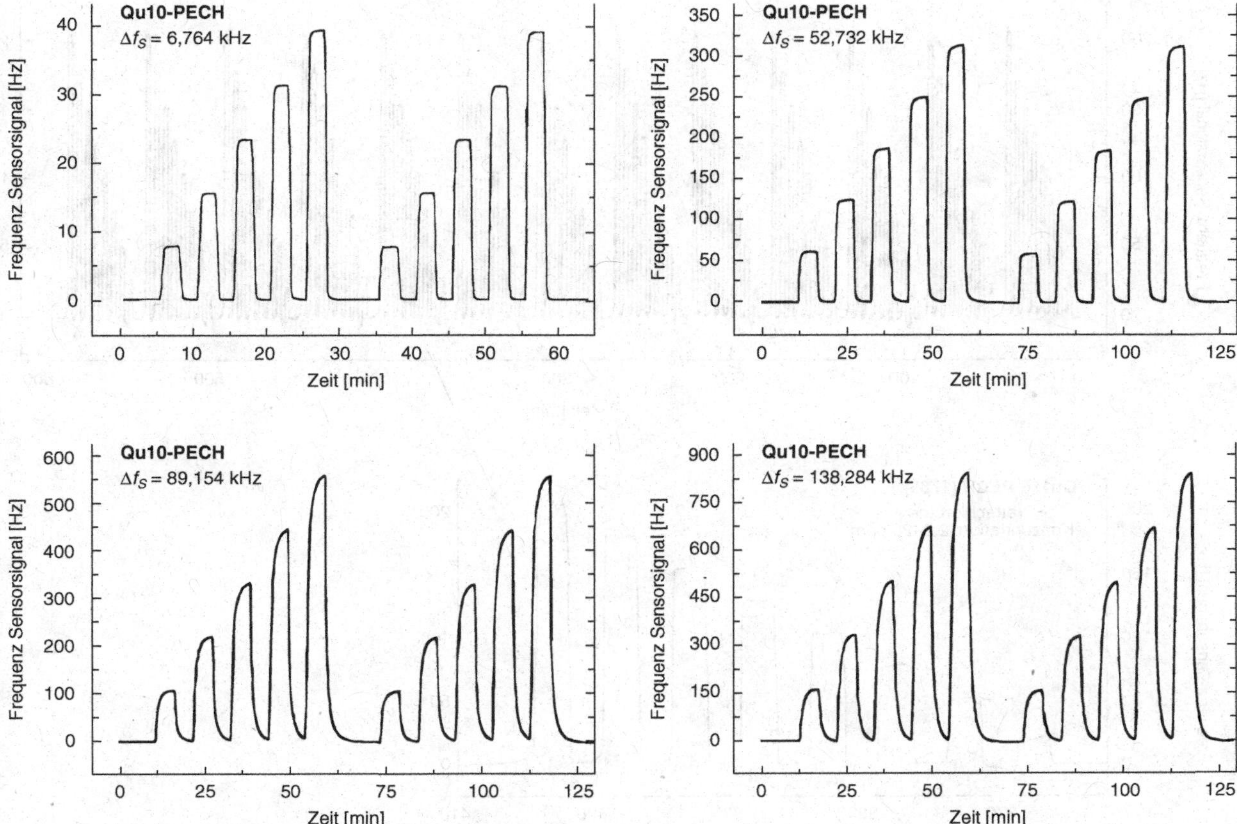


**9.38** Masssensitivität in Abhängigkeit von der Schichtdicke des Polymerfilms: Auswahl typischer Ansprechkurven Polyepichlorhydrin-(PECH)-beschichteter 10-MHz-Messwertaufnehmer, die mit Tetrachlorethen in einem Konzentrationsbereich von 200 ppm bis 1000 ppm kalibriert wurden. Die PECH-Filme entsprechen folgenden Schichtfrequenzen (in Klammern stehen die berechneten Schichtdicken mit einem geschätzten Fehler von ± 5 %): 6,764 kHz (0,22 µm); 52,732 kHz (1,70 µm); 89,154 kHz (2,87 µm); 138,284 kHz (4,45 µm). Messsystem: QMW, Messtemperatur: (22,75 ± 0,06) °C, Prozessdruck: 1026,8 mbar (Dissertation Reinbold, Münster 2000).

verbessert. Für die PECH-beschichteten 10-MHz-Quarze bewegen sich bei Schichtdicken um 5 µm die Empfindlichkeiten im Bereich um 1 Hz/ppm Tetrachlorethen. Eine noch höhere Empfindlichkeit von 1,5034 Hz/ppm zeigt eine ca. 4 µm dicke Polyisobutylen-(PIB-)schicht, deren Signal/Rausch-Verhältnis bei 1 ppm $C_2Cl_4$ und einem auf 0,03 Hz bestimmten Rauschen noch ca. 50 beträgt!

Nach der Sauerbrey-Gleichung soll die Empfindlichkeit der QMW quadratisch mit steigender Frequenz ansteigen. Dass dies in der Tat bei Messungen im Gasraum der Fall ist, kann durch viele Messungen bewiesen werden. Für gassensorische Anwendungen sollten hohe Betriebsfrequenzen demnach grundsätzlich von Vorteil sein, da sich das Signal/Rausch-Verhältnis und wie gezeigt die Messempfindlichkeit erheblich verbessern lassen. Bis vor kurzem waren jedoch nur Grundtonquarze mit Frequenzen bis ≈ 30 MHz kommerziell erhältlich. Inzwischen gibt es einen 155-MHz-Quartz, der diese Situation grundlegend verändert.

Bei Gassensoren auf der Basis von SAW ist zwar theoretisch wegen der höheren Messfrequenz eine höhere Empfindlichkeit zu erwarten. Zu berücksichtigen ist jedoch dabei, dass die analytselektive Rezeptorschicht von einer Oberflächenwelle durchlaufen wird, die nicht immer das Ausmaß der Schicht hat, d. h. dass dickere Schichten nicht proportional empfindlicher arbeiten. Durch die geringe Dicke der Rezeptorschicht wird natürlich auch der dynamische Bereich gegenüber den Schwingquarzen eingeschränkt. Auch preislich ergibt sich für die SAW Transducer ein gewisser Nachteil.

Ein wichtiger Grund für die Attraktivität der QMW liegt in der ausgereiften Technik des Messwertaufnehmers selbst. Schwingquarze sind heute hochpräzise hergestellte Produkte, die kostengünstig sind und mit einer sehr geringen Leistungsaufnahme arbeiten. Die kom-

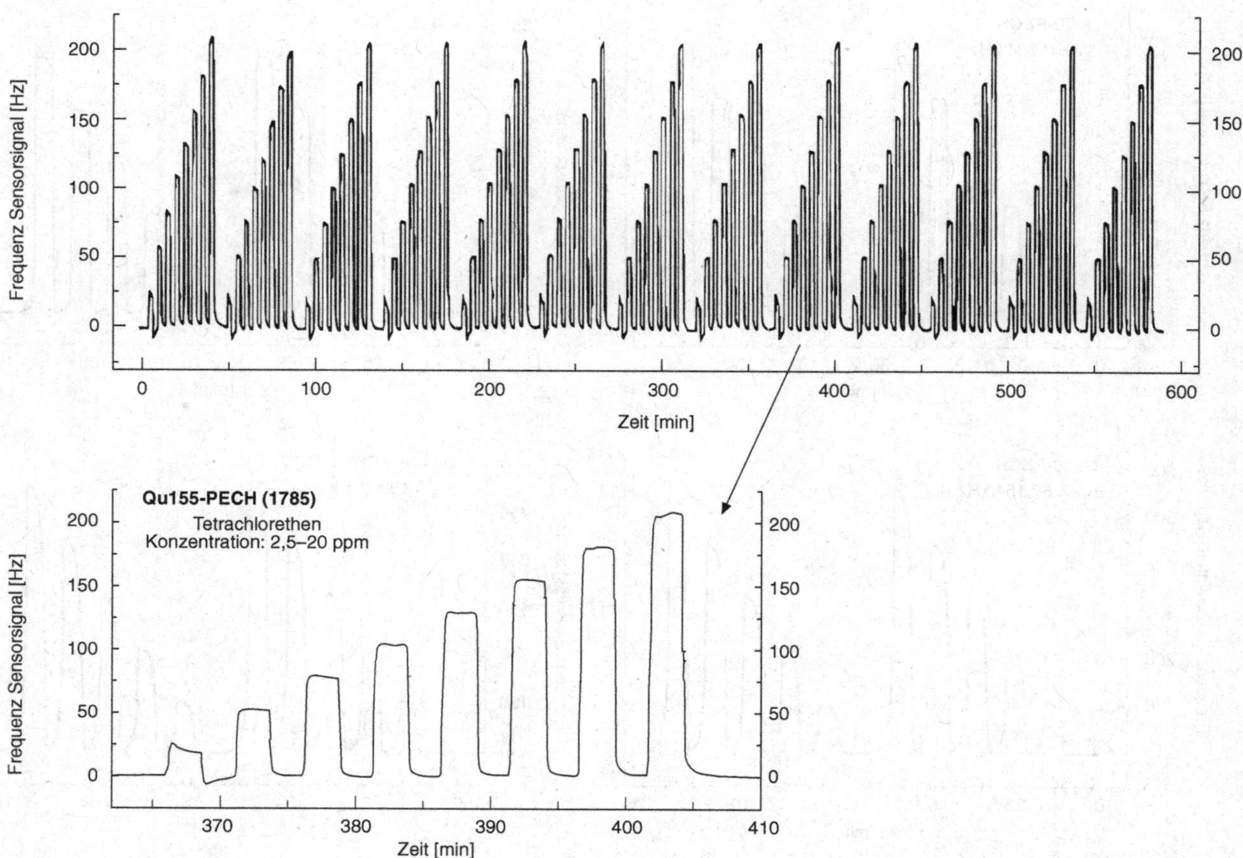


**9.39** PECH-beschichteter 155-MHz-Schwingquarz. Oben: 13 Kalibrationszyklen. Unten: Ausschnitt eines Kalibrationszyklus. Analyt: Tetrachlorethen in Luft; gleitende Mittelung: 5 Werte; Temperatur: (22,54 ± 0,11) °C; Druck: (1013,8 ±0,7) mbar (Dissertation Reinbold, Münster 2000).

merziell erhältlichen 5-MHz- und 10-MHz-Schwingquarze waren über einen sehr langen Zeitraum die Standard-Messwertaufnehmer für massensensitive Applikationen. Erst in jüngster Zeit zeichnet sich ein Trend zur Verwendung höherfrequenter und damit empfindlicherer Transducer ab, wobei 155 MHz derzeit die Obergrenze darstellt. Mit der damit verbundenen höheren Messempfindlichkeit, d. h. einem verbesserten Signal/Rausch-Verhältnis, wird eine wichtige Lücke in Richtung *Spurenanalytik* geschlossen, denn nunmehr lassen sich auch ppb-Mengen bestimmter Gase (z. B. VOC und Feuchte) mit diesen preiswerten Massen-BAW-Transducern erfassen. Beispielhaft sollen hier eigene Kalibrationsreihen für Tetrachloethen gezeigt werden, aus denen die für Sensoren hervorragende Empfindlichkeit und der große dynamische Bereich überzeugend demonstriert werden. Abbildung 9.39 zeigt beispielhaft in der oberen Hälfte 13 Kalibrierzyklen zwischen 2,5 und 20 ppm Tetrachlorethen in Luft, aus denen die hohe Reproduzierbarkeit sichtbar wird. Im unteren Teil ist ein Ausschnitt aus einem Kalibrierzyklus dargestellt, der die hohe Empfindlichkeit verdeutlichen soll.

Abbildung 9.40 zeigt weiter den sehr großen dynamischen Messbereich dieses neuen 155-MHz-SAW-Transducers mit verschiedenen Rezeptorschichten, die auch die unterschiedliche Selektivität gegenüber Tetrachlorethen demonstriert.

In der Regel erfolgt die Gleichgewichtseinstellung des Sorptionsprozesses bereits bei Raumtemperatur schnell und reversibel, sodass die Energiebilanz von QMW-Sorptionssensoren sehr günstig ausfällt. Dennoch kann auf eine externe Temperierung nur in seltenen Fällen verzichtet werden, da die Gleichgewichtslage selbst (und damit das absolute Sensorsignal) empfindlich von der Temperatur abhängt.

In Ergänzung zu dieser Funktion des Einzelsensors lässt sich der Informationsgewinn über eine mehrkomponentige Probe durch die Verwendung eines Sensor- bzw. Detektor-Arrays noch erhöhen (Prinzip der elektronischen Nase). Voraussetzung dafür ist, dass jeder Ein-

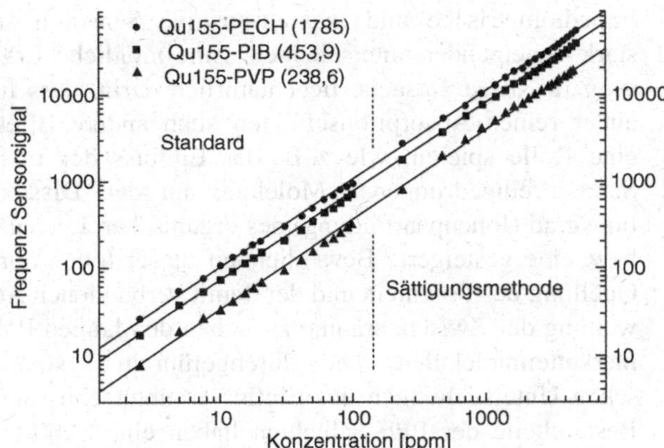


**Abb. 9.40** Dynamischer Messbereich des 155-MHz-Schwingquarzes mit unterschiedlichen Rezeptorschichten mit Tetrachlorethen als Analyt; PECH = Polyepichlorhydrin; PIB = Polyisobutylen; PVP = Polyvinylpropionat; Beispiel guter Validierung: der linke Teil der Kalibrationskurve (Standard) wurde mittels Verdünnung eines kommerziell bezogenen Tetrachlorethen-Standards, der rechte Teil (Sättigungsmethode) durch selbst hergestellte Standards erzeugt (Dissertation Reinbold, Münster 2000).

zelsensor mit einem möglichst unterschiedlichen Sensitivitätsmuster auf die einzelnen Probenbestandteile reagiert und hinreichend stabil ist, sodass unter Anwendung chemometrischer Methoden, z. B. einer statistischen Mustererkennung, die Komponenten des Gasgemisches kontinuierlich klassifiziert und quantifiziert werden können. Über chemometrische Methoden in Zusammenhang mit gassensorischen Anwendungen sind bereits mehrere Übersichtsbeiträge erschienen. Auch dieser für bestimmte Anwendungen recht erfolgreiche Ansatz wird maßgeblich durch die Qualität des Einzelsensors bestimmt. Verglichen mit anderen Gassensoren, z. B. Halbleitergassensoren (Taguchi bzw. Figaro) oder Infrarotgassensoren, erreicht der piezoelektrisch-gravimetrische Sorptionssensor bei 155 MHz die Empfindlichkeit eines Taguchi-Sensors, aber nicht die Selektivität eines Infrarotsensors.

***Gassensoren auf der Basis impediometrischer Transducer***

Auch hier stellen die nichtleitenden Polymere eine der vielseitigsten Materialgruppen zur Gestaltung der analytselektiven Rezeptorschicht dar. Elektronisch leitende Polymere werden oft als sensitive Schichten in den so genannten gassensitiven *chemoresistors* angewandt. Jedoch sind die Wissenschaftler auf der ständigen Suche nach neuen hochsensitiven, selektiven und stabilen Rezeptormaterialien für Gassensoren und Gassensor-Arrays, die für die Identifikation komplexer Gasgemische bzw. Gerüche verwendet werden sollen. Besonders geschätzt ist eine Materialgattung, die einerseits eine preisgünstige und reproduzierbare Herstellung von Gassensor-Arrays in der Massenproduktion erlaubt und andererseits eine feine Anpassung der Sensorselektivitäten an das zu lösende Problem ermöglicht.

Lösungsmittelfreie Polymerelektrolyte sind sehr gut bekannt. Sie finden u. a. Anwendung in Batterien mit erhöhter Energiekapazität, Ionensensoren und elektrochromen Bildschirmen. Von der Strukturseite betrachtet, stellen solche Polymerelektrolyte einen Polymer-Salz-Komplex dar. Sie weisen meistens eine ionische oder eine gemischte ionisch-elektronische Leitfähigkeit auf. Polymere mit einem sehr flexiblen Gerüst, einer niedrigen Glassübergangstemperatur $T_\alpha$ und einem großen freien Volumen besitzen die größte ionische Leitfähigkeit. Diese Eigenschaften können Polymereigenschaften sein, man kann sie aber auch durch die Zugabe eines Weichmachers induzieren. Diese Polymere können mit dem Begriff *plasticised polymer electrolytes* (PPE) bezeichnet werden. Die Zusammensetzung eines typischen PPE besteht aus drei Komponenten: einem Polymer, einem Weichmacher und einem organischen Leitsalz. Das organische Leitsalz in der Rezeptorschicht ruft aufgrund seiner Dissoziation im Polymer eine erhöhte Leitfähigkeit der Polymerbeschichtung hervor. Die Ionenbeweglichkeit wird durch die Zugabe des Weichmachers weiter gesteigert. Dringen die in der Luft befindlichen Moleküle eines Analyten in die Rezeptorschicht hinein, so kann der Absorptionsprozess als zusätzliche Aufweichung und Aufquellung der Polymerschicht betrachtet werden, was in Abhängigkeit von den Eigenschaften des absorbierten Analyten sowie dessen Konzentration zu einer weiteren Steigerung der Leitfähigkeit in der Rezeptorschicht führt. Dieser Mechanismus bildet die Grundlage für die Funktionsweise der PPE als gassensitive Materialien für die impediometrischen Gassensoren. Der Einfluss der Rezeptorschichtzusammensetzung auf das Ansprechverhalten des Gassensors und die wichtige Rolle des organischen Leitsalzes werden beispielhaft in Abbildung 9.41 dargestellt.

Der Aufbau der Gassensoren auf PPE-Basis ist dem der im Abschnitt 9.3.2 beschriebenen konduktometrischen Ionensensoren ähnlich. Die dort beschriebenen Interdigitalelektroden sind in diesem Fall mit einer Rezeptorschicht, bestehend zu ca. 50 % aus einem Polymer, ca. 35 % aus einem Weichmacher und zu ca. 15 % aus einem organischen Leitsalz, beschichtet. Abbildung 9.41 zeigt deutlich, dass im Gegensatz zu den oben beschriebenen massensensitiven Sensoren zur Signalerzeugung alle drei Komponenten notwendig sind. Durch die Verwendung unterschiedlicher Komponenten lassen sich impediometrische Gassensoren weit unterschiedlicher Selek-

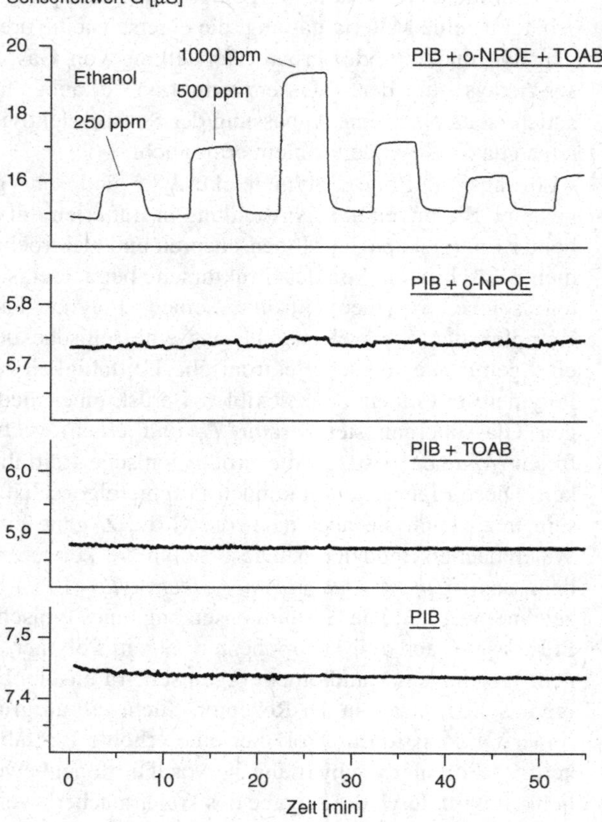


**9.41** Optimierung eines impediometrischen Polymergassensors mittels Zugabe von Weichmacher und organischem Salz für den Analyten 250, 500, 1000 ppm Ethanol in Luft.
PIB = Polyisobutylen; TOAB = Tetraoctylammoniumbromid; o-NPOE = o-Nitrophenyloctylether (Dissertation Buhlmann, Münster 1997).

tivität herstellen. Der Polymerelektrolyt bildet eine dünne Schicht an der Oberfläche des Interdigitalelektroden-Arrays. Die Bulkleitfähigkeit der Schicht wird mithilfe von Wechselstromtechniken gemessen. Es werden bis zu 100-fache Änderungen der Bulkleitfähigkeit der untersuchten Schichten innerhalb des dynamischen Bereichs der Sensoren beobachtet. Die spezifische Leitfähigkeit der untersuchten PPEs hängt dabei stark vom Gehalt des Polymers an Leitsalz und an Weichmacher ab. Die Kalibrierkurven der Gassensoren auf PPE-Basis erstrecken sich über mehr als 4 Dekaden der Konzentration üblicher Lösungsmitteldämpfe. Die Nachweisgrenze liegt typischerweise im unteren ppm-Bereich aber nicht im ppb-Bereich (Abb. 9.42).

Ein direkter Vergleich zwischen PPE-beschichteten Interdigitaltransducern und Quarzmikrowaagen als Gassensoren hat ergeben, dass die Selektivitätsmuster für impediometrische und massensensitive Sensoren sich stark voneinander unterscheiden. Eine mögliche Erklärung für diese Tatsache liegt natürlich darin, dass hier außer reinen Absorptionseffekten auch andere Effekte eine Rolle spielen, wie z. B. der Einfluss der in die Schicht eingedrungenen Moleküle auf den Dissoziationsgrad (Ionenpaarbildung) des organischen Leitsalzes bzw. eine gesteigerte Beweglichkeit dieser Ionen durch Quellung des Polymers und der damit verbundenen Aufweitung der Zwischenräume zwischen den langen Polymerkettenmolekülen. Die durchgeführten systematischen Untersuchungen des Einflusses unterschiedlicher Bestandteile der PPE-Schichten haben eine Schlüsselrolle der chemischen Natur des Leitsalzes bezüglich der sensitiven Eigenschaften des zusammengesetzten Materials gezeigt. Besonders starke Wirkung hat die Art der eingesetzten Leitsalze auf das Selektivitätsmuster der fertigen Gassensor-Arrays. Die Daten in Abbildung 9.43 veranschaulichen die Wirkung von verschiedenen Weichmachern bzw. Leitsalzen auf das Sensoransprechverhalten gegenüber Ethanol, Dichlormethan, Tetrachlorethen und Toluen. Das Selektivitätsmuster eines Gassensor-Arrays auf PPE-Basis wird vorwiegend durch die Kombination Polymer/Leitsalz bestimmt. Von großer Bedeutung ist die Wahl des Weichmachers hingegen für die Langzeitstabilität der Sensoren.

Zur Charakterisierung und Validierung derartiger Gassensoren können folgende Parameter dienen:

1. Den Stabilitäts- oder Q-Faktor, der als Verhältnis der Drift der Grundlinie des Sensors $\Delta G_0$ über einen

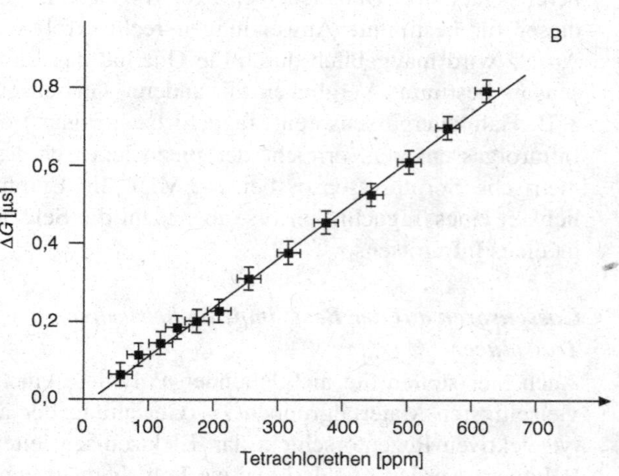


**9.42** Kalibrationskurve eines zur Bestimmung von Tetrachloroethen optimierten impediometrischen Polymergassensors mit Fehlerbalken: Membranzusammensetzung: Polyethylenoxid, 2-Fluorophenyl-2-nitrophenylether und Tetraoctylammoniumbromid (Disseration Buhlmann Münster 1997).

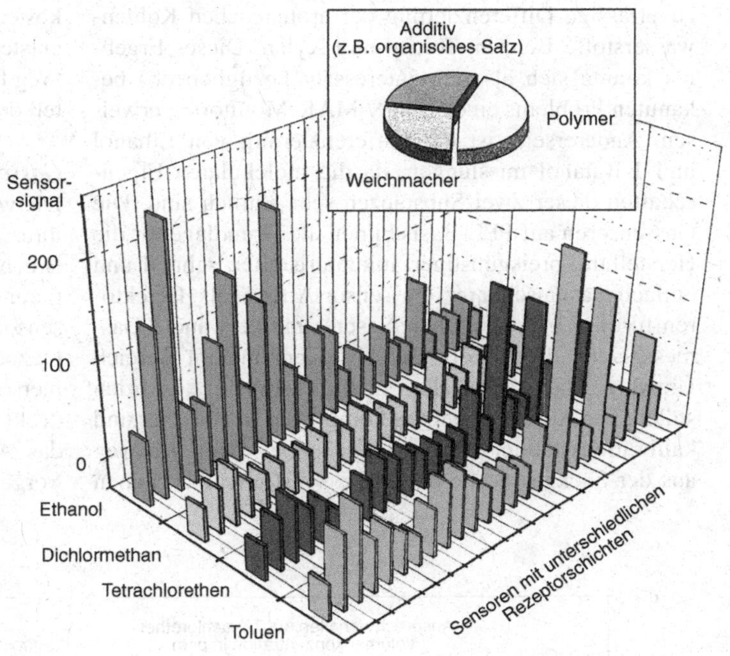


**9.43** Beispiel für die Selektivitätsmodulation durch Variation von Polymer, Weichmacher und Salz (Patent: ICB Münster).

bestimmten Zeitraum $\tau$ (das kann 1 Stunde, 1 Tag oder 1 Monat sein) zum Anfangsgrundleitwert des Sensors $G_0$ definiert ist.

$$Q = \frac{\Delta G_0(\tau)}{G_0} \qquad (9.10)$$

In der Praxis hat der Q-Faktor die Werte von 0,001 bis $10^3$.

2. Den Selektivitätskoeffizienten $S_{AB}$, der als Verhältnis der Sensorsignale $S_A$ und $S_B$ definiert ist. Die Werte $S_A$ und $S_B$ entsprechen den Signalen auf die Analyten $A$ bzw. $B$ in gleichen Konzentrationen (ppm).

$$S_{AB} = \left.\frac{S_A}{S_B}\right|_{C_A = C_B} \qquad (9.11)$$

Die in der Praxis beobachteten Werte von $S_{AB}$ bewegen sich im Bereich von 0,01 bis $10^2$.

Die Messergebnisse bezüglich verschiedener getesteter Modell- und Realproben können benutzt werden, um besonders preiswerte elektronische Nasen herzustellen, die dann mithilfe von Techniken der multivariaten Datenanalyse bestimmte Gerüche identifizieren können. Abbildung 9.44 zeigt beispielhaft Ergebnisse einer zielgerichteten Polymerschichtoptimierung. Hier ist eine Diskriminierung unterschiedlicher Lösungsmitteldämpfe innerhalb einer repräsentativen Auswahl der Substanzen mit einem Array aus nur 5 Einzelsensoren (!) möglich.

Die Konzentrationen der gemessenen Analyten wurden dabei in einem Konzentrationsbereich von 50 ppm bis 2000 ppm variiert. Bemerkenswert ist insbesondere die

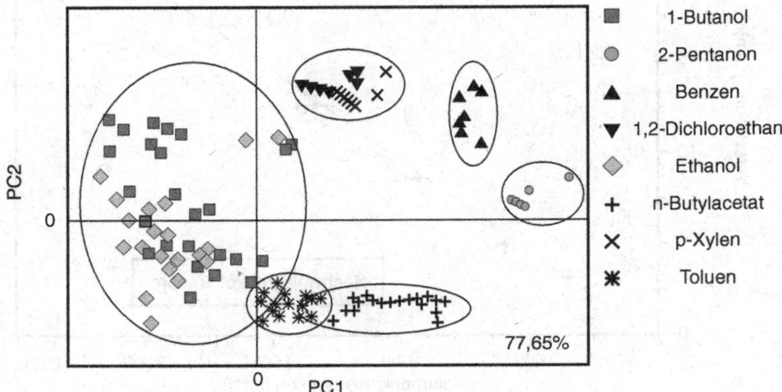


**9.44** Elektronische Nase aus nur 5 PPE-Sensoren zur Identifizierung von Benzen und BETX unter Verwendung der PCA (s. auch Kap. 5.).

zuverlässige Differenzierung der aromatischen Kohlenwasserstoffe Benzen, Toluen und Xylen. Dieses Ergebnis könnte sich als sehr interessant bezüglich des bekannten Problems eines BETX-MAK-Monitoring erweisen. Andererseits ist die Differenzierung von Ethanol und 1-Butanol misslungen, da die molekularen Eigenschaften dieser zwei Substanzen sehr ähnlich sind. Die Gassensoren auf PPE-Basis bilden die Grundlage für die Herstellung preisgünstiger, miniaturisierter, schnell und einfach austauschbarer Gassensor-Arrays als Detektoren für die „elektronischen Nasen" und verwandte Gasmessgeräte, die für die Geruchserkennung im Bereich Umwelt- und industrielle Analytik eingesetzt werden sollen. Die Austauschbarkeit kompletter, preiswerter und kalibrationsstabiler Arrays bietet dabei einen Ausweg aus der Sackgasse, die durch die sonst unentbehrlichen kostenintensiven Rekalibrierungen des Sensorsystems entsteht. Gleichzeitig eröffnet sie einen realistischen Weg für den Aufbau von Datenbanken für die instrumentell erfassten „Gerüche".

***Gassensoren auf der Basis optischer Transducer***

Die weiter oben erwähnten optischen Transducer, die an ihrer Oberfläche Änderungen der effektiven optischen Brechzahl (Brechungsindex und Schichtdicke) zu detektieren gestatten, können natürlich auch als Basis für Gassensoren verwendet werden. Dazu werden sie analog der piezoelektrischen, massensensitiven mit ähnlichen Polymerschichten (ohne Zusatz eines organischen Salzes) bedeckt. Der Messeffekt kommt dadurch zustande, dass das Analytgas gemäß der weiter oben beschriebenen Vorgänge möglichst selektiv in die sehr dünne Polymer-

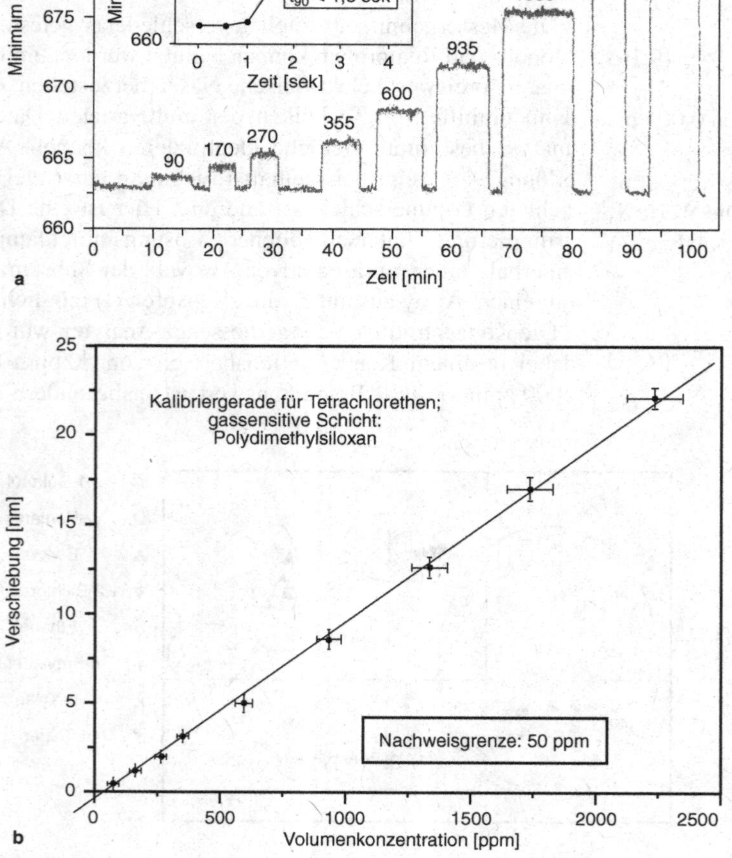


**9.45** Polymergassensor auf Basis eines faseroptischen SPR-Transducers (Abb. 9.14). Membran: Polydimethylsiloxan. a) Ansprechverhalten. b) Kalibrationskurve aus a mit Fehlerbalken (Diplomarbeit Niggemann, Münster 1994).

schicht eindringt und dort den Brechungsindex und/oder die Dicke der Schicht ändert. Diese Quellung der Polymerschicht kann mit den weiter oben beschriebenen integriert optischen Transducern MZI, Gitterkoppler, SPR, etc. empfindlich detektiert werden. Abbildung 9.45 zeigt am Beispiel des wichtigen Analyten Tetrachlorethen (Überwachung chemischer Reinigungen) das rasche, reversible und empfindliche Ansprechen eines im ICB Münster entwickelten faseroptischen SPR-Gassensors auf Tetrachlorethen.

Der eigentliche Gassensor besteht nur aus ca. 8 cm eines dünnen biegsamen Lichtleiters (Ø 400 µm), der am Ende metallisiert und mit der Polymerschicht reproduzierbar überzogen ist. Er funktioniert Monate ohne Qualitätseinbuße und ist mittels eines optischen Steckers in Sekunden gegen einen neuen oder einen, für eine andere Gassorte optimierten, auszutauschen. Dabei ist allerdings zu bemerken, dass die optischen Transducer im Vergleich zu den impediometrischen und den Schwingquarzen apparativ etwas aufwändiger sind und i. d. R. einen Monochromator benötigen. Auch ist ihre Nachweisgrenze nicht so gut wie bei den modernen 155-MHz Schwingquarzen. Wegen des Fehlens elektrisch leitender Verbindungen und/oder elektrischer Anschlüsse oder Heizungen sind die optischen natürlich zum Einsatz in explosionsgeschützten Räumen besonders geeignet.

Als Beispiel für solche Sensor-Arrays seien „künstliche Nasen“ angeführt. Diese werden bereits kommer-

---

**Können Sensor-Arrays die Selektivität steigern?**

Das generelle Problem von Gassensoren und anderen chemischen Sensoren ist i. d. R. die mangelhafte Selektivität gegenüber dem gewünschten Analyten, die genauere quantitative Analysen unmöglich macht. Gerade bei der Vielzahl von Verbindungen, die bei den meisten Umweltmessproblemen auftreten, ist die Detektion eines speziellen Analyten schwierig. Ein Ansatz zur Lösung dieses Problems ist der Einsatz der Multikomponentenanalyse mithilfe eines Sensor-Arrays. Als Sensor-Array werden Gruppen verschiedener Sensoren bezeichnet, die zu einer Funktionseinheit zusammengefasst werden. Jeder der Einzelsensoren unterscheidet sich in seiner Selektivität gegenüber dem gewünschten Analyten von den anderen Sensoren. Dadurch ist gewährleistet, dass die Einzelsensoren auf einen speziellen Analyten verschiedenartig reagieren. Es entsteht für den gewünschten Analyten ein ganz spezielles Muster oder „Fingerabdruck" der Einzelsensorsignale. Zur Auswertung derartiger Datensätze stellt die Chemometrie verschiedene Algorithmen zur Verfügung (s. auch Kap. 5.5). Eine der Techniken verwendet dazu die sog. neuronalen Netze. Dabei werden Analytmuster „erlernt", d. h. die freien Parameter des Algorithmus werden anhand der Trainingsdaten bestimmt. Bei anschließenden Messungen in einer Gaszusammensetzung aus verschiedenen erlernten Verbindungen wird das erhaltene Muster der Einzelsensorsignale ständig mit den abgespeicherten, „erlernten" Mustern verglichen. Für diese Vergleiche werden neuronale Algorithmen verwendet, die sich von der Funktionsweise des menschlichen Gehirns ableiten. Tritt eine hohe Ähnlichkeit des detektierten Musters mit dem abgespeicherten, „erlernten" Muster auf, wird der gewünschte Analyt erkannt und angezeigt. Dieses System hat den Nachteil, dass es nur für abgeschlossene Systeme einzusetzen ist. Tritt nämlich eine unbekannte Substanz in das System ein, die nicht während der Lernphase berücksichtigt wurde, kann dadurch das Muster des gewünschten Analyten in unvorhersehbarer Weise verändert und u. U. nicht mehr von der Mustererkennung angezeigt werden. Zusätzlich müssen äußere Einflüsse der Messbedingungen, vor allem Luftfeuchtigkeit und die Temperatur, mit berücksichtigt werden. Als weiterer Nachteil ist die schwierige Quantifizierung des gewünschten Analyten anzumerken, die umfangreiche Kalibrationsreihen mit einer Permutation von Analyt, Begleitstoffen und deren Konzentrationsverhältnisse beinhalten. Damit man, chemometrisch gesagt, einen so genannten kontinuierlichen n-dimensionalen Vektorraum (Näheres dazu in den Lehrbüchern zur Chemometrie) erhält, um aus der Vektorrichtung die Identifikation und aus der Vektorlänge die anwesende Analytmenge hinreichend genau zu ermitteln, müssen selbst bei abgeschlossenen Systemen oft weit über 100 Kalibrationsmessungen durchgeführt werden, die zur Herstellung und Vermessung entsprechend Zeit benötigen. Der experimentelle Aufwand für eine solche Kalibration kann vorteilhaft durch eine statistische Versuchsplanung stark reduziert werden. Wenn diese „Lernphase" zu lange dauert, kann eine zu große Sensordrift alles zunichte machen. Die moderne, schnelle Flash-GC tritt als Konkurrenz zur elektronischen Nase auf und ist überzeugender zu validieren.

ziell angeboten und z. z. überwiegend qualitativ, z. B. zur Geruchsidentifizierung oder -überwachung eingesetzt. Die Sensor-Arrays bestehen hier oft aus unterschiedlichen Polymersensoren oder Halbleitersensoren mit unterschiedlichen Dotierungen oder Grundmaterialien. Als Anwendung überwiegt die Qualitätskontrolle. Hier werden i. d. R. nur Abweichung eines genormten „Geruchsmusters" eines speziellen Produktes wie Tomatenketchup, Käse, Wein, Kaffee oder dergl. angezeigt. Natürlich können derartige Vorrichtungen auch als Störfallmelder, z. B. bei der Chlorung von Schwimmbadwasser, bei mit Ammoniak betriebenen Kühlaggregaten oder zur Überwachung von Gasleitungen, zuverlässige Dienste leisten. Erwähnenswert ist eine elektronische Nase als Handgerät, das die Fa. Cyrano Science nach einem Cal-Tec-Patent entwickelt hat. Hier wird die elektrische Leitfähigkeit von Mischungen eines Polymers mit einem elektronischen Leiter (meist Aktivkohle mit oder ohne Additive) gemessen, die ebenfalls von einer „Quellung" des Polymers beeinflusst wird.

## 9.3.2 Chemische Sensoren für flüssige Proben

Hier dominieren als intrinsische oder extrinsische Transducer diejenigen, die auf der Elektroanalytik basieren. Sie liefern direkt das gewünschte Messsignal in einer elektrischen Größe und sind auch leicht miniaturisierbar. Allerdings haben die optischen Transducer durch die preiswerte Verfügbarkeit moderner Lichtleiterkabel in letzter Zeit an Bedeutung gewonnen. Bei den elektroanalytischen Chemosensoren dominieren die ionenselektiven Elektroden und amperometrischen Sensoren, hier vor allem die sog. Sauerstoffelektrode nach Clark. Wegen der Unselektivität werden konduktometrische Messzellen eigentlich nur als Transducer zusammen mit einer selektivitätsgebenden Rezeptorschicht angewandt. Letztere kann chemischen oder biologischen Ursprungs sein. Generell können miniaturisierte potentiometrische oder amperometrische Messzellen gut als Transducer bei enzymatischen Biosensoren dienen, wenn sie nämlich die selektive Abnahme eines Co-Substrats zum Analyten oder die Zunahme eines durch enzymatischen Umsatz bedingten Reaktionsproduktes kontinuierlich anzeigen können. Allerdings verdienen derartige Messzellen die Bezeichnung Chemosensor nur, wenn sie als sog. Einstab-Messanordnung „aus einem Stück" bestehen und man sie zur Messung ohne Chemikalienverbrauch lediglich in die Messlösung zu halten braucht oder sie in eine Durchflussarmatur einbaut. Im zuletzt erwähnten verfahrenstechnischen Bereich wären dann bestimmte Abmessungsnormen zu erfüllen, und die Zusammenfassung aller Elektroden in eine Einstabanordnung ist wegen der Durchflussmessung nicht mehr so bedeutsam – im Gegenteil: Eine amperometrische Drei-Elektroden-Anordnung mit räumlich getrennten Elektroden (Arbeits-, Bezugs- und Gegenelektrode) ist hier sogar vorteilhafter, weil dann jede versagende Elektrode einzeln ausgetauscht werden kann. Gerade bei amperometrischen, industriellen Durchflussmessungen in oder an meist geerdeten metallischen Rohren ist die potentiostatische Schaltung mit der auf Masse liegenden Arbeitselektrode von großem Vorteil. Allerdings muss der Potentiostat dann auch mit dieser Armaturenerde verbunden werden.

### Elektrochemische Chemosensoren

#### *Potentiometrische Chemosensoren*

Die am häufigsten eingesetzte ionenselektive Elektrode (ISE) ist die pH-Elektrode. Für die anderen Analyte sei auf Abschnitt 7.2.2 über ionenselektive Potentiometrie verwiesen. Für die weit verbreitete pH-Wert-Messungen sollte bei ihrem industriellen Einsatz, der oft bei unterschiedlichen Temperaturen erfolgt, die DIN 19265 berücksichtigt werden.

Ein ähnliches Problem mit der Richtigkeit ergibt sich natürlich auch bei klinischen pH-Wert-Messungen, wo häufig auf 0,001 pH genau gemessen wird. Wird das pH-Meter hier nicht bei 37 °C kalibriert und ein möglicher Fehler durch eine Proteinbelegung der Glasmembran zwischen Kalibrierung und Messung von Blutproben berücksichtigt sowie die Variationen des Diffusionspotentials beachtet, ist eine Ablesegenauigkeit von 0,001 pH-Einheiten reine Augenwischerei. Die ISE stehen derzeit wieder im Mittelpunkt des Interesses der Elektroanalytiker, seitdem man zeigen kann, dass die Nachweisgrenze durch Verwendung extrem verdünnter Messionenkonzentrationen bei der inneren Füllösung um mehrere Dekaden niedriger liegt.

#### *Ionenselektive Leitfähigkeitssensoren*

Ionenselektive potentiometrische Elektroden finden heutzutage weit verbreitete Anwendungen. Als problematisch hat sich dabei erwiesen, dass eine potentiometrische Messzelle immer eine Referenzelektrode enthalten muss, die gewöhnlich relativ große Abmessungen hat und deren Herstellung aufwändig ist. Die Produktion einer solchen Messzelle ist kostspielig und steht offensichtlich im Widerspruch zu den Fortschritten im Bereich der Mikrotechnologie. In den 70iger und 80iger Jahren sind zahlreiche Ansätze mit dem Ziel verfolgt worden, ionenselektive Sensoren zu miniaturisieren, ihre aufwändige Herstellung zu vereinfachen und den Umfang der Einsatzmöglichkeiten zu erweitern (z. B. ionenselektive Feld-Effekt-Transistoren und sog. *coated-wire*-Elektroden). Bei diesen Weiterentwicklungen potentio-

## Wie genau sind temperaturkompensierte pH-Wert Messungen?

Wegen der großen Bedeutung einer genauen pH-Wert-Kontrolle oder -Regelung seien hier nur einige Anmerkungen zur Richtigkeit von pH-Wert-Messungen bei nicht isothermen Bedingungen gemacht. Als pH-Sensor in Situationen außerhalb des Labors ist eine funktionierende und richtige Temperaturkompensation besonders wichtig, weil man „im Feld" oder in einer Fabrikationsanlage schlecht thermostatisiert arbeiten kann. Hier ist allerdings Vorsicht geboten. Es bedarf spezieller Messgeräte, die eine Temperaturkompensation über den zuvor bekannten oder unter den Messbedingungen ermittelten Isothermenschnittpunkt erlauben (DIN 19265). Die meisten Labor-pH-Meter sind dazu nicht in der Lage. Zwischen der Kalibrierung mit Standardpuffern und der pH-Wert-Messung in den Proben darf kein Temperaturunterschied liegen. Dann kann die aktuelle Messtemperatur am Temperatur-Einstellknopf des pH-Meters eingestellt werden. Ist aber aus Qualitätsgründen eine Kalibrierung mit zwei unterschiedlichen Puffern, die alle pH-Werte der Proben einschließen sollen, erforderlich, so muss man manchmal die Temperaturfunktion des pH-Meters als Steilheitsanpassung verwenden. Auf keinen Fall darf man die isothermen Bedingungen verlassen! Die bei den meisten pH-Metern verwendete Temperatureinstellung (nicht Kompensation) verändert lediglich den sog. Nernst-Faktor für den logarithmischen Term in der Nernst-Gleichung. Dabei geht man i. d. R. von der Annahme aus, dass bei symmetrischen Messketten und einer Innenlösung mit einem pH-Wert von 7,00 die gemessene Spannung null mV beträgt und sich alle Kalibrations-Isothermen bei pH = 7,00 und 0,0 mV schneiden (wie es theoretisch sein soll). Dem ist aber leider nicht so. Dieser sog. Isothermenschnittpunkt hängt beispielsweise stark davon ab, ob in der Bezugselektrode eine gesättigte oder nur eine 3,5 M KCl-Lösung verwendet wird, wie groß und stabil das sog. Asymmetriepotential ist, wie die genaue Temperierung aussieht (gesamte Elektroden auf gleicher Temperatur oder nur der Teil, der in die Messlösung taucht), wie die Temperaturabhängigkeit des Innenpuffers verläuft, ob thermisches Gleichgewicht eingestellt ist oder nicht, usw.. Aus all diesen Gründen findet man in der Praxis beim Aufzeichenen von Kalibriergeraden, die bei verschiedenen Temperaturen aufgenommen wurden, i. d. R. einen Bereich, in dem sich die Isothermen schneiden. Es kann durchaus vorkommen, dass eine Messung mit einer falschen Temperaturkompensation ungenauer wird, als wenn man nichts unternimmt. Bei Geräten nach DIN 19265 kann man den Mittelpunkt dieses Bereiches mittels Hilfsspannungsquellen elektronisch auf pH 7,00 und null mV am Messgerät verschieben. Aus dem Gesagten folgt schon, dass man unter Bedingungen variierender Messtemperaturen – abgesehen von den unterschiedlichen Skalen (bei 100°C liegt der Neutralpunkt z. B. bei ca. 6.6) – keine Genauigkeiten (Richtigkeiten) von 0,01 pH-Einheiten erzielen kann. Dies sollte bei der Validierung industrieller pH-Wert-Messungen berücksichtigt werden.

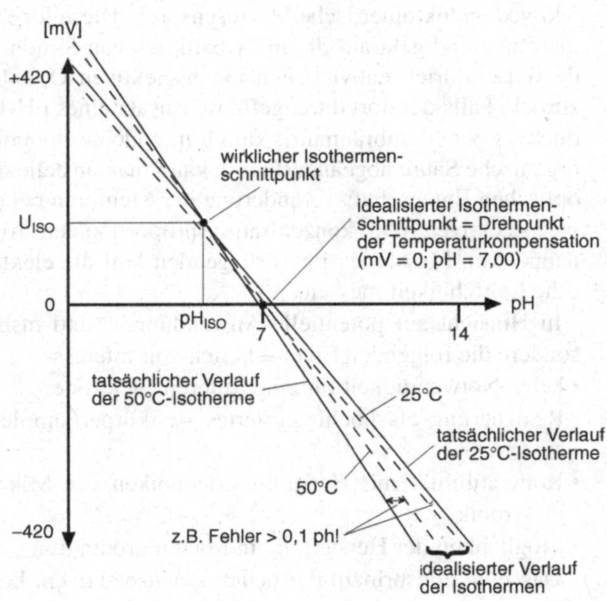


**9.46** Problem einer falschen Anpassung an den Isothermenschnittpunt bei pH-Wert-Messungen mit automatischer Temperaturkompensation (schematisch dargestellt, da oft anstelle eines Isothermenschnittpunkts ein Bereich auftritt, der selbst nach DIN 19265 keine genauen Messungen ermöglicht). Liegt der Messpunkt weit vom Kalibrationspunkt entfernt, sind Genauigkeiten < 0,1 pH illusorisch!

metrischer Ionensensoren trat jedoch die gemeinsame Problematik auf, dass es keine effiziente technische Lösung zur Herstellung einer langzeitstabilen, miniaturisierten und mit der Mikrosystemtechnik kompatiblen Referenzelektrode gab und somit auch die Miniaturisierung und Integration des gesamten Analysesystems nicht erfolgreich durchgeführt werden konnte. Aus diesem Grund gibt es bis heute keine ionenselektiven potentiometrischen *single-probe*-Festkörpermikrosensoren. Darüber hinaus treten bei miniaturisierten Ausführungsformen von ISE ohne Innenlösung häufig Driftprobleme auf, weil die innere Grenzfläche ISE-Membran/Ableitelektrode thermodynamisch schlecht definiert ist, was einer stabilen Potentialdifferenz an dieser Kontaktzone im Wege steht. Wenn man nicht die EMK einer Zelle messen würde, sondern eine andere elektrochemische Größe, könnte dieses Problem beseitigt werden.

Das Phänomen der spezifischen Ionenkoextraktion aus einer wässrigen Lösung in eine weichgemachte Polymermembran, die einen Komplexbildner (z. B. einen Ionophor) enthält, bildet die Grundlage eines neuartigen Konzeptes für miniaturisierte Ionensensoren: Ionenselektive konduktometrische Mikrosensoren. Diese Idee ist nicht neu und geht auf die im Arbeitkreis von Simon an der ETH Zürich entwickelten ionenselektiven Optoden zurück. Falls der dort durchgeführte Zusatz eines pH-Indikators zur Membranmatrix durch irgendeine lipophile organische Säure abgeändert wird, kann man anstelle der optischen Eigenschaftsveränderung der Membran bei einer selektiven und konzentrationsproportionalen Aufnahme von Messionen im vorliegenden Fall die elektrische Leitfähigkeit messen.

In Hinsicht auf potentielle Anwendungen sind insbesondere die folgenden Eigenschaften von Interesse:

- keine Notwendigkeit für eine Referenzelektrode
- Realisierung als hochintegriertes Festkörperkomplettsystem
- Kompatibilität mit Herstellungstechniken der Mikroelektronik
- Möglichkeit der Herstellung in Massenproduktion

Das Funktionsprinzip der neuen ionenselektiven, konduktometrischen Sensoren beruht auf der Messung der Membranleitfähigkeit einer dünnen ionenselektiven Membran, wobei sich die Leitfähigkeit in Abhängigkeit von der Konzentration der Messionen in der zu untersuchenden Lösung ändert. Dazu wird die selektive und reversible Extraktion von Ionen aus einer wässrigen Lösung in eine sensitive Membran ausgenutzt, welche ionenerkennende Komponenten (z. B. Iononphore) enthält. Der Ionophor ermöglicht die selektive Überführung der Messionen in die Membranphase, wobei zur Aufrechterhaltung der Elektroneutralität gleichzeitig die Gegenionen aus der Messlösung koextrahiert werden (Abb.

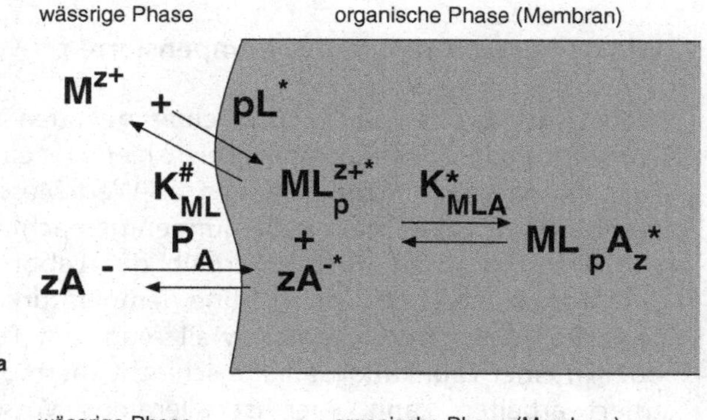


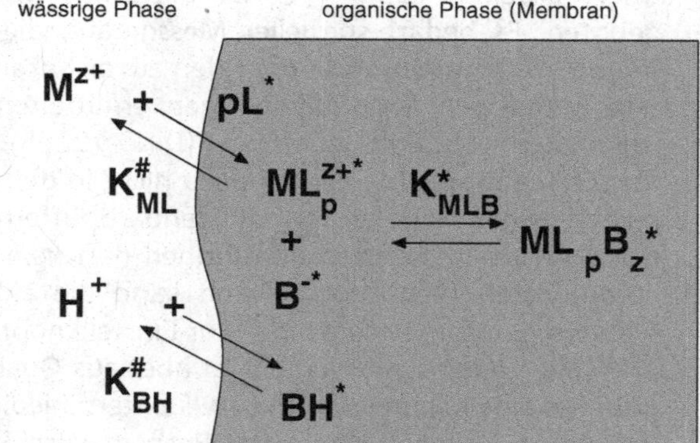


**9.47** Unterschiedliche Funktionsmechanismen ionenselektiver Leitfähigkeitssensoren: $M^{z+}$ und $ML_p^{z+}$ repräsentieren freie bzw. komplexierte Kationen; $A^-$-Anionen; $H^+$-Protonen; L-Ionophor und BH bzw. $B^-$ – eine Säure in protonierter bzw. unprotonierter Form; $ML_pA_z$, $ML_pB_z$ stellen assoziierte Ionenpaare dar. Die Spezies in der organischen Phase sind mit einem Stern markiert. Mit $K_{ML}^{\#}$, $K_{BH}^{\#}$, $P_A$, $K_{MLA}^*$, $K_{MLB}^*$ sind die entsprechende Gleichgewichtskonstanten bezeichnet. Im Falle von a) muss die Messlösung mit einer konstanten Menge eines lipophilen Gegenions versetzt werden, die diesbezügliche Variationen von Probenbestandteilen nivelliert; im Falle von b) ist nur eine pH-Wert-Pufferung notwendig

9.47) oder Ionen gleicher Ladung aus der Membran- in die Messlösungsphase übertreten.

Im Unterschied zu den konventionellen potentiometrischen ionenselektiven Elektroden erlaubt dieser Funktionsmechanismus die Anwendung von ionenerkennenden Rezeptormolekülen, die das Primärion sowohl reversibel als auch irreversibel binden können. Darüber hinaus werden höherwertige Messionen im Gegensatz zur Potentiometrie hier sogar noch empfindlicher angezeigt. Dadurch eröffnen sich weitere Möglichkeiten für die Ionensensorik, die bisher verschlossen waren. Zur Bestimmung der Membranleitfähigkeit einer ionenselektiven Membran muss letztere mit mindestens zwei Elektroden in Kontakt stehen. In Hinblick auf die Reproduzierbarkeit, Miniaturisierbarkeit und insbesondere die Eignung zur Messung der elektrischen „Bulk"-Eigenschaften von dünnen Schichten sind Interdigitalelektroden-Arrays (IDs, siehe Abb 9.8, rechts) besonders gut als Transducerkomponente geeignet. In Abb. 9.48 ist der schematische Aufbau dargestellt.

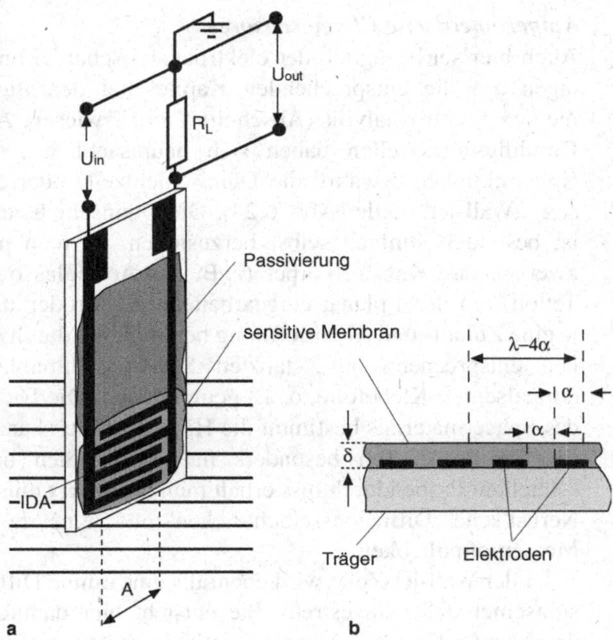


**9.48** Schematische Darstellung des Aufbaus ionenselektiver Leitfähigkeitssensoren: Das Interdigitalelektroden-Array (IDA), bestehend aus Platinelektroden mit einem Abstand von $\alpha = 10\ \mu m$, ist auf einem nichtleitenden Substrat aufgebracht. Eine IDA hat ca. 50 Einzelfinger und die Apertur des Arrays beträgt $A \approx 1$ mm. Der zentrale Teil des Sensorchips ist mit einer inerten Polymerschicht passiviert. Im unteren Bereich des Sensors befindet sich die ionenselektive Membran. Als eigentliches Messsignal wird der Spannungsabfall über dem Lastwiderstand $R_L$ genutzt, welcher proportional zur Membranleitfähigkeit ist.

Die Elektroden werden mit einer Wechselspannung bestimmter Frequenz und Amplitude angeregt. Aufgrund der periodischen Struktur des IDA schwächt sich das erzeugte elektromagnetische Feld exponentiell in das angrenzende Medium ab. Die für die Abnahme der Feldstärke charakteristische Länge ist ein Bruchteil der Periode des IDA λ. Das IDA ist nur sensitiv gegenüber den Bereichen des dielektrischen Materials (ionenselektive Membran), die sich im Abstand von etwa $2\alpha/\delta$ von der Oberfläche des IDA befinden. Die sensitive Membran bildet eine äußerst dünne Schicht (in der Größenordnung von wenigen µm) auf der Oberfläche des IDA und lässt sich durch Standardverfahren wie das Tauch- und Ziehverfahren *(dip-coating)* oder durch Mikrodosierung aus organischer Lösung abscheiden. Die Membranzusammensetzung besteht in der Regel aus 33 Gew.% Polymer (häufig PVC), 62 Gew.% Weichmacher (häufig o-NPOE) und 5 Gew.% der entsprechenden ionenerkennenden Komponente.

Zur Optimierung der geeigneten Frequenz und zur Verdeutlichung des Messprinzips zeigt Abb. 9.49 ein Impedanzspektrum eines auf Valinomycin basierenden Kaliumsensors bei unterschiedlichen $K^+$-Ionenkonzentrationen in 1 M $Ca(NO_3)_2$-Grundelektrolytlösung. Dass man neben dieser 1 M Lösung eines zweiwertigen Ions noch 1 µM $K^+$-Ionen erkennt, verdeutlicht die Selektivität und Empfindlichkeit dieser Methode.

Es wurde eine Reihe von ionenselektiven Leitfähigkeitssensoren zur Detektion physiologisch relevanter (z. B. $H^+$, $Li^+$, $K^+$, $Na^+$, $Ca^{2+}$) sowie umweltrelevanter Analytionen (z. B. $NH_4^+$, $Pb^{2+}$, $Hg^{2+}$, $Cd^{2+}$, $Cu^{2+}$, $Ag^+$) entwickelt. In Tab. 9.4 sind einige typische Sensorparameter dieser neuen Sensorklasse zusammengefasst. Die

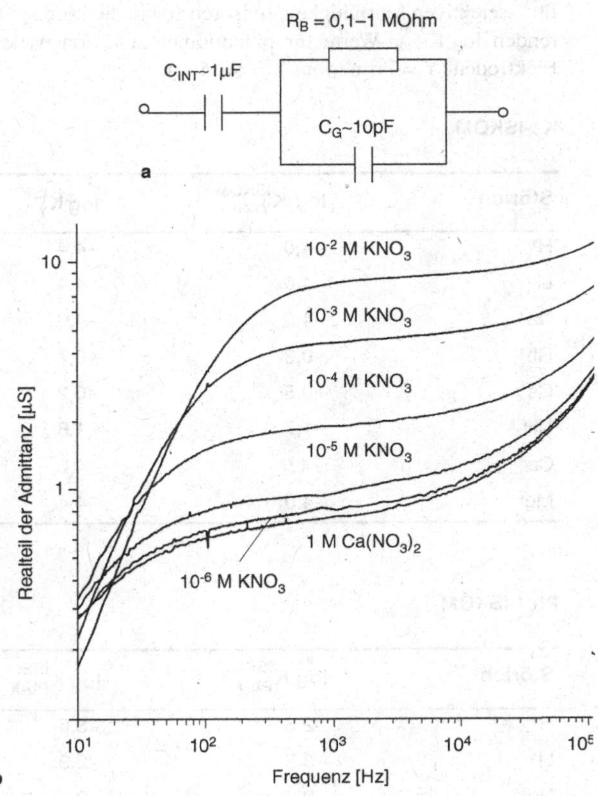


**9.49** Impedanzspektrum eines kaliumselektiven Leitfähigkeitssensors (b) und dazugehöriges elektronisches Ersatzschaltbild (a). Die eigentliche Messgröße ist $R_B$ (Bulk-Leitfähigkeit der ionenselektiven Membran. (Dissertation Niggemann, Münster 1999).

experimentell bestimmten Selektivitätskoeffizienten für zwei ausgewählte Sensoren ($K^+$ und $Pb^{2+}$) sind in Tab. 9.5 im Vergleich zu den korrespondierenden potentiometrischen Sensoren wiedergegeben.

**Tabelle 9.4** Typische Sensorcharakteristika von ionenselektiven Leitfähigkeitssensoren.

| Charakteristika | Größenordnung |
|---|---|
| Ansprechzeit $t_{95}$* | < 5 s |
| Nachweisgrenze | $10^{-7}$ M |
| Dynamischer Messbereich | $10^{-7}$–$10^{-1}$ M |
| Betriebsstabilität** | > 30 Tage |
| Lagerstabilität | > 1 Jahr |

* im Batch-Modus
** unter kontinuierlichen Durchflussbedingungen

**Tabelle 9.5** Selektivitätkoeffizienten log $K_{Y\text{-}X}^{ISKOM}$ von $K^+$- und $Pb^{2+}$-selektiven Leitfähigkeitssensoren sowie die korrespondierenden log $K_{Y\text{-}X}^{ISE}$-Werte für potentiometrische ionenselektive Elektroden (Y = Primärion, X = Störion).

**$K^+$-ISKOM**

| Störion | log $K_{Y\text{-}X}^{ISKOM}$ | log $K_{Y\text{-}X}^{ISE}$ |
|---|---|---|
| $H^+$ | −4,0 | −4,4 |
| $Li^+$ | −4,0 | −4,4 |
| $Na^+$ | −4,0 | −4,0 |
| $Rb^+$ | +0,3 | +0,7 |
| $Cs^+$ | −0,5 | −0,2 |
| $NH_4^+$ | −1,7 | −1,8 |
| $Ca^{2+}$ | −4,0 | −4,2 |
| $Mg^{2+}$ | −4,0 | −4,4 |

**$Pb^{2+}$-ISKOM**

| Störion | log $K_{Pb\text{-}X}^{ISKOM}$ | log $K_{Pb\text{-}X}^{ISE}$ |
|---|---|---|
| $H^+$ | −2,6 | −3,6 |
| $Li^+$ | −3,8 | −2,9 |
| $Na^+$ | −3,3 | −3,5 |
| $K^+$ | −3,5 | −3,7 |
| $NH_4^+$ | −3,7 | −3,9 |
| $Ca^{2+}$ | −1,7 | −5,3 |
| $Zn^{2+}$ | −3,8 | −5,2 |

Ionenselektive konduktometrische Mikrosensoren stellen eine äußerst interessante Alternative zu existierenden elektrochemischen Verfahren dar. Aufgrund der Vielzahl technologischer Vorteile dieses neuartigen Sensorkonzepts besitzen sie ein großes Potential für den Einsatz in unterschiedlichsten Anwendungsgebieten.

### *Amperometrische Chemosensoren*

Auch hier sei bezüglich der elektroanalytischen Grundlagen auf die entsprechenden Kapitel bei der allgemeinen Elektroanalytik (Abschnitt 7.1) verwiesen. Als Durchflussmesszellen haben sich hauptsächlich zwei Konstruktionen bewährt: die Dünnschichtzelle oder die sog. „Wall-jet"-Zelle (Abb. 6.24). Die Dünnschichtzelle ist besonders einfach selbst herzustellen, da man nur zwei planare Kunstoffkörper (z. B. aus Acrylglas oder Teflon) mit darin planar eingearbeiteten Elektroden und je eine Zulauf- und Ablauföffnung benötigt, die durch einen entsprechend ausgestanzten Spacer (Teflonblatt, doppelseitige Klebefolie, o. ä.) getrennt sind. Die Dicke des Spacermaterials bestimmt die Höhe des Fliesskanals für die Probe. Bei besonders flachen Kanälen und schnellem Probendurchfluss erhält man besonders dünne Nernst'sche Diffusionsschichtdicken und eine hohe Messempfindlichkeit.

Bei der Wall-jet-Zelle wird ebenfalls eine dünne Diffusionschichtdicke angestrebt. Sie entsteht hier dadurch, dass der Probenstrom mittels einer engen Düse mit hoher Geschwindigkeit senkrecht auf die Arbeitselektrode trifft und dann radial seitlich abfliest. Wegen der begrenzten Selektivität (bei Verzicht auf Quecksilber als Elektrodenmaterial stehen nur ca. 1 Volt zur Verfügung) haben sich amperometrische Chemosensoren ohne selektivitätserhöhende Maßnahmen für eine quantitative Einzelstoffanalytik nicht so stark wie die potentiometrischen Sensoren durchsetzen können. Allerding gibt es eine Ausnahme: den Clark'schen Sauerstoffsensor zur Messung des gasförigen oder des in Flüssigkeiten physikalisch gelösten Sauerstoffs (s. auch Abb. 10.5).

## Optische Chemosensoren

### *Photometrische Sensoren*

Bei einem photometrischen Sensor wird die Veränderung eines Lichtstrahls bei der Interaktion mit der Probe erfasst. Dazu wurden bereits in Kapitel 5 (UV-VIS-IR Spektrometrie) unterschiedliche Messanordnungen vorgestellt, die je nach Art der zugrunde liegenden Farbreaktion oder des verwendeten Indikators zur Bestimmung verschiedener Analyte geeignet sind. Dabei findet eine selektive, chemische Reaktion des Analyten mit einem Reagenz statt, bei der das Reaktionsprodukt mit elektromagnetischer Strahlung wechselwirkt. Diese Art von Durchflussphotometrie ist in der Mess- und Regeltechnik z. B. bei Abwasserbehandlungsanlagen weit verbreitet. Allerdings werden kaum optische Sensoren im engeren Sinne eingesetzt, da wegen einer pH-Wert-Einstellung sowie der Zudosierung weiterer Nachweisreagenzien sowieso größer dimensionierte Messgeräte erforderlich sind. Daher werden hier vorzugsweise Durchflussküvetten zusammen mit entsprechenden DIN-Verfahren eingesetzt.

***pH-Optoden***

Eine interessante Anwendung eines Lichtleiters als extrinsischer Transducer liegt beispielsweise in einer pH-Optode vor. Dabei wird das Licht an der Stirnseite des Lichtleiterkabels an kugelförmigen, pH-indikatorhaltigen Partikeln gestreut und zu einem Detektor zurückgeleitet. Dazu geeignet sind kommerziell erhältliche Y-förmige Lichtleiter, bei denen die einzelnen Fasern am gemeinsamen Ende statistisch gemischt vorliegen. Die Interaktion zwischen der Probe und dem Indikator wird dabei über $H^+$- und $OH^-$-permeable Membranen ermöglicht (Abb. 9.10). Als Indikatoren wurden sowohl klassische Indikatoren als auch fluoreszierende verwendet. Im ersten Fall wird dann entweder die Absorption der an einem Spiegel reflektierten Strahlung oder die Rückstreuung gemessen. Im Fall einer pH-abhängigen Indikatorfluoreszenz wird letztere bei der Wellenlänge ihrer maximalen Intensität gemessen. Diese optischen pH-Sensoren besitzen gegenüber elektrochemischen einen eingeschränkten Messbereich, der sich typischerweise über ein bis zwei Einheiten um den Umschlagpunkt des verwendeten Indikators erstreckt. Damit sind sie für eine allgemeine pH-Wert-Bestimmung nicht geeignet, innerhalb definierter pH-Intervalle aber durchaus konkurrenzfähig und empfindlich (±0,01 pH). Bei Verwendung mehrerer Indikatoren mit angrenzenden pK-Werten lässt sich ein größerer pH-Wert-Bereich messtechnisch abdecken.

Solche pH-Optoden finden darüber hinaus Verwendung als so genannte Subsensoren. Mit ihrer Hilfe werden andere Analyte, die eine Reaktion mit einer charakteristischen, stöchiometrischen pH-Wert-Änderung eingehen, bestimmt. Ein Beispiel ist die Detektion von Ammoniak, bei der das Gas in Wasser gelöst wird, wobei sich gemäß des Gleichgewichts

$$NH_3 + H_2O \rightarrow NH_4^+ + OH^- \qquad (9.12)$$

$OH^-$-Ionen bilden. Der pH-Wert wird ins Alkalische verschoben und mittels eines geeigneten Indikators optisch erfasst.

Ionenselektive Optoden sind ebenfalls einfach mittels der von den ISE bekannten elektroaktiven Verbindungen aufzubauen. Sie funktionieren analog der impediometrischen ionenselektiven Sensoren über eine ionenselektive Extraktion des Messions in die Membran; bei einer optischen Erfassung dieses Vorgangs ist zusätzlich ein lipophiler Indikator in der Membranphase vorhanden, der z. B. bei der selektiven Extraktion von Kationen aus Gründen der Elektroneutralität eine entsprechende Menge Protonen in die Messlösung abgibt und dabei seine Farbe verändert. Man kann so eine Reihe von ionenselektiven Optoden herstellen, die ähnliche Eigenschaften wie die konduktometrischen Ionensensoren aufweisen. Allerdings muss hierbei beachtet werden, dass das betreffende Analyt-Gegenion die Extraktion des Messions nicht beeinflusst. Hier ist eine gewisse Abhängigkeit von der Lipophilie festzustellen, weshalb man versucht, diesen Einfluss durch Zugabe eines gleich bleibenden Überschusses an betreffenden Gegenionen zu nivellieren. Da man wegen des Protonentransportes aus der Membran heraus sowieso eine Pufferung benötigt, kann man hier so verfahren wie bei den TISAB-Lösungen im Falle der ISE und die Proben mit dieser Lösung einfach in einem festen Verhältnis verdünnen.

Nach einem ähnlichen Prinzip sind auch eine Reihe von optischen Biosensoren entwickelt worden, in denen durch eine selektive enzymatische Reaktion Säuren, Basen oder direkt Protonen frei- oder umgesetzt werden. So lässt sich beispielsweise Glucose mittels des Enzyms

---

**Wie genau sind optische pH-Wert Bestimmungen?**

Bei den pH-Optoden muss beachtet werden, dass mittels pH-sensitiver Indikatoren immer nur die lokale $H_3O^+$-Ionenkonzentration und nicht die Wasserstoffionen*aktivität* gemessen wird, die der Definition des pH-Wertes zugrunde liegt. Die unter anderem auch von der Ionenstärke der Messlösung abhängige Aktivität wird nur bei der elektrochemischen Messung erfasst! Daher muss bei einer optischen Bestimmung diese Abhängigkeit mit in die Kalibration eingehen und die Ionenstärke konstant gehalten werden. Aus diesem Grund kann eine messtechnisch mögliche Auflösung von 0,01 pH-Einheiten bei optischen Messungen nicht als echte Messgenauigkeit angesehen werden.

---

Glucoseoxidase selektiv zur Gluconsäure oxidieren, die durch die damit einhergehende pH-Wertänderung detektierbar wird. Nachteilig ist, dass die Enzyme in solchen Biosensoren normalerweise gepufferte Medien benötigen; bei Reaktionen mit typischerweise schwachen pH-Wertänderungen ist die Empfindlichkeit durch den großen Einfluss der Pufferkapazität eingeschränkt.

### *$O_2$-Optode*

Sauerstoff als Diradikal ist als effektiver Fluoreszenzlöscher bekannt. Es ist also nahe liegend, diese Eigenschaft zum quantitativen Nachweis von Sauerstoff auszunutzen. Bei den inzwischen auch kommerziell erhältlichen $O_2$-Optoden wird die Fluoreszenz bestimmter Farbstoffe, wie z. B. von polycyclischen Aromaten (Pyren, Perylen o. ä.) oder spezieller Rutheniumkomplexe durch molekularen Sauerstoff „gequencht" (vom englischen *to quench* für löschen, dämpfen), was nach der Stern-Vollmer-Gleichung eine hyperbolische Kalibrierfunktion ergibt. Abbildung 9.50 a–c zeigen die Strukturformel und das Absorptions- und Emissionsspektrum einer für diese Zwecke bevorzugten Rutheniumverbindung.

Wenn man die sauerstoffsensitive Membran vor Sonnenlicht schützt und durch eine nur für Sauerstoff durchlässige Membran andere störende Stoffe ausschließt, kann man stabile Kalibrierkurven erhalten (Abb. 9.51).

Weil es dabei zu keinem chemischen Umsatz oder Verbrauch von Sauerstoff kommt, treten einige damit zusammenhängende Probleme der elektrochemischen Sauerstoffbestimmung (z. B. die Rührempfindlichkeit bei der Messung des physikalisch in Flüssigkeiten gelösten Sauerstoffs) hierbei nicht auf. Vorteile bieten auch hier

**9.50 a** Strukturformel des fluoreszierenden Rutheniumkomplexes (Tris(4,7-Diphenyl-1,10-Phenantrolin))Ruthenium-II-Chlorid.

gasdurchlässige Membranen, die das Eindringen störender gelöster Stoffe verhindern. Drifterscheinungen bei sauerstoff- und kohlendioxidmessenden Optoden rühren überwiegend von der mangelnden Photostabilität der Farbstoffmoleküle her. Sie lassen sich aber umgehen, wenn man anstelle der Fluoreszenzintensität die zeitverzögerte Fluoreszenz oder die darauf basierene Phasenverschiebung zwischen Angegungs- und Emissionsfre-

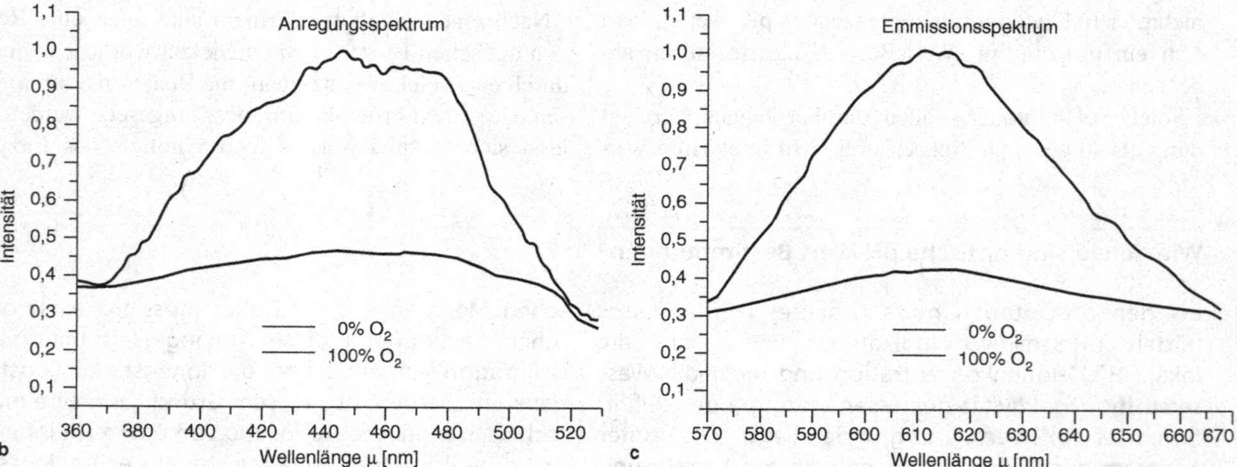


**9.50 b, c** Absorptionsspektrum dieses Rutheniumkomplexes aus Abb. 9.50 a (b). Emmissionsspektrum dieses Rutheniumkomplexes (c) (Diplomarbeit Brinkmann, Emden 2000).

## Fehlermöglichkeiten bei optischen Sensoren

Zu den Vorteilen der optischen Sensoren zählt zweifelsohne, dass sie im Gegensatz zu den elektrochemischen nicht durch starke elektrische oder magnetische Störfelder, die in Leitern störende Spannungen und Ströme induzieren können, beeinflusst werden und dass bei ihrer klinischen Anwendung die galvanische Entkoppelung automatisch gegeben ist. Häufig wird zu den Vorteilen gegenüber den entsprechenden elektrochemischen Methoden auch noch gezählt, dass sie keine potentialkonstante Bezugselektrode benötigen, die schwierig zu miniaturisieren ist und bei kontinuierlichen Messungen Instabilitäten zeigen kann. Dabei wird aber übersehen, dass eine Lichtintensitätsmessung auch einen Bezugspunkt (Ausgangsintensität $I_0$ bei Absorptionsmessungen, Lichtintensität nach Durchqueren einer Küvette mit den analytfreien Chemikalien, Intensität des Anregungslichtes bei Fluoreszenzmessungen oder die Ausgangssituation bei den optischen Methoden zur Erfassung effektiver Veränderungen der Brechungsindices) benötigt und dass dieser sich während des Mess- oder Registriervorgangs nicht verändern darf. Nicht umsonst wird in der traditionellen optischen instrumentellen Analytik das Zweistrahlprinzip angewandt oder auf gespeicherte Referenzspektren bezogen. Auch bei Verwendung von Wechsellicht ist der in Abschnitt 5.5 beschriebene Effekt einer Detektorsättigung durch einen zu intensiven Gleichlichteinfall zu beachten!

Bei den optischen Chemosensoren auf der Basis traditioneller Reagenzien, die entweder eine photometrierbare Verbindung mit dem Analyten eingehen oder zu einer fluoreszierenden Verbindung führen, deren Intensität konzentrationsproportional ist, treten natürlich die gleichen Selektivitätsprobleme wie bei der traditionellen Analytik mittels Messung in Küvetten auf. In den seltensten Fällen wird die Selektivität des analyterkennenden Reagenzes durch die Immobilisierungsmethode gesteigert. Bei allen optischen Chemosensoren auf der Basis einer Fluoreszenzmessung muss eine Störung durch sog. Fluoreszenzlöscher ausgeschlossen werden. Wegen dieser Unsicherheit, die natürlich bei Umweltanalysen mit unbekannter Matrix noch ausgeprägter ist, wurden die wenigen kommerziell erhältlichen Optoden vorzugsweise für den klinisch-chemischen Bereich entwickelt. Allgemein kann festgestellt werden, dass mit Ausnahme der $O_2$-Optode die wenigsten Optoden für den umweltanalytischen Einsatz unter realen Feldbedingungen mit realen, matrixbehafteten Proben überzeugend validiert wurden.

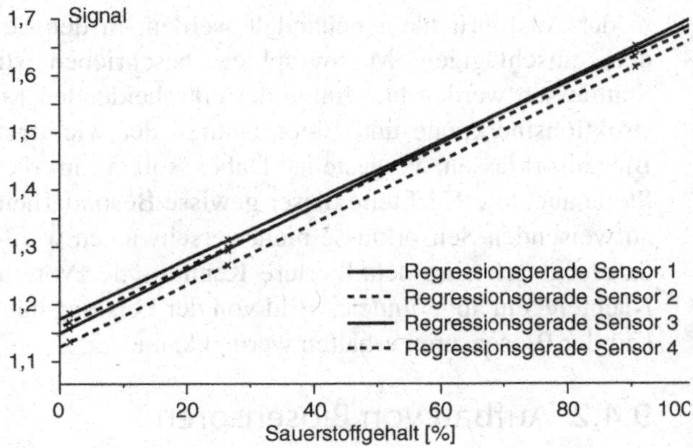


**9.51** Kalibrierkurve verschiedener $O_2$-Optoden auf Rutheniumkomplex-Basis nach 7-tägigem Einsatz (Diplomarbeit Brinkmann, Emden 2000). Ein ansteigendes Signal resultiert aus einer elektronischen Inverterschaltung und der speziellen Messmethode auf Basis einer zeitaufgelösten Phosphoreszensmessung.

quenz misst. Dazu braucht man sehr schnell ansprechende Detektoren und Verstärker, die aber verfügbar sind.

### *Optische Multi-Analyt-Sensoren*

Die simultane Anzeige von mehreren Analyten mittels einer einzigen analytischen Technologie hat einen gewissen Charme, weil man nicht völlig unterschiedliche physikalische Prinzipien mit unterschiedlichen Aufbauten und Anforderungen kombinieren muss. Abbildung 9.52 zeigt ein schönes Beispiel, wie man mit einem Dreifaserbündel simultan den pH-Wert, den Sauerstoff- und den $CO_2$-Gehalt erfassen kann. Die Miniaturisierung erlaubt beispielsweise eine *in vivo*-Anwendung dieser Sensoranordnung.

Das Hauptproblem optischer Chemosensoren ist die dauerhafte Immobilisierung des analyterkennenden Reagenzes, das mit dem Analyten chemisch reagieren und daher in direkten Kontakt mit der Probe treten muss. Die optimale Immobilisierungstechnik gibt es noch nicht.

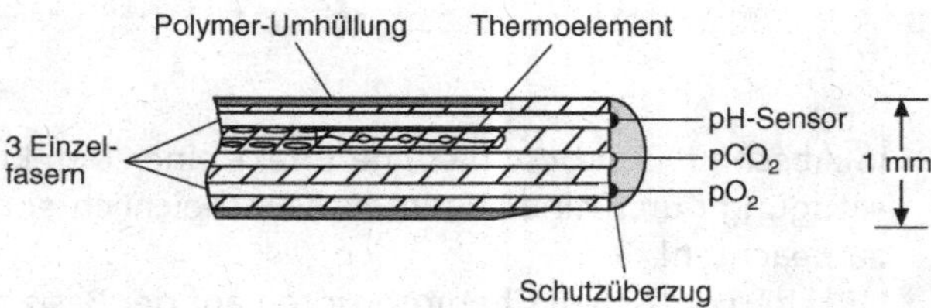


**9.52** Miniaturisierte Optode zur *in vivo*-pH-, $O_2$- und $CO_2$-Messung nach Wolfbeis.

Werden die Reagenzien, die spezifisch nur mit dem Analyten reagieren sollen, kovalent chemisch im optischen Strahlungsgang eines faseroptischen Lichtleiters gebunden, so können sich ihre Eigenschaften (Selektivität, Spektrum, Reversibilität, Kinetik etc.) wegen der zusätzlichen chemischen Bindung entscheidend ändern. Außerdem ist u. U. eine derartige Immobilisierungschemie für preiswerte Optoden zu teuer. Werden die analytbindenden Reagenzien aber nur adsorptiv oder in einer bestimmten Matrix gelöst verwendet, so kommt es nach dem Nernst'schen Verteilungssatz zu einer ständigen Auswaschung dieser Reagenzien, die einer längeren, kontinuierlichen Messung eines bestimmten Analyten im Wege steht. Aus diesem Grunde werden die Reagenzien für die Photometrie oder Fluorimetrie häufig zusätzlich derivatisiert, um dadurch beispielsweise die Lipophilie zu erhöhen, sodass sie in einer unpolaren Matrix oder einer RP-18-analogen Oberfläche länger zurückgehalten werden. Trotz eines sehr vorteilhaften Verteilungskoeffizienten, der zur Auswaschung schon beträchtliche Mengen an wässrigen Lösungen benötigen würde, können biologische Flüssigkeiten doch ein Problem hinsichtlich der weniger günstigen Verteilungskoeffizienten darstellen und die Lebensdauer derartiger Chemosensoren drastisch verkürzen.

Optisch erfassbare Substanzen absorbieren Lichtenergie und werden dabei elektronisch angeregt. Diese Energieübertragung führt zu den bekannten angeregten Molekülzuständen, die aber auch zu chemischen Veränderungen (Photo-Abbau, Photodegradation) führen können, was als Ausbleicheffekt bekannt ist. Dieser Effekt ist natürlich bei UV-Licht-Absorption am ausgeprägtesten. Dies bedeutet beim optischen Chemosensor eine driftende Anzeige und ein Nachlassen der Empfindlichkeit (abnehmende Steigung der Kalibrierkurve).

# 9.4 Biosensoren

## 9.4.1 Allgemeines

Biosensoren haben in den letzten Jahren in viele Gebiete der analytischen Chemie Einzug gehalten. Sie werden in der klinischen Analytik und in zunehmendem Maße auch bei der Prozesskontrolle von Fermentationen sowie in der Umwelt- und Lebensmittelanalytik eingesetzt. Ihr großer Vorteil liegt in der schnellen und äußerst spezifischen Erkennung einzelner Stoffe bzw. Stoffgruppen, die sogar in so komplexen Medien wie z. B. Blut möglich ist. Vor der Analyse ist daher in der Regel keine aufwändige Abtrennung von Komponenten der Probe notwendig, wie sie andere Messverfahren erfordern.

Biosensoren unterscheiden sich von etablierten Laborautomaten und Analysengeräten wie Gas- und Flüssigkeitschromatographieanlagen durch niedrige Anschaffungs- und Betriebskosten, ihre einfache Bedienung und die Tatsache, dass Analysen direkt am Ort, an dem Proben anfallen, durchgeführt werden können. Somit entfällt der meist zeitaufwändige Transport der Proben ins Labor zum Analysengerät, weil Biosensoren am Probenort aufgestellt oder ohne Schwierigkeiten dorthin mitgenommen werden können. Darüber hinaus liefern sie das Analysenergebnis in der Regel ohne Zusatz von Reagenzien innerhalb weniger Minuten. Bei der Überwachung von Grenzwerten können sie zum schnellen Screening von Proben dienen. Nur beanstandete Proben werden dann zur weiteren Untersuchung mit Referenzmethoden in ein Labor gebracht.

Im Rahmen dieses Lehrbuchs für Instrumentelle Analytische Chemie können die Biosensoren natürlich nicht in der Ausführlichkeit behandelt werden, in der sie in den einschlägigen Monographien beschrieben sind. Stattdessen werden nur einige der entscheidenden Konstruktionsmerkmale und Eigenschaften der wichtigsten Biosensorklassen vorgestellt. Dabei sollen an dieser Stelle auch die Nachteile dieser gewisse Besonderheiten aufweisenden Sensorklasse nicht verschwiegen werden, da erst durch eine detailliertere Kenntnis der Vor- und Nachteile ein abgerundetes Bild von der Leistungsfähigkeit der Biosensoren erhalten werden kann.

## 9.4.2 Aufbau von Biosensoren

Zurzeit arbeitet ein Ausschuss der International Union of Pure and Applied Chemistry (I.U.P.A.C.), die für chemische Nomenklaturfragen zuständig ist, an der Formulierung der Definition des Begriffs „Biosensor" und zwar zunächst am Beispiel der elektrochemischen Biosensoren. Der Begriff selbst wurde schon 1977 von Cammann eingeführt. Auch ohne diese festgeschriebene Definition herrscht jedoch Übereinstimmung, dass Biosensoren folgendermaßen aufgebaut sind:

Biosensoren stellen eine Untergruppe der Chemosensoren dar und setzen sich aus einer selektiven biologischen Komponente und einem Transducer zusammen. Dieser wandelt die chemischen oder physikalischen Veränderungen, die von der biologischen Komponente bei Erkennung des Analyten hervorgerufen werden, in ein elektrisches Signal um. Durch die Immobilisierung der biologischen Komponente auf dem Transducer wird ihre enge räumliche Kopplung erreicht.

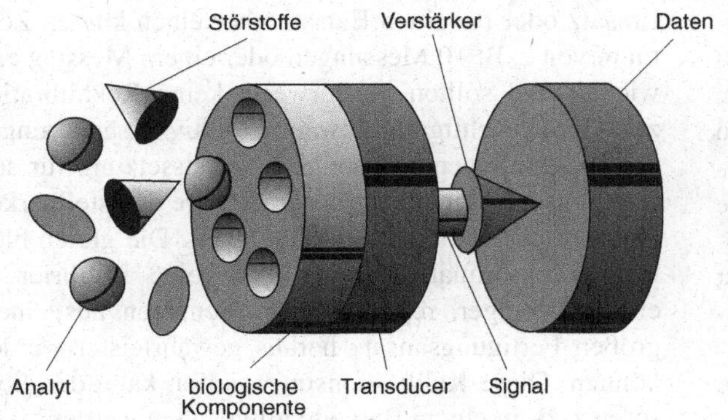


**9.53** Prinzipieller Aufbau von Biosensoren; nach der I.U.P.A.C. sollen biologische Komponente und Transducer eng verbunden sein.

Die biologisch aktive Komponente, die mit der Probelösung in Kontakt steht, ermöglicht die selektive Stofferkennung. Aus allen verschiedenen Komponenten einer komplexen Probe wird idealerweise nur die zu bestimmende Substanz von „ihrer" biologischen Komponente erkannt. Derzeit ist nur ein kleiner Anteil der immensen Vielfalt der in der Natur vorkommenden biologischen Komponenten mit selektiven Rezeptoreigenschaften isoliert und kommerziell verfügbar, um sie unmittelbar zur Herstellung von Biosensoren nutzen zu können. Daher werden weltweit derzeit große Anstrengungen beim Screening und der Aufreinigung neuer Organismen, Antikörper, Enzyme und Nukleinsäuresequenzen zur Lösung von speziellen analytischen Problemen unternommen. Leider existieren analytumsetzende Enzyme nicht für alle denkbaren Analyte, sondern evolutionsgeschichtlich bedingt, nur für biochemisch wichtige Stoffwechselmetabolite. Beim Einsatz von Antikörpern zur Analyterkennung ergeben sich in der Regel ab einer bestimmten Analytmolekülgröße weniger Einschränkungen bezüglich der detektierbaren Substanzen, da für die meisten Stoffe Antikörper erzeugt werden können. Zum Design erfolgversprechender Biomoleküle werden selbstverständlich auch Computermodellierung und gentechnische Methoden eingesetzt.

Die Analyterkennung hat eine Änderung der physikalischen oder chemischen Eigenschaften der Reaktionspartner zur Folge. Man unterscheidet in diesem Zusammenhang Metabolismus- und Affinitätssensoren.

Bei den Metabolismussensoren findet Stoffumsatz durch eine chemische Reaktion statt. Detektiert wird eine sich dabei ergebende Änderung der chemischen Eigenschaften. Beispiele dafür sind Enzymsensoren.

Bei den Affinitätssensoren findet kein Stoffumsatz statt. Gemessen wird die Änderung der physikalischen Eigenschaften wie z. B. Masse oder Brechungsindex oder der chemischen Eigenschaften einer nachgeschalteten Indikatorreaktion. Beispiele stellen Immunsensoren und Gensonden dar.

Die mit der Analyterkennung verbundene physikalische oder chemische Änderung wird vom Transducer erfasst und in ein elektronisches Signal umgewandelt, aus dem die Analysendaten erhalten werden. Tabelle 9.6 gibt einen Überblick über die Kombinationsmöglichkeiten von einsetzbaren biologischen Komponenten und verfügbaren Transducern.

**Tabelle 9.6** Beispiele von verwendeten Biokomponenten und Transducern.

| biologische Komponenten | Transducer |
|---|---|
| • Enzyme | • optische |
| • Nukleinsäuren | • kalorimetrische |
| • Antikörper | • akustische |
| • Rezeptoren | • piezoelektrische |
| • Lektine | • elektrochemische |
| • Transportproteine | – potentiometrische |
| • Mikroorganismen | – amperometrische |
| • ganze Zellen | – konduktometrische |
| • Zellorganellen | |

## 9.4.3 Biosensoren im weiteren Sinn

Voraussetzung für die Funktion eines Sensors ist, dass er in der Lage ist, seine Messgröße sowohl in Richtung ansteigender als auch abnehmender Konzentrationsänderungen anzuzeigen. Kann ein Sensor wegen seines Analyterkennungsprinzips abfallende Konzentrationen nicht verzögerungsfrei anzeigen, so spricht man besser von einem Analytdosimeter oder im Englischen im Zusammenhang mit biologischen Komponenten von *bioprobe* (was am besten mit „Biosonde" zu übersetzen ist). Auch Messvorrichtungen mit analyterkennender biologischer

Komponente, die nur einmal benutzt werden können, stellen keine Biosensoren im engeren Sinne dar; auch nicht, wenn das konzentrationsabhängige Messsignal mittels eines Instrumentes (Reflexionsphotometer oder Volt- oder Amperemeter) ausgelesen werden kann. Sie stellen vielmehr Weiterentwicklungen von mit dem Auge auswertbaren so genannten trockenchemischen Teststreifen dar, bei denen die Objektivität und Genauigkeit bei der Messung gesteigert wurde. Stehen Sensor und biologische Komponente nicht in engem räumlichen Kontakt, so handelt es sich ebenfalls nicht mehr um Biosensoren im engeren Sinn, aber auch diese Anordnung hat durchaus ihre Vorteile. So kann in einem Fließsystem die immobilisierte biologische Komponente, die z. B. ein Enzymreaktor oder eine Antikörpersäule sein kann, bequem ausgetauscht werden, um dann einen anderen Analyten mit demselben Analysensystem bestimmen zu können. Ein weiterer Vorteil solch eines Messaufbaus besteht darin, dass in einem Reaktor eine größere Menge meist nach der aktiven biologischen Komponente immobilisiert werden kann als z. B. auf einem planaren meist noch miniaturisierten Transducer. Dadurch steht ein größeres Reservoir an biologischer Komponente zur Verfügung, sodass sich eine teilweise Inaktivierung durch schädliche Umwelteinflüsse weniger bemerkbar macht. Außerdem sind so beispielsweise Mikrosysteme denkbar, die im Prinzip eine winzige, austauschbare Kartusche mit einem immobilisierten Enzym (analog einer Tintenpatrone bei einem Füllfederhalter) enthalten und nur wenige Mikroliter Probe automatisch in ein Durchflusssystem einbringen, in das ein Chemosensor kurz hinter einem Enzymreaktor integriert ist. Sie könnten sich automatisch kalibrieren, hätten wegen des austauschbaren Enzymreaktors eine praktisch unbegrenzte Lebensdauer und könnten sogar kleiner und kompakter als traditionelle Biosensoren aussehen. Analog sind auch miniaturisierte Immuno-Assays mithilfe der Fließinjektionsanalyse (vgl. Abschnitt 9.6) möglich, denen man von außen und anhand der Signal-Ansprech- und vor allem -Abfallzeiten nicht anmerkt, dass sie mittels einer Regeneration oder unter langsamem Verbrauch oder Erneuerung ihrer analyterkennenden Oberfläche arbeiten.

Charakteristisch für Assays ist, dass ein Teil der Probe (Aliquot) entnommen wird und weitere Operationen (Reagenzienzugabe, Waschschritte, etc.) auf dem Labortisch zur Analytbestimmung durchgeführt werden müssen (siehe auch Abschnitt 8.3). Charakteristisch für Sensoren oder Sonden ist dagegen, dass sie beim Messvorgang in die betreffende Probe getaucht werden oder die Probe an ihrer sensitiven Schicht in einer Durchflussmessung vorbeigeführt wird. Abhängig vom analytischen Problem können also mit den Biosensoren zwei Wege zur Analyse der Proben beschritten werden:

- Erstens können die Biosensoren in Fließsysteme integriert werden, sodass komplette Analysengeräte erhalten werden, die für kontinuierliche (Überwachungs-) Messungen oder für automatisierte Analysen eingesetzt werden können. Diese Fließsysteme bieten die Möglichkeit, die Sensoren zwischen den Messungen zu spülen und so die Arbeitsstabilität der Sensoren zu erhöhen. Außerdem erlauben sie automatische Rekalibrationen der Sensoren.
- Zweitens können sie als Einwegsensoren benutzt werden, die mit einem tragbaren, signalverarbeitenden Anzeigegerät zur Vor-Ort-Analyse eingesetzt werden können. Solche Sensoren werden für einen einmaligen Einsatz oder für einen Einsatz über einen kurzen Zeitraum von z. B. 10 Messungen oder einem Messtag entwickelt und sollten idealerweise keine Rekalibration zur Berücksichtigung etwaiger Aktivitätsänderungen der Biokomponente benötigen. Voraussetzung für solche Sensoren ist ihre reproduzierbare Herstellbarkeit und ihre ausreichende Lagerfähigkeit. Die gleich bleibende Sensorqualität muss durch eine Kalibrierung einiger weniger, repräsentativer Sensoren aus einem großen Fertigungsansatz heraus gewährleistet werden können. Diese Kalibrationsinformation kann den Sensoren z. B. in einem Barcode mitgegeben werden.

### 9.4.4 Immobilisierung der biochemischen Komponenten

Durch die Immobilisierung der biologischen Komponente können gegenüber den Assays mit gelösten Biokomponenten zwei Vorteile erreicht werden:

- Zum einen können die biologischen Komponenten, auch aufgrund der stabilisierenden Wirkung der Immobilisierung viele Male wiederverwendet werden, was mit einer erheblichen Kostenreduktion verbunden ist.
- Zum anderen entfallen durch die Immobilisierung einige Arbeitsgänge bei der Testdurchführung somit können schnelle Vor-Ort-Analysen realisiert werden und die Immobilisierung lohnt sich sogar, wenn die Sensoren nur einmal eingesetzt werden.

Zur Konstruktion der ersten Biosensoren in den 60er Jahren wurden in Puffer gelöste Enzyme physikalisch hinter einer Dialysefolie, die eine Ausschlussgrenze weit unterhalb der molekularen Masse der Enzyme aufwies, vor den Transduceroberflächen fixiert. Mit diesen Sensoren konnten mehrere Kalibrationen und Analysen hintereinander durchgeführt werden, doch zeigten die Sensoren lange Ansprechzeiten und geringe Signale, da die Substrate und Produkte der enzymatischen Reaktion erst durch die eingeschlossene Enzymlösung diffundieren mussten. Ein Reißen der Dialysefolie führt zur Zerstörung der Sensoren.

Abbildung 9.54 zeigt weitere Immobilisierungsmethoden. Zur Herstellung von Sensoren werden heute solche bevorzugt, die auch für eine Fertigung größerer Stückzahlen geeignet sind.

Für Immunosonden und Assays hat sich die Adsorption an z. B. Kunststoffträger oder Glas und für Enzymsensoren der Einschluss in polymere Matrizes sowie die Quervernetzung der Enzyme untereinander mithilfe von bifunktionellen Reagenzien wie z. B. Glutaraldehyd bewährt. Eine besonders dauerhafte Immobilisierung stellt die kovalente Anbindung der Biomoleküle an Trägermaterialien (Transducer- oder Reaktoroberflächen) dar. Allerdings muss bei den kovalenten Immobilisierungsmethoden berücksichtigt werden, dass es bei den Biokomponenten aufgrund ihrer kovalenten Modifizierung zu einem nicht unerheblichen Aktivitätsverlust von bis zu 90% der Biokomponente, bezogen auf die gelöst eingesetzte Aktivität, kommen kann. Andererseits ist bei vielen immobilisierten Biokomponenten eine außerordentliche Stabilisierung ihrer Aktivität gegenüber Einfluss von pH-Schwankungen, Temperatureinflüssen, Lager- und Arbeitsstabilität beschrieben worden.

Um die Mischung aus biologischer Komponente und

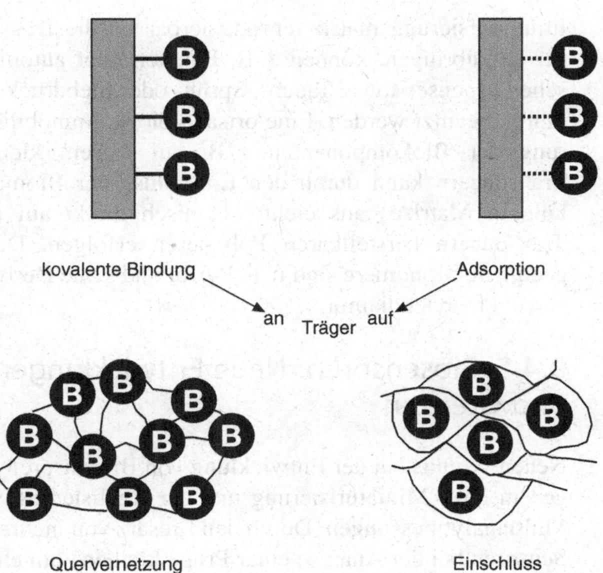


**9.54** Wichtige Immobilisierungsmethoden. B steht für Biokomponente.

## Revolutionieren Biosensoren die Analytik?

Bereits an dieser Stelle muss davor gewarnt werden zu glauben, mit Biosensoren ideale, universell einsetzbare Analyterkennungssysteme in Händen zu halten. So muss bei ihrem Einsatz generell beachtet werden, dass sowohl Zellen und Zellverbände als auch isolierte Proteinmoleküle durch äußere Einflüsse wie pH-Wert, Ionenstärke, oberflächenaktive Substanzen, Schwermetalle, Temperatur, etc. vor oder während der Messung verändert und so in ihrer biologischen Funktion oft irreversibel geschädigt werden können. Dies kann mit der Denaturierung beim Kochen eines Eis verglichen werden kann. Wie auch ein Ei bei ungeeigneter Lagerung faul wird, so können auch die biologischen Komponenten z. B. nicht unbegrenzt gelagert oder mit Heißdampf sterilisiert werden. Ist man sich aber der beim Einsatz von Biosensoren zu erfüllenden Randbedingungen bewusst und stimmt Anforderungen an die Leistungsfähigkeit der Sensoren und Sensordesign sowie ihre Integration in Analysengeräte sorgfältig aufeinander ab, so erlauben Biosensoren äußerst sensitive und selektive Analytbestimmungen.

Der Test von neu entwickelten Biosensoren mit wässrigen Kalibrationsstandards und die Untersuchung ihrer Lager- und Arbeitsstabilität ist dabei nur der erste Schritt auf dem Weg zu einem verlässlich funktionierenden Analysengerät und Teil der Validierung. Ausschließlich der Einsatz der Sensoren mit realen Proben kann die Einflüsse von Umgebungsbedingungen und Probenmatrixeffekten auf die Sensorsignale und die Schwachpunkte des Messsystems aufdecken. Mit den Biosensoren erhaltene Analysenergebnisse müssen kritisch mit den mit erprobten Referenzmethoden erhaltenen Analysenergebnissen verglichen werden. Falls diese Evaluierung keine überzeugenden Ergebnisse liefert, müssen die Sensoren und das Messsystem anhand der gewonnenen Erkenntnisse überarbeitet werden.

Für den praktischen Einsatz von Biosensoren wird daher ihre Lagerfähigkeit und ihre Beständigkeit gegenüber den Messbedingungen und den Matrixbestandteilen der Probe von entscheidender Bedeutung sein. Bei ihrer Weiterentwicklung werden die Schwerpunkte der Arbeiten somit auf der Erhöhung ihrer Stabilität und dem Einsatz neuer Biokomponenten liegen.

Immobilisierungsmatrix reproduzierbar auf die Transducer aufzubringen, können z. B. Pipetten oder automatische Dispenser sowie Tauch-, Sprüh- oder Siebdruckverfahren benutzt werden. Eine ortsaufgelöste Immobilisierung der Biokomponenten z. B. auf extrem kleinen Transducern kann durch den Einschluss der Biomoleküle in Matrizes aus elektrochemisch direkt auf den Transducern herstellbaren Polymeren erfolgen. Dafür geeignete Monomere sind u. a. Pyrrol und seine Derivate sowie Phenylendiamin.

### 9.4.5 Biosensoren: Neue Entwicklungen und Grenzen

Neuere Trends bei der Entwicklung von Biosensoren liegen in ihrer Miniaturisierung und der Realisierung von Multianalytmessungen. Durch den Einsatz von mehreren Sensoren bei der Analyse einer Probe können zum einen Bestimmungen von verschiedenen Analyten und zum anderen Mehrfachbestimmungen eines Analyten gleichzeitig vorgenommen werden. Bei Verwendung derartiger Sensoren werden somit vielfältige Informationen über die Zusammensetzung einer Probe simultan erhalten. Auf diese Weise sind Entscheidungen über die aufgrund der Analyse einzuleitenden Maßnahmen wesentlich schneller und fundierter zu treffen, als es bei der Konzentrationsbestimmung nur eines Inhaltsstoffes möglich wäre. So kann z. B. die Qualität und Frische einer Probe bewertet, die Zugabe von Nährstoffen zu einer Fermentation veranlasst, ein toxischer Effekt beurteilt oder auch eine medizinische Therapie eingeleitet werden.

Eine Miniaturisierung der Biosensoren bietet mehrere Vorteile:

- Erstens können die Voraussetzungen für die Mehrkomponentenanalyse durch die Integration von mehreren Sensoren in einem Sensor-Array geschaffen werden.
- Zweitens werden nur noch kleine Mengen der im Allgemeinen wertvollen biologischen Komponenten für die Fertigung von miniaturisierten Sensoren benötigt.
- Drittens ist durch den Einsatz von Produktionstechniken, die bisher der Mikromechanik und -elektronik vorbehalten waren, die reproduzierbare Serienproduktion miniaturisierter Biosensoren und dementsprechend auch die Herstellung von Einmalsensoren möglich.

### 9.4.6 Enzymsensoren

Bei vielen der in der Literatur beschriebenen und der z. z. kommerziell erhältlichen Biosensoren dienen Enzyme, bevorzugt Oxidasen, als biologische Komponenten und Elektroden als Transducer. Aufgereinigte Enzyme eignen sich ausgezeichnet als Biokomponenten, da sie ihre Substrate (Analyte) selektiv und mit hoher spezifischer Aktivität umsetzen. Von den aus Kapitel 8 her bekannten Enzymklassen haben sich die Oxidoreduktasen mit ihren 4 Unterklassen der Oxidasen, Dehydrogenasen, Peroxidasen und Monooxygenasen sowie die Hydrolasen, z. B. Urease und Cholinesterase als besonders zweckmäßig bei der Entwicklung von Enzymsensoren erwiesen. Sie werden gerne als Indikatorenzyme eingesetzt, da ihre Reaktionen einfach mit Chemosensoren für Sauerstoff, Wasserstoffperoxid und verschiedene Ionen detektiert werden können. Transferasen, z. B. Maltosephosphorylase, und Isomerasen, z. B. Mutarotase, katalysieren häufig den Indikatorreaktionen vorgeschaltete Spaltungen und Isomerisierungen.

**Anfänge der Enzymsensorik**

In ihrer Entwicklung gehen die Biosensoren auf die Arbeiten von Clark und Lyons zurück, die als Erste 1962 einen mehrfach verwendbaren Sensor mit immobilisiertem Enzym beschrieben und ihn zur Bestimmung der Glucosekonzentration in Blut einsetzten. Sie erreichten dies, indem sie Glucoseoxidase (GOD, EC 1.1.3.4) auf der gasdurchlässigen Membran eines ebenfalls von Clark erfundenen Sauerstoffsensors hinter einer Dialysemembran fixierten und die durch die enzymatische Umsetzung der Glucose hervorgerufene Abnahme des Sauerstoffmesssignals registrierten. Diese ist der Glucosekonzentration proportional, da die GOD die Oxidation von Glucose unter Verbrauch von gelöstem Luftsauerstoff nach folgender Reaktionsgleichung katalysiert:

$$\beta\text{-D-Glucose} + O_2 \xrightarrow{\text{GOD}} \text{D-Glucono-}\delta\text{-lacton} + H_2O_2$$

$$\text{D-Glucono-}\delta\text{-lacton} + H_2O \longrightarrow \text{D-Gluconat}^- + H^+ \tag{9.13}$$

Die Firma Yellow Springs Instruments (YSI) nutzte als erste das Clark'sche Patent zur Entwicklung von verschiedenen Analysengeräten, deren Nachfolger bis heute als zuverlässige Vergleichsgeräte zur Evaluierung von neuen Sensoren herangezogen werden.

Guilbault et al. stellten 1969 einen potentiometrischen Enzymsensor zur Harnstoffmessung vor. Dazu immobilisierten sie das Enzym Urease (EC 3.5.3.5), das die Hydrolyse von Harnstoff selektiv katalysiert, vor der Oberfläche einer ammoniumsensitiven Elektrode:

$$\underset{\text{Harnstoff}}{H_2N\text{-}CO\text{-}NH_2} + H_2O \xrightarrow{\text{Urease}} CO_2 + 2\,NH_3 \tag{9.14}$$

Je nach dem pH-Wert der Messlösung liegen die Produkte dieser enzymatischen Reaktion teilweise oder ausschließlich in ionischer Form vor.

$$2\,NH_3 + CO_2 + 2\,H_2O \longrightarrow 2\,NH_4^+ + OH^- + HCO_3^- \quad (9.15)$$

Diese Beispiele machen deutlich, dass zur erfolgreichen Entwicklung von Enzymsensoren sowohl ein geeignetes analytumsetzendes Enzym oder Enzymsystem bekannt als auch ein zuverlässiger Chemosensor zur Detektion eines der Edukte oder Produkte der enzymatischen Reaktion verfügbar sein muss. Ein vollständiger Umsatz des Enzymsubstrates ist dabei nicht erforderlich, da die Konzentrationsänderung des Analyten unter gleich bleibenden Reaktionsbedingungen über die Kalibrierung mit Standardlösungen ermittelt wird.

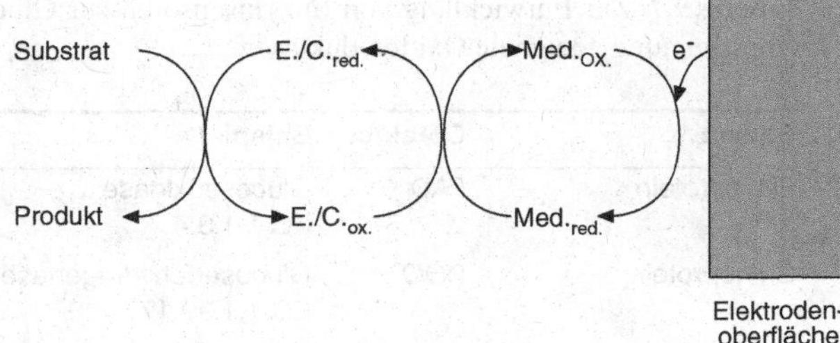


**9.56** Reaktionsschema eines amperometrischen Enzymsensors mit Mediatorzusatz; E.: Enzym; C.: Coenzym; Med.: Mediator.

**Kombination von Transducern und Enzymen am Beispiel der Glucosebestimmung**

Betrachten wir nun zuerst die Möglichkeiten bei der Auswahl geeigneter Transducer. Als Beispiel dazu soll die Glucosebestimmung mit der schon von Clark verwendeten GOD dienen, die wegen ihrer ausgezeichneten Stabilität und ihrer hohen Aktivität von Wilson und Turner als ideales Biosensorenzym bezeichnet wurde. Im Folgenden werden an der von ihr katalysierten Oxidation von Glucose zu Gluconsäure (Abb. 9.55) die Möglichkeiten, verschiedene Transducer zum quantitativen Glucosenachweis einzusetzen, diskutiert.

Der Sauerstoffverbrauch kann nicht nur amperometrisch mit einem Sauerstoffsensor bei −600 mV *vs.* Ag/AgCl, sondern auch optisch mit einer Optode mittels eines immobilisierten Farbstoffs, dessen Fluoreszenz in Gegenwart von Sauerstoff gequencht wird, bestimmt werden. Alternativ dazu kann die Bildung von Wasserstoffperoxid elektrochemisch bei +600 mV vs. Ag/AgCl, photometrisch mit einer Peroxidase katalysierten Farbentwicklung oder chemoluminometrisch nachgewiesen werden. Die bei der Reaktion frei werdende Wärme kann mit Thermoelementen oder Thermistoren und die pH-Wertänderung potentiometrisch mit pH-Elektroden, z. B. mit einem ISFET, oder optisch mit einem pH-sensitiven Fluoreszenzfarbstoff ermittelt werden.

Elektronenüberträger, auch Mediatoren genannt, wie z. B. Ferrocenderivate, können den Sauerstoff bei der enzymatischen Reaktion ersetzen. Dabei übernimmt, wie in Abbildung 9.56 dargestellt, die reduzierte Form des Mediators die Redoxäquivalente vom Enzym, bei der GOD also von ihrem Coenzym FAD. Die Regeneration des Mediators wird elektrochemisch durchgeführt und dient dabei gleichzeitig zur Detektion. Mediatoren bieten die Vorteile, dass die Reaktion nicht mehr von der Sauerstoffkonzentration in der Matrix abhängt und dass sie bei geringeren Potentialen für die Oxidation des $H_2O_2$ detektiert werden können. Somit vermindert sich der Einfluss von Störsubstanzen (s. u.) auf die Messung. Geeignete Mediatoren sind reversible Redoxsysteme mit hoher Austauschstromdichte und einem Redoxpotential im Bereich des betreffenden Coenzyms.

Außer der GOD können auch Dehydrogenasen zur biosensorischen Detektion von Glucose herangezogen werden. Die drei in Tabelle 9.7 aufgeführten glucoseumsetzenden Enzyme unterscheiden sich u. a. durch ihre Coenzyme.

Die nyridinnukleotidabhängige Glucosedehydrogenase (GDH, EC 1.1.1.47) katalysiert die folgende Reaktion, die die Zugabe des gelöstem Coenzyms $NAD^+$ erfordert.

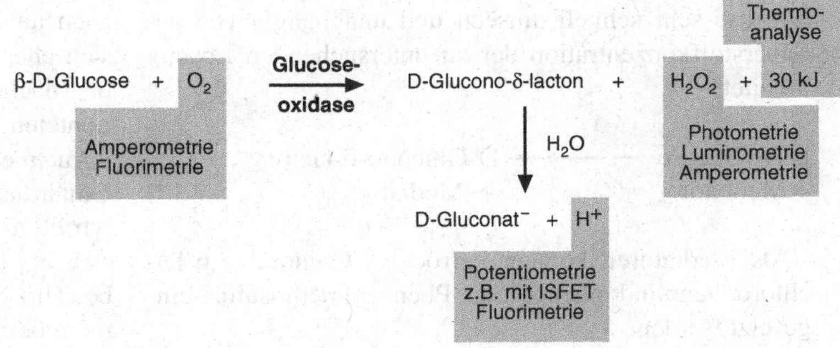


**9.55** Einsatzmöglichkeiten verschiedener Detektionsprinzipien bei der Glucosebestimmung mittels Glucoseoxidase.

**Tabelle 9.7** Zur Entwicklung von Enzymsensoren zur Glucosebestimmung geeignete Oxidoreduktasen.

| Enzym | Cofaktor | Beispiel |
|---|---|---|
| Flavoprotein | FAD | Glucoseoxidase EC 1.1.3.4 |
| Chinoprotein | PQQ | Glucosedehydrogenase EC 1.1.99.17 |
| pyridinnucleotid-abhängige Dehydrogenasen | $NAD^+$ $NADP^+$ | Glucosedehydrogenase EC 1.1.1.47 |

$$\beta\text{-D-Glucose} + NAD^+ \xrightarrow{\text{GDH}} \text{D-Glucono-}\delta\text{-lacton} + NADH + H^+ \quad (9.16)$$

Die Detektion des entstehenden NADHs kann photometrisch, fluorimetrisch oder elektrochemisch erfolgen. Bei der elektrochemischen Detektion können wiederum Mediatoren eingesetzt werden, die dabei als Elektronenüberträger zwischen NADH und Arbeitselektrode fungieren. Dazu haben sich Mediatoren aus den Gruppen der Phenazine und Phenoxazine bewährt. Um eine Zugabe der relativ kostspieligen $NAD^+$ und $NADP^+$s bei jeder Analyse zu vermeiden und damit der Anforderung nach reagenzlosen Sensoren nachzukommen, kann dieses niedermolekulare Coenzym ebenfalls immobilisiert werden. Dabei muss aber, wie auch bei der Immobilisierung von Mediatoren, darauf geachtet werden, dass eine gewisse Mobilität gewahrt bleibt und sie ihre Elektronenüberträgerfunktion noch wahrnehmen können. Eine elegante Lösung dieses Problems besteht darin, beide kovalent an ein hochmolekulares Molekül wie Polyethylenglykol (PEG) anzubinden und das Kopplungsprodukt hinter einer Dialysemembran zurückzuhalten. Eine andere Methode besteht darin, dem Apo- und dem Coenzym vor einer Einschlussimmobilisierung Gelegenheit zu geben, einen Enzym/Coenzymkomplex zu bilden. Es konnte gezeigt werden, dass so dem Auswaschen des Coenzyms entgegengewirkt werden kann.

Für die Verwendung der Pyrrolo-Chinolin-Chinon-abhängigen Glucosedehydrogenase (EC 1.1.99.17) spricht, dass sie keine Zugabe von freiem Coenzym erfordert, Glucose sehr schnell umsetzt und unabhängig von der Sauerstoffkonzentration der zu untersuchenden Lösung arbeitet.

$$\beta\text{-D-Glucose} + \text{Mediator}_{(ox)} \xrightarrow{\text{GDH-PQQ}} \text{D-Glucono-}\delta\text{-lacton} + \text{Mediator}_{(red)} \quad (9.17)$$

Als Mediatoren können Ferrocene, Chinone, 2,6-Dichlorophenolindophenol und Phenazinmethosulfat eingesetzt werden.

**Weitere wichtige Analyte**

Die wichtigsten Analyte, die außer der schon erwähnten Glucose und des Harnstoffs mit Enzymsensoren quantitativ bestimmt werden können, sind unter den Zuckern die Monosaccharide *Galactose* und *Fructose* und nach vorausgehender Hydrolyse Polysaccharide und die Disaccharide *Saccharose*, *Lactose* und *Maltose* sowie unter den organischen Säuren *Lactat*, *Pyruvat*, *Oxalat*, *Ascorbinsäure* und *Harnsäure*. Außerdem sind Sensoren zur Bestimmung von *Creatinin*, *Aminosäuren* und nach Hydrolyse auch *Peptiden*, *biogenen Aminen*, *Alkoholen*, ATP-Abbauprodukten wie *Hypoxanthin*, *Phosphat*, *Phenolen* und *Pestiziden* beschrieben worden.

**Immobilisierungseffekte**

Für jedes Enzym müssen für den jeweiligen Anwendungszweck eine zweckmäßige Immobilisierung und die optimalen Immobilisierungsbedingungen ausgewählt werden. Zur dauerhaften Immobilisierung z. B. eignet sich die kovalente Anbindung des Enzyms an Metallelektroden (mit Hydroxidschicht), an Glasoberflächen von optischen Transducern und an poröse Glaskügelchen mit kontrollierten Porendurchmessern (CPG) für Enzymreaktoren in Fließsystemen. Die Anbindung geschieht, wie in Abbildung 9.57 dargestellt, durch Silylierung der Oberflächen mit einem aminofunktionalisierten Alkoxysilan und anschließender Aktivierung mit Glutardialdehyd über die Aminofunktionen der Lysinseitenketten des Enzyms.

Es ist davon auszugehen, dass bei dieser kovalenten Anbindung auch mehrere Bindungen mit verschiedenen Aminogruppen eines Enzyms ausgebildet werden. Damit dabei die Enzymstruktur nicht zu sehr in ihrer molekularen Dynamik (*induced fit* bei der Substratumsetzung) beeinflusst wird, werden häufig längerkettige ($\geq 4$ $CH_2$-Einheiten) Spacer bei der Immobilisierung eingesetzt. Vorteilhaft für die Umsetzung ist es außerdem, wenn das aktive Zentrum für den Analyten leicht zugänglich ist. Besitzt man einige Kenntnisse über die Enzymstruktur, so kann man beispielsweise versuchen, das aktive Zentrum durch ein Substratderivat so zu blockieren und zu orientieren (z. B. durch viele gleichnamige Ladungen oder hydrophobe Eigenschaften, wie sie auch auf der Transduceroberfläche herrschen), dass es sich eher zur Messlösung und weniger zur Transduceroberfläche hin ausrichtet. Man spricht dann von einer gerichteten Immobilisierung.

Auch eine Quervernetzung der Enzymmoleküle mit Glutardialdehyd in Gegenwart eines anderen, nicht katalytisch aktiven Proteins, meist Rinderserumalbumin, hat sich bei der Entwicklung von Enzymsensoren vielfach bewährt. Je nach Art des Enzyms muss dabei ein Optimum bezüglich der verwendeten Mengen Dialdehyd und

Alkylaminkupplung

–OH, –OH + $(EtO)_3Si(CH_2)_3NH_2$ → (− 2 EtOH) –O, –O >Si< $OCH_2CH_3$, $O(CH_2)_3NH_2$

Glutardialdehydaktivierung

–O, –O >Si< $OCH_2CH_3$, $O(CH_2)_3NH_2$ + $HC(=O)(CH_2)_3CH(=O)$ → –O, –O >Si< $OCH_2CH_3$, $O(CH_2)_3N{=}CH(CH_2)_3CH{=}O$ (A)

Enzymkupplung

–A–CH=O + E–$NH_2$ → –A–CH=N–E

**9.57** Schema einer kovalenten Enzymimmobilisierung an einer OH-Gruppen aufweisenden Oberfläche.

Trägerprotein gefunden werden. Problematisch ist allerdings die mangelnde Reproduzierbarkeit der Immobilisierung beim Einsatz von unterschiedlichen Reagenzienchargen, da Glutaraldehyd bei seiner Lagerung zur Polymerisation neigt und sein aktueller Vernetzungsgrad die Immobilisierung stark beeinflusst. Eine weitere, häufig angewandte Enzymimmobilisierungsmethode besteht im Enzymeinschluss in eine flexible Polymermatrix, wobei darauf zu achten ist, dass das Enzym durch die Begleitumstände der Polymerisation (chemischer oder photochemischer Start) nicht geschädigt wird. Durch die Immobilisierung erfahren die physikalischen und chemischen Eigenschaften der Enzyme Veränderungen. Betroffen sind davon insbesondere die Abhängigkeiten der Enzymreaktion von der Umgebungstemperatur, vom pH-Wert des zur Reaktion eingesetzten Puffers sowie die Lager- und Arbeitsstabilitäten der Enzyme. Außerdem kann es durch die Immobilisierung zu Konformationsänderungen im Bereich des aktiven Zentrums und zu Änderungen der Zugänglichkeit des aktiven Zentrums für Substrate und Cosubstrate kommen. Ein Teil der Enzymmoleküle kann so durch die Immobilisierung inaktiviert werden. Auch Veränderungen der Substratspezifität werden beobachtet.

Die zur Beschreibung des kinetischen Verhaltens von Enzymen in Lösung verwendeten Parameter $K_M$ und $v_{max}$ werden zur Beschreibung der kinetischen Reaktionsdaten von immobilisierten Enzymen modifiziert. Sie werden als scheinbare oder apparative Parameter $K_{M(\mathrm{app})}$ und $v_{max(\mathrm{app})}$ bezeichnet. Diese berücksichtigen die Veränderungen durch Konformationsänderungen, Wechselwirkungen zwischen Enzym und Immobilisierungsmatrix (die so genannten Mikromilieueinflüsse), die ungleiche Verteilung von Enzymen und Enzymsubstraten in der Enzymmembran sowie innere und äußere Diffusionseffekte, die die Substrate auf dem Weg zur enzymatischen Umsetzung erfahren.

**Einfluss der Enzymbeladung: Kinetisch- und diffusionskontrollierte Enzymsensoren**

Der geschwindigkeitsbestimmende Schritt der Substratumsetzungen war bei den bisher betrachteten Sensoren die Diffusion des Substrats zu und in der Enzymmembran. Demgegenüber liefen die enzymatischen Reaktionen schnell ab. Zur Ermittlung der für eine wünschenswerte maximale Empfindlichkeit erforderlichen minimalen immobilisierten Enzymmenge stellt man eine Serie von Sensoren mit unterschiedlichen Enzymbeladungen her. Ab einem bestimmten Wert erbringt eine weitere Erhöhung der zur Immobilisierung eingesetzten Enzymmenge keine Steigerung der Empfindlichkeit mehr. Die Sensoren unterliegen dann nicht mehr einer kinetischen, von der Enzymmenge abhängigen, sondern der von der Diffusion des Substrates abhängigen Kontrolle. Man spricht in diesem Fall auch von diffusionskontrollierten Sensoren. Solche Sensoren werden, wie oben beschrieben, zur Bestimmung von Enzymsubstraten eingesetzt, bei denen eine hohe Wiederholgenauigkeit der Analysen und eine hohe Arbeitsstabilität der Sensoren wichtig sind. Für praktische Anwendungen wird die ermittelte minimal notwendige Enzymmenge jedoch zur Bildung einer „Enzymreserve“ meist um den Faktor 2–10 überschritten, damit die Diffusionskontrolle auch bei der Inaktivierung eines Teils der Enzymmoleküle aufrechterhalten bleibt, der Sensor keine Empfindlichkeitseinbuße erleidet und eine hohe Lager- und Arbeitsstabilität aufweist.

Kinetisch kontrollierte Enzymsensoren, bei denen die Messsignale entscheidend von der auf dem Sensor immobilisierten, aktiven Enzymmenge abhängen, eignen sich dagegen hervorragend, um Analyte zu detektieren, die diese Enzymaktivität beeinflussen. Schon geringe Änderungen der immobilisierten Enzymaktivität können empfindlich ermittelt und damit zur Bestimmung von Enzymaktivatoren und -inhibitoren eingesetzt werden. Dazu werden kleine, wohl definierte Mengen des Enzyms immobilisiert. So ist es beispielsweise möglich, Enzymen, die für ihre katalytische Aktivität Metalle benötigen, diese durch Dialyse zu entziehen und das inaktive Enzym zu immobilisieren. Bei Gegenwart unterschiedlicher Konzentrationen des entsprechenden Metalls in der Messlösung wird die Aktivität des Enzyms ganz oder teilweise wiederhergestellt, was zur Quantifizierung des Metalls ausgenutzt werden kann. So benötigt z. B. Alkoholdehydrogenase $Zn^{2+}$-Ionen. Allerdings ist bei der Entfernung der Metallionen zu achten, dass die Tertiärstruktur des Enzyms nicht irreversibel verändert wird. Im vorliegenden Fall kann man die Zinkionen mittels Dialyse gegen $Mn^{2+}$-Ionen austauschen und erhält damit einen Assay, der äußerst selektiv $Zn^{2+}$-Ionen im pg-Bereich anzeigt.

Die Konzentration von Enzyminhibitoren kann bestimmt werden, indem das Sensorsignal eines kinetisch kontrollierten Enzymsensors vor und nach dem Einwirken des Inhibitors verglichen wird. Urease z. B. reagiert sehr empfindlich auf die Gegenwart auch kleinster Mengen an Schwermetallen. Butyryl- (BChE, EC 3.1.1.8) und Acetylcholinesterase (AChE, EC 3.1.1.7) aus verschiedenen Organismen haben sich gut bei der Detektion von Organophosphaten und Carbamaten bewährt. Diese Pestizide können die Esteraseaktivität hemmen, die sich auf verschiedenen Wegen bestimmen läßt. Die erste der folgenden Reaktionen zeigt die Hydrolyse von Acetylcholin, die über die pH-Wertänderung der Lösung verfolgt werden kann. Empfindlicher sind jedoch amperometrische Sensoren, die die in der zweiten Gleichung beschriebene Oxidation des Cholins durch Cholinoxidase (EC 1.1.3.17) anzeigen. Dazu können Esterase und Oxidase getrennt oder auch coimmobilisiert eingesetzt werden.

$$\underbrace{(CH_3)_3N^+\text{-}CH_2\text{-}CH_2\text{-}O\text{-}CO\text{-}CH_3}_{\text{Acetylcholin}} + H_2O \xrightarrow{\text{AChE}}$$

$$\underbrace{(CH_3)_3N^+\text{-}CH_2\text{-}CH_2\text{-}OH}_{\text{Cholin}} + \underbrace{CH_3\text{-}COO^-}_{\text{Acetat}} + H^+ \qquad (9.18)$$

$$(CH_3)_3N^+\text{-}CH_2\text{-}CH_2\text{-}OH + O_2 + H_2O \xrightarrow{\text{Cholinoxidase}}$$

$$(CH_3)_3N^+\text{-}CH_2\text{-}COOH + H_2O_2 \qquad (9.19)$$

Alternativ kann als Substrat der Esterasereaktion Acetylthiocholin eingesetzt werden, dessen Spaltprodukt Thiocholin sich an mediatormodifizierten Elektroden direkt amperometrisch bestimmen lässt.

$$\underbrace{(CH_3)_3N^+\text{-}CH_2\text{-}CH_2\text{-}S\text{-}CO\text{-}CH_3}_{\text{Acetylthiocholin}} + H_2O \xrightarrow{\text{AChE}}$$

$$\underbrace{(CH_3)_3N^+\text{-}CH_2\text{-}CH_2\text{-}SH}_{\text{Thiocholin}} + \underbrace{CH_3\text{-}COO^-}_{\text{Acetat}} + H^+ \qquad (9.20)$$

Bei der irreversiblen Hemmung können die Enzym/Inhibitorkomplexe nicht mehr hydrolysiert werden und die Cholinesterase muss ausgetauscht werden. Dazu können Einmalsensoren oder FIA-Systeme verwendet werden, bei denen die Cholinesterase auf einer automatisch austauschbaren Membran oder in einem automatisch austauschbaren Enzymreaktor immobilisiert ist.

Da viele lebenswichtige Enzymsysteme durch toxische Substanzen inhibiert werden, lassen sich auf der Basis der Enzyminhibierung auch objektiv messende Toxizitätssensoren aufbauen. Werden mehrere unterschiedliche Enzyme und Enzymsysteme für einen solchen Toxizitätstest immobilisiert, dann kann aus dem unterschiedlichen Ansprechen der einzelnen Sensoren auf jeden Inhibitor über die Mustererkennung *(pattern recognition)* auf die Substanzklasse des Giftes geschlossen werden. Solche objektiv die Toxizität quantifizierenden Sensorarrays könnten beispielsweise bei Brand- oder Explosionskatastrophen wichtige Informationen über das Gefährdungspotentials für Mensch und Tier geben.

**Verminderung von Querstörungen bei elektrochemischen Biosensoren**

Ein wichtiger Aspekt bei der Entwicklung von amperometrischen Enzymsensoren ist, eine Möglichkeit vorzusehen, eine Verfälschung der Messergebnisse durch elektrochemisch aktive Substanzen in der Probenmatrix (Blut, Urin, Lebensmittel, Fermentationslösungen) auszuschließen. Versäumt man dieses, so werden mit den Sensoren fälschlicherweise zu hoch bestimmte Analytkonzentrationen ermittelt. Zur Unterdrückung der Einflüsse solcher „Störstoffe", deren bekannteste Beispiele aus der Glucose-Analytik die endogenen Substanzen Ascorbinsäure (Vitamin C) und Harnsäure sowie der pharmazeutische Wirkstoff Paracetamol sind, können verschiedene Konzepte umgesetzt werden. Diese Konzepte lassen sich in vier Gruppen einteilen.

Die erste Gruppe bilden Methoden, die im weitesten Sinn eine Modifikation der Elektrodenreaktion nutzen. Dies wird vorwiegend durch den Einsatz von den oben schon erwähnten Mediatoren erreicht. Einige Mediatoren, z. B. das Redoxpaar $[Fe(CN)_6]^{4-}/[Fe(CN)_6]^{3-}$, werden in gelöster Form eingesetzt. Andere Mediatoren, z. B. Ferrocenderivate, werden adsorptiv an Kohleelektroden gebunden, und noch andere werden über Spacermoleküle kovalent an die Elektrodenoberflächen immo-

**Vermeidung von systematischen Fehlern bei amperometrischen Biosensoren**

Die Konzepte zur Vermeidung von systematischen Fehlern bei Enzymsensoren lassen sich in vier Gruppen einteilen. Die erste Methode verwendet Mediatoren, damit die Messungen bei einem Arbeitselektrodenpotential durchgeführt werden können, bei dem die Störstoffe nicht an der Arbeitselektrode umgesetzt werden. Hierbei kann jedoch nicht ausgeschlossen werden, dass die Störstoffe in homogener Lösung mit der reduzierten bzw. oxidierten Form des Mediators reagieren, die erzielte Verminderung des Sensorsignals also eher auf Diffusionseffekte hinweist. Eine zweite Methode beruht auf einer differentiellen Messmethode und dem Einsatz eines weiteren Sensors, der bis auf die Verwendung des aktiven Enzyms identisch hergestellt wurde. Das Signal dieses Sensors wird dann von dem Signal des Enzymsensors abgezogen. Hierbei ist es aber sehr schwierig, bei beiden Sensoren, dem „aktiven" und dem „inaktiven" Biosensor, die gleichen Diffusionsbedingungen sowie identische aktive Oberflächen herzustellen. Eine dritte Methode versucht, die Störstoffe durch zusätzliche, für sie nicht durchlässige Membranen von der Reaktion an der Arbeitselektrode zurückzuhalten. Abgesehen von einer durch die zusätzliche Membran bedingten längeren Ansprechzeit, kann diese Methode auch bei kleinen neutralen Störmolekülen versagen. Eine vierte Methode funktioniert besonders gut bei Durchflussmessungen. Bei ihr werden die Störstoffe, bevor die Probe am eigentlichen Biosensor vorbeiströmt, an einer zusätzlichen Elektrode vollständig oxidiert bzw. reduziert. Dabei ist allerdings die Kontrolle auf Vollständigkeit der vorgeschalteten elektrochemischen Reaktion bei variablen Störstoffkonzentrationen schwierig durchzuführen.

bilisiert. Bei der Verwendung von leitfähigen organischen Salzen schließlich bilden die Mediatoren selbst die Arbeitselektrode. Elektroden mit immobilisierten Mediatoren werden chemisch modifizierte Elektroden (CME) genannt. Abbildung 9.58 zeigt die Strukturformeln eines Ferrocenderivates, des positiv geladenen Mediators N-Methylphenazin ($NMP^+$) sowie der Komponenten eines organischen Salzes aus Tetrathiafulvalen (TTF) und Tetracyanochinodimethan (TCNQ).

Gute Mediatoren erfüllen folgende Kriterien:

- Sie reagieren schnell mit dem reduzierten Enzym/dem reduzierten Cofaktor.
- Sie weisen eine reversible heterogene Kinetik auf, d. h. eine hohe Austauschstromdichte.
- Die zur ihrer Reoxidation benötigte Überspannung ist gering und pH-unabhängig.
- Sie sind sowohl in oxidierter als auch in reduzierter Form stabil.
- Die reduzierte Form reagiert nicht mit $O_2$.
- Sie sind nicht toxisch.

Bei der zweiten Gruppe handelt es sich um messtechnische Methoden. Zum einen kann die differentielle Normalpuls-Voltammetrie zur Unterscheidung von Enzymprodukt und Störstoffen eingesetzt werden. Diese Methode zeigt den besten Erfolg an Mikroelektroden. Zum anderen besteht die Möglichkeit, das durch die Störstoffe verursachte Signal an einer zweiten, kein Enzym tragenden Arbeitselektrode separat zu ermitteln und von dem Signal des Enzymsensors abzuziehen. Dazu ist es allerdings erforderlich, dass die Diffusionsvorgänge an der Enzym- und der „Blind"elektrode möglichst gleich verlaufen. Dies kann z. B. durch den Austausch des aktiven Enzyms gegen ein anderes, nicht katalytisch aktives, Protein, meist Rinderserumalbumin, erreicht werden.



**9.58** Mediatoren für den Einsatz mit amperometrischen Enzymsensoren; a) Ferrocenderivat; b) N-Methylphenazin ($NMP^+$); c) Tetrathiafulvalen (TTF); d) Tetracyanochinodimethan (TCNQ).

Die dritte Gruppe umfasst Methoden, die den Störstoffen den Weg zu den Arbeitselektroden versperren. Dabei wird der Kontakt der aktiven Elektrodenfläche mit der Probe durch eine nur für kleine Moleküle, wie das bei der enzymatischen Nachweisreaktion entstehende Wasserstoffperoxid, durchlässigen Membran verhindert. Solche Membranen erhält man, wenn in organischen Lösungsmitteln gelöstes Celluloseacetat auf die Elektroden getropft wird und sich nach dem Abdampfen des Lösungsmittels eine dünne semipermeable Membran ausbildet. Eine Möglichkeit zum Ausschluss von organischen Säuren z. B. Ascorbinsäure besteht in ihrer elektrochemischen Abstoßung durch eine ebenfalls negative Gruppen tragende Membran. Zu diesem Zweck wird häufig Nafion®, ein perfluorierter Kationenaustauscher, erfolgreich eingesetzt.

Die vierte Gruppe nutzt eine Durchflussmessung. Dabei kann vor der Arbeitselektrode eine coulometrisch arbeitende Voroxidationselektrode oder ein Voroxidationsreaktor angeordnet werden. An diesen liegt mindestens das gleiche, positive Potential an wie an der Arbeitselektrode. Daher werden Störstoffe, die zur Arbeitselektrode diffundieren, schon hier quantitativ oxidiert und somit abgefangen.

## Erweiterung des linearen Bereichs von Enzymsensoren

In Realproben liegen oft hohe Konzentrationen der zu analysierenden Analyte vor. Der Einsatz von Enzymsensoren ist dabei durch ihren linearen Detektionsbereich eingeschränkt, in dem die Sensorsignale über eine einfache mathematische Beziehung zur Analytkonzentrationen in Beziehung gesetzt werden können. Oftmals ist ein Arbeitsschritt zur Probenvorverdünnung notwendig, um die Probenkonzentration diesem linearen Bereich anzupassen. Ein Weg zur Vermeidung eines solchen, die Analyse verkomplizierenden Arbeitsschrittes, liegt darin, zwischen Sensor und Probe eine Membran einzubringen, die den Zutritt des Analyten zum Sensor reguliert bzw. kontrolliert limitiert. Eine Möglichkeit zur Diffusionsbegrenzung des Analyten besteht darin, fertige Membranen mit einer ausgewählten kontrollierten Schichtdicke und Porosität, bevorzugt so genannte Kernspurmembranen, auf das Enzymimmobilisat aufzubringen. Zur Befestigung dieser Membranen auf herkömmlichen Enzymsensoren werden sie straff über das bleistiftartige, analytsensitive Ende der Sensoren gezogen und mit einem O-Ring oder einer Schraubkappe befestigt. Bei planaren Sensoren werden zur Befestigung dieser Membranen verschiedene Klebetechniken eingesetzt (Abb. 9.59).

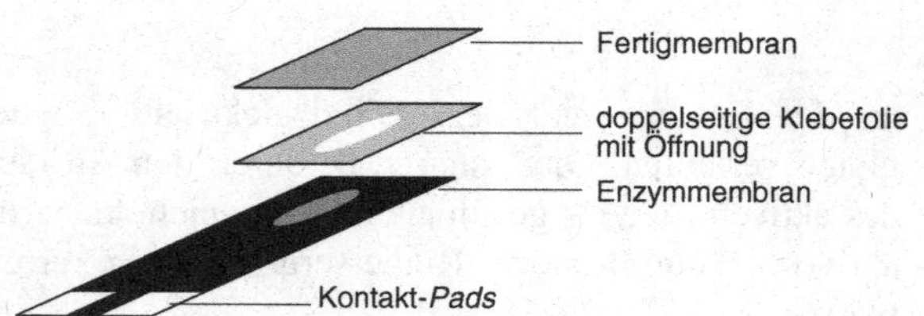


**9.59** Aufbringen einer Fertigmembran mit kontrollierter Schichtdicke und Porosität auf einen in Siebdrucktechnik gefertigten Einmalsensor zur Erweiterung seines linearen Messbereichs.

Eine andere Möglichkeit besteht darin, Polymerlösungen auf die Enzymschicht der Sensoren aufzubringen, die nach Verdunsten des Lösungsmittels eine diffusionslimitierende Polymermembran auf der sensitiven Schicht hinterlassen. Das Aufbringen der Polymerlösung kann mit verschiedenen Auftragetechniken wie dem Auftropfen, Eintauchen, Spin-Coating oder dem Aufsprühen durchgeführt werden, wobei die reproduzierbare Abscheidung der Polymerschichten eine außerordentlich sorgfältige Kontrolle der Abscheidungsbedingungen erfordert.

Die Diffusionsmembranen sollen außerdem bei oxidasekatalysierten Reaktionen eine hohe Permeabilität für das Cosubstrat Sauerstoff aufweisen, bei *in vivo*-Anwendungen (s. u.) ein gute Biokompatibilität aufweisen und die Sensoren vor mechanischen Einflüssen schützen.

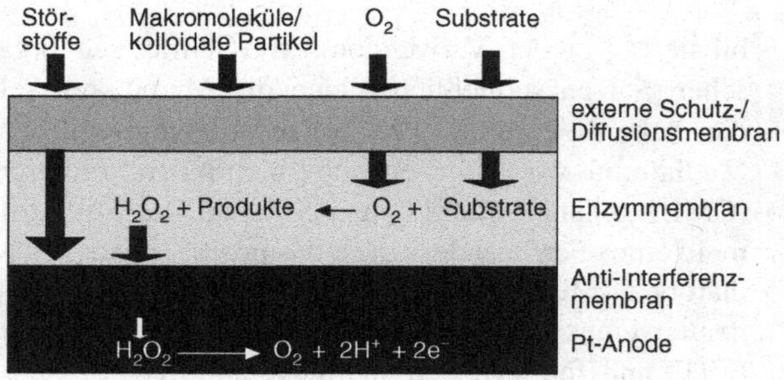


**9.60** Schemazeichnung eines Oxidasesensors mit Sandwich-Membranaufbau.

Abbildung 9.60 zeigt den typischen, schematischen Aufbau von Sensoren mit einem so genannten Sandwich-Aufbau. Zwischen der Enzymmembran und der Arbeitselektrode ist eine Membran zum Ausschluss von elektrochemisch aktiven Störstoffen angeordnet, und auf der Enzymmembran ist als Abgrenzung zur Probenflüssigkeit eine Membran aufgebracht, die dem Sensor einen mechanischen Schutz verleiht und für eine Erweiterung seines linearen Messbereiches sorgt. Derartige Sandwich-Anordnungen finden vielfach bei Realprobenmessungen Anwendung.

## Untersuchungen zur Sensorcharakterisierung und Validierung

Um die Funktion der Enzymsensoren vollständig beschreiben zu können, ist ihre eingehende Charakterisierung erforderlich, dazu zählen:

- Aktivitätstest des löslichen Enzyms
- Optimierung der Immobilisierungsmatrix und der Enzymmenge bzw. bei Multienzymsystemen der Enzymverhältnisse
- Untersuchung der Substratspezifität
- Inhibierungsuntersuchungen
- Aktivierungsuntersuchungen
- Untersuchung des Einflusses von Störsubstanzen
- Variation der Puffersysteme, pH, T
- Untersuchung der Kalibration:
  - Einlaufzeit, Drift
  - Sensitivität
  - linearer Bereich
  - Nachweisgrenze
  - Ansprechzeit
  - $K_{M(\mathrm{app})}$-Werte
- Anpassung des linearen Bereichs an die Anwendung
- Untersuchung der Reproduzierbarkeit:
  - mehrere Messungen
  - mit einem Sensor
  - mehrere Sensoren mit einer Lösung
- Untersuchung der Stabilität:
  - Funktionsstabilität
  - Lagerstabilität (4 °C, *RT*, feucht, trocken)
- Integration des Sensors in Messsysteme
- Messungen mit Realproben

**Multienzymsensoren**

Vom Prinzip her teilen sich die Multienzymsensoren in Sequenz- und Konkurrenzsensoren auf. Bei den Erstgenannten werden mehrere Enzyme in aufeinander folgenden Reaktionen eingesetzt, um den Analyten in ein anzeigefähiges Produkt zu überführen. Dies soll am Beispiel der Creatininbestimmung (Abb. 9.61) verdeutlicht werden. Creatinin ist ein wichtiger Parameter in der klinischen Diagnostik. Da die Nierenfunktion mit dem Gehalt an Creatinin im Blut korreliert, können über die Bestimmung der Creatininkonzentration lebenswichtige Informationen über die Fähigkeit der Nieren zur Ausscheidung von für den Körper giftigen, harnpflichtigen Substanzen gewonnen werden. Ein teilweiser oder völliger Ausfall der Funktion der Nieren, die Niereninsuffizienz, führt zu ihrer Anhäufung im Körper und beim Fehlen einer geeigneten Behandlung wie der Hämodialyse zum Tode.

Das in Abbildung 9.61 dargestellte Sensorsystem basiert auf einer Drei-Enzym-Sequenz aus Creatininase (EC 3.5.2.10), Creatinase (EC 3.5.3.3) und Sarcosinoxidase (EC 1.5.3.1). Das bei der enzymatischen Umsetzung entstehende $H_2O_2$ wird bei +600 mV vs. Ag/AgCl an einer Pt-Arbeitselektrode oxidiert. Da dieser Sensor auch das in ähnlichen Konzentrationen im Blut vorkommende Creatin detektiert, wird gleichzeitig mit einem zweiten Sensor Creatin bestimmt, wobei jedoch nur die beiden letzten Enzyme der Sequenz vor der Arbeitselektrode immobilisiert sind. Die Creatininkonzentration wird aus der Differenz der mit beiden Sensoren ermittelten Konzentrationen berechnet.

Bei den *zyklischen Sequenzsensoren* können durch die Regenerierung des Ausgangssubstrats hohe Verstärkungsfaktoren z. B. bei der Phosphatmessung für die Wasseranalytik erzielt werden (Abb. 9.62). Als biologische Komponente zur Phosphatbestimmung dient dabei eine Vier-Enzym-Sequenz. Biologischer Schlüsselbaustein ist die Maltosephosphorylase (EC 2.4.1.8), ein Enzym, das die reversible Spaltung von α-Maltose zu α-D-Glucose und β-D-Glucose-1-Phosphat in Gegenwart von *ortho*-Phosphat katalysiert. Mittels Mutarotase (EC 5.1.3.3) wird die Mutarotation von α-D-Glucose zu β-D-Glucose beschleunigt, welches wiederum als Substrat des Indikatorenzyms GOD dient und unter Sauerstoffverbrauch oxidiert wird. Die dabei auftretende Bildung von Wasserstoffperoxid lässt sich amperometrisch detektieren. Zur Signalamplifizierung kann alkalische oder saure Phosphatase eingesetzt werden. Sie regeneriert den Analyten *ortho*-Phosphat durch Spaltung von β-D-Glucose-1-Phosphat und setzt dabei weitere Glucose frei, die auch zur Signalerzeugung genutzt wird. Es können Verstärkungsfaktoren von bis zu 300 im Vergleich mit dem im Prinzip zur Phosphatdetektion eigentlich ausreichenden, aus Maltosephosphorylase und GOD bestehenden Zwei-Enzym-System erreicht werden.

**9.61** Enzymsequenz aus Creatininase, Creatinase und Sarcosinoxidase zur Bestimmung von Creatinin und Creatin.

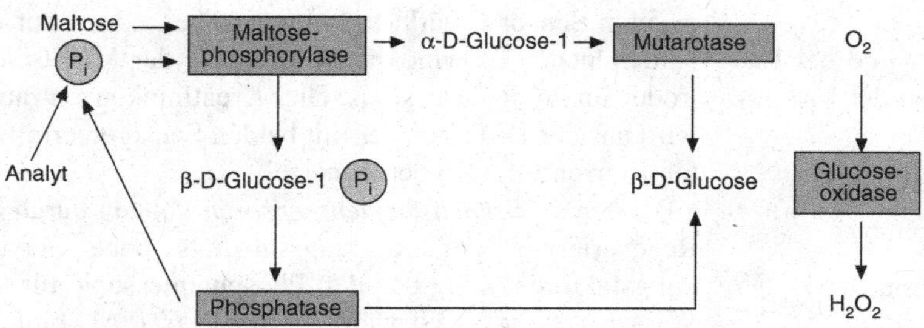


**9.62** Signalamplifizierende Enzymsequenz zur Phosphatbestimmung.

Bei den *Konkurrenzsensoren* wird die Enzym- von der Substratkonkurrenz unterschieden. Im ersten Fall konkurrieren mehrere Enzyme um ein Substrat (z. B. Monoamin- und Diaminoxidase um Agmatin), im anderen Fall konkurrieren mehrere Substrate um das aktive Zentrum eines Enzyms (z. B. Putrescin und Cadaverin um Diaminoxidase, hierbei handelt es sich dann wieder um einen Monoenzymsensor).

**Enzymsensoren zur Bestimmung von Enzymaktivitäten**

Die Bestimmungen verschiedener Enzymaktivitäten stellen in der Klinischen Chemie sehr gefragte Analysen dar. Erhöhte Enzymaktivitäten im Blut zeigen nämlich Schädigungen der Zellen bestimmter Organe an. Erhöhte Creatinkinaseaktivitäten deuten auf eine Schädigung von Muskelzellen hin und weisen, wenn sie sehr plötzlich auftreten, auf einen Herzinfarkt hin. Erhöhte Aktivitäten der Transaminasen (GOT und GPT) zeigen u. a. Schädigungen der Leber an, die z. B. durch eine Hepatitis verursacht werden können. Bei der enzymsensorischen Enzymaktivitätsbestimmung arbeitet man mit einem Substratüberschuss und wertet die Bildung eines der Produkte des zu bestimmenden Enzyms oder den Verbrauch eines seiner Substrate zeitlich aus. Dabei wird mit dem Enzymsensor entweder die Konzentration des Substrats oder des Produkts nach einer festgelegten Zeit bestimmt oder die Kinetik ihres Verbrauchs bzw. ihrer Bildung durch differentielle Auswertung des Sensorsignals berechnet.

**Kommerzielle Enzymsensoren**

Tabelle 9.8 gibt einen Überblick über z. z. kommerziell erhältliche Enzymsensoren zur Lebensmittel- und Fermentationskontrolle sowie Fließsysteme mit integrierten Enzymsensoren oder -reaktoren. Das YSI-2700-Gerät z. B. verwendet zwischen O-Ringen aufgespannte Sandwich-Membranen mit immobilisierten Oxidasen. Die amperometrische Detektion des gebildeten Wasserstoffperoxids erfolgt an einer konventionellen Pt-Scheibenelektrode. Alcotrace verwendet dagegen serienproduzierbare Siebdrucksensoren zur Detektion des enzymatisch gebildeten Wasserstoffperoxids.

Die aufgeführten Fließanalysensysteme basieren bis auf die OLGA auf dem FIA-Prinzip (siehe Abschnitt 9.6) und sind modular aufgebaut, d. h. je nach Bedarf können Pumpen, Ventile, Enzymsensoren oder -reaktoren und Transducer zusammengestellt werden.

Wie u. a. auch aus dieser Tabelle deutlich wird, spielt die Bestimmung von Glucose beim Einsatz der Messsysteme eine wichtige Rolle. Tatsächlich ist die Glucosebestimmung die in der Lebensmittel- und Fermentationskontrolle und vor allem in der Klinischen Analytik am häufigsten angeforderte enzymkatalysierte Analyse. Neben den bereits beschriebenen Analysen mit löslichen Enzymen gewinnen Sensoren mit immobilisierten Enzymen, neben den Trockenchemieteststreifen für die Klinische Analytik, dabei zur Glucosebestimmung weiterhin an Bedeutung.

Glucose ist der zentrale Energieträger des menschlichen Stoffwechsels. Gehirn und rote Blutkörperchen sind dabei zur Aufrechterhaltung ihrer Funktion besonders auf die Versorgung mit Glucose angewiesen. Mit unserer Nahrung nehmen wir Kohlenhydrate auf, die während des Verdauungsprozesses in kleinere Einheiten zerlegt werden. Das Endprodukt ist die Glucose, die dann ins Blut abgegeben wird. Ein Teil dieses „Blutzuckers" wird direkt zur Energiegewinnung in den Zellen weiterverwendet, ein anderer Teil kann in Form von Glycogen gespeichert werden. Der „Blutzuckerspiegel" wird vom Verbrauch und der Bildung von Glucose bestimmt. Die Regulation dieser Prozesse ist hormonell gesteuert. Ist die Produktion oder der Wirkmechanismus des Hormons Insulin gestört, so kann u. a. Glucose nicht mehr in die Zellen aufgenommen werden, die Zellen bleiben unterversorgt und im Blut wird eine erhöhte Glucosekonzentration gemessen. Die Normalwerte für die Glucosekonzentration im Blut liegen zwischen 70 und 115 mg Glucose/dl, das entspricht 3,8–6,4 mmol/l. Patienten mit deutlich erhöhten Blutglucosekonzentrationen leiden unter Diabetes mellitus. Unterschieden werden zwei Formen: der Typ-I-Diabetes (juveniler Diabetes) und der Typ-II-Diabetes („Alterdiabetes"). Typ-I-Diabetiker und ca. 20% der Typ-II-Diabetiker sind auf tägliche, eventuell mehrmalige Insulininjektionen angewiesen. Bei beiden Typen ist eine regelmäßige Kontrolle der Blutzuckerkonzentration zur Vermeidung von Spätschäden wie Blindheit, Nierenversagen und schlechter Wundheilung unerlässlich. 1995 lebten weltweit 135 Millionen Menschen mit Diabetes. Vom insulinpflichtigen Typ-I-Diabetes, dem ein absoluter Insulinmangel zugrunde liegt, sind in Deutschland circa 200000 Menschen betroffen; etwa 3,8 Millionen Menschen sind vom Typ-II-Diabetes betroffen, von denen 800000 insulinpflichtig sind. Seit 1961 hat sich die Zahl der Diabetiker mehr als verdreifacht.

**Tabelle 9.8** Auf Enzymsensoren basierende Analysengeräte zum Einsatz in unterschiedlichen Anwendungsgebieten (Auswahl).

| Gerätename | Hersteller/Vertrieb | Analyte |
|---|---|---|
| ***Enzymsensoren zur Lebensmittel- und Fermenationskontrolle*** | | |
| Industriemodul BCA 30 | Prüfgeräte-Werk Medingen, Dresden | Glucose, Lactose, Ascorbat |
| YSI 2700 | Kreienbaum, Langenfeld | Glucose, Lactat, Ethanol, Saccharose, Glutamat, Lactose |
| | SensLab, Leipzig | Glucose, Saccharose, Lactat, Pyruvat, Oxalat, Glutamat, Ethanol |
| Alcotrace | Trace Biotech AG, Braunschweig | Ethanol |
| ***Fließsysteme mit integrierten Enzymsensoren oder -reaktoren*** | | |
| BioCart-System | Anasyscon, Hannover | Glucose, Aminosäuren, Lactose, Ethanol, Lactat, Maltose, Saccharose, Glutamat |
| TAS 2000 | Trace Biotech AG, Braunschweig | Glucose |
| OLGA GL2b | IBA, Göttingen | Glucose, Lactat, Saccharose, Pyruvat, Oxalat, Glutamat, Ethanol |

**Tabelle 9.9** Anwendungsgebiete zur Bestimmung der Glucosekonzentration in Blut.

| Anwendung | Anwender | Anwendungsort | Matrix | Anforderungen | |
|---|---|---|---|---|---|
| Selbstkontrolle | Patient | zu Hause, auf Reisen | Kapillarblut | • einfach in der Handhabung<br>• Ergebnis muss gut ablesbar angezeigt werden<br>• Sensoren müssen extremen Lagerbedingungen standhalten | |
| Routinekontrollen | Arzt, Pflegepersonal | Arztpraxis, Pflegeheim, kleines Labor | Kapillarblut, venöses Vollblut | • einfach in der Handhabung<br>• mittlerer Probendurchsatz<br>• Arbeitsstabilität | |
| | Laborpersonal | Zentrallabor im Krankenhaus, Laborarztpraxis | Plasma, Serum | • automatische Analysen<br>• hoher Probendurchsatz<br>• Arbeitsstabilität | |
| Notfallmedizin | Arzt, Pflegepersonal | Intensivstation, Rettungswagen | Kapillarblut, venöses und arterielles Vollbut | • geringe Probenmenge<br>• schnelle Ergebnisse<br>• Gerätekombination zur gleichzeitigen Erfassung anderer Stoffwechselparameter | |
| kontinuierliche Messung der Blutglucosekonzentration mit implantierten Sensoren oder Mikrodialysesystemen | Arzt, Pflegepersonal | Krankenhaus | venöses Vollblut, interstitielle Flüssigkeit | • Sterilität<br>• Blut- bzw. Gewebeverträglichkeit<br>• keine Verkapselung der Sensoren bzw. Dialysefasern | • Arbeitsstabilität ca. 3 Tage |
| | Patient | zu Hause, auf Reisen | | | • Arbeitsstabilität mehrere Wochen<br>• Tragekomfort |

Bei den medizinischen Anwendungen teilt sich der Bedarf an Messsystemen für die Bestimmung der Blutglucosekonzentration in vier Bereiche auf. Tab. 9.9 macht deutlich, dass sich für die vier Anwendungsgebiete aufgrund der jeweiligen Anwender und ihrer Erwartungen ganz unterschiedliche Anforderungen an die Messsysteme ergeben. Auch die Probenmatrizes sind für die einzelnen Anwendungsgebiete unterschiedlich. Dabei sei an dieser Stelle darauf hingewiesen, dass Analysenergebnisse, die mit verdünnten Proben erhalten worden sind, aufgrund des Plasmawassereffekts nicht unmittelbar mit Ergebnissen, die mit unverdünnten Vollblutproben erhalten worden sind, verglichen werden können. Zuverlässigkeit und Interferenzfreiheit wird bei allen diesen Systemen gleichermaßen vorausgesetzt, da fälschlicherweise zu hoch bestimmte Glucosewerte niedrige Blutglucosekonzentrationen (Hypoglycämien) unerkannt lassen und somit für den betroffenen Diabetiker zu lebensbedrohlichen Situationen führen können. Das Marktvolumen für Glucosetests beträgt weltweit mehr

**Tabelle 9.10** Auf Enzymsensoren basierende Analysengeräte zum Einsatz in der medizinischen Diagnostik (Auswahl); angegeben sind die deutschen Vertretungen der Firmen.

| Gerätename | Hersteller/Vertrieb | Analyte |
|---|---|---|
| ***Geräte zur Blutzuckerselbstkontrolle*** | | |
| MediSense-Pen, MediSense-Card, Precision Q I D | Abbot, Wiesbaden | Glucose |
| Glucometer Elite, Glucometer DEX | Bayer-Vital, Fernwald | Glucose |
| Accutrend Sensor | Roche Diagnostics, Mannheim | Glucose |
| EuroFlash | Lifescan, Neckargemünd | Glucose |
| Glucocard, GlucoMen | Menarini diagnostics Grassina (Italien) | Glucose |
| Sensimac | IMACO Medizintechnik, Lüdersdorf | Glucose |
| ***Biosensorgeräte für Mehrfachmessungen*** | | |
| Biosen L oder G | EKF, Magdeburg | Glucose oder Lactat |
| economic, ecostat ecomatic, ecosolo | care diagnostica, Voerde | Glucose |
| ECA 180, ECA 2000, ESAT 6660-2 | Prüfgeräte-Werk Medingen, Dresden | Glucose oder Lactat |
| EBIO plus | Eppendorf-Netheler-Hinz, Hamburg | Glucose oder Lactat |
| EBIO compact | Eppendorf-Netheler-Hinz, Hamburg | Glucose |
| Glucoseanalyser GA1 | Kabe Labortechnik, Nümbrecht | Glucose |
| APEC | Rolf Greiner Biochemica, Flacht | Glucose oder Lactat |
| YSI 2300 G oder L | Kreienbaum, Langenfeld | Glucose und/oder Lactat |
| ***Kombinationsgeräte für Intensivstationen*** | | |
| i-STAT | Abbot, Wiesbaden | Glucose, Harnstoff, Blutgase, Elektrolyte |
| AVL OMNI | AVL Medizintechnik, Bad Homburg | Glucose, Lactat, Blutgase, Elektrolyte |
| Rapidpoint 400, 860, 865 | Bayer-Vital, Fernwald | Glucose, Lactat (bei 860, 865), Blutgase, Elektrolyte |
| ABL 700 Serie | Radiometer, Willich | Glucose, Lactat, Blutgase, Elektrolyte |
| IL Synthesis 35 | Instrumentation Laboratory, Kirchheim | Glucose, Blutgase, Elektrolyte |
| STAT Profile | NOVA Biomedical, Rödermark | Glucose, Lactat, Harnstoff, Blutgase, Elektrolyte |
| NOVA 12, 14, 16 | NOVA Biomedical, Rödermark | Glucose, Harnstoff, Elektrolyte, Creatinin (bei 16) |
| Ionometer EG-HK | Fresenius Medical Care AG, Bad Homburg | Glucose, Elektrolyte |

als 2 Milliarden DM pro Jahr und wächst jährlich um mehr als 10%. Um an diesem Expansionsmarkt teilzuhaben, bieten viele Hersteller Geräte mit Enzymsensoren an. Beispiele von Messsystemen für die ersten drei Anwendungsgebiete der Tabelle 9.8 sind in Tabelle 9.9 aufgeführt.

Einfache Systeme mit Einmalsensoren dienen dem Diabetiker zur täglichen Kontrolle seiner Blutglucosekonzentrationen. Ein Photo des ersten dieser Geräte, des MediSense-Pens ist in Abbildung 9.63 wiedergegeben. Er wird seit 1989 auf dem deutschen Markt angeboten. Die Sensoren (da es sich um Einmalsensoren handelt, sind es keine Biosensoren im engeren Sinn) basieren auf der ferrocenmediierten Umsetzung von Glucose durch GOD und sind chargenweise vorkalibriert. Seit einigen Jahren wird ein membranbedecktes Drei-Elektroden-System aus einer aktiven (mit GOD) und einer inaktiven (ohne GOD) Arbeitselektode mit einer Ag/AgCl-Referenzelektrode zur Reduzierung der Störstoffeffekte eingesetzt. Die Mess- und Anzeigeeinheit ist nicht größer als ein Kugelschreiber und kann so ohne Schwierigkeiten vom Diabetiker mitgenommen werden. Eine Messung beginnt, wenn ein Bluttropfen von 3,5 µl auf einen neu in das Gerät eingesetzten Sensor aufgetropft wird. Nach 20 s wird das Messergebnis auf dem Display ausgegeben.

Für Routinekontrollen in Arztpraxen oder in Pflegeheimen können Enzymsensorgeräte eingesetzt werden, bei denen sich mit einem Sensor viele Analysen durchführen lassen. Diese Geräte sind mit Kalibrierlösungen ausgestattet und überprüfen damit regelmäßig die Funktion der Sensoren. Ähnliche, aber mit Zusatzoptionen ausgestattete Geräte mit integriertem Probengeber kürzerer Analysenzeit und höherem Probendurchsatz analysieren in großen Laboratorien bis zu 180 Proben pro Stunde. Für die Notfallmedizin auf Intensivstationen sind zur so genannten *point-of-care*-Analytik (POC) Kombinationsgeräte entwickelt worden. Mit diesen werden in kleinen

MediSense-Pen

Kontakt-*Pads*

Elektroden und Enzymschicht

**9.63** Medisense-Pen der Firma Abbott. Mediierter Einmalenzymsensor zur Blutzuckerselbstkontrolle von Diabetikern. Oben: Gerät in der Größe eines Kugelschreibers mit hineingestecktem Einwegsensor. Unten: Membranaufbau der Enzymsensoren (mit Messvorgang).

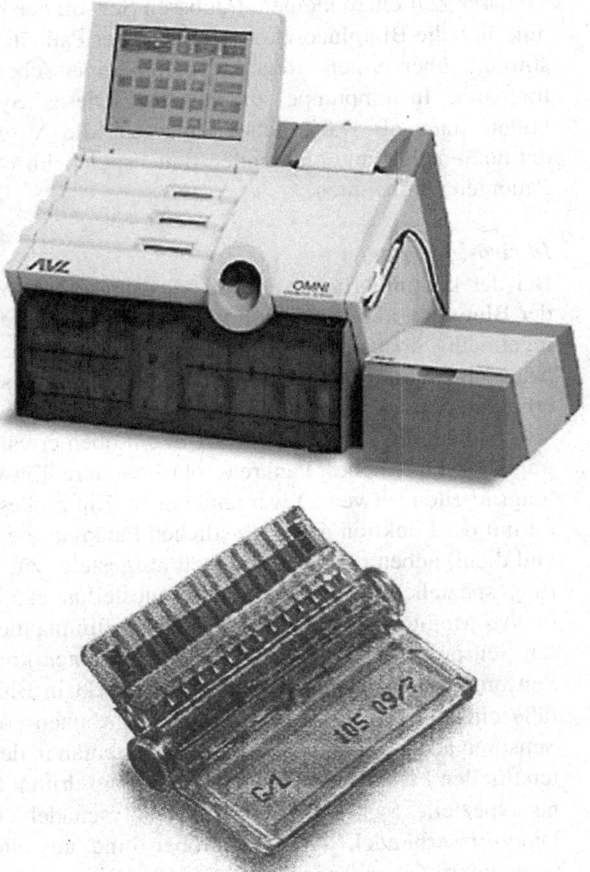


**9.64** OMNI der Firma AVL (jetzt Roche Diagnostics) Kombinationsgerät für Intensivstationen zur gleichzeitigen Messung von Glucose, Lactat, Harnstoff, Blutgasen und Elektrolyten aus einer Vollblutprobe von weniger als 200 µl. Oben: Gerät mit den drei abgedeckten, aber einsehbaren Elektrodenreihen links in der Mitte, dem runden Eingabeport für die Probelösungen, dem flexiblen Barcodeleser zur Probenidentifikation und hinter der vorderen unteren Abdeckung die Kalibrations- und Reinigungslösungen. Unten: auswechselbare Enzymsensor-Durchflusseinheit, Breite: 4 cm.

Probevolumen von unter 200 µl Vollblut nicht nur die Analyte Glucose, Lactat und Harnstoff (nach Herstellerangaben Creatinin) mit Enzymsensoren, sondern außerdem noch die Notfallparameter: Blutgase und Elektrolyte mit Chemosensoren quantitativ bestimmt. Der AVL OMNI und der Rapidpoint 400 arbeiten dazu mit innovativen Sensortechnologien von planaren, massenproduzierbaren Enzymsensoren. Abbildung 9.64 oben zeigt das AVL OMNI-Gerät mit der Touch-Screen-Bedienungseinheit zur Auswahl der zu analysierenden Parameter. Der untere Teil der Abbildung gibt die einfach auszuwechselnde Enzymsensoreinheit mit dem 4 cm langen Fließkanal wieder.

Erklärtes Ziel der Sensorentwicklungen ist es, in absehbarer Zeit einen kleinen, tragbaren Sensor, der kontinuierlich die Blutglucosekonzentration der Patienten bestimmt, über einen Regelkreis mit einer ebenfalls tragbaren Insulinpumpe zu koppeln. Dieses System könnte dann als „künstliches Pankreas" die Aufgaben der nicht mehr funktionierenden Bauchspeicheldrüse der Patienten übernehmen.

### *In vivo*-Messungen

Bei der kontinuierlichen *in vivo*-Messung (Monitoring) der Blutglucosekonzentration wird zwar in der Literatur regelmäßig über neue Erfolge berichtet, jedoch hat bis heute noch kaum eine Entwicklung die Marktzulassung erhalten, d. h. es gibt noch keine kommerziellen Analysensysteme, die für einen Einsatz in ein oben erwähntes tragbares künstliches Pankreas ohne weitere Entwicklungsarbeiten verwendet werden können. Ein großes Gerät mit der Funktion eines künstlichen Pankreas existiert und dient, neben dem Patientenbett aufgestellt, zur Klärung spezieller diabetologischer Fragestellungen. Zum *in vivo*-Monitoring werden neben den vollimplantierbaren Sensoren drei Ansätze verfolgt: Zum einen können Sensoren mit nadelähnlicher Bauform direkt in Blutgefäße eingebracht werden, zum anderen können solche Sensoren auch eingesetzt werden, um subkutan in der interstitiellen Flüssigkeit zu messen, und zum dritten können spezielle Systeme, z. B. Mikrodialysenadeln oder Dialysefaserbündel, für eine Probenahme aus diesen subkutanen Geweben genutzt werden. Die eigentliche Glucosemessung findet dann außerhalb des Körpers statt. Für Messungen mit implantierbaren Glucosesensoren muss die Sterilität der Sensoren gewährleistet sein. Üblicherweise erfolgt die Sensorsterilisierung dazu nicht durch die sonst in der Medizintechnik allgemein eingesetzte Heißdampfsterilisierung oder Ethylenoxidbehandlung, sondern durch γ-Bestrahlung. Diese hat sich als die bisher für Enzymsensoren schonendste und somit geeignetste Art der Sterilisierung herausgestellt. Aber auch mit sterilen Sensoren ergeben sich zwei weitere Probleme: Erstens stellen Durchtrittspunkte durch die Haut potentielle Eindringstellen für Keime in den menschlichen Körper dar und sollten daher normalerweise nach spätestens 72 Stunden wieder verschlossen werden. Zweitens werden die Sensoren vom Körper als Fremdstoff erkannt und deshalb, wie z. B. ein Holzsplitter im Finger, eingekapselt. Mit dieser Verkapselung erhalten die Sensoren eine zusätzliche Diffusionsmembran, die die Messsignale stark abfallen lässt. Eine vor dem Einführen der Sensoren in den Körper durchgeführte Kalibrierung kann unter diesen veränderten Bedingungen nicht mehr zur Ermittlung der Glucosekonzentration eingesetzt werden. Obwohl weltweit zahlreiche Gruppen an solchen minimal invasiven *in vivo*-Glucosesensoren arbeiten, sind die Versuche, Nadelsensoren und vollimplantierbare Sensoren beim Menschen einzusetzen, leider noch sehr ernüchternd.

Ein erfolgversprechender Weg zum *in vivo*-Monitoring der Glucosekonzentration könnte, unter Umgehung der Notwendigkeit der Sensorsterilisation und der Schwierigkeit der Durchführung einer *in vivo*-Sensorrekalibration, in der Kombination sehr kleiner Glucosesensoren mit der Probenahmetechnik der Mikrodialyse liegen. Bei der Mikrodialyse stehen Blut oder Gewebsflüssigkeit über eine erprobte hämokompatible Dialysemembran eines definierten Cut-offs, die gleichzeitig eine Sterilbarriere bildet, mit einem isotonischen Trägerstrom in Kontakt. Dabei können niedermolekulare Bestandteile, z. B. Glucose, der Flüssigkeiten entsprechend ihrem Konzentrationsgradienten ausgetauscht werden. Der Trägerstrom wird mit den dialysierten Substanzen mit einer Pumpe aus der nur wenige Mikroliter enthaltenden Dialyseeinheit transportiert und steht dann zur weiteren Analyse zur Verfügung. Die dialysierte Probe kann entnommen oder direkt einem Enzymsensor zugeführt werden. Beim Vergleich der im subkutanen Gewebe ermittelten Glucosekonzentrationen mit den aus Vollblut erhaltenen Werten muss der Zeitverzug um etwa 10 Minuten berücksichtigt werden, mit dem sich eine Konzentrationsänderung im Blut im subkutanen Gewebe einstellt. Vorteilhaft ist, dass Dialysenadeln mit umgebender Einstichnadel bereits steril und für den Einsatz am Menschen zugelassen zur Verfügung stehen. Ein weiterer Vorteil der Kombination der Probenahme mittels Mikrodialyse mit einem Enzymsensor, der sich außerhalb des Körpers befindet, ist, dass dort genügend Sauerstoff für die enzymatische Reaktion vorhanden ist. Dagegen werden, um die Sauerstoffabhängigkeit der Messsignale von implantierten Enzymsensoren zu reduzieren, dort meist mediierte Sensoren eingesetzt. Dabei muss allerdings gewährleistet sein, dass die Mediatoren nicht toxisch sind und nicht aus dem Sensor ausgewaschen werden.

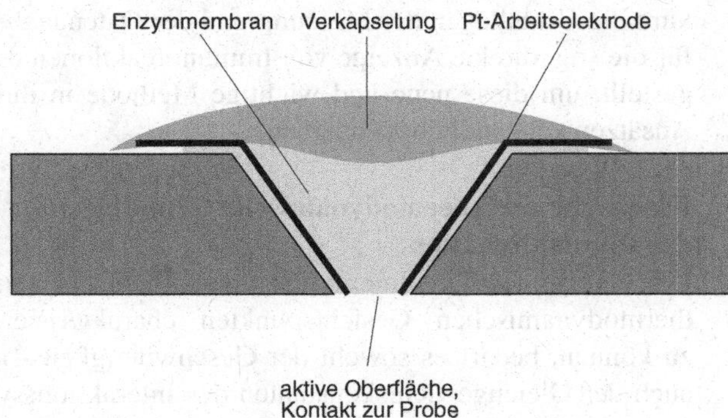


**9.65** Querschnittsansicht eines pyramidenförmigen Containment-Sensors mit Si-Chip (dunkelgrau).

Für die serienproduktionstaugliche Fertigung der Mikrosensoren für die Kombination mit den Dialysenadeln wurden im ICB Münster mithilfe der Mikrosystemtechnologie speziell strukturierte Transducer entwickelt. Diese werden mit höchster Präzision in Siliciumtechnik durch anisotropes Ätzen von pyramidenförmigen Gruben hergestellt, deren Innenwand anschließend mit Platin als Arbeitslektrodenmaterial besputtert wurde. Da diese exakt dimensionierten Gruben später mit den verschiedensten stofferkennenden Materialien gefüllt werden können, erhielt diese Technologie den Namen „Containment-Technologie". Aus Abb. 9.65 wird die Struktur deutlich. Wesentlich daran ist, dass die kleinere Öffnung dieser pyramidalen Hohlräume mit der Probe in Kontakt kommt und zur Messung verwendet wird. Diese Sensoren haben für die Anwendung entscheidende Vorteile. Die Sensoren beinhalten eine Enzymreserve in der Enzymmembran, die fest im Containment verankert ist. Die extrem kleine, gut kontrollierbare Kontaktfläche zwischen Sensormembran und Probe verhindert darüber hinaus ein Auswaschen der Enzyme und gewährleistet eine kontrollierte Diffusion. Der automatisierte, photolithographische Herstellungsprozess erlaubt die reproduzierbare Fertigung von sehr vielen dieser Sensoren, ein simultanes Einätzen eines Fließkanals für die Probe und die Erzeugung von engen Restriktionsfließkanälen, die der Erhaltung eines konstanten Flüssigkeitsstroms dienen.

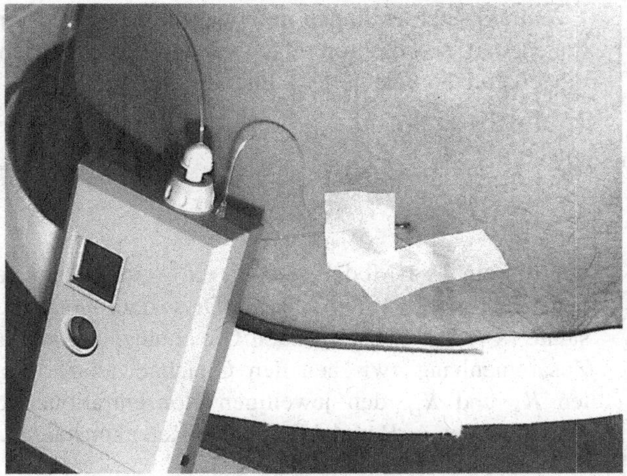

**9.66** Miniaturisiertes Messsystem zur kontinuierlichen *in vivo*-Glucosebestimmung (Photo: ICB Münster).

Eine weitere Besonderheit des am ICB Münster entwickelten *in vivo*-Glucosemesssystems ist der Verzicht auf eine energieaufwändige Pumpe. Aufgrund der Miniaturisierung der Sensoren werden für bis zu 72 Stunden dauernde Messungen (s. o.) nur noch geringste Flussraten des Trägerstromes (µl/min) und damit verbunden auch nur noch ein geringes Gesamtflüssigkeitsvolumen von einigen Millilitern benötigt. Diese geringen Volumina können z. B. mit einer Gasdruckfeder, die durch mechanische Vorspannung beim Start der Messung gespannt wird, durch das System, d. h. erst durch die Mikrodialysenadeln, dann durch die Fließzelle mit Enzymsensor, gepumpt werden. Lediglich für die Anzeige der aktuellen subkutanen Glucosekonzentrationen und zur Aufrechterhaltung der Polarisationsspannung an den Sensorelektroden ist noch eine kleine Knopfzellenbatterie erforderlich. Abb. 9.66 zeigt dieses bisher kleinste System zur *in vivo*-Glucosebestimmung im Einsatz.

## 9.4.7 Immunosonden

Mit enzymatischen Sensoren können als Analyte nur die Substrate gemessen werden, für die die Evolution Enzyme bereitgestellt hat. Die meisten vom Menschen erzeugten Stoffe lassen sich nicht enzymatisch umsetzen, also enzymsensorisch nicht erfassen. Einen Ausweg bietet, wie bereits gezeigt, die Immunochemie an. Für nahezu alle Stoffe lassen sich Antikörper herstellen. Da letztere i. d. R. zudem stabiler als Enzyme sind, gewinnt diese biochemische Methode auch in der Sensorik stark an Bedeutung. Es wurde schon erwähnt, dass die Ausnutzung der selektiven immunchemischen Bindung zwischen einem Antigen Ag und einem Antikörper Ak als Sensor wegen der hohen Affinitätskonstanten leider eine kleine Geschwindigkeitskonstante für die Dissoziation aufweist, sodass man bei abnehmenden Antigen-(= Analyt-)Konzentrationen sehr lange warten muss, bis ein darauf beruhender Sensor dieses auch anzeigt. Die I.U.P.A.C. hatte vorgeschlagen, sie zum Unterschied zu Sensoren „Sonden" *(probes)* zu nennen. Da man dann aber auch enzymatische Einmalsensoren (z. B. für die Blutglucosemessung) nicht Biosensor nennen darf, wurde nun ein Kompromiss gefunden, indem man derartige Sensoren mit biologischem Rezeptor allgemein auch als Einmal-Biosensoren bezeichnen darf. Wie bereits in diesem Kapitel einleitend erwähnt wurde, muss das Problem, fallende Analytkonzentrationen anzuzeigen, keinen generellen Hinderungsgrund für den Einsatz von Immuno-Sonden bei quasikontinuierlichen Messungen darstellen, wenn beispielsweise eine Ansprechzeit im Minutenbereich ausreichend ist. Dann lässt sich nämlich mit der FIA (siehe Abschnitt 9.6) eine Messanordnung aufbauen, bei der die Immunosonde nach jeder FIA-Messung mittels eines sog. chaotropen Reagenzes oder durch eine Ansäuerung auf pH < 2,0 wieder regeneriert wird. Aus diesem Grunde ist die Behandlung der Immuno-Sonden im Abschnitt „chemische Sensoren" gerechtfertigt, auch wenn die FIA nach den engen I.U.P.A.C.-Definitionen keinen Sensor darstellt. Die immunchemische Analytik dringt langsam auch in Anwendungsbereiche außerhalb ihres Haupteinsatzgebietes, der klinischen Chemie, vor. In der Hand eines erfahrenen Experten können immunchemische Bestimmungsmethoden erhebliche Vereinfachungen und eine beachtliche Beschleunigung gegenüber den klassischen Methoden ermöglichen. Zu Screening-Zwecken wurden sog. „Immuno-Kits" bereits von der amerikanischen EPA zugelassen. Dies ermöglicht schnelle und einfache Feldmessungen z. B. von Bodenproben, die nur kurz mit Methanol geschüttelt werden müssen, um nach einer anschließenden Filtration in vorbereitete Röhrchen mit dort immobilisierten Antikörpern ins Gleichgewicht gesetzt zu werden. Dabei können sie z. B. enzymmarkierte Analytmoleküle freisetzen, die wiederum nach Transfer in ein anderes Röhrchen dort mit einem vorgelegten Substrat reagieren und eine mit bloßem Auge auswertbare Farbreaktion einleiten. Die Spezifität von Antikörpern ist i. d. R. bei Haptenen nicht so hoch, um ähnliche Moleküle gut zu unterscheiden. Dies kann aber bei der Suche nach bestimmten Stoffklassen von großem Vorteil sein. Wegen dieser, in Zukunft noch steigenden Bedeutung der Immunoanalytik sollen hier die aussichtsreichsten sensorähnlichen Entwicklungen kurz vorgestellt werden. Dazu muss einleitend auf die theoretischen Grundlagen eingegangen werden.

Häufig werden in der Literatur neu entwickelte Immunosonden beschrieben, die ohne kontrollierte Hydrodynamik einfach in ein Becherglas mit Magnetrührer gehalten wurden. Hier hängt die Ansprechzeit natürlich auch von der Dicke der als stagnant angesehenen sog. Nernst-Schicht von der Sondenoberfläche ab. Im Allgemeinen hängt diese Dicke von der 3. Wurzel des Kehrwertes der linearen Strömungsgeschwindigkeit an ihr ab, d. h. bei schnellem Anströmen wird sie entsprechend dünner und überlagert die eigentliche Kinetik der Immunoreaktion nicht mehr so stark. Im Folgenden werden kurz die Grundlagen der Messung und der Datenanalyse für die sog. direkte Anzeige von Immunoreaktionen dargestellt, um diese neue und wichtige Methode in ihren Ansätzen verständlich zu machen.

**Kinetische und thermodynamische Grundlagen der Immunoreaktion**

Um eine molekulare Interaktion unter kinetischen und thermodynamischen Gesichtspunkten charakterisieren zu können, bedarf es sowohl der Geschwindigkeits- als auch der Gleichgewichtskonstanten des Interaktionssystems. Bei allen Geräten wird grundsätzlich eine Komponente (A) des Systems auf der sensitiven Oberfläche immobilisiert, während die andere Komponente (B) sich in der Lösung darüber befindet, die an der Oberfläche vorbei strömte (Abb. 9.67).

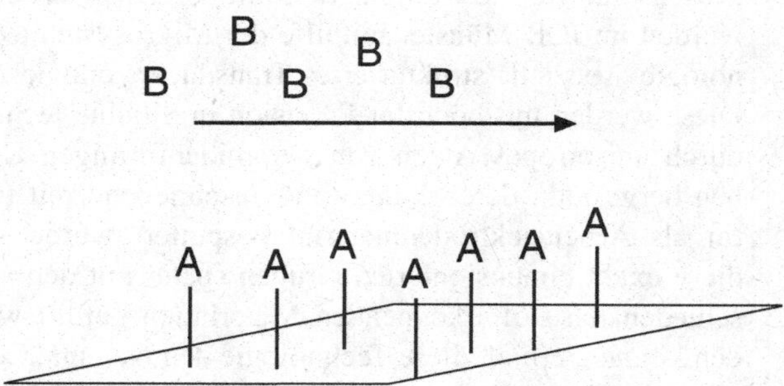


**9.67** Prinzipielle Anordnung, um kinetische Konstanten eines biochemischen Ligand-Analyt-Systems an einer festen Phase zu bestimmen. Komponente A ist auf der Oberfläche immobilisiert, und die komplementäre Komponente B befindet sich in bewegter Lösung darüber.

Vorausgesetzt, es finden monovalente Komplexformationen statt, so beschreibt das folgende Gleichgewichtsmodell eine homogene 1 : 1-Interaktion.

$$A + B \underset{k_d}{\overset{k_a}{\rightleftharpoons}} AB \tag{9.20}$$

In diesem 1 : 1-Modell stellt $k_a$ die Assoziationsratenkonstante $(M_{-1}s_{-1})$ und $k_d$ die Dissoziationsratenkonstante $(s_{-1})$ dar. Die folgenden Gleichungen zeigen den Zusammenhang zwischen den Gleichgewichtskonstanten $K_A$ und $K_D$, den jeweiligen Konzentrationen der Komponenten A, B und AB und den Ratenkonstanten.

$$K_A = \frac{[AB]}{[A]\cdot[B]} = \frac{k_a}{k_d} = 1/K_D \tag{9.21}$$

Im Gleichgewicht gilt:

$$k_a \cdot [A] \cdot [B] = k_d \cdot [AB] \qquad (9.22)$$

Die Bildungsrate des Komplexes *AB* zu einer bestimmten Zeit *t* wird in folgender Gleichung dargestellt:

$$\frac{\mathrm{d}[AB](t)}{\mathrm{d}t} = k_a \cdot [A](t) \cdot [B](t) - k_d \cdot [AB](t) \qquad (9.23)$$

In Versuchsanordnungen mit einer Durchflusszelle kann die Konzentration der in Lösung befindlichen Komponente *B* über der sensitiven Oberfläche als konstant angenommen werden. Die Konzentration der immobilisierten Komponente *A* ist in Folge der Interaktion $[A](t) = [A]_0 - [AB](t)$ mit $[A]_0$ als Anfangskonzentration zum Zeitpunkt $t = 0$. In Kombination mit Gleichung (9.23) und unter der Voraussetzung, dass die Reaktion nicht durch Massentransport limitiert ist, ergibt sich folgende Beziehung:

$$\frac{\mathrm{d}[AB](t)}{\mathrm{d}t} = k_a \cdot ([A]_0 - [AB](t)) \cdot [B] - k_d \cdot [AB](t) \qquad (9.24)$$

Das Messsignal $\Delta S(t)$ ist während der Interaktion proportional zur Komplexformation *AB* an der sensitiven Oberfläche. Die maximal mögliche Signaländerung $\Delta S^{\max}$, hervorgerufen durch spezifische Anbindung, ist proportional zur immobilisierten Ligandkonzentration $[A]_0$. Die zeitliche Änderung des Messsignal $S(t)$ durch die Komplexformation von *AB* durch die folgende Differentialgleichung gegeben:

$$\frac{\mathrm{d}S(t)}{\mathrm{d}t} = k_a \cdot [B] \cdot \Delta S^{\max} - (k_a \cdot [B] + k_d) \cdot S(t) \qquad (9.25)$$

Bei dieser Gleichung resultiert die Auftragung von $y = \frac{\mathrm{d}S(t)}{\mathrm{d}t}$ gegen $x = S(t)$ in einer Geraden mit der Steigung $m = -(k_a \cdot [B] + k_d)$. Eine Auswertemethode besteht darin, für verschiedene Konzentrationen von *B* Assoziationskurven aufzunehmen, die Steigung *m* zu bestimmen und gegen die jeweilige Konzentration von *B* aufzutragen. Aus der daraus resultierenden Geraden ergibt sich aus der Steigung die Assoziationsratenkonstante $\mathrm{k_a}$ und der Achsenabschnitt die Dissoziationsratenkonstante $k_d$. Der Quotient ergibt nach Gleichung (9.24) die thermodynamische Gleichgewichtskonstante.

Die Ligand-Analyt-Interaktion kann auch bis zur Gleichgewichtseinstellung im Fluss verfolgt werden. Wird anschließend nur die Flüssigkeit ohne *B* über die Oberfläche geleitet, so dissoziiert der *AB*-Komplex. Vorausgesetzt, dass die Reassoziation von *B* zu *AB* vernachlässigbar ist, d. h. dass der Massentransport der Komponente *B* von der Oberfläche in die Lösung nicht geschwindigkeitslimitierend ist, lässt sich die Rate der Komplexdissoziation durch folgende Differentialgleichung beschreiben.

$$\frac{\mathrm{d}[AB](t)}{\mathrm{d}t} = -k_d \cdot [AB](t) \text{ bzw.: } \frac{\mathrm{d}S(t)}{\mathrm{d}t} = -k_d \cdot S(t) \qquad (9.26)$$

Diese Gleichung lässt sich auch in einer integriert logarithmischen Form:

$$\ln\frac{S(t_0)}{S(t)} = k_d(t - t_0) \qquad (9.27)$$

mit $S(t_0)$ zum Zeitpunkt $t = 0$ darstellen. Eine Auftragung von $\ln\frac{S(t_0)}{S(t)}$ gegen die Zeit *t* liefert eine Gerade mit der Steigung $k_d$. Die Bestimmung der Dissoziationsratenkonstante aus der Dissoziationskurve liefert eine Alternative zur Bestimmung von $k_d$ aus dem in der Assoziationskurve beschriebenen Achsenabschnitt und ist mit einem kleineren Fehler behaftet.

Eine weitere Möglichkeit zur Bestimmung von kinetischen Konstanten bietet neben der beschriebenen linearen Analyse eine sog. *nonlinear least squares*-Analyse. Hierbei wird eine Ausgleichskurve an die Messkurven mittels einer entsprechenden Software angepasst. Grundlage ist die Minimierung der Summe der quadrierten Abweichungen zwischen den realen Mess- und den angepassten Werten. Die Funktion, mit der die Anpassung erfolgt, ergibt sich für die Assoziation durch Integration der Differentialgleichung (9.28) mit den Anfangsbedingungen $S(t_0) = S^0$ bei $t_0 = 0$:

$$S(t) = \left\{\frac{B \cdot k_a \cdot \Delta S^{\max}}{B \cdot k_a + k_d} \cdot [1 - \mathrm{e}^{-([B] \cdot k_a + k_d) \cdot t}]\right\} + S^0 \qquad (9.28)$$

Diese Gleichung beschreibt das Messsignal zu jeder Zeit der Assoziation und kann zur Analyse jeder einzelnen Messkurve benutzt werden. Bereits aus einer Messkurve können die Konstanten ermittelt werden. Vorgegeben wird dabei die Konzentration von *B*, und die Werte von $k_a$, $k_d$, $\Delta S_{\max}$ und $S_0$ werden per Software so lange variiert, bis Gleichung 9.28 mit der Messkurve übereinstimmt.

Die Integration der Differentialgleichung (9.26) für die Dissoziation liefert die Lösung einer typischen monoexponentiellen Abklingfunktion, in der $\Delta S^a$ als die Amplitude des Dissoziationsprozesses definiert ist. Das Signal $S(t \rightarrow \infty)$ wird nach unendlicher Dissoziationszeit erreicht und ist gleich der Grundlinie.

$$S(t) = \{\Delta S^a \cdot e^{-k_d \cdot t}\} + S(t \rightarrow \infty) \qquad (9.29)$$

Auch hierbei wird durch Variation der Variablen nach der *nonlinear least squares*-Methode die Gleichung an die Messkuve angepasst und daraus der Wert von $k_d$ ermittelt.

Verfeinerte theoretische Ansätze, bei denen die Gleichungen (9.27) und (9.29) um weitere Terme ergänzt wurden, die Effekte wie Massentransport, bivalente Bindung der Antikörper oder Reassoziation berücksichtigen, sind auch mit Erfolg erprobt worden. Bei diesen Ansätzen ist die Anzahl der freien Parameter, die angepasst werden, jedoch noch größer, was zu einer deutlich größeren Unsicherheit bei den gesuchten Parametern $k_a$ und $k_d$ führt. Letztendlich liefert die beschriebene Methode auch nur apparente kinetische und thermodynamische Werte, die einem absoluten Vergleich nicht standhalten, die aber für einen relativen Vergleich bedeutsam sind.

**Echtzeitmessung ohne markierte Verbindungen**

Die wichtigste Anwendung der weiter vorn beschriebenen optischen Transducer zur Erfassung des effektiven Brechungsindexes (Brechzahl und Schichtdicke) liegt im Bereich der direkten Messung von biomolekularen Interaktionen, vorzugsweise der selektiven Bindung (immunchemische Reaktionen oder DNA-Hybridisierungen). Dies beruht zum einen auf der Tatsache, dass Makromoleküle wie Proteine bei ihrer selektiven Bindung an die sensitive Schicht auf der Transduceroberfläche große Änderungen der Dicke der sensitiven Schicht und somit deutliche Signale hervorrufen, und zum anderen darauf, dass alternative markierungsfreie Techniken in diesem Bereich rar sind. Zur eigentlichen Messung wird eine sensitive, analyterkennende Schicht, zum Beispiel aus spezifischen Antikörpern, auf der Transduceroberfläche immobilisiert. Bei Kontakt mit der Probe erkennt der Antikörper den Analyt, d. h. er bindet ihn spezifisch. Durch diese Bindung nimmt die Dicke der sensitiven Schicht und damit auch der Wert des effektiven Brechungsindexes zu. Diese Änderung kann messtechnisch mit den in Abschnitt 9.2.4 beschriebenen Transducern zur Messung von effektiven Brechungsindices erfasst werden. Bei Kenntnis des Brechungsindexes des gebundenen Analyten könnte so auch der Schichtdickenzuwachs abgeschätzt werden. Alle weiter oben beschriebenen optischen Transducer (SPR, Gitterkoppler, Resonant Mirror, RIFS, MZI) weisen eine ähnliche Empfindlichkeit auf und sind für die Verfolgung von immunologischen Reaktionen an ihrer Oberfläche in Echtzeit hervorragend geeignet. Man kann dabei ohne evtl. sterisch störende Markierung sogar bei bestimmten Voraussetzungen die Geschwindigkeit dieser heterogenen (wegen Lösung $\leftrightarrow$ Oberfläche) Reaktion bestimmen und damit auch die Geschwindigkeitskonstante der Hinreaktion. Wenn man die gleiche Messung auch während der Dissoziation des Antigen-Antikörper-Komplexes durchführt und die dazugehörige Geschwindigkeitskonstante ebenfalls bestimmt, kann man daraus nach den bekannten Gesetzen die Affinitätskonstante berechnen. Dazu müssen aber einige Voraussetzungen erfüllt sein, die weiter unten noch näher erläutert werden. Wichtig ist hier zunächst nur der Hinweis, dass die immunchemische Oberflächenreaktion nicht durch die Diffusion eines Partners an die Reaktionsoberfläche kontrolliert werden darf. Dazu ausschlaggebend ist die Dicke der Nernst'schen Diffusionsschicht, die bei allen hydrodynamischen Betrachtungen als stagnant angesehen wird.

Neben der Bestimmung der kinetischen Daten werden die direkt-registrierenden Bindungsexperimente aber auch zu quantitativen Analysen von Antigenen oder Antikörpern ausgenutzt. Die Menge des so gebundenen Analyten und damit die mittlere Schichtdickenänderung ergibt sich dabei naturgemäß in Abhängigkeit von der Konzentration in der Probe. Damit kann ein entsprechender Sensor aufgebaut werden, der nach Kalibration zur Bestimmung unbekannter Analytkonzentrationen verwendet werden kann. Dabei ist es natürlich verständlich, dass die Empfindlichkeit dieser Methode mit abnehmender Analytgröße geringer wird. Größere Dickenänderungen kann man hingegen bei Sandwich-Assays erwarten, weil hier Antikörper mit einem Molekulargewicht von 150 kDa angelagert werden. Daher geht man bei kleineren Analytmolekülen so vor, dass man das Analytmolekül selbst auf die Oberfläche des optischen Transducers kovalent anbindet und mittels eines kompetitiven Assays die Analytmoleküle in der Probe mit einem Überschuss an zu ihnen passenden Antikörpern versetzt und dann diese Lösung mit dem Antikörperüberschuss an die mit Analytmolekülen belegte Transduceroberfläche vorbeigeleitet. Dabei wird der Antikörperüberschuss dort gebunden und kann so quantifiziert werden. Nach Kalibration erhält man einen umgekehrten Zusammenhang zwischen dem Messsignal und der eigentlichen Analytkonzentration in der Probe. Die hierbei erhaltenen Kalibrationskurven gleichen natürlich mit ihren sigmoidalen Verläufen denen bei den ELISA-Methoden. Bei der Durchführung dieser Echtzeitmessungen wird allerdings ein bestimmtes „Protokoll" eingehalten. Auch hier kann man beispielsweise die Transduceroberfläche *in situ* mit einem der Immunopartner „belegen". In der Regel verlangt das Protokoll zudem die Blockade noch freier Transduceroberflächen i. d. R. mittels Rinderserumalbumin. Das Ende dieser vorbereitenden Belegungsvorgänge kann ebenfalls optisch gut verfolgt werden. Wenn sich das Messsignal nicht weiter ändert, spült man i. d. R. mit einem Puffer kurz nach und kann u. U. eine kleine Abnahme des Signals durch das Entfernen nur adsorbierter Stoffe erkennen. Wenn danach die zu untersuchende Lösung über diese Oberfläche geleitet wird, stellt sich nach Zugabe einer aliquoten Menge eine neuer Messwert ein, der zunächst der Bruttomenge des angebundenen Immunopartners entspricht. Die Nettomenge ergibt sich nach Spülen mit Pufferlösung zur Entfernung der sog. nichtspezifischen Anbindung aus dem sich dann einstellenden i. d. R. etwas kleinerem Signal nach entsprechender Kalibration. Ein derartiges Protokoll für ein Immuno-Assay in Echtzeitdarstellung ohne markierte Partner ist in Abb. 9.68 im Falle eines SPR-Gerätes beispielhaft gezeigt. Bei kommerziellen Geräten, die spezielle Durchflussmesszellen enthalten, kann bei konstanten Durchflussbedingungen die Anfangssteigung gegen die Analytkonzentration aufgetragen und so auch eine Kalibrierkurve aufgenommen werden.

Ähnliche Kurvenverläufe werden prinzipiell natürlich auch bei massensensitiven Transducern erhalten, und bei absoluter Konstanz von Dichte und Viskosität der Proben

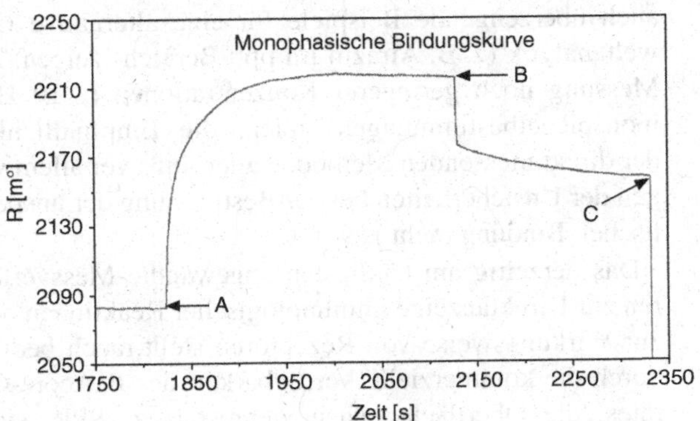


**9.68** Immuno-Assay mittels einer SPR-Echtzeit-Registrierung; zum Zeitpunkt A wird ein Bindungspartner zugegeben; zum Zeitpunkt B wird mit einem Puffer gespült; zum Zeitpunkt C wird der pH-Wert < 2,0 eingestellt und die Sondenoberfläche regeneriert.

und Kalibrationslösungen sind auch zuverlässige Quantifizierungen möglich. Vorteilhaft bei dieser Assay-Methode, die natürlich mittels der FIA-Technik auch automatisiert werden kann, ist das Entfallen jeglicher zusätzlichen chemischen Markierungsreaktion. Die Empfindlichkeiten dieser direkt anzeigenden Transducer können durchaus im ppb-Bereich liegen. Neben vielen medizinischen Anwendungen konnten Gauglitz et al.

**Nachweisgrenzen direktanzeigender Immuno-Sonden**

In der Literatur über Transducer, die dazu geeignet sind, biochemische Bindungsreaktionen ohne markierte Partner in Echtzeit zu verfolgen, werden häufig zu optimistische „theoretische" Nachweisgrenzen angegeben. Zu diesen Transducern zählen alle optischen, die Änderungen der effektiven optischen Schichtdicke ($\Delta d$ und $\Delta n$ zusammen) direkt anzeigen. Manchmal werden auch trotz Interpretationsschwierigkeiten (s. Abschnitt 9.2) einige massensensitive Transducer in Flüssigkeiten dazu gezählt, obwohl bekannt ist, dass die Dichte der Flüssigkeit sowie deren Viskosität zumindest teilweise mit in das Messergebnis eingeht und zwischen Kalibrierung und Messung entsprechend konstant gehalten werden muss (z. B. auf 1 ppm). In vielen Fällen wird bei der Beschreibung derartiger Transducer die Korrektur von nichtspezifischen Bindungen oder reinen Oberflächenadsorptionen zu leichtfertig durchgeführt und die Nachweisgrenze lediglich aus dem Signal/Rausch-Verhältnis errechnet. Dabei ergeben sich durchaus „theoretische" Nachweisgrenzen im pg/cm²-Bereich und darunter. Eine ähnliche Situation liegt auch bei der extremen Spurenanalyse vor, bei der in vielen Fällen (gemäß internationaler Standardisierung) die Standardabweichung der Blindwertbestimmung die effektive Nachweisgrenze bestimmt. Diese Definition ist natürlich auch auf den Einfluss der nichtspezifischen Bindung anzuwenden. Nunmehr stellt sich die Frage, wie man den Anteil der nichtspezifischen Bindung an dem gesamten Messsignal von der spezifischen Bindung unterscheiden kann? Anders als bei der Blindwertkorrektur bei Ultraspurenanalysen gibt es hier keine unabhängige Methode zur Vermeidung von systematischen Fehlern. Mit anderen Worten, man kann auch mit den empfindlichsten Transducern nicht genauer messen, als wie die Störeffekte bekannt sind oder kontrolliert werden können.

auch überzeugende Beispiele für eine alternative Umweltanalytik (z. B. Atrazin im ppb-Bereich) zeigen. Zur Messung noch geringerer Konzentrationen (z. B. Hormonspiegelbestimmungen) reicht die Empfindlichkeit der direkt messenden Methoden allerdings vor allem wegen der Unsicherheiten bei der Bestimmung der unspezifischen Bindung nicht aus.

Das derzeitig am häufigsten angewandte Messverfahren zur Direktanzeige immunologischer Reaktionen oder zur Wirkungsweise von Rezeptoren stellt, auch bedingt durch die kommerzielle Verfügbarkeit des BIAcore-Gerätes, die Oberflächenplasmonenresonanz (SPR, siehe Abschnitt 9.2.4) dar. Wenn man hier die Veränderung des Reflexionsminimums (s. Abb. 9.15) softwaregesteuert als Messgröße gegen die Zeit aufträgt, kann man die Kinetik einer Immunoreaktion direkt verfolgen.

Trotz des Vorteils, auf eine Markierung eines Reaktionspartners völlig verzichten zu können, ist es bis heute nicht gelungen, vorkalibrierte Immunosonden nach dem Prinzip der Direktanzeige in den Handel zu bringen. Diese Echtzeitmethode wird daher vorwiegend im Labor zur Ermittlung charakteristischer Größen (z. B. Affinitätskonstanten) oder zur Feststellung neuartiger Wirksubstanzen für bestimmte Rezeptoren verwendet. Die Herstellung vorkalibrierter Immunosonden (vom Hersteller chargenweise kalibrierter Sensoren) stößt an dieselben Grenzen wie die enzymatischen Biosensoren. Wie kann man die Stabilität und die Belegungsdichte eines Antikörpers auf der Oberfläche einer entsprechenden Immunosonde feststellen oder garantieren? Die einfachste Lösung ist hier immer die, den Analyten selbst (bei kleineren und stabilen Molekülen) auf dem Sensor reproduzierbar zu immobilisieren und die Probelösung vor dem Kontakt mit der Sensoroberfläche mit einem bekannten Überschuss an getrennt und kühl gelagerten Antikörpern zu versetzen und erst nach einer gewissen Reaktionszeit mit den Analytmolekülen in der Probe den Überschuss über den Transducer zu leiten, wobei dieser Antikörperüberschuss dort gebunden wird. Dabei ist das Messsignal umgekehrt proportional zur Analytkonzentration.

**Indirekte optische Immunosonden**

In Fällen, wo die maximal mögliche Empfindlichkeit der direkt anzeigenden Methoden zur Lösung der analytischen Aufgabe nicht ausreicht, greift man zu indirekt angezeigten Immunoreaktionen. Obwohl eine Markierung eines Partners mit einem Enzym eine hohe Empfindlichkeit aufweist, weil man nach einer ausreichenden Substratzugabe eine entsprechend lange Reaktionszeit abwarten kann, führt man dadurch leider eine gewisse Instabilität sowie einen zusätzlichen Prozess (Substratumsatz) in die Methode ein. Die enzymmarkierten Verbindungen erfordern i. d. R. eine lückenlose Kühlung auf < 4 °C, was die Vermarktung als lagerfähiger Massensensor nahezu unmöglich macht. Außerdem kann die immunologische Reaktion durch die kovalente Anbindung eines Enzyms an einen Reaktionspartner aus sterischen Gründen beeinflusst werden. Daher werden bei neueren instrumentellen Entwicklungen auf dem Gebiet der Immunoanalytik als Markierungssubstanzen zunehmend ebenfalls neu entwickelte Fluorophore eingesetzt, da diese sich sehr empfindlich bis in den Bereich von $10^{-15}$ mol/l nachweisen lassen. Andere optische Marker zeichnen sich durch eine deutlich schlechtere Nachweisgrenze aus. Die apparativen Grundelemente einer Fluoreszenzmessung sind: eine spektral begrenzte Anregungslichtquelle wie z. B. eine Quecksilberhochdrucklampe in Kombination mit einem Monochromator oder einem optischen Filter oder seit neuerem Leuchtdioden oder Laserdioden, weiterhin ein optisches Systems, welches das Anregungslicht von Fluoreszenzlicht trennt, wie z. B. ein optisches Filter oder ein Spektrometer und letztendlich ein empfindlicher Lichtdetektor wie z. B. eine Photodiode oder ein Photomultiplier. Messmethoden, die eingesetzt werden, sind u. a. die zeitaufgelöste Fluorezenz (s. Abschnitt 5.3). Obwohl die Grundelemente der indirekt optischen Transducer immer die gleichen sind, unterscheiden sie sich in ihren optischen Messaufbauten, wodurch erhebliche Vorteile in der Handhabung und Verbesserungen im apparativen Aufwand entstehen können.

Der Grund für die relativ zögerliche Entwicklung von sensorähnlichen Entwicklungen auf dem Gebiet der Immunoanalytik liegt in Problemen mit der Kalibrierung derartiger Immunosonden. Bekanntlich erfolgt bei den ELISA-Methoden die Kalibrierung stets zeitgleich mit der Durchführung der Assays. Dieses Problem ist weitaus schwieriger zu lösen als die Entwicklung neuartiger Glucosesensoren. Die GOD ist das stabilste, derzeit bekannte Enzym und erlaubt die Konstruktion von diffusionskontrollierten, elektrochemischen Sensoren bzw. einen selektiven quantitativen Umsatz für eine optische Quantifizierung (Teststreifen). Wegen dieser Robustheit der biologischen Komponente war ihr tatsächlicher Zustand (z. B. Aktivität nach langer Lagerung) für die Verwendung von wenig Belang. Bei Antikörpern stellt sich die Situation jedoch anders da. Sie ließen sich bis jetzt nicht kontrolliert, richtig orientiert und reproduzierbar auf Transduceroberflächen immobilisieren. Auch gab es bisher keine ausreichend zuverlässige Methode, eine derartige Immobilisierung oberflächenanalytisch quantitativ zu verfolgen. In diesem Zusammenhang sind zwei neu entwickelte Immunosonden besonders zu erwähnen. Die erste Entwicklung betrifft die sog. *Capillary Fill Devices*, die in Abb. 9.69 skizziert sind.

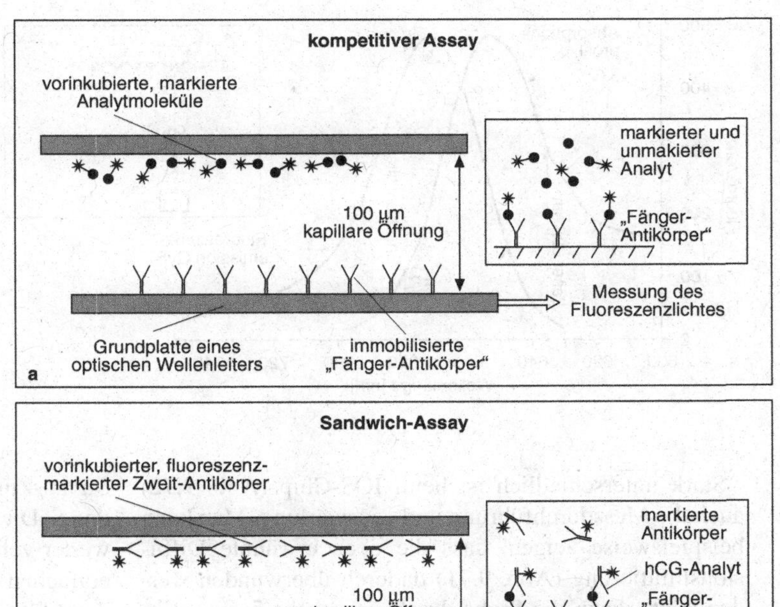


**9.69** Capillary-Fill-Device-Immuno-Sonden für eine schnelle medizinische Diagnostik. a) Kompetitiver Immuno-Assay. b): Sandwich-Immuno-Assay.

Durch ihre Bauweise als Kapillare nehmen sie, wie eine Pipette, eine genau bekannte Menge an Probeflüssigkeit automatisch auf. Die untere Seite der Kapillare stellt einen Wellenleiter dar, der über das Prinzip der evaneszenten Welle fluoreszenzmarkierte Moleküle, die an der Oberfläche angebunden haben, zu Fluoreszenz anregt. Diese wird in den Wellenleiter eingekoppelt und kann auf einer Seite intensitätsmäßig gemessen werden. Die Innovation dieser neuen Sondenklasse steckt auch darin, dass alle benötigten Reagenzien und Antikörper in dieser Kapillare an der gegenüberliegenden Wandung (z. B. gefriergetrocknet) in einer auflösbaren Schicht immobilisiert sind. Abbildung 9.69 zeigt beispielhaft zwei Assay-Arten. Bei der Auswertung wird auf einen End-Messwert gewartet: Die Reagenzien müssen sich erst in der Probe auflösen und dann muss ein Gleichgewicht zwischen nicht gebundenen und angebundenen Markermolekülen eingestellt werden, was beides die Auswertzeit verlängert. Diese innovative Entwicklung kommt erst mit einer gewissen Verzögerung auf den medizinischen Diagnostikmarkt, der dafür bekannt ist, absolute Zuverlässigkeit zu verlangen. Das System musste aus Gründen der Qualtitätssicherung noch verbessert werden, um evtl. Störungen duch Eigenfluoreszenz biologischer Flüssigkeiten und Probleme der nichtspezifischen Oberflächenadsorption überschüssiger Fluoreszenzmarker zu berücksichtigen. Dazu wurden zwei zusätzliche Referenzzonen in den Opto-Chip integriert. Eine enthält keine Fluorophore und kompensiert jede Eigenfluoreszenz der Probe; die andere enthält einen denaturierten nichtbindenden Antikörper, um die nichtspezifische Bindung der Markermoleküle zu berücksichtigen. Dieses innovative und einfache Messsystem ohne die üblichen Wasch-, Spül- und Substrat-Inkubationsschritte der traditionellen Immuno-Assays wurde inzwischen für viele klinische Parameter, wie z. B. Esteron-3-gluconurid, hCG und Opiaten getestet.

Die IOS-(**I**mmun **O**ptischer **S**ensor)Entwicklung des ICB Münster geht einen anderen Weg zu vorkalibrierten und auch preiswerten Immunosonden für eine Vielzahl von Analyten. Gleich ist nur die Benutzung der optischen Fluoreszenz als stabile und empfindlich nachzuweisende Markierung. Allerdings basiert das IOS-System auf optimierten Fluorophoren, wie z. B. von der Art der Verbindung Cy5 (Abb. 9.70), die in weiter verbesserter Form

1. eine große Stokes-Verschiebung zeigt,
2. von einer preiswerten Laserdiode mit hohem $I_0$ angeregt werden kann,
3. im NIR-Bereich ohne Störung durch natürliche biologische Fluoreszenz emittiert und
4. weniger „Photobleaching" zeigt.

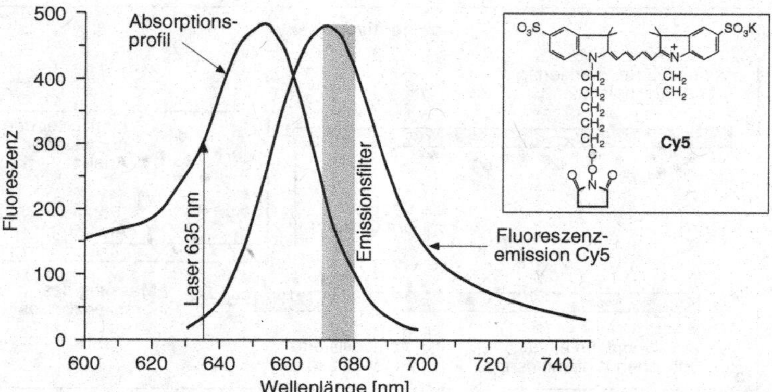


**9.70** Rechts: Struktur von Cy5. Schwarz: Absorptionsspektrum. Rot: Emissionsspektrum.

Stark unterschiedlich ist beim IOS-Chip (Abb. 9.72) auch die Messdurchführung und –auswertung. Man kann beispielsweise zeigen, dass die oben erwähnte Diffusionslimitierung (Abb. 9.71) dadurch überwunden werden kann, wenn die Probe durch einen sehr flachen Kanal (um 50 µm) an einer Immunosondenoberfläche, wie in Abb. 9.71 gezeigt, mit einer bestimmten Geschwindigkeit vorbeigeleitet wird. Im Bereich der Sondenoberfläche sorgt ein evaneszentes Feld für eine Anregung der spezifisch angebundenen Immunopartner.

Sobald die echte Immunokinetik zum Tragen kommt, ergibt sich nach der oben angerissenen Theorie eine direkte Korrelation zwischen der bei einem konstanten Vorbeifluss durch die Anbindung der fluorophor markierten Verbindung erzeugten zeitlichen Fluorenszenz-Signal-Zunahme und der Konzentration dieser Verbindung. Diese kinetische Messung ist mittels sehr preiswerter vorkalibrierter Einmal-Chips (Abb. 9.72) in einer einfachen Messvorrichtung, wie in Abb. 9.73 gezeigt, durchführbar.

Nach der oben vorgestellten Theorie sollte sich bei einer konstant gehaltenen Strömungsgeschwindigkeit der Probelösung duch den Fließkanal durch Anlegen eines Unterdrucks auf der „Empfängerseite“ beim spezifischen Anbinden markierter Immunoparter an die untere, mit „Fängerantikörper“ versehene Sondenoberfläche im Sandwich-Assay ein linear ansteigendes Signal ergeben, dessen Steigung m neben einer apparativen Konstante *r* von der Konzentration *c* und von der Assoziationsgeschwindigkeitskonstante $k_{on}$ abhängt. Daher muss zur quantitativen Auswertung diese Funktion, wie in Abb. 9.74 gezeigt, registiert oder datenmässig aufgenommen werden.

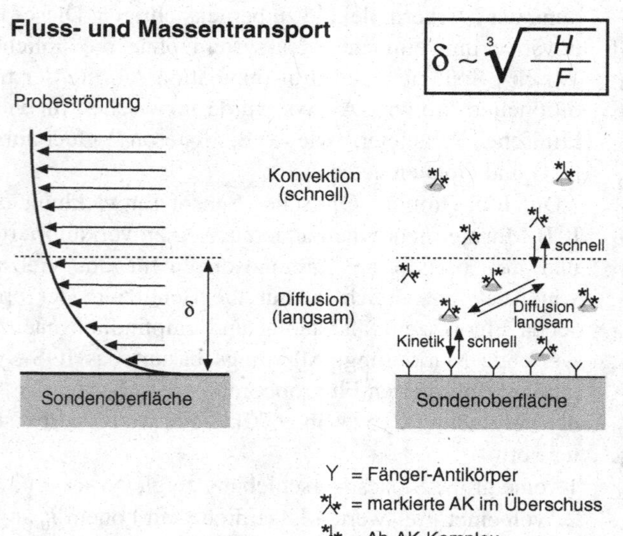

**9.71** Schematische Darstellung der Nernst'schen Diffusionsschicht δ und deren Einfluss auf die Immunkinetik; *A* = Sondenoberfläche; *H* = Fliesskanalhöhe; *F* = Durchfluss.

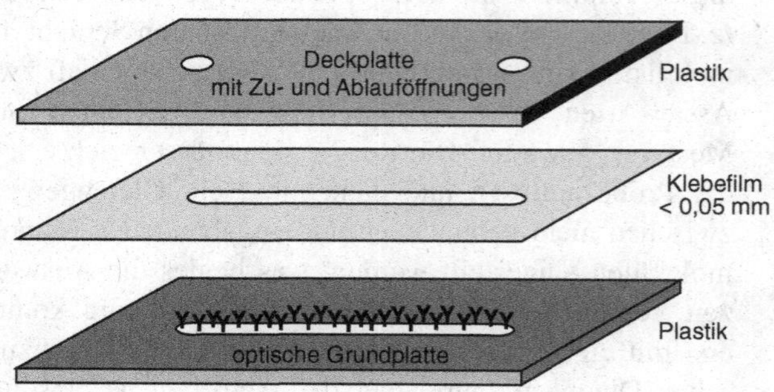


**9.72** Aufbau des IOS-Chips aus preiswertem extrudierbarem Plastikmaterial (ohne das analytspezifischen Vorinkubationsnäpfchen über der Zulauföffnung) Der Doppel-Klebefilm bestimmt mit seiner Dicke und mit seinem mittleren Ausschnitt die Abmessungen des Probenkanals.

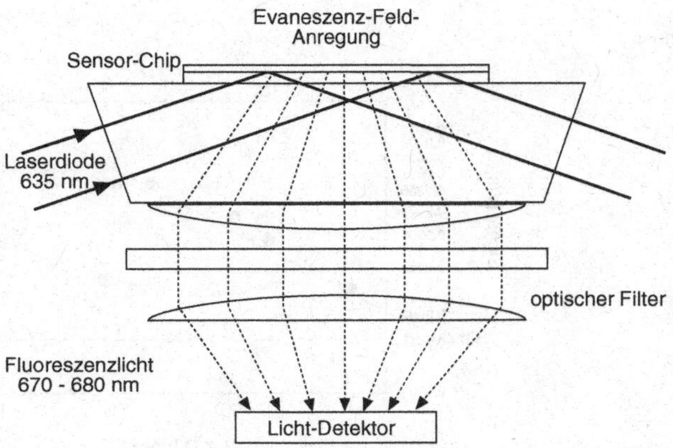


**9.73** Aufbau der IOS-Mess-Apparatur.

Wie Abbildung 9.74 zeigt, muss der eigentliche Messvorgang nur wenige Sekunden dauern. Wenn die typischerweise durch den Messkanal geleiteten 100 µL Probeflüssigkeit bis zum totalen Verbrauch gemessen werden, kommt es durch Lufteinschluss zu einem nicht interessierenden Signaleinbruch mit anschließendem konstanten Signal. Zur weiteren Erhöhung der Messgenauigkeit kann man auch die gesamte Steigung des Messsignals innerhalb der ca. 2 Minuten mittels Software gemittelt feststellen. Im Gegensatz zur statischen Gleichgewichtsauswertung interessiert hier eine gewisse konstante Untergrundfluoreszenz nicht. Wichtig ist aber, dass wegen des Prinzips des evaneszenten Feldes (s. Abschnitt 9.2.4) nur die tatsächlich spezifisch angebundenen fluoreszenzmarkierten Analytmoleküle angeregt werden! Gemäß der Theorie sollte dann die so ermittelte Steigung (Photostrom/Zeit) linear von der Analytkonzentration abhängen, wobei aber unterschiedliche Assoziationskonstanten einen konstanten Beitrag leisten. Abbildung 9.75 zeigt zwei Kalibrationsgeraden, die dies verdeutlichen sollen.

Die obere Kalibrationskurve in dieser doppelt logarithmischen Auftragung von gemessenen Steigungen gegen Konzentration zeigt die hCG-Bestimmung (Schwangerschaftshormon) nach Vorinkubation des Analyten mit einem Überschuss eines fluoreszenzmarkierten „Detektorantikörper" und eines biotinylierten „Fängerantikörper" im Inkubationsnäpfchen des IOS-Chips. Beide Antikörper bilden dort mit dem hCG-Analyten einen Sandwich-Komplex aus. Bei der eigentlichen Messung bindet dieser komplette Sandwich über das Biotin-Label an dem auf der Sondenoberfläche (unterer Chip-Kanal) immobilisierten Neutravidin an und wird – weil innerhalb des evaneszenten Feldes wegen des fluoreszierenden zweiten Antikörpers am Analyten dort zur Fluoreszenz angeregt. Die überschüssigen fluoreszierenden hCG-Antikörper stören nicht, weil sie in der Tiefe des Strömungskanals nicht angeregt werden; der Überschuss an biotinylierten „Fängerantikörpern" wird zwar auch vom Neutravidin gebunden, stört aber bei einem Überschuss von Neutravidin nicht weiter. Die untere Kalibrationskurve zeigt hingegen eine Bestimmung von hCG bei der der betreffende „Fängerantikörper" auf der Sondenoberfläche immobilisiert wurde und ein Gemisch aus Analyt und „Detektorantikörper" (letzterer im Überschuss) zugegeben wird. In diesem Fall wird durch die spezifische Anbindung des Systems: hCG-fluoreszenzmarkierter Antikörper an immobilisierte Fängerantikörper auf der Sondenoberfläche ein fluoreszierender Sandwich-Komplex gebildet, und der Überschuss der fluoreszenzmarkierten Detektorantikörper (für ein anderes Epitop des hCG) stört hier wegen der Evaneszenzfeld-Anregung ebenfalls nicht.

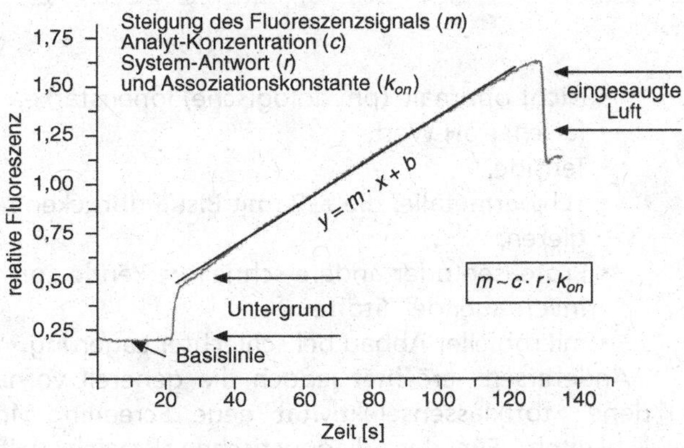


**9.74** Eigentliches Mess-Signal des IOS-Chips ist die Ermittlung der zeitlichen Änderung des Fluoreszenzsignals (Steigung $m$).

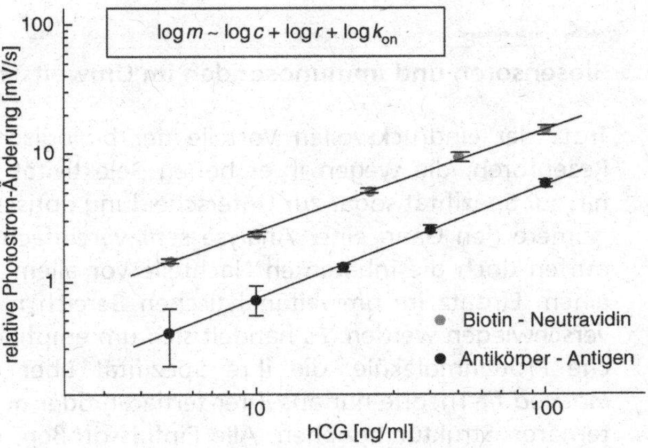


**9.75** Beweis für die Übereinstimmung der Theorie (siehe eingerahmte Gleichung in der Abb. 9.74) mit der Praxis am Beispiel zweier Kalibrationskurven zur Bestimmung des bekannten Schwangerschaftshormons hCG.

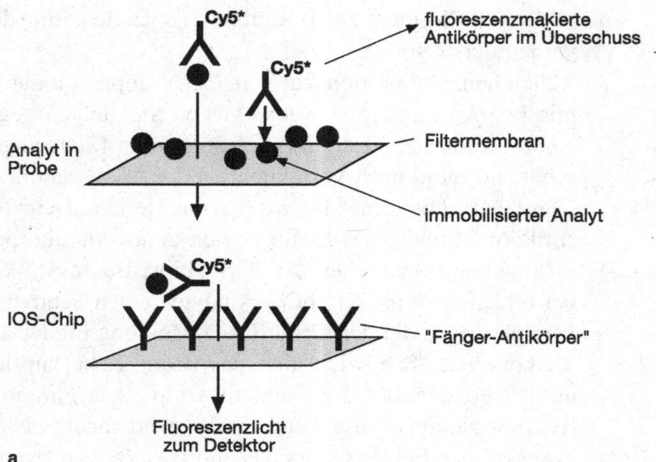


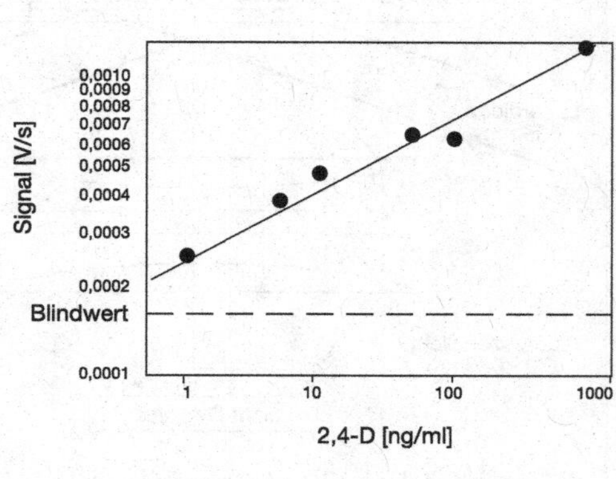


**9.76** a) Schematisch dargestelltes, generisches Messprinzip: Die Basisplatte mit den Fängerantikörpern für andere Antikörper bleibt bei allen Analyten gleich; die Selektivität für die verschiedenesten Analyten wird durch vorinkubierte Komponenten im Inkubationsnäpfchen erzeugt. b) Kalibrationskurve für die Bestimmung der „hydrophilen“ und daher traditionell schwer anzureichernden 2,4-Dichlorphenoxy-Essigsäure.

Gemäß der Theorie kommt es wegen der bekannt höheren Assoziationskonstante des Biotin/Neutravidin Systems zu einer Parallelverschiebung und zu entsprechend höheren Signalintensitäten, was sich, wie man sieht, auch auf die Reproduzierbarkeit auswirkt. Abbildung 9.75 liefert auch den überzeugenden Beweis dafür, dass eine Vorkalibrierung von Immunosonden machbar ist, denn jeder Messpunkt mit seinem Fehlerbalken wurde mit einem neuen IOS-Chip aus einer gleichen Herstell-Charge erzeugt! Die charakterisitischen Daten der IOS-Chip-Immuno-Analytik lauten:

- Nachweisgrenze im unteren ppb-Bereich,
- dynamischer Messbereich über mehrere Dekaden (Unterschied zu ELISA),
- Reproduzierbarkeiten mit einem $V_k < 10\%$,
- Selektivität: siehe ELISA-Methoden,
- Vorinkubationszeiten von wenigen Minuten,
- Messzeit: ca. 2 Minuten,
- Messgerätepreis < 10000 €.

Die Verwendung von Neutravidin stellt ein weiteres Beispiel eines sog. generischen Chip-Aufbaus dar, denn man kann diese Chip-Kanal-Oberfläche bei allen mit Biotin durchgeführten Sandwich-Assays verwenden, was produktionstechnische Vorteile bietet. Gleichermaßen kann für die generelle chemische Analytik z. B. ein Assay aufgebaut werden, bei dem beispielsweise der Analyt mit einem Überschuss an einem fluoreszierenden Antikörper versetzt und diese Mischung dann durch eine

## Biosensoren und Immunosonden im Umweltschutz

Trotz der eindrucksvollen Vorteile der biologischen Rezeptoren, die wegen ihrer hohen Selektivität bis hin zur Spezifität sogar zur Unterscheidung optischer Isomere den Gang einer Analyse sehr vereinfachen, dürfen doch die inhärenten Nachteile vor allem bei einem Einsatz im umweltanalytischen Bereich nicht verschwiegen werden. Es handelt sich um empfindliche Proteinmoleküle, die ihre Spezifität über die *induced fit*-Theorie nur aus ihrer tertiären oder quarternären Struktur beziehen. Alle Einflussgrößen, die das räumliche „Passen“ von Analytmolekülen beeinflussen, sind natürlich auszuschalten. Dazu gehören insbesondere:

- Nicht optimale (physiologische) Ionenstärke,
- falscher pH-Wert,
- Tenside,
- Schwermetalle, die z. B. mit Bisulfidbrücken reagieren,
- Proteasen oder andere schnell wirkende „proteinverdauende“ Stoffe
- mikrobieller Abbau bei schlechter Lagerung.

Andererseits eröffnet jedoch die generell vorhandene Stoffklassenselektivität neue Screening-Möglichkeiten. Für den diagnostischen Bereich gelten hingegen i. d. R. physiologische Bedingungen, die diese Rezeptoren gewöhnt sind.

Membran mit dort kovalent angebundenen Analytmolekülen „filtriert“ wird. Dabei bleibt der Antikörperüberschuss hängen, während die mit Analyt abgesättigten Antikörper passieren und auf der Sondenoberfläche von allgemeinen „Fängerantikörpern“ festgehalten werden und ein konzentrationsproportionales Signal liefern. Dieses Prinzip erlaubt beispielsweise schnelle Herbizid-Feld-Analysen im Bereich 0,1 bis 100 µg/L (Abb. 9.76 b)! Die Individualisierung der IOS-Plastik-Chips in Briefmarkengröße geschieht mittels unterschiedlicher, analytabhängiger Vorinkubationsnäpfchen, in denen alle notwendigen Reagenzien, Vorbereitungsfilter und Antikörper in lagerfähiger Form gegeben sind, sodass der Nutzer nur noch beispielsweise 100 µL der Probe hinzugeben muss. Danach wird der Chip automatisch in das Messgerät eingebracht und auch vollautomatisch vermessen.

Wegen der oben erwähnten Vorzüge in Verbindung mit der einfachen Möglichkeit durch mehrere unterschiedliche „Fängerantikörper“ Immobilisierungen im IOS-Chip-Kanal auch eine simultane Multi-Analyt-Fähigkeit (> 10) zu erreichen und mit Kosten, die weit unter denen der umweltanalytischen Immuno-Kits liegen, hat diese Technologie bereits begonnen, den Diagnostikmarkt zu erobern.

### 9.4.8 Ausgewählte Anwendungsbeispiele von optischen Chemo- und Biosensoren in der klinischen Chemie und Umweltanalytik

**Klinische Chemie**

Das erste Produkt auf dem Gebiet der Blut-pH, $pO_2$- und $pCO_2$-Messung auf rein optischer Grundlage war der „Gas-Stat“ der U.S. Firma CDI Health-Care (3 M Corporation). Es bestand aus einer wegwerfbaren Plastik-Durchflusskammer, die drei Sensorbereiche enthielt. Drei Lichtleiter verbinden diese Anordnung mit einem externen Auswertgerät. Bei kontinuierlicher Anwendung traten Drifterscheinungen auf; es gestattete aber trotzdem die Feststellung irregulärer Blutwerte und hat daher seine Berechtigung bei Bypass-Operationen.

1995 brachte die österreichische Firma AVL mit ihrem Modell Opti 1 eine weitere optische Version in Konkurrenz zu den elektrochemisch operierenden Geräten auf den Markt. Das Messgerät ist tragbar und enthält alle notwendigen Kalibrierstandards für eine automatische Kalibrierung. Es kommt mit 80 µL Blut aus, welches in eine wegwerfbare Kassette gefüllt wird. Der Schätzwert der Standardabweichung liegt bei ca. ± 0,014 pH-Einheiten, ± 0,9 Torr für $pCO_2$ und $pO_2$. Allerdings ergab sich zu der elektrochemischen pH-Wert-Messung eine Abweichung von ca. 0,05 pH-Einheiten.

Die Erfahrungen mit kommerziell erhältlichen faseroptischen *in vivo*-Blutgas- und pH-Wert-Messungen sind widersprüchlich. Auch hier spielte das 3M-Unternehmen CDI eine beachtenswerte und mutige Vorreiterrolle. Für eine kontinuierliche intravasculare Messung dieser drei Parameter wurden drei Fluoreszenzindikatoren am Ende eines Faserleiterbündels platziert. Einige Fehlmessungen bei Patienten wurden auf ein Berühren der Gefäßwand zurückgeführt, was zu vermeiden ist.

Um diesen Effekt zu vermeiden, entwickelte die U.S. Firma Puritan-Bennet Corporation ein intrinsisches faseroptisches Blutgas-Katheter-Messsystem (CIABG, PB 3300), in dem die betreffenden Fluoreszenzindikatoren auf dem Umfang und nicht an der Stirnfläche positioniert wurden. Durch die dadurch vergrößerte Sensorfläche wurde das Signal/Rausch-Verhältnis gegenüber der extrinsischen Version verbessert. Gleichzeitig konnten durch Verwendung eines Referenzindikators die Drift der Sauerstoffoptode verbessert und die Ansprechzeiten unter einer Minute gehalten werden. In einer klinischen Studie zeigte sich allerdings, dass die Messwerte eher nur für eine Trendanalyse geeignet sind. Wenn man jedoch berücksichtigt, dass die zumeist elektrochemisch arbeitenden Blutgas-Tisch-Automaten ebenfalls nicht ideal arbeiten, dann kommen andere Autoren zu dem Schluss, dass dieses faseroptische intra-arterielle Blutgassystem durchaus für 72 Stunden *in vivo* akzeptable Werte liefert.

Eine weitere Entwicklung, die störenden Wandeffekte bei *in vivo*-Blutgasmessungen zu vermeiden, wurde von der U.S. Firma Optex Biomedical Inc. mit dem BioSentry-System vorgestellt. Hier wird ein Lichtleiter aus Plastikmaterial am Ende um 180 Grad gekrümmt und die Indikatorschicht direkt integriert. Diese Schicht hat Kontakt zum Blut über ein seitliches Fenster, sodass die messende Sensorspitze ggf. durch Rotieren von einem störenden Kontakt mit der Gerfäßwand bewahrt ist. Die Ergebnisse klinischer Tests sind jedoch widersprüchlich.

Eine Auswahl weiterer klinisch relevanter Analyte, die mit optischen Fluoreszenzsensoren der unterschiedlichsten Art gemessen wurden, beinhaltet Insulin, Phenytoin, Theophyllin, Transferrin, IgG, Creatinkinase, Cocain und Albumin.

**Umweltanalyse**

Im Gegensatz zu dem klinischen Einsatzgebiet gibt es auf dem Gebiet der Umweltanalytik kaum kommerziell angebotene Optoden. Von den entwickelten Laborprototypen beschäftigen sich viele mit dem Herbizidnachweis in Wasser.

Weiterere bevorzugte Analyte scheinen wegen ihrer Eigenfluoreszenz die polycyclischen Aromaten (PAK) zu sein. Im Institut des Autors wurde auch ein Validierungsvergleich eines optischen Immunosensors mit der Kapillarelektrophorese im Falle des Analyten TNT in Bodenproben durchgeführt. Wie nicht anders zu erwarten war, wurde mit dem Immunosensor reproduzierbar ein höherer Gehalt gemessen, da er neben Abbauprodukten auch noch durch andere Matrixbestandteile gestört wird.

## 9.5 Miniaturisierte Sensoren

Miniaturisierte Sensoren werden meist mithilfe von Dünn- oder Dickschichttechniken hergestellt. Die Dünnschichttechnik nutzt direkt oder modifiziert die für die Produktion von mikroelektronischen Bauelementen entwickelten Standardverfahren (z. B. CMOS-Prozess). Diese ermöglichen die parallele Herstellung einer großen Anzahl von identischen Chips mit elektronischen Bauelementen auf einem Si-Wafer. Der prinzipielle Herstellungsprozess ist in Abb. 9.77 dargestellt.

Ausgangspunkt ist der „unberührte" Silicium-(Si-)Wafer (1), der kommerziell bezogen werden kann. Auf seiner Oberfläche wird durch Einwirkung von Sauerstoff

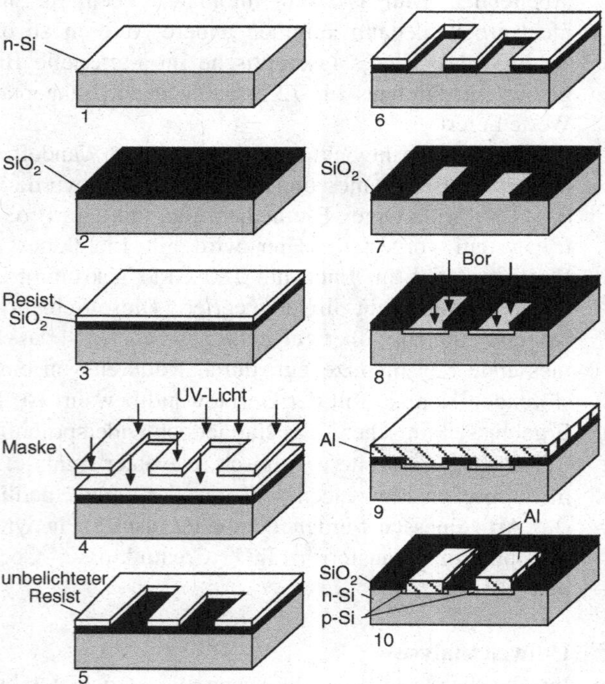


**9.77** Si-Planartechnologie. 1) „unberührter Si-Wafer". 2) Wafer mit $SiO_2$-Schicht. 3) Wafer mit Photoresistschicht. 4) Bestrahlen des Photoresists durch eine Maske. 5) Entwickelter Photoresist. 6) Ätzen eines Fensters in das $SiO_2$. 7) Entfernen des Photoresists. 8) Dotierung. 9) Metallabscheidung. 10) Strukturierung der Metallschicht.

bei einer Temperatur von etwa 1000 °C eine in ihrer Dicke genau kontrollierte Schicht aus $SiO_2$ erzeugt (2). Auf dieser $SiO_2$-Schicht wird ein spezielles photosensitives Polymer, der so genannte Resist, abgeschieden (3), welcher bei Bestrahlung seine Löslichkeit ändert. Je nach verwendetem Resist kann die Löslichkeit bei Bestrahlung mit UV-Licht kleiner oder größer werden. Im nächsten Schritt (4) wird der Resist ortsselektiv durch eine Maske, die lichtdurchlässige und lichtundurchlässige Bereiche enthält, bestrahlt. Dies entspricht einer Belichtung wie in der Photografie mit dem Unterschied, dass hierbei die Maskenformen optisch sehr stark verkleinert werden, bis an das Auflösungsvermögen von lichtoptischen Linsen im Submikrometerbereich heran. Durch anschließende Behandlung mit einem geeigneten Lösungsmittel – entsprechend dem Entwicklungsprozess in der Photografie – kann die ortsselektive Löslichkeitsänderung in einen strukturierten Polymerfilm umgesetzt werden (5). Die entstandenen Öffnungen können dazu genutzt werden, den darunter liegenden Wafer zu verändern. So kann durch die Öffnungen hindurch der $SiO_2$-Film entfernt werden (6). Durch dieses Fenster hindurch kann ebenso eine gezielte Dotierung des Si erfolgen (8). Weiterhin können auf dem Wafer durch Aufdampfen Metallschichten oder auch Isolatorschichten abgeschieden werden, die ebenfalls wieder mittels eines Photoresists strukturierbar sind (9,10). Die Schichtdicken liegen im Nanometerbereich.

Die Dünnschichttechnologie bietet die Möglichkeit, sehr kleine Sensorabmessungen zu realisieren. Es werden Auflösungen der einzelnen Strukturelemente bis etwa 1 µm erreicht. Zu beachten ist, dass sie sich nur bei sehr hohen Stückzahlen wirtschaftlich anwenden lässt, da die Investitions- und Betriebskosten sehr hoch sind. Man muss in so genannten Reinräumen arbeiten, denn ein Haar oder Staubkorn auf der Resist-Oberfläche würde den Wafer zerstören. Weiterhin ergibt sich das Problem, bei solch kleinen Dimensionen elektrische Anschlüsse anzubringen. Dies kann nicht mehr durch Löten unter einem Mikroskop geleistet werden, sondern muss durch spezielle Automaten erfolgen. Dieses so genannte Anbonden erfolgt meistens mit haarfeinen Golddrähten durch lokal hohen Druck.

Fertigungstechnisch einfacher und mit weit geringerem Investitionsaufwand verbunden sind Dickschicht- oder Siebdrucktechniken. Dabei werden die Elektroden oder Isolatormaterialien aus geeigneten Pasten abgeschieden. Es wird eine Druckschablone verwendet, die ein feinmaschiges Sieb an jenen Stellen besitzt, an denen das Substrat bedruckt werden soll. Substrate können beispielsweise Glas, Keramik, keramische Vorprodukte (z. B. Green Tape von Dupont), aber auch Papier oder Folien sein. Die Bereiche, in denen das Substrat nicht bedruckt werden soll, sind undurchlässig. Mit einem Rakel wird die Paste durch das Sieb auf das Substrat aufgetragen, anschließend wird die strukturiert aufgebrachte Paste ausgehärtet bzw. eingebrannt. Die dazu notwendige Temperatur hängt stark von der Art des Pastenmaterials ab. Es werden im Allgemeinen Schichtdicken zwischen 10 und 40 µm erhalten.

Die Siebdrucktechniken lassen sich schon bei mittleren Stückzahlen wirtschaftlich anwenden. Allerdings sind die minimal erreichbaren Abmessungen der Strukturen wesentlich größer als bei der Dünnfilmtechnik (etwa 100 µm). Die Dünn- und Dickschichttechnologie werden zur Herstellung von planaren Sensoren verwendet, d. h. die sensitive Membran befindet sich auf einer planaren Oberfläche. Für einige Anwendungen ist es vorteilhaft, miniaturisierte dreidimensionale Strukturen zu nutzen. Derartige Strukturen lassen sich mithilfe der so genannten Mikromechanik herstellen. Dazu werden zur Strukturierung oder Formgebung im Allgemeinen Materialien und Methoden der oben beschriebenen Dünnschichttechnologie (Photolithografie) genutzt und durch spezielle Ätztechniken im Silicium dreidimensionale Strukturen erzeugt.

## 9.5.1 Ausgewählte miniaturisierte Sensoren

### Voltammetrische Mikroelektroden

Eine Zielrichtung dieser Miniaturisierung ist das Erreichen besonderer Sensoreigenschaften bei voltammetrischen Mikroelektroden. Dabei sollen im Folgenden unter Mikroelektroden Elektroden verstanden werden, deren Größe zumindest in einer Raumrichtung kleiner als 20 µm ist. Was unterscheidet nun Mikroelektroden von den in den vorherigen Kapiteln beschriebenen Makroelektroden? Wird an eine Mikroelektrode eine Spannung angelegt, die die Oxidation oder Reduktion einer in der Lösung vorliegenden Spezies erlaubt, kommt es wie bei Makroelektroden an der Elektrodenoberfläche zu einer Konzentrationsänderung der umgesetzten bzw. gebildeten Spezies. Diese löst einen diffusiven Massentransport zur und von der betreffenden Elektrodenoberfläche aus. Bei Makroelektroden bildet sich dabei, wie in Abbildung 9.78 gezeigt, ein planares Diffusionsfeld aus. Die Diffusion erfolgt senkrecht zur Elektrode. Die nicht senkrechte Diffusion in den Randbereichen hat nur einen sehr geringen Anteil am gesamten Diffusionsgrenzstrom.

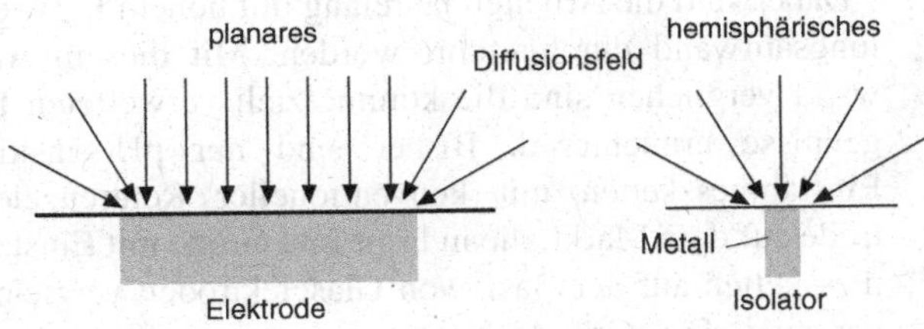


**9.78** Schematischer Verlauf des Teilchenflusses an einer Makro- und Mikroelektrode.

Bei Mikroelektroden dagegen bildet sich ein räumliches Diffusionsfeld aus. Die nicht senkrechte Diffusion in den Randbereichen hat einen beträchtlichen Anteil am Gesamtstrom, es kommt zu sphärischen oder kugelförmigen Diffusionszonen. Dies führt zu den wesentlich veränderten Eigenschaften von Mikroelektroden. Es erreichen pro Zeit und Flächeneinheit wesentlich mehr elektroaktive Spezies die Elektrode als im Falle einer rein planaren Diffusion, was deutlich erhöhte Stromdichten (= Strom pro Einheitsfläche) zur Folge hat. Dadurch verbessert sich das Verhältnis von Faraday'schem zu kapazitivem Strom, der zur Aufladung der elektrischen Doppelschicht benötigt wird und bei analytischen Messungen meist störend ist, da die Kapazität nur von der geometrischen Fläche der Elektrode abhängt.

Insbesondere bei Ultramikroelektroden ($d < 10$ µm) verbessert sich das Verhältnis von Faraday'schem Anteil der Stromdichte $i_F$ zum kapazitiven Anteil $i_C$ deutlich. Der Faraday'sche Strom nimmt mit $r_0^{-1}$ zu, während der kapazitive Anteil vom Radius unabhängig ist. Für viele Elektrodengeometrien gilt daher exakt oder näherungsweise:

$$i_F \approx 1/r_0 C_d \nu \,. \tag{9.30}$$

Das Verhältnis im Stationärzustand verbessert sich dementsprechend für ein cyclovoltammetrisches Experiment mit abnehmender Dimension und Scanrate ν.

Bei Makroelektroden wächst in ungerührter Lösung mit zunehmender Dauer des elektrochemischen Umsatzes die Diffusionsschicht vor der Elektrode in die Lösung hinein, was zu einem mit der Zeit abnehmenden Strom führt, da der die Diffusion kontrollierende Konzentrationsgradient langsam immer flacher wird. Bei Mikroelektroden dagegen bedingt das mit der Zeit in einem vorgegebenen Raumwinkel anwachsende Kalotten-Volumen, welches mehr elektroaktives Material einschließt, dass der Strom mit der Zeit stationär wird und die Diffussionsschicht nicht mehr anwächst. Die Ausdehnung der Diffussionsschicht in die Lösung ist weit geringer als bei Makroelektroden. Sie ist bei sehr kleinen Elektrodenabmessungen (< 10 µm) so gering, dass die Diffusionsschicht kaum noch von Konvektionseinflüssen erfasst und von der Brownschen Molekularbewegung mit Substanz versorgt wird. Das Signal wird nahezu rührunabhängig. Dies ist ein großer Vorteil für analytische Anwendungen, da die Konvektionseinflüsse nicht mehr konstant gehalten werden müssen.

Der Nachteil von Mikroelektroden besteht darin, dass die Ströme im Nano-Ampère-Bereich und darunter liegen und somit sehr klein sind. Die oben beschriebene Dünnschichttechnik erlaubt hingegen die Produktion von Arrays aus einzelnen Mikroelektroden, die die Vorteile der Mikroelektroden besitzen und gleichzeitig höhere Ströme erlauben.

Der Einsatz von Mikroelektroden in der Analytik ist besonders dort vorteilhaft, wo wechselnde Strömungsverhältnisse zu erwarten sind, z. B. bei Durchflussmessungen.

### Der ISFET

Einer der ersten chemischen Sensoren, der mithilfe einer Massenproduktionstechnik in Dünnschichttechnologie hergestellt werden konnte, war der ionensensitive Feldeffekttransistor (ISFET). Der ISFET entsteht, indem man einen MOSFET (Metal Oxide Semiconductor Field Effect Transistor) direkt mit einer ionensensitiven Membran (siehe Abschnitt 7.2.2) beschichtet. Der ISFET (n-Kanal ISFET) besitzt folgenden prinzipiellen Aufbau (Abbildung 9.79): In ein p-leitendes Substrat sind zwei n-leitende Gebiete, die als Source und Drain bezeichnet werden, eingebracht. Diese Struktur ist mit einer dünnen Isolatorschicht (z. B. $Si_3N_4$ oder $Al_2O_3$) bedeckt.

Auf dieser Isolatorschicht wird über dem Gebiet zwischen Source und Drain eine ionensensitive Membran abgeschieden. Es ist auch möglich, dass der Isolator direkt als ionensensitive Membran wirkt. Dies wird bei der Herstellung pH-sensitiver ISFETs unter Verwendung von $SiO_2$ oder $Si_3N_4$, ausgenutzt. An der Grenzfläche zwischen ionensensitiver Membran und Messlösung

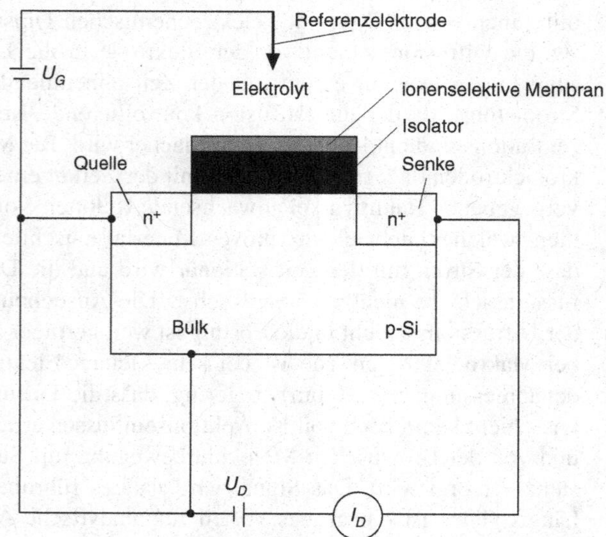


**9.79** Prinzipieller Aufbau eines ISFETs.

stellt sich wie bei ionenselektiven Elektroden eine von der Messionenkonzentration abhängige Potentialdifferenz $\phi_m$ ein. Weiterhin gibt es im System noch einige nahezu konstante Potentialdifferenzen, wie die Potentialdifferenz an der Referenzelektrode. Zusätzlich wird zwischen Referenzelektrode und Bulk (p-leitendem Substrat) eine Spannung $U_g$ angelegt. Diese in Reihe liegenden Spannungen addieren sich zu einer Gesamtspannung. Liegt am Bulk der negative Pol, wird im Gebiet zwischen Source und Drain direkt unterhalb des Isolators eine negative Ladung influenziert (Feldeffekt). Diese negative Ladung bildet einen leitfähigen Kanal zwischen Source und Drain. Die Anzahl der negativen Ladungsträger und damit die Leitfähigkeit im Kanal lassen sich über die Gesamtspannung steuern (analog wie bei der einfachsten elektronischen Röhre, der Triode, bei der das Gitterpotential nahezu leistungslos den Anodenstrom kontrolliert). Wird nun zwischen Source und Drain, d. h. über den Kanal, eine konstante Spannung $U_D$ angelegt, hängt der Stromfluss $I_D$ von der Gesamtspannung ab. Werden außer der Potentialdifferenz an der ionensensitiven Membran alle anderen Potentialdifferenzen im System konstant gehalten, wird der Strom $I_D$ durch die Potentialdifferenz $\phi_m$ an der ionensensitiven Membran und somit durch die Ionenkonzentration des Messions in der Lösung bestimmt. Dabei hängt der Drainstrom linear mit dem Membranpotential $\phi_m$ zusammen.

Einige als Isolatoren in der Mikroelektronik verwendete Stoffe wie $Si_3N_4$, $Ta_2O_5$ oder $Al_2O_3$ zeigen pH-sensitives Verhalten. Daher steht beim pH-ISFET der Isolator direkt in Kontakt mit der Messlösung. ISFETs, die sensitiv für andere Ionen sind, entstehen durch Aufbringen einer zusätzlichen ionenselektiven Membran auf den Isolator des ISFETs. Dazu können prinzipiell alle im Kapitel Potentiometrie beschriebenen ionenselektiven Membranen verwendet werden. Voraussetzung für einen zuverlässig arbeitenden Sensor ist jedoch, dass die Membran ausreichend lange auf dem Isolator haftet und sich nicht langsam während der Anwendung ablöst.

An der Entwicklung von ISFETs wird seit nunmehr fast 30 Jahren gearbeitet. In den Anfangsjahren wurden die Perspektiven des ISFETs sehr optimistisch gesehen.

Daher sind die Arbeiten jahrelang mit hohem Entwicklungsaufwand durchgeführt worden. Mit diesem Aufwand verglichen sind die kommerziell verwerteten Ergebnisse ernüchternd. Bisher sind nur pH-sensitive Einstabmessketten mit konventioneller Referenzelektrode auf dem Markt, die in Preis und Größe mit Einstabmessketten auf der Basis von Glaselektroden vergleichbar sind. Die Gründe hierfür liegen zum Teil an der Drift, die zumindest bei ISFETs mit organischen ISE-Membranen nicht völlig beseitigt werden konnte, an der

Membranhaftung und der Verkapselung oder Verpackung der Rückseiten nach wie vor ungelösten Problematik einer miniaturisierten Referenzelektrode, deren Fehlen den Vorteil der extremen Miniaturisierung zunichte macht.

**Kommerzielle massenproduzierte miniaturisierte Sensoren für medizinische Anwendungen**
In der Medizin werden Analysen bisher überwiegend zentral in klinischen Laboratorien durchgeführt. Das führt zu einem relativ langen Zeitraum zwischen Probennahme und Ergebnis. Dadurch kann sich die biologische Probe (z. B. Blut, Urin oder andere Körperflüssigkeit) unerwünscht verändern oder es kann zu Verwechslungen kommen, die fatale Folgen haben können.

Daher gibt es in der letzten Zeit einen Trend zur Nutzung von so genannten *point of care*-Analysensystemen. Darunter versteht man sehr einfach zu bedienende Analysensysteme, die vom Arzt oder von der Krankenschwester direkt auf der Station, am Krankenbett oder in der Arztpraxis verwendet werden können. Diese Systeme beruhen meist auf der Verwendung von Einmalsensoren. Da im Allgemeinen sehr kleine Probenvolumina verwendet werden sollen, ist eine Miniaturisierung der Sensoren notwendig. Für die Produktion derartiger Sensoren werden sowohl die Dünn- als auch die Dickschichttechnik verwendet. Die am weitesten verbreiteten Einmalsensoren in der Medizin sind elektrochemische Glucosesensoren in Dickschichttechnik, die in Konkurrenz zu den optischen Teststreifen stehen. Sie werden nicht nur für die *point of care*-Analytik verwendet, sondern besonders von Diabetikern für die Eigenkontrolle. Daher werden sie in sehr hohen Stückzahlen produziert. Auf einem Substrat, das etwa die Größe eines herkömmlichen Teststreifens hat, sind Arbeits- und Gegenelektrode in Dickschichttechnik abgeschieden (vgl. Abb. 9.63). Darüber befindet sich u. a. eine Schicht, die das Enzym Glucoseoxidase enthält. Auf diese Schicht wird ein Tropfen Blut gebracht. Glucose wird in Gegenwart von Glucoseoxidase umgesetzt und beispielsweise das entstehende Wasserstoffperoxid wie oben beschrieben (Kapitel 9.4.6, Enzymsensoren) elektrochemisch an der Elektrode detektiert.

Weiterhin sind seit kurzem für die Analytik auf Intensivstationen oder im Operationssaal Messsysteme erhältlich, die auf einem Si-Chip mit einem Array von Einmalelektroden in Dünnfilmtechnologie basieren. Sie ermöglichen die Bestimmung von Blutgasen ($pCO_2$, $pO_2$, pH), Blutelektrolyten ($Na^+$, $K^+$, $Ca^{2+}$, $Cl^-$), Glucose und Harnstoff. Diese beispielsweise von der Firma i-Stat hergestellten Einmalsensoren sind gemeinsam mit einer Kalibrationslösung in eine Einmalkartusche integriert. In die Kartusche werden einige Tropfen Blut gefüllt, sie wird dann in ein Handmessgerät eingefügt und nach automatischer Messung entsorgt. Dieses Messsystem erlaubt die einfache und relativ genaue Vor-Ort-Bestimmung dieser Parameter zu einem für diesen Anwendungsfall vertretbaren Preis. Einen Überblick über die verschiedenen auf dem Markt befindlichen Systeme gibt die Tabelle 9.10.

## 9.6 Die Fließinjektionsanalyse

### 9.6.1 Definition

Der Begriff Fließinjektionsanalyse (*flow injection analysis*, FIA) wurde bereits 1975 von Ruzika und Hansen geprägt, die auch die ersten Patentrechte für dieses Verfahren erhielten. Die FIA bezeichnet eine Technik, bei der ein definiertes Volumen einer flüssigen Probe in ein kontinuierlich fließendes Träger- oder Transportmedium *(carrier)* injiziert und zu einem analytspezifischen Detektor transportiert wird (Abb. 9.80). Der apparative Aufbau gleicht dem einer Flüssigkeitschromatographie-Anlage ohne Trennsäule.

Wie bei der HPLC wird die über eine Injektionsprobenschleife in den Carrier injizierte Probe als mehr oder weniger scharf definiertes Segment durch gewöhnlich HPLC-ähnliche enge Schläuche oder Rohrleitungen transportiert. Genau wie bei der HPLC bereits theoretisch berechnet und apparativ optimiert, kommt es auch bei der FIA zu Diffusions- und Vermischungsvorgängen des Probensegments mit dem ihn umgebenden Carrier. Um die Probe nicht unnötig mit dem Carrier zu vermischen und damit zu stark zu verdünnen, werden vorzugsweise enge Leitungen verwendet. Die Diffusion hängt von der Strömungszeit, d. h. der Transportgeschwindigkeit und der zurückzulegenden Strecke zwischen Aufgabeort und Detektor ab (vgl. entsprechenden Term in der van-Deemter-Gleichung, Kapitel 6). Eine geringe kontrollierte Vermischung mit dem Carrier ist aber hier

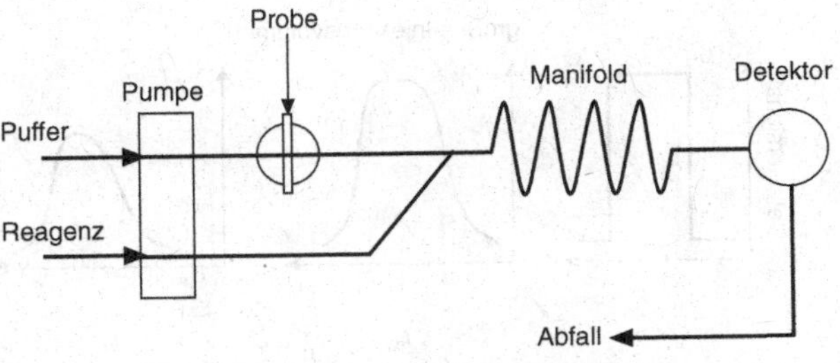


**9.80** Schematische Darstellung einer einfachen FIA-Anordnung.

durchaus erwünscht, da man dadurch nach entsprechender Auswertung größere Konzentrationsbereiche erfassen kann. In dieser Beziehung besteht ein Unterschied zu einer von der Fa. Technicon in den 70er Jahren eingeführten Auto-Analyzer-Methode, bei der die injizierten Probensegmente durch Luftblasen getrennt werden, um die Durchmischung mit einem Carrier zu vermeiden. Die trennenden Luftblasen müssen hierbei durch eine geeignete Vorrichtung *(debubbler)* vor dem selektiven Detektor natürlich wieder entfernt werden, wenn sie dort die Anzeige stören sollten.

In der FIA lässt sich eine kontrollierte Verdünnung der Probe durch die Kontaktzeit mit dem Carrier in bestimmten Grenzen variieren. Beim Analysensignal *(Detektor-Response)* macht sich diese kontrollierte Verdünnung durch ein mehr oder weniger ausgeprägtes „Tailing" des Signalpeaks bemerkbar. Dieser Effekt wird auch kontrollierte Dispersion genannt. Charakteristisch für diese wichtige FIA-Eigenschaft ist, dass nie das Analysensignal erreicht wird, das bei einer reinen Durchflussmessung der Probenlösung entstehen würde (Abb. 9.81). Man kann den Carrier auch gezielt zu jedem Zeitpunkt innerhalb der Registrierung des Signalpeaks automatisch anhalten *(stop-flow)*, um beispielsweise kinetische Messungen oder Messungen mit erhöhter Empfindlichkeit durchzuführen (vgl. auch SIA, Abschn. 9.6.7).

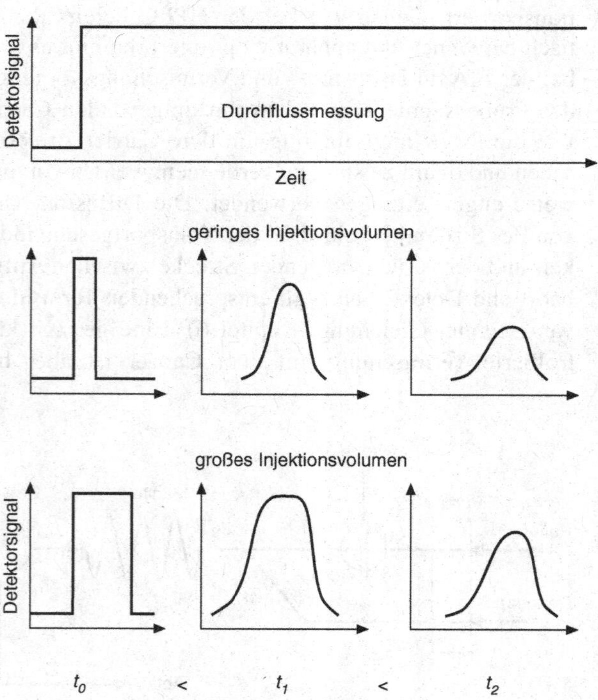


**9.81** Dispersion in einer Durchflussanordnung und in einer FIA-Anordnung.

Der Übergang von der FIA-Methode zur reinen Durchflussmessung kann durch das Injektionsvolumen bestimmt werden. Wird es zu groß und tritt keine Verdünnung ein, dann erhält man als Analysensignal keinen scharfen Peak, sondern ein höher gelegenes Plateau. Diesen Messwert würde man auch erhalten, wenn man die Probelösung direkt am Detektor vorbeiführt. Der Carrier hat nicht nur eine reine Transportfunktion, er muss am analytspezifischen Detektor auch für ein stabiles Grundsignal sorgen. Der Carrier kann im einfachsten Fall eine Pufferlösung sein; er kann aber auch Reagenzien enthalten, die selektiv mit dem Analyten reagieren und ihn dadurch detektierbar machen. In einem solchen Fall arbeitet die FIA wie eine automatisierte Serienanalytik-Vorrichtung. Es können natürlich auch weitere Reagenzien zur Erhöhung der Selektivität kontinuierlich oder diskontinuierlich mit oder ohne Mischer in den Carrierfluss eingespeist werden. Zur Optimierung selektivitätserhöhender chemischer Reaktionen sind auch pH-Wert- und/oder Temperaturvariationen möglich. Häufig werden im Sinne eines quantitativen Analytumsatzes hierbei sog. Reaktionsschleifen *(reaction coils)* eingesetzt. Durch geeignete Wahl des injizierten Probevolumens, der Fließgeschwindigkeit *(flow rate)*, der Reaktionsstreckenlänge und des Durchmessers der verwendeten Schläuche lässt sich die Reaktion der Probenzone mit den in der Trägerlösung vorhandenen Reagenzien kontrollieren.

Durch entsprechende Module lassen sich auch weitere Probenvorbereitungsoperationen, wie z. B. Extraktionen, Gasabtrennungen und Fällungen, besonders leicht mittels der FIA automatisieren (vgl. auch Reaktoren, Abschnitt 9.6.5). In diesem Zusammenhang kann man die FIA eine elegante und einfache Automatisierungsmethode ansehen.

FIA-Systeme zeichnen sich durch sehr kurze Ansprechzeiten aus. Es können analytisch auswertbare Signale innerhalb von wenigen Sekunden erhalten werden, womit ein hoher Probendurchsatz gewährleistet wird. Daher ist die FIA eine hervorragende Methode für quasikontinuierliche Messungen (mit Zeitkonstanten im Sekundenbereich), wie sie z. B. in der Qualitätskontrolle und Qualitätssicherung von technischen Prozessen benötigt werden. Aufgrund des geringen Reagenzienverbrauches, der bei neuesten miniaturisierten Techniken nur wenige Mikrolitern pro Minute betragen kann, sowie der Anwendung einer Vielzahl von möglichen Detektoren, ist die FIA aus der modernen Forschung nicht mehr wegzudenken.

Besonders einfach sind FIA-Systeme mit photometrischen oder elektrochemischen Durchflussmesszellen aufzubauen. Jedes HPLC-Gerät ist in der Regel unter Verzicht auf die Trennsäule zur FIA geeignet, wenn die

Selektivität durch den Detektor vorgegeben wird. Mit einem entsprechenden Detektor können so alle bekannten photometrischen oder fluorimetrischen Verfahren, die selektive Reaktionen des Analyten mit einem Reagenz oder Indikator erfassen, sehr einfach automatisiert werden. Das Gleiche gilt für potentiometrische Messungen mittels ionenselektiver Elektroden. Besonders spezifisch wird die FIA, wenn sie mit schnell ansprechenden Biosensoren (Abschnitt 9.4) kombiniert wird. Es sind aber auch Kombinationen der FIA-Technik mit wesentlich komplexeren Instrumenten, wie beispielsweise der AAS, AES, ICP-OES, MS, usw. beschrieben worden. Hier ist die FIA als automatisierte Probenvorbereitungstechnik anzusehen. Generell kann man bei rasch ansprechenden Detektoren einen Durchsatz von über 100 Analysen pro Stunde ohne Probleme erzielen.

## 9.6.2 Injektionsmethoden

Da die Fließinjektionsanalyse eine sehr universelle Methode darstellt, gibt es auch eine Reihe von unterschiedlichen Injektionsmethoden. Entscheidend ist hier in erster Linie die Fragestellung, wie die Analyse durchgeführt werden soll. Soll ein quantitatives Ergebnis erhalten werden, so wird man im Normalfall analog der HPLC eine Probenschleife verwenden. Hierbei wird ein definiertes Schlauchsegment meistens mit einem geringen Volumen von < 100 µL mit der Probe gefüllt und über ein Injektionsventil oder über Magnetventile in den Carrierstrom gebracht. Die anfangs in der FIA verwendeten Ventile waren in ihrer Beschaffenheit mit denen der HPLC identisch. Da jedoch die Anforderungen an die Druckbeständigkeit in der FIA wesentlich geringer sind als für die HPLC, werden heute vorzugsweise wesentlich preiswertere Niederdruckventile verwendet. Abb. 9.82 zeigt ein typisches 2×3-Wege-Injektionsventil.

Während des Beladens der Probenschleife (Verbindung 3-4) wird der Detektor über eine Pumpe mit dem Carrier (Verbindung 1-6) versorgt. Wird das Ventil nun durch Verdrehen geschaltet, so wird der Inhalt der Probenschleife mit dem Carrierstrom in Richtung Detektor geführt. Um die mechanische Beanspruchung möglichst gering zu halten, kann man auch das 2×3-Wege-Ventil durch fünf Magnetventile ersetzen (Abb. 9.83). Für die Routineanalytik mit schnellem Probendurchsatz hat diese Methode Vorteile in Bezug auf die Automatisierbarkeit. Die volumenbasierenden Injektionsmethoden mit Probenschleife liefern im Vergleich mit zeitabhängigen Injektionen, bei denen man für kurze, aber kontrollierte Zeit die Probe einfließen lässt, besser reproduzierbare Ergebnisse. Nachteilig wirkt sich hier jedoch der

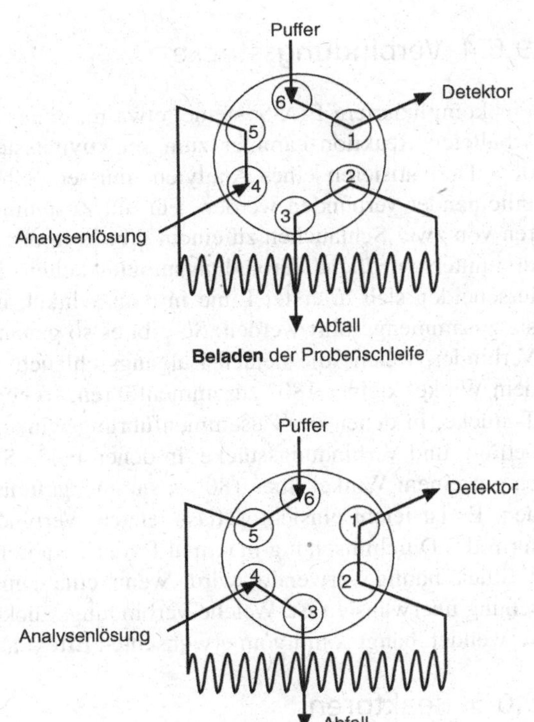


**9.82** Funktionsweise eines 2×3 Wege-Injektionsventils: Die Probenschleife kann über die Verbindung 3-4 mit dem Analyten beladen werden. Durch Verdrehen des Ventils kann die Probenschleife über die Verbindung 6-1 zum Detektor gelangen.

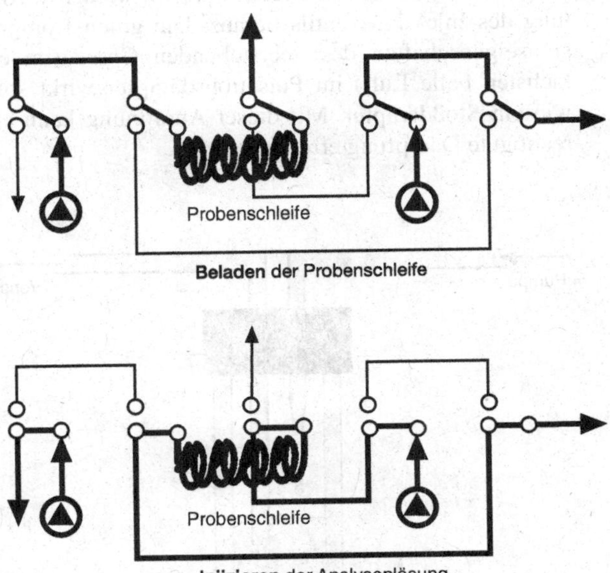


**9.83** Schematische Darstellung der Probeninjektion mithilfe von fünf Magnetventilen. Beladen der Probenschleife: Alle Ventile sind geschaltet. Injizieren der Analysenlösung: Alle Magnetventile sind nicht geschaltet.

vergleichsweise hohe Preis des 2 × 3-Wege-Ventils bzw. der fünf Magnetventile sowie eine etwas höhere Störanfälligkeit durch Luftbläschen oder mechanische Verstopfungen aus.

## 9.6.3 Pumpen

Ähnlich wie in der Flüssigchromatographie werden verschiedene Pumpensysteme für die Fließinjektionsanalyse eingesetzt. Für die kontinuierliche Messung eines Analyten am Detektor der FIA ist es erforderlich, dass eine Pumpe möglichst pulsationsfrei arbeitet, sodass man hier häufig Kreiselpumpen oder Doppelkolbenpumpen verwendet. Da im Gegensatz zur HPLC im Normalfall kein großer Druck benötigt wird, können einfache Peristaltikpumpen (auch Schlauchpumpen genannt) eingesetzt werden. Hierbei drücken mehrere parallel zu einer Drehachse laufende Rollen einen flexiblen Pumpenschlauch nacheinander zusammen, sodass die Flüssigkeit im Inneren des Schlauches aus diesem herausgestrichen wird. Je mehr Rollen eine Pumpe besitzt, desto pulsationsärmer wird die Flüssigkeit gefördert. Weiterhin kann mit Pulsationsdämpfern gearbeitet werden (Abb. 9.84). Sie beruhen auf dem Prinzip eines geschlossenen „Vorratsgefässes", welches nur zum Teil mit Carrier gefüllt ist (Windkessel).

In dieses Vorratsgefäß wird der Carrier vor dem Injektionsventil mithilfe der Peristaltikpumpe hineingepumpt. Der Überdruck im geschlossenen Gefäß drückt die Lösung über ein Glas oder Metallröhrchen wieder in Richtung des Injektionsventils heraus. Die guten Kompressionseigenschaften des überstehenden Gases (im einfachsten Falle Luft) im Pulsationsdämpfer wirkt somit wie ein Stoßdämpfer. Mit dieser Anordnung kann eine recht gute Dämpfung erreicht werden.

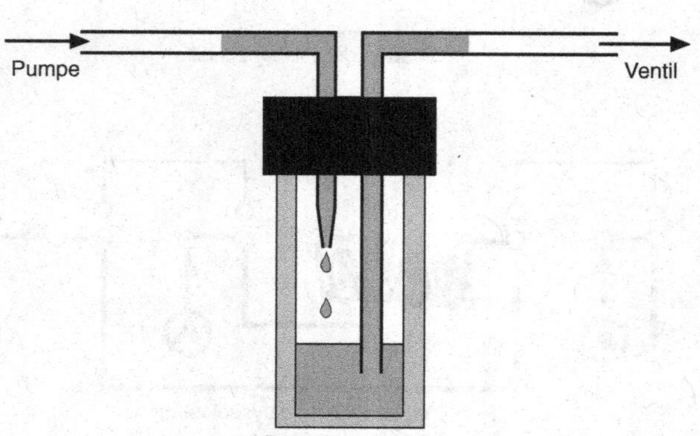


**9.84** Funktionsweise eines Pulsationsdämpfers: Die überstehende Gasphase ist leicht kompressibel und kann daher Druckpulse abschwächen.

In Kombination mit neuartigen Peristaltikpumpen kann die Pulsation noch weiter reduziert werden. Bei diesen Pumpen werden auf der Rotationsachse der Pumpe zwei Rollenkränze übereinander auf Lücke montiert. Schließt man nun an beiden Rollenkränzen gleich dicke Schläuche an und führt sie mittels Y-Verbindungsstücken vor und hinter der Pumpe zusammen, so interferieren beide Pulse miteinander. Während sich in dem einen Schlauch langsam ein Druck aufbaut, nimmt er im anderen Schlauch gerade wieder ab und umgekehrt. Das Ergebnis ist ein nur gering gepulster Fluss. Mit Peristaltikpumpen ist der Volumenstrombereich sehr variabel einstellbar, da sowohl Geschwindigkeit und Richtung der Pumpe als auch der Schlauchdurchmesser verändert werden können. Einfach und zugleich kostengünstig kann störende Pulsation durch Ausnutzung der Gravitation vermieden werden. Um einen Fluss zu erhalten, stellt man einfach ein Vorratsgefäß mit Carrier erhöht auf und lässt die Lösung durch die FIA-Apparatur herauslaufen. Ähnlich wirkt auch ein Ansatz, indem ein leichter Überdruck in der Vorratsflasche des Carriers erzeugt wird (z. B. aus einer Pressluftleitung oder Gasdruckflasche). Hierbei muss der Überdruck jedoch sehr genau kontrolliert werden.

## 9.6.4 Verbindungsstücke

Für kompliziertere FIA-Systeme, etwa mit einer vorgeschalteten Reaktionskammer zum selektivitätssteigerndem Derivatisieren eines Analyten, müssen Schläuche miteinander verbunden werden. Für ein Zusammenführen von zwei Schläuchen zu einem gibt es in der Praxis drei unterschiedliche Verbindungsmöglichkeiten. Sie unterscheiden sich in erster Linie in dem Winkel, in dem sie zusammengeführt werden. So gibt es so genannte Y-Verbinder, welche die beiden Eingangsschläuche in einem Winkel kleiner 180° zusammenführen, so genannte T-Stücke, in denen der Zusammenführungswinkel 180° beträgt, und Verbindungsstücke, in denen beide Schläuche in einem Winkel über 180° zusammengeführt werden. Es ist leicht einsichtig, dass letztere Verbindungsform die Durchmischung maximal fördert, während das Y-Stück häufig verwendet wird, wenn eine Durchmischung unerwünscht ist. Welche Verbindungsstücke man verwendet, hängt somit vom erwünschten Effekt ab.

## 9.6.5 Reaktoren

Reaktoren werden in einem Fließinjektionsanalyse-System immer dann notwendig, wenn mehrere Reagenzien vermischt oder die Analytmoleküle vor der Detektion angereichert oder modifiziert werden müssen. Mit Reaktoren können auch unerwünschte Begleitsubstanzen aus dem Matrixmaterial einer Probe abgetrennt werden. Dadurch kann die Selektivität einer FIA-gestützten Bestimmungsmethode erhöht werden.

Die Art eines Reaktors richtet sich in der Regel nach dem Verwendungszweck des geplanten Fließinjektionsanalyse-Systems. Das Reaktorvolumen ist eine entscheidende Größe zur Bestimmung der Verweilzeit der Probe.

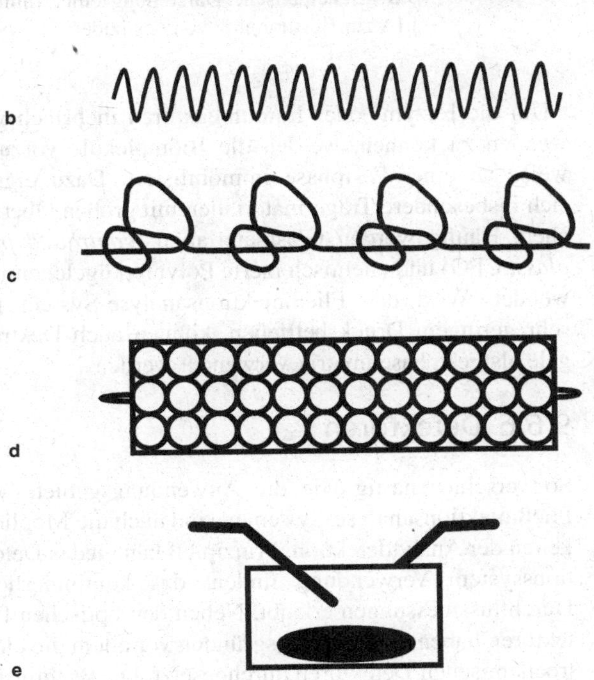


**9.85** In FIA-Systemen gebräuchliche Reaktortypen. a) Kapillare oder Kartusche. b) gewickelter Schlauch. c) gestrickter Schlauch. d) mit perlenförmigem Material gefüllte Kartusche. e) Mischkammer.

Durch Temperieren des Reaktors kann auf die Reaktionsgeschwindigkeit Einfluss genommen werden. Im einfachsten Falle bestehen die Reaktoren aus konventionellen, säulenförmigen Kartuschen ($l$ = 1–10 cm, $ID$ = 1–4 mm) oder spiralförmig angeordneten Kapillaren ($L$ = 30–100 cm, $ID$ = 0,5–0,7 mm), die ein definiertes Volumen aufweisen. In diesen Kammern können z. B. verschiedene Reagenzien gemischt werden und auf den Analyten einwirken. Zur Unterstützung physikalischer Mischungsvorgänge können mit kleinen Glasperlen gefüllte Säulen eingesetzt werden. Mit diversen räumlichen Anordnungen von Schlauchsystemen lässt sich die Mischungseffizienz in den Reaktionsstrecken steigern. So können z. B. gewickelte oder gestrickte Schläuche (Abb. 9.85) zur Erhöhung der radialen Dispersion eingesetzt werden. Für den gleichen Zweck eignen sich auch Mischkammern mit oder ohne Rührer. Sie führen jedoch aufgrund ihres großen Volumens zu einer Verlängerung der Probenverweilzeit und damit zu einer Verringerung des Messsignals.

Zur Steigerung der Selektivität kann bei einigen Analyten ausgenutzt werden, dass sie unter bestimmten Umständen aus einer wässrigen Lösung in die Gasphase übergehen können. Zur Abtrennung kann der gasförmige Analyt aus dem Trägerstrom über eine permeable Membran in einen zweiten Flüssigkeitsstrom überführt werden. Als Beispiel sei die Bestimmung von Ammonium genannt. Durch die Anhebung des pH-Wertes im Trägerstrom werden die Ammoniumionen deprotoniert, und es entsteht Ammoniak. Durch eine gaspermeable Teflonmembran in einem Separationsmodul (Abb. 9.86) tritt das Ammoniak in einen zweiten Trägerstrom über und geht dort wiederum in Lösung. Soll das Ammonium optisch detektiert werden, so kann dem zweiten Trägerstrom eine Indikatorsäure HIn zugesetzt sein. Durch das Ammonium wird das chemische Gleichgewicht zwi-

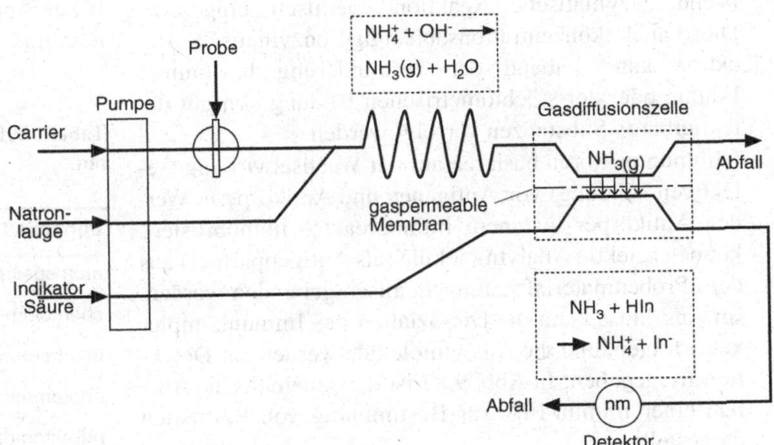


**9.86** Funktionsweise eines Gasabtrennungsmodules am Beispiel einer optischen Ammoniumbestimmung; HIn = protonisierte Form des Indikators.

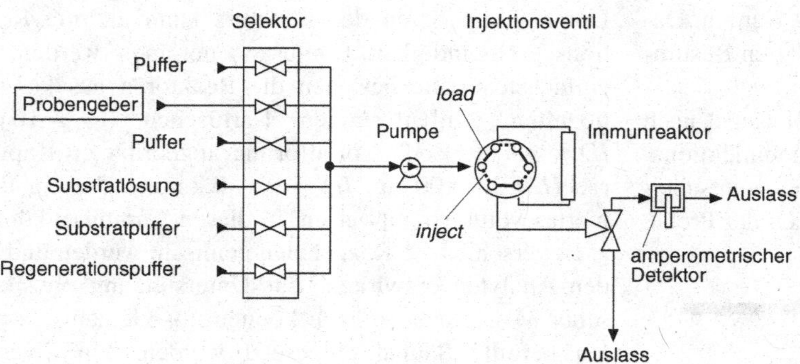


**9.87** Schematische Darstellung einer Immun-FIA zur Bestimmung von Pestiziden.

schen Säure und Base verändert und es kommt zu einer Farbänderung des Indikators. So kann das Ammonium extrem selektiv und empfindlich quantifiziert werden.

Denkbar ist auch, dass die Ammoniumkonzentration im zweiten Trägerstrom mit einer ammoniumselektiven Elektrode potentiometrisch bestimmt wird. Ammoniumselektive Elektroden zeigen deutliche Interferenzen zu einwertigen Kationen wie Kalium und Natrium. Durch die Gasabtrennung kann das Ammonium von anderen Kationen befreit werden; es wird somit ohne Störung im ppb-Bereich nachweisbar.

Auch Festphasensysteme können dazu genutzt werden, den Analyten vor der Detektion chemisch zu modifizieren, z. B. durch Redoxreaktionen an Metallgranulaten. Mithilfe von Ionenaustauscherharzen, Chelatbildnern oder Silikaten können ionische Analyte gegen andere Ionen ausgetauscht, Matrixmaterialien abgetrennt oder auch Analytmoleküle angereichert werden. Zur Anreicherung hydrophober Analyten oder zur Abtrennung der Probenmatrix werden häufig hydrophobisierte Gelmaterialien verwendet.

Enzym- und Immunreaktoren finden in der modernen Analytik einen immer größer werdenden Anwenderkreis. In einem Enzymreaktor werden die Analytmoleküle, in der Regel als Substrat, durch eine äußerst spezifische enzymatische Reaktion chemisch umgesetzt. Diese analytkonzentrationsabhängige enzymatische Reaktion kann anhand der Verminderung bestimmter Edukte oder der stöchiometrischen Bildung von gut detektierbaren Substanzen verfolgt werden.

Immunreaktoren basieren auf der Wechselwirkung (selektiven Bindung) von Antigenen und Antikörpern. Werden Antikörper in einem Immunreaktor immobilisiert, können selektiv Analytmoleküle (als Antigenpartner) aus dem Probenmaterial immunchemisch gebunden werden. Im Anschluss kann die Dissoziation des Immunkomplexes erfolgen, und die Analytmoleküle werden zur Detektion freigegeben. In Abb. 9.87 ist der schematische Aufbau einer Immun-FIA zur Bestimmung von Pestiziden dargestellt.

Um die Enzym- oder Immunreaktoren mehrfach verwenden zu können, werden die Biomoleküle vorzugsweise an einer Festphase immobilisiert. Dazu eignen sich insbesondere Trägermaterialien mit großen Oberflächen. Häufig werden Glasmaterialien (*controlled pore glass*, CPG) und chemisch inerte Polymerkügelchen verwendet. Wird das Fließinjektionsanalyse-System mit sehr geringem Druck betrieben, können auch Dextrangele als Festphasenmatrix verwendet werden.

## 9.6.6 Detektoren

So verschiedenartig wie die Anwendungsgebiete von Fließinjektionsanalyse-Systemen sind auch die Möglichkeiten der Analytdetektion. Prinzipiell kann jedes Detektionssystem Verwendung finden, das kontinuierliche Durchflussmessungen erlaubt. Neben den optischen Detektoren haben sich aus Preisgründen vor allem die elektrochemischen Detektoren durchgesetzt. Die wichtigsten Detektionsverfahren sind in Tab. 9.11 zusammengefasst. Generell sollten die folgenden Ansprüche an Detektoren für Fließinjektionsanalyse-Systeme gestellt werden: Die Detektoren müssen den zu bestimmenden Analyten mit einer hohen Selektivität erfassen, denn es wird ja auf eine Auftrennung verzichtet. Zur Erfassung unterschiedlicher Analytkonzentrationen sollte der Messbereich linear und ausreichend groß sein. Die Detektionssysteme

**Tabelle 9.11** Die wichigsten in der FIA verwendeten Detektoren.

| optische Detektoren | elektrochemische Detektoren |
|---|---|
| atomspektrometrisch | amperometrisch |
| chemoluminimetrisch | coulometrisch |
| fluorimetrisch | konduktometrisch |
| photometrisch (UV/VIS) | polarographisch |
| refraktometrisch | potentiometrisch |

müssen zur Messung von kleinen Probenvolumina geeignet sein, sollten rauscharm sein und rasch ansprechen. Durch den Detektor werden in erheblichem Maße die Nachweis- und Bestimmungsgrenzen eines Fließinjektionsanalyse-Systems festgelegt.

Im Folgenden sind einige Detektionssysteme, die speziell auf die Messungen in Durchflusssystemen optimiert wurden, wiedergegeben. Auf die Prinzipien weiterer Detektionssysteme sei an dieser Stelle auf die ausführlichen Kapitel in diesem Lehrbuch verwiesen.

In Fließinjektionsanalyse-Systemen eignen sich elektrochemische Detektoren aufgrund ihrer hohen Sensitivität und Linearität besonders. Darüber hinaus sind sie häufig preiswerter als andere. In amperometrischen Detektoren wird zwischen einer Arbeitselektrode (z. B. Graphit-, Glaskohlenstoff-, Gold- und Platinelektrode) und einer Referenzelektrode (z. B. Silber/Silberchlorid- und gesättigte Kalomelelektroden) eine definierte Spannung angelegt. Als Hilfselektroden werden Edelstahl-, Platin- oder Kohlenstoffelektroden verwendet. Im Durchflusssystem wird der Analyt oder ein elektrochemisch aktiver Hilfsstoff, dessen Konzentration mit der des Analyten in direkter Beziehung steht, an der Elektrodenoberfläche einer Redoxreaktion unterzogen. Der dabei fließende Strom ist proportional zur umgesetzten Menge der zu bestimmenden Substanz. Durch den mehrfachen Gebrauch der amperometrischen Detektoren kann vielfach die Oberfläche der verwendeten Elektroden durch organische Matrixsubstanzen oder direkt durch den Analyten bedeckt werden. Dadurch kommt es zu einer Abschwächung des Messsignals und einer Verschlechterung der Sensitivität. Durch kurzzeitige Erhöhung der Polarisationsspannung oder Umpolung der Elektroden wird die Elektrodenoberfläche vielfach regeneriert und von Störsubstanzen befreit. Eingesetzt werden amperometrische Detektoren überall dort, wo Redoxreaktionen zur Quantifizierung genutzt werden können. So lassen sich z. B. Wasserstoffperoxid, Sauerstoff, Arsen etc. bestimmen. Ferner können oxidierbare organische Substanzen wie Phenole, Benzophenone usw. detektiert werden. In immunchemischen Fließinjektionsanalyse-Systemen werden diese Stoffe vielfach als Hilfsstoffe nach enzymatischer Umsetzung gemessen.

In potentiometrischen Detektoren wird stromlos die Potentialdifferenz zwischen zwei Elektroden gemessen. Das erhaltene Spannungssignal ist eine Funktion der Zusammensetzung des Elektrolyten und wird durch das Mession bestimmt. Wird ein konstanter Grundelektrolytfluss durch den Detektor gepumpt, so kann eine gewisse Potentialdrift auftreten, die durch Temperaturänderungen oder Änderungen des Referenzpotentials verursacht wird. Zur reproduzierbaren Messung mit solchen Detektoren ist die Temperaturkonstanz eine notwendige Bedingung. Da ionenselektive Sensoren bei einer Analytkonzentration von Null zum Driften neigen, sollte daher dem Carrier eine geringe, aber definierte Menge des betreffenden Messions zugegeben werden. Geringere Konzentrationen in der Probe erscheinen dann als Negativ-Peak. Vorteile bieten die potentiometrischen Detektoren aufgrund ihrer Einfachheit, einer hohen Selektivität und einer schnellen Signalantwort. Eine große Variationsvielfalt bieten ionenselektive Elektroden (ISE), mit denen sich eine Reihe von positiv und negativ geladenen Ionen bestimmen lassen. Aber auch Biosensoren auf elektrochemischer Basis können als äußerst spezifische Detektoren in der FIA eingesetzt werden.

Dank ihrer vielfältigen Einsatzmöglichkeiten werden die optischen Detektoren am häufigsten in Fließinjektionsanalyse-Systemen verwendet. Mit photometrischen Detektoren lassen sich z. B. Analyt-Reagenz-Komplexe mit einem ausreichenden Extinktionskoeffizienten bestimmen. Durch die Wahl geeigneter Absorptionswellenlängen können Substanzen selektioniert und u. U. auch beim Arbeiten mit mehreren Wellenlängen entsprechend mehr Analyte simultan bestimmt werden. Der Aufbau photometrischer Messzellen lässt sich entsprechend einfach gestalten, indem man z. B. Leuchtdioden (LED) als Lichtquelle und einen Photowiderstand oder eine Photodiode als Detektor einsetzt. LEDs haben die Eigenschaft, Licht in einem kleinen Wellenlängenbereich zu emittieren, sodass man meistens auf einen zusätzlichen Monochromator verzichten kann. Ferner zeichnen sie sich im Vergleich zu anderen Strahlungsquellen, wie z. B. Halogenlampen, durch eine besonders geringe Leistungsaufnahme aus. Daher werden sie bevorzugt in miniaturisierten Systemen eingesetzt. Dennoch sollte nicht verschwiegen werden, dass nicht für jeden gewünschten Wellenlängenbereich eine passende LED verfügbar ist. Bei der Verwendung von photometrischen Durchflussmesszellen muss darauf geachtet werden, dass diese luftblasenfrei befüllt werden. Dieses wird unter anderem durch die Anordnung des Messzelleneingangs- und Messzellenausgangs erreicht. Ferner kann die Messzelle mit einem Gas vorgespült werden, welches sich dann beim Befüllen der Zelle in dem Carrier löst. Generell sollte in der FIA darauf geachtet werden, dass die verwendeten Lösungen während der Messung nicht durch Druck- und Temperaturschwankungen ausgasen können.

Dank moderner Lasertechniken werden auch die fluorimetrischen Detektoren für Fließinjektionsanalyse-Systeme immer interessanter, vor allem wenn sie, z. B. nach vorheriger Kapillarelektrophorese, minimale Totvolumina aufweisen. Fluorimetrische Messungen zeichnen sich durch eine hohe Selektivität und eine niedrige Nachweisgrenze aus. Nachteilig wirken sich allerdings Matrixsubstanzen aus, die zu einer Fluoreszenzlöschung und somit zur Verminderung des Messsignals führen. Die Konfektionierung konventioneller fluorimetrischer Detektoren entspricht der, die auch in photometrischen Systemen zum Einsatz kommen; lediglich die Strahlenführung ist so, dass der Winkel zwischen Lichtquelle und Lichtmessung üblicherweise zwischen 90° und 180° liegt.

Ein weit verbreitetes Argument für den Gebrauch der FIA lautet, dass man mittels kleinvolumiger Schläuche und dem Carrier praktisch die Probe zusammen mit einer integrierten Probenvorbereitung automatisch zu einem selektiven analytischen Messgerät transportiert und dass die dazu verwendete stoffliche Verbindung (Transportschläuche) fast wie eine elektrische angesehen werden kann. Dadurch kann man z. B. empfindliche Messgeräte vor rauhen Betriebsbedingungen schützen (Probe kommt zum Messgerät).

Bei faseroptischen Detektorsystemen wird häufig ein analoges Vorteilselement genannt: Das Messgerät kommt quasi in Form des Lichtleiterkabels zur oder in die Probe! Auch so kann man erfolgreich empfindliche Messgeräte vor rauhen Umgebungsbedingungen schützen! Die Verbindung von FIA mit moderner Lichtleitertechnik sollte nun logisch etwas anders begründet werden, denn es macht wenig Sinn, die Probe und das Licht zu einem dritten Ort zu führen, um dort die analytisch ausgenutzte Wechselwirkung durchzuführen. Nachvollziehbar wären in diesem Zusammenhang ggf. die getrennten Spezialaufgaben einer *on-line*-Prozesskontrolle. Hier könnte beispielsweise die FIA den Probentransport nur aus dem Reaktor oder Fermenter heraus mit allen Problemen dieser Probenahmetechnik (Druck- und Temperaturausgleich, Sterilität etc.) sowie die weitere Probenvorbereitung (Extraktion, selektivitätsgebende Reagenzreaktion etc.) übernehmen und die Fiberoptik dann die weitere Verbindung zu einem entsprechenden Messgerät in einer Messwarte aufbauen.

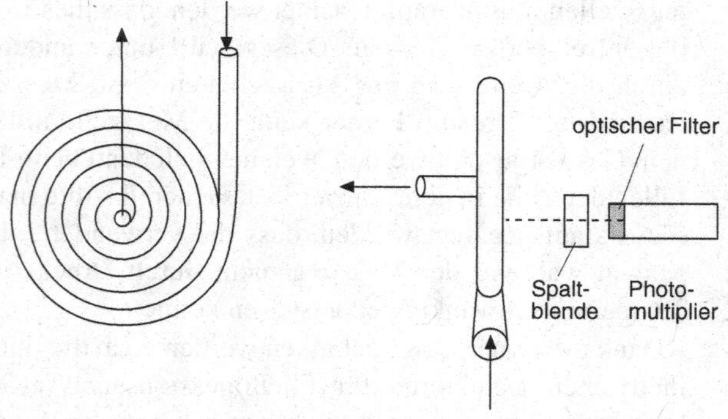


**9.88** Detektor zur Messung chemoluminimetrischer Reaktionen. Da die Lichterscheinungen der Chemolumineszenz nur sehr kurzlebig sind, müssen Reaktion und Messung nahezu simultan erfolgen (Abbildung von Burguera et al., Anal. Chim. Acta, 1980).

Auch die Chemolumineszenz kann zur empfindlichen Detektion in der FIA eingesetzt werden. Gerade hier kann der Vorteil der automatischen Probenvorbereitung für Serienanalysen voll genutzt werden, denn es müssen u. U. mehrere Reagenzien (s. Abschnitt 5.4) sehr kurz vor der eigentlichen Messung zugemischt werden. Realisierbar ist dieses z. B. in spiralförmig angeordneten Messzellen vor einer empfindlichen Optoelektronik (Abb. 9.88). Letztere kann in diesem Fall, wo üblicherweise nur Licht eines bestimmten Wellenlängenbereiches emittiert wird, sehr einfach sein. Es reicht ein einfaches Filter, was gerade die zentrale Wellenlänge durchlässt (wegen des breiten Emissionsbereiches muss hier nicht ein teures, extrem schmalbandiges Filter verwendet werden), vor einem Photomultiplier mit entsprechender Wellenlängenempfindlichkeit in diesem Bereich. Besonders empfindlich ist in diesem Zusammenhang die sog. Photon-Counting-Messtechnik. Hierbei können noch wenige Lichtquanten (Photonen) erfasst werden.

## 9.6.7 Sequentielle Injektionsanalyse (SIA)

Eine modifizierte Form der FIA stellt die sequentielle Injektionsanalyse (SIA) dar. Dieses diskontinuierliche Verfahren zeichnet sich durch einen niedrigen Reagenzienverbrauch aus. Im Unterschied zur FIA ist der Aufbau einer SIA wesentlich unkomplizierter. Ein einfaches SIA-System besteht aus einer bidirektionalen Pumpe, einem Ventil, einer Reaktionskammer und einem Detektor (Abb. 9.89).

Als Pumpen werden üblicherweise Kolbenpumpen verwendet, da sie gegenüber Peristaltikpumpen weniger störanfällig sind. Über ein Selektionsventil können je nach Notwendigkeit Carrier, Reagenz, Probe und sonstige Lösungen angesaugt werden. Nach gewünschter Reaktion oder Vermischung der angesaugten Lösungen kann durch Umschalten des Ventils die Reaktionslösung zum Detektor geführt werden. Erreicht die Probe bzw. das Reaktionssegment den Detektor, so wird der Pumpvorgang angehalten. Nun kann die Messung erfolgen. Anschließend wird das Segment in umgekehrter Laufrichtung aus der Apparatur herausgedrückt. Der fluidische Verlauf einer SIA ist in Abb. 9.90 dargestellt.

Zunächst wird die Reaktionskammer mit Waschlösung gereinigt. Durch Umschalten des Ventils wird während des Einsaugens Probe (b) und Reaktionslösung (c) zur Reaktionskammer befördert. Durch gleichzeitiges Umschalten der Pumprichtung und Öffnen des Auslassventils wird das Reaktionsgemisch zum Detektor gepumpt. Der Fluss wird an dieser Position unterbrochen, und die

**9.89** Fluidikschema der sequentiellen Injektionssequentiellen Injektionsanalyse (SIA).

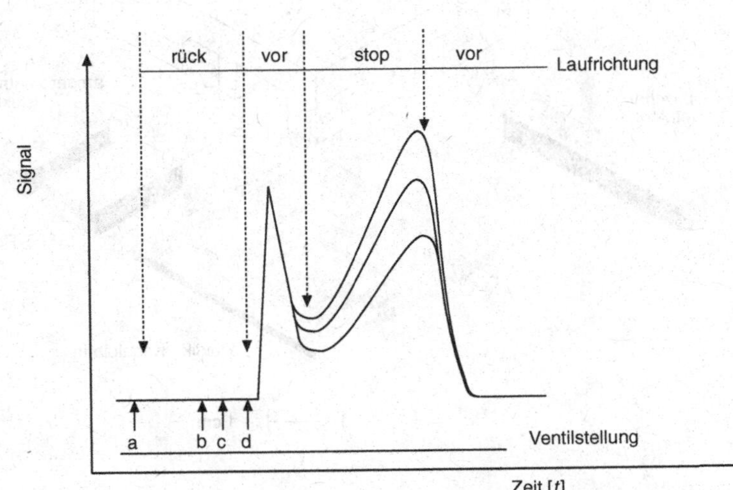


**9.90** Sequentielle Injektionsanalyse, Fluidikschema mit Ventileinstellungen.

Messwertaufnahme kann erfolgen. Neben der einfachen Konzentrationsmessung durch Kalibrierlösungen lassen sich auch kinetische Daten etwa einer Enzymreaktion bestimmen. Hierzu werden verschiedene, definierte Mengen an Enzymlösung mit einer Substratlösung in der SIA gemischt und der zeitliche Verlauf der enzymatischen Reaktion verfolgt (Abb. 9.90). Aus diesen Daten lassen sich nun wichtige kinetische Parameter wie z. B. die Reaktionsordnung oder die Michaelis-Menten-Konstante einer enzymatischen Reaktion ermitteln (vgl. Kapitel 8).

Nach Beendigung der Messung wird das Reaktionsgemisch in den Auslass befördert. Dieses erfolgt im einfachsten Fall über den Detektor, kann aber durch Schalten des Ventils durch einen anderen Auslass realisiert werden.

## 9.6.8 Miniaturisierung

Aufgrund des gestiegenen Umweltbewusstseins, aber auch durch neue Produktionstechniken bedingt, gibt es einen Trend zu miniaturisierten Mess- und Analysensystemen. Auch wenn die Entwicklung eines miniaturisierten kompletten Analysenlabors sicher noch einige Zeit in Anspruch nehmen wird, so ist man mit der Miniaturisierung der FIA schon relativ weit gekommen. Die Vorteile sind einsichtig: Zum einen werden nur sehr geringe Chemikalienmengen benötigt, sodass die Umwelt nicht zu sehr belastet wird. Zum anderen ist durch die massentaugliche Mikrosystemtechnik eine preiswerte Fertigung von FIA-Pumpen sowie Kanalstrukturen, Ventilen und Detektoren möglich. Hier ist die Miniaturisierung bereits so weit fortgeschritten, dass Pumpen hergestellt werden können, die mit Gehäuse nur die halbe Größe eines Stücks Würfelzucker besitzen. Kombiniert man diese Pumpen mit ebenfalls in Silicium geätzten Kanalstrukturen und miniaturisierten Sensoren, erhält man so genannte Mikro-Total-Analysen-Systeme (µTAS), die eine tragbare und schnelle „Vor-Ort"-Analytik ermöglichen sollen. Als Beispiel soll die Analyse von Nitrat, Phenol und der Gelbfärbung von Wasser beschrieben werden. Im abgebildeten System wird Nitrat mithilfe eines ionenselektiven Feldeffekttransistors (ISFET), Phenol durch einen amperometrischen Enzymsensor (s. Abb. 10.9 und 10.10) und die Gelbfärbung mithilfe eines Mikrophotometers bestimmt. Auf einer Fläche von 3×5 cm sind 4 Mikromembranpumpen, ein Siliciumkanalsystem, eine Quarzküvette samt LED und Photodiode sowie eine amperometrische Phenolelektrode und ein Nitrat-ISFET angeordnet. Die Explosionszeichnung (Abb. 9.91) verdeutlicht die modulare Bauweise des kompakten Systems.

Dennoch sind auch der Miniaturisierung Grenzen gesetzt. Mit abnehmender Größe des Fließsystems vergrößert sich der fluidische Widerstand, und selbst geringste

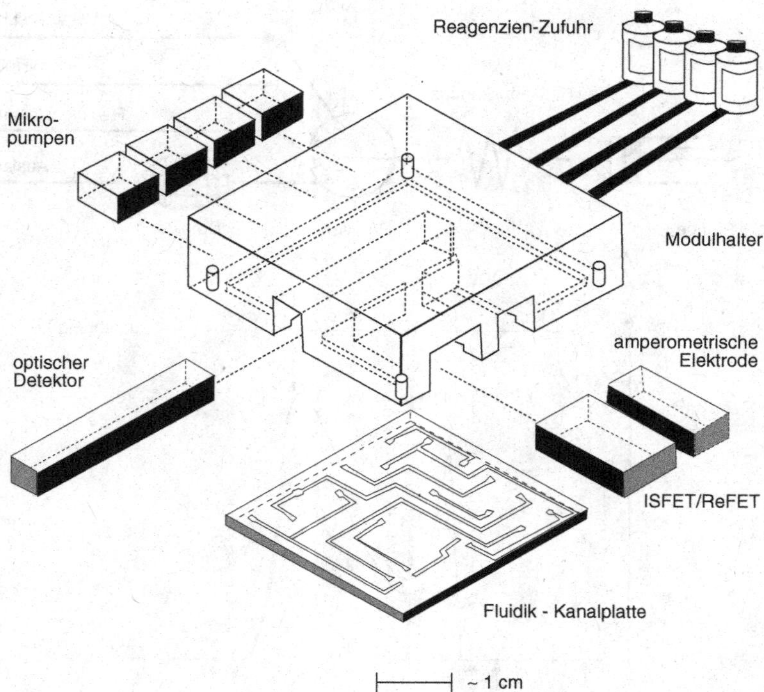


**9.91** Explosionszeichnung eines integrierten Mikroanalysensystems für die amperometrische, potentiometrische und optische Detektion verschiedener Analyte. Größe der Fluidik-Grundplatte: ca. 3,5 × 4 cm. (mit freundlicher Genehmigung des Fraunhofer-Institut für Festkörpertechnologie (IFT), München).

Verunreinigungen können entsprechende Probleme beim Transport und der Detektion verursachen. Nicht verschwiegen werden soll auch der Umstand, dass bei der Ansteuerung von Mikropumpen, die auch eine echte Arbeit zu verrichten haben, die elektronische Steuerung manchmal Kühlkörper verlangt, die die Miniaturisierung wieder zunichte machen.

## Weiterführende Literatur

**Transducer**

D'Amico, A; Sberverglieri, G. *Sensors for Domestic Applications*, World Scientific, 1994.

Dickert, F. L. *Chem. in unserer Zeit*, 26 (1992) 138–143.

Gardner, J.W.; Bartlett, P.N. *Sensors and Sensory Systems for an Elektronic Nose*, NATO ASI Series, Kluwer, 1992.

Grate, J. W.; Patrash, S. J.; Abraham, M. H., Chau, M. D. *Selective Vapor Sorption by Polymers and Cavitands on Acoustic Wave Sensors: Is This Molecular Recognition?* Anal. Chem. 1996, **68**, 913–917.

Hundsperger, R.G. *Integrated Optics: theory and technology, Springer Series in Optical Science*, Vol. 33, Springer-Verlag, Berlin, 1985.

McGill, R. A.; Abraham, M. H.; Grate, J. W. *Choosing polymers coatings for chemical sensors.* In: Chemtech (0009–2703) 24 (1994), Nr. 9, S. 27–36.

Mosley, P. I.; Tofield, B. C. *Solid State Gas Sensors*, Adam Hilger, 1987.

Mosley, P. T.; Norris, J., *Techniques and Mechanisms in Gas Sensing*, Adam Hilger 1991.

Schierbaum, K. D.; Gerlach, A.; Haug, M.; Göpel, W. *Selective Detection of Organic Molecules with Polymers and Supramolecular Compounds*, Sensors and Actuators A, 31 (1992) 130–137.

Snow, A. W.; Barger, W. R. *Phthalocyanines Principles and Applications*, Lever, A. B. P., Leznoff, C. C. (Eds.) 1991.

Tamir, T. (Ed.) *Topics in Applied Physics*, Vol. 7: Intergrated Optics, Springer-Verlag, Berlin, 1985.

**Chemische Sensoren**

Göpel, W.; Hesse, S.; Zemel, S. N. *Sensors*, Volume 1–8, Verlag Chemie Weinheim, 1991–2000.

Janata, J. *Principles of Chemical Sensors*. In: Hercules, D.: Modern Analytical Chemistry. New York and London: Plenum Press, 1989. S. 55–80.

Janata, J.; Josowicz, M.; De Vaney, D. M. *Chemical Sensors*, in: Anal. Chem. 1994, 66, 207 R–228 R

Nießner, R. *Chemical Sensors for Environmental Analysis*, Trends Anal. Chem. 310–316, 1991.

Oehme, F. *Chemische Sensoren*, Verlag Vieweg, Braunschweig 1991.

Reinbold, J.; Cammann, K. *Chemosensoren für Gase und Lösungsmitteldämpfe, Chemosensoren – Ein kritischer Blick auf den heutigen Stand II*. In: Günzler, H., Bahadir, A. M., Borsdorf, R., Danzer, K., Fresenius, W., Galensa, R., Huber, W., Linscheid, M., Lüderwald, I.

Schwedt, G.; Tölg, G.; Wisser, H. *Analytiker-Taschenbuch*. Bd. 16. S. 3–42. Berlin, Heidelberg, New York, Springer, 1997.

Siegele, C. *Anwendungspotentiale chemischer Sensoren*, ZENIT GmbH Mülheim a. d. Ruhr, 1993.

Spichiger, U.; Simon, W.; Bakker, E.; Lerchi, M.; Bühlmann, P.; Haug, J.-P.; Kuratli, M.: Ozawa, S.; West, S. *Optical sensors based on neutral carriers*. In: Sensors and Actuators B (0925–4005) 11 (1993) S. 1–8.

Yamanchi, S. *Chemical Sensor Technology*, Vol 4, ELSEVIER, 1992.

**Biosensoren**

Blum, L.; Coulet, P. eds. *Biosensor principles and applications,* (1991) Marcel Dekker, Inc., New York.

Buck, R.; Hatfield W.; Umana, M.; Bowden E. (Eds.) *Biosensor technology fundamentals and applications*, Marcel Dekker, Inc., New York, 1990.

Cass, A.E.G. (Ed.) *Biosensors a Practical Approach,* Oxford Univertsity Press, Oxford, 1990.

Eggins, B. *Biosensors: an introduction* (1996) Wiley Teubner.

Hall, E. A. H. *Biosensoren* Springer, Berlin Heidelberg New York, 1995.

Kress-Rogers, E. (Ed.) *Handbook of biosensors and electronic noses,* (1997) CRC Press, Bocaraton, Florida.

Scheller, F.; Schubert, F. (Eds.) *Frontiers in Biosensorics,* Bände 1 und 2 (1997) Birkhäuser Verlag, Basel, Boston, Berlin.

Scheller, F.; Schubert, F. *Biosensoren* (1989) Birkhäuser Verlag, Basel.

Turner, A. F. F.; Karube, I.; Wilson, G. S. (Eds.) *Biosensors fundamentals and application,* Oxford Science Publications, 1987.

**Miniaturisierung**

Henze, G.; Köhler, M.; Lay, J. P. (Hrsg) *Umweltdiagnostik mit Mikrosystemen*, Wiley-VCH, Heidelberg, 1999.

Murray, R. W.; Dessey, R. E. *Chemical Sensors and Microinstrumentation*, American Chemical Society, 1989.

Van den Berg, A.; Bergveld, P. (Eds.) *Micro Total Analysis Systems*, Kluwer Academic Publ., Dordrecht, 1995.

**Fließinjektionsanalyse**

Ivaska, A.; Ruzicka, J. *Analyst*, Vol. 118 (1993) 885–889.

Ruzicka, J.; Hansen, E. H. *Anal. Chim. Acta* 78 (1975) 145–157.

Ruzicka, J.; Hansen, E. H. *Flow Injektion Analysis in Chemical Analysis,* Vol. 62, John Wiley and Sons, 1988.

# 10 Operative Prüfverfahren

Bei den operativen Prüfverfahren werden nicht Einzelstoffe in Molenbrüchen, % oder ppm quantifiziert, sondern es müssen bestimmte Eigenschaften einer Probe, die als Indizien für die Anwesenheit bestimmter Stoffklassen gelten, reproduzierbar gemessen werden. Hierbei wäre die Rückführbarkeit auf nationale und internationale Standards besonders wichtig, weil die Eigenschaftsermittlung i. d. R. besonders matrixabhängig ist. Es hat in diesem Zusammenhang auch Diskussionen gegeben, ob man vielleicht die quantitative Analytik allgemein so definieren sollte. Einige Vertreter der überwachenden Seite sahen die Fortschritte auf dem chemisch-analytischen Gebiet als sehr gering an. Auf Neu- und Weiterentwicklungen für als wichtig erachteter Bestimmungsmethoden wollte man nicht warten. So gab es beispielsweise bei der Einführung des Grenzwertes für bestimmte Herbizide im Trinkwasser seinerzeit keine Methode, die den 0,1 µg/L Einzelstoff-Grenzwert zuverlässig zu erfassen erlaubte. Das Vorgehen, einen Wert für eine vorhandene und abzählbare Menge einer bestimmten Atom- oder Molekülsorte (der sog. „wahre Gehalt") von einer vorgeschriebenen Bestimmungsmethode abhängig zu machen, widerspricht aber einem wissenschaftlichem Vorgehen. Auch die Idee, nachträglich beim Vorliegen exakterer Analysenverfahren die alten Werte durch dann eventuell erkannte Matrixbeeinflussungen auf richtigere Werte umzurechnen, scheitert an der Individualität von Matrixeffekten. Falls beispielsweise die Probendichte und Viskosität bei einem pneumatischen Zerstäuber oder einem massensensitiven Transducer beim Betrieb in Flüssigkeiten zu kompensieren sind, kommt es genau auf die Art des Zerstäubers oder Transducers, auf die damalige Arbeitstemperatur, auf die Eintauchtiefe etc. an. Systematische Fehler können also nicht allgemein kompensiert werden; sonst würden sie auch nicht auffallen. Aus diesem Grunde kann man auch nicht bestimmte Analysenmethoden als generell schlecht abstempeln. Nur umgekehrt lässt sich aus Erfahrung sagen, dass z. B. die Isotopenverdünnungsanalyse bei Ringuntersuchungen immer am besten abschneidet. Die Auswahl der zum Abschluss dieses Lehrbuches beschriebenen Summenparameter geschah einmal aufgrund ihrer Wichtigkeit im Abwasserabgabengesetz, das diese Methoden zur Kostenberechnung vorschreibt, zum anderen aber auch aus der durch die praktische Arbeit erworbenen Kompetenz der Autoren heraus. Die weiter unten kurz angerissenen Versuche, diese DIN-Normen weiterzuentwickeln, sollen gleichermaßen die Motivation eines Analytischen Chemikers verdeutlichen, z. B. bekannte Nachteile bestehender Methoden zu verbessern. Unter Verbesserung wird hier die Senkung der Nachweisgrenze verstanden; dies preiswerter, schneller, mit weniger Abfall, mit besserer Aussagekraft oder vollautomatisch durchzuführen. Alles sind Ansatzpunkte, die unten beispielhaft für das Arbeitsfeld eines Analytischen Chemikers beschrieben sind.

## 10.1 Summenparameter

In den bisherigen Kapiteln wurden Analysenverfahren vorgestellt, die z. T. schnelle und sehr genaue Aussagen über den Gehalt einer Probe an bestimmten Elementen oder chemischen Verbindungen ermöglichen. In diesem Kapitel wird dagegen eine Gruppe von Verfahren vorgestellt, deren Anwendung weder auf die Bestimmung von Elementen in einer Probe noch auf die Analyse des Gehaltes an bestimmten Einzelsubstanzen in einer Probe abzielt. Die Rede ist vielmehr von den so genannten Summenparametern, also der Bestimmung des Gehaltes ganzer Stoffklassen in einer Probe.

Die Notwendigkeit der Summenparameteranalytik ergibt sich daraus, dass sehr häufig schnelle und aussagekräftige Untersuchungen der Qualität einer (Wasser-) Probe dringend erforderlich sind. Das Problem der organischen Verunreinigungen in der Umwelt ist vor allem eine Frage der Bewältigung einer ungeheuren Stoffvielfalt, deren Wirkungsspektrum zudem sehr breit gefächert ist. Es reicht von harmlosen, leicht abbaubaren Stoffen (die allerdings im Wasser vorliegend dabei gelösten Sauerstoff verbrauchen und/oder evtl. als Nährstoffe die Überproduktion von beispielsweise Algen fördern und damit dem Ökosystem schaden können) bis hin zu schon in geringsten Mengen hochtoxischen und persistenten Stoffen, die sich kumulativ in Biosystemen anreichern können. Bei der Umsetzung des § 7a des Wasserhaushaltsgesetzes von 1986 wurde anfänglich versucht, alle jene gefährlichen Stoffe messtechnisch zu erfassen, die nach dem „Stand der Technik" nicht im Wasser vorliegen sollten. Die ersten internationalen Listen derartiger Stoffe enthielten für die Wasseranalytik ca. 300 zu überwachender Stoffe, für die weder eine zuverlässige und bezahlbare Überwachungsanalytik noch die entsprechende Vollzugskapazität bei den entsprechenden Behörden existierte. Die Bestimmbarkeit von summarischen Werten oder speziellen Leitsubstanzen kommt den

Erwartungen einer zuverlässigen Gewässerüberwachung gleichermaßen entgegen wie den Forderungen an eine wirtschaftliche Analytik.

Aufgrund der Ergebnisse dieser sog. operativen Parameter-Bestimmungsverfahren können dann schnell Entscheidungen über die weitere Behandlung der Probe oder auch über potentielle Sanktionen für den *Verursacher der Störung* getroffen werden. Eine entscheidende Rolle bei der Beurteilung von Wasserqualitäten spielt die Kenntnis des Gehaltes an organischen Verbindungen, welche häufig anthropogenen Ursprungs sind. Es ist wichtig, anhand von geeigneten Methoden Aussagen über derart unnatürliche Belastungen der Wässer treffen zu können. Die Vielzahl der bekannten und unbekannten Verbindungen wird durch natürliche Metabolismen zusätzlich noch wesentlich vergrößert und macht eine quantitative Analyse aller organischen Einzelkomponenten nahezu unmöglich. Infolgedessen wird vielmehr versucht, durch den Einsatz von Summenparametern möglichst aussagekräftige Informationen über die Belastung der Wässer mit organischem Material zu erhalten. Zum Beispiel erlaubt der so genannte TOC-Wert *(total organic carbon)*, also der Gehalt einer Probe am gesamten organisch gebundenen Kohlenstoff, einen schnellen Überblick über die Gesamtbelastung der Probe mit organischen Substanzen. Dieser Wert ist beispielsweise für die Abwasserreinigung in Kläranlagen von essenzieller Bedeutung.

Ein weiteres Beispiel ist der AOX-Wert, welcher den Probengehalt von adsorbierbaren, organisch gebundenen Halogenen angibt. Fast immer stammen die hiermit erfassten Halogenverbindungen aus menschlicher Produktion, und häufig weisen sie extreme Toxizitätspotentiale auf, welche durch vielfältige Synergismen verschiedener Verbindungen noch verstärkt werden können. Aus diesen Gründen wurde dieser Wert neben anderen (chemischer Sauerstoffbedarf (CSB), Gesamtphosphor, Gesamtstickstoff sowie die Schwermetalle Hg, Cd, Cr, Ni, Pb und Cu) dazu herangezogen, die Einleiter von Abwässern je nach Höhe der Belastung mit so genannten Abwasserabgaben zu belegen. Mit steigender Konzentration an Schadstoffen wird die Einleitung von Abwässern zunehmend teurer entsprechend den verbindlichen Vorgaben des Abwasserabgabengesetzes (AbwAG). Diese Handhabung soll einen Beitrag dazu liefern, die Motivation von Abwassererzeugern zu steigern, den Schadstoffgehalt ihrer Abwässer zu minimieren und die notwendige Abwasserreinigung zu finanzieren.

Die Analysenverfahren zur Bestimmung von Summenparametern sind in erster Linie durch ihren operativen Charakter gekennzeichnet; das bedeutet, dass die Analysenergebnisse nach einer ganz genau festgelegten Vorgehensweise reproduzierbar ermittelt werden müssen. Die gewonnene Aussage über eine Probe ist also mehr mit der *Bestimmungsvorschrift (vgl. SOP, Standard Operation Procedure)* als mit dem „wahren Gehalt" eines Stoffes in einer Probe verbunden. So sagt z. B. ein ermittelter AOX-Wert lediglich aus, dass die angegebene Konzentration an organisch gebundenem Halogen aus der betreffenden Probe unter den in der Analysenvorschrift vorgegebenen Bedingungen als so an Aktivkohle adsorbierbare Verbindung ermittelt werden kann. Dieser erhaltene Wert lässt sich reproduzierbar bestimmen und ist aus diesem Grund auch sehr wertvoll als schnell, einfach und relativ kostengünstig zu erhaltendes Beurteilungskriterium für eine Probe. Allerdings stellt er nur eine grobe Näherung für den „wahren Gehalt" der Probe an organisch gebundenem Halogen dar. Fast alle organischen Halogenverbindungen werden nur zu einem, wenn auch bei den meisten Verbindungen sehr hohen Bruchteil an der Aktivkohle adsorbiert, sodass der erhaltene AOX-Wert prinzipiell kleiner ist als der tatsächliche Gehalt einer Probe an organisch gebundenem Halogen.

Über diesen Punkt haben bereits zahlreiche analytische Chemiker endlose Diskussionen geführt. Auf der einen Seite wird eine möglichst genaue Bestimmung des „wahren Gehaltes" eines Analyten in einer Probe gefordert, während auf der anderen Seite maximale Vergleichbarkeit bei größtmöglicher Praktikabilität sowie guter Kosten/Nutzen-Relation eines Analysenverfahrens auch zum Preis von möglicherweise auftretendem Verlust an Aussagekraft im Vordergrund des analytisch-chemischen Interesses steht. Diese Problematik bildet eine der Grundlagen dafür, dass in den heutigen DIN-Ausschüssen die analytischen Vorschriften zur Bestimmung der Summenparameter ständig überprüft und verbessert werden.

Im Folgenden sollen die wichtigsten instrumentell-analytischen Verfahren zur Bestimmung einiger wichtiger Summenparameter und deren Weiterentwicklung als Beispiel von chemisch-analytischer F&E näher vorgestellt werden. Die entsprechenden Vorschriften sind den *Deutschen Einheitsverfahren zur Wasser-, Abwasser- und Schlammuntersuchung* (DEV) zu entnehmen. Diese Loseblatt-Sammlung (zur kontinuierlichen Ergänzung und Aktualisierung) von Analysenverfahrensvorschriften enthält die wichtigsten Informationen für eine Vielzahl von Analysen. Die wichtigsten Vertreter der summarischen Wirkungs- und Stoffkenngrößen sind in Tabelle 10.1 aufgelistet.

Aus diesem Katalog völlig unterschiedlicher Analysenverfahren sollen in den nachfolgenden Kapiteln die operativen Vorschriften zur Bestimmung der Summenparameter zur Erfassung der halogenorganischen Verbindungen (HOV) in Wässern, das sind die adsorbierbaren organischen Halogenverbindungen (AOX), die ausblasbaren *(purgeable)* (POX) und die extrahierbaren (EOX),

**Tabelle 10.1** Summarische Wirkungs- und Stoffkenngrößen (Gruppe H der DEV).

| | |
|---|---|
| H3 - gesamter (total)/gelöster *(dissolved)* organischer Kohlenstoff (TOC/DOC) | (DIN 38409, T3) |
| H5 - Permanganat-Index (ISO 8467: 1986 modifiziert) | (DIN 38409, T5) |
| H6 - Härte eines Wassers | (DIN 38409, T6) |
| H8 - extrahierbare organisch gebundene Halogene (EOX) | (DIN 38409, T8) |
| H11 - Kjeldahl-Stickstoff | (DIN 38409, T11) |
| H13 - polycyclische aromatische Kohlenwasserstoffe (PAK) | (DIN 38409, T13) |
| H14 - adsorbierbare organisch gebundene Halogene (AOX) | (DIN 38409, T14) |
| H16 - Phenolindex | (DIN 38409, T16) |
| H18 - Kohlenwasserstoffe | |
| H20 - disulfinblau-aktive Substanzen | (DIN 38409, T20) |
| H23 - methylenblauaktive und bismutaktive Substanzen | (DIN 38409, T23) |
| H25 - ausblasbare, organisch gebundene Halogene (POX) (Vorschlag) | (DIN 38409, T25) |
| H27 - gesamter gebundener Stickstoff ($TN_b$) | (DIN 38409, T27) |
| H28 - gebundener Stickstoff - Verfahren nach Reduktion mit Devardascher Legierung | (DIN 38409, T28) |
| H41/43/44 - chemischer Sauerstoffbedarf (CSB) | (DIN 38409, T41, T43, T44) |
| H51 - biochemischer Sauerstoffbedarf in n Tagen nach dem Verdünnungsprinzip ($BSB_n$) | (DIN 38409, T51) |

kurz vorgestellt werden. Ferner werden die Methoden zur Summenbestimmung des organisch gebundenen Kohlenstoff (TOC, DOC), des Phenolindexes sowie der chemische und biologische Sauerstoffbedarf (CSB, BSB) näher beschrieben. Diese Parameter gehören zu den wichtigsten Beurteilungskriterien für Wässer und haben jeweils äußerst problematische Stoffgruppen als Analysengegenstand, sodass sie hervorragend die Gruppe der summarischen Wirkungs- und Stoffkenngrößen repräsentieren.

## 10.2 Summe halogenorganischer Verbindungen (HOV) in Wässern (AOX, POX, EOX und andere)

Die halogenorganischen Verbindungen (HOV) stellen eine Substanzklasse mit sehr weitem Anwendungsspektrum und entsprechend hohen Produktionsmengen dar. Diese liegt z. B. für den Ausgangsstoff Chlor bei z. Zt. ca. 3 Millionen Tonnen jährlich. HOVs werden z. B. als Löse- und Kühlmittel, Bleich- und Waschmittel bei der chemischen Reinigung sowie als Pestizide und Herbizide eingesetzt. Die große Palette von hergestellten Stoffen wird dabei durch meist unspezifische Halogenierungsreaktionen durch eine Vielzahl unerwünschter und teilweise schlecht charakterisierter Nebenprodukte noch erweitert, die jede instrumentell-analytische Kalibration erschweren.

Zur ökonomisch vertretbaren Überwachung dieser toxikologisch insgesamt bedenklichen Substanzklasse wäre es wünschenswert, die Gesamtmenge aller in einer Probe enthaltenen HOVs zu erfassen. In einer unbekannten Probe ist aber meist nur ein kleiner Teil der vorhandenen Einzelsubstanzen überhaupt bekannt, und eine schnelle, umfassende und mit vertretbarem Kostenaufwand durchführbare Einzelsubstanzbestimmung ist nicht möglich. Basierend auf diesen Überlegungen wurden verschiedene Verfahren zur Bestimmung der HOVs als Summenparameter in Wässern sowie in Schlämmen und Sedimenten entwickelt. Zum Teil haben bereits darauf fußende Grenzwerte Einzug in die Gesetzgebung gehalten. So muss seit 1988 ein Einleiter nach dem Abwasser-Abgaben-Gesetz (AbwAG) Abgaben leisten, wenn der AOX-Gehalt der Abwässer 100 µg/L und die Fracht 10 kg/Jahr übersteigt. Bedingt durch die Chlorung sind im Trinkwasser immer 1–50 µg/L AOX (wegen evtl. anwesender Humin/Fulvinstoffe) nachweisbar, der Gehalt häuslicher Abwässer liegt zwischen 50–150 µg/L. In kommunalen Abwässern können bis zu 500 µg/L gefunden werden.

Allen Verfahren liegt die folgende allgemeine Vorgehensweise zugrunde:

1. Anreicherung der HOVs.
2. Überführung der HOVs in gasförmige Halogenwasserstoffe (Mineralisierung).
3. Quantitative Detektion der Halogenid-Anionen.

### 10.2.1 Anreicherung

Die verschiedenen Verfahren zur summarischen Erfassung der HOVs unterscheiden sich nur durch ihre Anreicherungsschritte, während Mineralisierung und Detektion auf die gleiche Weise durchgeführt werden. Üblicherweise werden daher zur Bezeichnung Abkürzungen, abgeleitet aus dem jeweiligen Anreicherungsverfahren, verwendet: Abb. 10.1 zeigt eine Übersicht über Verfahren zur Bestimmung des AOX-, POX- und EOX-Wertes einer Probe. Die AOX-Methode (Abb. 10.1, oben) nutzt zur Anreicherung die gute Adsorbierbarkeit der HOVs an eine standardisierte Aktivkohle. In einer Variante wird dabei eine vorgeschriebene Wasserprobenmenge mit einer vorgeschriebenen Flussrate durch eine mit einer vorgeschriebenen Menge einer standardisierten Aktivkohle gefüllten Säule geleitet. In einer zweiten Variante wird die Wasserprobe mit einer bestimmten Menge Aktivkohle ausgeschüttelt und danach filtriert. Anorganische Chloride lassen sich nach diesem Anreicherungsschritt mithilfe von Waschlösungen von der Kohle verdrängen. Beim EOX-Verfahren (Abb. 10.1. unten) werden aus wässrigen Proben vor allem die wenig polaren HOVs durch Ausschütteln in einem organischen Lösungsmittel angereichert. HOVs aus festen Proben werden im Soxhlet-Extraktor extrahiert. Beim POX-Verfahren (Abb. 10.1 Mitte) werden mithilfe eines Gasstromes leichtflüchtige HOVs aus der erwärmten Probe ausgetrieben. Besteht bei einem AOX- oder EOX-Verfahren die Gefahr, dass leicht flüchtige HOVs z. B. durch Schütteln oder Erwärmen der Probe verloren gehen, wird zur Vermeidung von Minderbefunden eine POX-Bestimmung vorangestellt. Zur genauen Durchführung der Verfahren sind die aufgeführten DIN-Vorschriften heranzuziehen.

Die Adsorption organischer Verbindungen an Aktivkohle hat sich als sehr effektiv erwiesen. Sowohl gelöste als auch dispergierte oder emulgierte organische Verbindungen lassen sich durch Adsorption an Aktivkohle aus Wasser entfernen. An Aktivkohle werden bevorzugt gelöste, unpolare Substanzen durch van-der-Waals'sche Kräfte adsorbiert, wobei die Gleichgewichtseinstellung relativ rasch erfolgt.

### 10.2.2 Mineralisierung

Die Überführung der HOVs in gasförmige Halogenwasserstoffe erfolgt i. d. R. durch Verbrennung im Sauerstoffstrom. Hierzu wird die beladene Aktivkohle, der Gasstrom oder der Extrakt in einen mindestens 950°C heißen Verbrennungsofen überführt. Die Verbrennungsgase enthalten neben den Halogenwasserstoffen große Mengen an Kohlendioxid und Wasser. Um ein späteres Kondensieren des Wasserdampfes zu vermeiden, werden sie daher zur Trocknung durch i. d. R. konzentrierte Schwefelsäure geleitet. Beim Aufschluss wasserstofffreier HOVs, z. B. Hexachlorbenzol oder Tetrachlormethan, kann der zur Halogenid-(HX-)Bildung erforderliche Wasserstoff von dem an der Aktivkohle haftenden Wasser oder anderen organischen Substanzen geliefert werden. Probleme ergeben sich bei der Verbrennung von Jod-Verbindungen, weil sich hier ein thermodynamisches Gleichgewicht zwischen HI und $I_2$ einstellt. Elementares Jod wird natürlich bei der nachfolgenden Titration mit $Ag^+$-Ionen zur Halogenidbestimmung nicht erfasst (allerdings bei der spektrometrischen Bestimmung).

### 10.2.3 Halogenidbestimmung

Gleichwertige HX-Bestimmungsverfahren sind ausdrücklich zugelassen, wodurch sich z. B. bei Einsatz der Ionenchromatographie oder neuerer emissionsspektrometrischer Verfahren (PED, s. Abschnitt 4.4) zur Halogeniddetektion auch Möglichkeiten zur elementselektiven Detektion der einzelnen Halogene ergeben, bei denen auch Fluorid erfasst werden kann.

---

**Störungen bei der AOX-Bestimmung**

Die Matrix beeinflusst leider auch die Adsorptionsisothermen. Tenside und Lösungsvermittler wirken sich wegen ihrer Affinität zu organischen Substanzen ungünstig auf das Adsorptionsgleichgewicht aus. Organische und auch anorganische Begleitsubstanzen konkurrieren mit den HOVs um Adsorptionsplätze an der Aktivkohleoberfläche. Auch der pH-Wert und die Ionenstärke der Lösung beeinflussen das Ergebnis.

---

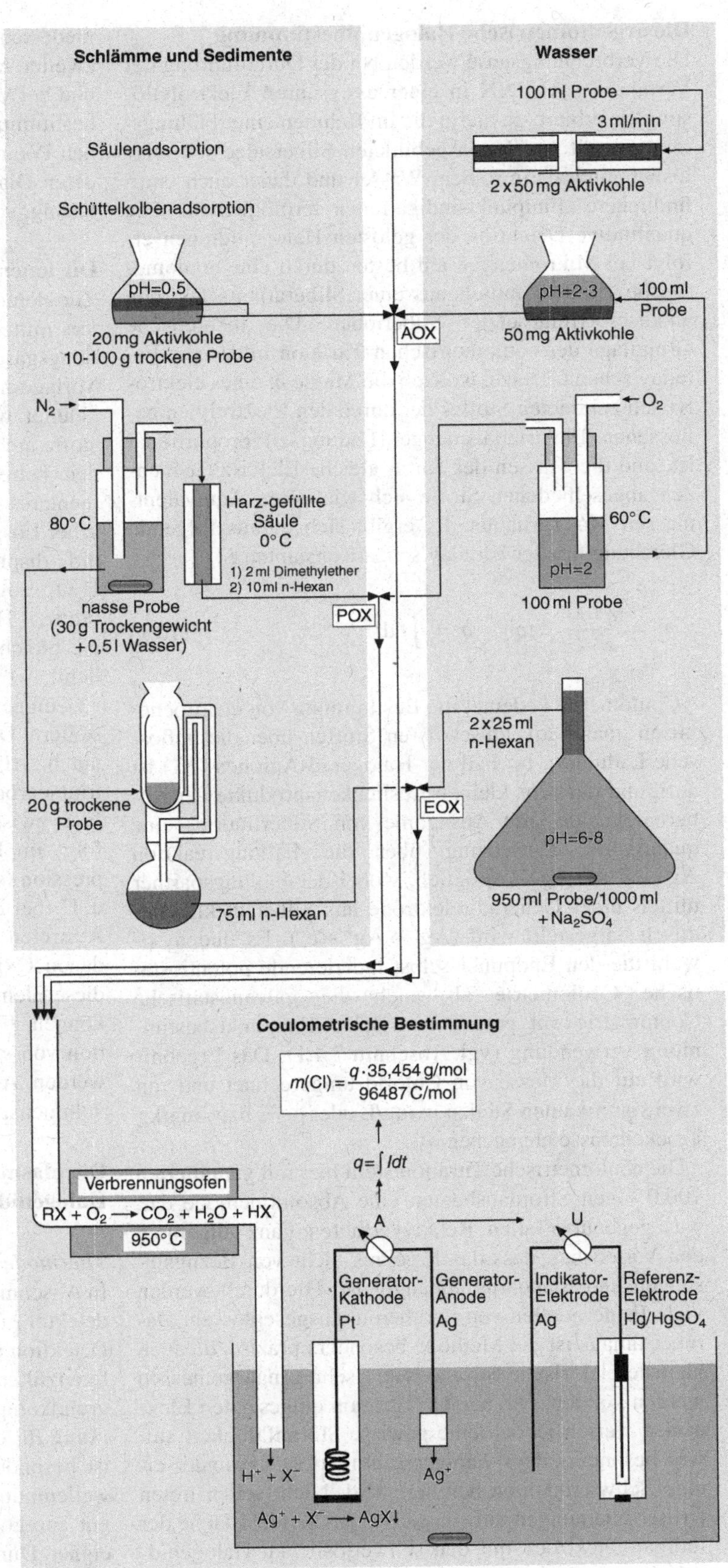


**10.1** Übersicht über die DIN-Verfahren zur Erfassung der HOVs.

**Die argentometrische Halogenidbestimmung**

Die Verbrennungsgase werden bei der Durchführung der Verfahren nach DIN in einer essigsauren Elektrolytlösung absorbiert, da hierin die im Rahmen einer Fällungstitration mit $Ag^+$-Ionen gebildeten Silbersalze schwerer löslich sind als in reinem Wasser und daher auch empfindlichere Endpunktsindikationen ermöglichen. Die quantitative Detektion der gelösten Halogenidionen erfolgt bei Mikromengen am besten durch eine coulometrische Titration mittels aus einer Silberarbeitselektrode anodisch freigesetzter Silberionen. Die theoretische Grundlage der coulometrischen Titration bilden die Faraday'schen Gesetze, wonach die Masse *m* eines elektrolytisch gebildeten Stoffes der durch den Elektrolyten geflossenen Elektrizitätsmenge (Ladung *q*) proportional ist, und die Massen der durch gleiche Elektrizitätsmengen abgeschiedenen Stoffe sich wie deren Äquivalentmassen *M/z* verhalten. Es ergibt sich daraus folgende Gleichung mit der Faraday'schen Konstanten *F*:

$$m = \frac{q \cdot M}{z \cdot F} \quad \text{mit} \quad q = \int I \, \mathrm{d}t \tag{10.1}$$

Coulometrie bedeutet die Bestimmung von elektrochemisch quantitativ umsetzbaren Stoffen über die geflossene Ladung *q*. Im Fall der Halogenid-Anionen ($X^-$) ist aufgrund der sehr kleinen Löslichkeitsprodukte der Silberhalogenide (mit Ausnahme von Silberfluorid) eine quantitative Umsetzung über die Fällungsreaktion $Ag^+ + X^- \rightarrow AgX\downarrow$ möglich, wobei der Fällungspartner mittels einer Generatorelektrode aus Silber elektrochemisch dargestellt wird ($Ag \rightarrow Ag^+ + e^-$). Es finden sowohl die den Endpunkt selbst indizierende potentiostatische Coulometrie als auch die galvanostatische Coulometrie mit potentiometrischer Endpunktsbestimmung Verwendung (vgl. Abschnitt 7.4.1). Das Ergebnis wird auf die Masse von Chlorid umgerechnet und mit zwei signifikanten Stellen in mg/L oder µg/L bzw. mg/kg Trockenmasse angegeben.

Die coulometrische Titration stellt hier mit garantierten 100,0%igen Stromausbeuten eine Absolutmethode dar, was gegenüber allen Relativverfahren ganz allgemein den Vorteil hat, dass das Ergebnis nicht von Bezugslösungen und Standards abhängig ist. Hierdurch werden viele Fehlerquellen von vornherein ausgeschlossen. Darüber hinaus ist die Methode besonders präzise, da auch kleinste elektrische Ströme heute sehr genau gemessen werden können. Die bei der Titration eingesetzten Elektroden weisen jedoch eine gewisse Störanfälligkeit auf, was besonders dem weniger routinierten Anwender einige Schwierigkeiten bereiten wird. Nicht selten treten Drifterscheinungen auf (da sich z. B. die Oberfläche der Indikatorelektrode mit den schwerlöslichen Halogenidniederschlägen bedeckt und dadurch zu einer Elektrode zweiter Art mit einem anderen Standardpotential wird), und bei Verwendung der potentiometrischen Endpunktsbestimmung ist die Stabilität des als Referenz gemessenen Potentials stark abhängig vom Zustand der verwendeten Diaphragmen, von Turbulenzen in der Elektrolytlösung, vom Stromfluss u. v. m.

**Die ionenchromatographische Halogenidbestimmung**

Zur elementspezifischen Bestimmung des AOX-Parameters mittels Ionenchromatographie müssen die Verbrennungsgase nach dem Mineralisierungsschritt durch eine Vorlage mit neutraler oder basischer Absorptionslösung geleitet werden, um die entstandenen Halogenwasserstoffe aufzufangen. Da in den Verbrennungsgasen neben den betreffenden Halogenwasserstoffsäuren auch elementares Brom oder Jod vorliegen können, die in basischer Lösung zu Bromat und Bromid bzw. Jodat und Jodid disproportionieren, wird der Absorptionslösung $H_2O_2$ zugesetzt (z. B. 0,1 M NaOH + 0,5% $H_2O_2$ (konz.). Hierbei wird auch $SO_2$ zu Sulfat oxidiert, was die gleichzeitige Bestimmung des AOS-Wertes ermöglicht.

Geeignete Trennsäulen gibt es von verschiedenen Herstellern. Die Trennung dauert je nach Säule ca. 5–15 Minuten. Als Eluent wird i. d. R. eine Lösung von Natriumcarbonat und Natriumhydrogencarbonat vom pH-Wert zwischen 8 und 11,5 verwendet. Die Detektion erfolgt im Leitfähigkeitsdetektor nach chemischer Suppression (s. Abschnitt 6.2.4). Probleme entstehen hierbei u. U. bei der Jod- und Schwefelbestimmung durch das Auftreten verschiedener ionogener Formen mit verschiedenen Oxidationsstufen des Analyten, woraus sich für diese Elemente Wiederfindungsraten von < 90% ergeben können. Fluorbestimmungen können durch eine Coelution von evtl. entstandenem Acetat und Formiat gestört werden. Außerdem eluiert Fluorid in der Nähe des Totvolumens, was die Auswertung erschweren kann.

**Die plasmaemissionsspektrometrische Halogenidbestimmung**

***Thermodesorption***

In Abschnitt 4.4 wurde bereits auf den Plasmaemissionsdetektor (PED) zur empfindlichen und simultanen Detektion mehrerer Elemente mittels oszillierender Interferenzfilter hingewiesen, die eine automatische Untergrundkompensation und gleichzeitig auch *Lichtzerhackung* für eine Lock-in-Verstärkung bewirken. Der PED ist besonders in Verbindung mit einem Helium-Mikrowelleninduzierten Plasma (He-MIP), das die Halogene gut anregt, zu einer elementspezifischen Detektion geeignet. Durch die Aufschlüsslung des AOX-Wertes in die

| | DIN 38409, H14, Mikrocoulometrie | Desorption, Mineralisierung, Schwefelsäure-trocknung, Mikrocoulometrie | Inertgasstrom-trocknung Desorption, Mineralisierung, Mikrocoulometrie | Inertgasstrom-trocknung Desorption, Plasmaemissions-spektrometrie |
|---|---|---|---|---|
| | AOX | AOX | AOX | AOCl |
| Zulauf der Kläranlage | 2,99 mg $l^{-1}$ ±0,17 mg $l^{-1}$ (N=6) | 2,48 mg $l^{-1}$ ±0,48 mg $l^{-1}$ (N=2) | 2,09 mg $l^{-1}$ ±0,66 mg $l^{-1}$ (N=2) | 2,05 mg $l^{-1}$ ±0,57 mg $l^{-1}$ (N=2) |
| Ablauf der Kläranlage | 0,78 mg $l^{-1}$ ±0,05 mg $l^{-1}$ (N=8) | 1,06 mg $l^{-1}$ ±0,21 mg $l^{-1}$ (N=2) | 0,99 mg $l^{-1}$ ±0,25 mg $l^{-1}$ (N=2) | 1,00 mg $l^{-1}$ ±0,16 mg $l^{-1}$ (N=2 ) |

**10.2** Vergleich des DIN-Verbrennungsverfahrens mit der Thermodesorption und anschließender Plasmaemissionsdetektion (Dissertation Heike Lehnert, Münster 1998).

verursachenden Halogenide einschließlich des Fluors lassen sich evtl. bessere Rückschlüsse auf den Verursacher der Verschmutzung durchführen. Problematisch ist der Umstand, dass ein Heliumplasma in der bevorzugten „Beenakker-$TM_{010}$-Cavity“ keinen großen Fremdgaseinbruch toleriert. Durch die bei der oben erwähnten Mineralisation erzeugten Mengen $CO_2$ und Wasserdampf würde es unweigerlich gelöscht werden. Daher muss auf die thermische Desorption der auf der Aktivkohle adsorbierten HOVs zurückgegriffen werden. Aufgrund von Wiederfindungsstudien ist zur Desorption zunächst eine Trocknung für 4 Minuten bei 180°C und danach eine maximale Desorptionstemperatur von 850°C für die Dauer von 5 Minuten bei einem Heliumgasfluss von 6 L/h ausreichend. Wird das Helium beim Desorptionsvorgang sogleich durch das MIP geleitet, ergeben sich für jeden „Halogenkanal“ zeitlich relativ lang gezogene Emissionssignale, die zu integrieren wären. Wesentlich empfindlicher wird die optische Halogendetektion jedoch, wenn man, wie auch bei chromatographischen Analysen üblich, noch eine mit flüssigem Stickstoff gekühlte Kryofokussierungseinheit zwischen Thermodesorptionsofen und Plasmaquelle schaltet. Durch eine elektrische Widerstandsheizung lässt sich die Kryofokussierungseinheit z. B. in nur einer Minute von –180°C auf +350°C aufheizen, was zu ballistischen Emissionssignalen mit einer Dauer von nur ca. 2 Minuten führt.

Für einen Analytischen Chemiker ist allerdings mit der Vorführung reproduzierbarer Werte die Entwicklung noch nicht zu Ende. Nach der Gesetzeslage ist er verpflichtet, die sog. Gleichwertigkeit der neu entwickelten Methode gegenüber der vorgeschriebenen überzeugend zu beweisen. Dies geht nur durch Vergleich der betreffenden Kenndaten. Dazu muss noch erwähnt werden, dass die Nachweisgrenze der DIN-Verbrennungsmethode vielfach durch die Blindwertschwankungen der Aktivkohle bedingt wurde. Bei der Thermodesorption ist das optische Signal/Untergrund-Verhältnis für die Nachweisgrenze verantwortlich. Insgesamt ergeben sich für beide Verfahren Verfahrensstandardabweichungen und Nachweisgrenzen in der gleichen Größenordnung. Die Tabelle 10.2 zeigt einen direkten Methodenvergleich von zwei realen Wasserproben. Letztere stammen aus dem Zulauf und Ablauf einer Kläranlage eines Chemiebetriebs.

Der statistische Vergleich mittels *t*-Test ergibt für alle AOX-Bestimmungen untereinander keine signifikanten Abweichungen. Die Schritte der thermischen Desorption und der Trocknung haben demnach keinen Einfluss auf die Analysenergebnisse. Die Abweichung zwischen AOX- und AOCl-Wert wird durch eine mittels des Bromkanals optisch nachgewiesene anwesende Bromverbindung hervorgerufen.

### 10.2.4 Automation

Heute sind für die Bestimmung der Summenparameter AOX, POX und EOX Geräte erhältlich, die den DIN-Vorschriften entsprechend die gesamten Arbeitsschritte von der Verbrennung bis zur Detektion und Auswertung automatisch ausführen. Auch die meisten Schritte der verschiedenen Vorbehandlungsverfahren können durch entsprechenden gerätetechnischen Mehraufwand (beispielsweise durch Tischrobotersysteme) automatisiert werden. Mit dem spektrometrischen System, wie in Abb. 10.3 skizziert, gelang inzwischen im Rahmen eines von der EU geförderten Projektes der Aufbau eines vollautomatisch messenden AOX-Systems zur quasikontinuierlichen Messung dieses Summenparameters. Zur Probenvorbereitung wurde hier die Fließinjektionsanalyse eingesetzt. Durch einen senkrecht montierten Verbrennungsofen fällt die Aktivkohleprobe nach der Verbrennung im Sauerstoffstrom nach unten durch, kann dort entsorgt werden und schafft somit Platz für die Verbrennung der nächsten Probe. Wegen der das Heliumplasma störenden Gase wurden noch weitere Gasreinigungsoperationen ohne Verlust an Reproduzierbarkeit in den Heliumgasfluss zwischen Verbrennung und optischer Anregung geschaltet.

Das neu entwickelte Trocknungssystem basiert auf einem selektiven Feuchtigkeitstransport durch Membranen. Die vollautomatische optische AOX-Bestimmungs-

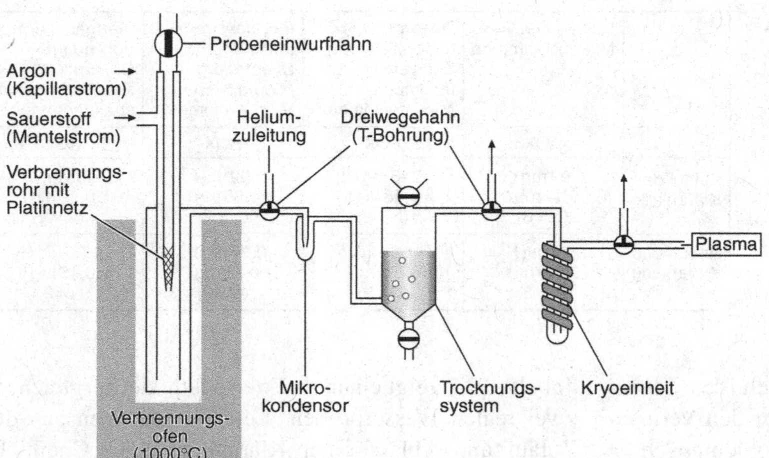


**10.3** Automatisierte plasmaemissionsspektrometrische AOX-Bestimmung mit Mikrokondensor, Trocknungssystem und Kryoeinheit (Dissertation Twiehaus, Münster 1999).

apparatur für eine automatische durchflussmengengesteuerte Probennahme (bei Bedarf) im Minutenbereich wurde von der Fa. Euroglas unter realen Bedingungen getestet und arbeitete mit ähnlichen Verfahrenskenndaten wie die DIN-Methode.

## 10.2.5 Vergleich der Verfahren

Die Summenparameter AOX, POX und EOX sind definiert als diejenigen Werte, die mit der entsprechenden Bestimmungsmethode nach DIN zu erhalten sind. Die Analyse erhebt also keinerlei Anspruch auf vollständige Erfassung aller in der Probe enthaltenen halogenorganischen Verbindungen (*total organic halogen*, TOX). Es ist jedoch davon auszugehen, dass der AOX-Parameter bei Miterfassung der flüchtigen Verbindungen (POX) dem Gesamtgehalt an organisch gebundenem Halogen entspricht oder wenigstens sehr nahe kommt. Bei der Bestimmung des EOX-Parameters wird dagegen aufgrund der Abhängigkeit von Verteilungsgleichgewichten zwischen wässriger und organischer Phase nur ein Teil der Verbindungen erfasst, wobei das verwendete Lösungsmittel einen entscheidenden Einfluss auf das Ergebnis hat. Ein großes Problem ist darüber hinaus bei der EOX-Bestimmung in Wässern die starke Abhängigkeit von der Extraktionszeit. Insgesamt stellt sich das EOX-Verfahren als wesentlich weniger empfindlich und weniger gut reproduzierbar gegenüber dem AOX-Verfahren dar. Da es außerdem recht zeitaufwendig ist, wird es heute fast ausschließlich für Anwendungen genutzt, bei denen die AOX-Bestimmung Probleme bereitet wie z. B. bei der Analyse von Fischproben. Deren oft hoher Fettgehalt, welcher einen großen Anteil vor allem unpolarer halogenorganischer Verbindungen in gelöster Form enthält, macht eine quantitative Adsorption an Aktivkohle praktisch unmöglich. Für die Analyse von Wässern sowie von Schlamm und Sedimenten hat sich dagegen die AOX-Bestimmung durchgesetzt.

## 10.2.6 Präzision

Die Probenvorbereitung und -verarbeitung zur Bestimmung der Summenparameter ist trotz der enormen Vorteile gegenüber Einzelstoffbestimmungen verhältnismäßig zeitaufwendig. Häufig sind größere Probenzahlen zu bewältigen, sodass im Routinebetrieb zumeist auf eine Mehrfachbestimmung verzichtet wird. Da der Schätzwert der Standardabweichung so nicht berechnet werden kann, wird das Ergebnis laut DIN-Vorschrift auf zwei signifikante Stellen genau ohne Angabe eines Fehlerbereiches dokumentiert. Nach den Erfahrungen aus der Praxis ist für den AOX-Parameter von einer relativen Ergebnisunsicherheit von etwa 10% auszugehen. Die relative Ergebnisunsicherheit des EOX-Wertes kann bis zu 100% betragen. Trotz der mangelnden Präzision stellt sich jedoch nach Abwägung des Kosten/Nutzen-Verhältnisses zumindest der AOX-Parameter als sehr sinnvolle Ergänzung zur Einzelsubstanzanalytik dar.

## 10.2.7 Adsorbierbares organisch gebundenes Fluorid und Heteroverbindungen

Die beschriebenen Verfahren beschränken sich bei der Durchführung nach DIN auf die gemeinsame Erfassung der organisch gebundenen Elemente Chlor, Brom und Jod. Fluorid wird bei der coulometrischen Titration wegen der hohen Löslichkeit von Silberfluorid nicht miterfasst. Ein DIN-Verfahren zur Bestimmung eines Summenparameters AOF (adsorbierbares organisch gebundenes Fluor) in Wässern liegt derzeit als Entwurf vor. Im

Gegensatz zur AOX-Bestimmung wird der nach der Verbrennung entstehende Fluorwasserstoff dabei in einer Pufferlösung absorbiert und das Fluorid mit einer ionenselektiven Elektrode erfasst. Auch über die Einführung von Summenparametern zur Bestimmung adsorbierbaren organisch gebundenen Schwefels (AOS) und Phosphors (AOP) in Wässern wird diskutiert.

## 10.3 Summe an chemisch oxidierbaren Bestandteilen (TOC, CSB und Permanganat-Index)

Grund-, Oberflächen- und Abwässer enthalten im Allgemeinen organische Stoffe in gelöster und ungelöster Form. Ein Teil dieser Inhaltsstoffe ist biogenen Ursprungs, in Form von Stoffwechsel- und Abbauprodukten von natürlichem organischen Material (z. B. Huminstoffen). Der wesentlich größere Anteil ist jedoch meistens anthropogenen Ursprungs (z. B. häusliche und gewerbliche Abwässer, Dünge- und Pflanzenschutzmittel, vom Straßen-, Schiffs- und Flugverkehr u. a. herrührend). Um die Gesamtbelastung der Gewässer mit organischen Stoffen in einem vertretbaren Kompromiss aus ökonomisch und analytisch sinnvoller Überwachung zu bestimmen, werden Summenparameter verwendet. Die Oxidierbarkeit der organischen Kohlenstoffverbindungen dient dabei als Indexfunktion, sodass entweder über den Verbrauch an Oxidationsmittel oder die Menge an Oxidationsprodukten eine quantitative Aussage gemacht werden kann.

Im Einzelnen sind dies für die Bestimmung der chemisch oxidierbaren Inhaltsstoffe folgende vier Verfahren:

- Bestimmung der Oxidierbarkeit mit Kaliumpermanganat (Permanganat-Index),
- Bestimmung des gesamten organisch gebundenen Kohlenstoffs (*total* **o***rganic* **c***arbon*, TOC),
- Bestimmung des **c**hemischen **S**auerstoff**b**edarfs (CSB),
- Bestimmung des **b**iochemischen **S**auerstoff**b**edarfs (BSB).

Die im Wasser vorhandenen organischen Stoffe können aber nicht nur durch chemische, sondern auch durch biochemische Prozesse oxidiert werden. In einem normalen Gewässer übernehmen die Mikroorganismen den Abbau von natürlichem organischen Material. Diese biologische Selbstreinigung benutzt man in einem weiteren Verfahren, um im Zusammenhang mit den oben genannten Parametern noch präzisere Aussagen über den Verschmutzungsgrad von Gewässern machen zu können.

### 10.3.1 Der Permanganat-Index

Die Bestimmung der Oxidierbarkeit mit Kaliumpermanganat wird bevorzugt bei der Beurteilung der Verschmutzung gering belasteter Gewässer eingesetzt. Die Bestimmung erfolgt maßanalytisch in saurer Lösung durch Rücktitration einer dem $KMnO_4$-Verbrauch des Wassers äquivalenten Masse an Oxalat. Das Ergebnis wird in Massenkonzentration Sauerstoff, die der Massenkonzentration an verbrauchten Permangant-Ionen äquivalent ist, angegeben (1 mol $KMnO_4$ = 5/2 mol $O_2$).

Durchführung: 25 mL einer mit 5 mL Schwefelsäure ($c$ = 2 mol/L) angesäuerten Wasserprobe werden in einem siedenden Wasserbad mit 5 mL Kaliumpermanganat-Lösung ($c$ = 0,002 mol/L) genau 10 Minuten erhitzt. Die in der Probe befindlichen oxidierbaren Stoffe reagieren mit einem Teil des Permanganats und reduzieren das Mn(VII) zu Mn(II).

$$\overset{+VII}{Mn}O_4^- + 5e^- + 8\,H_3O^+ \rightarrow \overset{+II}{Mn^{2+}} + 12\,H_2O \qquad (10.2)$$

Anschließend werden 5 mL Natriumoxalatlösung ($c$ = 0,005 mol/L) hinzugegeben, wodurch das nicht verbrauchte Permanganat ebenfalls reduziert und Oxalat zu Kohlendioxid und Wasser oxidiert wird. Die Lösung entfärbt sich.

$$2\,MnO_4^- + 5\,\overset{+III}{C_2}O_4^{2-} + 16\,H_3O^+ \rightarrow$$

$$2\,Mn^{2+} + 24\,H_2O + 10\,\overset{+IV}{C}O_2 \qquad (10.3)$$

Das in der heißen Reaktionslösung noch vorhandene Oxalat wird schließlich mit Permanganatlösung bis zur schwachen Rosa-Färbung (mindestens 30 s andauernd) zurücktitriert. Für die Blindwertbestimmung wird destilliertes Wasser, was immer noch geringe Mengen an oxidierbaren Inhaltsstoffen enthält, mit einem geringen Überschuss an Kaliumpermanganat versetzt, um diese zu entfernen. Mit diesem so genannten nicht reduzierenden Wasser (Destillat aus 1 L destilliertes Wasser, 10 mL Schwefelsäure ($c$ = 2 mol/L) und einem kleinen Überschuss (max. 0,1 mL) Kaliumpermanganatlösung ($c$ = 0,02 mol/L)) wird die Blindwertbestimmung durchgeführt. Diese titrierte Blindprobe wird anschließend zur Bestimmung der Konzentration der Permanganatstandardlösung verwendet (Gehaltsbestimmung). Dazu wird sie mit 5,00 mL Oxalatstandardlösung versetzt, erhitzt und mit Permanganatstandardlösung titriert. Der Permanganat-Index, bezogen auf Sauerstoff, wird dann nach folgender Formel berechnet:

$$I_{Mn} = \frac{(V_1 - V_0) \cdot f}{V_2} \text{ (mg/L)} \quad (10.4)$$

mit: $I_{Mn}$ = Permanganat-Index des Wassers, berechnet als Sauerstoff in mg/L
$V_1$ = Volumen der bei der Titration der Analysenprobe verbrauchten Permanganatstandardlösung, in mL
$V_0$ = Volumen der in der Blindwertbestimmung verbrauchten Permanganatstandardlösung, in mL
$V_2$ = Volumen der bei der Gehaltsbestimmung verbrauchten Permanganatstandardlösung, in mL
$f$ = Äquivalenzfaktor, in mg/mmol; $f = 16$ mg/mmol

Unter den gegebenen Versuchsbedingungen reicht das Redoxpotential des Permanganats (E = 1,43 V ($MnO_4^-$/$Mn^{2+}$); $E_0$ = 1,52 V) lediglich dazu aus, einige wenige Verbindungsklassen wie z. B. Phenole, Kohlenhydrate und Zellstoffsulfitablaugen und somit einen relativ geringen Teil der potentiell vorhandenen organischen Inhaltsstoffe zu oxidieren. Für Abwässer ist diese Methode nicht geeignet. Bei gering belasteten Wässern wäre die Bestimmung des mit wesentlich weniger giftigen Chemikalien auskommenden Permanganat-Index anstelle des CSB denkbar. Aufgrund des relativ niedrigen Oxidationspotentials des Permanganats sind die Werte im Allgemeinen aber nicht mit dem CSB vergleichbar und werden in ihrer Aussagekraft zum Teil auch als unzureichend bezeichnet. Der Permanganat-Index ist in den EG-Richtlinien vorgeschrieben für die Analyse von Trinkwasser und wird in der Untersuchung von Schwimmbeckenwasser eingesetzt.

## 10.3.2 Chemischer Sauerstoffbedarf (CSB)

Die Bestimmung des Chemischen Sauerstoffbedarfs (CSB; engl. *chemical oxygen demand*, COD) ist ein Verfahren, das eine annähernd quantitative Aussage über die in einem bestimmten Volumen eines Wassers enthaltenen oxidierbaren Stoffe liefert. Dabei wird die Reaktion von Kaliumdichromat mit den oxidierbaren Bestandteilen des Wassers ausgenutzt. Die der verbrauchten Masse an Kaliumdichromat äquivalente Masse Sauerstoff entspricht dann dem CSB (1 mol $K_2Cr_2O_7$ = 1,5 mol $O_2$).

Durchführung: In ein Schliffgefäß werden zu 20 mL Probenlösung 10 mL einer stark schwefelsauren quecksilbersulfathaltigen 0,02 molaren Kaliumdichromatlösung (80 g $HgSO_4$, 5,884 g $K_2Cr_2O_7$ und 100 mL 96% Schwefelsäure in 1 L $H_2O$) gegeben. Anschließend werden unter Kühlung vorsichtig 30 mL silbersulfathaltige Schwefelsäure (10 g $Ag_2SO_4$ und 965 mL 96% Schwefelsäure in 1 L) zugesetzt. Darauf muss das Gemisch 2 Stunden unter Rückfluss bei 148 ± 3 °C schwach sieden. Nach dem Abkühlen wird das Reaktionsgemisch verdünnt, mit Ferroin-Indikatorlösung versetzt und das noch vorhandene Kaliumdichromat mit 0,12 mol/L Ammoniumeisen(II)-sulfatlösung von blaugrün nach rotbraun titriert.

$$\overset{+VI}{Cr_2}O_7^{2-} + 6\,Fe^{2+} + 14\,H^+ \rightarrow 2\,\overset{+III}{Cr^{3+}} + 6\,Fe^{3+} + 7\,H_2O \quad (10.5)$$

In gleicher Weise wird für die Blindwertbestimmung mit 20 mL bidest. Wasser verfahren. Der Blindwert sollte so niedrig sein, dass nicht mehr als 10% des eingesetzten Dichromats verbraucht werden. Der chemische Sauerstoffbedarf der Wasserprobe ergibt sich dann aus folgender Gleichung:

$$\rho(\text{CSB}) = c \cdot f \cdot (V_B - V_E) \quad (10.6)$$

mit: ρ = Chemischer Sauerstoffbedarf des Wassers, berechnet als Sauerstoff in mg/L
$c$ = Konzentration der Ammoniumeisen(II)-sulfatlösung in mol/L
$f$ = Äquivalenzfaktor (hier f = 400 mg/mol; abhängig von Analysenmenge und Verdünnung)
$V_B$ = Volumen der verbrauchten Ammoniumeisen(II)-sulfatlösung in mL bei der Blindwertbestimmung
$V_E$ = Volumen der verbrauchten Ammoniumeisen(II)-sulfatlösung in mL bei der Analysenlösung

Das erhaltene Ergebnis ergibt den CSB ausgedrückt als Sauerstoff in mg/L.

In heißer konzentrierter Schwefelsäure ist Dichromat ein sehr starkes Oxidationsmittel. Wie aus der Nernst-Gleichung ersichtlich ist, übt die Wasserstoffkonzentration einen erheblichen Einfluss auf das Oxidationspotential aus.

$$E = E_0 + \frac{0,059}{3} \log \frac{[Cr_2O_7^{2-}] \cdot [H^+]^{14}}{[Cr^{3+}]^2} \quad (10.7)$$

Das zugesetzte Silbersalz wirkt als Katalysator. Das vorliegende Redoxpotential wäre sogar bei Anwesenheit katalytisch wirkender elektronenleitender Oberflächen so hoch, elektrochemisch aus dem Wasser Sauerstoff freizusetzen. Bis auf einige wenige Verbindungen wie Pyridinderivate und quaternäre Stickstoffverbindungen werden fast alle organischen Stoffe vollständig zum Kohlenstoffdioxid oxidiert, sodass die Erfassung der oxidierbaren Stoffe erfahrungsgemäß bei 95–97% liegt. Bei hohen Salzgehalten in der Probe kann es durch Oxidation von anorganischen Bestandteilen (z. B. Bromid, Jodid, Wasserstoffperoxid und seine Addukte, Nitrit und bestimmte Schwefelverbindungen sowie Eisen(II)-Salze oder andere Elemente in niedriger Oxidationsstufe) zu Bestimmungsproblemen bzw. Mehrbefunden kommen.

Chlorid, das häufig in größeren Mengen in Abwasserproben auftritt, würde unter den gegebenen Bedingungen zum Chlor oxidiert und somit die Bestimmung verfälschen. Dies wird durch die Zugabe von Quecksilber-II-sulfat verhindert, das zur Ausbildung von undissoziiertem $HgCl_2$ bzw. $[HgCl_4]^{2-}$-Komplexionen führt und somit das Chlorid der Oxidation entzieht.

Anstelle dieses aufwändigen Verfahrens kann der CSB auch mithilfe von Reaktionsküvetten, Thermoreaktor und Filterphotometer bestimmt werden. Die modernen, mikroprozessorgesteuerten und programmierbaren Photometer verfügen über Methodenspeicher für die einzelnen Bestimmungsverfahren sowie Speicher für die Kalibrierdaten. Bei diesem Verfahren werden die Küvetten nach der thermischen Behandlung und anschließendem Abkühlen im Photometer gemessen. Der Verbrauch an Dichromat kann sowohl anhand des gelben Cr(VI) ($\lambda = 340$ nm oder 445 nm) bei niedrigen CSB-Werten oder des grünen Cr(III) ($\lambda = 585$ nm) bei höheren CSB-Werten erfolgen. Durch Aufrufen der entsprechenden Methode wird aus den gespeicherten Kalibrierdaten der Messwert in mg/L CSB angezeigt. Die Probe darf dabei aber keinesfalls trübe sein (ggf. absitzen lassen oder zentrifugieren). Werden die unterschiedlichen Bestimmungsmethoden auf eine Wasserprobe angewandt, ist zu beachten, dass die erhaltenen Ergebnisse keinesfalls vergleichbar sind. Auch bei Verdünnungsreihen innerhalb einer Methode können durch die unterschiedlichen stöchiometrischen Verhältnisse abweichende Ergebnisse erzielt werden. Deshalb sind das angewandte Verfahren sowie die vorgenommenen Verdünnungen immer mit dem Ergebnis zusammen anzugeben.

Die Bestimmungsverfahren für den CSB sind in insgesamt drei Normen (DIN 38409 H41, H43, H44) festgelegt. Dabei werden verschiedene Analytkonzentrationen, Reaktionszeiten und Chloridkonzentrationen berücksichtigt. Der relativ hohe Arbeitsaufwand und die schlechte Automatisierbarkeit sind neben den Gefahren des Arbeitens mit heißer konzentrierter Chromschwefelsäure Schwachstellen dieses klassischen nasschemischen Verfahrens. Noch problematischer aber sind die großen Mengen giftiger Chemikalien und die Abtrennung und Entsorgung der zugesetzten Schwermetalle. Beim Küvettentest wird die Entsorgung vom Anbieter übernommen. Grundsätzlich stellt sich die Frage nach dem Nutzen/Aufwand-Verhältnis. Rechtfertigt der gewonnene Analysenwert den hohen Umweltschädigungsgrad der Methode? Da diese Methode ja auch ihre charakteristischen Fehlermöglichkeiten (Erfassung nicht nur der organischen Inhaltsstoffe) aufweist, wäre aus Umweltschutzgründen ihr Ersatz durch TOC oder BSB-Sensor dringend empfohlen. Dies ist den Verantwortlichen wohl bewusst, muss aber international abgestimmt werden, was seine Zeit kostet. Gleichermaßen bedeutet die derzeitige Diskussion über den Nutzen und Schaden des CSB-Wertes, dass es kurzsichtig ist, jetzt noch neue CSB-Automaten in den Handel zu bringen. Die CSB-Bestimmung sollte eigentlich abgeschafft werden ebenso wie jene, die mit großen Mengen an elementaren Quecksilber umgehen, weil es umweltfreundlichere Alternativmethoden mit noch besserer Aussagekraft gibt.

Im Übrigen spricht es nicht für tiefergehende Kenntnisse auf dem Gebiet der instrumentellen Analytik, wenn wesentlich elegantere Methoden, wie z. B. die Oxidation mittels „Löchern“ in Halbleiteroberflächen, die eine extrem hohe Oxidationskraft besitzen, oder elektrochemische Oxidationen an $PbO_2$-Anoden keine Chance fanden, diese skandalöse CSB-Methode zu ersetzen! Manchmal scheint das Wissen der Verantwortlichen aus sehr veralteten Lehrbüchern zu stammen, bei denen man noch recht sorglos mit den gefährlichsten Chemikalien umging, oder sie haben nie etwas von einer modernen Analytischen Chemie erfahren und während ihrer traditionellen Ausbildung den klassischen Trennungsgang als Analytik angesehen.

### 10.3.3 *Total organic carbon* (TOC)

Im Gegensatz zu den beiden vorherigen Verfahren, die den Gehalt an organischen Verunreinigungen anhand des Verbrauchs an Oxidationsmittel bestimmen, wird bei der Bestimmung des gesamten organisch gebundenen Kohlenstoffs (TOC) zur Erfassung der organischen Stoffe der gemeinsame Strukturbestandteil Kohlenstoff benutzt. Grundlage sämtlicher Methoden zur direkten Bestimmung des organisch gebundenen Kohlenstoffs ist wieder die möglichst vollständige Oxidation aller in der Probe befindlichen organischen Kohlenstoffverbindungen. Das entstehende Kohlendioxid wird anschließend quantitativ bestimmt.

Die im Bereich der summarischen Bestimmung von Kohlenstoffverbindungen am häufigsten verwendeten Begriffe sind im Folgenden aufgeführt.

- **Gesamter Kohlenstoff** (*total carbon*, TC): Im Wasser enthaltener organisch und anorganisch gebundener Kohlenstoff, einschließlich des elementaren Kohlenstoffs.
- **Gesamter *anorganisch* gebundener Kohlenstoff** (*total inorganic carbon*, TIC): Im Wasser enthaltener anorganisch gebundener Kohlenstoff einschließlich des partikelförmigen Kohlenstoffs, des gesamten Kohlenstoffdioxids, des Kohlenstoffmonoxids, sowie der Cyanide, Cyanate, Isocyanate und Thiocyanate.
- **Gesamter *organisch* gebundener Kohlenstoff** (*total organic carbon*, TOC): Gesamtgehalt des organisch gebundenen Kohlenstoffs, gebunden an gelösten oder suspendierten Stoffen. Cyanate, Isocyanate und Thiocyanate werden miterfasst.
- **Gelöster *organisch* gebundener Kohlenstoff** (*dissolved organic carbon*, DOC): Im Wasser enthaltener organisch gebundener Kohlenstoff aus Verbindungen, die ein Membranfilter der Porenweite 0,45 μm passieren. Cyanate, Isocyanate und Thiocyanate werden miterfasst.

Neben organischem Kohlenstoff enthält eine Wasserprobe aber auch anorganischen Kohlenstoff. Daraus resultieren für die TOC-Bestimmung zwei Methoden. Einerseits kann der TOC-Gehalt einer Probe direkt bestimmt werden, nachdem der anorganische Kohlenstoff ausgetrieben wurde. Andererseits kann er aber auch rechnerisch ermittelt werden, indem aus den zuvor bestimmten Gehalten an gesamtem Kohlenstoff (TC) und gesamtem anorganischen Kohlenstoff (TIC) die Differenz gebildet wird. Bei der direkten Methode wird dazu die Probe angesäuert und mit einem Gas ($O_2$ oder $N_2$) der anorganische Kohlenstoff in Form von Kohlendioxid ausgeblasen. Dabei werden aber nur das gelöste Kohlendioxid und das Carbonat als anorganische Inhaltsstoffe ausgeblasen, während die Cyanide, Cyanate, Isocyanate oder partikelförmiger Kohlenstoff (Ruß) nicht ausgeblasen werden und somit bei der TOC-Bestimmung miterfasst werden. Ein weiteres Problem ergibt sich, wenn die Probe leichtflüchtige organische Substanzen, wie z. B. Chloroform, Benzol oder Toluol, enthält. Diese werden ebenfalls teilweise ausgeblasen, was zu Minderbefunden beim TOC führt. Der TOC-Gehalt dieser Substanzen muss deshalb getrennt (*volatile organic carbon*, VOC) oder mit der Differenzmethode bestimmt werden. Bei der Differenzmethode wird der TOC-Gehalt rechnerisch ermittelt. Nach Bestimmung der Gehalte für den gesamten Kohlenstoff (TC) und den gesamten anorganischen Kohlenstoff (TIC) ergibt sich der TOC-Wert aus der Differenz der beiden.

$$\mathrm{TOC} = \mathrm{TC} - \mathrm{TIC}\ [\mathrm{mg/L}] \tag{10.8}$$

Der TC-Gehalt wird durch Einbringen eines Teiles der Probe in die Oxidationseinheit mit anschließender Detektion des Kohlendioxids bestimmt. Der TIC-Gehalt wird durch Ansäuern einer Teilprobe, Ausblasen mit einem Gas und Detektion des entweichenden Kohlendioxids gemessen. Wie auch bei der direkten TOC-Methode werden die restlichen anorganischen Bestandteile bei der TIC-Messung nicht miterfasst, was auch hier höhere TOC-Werte vortäuscht. Besonders geeignet ist das Differenzverfahren für Wasserproben, deren gesamter anorganischer Kohlenstoff niedriger ist als der TOC. Das Schema in Abb. 10.4 gibt einen Überblick.

Die den Bestimmungen zugrunde liegende Oxidation kann nasschemisch durch geeignete Oxidationsmittel (meistens Natriumperoxodisulfat) und Bestrahlung mit ultraviolettem Licht oder im Hochtemperaturofen unter Zufuhr von Sauerstoff durchgeführt werden. Das entstehende Kohlendioxid wird entweder direkt oder nach Reduktion zu Methan quantitativ bestimmt. Mögliche Verfahren zur Detektion sind: Infrarot-(IR-)Spektrometrie, Coulometrie, Konduktometrie, Acidimetrie und $CO_2$-selektive Elektroden für die Bestimmung als Kohlendioxid; Wärmeleitfähigkeitsdetektion und Flammenionisationsdetektion für die Bestimmung als Methan.

Der Einsatz von Hochtemperaturöfen zur Oxidation hat sich heute weitestgehend durchgesetzt. Unter Sauerstoffzufuhr und teilweise Verwendung eines Katalysators (Platin, Kupferoxid oder Kobaltoxid) erfolgt bei Temperaturen von 450°C bis 1200°C die Oxidation zum Kohlendioxid (die Bedingungen sind vom Hersteller des Gerätes abhängig). Durch die hohen Temperaturen wird dabei die Oxidation auch sehr stabiler Substanzen sichergestellt. Das Verbrennungsgas enthält neben $CO_2$ auch $H_2O$, $N_2$ und $NO_X$ etc. und wird, bevor es in das Detektionssystem geleitet wird, getrocknet und gekühlt. Dabei ist darauf zu achten, dass es nicht zu Kondensationsverlusten kommt. Fremdgase werden teilweise durch Absorptions- oder Adsorptionsfallen abgetrennt. Zur Detektion des Kohlendioxids werden aufgrund der guten Empfindlichkeit häufig IR-Messzellen eingesetzt. Dafür müssen die Analysengase absolut trocken sein, weil es sonst zu unerwünschten Kondensationen in den Messzellen kommen kann, die nicht nur die Messergebnisse verfälschen, sondern auch aufwändige Wartungsarbeiten zur Folge haben. Durch das Hintereinanderschalten zweier Messzellen mit unterschiedlicher Empfindlichkeit werden Messbereiche von fast fünf Konzentrationsdekaden erreicht. Damit erschließt sich für die TOC-Analytik ein Anwendungsbereich vom destillierten Wasser mit TOC-Gehalten um 0,1 mg/L über Oberflächenwässer im unteren ppm-Bereich bis hin zu industriellen Abwässern mit mehr als 1000 mg/l organisch gebundenem Kohlenstoff. Bei einigen Geräten wird für

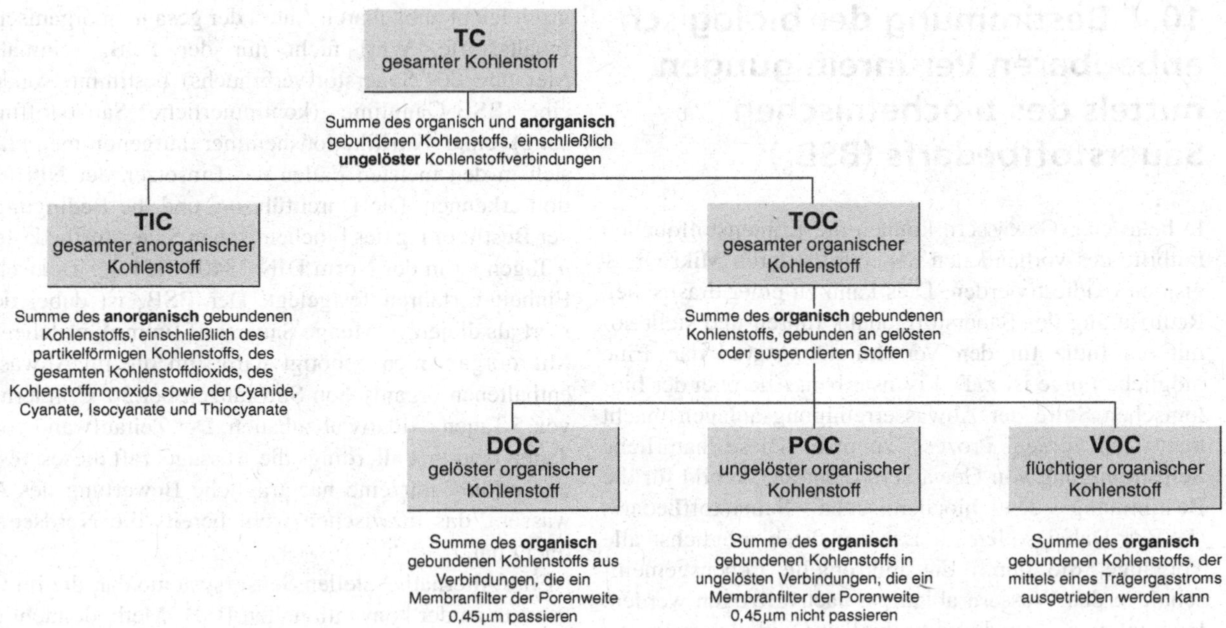


**10.4** Übersicht über die verschiedenen Summenparameterverfahren zur Bestimmung des Kohlenstoffs.

sehr große Gehalte auch eine coulometrische Detektion eingesetzt.

Ein photometrischer TOC-Küvettentest ist ebenfalls im Handel erhältlich. Dabei wird die Probe in einem Thermostaten bei 100°C mit einem Aufschlussreagenz (Natriumperoxodisulfat) zwei Stunden aufgeschlossen. Das gebildete $CO_2$ diffundiert durch eine gasdurchlässige Membran in eine aufgeschraubte Indikatorküvette, die sich konzentrationsabhängig verfärbt. Anschließend wird die Indikatorlösung photometriert und somit der Kohlenstoffgehalt bestimmt.

Die TOC-Messtechnik ist inzwischen weitgehend ausgereift und benötigt keine giftigen oder umweltgefährdenden Chemikalien. Darüber hinaus beträgt die Analysendauer je nach Gerät und Methode meistens nur wenige Minuten. Folgerichtig gewinnt der Summenparameter TOC sowohl wissenschaftlich als auch umweltpolitisch immer mehr an Bedeutung. Vom Bundesumweltministerium ist mittelfristig geplant, im Wasserhaushaltsgesetz (WHG) und Abwasser-Abgaben-Gesetz (AbwAG) den CSB durch den TOC zu ersetzen. Voraussetzung für den vollständigen Ersatz ist dabei die Miterfassung von Schwebstoffen (Partikelgröße bis 100 µm) in der Originalprobe, da ein Großteil der organischen Inhaltsstoffe an diesen adsorbiert ist. Immer mehr Anbieter kommerzieller Geräte berücksichtigen diese Problematik bei der Weiterentwicklung ihrer Analysengeräte.

Die TOC-Analytik wird sicherlich dahin gehen, dass kleine transportable Geräte gebaut werden, die für einen Vor-Ort-Einsatz geeignet sind. Hierfür sind die vorhandenen Laborgeräte aufgrund der benötigten Stromversorgung der Öfen nur bedingt verwendbar. Ein weiterer Nachteil der Hochtemperaturöfen bei der Vor-Ort- bzw. Meerwasseranalytik ist, dass große Salzfrachten zu hohem Wartungsaufwand und zu hohen Wartungskosten führen. Ein weiterer Aspekt ist die Entwicklung von Geräten, mit denen der TOC-Gehalt von Wasserströmen *online* bestimmt werden kann. Dabei spielt der Faktor Prozesskontrolle eine wesentliche Rolle. Der verstärkte Einsatz von Sensoren in diesem Bereich würde zu einer erheblichen Kostenreduzierung führen. Eine viel schnellere Erkennung der Verschmutzung der untersuchten Wässer und somit auch des Einleiters wäre die Folge. Dadurch könnten die Abwasserabgaben entsprechend dem Verschmutzungsgrad nach dem Verursacherprinzip erhoben und zusätzlich entsprechende Gegenmaßnahmen schneller eingeleitet und das Ausmaß der Umweltbelastung deutlich verringert werden.

## 10.4 Bestimmung der biologisch abbaubaren Verunreinigungen mittels des biochemischen Sauerstoffbedarfs ($BSB_5$)

In belasteten Gewässern können die Kohlenstoffquellen mithilfe des vorhandenen Sauerstoffs durch Mikroorganismen oxidiert werden. Dies kann zu einer drastischen Reduzierung des Sauerstoffgehalts führen und stellt somit ein Indiz für den Verschmutzungsgrad dar. Eine mögliche Folge ist z. B. Fischsterben. Auch bei der biologischen Stufe der Abwasserreinigungsanlagen macht man sich diesen Prozess zunutze. Diese natürliche Selbstreinigung von Gewässern dient als Vorbild für die Bestimmung des **b**iochemischen **S**auerstoff**b**edarfs ($BSB_5$). Dabei sollen im Labormaßstab möglichst alle Vorgänge, die durch die mikrobielle Lebensgemeinschaft in den Wässern ablaufen, nachvollzogen werden. Es zeigt sich, dass die mikrobiellen Oxidationsprozesse in zwei Hauptphasen unterteilt werden können. Die erste Stufe ist die oxidative Zerstörung des Kohlenstoffgerüsts der abbaubaren Substanzen, wobei organisch gebundener Stickstoff in Form von Ammoniumionen freigesetzt wird. In der zweiten Stufe werden die gebildeten Ammoniumionen unter weiterem, erheblichem Sauerstoffverbrauch (1 mg $NH_4$-N benötigt 4,57 mg/l $O_2$) über das Nitrit zum Nitrat oxidiert (Nitrifikation).

$$NH_4^+ + 2\,O_2 + H_2O \rightarrow NO_3^- + 2\,H_3O^+ \qquad (10.9)$$

Faktoren wie Temperatur, Lichteinwirkung, Art und Konzentration der metabolisch verwertbaren Verbindungen, Art, Anzahl und Adaption der in dem Wasser vorhandenen Mikroorganismen, Sauerstoff- und Nährstoffangebot und die Be- bzw. Verhinderung der Stoffwechseltätigkeit der Mikroorganismen durch toxische Stoffe spielen bei den mikrobiellen Oxidationsprozessen eine entscheidende Rolle. Zeiträume von 20 Tagen und mehr für eine vollständige biologische Oxidation sind deshalb keine Seltenheit. Innerhalb von 5 Tagen wird aber bei vielen Proben übereinstimmend bereits ein etwa 70–80%iger Abbau des Kohlenstoffgerüsts der ersten Phase erreicht. Die Nitrifikation verhält sich dagegen, sowohl was den Zeitpunkt ihres Beginns als auch was die Reaktionsgeschwindigkeit anbelangt, wesentlich unregelmäßiger. Einen vertretbaren Kompromiss zwischen Analysenzeit und Aussagekraft macht infolgedessen der BSB nach fünf Tagen ($BSB_5$), wobei man aufgrund der oben beschriebenen Problematik versucht, die Nitrifikation zu verhindern (Zusatz von N-Allylthioharnstoff). Der so bestimmte Wert repräsentiert daher annähernd den biologisch leicht abbaubaren Anteil der gesamten organischen Inhaltsstoffe. Wird nicht nur der $BSB_5$ (einmalige Messung des Sauerstoffverbrauchs) bestimmt, sondern eine BSB-Ganglinie (kontinuierliche Sauerstoffmessung) ohne Nitrifikationshemmer aufgenommen, lässt sich in den meisten Fällen das Einsetzen der Nitrifikation erkennen. Die Durchführung und die Bedingungen der Bestimmung des biochemischen Sauerstoffbedarfs in *n* Tagen ist in der Norm DIN 38409-H51 der Deutschen Einheitsverfahren festgelegt. Der $BSB_5$ ist dabei definiert als diejenige Menge Sauerstoff (in mg), welche von Mikroorganismen benötigt wird, um die im Abwasser enthaltenen organischen Substanzen bei 20 °C innerhalb von 5 Tagen oxidativ abzubauen. Der Zeitaufwand von 5 Tagen begrenzt allerdings die Aussagekraft dieses Testes und erlaubt nur eine nachträgliche Bewertung des Abwassers, das inzwischen wohl bereits die Nordsee erreicht hat.

Eine Alternative stellen Sensorsysteme dar, die im Gegensatz zu der konventionellen $BSB_5$-Methode nicht undefinierte Mischkulturen verwenden, sondern eine oder zwei Reinkulturen immobilisiert vor einer Sauerstoffelektrode nach Clark einsetzen. Mit diesen mikrobiellen Sensoren ist eine Schnellbestimmung des BSB innerhalb weniger Minuten mit hoher Präzision möglich. Dieser Entwicklung trägt inzwischen auch der Gesetzgeber Rechnung; so sind vereinfachte oder alternative Verfahren für die Bestimmung des BSB grundsätzlich zugelassen, wenn der mit diesen Verfahren erzielte Messwert das gesetzte Untersuchungsziel erfüllt. Voraussetzung für die staatliche Akzeptanz des BSB-Sensorverfahrens ist dabei der Nachweis einer Korrelation zum juristisch verbindlichen $BSB_5$ nach der DIN-Methode. In Japan wurde das BSB-Sensorverfahren bereits als eigenständige Industrienorm standardisiert. Abbildung 10.5 zeigt den prinzipiellen Aufbau einer Sensor-BSB-Messung. Vor einer traditionellen Clark'schen Sauerstoffelektrode werden geeignete Mikroorganismen (z. B. Candida) mittels einer weiteren Membran (z. B. Oxyphen, Dresden)

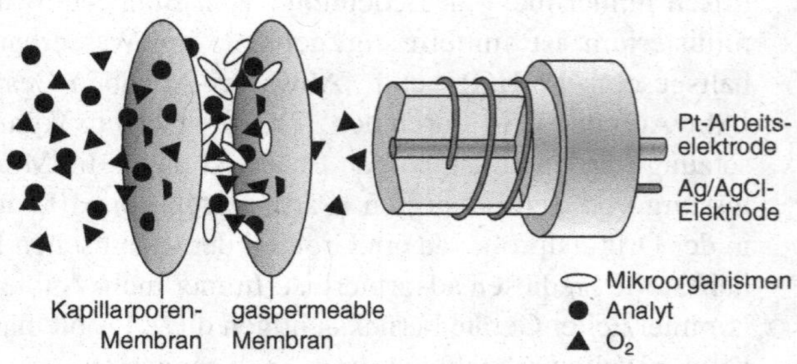


**10.5** Aufbau eines BSB-Sensors aus einer Clark'schen Sauerstoffelektrode (PGW Medingen, Dresden.

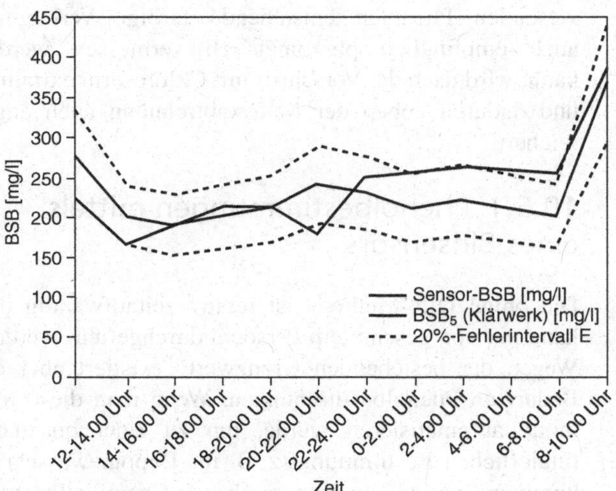


**10.6** Vergleich zwischen $BSB_5$-Wert und den Sensor-Daten einer Kläranlage.

aus Polyester mit der Dicke 10 µm und 0,2 µm Porendurchmesser fixiert. Diffundiert eine von den Mikroorganismen abbaubare Substanz durch die äußere Membran ein, so wird zum Metabolismus Sauerstoff verbraucht, was sich durch ein fallendes Sensorsignal anzeigt. Um die Probe zuvor auf einen konstanten und ausreichend hohen Gehalt an gelöstem Sauerstoff zu bringen, kann die Lösung vor dem Kontakt mit dem Sensor einer pneumatischen Zerstäubung unterworfen werden.

Ein Messgerät mit diesem Sensor zeigt durchaus mit dem $BSB_5$ vergleichbare Ergebnisse, wie die Abb. 10.6 am Beispiel eines Tagesverlaufs dieser Größe bei einem Klärwerk zeigt. Für einen fairen Vergleich ist aber das geschätzte Fehlerintervall der $BSB_5$-Methode (punktierte Linie) zu berücksichtigen. Angesichts der schnellen Information sind überspitzte Genauigkeitsanforderungen zurückzustellen, zumal der $BSB_5$-Wert auch inhärente Fehlerquellen aufweist. So ergibt sich beispielsweise bei der Anwesenheit von Schwermetallen ein völlig „falscher" $BSB_5$-Wert, da u. U. die Mikroorganismen irreversibel vergiftet werden. Somit werden natürlich zu geringe BSB-Werte angezeigt! Beim Sensor lässt sich eine weitergehende Vergiftung der Mikroorganismen vermeiden, weil die Messprobe – analog wie bei der FIA – nur kurzzeitig in Kontakt mit der Sensoroberfläche steht. Des Weiteren reduziert eine zusätzliche Beschichtung mit einem 1 µm dicken Film aus Poly(4-vinylpyridin) den Schwermetalleinfluss durch adsorptive Bindung von Metallionen durch Komplexierung über die aromatischen Stickstoffatome. Auf diese Weise konnte der Einfluss von $Co^{2+}$, $Ni^{2+}$, $Mn^{2+}$, $Cu^{2+}$, und $Ag^{+}$ im Bereich um 5 mM auf die Signale eines *Bacillus subtilis/Bacillus licheniformis 7B* wirksam unterdrückt werden. Ein anderer Ansatz zur Verbesserung der Schwermetalltoleranz wurde am ICB Münster entwickelt. Er besteht in der Verwendung von schwermetallresistenten Mikroorganismen. Sensoren auf Basis des Stammes *Alcaligenes eutrophus KT02* tolerieren die Gegenwart von 4 mM $Ni^{2+}$, $Cu^{2+}$ und $Zn^{2+}$ über einen Zeitraum von 10 Stunden. $Cd^{2+}$ störte in einer Konzentration von 4 mM über 4 Stunden nicht. Auch der Nachteil, dass der BSB-Wert Substanzen, die nicht leicht und schnell abgebaut werden können, wie z. B. Lactose, Proteine und Stärke, lässt sich durch coimmobilisierte Stämme, die diese Stoffe abbauen können, vermeiden.

**Ansätze zur Mehrkomponentenanalyse mittels eines BSB-Messgerätes**

FIA-Systeme basieren auf der Erfassung von Information über einen Konzentrationsgradienten, welcher erhalten wird, wenn ein wohldefinierter Probenpfropf in einem kontinuierlichen unsegmentierten Trägerstrom injiziert und dispergiert wird (s. Abschnitt 9.6). Ein unmittelbares Ansprechen des Detektors hat zur Folge, dass die Signalform in erster Linie durch die Dimensionierung des Analysesystems bestimmt ist. Eine Signaldiverisifikation gegenüber verschiedenen Analyten kann demnach nur über eine unterschiedliche Selektivität des Durchflussdetektors erreicht werden. Man sollte jedoch aus analytabhängigen Formveränderungen mittels chemometrischer Methoden evtl. auch zusätzliche Informationen erhalten. Im Falle eine BSB-Sensors bildet beispielsweise die Cytoplasmamembran von Mikroorganismen eine Barriere, die von verschiedenen Substraten nur mit unterschiedlicher Diffusionsgeschwindigkeit passiert werden kann. Anderseits stellt das Hydrogel, in dem die Mikroorganismen üblicherweise immobilisiert sind, eine weitere Diffusionsbarriere dar, und es könnte sich ein zusätzlicher permeationschromatographischer Effekt des Gels bei einer Sensoransprechkurve zeigen. Abbildung 10.7 zeigt Signal-Zeitkurven, die mit immobilisierten *A. eutrophus KT02*-Zellen durchgeführt wurden.

Im Falle der Abbildung 10.7 wurde ein Vergleich der Principal Component Regression (PCR) mit verschiedenen Ausführungen einer Partial Least Squares Regression (PLS) durchgeführt, wobei sich nur geringfügige Vorteile zugunsten von PLS ergaben. Durch Anwendung von künstlichen neuronalen Netzen ließen sich mit nur einem BSB-Sensor 12 unterschiedliche Analyte sicher nachweisen. In der Trainingsphase wurden dem neuronalen Netz wiederholt insgesamt 38 normierte Respirationskurven von verschiedenen Konzentrationen von Acetat, Butyrat, Gluconat, Lactat, Pyruvat und Succinat präsentiert. Die Klassifizierung der Trainingsdaten war

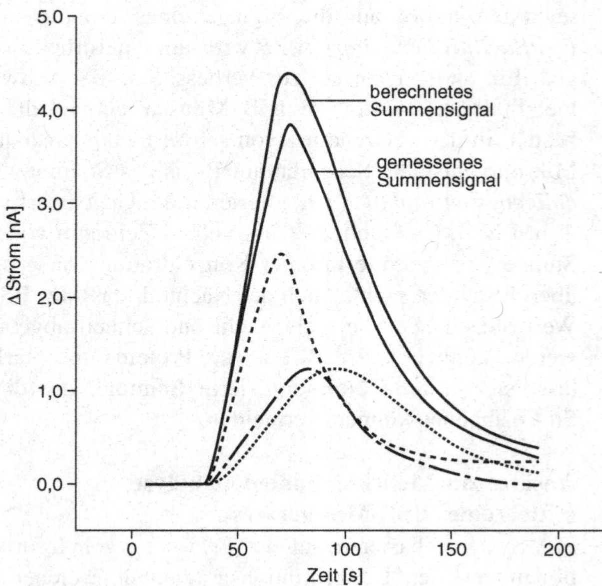


**10.7** Charakteristische Signalformen aktuell und als chemometrische Vorhersage von verschiedenen Analyten bei einem BSB-Sensor auf Basis von *A. eutrophus KT02* bei Injektion eines Dreikomponentengemisches von Acetat , L-Lactat und Succinat (Dissertation Slama Münster 1998).

in 37 von 38 Fällen erfolgreich. Diese Ergebnisse belegen wieder einmal wie wichtig die Chemometrie bei einer Datenanalyse ist, die dem Stand der Technik entspricht.

# 10.5 Bestimmung des Phenolindexes nach DIN 38409 H16

Die DIN 38409 H16 liefert eine SOP zur Bestimmung des sog. Phenolindexes. Phenol ist besonders giftig für Fische, weshalb ein Abwassergrenzwert von 10 mg/L (nach DIN 38409 H16) festgesetzt wurde. Phenol ist auch für den Menschen nicht ungefährlich, zumal es gut über die Haut resorbiert wird. Bereits eine 25-prozentige Hautbenetzung kann zum Tode führen. Aufgrund der organoleptischen Wirkung einiger Phenole ist der zulässige Grenzwert in Trinkwasser auf 0,5 µg/L gesetzt worden. Oberhalb dieses Wertes ist Wasser zwar noch nicht toxisch, schmeckt aber abgestanden und kann sich an Luft schwach gelblich verfärben (ein Vorgang, der Bananen z. B. dunkelbraun färben kann). Der Phenolindex beruht auf einer nachweisenden Farbreaktion zwischen einem Phenol und 4-Aminoantipyrin, wie in Abb. 10.8 dargestellt. Damit die dabei in Abhängigkeit von den anwesenden Phenolen entstehende farbige Verbindung auch empfindlich photometrisch vermessen werden kann, wird nach der Vorschrift mit Chloroform extrahiert und dadurch neben der Matrixabtrennung auch angereichert.

## 10.5.1 Phenolbestimmungen mittels eines Biosensors

Die obige DIN-Methode ist relativ zeitaufwändig und kann nur von geschultem Personal durchgeführt werden. Wegen der bestehenden Grenzwerte existiert aber ein Bedarf an Phenolbestimmungen. Wenn man diese Methode automatisieren würde, um zu einer quasikontinuierlichen Bestimmung (z. B. für Deponiewässer) zu kommen, würde ein unzumutbarer Chemikalienabfall produziert werden, der jedem Umweltschutzgedanken zuwiderlaufen würde! Selbst die wässrige extrahierte Probe ist ja HOV-belastet und muss separat entsorgt werden! Hier bieten sich die Biosensoren als Alternative an.

Die Bestimmung von Phenol und dessen Derivaten kann mittels verschiedener Enzyme oder auch ganzer Zellen (siehe BSB mit „dressierten" Mikroorganismen) erfolgen. Am weitesten verbreitet ist die Summenparameterbestimmung entweder mit den Enzymen Laccase (EC 1.10.3.2) oder Polyphenolmonooxygenase (EC 1.18.14.1). Das letztgenannte wird auch als Tyrosinase bezeichnet. Es kann aus Champignons isoliert werden und besteht aus einer Polypeptidkette von 407 Aminosäuren mit einer Gesamtmasse von 130 kDa. Die Wirkung dieses Enzyms kann in der Natur durch die Verfärbung von frischen Schnittflächen, z. B. bei Kartoffeln, Obst (Äpfel, Bananen etc.) oder Pilzen, beobachtet werden, wobei dunkelbraune Melaninfarbstoffe entstehen. Das Enzym scheint also relativ stabil zu sein. Abbildung

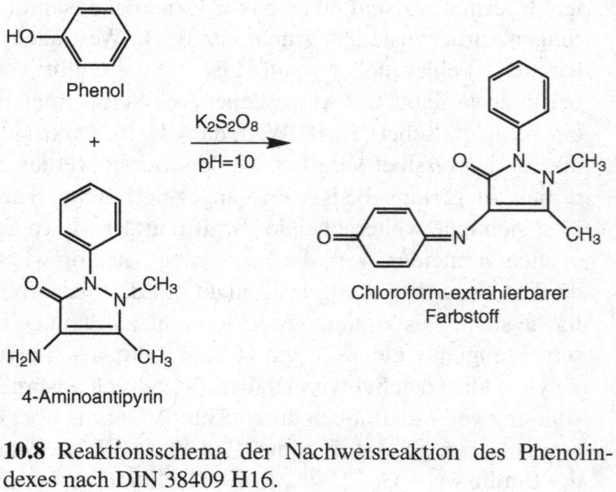

HO–Phenol
Phenol
+
$K_2S_2O_8$
pH=10
4-Aminoantipyrin
Chloroform-extrahierbarer Farbstoff

**10.8** Reaktionsschema der Nachweisreaktion des Phenolindexes nach DIN 38409 H16.

OH
Tyrosinase
$O_2$
OH
OH
$O_2$
Tyrosinase
Kathode
O
O

**10.9** Reaktionsverlauf des enzymatischen Phenolumsatzes mit Thyrosinase.

10.9 zeigt den Reaktionsverlauf des enzymatischen Phenolumsatzes und auch den bevorzugten Transducer zum Verfolgen dieser Reaktion.

Zunächst wird das phenolische Substrat in ortho-Position hydroxyliert. Das so entstandene o-Diphenol reagiert dann in einem zweiten, schnelleren Reaktionsschritt zum instabilen o-Chinon, welches direkt elektrochemisch detektiert werden kann. Wird es beim Messvorgang wieder reduziert, so kann es erneut enzymatisch oxidiert werden, wodurch sich ein Verstärkungszyklus aufbaut, der die Nachweisgrenze verbessert. Eine andere Detektionsmethode beruht auf der Messung des Sauerstoffverbrauchs der enzymatischen Reaktionen. Als Vorteil dieser Methode wird häufig ein geringeres Elektrodenfouling genannt. Hierunter versteht man die störende Belegung der Arbeitselektrodenoberfläche durch den Vorgang der Elektropolymerisation (z. B. über radikalische Zwischenstufen). Allerdings ist die Detektion über den bei einer enzymatischen Phenoloxidation selektiv verbrauchten Sauerstoff um den Faktor ca. 30 unempfindlicher, weil ja die Abnahme einer relativ hohen Sauerstoffkonzentration in der Probe (bei RT etwa 8 mg/L) verfolgt werden muss. Die ausgezeichnete Empfindlichkeit, Schnelligkeit und Chemikalienfreiheit von enzymatischen Biosensoren und eine annähernd summarische Anzeige in einer bekannt schonenden Enzymimmobilisierung mittels eines Polycarbmoylsulfonat-Präpolymeren (PCS von Fa. SensLab, Leipzig) und wässriger Polyethylenimin-Lösung als Base zeigt Abb. 10.10.

Der Arbeitsbereich der genannten Biosensoren liegt zwischen 1 und 400 µM, mit Ansprechzeiten im Minutenbereich und Betriebszeiten von über 100 Stunden bei Lagerzeiten von ca. 3 Wochen bei 4 °C. Letztere können aber bei einer Gefriertrocknung und Konditionierung vor dem eigentlichen Gebrauch entscheidend verlängert

**Bewertung der DIN 38409 H16 im Sinne einer Ökobilanz und bezüglich der Aussagekraft der Analysenergebnisse**

Die eigentliche SOP gleicht einem Gruselkabinett einer mittelalterlichen Alchemistenküche: Wasserprobe wird mit HCl (1:1) auf pH = 4 gebracht; dann werden 200 mg des Schwermetallsalzes $CuSO_4 \cdot 5$ mL $H_2O$ hinzugefügt und geschüttelt; sodann werden 8 mL eines ammoniakalischen Ammoniumchlorid/K-Na-Tartratpuffers zugegeben und der pH-Wert auf 10,0 +/- 0,2 eingestellt; dann werden 1,2 mL einer frisch hergestellten 4-Aminoantipyrin-Lösung (20 g/L also nicht auf Molarität bezogen) zupipettiert und der Kolben für etwa 30 Sekunden geschüttelt; anschließend werden 1,2 mL des starken Oxidationsmittels Kaliumperoxodisulfatlösung (6,5 g/L) hinzugefügt, und es werden 30 bis 45 Minuten unter Lichtabschluss abgewartet, damit sich der Indophenolfarbstoff bildet; danach wird mit 10 mL des als krebserregend eingestuften Lösungsmittels Chloroform unter 5-minütigem Schütteln extrahiert; die Chloroformphase wird dann mittels Filtration über trockenem Natriumsulfat in einen 10-mL-Messkolben gefüllt und nach Auswaschen des Filters wird mit Chloroform bis zur Marke aufgefüllt; die photometrische Bestimmung erfolgt dann bei einer Wellenlänge von 460 nm gegen einen Reagenzienblindwert.

Durch die Messung gegen den Reagenzienblindwert wird das Blindwertsignal effektiv ohne Rücksicht auf eine gleiche Empfindlichkeit (matrixfrei) in Abzug gebracht. Man erhält dabei lineare Kalibrationkurven (R = 0,9998) zwischen ungefähr 1 µM und 1000 µM Phenolkonzentrationen. Von den anderen Phenolen ergibt sich nur beim m-Kresol eine zufriedenstellende Wiederfindungsrate. Abweichungen können auf ein anderes Absorptionsspektrum zurückgeführt werden. Bei p-Kresol, Catechol und p-Chlorphenol liegt die Wiederfindungsrate jedoch bei nur 1,5 bzw. 3 bzw. 48%! Dies beschreibt den tatsächlichen, schlechten Summenbestimmungscharakter dieser Methode und sollte eigentlich einem Auftrag an eine Weiterentwicklung gleichkommen.

werden. Da die elektrochemischen Transducer, wie in an verschiedenen Stellen dieses Lehrbuchs gezeigt, leicht und preiswert zu miniaturisieren sind, wäre die Zeit eigentlich reif, den CSB-Wert und Phenolindex mittels entsprechender Biosensoren zu definieren! Sie stellen die „umweltschonendste" Analytik dar. Ein Kombinationsgerät für die elektrochemische BSB- und Phenolbestimmung könnte preiswerte, z. B. täglich auszuwechselnde Messkartuschen enthalten, und als Chemikalie würde nur Luft und ein harmloser Puffer benötigt! Selbst Vergiftungen von Mikroorganismen und/oder Enzymen wären durch eine integrierte automatische Qualitätskontrolle über eine oben angerissene Stoffklassen-Chemometrie mittels eines Biosensor-Arrays sowie Standardmessungen sofort sichtbar und würden eine andere Analytik nach den Ursachen in Gang setzen. Enzymgifte können beispielsweise ein komplette biologische Reinigungsstufe unbrauchbar machen, was mit sehr hohen Kosten verbunden ist. Der Einsatz neuartiger Komplexe aus der bioanorganischen Chemie, die bei hoher Stabilität das Enzym Thyrosinase nachahmen (Biomimethik), wäre als Ersatz für die veraltete DIN-Methode ebenfalls denkbar. Die Lösungen liegen zwar auf der Hand, werden jedoch nicht ergriffen. Sollten die Ursachen wieder in der mangelhaften Ausbildung in moderner Analytischer Chemie liegen?

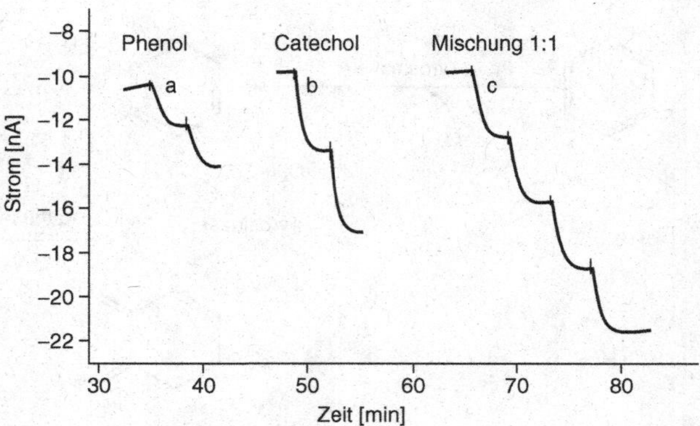


**10.10** Ansprechverhalten einer Thyrosinase-PCS-Mikro-Gelelektrode auf Phenol- und Catecholkonzentrationen in einem Phosphatpuffer pH = 6,8; Zugaben als Endkonzentration berechnet: a = 2 × 1 µM Phenol; b = 2 × 1 µM Catechol; c = 4 × 1 µM equimolare Phenol-/Catechol-Mischungen; Arbeitselektrode: Pt bei – 200 MV vs. Ag/AgCl/3 M KCl (Dissertation O. Geschke, Münster 1998).

# 11 Ausblick

Das vorliegende Lehrbuch konnte aus Gründen einer ganzheitlichen Betrachtungsweise, die auch die Probenahme einschließt, nicht alle instrumentellen Methoden behandeln. Bei der Auswahl wurden lediglich die wichtigsten modernen Methoden der quantitativen Analytik, die üblicherweise in einem analytisch-chemischen Prüf- und Testlabor durchgeführt werden, berücksichtigt. Methoden, die vorzugsweise nur der Konstitutionsermittlung dienen, wurden aus Platzgründen nicht besprochen.

Dem aufmerksamen Leser ist vielleicht aufgefallen, dass viele Anwendungsbeispiele bisher nicht veröffentlichte Ergebnisse aus den drei Münsteraner Arbeitskreisen für Analytische Chemie (Andersson, Cammann und Karst) darstellen. Dass an einer einzigen Universität eine derartige Breite in der Lehre und auch Forschung existiert, ist leider nicht selbstverständlich. Sie ergab sich durch die Gründung des Instituts für Chemo- und Biosensorik (ICB) im Jahre 1991. Durch die überaus erfolgreiche Tätigkeit des ICB konnte in diesen Jahren ein fester Mitarbeiterstamm von über 60 Personen aufgebaut werden, die sich zusammen mit ca. 50 Diplomanden und Doktoranden sowie Lehrstuhlmitarbeitern vorzugsweise mit der Weiterentwicklung marktgängiger analytischer Methoden beschäftigen. Auch wenn vorzugsweise Chemo- und Biosensoren entwickelt werden, so muss doch jeder neue Sensor mit zuverlässigen Referenzmethoden validiert werden. Ohne diesen Aufwand kann man die wahren Eigenschaften des Sensors nicht ermitteln und ihn eigentlich auch nicht der Fachwelt vorstellen. Ein chemischer Sensor muss doch wesentlich mehr können, als nur ein reproduzierbares Signal zu liefern, was leider von einigen – mit der Analytischen Chemie weniger vertrauten – immer wieder übersehen wird. Wegen dieser großen praktischen Breite hier in Münster liegt eine besonders vorteilhafte Situation für die Studierenden vor, wenigstens ansatzweise auch jene Methoden aus erster Hand kennen zu lernen, deren Kenntnis die Division of Analytical Chemistry der Federation of the European Chemical Societies (FECS) als Sachkundenachweis für einen Analytischen Chemiker vorschlägt. Die Interpretation der neuen DIN/EN/ISO/IEC 17025 für chemisch-analytische Laboratorien durch eine von mir geleitete Expertengruppe aus Hochschule, Industrie und Akkreditierungsstellen hatte ebenfalls dieses Euro-Curriculum als zu erfüllender Sachkundenachweis für einen Leiter eines entsprechenden Prüf- und Testlabors empfohlen. Aber leider kann man die geforderten 140 Semesterwochenstunden in Analytischer Chemie in Deutschland nur im Rahmen einer Dissertation in diesem Fach annähernd erreichen. Das vorliegende Lehrbuch versucht, diese Situation dadurch zu entschärfen, dass die mangelnde Selbsterfahrung mit Methoden, die man vielleicht nur aus optimistisch gestalteten Herstellerbroschüren kennen lernt, durch eine kritischere Annäherung ersetzt wird.

Wir befinden uns derzeit in einem Umbruch, der auch das ICB erfasst hat. Die rasanten Fortschritte der Molekularbiologie und Bioanalytik sind dabei, die traditionelle anorganische und organische Analytik mindestens in der Anwendungshäufigkeit zu übertreffen. Auch die Umweltanalytik findet derzeit weniger Interesse in der produzierenden analytisch-chemischen Geräteindustrie. Ein Grund hierfür ist, dass nur wenige neue tief greifende gesetzliche Vorgaben oder bestimmte Mess- oder Kontrollpflichten aufgrund behördlicher Auflagen zu Neuentwicklungen Anlass geben, als es noch zu Beginn der 80er Jahre der Fall war. Demgegenüber ist die Gesundheitsvorsorge in den Mittelpunkt des Interesses gerückt. Hier ist ein Trend zur dezentralen Analytik festzustellen. Die Mikrosystemtechnik stellt uns heute Entwicklungen zur Verfügung, die vor einigen Jahren noch Großgeräte verlangt hatten. Durch die Miniaturisierung sind jetzt redundante Daten und Qualitätskontrollanalysen unter minimalem Chemikalienverbrauch und Abfall möglich. Durch die Automation auch der Qualitätssicherung und softwaremäßig installierter Expertensysteme werden z. B. medizintechnisch sog. *Point-of-Care*-Massenanwendungen ohne Verlust an Zuverlässigkeit möglich.

Auch ein klassischer Chemiker sollte sich ein wenig mit dem faszinierenden Gebiet der modernen Bioanalytik beschäftigen. Zur Entwicklung (nicht zur Nutzung) neuartiger biochemischer Analysenmethoden und zugehöriger Messvorrichtungen und Expertensysteme braucht man Fachleute, die neben einem soliden chemischen Grundwissen auch Physik, Elektronik und Informatik beherrschen. Dies soll im Ausblick durch ein weiteres aktuelles Beispiel verdeutlicht werden.

Wie mittlerweile auch aus der Presse zu erfahren ist, benötigt man für die Nutzung der Genomforschung (Genomics) oder Proteinforschung (Proteomics) zur Wirkstoffentwicklung sog. *High-Throughput*-Verfahren – Verfahren mit hohen Probendurchsatzzahlen. Die Nachfrage wird noch verstärkt durch die kombinatorische Chemie, die hochkomplexe Stoffmischungen erzeugen kann. Mehrere amerikanische Firmen führen derzeit diesen Markt an, da sie als Erste ihre patentierten DNA-Array-Chips auf den Markt bringen konnten. Auf einem sog. DNA-Array-Chip kann der Vorgang der Hybridisierung von Einzelstrang-DNA zum Doppelstrang, also das Erkennen komplementärer DNA-Sequenzen, sichtbar gemacht werden. In Verbindung mit dem *Human Genom Project* sollen damit einmal komplette Sequenzaufklärungen z. B. von solchen Genabschnitten, bei denen Mutationen die Entwicklung von Krebs bedingen, durchgeführt werden. Die DNA-Array-Chip-Technologie basiert auf der Immobilisierung von „Fänger-DNA-Abschnitten“ bekannter Sequenz (meist synthetisch hergestellte Oligomere) auf bekannten Positionen der Chipoberfläche. Es ist heute möglich, weit über 1000 solcher „Fänger-DNA-Abschnitte“ in Arrayform auf einer Glasoberfläche von z. B. 1 $cm^2$ gezielt aufzubringen (kovalent anzubinden). Nach dem Aufbringen der Probe binden dann alle jene DNA-Abschnitte aus der Probe, die ihre komplementäre Sequenz auf der Chipoberfläche vorfinden, dort an und bilden einen Doppelstrang. Die Feststellung, wo auf der Chipoberfläche eine Hybridisierung stattgefunden hat (und damit die komplementäre DNA-Sequenz nachgewiesen wird), geschieht i. d. R. optisch. Entweder sind alle DNA-Abschnitte in der Probe bereits zuvor mit einem Fluoreszenzmarker versehen worden (s. Abschnitt 9.4.7) oder die Interkalation eines entsprechenden Farbstoffs zeigt die Ausbildung eines Doppelstrangs an. Nach einem Waschschritt kann dann aus den Positionen des Fluoreszenzlichtes auf die Anwesenheit der betreffenden komplementären Sequenzabschnitte in der Probe geschlossen werden. Zur Auswertung der komplexen Signalmuster benötigt man eine spezielle Software. Natürlich ist ein DNA-Chip mit über 10000 bekannten DNA-Sequenzen nicht gerade billig. Ein derartiger Chip der Fa. Affimetrix, der wie ein Dia aussieht und nur einmal benutzt werden kann, kostet einige tausend Euro, stellt aber eine Fülle von Informationen bereit.

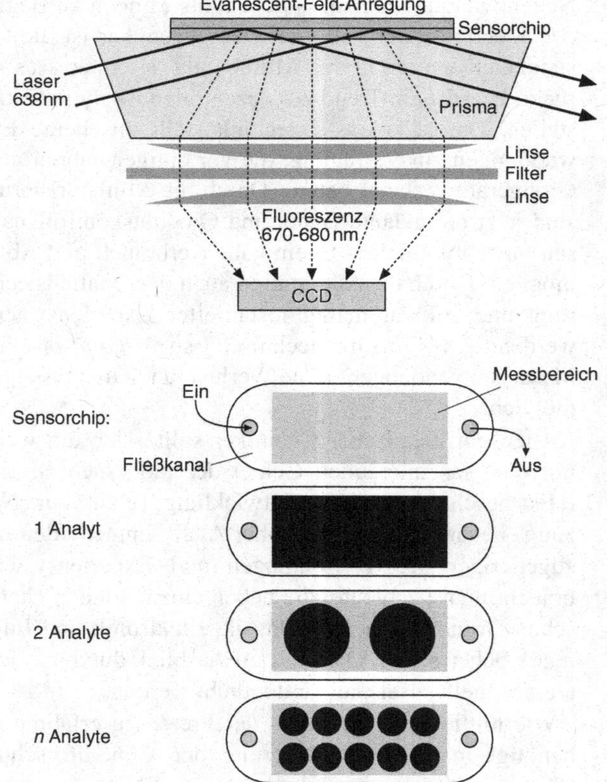


**11.1** Multianalyt-DNA-Chip auf Grundlage der IOS-Technologie (ICB Münster). Die DNA-Fangsonden werden als Spots auf einen Sensorchip dispensiert. Der Fluorophor (hier Cy5) der hybridisierenden DNA-Sequenz wird evaneszent angeregt.

Es war für das ICB natürlich nahe liegend, seine patentierte IOS-Technologie (siehe Abschnitt 9.4.7), die einmal der Umweltanalytik dienen sollte, dieser neuen Fragestellung anzupassen. Abb. 11.1 zeigt schematisch, wie aus dem ursprünglich monoanalytischen IOS-Chip ein Chip für *n* Analyten entsteht. Man muss lediglich eine Abbildung der zweidimensionalen Fänger-Spots auf eine ebenfalls zweidimensional arbeitende CCD-Kamera durchführen, die Fängerantikörper durch die Fänger-DNA-Abschnitte austauschen und dem Flusskanal eine geeignete Form geben, sodass eine applizierte Probe mit paralleler Front über den Array von maximal 400 (aus Patentgründen limitiert) bekannten Oligomeren strömt. Da bei der IOS-Technologie Waschschritte überflüssig sind und eine kinetische Auswertung der Anbindung erfolgt, kann diese Technologie mehr als die bestehende: Sie erlaubt eine echte Hybridisierungsanalyse in Realzeit.

Die Genomaufklärung stellt zurzeit aber noch keinen wirklichen Massenmarkt dar. Dies wird aber anders, wenn man die Expression der Gene in Form der durch sie kodierten Proteine betrachtet. Hier tritt als Zwischenstufe eine Nukleinsäure auf, die Boten-RNA (mRNA) genannt wird und einer Chipanalyse zugänglich ist. Somit können krankhafte Veränderungen in der Proteinzusammensetzung auf der Ebene der Nukleinsäuren nachgewiesen werden. In der medizinischen Diagnostik besteht ein hoher Bedarf an sog. Markerproteinen, die den Nachweis bestimmter Krankheiten bereits im Anfangsstadium ermöglichen. Vor allem wäre ein frühzeitiges Erkennen von bestimmten Tumorarten für eine erfolgreiche Heilung sehr vorteilhaft. Dazu möchte man sich auch der Array-Chip-Technologie bedienen. Sobald man mittels der Bioinformatik sog. Marker für bestimmte Tumorarten (oder -lokationen) gefunden hat,

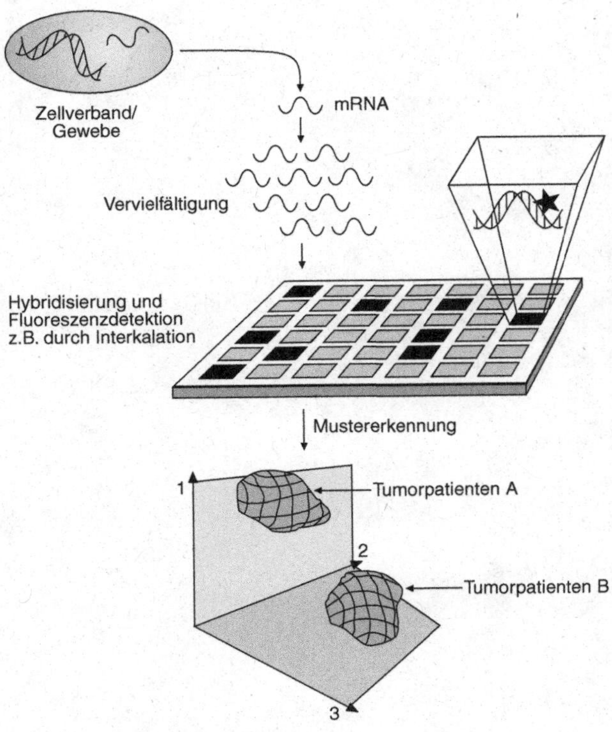


**11.2** DNA-Chip zur Analyse von Expressionsmustern. Aus dem Zellverband freigesetzte mRNA eines Tumormarkers wird vervielfältigt, fluoreszensmarkiert und hybridisiert an definierter Stelle mit der komplementären Fangsonde. Kondensation der Daten auf wenige (hier 3) Supermarker (BMBF-gefördertes laufendes Forschungsprojekt.

werden die entsprechenden Sequenzen auf einem Diagnostikchip immobilisiert und der Test dann durchgeführt, wie in Abb. 11.2 schematisch gezeigt. Vor der eigentlichen Hybridisierung auf dem Glaschip kann die mRNA aus dem Zellverband noch vervielfältigt werden.

Zur Auswertung der IOS-typischen Intensitätsänderungen werden die Hybridisierungsmuster ortsaufgelöst detektiert und chemometrische Methoden angewandt, wie es im unteren Teil von Abb. 11.2 angedeutet wird. Die graphische Darstellung stellt allerdings derzeit noch das Wunschbild dar und soll dem Leser den aktuellen Stand der Forschung auf dem Teilgebiet der instrumentellen Analytik mit den höchsten Zuwachsraten vor Augen führen. Dass diese Vision eines Diagnostikchips mit integrierter Qualitätskontrolle (weil nicht nur ein Marker bioinformatisch ausgewertet wird) wirklich zu einem Massenartikel werden kann, soll in Abb. 11.3 dargestellt werden, in der die außerordentliche Spezifität des Detektionssystem demonstriert wird. So kann beispielsweise sehr deutlich zwischen der Hybridisierung eines komplementären Targets (18mer) und eines Targets mit einem sog. zentralen *mismatch* unterschieden werden. Das heißt, schon der Austausch eines einzelnen Nukleotids führt zu einer drastisch verringerten Hybridisierungsrate. Der dadurch mögliche Nachweis eines einzelnen Basenaustausches macht dieses System für viele Anwendungsgebiete interessant.

Dieser Ausblick sollte auch alle Kollegen, Freunde und Studierende der Analytischen Chemie ermutigen, mit großer Zuversicht in die Zukunft zu blicken. Spätestens, wenn das Marktvolumen für derartige analytisch-chemische Chips (bzw. in der Hand des Arztes: diagnostische Vorrichtungen) jenes von Großchemikalien übertrifft, könnte man der Analytischen Chemie, wie der Lebensmittelchemie und Informatik, eine Eigenständigkeit zubilligen und mehr Ausbildungsplätze in dieser so anspruchsvollen und aufregenden Disziplin anbieten. Die instrumentelle Analytik, die exportfähige Hightech-Geräte schaffen kann, sollte mehr beinhalten als der Kauf und die Bedienung eines analytischen Instruments bei einer bestimmten Anwendung. Warum sollten die Forschung und Entwicklung neuer analytischer Geräte fast ausschließlich der Industrie überlassen bleiben?

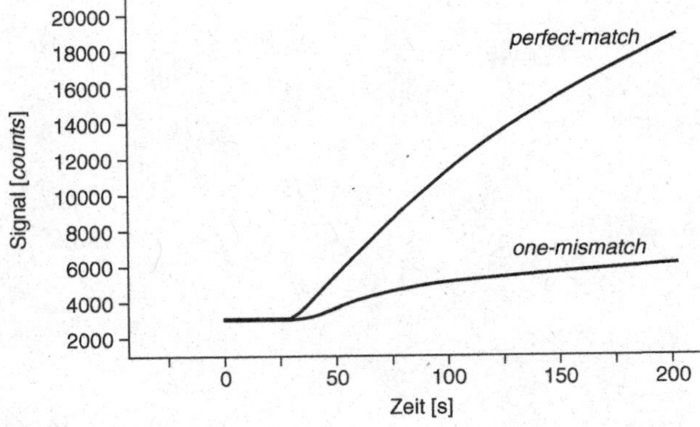


**11.3** Spezifität der Hybridisierung. Vergleich der Signale eines genau komplementären Oligonukleotids und eines Oligonukleotids mit einem zentralen *mismatch*. Wichtig zu einem diagnostischen Nachweis. (Dissertation K. Schult, Münster 2000).

# Anhang: Grundzüge statistischer Datenauswertung und Glossar zur Qualitätssicherung

Der Begriff Qualität kann in unterschiedlichen Umfeldern eine unterschiedliche Bedeutung haben. Im Bereich von Produktion und Dienstleistung steht in den meisten Fällen die Zufriedenheit von Kunden im Vordergrund. Für die Analytische Chemie sind in erster Linie die ausreichende Richtigkeit von Ergebnissen und die Nachvollziehbarkeit der zu Ergebnissen führenden Messabläufe sowie ihre Dokumentation die entscheidenden Kriterien.

Beispielhaft für die zunehmende Bedeutung der Qualitätssicherung sind die Klinische Chemie und die Umweltanalytik. Gerade hier wird auch der starke sozioökonomische Aspekt zuverlässiger qualitätssichernder Maßnahmen deutlich. So zählt eine größtmögliche Qualität bei der Entwicklung und Herstellung von Arzneimitteln ebenso wie bei der *on-line*-Prozesskontrolle zu einer verstärkten Verantwortung, die zu einem großen Anteil durch die Analytik getragen werden muss. Auf der anderen Seite werden umweltpolitische Maßnahmen auf der Grundlage von Analysenergebnissen getroffen, wodurch die Richtigkeit dieser Analysen entscheidende Bedeutung erlangt. Neben diesen sind es aber vor allem auch finanzielle Aspekte, die ein einheitliches und zuverlässiges Qualitätsmanagement unerlässlich werden lassen. So haben allein die Kosten für Analysen, die den Qualitätsansprüchen nicht genügen und daher wiederholt werden müssen, Größenordnungen erreicht, die das immense Bestreben, die Zahl dieser fehlerhaften Analysen zu reduzieren, begründen. Neben diesen Aspekten sind es aber auch politische und wirtschaftliche Faktoren, die durch die Qualität von Analysen beeinflusst werden. Hierunter fallen weitreichende Entscheidungen, die einen persönlich treffen können, wie auch verschärfte Reglementierungen innerhalb von Produktionsbetrieben, die Schließung von Produktionsanlagen, das Verbot von bestimmten Produkten oder auch umfassende Umstrukturierung in der Folge von auftretenden Störfällen. Hart persönlich betroffen werden kann man beispielsweise durch eine fehlerhafte forensische Analytik oder einen entsprechend unsicheren Drogennachweis, bei dem die Methode laienhaft als unfehlbar angesehen wird.

Anhand dieser Aspekte wird die Bedeutung analytischer Messungen erkennbar, mit der Konsequenz, dass sämtliche Fehlerquellen ausgeschlossen werden müssen, um den hohen Qualitätsansprüchen dieser Analysen zu genügen.

## 1. Messdatenauswertung und analytische Qualitätssicherung

Da ein Messergebnis niemals „nackt" angegeben wird, sondern immer in Verbindung mit einem Fehler, in dem die Messgenauigkeit zum Ausdruck kommt, gilt dies natürlich auch für alle anderen Messdaten, die benötigt werden, um zu eben diesem Ergebnis zu kommen. Dazu zählen u. a. auch Kalibration und Standardadditionsverfahren, die in diesem Kapitel erläutert werden. Weiterhin wird dem Problem nachgegangen, wann ein Fehler statistisch, also zufällig, und wann er systematisch ist, also eine ganz konkrete Ursache hat. Die Frage, welche Aussagen anhand eines Messergebnisses zulässig sind, und ob man mehrere Daten ohne weiteres direkt miteinander vergleichen darf, ist weniger trivial, als sie auf den ersten Blick scheint.

### 1.1 Die Bezugsfunktionen

Um ein Messprinzip überhaupt für eine quantitative Analyse nutzen zu können, muss ein Zusammenhang bekannt sein zwischen der Konzentration oder der Stoffmenge auf der einen Seite und der eigentlichen Messgröße auf der anderen Seite, also üblicherweise einer Spannung, eines Stromes, einer Strahlungsintensität etc. Zu diesem Zweck wird die sogenannte Bezugsfunktion ermittelt, die diese Relation herstellt. Aus einer Reihe von Wertepaaren (Stoffmenge oder Konzentration $x$/zugehörige Messgröße $y$) wird eine Funktion, genauer ein Polynom ersten oder zweiten Grades kalkuliert.

Die Funktionskoeffizienten $a$ und $b$ der linearen Bezugsfunktion $y = a + b \cdot x$ lassen sich aus $N$ Messdatenpaaren $(x_i/y_i)$ nach folgenden Formeln berechnen:

$$a = \bar{y} - b \cdot \bar{x} \qquad \text{(A. 1)}$$

$$b = \frac{\sum[(x_i - \bar{x}) \cdot (y_i - \bar{y})]}{\sum(x_i - \bar{x})^2} \qquad \text{(A. 2)}$$

Hierin sind $\bar{x}$ und $\bar{y}$ die arithmetischen Mittel:

$$\bar{x} = \frac{\sum x_i}{N}, \quad \bar{y} = \frac{\sum y_i}{N} \qquad \text{(A. 3)}$$

Für die Berechnung der Funktionskoeffizienten $a$, $b$ und $c$ der quadratischen Bezugsfunktion $y = a + b \cdot x + c \cdot x^2$ werden zunächst einige Quadratsummen eingeführt:

$$Q_{xx} = \sum x_i^2 - \frac{(\sum x_i)^2}{N} \quad \text{(A. 4)}$$

$$Q_{xy} = \sum x_i \cdot y_i - \frac{\sum x_i \cdot \sum y_i}{N} \quad \text{(A. 5)}$$

$$Q_{x^3} = \sum x_i^3 - \frac{\sum x_i \cdot \sum x_i^2}{N} \quad \text{(A. 6)}$$

$$Q_{x^4} = \sum x_i^4 - \frac{(\sum x_i^2)^2}{N} \quad \text{(A. 7)}$$

$$Q_{x^2y} = \sum x_i^2 \cdot y_i - \frac{\sum y_i \cdot \sum x_i^2}{N} \quad \text{(A. 8)}$$

Aus diesen Quadratsummen, die lediglich der Vereinfachung der nachfolgenden Formeln dienen, können nun die Funktionskoeffizienten berechnet werden:

$$a = \bar{y} - b \cdot \bar{x} - \frac{c \sum x_i^2}{N} \quad \text{(A. 9)}$$

$$b = \frac{Q_{xy} - c \cdot Q_{x^3}}{Q_{xx}} \quad \text{(A. 10)}$$

$$c = \frac{Q_{xy} \cdot Q_{x^3} - Q_{x^2y} \cdot Q_{xx}}{(Q_{x^3})^2 - Q_{xx} \cdot Q_{x^4}} \quad \text{(A. 11)}$$

## 1.2 Der Messwert

Aus den Bezugsfunktionen werden nun die Kalibrierfunktionen berechnet, mit deren Hilfe der zu einem Messsignal $y$ einer Probe gehörige Messwert $x$ ermittelt werden kann:

- lineare Kalibrierfunktion: $x = \frac{y - a}{b}$ (A. 12)
- quadratische Kalibrierfunktion:

$$x = -\frac{1}{2c} - \sqrt{\left(\frac{b}{2c}\right)^2 - \frac{a - y}{c}} \quad \text{(A. 13)}$$

## 1.3 Die Messwertungenauigkeit (engl. *uncertainty*)

Neben der Angabe des Messwertes gehört zu einem Analysenergebnis immer auch die Angabe der Messwertungenauigkeit. Hierzu muss neben der Kalibrierfunktion $x = f(y)$ noch die Funktion ihres Vertrauensbereiches $VB(x) = f(x)$ nach Fieller berechnet werden:

- lineare Regression:

$$VB(x) = \frac{s_y}{b} \cdot t(f, p) \cdot \sqrt{\frac{1}{N} + \frac{1}{n} + \frac{(x - \bar{x})^2}{Q_{xx}}} \quad \text{(A. 14)}$$

- quadratische Regression:

$$VB(x) = \frac{s_y}{b + 2 \cdot c \cdot x} \cdot t(f, p) \cdot \sqrt{\frac{1}{N} + \frac{1}{n} \cdot \frac{D}{Q_{x^4} \cdot Q_{xx} \cdot Q_{x^3}^2}} \quad \text{(A. 15)}$$

mit:

$$D = (x - \bar{x})^2 \cdot Q_{x^4} + \left(x^2 - \frac{1}{N} \cdot \sum x_i^2\right)^2 \cdot Q_{xx} - 2 \cdot (x - \bar{x}) \cdot \left(x^2 - \frac{1}{N} \cdot \sum x_i^2\right) \cdot Q_{x^3} \quad \text{(A. 16)}$$

Dabei ist $N$ wieder die Anzahl der Kalibrierpunkte (Messdatenpaare $(x_i/y_i)$ aus Messungen von $N$ Bezugslösungen). $n$ ist die Anzahl der Einzelmessungen, die dem Messwert $x$ der Analysenlösung zugrunde liegen, wenn Mehrfachbestimmungen von Aliquoten derselben Probenlösung durchgeführt werden. Der sogenannte Student-Faktor $t(f,p)$, der eine statistische Konstanz für gegebene Randbedingungen sichern soll, wird aus Tabellen abgelesen. Dabei ergeben sich die Freiheitsgrade $f$ immer aus der Anzahl $N$ der Kalibrierpunkte abzüglich der variablen Parameter, hier entsprechend der Anzahl der Funktionskoeffizienten. Damit ist $f$ für die lineare Regression mit $(N-2)$ bzw. für die quadratische Regression mit $(N-3)$ anzunehmen. $p$ bedeutet die statistische Wahrscheinlichkeit, mit der die Messwertungenauigkeit angegeben werden soll. Üblicherweise arbeitet man mit $p = 0{,}95$ – also mit einer Wahrscheinlichkeit von 95%, dass dieser Wert richtig ist. $s_y$ ist schließlich die Reststandardabweichung der Kalibrierfunktion, die um so größer ist, je weiter die einzelnen Kalibrierpunkte um die Regressionsfunktion streuen. Mathematisch lässt sich das wie folgt ausdrücken:

• lineare Regression: $s_y = \sqrt{\frac{\sum[y_i - (a + b \cdot x_i)^2]}{N-2}}$

(A. 17)

• quadratische Regression:

$$s_y = \sqrt{\frac{\sum y_i^2 - a \cdot \sum y_i - b \cdot \sum x_i \cdot y_i - c \cdot \sum x_i^2 \cdot y_i}{N-3}} \quad \text{(A. 18)}$$

## 1.4 Die Angabe des Analysenergebnisses

Nach der Berechnung der Kalibrierfunktion und ihrem Vertrauensbereich kann jetzt das Analysenergebnis korrekt angegeben werden:

• Angabe mit absolutem Fehler: $x \pm VB(x)$ (A. 19)

• Angabe mit relativem Fehler: $x \pm \frac{VB(x)}{x} \cdot 100\,\%$ (A. 20)

Messwert und Messwertungenauigkeit sollten stets mit der gleichen Anzahl Nachkommastellen angegeben werden, wobei die Angabe von ein oder zwei ungenauen Stellen üblich ist. Zur Angabe des Analysenergebnisses gehört selbstverständlich immer auch die Angabe der Einheit (z. B. *g* oder *g/L*).

Wird ein Analysenergebnis durch Mittelwertbildung aus zwei voneinander unabhängigen Bestimmungen, z. B. der Analyse zweier Parallelaufschlüsse von Aliquoten derselben Probe, ermittelt, so muss vor der Mittelwertbildung sichergestellt werden, dass für die Streuung der Einzelwerte lediglich Zufallsschwankungen verantwortlich sind. Anderenfalls könnte bei einem einzelnen Aufschluss beispielsweise ein systematischer Fehler durch Kontamination aufgetreten sein, der das Gesamtergebnis verfälschen würde. Zur Überprüfung werden die Einzelwerte $x_j$ mithilfe des Mittelwert-*t*-Tests miteinander verglichen. Es wird zunächst ein Prüfwert PW berechnet, der anschließend mit tabellierten Werten $t(f = n_1 + n_2 - 2, p)$ verglichen wird:

$$PW = \frac{|x_1 - x_2|}{s_d} \quad \text{(A. 21)}$$

$$\text{mit: } s_d = \sqrt{\frac{s_1^2}{n_1} + \frac{s_2^2}{n_2}} \quad \text{(A. 22)}$$

Ist der so ermittelte Prüfwert kleiner oder gleich dem tabellierten Wert $t(f, p = 0{,}95)$, so ist die Streuung der Werte zufällig. Nur bei einer zufälligen Abweichung dürfen die Einzelwerte zum Gesamtergebnis gemittelt werden, da anderenfalls mindestens bei einem der Werte ein systematischer Fehler wahrscheinlich ist. Um diesen falschen Wert zu identifizieren, sind, wenn keine anderen Anhaltspunkte vorliegen, weitere Bestimmungen erforderlich (vgl. auch Grubbs-Test, unten).

Bei der Durchführung des Mittelwert-*t*-Testes wird vorausgesetzt, dass die Messwertungenauigkeiten aus der gleichen Zufallsschwankung entstehen. Entstammen beide Werte derselben Kalibrierkurve, so kann man normalerweise von einer solchen Gleichheit der Messwertungenauigkeiten ausgehen. Bestehen Zweifel oder entstammen die zugrundeliegenden Werte verschiedenen Analysenverfahren, so sollte zur Absicherung wiederum ein statistischer Test durchgeführt werden. Auch hierzu wird zunächst ein Prüfwert PW ermittelt, der anschließend mit tabellierten Werten $F(f_1 = n_1 - 1, f_2 = n_2 - 1, p)$ verglichen wird:

$$PW = \frac{VB(x)_1^2}{VB(x)_2^2} \quad \text{(A. 23)}$$

Die Quadrate $VB(x)_j^2$ werden so gewählt, dass der Prüfwert größer als eins ist. Nur wenn der Prüfwert kleiner als der tabellierte Wert $F(f_1, f_2, p = 0{,}95)$ ist, liegt beiden Messwertungenauigkeiten die gleiche Zufallsschwankung zugrunde, und der Mittelwert-*t*-Test darf durchgeführt werden.

Wird ein Analysenergebnis durch Mittelwertbildung aus mehr als zwei voneinander unabhängigen Bestimmungen ermittelt, so muss vor der Mittelwertbildung ebenfalls sichergestellt werden, dass für die Streuung der Einzelwerte lediglich Zufallsschwankungen verantwortlich sind. Zur Absicherung dient hier der Grubbs-Ausreißertest. Mit seiner Hilfe können Ausreißer, die auf systematische Fehler zurückzuführen sind, identifiziert werden. Man berechnet zunächst das arithmetische Mittel $\bar{x}$ (Gleichung A. 3) sowie den Schätzwert der Standardabweichung $s$ (Gleichung A. 36). Ein ausreißerverdächtiger Wert $x_j$, also ein Wert mit einer besonders hohen Abweichung vom Mittelwert, kann dann durch Berechnung eines Prüfwertes PW getestet werden:

$$PW = \frac{|x_j - \bar{x}|}{s} \quad \text{(A. 24)}$$

Der Prüfwert wird mit tabellierten Werten $rM(n,p)$ verglichen. Ein Wert ist dann als Ausreißer identifiziert, wenn der Prüfwert größer als $rM(n, p = 0{,}90)$ ist. Hier wird mit einer Wahrscheinlichkeit von 90 % gerechnet, da Kategorien für bestimmte Abweichungen definiert worden sind:

| | |
|---|---|
| $0{,}95 < p < 0{,}99$ | Zwei Werte stimmen nahezu überein, Mittelung erlaubt |
| $0{,}90 < p < 0{,}95$ | Zwei Werte variieren im Rahmen der Zufälligkeit, Mittelung noch möglich |
| $p < 0{,}90$ | Zwei Werte unterscheiden sich signifikant, keine Mittelung erlaubt |

Liegen weniger als fünf voneinander unabhängige Analysenergebnisse vor, die auf Ausreißer hin überprüft werden sollen, arbeitet man anstelle des Schätzwertes der Standardabweichung $s$ besser mit der Spannweite $R$ der Werte. Die Spannweite ist die Differenz zwischen dem kleinsten und dem größten Einzelwert. Man bildet dann den Prüfwert $PW$ wie folgt:

$$PW = \frac{|x_{j1} - x_{j2}|}{R} \qquad \text{(A. 25)}$$

Dabei ist $x_{j1}$ der ausreißerverdächtige Wert und $x_{j2}$ ist der nächste benachbarte Wert. Der Ausreißer gilt als erwiesen, wenn $PW$ größer als ein tabellierter Vergleichswert $Q(n,p = 0{,}90)$ ist.

Ausreißertests dürfen nach der Eliminierung eines erwiesenen Ausreißers auf den selben Datensatz nicht ein zweites Mal angewendet werden.

Ist schließlich durch eines der genannten Prüfverfahren abgesichert, dass ein Satz von m Einzelergebnissen zu einem Gesamtergebnis zusammengefasst werden darf, so bildet man das arithmetische Mittel $\bar{x}$. Die Ergebnisungenauigkeit $\Delta x$ kann am einfachsten durch Fehlerfortpflanzung angenähert werden:

$$\bar{x} = \frac{\sum x_j}{m} \qquad \text{(A. 26)}$$

$$\Delta x = \sqrt{\frac{\sum VB(x)_j^2}{m^2}} \qquad \text{(A. 27)}$$

So kann das Gesamtergebnis mehrerer Parallelbestimmungen mit $\bar{x} \pm \Delta x$ korrekt angegeben werden.

## 1.5 Die Leistungsfähigkeit eines Messverfahrens

Neben der korrekten Angabe des Analysenergebnisses erlaubt die Berechnung der Bezugsfunktion, der Kalibrierfunktion und ihres Vertrauensbereiches auch eine Beschreibung der Leistungsfähigkeit des Verfahrens. Hierfür sind Größen für die Beschreibung der Empfindlichkeit und der Präzision zu finden.

Als Maß für die Empfindlichkeit gilt die Steigung der Bezugsfunktion, also ihre erste Ableitung.

- erste Ableitung der linearen Bezugsfunktion:

$$f'(x) = b \qquad \text{(A. 28)}$$

- erste Ableitung der quadratischen Bezugsfunktion:

$$f'(x) = b + 2cx \qquad \text{(A. 29)}$$

Bei der linearen Regression entspricht die Empfindlichkeit dem Funktionskoeffizienten $b$. Sie ist damit von der Konzentration unabhängig. Bei den gekrümmten Kurven der quadratischen Regression ist die erste Ableitung dagegen von der Konzentration abhängig. Als Maß für die Empfindlichkeit des Verfahrens im quadratischen Arbeitsbereich wird daher die mittlere Empfindlichkeit $E(\bar{x})$ mit dem arithmetischen Mittel $\bar{x}$ angegeben.

$$E(\bar{x}) = b + 2 \cdot c \cdot \bar{x} \qquad \text{(A. 30)}$$

Ein Maß für die Präzision kalibrierfähiger Verfahren wurde mit der Reststandardabweichung $s_y$ bereits eingeführt. Die Gleichung für die Messwertungenauigkeit $VB(x)$ zeigt jedoch, dass für die Präzision der Analysenergebnisse das Verhältnis der Reststandardabweichung zur Empfindlichkeit entscheidend ist. Man gibt daher als Maß für die Präzision meist die Verfahrensstandardabweichung $s_{x0}$ oder den relativen Verfahrensvariationskoeffizienten $s_{x0}(\%)$ an:

- Verfahrensstandardabweichung der linearen Regression:

$$s_{x0} = \frac{s_y}{b} \qquad \text{(A. 31)}$$

- Verfahrensstandardabweichung der quadratischen Regression:

$$s_{x0} = \frac{s_y}{E(\bar{x})} \qquad \text{(A. 32)}$$

- Verfahrensvariationskoeffizient:

$$s_{x0}(\%) = \frac{s_{x0}}{\bar{x}} \cdot 100\,\% \qquad \text{(A. 33)}$$

Alle bisher aufgeführten Berechnungen können mithilfe eines Personalcomputers einfach und schnell automatisch durchgeführt werden. Weitere Entscheidungen, z. B. darüber, welche Regressionsfunktion den vorliegenden Zusammenhang am besten beschreibt und wie groß der Arbeitsbereich gewählt wird, muss aber weiterhin noch in den meisten Fällen der Anwender selbst treffen. Auch hier sind jedoch mathematische Grundsätze vorhanden, die bei diesen Entscheidungen berücksichtigt werden sollten. Sie werden im Folgenden vorgestellt.

## 1.6 Die Wahl des Arbeitsbereiches

Bisher wurde die Durchführung der linearen und der quadratischen Regression vorgestellt. Im konkreten Fall ist nun zunächst einmal zu entscheiden, durch welche der beiden Funktionen die Anpassung erfolgen soll. Hierzu hat Mandel einen Vergleich der Varianzen $s_y^2$ (Quadrat der Reststandardabweichungen $s_y$) nach dem $F$-Test vorgeschlagen. Durch diesen Test wird festgestellt, ob die quadratische Regression eine signifikant bessere Anpassung ermöglicht als die einfachere lineare Regression. Es werden also zunächst beide Regressionsrechnungen im gegebenen Arbeitsbereich durchgeführt und die jeweiligen Reststandardabweichungen festgestellt. Anschließend wird ein Prüfwert $PW$ berechnet:

$$PW = \frac{(n-2)\cdot s_{y1}^2 - (N-3)\cdot s_{y2}^2}{s_{y2}^2} \tag{A. 34}$$

Hierin ist $s_{y1}^2$ die Varianz der linearen Regression und $s_{y2}^2$ die Varianz der quadratischen Regression. Der Prüfwert $PW$ wird mit tabellierten Werten $F(f_1 = 1, f_2 = N-3, p = 0{,}99)$ verglichen. Ist er kleiner oder gleich dem Tabellenwert, so ist die quadratische Anpassung nicht signifikant besser und es kann die einfachere lineare Regression durchgeführt werden. Man nennt dieses Verfahren daher auch den Linearitätstest nach Mandel. Ist dagegen der Prüfwert größer als der Tabellenwert, so ist eine quadratische Regression durchzuführen.

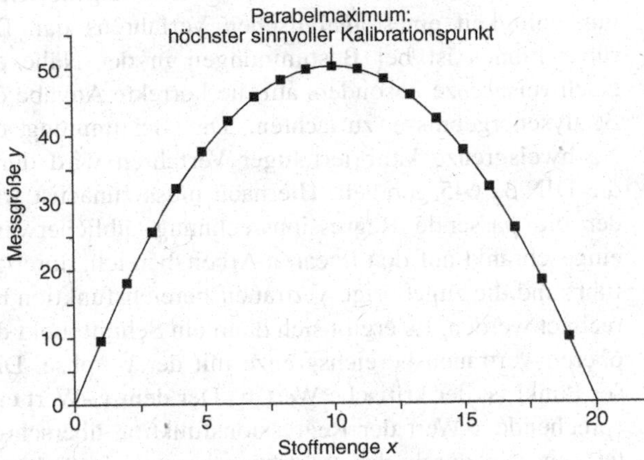


**Anh. 1** Mathematische Form einer quadratischen Anpassung; sinnvoller Nutzbereich nur bis zum Maximum.

In diesem Fall kann durch wiederholte Durchführung des Testverfahrens mit immer weiter eingeschränktem Arbeitsbereich die obere Arbeitsbereichsgrenze für die lineare Regression festgestellt werden. Diese Vorgehensweise ist ebenfalls durch die DIN 38402 A 51 vorgeschrieben.

Da eine DIN-Vorschrift für die quadratische Regression bisher noch nicht vorgelegt wurde, ist die obere Arbeitsbereichsgrenze der quadratischen Regression nicht nach einheitlichen Grundsätzen festgelegt. Eine Minimalanforderung ist jedoch z. B. die Einschränkung auf Kurven, bei denen der höchste Kalibrierpunkt unter dem Maximum der Anpassungsparabel liegt, da eine negative Empfindlichkeit im oberen Arbeitsbereich nicht der Realität entsprechen kann.

Für die bisher vorgestellten Regressionsmodelle müssen neben der richtigen Wahl des Arbeitsbereiches immer auch zwei weitere Voraussetzungen erfüllt sein:

1. Die Ungenauigkeit der einzelnen Kalibrierpunkte über den gesamten Arbeitsbereich darf sich nicht signifikant verändern („Varianzenhomogenität").
2. Der Datensatz muss frei sein von sogenannten Ausreißern. Als Ausreißer bezeichnet man solche Werte, deren Abweichung von der Regressionsfunktion im Vergleich zur Streuung der übrigen Kalibrierpunkte so groß ist, dass sie nicht auf eine Streuung aufgrund von Zufallsschwankungen zurückzuführen ist.

**Voraussetzungen für Varianzenhomogenität**

Um die Varianzenhomogenität überprüfen zu können, müssen die Varianzen der einzelnen Messsignale bekannt sein. In den meisten Fällen ist hierzu eine Mehrfachmessung notwendig. Bei wenigstens fünf Wiederholmessungen kann neben dem arithmetischen Mittel auch der Schätzwert der Standardabweichung $s_i$ für jeden Kalibrierpunkt berechnet werden:

$$s_i = \sqrt{\frac{\sum (y_i - \bar{y})^2}{n-1}} \tag{A. 35}$$

Um nun die Varianzenhomogenität zu überprüfen, werden die Varianzen $s_i^2$ des niedrigsten ($i = 1$) und des höchsten Kalibrierpunktes ($i = n$) ermittelt. Daraus wird als Prüfwert $PW$ ein Quotient gebildet, der größer als eins ist und der mit tabellierten $F$-Werten verglichen wird.

$$PW = \frac{s_1^2}{s_n^2} \text{ mit } s_1^2 > s_n^2 \text{ bzw. } PW = \frac{s_n^2}{s_1^2} \text{ mit } s_1^2 < s_n^2 \tag{A. 36}$$

Varianzenhomogenität liegt vor, wenn der Prüfwert *PW* kleiner als der tabellierte Wert $F(f_1 = n - 1,\ f_2 = n - 1,\ p = 0{,}99)$ ist. Nur in diesem Fall dürfen die Regressionsrechnungen ungewichtet nach den oben aufgeführten Formeln durchgeführt werden.

**Die gewichtete Regression**

Liegt keine Varianzenhomogenität vor, führt die ungewichtete Regression zu falschen Analysenergebnissen, da Werte, die nur mit relativ geringer Genauigkeit bestimmt wurden, einen zu großen Einfluss haben. Zur Durchführung einer gewichteten Regression werden in solchen Fällen zunächst Wichtungsfaktoren $W_i$ für die einzelnen Kalibrierpunkte eingeführt, die sich antiproportional zu deren Varianzen verhalten. Sie dienen damit der Verringerung des Einflusses stark unsicherer Werte.

$$W_i = \frac{1}{s_i^2} \tag{A. 37}$$

Beispielhaft soll hier nur die Berechnung der Funktionskoeffizienten der linearen gewichteten Regression angeführt werden:

$$a = \frac{\sum W_i \cdot y_i \cdot \sum W_i \cdot x_i^2 - \sum W_i \cdot x_i \cdot \sum W_i \cdot x_i \cdot y_i}{\sum W_i \cdot \sum W_i \cdot x_i^2 - (\sum W_i \cdot x_i)^2} \tag{A. 38}$$

$$b = \frac{\sum W_i \cdot \sum W_i \cdot x_i \cdot y_i - \sum W_i \cdot x_i \cdot \sum W_i \cdot y_i}{\sum W_i \cdot \sum W_i \cdot x_i - (\sum W_i \cdot x_i)^2} \tag{A. 39}$$

Bei der Berechnung des Vertrauensbereiches $VB(x)$ der gewichteten Regression werden die individuellen Standardabweichungen $s_i$ berücksichtigt, sodass konzentrationsabhängigen Ungenauigkeiten Rechnung getragen wird. Für das weitere Studium zu den Berechnungen gewichteter Regressionen sei die Fachliteratur empfohlen.

Bei der gewichteten Regression erreicht man eine bessere Anpassung niedriger Werte, wenn in einem Verfahren nicht der absolute sondern der relative Fehler konstant bleibt, was häufig der Fall ist. Bestimmungen in der Nähe der Nachweisgrenze werden so richtiger und präziser. Die ungewichtete Regression stellt demgegenüber eine Vereinfachung dar, die nur bei Varianzenhomogenität durchgeführt werden darf. Varianzenhomogenität ist oft nur in kleinen Arbeitsbereichen (1–2 Dekaden) gegeben.

Auch für die gewichtete lineare Regression befindet sich eine einheitliche Durchführungs-Vorschrift (DIN) im Stadium der Vorbereitung.

**Voraussetzung Ausreißerfreiheit**

Kalibrierdaten müssen grundsätzlich ausreißerfrei sein, egal ob eine gewichtete oder ungewichtete, eine lineare oder eine quadratische Regression durchgeführt wird. Da die Abweichung eines Ausreißers von der Regressionsfunktion in einem systematischen Fehler wie z. B. der Kontamination eines der verwendeten Geräte begründet ist, darf ein solcher Wert nicht mit in die Regressionsrechnung einbezogen werden. Wird ein Ausreißer identifiziert, so muss die Messung der betreffenden Bezugslösung (ggf. mehrerer Bezugslösungen) wiederholt werden, bis systematische Fehler ausgeschlossen sind.

Zur Klärung der Frage, ob die Abweichung eines verdächtigen Wertes auf einen zufälligen oder einen systematischen Fehler zurückzuführen ist, dient der Vergleich der Reststandardabweichung der Regression einschließlich des verdächtigen Kalibrierpunktes $s_{y1}$ mit der Reststandardabweichung der Regression ohne das verdächtige Wertepaar $s_{y2}$. Hierzu müssen zunächst beide Regressionsrechnungen durchgeführt werden, wobei gesichert sein muss, dass der gewählte Regressionsansatz, also z. B. lineare oder quadratische Regression, richtig ist (vgl. „Die Wahl des Arbeitsbereiches"). Dann wird wieder mithilfe des F-Tests ermittelt, ob ohne den verdächtigen Wert eine signifikant bessere Anpassung der Kalibrierdaten gelingt (Gleichung A. 35). Ist der Prüfwert *PW* kleiner oder gleich dem Tabellenwert $F(f_1 = 1, f_2 = N - 3, p = 0{,}99)$, so liegt keine signifikante Abweichung vor und es handelt sich bei dem verdächtigen Wert nicht um einen Ausreißer.

## 1.7 Die Nachweisgrenze kalibrierfähiger Verfahren

Die Nachweisgrenze stellt als Maß für die Nachweisstärke ebenfalls ein Kriterium zur Bewertung der Leistungsfähigkeit eines analytischen Verfahrens dar. Darüber hinaus ist bei Bestimmungen in der Nähe der Nachweisgrenze besonders auf die korrekte Angabe der Analysenergebnisse zu achten. Die Bestimmung der Nachweisgrenze kalibrierfähiger Verfahren wird durch die DIN 32 645 geregelt. Hiernach muss zunächst wieder die passende Regressionsrechnung, üblicherweise eingeschränkt auf den linearen Arbeitsbereich, durchgeführt und die zugehörige Vertrauensbereichsfunktion berechnet werden. Es ergibt sich dann ein Schnittpunkt der oberen Vertrauensbereichsgrenze mit der *y*-Achse. Dieser Punkt ist der kritische Wert $y_k$. Der dem $y_k$-Wert entsprechende *x*-Wert der Regressionsfunktion überschreitet mit der durch den Vertrauensbereich festgelegten Irrtumswahrscheinlichkeit ($p = 0{,}95$) den Wert Null. Hier ist die Nachweisgrenze $x_{NG}$ festgelegt.

$$y_k = a + s_y \cdot t(f = N-1; p = 0{,}99) \cdot \sqrt{\frac{1}{N} \cdot \frac{1}{n} \cdot \frac{\bar{x}^2}{Q_x}} \qquad \text{(A. 40)}$$

$$x_{NG} = \frac{y_k - a}{b} \qquad \text{(A. 41)}$$

Die Nachweisgrenze gilt somit als eine Entscheidungsgrenze für das Vorhandensein eines Analyten. Sie ist von der Ungenauigkeit der Kalibrierfunktion in der Nähe des Nullpunktes abhängig. Bei Varianzenhomogenität ändert sich die Ungenauigkeit über den gesamten Konzentrationsbereich nicht. Aber auch bei einer gewichteten Regression kann man davon ausgehen, dass sich die Ungenauigkeiten im Bereich sehr kleiner Konzentrationen nicht wesentlich unterscheiden. Somit kann die Nachweisgrenze auch über die Ungenauigkeit des Blindwertes definiert werden. Das bedeutet gleichzeitig, dass die Nachweisgrenze um so höher liegt je größer das Grundrauschen des verwendeten Analysengerätes ist. Das Signal/Rausch-Verhältnis eines Gerätes wirkt sich also direkt auf die Nachweisstärke des gesamten Verfahrens aus.

Die untere Arbeitsbereichsgrenze für quantitative Bestimmungen stellt die Bestimmungsgrenze $x_{BG}$ dar. Sie ist die kleinste Konzentration, die mit einer vorgegebenen relativen Messwertungenauigkeit angegeben werden kann. Unter der Voraussetzung der Varianzenhomogenität kann nach DIN 32 645 die Bestimmungsgrenze über eine Schnellschätzungsmethode aus der Nachweisgrenze berechnet werden, indem man diese mit einem Faktor $k$ multipliziert, der dem Kehrwert der vorgegebenen Messwertungenauigkeit entspricht:

$$x_{BG} = k \cdot x_{NG} \qquad \text{(A. 42)}$$

Üblicherweise wird mit $k = 3$ gerechnet, was einer Bestimmung mit einem relativen Fehler von höchstens 33 % entspricht. Bei der Angabe von $x_{BG}$ muss dann auch $k$ immer mitangegeben werden.

Für die Angabe von Analysenergebnissen in der Nähe der Nachweisgrenze gelten schließlich folgende Konventionen:

| | |
|---|---|
| $x \geq x_{BG}$: | $x \pm \Delta x$ |
| $x_{BG} > x \geq x_{NG}$: | positiver Nachweis, Angabe von $x_{BG}$ und $k$ |
| $x < x_{NG}$: | negativ, Höchstgehalt: $x_{EG}$ |

$x_{EG}$ ist hierbei die Erfassungsgrenze. Die Erfassungsgrenze ergibt sich aus dem dem $y_k$-Wert entsprechenden $x$-Wert der Funktion für den unteren Vertrauensbereich.

Es gilt also:

$$x_{EG} = 2x_{NG} \qquad \text{(A. 43)}$$

Der Zusammenhang von Nachweis-, Erfassungs- und Bestimmungsgrenze soll durch folgende Grafik verdeutlicht werden.

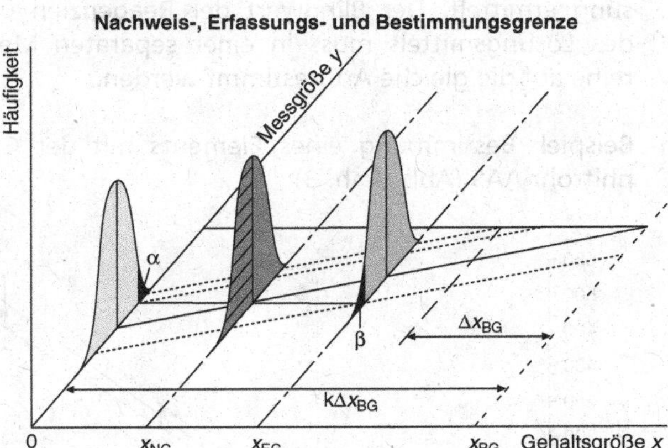


**Anh. 2** Zusammenhang zwischen Nachweis-, Erfassungs- und Bestimmungsgrenze bei kalibrierfähigen Verfahren (nach EURACHEM AG, Lehre und Ausbildung, M. Koch).

## 1.8 Systematische Fehler – Interferenzen und Ansätze zur Korrektur

Bei allen Relativverfahren wird der Gehalt der Analyten in der Probenlösung durch den Vergleich ihres Messsignale mit dem von Bezugslösungen bekannter Konzentrationen (externer Referenzstandard) bestimmt. Jede in Proben- und Bezugslösung unterschiedliche Beeinflussung des Messsignals führt daher zu Störungen. Sie werden als Interferenzen bezeichnet. Dabei führen die Wirkungen von Lösungsmitteln, Säuren, Pufferreagenzien etc. nicht zu Interferenzen, wenn sie in Proben- und Bezugslösungen gleichermaßen vorhanden sind. Störungen durch nur in der Probenlösung enthaltenen Begleitsubstanzen können jedoch vor allem im Spurenbereich erhebliche Ausmaße annehmen. Die Gesamtheit der Begleitsubstanzen wird als Probenmatrix bezeichnet und all ihre Einflüsse auf das Messsignal als Matrixeffekt.

Beim Auftreten von Interferenzen ist ein eindeutiger Zusammenhang des Messsignals mit der Konzentration des Analyten in der Probenlösung nicht mehr gegeben. Sie müssen deshalb entsprechend beseitigt oder korrigiert werden, wenn sie nicht falsche Ergebnisse zur Folge haben sollen. Geeignete Mittel, den verschiedenen

**Beispiel aus der Praxis**

*Das Standardadditionsverfahren*
Beim Standardadditionsverfahren werden zu immer der gleichen Probenmenge bekannte, abgestufte Konzentrationen des Analyten gegeben. Durch Extrapolation der Messkurve auf den Schnittpunkt mit der Konzentrationsachse wird der Gehalt der Probenlösung ermittelt. Der Blindwert der Reagenzien und des Lösungsmittels muss in einer separaten Messreihe auf die gleiche Art bestimmt werden.

Beispiel: Bestimmung eines Elements mit der Graphitrohr-AAS (Abb. Anh. 3)

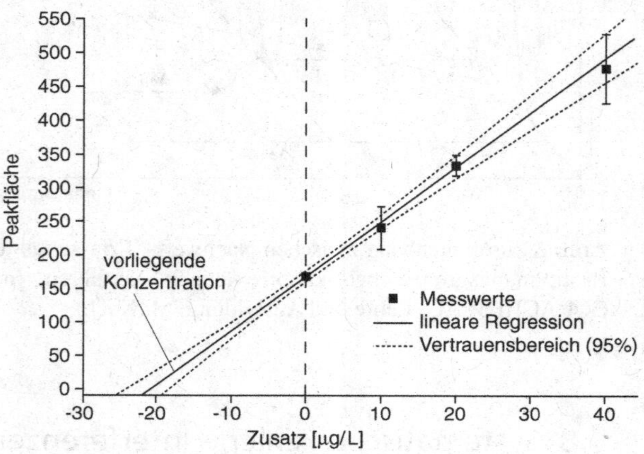


**Anh. 3** Anwendung des Standardzusatzverfahrens bei Matrixeffekten.

Die Regressionskurve wird bis zum Schnittpunkt mit der Konzentrationsachse extrapoliert. Der Konzentrationsbetrag am Schnittpunkt entspricht so der jeweils über den Standardzusatz hinausgehenden Konzentration an Analyten in den Messlösungen.

Zur Bestimmung des Blindwertes werden in den gleichen Konzentrationsschritten Messlösungen angesetzt, die das Lösungsmittel sowie alle Reagenzien (z. B. Säure) jedoch keine Probenlösung enthalten. Auch der Blindwert ergibt sich aus dem Schnittpunkt der Regressionskurve mit der Konzentrationsachse.

Nach Abzug des Blindwertes in Konzentrationseinheiten und Berücksichtigung der Verdünnung erhält man den Gehalt der Probelösung.

Die Ergebnisunsicherheit ergibt sich aus der Unsicherheit der Regressionskurve. Bei linearem Zusammenhang sollte also der Korrelationskoeffizient möglichst nahe bei Eins liegen. Wegen der einfacheren Auswertung sind generell lineare Regressionskurven zu bevorzugen. Hierzu müssen die Lösungen gegebenenfalls entsprechend stärker verdünnt werden.

Der durch Extrapolation zu ermittelnde Konzentrationsbetrag sollte außerdem im Bereich des Betrages der Standardzusätze liegen, da bei zu kleinem Wert die relative Ergebnisunsicherheit durch die Unsicherheit der Messkurve zu groß wird. Ist der Wert dagegen zu groß, steigt die absolute Unsicherheit der Messkurve am Schnittpunkt wegen dem größer werdenden Abstand zum letzten Messpunkt stark an.

Formen von Interferenzen zu begegnen, sind zum einen verschiedene Verfahren der Untergrundkorrektur zur Beseitigung spektraler Interferenzen. Zum anderen wird eine möglichst gute Angleichung der Matrix der Bezugslösungen an die Matrix der Probenlösung angestrebt, und gerade bei der Analyse unbekannter Proben empfiehlt sich das Standardadditionsverfahren (s. Kasten IV.1). Da beim Standardadditionsverfahren eine jeweils gleiche Menge der Probe mit abgestuften Konzentrationen des Analyten versetzt und gemessen wird, wird hier der Idealfall von genau gleicher Matrix in allen Messlösungen erreicht. Dieses Verfahren ist damit zur Beseitigung vieler nichtspektraler Interferenzen sehr gut geeignet, wenn der Kalibrierkurvenverlauf bis zur Nullkonzentration bekannt ist.

***Die Methode des internen Standards (Leitlinienmethode)***
Eine weitere Möglichkeit, die sich ausschließlich für die Korrektur von eindeutig nicht elementspezifischen Interferenzen eignet (z. B. Transportinterferenzen), ist die Methode des internen Standards. Hierbei wird der Probe eine bekannte Menge eines anderen Elementes zugegeben, das in der Probe nicht vorhanden ist. Die Beeinflussung des Messsignals dieses internen Standards durch die Probenmatrix wird auf das zu bestimmende Element übertragen, indem beispielsweise stets mit dem Quotienten Analyt-Signal / Signal interner Standard gearbeitet wird.

Damit lassen sich Unregelmäßigkeiten der Probenzufuhr (z. B. der Zerstäubungsausbeute, die von der Dichte und Viskosität jeder Messlösung abhängt) durch Quotientenbildung teilweise kompensieren. Dieses Verfahren ist jedoch nur bei der simultanen Erfassung mehrerer Elemente einfach und ökonomisch durchführbar. Es hat sich beispielsweise in der Plasmaemissionsspektrometrie heute als Standardmethode durchgesetzt.

Selbst ein modernes analytisches Instrument wie z. B. ein ICP-MS kann zwar eine Messung automatisch durchführen, dem analytischen Chemiker jedoch nicht das Denken ersparen. Der größte Fehler wird immer der sein, jede vom Automaten ausgegebene Zahl kritik- und gedankenlos als richtiges Ergebnis hinzunehmen. Gerade in der heutigen Zeit der Automation und Bedienung der Automaten von unzureichend geschultem Personal ist diese Gefahr des Qualitätsverlustes analytischer Ergebnisse sehr hoch einzustufen.

# 2. Validierung analytischer Verfahren

Die Aufgabenfelder der Analytik erstrecken sich auf vielfältige Probleme aus den Bereichen Naturwissenschaft und Technik. Bei der Entwicklung analytischer Verfahren zählt eine gezielte Beurteilung der Leistungsfähigkeit der Methode bezüglich der Lösung dieser Problemstellungen zu den wichtigsten Kriterien. Die Validierung der analytischen Methode soll daher sicherstellen, dass die gewählte analytische Methode für die zu lösende Problemstellung geeignet ist. Gleichzeitig sollen anhand der Validierung die Grenzen der verwendeten Methode aufgezeigt werden, um den optimalen Anwendungsbereich einer Methode festzulegen. Dabei sollte der Umfang der Validierung immer dem Zweck angepasst werden, d. h. das Verfahren sollte so gut wie nötig, nicht unbedingt so gut wie möglich sein, oder um es anders auszudrücken: Der Aufwand und der Zweck sollten im Rahmen der Verhältnismäßigkeit liegen.

## 2.1 Auswahl eines analytischen Verfahrens

Bei einer analytischen Fragestellung stellt sich dem Analytiker als erstes die Aufgabe, ein analytisches Verfahren auszuwählen, das der Lösung dieses Problems gerecht wird. Handelt es sich dabei um eine neuartige Problemstellung für ein Laboratorium, so hat der Analytiker anhand der wissenschaftlichen Literatur zu prüfen, welche Methoden hierfür in Frage kommen. Als nächster Schritt ist zu prüfen, ob die apparativen Voraussetzungen im Labor die ausgewählten Verfahren überhaupt zulassen oder wie weit diese angepasst werden müssen. Darüber hinaus spielt das im Labor vorliegende analytische Fachwissen des Personals eine entscheidende Rolle bei der Methodenwahl. Nach Auswahl der Methode, die unter diesen Gesichtspunkten am ehesten die Lösung der Problemstellung verspricht, steht die gezielte Validierung des Verfahrens an. Hier gilt es, jeden einzelnen Schritt des Verfahrens getrennt auf dessen Fehleranfälligkeit zu überprüfen. Die Summe der Einzelschritte soll dabei die Forderung nach einem zuverlässigen Gesamtverfahren erfüllen, wobei sich die Zuverlässigkeit auf die Präzision und die Richtigkeit des Verfahrens bezieht. Eine hohe Präzision lässt sich dadurch erzielen, dass zufällige Fehler im Verfahren minimiert werden. Die Richtigkeit des Verfahrens wird durch das Ausschließen systematischer Fehler realisiert (ISO 3534).

## 2.2 Validierung eines analytischen Verfahrens

Im Vorfeld einer Verfahrensvalidierung gilt es, sämtliche hierfür verwendeten Systemkomponenten zu validieren. Hierzu zählen neben den verwendeten Apparaturen auch die für die Auswertung notwendigen Bestandteile, wie z. B. die Software bei automatisierten Systemen. Daher müssen die Instrumente einer eingehenden Kontrolle der vom Hersteller angegebenen Leistungskenndaten unterzogen werden. Nur so kann festgestellt werden, ob die vom Hersteller vorgegebene Leistungsfähigkeit und Robustheit der Geräte auch wirklich innerhalb des betreffenden Labors realisierbar ist.

Der nächste Schritt besteht in der Validierung des Verfahrens an sich. Analytische Verfahren gliedern sich in einzelne Schritte, deren Summe das Gesamtverfahren darstellt und das Ergebnis liefert. Das Schema eines solchen Verfahrens ist in Abbildung Anh. 4 dargestellt.

Im Gegensatz zu physikalischen Messungen, bei denen eine direkte Zuordnung zu physikalischen Größen (z. B. Masse, Zeit, Länge) möglich ist, ist bei chemischen Analysen eine direkte Bestimmung nur selten möglich. Das hierbei auftretende Problem beruht darauf, dass die Bestimmung eines Analyten aus einer Realprobe meist nur dadurch möglich wird, dass der Analyt von der Probe entweder getrennt oder in eine Form überführt wird, die für das gewählte Detektionsverfahren zulässig ist. Jeder dieser Schritte auf dem Weg von der Realprobe zur Detektion des Analyten kann eine Fehlerquelle beinhalten, die die Zuverlässigkeit des Gesamtverfahrens in Frage stellen kann. Daher müssen für jeden Schritt die möglichen Fehlerquellen festgestellt und – wenn möglich – eliminiert werden. Eine gängige Methode hierfür beruht darauf, dass die analytischen Teilschritte in umgekehrter Reihenfolge, d. h. von der detektierbaren Form des Analyten bis zur Realprobe, validiert werden. Dabei wird bei

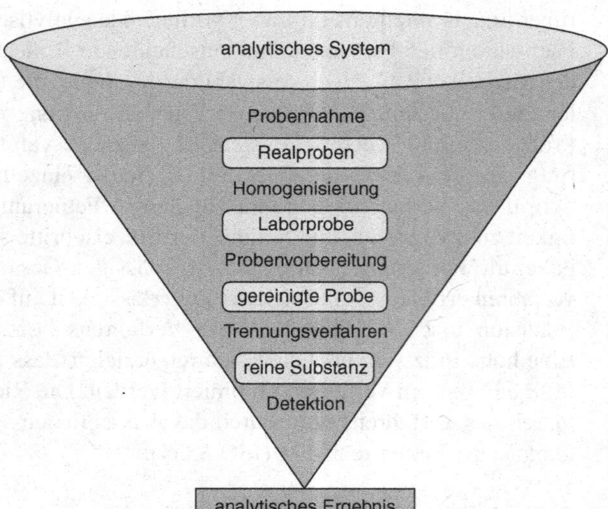


**Anh. 4** Schematischer Aufbau eines analytischen Prozesses aus Einzelschritten.

jedem Schritt nachgeprüft, ob die Schlussfolgerungen aus dem vorhergehenden Schritt noch zutreffen. Ist dies nicht der Fall, so ist der Prozess zu unterbrechen und die Bedingungen des vorhergehenden Schrittes sind dementsprechend zu verändern.

### Validierung der Detektion

Eine häufige Fehlerquelle analytischer Verfahren stellt die Detektion des Analyten dar. Meist erfolgt die Bestimmung anhand von Kalibrationen, bei denen einige typische Fehler auftreten können:

- Kontaminationen, Interferenzen und Fehler bei der Verwendung von internen Standards
- Unzureichende Untergrundkorrektur (z. B. im Bereich der Spektroskopie)
- fehlende Berücksichtigung der Matrix
- Verdünnungsfehler
- fehlerhafte Auswertungen

Für die Validierung der Detektion ist es notwendig, dass der Zusammenhang zwischen dem Analyten und dem vom Detektor erhaltenen Signal betrachtet wird. Dazu werden Kalibrationen des reinen Analyten auf Spezifizierung, Linearität, Empfindlichkeit, Richtigkeit und Präzision untersucht. Für diese Kalibrationen werden Standardlösungen des Analyten definierter Zusammensetzung hergestellt, wobei sowohl an die Reinheit als auch an die Genauigkeit der Zusammensetzung höchste Ansprüche zu stellen sind. Für die Verwendung von Standardlösungen sind dabei einige wichtige Gesichtspunkte zu berücksichtigen, die die Qualität dieser Standards sichern sollen. Hierzu gehört die Aufbewahrung von Standardlösungen grundsätzlich in verschlossenen Gefäßen; wenn es sich um leichtflüchtige Komponenten handelt, sollte auch eine Versiegelung der Gefäße vorgenommen werden. Ebenso sollte ein ausreichender Schutz vor Licht und Temperatur gewährleistet sein, z. B. durch lichtgeschützte Gefäße und gekühlte Lagerung der Standards). Vor jeder Benutzung der Proben ist eine optische Prüfung der Lösungen (z. B. auf Niederschlagsbildung) durchzuführen. Darüber hinaus sollte ein verantwortlicher Analytiker innerhalb des Labors den Zugang zu den Standardlösungen kontrollieren und zusätzlich für eine regelmäßige Erneuerung der Standards zuständig sein. Die zeitlichen Abstände der Erneuerung sind dabei in Abhängigkeit von der Stabilität des vorliegenden Analyten zu wählen.

### Validierung nach Berücksichtigung des Matrixeinflusses

Wenn das Analysenverfahren einen Schritt zurückverfolgt wird, liegen dem Analytiker nicht mehr die reinen Standardlösungen des Analyten, sondern entweder ein Extrakt oder die gelöste Probe vor. Durch die zusätzlich vorliegenden Komponenten in der Lösungen liegt eine Matrix vor, die die Ergebnisse der Detektion anhand der Kalibration beeinflussen kann. Daher wird es nötig, die Ergebnisse der Detektion unter diesen neuen Gesichtspunkten zu kontrollieren, d. h. Linearität, Empfindlichkeit, Richtigkeit und Präzision müssen neu überprüft werden. Aufgrund der Tatsache, dass viele Verfahren mit unspezifischen Detektionssystemen arbeiten, ist es wichtig, dass Interferenzen durch Matrixkomponenten verhindert oder auf chemischem Wege unterdrückt werden. Eine gängige Methode ist dabei die Aufreinigung des Extraktes, um dieses von sämtlichen Komponenten, die für Interferenzen bei der Detektion sorgen können, abzutrennen. Auch wenn solche Aufreinigungsschritte gerade im Hinblick auf eine weitere kontaminationsfreie Detektion unerlässlich sind, bilden sie häufig die Ursache für Analytverluste. Diese möglichen Verluste müssen während dieser Phase untersucht werden. Eine Methode hierfür ist der Zusatz definierter Mengen des Analyten zum unbehandelten Extrakt und anschließender Auswertung nach dem Standardzusatzverfahren. Auf diesem Weg lassen sich Rückschlüsse auf die Verluste, die während der Aufreinigung auftreten, ziehen.

### Validierung der Probenvorbereitung

Ein wichtiger Schritt eines analytischen Verfahrens stellt die Probenvorbereitung dar. Die hier stattfindende Überführung des Analyten in der Realprobe in eine detektionsfähige Form muss ebenso einer Validierung unterliegen. Für Analysen, bei denen der Analyt durch Zusatz von Reagenzien in Lösung gebracht werden kann, ist die Validierung unproblematisch, da anschließend mithilfe von Methoden, die eine Bestimmung im Matrixsystem erlauben, detektiert wird. Muss der Analyt dagegen durch Extraktionsschritte aus der Realprobe überführt werden (z. B. bei der Analyse von biologischen Proben), ist es schwierig zu beweisen, dass der Analyt vollständig aus der Realprobe überführt wurde. Üblicherweise werden hier zwei Wege verfolgt, diese Problematik zu umgehen. Einerseits versucht man die Extraktion wiederholt durchzuführen und die Extrakte jeweils auf die Existenz des Analyten zu untersuchen. Dadurch erhält man eine Aussage über die Anzahl der nötigen Extraktionsschritte, ohne allerdings garantieren zu können, dass der Analyt nun vollständig überführt werden konnte. Aufgrund des hier vollzogenen Umkehrschlusses kann demnach nur von einer Vermutung geredet werden. Der andere Weg führt über den Zusatz steigender Anteile des Analyten zur Probe. Nach Durchführung des Extraktionsschrittes kann anhand des Standardzusatzverfahrens belegt werden, dass der zugesetzte Analyt vollständig wiedergefunden wurde. Hierbei ist darauf zu achten, dass der zugesetzte Analyt über längere Zeit in Kontakt mit der Probe steht, damit dieser den gleichen physikochemischen Bedingungen in der Matrix ausgesetzt ist.

Nachdem die hier beschriebenen Schritte von der Realprobe zur Detektion des Analyten entwickelt, optimiert und abschließend verifiziert wurden, müssen die einzelnen Verfahrensschritte zu einem Gesamtverfahren kombiniert und die Routinetauglichkeit der Methode nachgewiesen werden, wofür weitere Qualitätssicherungsschritte nötig sind.

**Robustheit des Verfahrens**

Selbst wenn ein analytisches Verfahren anhand der zuvor beschriebenen Vorgehensweise untersucht wurde, ist es noch nicht zwangsläufig, dass dieses auch für den Einsatz in einem Routinelabor eingesetzt werden kann. Vielmehr ist es notwendig, dass für dieses Verfahren auch bei geringen Abänderungen seine Zuverlässigkeit aufrecht erhalten werden kann. Einige Kriterien, nach denen die Robustheit eines Verfahrens ermittelt wird, sollen hier kurz aufgezählt werden:

- Austausch einzelner instrumenteller Bestandteile
- kleine Veränderungen der Verfahrensbedingungen (z. B. bei der Probenvorbereitung oder der Trennung)
- andere Operatoren
- leichte Änderungen der Matrixzusammensetzung
- veränderte Bedingungen in der Umgebung (z. B. Temperatur, Luftfeuchtigkeit).

**Benutzung von Qualitätsregelkarten**

Eine Grundvoraussetzung für die Validierung ist, dass das vewendete System/Gerät „unter Kontrolle" ist. Eine Möglichkeit zur übersichtlichen Darstellung von Qualitätszielgrößen Q und der hiervon auftretenden Abweichungen besteht in dem Anlegen von Qualitätsregelkarten (QRK). Sowohl bei industriellen Produktionsprozessen als auch bei analytischen Messverfahren finden die QRK vermehrt Anwendung.

Prinzip der QRK ist es, eine Punktfolge von Stichprobenergebnissen aus mehreren Kontrolluntersuchungen in einem Diagramm darzustellen. Anhand der übersichtlichen graphischen Darstellung können aus einer Reihe von Kontrolluntersuchungen auf einfache Weise Abweichungen von den Qualitätszielgrößen festgestellt werden. Der formale Aufbau einer QRK ist in Abbildung Anh. 5 dargestellt.

Anhand der in Abbildung Anh. 5 schematisch dargestellten QRK können sowohl Produktionsprozesse als auch analytische Messverfahren auf auftretende Veränderungen kontrolliert werden. Die in diesem Beispiel angegebenen Eingriffs- und Warngrenzen sind dabei abhängig von dem untersuchten Prozess, welcher darüber entscheidet, welche stochastische Verteilung verwendet wird. Gerade die langfristige Beobachtung der Tendenz ermöglicht dabei eine frühzeitige Unterscheidung zwischen zufällig bedingten und systematischen Fehlern des Verfahrens. Bei folgenden Ereignissen spricht man dabei von „Außer-Kontrolle-Situationen" (AKS), bei denen ein Eingriff in das Verfahren notwendig ist:

- Ein Messwert liegt außerhalb der Eingriffsgrenzen
- Zwei oder mehr aufeinanderfolgende Stichprobenergebnisse liegen außerhalb der Warngrenzen
- Eine definierte Anzahl von Stichprobenergebnissen liegt auf einer Seite des Sollwertes
- Eine definierte Anzahl von Stichprobenergebnissen zeigt eine stetig steigende bzw. fallende Tendenz

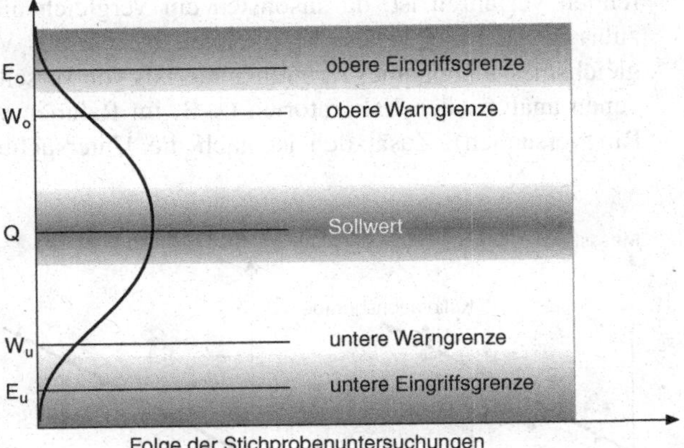


**Anh. 5** Aufbau einer Qualitätsregelkarte. Die kontinuierliche Auftragung der Messergebnisse erlaubt die ständige Kontrolle der Analysenqualität. Die links eingezeichnete Kurve gibt die Häufigkeitsverteilung an.

Eine erhöhte Aufmerksamkeit des Operators, ohne direkte Veranlassung zu einem Eingriff, ist dann notwendig, wenn eine der folgenden Situationen eintritt:

- Es tritt eine periodische Tendenz der Messwerte auf (alternierender Verlauf)
- Ein Langzeittrend ist zu beobachten, bei dem ein Überschreiten der entsprechenden Grenzen abzusehen ist.

# 3. Die Genauigkeit analytischer Verfahren

Für die Einordnung der Qualität eines analytischen Verfahrens sind verschiedene Kriterien entscheidend. Zum einen muss das Verfahren eine hohe Präzision (vgl. Kapitel 1.3 bis 1.5) besitzen, zusätzlich muss aber natürlich auch die Richtigkeit des Verfahrens gegeben sein. Sind beide Kriterien erfüllt, so spricht man von einem Verfahren hoher Genauigkeit. Der Begriff Genauigkeit umfasst damit nach ISO 3534 die Präzision und die Richtigkeit eines Verfahrens.

Die Präzision eines Verfahrens kann dadurch sichergestellt werden, dass das Verfahren im Rahmen eines Qualitätsmanagementsystems entwickelt und angewendet wird und das Verfahren nach der oben beschriebenen Systematik validiert wurde. Dieser Vorgang kann intern erfolgen. Dagegen kann die Richtigkeit eines Verfahrens nur extern nachgewiesen werden, d. h. das Verfahren muss einem Vergleich standhalten. Für den Nachweis der Richtigkeit eines Verfahrens stehen dabei verschiedene Methoden zur Verfügung. Dazu zählt der Vergleich des Verfahrens mit einem grundsätzlich verschiedenen Messprinzip. Hierbei ist wichtig, dass das Vergleichsverfahren vollständig unabhängig von dem zu überprüfenden Verfahren ist, da ansonsten ein Vergleich nicht zulässig ist. Eine weitere Möglichkeit besteht aus Vergleichsmessungen eines Referenzmaterials von verschiedenen analytischen Laboratorien (z. B. im Rahmen von Ringversuchen). Zusätzlich ist auch die Untersuchung von zertifizierten Referenzmaterialien eine gängige Methode, um die Richtigkeit des Verfahrens nachzuweisen.

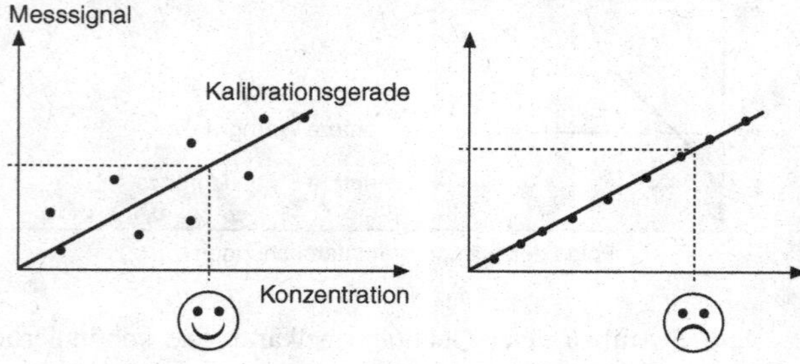


**Anh. 6** Ein unpräzises Analysenergebnis kann richtig sein, ein präzises dagegen auch falsch!

## 3.1 Der Vergleich mit anderen Methoden

Jede analytische Methode – mag sie unter noch so strikten Qualitätssicherungskonzepten validiert worden sein – besitzt für dieses Verfahren charakteristische Fehlerquellen. Ein Beispiel hierfür sind die spektrometrischen Methoden, wie AAS, ICP-OES und ICP-MS. Hier können Fehler durch die Zugabe von Säure auftreten, die notwendig ist, um den zu bestimmenden Analyten aus der Matrix zu befreien. Bei anderen Methoden ist dieser Schritt nicht notwendig (z. B. Neutronenaktivierung). Solche Methoden bieten sich damit an, die Ergebnisse beider Verfahren zu vergleichen, um Aussagen über die Fehleranfälligkeit der Vorbehandlung mit Säuren zu erhalten. Zeigen die Ergebnisse beider Verfahren anhand der gleichen Probe eine gute Übereinstimmung, so kann daraus gefolgert werden, dass beide Verfahren richtige Ergebnisse liefern. Hierbei ist allerdings unbedingt zu berücksichtigen, dass jeder der Einzelschritte des einen Verfahrens sich vollständig von denen des Vergleichsverfahrens unterscheidet. Treten bei beiden Methoden ähnliche Verfahrensschritte auf, so können zufällige Fehler zwar ausgeschlossen werden, nicht aber systematische Fehler in diesem entsprechenden Schritt.

Eine weitere wichtige Voraussetzung für solch einen Vergleich ist, dass beide Verfahren unter den gleichen internen Bedingungen im Labor stattfinden, also auch von den gleichen Personen durchgeführt werden. Dies stellt aber ein Hauptproblem dar, da in vielen Fällen das betroffene Personal nur unzureichende Erfahrungen mit dem Vergleichsverfahren besitzt. Dadurch können weitere Fehlerquellen entstehen, die den Sinn solcher Vergleichsuntersuchungen in Frage stellen. Dies ist auch der Grund, weshalb diese Art des Vergleichs zur Untersuchung der Richtigkeit eines Verfahrens nur selten herangezogen wird. Vielmehr wird es daher hauptsächlich zur ständigen Kontrolle der Leistungsfähigkeit verschiedener Analysengeräte angewendet.

## 3.2 Ringversuche – der Vergleich mit anderen Laboratorien

Eine häufig genutzte Möglichkeit, die Richtigkeit eines analytischen Verfahrens festzustellen, beruht auf dem Vergleich mit anderen Laboratorien. Prinzipiell basieren solche Vergleichsuntersuchungen – auch Ringversuche genannt – auf der Analyse von gleichen Proben durch mehrere Laboratorien. Man unterscheidet hierbei verschiedene Typen von Ringversuchen, die unterschiedliche Ziele verfolgen (Horwitz 1987):

- Untersuchung der Leistungsfähigkeit von Analysenmethoden
- Untersuchung der Leistungsfähigkeit von Laboratorien
- Zertifizierung von Referenzmaterialien.

Bei der Untersuchung der Leistungsfähigkeit einer Analysenmethode wird von jedem der beteiligten Laboratorien die Bestimmung identischer Proben mit dem gleichen Analysenverfahren durchgeführt. Anhand eines Protokolls wird eine einheitliche Vorgehensweise festgelegt, die von jedem einzelnen Labor zu befolgen ist. Anhand des Vergleichs der einzelnen Ergebnisse können Rückschlüsse auf die Leistungsfähigkeit des untersuchten Verfahrens gezogen werden. Darüber hinaus lässt sich anhand der Bestimmung durch mehrere Laboratorien das Verfahren auf verschiedene Charakteristika wie Leistungskenndaten und systematische Fehler genauer untersuchen.

Auf ähnliche Weise lässt sich anhand von Ringversuchen die Leistungsfähigkeit von Laboratorien kontrollieren. Hierbei werden von mehreren Laboratorien identische Proben bestimmt, wobei die Wahl des verwendeten Analysenverfahrens freigestellt ist. Hierdurch kann nicht nur die Richtigkeit eines Analysenverfahrens nachgewiesen werden, sondern auch die Kompetenz eines Laboratoriums belegt werden. Diese Form des Belegs der Leistungsfähigkeit von Laboratorien wird Evaluierung genannt.

Ebenso werden die hier beschriebenen Ringversuche zur Zertifizierung von Referenzmaterialien genutzt. Das Ziel in diesem Fall ist die Bestimmung eines Referenzwertes für eine bestimmte Probe. Dieses Referenzmaterial kann anschließend aufgrund des zertifizierten Status für andere Verfahren zur Festlegung der Richtigkeit benutzt werden.

## 3.3 Zertifizierte Referenzmaterialien

Die am häufigsten genutzte Möglichkeit zur Untersuchung der Richtigkeit eines analytischen Verfahrens beruht auf der Verwendung von zertifizierten Referenzmaterialien. Zusätzlich kann durch die Bestimmung von ZRM (engl. *certified reference materials* – CRM) die Leistungsfähigkeit eines analytischen Labors belegt werden. Zertifizierte Referenzmaterialien lassen sich in folgende Gruppen einteilen (ISO Guide 30):

- reine Substanzen und Lösungen
- Matrix-Referenzmaterialien
- Methodendefinierte Referenzmaterialien.

Die erste Gruppe der ZRM spielt hierbei eine untergeordnete Rolle. Es handelt sich dabei um reine Substanzen, von denen der maximale Gehalt der verbleibenden Verunreinigungen bestimmt wird. Bei Metallen erfolgt dies durch die Bestimmung der Massenanteile der Verunreinigungen durch die verfügbaren analytischen Methoden. Bei anorganischen Salzen ist dagegen zusätzlich die Stöchiometrie der Verbindungen zu berücksichtigen, etwa durch eingelagertes Kristallwasser. Die Bestimmung der Reinheit organischer Substanzen ist deutlich aufwendiger, da hier in vielen Fällen die einzelnen Verunreinigungen nur schwer identifiziert werden können, weswegen massenselektive Methoden (z. B. GC-MS) verwendet werden müssen. Verwendung finden diese ZRM vor allem in der Form von Kalibrationslösungen, die in Laboratorien mit hoher analytischer Qualifikation auf Massenbasis hergestellt werden müssen.

Matrix-Referenzmaterialien sind Proben mit einer unbekannten oder nur teilweise identifizierten Matrix, in denen eine Anzahl von Substanzen zertifiziert sind. Im Vergleich zur Zertifizierung von reinen Substanzen sind hier wesentlich komplexere Analysenverfahren notwendig, was eine geringere Präzision der Bestimmung zur Folge hat. Als Matrix-Referenzmaterialien werden natürliche Proben mit größtmöglicher Übereinstimmung zu Realproben gegenüber künstlich angereicherten Proben vorgezogen. Gerade bei der Bestimmung in festen Proben tritt nämlich häufig das Problem auf, dass sich natürliche Proben von „gespikten" Proben deutlich unterscheiden. So ist der physikalische wie der chemische Status der zugesetzten Substanzen oft unterschiedlich gegenüber den bereits in der Matrix vorliegenden Substanzen, was einen erheblichen Einfluss auf die Genauigkeit der Probenvorbereitungsschritte haben kann. Andererseits ist bei flüssigen Proben, wie z. B. Wasserproben, oft unausweichlich, die Probe zu „spiken", da hier die Stabilität und Homogenität der Realproben oft nicht gewährleistet werden kann.

Bei methodendefinierten Referenzmaterialien richtet sich der zertifizerte Wert nach der für die Bestimmung vorgeschriebenen analytischen Methode. Dabei kann sich die vorgeschriebene Methodik auch auf nur einen Teil des analytischen Verfahrens beziehen. Die Materialien finden bei speziellen analytischen Problemen, wie der Bioverfügbarkeit von Elementen oder den flüchtigen organischen Halogenverbindungen (VOX) Anwendung.

Allen ZRM ist gemein, dass sie aufgrund des teilweise beträchtlichen analytischen Aufwandes einen hohen Wert besitzen, wodurch die Anwendung auf abschließende Verifizierungen von Analysenverfahren beschränkt werden sollte. Im Rahmen von Ringuntersuchungen oder gar Routineanalysen sollte daher auf eine Zertifizierung der untersuchten Proben verzichtet werden.

# 4. Die Konzepte in der Qualitätssicherung

Aufgrund der weitreichenden Bedeutung analytischer Ergebnisse ist deren Zuverlässigkeit unverzichtbar. Die Qualität der Ergebnisse ist dabei sowohl für den Kunden, der die Analyse in Auftrag gibt, aber auch für politische Gremien, die anhand dieser Ergebnisse teilweise folgenreiche Entscheidungen treffen müssen, ein entscheidendes Kriterium. Aufgrund dieser Fragestellung sind in den letzten Jahren Richtlinien entwickelt worden, die die Qualität analytischer Arbeiten unter Befolgung einheitlicher Vorschriften kontrollieren sollen. Dies betrifft zum einen die Evaluierung analytischer Laboratorien, die anhand der *Good Laboratory Practise* („Gute Laborpraxis", GLP), der Akkreditierung nach EN 45000 sowie der Zertifizierung nach EN 29000 durchgeführt werden. Zur weiteren Vereinheitlichung und damit Vereinfachung der Regularien laufen derzeit verstärkt Bestrebungen, die beiden EN-Richtlinien zu einem einzigen Regelwerk zu kombinieren.

## 4.1 Qualitätssicherung im formalen Sinn: *Good Laboratory Practise* (GLP)

Die Entstehung dieser Richtlinien geht auf eine Initiative der FDA (Food and Drug Administration) in den USA aus dem Jahre 1979 zurück. 1981 wurde dann von der OECD (Organisation für wirtschaftliche Zusammenarbeit und Entwicklung) ein international anerkanntes Regelwerk herausgegeben, die „Gute Laborpraxis" (GLP). In Deutschland ist die GLP seit 1990 mit der Verabschiedung des neuen Chemikaliengesetzes im §19 gesetzlich festgelegt. Hierdurch wird die Durchführung nicht-klinischer experimenteller Prüfungen gemäß GLP verpflichtend. Das Gesetz beläuft sich dabei auf folgende Bereiche:

- physikalisch-chemische Eigenschaften und Gehaltsbestimmungen
- toxikologische Eigenschaften
- ökotoxikologische Eigenschaften
- Verhalten im Boden, im Wasser und in der Luft
- Rückstände.

Wenn Laboratorien Prüfungen im Rahmen dieser Bereiche auf Grundlage der GLP durchführen, so können diese eine GLP-Bescheinigung beantragen. Diese Bescheinigungen werden von staatlicher Seite nach einer erfolgreich abgelegten Prüfung durch entsprechende Prüfungsstellen erteilt.

Die GLP lässt sich auf folgende Weise definieren:

> *Gute Laborpraxis befasst sich mit dem formalen Ablauf und den Bedingungen, unter denen Laborprüfungen geplant, durchgeführt und überwacht werden sowie mit der Aufzeichnung und Berichterstattung der Prüfung.*

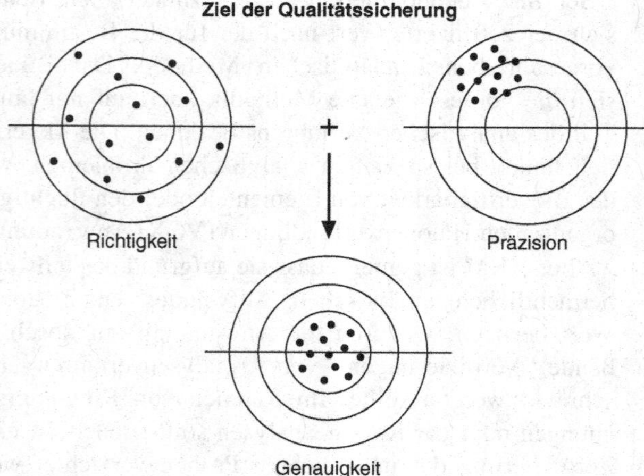


**Anh. 7** Die Kombination von Richtigkeit und Präzision führt zur Genauigkeit.

## 4.2 Die Akkreditierung von Laboratorien bezüglich ihrer Fachkompetenz: Die Normenserie EN 45000

Neben der GLP gibt es ein weiteres Verfahren, um eine vergleichbare Qualität von Laborergebnissen auf internationaler Ebene sicherzustellen: die Akkreditierung. Während es sich bei der GLP um gesetzlich festgeschriebene Regulatorien für die Erstellung von Prüfergebnissen handelt, ist die Akkreditierung von Prüflaboratorien nicht gesetzlich verankert. Basierend auf dem erstmals 1978 herausgegebenen ISO/IEC-Guide 25 wurden Kontrollsysteme für Prüflaboratorien entwickelt, die die Vergleichbarkeit von Prüfergebnissen ermöglichen sollte.

Die für Prüflaboratorien ausgearbeiteten Regularien wurden in der europäischen Normenserie EN 45000 ff. niedergelegt. Dieses Akkreditierungssystem für Prüflaboratorien setzt sich aus sieben Normen zusammen:

| | |
|---|---|
| EN 45001 | Allgemeine Kriterien zum Betreiben von Prüflaboratorien **im April 2000 ersetzt durch EN 17025** |
| EN 45002 | Allgemeine Kriterien zum Begutachten von Prüflaboratorien |
| EN 45003 | Allgemeine Kriterien für Stellen, die Prüflaboratorien akkreditieren |

| | |
|---|---|
| EN 45011 | Allgemeine Kriterien für Stellen, die Produkte zertifizieren |
| EN 45012 | Allgemeine Kriterien für Stellen, die Qualitätssicherungssysteme zertifizieren |
| EN 45013 | Allgemeine Kriterien für Stellen, die Personal zertifizieren |
| EN 45014 | Allgemeine Kriterien für Konformitätserklärungen von Anbietern |

Inhaltlich umfasst die Norm EN 45001 eine Liste verschiedener Merkmale einer einheitlichen Qualitätssicherung und eines Qualitätsmanagements für Prüflaboratorien. Hierzu zählen die laborinterne Infrastruktur, die Qualifikation des Personals, die Ausstattung, verfahrenstechnische Vorschriften für Prüfmethoden sowie den Einsatz von Kalibrationen und Referenzmaterialien zur Qualitätssicherung. Die folgenden Normen beschreiben detailliert, unter welchen Voraussetzungen eine einheitliche Prüfung und Kontrolle von Laboratorien erfolgen.

## 4.3 Die Zertifizierung bezüglich der Qualität der Organisation: Die Normenserie ISO 9000/ EN 29000

So wie die EN 45000 für die Akkreditierung von Prüflaboratorien gültig ist, gibt es auch für industrielle Hersteller eine Normenserie für den Produktionsablauf. Die ISO 9000 setzt sich folgendermaßen zusammen:

| | |
|---|---|
| ISO 9000 | Allgemeiner Leitfaden zum Qualitätsmanagement und zur Qualitätssicherung |
| ISO 9001 | Modell zur Qualitätssicherung in Design/Entwicklung, Produktion, Montage und Wartung |
| ISO 9002 | Modell zur Qualitätssicherung für die Produktion, Montage und Wartung |
| ISO 9003 | Modell zur Qualitätssicherung bei der Endprüfung |
| ISO 9004 | Qualitätsmanagement und Elemente des Qualitätsmanagementsystems (QMS) |

Diese internationalen Normen wurden 1987 in das europäische Normensystem EN 29000 übernommen. Die Dokumentation von internen Qualitätsmanagementsystemen ist dabei das wesentliche Element dieser Normenserie.

## 4.4 Akkreditierung der Hersteller von Referenzmaterialien

Da Referenzmaterialien und Standardreferenzmaterialien wichtige Bestandteile für die Bestimmung der Zuverlässigkeit und Vergleichbarkeit analytischer Ergebnisse darstellen, ist die Qualität dieser Materialien entsprechenden Akkreditierungsmaßnahmen zu unterwerfen. Dies wird dadurch verdeutlicht, dass bei steigender Anzahl von RM und ZRM in den letzten Jahren die Qualität dieser Produkte nicht durchgängig gegeben war. Aus diesem Grund wurden anhand der Normen ISO 9000 und ISO Guide 25 ein Entwurf für Richtlinien über die Qualitätsanforderungen an RM und ZRM aufgestellt. Diese gliedern sich in zwei Bereiche, zunächst die organisatorischen Anforderungen: Hierzu gehören das Qualitätsmanagement, die Personalschulung, die Lagerung der Materialien, das langfristige Monitoring der Materialien, sowie eine detaillierte Dokumentation der Herstellung und der Vertriebsservice für RM und ZRM. Der zweite Teil bezieht sich auf die Kontrolle bei der Herstellung von Referenzmaterialien. Das heißt die Planung, die Herstellung der Materialien, Zurückverfolgbarkeit der Herstellung, die Kalibration, die messtechnische Ausrüstung, die Sicherstellung von Homogenität und Stabilität der Produkte und die Zertifizierung der Materialien. Die technischen Anforderungen für die Herstellung von Referenzmaterialien orientieren sich dabei am ISO Guide 31 und ISO Guide 35. Sollten diese Vorarbeiten zu einer eigenen Norm umgesetzt werden, steht der Akkreditierung von Herstellern von Referenzmaterialien nichts mehr im Wege, was für Anwender von Referenzmaterialien einen erheblichen Vorteil darstellen dürfte.

# 5. Begriffe in der Qualitätssicherung

**Akkreditierung** – Verfahren, durch das eine autorisierte Körperschaft formal anerkennt, dass eine Person oder Körperschaft fähig zum Ausführen bestimmter Aufgaben ist.

**Bestimmungsgrenze** *(Limit of Determination)* – Die Bestimmungsgrenze eines individuellen analytischen Verfahrens ist der kleinste Gehalt eines Analyten in einer Probe, der als exakter Wert quantifiziert werden kann.

**Bias** (Verzerrung) – Differenz zwischen dem bei einer Messung erwarteten Wert und dem allgemein akzeptierten Referenzwert.

**Empfindlichkeit** *(Sensitivity)* – Änderung im Ansprechen einer Messvorrichtung dividiert durch die korrespondierende Änderung des Stimulus (also: Ansprechänderung dividiert durch den vorgegebenen Gehalt an Analyt in einer Probe, der eben dieses Ansprechen verursacht, üblicherweise die Steigung einer linearen Kalibrationsgeraden).

**Fehler** (eines Ergebnisses) – Das gefundene Messergebnis abzüglich des allgemein akzeptierten Referenzwertes (→ wahrer Wert, Konventionswert)

**Genauigkeit** *(Accuracy)* – Die Grad der Übereinstimmung zwischen Messergebnis und dem *wahren Wert* des Gemessenen

**ISO** – International Organisation for Standardization, Internationale Standardisierung-Organisation

**Konventionswert** – Wert, der mit einer bestimmten Menge in Verbindung gebracht wird. Es wird (zumeist per Konvention) akzeptiert, dass dieser Wert eine Unsicherheit besitzt, die für einen gegebenen Zweck angemessen ist.

**Nachweisgrenze** *(Limit of Detection)* – Die Nachweisgrenze eines individuellen analytischen Verfahrens ist der kleinste Gehalt eines Analyten in einer Probe, der detektiert, aber dadurch nicht zwangsläufig quantifiziert werden kann.

**Präzision** *(Precision)* – Maß der Übereinstimmung zwischen voneinander unabhängigen Testergebnissen, die unter festgelegten Bedingungen erhalten wurden.

**Projekt** – Die Festsetzung einer Forschungsaufgabe oder einer Studie in Form eines Plans, eines Ablaufes oder eines Antrages. Im Kontext der Analytisch-Chemischen Forschung bezieht sich ein Projekt auf eine einzelne Arbeit, die mit einer eigenen Problemstellung beginnt und einen oder mehrere Einzelschritte beinhaltet, um dieses Problem zu lösen.

**Qualitätssicherung** (QS) (auch QA = *Quality Assurance*) – alle geplanten und systematischen Aktionen, die innerhalb eines Qualitätssystems ausgeführt und als notwendig angezeigt werden, um ein angemessenes Vertrauen darüber zu schaffen, dass eine Einheit bestimmte Qualitätsanforderungen erfüllt.

**Qualitätskontrolle** (*Quality Control,* QC) – Techniken und Handlungen, die angewendet werden, um bestimmte Qualitätsanforderungen zu erfüllen. Die Qualitätskontrolle ist das *Instrument* zur Durchführung des *Konzeptes* Qualitätssicherung.

**Referenzmaterial** – Material (oder Substanz), dessen Eigenschaftswerte ausreichend homogen und etabliert sind, um zur Anfertigung von Kalibrationen oder zur Begutachtung einer Messmethode zu dienen.

**Registrierung** – Vorgang, durch den eine Körperschaft relevante Charakteristika eines Produktes, eines Prozesses oder einer Dienstleistung, bzw. Eigenheiten einer Person oder Körperschaft angibt, und zwar in einer angemessener, der Öffentlichkeit zugänglichen Liste.

***Repeatabity*** – Wiederholpräzision. Maß der Übereinstimmung von Ergebnissen von aufeinander folgenden Messungen des gleichen Parameters, die unter den *gleichen* Messbedingungen durchgeführt wurden.

***Reproducibility*** – Vergleichspräzision. Maß der Übereinstimmung von Ergebnissen von aufeinander folgenden Messungen des gleichen Parameters, die unter *veränderten* Messbedingungen durchgeführt wurden.

**Richtigkeit** *(Trueness)* – Der Grad der Übereinstimmung zwischen einem Durchschnittswert, der in einer großen Serie von Messungen erhalten wurde, und einem akzeptierten Referenzwert (wobei der Referenzwert mit dem sog. *Wahren Wert* gleichgesetzt wird).

***Traceability*** – Rückführbarkeit. Eigenschaft eines Messergebnisses oder eines Wertes auf einen Standard. Diese müssen durch eine ununterbrochene Kette von Vergleichen mit genau bezeichneten Unsicherheiten zu Referenzen (üblicherweise nationale oder internationale Standards) in Beziehung gebracht werden können.

***Trackability*** – Rückverfolgbarkeit. Eigenschaft eines Messergebnisses, wobei dieses Messergebnis einzig und allein bis zur Probe zurückverfolgt werden kann.

**Routine-Analytik** – Hier wurde dem aktuellen analytischen Problem schon vorher begegnet. Eine geeignete validierte Methode zur Problemlösung existiert bereits und ist möglicherweise schon in regelmäßigem Gebrauch. Der Aufwand für Personaltraining, Kalibrationen und Qualitätskontrolle wird vom Probendurchsatz abhängen.

**Studie** – Eine aufmerksame oder detaillierte Untersuchung

**System** (Qualitäts-) – Die organisatorischen Strukturen, Vorgänge, Prozesse und Ressourcen, die benötigt werden, um Qualitätsmanagement durchzuführen. Allgemeiner: die Infrastruktur, innerhalb derer ein Labor analytische Arbeiten durchführt.

**Unsicherheit** *(Uncertainty)* – Angabe, die einem Messwert beigefügt ist, die die Variationsbreite von Werten charakterisiert, die vernünftigerweise mit dem gemessenen Parameter in Verbindung gebracht werden können.

**Validierung** – Die Bestätigung durch eine Untersuchung und das Liefern objektiver Beweise, dass bestimmte Anforderungen für einen *genau angegebenen Endgebrauch* erfüllt sind.

**Verifizierung** – Die Bestätigung durch eine Untersuchung und das Liefern objektiver Beweise, dass *genau bestimmte Anforderungen* erfüllt wurden.

**„Wahrer Wert“** – Wert, der übereinstimmt mit der Definition einer gegebenen Menge.

**Zertifizierung** – Verfahren, durch das eine dritte Partei schriftlich bescheinigt, dass ein Produkt, ein Prozess oder eine Dienstleistung bestimmte Anforderungen erfüllt.

## Weiterführende Literatur

DIN 32645 *Nachweis-, Erfassungs- und Bestimmungsgrenze* (1994).

DIN 38402 A 51 *Kalibrierung von Analysenverfahren* (1986).

Doerffel, K. *Statistik in der analytischen Chemie*, 5. erweiterte und überarbeitete Auflage, (1990), Deutscher Verlag für Grundstoffindustrie GmbH Leipzig.

EN 45001, *General Criteria for the Operation of Testing Laboratories*, (1989) CEN/CENELEC, Brüssel.

Grubbs, F. E., Beck, G. *Technometrics* **14** (1972) 847.

Horwitz, W., *Nomenclature for Interlaboratory Studies*, 4. Entwurf, IUPAC, Analytical Chemistry Division, Commission VI, Project 27/87.

ISO Guide 25, *General Requirements for the Competence of Testing and Calibration Laboratories*, (1996), International Organization for Standardization, Genf.

ISO Guide 30, *Terms and Definitions used in Connection with Reference Materials*, (1991), International Organization for Standardization, Genf.

ISO Guide 31, *Contents of Certificates of Reference Materials*, (1981), International Organization for Standardization, Genf.

ISO Guide 35, *Certification of Reference Materials – General and Statistical Principles*, (1985), International Organization for Standardization, Genf

ISO, *Statistics – Vocabulary and Symbols – Part 1: Probability and General Statistical Terms Revision of ISO 3534*, (1977), International Organization for Standardization, Genf.

ISO/IEC Standard 9000, *Leitfaden zur Auswahl und Anwendung der Norm zu Qualitätsmanagement, Elementen eines Qualitätssicherungssystems und zu Qualitätssicherungs-Nachweisstufen* (1987), International Organization for Standardization, Genf.

Mager, A. *Moderne Regressionsanalyse*, (1982) Otto Salle Verlag Frankfurt/M.

# Sach- und Namensindex

## B

C

## F

## G

## H

## J



## K

## N

O



P

## Q



## R

## T

Printed in the United States
By Bookmasters